实用五金手册

SHIYONG WUJIN SHOUCE

《实用五金手册》编委会　组织编写

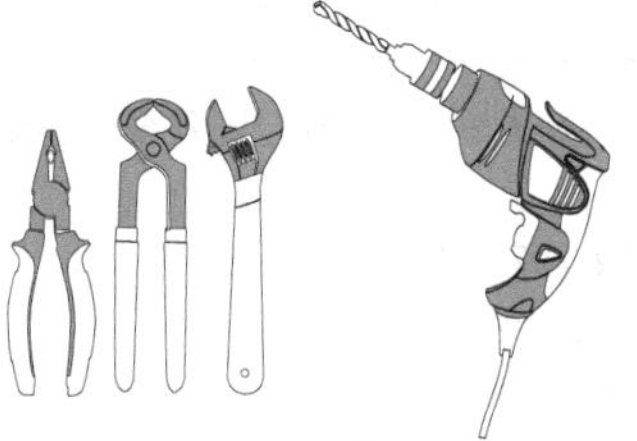

化学工业出版社

·北京·

图书在版编目（CIP）数据

实用五金手册/《实用五金手册》编委会组织编写.
—北京：化学工业出版社，2013.1（2025.1 重印）
ISBN 978-7-122-15708-9

Ⅰ.①实… Ⅱ.①实… Ⅲ.①五金制品－手册
Ⅳ.①TS914-62

中国版本图书馆 CIP 数据核字（2012）第 257030 号

责任编辑：贾　娜　　文字编辑：张燕文
责任校对：洪雅姝　　装帧设计：王晓宇

出版发行：化学工业出版社（北京市东城区青年湖南街 13 号　邮政编码 100011）
印　　装：北京盛通数码印刷有限公司
850mm×1168mm　1/32　印张 29¾　字数 797 千字
2025 年 1 月北京第 1 版第 20 次印刷

购书咨询：010-64518888　　售后服务：010-64518899
网　　址：http://www.cip.com.cn
凡购买本书，如有缺损质量问题，本社销售中心负责调换。

定　　价：89.00 元

《实用五金手册》编委会

前　言

随着我国国民经济的高速发展和科学技术的不断进步，五金类新产品层出不穷，使用日趋广泛。五金产品品种规格繁多，性能用途各异，与工农业生产和人们日常生活关系密切，《实用五金手册》是从当前社会的实际需要出发，以面广、实用、精炼、方便查阅为原则编写的一本反映当代五金产品领域最新科学技术成果的综合性工具书。

五金产品量大面广，本手册以现行五金产品的国家标准和行业标准为主要编写依据，尽量搜集、采用最新技术标准及生产企业的最新产品样本，以保证技术上的先进性。在内容的选取上，注意传统产品与高质量的新产品并重，在介绍中国产品的同时，适量介绍常用引进产品；在重点介绍通用产品的同时，适量介绍一些专门产品，以满足不同层次读者的需求，保证本书的实用性。

本手册共分四篇。第 1 篇金属材料，主要介绍常用金属材料；第 2 篇通用配件，主要介绍各类机械五金配件；第 3 篇五金工具，主要介绍近年发展及引进的电动、气动工具等最新的工具产品及规格；第 4 篇建筑五金，主要介绍常用的建筑五金配件。书中全面系统地介绍了各类五金产品的品种、规格、性能、用途，并归纳了最新的技术资料和相关标准，可供从事五金生产、设计、销售、采购、使用等方面工作的读者使用，也可供大中专院校相关专业师生参考，还可供普通家庭用户选用。

由于编者水平所限，书中不足之处在所难免，敬请广大专家与读者批评指正。

《实用五金手册》编委会

目　录

第1篇　金属材料

第2篇　通 用 配 件

第 3 篇 五 金 工 具

第4篇 建筑五金

第1篇　金属材料

第1章　金属材料基本知识

1.1　金属材料的分类

金属材料种类繁多，通常可按组分复杂程度和组成成分两个角度进行分类。

① 金属材料按组分复杂程度可分为纯金属和合金两大类。

纯金属（简单金属）是指由一种金属元素组成的物质。目前已知的纯金属有80多种，但由于纯金属力学性能特别是强度较低，除了要求导电性高的电器材料外，用于工程目的的则为数不多。

合金（复杂金属）是指两种或两种以上金属元素或金属元素与非金属元素，经熔炼、烧结或其他方法组合而成并具有金属特性的物质。它的种类很多，例如：钢是由铁、碳组成的合金，即铁碳合金；黄铜是由铜、锌组成的合金，即铜锌合金；青铜是由铜、锡组成的合金，即铜锡合金。由于合金的使用性能优于纯金属，并且通过改变成分可使其性能在很大的范围内变化，在工程上，其应用范围要比纯金属广泛得多。

② 金属材料按组成成分可分为钢铁材料和非铁金属及其合金两大类。

钢铁材料是指铁及铁基合金材料，又称黑色金属。它占金属材料总量的95%以上，又可分为生铁、铁合金、铸铁和钢等。

非铁金属（习惯上称为有色金属）及其合金是指除铁及铁基合金之外的所有金属及其合金材料。它又可分为轻金属（如铝、镁、钛）、重金属（如铅、锑）、贵金属（如金、银、镍、铂）和稀有金属（包括放射性的铀、镭）等。其中作为工业用金属以铝及铝合金、铜及铜合金用途最广。此外工业上还采用镍、锰、钼、钴、钒、钨、钛等作合金附加物，以改善金属的性能，制造某些有特殊性能要求的零件。

1.1.1　生铁

生铁是质量分数 $w_C > 2\%$ 的一种铁碳合金，此外还含有硅、锰、磷、硫等元素。把铁矿石放在高炉中冶炼而得到的产品即为生铁（液态）。把液态生铁浇铸于砂模或钢模中，即成块状生铁（生铁块）。生铁分为炼钢用生铁和铸造用生铁两种。

1.1.2　铁合金

铁合金是指铁与硅、锰、铬、钛等元素组成的合金总称。铁与硅组成的合金称为硅铁；铁与锰组成的合金称为锰铁。主要供铸造或炼钢作还原剂或作合金元素添加剂用。

1.1.3　铸铁

把铸造生铁放入熔铁炉中熔炼而得到的产品即为铸铁（液态）。再把液态铸铁浇铸成铸件，这种铸件称为铸铁件。工业上常用的有灰铸铁、可锻铸铁（马铁、玛钢）、球墨铸铁、蠕墨铸铁和合金铸铁等。

1.1.4　钢

钢是指以铁为主要元素、碳质量分数一般在2%以下并含有其他元素的材料。钢中含有的其他元素包括硅、锰、磷、硫等杂质元素（其质量分数要比生铁中少得多）和为提高钢的性能而特意加入的合金元素。将炼钢用生铁放入炼钢炉内熔炼，即得到钢。钢的产品有钢锭、连铸坯（供轧制成各种钢材）和直接铸成的各种钢铸件等。通常所讲的钢，一般是指轧制成各种钢材的钢。

（1）钢的分类　中国国家标准 GB/T 13304—2008《钢分类》，参照采用国际标准，对钢的分类作了具体的规定。标准第一部分规定了按照化学成分对钢进行分类的基本原则，将钢分为非合金钢、低合金钢和合金钢三大类，并且规定了这三大类钢中合金元素质量分数的基本界限值；标准第二部分规定了非合金钢、低合金钢和合金钢按主要质量等级、主要性能及使用特性分类的基本原则和要求。

钢按国标进行分类的关系见图 1-1。

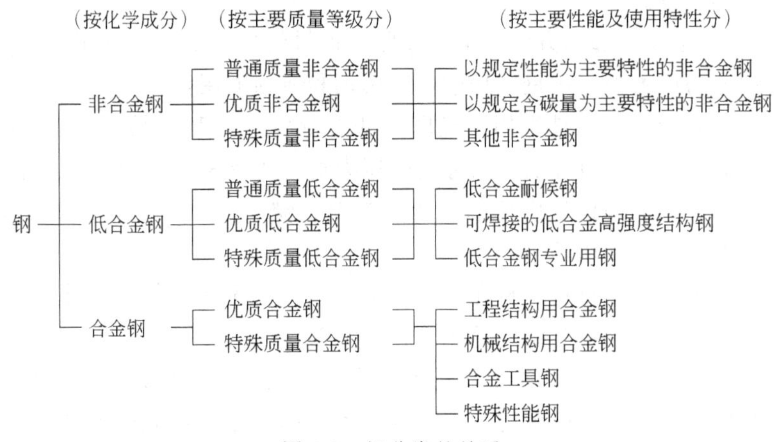

图 1-1　钢分类的关系

除上述标准分类法外，根据分类目的的不同，习惯上还常按照以下几种不同的方法对钢进行分类。

① 按冶金方法分类　根据冶炼方法和冶炼设备的不同，钢可分为电炉钢和转炉钢两大类。

按脱氧程度和浇注制度的不同可分为沸腾钢、半镇静钢、镇静钢和特殊镇静钢。

沸腾钢为脱氧不完全的钢，在冶炼后期，钢中不加脱氧剂（如硅、铝等），浇注时钢液在钢锭模内产生沸腾现象（气体逸出）。这类钢的成分特点是钢中硅质量分数（$w_{Si} \leqslant 0.07\%$）很低；优点是钢的收率高，生产成本低，表面质量和深冲性能好；缺点是钢的杂质多，成分偏析较大，因而性能不均匀。

镇静钢是完全脱氧的钢，浇注时钢液镇静不沸腾。钢的组织致密，偏析小，质量均匀。合金钢一般都是镇静钢。

半镇静钢是脱氧较完全的钢。脱氧程度介于沸腾钢和镇静钢之间，浇注时有沸腾现象，但与沸腾钢相比较，沸腾现象较弱。这类钢具有沸腾钢和镇静钢的某些优点。

② 按金相组织分类　按钢的金相组织分类可分为铁素体型、奥

氏体型、珠光体型、马氏体型、贝氏体型、双相（如马氏体/铁素体）类型等。

③ 按使用加工方法分类　按照在钢材使用时的制造加工方式可将钢分为压力加工用钢、切削加工用钢和冷顶锻用钢。

压力加工用钢是供用户经塑性变形制作锻件和产品用的钢。按加工前钢是否经过加热，又分为热压力加工用钢和冷压力加工用钢。

切削加工用钢是供切削机床（如车、铣、刨、磨等）在常温下切削加工成零件用的钢。

冷顶锻用钢是将钢材在常温下进行锻粗，做成零件或零件毛坯，如铆钉、螺栓及带凸缘的毛坯等，这种钢也称为冷锻钢。

④ 按用途分类　按照用途不同可以把钢分为结构钢、工具钢和特殊性能钢三大类或者进一步细分为碳素结构钢、优质碳素结构钢、低合金高强度结构钢、合金结构钢、弹簧钢、轴承钢、碳素工具钢、合金工具钢、高速工具钢、不锈耐酸钢、耐热钢和电工用硅钢十二大类。

为了满足专门用途的需要，由上述钢类又派生出一些为专门用途的钢，简称为专门钢。它们包括：焊接用钢、钢轨钢、铆螺钢、锚链钢、地质钻探管用钢、船用钢、汽车大梁用钢、矿用钢、压力容器用钢、桥梁用钢、锅炉用钢、焊接气瓶用钢、车辆车轴用钢、机车车轴用钢、耐候钢和管线钢等。

(2) 钢材的品种规格　钢经压力加工制成的各种形状的材料称为钢材。按大类分可分为型钢、钢板（包括带钢）、钢管、钢丝四类。

① 型钢　是指断面具有一定几何形状的条状钢材。依据材质、形状、工艺不同，又可分为以下几种。

a. 型材　由碳素结构钢、优质碳素结构钢和低合金高强度结构钢轧制而成。按钢材的横截面形状分为工字形、槽形、H形、等边角形、不等边角形、方形、圆形、扁形、六角形、八角形、螺纹钢筋等品种。习惯上把上述品种分别简称为工字钢、槽钢、H型钢、等边角钢、不等边角钢、方钢、圆钢、扁钢、六角钢、八角钢和螺纹钢。主要用于建筑工程结构（如厂房、楼房、桥梁等）、电力工程结构（如电力输送用铁塔和微波输送塔等）、车辆结构（如拖拉机、集装箱等）、矿井巷道支护等方面。

型材规格一般根据以下特征参数确定：工字钢、槽钢、H 型钢的高度；等边角钢、不等边角钢、方钢的边长；圆钢和螺纹钢的横截面直径；扁钢的宽度；六角钢和八角钢的横截面对边距离。

b. 优质钢型材　俗称优质型材或优型材，是指用优质钢（优质碳素结构钢和合金结构钢、轴承钢、合金工具钢、高速工具钢、不锈钢等）生产（热轧、锻制或冷拔）的圆形钢材。主要用于制造紧固件（螺母、螺栓等）、船用锚链、预应力混凝土构件、工业链条、轴承滚动体、内燃机气阀等。

c. 冷弯型钢材　是用可冷加工变形的冷轧或热轧带钢在连续辊式冷弯机组上生产的型材。

通常使用的是冷弯开口型钢，按形状冷弯开口型钢可分为冷弯等边角钢、冷弯不等边角钢、冷弯等边槽钢、冷弯不等边槽钢、冷弯内卷边槽钢、冷弯外卷边槽钢、冷弯 Z 型钢和冷弯卷边 Z 型钢八个品种。

结构用冷弯空心型钢是在连续辊式冷弯机组上冷弯成形、焊接而成。结构用冷弯空心型钢又分为方形空心型钢和矩形空心型钢。

根据冷弯型钢的使用要求，其原料——冷轧或热轧带钢的钢类一般为碳素结构钢、低合金高强度结构钢和其他钢类。带钢的宽度范围为 20～2000mm，厚度范围为 0.1～25.4mm。

冷弯型钢广泛应用于轻型钢结构厂房、高速公路护栏板以及汽车、客车和农业机械制造与铁路车辆制造、船舶制造、家具制造等行业。

d. 线材　是横截面为圆形、直径为 5～9mm 的热轧型材。通常采用卷线机将线材卷成盘卷投放市场，因此也称为盘条或盘圆。

② 钢板　是指厚度远小于长度和宽度的板状钢材。依据板厚不同，又分为以下几种。

a. 薄钢板　是指厚度小于 4mm、宽度不小于 600mm 的钢板。

薄钢板按加工方法分为热轧薄板和冷轧薄板两类。冷轧薄板是由热轧薄板经冷压力加工而得到的产品。在表面上镀有金属镀层或涂有无机或有机涂料的薄钢板称为涂镀薄板。涂镀薄板是由冷轧薄板经表面处理而得到的，如镀锌薄板、镀锡薄板、镀铬薄板、镀铝薄板和彩涂薄板等。

b. 中厚板 是指厚度不小于4mm、宽度不小于600mm的钢板。主要用于机械、造船、容器、锅炉、石油化工和建筑结构等制造行业。

③ 钢管 按生产工艺不同分为无缝钢管和焊接钢管两类。

无缝钢管是由钢锭、管坯或钢棒穿孔制成的无缝的钢管；焊管是用热轧或冷轧钢板及钢带卷焊制成的，可以纵向直缝焊接，也可以螺旋焊接。

④ 钢丝 是以线材为原料，经拔制加工而成的断面细小的条状钢材。

1.1.5 有色金属及其合金

(1) 按照密度、价格、储量及性能分类

① 重金属 指密度≥3.5g/cm^{3}的有色金属。包括铜、镍、钴、铅、锌、锡、锑、汞、镉、铋等纯金属及其合金。

② 轻金属 指密度<3.5g/cm^{3}的有色金属。包括铝、镁、钠、钾、钙等纯金属及其合金。这类金属的共同特点是密度小（0.53～3.5g/cm^3），化学活性大，与氧、硫、碳和卤素的化合物都相当稳定。

③ 贵金属 指贵重或可制造货币的金属。包括金、银、铂、钯、铑等纯金属及其合金。它们的特点是密度大（10.4～22.4g/cm^3），熔点高（916～3000℃），化学性质稳定，能抵抗酸、碱，难于腐蚀(除银和钯外)。

④ 半金属 指物理性能介于金属与非金属之间的有色金属。包括硅、硒、碲、砷、硼等。其中硅是半导体主要材料之一；高纯碲、硒、砷是制造化合物半导体的原料；硼是合金的添加元素。

⑤ 稀有金属 指相对较为稀缺或目前产量相对较少的有色金属。稀有轻金属包括钛、铍、锂、铷、铯等。其共同特点是密度小，

化学活性很强。稀有高熔点金属包括钨、钼、铌、锆、铪、钒、铼等。其共同特点是熔点高（均高于1700℃，钨高达3400℃），硬度大，耐腐蚀性强，可与一些非金属生成非常硬和非常难熔的稳定化合物。稀有分散金属包括镓、铟、铊、锗等，除铊外都是半导体材料。稀土金属包括镧系和与镧系性质非常相近的钪、钇元素。其特性是化学性质活泼，故在冶金工业和球墨铸铁的生产中获得广泛的应用。

稀土金属其实并不稀少。它的储量是较丰富的，也不像泥土，只是由于过去提纯和分离技术低，只能获得外观似碱土的稀土氧化物而得名。

⑥ 放射性金属　包括天然放射性元素如钋、镭、锕、钍、镤和铀等元素以及人造超铀元素如钫、钚、锝、镅等。这类金属是原子能工业的主要原料。

（2）按生产方法及用途分类

① 有色冶炼产品　指以冶炼方法得到的各种纯金属或合金产品。纯金属产品一般分为工业纯度及高纯度两类，按照金属的不同，可分为纯铜、纯铝、纯镍、纯锡等。合金冶炼产品是按铸造有色合金的成分配比而生产的一种原始铸锭，如铸造黄铜锭、铸造青铜锭、铸造铝合金锭等。

② 有色加工产品　指以压力加工方法生产出来的各种管、棒、线、型、板、箔、条、带等有色半成品材料。它包括纯金属加工产品和合金加工产品两部分。按照有色金属和合金系统，可分为纯铜加工产品、黄铜加工产品、青铜加工产品、白铜加工产品、铝及铝合金加工产品、锌及锌合金加工产品、钛及钛合金加工产品等。

③ 铸造有色合金　指以铸造方法，用有色金属材料直接浇铸各种形状的机械零件，其中最常用的有铸造铜合金（包括铸造黄铜和铸造青铜）、铸造铝合金、铸造镁合金、铸造锌合金等。

④ 轴承合金　指制作滑动轴承轴瓦的有色金属材料，按其基体材料的不同，可分为锡基、铅基、铜基、铝基、锌基、镉基和银基等轴承合金。实质上，它也是一种铸造有色合金，但因其属于专用

合金，故通常都把它划分出来，单独列为一类。

⑤ 硬质合金　指以难熔硬质金属化合物（如碳化钨、碳化钛）作基体，以钴、铁或镍作黏结剂，采用粉末冶金法（也有铸造的）制作而成的一种硬质工具材料。其特点是具有比高速工具钢更好的红硬性和耐磨性。常用的硬质合金有钨钴合金、钨钴钛合金和通用硬质合金三类。

⑥ 焊料　指焊接金属制件时所用的有色合金。焊料应具有的基本特性是熔点较低、黏合力较强、焊接处有足够的强度和韧性等。按照化学成分和用途的不同，焊料通常分为以下三类。

a. 软焊料　即铅基和锡基焊料，熔点在220～280℃之间。

b. 硬焊料　即铜基和锌基焊料，熔点在825～880℃之间。

c. 银焊料　熔点在720～850℃之间，也属硬焊料，但这类焊料比较贵，主要用于电子仪器和仪表中，因为它除了具有上述一般特性外，还具有在熔融状态下不氧化（或微弱氧化）和高的电化学稳定性。

⑦ 金属粉末　指粉状的有色金属材料，如镁粉、铝粉、铜粉等。

⑧ 特殊合金　指高温合金、精密合金、复合材料等。

（3）按合金系统分类　有铝及铝合金、铜及铜合金、钛及钛合金等。

（4）工业上常用的有色金属（见表1-1）

表1-1　工业上常用的有色金属

<table>
<tr><td>纯金属</td><td colspan="4">铜（紫铜）、镍、铝、镁、锌、铅、锡、铬等</td></tr>
<tr><td rowspan="3">合金</td><td rowspan="3">铜合金</td><td>黄铜</td><td>压力加工用、铸造用</td><td>普通黄铜（铜锌合金）
特殊黄铜（含有其他合金元素的黄铜）：铝黄铜、硅黄铜、锰黄铜、铅黄铜等</td></tr>
<tr><td>青铜</td><td>压力加工用、铸造用</td><td>锡青铜（铜锡合金，一般还含有磷或锌、铅等合金元素）
特殊青铜（无锡青铜）：铝青铜（铜铝合金）、铍青铜（铜铍合金）、硅青铜（铜硅合金）等</td></tr>
<tr><td>白铜</td><td>压力加工用</td><td>普通白铜（铜镍合金）
特殊白铜（含有其他合金元素的白铜）：锰白铜、铁白铜、锌白铜等</td></tr>
</table>

续表

纯金属	铜（紫铜）、镍、铝、镁、锌、铅、锡、铬等		
合金	铝合金	压力加工用	不经热处理：防锈铝 经热处理：硬铝、锻铝、超硬铝、特殊铝等
		铸造用	铝硅合金、铝铜合金、铝镁合金、铝锌合金
	镍合金	压力加工用	镍硅合金、镍锰合金、镍铬合金、镍铜合金等
	锌合金	压力加工用	锌铜合金、锌铝合金
		铸造用	锌铝合金
	铅合金	压力加工用	铅锌合金、铅锑合金
	镁合金	压力加工用、铸造用	镁铝合金、镁锰合金、镁锌合金、镁稀土合金
	轴承合金	铅基轴承合金、铅锡轴承合金、铅锑轴承合金	
		锡基轴承合金、锡锑轴承合金	
	印刷合金	铅基印刷合金、铅锑印刷合金	
	硬质合金	钨钴硬质合金、钨钴钛硬质合金等	
		铸造碳化钨	
	钛合金	压力加工用、铸造用	钛与铝、钼等合金元素的合金

1.2　金属材料的性能

1.2.1　物理性能

（1）物理性能指标及其含义（见表 1-2）

表 1-2　金属物理性能指标及其含义

名　词	解　　释
密度	密度 ρ 分为体积密度、面积密度和线密度，一般所指的密度为体积密度。因此，密度就是指某种物质单位体积的质量，单位为 kg/m^3 或 g/cm^3。在体积相同的情况下，金属的密度越大，其质量也就越大
熔点	熔点是指金属从固体状态向液体状态转变时的熔化温度，单位为 K 或℃。每种金属和合金都有自己的熔点
热膨胀性	金属及合金受热时，它的体积增大，冷却时又收缩的性能称为热膨胀性。各种金属热膨胀性均不相同。热膨胀性大小，一般用线胀系数 α_L 来表示，单位长度的某种金属在温度升高 1℃（或 1K）时，其长度伸长量称为线膨胀系数，单位为$℃^{-1}$ 或 K^{-1}

续表

名　词	解　　释
导热性	金属材料在加热或冷却时能传导热能的性质称为导热性。一般用热导率 λ 来衡量金属导热性能的优劣，单位为 W/(m·K) 或 W/(m·℃)。热导率大，其导热性能良好，热导率小则导热性能差
导电性	金属材料传导电流的性能称为导电性。衡量金属材料导电性能的指标是电导率和电阻率 电阻率 ξ，单位为 $\Omega \cdot mm^2/m$ 或 $\Omega \cdot m$、$\Omega \cdot cm$。电导率 γ 为电阻率的倒数
热容	m 克质量的物质温度升高 1K 所需的热量称为该物质的热容。热容 C 的单位为 J/K
比热容	1kg 质量的物质温度升高 1K 所需要的热量称为该物质的比热容。比热容 c 的单位为 J/（kg·K）或 J/（kg·℃）

（2）常用金属材料的物理性能（见表 1-3 和表 1-4）

表 1-3　常用金属材料的密度

材料名称	密度 /$g \cdot cm^{-3}$	材料名称	密度 /$g \cdot cm^{-3}$	材料名称	密度 /$g \cdot cm^{-3}$
灰口铸铁	6.6～7.4	H68	8.5	HMn55-3-1	8.5
白口铸铁	7.4～7.7	H62	8.5	HFe59-1-1	8.5
可锻铸铁	7.2～7.4	HPb74-3	8.7	HSi80-3	8.5
工业纯铁	7.87	HPb63-3	8.5	HNi65-5	8.5
钢材	7.85	HPb59-1	8.5	QSn4-3	8.8
铸钢	7.8	HSn90-1	8.8	QSn4-4-2.5	8.75
低碳钢（含碳 0.1%）	7.85	HSn70-1	8.54	QSn4-4-4	8.9
中碳钢（含碳 0.4%）	7.82	HSn62-1	8.5	QSn6.5-0.1	8.8
高碳钢（含碳 1%）	7.81	HSn60-1	8.5	QSn6.5-0.4	8.8
高速钢（含钨 9%）	8.3	HAl77-2	8.6	QSn7-0.2	8.8
高速钢（含钨 18%）	8.7	HAl67-2.7	8.5	QSn4-0.3	8.9
不锈钢（含铬 13%）	7.75	HAl60-1-1	8.5	QAl5	8.2
纯铜（紫铜）	8.9	HAl66-6-3-2	8.5	QAl7	7.8
H96	8.8	HMn58-2	8.5	QAl9-2	7.6
H90	8.7	HMn57-3-1	8.5	QAl9-4	7.5

续表

材料名称	密度/g·cm^{-3}	材料名称	密度/g·cm^{-3}	材料名称	密度/g·cm^{-3}
QAl10-3-1.5	7.5	1A50	2.72	6061	2.7
QAl10-4-4	7.5	5A02	2.68	6063	2.7
QBe2	8.3	5A03	2.67	7A03	2.85
QBe2.15	8.3	5083	2.67	7A04	2.85
QSi1-3	8.6	5A05	2.65	7A09	2.85
QSi3-1	8.4	5056	2.64	4A01	2.68
QCd1.0	8.8	5A06	2.64	5A41	2.64
ZQSn2-12-5	8.69	5B0A	2.65	5A66	2.68
ZQSn3-7-5-1	8.7	3A21	2.73	ZL101	2.66
ZQSn5-5-5	8.84	5A43	2.68	ZL102	2.65
ZQSn6-6-3	8.82	2A01	2.76	ZL103	2.7
B5	8.9	2A02	2.75	ZL104	2.65
B19	8.9	2A04	2.76	ZL105	2.68
B30	8.9	2A06	2.76	ZL201	2.78
BMn3-12	8.4	2B11	2.8	ZL203	2.8
BMn40-1.5	8.9	2B12	2.78	ZL301	2.55
BMn43-0.5	8.9	2A10	2.8	ZL401	2.95
BFe30-1-1	8.9	2A11	2.8	锌板	7.2
BFe5-1	8.9	2A12	2.78	锌阳极板	7.15
BZn15-20	8.6	2A16	2.84	ZZnAl10-5	6.3
BAl6-1.5	8.7	2A17	2.84	ZZnAl9-1.5	6.2
纯镍	8.85	6A02	2.7	ZZnAl4-1	6.7
NSi0.19	8.85	2A50	2.75	ZZnAl4	6.6
NCu8-2.5-1.5	8.85	2B50	2.75	铅板	11.37
NMg0.1	8.85	2A70	2.8	锡	7.3
NCr9	8.7	2A80	2.77	ZChSnSb12-4-10	7.52
1070A～8A06	2.71	2A90	2.8	ZChSnSb11-6	7.38
7A01	2.72	2A14	2.8	ZChSnSb8-4	7.39

续表

材料名称	密度/g·cm^{-3}	材料名称	密度/g·cm^{-3}	材料名称	密度/g·cm^{-3}
ZChSnSb4-4	7.34	YW2	12.4～13.5	镉	8.65
ZChPbSb16-16-2	9.29	YT5	12.5～13.2	铌	8.57
ZChPbSb15-5-3	9.6	YT14	11.2～12.0	锰	7.43
ZChPbSb15-10	9.73	YT30	9.3～9.7	铬	7.19
ZChPbSb15-5	10.04	YN10	≥6.3	铈	6.9
ZChPbSb10-6	10.24	锇	22.5	锑	6.68
YG3X	15.0～15.3	铱	22.4	锆	6.49
YG4C	14.9～15.2	铂	21.45	碲	6.24
YG6X	14.6～15.0	金	19.32	钒	6.1
YG6A	14.6～15.0	钨	19.3	钛	4.51
YG6	14.0～15.0	钽	16.6	钡	3.5
YG8N	14.5～14.9	汞	13.6	铍	1.85
YG8	14.5～14.9	钍	11.5	镁	1.74
YG8C	14.5～14.9	银	10.5	钙	1.55
YG11C	14.0～14.4	钼	10.2	钠	0.97
YG15	13.0～14.2	铋	9.8	钾	0.86
YW1	12.6～13.5	钴	8.9		

表1-4 常用纯金属材料的性能

名称	元素符号	熔点/℃	线胀系数/℃$^{-1}$	相对电导率/%	抗拉强度σ_b/MPa	伸长率δ/%	断面收缩率ψ/%	布氏硬度/HBS	色泽
银	Ag	960.5	0.0000189	100.0	180	50	90	25	银白
铝	Al	660.2	0.0000236	60.0	80～110	32～40	70～90	25	银白
金	Au	1063.0	0.0000142	71.0	140	40	90	20	金黄
铍	Be	1285.0	0.0000115	27.0	310～450	—	—	120	钢灰
铋	Bi	271.2	0.0000134	1.4	5～20	0	—	9	白
镉	Cd	321.0	0.0000310	22.0	65	20	50	20	苍白

续表

名称	元素符号	熔点 /℃	线胀系数 /℃$^{-1}$	相对电导率 /%	抗拉强度 σ_b /MPa	伸长率 δ/%	断面收缩率 ψ/%	布氏硬度 /HBS	色泽
钴	Co	1492.0	0.0000125	26.0	250	—	—	125	钢灰
铬	Cr	1855.0	0.0000062	12.0	200～280	9～17	9～23	110	灰白
铜	Cu	1083.0	0.0000165	95.0	200～240	45～50	65～75	40	紫
铁	Fe	1539.0	0.0000118	16.0	250～330	25～55	70～85	50	灰白
铱	Ir	2454.0	0.0000065	32.0	230	—	—	170	银白
镁	Mg	650.0	0.0000257	36.0	200	11.5	12.5	36	银白
锰	Mn	1244.0	0.0000230	0.9	脆	—	—	210	灰白
钼	Mo	2625.0	0.0000049	31.0	700	30	60	160	银白
铌	Nb	2468.0	0.0000071	12.0	300	28	80	75	钢灰
镍	Ni	1455.0	0.0000135	23.0	400～500	40	70	80	白
铅	Pb	327.4	0.0000293	7.7	15	45	90	5	苍灰
铂	Pt	1772.0	0.0000089	17.0	150	40	90	40	银白
锑	Sb	630.5	0.0000113	4.1	5～10	0	0	45	银白
锡	Sn	231.9	0.0000230	14.0	15～20	40	90	5	银白
钽	Ta	2996.0	0.0000065	12.0	350～450	25～40	86	85	钢灰
钛	Ti	1677.0	0.0000090	3.4	380	36	64	115	暗灰
钒	V	1910.0	0.0000083	6.4	220	17	75	264	淡灰
钨	W	3400.0	0.0000043	29.0	1100	—	—	350	钢灰
锌	Zn	419.5	0.0000395	27.0	120～170	40～50	60～80	35	苍灰
锆	Zr	1852.0	0.0000059	3.8	400～450	20～30	—	125	浅灰

1.2.2 化学性能

金属化学性能指标及其含义见表 1-5。

表 1-5 金属化学性能指标及其含义

名 词	解 释
耐腐蚀性	金属材料抵抗空气、水蒸气及其他化学介质腐蚀破坏作用的能力，称为耐腐蚀性。常见的钢铁生锈、铜生铜绿等，就是腐蚀现象。金属材料耐腐蚀性能与许多因素有关，如金属的化学成分、加工性质、热处理条件、组织状态以及环境介质和温度条件等
抗氧化性	金属材料在室温或高温加热时抵抗氧气氧化作用的能力称为抗氧化性
化学稳定性	金属材料的耐腐蚀性和抗氧化性总称为化学稳定性。金属材料在高温下的化学稳定性称为热稳定性

1.2.3 力学性能

(1) 力学性能指标及其含义（见表1-6）

表1-6 力学性能指标及其含义

项目	名　词	代　号	单位	说　明
1	强度		MPa	在外力作用下，材料抵抗变形和断裂的能力
	(1) 抗拉强度	$R_m(\sigma_b)$		外力是拉力时的极限强度
	(2) 抗压强度	σ_{bc}		外力是压力时的极限强度
	(3) 抗弯强度	σ_{bb}		外力与材料轴线垂直，并在作用后使材料呈弯曲的极限强度
	(4) 抗剪强度	τ_b		外力与材料轴线垂直，并对材料呈剪切作用的极限强度
	(5) 屈服强度	(σ_s)		材料受拉力至某一程度时，塑性变形发生而力不增加的应力点
	①上屈服强度	R_{eH}		试样发生屈服现象而力首次下降前的最大应力
	②下屈服强度	R_{eL}		试样屈服期间，不计初始瞬时效应时的最低应力
	(6) 规定残余延伸强度	$R_r(\sigma_r)$ $R_{r0.2}(\sigma_{r0.2})$		材料在卸除拉力后，标距部分残余伸长率达到规定数值（常为0.2%）的应力
	(7) 规定非比例延伸强度	$R_p(\sigma_p)$		非比例伸长率等于规定的引伸计标距百分率时的应力
2	塑性		%	金属材料在外力作用下产生变形而不破坏，当外力去除后仍能使其变形保留下来的性能称为塑性，保留的永久变形称为塑性变形。代表塑性性能的指标有伸长率和断面收缩率
	(1) 断后伸长率	$A(\delta)$		材料受拉力作用断裂时，伸长的长度与原有长度的百分比
	①短试样求得的伸长率	$A(\delta)$		试样原始标距 $L_0=5.65\sqrt{S_0}$（S_0为试样原始横截面积）
	②长试样求得的伸长率	$A_{11.3}(\delta_{10})$		试样原始标距 $L_0=11.3\sqrt{S_0}$
	(2) 断面收缩率	$Z(\psi)$		材料受拉力作用断裂时，断面缩小的面积与原有断面积的百分比

续表

项目	名　　词	代　号	单位	说　　明
3	硬度			材料抵抗硬的物体压入自己表面的能力
	(1) 布氏硬度	HBW	MPa	它是以一定的负荷把一定直径的硬质合金球压于材料表面，保持规定时间后卸除负荷，测量材料表面的压痕，按公式用压痕面积来除以负荷所得的商，适用于布氏硬度值在 450～650 的材料
	(2) 洛氏硬度	HR	—	用一定的负荷，把淬硬钢球或 120°圆锥形金刚石压入器压入材料表面，然后用材料表面上压印的深度来计算硬度大小
	①标尺 C	HRC		采用 1470N 负荷和圆锥形金刚石压入器求得的硬度
	②标尺 A	HRA		采用 588N 负荷和圆锥形金刚石压入器求得的硬度
	③标尺 B	HRB		采用 980N 负荷和直径 1.59mm 淬硬钢球求得的硬度
	(3) 表面洛氏硬度		—	试验原理与洛氏硬度一样，适用于钢材表面经渗碳、氮化等处理的表面层硬度以及薄、小试件硬度的测定
	①标尺 15N	HR15N		采用 147.1N 总负荷和金刚石压入器求得的硬度
	②标尺 30N	HR30N		采用 294.2N 总负荷和金刚石压入器求得的硬度
	③标尺 45N	HR45N		采用 441.3N 总负荷和金刚石压入器求得的硬度
	(4) 维氏硬度	HV	MPa	以一定负荷把 136°方锥形金刚石压头压于材料表面，保持规定时间后卸除负荷，测量材料表面的压痕对角线平均长度，按公式用压痕面积来除以负荷所得的商
	(5) 邵氏硬度	HS	—	用一定重量的带有金刚石圆头或钢球的重锤，从一定高度上落于金属试样的表面，根据重锤回跳的高度所求得的硬度
	(6) 里氏硬度	HL	—	将笔形里氏硬度计的冲击装置用弹簧力加载后定位于被测位置自动冲击，冲击体回弹速度（v_R）与冲击速度（v_A）之比乘以 1000 即为里氏硬度值，可由硬度计显示系统直接读出

续表

项目	名　词	代　号	单位	说　明
4	韧性 (1) 冲击吸收功（冲击功） (2) 冲击韧度（冲击值）	 A_{kU}、A_{kV} α_{kU}、α_{kV}	 J J/mm^2	材料抵抗冲击载荷破坏的能力 用一定重量的摆锤在一定高度自由落下冲断带有U形或V形缺口的试样时，试样断面上吸收的冲击功 试样断面单位面积上吸收的冲击功
5	疲劳强度	σ_{-1}	MPa	金属材料在小于σ_s的重复、交变的应力作用下，产生断裂的现象，称为金属疲劳 金属材料在无限次反复交变载荷作用下而不引起破坏所能承受的最大应力称为疲劳强度（疲劳极限）。通常对一般钢材采用10^6～10^7循环次数而不断裂的最大交变应力来确定其疲劳极限，有色金属则为10^8次以上

注：1.括号中的代号为旧标准代号。由于大部分材料标准尚未更新，后文对此类材料暂沿用旧标准代号。

2.硬度值表示方法，举例：120HBW10/3000为用10mm钢球，在29.42kN（3000kgf）负荷下保持10s测定硬度的值，也可简化为120HBW。

（2）常用金属材料的摩擦因数（见表1-7和表1-8）

表1-7　常用金属材料的滑动摩擦因数

摩擦副材料	滑动摩擦因数 f	
	有　润　滑	无　润　滑
钢-钢	0.05～0.10	0.10
钢-软钢	0.10～0.20	0.20
钢-铸铁	0.05～0.15	0.16～0.18
钢-青铜	0.07	0.15～0.18
钢-黄铜	0.03	0.19
钢-铝	0.02	0.17
钢-轴承合金	0.04	0.20
钢-夹布胶木	—	0.22
铸铁-铸铁	0.07～0.12	0.15
铸铁-橡胶	0.50	0.80
铸铁-青铜	0.07～0.15	0.15～0.21

续表

摩擦副材料	滑动摩擦因数 f	
	有　润　滑	无　润　滑
青铜-钢	—	0.16
青铜-青铜	0.04～0.10	0.15～0.20
黄铜-钢	0.02	0.30
黄铜-黄铜	0.02	0.17
铝-钢	0.02	0.30
铝-青钢	—	0.22
铝-黄铜	0.02	0.27
淬火钢-尼龙 6	0.023	0.48
淬火钢-尼龙 1010	0.039	—

表 1-8　常用材料的滚动摩擦因数

摩擦副材料	滚动摩擦因数 k/ cm	摩擦副材料	滚动摩擦因数 k/cm
淬火钢-淬火钢	0.001	钢质车轮-钢轨	0.05
铸铁-铸铁	0.05	淬火圆锥车轮-钢轨	0.08～0.10
钢-木材	0.03～0.04	淬火圆柱车轮-钢轨	0.05～0.07
铁或铁质车轮-木面	0.15～0.25		

注：表中数据仅供近似计算参考。

(3) 黑色金属硬度与强度换算（见表 1-9）

表 1-9　黑色金属硬度与强度换算（GB/T 1172—1999）

1. 黑色金属不同制式的硬度与不同钢种的强度换算

硬　度								抗拉强度 σ_b/MPa								
洛　氏		表面洛氏			维氏	布氏 ($F/D^2=30$)		碳钢	铬钢	铬钒钢	铬镍钢	铬钼钢	铬镍钼钢	铬锰硅钢	超高强度钢	不锈钢
HRC	HRA	HR15N	HR30N	HR45N	HV	HBS	HBW									
20.0	60.2	68.8	40.7	19.2	226	225	—	774	742	736	782	747	—	781	—	740
20.5	60.4	69.0	41.2	19.8	228	227	—	784	751	744	787	753	—	788	—	749
21.0	60.7	69.3	41.7	20.4	230	229	—	793	760	753	792	760	—	794	—	758
21.5	61.0	69.5	42.2	21.0	233	232	—	803	769	761	797	767	—	801	—	767
22.0	61.2	69.8	42.6	21.5	235	234	—	813	779	770	803	774	—	809	—	777

续表

硬度								抗拉强度 σ_b/MPa								
洛氏		表面洛氏			维氏	布氏 ($F/D^2=30$)		碳钢	铬钢	铬钒钢	铬镍钢	铬钼钢	铬镍钼钢	铬锰硅钢	超高强度钢	不锈钢
HRC	HRA	HR15N	HR30N	HR45N	HV	HBS	HBW									
22.5	61.5	70.0	43.1	22.1	238	237	—	823	788	779	809	781	—	816	—	786
23.0	61.7	70.3	43.6	22.7	241	240	—	833	798	788	815	789	—	824	—	796
23.5	62.0	70.6	44.0	23.3	244	242	—	843	808	797	822	797	—	832	—	806
24.0	62.2	70.8	44.5	23.9	247	245	—	854	818	807	829	805	—	840	—	816
24.5	62.5	71.1	45.0	24.5	250	248	—	864	828	816	836	813	—	848	—	826
25.0	62.8	71.4	45.5	25.1	253	251	—	875	838	826	843	822	—	856	—	837
25.5	63.0	71.6	45.9	25.7	256	254	—	886	848	837	851	831	850	865	—	847
26.0	63.3	71.9	46.4	26.3	259	257	—	897	859	847	859	840	859	874	—	858
26.5	63.5	72.2	46.9	26.9	262	260	—	908	870	858	867	850	869	883	—	868
27.0	63.8	72.4	47.3	27.5	266	263	—	919	880	869	876	860	879	893	—	879
27.5	64.0	72.7	47.8	28.1	269	266	—	930	891	880	885	870	890	902	—	890
28.0	64.3	73.0	48.3	28.7	273	269	—	942	902	892	894	880	901	912	—	901
28.5	64.6	73.3	48.7	29.3	276	273	—	954	914	903	904	891	912	922	—	913
29.0	64.8	73.5	49.2	29.9	280	276	—	965	925	915	914	902	923	933	—	924
29.5	65.1	73.8	49.7	30.5	284	280	—	977	937	928	924	913	935	943	—	936
30.0	65.3	74.1	50.2	31.1	288	283	—	989	948	940	935	924	947	954	—	947
30.5	65.6	74.4	50.6	31.7	292	287	—	1002	960	953	946	936	959	965	—	959
31.0	65.8	74.7	51.1	32.3	296	291	—	1014	972	966	957	948	972	977	—	971
31.5	66.1	74.9	51.6	32.9	300	294	—	1027	984	980	969	961	985	989	—	983
32.0	66.4	75.2	52.0	33.5	304	298	—	1039	996	993	981	974	999	1001	—	996
32.5	66.6	75.5	52.5	34.1	308	302	—	1052	1009	1007	994	987	1012	1013	—	1008
33.0	66.9	75.8	53.0	34.7	313	306	—	1065	1022	1022	1007	1001	1027	1026	—	1021
33.5	67.1	76.1	53.4	35.3	317	310	—	1078	1034	1036	1020	1015	1041	1039	—	1034
34.0	67.4	76.4	53.9	35.9	321	314	—	1092	1048	1051	1034	1029	1056	1052	—	1047
34.5	67.7	76.7	54.4	36.5	326	318	—	1105	1061	1067	1048	1043	1071	1066	—	1060
35.0	67.9	77.0	54.8	37.0	331	323	—	1119	1074	1082	1063	1058	1087	1079	—	1074
35.5	68.2	77.2	55.3	37.6	335	327	—	1133	1088	1098	1078	1074	1103	1094	—	1087
36.0	68.4	77.5	55.8	38.2	340	332	—	1147	1102	1114	1093	1090	1119	1108	—	1101

续表

硬度								抗拉强度 σ_b/MPa								
洛氏		表面洛氏			维氏	布氏($F/D^2=30$)		碳钢	铬钢	铬钒钢	铬镍钢	铬钼钢	铬镍钼钢	铬锰硅钢	超高强度钢	不锈钢
HRC	HRA	HR15N	HR30N	HR45N	HV	HBS	HBW									
36.5	68.7	77.8	56.2	38.8	345	336	—	1162	1116	1131	1109	1106	1136	1123	—	1116
37.0	69.0	78.1	56.7	39.4	350	341	—	1177	1131	1148	1125	1122	1153	1139	—	1130
37.5	69.2	78.4	57.2	40.0	355	345	—	1192	1146	1165	1142	1139	1171	1155	—	1145
38.0	69.5	78.7	57.6	40.6	360	350	—	1207	1161	1183	1159	1157	1189	1171	—	1161
38.5	69.7	79.0	58.1	41.2	365	355	—	1222	1176	1201	1177	1174	1207	1187	1170	1176
39.0	70.0	79.3	58.6	41.8	371	360	—	1238	1192	1219	1195	1192	1226	1204	1195	1193
39.5	70.3	79.6	59.0	42.4	376	365	—	1254	1208	1238	1214	1211	1245	1222	1219	1209
40.0	70.5	79.9	59.5	43.0	381	370	370	1271	1225	1257	1233	1230	1265	1240	1243	1226
40.5	70.8	80.2	60.0	43.6	387	375	375	1288	1242	1276	1252	1249	1285	1258	1267	1244
41.0	71.1	80.5	60.4	44.2	393	380	381	1305	1260	1296	1273	1269	1306	1277	1290	1262
41.5	71.3	80.8	60.9	44.8	398	385	386	1322	1278	1317	1293	1289	1327	1296	1313	1280
42.0	71.6	81.1	61.3	45.4	404	391	392	1340	1296	1337	1314	1310	1348	1316	1336	1299
42.5	71.8	81.4	61.8	45.9	410	396	397	1359	1315	1358	1336	1331	1370	1336	1359	1319
43.0	72.1	81.7	62.3	46.5	416	401	403	1378	1335	1380	1358	1353	1392	1357	1381	1339
43.5	72.4	82.0	62.7	47.1	422	407	409	1397	1355	1401	1380	1375	1415	1378	1404	1361
44.0	72.6	82.3	63.2	47.7	428	413	415	1417	1376	1424	1404	1397	1439	1400	1427	1383
44.5	72.9	82.6	63.6	48.3	435	418	422	1438	1398	1446	1427	1420	1462	1422	1450	1405
45.0	73.2	82.9	64.1	48.9	441	424	428	1459	1420	1469	1451	1444	1487	1445	1473	1429
45.5	73.4	83.2	64.6	49.5	448	430	435	1481	1444	1493	1476	1468	1512	1469	1496	1453
46.0	73.7	83.5	65.0	50.1	454	436	441	1503	1468	1517	1502	1492	1537	1493	1520	1479
46.5	73.9	83.7	65.5	50.7	461	442	448	1536	1493	1541	1527	1517	1563	1517	1544	1505
47.0	74.2	84.0	65.9	51.2	468	449	455	1550	1519	1566	1554	1542	1589	1543	1569	1533
47.5	74.5	84.3	66.4	51.8	475	—	463	1575	1546	1591	1581	1568	1616	1569	1594	1562
48.0	74.7	84.6	66.8	52.4	482	—	470	1600	1574	1617	1608	1595	1643	1595	1620	1592
48.5	75.0	84.9	67.3	53.0	489	—	478	1626	1603	1643	1636	1622	1671	1623	1646	1623
49.0	75.3	85.2	67.7	53.6	497	—	486	1653	1633	1670	1665	1649	1699	1651	1674	1655
49.5	75.5	85.5	68.2	54.2	504	—	494	1681	1665	1697	1695	1677	1728	1679	1702	1689
50.0	75.8	85.7	68.6	54.7	512	—	502	1710	1698	1724	1724	1706	1758	1709	1731	1725
50.5	76.1	86.0	69.1	55.3	520	—	510	—	1732	1752	1755	1735	1788	1739	1761	—
51.0	76.3	86.3	69.5	55.9	527	—	518	—	1768	1780	1786	1764	1819	1770	1792	—
51.5	76.6	86.6	70.0	56.5	535	—	527	—	1806	1809	1818	1794	1850	1801	1824	—

续表

硬度								抗拉强度 σ_b/MPa								
洛氏		表面洛氏			维氏	布氏 ($F/D^2=30$)		碳钢	铬钢	铬钒钢	铬镍钢	铬钼钢	铬镍钼钢	铬锰硅钢	超高强度钢	不锈钢
HRC	HRA	HR15N	HR30N	HR45N	HV	HBS	HBW									
52.0	76.9	86.8	70.4	57.1	544	—	535	—	1845	1839	1850	1825	1881	1834	1857	—
52.5	77.1	87.1	70.9	57.6	552	—	544	—	—	1869	1883	1856	1914	1867	1892	—
53.0	77.4	87.4	71.3	58.2	561	—	552	—	—	1899	1917	1888	1947	1901	1929	—
53.5	77.7	87.6	71.8	58.8	569	—	561	—	—	1930	1951	—	—	1936	1966	—
54.0	77.9	87.9	72.2	59.4	578	—	569	—	—	1961	1986	—	—	1971	2006	—
54.5	78.2	88.1	72.6	59.9	587	—	577	—	—	1993	2022	—	—	2008	2047	—
55.0	78.5	88.4	73.1	60.5	596	—	585	—	—	2026	2058	—	—	2045	2090	—
55.5	78.7	88.6	73.5	61.1	606	—	593	—	—	—	—	—	—	—	2135	—
56.0	79.0	88.9	73.9	61.7	615	—	601	—	—	—	—	—	—	—	2181	—
56.5	79.3	89.1	74.4	62.2	625	—	608	—	—	—	—	—	—	—	2230	—
57.0	79.5	89.4	74.8	62.8	635	—	616	—	—	—	—	—	—	—	2281	—
57.5	79.8	89.6	75.2	63.4	645	—	622	—	—	—	—	—	—	—	2334	—
58.0	80.1	89.8	75.6	63.9	655	—	628	—	—	—	—	—	—	—	2390	—
58.5	80.3	90.0	76.1	64.5	666	—	634	—	—	—	—	—	—	—	2448	—
59.0	80.6	90.2	76.5	65.1	676	—	639	—	—	—	—	—	—	—	2509	—
59.5	80.9	90.4	76.9	65.6	687	—	643	—	—	—	—	—	—	—	2572	—
60.0	81.2	90.6	77.3	66.2	698	—	647	—	—	—	—	—	—	—	2639	—
60.5	81.4	90.8	77.7	66.8	710	—	650	—	—	—	—	—	—	—	—	—
61.0	81.7	91.0	78.1	67.3	721	—	—	—	—	—	—	—	—	—	—	—
61.5	82.0	91.2	78.6	67.9	733	—	—	—	—	—	—	—	—	—	—	—
62.0	82.2	91.4	79.0	68.4	745	—	—	—	—	—	—	—	—	—	—	—
62.5	82.5	91.5	79.4	69.0	757	—	—	—	—	—	—	—	—	—	—	—
63.0	82.8	91.7	79.8	69.5	770	—	—	—	—	—	—	—	—	—	—	—
63.5	83.1	91.8	80.2	70.1	782	—	—	—	—	—	—	—	—	—	—	—
64.0	83.3	91.9	80.6	70.6	795	—	—	—	—	—	—	—	—	—	—	—
64.5	83.6	92.1	81.0	71.2	809	—	—	—	—	—	—	—	—	—	—	—
65.0	83.9	92.2	81.3	71.7	822	—	—	—	—	—	—	—	—	—	—	—
65.5	84.1	—	—	—	836	—	—	—	—	—	—	—	—	—	—	—
66.0	84.4	—	—	—	850	—	—	—	—	—	—	—	—	—	—	—
66.5	84.7	—	—	—	865	—	—	—	—	—	—	—	—	—	—	—
67.0	85.0	—	—	—	879	—	—	—	—	—	—	—	—	—	—	—
67.5	85.2	—	—	—	894	—	—	—	—	—	—	—	—	—	—	—
68.0	85.5	—	—	—	909	—	—	—	—	—	—	—	—	—	—	—

续表

2.黑色金属不同制式硬度及强度换算

硬度						抗拉强度/MPa
洛氏	表面洛氏			维氏	布氏	
HRB	HR15T	HR30T	HR45T	HV	HB10D^2	
100.0	91.5	81.7	71.7	233		787
99.5	91.3	81.4	71.2	230		778
99.0	91.2	81.0	70.7	227		768
98.5	91.1	80.7	70.2	225		758
98.0	90.9	80.4	69.6	222		748
97.5	90.8	80.1	69.1	219		739
97.0	90.6	79.8	68.6	216		730
96.5	90.5	79.4	68.1	214		721
96.0	90.4	79.1	67.6	211		712
95.5	90.2	78.8	67.1	208		703
95.0	90.1	78.5	66.5	206		694
94.5	89.9	78.2	66.0	203		686
94.0	89.8	77.8	65.5	201		678
93.5	89.7	77.5	65.0	199		670
93.0	89.5	77.2	64.5	196		662
92.5	89.4	76.9	64.0	194		654
92.0	89.3	76.6	63.4	191		646
91.5	89.1T	76.2	62.9	189		638
91.0	89.0	75.9	62.4	187		632
90.5	88.8	75.6	61.9	185		624
90.0	88.7	75.3	61.4	183		617
89.5	88.6	75.0	60.9	180		609
89.0	88.4	74.6	60.3	178		602
88.5	88.3	74.3	59.8	176		595
88.0	88.1	74.0	59.3	174		589
87.5	88.0	73.7	58.8	172		583

续表

硬　度						抗拉强度/MPa
洛　氏	表面洛氏			维　氏	布　氏	
HRB	HR15T	HR30T	HR45T	HV	HB10D^2	
87.0	87.9	73.4	58.3	170		576
86.5	87.7	73.0	57.8	168		570
86.0	87.6	72.7	57.2	166		564
85.5	87.5	72.4	56.7	165		557
85.0	87.3	72.1	56.2	163		551
84.5	87.2	71.8	55.7	161		545
84.0	87.0	71.4	55.2	159		539
83.5	86.9	71.1	54.7	157		534
83.0	86.8	70.8	54.1	156		529
82.5	86.6	70.5	53.6	154	140	524
82.0	86.5	70.2	53.1	152	138	518
81.5	86.3	69.8	52.6	151	137	513
81.0	86.2	69.5	52.1	149	136	508
80.5	86.1	69.2	51.6	148	134	503
80.0	85.9	68.9	51.0	146	133	498
79.5	85.8	68.6	50.5	145	132	493
79.0	85.7	68.2	50.0	143	130	488
78.5	85.5	67.9	49.5	142	129	484
78.0	85.4	67.6	49.0	140	128	480
77.5	85.2	67.3	48.5	139	127	476
77.0	85.1	67.0	47.9	138	126	471
76.5	85.0	66.6	47.4	136	125	467
76.0	84.8	66.3	46.9	135	124	463
75.5	84.7	66.0	46.4	134	123	459
75.0	84.5	65.7	45.9	132	122	455
74.5	84.4	65.4	45.4	131	121	451
74.0	84.3	65.1	44.8	130	120	447

续表

硬　度						抗拉强度/MPa
洛　氏	表面洛氏			维　氏	布　氏	
HRB	HR15T	HR30T	HR45T	HV	HB10D^2	
73.5	84.1	64.7	44.3	129	119	443
73.0	84.0	64.4	43.8	128	118	440
72.5	83.9	64.1	43.3	126	117	436
72.0	83.7	63.8	42.8	125	116	433
71.5	83.6	63.5	42.3	124	115	431
71.0	83.4	63.1	41.7	123	115	427
70.5	83.3	62.8	41.2	122	114	424
70.0	83.2	62.5	40.7	121	113	421
69.5	83.0	62.2	40.2	120	112	418
69.0	82.9	61.9	39.7	119	112	415
68.5	82.7	61.5	39.2	118	111	412
68.0	82.6	61.2	38.6	117	110	410
67.5	82.5	60.9	38.1	116	110	407
67.0	82.3	60.6	37.6	115	109	404
66.5	82.2	60.3	37.1	115	108	402
66.0	82.1	59.9	36.6	114	108	399
65.5	81.9	59.6	36.1	113	107	397
65.0	81.8	59.3	35.5	112	107	395
64.5	81.6	59.0	35.0	111	106	392
64.0	81.5	58.7	34.5	110	106	390
63.5	81.4	58.3	34.0	110	105	388
63.0	81.2	58.0	33.5	109	105	386
62.5	81.1	57.7	32.9	108	104	384
62.0	80.9	57.4	32.4	108	104	382
61.5	80.8	57.1	31.9	107	103	380
61.0	80.7	56.7	31.4	106	103	379
60.5	80.5	56.4	30.9	105	102	378
60.0	80.4	56.1	30.4	105	102	376

注：1. 表列各钢系换算值对含碳量由低到高的钢种基本适用。

2. 黑色金属不同制式硬度及强度换算表中强度值适用于低碳钢。

（4）钢铁硬度的锉刀检验法（见表1-10）

表1-10 钢铁硬度的锉刀检验法（GB/T 13321—1991）

标准锉刀			标准试块		
刀柄颜色	锉刀硬度级别	硬度范围/HRC	试块级别	相应标准锉刀级别	硬度范围/HRC
黑色	锉刀硬-65	65～67	No.1	锉刀硬-65	64～66
蓝色	锉刀硬-62	61～63	No.2	锉刀硬-62	60～62
绿色	锉刀硬-58	57～59	No.3	锉刀硬-58	56～58
草绿色	锉刀硬-55	54～56	No.4	锉刀硬-55	53～55
黄色	锉刀硬-50	49～51	No.5	锉刀硬-50	48～50
红色	锉刀硬-45	44～46	No.6	锉刀硬-45	43～45
白色	锉刀硬-40	39～41	No.7	锉刀硬-40	38～40

注：1.被检表面的粗糙度应尽量与标准试块表面粗糙度接近。

2.当被检件硬度范围无法估算时，应选用最高一级的锉刀，从高硬度到低硬度，直到锉刀不能锉削被检件打滑为止。

3.此法适于生产现场检验钢铁硬度范围为39～67HRC的常规硬度检验。

1.2.4 工艺性能

材料工艺性能名词术语见表1-11。

表1-11 材料工艺性能名词术语

名词	解释
铸造性能	金属材料能用铸造方法获得合格铸件的能力称为铸造性。金属材料的铸造性能主要决定于其流动性和收缩性。流动性指液态金属充满铸型的能力。收缩性是指金属由液态向固态凝固后体积收缩的程度
锻压性能	金属材料承受锻压后，可改变自己的形状而不产生破裂的性能称为锻压性。它实际上是金属塑性好坏的一种表现，金属材料塑性越高，变形抗力就越小，则锻压性能就越好。锻压性能的好坏主要决定于金属的化学成分、显微组织、变形温度、变形速度及应力状态等因素
焊接性能	焊接性能是指金属材料经过焊接加工后，能获得优良焊接接头的性能。它是用来相对衡量金属材料在一定焊接工艺条件下，获得优良接头难易程度的尺度。金属材料中以低碳钢焊接性为最好，中碳钢次之，高碳钢、高合金钢和铜、铝及其合金及铸铁等较差

续表

名　词	解　释
切削加工性能	金属材料的切削加工性（也称可切削性）是指金属接受切削加工的能力，也是指金属经过切削加工而成为合乎要求的工件的难易程度。评价金属切削加工性的指标较多，通常是根据实际需要，试验切削加工的某一方面性能。最常用的是相对加工性 K_v
热处理工艺性能	热处理是指金属或合金在固态范围内，经过一定的加热、保温、冷却方法，以改变金属内部组织，从而获得所需性能的一种热加工工艺。衡量指标有淬硬性、淬透性、淬火变形及开裂趋势、表面氧化及脱碳趋势、过热及过烧敏感趋势、回火稳定性、回火脆性等

1.3　金属材料牌号表示方法

1.3.1　总则

根据国家有关标准规定，我国金属材料牌号的表示方法必须遵循以下原则：用汉字或国际化学元素符号表示所含的元素；用汉字或汉语拼音字母表示产品名称、用途或冶炼、浇铸方法和加工状态；用阿拉伯数字表示产品的顺序号、产品中各主要元素的含量，或其主要力学性能等。按照上述原则，我国的金属材料牌号表示方法有两种：一种是汉字牌号，它是采用汉字和阿拉伯数字相结合的方法来表示金属材料的牌号，如 40 铬钢、滚铬 15 钢、62 黄铜、92 铝青铜等；另一种是字母牌号（或称代号），它是采用汉语拼音字母、国际化学元素符号和阿拉伯数字相结合的方法来表示金属材料的牌号，如 40Cr、GCr15、H62、QAl9-2 等。

1.3.2　钢铁产品牌号表示方法

我国现行有两个钢铁产品牌号表示方法标准，GB/T 221—2008《钢铁产品牌号表示法》和 GB/T 17616—1998《钢铁及合金牌号统一数字代号体系》，这两种表示方法在现行国家标准和行业标准中并列使用，两者均有效。

（1）编号原则　依据国家标准（GB 221—2000）规定，编号原则如下。

① 产品牌号的表示一般采用汉语拼音字母、化学元素符号（见表 1-12）和阿拉伯数字相结合的形式。

② 采用汉语拼音字母表示产品名称、用途、特性和工艺方法时，一般情况下从代表产品名称的汉字的汉语拼音中选取第一个字母。当这样选取的字母与另一个产品所取的字母重复时，改取第二个字母或第三个字母，或同时选取两个汉字的第一个拼音字母。采用汉语拼音字母表示，原则上字母数只取一个，不超过两个。暂时没有可采用的汉字及汉语拼音的，采用符号为英文字母。

钢铁产品名称、用途、特性、工艺方法和冶金质量等级的表示符号见表1-13和表1-14。

③ 按钢的冶金质量等级分类的优质钢不另加表示符号；高级优质钢分为A、B、C、D四个质量等级；E表示特级优质钢。等级间的区别为：碳质量分数范围；硫、磷及残余元素的质量分数；钢的纯净度和钢的力学性能及工艺性能的保证程度。

表1-12 常用化学元素符号

元素名称	化学元素符号	元素名称	化学元素符号	元素名称	化学元素符号	元素名称	化学元素符号	元素名称	化学元素符号	元素名称	化学元素符号
铁	Fe	铝	Al	铋	Bi	硒	Se	钼	Mo	碳	C
锰	Mn	铌	Nb	铯	Cs	碲	Te	钒	V	硅	Si
铬	Cr	钽	Ta	钡	Ba	砷	As	钛	Ti	氢	H
镍	Ni	锂	Li	镧	La	硫	S	锆	Zr		
钴	Co	铍	Be	铈	Ce	磷	P	锡	Sn	稀土金属	RE（不是元素符号）
铜	Cu	镁	Mg	钐	Sm	氮	N	铅	Pb		
钨	W	钙	Ca	锕	Ac	氧	O	硼	B		

表1-13 钢产品名称、用途、特性和工艺方法表示符号

名称	采用的汉字及其汉语拼音		采用符号	位置
	汉字	汉语拼音		
炼钢用生铁	炼	LIAN	L	牌号头
铸造用生铁	铸	ZHU	Z	牌号头
球墨铸铁用生铁	球	QIU	Q	牌号头

续表

名　　称	采用的汉字及其汉语拼音		采 用 符 号	位　置
	汉　　字	汉 语 拼 音		
脱碳低磷粒铁	脱炼	TUO LIAN	TL	牌号头
含钒生铁	钒	FAN	F	牌号头
耐磨生铁	耐磨	NAI MO	NM	牌号头
碳素结构钢	屈	Qu	Q	牌号头
低合金高强度结构钢	屈	Qu	Q	牌号头
耐候钢	耐候	NAI HOU	NH	牌号尾
保证淬透性钢	（可淬透的）	（英文 Hardenability）	H	牌号尾
保证淬透性结构钢（旧标准）	淬	ZHAN	Z	牌号尾
易切削钢	易	YI	Y	牌号头
易切削非调质钢	易非	YI FEI	YF	牌号头
热锻用非调质钢	非	FEI	F	牌号头
电工用热轧硅钢	电热	DIAN RE	DR	牌号头
电工用冷轧无取向硅钢	电无	DIAN　WU	DW	牌号头
电工用冷轧取向硅钢	电取	DIAN　Qu	DQ	牌号头
电工用冷轧取向高磁感硅钢	取高	Qu　GAO	QG	牌号头
（电信用）取向高磁感硅钢	电高	DIAN GAO	DG	牌号头
家用电器用热轧硅钢	家电热	JIA　DIAN　RE	JDR	牌号头
原料纯铁	原铁	YUAN TIE	YT	牌号头
电磁纯铁	电铁	DIAN　TIE	DT	牌号头
碳素工具钢	碳	TAN	T	牌号头
塑料模具用钢	塑模	SU　MO	SM	牌号头
（滚珠）轴承钢	滚	GUN	G	牌号头
焊接用钢	焊	HAN	H	牌号头
钢轨钢	轨	GUI	U	牌号头

续表

名　称	采用的汉字及其汉语拼音		采用符号	位　置
	汉　字	汉语拼音		
铆螺（冷镦）钢	铆螺	MAO LUO	ML	牌号头
锚链钢	锚	MAO	M	牌号头
地质钻探钢管用钢	地质	DI ZHI	DZ	牌号头
船用钢	船	CHUAN	C	牌号尾
汽车大梁用钢	梁	LIANG	L	牌号尾
矿用钢	矿	KUANG	K	牌号尾
压力容器用钢	容	RONG	R	牌号尾
桥梁用钢	桥	QIAO	q	牌号尾
锅炉用钢	锅	GUO	g（或G）	牌号尾
焊接气瓶用钢	焊瓶	HAN　PING	HP	牌号尾
车辆车轴用钢	辆轴	LIANG　ZHOU	LZ	牌号头
机车车轴用钢	机轴	JI ZHOU	JZ	牌号头
管线用钢			S	牌号头
沸腾钢	沸	FEI	F	牌号尾
半镇静钢	半	BAN	b	牌号尾
镇静钢	镇	ZHEN	Z	可省略
特殊镇静钢	特镇	TE　ZHEN	TZ	可省略
质量等级			A、B、C、D、E	牌号尾

表1-14　GB 221—2000未规定但钢铁产品牌号中经常采用的命名符号

名　称	采用的汉字及其汉语拼音		采用符号	位　置
	汉　字	汉语拼音		
铸钢	铸钢	ZHU　GANG	ZG	牌号头
粉末及粉末材料	粉	FEN	F	牌号头
轻轨用钢	轻	QING	Q	牌号尾

续表

名　　称	采用的汉字及其汉语拼音		采用符号	位　置
	汉　　字	汉 语 拼 音		
铁路粗制轮箍用钢	轮箍	LUN　GU	LG	牌号头
铁路车轮用钢	车轮	CHE LUN	CL	牌号头
自行车用钢	自	ZI	Z	牌号头
标准件用碳素钢	标螺	BIAO　LUO	BL	牌号头
中空钢	中空	ZHONG KONG	ZK	牌号头
日用搪瓷钢板用钢	日搪	RI TANG	RT	牌号头
冷轧油桶钢板用钢	冷桶	LENG　TONG	LT	牌号头
冷轧镀锌油桶钢板用钢	锌桶	XIN　TONG	XT	牌号头
火炮炮身用钢	炮	PAO	P	牌号头
炮弹用钢	弹	DAN	D	牌号头
防弹板用钢	防弹	FANG　DAN	FD	牌号头
深冲用优质碳素钢	深	SHEN	S	牌号头
覆铜用热轧扁钢	覆	FU	F	牌号头
预应力混凝土低合金钢丝用钢	预低	YU DI	YD	牌号头
抗震钢筋钢	抗震	KANG　ZHEN	KZ	牌号尾
高级电工纯铁或高级优质钢	高	GAO	A	牌号尾
特级电工纯铁或特级优质钢	特	TE	E	牌号尾
超级电工纯铁	超	CHAO	C	牌号尾
不锈钢单面涂层钢板	涂	TU	T	牌号头
不锈钢双面涂层钢板	涂双	TU SHUANG	TS	牌号头
石油天然气输送管用热轧宽钢带	石	SHI	S	牌号头
一般结构用热连轧钢板和钢带	热卷	RE JUAN	RJ	牌号头
汽车车轮轮辋用钢	轮辋	LUN WANG	LW	牌号尾
汽车传动轴电焊钢管用钢	轴	ZHOU	Z	牌号尾

续表

名　称	采用的汉字及其汉语拼音		采用符号	位　置
	汉　字	汉 语 拼 音		
煤矿用钢	煤	MEI	M	牌号头
多层压力容器用钢	容层	RONG CENG	RC	牌号尾
低温压力容器用钢	低容	DI RONG	DR	牌号尾
氧化钼块	氧	YANG	Y	牌号头
氧气转炉（普通碳素钢用）	氧	YANG	Y	牌号头
碱性空气转炉（普通碳素钢用）	碱	JIAN	J	牌号头
耐蚀合金	耐蚀	NAI SHI	NS	牌号头
精密合金	精	JING	J	牌号中
变形高温合金	高合	GAO HE	GH	牌号头
铸造高温合金	铸高	ZHU GAO	ZG	牌号头
钕铁硼永磁合金	钕铁硼	NU TIE PENG	NTP	牌号头
D（钕铁硼永磁合金）	低	DI	D	牌号尾
Z（钕铁硼永磁合金）	中	ZHONG	Z	牌号尾
G（钕铁硼永磁合金）	高	GAO	G	牌号尾
C（钕铁硼永磁合金）	超	CHAO	C	牌号尾
灰铸铁	灰铁	HUI TIE	HT	牌号头
球墨铸铁	球铁	QIU TIE	QT	牌号头
可锻铸铁	可铁	KE TIE	KT	牌号头
耐热铸铁	热铁	RE TIE	RT	牌号头

（2）编号方法

① 生铁　牌号由代表用途的字母［L—炼钢用（GB/T 717—1998），Z—铸造用（YB/T 14—1991），LVMZ—铸造用磷铜钛低合金耐磨生铁（GB 1412—1985），Q—球墨铸铁用（GB 1412—1985），TL—脱碳低磷粒铁，F—含钒生铁］和表示硅平均质量分数（以千分之几计）的两位数字组成，如Z22。

② 铁合金（GB 7738—1987）　牌号以产品工艺和特性符号开

头，其中：高炉法—G（高），电解法—D（电），纯金属—J（金），真空法—ZK（真空），稀土元素—RE；Fe 表示铁合金产品，其后为合金中主元素或化合物的化学元素符号及百分含量、主要杂质的化学元素符号及其最高百分含量或主要杂质组别符号（“-A”、“-B”、“-C”），如 FeMn80C1.0 和 FeSi75Al0.5-A。如无必要，牌号中有关符号可省略。

③ 碳素结构钢（GB/T 700—2006） 牌号由代表屈服强度的汉语拼音 Q、屈服强度数值（MPa）和表 1-13 中规定的质量等级符号、脱氧方法符号按顺序组成，如 Q235A · F、Q235B · Z 等。

碳素结构钢按质量等级分为 A、B、C、D 四级，按字母顺序，钢中有害元素 S、P 质量分数依次降低、质量依次提高。

在碳素结构钢的牌号组成中，表示镇静钢的符号 Z 和表示特殊镇静钢的符号 TZ 可以省略。例如，质量等级分别为 C 级和 D 级的 Q235 钢，其牌号表示应为 Q235C · Z 和 Q235D · TZ，但可以省略为 Q235C 和 Q235D。

④ 优质碳素结构钢（GB/T 699—1999） 牌号采用阿拉伯数字或阿拉伯数字和化学元素符号以及表 1-13 中规定的符号表示。以两位阿拉伯数字表示平均碳质量分数（以万分之几计），如 08F、45、65Mn。

较高锰质量分数（$w_{Mn}=0.70\%\sim1.20\%$）的优质碳素结构钢在表示平均碳质量分数的阿拉伯数字后面加上化学元素 Mn 符号，如 65Mn 即表示平均碳质量分数为 0.65%、锰质量分数为 0.90%～1.20%的优质碳素结构钢。

优质碳素结构钢按冶金质量分为优质钢、高级优质钢和特级优质钢。高级优质钢（w_S、w_P 均不高于 0.030%）在牌号后面加 A；特级优质钢（$w_S\leqslant0.020\%$、$w_P\leqslant0.025\%$）加 E；优质钢在牌号上不另加符号。例如：平均碳质量分数为 0.20%的高级优质碳素结构钢的牌号为 20A；平均碳质量分数为 0.45%的特级优质碳素结构钢的牌号为 45E。

镇静钢（w_S、w_P 均不高于 0.035%）一般不另外标符号。例如：平均碳质量分数为0.45%的优质碳素结构钢镇静钢的牌号为45。

专用优质碳素结构钢采用阿拉伯数字（以万分之几计的平均碳质量分数）和表1-13中规定的代表产品用途的符号表示。例如：平均碳质量分数为0.20%的锅炉用钢的牌号为20g。

⑤ 低合金高强度结构钢（GB/T 1591—2008）　牌号由代表屈服强度的汉语拼音Q、屈服强度数值、质量等级符号（A、B、C、D、E）三部分按顺序排列组成，如Q390A、Q420E。

低合金高强度结构钢的脱氧方法分为镇静钢和特殊镇静钢，因此在牌号的组成中表示脱氧方法的符号Z和TZ予以省略。

根据需要，低合金高强度结构钢也可以采用两位阿拉伯数字和化学元素符号表示，如16Mn。

专用低合金高强度结构钢一般采用代表屈服强度的符号Q、屈服强度数值和表1-13中规定的代表产品用途的符号来表示。例如：Q295HP为焊接气瓶用钢的牌号；Q345R是压力容器用钢的牌号。

专用低合金高强度结构钢的牌号通常也可以采用阿拉伯数字(用两位阿拉伯数字表示平均碳质量分数，以万分之几计)、化学元素符号以及产品用途符号表示，如压力容器用钢16MnR。

⑥ 合金结构钢（GB/T 3077—1999）　牌号采用阿拉伯数字和化学元素符号表示。采用两位阿拉伯数字表示平均碳质量分数（以万分之几计)，放在牌号头部。合金元素质量分数表示方法为：当平均合金元素质量分数低于1.50%时，牌号中仅标明元素，一般不标明质量分数；当平均合金元素质量分数为1.50%～2.49%、2.50%～3.49%、…、22.5%～23.49%、…时，相应地在合金元素符号后面加上2、3、…、23、…。

例如：碳、铬、锰、硅的平均质量分数分别为0.35%、1.25%、0.95%、1.25%的合金结构钢的牌号为35CrMnSi；碳、铬、镍的平均质量分数分别为0.12%、0.75%、2.95%的合金结构钢的牌号为12CrNi3。

合金结构钢均为镇静钢，表示脱氧方法的符号 Z 予以省略。

合金结构钢按冶金质量的不同分为优质钢、高级优质钢和特级优质钢。高级优质钢（w_S、w_P 均不高于 0.025%）在牌号后面加 A；特级优质钢（$w_S \leqslant 0.015\%$、$w_P \leqslant 0.025\%$）在牌号后面加 E；优质钢在牌号后不另加符号。

专用合金结构钢，在牌号的头部加上代表产品用途的符号表示。例如：碳、铬、锰、硅的平均质量分数分别为 0.30%、0.95%、0.95%、1.05%的铆螺钢的牌号为 ML30CrMnSi；碳、锰的平均质量分数分别为 0.30%、1.60%的锚链钢的牌号为 M30Mn2。

⑦ 易切削钢　牌号采用化学元素符号、表 1-13 规定的符号和阿拉伯数字表示。阿拉伯数字表示平均碳质量分数（以万分之几计）。

加硫易切削钢和加硫、磷易切削钢，在符号 Y 和阿拉伯数字后不加易切削元素符号。例如：平均碳质量分数为 0.15%的易切削钢的牌号为 Y15。

较高锰质量分数的加硫或加硫、磷易切削钢在符号 Y 和阿拉伯数字后加锰元素符号。例如：平均碳质量分数为 0.40%、锰质量分数为 1.20%～1.55%的易切削钢的牌号为 Y40Mn。

含铅、钙等易切削元素的易切削钢，在符号 Y 和阿拉伯数字后加易切削元素符号，如 Y15Pb、Y45Ca。

⑧ 碳素工具钢　牌号用汉字“碳”的拼音字母 T、阿拉伯数字和化学元素符号来表示。阿拉伯数字表示平均碳质量分数（以千分之几计）。

普通锰质量分数（$w_{Mn} < 0.40\%$）的碳素工具钢的牌号由 T 及其后的阿拉伯数字组成。例如：平均碳质量分数为 0.10%的碳素工具钢的牌号为 T10。

较高锰质量分数（$w_{Mn} = 0.40\% \sim 0.60\%$）的碳素工具钢的牌号，在 T 和阿拉伯数字后加锰元素符号。例如：平均碳质量分数为 0.8%、锰质量分数为 0.40%～0.60%的碳素工具钢的牌号为 T8Mn。

高级优质碳素工具钢，在牌号尾部加符号 A。例如：平均碳质量分数为1.0%的高级优质碳素工具钢的牌号为T10A。

⑨ 合金工具钢　牌号采用合金元素符号和阿拉伯数字表示。合金元素符号的表示方法与合金结构钢相同，当平均碳质量分数小于或等于1.00%时，采用一位阿拉伯数字表示碳质量分数（以千分之几计），放在牌号头部。当平均碳质量分数大于1.00%时，一般不标出平均碳质量分数。例如：平均碳质量分数为0.88%、铬质量分数为1.50%的合金工具钢的牌号为9Cr2；平均碳质量分数为1.58%、铬质量分数为11.75%、平均钼质量分数为0.50%、平均钒质量分数为0.23%的合金工具钢的牌号为Cr12MoV。

低铬合金工具钢（平均铬质量分数小于1%）在铬质量分数（以千分之几计）前加数字“0”。例如：平均铬质量分数小于0.6%的合金工具钢的牌号为Cr06。

⑩ 高速工具钢　牌号表示方法与合金结构钢相同，采用表1-13规定的合金元素符号和阿拉伯数字表示。高速工具钢所有牌号都是高碳钢（$w_C \geqslant 0.7\%$），故不用标明碳质量分数数字，阿拉伯数字仅表示合金元素的平均质量分数。若合金元素质量分数小于1.5%，牌号中仅标明元素，不标出质量分数。牌号前冠以C时，表示其平均含碳量高于通用牌号的平均含碳量。例如：平均碳质量分数为0.85%、钨质量分数为6.00%、钼质量分数为5.00%、铬质量分数为4.00%、钒质量分数为2.00%的高速工具钢的牌号为W6Mo5Cr4V2。

⑪ 塑料模具钢　牌号除在头部加符号SM外，其余表示方法与优质碳素结构钢和合金工具钢牌号表示方法相同。例如：平均碳质量分数为0.45%的碳素塑料模具钢的牌号为SM45；平均碳质量分数为0.34%、铬质量分数为1.70%、钼质量分数为0.42%的合金塑料模具钢的牌号为SM3Cr2Mo。

⑫ 不锈耐酸钢和耐热钢　牌号的表示方法采用表1-13规定的合金元素符号和阿拉伯数字表示。一般用一位阿拉伯数字表示碳质量分数（以千分之几计），当平均碳质量分数不小于1.00%时，采用两位阿拉伯数字表示。当碳质量分数上限小于0.10%时，以“0”表示

碳质量分数；当碳质量分数上限大于 0.01%但不大于 0.03%（超低碳）时，以“03”表示碳质量分数；当碳质量分数上限不大于 0.01%（极低碳）时，以“01”表示碳质量分数。不规定碳质量分数下限，仅采用阿拉伯数字表示碳质量分数上限。合金元素质量分数的表示方法与合金结构钢相同，举例如下。

a. 平均碳质量分数为 0.20%、铬质量分数为 13%的不锈钢的牌号为 2Cr13。

b. 碳质量分数上限为 0.08%、平均铬质量分数为 18%、镍质量分数为 9%的铬镍不锈钢的牌号为 0Cr18Ni9；平均碳质量分数为 1.10%、铬质量分数为 17%的高碳铬不锈钢的牌号为 11Cr17。

c. 碳质量分数上限为 0.03%、平均铬质量分数为 19%、镍质量分数为 10%的超低碳不锈钢的牌号为 03Cr19Ni10。

d. 碳质量分数上限为 0.01%、平均铬质量分数为 19%、镍质量分数为 11%的极低碳不锈钢的牌号为 01Cr19Ni11。

专门用途的不锈钢在牌号头部加上代表用途的符号，如易切削铬不锈钢 Y1Cr17。

⑬ 轴承钢　按化学成分和使用特性分为高碳铬轴承钢、渗碳轴承钢、高碳铬不锈轴承钢和高温轴承钢四大类。

a. 高碳铬轴承钢牌号表示方法是在牌号头部加符号 G，但不标明碳质量分数。铬质量分数以千分之几计，其他合金元素的表示方法与合金结构钢相同。例如：平均铬质量分数为 1.5%的轴承钢的牌号是 GCr15。

b. 渗碳轴承钢的牌号表示方法是在合金结构钢牌号的头部加符号 G。例如：平均碳质量分数为 0.2%、铬质量分数为 0.35%～0.65%、镍质量分数为 0.40%～0.70%、钼质量分数为 0.10%～0.35%的渗碳轴承钢的牌号为 G20CrNiMo。高级优质渗碳轴承钢在牌号的尾部加 A，如 G20CrNiMoA。

c. 高碳铬不锈轴承钢和高温轴承钢牌号表示方法采用不锈钢和耐热钢的牌号表示方法，牌号头部不加符号 G。例如：平均碳质量分数为 0.9%、铬质量分数为 18%的高碳铬不锈轴承钢的牌号为

9Cr18；平均碳质量分数为1.02%、铬质量分数为14%、钼质量分数为4%的高温轴承钢的牌号为10Cr14Mo4。

⑭ 铸钢 GB/T 5613—1995《铸钢牌号表示方法》对铸钢规定了两种牌号表示方法。

a. 以力学性能指标屈服强度和抗拉强度为主的牌号表示方法，用“铸钢”两字汉语拼音字首ZG＋分别代表屈服强度和抗拉强度最低值（MPa）的两组数字表示，如ZG200-400等。

b. 以化学成分为主的牌号表示方法，用“铸钢”两字汉语拼音字首ZG＋数字和化学元素符号表示，如ZG20Cr13等，其中20为平均碳质量分数（以万分之几计），Cr为合金元素符号，13为铬平均质量分数（%）。

牌号中有时还另加一些分别表示用途等不同含义的字母和符号，如ZGD345-570为一般工程与结构用低合金铸钢；ZG200-400H为焊接结构用碳素铸钢。

⑮ 铸铁 依据GB/T 5612—1985《铸铁牌号表示方法》，灰口铸铁的牌号用表示铸铁类别的字母＋表示铸件试样能达到的力学性能的数字表示；合金铸铁的牌号则用表示铸铁类别的字母＋合金元素符号＋表示合金元素平均质量分数的数字表示。

a. 灰铸铁的牌号用“灰铁”两字的汉语拼音字首HT＋直径为30mm试棒的最低抗拉强度值（MPa）来表示，如HT100。

b. 球墨铸铁的牌号用“球铁”两字的汉语拼音字首QT＋分别表示试棒的最低抗拉强度（MPa）和最小断后伸长率（%）的两组数字来表示，如QT400-18。

c. 蠕墨铸铁的牌号用“蠕铁”两字的汉语拼音字首RuT＋表示最低抗拉强度的数字来表示，如RuT420。

d. 可锻铸铁的牌号用“可铁”两字的汉语拼音字首KT＋H或Z＋分别表示试棒的最低抗拉强度（MPa）和最小断后伸长率（%）的两组数字来表示，如KTH300-06、KTZ550-04。其中H和Z分别表示“黑”和“珠”的汉语拼音字首，代表铁素体基体的黑心可锻铸铁和珠光体可锻铸铁。

e. 合金铸铁 牌号由表示该铸铁特征的汉语拼音的第一个大写正体字母组成，当两种铸铁名称的代号字母相同时，则在该大写字母后面加小写字母加以区别。当需要标注抗拉强度时，将抗拉强度值（MPa）置于元素符号和质量分数之后，中间用短线“-”隔开，如耐热铸铁 RTCr2、耐蚀铸铁 STSi11Cu2CrRE、抗磨白口铸铁 KmTBCr20Mo、耐磨铸铁 MTCu1Pti-50。

1.3.3 钢铁产品牌号统一数字代号体系

为便于现代化计算机管理，我国于 1998 年 12 月颁布了 GB/T 17616—1998《钢铁及合金牌号统一数字代号体系》标准，规定了钢铁及合金产品牌号统一数字代号的编制原则、结构、分类、管理及体系表等内容。规定的数字代号体系，以固定位数的结构形式，统一了钢铁及合金产品牌号表示方法，便于现代化的数据处理设备进行存储和检索。规定凡列入国家标准和行业标准的钢铁及合金产品应同时列入产品牌号和统一数字代号，相互对照，共同有效。

（1）总则 统一数字代号由固定的六位符号组成，左边第一位用大写的拉丁字母作前缀（一般不使用 I 和 O 字母），后接五位阿拉伯数字。

每一个统一数字代号只适用于一个产品牌号；反之，每一个产品牌号只对应一个统一数字代号。当产品牌号取消后，一般情况下，原对应的统一数字代号不再分配给另一个产品牌号。

（2）结构形式 统一数字代号的结构形式如下：

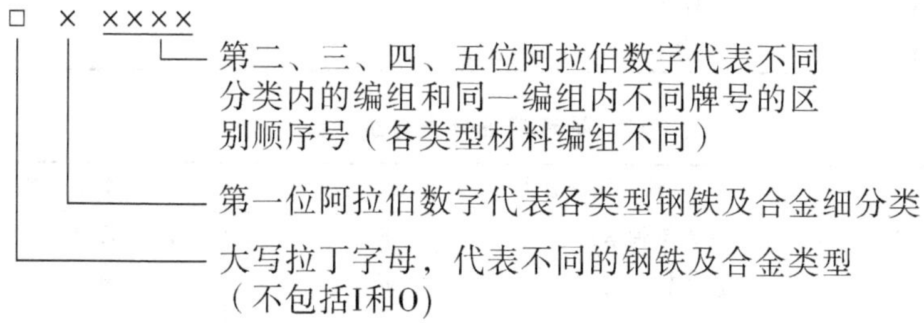

（3）分类和编组钢铁及合金的类型和几个类型产品牌号统一数字代号（见表 1-15～表 1-18）：

表 1-15　钢铁及合金的类型与统一数字代号

钢铁及合金的类型	统一数字代号	钢铁及合金的类型	统一数字代号
合金结构钢（包括合金弹簧钢）	A	杂类材料	M
轴承钢	B	粉末及粉末材料	P
铸铁、铸钢及铸造合金	C	快淬金属及合金	Q
电工用钢和纯铁	D	不锈、耐蚀和耐热钢	S
铁合金和生铁	F	工具钢	T
高温合金和耐蚀合金	H	非合金钢	U
精密合金及其他特殊物理性能材料	J	焊接用钢及合金	W
低合金钢	L		

表 1-16　合金结构钢细分类与统一数字代号

统一数字代号	合金结构钢（包括合金弹簧钢）细分类
A0××××	Mn（X）、MnMo（X）系钢
A1××××	SiMn（X）、SiMnMo（X）系钢
A2××××	Cr（X）、CrSi（X）、CrMn（X）、CrV（X）、CrMnSi（X）系钢
A3××××	CrMo（X）、CrMoV（X）系钢
A4××××	CrNi（X）系钢
A5××××	CrNiMo（X）、CrNiW（X）系钢
A6××××	Ni（X）、NiMo（X）、MoWV（X）系钢
A7××××	B（X）、MnB（X）、SiMnB（X）系钢
A8××××	（暂空）
A9××××	其他合金结构钢

表 1-17　轴承钢细分类与统一数字代号

统一数字代号	轴承钢细分类	统一数字代号	轴承钢细分类
B0××××	高碳铬轴承钢	B5××××	（暂空）
B1××××	渗碳轴承钢	B6××××	（暂空）
B2××××	高温轴承钢、不锈轴承钢	B7××××	（暂空）
B3××××	无磁轴承钢	B8××××	（暂空）
B4××××	石墨轴承钢	B9××××	（暂空）

表 1-18 铸铁、铸钢及铸造合金细分类与统一数字代号

统一数字代号	铸铁、铸钢及铸造合金细分类
C0××××	铸铁（灰口铸铁、球墨铸铁、黑心可锻铸铁、珠光体可锻铸铁、白心可锻铸铁、抗磨白口铸铁、中锰抗磨球墨铸铁、高硅耐蚀铸铁、耐热铸铁等）
C1××××	铸铁（暂空）
C2××××	非合金铸钢（一般非合金铸钢、含锰非合金铸钢、一般工程和焊接结构用非合金铸钢、特殊专用非合金铸钢等）
C3××××	低合金铸钢
C4××××	合金铸钢（不锈耐热铸钢、铸造永磁钢除外）
C5××××	高锰铸钢、不锈耐热铸钢
C6××××	铸造永磁钢和合金
C7××××	铸造高温合金和耐蚀合金
C8××××	（暂空）
C9××××	（暂空）

（4）几种常用钢种的统一数字代号

① 碳素结构钢　牌号组成：碳素结构钢属于非合金一般结构及工程结构钢，数字代号为

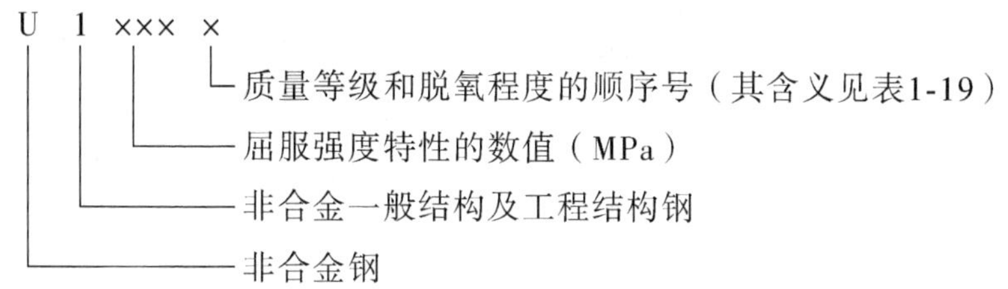

表 1-19 质量等级和脱氧程度顺序号的含义

0	1	2	3	4	5	6	7	8
A·F（或 F）	A·b（或 b）	A·Z（或 Z）	B·F	B·b	B·Z	C（Z0）	D（TZ）	含 Al

牌号举例：

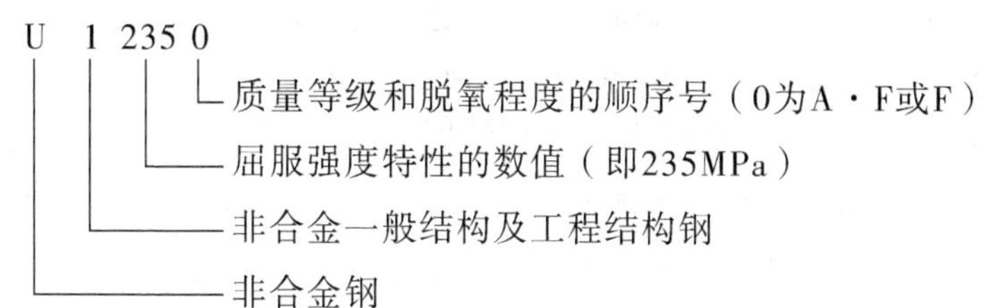

U12350 为屈服点 235MPa 的 A 级非合金一般结构及工程结构钢、沸腾钢，即碳素结构钢 Q235-A·F。

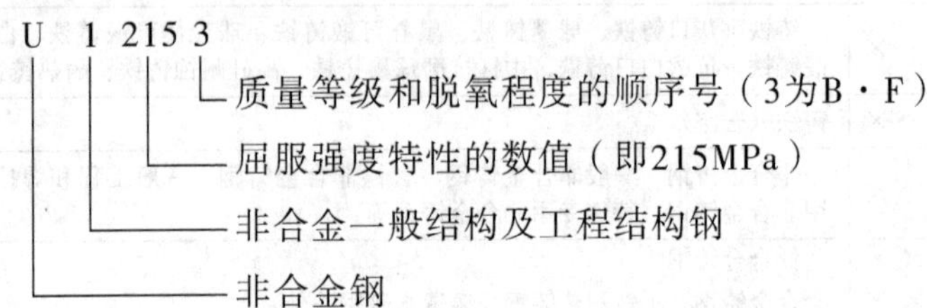

U12153 为屈服点 215MPa 的 B 级非合金一般结构及工程结构钢、沸腾钢，即碳素结构钢 Q215-B·F。

碳素结构钢的数字代号与牌号对照见表 1-20。

表 1-20 碳素结构钢的数字代号与牌号对照

数字代号	原 牌 号	数字代号	原 牌 号	数字代号	原 牌 号
U11950	Q195F	U12154	Q215B·b	U12355	Q235B
U11951	Q 195b	U12155	Q215B	U12356	Q235C
U11952	Q195	U12350	Q235A·F	U12357	Q235D
U12150	Q215A·F	U12351	Q235A·b	U12552	Q255A
U12151	Q215A·b	U12352	Q235A	U12555	Q255B
U12152	Q 215A	U12353	Q235B·F	U12752	Q275
U12153	Q215B·F	U12354	Q235B·b		

② 优质碳素结构钢牌号组成：优质碳素结构钢属于非合金机械结构钢，数字代号为

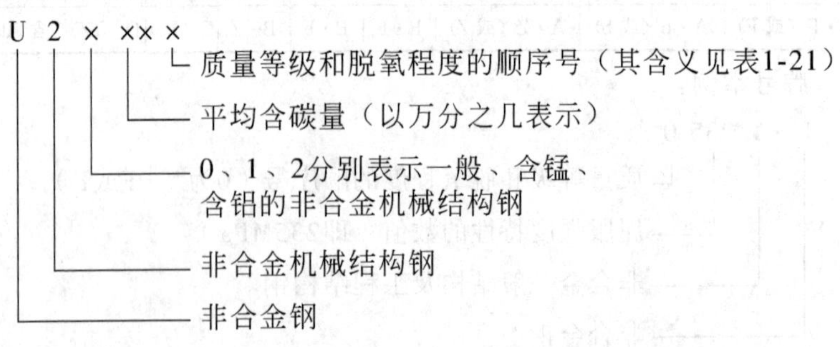

表 1-21 质量等级和脱氧程度顺序号的含义

0	1	2	3	4	5	6	7	8
F	b	Z（优质）	A（高级优质）	E（特级优质）	Z（淬） H（淬）	AZ	AE	含 Al

牌号举例：

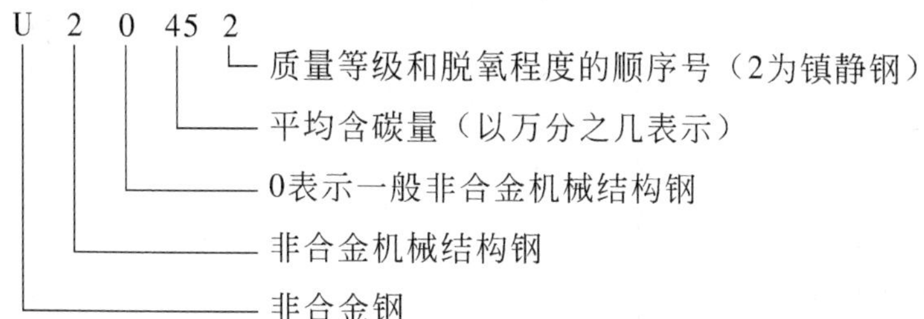

U20452 为平均含碳量 0.45％的一般非合金机械结构钢镇静钢，即优质碳素结构钢 45 钢。

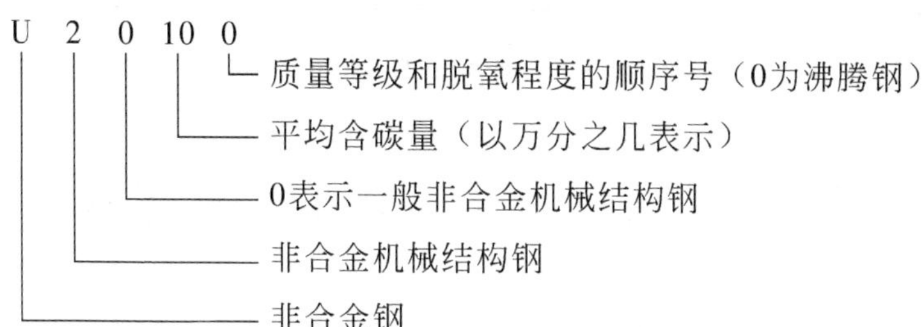

U20100 为平均含碳量 0.10％的一般非合金机械结构钢沸腾钢，即优质碳素结构钢 10F 钢。

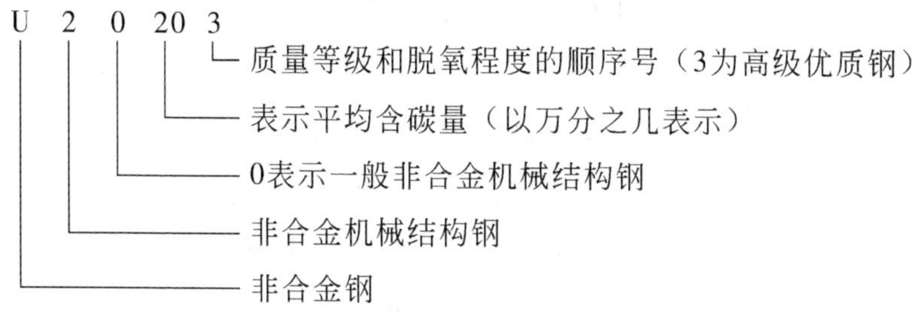

U20203 为平均含碳量 0.20％的高级优质一般非合金机械结构

钢，即优质碳素结构钢20A钢。

优质碳素结构钢的数字代号与牌号对照见表1-22。

表1-22 优质碳素结构钢的数字代号与牌号对照

数字代号	原 牌 号	数字代号	原 牌 号	数字代号	原 牌 号
U20080	08F	U20502	50	U21352	35Mn
U20100	10F	U20552	55	U21402	40Mn
U20150	15F	U20602	60	U21452	45Mn
U20082	08	U20652	65	U21502	50Mn
U20102	10	U20702	70	U21552	55Mn
U20152	15	U20752	75	U21602	60Mn
U20202	20	U20802	80	U21652	65Mn
U20252	25	U20852	85	U21702	70Mn
U20302	30	U21152	15Mn	U20101	10b
U20352	35	U21202	20Mn	U22088	08Al
U20402	40	U21252	25Mn	U20455	45H
U20452	45	U21302	30Mn		

③ 碳素工具钢牌号组成：碳素工具钢属于非合金工具钢，数字代号为

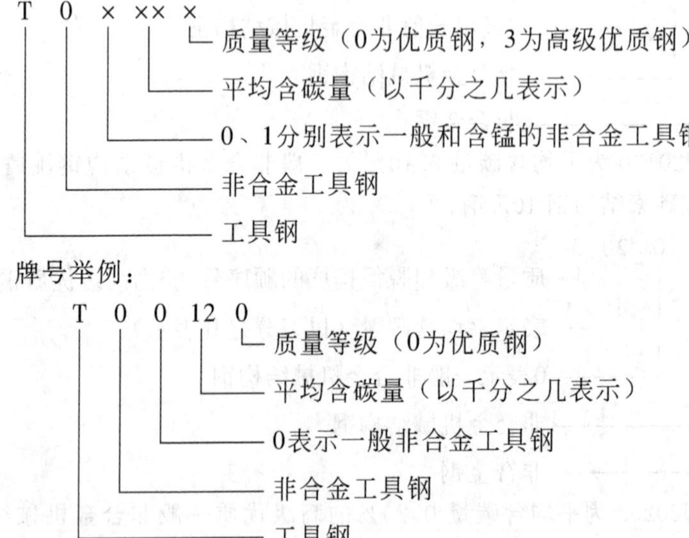

T00120 为平均含碳量 1.2%的一般非合金工具钢，即碳素工具钢 T12 钢。

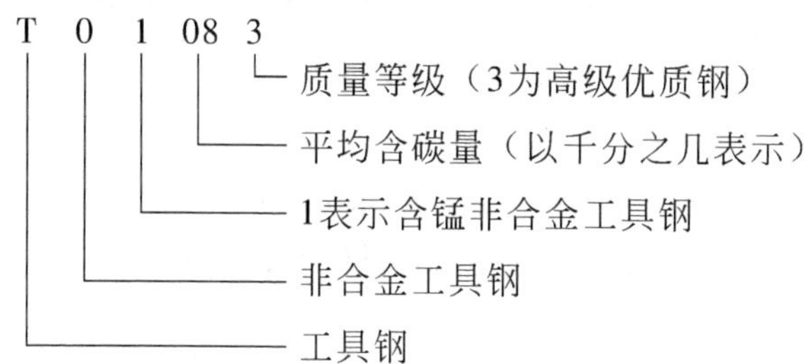

T01083 为平均含碳量 0.8%的含锰高级优质非合金工具钢，即碳素工具钢 T8MnA 钢。

碳素工具钢的数字代号与牌号对照见表 1-23。

表 1-23　碳素工具钢的数字代号与牌号对照

数字代号	T00070	T00080	T01080	T00090	T00100	T00110	T00120	T00130
原 牌 号	T7	T8	T8Mn	T9	T10	T11	T12	T13

④ 低合金高强度结构钢　牌号组成：低合金高强度结构钢属于低合金钢中的低合金一般结构钢，数字代号为

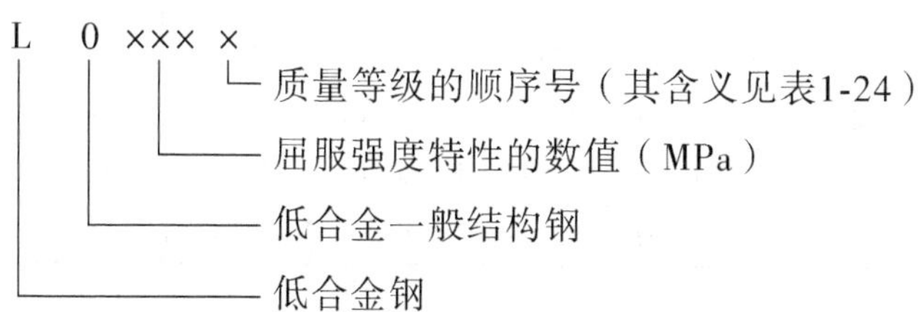

表 1-24　质量等级顺序号的含义

数字序号	1	2	3	4	5
质量等级符号	A	B	C	D	E

牌号举例：

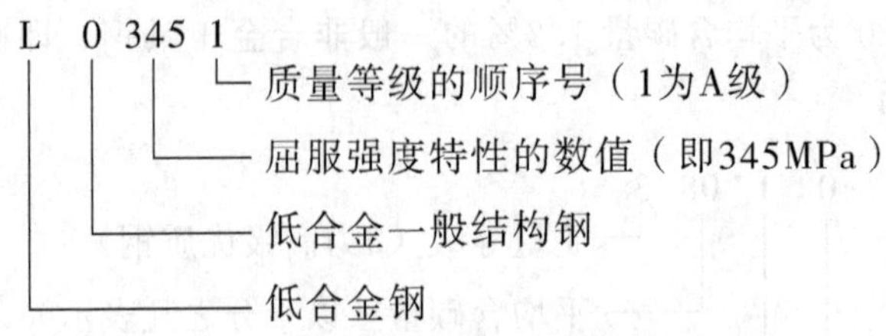

L03451为屈服强度特性数值345MPa的、质量等级A级的低合金一般结构钢，即低合金高强度结构钢Q345A钢。

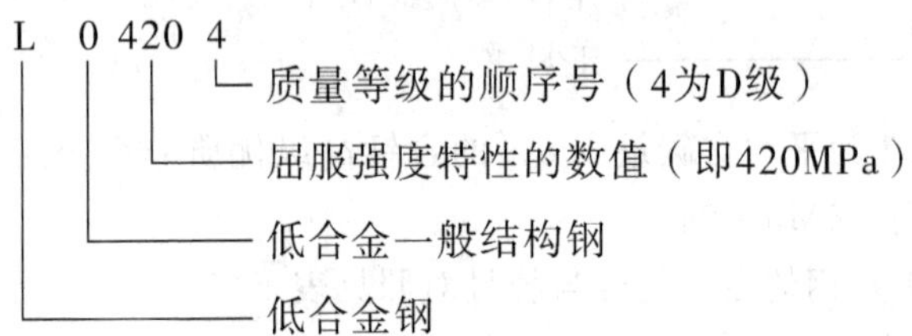

L04204为屈服强度特性数值420MPa的、质量等级D级的低合金一般结构钢，即低合金高强度结构钢Q420D钢。

低合金高强度结构钢的数字代号与牌号对照见表1-25。

表1-25　低合金高强度结构钢的数字代号与牌号对照

数字代号	原牌号	数字代号	原牌号	数字代号	原牌号	数字代号	原牌号
L02951	Q295A	L03454	Q345D	L03904	Q390D	L04204	Q420D
L02952	Q295B	L03455	Q345E	L03905	Q390E	L04205	Q420E
L03451	Q345A	L03901	Q390A	L04201	Q420A	L04603	Q460C
L03452	Q345B	L03902	Q390B	L04202	Q420B	L04604	Q460D
L03453	Q345C	L03903	Q390C	L04203	Q420C	L04605	Q460E

1.3.4　有色金属及合金产品牌号表示方法（GB/T 340—1976）

（1）总则

① 有色金属及合金产品牌号的命名，以代号字头或元素符号后的成分数字或顺序号结合产品类别或组别名称表示。有色金属及合金产品的分类与编组见表1-26。

② 产品代号　采用标准规定的汉语拼音字母、化学元素符号及

阿拉伯数字相结合的方法表示。常用有色金属与合金名称及其汉语拼音字母的代号、专用有色金属与合金名称及其汉语拼音字母的代号见表 1-27。

③ 有色金属及合金产品的统称（如铝材、铜材等）、类别（如黄铜、青铜等）以及产品标记中的品种（如板、管、棒、线、带、箔等）均用汉字表示。

④ 有色金属及合金产品的状态、加工方法、特性的代号，采用标准规定的汉语拼音字母表示，见表 1-28。

表 1-26　有色金属及合金产品的分类与编组

项　目	内　　容
分类	①有色金属产品分为冶炼产品、加工产品和铸造产品三大部分 ②纯有色金属冶炼产品分为工业纯度、高纯度两类 ③有色金属及合金加工产品按系统类别分为铝及铝合金、镁及镁合金、铜及铜合金（包括纯铜、黄铜、青铜、白铜）、镍及镍合金、钛及钛合金 ④有色铸造产品分为铸件、铸锭。按不同系统又可分为铸造铝合金、铸造镁合金、铸造黄铜、铸造青铜等 ⑤部分产品按专门用途分类，如焊料、轴承合金、印刷合金、中间合金、金属粉末
编组	①按金属及合金性能、使用要求编组。如铝及铝合金分为纯铝组、防锈铝组、硬铝组、锻铝组 ②按金属及合金中的主要组成元素（或按特殊加工方法）分组。如铜及铜合金分为纯铜组、无氧铜组、铝黄铜组、铅黄铜组、铝青铜组等 ③按金属及合金的组织类型分组。如钛及钛合金分为 α 型钛合金组、β 型钛合金组、α+β 型钛合金组等 ④专用产品按具体情况分组。如焊料按合金中主元素分组有银焊料组、铜焊料组等；金属粉末按元素名称分组有镁粉组、镍粉组等，铝粉因品种较多，按生产方法、用途分为喷铝粉组、涂料铝粉组、细铝粉组等

表 1-27　有色金属与合金名称及其汉语拼音字母的代号

序号	名　　称	代　　号	序号	名　　称	代　　号
1	铜	T1，T2	7	白铜	B
2	铝	L	8	无氧铜	TU
3	镁	M	9	钛及钛合金	TA1，TA5，TC4
4	镍	N	10	防锈铝	LF
5	黄铜	H	11	锻铝	LD
6	青铜	Q	12	硬铝	LY

续表

序号	名　称	代　号	序号	名　称	代　号
13	超硬铝	LC	27	电池锌板	XD
14	特殊铝	LT	28	印刷合金	I
15	硬纤焊铝	LQ	29	印刷锌板	XI
16	金属粉末	F	30	稀土	RE
17	喷铝粉	FLP	31	钨钴硬质合金	YG
18	涂料铝粉	FLU	32	钨钴钛硬质合金	YT
19	细铝粉	FLX	33	铸造碳化钨	YZ
20	特细铝粉	FLT	34	碳化钛-（铁）镍钼硬质合金	YN
21	炼钢化工用铝粉	FLG	35	多用途（万能）硬质合金	YW
22	镁粉	FM	36	钢结硬质合金	YE
23	铝镁粉	FLM	37	轴承合金	Ch
24	镁合金（变形加工用）	MB	38	铸造合金	Z
25	焊料合金	Hl	39	钛及钛合金	T
26	阳极镍	NY			

表1-28　有色金属及合金产品的状态名称、特性及其汉语拼音字母代号

名　称	采用代号	名　称		采用代号
产品状态代号		产品特性代号		
热加工（如热轧、热挤）	R	优质表面		O
退火（焖火）	M	涂漆蒙皮板		Q
淬火	C	加厚包铝		J
淬火后冷轧	CY	不包铝		B
淬火（自然时效）	CZ	硬质合金	表面涂层	U
淬火（人工时效）	CS		添加碳化钽	A
硬	Y		添加碳化铌	N
3/4硬	Y1		细颗粒	X
1/2硬	Y2		粗颗粒	C
1/3硬	Y3		超细颗粒	H
1/4硬	Y4			
特硬	T			

续表

产品状态、特性代号组合举例	
名　　称	采 用 代 号
不包铝（热轧）	BR
不包铝（退火）	BM
不包铝（淬火、冷作硬化）	BCY
不包铝（淬火、优质表面）	BCO
不包铝（淬火、冷作硬化、优质表面）	BCYO
优质表面（退火）	MO
优质表面淬火、自然时效	CZO
优质表面淬火、人工时效	CSO
淬火后冷轧、人工时效	CYS
热加工、人工时效	RS
淬火、自然时效、冷作硬化、优质表面	CZYO

注：铝及铝合金加工产品的状态符号表示方法，已被新标准 GB/T 16475—2008《变形铝及铝合金状态代号》中规定的代号表示方法代替，见表 1-29。

表 1-29　变形铝合金的产品状态代号

状 态 名 称	旧代号	新代号	状 态 名 称	旧代号	新代号
退火	M	O	冷作硬化	Y	HX8
淬火	C	T	3/4 冷作硬化	Y1	HX9
加工硬化状态		H	1/2 冷作硬化	Y2	H112 或 F
自然时效	Z	W	1/3 冷作硬化	Y3	HX6
人工时效	S		1/4 冷作硬化	Y4	HX4
淬火加自然时效	CZ	T4	强力冷作硬化	T	HX3
淬火加人工时效	CS	T6	热轧、热挤	R	HX2

（2）牌号表示方法

① 冶炼产品

a. 工业纯度金属冶炼产品，用化学元素符号结合顺序号表示，元素符号与顺序号中画一短线。其纯度随顺序号增加而降低。例如一号铜锭（含铜量为99.95%，质量分数，下同），表示为Cu-1，二号铜锭（含铜量为99.90%）表示为Cu-2。

b. 高纯度金属冶炼产品，用化学元素符号结合表示主成分的数字表示，短横后加0以示高纯，0后第一数字表示主成分9的个数，如主成分为99.999%的高纯铝，表示为Al-05。

c. 海绵状金属在元素符号前冠以H。

d. 粗制金属在牌号末尾加c。

② 纯金属加工产品

a. 铜、镍、铝的纯金属加工产品，分别用汉语拼音字母T、N、L加顺序号表示，工业高纯铝的纯度则随着顺序号的增加而增加，并在符号L后加上符号G以示区别，如L1、L2、LG1、LG2。

b. 其余纯金属加工产品均用化学元素符号加顺序号表示，如Agl、Pb3。

③ 黄铜

a. 牌号　普通黄铜以基元素铜的含量加“黄铜”两字表示，三元以上黄铜以主要成分含量的数字组（包括基元素铜的含量以及除锌以外的主添加元素的含量）加合金组别名称表示。

b. 代号　普通黄铜以符号H加基元素铜的含量表示；三元以上黄铜以符号H及除锌以外的第二个主添加元素符号加主要成分含量的数字组（包括基元素铜的含量以及除锌以外的主添加元素的含量）表示。

c. 举例

牌号：62黄铜，59-1铅黄铜，57-3-1锰黄铜。

代号：H62，HPb59-1，HMn57-3-1。

④ 青铜

a. 牌号　以主要成分含量或含量数字组（基元素铜除外）加合金组别名称表示。

b. 代号　以符号Q及第一个主添加元素符号加主要成分含量或含量数字组（基元素铜除外）表示。

c. 举例

牌号：4-4-4 锡青铜，9-4 铝青铜，2 铍青铜。

代号：QSn4-4-4，QAl9-4，QBe2。

⑤ 白铜

a. 牌号　以镍含量或主要成分含量数字组（基元素铜除外）加合金组别名称表示。

b. 代号　普通白铜以符号 B 加镍含量表示，三元以上白铜以符号 B 和第二个主添加元素符号加主要成分含量数字组（基元素铜除外）表示。

c. 举例

牌号：16 白铜，3-12 锰白铜。

代号：B16，BMn3-12。

⑥ 变形铝合金　GB/T 16474—1996 已替代了 GB/T 340—1976 中有关变形铝及铝合金牌号表示方法部分，采用国际四位字符体系牌号的编号方法。变形铝和铝合金的牌号以四位数字表示如下：

纯铝（铝含量不小于 99.00%）　1×××

以铜为主要合金元素的铝合金　2×××

以锰为主要合金元素的铝合金　3×××

以硅为主要合金元素的铝合金　4×××

以镁为主要合金元素的铝合金　5×××

以镁和硅为主要合金元素并以 Mg_2Si 相为强化相的铝合金　6×××

以锌为主要合金元素的铝合金　7×××

以其他合金为主要合金元素的铝合金　8×××

备用合金组　9×××

其中，牌号的第一位数字表示铝及铝合金的组别；牌号的第二位字母表示原始纯铝或铝合金的改型情况，如字母为 A，则表示为原始纯铝或原始铝合金，如果是 B～Y 的其他字母，则表示已改型；牌号的最后两位数字用以标识同一组中不同的铝合金，表示铝的纯度。

举例：

2A01（原代号 LY1）：以铜为主要合金元素的铝合金。

4A11（原代号 LD11）：以硅为主要合金元素的铝合金。

5A02（原代号 LF2）：以镁为主要合金元素的铝合金。

7A03（原代号 LC3）：以锌为主要合金元素的铝合金。

GB/T 340—1976 关于变形铝和铝合金的牌号的表示方法见⑦铝、镁及钛合金。变形铝及铝合金新旧牌号对照见表 1-30。

表 1-30　变形铝及铝合金新旧牌号对照

新牌号	旧牌号	新牌号	旧牌号	新牌号	旧牌号
1A99	LG5	2A12	LY12	2024	—
1A97	LG4	2B12	LY9	2124	—
1A95	—	2A13	LY13	3A21	LF21
1A93	LG3	2A14	LD10	3003	—
1A90	LG2	2A16	LY16	3103	—
1A85	LG1	2B16	LY16-1	3004	—
1080	—	2A17	LY17	3005	—
1080A	—	2A20	LY20	3105	—
1070	—	2A21	—	4A01	—
1070A	L1	2A25	—	4A11	—
1060	L2	2A49	—	4A13	LT13
1050	—	2A50	LD5	4A17	LT17
1050A	L3	2B50	LD6	4004	—
1A50	LB2	2A70	LD7	4032	—
1350	—	2B70	LD7-7	4043	—
1145	—	2A80	LD8	4043A	—
1035	L4	2A90	LD9	4047	—
1A30	L4-1	2004	—	4047A	—
1100	L5-1	2011	—	5A01	LF15
1200	L5	2014	—	5A02	LF2
1235	—	2014A	—	5A03	LF3
2A01	LY1	2214	—	5A05	LF5
2A02	LY2	2017	—	5B05	LF10
2A04	LY4	2017A	—	5A06	LF6
2A06	LY6	2117	—	5B06	LF14
2A10	LY10	2218	—	5A12	LF12
2A11	LY11	2618	—	5A13	LF3
2B11	LY8	2219	LY19	5A30	LF16

续表

新牌号	旧牌号	新牌号	旧牌号	新牌号	旧牌号
5A33	LF33	5086	—	7A09	LC9
5A41	LT41	6A02	LD2	7A10	LC10
5A43	LF43	6B02	LD2-1	7A15	LC15
5A66	LT66	6A51	—	7A19	LC19
5005	—	6101	—	7A31	—
5019	—	6101A	—	7A33	LB733
5050	—	6005	—	7A52	LC52
5251	—	6005A	—	7003	LC12
5052	—	6351	—	7005	—
5154	—	6060	—	7020	—
5154A	—	6061	LD30	7022	—
5454	—	6063	LD31	7050	—
5554	—	6063A	—	7075	—
5754	—	6070	LD2-2	7475	—
5056	LF5-1	6181	—	8A06	L6
5356	—	6082	—	8011	LT98
5456	—	7A01	LB1	8090	—
5082	—	7A03	LC3	—	—
5182	—	7A04	LC4	—	—
5083	LF4	7A05	—	—	—
5183	—				

⑦ 铝、镁及钛合金

a. 牌号　以顺序号加合金组别名称表示。

b. 代号　以合金符号加顺序号表示。

各种合金的符号如下：防锈铝 LF，锻铝 LD，硬铝 LY，超硬铝

LC，特殊铝LT，包覆铝LB，镁合金（变形加工用）MB，α型钛合金TA，β型钛合金TB，α+β型钛合金TC。

c.举例

牌号：一号防锈铝，三号超硬铝，一号镁合金，一号α型钛合金，五号β型钛合金，四号α+β型钛合金。

代号：LF1，LC3，MB1，TA1，TB5，TC4。

⑧ 锌、铅、锡、贵金属等及其合金

a.牌号　以主要成分含量数字组（基元素除外）加合金组别名称表示。

b.代号　以基元素和第一个主添加元素的符号加主要成分含量数字组（基元素除外）表示。

c.举例

牌号：4-1锌铝合金，2铅锑合金，5金铂合金。

代号：ZnAl4-1，PbSb2，AuPt5。

⑨ 焊料合金及印刷合金

a.牌号　以主要成分含量数字组（第一个基元素除外）加合金名称表示。

b.代号　以合金符号和两个基元素符号加主要成分含量数字组（第一个基元素除外）表示。

各合金的符号如下：焊料合金Hl，印刷合金I。

c.举例

牌号：10锡铅焊料合金，14-4铅锑印刷合金。

代号：HlSnPb10，IPbSb14-4。

⑩ 硬质合金

a.代号　用规定的产品代号（Y）加一决定合金特性的主元素（或化合物）成分数字或顺序号表示，必要时后面可加上表示产品性能、添加元素或加工方法的汉语拼音字母。

b.举例 YG8N表示含钴8%、并添加少量碳化铌（NbC）的钨钴合金；YT5U表示碳化钛（TiC）含量为5%，并有表面涂层的钨钴钛合金。

⑪ 合金铸锭

a. 牌号　按上述各种合金的牌号表示方法，在合金名称前加注“铸”字，在合金名称后加“锭”字。

b. 代号　除按上述各种合金的代号表示方法外，冠以符号 Z，在合金代号后加符号 D。

c. 举例

牌号：9-4 铸铝青铜锭。

代号：ZQAl9-4D。

⑫ 铸造非铁合金（GB/T 8063—1994）

a. 牌号　以符号 Z、基体元素和主要合金元素的化学元素符号（混合稀土元素用符号 RE）、主要合金化元素的名义百分含量表示；合金化元素多于两个时，一般只列出对该合金特性起重大影响的元素，元素符号按名义含量递减次序排列，含量相同时，则按元素符号字母顺序排列，元素的百分含量标在该元素的符号后面，含量不小于 1%时，用整数标注，小于 1%时，除对该合金特性起重大影响者外，一般不标出；对具有相同化学成分的合金，仅某种杂质含量不同时，需将杂质含量最高的元素符号列于牌号后面，并置于括号内；对杂质含量较低、性能高的优质合金，在牌号后面加注符号 A，表明优质。

b. 举例　ZAlSi5Cu，ZMgMn（Fe），ZAlCu4Cr3A，ZAlRECu3Si2。

1.3.5 进口金属材料证明书中常用英、俄文用词与中文对照

进口金属材料证明书中常用英、俄文用词与中文对照见表 1-31。

表 1-31　进口金属材料证明书中常用英、俄文用词与中文对照

英文缩写及符号	英文全称	俄文全称	中文
P/L	Packing list	Упаковчный　ЛИСТ	装箱单
S·M	Shipping mark	Маркировка	发货标记
Dim	Dimension	Размер	尺寸
L	Length	Длина	长度
W	Width	Ширина	宽度

续表

英文缩写及符号	英文全称	俄文全称	中文
H	Height	Высота	高度
Dia	Diameter	Диаметр	直径
T	Thickness	Толшина	厚度
O·D	Outslde diameter	Лиаметрвнешней стороны	外径
W·T	Wall thickness	Толшина стсны	壁厚
A/W	Actual weight	Действителъный вес	实际重量
Wt	Weight	Вес	重量
Gr（Gr·Wt）	Gross weight	Вес Брутто	毛重
Net（Net·Wt）	Net weight	Вес нетто	净重
Gr for Net	Gross for net	Врутто эа нетто	以毛作净
Tr	Tare	Вес тары	皮重
mks	marks	Знак марка	标记
Reel No.	Reel number	Номер катушки	卷号
C/S No.	Case number	Номер яшика	箱号
Cont·No.	Contract number	Номер отракта	合同号
Lot No.	Lot number	Номер Пртии	批号
Item No.	Item number	Номер Пункта	项次号
Code No.	Code number	Условное обозначение	代号
Test Pc No.	Test piece number	Номер испытаелъного образча	式样号
Test No.	Test number	Испыттелъный номер	试验号
Heat No.	Heat number	Номер плавки	熔炼炉号
Batch No.	Batch number	Номер печки	炉号、批号
Case No.	Case number	Номер отливки	浇铸号
Bbi	Bundle	Пакет связка	捆、扎、卷、盘
—	Plate	Ластина	块（板）
—	Sheet	Лист	张
—	Set	Набор	套、组
—	Rcel	Катушка	卷、筒
Rl	Roll	Ролик	卷、筒
Pc（Pcs）	Piece（Pieces）	Штука	支、根、块、件

续表

英文缩写及符号	英文全称	俄文全称	中文
Gd of s	Grade of steel	Марка стали	钢号
Gd	Grade	Класс	等级
Spec	Specification	Спецификация	规格
Std	Standard	Стандарт номер	标准
M	Meter	Метр	米
T（t）	Ton	Тонна	吨
Mt（M/t）	Metric ton	Метрическая тонна	公吨
lb（lbs）	Pound（Pounds）	Фунт	磅
kg（kgs）	Kilogram（kilograms）	Килотрамм	千克
Coating No	Coating number	Номер покрытия	镀层号
Package No	Package number	Номер пакета	包、捆号
—	Quantity	Количество	数量
T	Transversal	Пперечный	横向
L	Longitudinal	Продолъный	纵向
Certifica No	Certificate number	Номеро сертификате	证明书名
Cont	Contract	Контракт договор	合同
—	in cases（boxes）	Упаковыватъся в яшики	装箱
—	Quality	Качество	品质
—	Trade mark	Тортовая марка	商标
—	Particular tare	Действителъный вес тары	实际皮重
av · tare	Average tare	Средний вес тары	平均皮重
—	Square measure	Площадъ	面积
oz	Ounce	Унция	盎司（英两）
%	Percentage	В прочентах	百分比
B/L	Bill of lading	Коносамент	提单
—	Weight certificate	Весовой сертификат	重量证明书
—	Certificate of quality	Сертификат о качестве	品质证明书
—	Certificate of quanlity	Сертификат о количестве	数量证明书
Max	Maximum	Максимум	最大
Min	Minimum	Минимум	最小

1.3.6 钢产品新的标记代号（GB/T 15575—2008）

标准适用于钢丝、钢板、钢带、型钢、钢管等产品的标记代号。钢铁产品代号中英文名称对照见表1-32。

表1-32 钢铁产品代号中英文名称对照

代号	中文名称	英文名称
W	加工状态（方法）	Working condition
WH	热轧（含热挤、热扩、热锻）	Hot working
WC	冷轧（含冷挤压）	Cold working
WCD	冷拉（拔）	Cold draw
P	尺寸精度	Precision of dimensions
PA	普通精度	A class
PB	较高精度	B class
PC	高级精度	C class
PT	厚度较高精度	B class of thickness
PW	宽度较高精度	B class of width
PTW	厚度和宽度较高精度	B class of thickness and width
E	边缘状态	Edge condition
EC	切边	Cut edge
EM	不切边	Mill edge
ER	磨边	Rub edge
F	表面质量	Warkmanship finish and appearance
FA	普通级	A class
FB	较高级	B class
FC	高级	C class
S	表面种类	Surface kind
SA	酸洗（喷丸）	Acid
SF	剥皮	Flake
SL	光亮	Light
SP	磨光	Polish
SB	抛光	Buff

续表

代 号	中 文 名 称	英 文 名 称
SC	麻面	Grinding
SBL	发蓝	Blue
SZH	热镀锌	Hot-dip coating zinc（Zn）
SZE	电镀锌	Electroplated plating zinc（Zn）
SSH	热镀锡	Hot-dip coating tin（Sn）
SSE	电镀锡	Electroplated plating tin（Sn）
ST	表面化学处理	Treatment of surface pickled
STC	钝化（铬酸）	Passivation
STP	磷化	Phosphatization
STZ	锌合金化	Zinc alloying
S	软化程度	Soft grade
S1/2	半软	Soft half
S	软	Soft
S2	特软	Soft special
H	硬化程度	Hard grade
H1/4	低冷硬	Hard low
H1/2	半冷硬	Hard half
H	冷硬	Hard
H2	特硬	Hard special
T	热处理	Hard treatment
TA	退火	Annealing
TG	球化退火	Globurizing
TL	光亮退火	Light annealing
TN	正火	Normalizing
TT	回火	Tempering
TQT	淬火＋回火	Quenching and tempering
TNT	正火＋回火	Normalizing and tempering
TS	固溶	Solution treatment

续表

代　　号	中文名称	英文名称
M	力学性能	Mechanicl properties
MA	低强度	Strength A class
MB	普通强度	Strength B class
MC	较高强度	Strength C class
MD	高强度	Strength D class
ME	超高强度	Strength E class
Q	冲压性能	Drawability property
CQ	普通冲压	Drawability property A class
DQ	深冲压	Drawability property B class
DDQ	超深冲压	Drawability property C class
U	用途	Use
UG	一般用途	Use kind of general
UM	重要用途	Use kind of major
US	特殊用途	Use kind of special
UO	其他用途	Use kind of other
UP	压力加工用	Use for pressure process
UC	切削加工用	Use for cutting process
UF	顶锻用	Use for forge process
UH	热加工用	Use for hot process
UC	冷加工用	Use for cold process

1.3.7 国内外常用钢号对照

（1）碳素结构钢（见表1-33）

表1-33 国内外碳素结构钢牌号对照

中国 GB	国际 ISO	德国 DIN	美国 ASTM	日本 JIS	英国 BS	法国 NF	俄罗斯 ГОСТР
Q195	HR2		A283grA		040A10	A33	Cr/cп
Q215A	HR1	RSt34-2	A283grB	SS34	040A12	A34-2	Cr2cп

续表

中国 GB	国际 ISO	德国 DIN	美国 ASTM	日本 JIS	英国 BS	法国 NF	俄罗斯 ГОСТР
Q215A·F		USt34-2					Cr2кп
Q215B		RSt34-2	A283grB	SS34	040A12	A34-2	BCr2cп
Q215B·F		USt34-2					BCr2кп
Q235A	Fe360A	RSt37-2	A283grC	SS41	050A17	A37-2	Cr3cп
Q235A·F		USt37-2					Cr3кп
Q235B	Fe360D	RSt37-2	A36	SS41	050A17	A37-2	BCr3cп
Q235B·b							BCr3пc
Q235B·F		USt37-2					BCr3кп
Q255A		RSt42-2	A238grD		060A22	A42-2	Cr4cп
Q255B		RSt42-2			060A22	A42-2	BCr4cп
Q275	Fe430A	St50-2		SS50	060A32	A50-2	BCr5cп

(2) 碳素结构钢(见表 1-34)

表 1-34 国内外优质碳素结构钢牌号对照

中国 GB/T 699	国际标准 ISO	俄罗斯 ГОСТР	美国		日本 JIS	德国 DIN	英国 BS	法国 NF
			ASTM	UNS				
08F		08KП	1008	G10080	S09CK SHPD SHPE S9CK	St22 C10 (1.0301) CK10 (1.1121)	040A10	—
10F	—	10KП	1010	G10100	SPHD SPHE	USt13	040A12	FM10 XC10
15F	—	15KП	1015	G10150	S15CK	Fe360B	Fe360B	Fe360B FM15
08	—	08	1008	G10080	S10C S09CK SPHE	CK10	040A10 2S511	FM8
10	—	10	1010	G10100	S10C S12C S09CK	CK10 C10	040A12 040A10 045A10 060A10	XC10 CC10

续表

中国 GB/T 699	国际标准 ISO	俄罗斯 ГОСТР	美国		日本 JIS	德国 DIN	英国 BS	法国 NF
			ASTM	UNS				
15	—	15	1015	G10150	S15C S17C S15CK	Fe360B CK15 C15 Cm15	Fe360B 090M15 040A15 050A15 060A15	Fe360B XC12 XC15
20	—	20	1020	G10200	S20C S22C S20CK	1C22 CK22 Cm22	1C22 050A20 040A20 060A20	1C22 XC18 CC20
25	C25E4	25	1025	G10250	S25C S28C	1C25 CK25 Cm25	1C25 060A25 070M26	1C25 XC25
30	C30E4	30	1030	G10300	S30C S33C	1C30 CK30	1C30 060A30	1C30 XC32 CC30
35	C35E4	35	1035	G10350	S35C S38C	1C35 CK35 Cf35 Cm35	1C35 060A35	1C35 XC38TS XC35 CC35
40	C40E4	40	1040	G10400	S40C S43C	1C40 CK40	1C40 060A40 080A40 2S93 2S113	1C40 XC38 XC42 XC38H1
45	C45E4	45	1045	G10450	S45C S48C	1C45 CK45 CC45 XF45 CM45	1C45 060A42 060A47 080M46	1C45 XC42 XC45 CC45 XC42TS
50	G50E4	50	1050 1049	G10500 G10490	S50C S53C	1C50 CK53 CK50 CM50	1C50 060A52	1C50 XC48TS CC50 XC50
55	C55E4 Type SC Type DC	55	1055	G10550	S55C S58C	1C55 CK55 CM55	1C55 070M55 070M57	1C55 XC55 XC48TS CC55

续表

中国 GB/T 699	国际标准 ISO	俄罗斯 ГОСТР	美　国		日本 JIS	德国 DIN	英国 BS	法国 NF
			ASTM	UNS				
60	C60E4 Type SC Type DC	60	1060	G10600	S58C	1C60 CK60 CM60	1C60 060A62 080A62	1C60 XC60 XC68 CC55
65	SL SM Type SC Type DC	65	1065 1064	G10650 G10640	SWRH67A SWRH67B	A C67 CK65 CK67	080A67 060A67	FM66 C65 XC65
70	SL SM Type SC Type DC	70	1070 1069	G10700 G10690	SWRH72A SWRH72B	A CK70	070A72 060A72	FM70 C70 XC70
75	SL SM	75	1075 1074	G10750 G10740	SWRH77A SWRH77B	C C75 CK75	070A78 060A78	FM76 XC75
80	SL SM Type SC Type DC	80	1080	G10800	SWRH82A SWRH82B	D CK80	060A83 080A83	FM80 XC80
85	DM DH	85	1085 1084	G10850 G10840	SWRH82A SWRH82B SUP3	C D CK85	060A86 080A86 050A86	FM86 XC85
15Mn	—	15Г	1016	G10160	SB46	14Mn4 15Mn3	080A15 080A17 4S14 220M07	XC12 12M5
20Mn	—	20Г	1019 1022	G10190 G10220	—	19Mn5 20Mn5 21Mn4	070M20 080A20 080A22 080M20	XC18 20M5
25Mn	—	25Г	1026 1525	G10260 G15250	S28C	—	080A25 080A27 070M26	—
30Mn	—	30Г	1033	G10330	S30C	30Mn4 30Mn5 31Mn4	080A30 080A32 080M30	XC32 32M5

续表

中国 GB/T 699	国际标准 ISO	俄罗斯 ГОСТР	美国		日本 JIS	德国 DIN	英国 BS	法国 NF
			ASTM	UNS				
35Mn	—	35Г	1037	G10370	S35C	35Mn4 36Mn4 36Mn5	080A35 080M36	35M5
40Mn	SL SM	40Г	1039	G10390 G15410	SWRH42B S540C	2C40 40Mn4	2C40 080A40 080M40	2C40 40M5
45Mn	SL SM	45Г	1043 1046	G10430 G10460	SWRH47B S45C	2C45 46Mn5	2C45 080A47 080M46	2C45 45M5
50Mn	SL SM Type SC Type DC	50Г	1053 1551	G10530 G15510	SWRH52B S53C	2C50	2C50 080A52 080M50	2C50 XC48
60Mn	—	60Г	1561	G15610	SWRH62B S58C	2C60 CK60	2C60 080A57 080A62	2C60 XC60
65Mn	—	65Г	1566	G15660	S58C	65Mn4	080A67	—
70Mn	DH	70Г	1572	G15720	—	B	080A72	—

(3) 碳素工具钢(见表1-35)

表1-35 国内外碳素工具钢牌号对照

中国 GB/T 1298	国际标准 ISO	俄罗斯 ГОСТР	美国 ASTM	日本 JIS	德国 DIN	英国 BS	法国 NF
T7	TC70	Y7	W1-7	SK6 SK7	C70W1 C70W2	060A67 060A72	C70E2U $Y_1 70$
T8	TC80	Y8	W1A-8	SK5 SK6	C80W1 C80W2 C85W2	060A78 060A81	C80E2U $Y_1 80$
T8Mn	—	Y8Г	W1-8	SK5	C85W 080W2 C75W3	060A81	Y75

续表

中国 GB/T 1298	国际标准 ISO	俄罗斯 ГОСТР	美国 ASTM	日本 JIS	德国 DIN	英国 BS	法国 NF
T9	TC90	Y9	W1A-8.5 W1-0.9C W2-8.5	SK4 SK5	C85W2 C90W3	BW1A	C90E2U $Y_1$90
T10	TC105	Y10	W1A-9.5 W1-9 W2-9.5 W1-1.0C	SK3 SK4	C100W2 C105W1 C105W2	BW1B D1 1407	C105E2U $Y_1$105
T11	TC105	Y11	W1A-10.5 1A（ASM）	SK3	C105W1	1407	C105E2U XC110
T12	TC120	Y12	W1A-11.5 W1-12 W1-1.2C	SK2	C125W	1407 D1	C120E3U $Y_2$120
T13	TC140	Y13	—	SK1	C135W	—	C140E3U $Y_2$140

（4）低合金高强度结构钢（见表 1-36）

表 1-36 国内外低合金高强度结构钢牌号对照

中国 GB	国际标准 ISO	德国 DIN	美国 ASTM	日本 JIS	英国 BS	法国 NF	俄罗斯 ГОСТР
Q295A		15Mo3，PH295	Gr. 42	SPFC490		A50	295
Q295B		15Mo3，PH295	Gr. 42	SPFC490		A50	295
Q345A		Fe510C	Gr. 50	SPFC590	Fe510C	Fe510C	345
Q345B	E355CC		Gr. 50	SPFC590			345
Q345C	E355DD			SPFC590			345
Q345D	E355E						345
Q390A				STKT540			390
Q390B	E390CC			STKT540			390
Q390C	E390DD			STKT540		A550-I	390
Q390D	E390E						
Q420B	E420CC					E420-I	
Q460C	E460DD			SMA570		E460T-Ⅱ	

(5) 合金结构钢（见表 1-37）

表 1-37 国内外合金结构钢牌号对照

中国 GB	德国 DIN	美国		日本 JIS	英国 BS	法国 NF	俄罗斯 ГОСТР
		UNS	AISI				
20Mn2	20Mn5	G13200	1320	SMn420	150M19	20M5	20Г2
30Mn2	28Mn6	G13300	1330	SMn433	150M28	22M5	30Г2
35Mn2	36Mn6	G13350	1335	SMn433	150M36	35M5	35Г2
40Mn2		G13400	1340	SMn438		40M5	40Г2
45Mn2	46Mn7	G13450	1345	SMn443		45M5	45Г2
50Mn2	50Mn7					55M5	50Г2
20MnV	17MnV6						
27SiMn	27MnSi5						27СГ
35SiMn	37MnSi5					38Ms5	35СГ
42SiMn	46MnSi4					41x7	42СГ
40B	35B2	G50401	50B40				
45B	45B2	G50461	50B46				
50B		G50501	50B50				
40MnB	40MnB4					38MB5	
20Mn2B						20MB5	
15Cr	15Cr3	G51150	5115	SCr415	527A17	12C3	15X
15CrA							15XA
20Cr	20Cr4	G51200	5120	SCr420	527A19	18C3	20X
30Cr	28Cr4	G51300	5130	SCr430	530A30	28C4	30X
35Cr	34Cr4	G51350	5135	SCr435	530A36	38C4	35X
40Cr	41Cr4	G51400	5140	SCr440	530A40	42C4	40X
45Cr		G51450	5145	SCr445		45C4	45X
50Cr		G51500	5150			50C4	50X
38CrSi							38XC
12CrMo	13CrMo44					12CD4	12XM
15CrMo	15CrMo5			SCM415	CDS12	15CD4.05	15XM
20CrMo	20CrMo4	G41190	4119	SCM420	CDS13	18CD4	20XM

续表

中国 GB	德国 DIN	美国		日本 JIS	英国 BS	法国 NF	俄罗斯 ГОСТР
		UNS	AISI				
30CrMo		G41300	4130	SCM430	708A37	30CD4	30XM
35CrMo	34CrMo4	G41350	4135	SCM435	708A40	34CD4	35XM
42CrMo	42CrMo4	G41400	4140	SCM440		42CD4	38XM
35CrMoV	35CrMoV5						35XMФ
12Cr1MoV	13CrMoV4. 2				905M35		12X1MФ
38CrMoAl	41CrAlMo7		6470E	SACM645		40CAD6. 12	38XMЮA
20CrV	21CrV4	G61200	6120				20XФ
40CrV	42CrV6		6140		735A50		40XФA
50CrVA	50CrV4	G61500	6150	SUP10		50CV4	50XФA
15CrMn	16MnCr5					16MC5	15XГ
20CrMn	20MnCr5	G51200	5120	SMnC420		20MC5	20XГ
40CrMn			5140	SMnC443			40XГ
20CrMnMo	20CrMo5		4119	SCM421	708M40		25XГM
40CrMnMo				SCM440		42CD4	38XГM
30CrMnTi	30MnCrTi4						30XГT
20CrNi	20NiCr6		3120		637M17	20NC6	20XH
40CrNi	40NiCr6	G31400	3140	SNC236	640M40	35NC6	40XH
45CrNi	45NiCr6	G31450	3145				45XH
50CrNi			3150				50XH
12CrNi2	14NrCr10		3215	SNC415		14NC11	12XH2
12CrNi3	14NiCr14		3415	SNC815	655M13	14NC12	12XH3A
20CrNi3	22NiCr14					20NC11	20XH3A
30CrNi3	31NiCr14		3435	SNC631	653M31	30NC12	30XH3A
37CrNi3	35NiCr18		3335	SNC836		35NC15	37XH3
12Cr2Ni4	14NiCr18	G33106	3310		659M15	12NC15	12X2H4A
20Cr2Ni4			3320			20NC14	20X2H4A
20CrNiMo	21NiCrMo2	G86200	8620	SNCM220	805M20	20NCD2	20XHM
40CrNiMoA	36NiCrMo4	G43400	4340	SNCM439	817M40	40NCD3	40XHM

（6）合金工具钢（见表 1-38）

表1-38　国内外合金工具钢牌号对照

中国 GB/T 1299	国际标准 ISO	俄罗斯 ГОСТР	美国 ASTM	美国 UNS	日本 JIS	德国 DIN	英国 BS	法国 NF
9SiCr	—	9XC	—	—	—	90SiCr5	BH21	—
Cr06	—	13X	W5	—	SKS8	140Cr3	—	130Cr3
Cr2	100Cr2 (16)	X	L1	—	—	100Cr6	BL1	100Cr6 100C6
9Cr2	—	9X1 9X	L7	—	—	100Cr6	—	100C6
W	—	B1	F1	T60601	SKS21	120W4	BF1	—
4CrW2Si	—	4XB2C	—	—	—	35WCrV7	—	40WCDS35-12
5CrW2Si	—	5XB2C	S1	—	—	45WCrV7	BSi	—
6CrW2Si	—	6XB2C	—	—	—	55WCrV7 60WCrV7	—	—
Cr12	210Cr12	X12	D3	T30403	SKD1	X210Cr12	BD3	Z200C12
Cr12Mo1V1	160CrMoV12	—	D2	T30402	SKD11	X155CrVMo121	BD2	—
Cr12MoV	—	X12M	D2	—	SKD11	165CrMoV46	BD2	Z200C12
Cr5Mo1V	100CrMoV5	—	A2	T30102	SKD12	—	BA2	X100CrMoV5
9Mn2V	90MnV2	9Г2Ф	02	T31502	—	90MnV8	B02	90MnV8 80M80
CrWMn	105WCr1	XBГ	07	—	SKS31 SKS2 SKS3	105WCr6	—	105WCr5 105WCr13
9CrWMn	—	9XBГ	—	T31501	SKS3	—	B01	80M8
5CrMnMo	—	5XГM	—	—	SKT5	40CrMnMo7	—	—
5CrNiMo	—	5XHM	L6	T61206 T61203	SKT4	55NiCrMoV6	BH224/5	55NCDV7
3Cr2W8V	30WCrV9	3X2B8Ф 3X3M3Ф	H21 H10	T20821	SKD5	X30WCrV93 X32CrMnV33	BH21 BH19	X30WCrV9 Z30WCV9 32DCV28
4Cr5MoSiV	—	4X5MФC	H11 H12	T20811	SKD6 SKD62	X38CrMoV51 X37CrMoW51	BH11 BH12	X38CrMoV5 Z38CDV5 Z35CWDV5
4Cr5MoSiV1	40CrMoV5 (H6)	4X5MФ1C (ЭТТ572)	H H13	T20813	SKD61	X40CrMoV51	BH13	X40CrMoV5 Z40CDV5
3Cr2Mo	35CrMo2	—	—	—	—	—	—	35CrMo8

（7）高速工具钢（见表 1-39）

表 1-39　国内外高速工具钢牌号对照

中国 GB/T 9943	国际标准 ISO	俄罗斯 ГОСТР	美　国		日本 JIS	德国 DIN	英国 BS	法国 NF
			ASTM	UNS				
W18Cr4V	HS18-0-1 (S1)	P18 P9	T1	T12001	SKH2	S18-0-1 B18	BT1	HS18-0-1 Z80WCV18-04-01 Z80WCN18-04-01
W18Cr4VCo5	HS18-1-1-5 (S7)	P18K5Φ2	T4 T5 T6	T12004 T12005 T12006	SKH3 SKH4A SKH4B	S18-1-2-5 S18-1-2-10 S18-1-2-15	BT4 BT5 BT6	HS18-1-1-5 Z80WKCV18- 05-04-01 Z85WK18-10
W18Cr4V2Co8	HS18-0-1-10	—	T5	T12005	SKH40	S18-1-2-10	BT5	HS18-0-2-9 Z80WKCV18- 05-04-02
W12Cr4V5Co5	HS12-1-5-5 (S9)	P10K5Φ5	T15	T12015	SKH10	S12-1-4-5 S12-1-5-5	BT15	Z160WK12- 05-05-04 HS12-1-5-5
W6Mo5Cr4V2	HS6-5-2 S4	P6M5	M2 (Regularc)	T11302 T11313	SKH51 SKH9	S6-5-2 SC6-5-2	BM2	HS6-5-2 Z85WDCV06- 05-04-02 Z90WDCV06- 05-04-02
CW6Mo5Cr4V2	—	—	M2 (high C)	T11302	—	SC6-5-2	—	—
W18Cr4V	HS18-0-1 (S1)	P18 P9	T1	T12001	SKH2	S18-0-1 B18	BT1	HS18-0-1 Z80WCV18-04-01 Z80WCN18-04-01
W18Cr4VCo5	HS18-1-1-5 (S7)	P18K5Φ2	T4 T5 T6	T12004 T12005 T12006	SKH3 SKH4A SKH4B	S18-1-2-5 S18-1-2-10 S18-1-2-15	BT4 BT5 BT6	HS18-1-1-5 Z80WKCV18- 05-04-01 Z85WK18-10
W18Cr4V2Co8	HS18-0-1-10	—	T5	T12005	SKH40	S18-1-2-10	BT5	HS18-0-2-9 Z80WKCV18- 05-04-02
W12Cr4V5Co5	HS12-1-5-5 (S9)	P10K5Φ5	T15	T12015	SKH10	S12-1-4-5 S12-1-5-5	BT15	Z160WK12- 05-05-04 HS12-1-5-5
W6Mo5Cr4V2	HS6-5-2 S4	P6M5	M2 (Regularc)	T11302 T11313	SKH51 SKH9	S6-5-2 SC6-5-2	BM2	HS6-5-2 Z85WDCV06- 05-04-02 Z90WDCV06- 05-04-02

续表

中国 GB/T 9943	国际标准 ISO	俄罗斯 ГОСТР	美国		日本 JIS	德国 DIN	英国 BS	法国 NF
			ASTM	UNS				
CW6Mo5Cr4V2	—	—	M2 (high C)	T11302	—	SC6-5-2	—	—
W6Mo5Cr4V3	HS6-5-3	—	M3 (class a)	T11313	SKH52	S6-5-3	—	Z120WDCV06-05-04-03
CW6Mo5Cr4V3	HS6-5-3 (S5)	—	M3 (ckass b)	T11323	SKH53	S6-5-3	—	HS6-5-3
W2Mo9Cr4V2	HS2-9-2 (S2)	—	M7	T11307	SKH58	S2-9-2	—	HS2-9-2 Z100DCWV09-04-02-02
W6Mo5Cr4V2Co5	HS6-5-2-5 (S8)	P6M5K5	M35	—	SKH55	S6-5-2-5	—	HS6-5-2-5 Z85WDKCV06-05-05-04-02
W7Mo4Cr4V2Co5	HS7-4-2-5 (12)	P6M5K5	M41	T11341	—	S7-4-2-5	—	HS7-4-2-5 Z110WKCDV07-05-04-04-02
W2Mo9Cr4VCo8	HS2-9-1-8 (S11)	—	M42	T11342	SKH59	S2-10-1-8	BM42	HS2-9-1-8 Z110WKCDV09-08-04-02-01

（8）碳素铸钢（见表1-40）

表1-40 国内外碳素铸钢牌号对照

中国 GB	国际标准 ISO	德国 DIN	美国		日本 JIS	英国 BS	法国 NF	俄罗斯 ГОСТР
			UNS	ASTM				
ZG200-400	200-400	GS-20-38	J02500	U-60-30	SC410	A1	E20-40M	15Л
ZG230-450	230-450	GS-23-45	J03009	U-65-35	SC450		E23-45M	25Л
ZG270-500	270-480	GS-26-52	J03501	U-70-36	SC480	A2	E26-52M	35Л
ZG310-570	340-550	GS-30-60		U-80-50		A3	E30-57M	45Л
ZG340-640				U-90-60	SCC5A	A4		55Л

1.3.8 国内外常用有色金属材料牌号对照表

国内外常用有色金属材料牌号对照表见表1-41。

表 1-41　国内外常用有色金属材料牌号对照

产品名称	中国 GB	国际标准 ISO	德国 DIN	美国 ASTM	日本 JIS	英国 BS	法国 NF	俄罗斯 ГОСТР
纯铜	T2	Cu-FRHC	E-Cu58	C11000	C1100	C101、C102		M1
	T3	Cu-FRTP				C104		M2
	TU2	Cu-OF	OF-Cu	C10200	C1020	C103		M1Б
	TP1	Cu-DLP	SW-Cu	C12000	C1201			M1P
	TP2	Cu-DHP	SF-Cu	C12200	C1220	C106		M2P
普通黄铜	H96	CuZn5	CuZn5	C21000	C2100	CZ125	CuZn5	Л96
	H90	CuZn10	CuZn10	C22000	C2200	CZ101	CuZn10	Л90
	H85	CuZn15	CuZn15	C23000	C2300	CZ102	CuZn15	Л85
	H80	CuZn20	CuZn20	C24000	C2400	CZ103	CuZn20	Л80
	H70	CuZn30	CuZn30	C26000	C2600	CZ106	CuZn30	Л70
	H68		CuZn33	C26200				Л68
	H65	CuZn35	CuZn36	C27000	C2700	CZ107	CuZn33	
	H63	CuZn37	CuZn37	C27200	C2720	CZ108	CuZn37	Л63
	H62	CuZn40		C28000	C2800	CZ109	CuZn40	
	H59		CuZn40	C28000	C2800	CZ109		Л60
铅黄铜	HPb63-3		CuZn36Pb3	C34500	C3450	CZ124		ЛC63-3
	HPb61-1		CuZn39Pb0.5	C37100	C3710	CZ123	CuZn40Pb	ЛC60-1
	HPb59-1	CuZn39Pb1	CuZn40Pb2	C37710	C3771	CZ122		ЛC59-1
锡黄铜	HSn90-1			C40400				ГO90-1
	HSn62-1	CuZn38Sn1		C46400	C4620	CZ112		ГO62-1
	HSn60-1		CuZn39Sn	C48600		CZ113	CuZn38Sn1	ГO60-1

续表

产品名称	中国 GB	国际标准 ISO	德国 DIN	美国 ASTM	日本 JIS	英国 BS	法国 NF	俄罗斯 ГОСТР
铝黄铜	HAl60-1-1	CuZn39AlFeMn	CuZn37Al			CZ115		ЛАЖ60-1-1
	HAl59-3-2							ЛАН59-3-2
锰黄铜	HMn58-2		CuZn40Mn					ЛМЦ58-2
	HMn57-3-1							ЛМЦА57-3-1
铁黄铜	HFe59-1-1		CuZn40Al1					ЛЖМЦ59-1-1
	Hfe58-1-1							ЛЖС58-1-1
镍黄铜	HNi65-5							ЛН65-5
	HNi56-3							
锡青铜	QSn4-3	CuSn4Zn2						БРОЦ4-3
	QSn4-4-4	CuSn4Zn3		C54400			CuSn4ZnPb4	БРОЦ04-4-4
	QSn6. 5-0. 1	CuSn6	CuSn6	C51900	C5191	PB103	CuSn6P	БРОФ6. 5-0. 15
	QSn6. 5-0. 4	CuSn6	CuSn6	C51900	C5191	PB103	CuSn6P	БРОФ6. 5-0. 4
	QSn7-0. 2	CuSn8	CuSn8	C52100	C5210	PB104	CuSn8P	БРОФ7-0. 2
铝青铜	QAl5	CuAl5	CuAl5As	C60600		CA101	CuAl6	БРА5
	QAl7	CuAl7	CuAl8	C61000		CA102	CuAl8	БРА7
	QAl9-2	CuAl9Mn2	CuAl9Mn2					БРАМЦ9-2
	QAl9-4	CuAl10Fe3		C62300				БРАМЖ9-4
	Qal10-3-1. 5		CuAl10Fe3Mn2	C63200				БРАЖМЦ10-3-1. 5
	Qal10-4-4	CuAl10Ni5Fe5	CuAl10Ni5Fe4	C63300		CA104	CuAl10Ni5Fe4	БРАЖН10-4-4
	Qal10-5-5			C63280	C6301	CA105		
	Qal11-6-6		CuAl10Ni6Fe6	C62730				

续表

产品名称	中国 GB	国际标准 ISO	德国 DIN	美国 ASTM	日本 JIS	英国 BS	法国 NF	俄罗斯 ГОСТР
铍青铜	QBe1. 7 QBe2	CuBe1. 7 CuBe2	CuBe1. 7 CuBe2	C17000 C17200	C1700 C1720	CB101	CuBe1. 7 CuBe1. 9	БРБНТ1. 7 БРБ2
硅青铜	QSi1-3 QSi3-1	CuSi3Mn1	CuNi3Si CuSi3Mn	C65500		CS101		БРКН1-3 БРКМЦ3-1
锰青铜	QMn2 QMn5		CuMn2 CuMn5					БРМЦ5
铝及铝合金	1A99（LG5）		Al99. 8R	1199	1N99	S1		AB000
	1A90（LG2）		Al99. 9	1090	1N90			AB1
	1A85（LG1）	Al99. 8	Al99. 8	1080	A1080	1A		1B2
	1070A（L1）	Al99. 7	Al99. 7	1070	A1070	1A	1070A	A00
	1060（L2）			1060	A1060			A0
	1050A（L3）	Al99. 5	Al99. 5	1050		1B	1050A	A1
	1100（L5-1）	Al99. 0	Al99. 0	1100	A1100	3L54	1100	A2
	1200（L5）		Al99	1200	A1200	1C	1200	
	5A02（LF2）	AlMg2. 5	AlMg2. 5	5052	A5052	N4	5052	AMΓ2
	5A03（LF3）	AlMg3	AlMg3	5154	A5154	N5		AMΓ3
	5083（LF4）	AlMg4. 5Mn0. 7	AlMg4. 5Mn	5083	A5083	N8	5083	AMΓ4
	5065（LF5-1）	AlMg5	AlMg5	5056	A5056	N6		
	5A05（LF5）	AlMg5Mn0. 4		5456		N61		AMΓ5

续表

产品名称	中国 GB	国际标准 ISO	德国 DIN	美国 ASTM	日本 JIS	英国 BS	法国 NF	俄罗斯 ГОСТР
铝及铝合金	3A21（LF21）	AlMn1Cu	AlMnCu	3003	A3003	N3	3003	АМЦ
	2A01（LY1）	AlCu2. 5Mg	AlCu2. 5Mg0. 5	2217	A2217	3L86		Д18
	2A11（LY11）	AlCu4MgSi	AlCuMg1	2017	A2017	H15	2017A	Д1
	2A12（LY12）	AlCu4Mg1	AlCuMg2	2024	A2024	GB-24S	2024	Д16
	6A02（LD2）			6165	A6165			АВ
	2A70（LD7）	AlCuMgNi		2618	2N01	H16	2618A	АК4
	2A90（LD9）			2018	A2018			АК2
	2A14（LD10）	AlCu4SiMg	AlCuSiMn	2014	A2014		2014	АК8
	4A11（LD11）			4032	A4032	38S	4032	АК9
	6061（LD30）	AlMg1SiCu	AlMg1SiCu	6061	A6061	H20	6061	АД33
	6063（LD31）	AlMg0. 7Si	AlMgSi0. 5	6063	A6063	H19		АД31
	7A03（LC3）	AlZn7MgCu		7141				В94
	7A09（LC9）	AlZn5. 5MgCu	AlZnMgCu1. 5	7075	A7075	L95	7075	
	7A10（LC10）		AlZnMgCu0. 5	7079	7N11			
钛及钛合金	TA1	Grade1	3. 7035	Grade1	1级			ВТ10
	TA2	Grade2	3. 7055	Grade2	2级			
	TA3	Grade3	3. 7065	Grade3	3级			
	TA7		TiAl5Sn2	Grade6				ВТ5-1

注：括号中为旧牌号。

1.4　钢铁的涂色标记

钢铁的涂色标记见表 1-42。

表 1-42　钢铁的涂色标记

材料种类		端面涂色标记
碳素结构钢	Q215A	白色+黑色
	Q215B	黄色
	Q235A	红色
	Q235B	黑色
	Q255A	绿色
	Q255B	棕色
	Q275	红色+棕色
优质碳素结构钢	05～15	白色
	20～25	棕色+绿色
	30～40	白色+蓝色
	45～85	白色+棕色
	15Mn～40Mn	白色两条
	45Mn～70Mn	绿色三条
合金结构钢	锰钢	黄色+蓝色
	硅锰钢	红色+黑色
	锰钒钢	蓝色+绿色
	铬钢	绿色+黄色
	铬硅钢	蓝色+红色
	铬锰钢	蓝色+黑色
	铬锰硅钢	红色+紫色
	铬钒钢	绿色+黑色
	铬锰钛钢	黄色+黑色
	铬钨钒钢	棕色+黑色
	钼钢	紫色
	铬钼钢	绿色+紫色
	铬锰钼钢	紫色+白色
	铬钼钒钢	紫色+棕色
	铬铝钢	铝白色

续表

材料种类		端面涂色标记
合金结构钢	铬钼铝钢	黄色＋紫色
	铬钨钒铝钢	黄色＋红色
	硼钢	紫色＋蓝色
	铬钼钨钒钢	紫色＋黑色
高速钢	W12Cr4V4Mo	棕色一条＋黄色一条
	W18Cr4V	棕色一条＋蓝色一条
	W9Cr4V2	棕色两条
	W9Cr4V	棕色一条
滚珠轴承钢	GCr4	绿色一条＋白色一条
	GCr15	蓝色一条
	GCr15SiMn	绿色一条＋蓝色一条
	GCr15SiMo	白色一条＋黄色一条
	GCr18Mo	绿色两条
不锈钢、耐酸钢和耐热不起皮钢	铬钢	铝白色＋黑色
	铬钛钢	铝白色＋黄色
	铬锰钢	铝白色＋绿色
	铬钼钢	铝白色＋白色
	铬镍钢	铝白色＋红色
	铬锰镍钢	铝白色＋棕色
	铬镍钛钢	铝白色＋蓝色
	铬钼钛钢	铝白色＋白色＋黄色
	铬镍钼钛钢	铝白色＋红色＋黄色
	铬钼钒钢	铝白色＋紫色
	铬镍钨钛钢	铝白色＋白色＋红色
	铬镍铜钛钢	铝白色＋蓝色＋白色
	铬镍钼铜钛钢	铝白色＋黄色＋绿色
	铬硅钢	红色＋白色
	铬钼钢	红色＋绿色
	铬硅钼钢	红色＋蓝色
	铬铝硅钢	红色＋黑色
	铬硅钛钢	红色＋黄色
	铬硅钼钛钢	红色＋紫色
	铬铝合金	红色＋铝白色
	铬镍钨钼钢	红色＋棕色

续表

材料种类		端面涂色标记
热轧钢筋	Ⅰ级	红色
	Ⅱ级	—
	Ⅲ级	白色
	Ⅳ级	黄色
	28/50kg级	绿色
	50/75kg级	蓝色

1.5 钢材断面积和理论重量计算公式

钢材断面积和理论重量计算公式分别见表1-43和表1-44。

表1-43 钢材断面积的计算公式

序号	钢材类别	计算公式	代号说明
1	方钢	$S=a^2$	a—边宽
2	圆角方钢	$S=a^2-0.8584r^2$	a—边宽，r—圆角半径
3	钢板、扁钢、带钢	$S=a\delta$	a—宽度，δ—厚度
4	圆角扁钢	$S=a\delta-0.8584r^2$	a—宽度，δ—厚度，r—圆角半径
5	圆钢、圆盘条、钢丝	$S=0.7854d^2$	d—外径
6	六角钢	$S=0.866a^2=2.598s^2$	a—对边距离，s—边宽
7	八角钢	$S=0.8284a^2=4.8284s^2$	
8	钢管	$S=3.1416\delta(D-\delta)$	D—外径，δ—壁厚
9	等边角钢	$S=d(2b-d)+0.2146(r^2-2r_1^2)$	d—边厚，b—边宽（不等边角钢为短边宽），r—内面圆角半径，r_1—边端圆角半径，B—（不等边角钢）长边宽
10	不等边角钢	$S=d(B+b-d)+0.2146(r^2-2r_1^2)$	
11	工字钢	$S=hd+2t(b-d)+0.8584(r^2-2r_1^2)$	h—高度，b—腿宽，d—腰厚，t—平均腿厚，r—内面圆角半径，r_1—边端圆角半径
12	槽钢	$S=hd+2t(b-d)+0.4292(r^2-2r_1^2)$	

注：其他型材如铜材、铝材等一般也可按上表计算。

表 1-44 钢材理论重量计算公式

序号	钢材类别	计算公式	代号说明
1	圆钢	$F=0.7854d^2$ $W=0.0061654d^2$	F—断面积，mm^2 d—直径，mm
2	方钢	$F=a^2$ $W=0.00785a^2$	a—边宽，mm
3	六角钢	$F=0.866a^2=2.598s^2$ $W=0.0067986a^2=0.0203943s^2$	a—对边距离，mm s—边宽，mm
4	八角钢	$F=0.8284a^2=4.8284s^2$ $W=0.006503a^2=0.0379s^2$	
5	钢板、扁钢、带钢	$F=a\delta$ $W=0.00785a\delta$	a—边宽，mm δ—厚，mm
6	等边角钢	$F=d(2b-\mathrm{d})+0.2146(r^2-2r_1^2)$ $W=0.00785[d(2b-\mathrm{d})+0.2146(r^2-2r_1^2)]$ $\approx 0.00795d(2b-d)$	d—边厚，mm b—边宽，mm r—内弧半径，mm r_1—端弧半径，mm
7	不等边角钢	$F=d(B+b-d)+0.2146(r^2-2r_1^2)$ $W=0.00785[d(B+b-d)+0.2146(r^2-2r_1^2)]$ $\approx 0.00795d(B+b-d)$	d—边厚，mm B—长边宽，mm b—短边宽，mm r—内弧半径，mm r_1—端弧半径，mm
8	工字钢	$F=hd+2t(b-d)+0.8584(r^2-r_1^2)$ $W=0.00785[hd+2t(b-\mathrm{d})+0.8584(r^2-r_1^2)]$	h—高度，mm b—腿宽，mm d—腰厚，mm t—平均腿厚，mm r—内弧半径，mm r_1—端弧半径，mm
9	槽钢	$F=hd+2t(b-d)+0.4292(r^2-r_1^2)$ $W=0.00785[hd+2t(b-d)+0.4292(r^2-r_1^2)]$	
10	钢管	$F=3.1416(D-t)t$ $W=0.02466(D-t)t$	D—外径，mm t—壁厚，mm

注：1. $W=F\rho/1000$（W为理论单位长度质量，kg/m）。

2. 钢材密度一般按 $7.85g/cm^3$ 计算。

3. 有色金属材料，如铜材、铝材等也可按上表计算，密度可查有关资料。

1.6 钢材的火花鉴别

（1）火花图的基本知识　钢铁材料在砂轮上磨削时所产生的火花由根部火花、中部火花和尾部火花三部分组成，总称为火花束。火花束由流线节点、爆花和尾花所构成（见图1-2）。

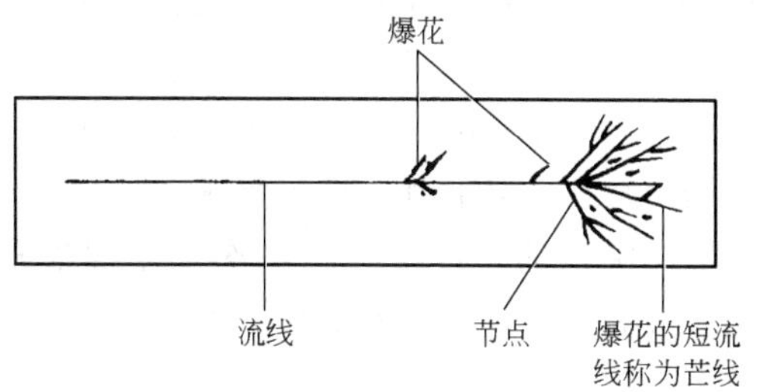

图 1-2　火花束的组成

火花束中由灼热发光的粉末形成的线条状火花称为流线，随钢铁材料成分的不同，流线有直线状、断续状和波浪状三种形状；流线在中途爆炸的地方称为节点，节点处爆炸形成的火花称为爆花，爆花的流线称为芒线。在流线尾部末端所呈现的特殊形式的火花称为尾花。

爆花按爆发先后可分为一次、二次、三次及多次爆花（见图 1-3）。

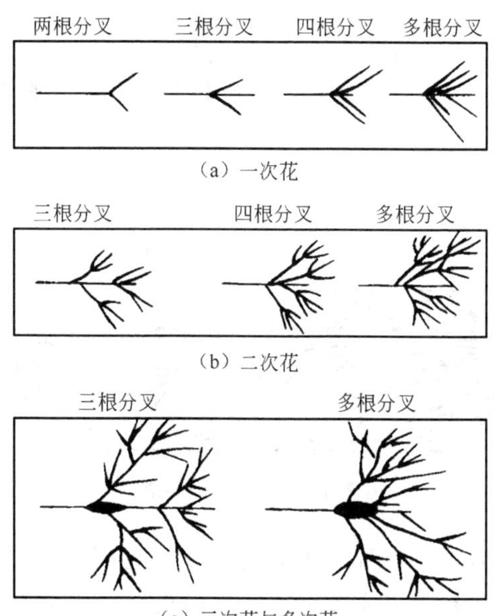

（a）一次花

（b）二次花

（c）三次花与多次花

图 1-3　爆花特征

由于含碳量的不同，爆花可分为一次花、二次花、三次花和多次花。

一次花：在流线上的爆花，只有一次爆裂的芒线。一次花一般是碳的质量分数在0.25%以下时的火花特征。

二次花：在一次花的芒线上，又一次发生爆裂所呈现的爆花形式。二次花一般是碳的质量分数在0.25%～0.60%时的火花特征。

三次花与多次花：在二次花的芒线上，再一次发生爆裂的火花形式称三次花，若在三次花的芒线上继续有一次或数次爆裂出现，这种形式的爆花称多次花。三次花与多次花是碳的质量分数在0.65%及0.65%以上时的火花特征。

单花：在整条流线上仅有一个爆花，称为单花。

复花：在一条流线上有两个或两个以上爆花，统称复花。有两个爆花的称两层复花；有三个或三个以上爆花的称三层复花或多层复花。

(2) 低碳钢的火花图（以15钢为例，见图1-4）　整个火束呈草黄带红，发光适中。流线稍多，长度较长，自根部起逐渐膨胀粗大，至尾部又逐渐收缩，尾部下垂成半弧形。花量不多，爆花为四根分叉一次花，呈星形，芒线较粗。

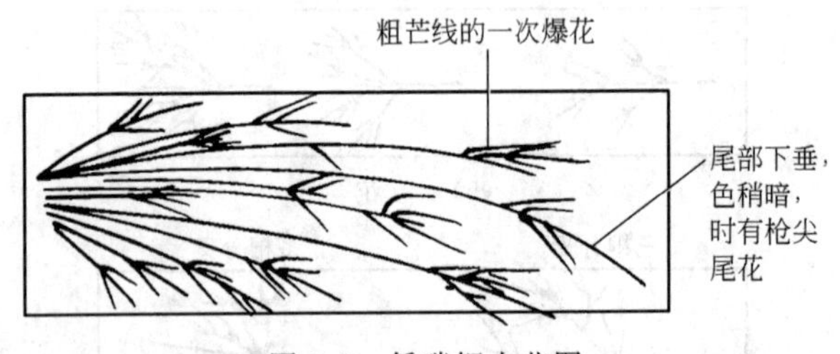

图1-4　低碳钢火花图

(3) 中碳钢的火花图（以40钢为例，见图1-5）　整个火束呈黄色，发光明亮。流线多而较细长，尾部挺直，尖端有分叉现象。爆花为多根分叉二次花，附有节点，芒线清晰，有较多的小花及花粉产生，并开始出现不完全的两层复花，火花盛开，射力较大，花量较多，约占整个火花束的五分之三以上。

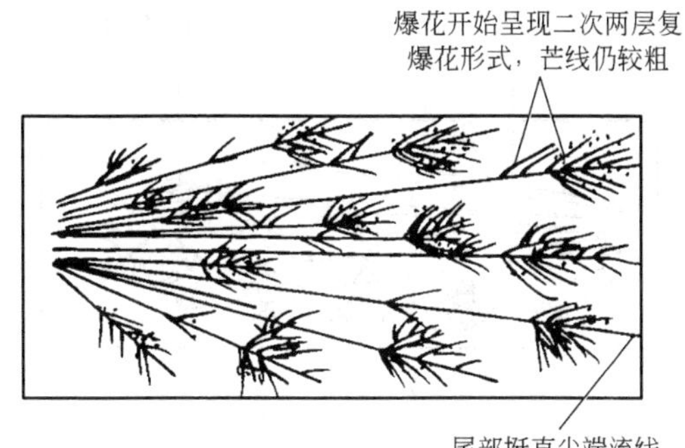

图 1-5　中碳钢火花图

（4）高碳钢的火花图（以 65 钢为例，见图 1-6）　整个火束呈黄色，光度根部暗，中部明亮，尾部次之。流线多而细，长度较短，形挺直，射力很强。爆花为多根分叉二、三次爆裂三层复花，花量多而拥挤，占整个火花束的四分之三以上。芒线细长而量多，间距密，芒线间杂有更多的花粉。

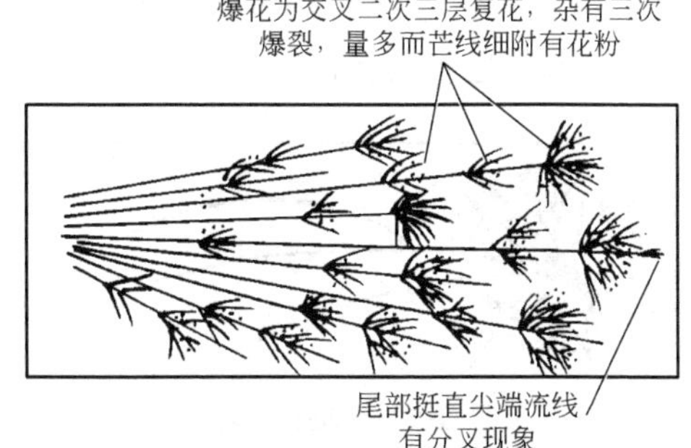

图 1-6　高碳钢火花图

（5）铬钢的火花图（以 7Cr3 为例，见图 1-7）　铬元素是助长产生爆花的，在一定范围内，铬的含量越多，产生的爆花也越多。铬元素的存在，使火束趋向明亮，火花爆裂非常活跃而正规，花状呈大星形，分叉多而细，附有很多碎花粉。

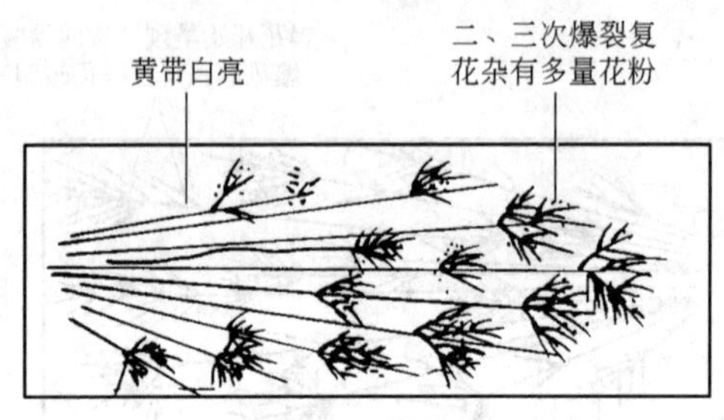

图 1-7 铬钢火花图

7Cr3 为高碳低铬钢，与高碳钢的火花图有些相似，爆花为二、三次爆裂复花，花形较大，有多量花粉产生，花量多而拥挤。由于铬元素的存在，使火束的颜色为黄色而带白亮。流线短缩而稍粗，爆花多为大型爆花，枝状爆花不显著，另外根据手的感觉材料很硬，并在砂轮的外圈围绕很多火花。

（6）锰钢的火花图（见图 1-8） 锰元素是助长火花爆裂最甚的元素，当钢中锰的质量分数为 1%～2%时，其火花形式与碳钢相仿，但它的明显特征是全体爆花呈星形，爆花核心较大，成为白亮的节点，花粉很多，花形较大，芒线稍细而长，花呈黄色，光度较亮，爆裂强度大于碳钢，流线也较其多而粗长。

图 1-8 锰钢火花图

普通锰合金结构钢、弹簧钢锰的质量分数一般均在 1%～2%之间。若锰的质量分数在 2%以上，则上面特征更为显著，在火花束中有时产生特种的大花及小火团。

(7) 高速工具钢的火花图（以 W18Cr4V 为例，见图 1-9）　钨元素对火花爆裂的发生起抑制作用，钨的存在会使流线呈暗红色和细花，爆裂几乎完全不发生，在流线尾端产生狐尾花是钨的特有特征。

W18Cr4V 的火花图火束细长，呈赤橙色，发光极暗弱。因受高钨的影响，几乎无火花爆裂，仅在尾部略有三、四分叉爆裂，花量极少。流线根部和中部呈断续状态，有时呈波浪流线，尾部膨胀下垂，形成点状狐尾花。同时手的感觉材料极硬，这是高速工具钢所具有的特征。

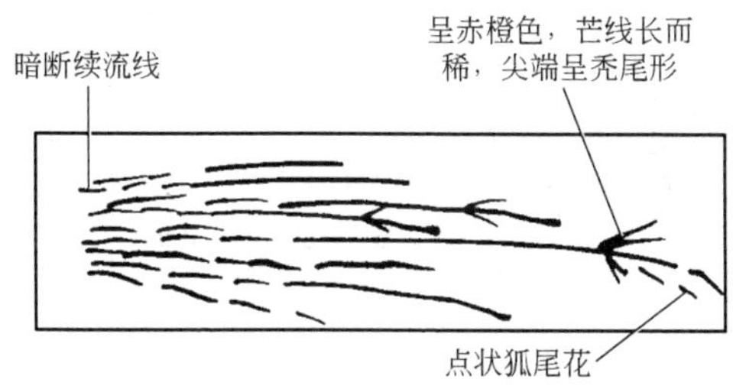

图 1-9　高速工具钢的火花图

1.7　金属热处理与表面保护

1.7.1　金属热处理工艺分类与代号（GB/T 12603—2005）

(1) 分类　热处理分类由基础分类和附加分类组成。

① 基础分类　根据工艺类型、工艺名称和实现工艺的加热方法，将热处理工艺按三个层次进行分类，见表 1-45。

② 附加分类　对基础分类中某些工艺的具体条件的进一步分类。包括退火、正火、淬火、化学热处理工艺加热介质（见表 1-46），退火工艺方法（见表 1-47），淬火冷却介质和冷却方法（见表 1-48），渗碳和碳氮共渗的后续冷却工艺（见表 1-49），以及化学热处理中非金属、渗金属、多元共渗、熔渗四种工艺按渗入元素的分类。

表 1-45　热处理工艺分类及代号

工艺总称	代号	工艺类型	代号	工艺名称	代号	加热方法	代号
热处理	5	整体热处理	1	退火	1	加热炉	1
				正火	2		
				淬火	3	感应	2
				淬火和回火	4	火焰	3
				调质	5		
				稳定化处理	6		
				固溶处理、水韧处理	7		
				固溶处理和时效	8		
		表面热处理	2	表面淬火和回火	1	电阻	4
				物理气相沉积	2		
				化学气相沉积	3	激光	5
				等离子体化学气相沉积	4		
		化学热处理	3	渗碳	1	电子束	6
				碳氮共渗	2		
				渗氮	3	等离子体	7
				氮碳共渗	4		
				渗其他非金属	5	其他	8
				渗金属	6		
				多元共渗	7		
				熔渗	8		

表 1-46　加热介质及代号

加热介质	固体	液体	气体	真空	保护气氛	可控气氛	流态床
代号	S	L	G	V	P	C	F

表 1-47　退火工艺代号

退火工艺	去应力退火	扩散退火	再结晶退火	石墨化退火	去氢退火	球化退火	等温退火
代号	o	d	r	g	h	s	n

表 1-48　淬火冷却介质和冷却方法及代号

冷却介质和方法	空气	油	水	盐水	有机水溶液	盐浴	压力淬火	双液淬火	分级淬火	等温淬火	形变淬火	冷处理
代号	a	o	w	b	y	s	p	d	m	n	f	z

表 1-49　渗碳、碳氮共渗后冷却方法及代号

冷却方法	直接淬火	一次加热淬火	二次加热淬火	表面淬火
代号	g	r	t	b

(2) 代号

① 热处理工艺代号标记规定

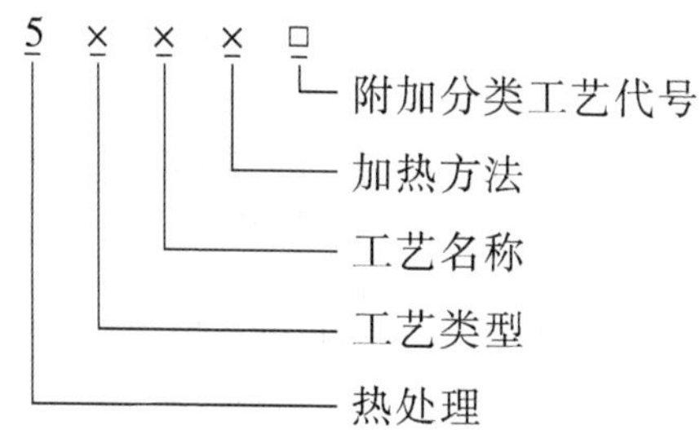

② 基础工艺代号　用四位数字表示。第一位数字 5 为机械制造工艺分类与代号中表示热处理的工艺代号；第二、三、四位数字分别代表基础分类中的第二、三、四层次中的分类代号。当工艺中某个层次不需分类时，该层次用 0 代替。

③ 附加工艺代号　它用英文字母表示。接在基础分类工艺代号后面。

④ 多工序热处理工艺代号　用短横线将各工艺代号连接组成，但除第一工艺外，后面的工艺均省略第一位数字 5，如 5151-311G 表示调质和气体渗碳。

⑤ 常用热处理工艺代号　见表 1-50。

表 1-50 常用热处理工艺及代号

工 艺	代 号	工 艺	代 号
热处理	5000	渗碳	5210
感应加热热处理	5002	压力淬火	5131p
火焰热处理	5003	双介质淬火	5131d
激光热处理	5005	分级淬火	5131m
电子束热处理	5006	等温淬火	5131h
离子热处理	5007	形变淬火	51312f
真空热处理	5000V	淬火及冷处理	5131z
保护气氛热处理	5000P	感应加热淬火	5132
可控气氛热处理	5000C	真空加热淬火	5131V
流态床热处理	5000F	保护气氛加热淬火	5131P
整体热处理	5100	可控气氛加热淬火	5131C
退火	5111	流态床加热淬火	5131F
去应力退火	5100o	盐浴加热分级淬火	5131L
扩散退火	5111d	盐浴加热盐浴分级淬火	513Ls＋m
再结晶退火	5111r	淬火和回火	514
石墨化退火	5111g	调质	5151
去氢退火	5111h	稳定化处理	5161
球化退火	5111s	固溶处理，水韧处理	5171
等温退火	5111n	固溶处理和时效	5181
正火	5121	表面热处理	5200
淬火	5131	表面淬火和回火	5210
空冷淬火	5131a	感应淬火和回火	5212
油冷淬火	5131o	火焰淬火和回火	5213
水冷淬火	5131w	电接触淬火和回火	5214
盐水淬火	5131b	激光淬火和回火	5215
有机水溶液淬火	5131y	电子束淬火和回火	5216
盐浴淬火	5131s	物理气相沉积	5228
化学气相沉积	5238	固体渗碳	5311S
等离子体化学气相沉积	5248	液体渗碳	5311L
化学热处理	5300	气体渗碳	5311G

1.7.2 常用热处理方法、目的和应用

常用热处理方法、目的和应用见表 1-51。

表 1-51 常用热处理方法、目的和应用

工艺名称	定义	工艺分类及过程		工艺目的	适用范围
退火	将钢件加热到适当温度，保持一定时间，然后缓慢冷却的热处理工艺	完全退火	将工件加热到 A_{c_3} + (30～50)℃，保温一定时间后，随炉缓冷至 500℃以下空冷	细化组织、降低硬度、改善切削性能、去除内应力	亚共析成分的中碳及中碳合金钢铸件、锻件及焊接件
		等温退火	将钢件或毛坯加热到高于 A_{c_3} (或 A_{c_1}) 温度，一般对于亚共析钢为 A_{c_3} + (30～50)℃，对共析钢或过共析钢为 A_{c_1} + (20～40)℃，保持适当时间后，较快地冷却到珠光体转变温度区间的某一温度（一般为 600～680℃）并等温保持使奥氏体转变为珠光体型组织，然后在空气中冷却	同完全退火	高碳钢、中碳合金钢、经渗碳处理后的低碳合金钢和某些高合金钢的大型铸件、锻件及冲压件等
		球化退火	将工件加热到 A_{c_1} +(10～20)℃或 A_{c_1} − (20～30)℃保温后等温冷却或缓慢冷却	使钢中渗碳体球状化，以改善切削性能，并为淬火做组织准备	共析和过共析成分的碳钢和合金钢锻件、轧件
		均匀化退火	加热到 A_{c_3} + (150～200)℃（通常为 1050～1250℃）长时间保温后冷却	减轻金属铸锭、铸件或锻坯的化学成分偏析和组织不均匀性	优质合金钢和偏析较严重的合金钢铸件
		去氢退火	锻件在锻后冷却到氢溶解度小而扩散系数大的温度（一般选择在 C 曲线鼻尖温度附近）长时间保温	消除钢中的白点（发裂）	大型碳钢、低合金钢、高合金钢锻件
		再结晶退火	加热至 T_Z + (150～250)℃保温 0.5～1h 后空冷	通过再结晶过程消除冷作硬化效应及内应力	经冷加工成形的各类制品
		去应力退火	加热至 A_{c_1} − (100～200)℃保温后缓慢冷却。对于钢铁材料，加热温度一般为 500～650℃	去除由于塑性形变加工、焊接等而造成的以及铸件内存在的内应力	机加工件、铸件、锻件、焊件

续表

工艺名称	定义	工艺分类及过程		工艺目的	适用范围
正火	将钢材或钢件加热到 A_{c_3}（或 $A_{c_{cm}}$）以上30～50℃，保温适当时间后，在静止的空气中冷却的热处理工艺	将钢件加热到 A_{c_3}（或 $A_{c_{cm}}$）以上30～50℃，保温适当时间后，在静止的空气中冷却		调整锻、铸钢件的硬度，细化晶粒，消除网状渗碳体并为淬火做好组织准备	改善低碳钢的切削性能，作为普通结构零件的最终热处理及中碳结构钢和高碳工具钢的预备热处理
淬火	将钢件加热到 A_{c_3} 或 A_{c_1} 以上某一温度，保持一定时间后以适当速度冷却，获得马氏体和（或）贝氏体组织的热处理工艺	单液淬火	将钢件奥氏体化后放入一种淬火介质（水或油）中连续冷却	提高钢的力学性能	形状简单、无尖锐棱角及截面无突然变化的零件
		双介质淬火	将钢件奥氏体化后，先浸入一种冷却能力强的介质中，在钢件还未到达该淬火介质温度前即取出，马上浸入另一种冷却能力弱的介质中冷却	为获得小的淬火变形，防止开裂，并达到高硬度	形状复杂程度中等的高碳钢小零件和尺寸较大的合金钢零件
		分级淬火	将钢件奥氏体化，浸入温度稍高或稍低于钢的上马氏体点的液态介质（硝盐浴或碱浴）中，保温适当时间，使钢件内外层都达到介质温度后取出空冷	显著地减小变形和开裂，并提高工件的韧性	尺寸较小，要求变形小、尺寸精度高的工件，如刀具、模具等
		等温淬火	将钢材或钢件奥氏体化，随之快冷到贝氏体转变温度区间（260～400℃）等温保持	为获得较高强度和韧性，大大减少变形和开裂，减小缺口敏感性	高、中碳钢和低合金钢制作的、要求变形小且高韧性的小型复杂零件

续表

工艺名称	定　义	工艺分类及过程		工　艺　目　的	适　用　范　围
淬火	将钢件加热到 A_{c_3} 或 A_{c_1} 以上某一温度，保持一定时间后以适当速度冷却，获得马氏体和（或）贝氏体组织的热处理工艺	喷雾淬火（喷射淬火）	压缩空气通过喷嘴使水雾化，而后喷到工件上，使在高温区的工件冷却	为避免大型复杂工件产生过大的淬火应力并防止开裂；可以是局部淬火	各部分直径或厚薄不同的工件，如汽轮机和发电机轴等要求高度质量均匀的大型工件，要求局部淬火的大型工件
		循环快速加热淬火	在盐浴中反复加热和淬火4～5次	获得超细晶粒，提高强度	合金钢制件（如20CrNi9-Mo），中碳钢制件
		高温淬火	采用较正常淬火更高的温度加热，在水溶液中淬火并低温回火	获得较单液淬火更良好的性能，如断裂韧度	用于低碳钢和中碳钢工件需要缓冲尖端应力集中的情况
		低温、快速短时淬火	加热温度稍高于 A_{c_1} 临界点，需预热	进一步提高强度、耐磨性和韧性	高碳低合金钢（如T10V），高合金工具钢，高速钢（如W18Cr4V）和模具
		液氮淬火	在－196℃液态氮中淬火，成本较高	获得较高硬度、耐磨性及尺寸稳定性	变形要求严格的重要零件、量具、刃具和模具
回火	钢件淬火后加热到 A_{c_1} 以下某一温度，保温一定时间然后冷却到室温的热处理工艺	低温回火	淬火后加热到250℃以下保温后空冷	在尽可能保持高硬度、高强度及耐磨性的同时降低淬火应力、降低脆性	高碳钢和合金钢制作的各类刀具、模具、滚动轴承、渗碳及表面淬火的零件
		中温回火	淬火后加热到350～500℃保温后空冷	获得较高的弹性极限和屈服强度，同时改善塑性和韧性	各种弹簧及锻模

续表

工艺名称	定 义	工艺分类及过程		工 艺 目 的	适 用 范 围
回火	钢件淬火后加热到 A_{c_1} 以下某一温度，保温一定时间然后冷却到室温的热处理工艺	高温回火	淬火后加热到500℃以上保温后空冷（淬火+高温回火的复合工艺常称为调质）	在降低强度、硬度及耐磨性的前提下，大幅度提高塑性、韧性	重要的中碳钢结构零件
		自回火	淬火冷却时，不将冷却进行到底，使余热传至淬火层	利用淬火或锻造时的温度进行回火，节约时间和费用	用于简单锻造工具（如凿子）和感应加热淬火的工件，如凸轮轴、曲轴等
		感应加热回火	采用工频感应加热	缩短回火时间，常在自动化生产线上使用	形状简单的淬火零件，如轴承套圈和轴类零件
		去氢回火		消除渗入工件基体金属及镀层的氢气	用于高强度钢及弹性零件对氢脆较为敏感的情况
表面淬火	仅对工件表层进行淬火的处理工艺	感应加热淬火	快速加热使工件表面很快地加热到淬火温度，在不等热量传到心部时，即迅速冷却	提高工件表面硬度和耐磨性	中碳钢和中碳合金钢
		火焰加热淬火			
		电接触加热淬火	用一特制可移动电极与工件表面接触，通以低电压大电流，加热工件	淬硬层薄（0.15～0.35mm）	多用于机床铸铁导轨的表面淬火和维修，汽缸套、曲轴、工具等也可应用，还可进行渗硫淬火等化学处理

续表

工艺名称	定义	工艺分类及过程		工艺目的	适用范围
表面淬火	仅对工件表层进行淬火的处理工艺	脉冲加热淬火	设备为高频脉冲淬火机，用光电管控制在极短时间（千分之一秒）加热到临界点以上	淬硬层厚度小于 0.1mm	适用于小型工件，如小冲头，金属切削用刀具刃口，钟表、照相机等的易磨损零件等 适用于 $w_C>0.75\%$ 的高碳钢和导热性好的合金工具钢，但不适于高合金钢，如高铬钢等
化学热处理	将工件置于一定温度的活性介质中保温，使一种或几种元素渗入它的表层，以改变其化学成分、组织和性能的热处理工艺	渗碳	将工件置于渗碳介质中加热保温	使低碳钢件表面获得高碳以获得高硬度、高耐磨性	同时受磨损和较大冲击载荷的低碳、低合金钢零件
		渗氮	将工件置于渗氮介质中加热保温	提高表面硬度、耐磨性和疲劳强度	重要精密零件
		碳氮共渗	将碳和氮同时渗入工件表层并以渗碳为主的化学热处理工艺	提高表面的硬度、耐磨性、疲劳强度和耐腐蚀性	形状复杂、要求变形小的小型耐磨零件
		氮碳共渗	对工件同时渗入氮和碳，并以渗氮为主的化学热处理工艺	提高零件的耐磨性及耐疲劳、抗咬合、耐腐蚀等能力	模具、量具、高速钢刀具及曲轴、齿轮、汽缸套等耐磨工件

1.7.3 常用钢的热处理

常用钢的热处理工艺规范及性能见表 1-52 和表 1-53。

表 1-52 常用低碳结构钢的热处理规范

钢号	预备热处理加热温度/℃				渗碳	最终热处理加热温度/℃			硬度/HRC	
	退火	正火	高温回火	调质		一淬	二淬	回火	表面	心部
10	900～930 炉冷 ≤137HBS	900～930 空冷 ≤137HBS	680～720 空冷 ≤137HBS	900～920 水	900～920 空冷		780～800 水	150～180 空冷	56～62	20
12Cr2Ni4	880～900 炉冷	880～940 空冷 ≤225HBS	640～660 空冷 ≤268HBS		900～920 空冷		780～790 油	150～180 空冷	56～62	45
15	880～900 炉冷 ≤143HBS	890～920 空冷 ≤143HBS	680～720 空冷 ≤143HBS	890～920 水 620～680 空	900～920 空冷		780～800 水	150～180 空冷	56～62	25
15Mn	880～900 炉冷 ≤163HBS	900～920 空冷	680～720 空冷 ≤163HBS	860～880 油、水均可 450～650 空	900～920 空冷		800 油、水均可	180～200 空冷	56～62	30
15Cr	860～890 炉冷 ≤175HBS	870～900 空冷 ≤270HBS	700～720 空冷 ≤175HBS	860～880 油、水均可 485～540 油、空	900～920 空冷	860～890 油	780～800 油	170～190 空冷	56～62	30

续表

钢号	预备热处理加热温度/℃				渗碳	最终热处理加热温度/℃			硬度/HRC	
	退火	正火	高温回火	调质		一淬	二淬	回火	表面	心部
15CrMn	850～870 炉冷 ≤179HBS	850～880 空冷	650～680 空冷 ≤179HBS	640～880 空 650～680 油	880～920 空冷	840～880 油	810～840 油	180～200 空冷	56～62	35
15CrMnMo	860～880 炉冷 ≤179HBS	950～970 空冷	700～720 空冷 ≤230HBS	660～880 油 500～650 空	900～920 空冷	840～860 油	780～800 油	180～200 空冷	56～62	35
18CrMnA		850～870 空冷 ≤163HBS			900～920 空冷	850 油		150～180 空冷	58～62	35
18CrNiMo		950 空冷	650 空冷 ≤269HBS		900～920 空冷		760～780 油	150～180 空冷	58～62	40
18Cr2Ni4W		950 空冷		860～900 水	900～920 空冷	860 油		150～180 空冷		
20	880～900 炉冷 ≤156HBS 轧	890～910 空冷 ≤156HBS	680～720 空冷 ≤156HBS	860～900 水	900～920 空冷		780～800 水	150～180 空冷	58～62	25

续表

钢号	预备热处理加热温度/℃				渗碳	最终热处理加热温度/℃			硬度/HRC	
	退火	正火	高温回火	调质		一淬	二淬	回火	表面	心部
20Mn	900 空冷 ≤197HBS	900～920 空冷 ≤197HBS	680～720 空冷 ≤197HBS	850～900 水 450～650 空	900～920 空冷	820～840 油	780～800 油、水均可	180～200 空冷	58～62	30
20Mn2	≤187HBS	870～900 空冷	670～700 空冷 ≤187HBS	850～880 油、水均可 580～600 空	910～920 空冷	850～870 水	770～800 水	150～180 空冷	56～62	30
20MnV	600～650 炉冷	880～910 空冷	650～700 空冷 ≤187HBS	880～920 油 600～700 空	930	860～880 油		150～180 空冷	56～62	30
20Mn2B	710～720 炉、空均可 ≤187HBS	880～900 空冷	680～700 空冷 ≤187HBS	860～880 油 200 空	900～930 空冷	860～880 油	780～800 油	200 空冷	56～62	30
20MnTiB 20Mn2TiB	≤187HBS	950～970 空冷	≤187HBS	860 油	930～950 空冷	860～880 油		200 空冷	56～62	37
20CrNi	860～890 炉冷 ≤197HBS	860～890 空冷 ≤207HBS	690～710 空冷 ≤197HBS	840～880 水、油 420～650 水、油	900～920 空冷		810～830 水	180～220 空冷	56～62	40
20CrNi3		900 空冷			930～940 空冷		810 油	220 空冷	≥58	40

续表

钢号	预备热处理加热温度/℃				渗碳	最终热处理加热温度/℃			硬度/HRC	
	退火	正火	高温回火	调质		一淬	二淬	回火	表面	心部
20CrNi4		950～970 空冷	640～650 油冷		900～920 空冷	880 油	780 油	200 空冷	≥62	40
20MnVB	≤207HBS	880～900 空冷	≤207HBS	860～880 油	900～920 空冷	860～880 油		180～200 空冷	56～62	40
20MnMoB	860 炉冷 ≤207HBS	900～920 空冷	680～700 空冷 ≤207HBS	860～880	830～850 空冷	860～890 油		200 空冷	56～62	40
20SiMnVB	≤207HBS	920～950 空冷 ≤235HBS	680～700 空冷 ≤207HBS	870～900 油 200 空	930～950 空冷	860～880 油	780～800 油	200 空冷	56～62	37
20Cr	860～890 炉冷 ≤179HBS	870～900 空冷 ≤215HBS	700～720 空冷 ≤179HBS	960～880 油 450～480 油空	900～920 空冷	860～890 油、水均可	780～800 油、水均可	170～190 空冷	56～62	30
20CrMn	850～870 炉冷 ≤187HBS	670～900 空冷 ≤350HBS	680～700 空冷 ≤200HBS	860～880 水、油 500～650 油	900～920 空冷		810～840 油	180～200 空冷	56～62	45
20CrMnB	860～879 炉冷 ≤197HBS	870～900 空冷 ≤360HBS	680～700 空冷 ≤200HBS	860～880 水、油 500～650 油	900～920 空冷		820～840 油	180～200 空冷	56～62	45

续表

钢号	预备热处理加热温度/℃				渗碳	最终热处理加热温度/℃			硬度/HRC	
	退火	正火	高温回火	调质		一淬	二淬	回火	表面	心部
20CrMnMo	850～870 炉冷 ≤217HBS	870～900 空冷 ≤228HBS	650～700 空冷 ≤229HBS	830～860 油	880～900 空冷	830～850 油	780～800 油	180～200 空冷	≥58	40
20CrMnTi	950～970 炉冷 ≤217HBS	950～970 风冷 ≤217HBS		350～880 油 600～650 空	900～920 空冷	870～890 油	860～880 油	180～200 油冷	58～62	40
20CrMnMoVB	650 等温 ≤217HBS	920～950 空冷 ≤34HRC	700～720 空冷 ≤217HBS	850～880 油	930～950 缓冷	870～890 油	840～870 油	200 空冷	56～62	40
20CrV	870～900 炉冷 ≤197HBS	870～900 空冷 ≤300HBS	720～740 空冷 ≤200HBS	870～900 油 550～680 油	900～920 空冷	870～900 油	780～800 油	150～220 空冷	58～62	40
24MnV	800～840 炉冷 ≤160HBS	900 空冷 ≤200HBS		870～900 水	900～920 空冷	850～900 油		200 空冷	58～62	40
24MnVNb		950～1000 空冷 ≤220HBS			920～940 空冷	860～920 油		180～220 空冷	60～63	40
25	860～890 炉冷 ≤170HBS 轧	870～900 空冷 ≤170HBS	680～720 空冷 ≤170HBS	850～890 水	900～920 空冷		790～810 水	150～180 空冷	56～62	30

表 1-53　常用中、高碳结构钢的热处理规范

钢号	预备热处理				最终热处理	
	退火	正火	高温回火	淬火	回火	
					温度/℃	硬度/HRC
30	850～900℃ 炉冷 ≤179HBS	860～900℃ 空冷 ≤179HBS	680～720℃ 空冷 ≤179HBS	850～890℃ 水 约 45HRC	270	40
					400	30
					450	25
30Mn	850～900℃ 炉冷 ≤197HBS	800～910℃ 空冷 ≤217HBS	680～720℃ 空冷 ≤187HBS	840～880℃ 油、水均可 约 50HRC	275	40
					400	30
					450	25
30Mn2	830～860℃ 炉冷 ≤207HBS	840～880℃ 空冷	680～720℃ 空冷 ≤207HBS	820～850℃ 油、水均可 约 50HRC	360	40
					440	30
					550	25
30Cr	830～850℃ 炉冷 ≤187HBS	850～870℃ 空冷 ≤300HBS	700～720℃ 空冷 ≤187HBS	840～860℃ 油、水均可 约 50HRC	170	50
					350	40
					450	30
					510	25
30CrMo	830～850℃ 炉冷 ≤229HBS	870～900℃ 空冷	700～720℃ 空冷 ≤250HBS	840～880℃ 油、水均可 约 50HRC	170	50
					350	40
					450	30
					510	25
35SiMn	850～870℃ 炉冷 ≤229HBS	880～920℃ 空冷	680～720℃ 空冷 ≤229HBS	880～900℃ 油、水均可 约 55HRC	200	50
					360	45～50
					400	40～45
					450	35～40
					500	30～35
					550	25～30
35CrMn2	840℃ 炉冷 ≤229HBS	870℃ 空冷 ≤241HBS	620～640℃ 油、水均可 ≤269HBS	840～870℃ 油 约 52HRC	200	50
					430	40
					550	30
					650	25

续表

钢 号	预备热处理				最终热处理	
	退 火	正 火	高温回火	淬 火	回 火	
					温度/℃	硬度/HRC
35CrMo	820～840℃ 炉冷 ≤241HBS	830～860℃ 空冷 ≤400HBS	680～720℃ 空冷 ≤250HBS	820～850℃ 油、水均可 约52HRC	200	50
					320	45
					380	40
					460	35
					500	30
					600	25
35CrMnSi	840～860℃ 炉冷 ≤229HBS	860～880℃ 空冷 ≤241HBS	680～710℃ 空冷 ≤229HBS	850～870℃ 油 约55HRC	200	50～55
					360	45～50
					430	40～45
					490	35～40
					530	30～35
					570	25～30
35CrMoV	680～720℃ 炉冷 ≤229HBS	880～920℃ 空冷	650～670℃ 空冷 ≤241HBS	900～920℃ 油、水均可 约52HRC	200	50
					500	40
					610	30
38CrSi	860～880℃ 炉冷 ≤255HBS	900℃ 空冷	660℃ 油冷 ≤225HBS	900～920℃ 油、水均可 约55HRC	270	55
					370	50
					520	40
					630	30
38CrMoAl	840～870℃ 炉冷 ≤229HBS	930～970℃ 空冷	700～720℃ 空冷 ≤229HBS	900～930℃ 油、水均可 约55HRC	250	50～55
					410	45～50
					500	40～45
					550	35～40
					620	30～35
					660	25～30

续表

钢号	预备热处理				最终热处理	
	退火	正火	高温回火	淬火	回火	
					温度/℃	硬度/HRC
40	840～870℃ 炉冷 ≤187HBS	840～880℃ 空冷 ≤217HBS	680～720℃ 空冷 ≤187HBS	830～870℃ 油、水均可 约 55HRC	200	50
					320	45～55
					360	40～45
					420	35～40
					480	30～35
					540	25～30
40CrMnMo	820～850℃ 炉冷 ≤241HBS	850～880℃ 空冷 ≤321HBS	660～680℃ 空冷 ≤241HBS	840～860℃ 油 约 57HRC	250	50～55
					400	45～50
					450	40～45
					500	35～40
					550	30～35
					650	25～30
40B	640～870℃ 炉冷 ≤207HBS	850～900℃ 空冷	680～720℃ 空冷 ≤207HBS	820～860℃ 油 约 55HRC	280	50
					410	40
					500	30
					580	25
40MnB	827～860℃ 炉冷 ≤207HBS	850～900℃ 空冷 ≤207HBS	680～720℃ 空冷 ≤207HBS	820～860℃ 油、水均可 约 55HRC	530	30
					620	25
40Mn2	820～850℃ 炉冷 ≤217HBS	830～870℃ 空冷	680～720℃ 空冷 ≤217HBS	810～840℃ 油、水均可 约 56HRC	200	55
					270	45～50
					320	40～45
					370	35～40
					420	30～35
					520	25～30
40Cr	825～845℃ 炉冷 ≤207HBS	850～870℃ 空冷 ≤250HBS	680～700℃ 空冷 ≤207HBS	830～850℃ 油 约 55HRC	200	50～55
					340	45～50
					420	40～45
					480	35～40
					510	30～35
					590	25～30

续表

钢号	预备热处理				最终热处理	
	退火	正火	高温回火	淬火	回火	
					温度/℃	硬度/HRC
40CrSi	860～880℃ 炉冷 ≤255HBS	900℃ 空冷 ≤269HBS	660℃ 油冷 ≤255HBS	900～920℃ 油、水均可 约57HRC	250	55
					370	50
					440	45
					480	40
					600	35
					650	30
40CrMnB	820～840℃ 空冷 ≤241HBS	850～870℃ 空冷	670～690℃ 空冷 ≤250HBS	830～850℃ 油 约55HRC	440	40
					620	30
					680	25
40MnMoB		880℃ 空冷		870℃ 油 约56HRC	300	50
					500	40
					620	30
					650	25
40CrMnMoVB	≤241HBS	900℃ 空冷	≤241HBS	860℃ 油 约56HRC	430	40
					580	30
					650	25
40CrNi	820～850℃ 炉冷 ≤207HBS	870～900℃ 空冷	680～720℃ 油冷 ≤207HBS	820～840℃ 油 约55HRC	200	50
					340	45～50
					420	40～45
					460	35～40
					510	30～35
					550	25～30
40CrNiMoA	840～880℃ 炉冷 ≤269HBS	860～920℃ 空冷	670～700℃ ≤269HBS	840～860℃ 油 约56HRC	320	50～55
					420	45～50
					480	40～45
					540	35～40
					580	30～35

续表

钢　号	预备热处理				最终热处理	
	退　火	正　火	高温回火	淬　火	回　火	
					温度/℃	硬度/HRC
42SiMn	850～870℃ 炉冷 ≤229HBS	860～890℃ 空冷 ≤244HBS	680～720℃ 空冷 ≤229HBS	830～860℃ 油、水均可 约56HRC	200	50
					450	40
					550	30
					620	25
42SiMnB		870℃ 空冷 ≤269HBS		880℃ 水 约56HRC	200	54
					300	50
					540	29
					600	25
42CrMn	850℃ 空冷 ≤217HBS	850～880℃ 空冷 ≤231HBS	680～720℃ 空冷 ≤217HBS	820～850℃ 油、水均可 约56HRC	200	55
					230	50
					420	40
					520	30
					600	25
42Mn2V	≤217HBS	860～900℃ 空冷	640～680℃ 空冷 ≤217HBS	840～870℃ 油、水均可 约56HRC	300	50
					460	40
					550	30
					620	25
45	820～840℃ 炉冷 ≤197HBS	830～880℃ 空冷 ≤241HBS	680～720℃ 空冷 ≤197HBS	830～860℃ 油、水均可 约57HRC	200	50～55
					320	45～50
					360	40～45
					420	35～40
					480	30～35
					550	25～30
45Mn2	810～840℃ 炉冷 ≤217HBS	820～860℃ 空冷 ≤241HBS	680～720℃ 空冷 ≤217HBS	810℃～840℃ 油 约57HRC	230	50
					400	45
					450	40
					500	35
					600	30
					650	25

续表

钢号	预备热处理				最终热处理	
	退火	正火	高温回火	淬火	回火	
					温度/℃	硬度/HRC
45Cr	840～850℃ 炉冷 ≤217HBS	830～850℃ 空冷 ≤320HBS	680～700℃ 空冷 ≤217HBS	830～840℃ 油 约57HRC	200	55
					240	50
					390	45
					450	40
					520	35
					540	30
45CrNi	840～850℃ 炉冷 ≤217HBS	850～880℃ 空冷 ≤229HBS	≤255HBS	840～860℃ 油 约57HRC	180	55
					250	50
					380	40
					540	30
					600	25
45MnB	820～860℃ 炉冷 ≤217HBS	850～900℃ 空冷 ≤255HBS	680～720℃ 空冷 ≤217HBS	820～880℃ 油、水均可 约57HRC	360	40
					562	30
					613	25
50	810～830℃ 炉冷 ≤207HBS	820～860℃ 空冷 ≤241HBS	680～720℃ 空冷 ≤207HBS	820～850℃ 油、水均可 约58HRC	240	50
					350	45
					400	40
					450	35
					510	30
					550	25
50Mn	820～850℃ 炉冷 ≤217HBS	840～870℃ 空冷 ≤255HBS	680～720℃ 油、水均可 约217HBS	800～830℃ 油、水均可 约59HRC	400	35
					500	25
					600	20
50Cr	840～850℃ 炉冷 ≤229HBS	830～850℃ 空冷 ≤320HBS	680～700℃ 空冷 ≤217HBS	820～840℃ 油 约50HRC	200	55
					260	50
					460	40
					550	30
					580	25

续表

<table>
<tr><th rowspan="3">钢　号</th><th colspan="4">预备热处理</th><th colspan="2">最终热处理</th></tr>
<tr><th rowspan="2">退　火</th><th rowspan="2">正　火</th><th rowspan="2">高温回火</th><th rowspan="2">淬　火</th><th colspan="2">回　　火</th></tr>
<tr><th>温度/℃</th><th>硬度/HRC</th></tr>
<tr><td rowspan="5">50CrNi</td><td rowspan="5">820～850℃
炉冷
≤207HBS</td><td rowspan="5">870～900℃
空冷</td><td rowspan="5">680～720℃
油冷
≤207HBS</td><td rowspan="5">820～840℃
约 52HRC</td><td>200</td><td>50</td></tr>
<tr><td>300</td><td>46</td></tr>
<tr><td>400</td><td>41</td></tr>
<tr><td>500</td><td>35</td></tr>
<tr><td>550</td><td>31</td></tr>
<tr><td rowspan="6">55</td><td rowspan="6">780～810℃
炉冷
≤217HBS</td><td rowspan="6">810～860℃
空冷
≤255HBS</td><td rowspan="6">680～720℃
空冷
≤217HBS</td><td rowspan="6">800～840℃
油、水均可
约 59HRC</td><td>250</td><td>55</td></tr>
<tr><td>320</td><td>50</td></tr>
<tr><td>380</td><td>45</td></tr>
<tr><td>440</td><td>40</td></tr>
<tr><td>500</td><td>35</td></tr>
<tr><td>550</td><td>30</td></tr>
<tr><td rowspan="6">60</td><td rowspan="6">770～810℃
炉冷
≤229HBS</td><td rowspan="6">800～840℃
空冷
≤255HBS</td><td rowspan="6">680～720℃
冷冷
≤229HBS</td><td rowspan="6">800～830℃
油、水均可
约 60HRC</td><td>250</td><td>55</td></tr>
<tr><td>320</td><td>50</td></tr>
<tr><td>390</td><td>45</td></tr>
<tr><td>450</td><td>40</td></tr>
<tr><td>510</td><td>35</td></tr>
<tr><td>560</td><td>30</td></tr>
<tr><td rowspan="2">50CrMn
50CrMnA</td><td rowspan="2">800～820℃
炉冷
≤272HBS</td><td rowspan="2">800～840℃
空冷
≤493HBS</td><td rowspan="2">650～700℃
油、水均可
≤272HBS</td><td rowspan="2">840～860℃
油
58～60HRC</td><td>600</td><td>35</td></tr>
<tr><td>560</td><td>30</td></tr>
<tr><td>50CrMnVA</td><td>800～820℃
炉冷
≤255HBS</td><td>820～840℃
空冷</td><td>650～700℃
油、水均可</td><td>840～860℃
油
58～60HRC</td><td>520</td><td>40</td></tr>
<tr><td rowspan="5">50CrVA</td><td rowspan="5">810～870℃
炉冷
≤255HBS</td><td rowspan="5">850～880℃
空冷
≤288HBS</td><td rowspan="5">640～680℃
空冷
≤255HBS</td><td rowspan="5">840～860℃
油
58～60HRC</td><td>280</td><td>50～55</td></tr>
<tr><td>380</td><td>45～50</td></tr>
<tr><td>450</td><td>40～45</td></tr>
<tr><td>500</td><td>35～40</td></tr>
<tr><td>560</td><td>30～35</td></tr>
</table>

续表

钢号	预备热处理				最终热处理	
					回火	
	退火	正火	高温回火	淬火	温度/℃	硬度/HRC
55Si2Mn	750℃ 炉冷 ≤222HBS	850～880℃ 空冷 ≤244HBS	640～880℃ 空冷 ≤222HBS	850～880℃ 油、水均可 58～60HRC	200	55
					280	50
					470	40
					560	30
60Mn	800～840℃ 炉冷 ≤229HBS	830～880℃ 空冷 ≤267HBS	680～720℃ 空冷 ≤229HBS	780～840℃ 油 60～62HRC	250	55
					320	50
					460	40
					560	30
60Si2Mn 60Si2MnA	750℃ 炉冷 ≤222HBS	830～860℃ 空冷 ≤254HBS	640～680℃ 空冷 ≤222HBS	850～870℃ 油、水均可 61～63HRC	200	55
					280	50
					470	40
					560	30
65	810～860℃ 炉冷 ≤229HBS	820～860℃ 空冷 ≤255HBS	680～720℃ 空冷 ≤229HBS	820～840℃ 油、水均可 62～64HRC	260	55
					330	50
					390	45
					450	40
					510	35
					560	30
65Mn	780～840℃ 空冷 ≤229HBS	820～860℃ 空冷 ≤269HBS	680～720℃ 空冷 ≤229HBS	800～830 油、水均可 62～64HRC	260	55
					350	50
					420	45
					480	40
					540	35
					580	30

1.7.4 不锈钢、耐热钢与高温合金的热处理

常用不锈钢的热处理规范见表1-54，18-8不锈钢固溶处理时的保温时间见表1-55，常用耐热钢和热强钢的热处理工艺见表1-56，常用高温合金的热处理工艺见表1-57。

表 1-54 常用不锈钢的热处理规范

钢号	热处理规范				硬度/HBW	备注
	工艺名称	加热温度/℃	保温时间/h	冷却介质		
1Cr17、2Cr18	退火	750～800	1～2	空气		
1Cr17Ni2	不完全退火	650～680	5～7	空气	241～293	
	淬火	950～1050		油	415～515	
	回火	270～350	2	空气	375～421	
		580	2	空气	321～375	
		650	2	空气	231～302	
0Cr13	完全退火	870～890	2	炉冷①	135～160	
	淬火	1000～1050		油、水		
	回火	700～790		油、水、空		
1Cr13	不完全退火	760～790	2	空气	170～195	淬火前应进行500℃和800℃两次预热
	淬火	1000～1050		油、空气	380～415	
	回火	230～350	2	空气	360～380	
		540	2	空气	302～341	
		650	2	空气	223～248	
		760	2	空气	231～302	
2Cr13	完全退火	870～890	2	炉冷①	155～180	预热同1Cr13 高温回火快冷后，可于400℃去应力处理
	不完全退火	740～780	2～6	空气	≤207	
	淬火	1000～1050		油、水		
	回火	150～370	2	空气	≥45HRC	
		510	2	空气	35～40HRC	
		600～700	2	油、水	241～341	
3Cr13 4Cr13	完全退火	870～890	2	炉冷①	155～185	常用淬火温度3Cr13为960℃、4Cr13为1050℃ 预热同1Cr13 避免450℃左右回火
	不完全退火	740～780	2～6	空气	205～255	
	淬火	960～1100		油、180℃硝盐分级		
	回火	230～370	2～6	空气	48～53HRC	
		540	2	空气	38～40HRC	

续表

钢号	热处理规范				硬度/HBW	备注
	工艺名称	加热温度/℃	保温时间/h	冷却介质		
9Cr18	完全退火	880～920	1～2	炉冷[①]	207～235	
	不完全退火	730～790	2～6	空气	22～27HRC	
	淬火	950～1050		油		
	回火	230～370	1～2	油、空气	55～59HRC	
2Cr13Ni2	不完全退火	780～830	2～6	空气	23～25HRC	
	淬火	950～1050		油、空气		
	回火	180～240	1～3	空气	55～59HRC	
9Cr18MoV	完全退火	880～900	1～2	炉冷[①]	217～241	
	不完全退火	730～790	2～6	空气	235～255	
	淬火	1050～1070		油	573～682	
	回火	230～370	1～2	空气	514～592	
0Cr18Ni9	淬火（固溶处理）	1050～1100	见表1-55	水、空气		去应力：300～350℃（机加工后）或850～900℃（焊接后）
1Cr18Ni9		1100～1150				
1Cr18Ni9Ti 1Cr18Ni9Nb	淬火（固溶处理）	1100～1150		水、空气		
	稳定化处理	850～90	2～4	空气		
1Cr18Mn8Ni5N	淬火	1100～1150		水、空气		
2Cr13Ni4Mn9		1000～1150				
1Cr14Ni14Mn		1050～1080				
Cr14Mn14Ni3Ti		1050～1100				
1Cr17Mn9Ni4N		1075				

① 表示以25℃/h的速度炉冷至600℃后出炉空冷。

表1-55　18-8不锈钢固溶处理时的保温时间

零件厚度或直径/mm	1	2～3	4～12	13～15	＞25
保温时间/min	5	15	30	60	1～2min/mm

表 1-56 常用耐热钢和热强钢的热处理规范

钢 号	热处理规范				硬度/HBW	备 注
	工艺名称	加热温度/℃	保温时间/h	冷却介质		
15CrMo	正火	900～950	2～3min/mm	空气	179	
	回火	630～700		空气		
12Cr1MoV	退火	960～980	2～3min/mm	空气		
	正火	980～1020	1min/mm 且≥20min	空气		
	回火	720～760	3	空气		
12MoVWBSiRE	正火	970～1010	1.5min/mm 且≥30min	空气		
	回火	760～780	3	空气		
12Cr2MoWVTiB	正火	1000～1035	1.5min/mm 且≥35min	空气		
	回火	760～780	3	空气		
	退火	1000	3～5	空气		1000℃，3～5h 炉冷至 650℃，2h 再炉冷至 500℃ 出炉
	软化	760～800	20min	空气		缓冷至 600℃ 出炉
12Cr3MoVSiTiB	正火	1040～1090	1.5min/mm 且≥30min	风冷		
	回火	720～770	3	空气		
	钢锭退火	840～860	14	空气		(850±10)℃，14h 炉冷至 800℃，3h 再炉冷至 600℃ 出炉
	轧坯退火	760～790	8～12	空气		缓冷至 500℃ 出炉
	冷拔中间退火	790～810	40～50min	空气		
1Cr11MoV	退火	830～850 或 900～950	2～3min/mm			
	淬火	1050 或 1000	2～3min/mm	油		
	回火	680～700	2～3min/mm			

续表

钢　　号	热处理规范				硬度/HBW	备　　注
	工艺名称	加热温度/℃	保温时间/h	冷却介质		
1Cr12WMoV	退火	900	2～3min/mm			
	正火	1050～1100	2～3min/mm	空气		
	淬火	1030～1060	2～3min/mm	油		
	回火	700～740		油		
0Cr15Ni25Ti2MoVB	固溶处理	980～1000	1～2	油		
	时效	700～720	12～16	空气		
ZG20CrMoV	一次正火	940～960	2～3min/mm	空气		
	二次正火	920～940	2～3min/mm	空气		
	回火	690～710	≥5～8	空气		
1Cr11Ni2W2MoV	退火	680～700	2～3min/mm	空气		缓冷至500℃出炉
	淬火	1000～1020	2～3min/mm	油或空气		
	回火	560～700		空气		
8Cr20Si2N	退火	850～900	2～3min/mm			
	去应力退火	760～790	4～8	空气		
	淬火	1010～1060	2～3min/mm	油		
	回火	700～750		空气		
4Cr9Si2	退火	920～940				
	淬火	1020～1040	2～3min/mm	油		
	回火	700～780		空气		
4Cr10Si2Mo	退火	900				
	淬火	1010～1040	2～3min/mm	油		
	回火	720～760		空气		
4Cr14Ni14W2Mo	退火	820～880		空气		
	固溶处理	1150～1180或1050～1150	2～3min/mm	水	248	
	时效处理	750		空气		

续表

钢号	热处理规范				硬度/HBW	备注
	工艺名称	加热温度/℃	保温时间/h	冷却介质		
5Cr2Mn9Ni4N	去应力退火	750～850	1～2	空气		
	固溶处理	1150～1180	0.5～1	水		
	时效处理	730～780	5～6	空气		
1Cr5Mo（马氏体类）	退火	860				
	淬火	900	2～3min/mm	油或空气		
	回火	540～570		空气		
2Cr25N（铁素体类）	退火	780～880				快冷
3Cr18Mn12Si2N（奥氏体类）	固溶处理	1100～1150	2～3min/mm	水或空气	≤248	
2Cr20Mn9Ni2Si2N（奥氏体类）	固溶处理	1100～1150	2～3min/mm	水或空气		

表 1-57 常用高温合金的热处理规范

牌号	热处理规范				备注
	工艺名称	加热温度/℃	保温时间/h	冷却介质	
CH2130 CH2302	固溶处理	1180±10	2	空气	
	固溶处理	1150±10	4	空气	
	时效处理	800±10	16	空气	
CH4033	固溶处理	1180±10	8	空气	
	时效处理	700±10	16	空气	
CH4037	固溶处理	1180±10	2	空气	
	固溶处理	1150±10	4		缓冷
	时效处理	800±10	16	空气	
CH4043	固溶处理	1170±10	5	空气	
	固溶处理	1070±10	8	空气	
	时效处理	800±10	16	空气	

续表

牌　号	热处理规范				备　注
	工艺名称	加热温度/℃	保温时间/h	冷却介质	
CH4049	固溶处理	1200±10	2	空气	
	固溶处理	1050±10	4	空气	
	时效处理	850±10	8	空气	
CH1015	固溶处理	1140～1170		空气	
CH1131	固溶处理	1160±10		空气	
CH1140	固溶处理	1180±10		空气	
CH2036	固溶处理	1140±5	≤ϕ45mm，80min ＞ϕ45mm，105min	流动水	时效：放在低于670℃炉中，到温后保温12～14h，再升至770～800℃，保温12～14h
	时效处理	670	12～14	空气	
CH2038	固溶处理	1180±10	2	空气或水	
	时效处理	760±10	16～25	空气	
CH2132	固溶处理	980～1000	1～2	油	
	时效处理	700～720	12～16	空气	
CH2135	固溶处理	1080±10	8	空气	
	时效处理	830±10	8	空气	
	时效处理	700±10	16	空气	
CH3039	固溶处理	1050～1080		空气	
CH4043	固溶处理	1080±10	8	空气	
	时效处理	＞ϕ55mm，750±10 或＞ϕ20mm，700±10	16	空气	

1.7.5　有色金属的热处理

（1）铝及铝合金的热处理　变形铝合金常用的热处理方法见表1-58，铸造铝合金常用的热处理方法见表1-59。

表 1-58 变形铝合金常用的热处理方法

热处理类型	工艺方法	目的	适用合金
高温退火	一般在制作半成品板材时进行，如铝板坯的热处理或高温压延	降低硬度，提高塑性，达到充分软化，以便进行变形程度较大的深冲压加工	不能热处理强化的铝合金，如 1070A、1060、1050A、1035、1200、5A02、5A03、5A05、3A21 等
低温退火	在最终冷变形后进行	保持一定程度的加工硬化效果，提高塑性，消除应力，稳定尺寸	
完全退火	变形量不大，冷作硬化程度不超过 10%的 2A11、2A12、7A04 等板材不宜使用，以免引起晶粒粗大 一般加热到强化相溶解温度（400～450℃），保温、慢冷（30～50℃/h）到一定温度（硬铝为 250～300℃）后空冷	用于消除原材料淬火、时效状态的硬化，或退火不良未达到完全软化而用它制造形状复杂的零件时，也可消除内应力和冷作硬化。适用于变形量很大的冷压加工	热处理强化的铝合金，如 2A02、2A06、2A11、2A12、2A13、2A16、7A04、7A09、6A02、2A50、2B50、2A70、2A80、2A90、2A14
中间退火（再结晶退火）	对于 2A06、2A11、2A12 可在硝盐槽中加热，保温 1～2h，然后水冷；对于飞机制造中的形状复杂的零件，“冷变形—退火”要交替多次进行	消除加工硬化，提高塑性，以便进行冷变形的下一工序。也用于无淬火、时效强化后的半成品及零件的软化，部分消除内应力	
淬火（固溶处理）	淬火加热的温度，上、下限一般只有±5℃，为此应采用硝盐槽或空气循环炉加热，以便准确地控制温度 自然时效铝合金，淬火后能保持良好塑性的时间：2A12 为 1.5h，2A11、2A02、2A06、6A02、2A50、2A70、2A80、2A14 等为 2～3h，对 7A04、7A09 则为 6h。即变形工序应在淬火后这段时间内完成；如不能如期完成则应在淬火后低温（如－50℃）状态下保存	为了将高温下的固溶体固定到室温，得到均匀的过饱和固溶体，以便在随后的时效过程中使合金强化 淬火后强度有所提高，但塑性也相当高，可进行铆接、弯边、拉深和校正等冷塑性变形工序；但对自然时效的零件，只能在短时间保持良好塑性，超过一定时间，强度、硬度急剧增长，故变形工序应在淬火后短时间内进行	

续表

热处理类型	工艺方法	目的	适用合金
时效	一般硬铝采用自然时效，超硬铝及锻铝采用人工时效；但硬铝在高于150℃的温度下使用时则进行人工时效，锻铝6A02、2A50、2A14也可采用自然时效	将淬火得到的过饱和固溶体在低温（人工时效）或室温（自然时效）保持一定时间，使强化相从固溶体中呈弥散质点析出，从而使合金进一步强化，获得较高力学性能	热处理强化的铝合金，如2A02、2A06、2A11、2A12、2A13、2A16、7A04、7A09、6A02、2A50、2B50、2A70、2A80、2A90、2A14
稳定化处理（回火）	回火温度不高于人工时效的温度，时间为5～10h自然时效的硬铝，可采用(90±10)℃，时间为2h	为消除切削加工应力与稳定尺寸，用于精密零件的切削工序间，有时需进行多次	
回归处理	重新加热到200～270℃，经短时间保温，然后在水中急冷，但每次处理后，强度有所下降	对自然时效的铝合金，恢复塑性，以便继续加工或适应修理时变形的需要	

表1-59 铸造铝合金常用的热处理方法

热处理类型	工艺方法	目的及用途	适用合金
不预先淬火的人工时效	用湿砂型或金属型铸造时，可获得部分淬火效果，即固溶体有着不同程度的过饱和度，时效温度大约是150～180℃	改善铸件切削加工性，提高某些合金（如ZL105）零件的硬度和强度（约30%），用来处理受载荷不大的硬模铸造零件	ZAlSi9Mg (ZL104) ZAlSi5Cu1Mg (ZL105) ZAlZn11Si7 (ZL401)
退火	一般铸件在铸造后或粗加工后常进行此处理，退火温度大约是280～300℃，保温2～4h	消除铸件的铸造应力和机械加工引起的冷作硬化，提高塑性，用于要求使用过程中尺寸很稳定的零件	ZAlSi7Mg (ZL101) ZAlSi12 (ZL102)
淬火（固溶处理），自然时效	对具有自然时效特性的合金T4也表示淬火并自然时效。淬火温度约为500～535℃，铝镁系合金为435℃	提高零件的强度并保持高的塑性，提高100℃以下工作零件的耐蚀性，用于受动载荷冲击作用的零件	ZAlSi7Mg (ZL101) ZAlCu5Mn (ZL201) ZAlCu4 (ZL203) ZAlMg10 (ZL301)
淬火后短时间不完全人工时效	在低温或瞬时保温条件下进行人工时效，时效温度约为150～170℃	获得足够高的强度（较T4为高）并保持较高的的极限，用于承受高静载荷及在不很高温度下工作的零件	ZAlCu5Mn (ZL201) ZAlCu4 (ZL203)

续表

热处理类型	工 艺 方 法	目的及用途	适 用 合 金
淬火后完全时效至最高硬度	在较高温度和长时间保温条件进行人工时效，时效温度约为 175～185℃	使合金获得最高强度而塑性稍有降低，用于承受高静载荷而不受冲击作用的零件	ZAlSi7Mg（ZL101） ZAlSi9Mg（ZL104） ZAlCu5MnCdA（ZL204A）
淬火后稳定回火	最好在接近零件工作温度（超过 T5 和 T6 的回火温度）的温度下进行回火，回火温度约为 190～230℃，保温 4～9h	获得足够强度和较高的稳定性，防止零件高温工作时力学性能下降和尺寸变化，适用于高温工作的零件	ZAlSi7Mg（ZL101） ZAlSi5Cu1Mg（ZL105） ZAlRE5Cu3Si2（ZL207）
淬火后软化回火	回火温度比 T7 更高，一般为 230～270℃，保温时间 4～9h	获得较高的塑性，但强度特性有所降低，适用于要求高塑性的零件	ZAlSi7Mg（ZL101）
冷处理或循环处理（冷后又热）	机械加工后冷处理是在 −50℃、−70℃或 −195℃保持 3～6h，循环处理是冷至 −70～−196℃，然后加热到 350℃，根据具体要求多次循环	使零件几何尺寸进一步稳定，适用于仪表壳体等精密零件	ZAlSi7Mg（ZL101） ZAlSi12（ZL102）

（2）钛及钛合金的热处理 钛及钛合金的热处理方法见表 1-60。

表 1-60 钛及钛合金的热处理方法

热处理类型	工 艺 方 法	目 的	适 用 合 金
消除应力退火	退火温度应低于合金的再结晶温度，一般在 450～650℃之间。保温时间取决于工件截面尺寸、残留应力大小、加工历史及希望消除内应力的程度，对机械加工件一般为 0.5～2h，焊接件为 2～12h	消除在冷加工、冷成形及焊接等工艺过程中造成的内应力	TA4、TA5、TA6、TA7、TC1、TC2、TC3、TC4、TC6、TC7、TC9、TC10、TB2
完全退火	α 型钛合金的退火温度一般选择在 α 相区内，约在（α+β）/β 相变点以下 120～200℃ 近 α 钛合金和 α+β 钛合金的一般选择在 α+β 相区，一般选择在（α+β）/β 相变点以下 120～200℃ 对于可热处理强化的 β 型钛合金，退火温度一般选择在（α+β）/β 相变点以上，冷却方式采用空冷 退火保温时间与工件的尺寸有关。薄件一般不超过 0.5h，厚件可相应延长	使钛合金的组织和性能均匀，在室温下具有适当的韧性和最大的伸长率。对于耐热合金是使其在高温下具有尺寸和组织的稳定性	TA4、TA5、TA6、TA7、TA8、TC1、TC2、TC3、TC4、TC6、TC7、TC9、TC10、TB2

续表

热处理类型	工艺方法	目的	适用合金
等温退火和双重退火	等温退火将工件加热至比相变点低30～80℃下保温，然后炉冷或将工件移至某一较低温度（比相变点低300～400℃）保温后空冷 双重退火采取两次加热后空冷。第一次加热温度高于或接近再结晶终了温度，使再结晶充分进行，但又不使晶粒明显长大。空冷后的组织尚不够稳定，需要第二次再加热至稍低的温度，保温较长的时间，使β相充分分解、聚集，以保证工件在长期工作过程中组织稳定	等温退火是为了提高塑性和热稳定性 双重退火是为了改善α+β钛合金的塑性、断裂韧性和组织稳定性	等温退火适用于β相稳定化元素含量较高的α+β钛合金
真空除氢退火	一般采用540～760℃，2～4h	降低合金的含氢量，防止氢脆	含氢量超过规定值的合金
固溶处理和时效	固溶加热温度应根据合金成分及所要求的性能来确定，α+β型钛合金常在α+β相区加热。对于亚稳β型钛合金（TB1、TB2），应在稍高于β转变点的温度加热，以免晶粒过分长大 保温时间可按下列经验公式计算： $T=(5\sim8)+AD$ 式中　T——保温时间，min； A——保温时间系数，3min/mm； D——工件有效厚度，mm 淬火转移时间一般不超过2s 淬火介质一般为水 时效温度一般在500℃以上	提高合金的强度和热稳定性	TC3、TC4、TC6、TC9、TC10、TB2

（3）铜及铜合金的热处理　铜及铜合金的热处理方法见表1-61。

表1-61　铜及铜合金常用的热处理方法

热处理类型	工艺方法	目的	适用合金
退火（再结晶退火）	可作黄铜压力加工件的中间热处理，青铜件的毛坯或中间热处理。退火温度：黄铜一般为500～700℃，铝青铜为600～750℃，变形锡青铜为600～650℃，铸造锡青铜约为420℃	消除应力及冷作硬化，调整组织，降低硬度，提高塑性，消除铸造应力，均匀组织、成分，改善加工性	除铍青铜外所有铜合金

续表

热处理类型	工　艺　方　法	目　　的	适　用　合　金
去应力退火（低温退火）	一般为机械加工或冲压后的热处理工序，加热温度为260～300℃	消除内应力，提高黄铜件（特别是薄冲压件）抗腐蚀破裂（季裂）的能力	黄铜如 H62、H68、HPb59-1 等
致密化退火		消除铸件的显微疏松，提高其致密性	锡青铜、硅青铜
淬火	铍青铜淬火温度一般为 780～800℃，水冷，120HBS，δ 可达 25%～50%	获得过饱和固溶体并保持良好的塑性	铍青铜
淬火时效	冷压成形零件加热至 300～350℃，保温 2h，铍青铜可达到 σ_b＝250～1400MPa，330～400HBS，但 δ 仅为 2%～4%	淬火后的铍青铜经冷变形后再进行时效，更好地提高硬度、强度、弹性极限和屈服强度	铍青铜如 QBe1.7、QBe1.9 等
淬火回火		提高青铜铸件和零件的硬度、强度和屈服强度	QAl9-2、QAl9-4、QAl10-3-1.5、QAl10-4-4
回火	一般作为弹性元件成品的热处理工序	消除应力，恢复和提高弹性极限	QSn6.5-0.1、QSn4-3、QSi3-1、QAl17
	可作为成品热处理工序	稳定尺寸	HPb59-1

第 2 章　常用钢材

2.1　型钢

2.1.1　热轧钢棒（GB/T 702—2008）

热轧钢棒的尺寸及重量见表 2-1～表 2-4，经供需双方协商，并在合同中注明，也可供应表中未规定的其他尺寸的钢材；钢棒一般按实际重量交货，经供需双方协商，并在合同中注明，可按理论重量交货。

热轧钢棒的标记示例：

（1）热轧圆钢、方钢　用 40Cr 钢轧制成的公称直径或边长为 50mm 允许偏差组别为 2 组的圆钢或方钢，其标记为

$$\times\times\frac{50\text{-}2\text{-GB/T }702—2008}{40\text{Cr-GB/T }3077—1999}$$

（2）热轧六角钢和八角钢及热轧扁钢和热轧工具钢扁钢　用 45 钢轧制成的 22mm 热轧六角钢和热轧八角钢或 10mm×30mm 组别为 2 组热轧（工具钢）扁钢，其标记为

$$\times\times\frac{22(10\times 30)\text{-}2\text{-GB/T }702—2008}{45\text{-GB/T }699—1999}$$

工具钢扁钢没有组别。

表 2-1　热轧圆钢和方钢的尺寸及理论重量

圆钢公称直径 d 方钢公称边长 a/mm	理论重量/kg·m^{-1}		圆钢公称直径 d 方钢公称边长 a/mm	理论重量/kg·m^{-1}	
	圆钢	方钢		圆钢	方钢
5.5	0.186	0.237	13	1.04	1.33
6	0.222	0.283	14	1.21	1.54
6.5	0.260	0.332	15	1.39	1.77
7	0.302	0.385	16	1.58	2.01
8	0.395	0.502	17	1.78	2.27
9	0.499	0.636	18	2.00	2.54
10	0.617	0.785	19	2.23	2.83
11	0.746	0.950	20	2.47	3.14
12	0.888	1.13	21	2.72	3.46

续表

圆钢公称直径 d 方钢公称边长 a/mm	理论重量/kg·m^{-1}		圆钢公称直径 d 方钢公称边长 a/mm	理论重量/kg·m^{-1}	
	圆钢	方钢		圆钢	方钢
22	2.98	3.80	85	44.5	56.7
23	3.26	4.15	90	49.9	63.6
24	3.55	4.52	95	55.6	70.8
25	3.85	4.91	100	61.7	78.5
26	4.17	5.31	105	68.0	86.5
27	4.49	5.72	110	74.6	95.0
28	4.83	6.15	115	81.5	104
29	5.18	6.60	120	88.8	113
30	5.55	7.06	125	96.3	123
31	5.92	7.54	130	104	133
32	6.31	8.04	135	112	143
33	6.71	8.55	140	121	154
34	7.13	9.07	145	130	165
35	7.55	9.62	150	139	177
36	7.99	10.2	155	148	189
38	8.90	11.3	160	158	201
40	9.86	12.6	165	168	214
42	10.9	13.8	170	178	227
45	12.5	15.9	180	200	254
48	14.2	18.1	190	223	283
50	15.4	19.6	200	247	314
53	17.3	22.0	210	272	
55	18.6	23.7	220	298	
56	19.3	24.6	230	326	
58	20.7	26.4	240	355	
60	22.2	28.3	250	385	
63	24.5	31.2	260	417	
65	26.0	33.2	270	449	
68	28.5	36.3	280	483	
70	30.2	38.5	290	518	
75	34.7	44.2	300	555	
80	39.5	50.2	310	592	

注：表中钢的理论重量按密度为 7.85g/cm^3 计算。

表 2-2 热轧六角钢和八角钢的尺寸及理论重量

对边距离 s/mm	截面面积 A/cm²		理论重量/kg·m⁻¹	
	六角钢	八角钢	六角钢	八角钢
8	0.5543	—	0.435	—
9	0.7015	—	0.551	—
10	0.866	—	0.680	—
11	1.048	—	0.823	—
12	1.247	—	0.979	—
13	1.464	—	1.05	—
14	1.697	—	1.33	—
15	1.949	—	1.53	—
16	2.217	2.120	1.74	1.66
17	2.503	—	1.96	—
18	2.806	2.683	2.20	2.16
19	3.126	—	2.45	—
20	3.464	3.312	2.72	2.60
21	3.819	—	3.00	—
22	4.192	4.008	3.29	3.15
23	4.581	—	3.60	—
24	4.988	—	3.92	—
25	5.413	5.175	4.25	4.06
26	5.854	—	4.60	—
27	6.314	—	4.96	—
28	6.790	6.492	5.33	5.10
30	7.794	7.452	6.12	5.85
32	8.868	8.479	6.96	6.66
34	10.011	9.572	7.86	7.51

续表

对边距离 s/mm	截面面积 A/cm^2		理论重量/kg·m^{-1}	
	六角钢	八角钢	六角钢	八角钢
36	11.223	10.731	8.81	8.42
38	12.505	11.956	9.82	9.39
40	13.86	13.250	10.88	10.40
42	15.28	—	11.99	—
45	17.54	—	13.77	—
48	19.95	—	15.66	—
50	21.65	—	17.00	—
53	24.33	—	19.10	—
56	27.16	—	21.32	—
58	29.13	—	22.87	—
60	31.18	—	24.50	—
63	34.37	—	26.98	—
65	36.59	—	28.72	—
68	40.04	—	31.43	—
70	42.43	—	33.30	—

注：表中的理论重量按密度 7.85g/m^3 计算。表中截面面积（A）计算公式

$$A=\frac{1}{4}ns^2\tan\frac{\varphi}{2}\times\frac{1}{100}$$

六角形

$$A=\frac{3}{2}s^2\tan30°\times\frac{1}{100}\approx0.866s^2\times\frac{1}{100}$$

八角形

$$A=2s^2\tan22°30'\times\frac{1}{100}\approx0.828s^2\times\frac{1}{100}$$

式中　n——正 n 边形边数；

φ——正 n 边形圆内角。

$$\varphi=\frac{360}{n}$$

表 2-3 热轧扁钢的尺寸及理论重量

公称宽度/mm	厚度/mm																								
	3	4	5	6	7	8	9	10	11	12	14	16	18	20	22	25	28	30	32	36	40	45	50	56	60
	理论重量/kg·m^{-1}																								
10	0.24	0.31	0.39	0.47	0.55	0.63																			
12	0.28	0.38	0.47	0.57	0.66	0.75																			
14	0.33	0.44	0.55	0.66	0.77	0.88																			
16	0.38	0.50	0.63	0.75	0.88	1.00	1.15	1.26																	
18	0.42	0.57	0.71	0.85	0.99	1.13	1.27	1.41																	
20	0.47	0.63	0.78	0.94	1.10	1.26	1.41	1.57	1.73	1.88															
22	0.52	0.69	0.86	1.04	1.21	1.38	1.55	1.73	1.90	2.07															
25	0.59	0.78	0.98	1.18	1.37	1.57	1.77	1.96	2.16	2.36	2.75	3.14													
28	0.66	0.88	1.10	1.32	1.54	1.76	1.98	2.20	2.42	2.64	3.08	3.53													
30	0.71	0.94	1.18	1.41	1.65	1.88	2.12	2.36	2.59	2.83	3.30	3.77	4.24	4.71											
32	0.75	1.00	1.26	1.51	1.76	2.01	2.26	2.55	2.76	3.01	3.52	4.02	4.52	5.02											
35	0.82	1.10	1.37	1.65	1.92	2.20	2.47	2.75	3.02	3.30	3.85	4.40	4.95	5.50	6.04	6.87	7.69								
40	0.94	1.26	1.57	1.88	2.20	2.51	2.83	3.14	3.45	3.77	4.40	5.02	5.65	6.28	6.91	7.85	8.79								
45	1.06	1.41	1.77	2.12	2.47	2.83	3.18	3.53	3.89	4.24	4.95	5.65	6.36	7.07	7.77	8.83	9.89	10.60	11.30	12.72					
50	1.18	1.57	1.96	2.36	2.75	3.14	3.53	3.93	4.32	4.71	5.50	6.28	7.06	7.85	8.64	9.81	10.99	11.78	12.56	14.13					
55		1.73	2.16	2.59	3.02	3.45	3.89	4.32	4.75	5.18	6.04	6.91	7.77	8.64	9.50	10.79	12.09	12.95	13.82	15.54					
60		1.88	2.36	2.83	3.30	3.77	4.24	4.71	5.18	5.65	6.59	7.54	8.48	9.42	10.36	11.78	13.19	14.13	15.07	16.96	18.84	21.20			
65		2.04	2.55	3.06	3.57	4.08	4.59	5.10	5.61	6.12	7.14	8.16	9.18	10.20	11.23	12.76	14.29	15.31	16.33	18.37	20.41	22.96			
70		2.20	2.75	3.30	3.85	4.40	4.95	5.50	6.04	6.59	7.69	8.79	9.89	10.99	12.09	13.74	15.39	16.49	17.58	19.78	21.98	24.73			

续表

公称宽度/mm	厚度/mm																								
	3	4	5	6	7	8	9	10	11	12	14	16	18	20	22	25	28	30	32	36	40	45	50	56	60
	理论重量/kg·m⁻¹																								
75		2.36	2.94	3.53	4.12	4.71	5.30	5.89	6.48	7.07	8.24	9.42	10.60	11.78	12.95	14.72	16.48	17.66	18.84	21.20	23.55	26.49			
80		2.51	3.14	3.77	4.40	5.02	5.65	6.28	6.91	7.54	8.79	10.05	11.30	12.56	13.82	15.70	17.58	18.84	20.10	22.61	25.12	28.26	31.40	35.17	
85			3.34	4.00	4.67	5.34	6.01	6.67	7.34	8.01	9.34	10.68	12.01	13.34	14.68	16.68	18.68	20.02	21.35	24.02	26.69	30.03	33.36	37.37	40.04
90			3.53	4.24	4.95	5.65	6.36	7.07	7.77	8.48	9.89	11.30	12.72	14.13	15.54	17.66	19.78	21.20	22.61	25.43	28.26	31.79	35.32	39.56	42.39
95			3.73	4.47	5.22	5.97	6.71	7.46	8.20	8.95	10.44	11.93	13.42	14.92	16.41	18.64	20.88	22.37	23.86	26.85	29.83	33.56	37.29	41.76	44.74
100			3.92	4.71	5.50	6.28	7.06	7.85	8.64	9.42	10.99	12.56	14.13	15.70	17.27	19.62	21.98	23.55	25.12	28.26	31.40	35.32	39.25	43.96	47.10
105			4.12	4.95	5.77	6.59	7.42	8.24	9.07	9.89	11.54	13.19	14.84	16.48	18.13	20.61	23.08	24.73	26.38	29.67	32.97	37.09	41.21	46.16	49.46
110			4.32	5.18	6.04	6.91	7.77	8.64	9.50	10.36	12.09	13.82	15.54	17.27	19.00	21.59	24.18	25.90	27.63	31.09	34.54	38.86	43.18	48.36	51.81
120			4.71	5.65	6.59	7.54	8.48	9.42	10.36	11.30	13.19	15.07	16.96	18.84	20.72	23.55	26.38	28.26	30.14	33.91	37.68	42.39	47.10	52.75	56.52
125				5.89	6.87	7.85	8.83	9.81	10.79	11.78	13.74	15.70	17.66	19.62	21.58	24.53	27.48	29.44	31.40	35.32	39.25	44.16	49.06	54.95	58.88
130				6.12	7.14	8.16	9.18	10.20	11.23	12.25	14.29	16.33	18.37	20.41	22.45	25.51	28.57	30.62	32.66	36.74	40.82	45.92	51.02	57.15	61.23
140					7.69	8.79	9.89	10.99	12.09	13.19	15.39	17.58	19.78	21.98	24.18	27.48	30.77	32.97	35.17	39.56	43.96	49.46	54.95	61.54	65.94
150					8.24	9.42	10.60	11.78	12.95	14.13	16.48	18.84	21.20	23.55	25.90	29.44	32.97	35.32	37.68	42.39	47.10	52.99	58.88	65.94	70.65
160					8.79	10.05	11.30	12.56	13.82	15.07	17.58	20.10	22.61	25.12	27.63	31.40	35.17	37.68	40.19	45.22	50.24	56.52	62.80	70.34	75.36
180					9.89	11.30	12.72	14.13	15.54	16.96	19.78	22.61	25.43	28.26	31.09	35.32	39.56	42.39	45.22	50.87	56.52	63.58	70.65	79.13	84.78
200					10.99	12.56	14.13	15.70	17.27	18.84	21.98	25.12	28.26	31.40	34.54	39.25	43.96	47.10	50.24	56.52	62.80	70.65	78.50	87.92	94.20

注：1. 表中的粗线用以划分扁钢的组别。

第 1 组——理论重量≤19kg/m。

第 2 组——理论重量＞19kg/m。

2. 表中的理论重量按密度 7.85g/m^3 计算。

表 2-4 热轧工具钢扁钢的尺寸及理论重量

公称宽度/mm	扁钢公称厚度/mm																				
	4	6	8	10	13	16	18	20	23	25	28	32	36	40	45	50	56	63	71	80	90	100
	理论重量/kg·m^{-1}																				
10	0.31	0.47	0.63																			
13	0.40	0.57	0.75	0.94																		
16	0.50	0.75	1.00	1.26	1.51																	
20	0.63	0.94	1.26	1.57	1.88	2.51	2.83															
25	0.78	1.18	1.57	1.96	2.36	3.14	3.53	3.93	4.32													
32	1.00	1.51	2.01	2.55	3.01	4.02	4.52	5.02	5.53	6.28	7.03											
40	1.26	1.88	2.51	3.14	3.77	5.02	5.65	6.28	6.91	7.85	8.79	10.05	11.30									
50	1.57	2.36	3.14	3.93	4.71	6.28	7.06	7.85	8.64	9.81	10.99	12.56	14.13	15.70	17.66							
63	1.98	2.91	3.96	4.95	5.93	7.91	8.90	9.89	10.88	12.36	13.85	15.83	17.80	19.78	22.25	24.73	27.69					
71	2.23	3.34	4.46	5.57	6.69	8.92	10.03	11.15	12.26	13.93	15.61	17.84	20.06	22.29	25.08	27.87	31.21	35.11				
80	2.51	3.77	5.02	6.28	7.54	10.05	11.30	12.56	13.82	15.70	17.58	20.10	22.61	25.12	28.26	31.40	35.17	39.56	44.59			
90	2.83	4.24	5.65	7.07	8.48	11.30	12.72	14.13	15.54	17.66	19.78	22.61	25.43	28.26	31.79	35.32	39.56	44.51	50.16	56.52		
100	3.14	4.71	6.28	7.85	9.42	12.56	14.13	15.70	17.27	19.62	21.98	25.12	28.26	31.40	35.32	39.25	43.96	49.46	55.74	62.80	70.65	
112	3.52	5.28	7.03	8.79	10.55	14.07	15.83	17.58	19.34	21.98	24.62	28.13	31.65	35.17	39.56	43.96	49.24	55.39	62.42	70.34	79.13	87.92

续表

公称宽度/mm	扁钢公称厚度/mm																					
	4	6	8	10	13	16	18	20	23	25	28	32	36	40	45	50	56	63	71	80	90	100
	理论重量/kg·m^{-1}																					
125	3.93	5.89	7.85	9.81	11.78	15.70	17.66	19.62	21.58	24.53	27.48	31.40	35.32	39.25	44.16	49.06	54.95	61.82	69.67	78.50	88.31	98.13
140	4.40	6.59	8.79	12.69	13.19	17.58	19.78	21.98	24.18	27.48	30.77	35.17	39.56	43.96	49.46	54.95	61.54	69.24	78.03	87.92	98.81	109.90
160	5.02	7.54	10.05	12.56	15.07	20.10	22.61	25.12	27.63	31.40	35.17	40.19	45.22	50.24	56.52	62.80	70.34	79.13	89.18	100.48	113.04	125.60
180	5.65	8.48	11.30	14.13	16.96	22.61	25.43	28.26	31.09	35.33	39.56	45.22	50.87	56.52	63.59	70.65	79.13	89.02	100.32	113.04	127.17	141.30
200	6.28	9.42	12.56	15.70	18.84	25.12	28.26	31.40	34.54	39.25	43.96	50.24	56.52	62.80	70.65	78.50	87.92	98.91	111.47	125.60	141.30	157.00
224	7.03	10.55	14.07	17.58	21.10	28.13	31.65	35.17	38.68	43.96	49.24	56.27	63.30	70.34	79.12	87.92	98.47	110.78	124.85	140.67	158.26	175.84
250	7.85	11.78	15.70	19.63	23.55	31.40	35.33	39.25	43.18	49.06	54.95	62.80	70.65	78.50	88.31	98.13	109.90	123.64	139.34	157.00	176.63	196.25
280	8.79	13.19	17.58	21.98	26.38	35.17	39.56	43.96	48.36	54.95	61.54	70.34	79.13	87.92	98.91	109.90	123.09	138.47	156.06	175.84	197.82	219.80
310	9.73	14.60	19.47	24.34	29.20	38.94	43.80	48.67	53.54	60.84	68.14	77.87	87.61	97.34	109.51	121.68	136.28	153.31	172.78	194.68	219.02	243.35

注：表中的理论重量按密度 7.85g/m^3 计算，对于高合金钢计算理论重量时，应采用相应牌号的密度进行计算。

2.1.2 热轧型钢（GB/T 706—2008）

型钢的截面尺寸、截面面积、理论重量应分别符合表2-5～表2-9的规定。

角钢的通常长度为4～19m，其他型钢的通常长度为5～19m，根据需方要求也可供应其他长度的产品。

型钢应按理论重量交货（理论重量按密度为7.85g/cm^{3}计算）。经供需双方协商并在合同中注明，也可按实际重量交货。根据双方协议，型钢的每米重量允许偏差不得超过$^{+3}_{-5}$%。型钢的截面面积计算公式见表2-10。

型钢表面不得有裂缝、折叠、结疤、分层和夹杂。型钢表面允许有局部发纹、凹坑、麻点、刮痕和氧化铁皮压入等缺陷存在，但不得超出型钢尺寸的允许偏差。型钢表面缺陷允许清除，清除处应圆滑无棱角，但不应进行横向清除。清除宽度不应小于清除深度的五倍，清除后的型钢尺寸不应超出尺寸的允许偏差。型钢不应有大于5mm的毛刺。

表2-5 工字钢截面尺寸、截面面积、理论重量

h—高度
b—腿宽度
d—腰厚度
t—平均腿厚度
r—内圆弧半径
r_1—腿端圆弧半径

型号	截面尺寸/mm						截面面积/cm^2	理论重量/kg·m^{-1}
	h	b	d	t	r	r_1		
10	100	68	4.5	7.6	6.5	3.3	14.345	11.261
12	120	74	5.0	8.4	7.0	3.5	17.818	13.987

续表

型号	截面尺寸/mm						截面面积/cm²	理论重量/kg·m⁻¹
	h	b	d	t	r	r_1		
12.6	126	74	5.0	8.4	7.0	3.5	18.118	14.223
14	140	80	5.5	9.1	7.5	3.8	21.516	16.890
16	160	88	6.0	9.9	8.0	4.0	26.131	20.513
18	180	94	6.5	10.7	8.5	4.3	30.756	24.143
20a	200	100	7.0	11.4	9.0	4.5	35.578	27.929
20b		102	9.0				39.578	31.069
22a	220	110	7.5	12.3	9.5	4.8	42.128	33.070
22b		112	9.5				46.528	36.524
24a	240	116	8.0	13.0	10.0	5.0	47.741	37.477
24b		118	10.0				52.541	41.245
25a	250	116	8.0				48.541	38.105
25b		118	10.0				53.541	42.030
27a	270	122	8.5	13.7	10.5	5.3	54.554	42.825
27b		124	10.5				59.954	47.064
28a	280	122	8.5				55.404	43.492
28b		124	10.5				61.004	47.888
30a	300	126	9.0	14.4	11.0	5.5	61.254	48.084
30b		128	11.0				67.254	52.794
30c		130	13.0				73.254	57.504
32a	320	130	9.5	15.0	11.5	5.8	67.156	52.717
32b		132	11.5				73.556	57.741
32c		134	13.5				79.956	62.765
36a	360	136	10.0	15.8	12.0	6.0	76.480	60.037
36b		138	12.0				83.680	65.689
36c		140	14.0				90.880	71.341
40a	400	142	10.5	16.5	12.5	6.3	86.112	67.598
40b		144	12.5				94.112	73.878
40c		146	14.5				102.112	80.158

续表

型号	截面尺寸/mm						截面面积/cm^2	理论重量/$kg \cdot m^{-1}$
	h	b	d	t	r	r_1		
45a	450	150	11.5	18.0	13.5	6.8	102.446	80.420
45b		152	13.5				111.446	87.485
45c		154	15.5				120.446	94.550
50a	500	158	12.0	20.0	14.0	7.0	119.304	93.654
50b		160	14.0				129.304	101.504
50c		162	16.0				139.304	109.354
55a	550	166	12.5	21.0	14.5	7.3	134.185	105.335
55b		168	14.5				145.185	113.970
55c		170	16.5				156.185	122.605
56a	560	166	12.5				135.435	106.316
56b		168	14.5				146.635	115.108
56c		170	16.5				157.835	123.900
63a	630	176	13.0	22.0	15.0	7.5	154.658	121.407
63b		178	15.0				167.258	131.298
63c		180	17.0				179.858	141.189

注：表中 r、r_1 的数据用于孔型设计，不作交货条件。

表 2-6　槽钢截面尺寸、截面面积、理论重量

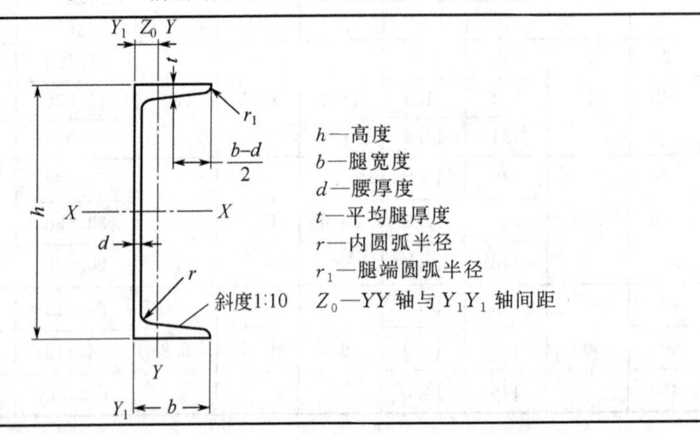

续表

型号	截面尺寸/mm						截面面积/cm^2	理论重量/$kg \cdot m^{-1}$
	h	b	d	t	r	r_1		
5	50	37	4.5	7.0	7.0	3.5	6.928	5.438
6.3	63	40	4.8	7.5	7.5	3.8	8.451	6.634
6.5	65	40	4.8	7.5	7.5	3.8	8.547	6.709
8	80	43	5.0	8.0	8.0	4.0	10.248	8.045
10	100	48	5.3	8.5	8.5	4.2	12.748	10.007
12	120	53	5.5	9.0	9.0	4.5	15.362	12.059
12.6	126	53	5.5	9.0	9.0	4.5	15.692	12.318
14a	140	58	6.0	9.5	9.5	4.8	18.516	14.535
14b		60	8.0				21.316	16.733
16a	160	63	6.5	10.0	10.0	5.0	21.962	17.24
16b		65	8.5				25.162	19.752
18a	180	68	7.0	10.5	10.5	5.2	25.699	20.174
18b		70	9.0				29.299	23
20a	200	73	7.0	11.0	11.0	5.5	28.837	22.637
20b		75	9.0				32.837	25.777
22a	220	77	7.0	11.5	11.5	5.8	31.846	24.999
22b		79	9.0				36.246	28.453
24a	240	78	7.0	12.0	12.0	6.0	34.217	26.86
24b		80	9.0				39.017	30.628
24c		82	11.0				43.817	34.396
25a	250	78	7.0				34.917	27.41
25b		80	9.0				39.917	31.335
25c		82	11.0				44.917	35.26
27a	270	82	7.5	12.5	12.5	6.2	39.284	30.838
27b		84	9.5				44.684	35.077
27c		86	11.5				50.084	39.316
28a	280	82	7.5				40.034	31.427
28b		84	9.5				45.634	35.823
28c		86	11.5				51.234	40.219

续表

型号	截面尺寸/mm						截面面积/cm^2	理论重量/$kg \cdot m^{-1}$
	h	b	d	t	r	r_1		
30a	300	85	7.5	13.5	13.5	6.8	43.902	34.463
30b		87	9.5				49.902	39.173
30c		89	11.5				55.902	43.883
32a	320	88	8.0	14.0	14.0	7.0	48.513	38.083
32b		90	10.0				54.913	43.107
32c		92	12.0				61.313	48.131
36a	360	96	9.0	16.0	16.0	8.0	60.910	47.814
36b		98	11.0				68.110	53.466
36c		100	13.0				75.310	59.118
40a	400	100	10.5	18.0	18.0	9.0	75.068	58.928
40b		102	12.5				83.068	65.208
40c		104	14.5				91.068	71.488

注：表中r、r_1的数据用于孔型设计，不作交货条件。

表2-7 等边角钢截面尺寸、截面面积、理论重量

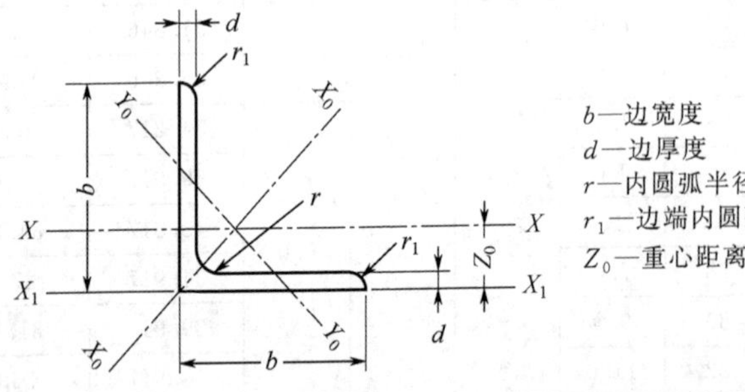

型号	截面尺寸/mm			截面面积/cm^2	理论重量/$kg \cdot m^{-1}$	外表面积/$m^2 \cdot m^{-1}$
	b	d	r			
2	20	3	3.5	1.132	0.889	0.078
		4		1.459	1.145	0.077
2.5	25	3		1.432	1.124	0.098
		4		1.859	1.459	0.097

续表

型号	截面尺寸/mm			截面面积/cm²	理论重量/kg·m⁻¹	外表面积/m²·m⁻¹
	b	d	r			
3.0	30	3	4.5	1.749	1.373	0.117
		4		2.276	1.786	0.117
3.6	36	3		2.109	1.656	0.141
		4		2.756	2.163	0.141
		5		3.382	2.654	0.141
4	40	3	5	2.359	1.852	0.157
		4		3.086	2.422	0.157
		5		3.791	2.976	0.156
4.5	45	3		2.659	2.088	0.177
		4		3.486	2.736	0.177
		5		4.292	3.369	0.176
		6		5.076	3.985	0.176
5	50	3	5.5	2.971	2.332	0.197
		4		3.897	3.059	0.197
		5		4.803	3.770	0.196
		6		5.688	4.465	0.196
5.6	56	3	6	3.343	2.624	0.221
		4		4.390	3.446	0.220
		5		5.415	4.251	0.220
		6		6.420	5.040	0.220
		7		7.404	5.812	0.219
		8		8.367	6.568	0.219
6	60	5	6.5	5.829	4.576	0.236
		6		6.914	5.427	0.235
		7		7.977	6.262	0.235
		8		9.020	7.081	0.235
6.3	63	4	7	4.978	3.907	0.248
		5		6.143	4.822	0.248
		6		7.288	5.721	0.247
		7		8.412	6.603	0.247
		8		9.515	7.469	0.247
		10		11.657	9.151	0.246

续表

型号	截面尺寸/mm			截面面积/cm^2	理论重量/$kg \cdot m^{-1}$	外表面积/$m^2 \cdot m^{-1}$
	b	d	r			
7	70	4	8	5.570	4.372	0.275
		5		6.875	5.397	0.275
		6		8.160	6.406	0.275
		7		9.424	7.398	0.275
		8		10.667	8.373	0.274
7.5	75	5	9	7.412	5.818	0.295
		6		8.797	6.905	0.294
		7		10.160	7.976	0.294
		8		11.503	9.030	0.294
		9		12.825	10.068	0.294
		10		14.126	11.089	0.293
8	80	5		7.912	6.211	0.315
		6		9.397	7.376	0.314
		7		10.860	8.525	0.314
		8		12.303	9.658	0.314
		9		13.725	10.774	0.314
		10		15.126	11.874	0.313
9	90	6	10	10.637	8.350	0.354
		7		12.301	9.656	0.354
		8		13.944	10.946	0.353
		9		15.566	12.220	0.353
		10		17.167	13.476	0.353
		12		20.306	15.940	0.352
10	100	6	12	11.932	9.366	0.393
		7		13.796	10.830	0.393
		8		15.638	12.276	0.393
		9		17.462	13.708	0.392
		10		19.261	15.120	0.392
		12		22.800	17.898	0.391
		14		26.256	20.611	0.391
		16		29.627	23.257	0.390

续表

型号	截面尺寸/mm			截面面积/cm^2	理论重量/$kg \cdot m^{-1}$	外表面积/$m^2 \cdot m^{-1}$
	b	d	r			
11	110	7	12	15.196	11.928	0.433
		8		17.238	13.535	0.433
		10		21.261	16.690	0.432
		12		25.200	19.782	0.431
		14		29.056	22.809	0.431
12.5	125	8	14	19.750	15.504	0.492
		10		24.373	19.133	0.491
		12		28.912	22.696	0.491
		14		33.367	26.193	0.490
14	140	10		27.373	21.488	0.551
		12		32.512	25.522	0.551
		14		37.567	29.490	0.550
		16		42.539	33.393	0.549
15	150	8		23.750	18.644	0.592
		10		29.373	23.058	0.591
		12		34.912	27.406	0.591
		14		40.367	31.688	0.590
		15		43.063	33.804	0.590
		16		45.739	35.905	0.589
16	160	10	16	31.502	24.729	0.630
		12		37.441	29.391	0.630
		14		43.296	33.987	0.629
		16		49.067	38.518	0.629
18	180	12		42.241	33.159	0.710
		14		48.896	38.383	0.709
		16		55.467	43.542	0.709
		18		61.055	48.634	0.708
20	200	14	18	54.642	42.894	0.788
		16		62.013	48.680	0.788
		18		69.301	54.401	0.787
		20		76.505	60.056	0.787
		24		90.661	71.168	0.785

注：截面图中的 $r_1=1/3d$ 及表中 r 的数据用于孔型设计，不作交货条件。

表 2-8 不等边角钢截面尺寸、截面面积、理论重量

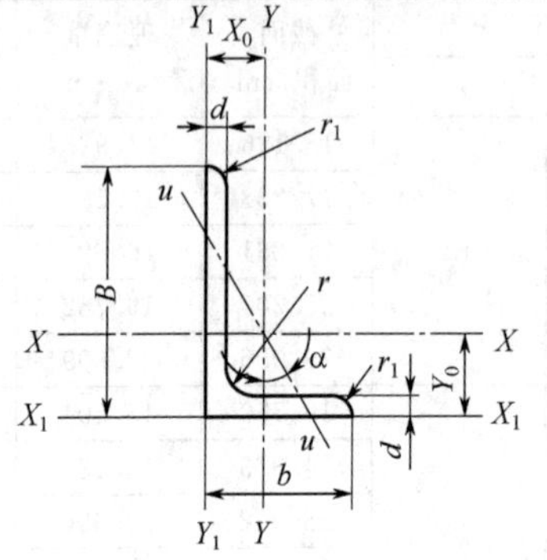

B—长边宽度
b—短边宽度
d—边厚度
r—内圆弧半径
r_1—边端圆弧半径
X_0—重心距离
Y_0—重心距离

型号	截面尺寸/mm				截面面积/cm^2	理论重量/$kg \cdot m^{-1}$	外表面积/$m^2 \cdot m^{-1}$
	B	b	d	r			
2.5/1.6	25	16	3	3.5	1.162	0.912	0.080
			4		1.499	1.176	0.079
3.2/2	32	20	3		1.492	1.171	0.102
			4		1.939	1.522	0.101
4/2.5	40	25	3	4	1.89	1.484	0.127
			4		2.467	1.936	0.127
4.5/2.8	45	28	3	5	2.149	1.687	0.143
			4		2.806	2.203	0.143
5/3.2	50	32	3	5.5	2.431	1.908	0.161
			4		3.177	2.494	0.160
5.6/3.6	56	36	3	6	2.743	2.153	0.181
			4		3.59	2.818	0.180
			5		4.415	3.466	0.180
6.3/4	63	40	4	7	4.058	3.185	0.202
			5		4.993	3.92	0.202
			6		5.908	4.638	0.201
			7		6.802	5.339	0.201
7/4.5	70	45	4	7.5	4.547	3.57	0.226
			5		5.609	4.403	0.225
			6		6.647	5.218	0.225
			7		7.657	6.011	0.225

续表

型号	截面尺寸/mm				截面面积/cm²	理论重量/kg·m⁻¹	外表面积/m²·m⁻¹
	B	b	d	r			
7.5/5	75	50	5	8	6.125	4.808	0.245
			6		7.26	5.699	0.245
			8		9.467	7.431	0.244
			10		11.59	9.098	0.244
8/5	80	50	5		6.375	5.005	0.255
			6		7.56	5.935	0.255
			7		8.724	6.848	0.255
			8		9.867	7.745	0.254
9/5.6	90	56	5	9	7.212	5.661	0.287
			6		8.557	6.717	0.286
			7		9.88	7.756	0.286
			8		11.183	8.779	0.286
10/6.3	100	63	6	10	9.617	7.55	0.320
			7		11.111	8.722	0.320
			8		12.534	9.878	0.319
			10		15.467	12.142	0.319
10/8	100	80	6		10.637	8.35	0.354
			7		12.301	9.656	0.354
			8		13.944	10.946	0.353
			10		17.167	13.476	0.353
11/7	110	70	6		10.637	8.35	0.354
			7		12.301	9.656	0.354
			8		13.944	10.946	0.353
			10		17.167	13.476	0.353
12.5/8	125	80	7	11	14.096	11.066	0.403
			8		15.989	12.551	0.403
			10		19.712	15.474	0.402
			12		23.351	18.33	0.402

续表

型号	截面尺寸/mm				截面面积/cm^2	理论重量/$kg \cdot m^{-1}$	外表面积/$m^2 \cdot m^{-1}$
	B	b	d	r			
14/9	140	90	8	12	18.038	14.16	0.453
			10		22.261	17.475	0.452
			12		26.4	20.724	0.451
			14		30.456	23.908	0.451
15/9	150	90	8		18.839	14.788	0.473
			10		23.261	18.260	0.472
			12		27.600	21.666	0.471
			14		31.856	25.007	0.471
			15		33.952	26.652	0.471
			16		36.027	28.281	0.470
16/10	160	100	10	13	25.315	19.872	0.512
			12		30.054	23.592	0.511
			14		34.709	27.247	0.510
			16		39.281	30.835	0.510
18/11	180	110	10	14	28.373	22.273	0.571
			12		33.712	26.44	0.571
			14		38.967	30.589	0.570
			16		44.139	34.649	0.569
20/12.5	200	125	12		37.912	29.761	0.641
			14		43.687	34.436	0.640
			16		49.739	39.045	0.639
			18		55.526	43.588	0.639

注：截面图中的 $r_1=1/3d$ 及表中 r 的数据用于孔型设计，不作交货条件。

表 2-9　L 型钢截面尺寸、截面面积、理论重量

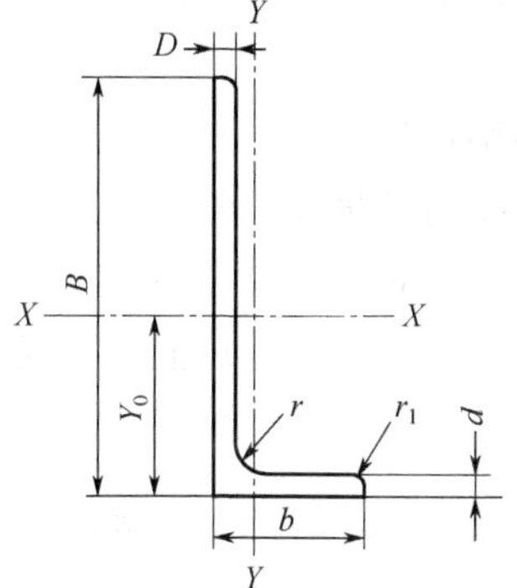

B—长边宽度
b—短边宽度
D—长边厚度
d—短边厚度
r—内圆弧半径
r_1—边端圆弧半径
Y_0—重心距离

型　　号	截面尺寸/mm						截面面积/cm^2	理论重量/$kg \cdot m^{-1}$
	B	b	D	d	r	r_1		
L250×90×9×13	250	90	9	13	15	7.5	33.4	26.2
L250×90×10.5×15			10.5	15			38.5	30.3
L250×90×11.5×16			11.5	16			41.7	32.7
L300×100×10.5×15	300	100	10.5	15			45.3	35.6
L300×100×11.5×16			11.5	16			49.0	38.5
L350×120×10.5×16	350	120	10.5	16	20	10	54.9	43.1
L350×120×11.5×18			11.5	18			60.4	47.4
L400×120×11.5×23	400	120	11.5	23			71.6	56.2
L450×120×11.5×25	450	120	11.5	25			79.5	62.4
L500×120×12.5×33	500	120	12.5	33			98.6	77.4
L500×120×13.5×35			13.5	35			105	82.8

表 2-10　截面面积的计算方法

型钢种类	计算公式
工字钢	$hd+2t(b-d)+0.615(r^2-r_1^2)$
槽钢	$hd+2t(b-d)+0.349(r^2-r_1^2)$
等边角钢	$d(2b-d)+0.215(r^2-2r_1^2)$
不等边角钢	$d(B+b-d)+0.215(r^2-2r_1^2)$
L 型钢	$BD+d(b-D)+0.215(r^2-r_1^2)$

2.1.3　热轧 H 型钢和剖分 T 型钢（GB/T 11263—2005）

H 型钢和剖分 T 型钢截面尺寸、截面面积、理论重量见表 2-11 和表 2-12。

热轧 H 型钢和剖分 T 型钢标记示例：

H 型钢的规格标记采用 H 与高度 H 值×宽度 B 值×腹板厚度 t_1 值×翼缘厚度 t_2 值表示，如 H800×300×14×26。

剖分 T 型钢的规格标记采用 T 与高度 h 值×宽度 B 值×腹板厚度 t_1 值×翼缘厚度 t_2 值表示，如 T200×400×13×21。

表 2-11　H 型钢截面尺寸、截面面积、理论重量

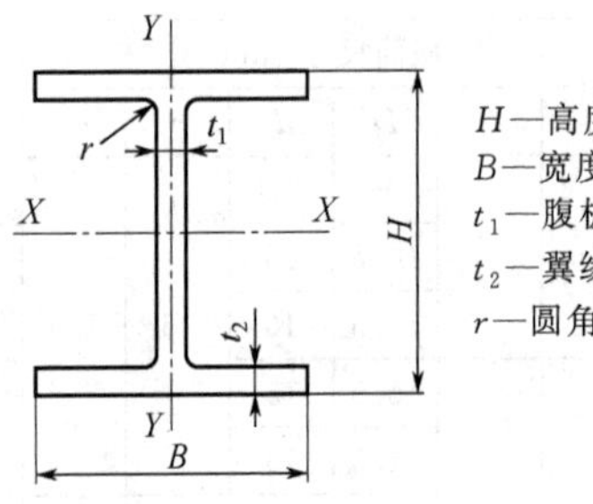

类别	型号（高度×宽度）/mm	截面尺寸/mm					截面面积/cm^2	理论重量/$kg\cdot m^{-1}$
		H	B	t_1	t_2	r		
HW（宽翼缘）	100×100	100	100	6	8	8	21.59	16.9
	125×125	125	125	6.5	9	8	30.00	23.6
	150×150	150	150	7	10	8	39.65	31.1
	175×175	175	175	7.5	11	13	51.43	40.4
	200×200	200	200	8	12	13	63.53	49.9
		200	204	12	12	13	71.53	56.2
	250×250	244	252	11	11	13	81.31	63.8
		250	250	9	14	13	91.43	71.8
		250	255	14	14	13	103.93	81.6
HW	300×300	294	302	12	12	13	106.33	83.5
		300	300	10	15	13	118.45	93.0
		300	305	15	15	13	133.45	104.8

续表

类别	型号（高度×宽度）/mm	截面尺寸/mm					截面面积/cm²	理论重量/kg·m⁻¹
		H	B	t_1	t_2	r		
HW	350×350	338	351	13	13	13	133.27	104.6
		334	348	10	16	13	144.01	113.0
		334	354	16	16	13	164.65	129.3
		350	350	12	19	13	171.89	134.9
		350	357	19	19	13	196.39	154.2
	400×400	388	402	15	15	22	178.45	140.1
		394	398	11	18	22	186.81	146.6
		394	405	18	18	22	214.39	168.3
		400	400	13	21	22	218.69	171.7
		400	408	21	21	22	250.69	196.8
		414	405	18	28	22	295.39	231.9
		428	407	20	35	22	360.65	283.1
		458	417	30	50	22	528.55	414.9
		* 498	432	45	70	22	770.05	604.5
	* 500×500	492	465	15	20	22	257.95	202.5
		502	465	15	25	22	304.45	239.0
		502	470	20	25	22	329.55	258.7
HM（中翼缘）	150×100	148	100	6	9	8	26.35	20.7
	200×150	194	150	6	9	8	38.11	29.9
	250×175	244	175	7	11	13	55.49	43.6
	300×200	294	200	8	12	13	71.05	55.8
	350×250	340	250	9	14	13	99.53	78.1
	400×300	390	300	10	16	13	133.25	104.6
	450×300	440	300	11	18	13	153.89	120.8
	500×300	482	300	11	15	13	141.17	110.8
		488	300	11	18	13	159.17	124.9
HM	550×300	544	300	11	15	13	147.99	116.2
		550	300	11	18	13	165.99	130.3
	600×300	582	300	12	17	13	169.21	132.8
		588	300	12	20	13	187.21	147.0
		594	302	14	23	13	217.09	170.4

续表

类别	型号（高度×宽度）/mm	截面尺寸/mm					截面面积/cm²	理论重量/kg·m⁻¹
		H	B	t_1	t_2	r		
HN（窄翼缘）	100×50	100	50	5	7	8	11.85	9.3
	125×60	125	60	6	8	8	16.69	13.1
	150×75	150	75	5	7	8	17.85	14.0
	175×90	175	90	5	8	8	22.90	18.0
	200×100	198	99	4.5	7	8	22.69	17.8
		200	100	5.5	8	8	26.67	20.9
	250×125	248	124	5	8	8	31.99	25.1
		250	125	6	9	8	36.97	29.0
	300×150	298	149	5.5	8	13	40.80	32.0
		300	150	6.5	9	13	46.78	36.7
	350×175	346	174	6	9	13	52.45	41.2
		350	175	7	11	13	62.91	49.4
	400×150	400	150	8	13	13	70.37	55.2
	400×200	396	199	8	13	13	71.41	56.1
		400	200	8	13	13	83.37	65.4
	450×200	446	199	8	12	13	82.97	65.1
		450	200	9	14	13	95.43	74.9
	500×200	496	199	9	14	13	99.29	77.9
		500	200	10	16	13	112.25	88.1
		506	201	11	19	13	129.31	101.5
	550×200	546	199	9	14	13	103.79	81.5
		550	200	10	16	13	117.25	92.0
	600×200	596	199	10	15	13	117.75	92.4
		600	200	11	17	13	131.71	103.4
		606	201	12	20	13	149.77	117.6
	650×300	646	299	10	15	13	152.75	119.9
		650	300	11	17	13	171.21	134.4
		656	301	12	20	13	195.77	153.7
	700×300	692	300	13	20	18	207.54	162.9
		700	300	13	24	18	231.54	181.8

续表

类别	型号（高度×宽度）/mm	截面尺寸/mm					截面面积/cm^2	理论重量/$kg \cdot m^{-1}$
		H	B	t_1	t_2	r		
HN（窄翼缘）	750×300	734	299	12	16	18	182.70	143.4
		742	300	13	20	18	214.04	168.0
		750	300	13	24	18	238.04	186.9
		758	303	16	28	18	284.78	223.6
	800×300	792	300	14	22	18	239.50	188.0
		800	300	14	26	18	263.50	206.8
	850×300	834	298	14	19	18	227.46	178.6
		842	299	15	23	18	259.72	203.9
		850	300	16	27	18	292.14	229.3
		858	301	17	31	18	324.72	254.9
	900×300	890	299	15	23	18	266.92	209.5
		900	300	16	28	18	305.82	240.1
		912	302	18	34	18	360.06	282.6
	1000×300	970	297	16	21	18	276.00	216.7
		980	298	17	26	18	315.50	247.7
		990	298	17	31	18	345.30	271.1
		1000	300	19	36	18	395.10	310.2
		1000	302	21	40	18	439.26	344.8
HT（薄壁）	100×50	95	48	3.2	4.5	8	7.26	6.0
		97	49	4	5.5	8	9.38	7.4
	100×100	96	99	4.5	6	8	16.21	12.7
	125×60	118	58	3.2	4.5	8	9.26	7.3
		120	59	4	5.5	8	11.40	8.9
	125×125	119	123	4.5	6	8	20.12	15.8
	150×75	145	73	3.2	4.5	8	11.47	9.0
		147	74	4	5.5	8	14.13	11.1
	150×100	139	97	3.2	4.5	8	13.44	10.5
		142	99	4.5	6	8	18.28	14.3
	150×150	144	148	5	7	8	27.77	21.8
		147	149	6	8.5	8	33.68	26.4

续表

类别	型号（高度×宽度）/mm	截面尺寸/mm					截面面积/cm^2	理论重量/$kg \cdot m^{-1}$
		H	B	t_1	t_2	r		
HT（薄壁）	175×90	168	88	3.2	4.5	8	13.56	10.6
		171	89	4	6	8	17.59	13.8
	175×175	167	173	5	7	13	33.32	26.2
		172	175	6.5	9.5	13	44.65	35.0
	200×100	193	98	3.2	4.5	8	15.26	12.0
		196	99	4	6	8	19.79	15.5
	200×150	188	149	4.5	6	8	26.35	20.7
	200×200	192	198	6	8	13	43.69	34.3
	250×125	244	124	4.5	6	8	25.87	20.3
	250×175	238	173	4.5	8	13	39.12	30.7
	300×150	294	148	4.5	6	13	31.90	25.0
	300×200	286	198	6	8	13	49.33	38.7
	350×175	340	173	4.5	6	13	36.97	29.0
	400×150	390	148	6	8	13	47.57	37.3
	400×200	390	198	6	8	13	55.57	43.6

注：1. 同一类型的产品，其内尺寸高度一致。
2. 截面面积计算公式为 t_1（$H-2t_2$）$+2Bt_2+0.858r^2$。
3. * 所示规格表示国内暂不能生产。

表 2-12 剖分T型钢截面尺寸、截面面积、理论重量

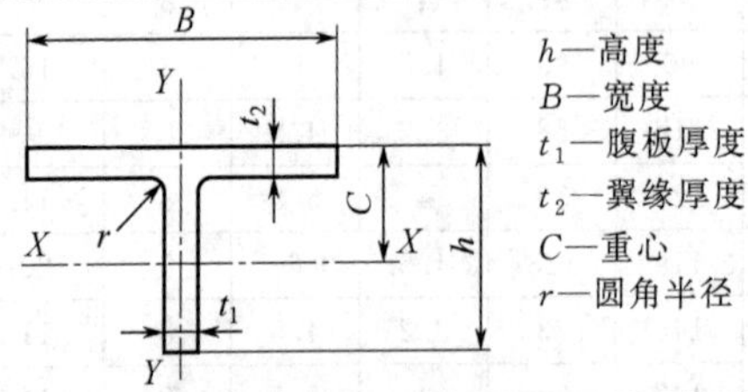

类别	型号（高度×宽度）/mm	截面尺寸/mm					截面面积/cm^2	理论重量/$kg \cdot m^{-1}$	对应H型钢系列型号
		h	B	t_1	t_2	r			
TW（宽翼缘）	50×100	50	100	6	8	8	10.79	8.47	100×100
	62.5×125	62.5	125	6.5	9	8	15.00	11.8	125×125

续表

类别	型号（高度×宽度）/mm	截面尺寸/mm					截面面积/cm²	理论重量/kg·m⁻¹	对应H型钢系列型号
		h	B	t_1	t_2	r			
TW（宽翼缘）	75×150	75	150	7	10	8	19.82	15.6	150×150
	87.5×175	87.5	175	7.5	11	13	25.71	20.2	175×175
	100×200	100	200	8	12	13	31.77	24.9	200×200
		100	204	12	12	13	35.77	28.1	
	125×250	125	250	9	14	13	45.72	35.9	250×250
		125	255	14	14	13	51.97	40.8	
	150×300	147	302	12	12	13	53.17	41.7	300×300
		150	300	10	15	13	59.23	46.5	
		150	305	15	15	13	66.73	52.4	
	175×350	172	348	10	16	13	72.01	56.5	350×350
		175	350	12	19	13	85.95	67.5	
	200×400	194	402	15	15	22	89.23	70.0	400×400
		197	398	11	18	22	93.41	73.3	
		200	400	13	21	22	109.35	85.8	
		200	408	21	21	22	125.35	98.4	
		207	405	18	28	22	147.70	115.9	
		214	407	20	35	22	180.33	141.6	
TM（中翼缘）	75×100	74	100	6	9	8	13.17	10.3	150×100
	100×150	97	150	6	9	8	19.05	15.0	200×150
	125×175	122	175	7	11	13	27.75	21.8	250×175
	150×200	147	200	8	12	13	35.53	27.9	300×200
	175×250	170	250	9	14	13	49.77	39.1	350×250
	200×300	195	300	10	16	13	66.63	52.3	400×300
	225×300	220	300	11	18	13	76.95	60.4	450×300
	250×300	241	300	11	15	13	70.59	55.4	500×300
		244	300	11	18	13	79.59	62.5	
	275×300	272	300	11	15	13	74.00	58.1	550×300
		275	300	11	18	13	83.00	65.2	
	300×300	291	300	12	17	13	84.61	66.4	600×300
		294	300	12	20	13	93.61	73.5	
		297	302	14	23	13	108.55	85.2	

续表

类别	型号（高度×宽度）/mm	截面尺寸/mm					截面面积/cm²	理论重量/kg·m⁻¹	对应H型钢系列型号
		h	B	t_1	t_2	r			
TN（窄翼缘）	50×50	50	50	5	7	8	5.92	4.7	100×50
	62.5×60	62.5	60	6	8	8	8.34	6.6	125×60
	75×75	75	75	5	7	8	8.92	7.0	150×75
	87.5×90	87.5	90	5	8	8	11.45	9.0	175×90
	100×100	99	99	4.5	7	8	11.34	8.9	200×100
		100	100	5.5	8	8	13.33	10.5	
	125×125	124	124	5	8	8	15.99	12.6	250×125
		125	125	6	9	8	18.48	14.5	
	150×150	149	149	5.5	8	13	20.40	16.0	300×150
		150	150	6.5	9	13	23.39	18.4	
	175×175	173	174	6	9	13	23.39	20.6	350×175
		175	175	7	11	13	31.46	24.7	
	200×200	198	199	7	11	13	35.71	28.0	400×200
		200	200	8	13	13	41.69	32.7	
	225×200	223	199	8	12	13	41.49	32.6	450×200
		225	200	9	14	13	47.72	37.5	
	250×200	248	199	9	14	13	49.65	39.0	500×200
		250	200	10	16	13	56.13	44.1	
		253	201	11	19	13	64.66	50.8	
	275×200	273	199	9	14	13	51.90	40.7	550×200
		275	200	10	16	13	58.63	46.0	
	300×200	298	199	10	15	13	58.88	46.2	600×200
		300	200	11	17	13	65.86	51.7	
		303	201	12	20	13	74.89	58.8	
	325×300	323	299	10	15	12	76.27	59.9	650×300
		325	300	11	17	13	85.61	67.2	
		328	301	12	20	13	97.89	76.8	
	350×300	346	300	13	20	13	103.11	80.9	700×300
		350	300	13	24	13	115.11	90.4	

续表

类别	型号（高度×宽度）/mm	截面尺寸/mm					截面面积/cm^2	理论重量/$kg \cdot m^{-1}$	对应 H 型钢系列型号
		h	B	t_1	t_2	r			
TN（窄翼缘）	400×300	396	300	14	22	18	119.75	94.0	800×300
		400	300	14	26	18	131.75	103.4	
	450×300	445	299	15	23	18	133.46	104.8	900×300
		450	300	16	28	18	152.91	120.0	
		456	302	18	34	18	180.03	141.3	

2.1.4 冷拉圆钢、方钢、六角钢（GB/T 905—1994）

冷拉圆钢、方钢、六角钢的直径系列见表 2-13。

表 2-13 冷拉圆钢、方钢、六角钢的直径系列

直　径/mm
3.0、3.2、3.5、4.0、4.5、5.0、5.5、6.0、6.3、7.0、7.5、8.0、8.5、9.0、9.5、10.0、10.5、11.0、11.5、12.0、13.0、14.0、15.0、16.0、17.0、18.0、19.0、20.0、21.0、22.0、24.0、25.0、26.0、28.0、30.0、32.0、34.0、35.0、36.0、38.0、40.0、42.0、45.0、48.0、50.0、52.0、55.0、56.0、60.0、63.0、65.0、67.0

注：对圆钢表示直径，对方钢及六角钢的直径，是指其内切圆直径，即两平行边间的距离。

2.1.5 冷弯型钢（GB/T 6725—2008）

冷弯型钢的力学性能见表 2-14。

表 2-14 冷弯型钢的力学性能

产品屈服强度等级	壁厚 t/mm	屈服强度 R_{eL}/MPa	抗拉强度 R_m/MPa	断后伸长率 A/%
235	≤19	≥235	≥370	≥24
345		≥345	≥470	≥20
390		≥390	≥490	≥17

注 1：对于断面尺寸小于或等于 60mm×60mm（包括等周长尺寸的圆及矩形冷弯型钢）及边厚比小于或等于 14 的所有冷弯型钢产品，平板部分的最小断后伸长率为 17%。

2：冷弯型钢的尺寸、外形、重量及允许偏差应符合相应产品标准的规定。

2.1.6　通用冷弯开口型钢（GB/T 6723—2008）

型钢的尺寸、截面面积、理论重量及主要参数见表2-15～表2-22。经双方协议，可供应表中所列尺寸以外的冷弯开口型钢。

冷弯开口型钢的标记示例：

用牌号为Q345的材料制成高度为160mm、中腿边长为60mm、小腿边长为20mm、壁厚为3mm的冷弯内卷边槽钢，其标记为

$$\text{冷弯内卷边槽钢}\frac{\text{CN }160\times60\times20\times3\text{-GB/T 6732—2008}}{\text{Q345-GB/T 1591—2008}}$$

表2-15　冷弯等边角钢基本尺寸与主要参数

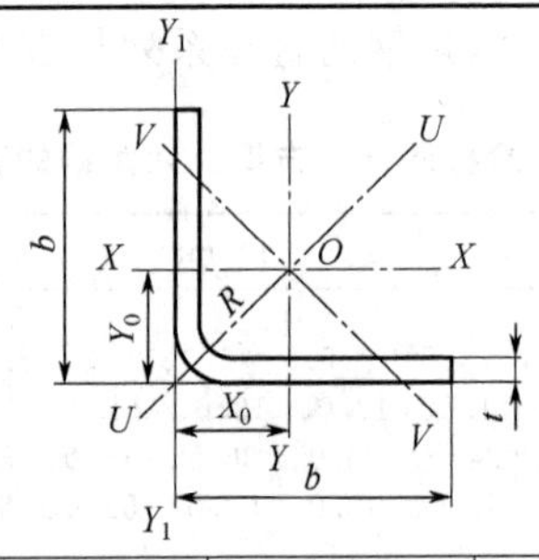

规　　格	尺　　寸/mm		理论重量	截面面积	重心
$b\times b\times t$	b	t	/kg·m^{-1}	/cm^2	Y_0/cm
20×20×1.2	20	1.2	0.354	0.451	0.559
20×20×2.0		2.0	0.566	0.721	0.599
30×30×1.6	30	1.6	0.714	0.909	0.829
30×30×2.0		2.0	0.880	1.121	0.849
30×30×3.0		3.0	1.274	1.623	0.898
40×40×1.6	40	1.6	0.965	1.229	1.079
40×40×2.0		2.0	1.194	1.521	1.099
40×40×3.0		3.0	1.745	2.223	1.148
50×50×2.0	50	2.0	1.508	1.921	1.349
50×50×3.0		3.0	2.216	2.823	1.398
50×50×4.0		4.0	2.894	3.686	1.448
60×60×2.0	60	2.0	1.822	2.321	1.599
60×60×3.0		3.0	2.687	3.423	1.648
60×60×4.0		4.0	3.522	4.486	1.698

续表

规　　格	尺　　寸/mm		理论重量	截面面积	重心
$b\times b\times t$	b	t	/kg·m^{-1}	/cm^2	Y_0/cm
70×70×3.0	70	3.0	3.158	4.023	1.898
70×70×4.0		4.0	4.150	5.286	1.948
80×80×4.0	80	4.0	4.778	6.086	2.198
80×80×5.0		5.0	5.895	7.510	2.247
100×100×4.0	100	4.0	6.034	7.686	2.698
100×100×5.0		5.0	7.465	9.510	2.747
150×150×6.0	150	6.0	13.458	17.254	4.062
150×150×8.0		8.0	17.685	22.673	4.169
150×150×10		10	21.783	27.927	4.277
200×200×6.0	200	6.0	18.138	23.254	5.310
200×200×8.0		8.0	23.925	30.673	5.416
200×200×10		10	29.583	37.927	5.522
250×250×8.0	250	8.0	30.164	38.672	6.664
250×250×10		10	37.383	47.927	6.770
250×250×12		12	44.472	57.015	6.876
300×300×10	300	10	45.183	57.927	8.018
300×300×12		12	53.832	69.015	8.124
300×300×14		14	62.022	79.516	8.277
300×300×16		16	70.312	90.144	8.392

表 2-16　冷弯不等边角钢基本尺寸与主要参数

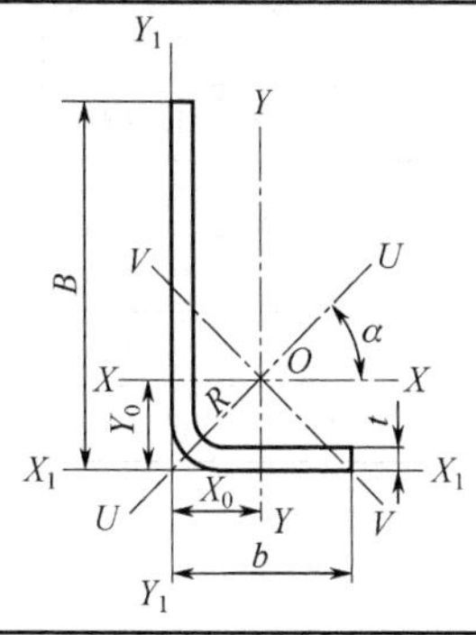

续表

规　格	尺　寸/mm			理论重量/kg·m^{-1}	截面面积/cm^2	重心/cm	
$B\times b\times t$	B	b	t			Y_0	X_0
30×20×2.0	30	20	2.0	0.723	0.921	1.011	0.490
30×20×3.0			3.0	1.039	1.323	1.068	0.536
50×30×2.5	50	30	2.5	1.473	1.877	1.706	0.674
50×30×4.0			4.0	2.266	2.886	1.794	0.741
60×40×2.5	60	40	2.5	1.866	2.377	1.939	0.913
60×40×4.0			4.0	2.894	3.686	2.023	0.981
70×40×3.0	70	40	3.0	2.452	3.123	2.402	0.861
70×40×4.0			4.0	3.208	4.086	2.461	0.905
80×50×3.0	80	50	3.0	2.923	3.723	2.631	1.096
80×50×4.0			4.0	3.836	4.886	2.688	1.141
100×60×3.0	100	60	3.0	3.629	4.623	3.297	1.259
100×60×4.0			4.0	4.778	6.086	3.354	1.304
100×60×5.0			5.0	5.895	7.510	3.412	1.349
150×120×6.0	150	120	6.0	12.054	15.454	4.500	2.962
150×120×8.0			8.0	15.813	20.273	4.615	3.064
150×120×10			10	19.443	24.927	4.732	3.167
200×160×8.0	200	160	8.0	21.429	27.473	6.000	3.950
200×160×10			10	24.463	33.927	6.115	4.051
200×160×12			12	31.368	40.215	6.231	4.154
250×220×10	250	220	10	35.043	44.927	7.188	5.652
250×220×12			12	41.664	53.415	7.299	5.756
250×220×14			14	47.826	61.316	7.466	5.904
300×260×12	300	260	12	50.088	64.215	8.686	6.638
300×260×14			14	57.654	73.916	8.851	6.782
300×260×16			16	65.320	83.744	8.972	6.894

表 2-17　冷弯等边槽钢基本尺寸与主要参数

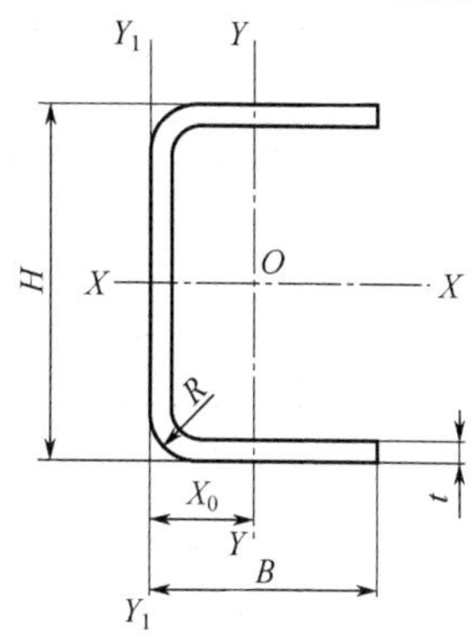

规　　格	尺　　寸/mm			理论重量 /kg·m⁻¹	截面面积 /cm²	重心/cm
H×B×t	H	B	t			X0
20×10×1.5	20	10	1.5	0.401	0.511	0.324
20×10×2.0			2.0	0.505	0.643	0.349
50×30×2.0	50	30	2.0	1.604	2.043	0.922
50×30×3.0			3.0	2.314	2.947	0.975
50×50×3.0		50	3.0	3.256	4.147	1.850
100×50×3.0	100		3.0	4.433	5.647	1.398
100×50×4.0			4.0	5.788	7.373	1.448
140×60×3.0	140	60	3.0	5.846	7.447	1.527
140×60×4.0			4.0	7.672	9.773	1.575
140×60×5.0			5.0	9.436	12.021	1.623
200×80×4.0	200	80	4.0	10.812	13.773	1.966
200×80×5.0			5.0	13.361	17.021	2.013
200×80×6.0			6.0	15.849	20.190	2.060
250×130×6.0	250	130	6.0	22.703	29.107	3.630
250×130×8.0			8.0	29.755	38.147	3.739
300×150×6.0	300	150	6.0	26.915	34.507	4.062
300×150×8.0			8.0	35.371	45.347	4.169
300×150×10			10	43.566	55.854	4.277

续表

规格	尺寸/mm			理论重量	截面面积	重心/cm
$H\times B\times t$	H	B	t	/kg·m^{-1}	/cm^2	X_0
350×180×8.0	350	180	8.0	42.235	54.147	4.983
350×180×10			10	52.146	66.854	5.092
350×180×12			12	61.799	79.230	5.501
400×200×10	400	200	10	59.166	75.854	5.522
400×200×12			12	70.223	90.030	5.630
400×200×14			14	80.366	103.033	5.791
450×220×10	450	220	10	66.186	84.854	5.956
450×220×12			12	78.647	100.830	6.063
450×220×14			14	90.194	115.633	6.219
500×250×12	500	250	12	88.943	114.030	6.876
500×250×14			14	102.206	131.033	7.032
550×280×12	550	280	12	99.239	127.230	7.691
550×280×14			14	114.218	146.433	7.846
600×300×14	600	300	14	124.046	159.033	8.276
600×300×16			16	140.624	180.287	8.392

表 2-18 冷弯不等边槽钢基本尺寸与主要参数

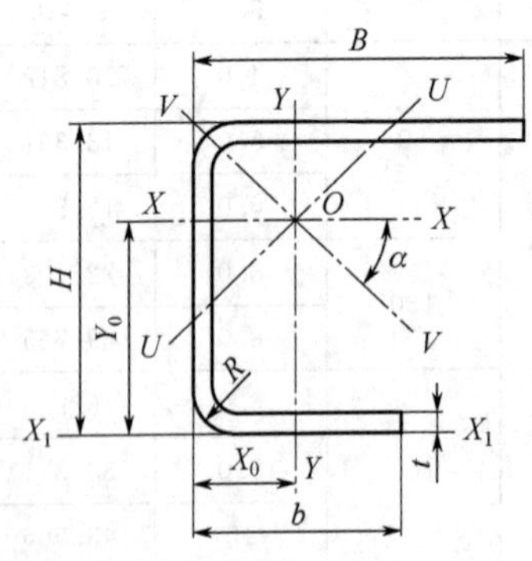

续表

规　　格	尺　　寸/mm				理论重量/kg·m^{-1}	截面面积/cm^2	重心/cm	
$H\times B\times b\times t$	H	B	b	t			X_0	Y_0
50×32×20×2.5	50	32	20	2.5	1.840	2.344	0.817	2.803
50×32×20×3.0				3.0	2.169	2.764	0.842	2.806
80×40×20×2.5	80	40	20	2.5	2.586	3.294	0.828	4.588
80×40×20×3.0				3.0	3.064	3.904	0.852	4.591
100×60×30×3.0	100	60	30	3.0	4.242	5.404	1.326	5.807
150×60×50×3.0	150		50		5.890	7.504	1.304	7.793
200×70×60×4.0	200	70	60	4.0	9.832	12.605	1.469	10.311
200×70×60×5.0				5.0	12.061	15.463	1.527	10.315
250×80×70×5.0	250	80	70	5.0	14.791	18.963	1.647	12.823
250×80×70×6.0				6.0	17.555	22.507	1.696	12.825
300×90×80×6.0	300	90	80	6.0	20.831	26.707	1.822	15.330
300×90×80×8.0				8.0	27.259	34.947	1.918	15.334
350×100×90×6.0	350	100	90	6.0	24.107	30.907	1.953	17.834
350×100×90×8.0				8.0	31.627	40.547	2.048	17.837
400×150×100×8.0	400	150	100	8.0	38.491	49.347	2.882	21.589
400×150×100×10				10	47.466	60.854	2.981	21.602
450×200×150×10	450	200	150	10	59.166	75.854	4.402	23.950
450×200×150×12				12	70.223	90.030	4.504	23.960
500×250×200×12	500	250	200	12	84.263	108.030	6.008	26.355
500×250×200×14				14	96.746	124.033	6.159	26.371
550×300×250×14	550	300	250	14	113.126	145.033	7.714	28.794
550×300×250×16				16	128.144	164.287	7.831	28.800

表 2-19　冷弯内卷边槽钢基本尺寸与主要参数

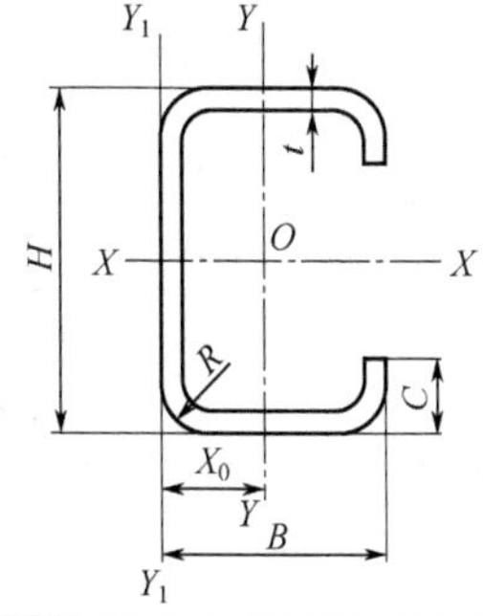

续表

规格	尺寸/mm				理论重量	截面面积	重心/cm
$H\times B\times C\times t$	H	B	C	t	/kg·m^{-1}	/cm^2	X_0
60×30×10×2.5	60	30	10	2.5	2.363	3.010	1.043
60×30×10×3.0				3.0	2.743	3.495	1.036
100×50×20×2.5	100	50	20	2.5	4.325	5.510	1.853
100×50×20×3.0				3.0	5.098	6.495	1.848
140×60×20×2.5	140	60	20	2.5	5.503	7.010	1.974
140×60×20×3.0				3.0	6.511	8.295	1.969
180×60×20×3.0	180	60	20	3.0	7.453	9.495	1.739
180×70×20×3.0		70			7.924	10.095	2.106
200×60×20×30	200	60	20	3.0	7.924	10.095	1.644
200×70×20×3.0		70			8.395	10.695	1.996
250×40×15×3.0	250	40	15	3.0	7.924	10.095	0.790
300×40×15×3.0	300	40			9.102	11.595	0.707
400×50×15×3.0	400	50			11.928	15.195	0.783
450×70×30×6.0	450	70	30	6.0	28.092	36.015	1.421
450×70×30×8.0				8.0	36.421	46.693	1.429
500×100×40×6.0	500	100	40	6.0	34.176	43.815	2.297
500×100×40×8.0				8.0	44.533	57.093	2.293
500×100×40×10				10	54.372	69.708	2.289
550×120×50×8.0	550	120	50	8.0	51.397	65.893	2.940
550×120×50×10				10	62.952	80.708	2.933
550×120×50×12				12	73.990	94.859	2.926
600×150×60×12	600	150	60	12	86.158	110.459	3.902
600×150×60×14				14	97.395	124.865	3.840
600×150×60×16				16	109.025	139.775	3.819

表 2-20 冷弯外卷边槽钢基本尺寸与主要参数

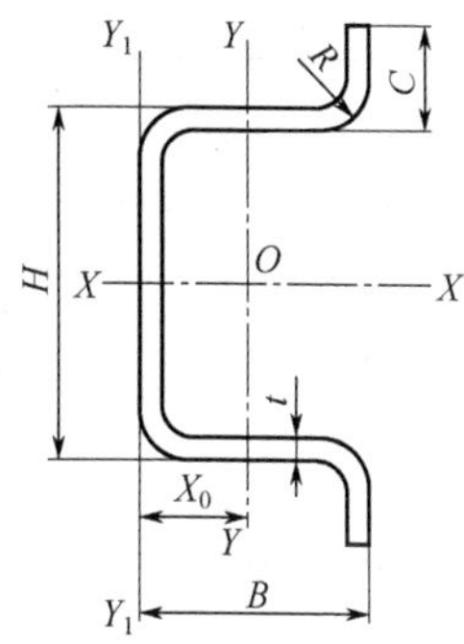

规格	尺寸/mm				理论重量	截面面积	重心/cm
$H\times B\times C\times t$	H	B	C	t	/kg·m^{-1}	/cm^2	X_0
30×30×16×2.5	30	30	16	2.5	2.009	2.560	1.526
50×20×15×3.0	50	20	15	3.0	2.272	2.895	0.823
60×25×32×2.5	60	25	32	2.5	3.030	3.860	1.279
60×25×32×3.0	60	25	32	3.0	3.544	4.515	1.279
80×40×20×4.0	80	40	20	4.0	5.296	6.746	1.573
100×30×15×3.0	100	30	15	3.0	3.921	4.995	0.932
150×40×20×4.0	150	40	20	4.0	7.497	9.611	1.176
150×40×20×5.0				5.0	8.913	11.427	1.158
200×50×30×4.0	200	50	30	4.0	10.305	13.211	1.525
200×50×30×5.0				5.0	12.423	15.927	1.511
250×60×40×5.0	250	60	40	5.0	15.933	20.427	1.856
250×60×40×6.0				6.0	18.732	24.015	1.853
300×70×50×6.0	300	70	50	6.0	22.944	29.415	2.195
300×70×50×8.0				8.0	29.557	37.893	2.191
350×80×60×6.0	350	80	60	6.0	27.156	34.815	2.533
350×80×60×8.0				8.0	35.173	45.093	2.475
400×90×70×8.0	400	90	70	8.0	40.789	52.293	2.773
400×90×70×10				10	49.692	63.708	2.868
450×100×80×8.0	450	100	80	8.0	46.405	59.493	3.206
450×100×80×10				10	56.712	72.708	3.205

续表

规　　格	尺　　寸/mm				理论重量	截面面积	重心/cm
$H\times B\times C\times t$	H	B	C	t	/kg·m^{-1}	/cm^2	X_0
500×150×90×10	500	150	90	10	69.972	89.708	5.003
500×150×90×12				12	82.414	105.659	4.992
550×200×100×12	550	200	100	12	98.326	126.059	6.564
550×200×100×14				14	111.591	143.065	6.815
600×250×150×14	600	250	150	14	138.891	178.065	9.717
600×250×150×16				16	156.449	200.575	9.700

表2-21　冷弯Z型钢基本尺寸与主要参数

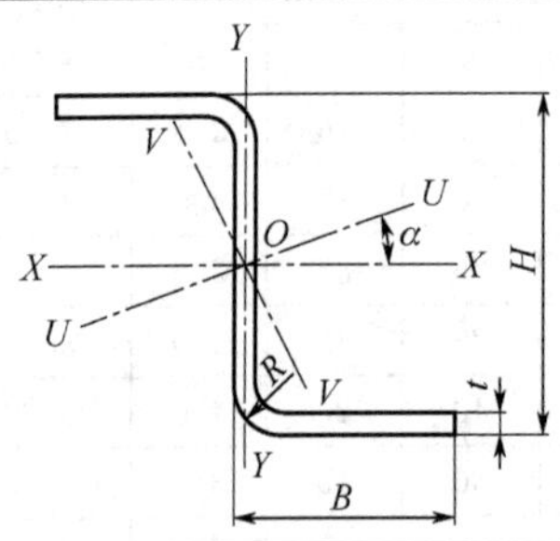

规　　格	尺　　寸/mm			理论重量	截面面积
$H\times B\times t$	H	B	t	/kg·m^{-1}	/cm^2
80×40×2.5	80	40	2.5	2.947	3.755
80×40×3.0			3.0	3.491	4.447
100×50×2.5	100	50	2.5	3.732	4.755
100×50×3.0			3.0	4.433	5.647
140×70×3.0	140	70	3.0	6.291	8.065
140×70×4.0			4.0	8.272	10.605
200×100×3.0	200	100	3.0	9.099	11.665
200×100×4.0			4.0	12.016	15.405
300×120×4.0	300	120	4.0	16.384	21.005
300×120×5.0			5.0	20.251	25.963
400×150×6.0	400	150	6.0	31.595	40.507
400×150×8.0			8.0	41.611	53.347

表 2-22　冷弯卷边 Z 型钢基本尺寸与主要参数

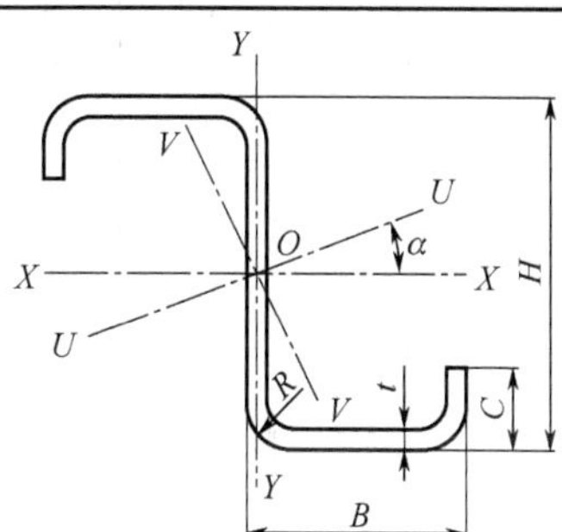

规　　格	尺　　寸/mm				理论重量 /kg·m^{-1}	截面面积 /cm^2
$H\times B\times C\times t$	H	B	C	t		
100×40×20×2.0	100	40	20	2.0	3.208	4.086
100×40×20×2.5				2.5	3.933	5.010
140×50×20×2.5	140	50	20	2.5	5.110	6.510
140×50×20×3.0				3.0	6.040	7.695
180×70×20×2.5	180	70	20	2.5	6.680	8.510
180×70×20×3.0				3.0	7.924	10.095
230×75×25×3.0	230	75	25	3.0	9.573	12.195
230×75×25×4.0				4.0	12.518	15.946
250×75×25×3.0	250			3.0	10.044	12.795
250×75×25×4.0				4.0	13.146	16.746
300×100×30×4.0	300	100	30	4.0	16.545	21.211
300×100×30×6.0				6.0	23.880	30.615
400×120×40×8.0	400	120	40	8.0	40.789	52.293
400×120×40×10				10	49.692	63.708

2.2　钢板和钢带

2.2.1　钢板（钢带）理论重量

钢板（钢带）理论重量见表 2-23。

表 2-23　钢板（钢带）理论重量

厚度 /mm	理论重量 /kg·m^{-2}	厚度 /mm	理论重量 /kg·m^{-2}	厚度 /mm	理论重量 /kg·m^{-2}	厚度 /mm	理论质量 /kg·m^{-2}
0.20	1.570	1.9	14.92	13	102.1	55	431.8
0.25	1.963	2.0	15.70	14	109.9	60	471.0
0.30	2.355	2.2	17.27	15	117.8	65	510.3
0.35	2.748	2.5	19.63	16	125.6	70	549.5
0.40	3.140	2.8	21.98	17	133.5	75	588.8
0.45	3.533	3.0	23.55	18	141.3	80	628.0
0.50	3.925	3.2	25.12	19	149.2	85	667.3
0.55	4.318	3.5	27.48	20	157.0	90	706.5
0.56	4.396	3.8	29.83	21	164.9	95	745.8
0.60	4.710	3.9	30.62	24	188.4	100	785.0
0.65	5.103	4.0	31.40	25	196.3	105	824.3
0.70	5.495	4.2	32.97	26	204.1	110	863.5
0.75	5.888	4.5	35.33	28	219.8	120	942.0
0.80	6.280	4.8	37.68	30	235.5	125	981.3
0.90	7.065	5.0	39.25	32	251.2	130	1021
1.0	7.850	5.5	43.18	34	266.9	140	1099
1.1	8.635	6.0	47.10	36	282.6	150	1178
1.2	9.420	6.5	51.03	38	298.3	160	1256
1.3	10.21	7.0	54.95	40	314.0	165	1295
1.4	10.99	8.0	62.80	42	329.7	170	1335
1.5	11.78	9.0	70.65	45	353.3	180	1413
1.6	12.56	10	78.50	48	376.8	185	1452
1.7	13.35	11	86.35	50	392.5	190	1492
1.8	14.13	12	94.20	52	408.2	195	1531
						200	1570

注：钢板（钢带）理论重量的密度按 7.85g/cm^3 计算。高合金钢（如不锈钢）的密度不同，不能使用本表。

2.2.2　冷轧钢板和钢带的尺寸及允许偏差（GB/T 708—2006）

冷轧钢板和钢带的尺寸及允许偏差见表 2-24～表 2-27。

表 2-24　冷轧钢板和钢带的分类和代号

分类方法	类别	代号
按边缘状态分	切边 不切边	EC EM
按尺寸精度分	普通厚度精度 较高厚度精度 普通宽度精度 较高宽度精度 普通长度精度 较高长度精度	PT. A PT. B PW. A PW. B PL. A PL. B
按不平度精度分	普通不平度精度 较高不平度精度	PF. A PF. B

表 2-25　产品形态、边缘状态所对应的尺寸精度的分类

产品形态	分类及代号								
	边缘状态	厚度精度		宽度精度		长度精度		不平度精度	
		普通	较高	普通	较高	普通	较高	普通	较高
钢带	不切边 EM	PT. A	PT. B	PW. A	—	—	—	—	—
	切边 EC	PT. A	PT. B	PW. A	PW. B	—	—	—	—
钢板	不切边 EM	PT. A	PT. B	PW. A	—	PL. A	PL. B	PF. A	PF. B
	切边 EC	PT. A	PT. B	PW. A	PW. B	PL. A	PL. B	PF. A	PF. B
纵切钢带	切边 EC	PT. A	PT. B	PW. A	—	—	—	—	—

表 2-26　钢板和钢带的尺寸

尺寸范围	推荐的公称尺寸	备注
钢板和钢带（包括纵切钢带）的公称厚度 0.30～4.00mm	公称厚度小于 1mm 的钢板和钢带按 0.05mm 倍数的任何尺寸；公称厚度不小于 1mm 的钢板和钢带按 0.1mm 倍数的任何尺寸	根据需方要求，经供需双方协商，可以供应其他尺寸的钢板和钢带
钢板和钢带的公称宽度 600～2050mm	按 10mm 倍数的任何尺寸	
钢板的公称长度 1000mm～6000mm	按 50mm 倍数的任何尺寸	

表 2-27 冷轧钢板和钢带的尺寸允许偏差 mm

1. 厚度允许偏差

①规定的最小屈服强度小于 280MPa 的钢板和钢带的厚度允许偏差

公称厚度	普通精度 PT. A			较高精度 PT. B		
	公称宽度			公称宽度		
	≤1200	>1200～1500	>1500	≤1200	>1200～1500	>1500
≤0.40	±0.04	±0.05	±0.06	±0.025	±0.035	±0.045
>0.40～0.60	±0.05	±0.06	±0.07	±0.035	±0.045	±0.050
>0.60～0.80	±0.06	±0.07	±0.08	±0.040	±0.050	±0.050
>0.80～1.00	±0.07	±0.08	±0.09	±0.045	±0.060	±0.060
>1.00～1.20	±0.08	±0.09	±0.10	±0.055	±0.070	±0.070
>1.20～1.60	±0.10	±0.11	±0.11	±0.070	±0.080	±0.080
>1.60～2.00	±0.12	±0.13	±0.13	±0.080	±0.090	±0.090
>2.00～2.50	±0.14	±0.15	±0.15	±0.100	±0.110	±0.110
>2.50～3.00	±0.16	±0.17	±0.17	±0.110	±0.120	±0.120
>3.00～4.00	±0.17	±0.19	±0.19	±0.140	±0.150	±0.150

②规定的最小屈服强度为 280～360MPa 的钢板和钢带的厚度允许偏差比表中规定值增加 20%；规定的最小屈服强度为不小于 360MPa 的钢板和钢带的厚度允许偏差比表中规定值增加 40%

③距钢带焊缝处 15m 内的厚度允许偏差比表中规定值增加 60%；距钢带两端各 15m 内的厚度允许偏差比表中规定值增加 60%

2. 宽度允许偏差

①切边钢板、钢带和不切边钢板、钢带

公称宽度	切边钢板、钢带的宽度允许偏差		不切边钢板、钢带的宽度允许偏差
	普通精度 PW. A	较高精度 PW. B	
≤1200	$^{+4}_{0}$	$^{+2}_{0}$	由供需双方商定
>1200～1500	$^{+5}_{0}$	$^{+2}_{0}$	
>1500	$^{+6}_{0}$	$^{+3}_{0}$	

②纵切钢带

公称厚度	宽度允许偏差				
	公称宽度				
	≤125	>125～250	>250～400	>400～600	>600
≤0.40	$^{+0.3}_{0}$	$^{+0.6}_{0}$	$^{+1.0}_{0}$	$^{+1.5}_{0}$	$^{+2.0}_{0}$
>0.40～1.0	$^{+0.5}_{0}$	$^{+0.8}_{0}$	$^{+1.2}_{0}$	$^{+1.5}_{0}$	$^{+2.0}_{0}$
>1.0～1.8	$^{+0.7}_{0}$	$^{+1.0}_{0}$	$^{+1.5}_{0}$	$^{+2.0}_{0}$	$^{+2.5}_{0}$
>1.8～4.0	$^{+1.0}_{0}$	$^{+1.3}_{0}$	$^{+1.7}_{0}$	$^{+2.0}_{0}$	$^{+2.5}_{0}$

续表

3. 长度允许偏差	公称长度	钢板长度允许偏差	
		普通精度　PL. A	较高精度 PL. B
	≤2000	$^{+6}_{0}$	$^{+3}_{0}$
	>2000	$^{+0.3\%\times 公称长度}_{0}$	$^{+0.15\%\times 公称长度}_{0}$

2.2.3　冷轧低碳钢板及钢带（GB/T 5213—2008）

冷轧低碳钢板及钢带见表 2-28。

表 2-28　冷轧低碳钢板及钢带

牌号	钢板及钢带的牌号由三部分组成：第一部分为字母 D，代表冷成形用钢板及钢带；第二部分为字母 C，代表轧制条件为冷轧；第三部分为两位数字序列号，即 01、03、04 等 示例：DC01 D—冷成形用钢板及钢带 C—轧制条件为冷轧 01—数字序列号					
分类及代号	分类方法		牌号		用途	
	按用途分		DC01 DC03 DC04 DC05 DC06 DC07		一般用 冲压用 深冲用 特深冲用 超深冲用 特超深冲用	
	按表面质量分		级别		代号	
			较高级表面 高级表面 超高级表面		FB FC FD	
	按表面结构分		麻面 光亮表面		D B	
规格	尺寸、外形、重量及允许偏差应符合 GB/T 708 的规定					
力学性能	牌号	屈服强度[a,b] R_{eL} 或 $R_{p0.2}$/MPa≤	抗拉强度 R_m/MPa	断后伸长率[c,d] A_{80}/%≥ (b=20mm，L_0=80mm)	r_{90}[e]≥	n_{90}[e]≥
	DC01	280[f]	270～410	28	—	—
	DC03	240	270～370	34	1.3	—

续表

规格	尺寸、外形、重量及允许偏差应符合GB/T 708的规定					
力学性能	牌号	屈服强度[a,b] R_{eL} 或 $R_{p0.2}$/MPa≤	抗拉强度 R_m/MPa	断后伸长率[c,d] A_{80}/%≥ ($b=20$mm，$L_0=80$mm)	r_{90}[e]≥	n_{90}[e]≥
	DC04	210	270～350	38	1.6	0.18
	DC05	180	270～330	40	1.9	0.20
	DC06	170	270～330	41	2.1	0.22
	DC07	150	250～310	44	2.5	0.23

a　无明显屈服时采用 $R_{p0.2}$，否则采用 R_{eL}。当厚度大于0.50mm且不大于0.70mm时，屈服强度上限值可以增加20MPa；当厚度不大于0.50mm时，屈服强度上限值可以增加40MPa

b　经供需双方协商同意，DC01、DC03、DC04屈服强度的下限值可设定为140MPa，DC05、DC06屈服强度的下限值可设定为120Mpa，DC07屈服强度的下限值可设定为100MPa

c　试样为GB/T 228中的P6试样，试样方向为横向

d　当厚度大于0.50mm且不大于0.70mm时，断后伸长率最小值可以降低2%（绝对值）；当厚度不大于0.50mm时，断后伸长率最小值可以降低4%（绝对值）

e　r_{90} 值和 n_{90} 值的要求仅适用于厚度不小于0.50mm的产品。当厚度大于2.0mm时，r_{90} 值可以降低0.2

f　DC01的屈服强度上限值的有效期仅为从生产完成之日起8天内

2.2.4　碳素结构钢冷轧薄钢板及钢带（GB/T 11253—2007）

碳素结构钢冷轧薄钢板及钢带见表2-29。

表2-29　碳素结构钢冷轧薄钢板及钢带

	分类方法	类　别	代　号
分类及代号	按表面质量分	较高级表面 高级表面	FB FC
	按表面结构分	光亮表面 粗糙表面	B：其特征为经轧辊磨床精加工处理 D：其特征为轧辊磨床加工后经喷丸等处理
钢号	Q195、Q215、Q235、Q275		

力学性能	①横向拉伸试验				
	牌号	下屈服强度 R_{eL}（无明显屈服时用 $R_{p0.2}$）/MPa	抗拉强度 R_m/MPa	断后伸长率/%	
				A_{50mm}	A_{80mm}
	Q195	≥195	315～430	≥26	≥24
	Q215	≥215	335～450	≥24	≥22

续表

<table>
<tr><td>钢号</td><td colspan="5">Q195、Q215、Q235、Q275</td></tr>
<tr><td rowspan="12">力学性能</td><td colspan="5">①横向拉伸试验</td></tr>
<tr><td rowspan="2">牌号</td><td rowspan="2">下屈服强度 R_{eL}（无明显屈服时用 $R_{p0.2}$）/MPa</td><td rowspan="2">抗拉强度 R_m/MPa</td><td colspan="2">断后伸长率/%</td></tr>
<tr><td>A_{50mm}</td><td>A_{80mm}</td></tr>
<tr><td>Q235</td><td>≥235</td><td>370～500</td><td>≥22</td><td>≥20</td></tr>
<tr><td>Q275</td><td>≥275</td><td>410～540</td><td>≥20</td><td>≥18</td></tr>
<tr><td colspan="5">②180°弯曲试验（试样宽度 B≥20mm，仲裁试验时 B=20mm），弯曲处不应有肉眼可见裂纹</td></tr>
<tr><td>牌号</td><td colspan="2">试样方向</td><td colspan="2">弯心直径 d</td></tr>
<tr><td>Q195</td><td colspan="2">横</td><td colspan="2">0.5a（a 为试样厚度）</td></tr>
<tr><td>Q215</td><td colspan="2">横</td><td colspan="2">0.5a</td></tr>
<tr><td>Q235</td><td colspan="2">横</td><td colspan="2">1a</td></tr>
<tr><td>Q275</td><td colspan="2">横</td><td colspan="2">1a</td></tr>
</table>

2.2.5　合金结构钢薄钢板（YB/T 5132—2007）

合金结构钢薄钢板见表 2-30。

表 2-30　合金结构钢薄钢板

<table>
<tr><td>牌号</td><td colspan="3">优质钢：35B，40B，45B，50B，15Cr，20Cr，30Cr，35Cr，40Cr，50Cr，12CrMo，15CrMo，20CrMo，30CrMo，35CrMo，12Cr1MoV，12CrMoV，20CrNi，40CrNi，20CrMnTi，30CrMnSi
高级优质钢：12Mn2A，16Mn2A，45Mn2A，50BA，15CrA，38CrA，20CrMnSiA，25CrMnSiA，30CrMnSiA，35CrMnSiA</td></tr>
<tr><td rowspan="10">力学性能</td><td>牌号</td><td>抗拉强度 R_m/MPa</td><td>断后伸长率 $A_{11.3}$/%≥</td></tr>
<tr><td>12Mn2A</td><td>390～570</td><td>22</td></tr>
<tr><td>16Mn2A</td><td>490～635</td><td>18</td></tr>
<tr><td>45Mn2A</td><td>590～835</td><td>12</td></tr>
<tr><td>35B</td><td>490～635</td><td>19</td></tr>
<tr><td>40B</td><td>510～655</td><td>18</td></tr>
<tr><td>45B</td><td>540～685</td><td>16</td></tr>
<tr><td>50B、50BA</td><td>540～715</td><td>14</td></tr>
<tr><td>15Cr、15CrA</td><td>390～590</td><td>19</td></tr>
<tr><td>20Cr</td><td>390～590</td><td>18</td></tr>
</table>

续表

	牌　号	抗拉强度 R_m/MPa	断后伸长率 $A_{11.3}$/%≥	
力学性能	30Cr	490～685	17	
	35Cr	540～735	16	
	38CrA	540～735	16	
	40Cr	540～785	14	
	20CrMnSiA	440～685	18	
	25CrMnSiA	490～685	18	
	30CrMnSi，30CrMnSiA	490～735	16	
	35CrMnSiA	590～785	14	
工艺性能	钢板公称厚度/mm	牌号		
		12Mn2A	16Mn2A、25CrMnSiA	35CrMnSiA
		冲压深度/mm　≥		
	0.5	7.3	6.6	6.5
	0.6	7.7	7.0	6.7
	0.7	8.0	7.2	7.0
	0.8	8.5	7.5	7.2
	0.9	8.8	7.7	7.5
	1.0	9.0	8.0	7.7
	在上列厚度之间	采用相邻较小厚度的指标		

注：1. 经退火或回火供应的钢板，交货状态力学性能应符合表中的规定。表中未列牌号的力学性能，仅供参考或由供需双方协议规定。

2. 正火和不热处理交货的钢板，在保证断后伸长率的情况下，抗拉强度上限允许较表中规定的数值提高 50MPa。

3. 厚度不大于 0.9mm 的钢板的伸长率仅供参考。

2.2.6 不锈钢冷轧钢板和钢带（GB/T 3280—2007）

不锈钢冷轧钢板和钢带的有关内容见表 2-31 和表 2-32。

表 2-31 不锈钢冷轧钢板和钢带的公称尺寸范围 mm

形　态	公称厚度	公称宽度	备　注
宽钢带、卷切钢板	≥0.10～≤8.00	≥600～<2100	具体规定按 GB/T 708，经双方协商可供其他尺寸
纵剪宽钢带、卷切钢带Ⅰ	≥0.10～≤8.00	<600	
窄钢带、卷切钢带Ⅱ	≥0.01～≤3.00	<600	

表 2-32 不锈钢冷轧钢板和钢带的力学性能

①经固溶处理的奥氏体型钢板和钢带的力学性能

GB/T 20878 中序号	新牌号	旧牌号	规定非比例延伸强度 $R_{p0.2}$/MPa	抗拉强度 R_m/MPa	断后伸长率 A/%	硬度		
						HBW	HRB	HV
			≥			≤		
9	12Cr17Ni7	1Cr17Ni7	205	515	40	217	95	218
10	022Cr17Ni7		220	550	45	241	100	—
11	022Cr17Ni7N		240	550	45	241	100	—
13	12Cr18Ni9	1Cr18Ni9	205	515	40	201	92	210
14	12Cr18Ni9Si3	1Cr18Ni9Si3	205	515	40	217	95	220
17	06Cr19Ni10	0Cr18Ni9	205	515	40	201	92	210
18	022Cr19Ni10	00Cr19Ni10	170	485	40	201	92	210
19	07Cr19Ni10		205	515	40	201	92	210
20	05Cr19Ni10Si2NbN		290	600	40	217	95	—
23	06Cr19Ni10N	0Cr19Ni10N	240	550	30	201	92	220
24	06Cr19Ni10NbN	0Cr19Ni10NbN	345	685	35	250	100	260
25	022Cr19Ni10N	00Cr19Ni10N	205	515	40	201	92	220
26	10Cr18Ni12	1Cr18Ni12	170	485	40	183	88	200
32	06Cr23Ni13	0Cr23Ni13	205	515	40	217	95	220
35	06Cr25Ni20	0Cr25Ni20	205	515	40	217	95	220
36	022Cr25Ni22Mo2N		270	580	25	217	95	—
38	06Cr17Ni12Mo2	0Cr17Ni12Mo2	205	515	40	217	95	220
39	022Cr17Ni12Mo2	00Cr17Ni12Mo2	170	485	40	217	95	220
41	06Cr17Ni12Mo2Ti	0Cr18Ni12Mo3Ti	205	515	40	217	95	220
42	06Cr17Ni12Mo2Nb		205	515	30	217	95	—
43	06Cr17Ni12Mo2N	0Cr17Ni12Mo2N	240	550	35	217	95	220
44	022Cr17Ni12Mo2N	00Cr17Ni13Mo2N	205	515	40	217	95	220
45	06Cr18Ni12Mo2Cu2	06Cr18Ni12Mo2Cu2	205	520	40	187	90	200

续表

①经固溶处理的奥氏体型钢板和钢带的力学性能

GB/T 20878 中序号	新牌号	旧牌号	规定非比例延伸强度 $R_{p0.2}$/MPa	抗拉强度 R_m/MPa	断后伸长率 A/%	硬度		
						HBW	HRB	HV
			≥			≤		
48	015Cr21Ni26Mo2Cu2		220	490	35	—	90	—
49	06Cr19Ni13Mo3	0Cr19Ni13Mo3	205	515	35	217	95	220
50	022Cr19Ni13Mo3	00Cr19Ni13Mo3	205	515	40	217	95	220
53	022Cr19Ni16Mo5N		240	550	40	223	96	—
54	022Cr19Ni13Mo4N		240	550	40	217	95	—
55	06Cr18Ni11Ti	0Cr18Ni10Ti	205	515	40	217	95	220
58	015Cr24Ni22Mo8Mn3CuN		430	750	40	250	—	—
61	022Cr24Ni17Mo5Mn6CuN		415	795	35	241	100	—
62	06Cr18Ni11Nb	0Cr18Ni11Nb	205	515	40	201	92	210

②不同冷作硬化状态钢板和钢带的力学性能

硬化状态	GB/T 20878 中序号	新牌号	旧牌号	规定非比例延伸强度 $R_{p0.2}$/MPa	抗拉强度 R_m/MPa	断后伸长率 A/%		
						厚度＜0.4mm	0.4≤厚度＜0.8mm	厚度≥0.8mm
				≥				
H1/4	9	12Cr17Ni7	1Cr17Ni7	515	860	25	25	25
	10	022Cr17Ni7		515	825	25	25	25
	11	022Cr17Ni7N		515	825	25	25	25
	13	12Cr18Ni9	1Cr18Ni9	515	860	10	10	12
	17	06Cr19Ni10	0Cr18Ni9	515	860	10	10	12
	18	022Cr19Ni10	00Cr19Ni10	515	860	8	8	10
	23	06Cr19Ni10N	0Cr19Ni9N	515	860	12	12	12
	25	022Cr19Ni10N	00Cr18Ni10N	515	860	10	10	12
	38	06Cr17Ni12Mo2	0Cr17Ni12Mo2	515	860	10	10	10
	39	022Cr17Ni12Mo2	00Cr17Ni14Mo2	515	860	8	8	8
	41	06Cr17Ni12Mo2Ti	0Cr18Ni12Mo3Ti	515	860	12	12	12

续表

②不同冷作硬化状态钢板和钢带的力学性能

硬化状态	GB/T 20878 中序号	新牌号	旧牌号	规定非比例延伸强度 $R_{p0.2}$/MPa	抗拉强度 R_m/MPa	断后伸长率 A/%		
						厚度<0.4mm	0.4≤厚度<0.8mm	厚度≥0.8mm
				≥				
H1/2	9	12Cr17Ni7	1Cr17Ni7	760	1035	15	18	18
	10	022Cr17Ni7		690	930	20	20	20
	11	022Cr17Ni7N		690	930	20	20	20
	13	12Cr18Ni9	1Cr18Ni9	760	1035	9	10	10
	17	06Cr19Ni10	0Cr18Ni9	760	1035	6	7	7
	18	022Cr19Ni10	00Cr19Ni10	760	1035	5	6	6
	23	06Cr19Ni10N	0Cr19Ni9N	760	1035	6	8	8
	25	022Cr19Ni10N	00Cr18Ni10N	760	1035	6	7	7
	38	06Cr17Ni12Mo2	0Cr17Ni12Mo2	760	1035	6	7	7
	39	022Cr17Ni12Mo2	00Cr17Ni12Mo2	760	1035	5	6	6
	43	06Cr17Ni12Mo2N	0Cr17Ni12Mo2N	760	1035	6	8	8
H	9	12Cr17Ni7	1Cr17Ni7	930	1025	10	12	12
	13	12Cr18Ni9	1Cr18Ni9	930	1025	5	6	6
H2	9	12Cr17Ni7	1Cr17Ni7	965	1275	8	9	9
	13	12Cr18Ni9	1Cr18Ni9	965	1275	3	4	4

③经固溶处理的奥氏体-铁素体型钢板和钢带的力学性能

GB/T 20878 中序号	新牌号	旧牌号	规定非比例延伸强度 $R_{p0.2}$/MPa	抗拉强度 R_m/MPa	断后伸长率 A/%	硬度	
						HBW	HRC
			≥			≤	
67	14Cr18Ni11Si4AlTi	1Cr18Ni11Si4AlTi	—	715	25	—	—
68	022Cr19Ni5Mo3Si2N	00Cr18Ni5Mo3Si2	440	630	25	290	31
69	12Cr21Ni5Ti	1Cr21Ni5Ti	—	635	20	—	—
70	022Cr22Ni5Mo3N		450	620	25	293	31

续表

③经固溶处理的奥氏体-铁素体型钢板和钢带的力学性能

GB/T 20878 中序号	新牌号	旧牌号	规定非比例延伸强度 $R_{p0.2}$/MPa	抗拉强度 R_m/MPa	断后伸长率 A/%	硬度	
						HBW	HRC
			≥			≤	
71	022Cr23Ni5Mo3N		450	620	25	293	31
72	022Cr23Ni4MoCuN		400	600	25	290	31
73	022Cr25Ni6Mo2N		450	640	25	295	31
74	022Cr25Ni7Mo4WCuN		550	750	25	270	—
75	03Cr25Ni6Mo3Cu2N		550	760	15	302	32
76	022Cr25Ni7Mo4N		550	795	15	310	32

④经退火处理铁素体型钢板和钢带的力学性能

GB/T 20878 中序号	新牌号	旧牌号	规定非比例延伸强度 $R_{p0.2}$/MPa	抗拉强度 R_m/MPa	断后伸长率 A/%	冷弯 180°（d 为弯心直径；a 为板厚）	硬度		
							HBW	HRB	HV
			≥				≤		
78	06Cr13Al	0Cr13Al	170	415	20	$d=2a$	179	88	200
80	022Cr11Ti		275	415	20	$d=2a$	197	92	200
81	022Cr11NbTi		275	415	20	$d=2a$	197	92	200
82	022Cr12Ni		280	450	18	—	180	88	—
83	022Cr12	00Cr12	195	360	22	$d=2a$	183	88	200
84	10Cr15	1Cr15	205	450	22	$d=2a$	183	89	200
85	10Cr17	1Cr17	205	450	22	$d=2a$	183	89	200
87	022Cr18Ti	00Cr17	175	360	22	$d=2a$	183	88	200
88	10Cr17Mo	1Cr17Mo	240	450	22	$d=2a$	183	89	200
90	019Cr18MoTi		245	410	20	$d=2a$	217	96	230
91	022Cr18NbTi		250	430	18	—	180	88	—
92	019Cr19Mo2NbTi	00Cr18Mo2	275	415	20	$d=2a$	217	96	230
94	008Cr27Mo	00Cr27Mo	245	410	22	$d=2a$	190	90	200
95	008Cr30Mo2	00Cr30Mo2	295	450	22	$d=2a$	209	95	220

续表

⑤经退火处理马氏体型钢板和钢带的力学性能

GB/T 20878 中序号	新牌号	旧牌号	规定非比例延伸强度 $R_{p0.2}$/MPa	抗拉强度 R_m/MPa	断后伸长率 A/%	冷弯 180°	硬度		
							HBW	HRB	HV
			≥				≤		
96	12Cr12	1Cr12	205	485	20	$d=2a$	217	96	210
97	06Cr13	0Cr13	205	415	20	$d=2a$	183	89	200
98	12Cr13	1Cr13	205	450	20	$d=2a$	217	96	210
99	04Cr13Ni5Mo		620	795	15	—	302	32HRC	—
101	20Cr13	2Cr13	225	520	18	—	223	97	234
102	30Cr13	3Cr13	225	540	18	—	235	99	247
104	40Cr13	4Cr13	225	590	15	—	—	—	—
107	17Cr16Ni2（淬、回火后）		690	880～1080	12	—	262～326	—	—
			1050	1350	10	—	388	—	—
108	68Cr17	1Cr12	245	590	15	—	255	25HRC	269

⑥经固溶处理的沉淀硬化型钢板和钢带的试样的力学性能

GB/T 20878 中序号	新牌号	旧牌号	钢材厚度 /mm	规定非比例延伸强度 $R_{p0.2}$/MPa	抗拉强度 R_m/MPa	断后伸长率 A/%	硬度	
							HRC	HBW
				≤		≥	≤	
134	04Cr13Ni8Mo2Al		≥0.10～<8.0	—	—	—	38	363
135	022Cr12Ni9Cu2NbTi		≥0.30～≤8.0	1105	1205	3	38	331
138	07Cr17Ni7Al	0Cr17Ni7Al	≥0.10～<0.30 ≥0.30～≤8.0	450 380	1035 1035	— 20	— 92HRB	— —
139	07Cr15Ni7Mo2Al	0Cr15Ni7Mo2Al	≥0.10～<8.0	450	1035	25	100HRB	—
141	09Cr17Ni5Mo3N		≥0.10～<0.30 ≥0.30～≤8.0	585 585	1380 1380	8 12	30 30	— —
142	06Cr17Ni7AlTi		≥0.10～<1.50 ≥1.50～≤8.0	515 515	825 825	4 5	32 32	— —

续表

⑦经沉淀硬化处理的沉淀硬化型钢板和钢带的试样的力学性能

GB/T 20878中序号	新牌号	旧牌号	钢材厚度/mm	推荐处理温度/℃	规定非比例延伸强度 $R_{p0.2}$/MPa	抗拉强度 R_m/MPa	断后伸长率 A/%	硬度	
								HRC	HBW
					≥				
134	04Cr13Ni8Mo2Al		≥0.10～＜0.50		1410	1515	6	45	—
			≥0.50～＜5.0	510±6	1410	1515	8	45	—
			≥5.0～≤8.0		1410	1515	10	45	—
			≥0.10～＜0.50		1310	1380	6	43	—
			≥0.50～＜5.0	538±6	1310	1380	8	43	—
			≥5.0～≤8.0		1310	1380	10	43	—
135	022Cr12Ni9Cu2NbTi		≥0.10～＜0.50	510±6	1410	1525	—	44	—
			≥0.50～＜1.50	或	1410	1525	3	44	—
			≥1.50～≤8.0	482±6	1410	1525	4	44	—
138	07Cr17Ni7Al	0Cr17Ni7Al	≥0.10～＜0.30	760±15	1035	1240	3	38	—
			≥0.30～＜5.0	15±3	1035	1240	5	38	—
			≥5.0～≤8.0	566±6	965	1170	7	43	352
			≥0.10～＜0.30	954±8	1310	1450	1	44	—
			≥0.30～＜5.0	−73±6	1310	1450	3	44	—
			≥5.0～≤8.0	510±6	1240	1380	6	43	401
139	07Cr15Ni7Mo2Al	0Cr15Ni7Mo2Al	≥0.10～＜0.30	760±15	1170	1310	3	40	—
			≥0.30～＜5.0	15±3	1170	1310	5	40	—
			≥5.0～≤8.0	566±6	1170	1310	4	40	375
			≥0.10～＜0.30	954±8	1380	1550	2	46	—
			≥0.30～＜5.0	−73±6	1380	1550	4	46	—
			≥5.0～≤8.0	510±6	1380	1550	4	45	429
			≥0.10～≤1.2	冷轧	1205	1380	1	41	—
			≥0.10～≤1.2	冷轧+482	1580	1655	1	46	—
141	09Cr17Ni5Mo3N		≥0.10～＜0.30	455±8	1035	1275	6	42	—
			≥0.30～≤5.0		1035	1275	8	42	—
			≥0.10～＜0.30	540±8	1000	1140	6	36	—
			≥0.30～≤5.0		1000	1140	8	36	—

续表

⑦经沉淀硬化处理的沉淀硬化型钢板和钢带的试样的力学性能

GB/T 20878 中序号	新牌号	旧牌号	钢材厚度/mm	推荐处理温度/℃	规定非比例延伸强度 $R_{p0.2}$/MPa	抗拉强度 R_m/MPa	断后伸长率 A/%	硬度	
								HRC	HBW
					≥				
142	06Cr17Ni7AlTi		≥0.10～<0.80	510±8	1170	1310	3	39	—
			≥0.80～<1.50		1170	1310	4	39	—
			≥1.50～≤8.0		1170	1310	5	39	—
			≥0.10～<0.80	538±8	1105	1240	3	37	—
			≥0.80～<1.50		1105	1240	4	37	—
			≥1.50～≤8.0		1105	1240	5	37	—
			≥0.10～<0.80	566±8	1035	1170	3	35	—
			≥0.80～<1.50		1035	1170	4	35	—
			≥1.50～≤8.0		1035	1170	5	35	—

⑧沉淀硬化型钢固溶处理状态的弯曲试验

GB/T20878 中序号	新牌号	旧牌号	厚度/mm	冷弯/(°)	弯心直径 d (a 为板厚)
135	022Cr12Ni9Cu2NbTi		≥0.10　≤5.0	180	d=6a
138	07Cr17Ni7Al	0Cr17Ni7Al	≥0.10　<5.0	180	d=a
			≥5.0　≤7.0	180	d=3a
139	07Cr15Ni7Mo2Al	0Cr15Ni7Mo2Al	≥0.10　<5.0	180	d=a
			≥5.0　≤7.0	180	d=3a
141	09Cr17Ni5Mo3N		≥0.10　≤5.0	180	d=2a

注：各类钢板和钢带的规定非比例延伸强度及硬度试验、退火状态的铁素体型和马氏体型钢的弯曲试验，仅当需方要求并在合同中注明时才进行检验。对于几种硬度试验，可根据钢板和钢带的不同尺寸和状态选择其中一种方法试验。

2.2.7 冷轧电镀锡钢板及钢带（GB/T 2520—2008）

冷轧电镀锡钢板及钢带的分类和代号见表 2-33。

表 2-33　冷轧电镀锡钢板及钢带的分类和代号

<table>
<tr><td rowspan="17">分类及代号</td><td>分类方式</td><td>类　别</td><td>代　号</td></tr>
<tr><td>原板钢种</td><td>—</td><td>MR，L，D</td></tr>
<tr><td rowspan="2">调质度</td><td>一次冷轧钢板及钢带</td><td>T-1，T-1.5，T-2，T-2.5，T-3，T-3.5，T-4，T-5</td></tr>
<tr><td>二次冷轧钢板及钢带</td><td>DR-7M，DR-8，DR-8M，DR-9，DR-9M，DR-10</td></tr>
<tr><td rowspan="2">退火方式</td><td>连续退火</td><td>CA</td></tr>
<tr><td>罩式退火</td><td>BA</td></tr>
<tr><td rowspan="2">差厚镀锡标识</td><td>薄面标识方法</td><td>D</td></tr>
<tr><td>厚面标识方法</td><td>A</td></tr>
<tr><td rowspan="4">表面状态</td><td>光亮表面</td><td>B</td></tr>
<tr><td>粗糙表面</td><td>R</td></tr>
<tr><td>银色表面</td><td>S</td></tr>
<tr><td>无光表面</td><td>M</td></tr>
<tr><td rowspan="3">钝化方式</td><td>化学钝化</td><td>CP</td></tr>
<tr><td>电化学钝化</td><td>CE</td></tr>
<tr><td>低铬钝化</td><td>LCr</td></tr>
<tr><td rowspan="2">边部形状</td><td>直边</td><td>SL</td></tr>
<tr><td>花边</td><td>WL</td></tr>
<tr><td>牌号及标记</td><td colspan="3">①普通用途的钢板及钢带，其牌号通常由原板钢种、调质度代号和退火方式构成
例如：MR T-2.5 CA，L T-3 BA，MR DR-8 BA
②用于制作两片拉拔罐（DI）的钢板及钢带，原板钢种只适用于D钢种。其牌号由原板钢种D、调质度代号、退火方式和代号DI构成
例如：D T-2.5 CA DI
③用于制作盛装酸性内容物的素面［镀锡量（5.6g/m^2）/（2.8g/m^2）以上］食品罐的钢板及钢带，即K板，原板钢种主要适用于L钢种。其牌号通常由原板钢种L、调质度代号、退火方式和代号K构成
例如：L T-2.5 CA K
④用于制作盛装蘑菇等要求低铬钝化处理的食品罐的钢板及钢带，原板钢种适用于MR和L钢种。其牌号由原板钢种MR或L、调质度代号、退火方式和代号LCr构成
例如：MR T-2.5 CA LCr</td></tr>
<tr><td>尺寸</td><td colspan="3">①钢板及钢带的公称厚度小于0.50mm时，按0.01mm的倍数进级。大于或等于0.50mm时，按0.05mm的倍数进级
②如要求标记轧制宽度方向，可在表示轧制宽度方向的数字后面加上字母W
例如：0.26×832W×760
③钢卷内径可为406mm、420mm或508mm</td></tr>
</table>

2.2.8　热镀铅锡合金碳素钢冷轧薄钢板及钢带（GB/T 5065—2004）

热镀铅锡合金碳素钢冷轧薄钢板及钢带见表 2-34。

表 2-34　热镀铅锡合金碳素钢冷轧薄钢板及钢带

<table>
<tr><td>牌号表示方法</td><td colspan="6">钢板（带）的牌号由代表“铅”、“锡”的英文字头 LT 和代表拉延级别顺序号的 01、02、03、04、05 表示，牌号为 LT01、LT02、LT03、LT04、LT05</td></tr>
<tr><td rowspan="9">分类及代号</td><td colspan="2">分类方法</td><td colspan="2">类别</td><td colspan="2">代号</td></tr>
<tr><td colspan="2" rowspan="5">按拉延级别分</td><td colspan="2">普通拉延级</td><td colspan="2">01</td></tr>
<tr><td colspan="2">深拉延级</td><td colspan="2">02</td></tr>
<tr><td colspan="2">极深拉延级</td><td colspan="2">03</td></tr>
<tr><td colspan="2">最深拉延级</td><td colspan="2">04</td></tr>
<tr><td colspan="2">超深冲无时效级</td><td colspan="2">05</td></tr>
<tr><td colspan="2" rowspan="3">按表面质量分</td><td colspan="2">普通级表面</td><td colspan="2">FA</td></tr>
<tr><td colspan="2">较高级表面</td><td colspan="2">FB</td></tr>
<tr><td colspan="2">高级表面</td><td colspan="2">FC</td></tr>
<tr><td>标记</td><td colspan="6">标记示例：
牌号 LT04，表面质量级别 FC，镀层重量 200g /m²，尺寸规格为 1.2mm×1000mm×2000mm 的钢板标记为 LT04-1.2×1000×2000-FC-200-GB/T 5065—2004</td></tr>
<tr><td>尺寸</td><td colspan="6">①钢板（带）厚度为 0.5～2.0mm，LT05 的厚度范围为 0.7～1.5mm
②钢板（带）宽度为 600～1200mm
③钢板长度为 1500～3000mm</td></tr>
<tr><td rowspan="8">力学性能</td><td rowspan="2">牌号</td><td rowspan="2">屈服强度 R_{eL}/MPa</td><td rowspan="2">抗拉强度 R_m/MPa</td><td>断后伸长率 A/%≥</td><td>拉伸应变硬化指数 n</td><td>塑性应变比 r</td></tr>
<tr><td colspan="3">b_0=20mm，L_0=80mm</td></tr>
<tr><td>LT01</td><td>—</td><td>275～390</td><td>28</td><td>—</td><td>—</td></tr>
<tr><td>LT02</td><td>—</td><td>275～410</td><td>30</td><td>—</td><td>—</td></tr>
<tr><td>LT03</td><td>—</td><td>275～410</td><td>32</td><td>—</td><td>—</td></tr>
<tr><td>LT04</td><td>≤230</td><td>275～350</td><td>36</td><td>—</td><td>—</td></tr>
<tr><td>LT05</td><td>≤180</td><td>270～330</td><td>40</td><td>n_{90}
≥0.20</td><td>r_{90}
≥1.9</td></tr>
<tr><td colspan="6">注：1. 拉伸试验取横向试样
2. b_0 为试样宽度，L_0 为试样标距</td></tr>
</table>

2.2.9 冷轧取向和无取向电工钢带（片）（GB/T 2521—2008）

冷轧取向和无取向电工钢带（片）的有关内容见表2-35～表2-39。

表2-35　普通级取向钢带（片）的磁特性和工艺特性

牌号	公称厚度/mm	最大比总损耗/W·kg^{-1}（P1.5）		最大比总损耗/W·kg^{-1}（P1.7）		最小磁极化强度/T（H=800A/m）	最小叠装系数
		50Hz	60Hz	50Hz	60Hz	50Hz	
23Q110	0.23	0.73	0.96	1.10	1.45	1.78	0.950
23Q120		0.77	1.01	1.20	1.57	1.78	
23Q130		0.80	1.06	1.30	1.65	1.75	
27Q110	0.27	0.73	0.97	1.10	1.45	1.78	0.950
27Q120		0.80	1.07	1.20	1.58	1.78	
27Q130		0.85	1.12	1.30	1.68	1.78	
27Q140		0.89	1.17	1.40	1.85	1.75	
30Q120	0.30	0.79	1.06	1.20	1.58	1.78	0.960
30Q130		0.85	1.15	1.30	1.71	1.78	
30Q140		0.92	1.21	1.40	1.83	1.78	
30Q150		0.97	1.28	1.50	1.98	1.75	
35Q135	0.35	1.00	1.32	1.35	1.80	1.78	0.960
35Q145		1.03	1.36	1.45	1.91	1.78	
35Q155		1.07	1.41	1.55	2.04	1.78	

表2-36　高磁导率级取向钢带（片）的磁特性和工艺特性

牌号	公称厚度/mm	最大比总损耗/W·kg^{-1}（P1.7）		最小磁极化强度/T（H=800A/m）	最小叠装系数
		50Hz	60Hz	50Hz	
23QG085	0.23	0.85	1.12	1.85	0.950
23QG090		0.90	1.19	1.85	
23QG095		0.95	1.25	1.85	
23QG100		1.00	1.32	1.85	

续表

牌号	公称厚度/mm	最大比总损耗/W·kg^{-1} (P1.7)		最小磁极化强度/T (H=800A/m)	最小叠装系数
		50Hz	60Hz	50Hz	
27QG090	0.27	0.90	1.19	1.85	0.950
27QG095		0.95	1.25	1.85	
27QG100		1.00	1.32	1.88	
27QG105		1.05	1.36	1.88	
27QG110		1.10	1.45	1.88	
30QG105	0.30	1.05	1.38	1.88	0.960
30QG110		1.10	1.46	1.88	
30QG120		1.20	1.58	1.88	
35QG115	0.35	1.15	1.51	1.88	0.960
35QG125		1.25	1.64	1.88	
35QG135		1.35	1.77	1.88	

表 2-37　无取向钢带（片）磁特性和工艺特性

牌号	公称厚度/mm	最大比总损耗/W·kg^{-1} (P1.5)		最小磁极化强度/T			最小弯曲次数	最小叠装系数	理论密度/kg·dm^{-3}
				50Hz					
		50Hz	60Hz	H=2500A/m	H=5000A/m	H=10000A/m			
35W230	0.35	2.30	2.90	1.49	1.60	1.70	2	0.950	7.60
35W250		2.50	3.14	1.49	1.60	1.70	2		7.60
35W270		2.70	3.36	1.49	1.60	1.70	2		7.65
35W300		3.00	3.74	1.49	1.60	1.70	3		7.65
35W330		3.30	4.12	1.50	1.61	1.71	3		7.65
35W360		3.60	4.55	1.51	1.62	1.72	5		7.65
35W400		4.00	5.10	1.53	1.64	1.74	5		7.65
35W440		4.40	5.60	1.53	1.64	1.74	5		7.70

续表

牌号	公称厚度/mm	最大比总损耗/W·kg^{-1}（P1.5）		最小磁极化强度/T			最小弯曲次数	最小叠装系数	理论密度/kg·dm^{-3}
				50Hz					
		50Hz	60Hz	H=2500A/m	H=5000A/m	H=10000A/m			
50W230	0.50	2.30	3.00	1.49	1.60	1.70	2	0.970	7.60
50W250		2.50	3.21	1.49	1.60	1.70	2		7.60
50W270		2.70	3.47	1.49	1.60	1.70	2		7.60
50W290		2.90	3.71	1.49	1.60	1.70	2		7.60
50W310		3.10	3.95	1.49	1.60	1.70	3		7.65
50W330		3.30	4.20	1.49	1.60	1.70	3		7.65
50W350		3.50	4.45	1.50	1.60	1.70	5		7.65
50W400		4.00	5.10	1.53	1.63	1.73	5		7.65
50W470		4.70	5.90	1.54	1.64	1.74	10		7.70
50W530		5.30	6.66	1.56	1.65	1.75	10		7.70
50W600		6.00	7.55	1.57	1.66	1.76	10		7.75
50W700		7.00	8.80	1.60	1.69	1.77	10		7.80
50W800		8.00	10.10	1.60	1.70	1.78	10		7.80
50W1000		10.00	12.60	1.62	1.72	1.81	10		7.85
50W1300		13.00	16.40	1.62	1.74	1.81	10		7.85
65W600	0.65	6.00	7.71	1.56	1.66	1.76	10	0.970	7.75
65W700		7.00	8.98	1.57	1.67	1.76	10		7.75
65W800		8.00	10.26	1.60	1.70	1.78	10		7.80
65W1000		10.00	12.77	1.61	1.71	1.80	10		7.80
65W1300		13.00	16.60	1.61	1.71	1.80	10		7.85
65W1600		16.00	20.40	1.61	1.71	1.80	10		7.85

表 2-38 电工钢带（片）的几何特性

公称厚度	取向电工钢 0.23mm、0.27mm、0.30mm、0.35mm
	无取向电工钢 0.35mm、0.50mm、0.65mm
公称宽度	取向电工钢的公称宽度一般不大于 1000mm 无取向电工钢的公称宽度一般不大于 1300mm

表 2-39 无取向钢带（片）的力学性能

牌号	抗拉强度 R_m/MPa≥	伸长率 A/%≥	牌号	抗拉强度 R_m/MPa≥	伸长率 A/%≥
35W230	450	10	50W400	400	14
35W250	440	10	50W470	380	16
35W270	430	11	50W530	360	16
35W300	420	11	50W600	340	21
35W330	410	14	50W700	320	22
35W360	400	14	50W800	300	22
35W400	390	16	50W1000	290	22
35W440	380	16	50W1300	290	22
50W230	450	10	65W600	340	22
50W250	450	10	65W700	320	22
50W270	450	10	65W800	300	22
50W290	440	10	65W1000	290	22
50W310	430	11	65W1300	290	22
50W330	425	11	65W1600	290	22
50W350	420	11			

注：1. 磁性钢带（片）按晶粒取向程度分取向和无取向两类。每类又按最大比总损耗和材料的公称厚度分成不同牌号。

2. 各牌号钢带（片）均应涂敷绝缘涂层，绝缘涂层应能耐绝缘漆、变压器油、机器油等的侵蚀，附着性良好。取向钢的绝缘涂层应能承受消除应力退火，消除应力退火前后所测得钢带的绝缘涂层电阻最小值尽可能符合供需双方的协议。

2.2.10 搪瓷用冷轧低碳钢板及钢带（GB/T 13790—2008）

搪瓷用冷轧低碳钢板及钢带的牌号、分类、代号和力学性能见表 2-40。

表 2-40 搪瓷用冷轧低碳钢板及钢带的牌号、分类、代号和力学性能

牌号	钢板及钢带的牌号由四部分组成：第一部分为字母 D，代表冷成形用钢板及钢带；第二部分为字母 C，代表轧制条件为冷轧；第三部分为两位数字序列号，即 01、03、05 等代表冲压成形级别；第四部分为搪瓷加工类型代号

续表

	分类方法	类别	代号
分类和代号	按搪瓷加工用途分	普通搪瓷用途：钢板及钢带按其后续搪瓷加工用途，采用湿粉一层或多层以及干粉搪瓷加工工艺	EK
		当用于直接面釉搪瓷加工工艺时，由于对搪瓷钢板有特殊的预处理要求，需供需双方另行协商确定	
	按用途分	一般用	DC01EK
		冲压用	DC03EK
		特深冲压用	DC05EK
	按表面质量区分	较高级的精整表面	FB
		高级的精整表面	FC
	按表面结构区分	麻面	D
		粗糙表面	R

标记	示例：DC01EK D—冷成形用钢板及钢带 C—轧制条件为冷轧 01—冲压成形级别序列号 EK—普通搪瓷
规格	尺寸、外形、重量及允许偏差应符合 GB/T 708 的规定

力学性能

牌号	下屈服强度[a,b]/MPa≥	抗拉强度/MPa	断后伸长率[c,d] A_{80mm}/%≥	r_{90}[e]≥	n_{90}[e]≥
DC01EK	280	270～410	30	—	—
DC03EK	240	270～370	34	1.3	—
DC05EK	200	270～350	38	1.6	0.18

a 无明显屈服时采用 $R_{p0.2}$，否则采用 R_{eL}。当厚度大于 0.50mm，且不大于 0.70mm 时，屈服强度上限值可以增加 20MPa；当厚度不大于 0.50mm 时，屈服强度上限值可以增加 40MPa

b 经供需双方协商同意，DC01EK、DC03EK 屈服强度下限值可设定为 140MPa，DC05EK 可设定为 120MPa

c 试样采用 GB/T 228 中的 P6 试样，试样方向为横向

d 当厚度大于 0.50mm 且不大于 0.70mm 时，断后伸长率最小值可以降低 2%（绝对值）；当厚度不大于 0.50mm 时，断后伸长率最小值可以降低 4%（绝对值）

e r_{90} 值和 n_{90} 值的要求仅适用于厚度不小于 0.50mm 的产品。当厚度大于 2.0mm 时，r_{90} 值可以降低 0.2

2.2.11 热轧钢板和钢带的尺寸及允许偏差（GB/T 709—2006）

热轧钢板和钢带的尺寸及允许偏差见表 2-41～表 2-43。

表 2-41 热轧钢板和钢带的分类和代号

分类方法	类别	代号
按边缘状态分	切边 不切边	EC EM
按厚度偏差种类分	N 类偏差：正偏差和负偏差相等 A 类偏差：按公差厚度规定负偏差 B 类偏差：固定负偏差为 0.3mm C 类偏差：固定负偏差为 0，按公差厚度规定正偏差	—
按厚度精度分	普通厚度精度 较高厚度精度	PT. A PT. B

表 2-42 热轧钢板和钢带的尺寸

尺寸范围	推荐的公称尺寸	备注
单轧钢板公称厚度 3～400mm	厚度小于 30mm 的钢板按 0.5mm 倍数的任何尺寸；厚度不小于 30mm 的钢板按 1mm 倍数的任何尺寸	根据需方要求，经供需双方协商，可以供应其他尺寸的钢板和钢带
单轧钢板公称宽度 600～4800mm	按 10mm 或 50mm 倍数的任何尺寸	
钢板公称长度 2000～20000mm	按 50mm 或 100mm 倍数的任何尺寸	
钢带（包括连轧钢板）公称厚度 0.8～25.4mm	按 0.1mm 倍数的任何尺寸	
钢带（包括连轧钢板）公称宽度 600～2200mm	按 10mm 倍数的任何尺寸	
纵切钢带公称宽度 120～900mm		

表 2-43 热轧钢板和钢带的尺寸允许偏差 mm

1. 厚度允许偏差	①单轧钢板的厚度允许偏差（N 类）				
	公称厚度	下列公称宽度的厚度允许偏差			
		≤1500	>1500～2500	>2500～4000	>4000～4800
	3.00～5.00	±0.45	±0.55	±0.65	—
	>5.00～8.00	±0.50	±0.60	±0.75	—

续表

1.厚度允许偏差

①单轧钢板的厚度允许偏差（N类）

公称厚度	下列公称宽度的厚度允许偏差			
	≤1500	＞1500～2500	＞2500～4000	＞4000～4800
＞8.00～15.0	±0.55	±0.65	±0.80	±0.90
＞15.0～25.0	±0.65	±0.75	±0.90	±1.10
＞25.0～40.0	±0.70	±0.80	±1.00	±1.20
＞40.0～60.0	±0.80	±0.90	±1.10	±1.30
＞60.00～100	±0.90	±1.10	±1.30	±1.50
＞100～150	±1.20	±1.40	±1.60	±1.80
＞150～200	±1.40	±1.60	±1.80	±2.00
＞200～250	±1.60	±1.80	±2.00	±2.20
＞250～300	±1.80	±2.00	±2.20	±2.40
＞300～400	±2.00	±2.20	±2.40	±2.60

②单轧钢板的厚度允许偏差（A类）

公称厚度	下列公称宽度的厚度允许偏差			
	≤1500	＞1500～2500	＞2500～4000	＞4000～4800
3.00～5.00	$^{+0.55}_{-0.35}$	$^{+0.70}_{-0.40}$	$^{+0.85}_{-0.45}$	—
＞5.00～8.00	$^{+0.65}_{-0.35}$	$^{+0.75}_{-0.45}$	$^{+0.95}_{-0.55}$	—
＞8.00～15.0	$^{+0.70}_{-0.40}$	$^{+0.85}_{-0.45}$	$^{+1.05}_{-0.55}$	$^{+1.20}_{-0.60}$
＞15.0～25.0	$^{+0.85}_{-0.45}$	$^{+1.00}_{-0.50}$	$^{+1.15}_{-0.65}$	$^{+1.50}_{-0.70}$
＞25.0～40.0	$^{+0.90}_{-0.50}$	$^{+1.05}_{-0.55}$	$^{+1.30}_{-0.70}$	$^{+1.60}_{-0.80}$
＞40.0～60.0	$^{+1.05}_{-0.55}$	$^{+1.20}_{-0.60}$	$^{+1.45}_{-0.75}$	$^{+1.70}_{-0.90}$
＞60.0～100	$^{+1.20}_{-0.60}$	$^{+1.50}_{-0.70}$	$^{+1.75}_{-0.85}$	$^{+2.00}_{-1.00}$
＞100～150	$^{+1.60}_{-0.85}$	$^{+1.90}_{-0.90}$	$^{+2.15}_{-1.05}$	$^{+2.40}_{-1.20}$
＞150～200	$^{+1.90}_{-0.90}$	$^{+2.20}_{-1.00}$	$^{+2.45}_{-1.15}$	$^{+2.50}_{-1.30}$
＞200～250	$^{+2.20}_{-1.20}$	$^{+2.40}_{-1.20}$	$^{+2.70}_{-1.30}$	$^{+3.00}_{-1.40}$
＞250～300	$^{+2.40}_{-1.20}$	$^{+2.70}_{-1.30}$	$^{+2.95}_{-1.45}$	$^{+3.20}_{-1.60}$
＞300～400	$^{+2.70}_{-1.30}$	$^{+3.00}_{-1.40}$	$^{+3.25}_{-1.55}$	$^{+3.50}_{-1.70}$

续表

1. 厚度允许偏差

③单轧钢板的厚度允许偏差（B类）

<table>
<tr><th rowspan="2">公称厚度</th><th colspan="8">下列公称宽度的厚度允许偏差</th></tr>
<tr><th colspan="2">≤1500</th><th colspan="2">>1500～2500</th><th colspan="2">>2500～4000</th><th colspan="2">>4000～4800</th></tr>
<tr><td>3.00～5.00</td><td rowspan="12">－0.30</td><td>＋0.60</td><td rowspan="12">－0.30</td><td>＋0.80</td><td rowspan="12">－0.30</td><td>＋1.00</td><td colspan="2">—</td></tr>
<tr><td>>5.00～8.00</td><td>＋0.70</td><td>＋0.90</td><td>＋1.20</td><td colspan="2">—</td></tr>
<tr><td>>8.00～15.0</td><td>＋0.80</td><td>＋1.00</td><td>＋1.30</td><td rowspan="10">－0.30</td><td>＋1.50</td></tr>
<tr><td>>15.0～25.0</td><td>＋1.00</td><td>＋1.20</td><td>＋1.50</td><td>＋1.90</td></tr>
<tr><td>>25.0～40.0</td><td>＋1.10</td><td>＋1.30</td><td>＋1.70</td><td>＋2.10</td></tr>
<tr><td>>40.0～60.0</td><td>＋1.30</td><td>＋1.50</td><td>＋1.90</td><td>＋2.30</td></tr>
<tr><td>>60.0～100</td><td>＋1.50</td><td>＋1.80</td><td>＋2.30</td><td>＋2.70</td></tr>
<tr><td>>100～150</td><td>＋2.10</td><td>＋2.50</td><td>＋2.90</td><td>＋3.30</td></tr>
<tr><td>>150～200</td><td>＋2.50</td><td>＋2.90</td><td>＋3.30</td><td>＋3.50</td></tr>
<tr><td>>200～250</td><td>＋2.90</td><td>＋3.30</td><td>＋3.70</td><td>＋4.10</td></tr>
<tr><td>>250～300</td><td>＋3.30</td><td>＋3.70</td><td>＋4.10</td><td>＋4.50</td></tr>
<tr><td>>300～400</td><td>＋3.70</td><td>＋4.10</td><td>＋4.50</td><td>＋4.90</td></tr>
</table>

④单轧钢板的厚度允许偏差（C类）

<table>
<tr><th rowspan="2">公称厚度</th><th colspan="8">下列公称宽度的厚度允许偏差</th></tr>
<tr><th colspan="2">≤1500</th><th colspan="2">>1500～2500</th><th colspan="2">>2500～4000</th><th colspan="2">>4000～4800</th></tr>
<tr><td>3.00～5.00</td><td rowspan="12">0</td><td>＋0.90</td><td rowspan="12">0</td><td>＋1.10</td><td rowspan="12">0</td><td>＋1.30</td><td rowspan="12">0</td><td>—</td></tr>
<tr><td>>5.00～8.00</td><td>＋1.00</td><td>＋1.20</td><td>＋1.50</td><td>—</td></tr>
<tr><td>>8.00～15.0</td><td>＋1.10</td><td>＋1.30</td><td>＋1.60</td><td>＋1.80</td></tr>
<tr><td>>15.0～25.0</td><td>＋1.30</td><td>＋1.50</td><td>＋1.80</td><td>＋2.20</td></tr>
<tr><td>>25.0～40.0</td><td>＋1.40</td><td>＋1.60</td><td>＋2.00</td><td>＋2.40</td></tr>
<tr><td>>40.0～60.0</td><td>＋1.60</td><td>＋1.80</td><td>＋2.20</td><td>＋2.60</td></tr>
<tr><td>>60.0～100</td><td>＋1.80</td><td>＋2.20</td><td>＋2.60</td><td>＋3.00</td></tr>
<tr><td>>100～150</td><td>＋2.40</td><td>＋2.80</td><td>＋3.20</td><td>＋3.60</td></tr>
<tr><td>>150～200</td><td>＋2.80</td><td>＋3.20</td><td>＋3.60</td><td>＋3.80</td></tr>
<tr><td>>200～250</td><td>＋3.20</td><td>＋3.60</td><td>＋4.00</td><td>＋4.40</td></tr>
<tr><td>>250～300</td><td>＋3.60</td><td>＋4.00</td><td>＋4.40</td><td>＋4.80</td></tr>
<tr><td>>300～400</td><td>＋4.00</td><td>＋4.40</td><td>＋4.80</td><td>＋5.20</td></tr>
</table>

续表

	⑤钢带（包括连轧钢板）的厚度偏差								
	公称厚度	厚度允许偏差							
		普通精度 PT. A				较高精度 PT. B			
		公称宽度				公称宽度			
		600～1200	>1200～1500	>1500～1800	>1800	600～1200	>1200～1500	>1500～1800	>1800
1.厚度允许偏差	0.8～1.5	±0.15	±0.17	—	—	±0.10	±0.12	—	—
	>1.5～2.0	±0.17	±0.19	±0.21	—	±0.13	±0.14	±0.14	—
	>2.0～2.5	±0.18	±0.21	±0.23	±0.25	±0.14	±0.15	±0.17	±0.20
	>2.5～3.0	±0.20	±0.22	±0.24	±0.26	±0.15	±0.17	±0.19	±0.21
	>3.0～4.0	±0.22	±0.24	±0.26	±0.27	±0.17	±0.18	±0.21	±0.22
	>4.0～5.0	±0.24	±0.26	±0.28	±0.29	±0.19	±0.21	±0.22	±0.23
	>5.0～6.0	±0.26	±0.28	±0.29	±0.31	±0.21	±0.22	±0.23	±0.25
	>6.0～8.0	±0.29	±0.30	±0.31	±0.35	±0.23	±0.24	±0.25	±0.28
	>8.0～10.0	±0.32	±0.33	±0.34	±0.40	±0.26	±0.26	±0.27	±0.32
	>10.0～12.5	±0.35	±0.36	±0.37	±0.43	±0.28	±0.29	±0.30	±0.36
	>12.5～15.0	±0.37	±0.38	±0.40	±0.46	±0.30	±0.31	±0.33	±0.39
	>15.0～25.4	±0.40	±0.42	±0.45	±0.50	±0.32	±0.34	±0.37	±0.42

	①切边单轧钢板		
	公称厚度	公称宽度	允许偏差
2.宽度允许偏差	3～16	≤1500	$^{+10}_{0}$
		>1500	$^{+15}_{0}$
	>16	≤2000	$^{+20}_{0}$
		>2000～3000	$^{+25}_{0}$
		>3000	$^{+30}_{0}$
	②不切边单轧钢板：宽度允许偏差由供需双方协商		
	③不切边钢带（包括连轧钢板）		
	公称宽度	允许偏差	
	≤1500	$^{+20}_{0}$	
	>1500	$^{+25}_{0}$	

续表

<table>
<tr><td rowspan="12">2.
宽度允许偏差</td><td colspan="4">④切边钢带（包括连轧钢板）</td></tr>
<tr><td>公称宽度</td><td colspan="3">允许偏差</td></tr>
<tr><td>≤1500</td><td colspan="2">$^{+3}_{0}$</td><td rowspan="3">由供需双方协商，可供应较高宽度精度的钢带</td></tr>
<tr><td>>1500～2000</td><td colspan="2">$^{+5}_{0}$</td></tr>
<tr><td>>2000</td><td colspan="2">$^{+6}_{0}$</td></tr>
<tr><td colspan="4">⑤纵切钢带</td></tr>
<tr><td rowspan="2">公称宽度</td><td colspan="3">公称厚度</td></tr>
<tr><td>≤4.0</td><td>>4.0～8.0</td><td>>8.0</td></tr>
<tr><td>120～160</td><td>$^{+1}_{0}$</td><td>$^{+2}_{0}$</td><td>$^{+2.5}_{0}$</td></tr>
<tr><td>>160～250</td><td>$^{+1}_{0}$</td><td>$^{+2}_{0}$</td><td>$^{+2.5}_{0}$</td></tr>
<tr><td>>250～600</td><td>$^{+2}_{0}$</td><td>$^{+2.5}_{0}$</td><td>$^{+3}_{0}$</td></tr>
<tr><td>>600～900</td><td>$^{+2}_{0}$</td><td>$^{+2.5}_{0}$</td><td>$^{+3}_{0}$</td></tr>
<tr><td rowspan="13">3.
长度允许偏差</td><td colspan="4">①单轧钢板</td></tr>
<tr><td>公称长度</td><td colspan="3">允许偏差</td></tr>
<tr><td>2000～4000</td><td colspan="3">$^{+20}_{0}$</td></tr>
<tr><td>>4000～6000</td><td colspan="3">$^{+30}_{0}$</td></tr>
<tr><td>>6000～8000</td><td colspan="3">$^{+40}_{0}$</td></tr>
<tr><td>>8000～10000</td><td colspan="3">$^{+50}_{0}$</td></tr>
<tr><td>>10000～15000</td><td colspan="3">$^{+75}_{0}$</td></tr>
<tr><td>>15000～20000</td><td colspan="3">$^{+100}_{0}$</td></tr>
<tr><td>>20000</td><td colspan="3">由供需双方协商</td></tr>
<tr><td colspan="4">②连轧钢板</td></tr>
<tr><td>公称长度</td><td colspan="3">允许偏差</td></tr>
<tr><td>2000～8000</td><td colspan="3">+5%×公称长度</td></tr>
<tr><td>>8000</td><td colspan="3">$^{+40}_{0}$</td></tr>
</table>

注：1. 对不切头尾的不切边钢带检查厚度、宽度时，两端不考核的总长度 L（m）＝90/公称厚度（mm），但两端最大总长度不得大于 20m。

2. 规定最小屈服强度 R_e≥345MPa 的钢带，厚度偏差应增加 10%。

2.2.12 优质碳素结构钢热轧薄钢板和钢带（GB/T 710—2008）

优质碳素结构钢热轧薄钢板和钢带见表 2-44。

表 2-44 优质碳素结构钢热轧薄钢板和钢带

<table>
<tr><td rowspan="2">分类与代号</td><td colspan="2">分类方法</td><td colspan="2">类别</td><td colspan="2">代号</td></tr>
<tr><td colspan="2">按拉延级别分</td><td colspan="2">最深拉延级
深拉延级
普通拉延级</td><td colspan="2">Z
S
P</td></tr>
<tr><td>尺寸</td><td colspan="6">尺寸、外形及允许偏差应符合 GB/T 709 的规定</td></tr>
<tr><td rowspan="13">力学性能</td><td rowspan="3">牌号</td><td colspan="5">拉延级别</td></tr>
<tr><td>Z</td><td>S和P</td><td>Z</td><td>S</td><td>P</td></tr>
<tr><td colspan="2">抗拉强度 R_m/MPa</td><td colspan="3">断后伸长率 A/% ≥</td></tr>
<tr><td>08、08Al</td><td>275～410</td><td>≥300</td><td>36</td><td>35</td><td>34</td></tr>
<tr><td>10</td><td>280～410</td><td>≥335</td><td>36</td><td>34</td><td>32</td></tr>
<tr><td>15</td><td>300～430</td><td>≥370</td><td>34</td><td>32</td><td>30</td></tr>
<tr><td>20</td><td>340～480</td><td>≥410</td><td>30</td><td>28</td><td>26</td></tr>
<tr><td>25</td><td>—</td><td>≥450</td><td>—</td><td>26</td><td>24</td></tr>
<tr><td>30</td><td>—</td><td>≥490</td><td>—</td><td>24</td><td>22</td></tr>
<tr><td>35</td><td>—</td><td>≥530</td><td>—</td><td>22</td><td>20</td></tr>
<tr><td>40</td><td>—</td><td>≥570</td><td>—</td><td>—</td><td>19</td></tr>
<tr><td>45</td><td>—</td><td>≥600</td><td>—</td><td>—</td><td>17</td></tr>
<tr><td>50</td><td>—</td><td>≥610</td><td>—</td><td>—</td><td>16</td></tr>
</table>

注：各牌号的化学成分应符合 GB 699 的规定，在保证性能的前提下，08、08Al 牌号的热轧钢板和钢带的碳、锰含量下限不限，酸溶铝含量为 0.015%～0.060%。

2.2.13 碳素结构钢和低合金结构钢热轧钢带（GB/T 3524—2005）

碳素结构钢和低合金结构钢热轧钢带见表 2-45。

表 2-45 碳素结构钢和低合金结构钢热轧钢带

<table>
<tr><td rowspan="5">尺寸、外形、重量及允许偏差</td><td colspan="9">①钢带厚度允许偏差/mm</td></tr>
<tr><td rowspan="2">钢带宽度</td><td colspan="8">允许偏差（不适用于卷带两端 7m 之内没有切头尾的钢带）</td></tr>
<tr><td>≤1.5</td><td>>1.5～2.0</td><td>>2.0～4.0</td><td>>4.0～5.0</td><td>>5.0～6.0</td><td>>6.0～8.0</td><td>>8.0～10.0</td><td>>10.0～12.0</td></tr>
<tr><td><50～100</td><td>0.13</td><td>0.15</td><td>0.17</td><td>0.18</td><td>0.19</td><td>0.20</td><td>0.21</td><td>—</td></tr>
<tr><td>≥100～600</td><td>0.15</td><td>0.18</td><td>0.19</td><td>0.20</td><td>0.21</td><td>0.22</td><td>0.24</td><td>0.30</td></tr>
</table>

续表

尺寸、外形、重量及允许偏差

②钢带宽度允许偏差/mm

钢带宽度	允许偏差（不适用于卷带两端 7m 之内没有切头尾的钢带）		
	不切边	切边	
		厚度≤3	厚度>3
≤200	$^{+2.00}_{-1.00}$	±0.5	±0.6
>200～300	$^{+2.50}_{-1.00}$	±0.7	±0.8
>300～350	$^{+3.00}_{-2.00}$	±0.7	±0.8
>350～450	±4.00	±0.7	±0.8
>450～600	±5.00	±0.9	±1.1

经协商，可只按正偏差订货，此时，表中正偏差数值应增加 1 倍

③钢带长度：≥50m。允许交付长度 30～50m 的钢带，其重量不得大于该批交货总重量的 3%

④标记示例：
用 Q235B 钢轧制厚度 3mm、宽度 350mm、不切边热轧钢带，其标记为
Q235B-3×350-EM-GB/T 3524—2005

力学性能

①钢带纵向试样的拉伸和冷弯试验

牌号	屈服强度 R_{eL}/MPa ≥	抗拉强度 R_m/MPa	断后伸长率 A/%≥	180°冷弯试验（d 为弯心直径，a 为试样厚度）
Q195	195（仅供参考）	315～430	33	$d=0$
Q215	215	335～450	31	$d=0.5a$
Q235	235	375～500	26	$d=a$
Q255	255	410～550	24	—
Q275	275	490～630	20	—
Q295	295	390～570	23	$d=2a$
Q345	345	470～630	21	$d=2a$

②钢带采用碳素结构钢和低合金结构钢的 A 级钢轧制时，冷弯试验合格，抗拉强度上限可不作交货条件；采用 B 级钢轧制的钢带抗拉强度可以超过表中规定的上限 50MPa

2.2.14　热轧花纹钢板和钢带（YB/T 4159—2007）

热轧花纹钢板和钢带见表 2-46。

表 2-46　热轧花纹钢板和钢带

<table>
<tr><td rowspan="7">分类和代号</td><td>分　　类</td><td>方法类别</td><td>代　　号</td></tr>
<tr><td rowspan="2">按边缘状态分</td><td>切边</td><td>EC</td></tr>
<tr><td>不切边</td><td>EM</td></tr>
<tr><td rowspan="4">按花纹形状分</td><td>菱形</td><td>LX</td></tr>
<tr><td>扁豆形</td><td>BD</td></tr>
<tr><td>圆豆形</td><td>YD</td></tr>
<tr><td>组合形</td><td>ZH</td></tr>
<tr><td>标记示例</td><td colspan="3">按标准 YB/T 4159—2007 交货的，牌号为 Q215B，厚度为 3.0mm，宽度为 1250mm，长度为 2500mm 的不切边扁豆形花纹钢板，其标记为 YB/T 4159—2007，BD，Q215B-3.0×1250（EM）×2500</td></tr>
</table>

<table>
<tr><td rowspan="5">尺寸、外形、重量及允许偏差</td><td rowspan="4">钢板和钢带的尺寸/mm</td><td>基本厚度</td><td>宽　　度</td><td colspan="2">长　　度</td></tr>
<tr><td rowspan="2">2.0～10.0</td><td rowspan="2">600～1500</td><td>钢　板</td><td>2000～12000</td></tr>
<tr><td>钢　带</td><td>—</td></tr>
<tr><td colspan="4">经供需双方协议，可供应本标准规定尺寸以外的钢板和钢带</td></tr>
<tr><td>外形</td><td colspan="4"> 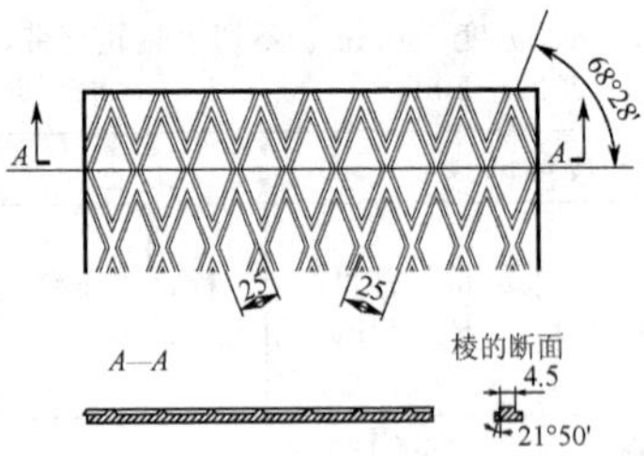菱形花纹 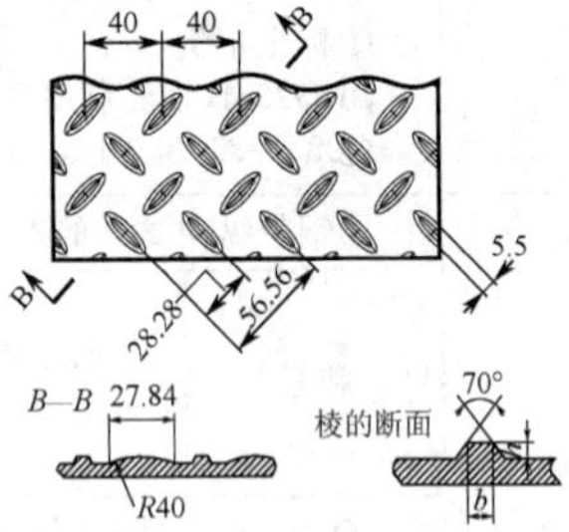
扁豆形花纹 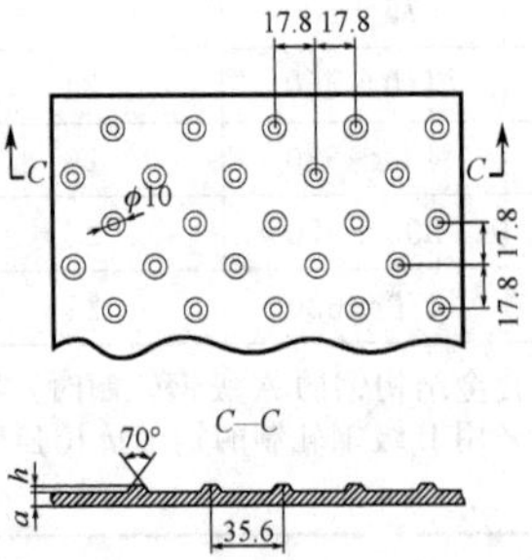
圆豆形花纹 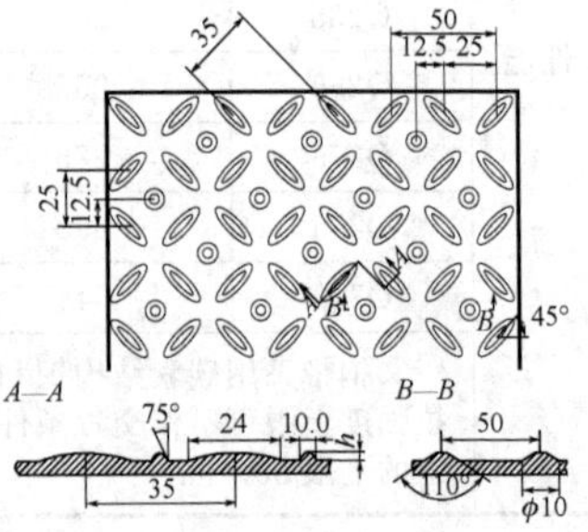
组合形花纹
图中各项尺寸为生产厂加工轧辊时控制用，不作为成品钢板和钢带检查的依据。
经供需双方协商，可提供其他形状的钢板和钢带</td></tr>
</table>

续表

<table>
<tr><td rowspan="28">尺寸、外形、重量及允许偏差</td><td rowspan="14">基本厚度允许偏差和纹高/mm</td><td>基本厚度</td><td colspan="2">允许偏差</td><td colspan="2">纹　高</td></tr>
<tr><td>2.0</td><td colspan="2">±0.25</td><td colspan="2">≥0.4</td></tr>
<tr><td>2.5</td><td colspan="2">±0.25</td><td colspan="2">≥0.4</td></tr>
<tr><td>3.0</td><td colspan="2">±0.30</td><td colspan="2">≥0.5</td></tr>
<tr><td>3.5</td><td colspan="2">±0.30</td><td colspan="2">≥0.5</td></tr>
<tr><td>4.0</td><td colspan="2">±0.40</td><td colspan="2">≥0.6</td></tr>
<tr><td>4.5</td><td colspan="2">±0.40</td><td colspan="2">≥0.6</td></tr>
<tr><td>5.0</td><td colspan="2">+0.40
−0.50</td><td colspan="2">≥0.6</td></tr>
<tr><td>5.5</td><td colspan="2">+0.40
−0.50</td><td colspan="2">≥0.7</td></tr>
<tr><td>6.0</td><td colspan="2">+0.40
−0.50</td><td colspan="2">≥0.7</td></tr>
<tr><td>7.0</td><td colspan="2">+0.40
−0.50</td><td colspan="2">≥0.7</td></tr>
<tr><td>8.0</td><td colspan="2">+0.50
−0.70</td><td colspan="2">≥0.9</td></tr>
<tr><td>10.0</td><td colspan="2">+0.50
−0.70</td><td colspan="2">≥1.0</td></tr>
<tr><td colspan="5">中间尺寸的允许偏差按相邻的较大尺寸的允许偏差规定，中间尺寸的纹高按相邻的较小尺寸的允许偏差规定</td></tr>
<tr><td rowspan="14">理论重量</td><td rowspan="2">基本厚度</td><td colspan="4">钢板理论重量/kg·m^{-2}</td></tr>
<tr><td>菱形</td><td>圆豆形</td><td>扁豆形</td><td>组合形</td></tr>
<tr><td>2.0</td><td>17.7</td><td>16.1</td><td>16.8</td><td>16.5</td></tr>
<tr><td>2.5</td><td>21.6</td><td>20.4</td><td>20.7</td><td>20.4</td></tr>
<tr><td>3.0</td><td>25.9</td><td>24.0</td><td>24.8</td><td>24.5</td></tr>
<tr><td>3.5</td><td>29.9</td><td>27.9</td><td>28.8</td><td>28.4</td></tr>
<tr><td>4.0</td><td>34.4</td><td>31.9</td><td>32.8</td><td>32.4</td></tr>
<tr><td>4.5</td><td>38.3</td><td>35.9</td><td>36.7</td><td>36.4</td></tr>
<tr><td>5.0</td><td>42.2</td><td>39.8</td><td>40.1</td><td>40.3</td></tr>
<tr><td>5.5</td><td>46.6</td><td>43.8</td><td>44.9</td><td>44.4</td></tr>
<tr><td>6.0</td><td>50.5</td><td>47.7</td><td>48.8</td><td>48.4</td></tr>
<tr><td>7.0</td><td>58.4</td><td>55.6</td><td>56.7</td><td>56.2</td></tr>
<tr><td>8.0</td><td>67.1</td><td>63.6</td><td>64.9</td><td>64.4</td></tr>
<tr><td>10.0</td><td>83.2</td><td>79.3</td><td>80.8</td><td>80.3</td></tr>
</table>

2.2.15　锅炉和压力容器用钢板（GB 713—2008）

锅炉和压力容器用钢板的力学性能和工艺性能见表2-47。

表2-47　锅炉和压力容器用钢板的力学性能和工艺性能

牌号	交货状态	钢板厚度/mm	拉伸试验			冲击试验		弯曲试验
			抗拉强度 R_m/MPa	屈服强度 R_{eL}/MPa ≥	伸长率 A/% ≥	温度/℃	冲击功 A_{kV}/J ≥	180° b=2a
Q245R	热轧控轧或正火	3～16	400～520	245	25	0	31	d=1.5a
		>16～36	400～520	235	25			d=1.5a
		>36～60	400～520	225	25			d=1.5a
		>60～100	390～510	205	24			d=2a
		>100～150	380～500	185	24			d=2a
Q345R		3～16	510～640	345	21	0	34	d=2a
		>16～36	500～630	325	21			d=3a
		>36～60	490～620	315	21			d=3a
		>60～100	490～620	305	20			d=3a
		>100～150	480～610	285	20			d=3a
		>150～200	470～600	265	20			d=3a
Q370R	正火	10～16	530～630	370	20	−20	34	d=2a
		>16～36	530～630	360				d=3a
		>36～60	520～620	340				d=3a
18MnMoNbR	正火+回火	30～60	570～720	400	17	0	41	d=3a
		>60～100	570～720	390				
13MnNiMoR		30～100	570～720	390	18	0	41	d=3a
		>100～150	570～720	380				
15CrMoR		6～60	450～590	295	19	20	31	d=3a
		>60～100	450～590	275				
		>100～150	440～580	255				
14Cr1MoR		6～100	520～680	310	19	20	34	d=3a
		>100～150	510～670	300				
12Cr2Mo1R		6～150	520～680	310	19	20	34	d=3a
12Cr1MoVR		6～60	440～590	245	19	20	34	d=3a
		>60～100	430～580	235				

注：1. 对于厚度小于12mm钢板的夏比（V形）缺口冲击试验应采用辅助试样。厚度8～12mm，试样尺寸7.5mm×10mm×55mm，试验结果应不小于规定值的75%；厚度6～8mm，试样尺寸5mm×10mm×55mm，试验结果应不小于规定值的50%；厚度<6mm的不进行冲击试验。

2. 钢板的尺寸、外形及允许偏差应符合GB/T 709的规定。厚度允许偏差按GB/T 709的B类偏差。

2.2.16　耐热钢钢板和钢带（GB/T 4238—2007）

耐热钢冷轧钢板和钢带的力学性能见表2-48。

表 2-48 耐热钢冷轧钢板和钢带的力学性能

① 经固溶处理的奥氏体型耐热钢板和钢带的力学性能

GB/T 20878 中序号	新牌号	旧牌号	规定非比例延伸强度 $R_{p0.2}$/MPa	抗拉强度 R_m/MPa	断后伸长率 A/%	硬度		
						HBW	HRB	HV
			≥			≤		
13	12Cr18Ni9	1Cr18Ni9	205	515	40	201	92	210
14	12Cr18Ni9Si3	1Cr18Ni9Si3	205	515	40	217	95	220
17	06Cr19Ni10	0Cr18Ni9	205	515	40	201	92	210
19	07Cr19Ni10		205	515	40	201	92	210
29	06Cr20Ni11		205	515	40	183	88	—
31	16Cr23Ni13	2Cr23Ni13	205	515	40	217	95	220
32	06Cr23Ni13	0Cr23Ni13	205	515	40	217	95	220
34	20Cr25Ni20	2Cr25Ni20	205	515	40	217	95	220
35	06Cr25Ni20	0Cr25Ni20	205	515	40	217	95	220
38	06Cr17Ni12Mo2	0Cr17Ni12Mo2	205	515	40	217	95	220
49	06Cr19Ni13Mo3	0Cr19Ni19Mo3	205	515	35	217	95	220
55	06Cr18Ni11Ti	0Cr18Ni10Ti	205	515	40	217	95	220
60	12Cr16Ni35	1Cr16Ni35	205	560	—	201	95	210
62	06Cr18Ni11Nb	0Cr18Ni11Nb	205	515	40	201	92	210
66	16Cr25Ni20Si2	1Cr25Ni20Si2	—	540	35	—	—	—

续表

② 经退火处理铁素体型耐热钢板和钢带的力学性能

GB/T 20878 中序号	新牌号	旧牌号	规定非比例延伸强度 $R_{p0.2}$/MPa	抗拉强度 R_m/MPa	断后伸长率 A/%	冷弯180°（d为弯心直径，a为板厚）	硬度 HBW	硬度 HRB	硬度 HV
			≥				≤		
78	06Cr13Al	0Cr13Al	170	415	20	$d=2a$	179	88	200
80	022Cr11Ti		275	415	20	$d=2a$	197	92	200
81	022Cr11NbTi		275	415	20	$d=2a$	197	92	200
85	10Cr17	1Cr17	205	450	22	$d=2a$	183	89	200
93	16Cr25N	2Cr25N	275	510	20	冷弯135°	201	65	210

③ 经退火处理马氏体型耐热钢板和钢带的力学性能

GB/T 20878 中序号	新牌号	旧牌号	规定非比例延伸强度 $R_{p0.2}$/MPa	抗拉强度 R_m/MPa	断后伸长率 A/%	冷弯	硬度 HBW	硬度 HRB	硬度 HV
			≥				≤		
96	12Cr12	1Cr12	205	485	25	180°，$d=2a$	217	88	210
98	12Cr13	1Cr13	—	690	15	—	217	96	210
124	22Cr12NiMoWV	2Cr12NiMoWV	275	510	20	$a≥3$mm，$d=a$	200	95	210

④ 经固溶处理的沉淀硬化型耐热钢板和钢带的试样的力学性能

GB/T 20878 中序号	新牌号	旧牌号	钢材厚度/mm	规定非比例延伸强度 $R_{p0.2}$/MPa	抗拉强度 R_m/MPa	断后伸长率 A/%	硬度 HRC	硬度 HBW
				≤		≥	≤	
135	022Cr12Ni9Cu2NbTi		≥0.30～≤100	1105	1205	3	36	331
137	05Cr17Ni4Cu4Nb	0Cr17Ni4Cu4Nb	≥0.40～≤100	1105	1255	3	38	363

续表

④ 经固溶处理的沉淀硬化型耐热钢板和钢带的试样的力学性能

GB/T 20878 中序号	新牌号	旧牌号	钢材厚度 /mm	规定非比例延伸强度 $R_{p0.2}$/MPa	抗拉强度 R_m/MPa	断后伸长率 A/%	硬度 HRC	硬度 HBW
				≤	≤	≥	≤	≤
138	07Cr17Ni7Al	0Cr17Ni7Al	≥0.10～<0.30 ≥0.30～≤100	450 380	1035 1035	— 20	— 92HRB	— —
139	07Cr15Ni7Mo2Al		≥0.10～≤100	450	1035	25	100HRB	—
142	06Cr17Ni7AlTi		≥0.10～<0.80 ≥0.80～<1.50 ≥1.50～≤100	515 515 515	825 825 825	3 4 5	32 32 32	— — —
143	06Cr15Ni25Ti2 MoAlVB（时效后）	0Cr15Ni25Ti2MoAlVB	≥2	—	725	25	91HRB	192
			≥2	590	900	15	101HRB	248

⑤ 经沉淀硬化处理的沉淀硬化型耐热钢板和钢带的试样的力学性能

GB/T 20878 中序号	牌号	钢材厚度 /mm	推荐处理温度/℃	规定非比例延伸强度 $R_{p0.2}$/MPa	抗拉强度 R_m/MPa	断后伸长率 A/%	硬度 HRC	硬度 HBW
				≥	≥	≥		
135	022Cr12Ni9Cu2NbTi	≥0.10～<0.75 ≥0.75～<1.50 ≥1.50～≤16	510±10 或480±6	1410 1410 1410	1525 1525 1525	— 3 4	≥44 ≥44 ≥44	— — —
137	05Cr17Ni4Cu4Nb	≥0.10～<5.0 ≥5.0～<16 ≥16～≤100	482±10	1170 1170 1170	1310 1310 1310	5 8 10	40～48 40～48 40～48	— 388～477 388～477

续表

⑤ 经沉淀硬化处理的沉淀硬化型耐热钢板和钢带的试样的力学性能

GB/T 20878 中序号	牌号	钢材厚度 /mm	推荐处理温度/℃	规定非比例延伸强度 $R_{p0.2}$/MPa	抗拉强度 R_m/MPa	断后伸长率 A/%	硬度	
				≥			HRC	HBW
137	05Cr17Ni4Cu4Nb	≥0.10～<5.0	496±10	1070	1170	5	38～46	—
		≥5.0～<16		1070	1170	8	38～47	375～477
		≥16～≤100		1070	1170	10	38～47	375～477
		≥0.10～<5.0	552±10	1000	1070	5	35～43	—
		≥5.0～<16		1000	1070	8	33～42	321～415
		≥16～<100		1000	1070	12	33～42	321～415
		≥0.10～<5.0	579±10	860	1000	5	31～40	—
		≥5.0～<16		860	1000	9	29～38	293～375
		≥16～≤100		860	1000	13	29～38	293～375
		≥0.10～<5.0	593±10	790	965	5	31～40	—
		≥5.0～<16		790	965	10	29～38	293～375
		≥16～≤100		790	965	14	29～38	293～375
		≥0.10～<5.0	621±10	725	930	8	28～38	—
		≥5.0～<16		725	930	10	26～36	269～352
		≥16～≤100		725	930	16	26～36	269～352
		≥0.10～<5.0	760±10 或621±10	515	790	9	26～36	255～331
		≥5.0～<16		515	790	11	24～34	248～321
		≥16～≤100		515	790	18	24～34	248～321

续表

⑤ 经沉淀硬化处理的沉淀硬化型耐热钢板和钢带的试样的力学性能								
GB/T 20878 中序号	牌号	钢材厚度 /mm	推荐处理温度/℃	规定非比例延伸强度 $R_{p0.2}$/MPa	抗拉强度 R_m/MPa	断后伸长率 A/%	硬度	
				≥			HRC	HBW
138	07Cr17Ni7Al	≥0.05～<0.30 ≥0.30～<5.0 ≥5.0～≤16	760±15 15±3 566±6	1035 1035 965	1240 1240 1170	3 5 7	≥38 ≥38 ≥38	— — ≥352
		≥0.05～<0.30 ≥0.30～<5.0 ≥5.0～≤16	954±8 −73±6 510±6	1310 1310 1240	1450 1450 1380	1 3 6	≥44 ≥44 ≥43	— — ≥401
139	07Cr15Ni7Mo2Al	≥0.05～<0.30 ≥0.30～<5.0 ≥5.0～≤16	760±15 15±3 566±10	1170 1170 1170	1310 1310 1310	3 5 4	≥40 ≥40 ≥40	— — ≥375
		≥0.05～<0.30 ≥0.30～<5.0 ≥5.0～≤16	954±8 −73±6 510±6	1380 1380 1380	1550 1550 1550	2 4 4	≥46 ≥46 ≥45	— — ≥429
142	06Cr17Ni7AlTi	≥0.10～<0.80 ≥0.80～<1.50 ≥1.50～≤16	510±8	1170 1170 1170	1310 1310 1310	3 4 5	≥39 ≥39 ≥39	— — —
		≥0.10～<0.75 ≥0.75～<1.50 ≥1.50～≤16	538±8	1105 1105 1105	1240 1240 1240	3 4 5	≥37 ≥37 ≥37	— — —
		≥0.10～<0.75 ≥0.75～<1.50 ≥1.50～≤16	566±8	1035 1035 1035	1170 1170 1170	3 4 5	≥35 ≥35 ≥35	— — —

续表

⑤ 经沉淀硬化处理的沉淀硬化型耐热钢板和钢带的试样的力学性能

GB/T 20878 中序号	牌号	钢材厚度 /mm	推荐处理温度/℃	规定非比例延伸强度 $R_{p0.2}$/MPa	抗拉强度 R_m/MPa	断后伸长率 A/%	硬度	
				≥			HRC	HBW
143	06Cr15Ni25Ti2MoAlVB	≥2.0～≤8.0	700～760	590	900	15	≥101 HRB	≥248

⑥ 经固溶处理的沉淀硬化型耐热钢的弯曲试验

GB/T 20878 中序号	新牌号	旧牌号	厚度/mm	冷弯 180°（d 为弯心直径，a 为钢板厚度）
135	022Cr12Ni9Cu2NbTi		≥2.0～≤5.0	$d=6a$
138	07Cr17Ni7Al	0Cr17Ni7Al	≥2.0～<5.0 ≥5.0～≤7.0	$d=a$ $d=3a$
139	07Cr15Ni7Mo2Al		≥2.0～<5.0 ≥5.0～≤7.0	$d=a$ $d=3a$

注：1. 钢板和钢带的规定非比例延伸强度和硬度试验、经退火处理的铁素体型耐热钢和马氏体型耐热钢的弯曲试验，仅当需方要求并在合同中注明时才进行检验。对于几种不同硬度的试验可根据钢板和钢带的不同尺寸和状态按其中一种方法检验。经退火处理的铁素体型耐热钢和马氏体型耐热钢的钢板和钢带进行弯曲试验时，其外表面不允许有目视可见的裂纹产生。

2. 用作冷轧原料的钢板和钢带的力学性能仅当需方要求并在合同中注明时方进行检验。

3. 经固溶处理的奥氏体型耐热钢 16Cr25Ni20Si2 钢板厚度大于 25mm 时力学性能仅供参考。

2.2.17　连续热镀锌薄钢板和钢带（GB/T 2518—2008）

连续热镀锌薄钢板和钢带的公称尺寸范围见表 2-49。

表 2-49　连续热镀锌薄钢板和钢带的公称尺寸范围

<table>
<tr><th colspan="2">项　　目</th><th>公称尺寸/mm</th></tr>
<tr><td colspan="2">公称厚度</td><td>0.30～0.50</td></tr>
<tr><td rowspan="2">公称宽度</td><td>钢板及钢带</td><td>600～2050</td></tr>
<tr><td>纵切钢带</td><td><600</td></tr>
<tr><td>公称长度</td><td>钢板</td><td>1000～8000</td></tr>
<tr><td>公称内径</td><td>钢板及纵切钢带</td><td>610 或 508</td></tr>
</table>

2.2.18　连续电镀锌、锌镍合金镀层钢板及钢带（GB/T 15675—2008）

连续电镀锌、锌镍合金镀层钢板及钢带见表 2-50。

表 2-50　连续电镀锌、锌镍合金镀层钢板及钢带

<table>
<tr><td>牌号</td><td colspan="2">钢板及钢带的牌号由基板牌号和镀层种类两部分组成，中间用“＋”连接
示例 1：DC01＋ZE，DC01＋ZN
DC01－基板牌号
ZE，ZN－镀层种类（纯锌镀层，锌镍合金镀层）
示例 2：CR180BH＋ZE，CR180BH＋ZN
CR180BH－基板牌号
ZE，ZN－镀层种类（纯锌镀层，锌镍合金镀层）</td></tr>
<tr><td rowspan="12">分类和代号</td><td colspan="2">①按表面质量区分</td></tr>
<tr><td>级别</td><td>代号</td></tr>
<tr><td>普通级表面</td><td>FA</td></tr>
<tr><td>较高级表面</td><td>FB</td></tr>
<tr><td>高级表面</td><td>FC</td></tr>
<tr><td colspan="2">②按镀层种类分</td></tr>
<tr><td>镀层种类</td><td>代号</td></tr>
<tr><td>纯锌镀层</td><td>ZE</td></tr>
<tr><td>锌镍合金镀层</td><td>ZN</td></tr>
<tr><td colspan="2">③按镀层形式区分：等厚镀层、差厚镀层及单面镀层</td></tr>
<tr><td colspan="2">④镀层重量的表示方法
示例：
钢板：上表面镀层重量（g/m^2）/下表面镀层重量（g/m^2），如 40/40、10/20、0/30
钢带：外表面镀层重量（g/m^2）/内表面镀层重量（g/m^2），如 50/50、30/40、0/40</td></tr>
</table>

续表

<table>
<tr><td rowspan="15">分类和代号</td><td colspan="5">⑤表面处理的种类和代号</td></tr>
<tr><td colspan="3">表面处理种类</td><td colspan="2">代号</td></tr>
<tr><td colspan="3">铬酸钝化</td><td colspan="2">C</td></tr>
<tr><td colspan="3">铬酸钝化＋涂油</td><td colspan="2">CO</td></tr>
<tr><td colspan="3">磷化（含铬封闭处理）</td><td colspan="2">PC</td></tr>
<tr><td colspan="3">磷化处理（含铬封闭处理）＋涂油</td><td colspan="2">PCO</td></tr>
<tr><td colspan="3">无铬酸钝化</td><td colspan="2">C5</td></tr>
<tr><td colspan="3">无铬酸钝化＋涂油</td><td colspan="2">CO5</td></tr>
<tr><td colspan="3">磷化（含无铬封闭处理）</td><td colspan="2">PC5</td></tr>
<tr><td colspan="3">磷化（含无铬封闭处理）＋涂油</td><td colspan="2">PCO5</td></tr>
<tr><td colspan="3">磷化（不含封闭处理）</td><td colspan="2">P</td></tr>
<tr><td colspan="3">磷化（不含封闭处理）＋涂油</td><td colspan="2">PO</td></tr>
<tr><td colspan="3">涂油</td><td colspan="2">O</td></tr>
<tr><td colspan="3">不处理</td><td colspan="2">U</td></tr>
<tr><td colspan="3">无铬耐指纹处理</td><td colspan="2">AF5</td></tr>
<tr><td>力学和工艺性能</td><td colspan="5">①对于采用GB/T 5213、GB/T 20564.1、GB/T 20564.2、GB/T 20564.3等国家标准中产品作为基板的纯锌镀层钢板及钢带的力学性能及工艺性能应符合相应基板的规定
②对于采用GB/T 5213、GB/T 20564.1、GB/T 20564.2、GB/T 20564.3等国家标准中产品作为基板的锌镍合金镀层钢板及钢带力学性能，若双面镀层重量之和小于50g/m²，其断后伸长率允许比相应基板的规定值下降2个单位，r值允许比相应基板的规定值下降0.2；若双面镀层重量之和不小于50g/m²，其断后伸长率允许比相应基板的规定值下降3个单位，r值允许比相应基板的规定值下降0.3；其他力学性能及工艺性能应符合相应基板的规定
③对于其他基板的电镀锌/锌镍合金镀层钢板及钢带，其力学和工艺性能的要求，应在订货时协商确定</td></tr>
<tr><td rowspan="4">镀层重量</td><td rowspan="3">镀层形式</td><td colspan="2">可供重量范围/g·m⁻²</td><td colspan="2">推荐的公称镀层重量/g·m⁻²</td></tr>
<tr><td colspan="4">镀层种类</td></tr>
<tr><td>纯锌镀层（单面）</td><td>锌镍合金镀层（单面）</td><td>纯锌镀层</td><td>锌镍合金镀层</td></tr>
<tr><td>等厚</td><td>3～90</td><td>10～40</td><td>3/3，10/10，15/15，20/20，30/30，40/40，50/50，60/60，70/70，80/80，90/90</td><td>10/10，15/15，20/20，25/25，30/30，35/35，40/40</td></tr>
</table>

续表

镀层重量	差厚	3～90，两面差值最大值为 40	10～40，两面差值最大值为 20	两面镀层重量之差不大于 40	两面镀层重量之差不大于 20
	单面	10～110	10～40	10，20，30，40，50，60，70，80，90，100，110	10，15，20，25，30，35，40
	①50g/m² 纯锌镀层重量大约相当于 7.1μm 厚，50g/m² 锌镍合金镀层重量大约相当于 6.8μm 厚。 ②对等厚镀层，镀层重量每面三点试验平均值应不小于相应面公称镀层重量，单点试验值不小于相应面公称镀层重量的 85%；对差厚及单面镀层，镀层重量每面三点试验平均值应不小于相应面公称镀层重量，单点试验值不小于相应面公称镀层重量的 80%				

2.2.19　彩色涂层钢板及钢带（GB/T 12754—2006）

彩色涂层钢板是以冷轧钢板或镀锌钢板的卷板为基板，经刷磨、除油、磷化、钝化等表面处理后，在基板表面形成一层极薄的磷化钝化膜，在通过辊涂机时，基板两面被涂覆以各种色彩涂料，再经烘烤后成为彩色涂层钢板。可用有机、无机涂料和复合涂料作表面涂层。彩色涂层钢板及钢带牌号、分类及规格见表 2-51，力学性能见表 2-52 和表 2-53。

表 2-51　彩色涂层钢板及钢带牌号、分类及规格

牌号命名方法	彩涂板的牌号由彩涂代号、基板特性代号和基板类型代号三个部分组成，其中基板特性代号和基板类型代号之间用加号“+”连接 ①彩涂代号 用“涂”字汉语拼音的第一个字母 T 表示 ②基板特性代号 冷成形用钢：电镀基板时由三个部分组成，其中第一部分为字母 D，代表冷成形用钢板，第二部分为字母 C，代表轧制条件为冷轧，第三部分为两位数字序号，即 01、03 和 04；热镀基板时由四个部分组成，其中第一和第二部分与电镀基板相同，第三部分为两位数字序号，即 51、52、53 和 54，第四部分为字母 D，代表热镀 结构钢：由四个部分组成，其中第一部分为字母 S，代表结构钢，第二部分为三位数字，代表规定的最小屈服强度（单位为 MPa），即 250、280、300、320、350、550，第三部分为字母 G，代表热处理，第四部分为字母 D，代表热镀 ③基板类型代号 Z 代表热镀锌基板，ZF 代表热镀锌铁合金基板，AZ 代表热镀铝锌合金基板，ZA 代表热镀锌铝合金基板，ZE 代表电镀锌基板

续表

	彩涂板的牌号					用途
	热镀锌基板	热镀锌铁合金基板	热镀铝锌合金基板	热镀锌铝合金基板	电镀锌基板	
彩涂板的牌号及用途	TDC51D+Z	TDC51D+ZF	TDC51D+AZ	TDC51D+ZA	TDC01+ZE	一般用
	TDC52D+Z	TDC52D+ZF	TDC52D+AZ	TDC52D+ZA	TDC03+ZE	冲压用
	TDC53D+Z	TDC53D+ZF	TDC53D+AZ	TDC53D+ZA	TDC04+ZE	深冲压用
	TDC54D+Z	TDC54D+ZF	TDC54D+AZ	TDC54D+ZA	—	特深冲压用
	TS250GD+Z	TS250GD+ZF	TS250GDY+AZ	TS250GD+ZA	—	结构用
	TS280GD+Z	TS280GD+ZF	TS280GD+AZ	TS280GD+ZA	—	
	—	—	TS300GD+AZ	—	—	
	TS320GD+Z	TS320GD+ZF	TS320GD+AZ	TS320GD+ZA	—	
	TS350GD+Z	TS350GD+ZF	TS350GD+AZ	TS350GD+ZA	—	
	TS550GD+Z	TS550GD+ZF	TS550GD+AZ	TS550GD+ZA	—	

	分类方法	类别	代号
分类和代号	按用途分	建筑外用 建筑内用 家电 其他	JW JN JD QT
	按基板类别分	热镀锌基板 热镀锌铁合金基板 热镀铝锌合金基板 热镀锌铝合金基板 电镀锌基板	Z ZF AZ ZA ZE
	按涂层表面状态分	涂层板 压花板 印花板	TC YA YI
	按面漆种类分	聚酯 硅改性聚酯 高耐久性聚酯 聚偏氟乙烯	PE SMP HDP PVDF
	按涂层结构分	正面两层，反面一层 正面两层，反面两层	2/1 2/2
	按热镀锌基板表面结构分	光整小锌花 光整无锌花	MS FS

续表

<table>
<tr><td>分类和代号</td><td colspan="2">如需表中以外用途、基板类型、涂层表面状态、面漆种类、涂层结构和热镀锌基板表面结构的彩涂板应在订货时协商</td></tr>
<tr><td rowspan="3">规格</td><td>项目</td><td>公称尺寸/mm</td></tr>
<tr><td>公称厚度
公称宽度
钢板公称长度
钢带卷内径</td><td>0.20～2.0
600～1600
1000～6000
450、508 或 610</td></tr>
<tr><td colspan="2">彩涂板的厚度为基板的厚度，不包含涂层厚度</td></tr>
<tr><td>表面质量</td><td colspan="2">钢板和钢带不允许有气泡、划伤、漏涂、颜色不均等有害于使用的缺陷。钢带如有上述缺陷不能切除时，允许做出标记带缺陷交货，但不得超过每卷总长度的 5%</td></tr>
</table>

表 2-52 热镀基板彩涂板的力学性能

<table>
<tr><td rowspan="3">牌号</td><td rowspan="3">屈服强度①/MPa</td><td rowspan="3">抗拉强度/MPa</td><td colspan="2">断后伸长率（L_0=80mm，b=20mm）/% ≥</td><td rowspan="3">拉伸试验试样的方向</td></tr>
<tr><td colspan="2">公称厚度/mm</td></tr>
<tr><td>≤0.7</td><td>> 0.70</td></tr>
<tr><td>TDC51D+Z、TDC51D+ZF、TDC51 D+AZ、TDC51D+ZA</td><td>—</td><td>270～500</td><td>20</td><td>22</td><td rowspan="5">横向（垂直轧制方向）</td></tr>
<tr><td>TDC52D+Z、TDC52D+ZF、TDC52D+AZ、TDC52D+ZA</td><td>140～300</td><td>270～420</td><td>24</td><td>26</td></tr>
<tr><td>TDC53D+Z、T DC53D +ZF、T DC53D+AZ、T DC53D+ZA</td><td>140～260</td><td>270～380</td><td>28</td><td>30</td></tr>
<tr><td>TDC54D+Z、TDC54D+AZ、TDC54D+ZA</td><td>140～220</td><td>270～350</td><td>34</td><td>36</td></tr>
<tr><td>TDC54D+ZF</td><td>140～220</td><td>270～350</td><td>32</td><td>34</td></tr>
<tr><td>TS250GD+Z、TS250GD+ZF、TS250GD+AZ、TS250GD+ZA</td><td>≥250</td><td>≥330</td><td>17</td><td>19</td><td rowspan="6">纵向（沿轧制方向）</td></tr>
<tr><td>TS280GD+Z、TS280GD+ZF、TS280GD+AZ、TS280GD+ZA</td><td>≥280</td><td>≥360</td><td>16</td><td>18</td></tr>
<tr><td>TS300GD+AZ</td><td>≥300</td><td>≥380</td><td>16</td><td>18</td></tr>
<tr><td>TS320GD+Z、TS320GD+ZF、TS320GD+AZ、TS320GD+ZA</td><td>≥320</td><td>≥390</td><td>15</td><td>17</td></tr>
<tr><td>TS350GD+Z、TS350GD+ZF、TS350GD+AZ、TS350GD+ZA</td><td>≥350</td><td>≥420</td><td>14</td><td>16</td></tr>
<tr><td>TS550GD+Z、TS550GD+ZF、TS550GD+AZ、TS550GD+ZA</td><td>≥550</td><td>≥560</td><td>—</td><td>—</td></tr>
</table>

① 当屈服现象不明显时采用 $R_{p0.2}$，否则采用 R_{eH}。

表 2-53　电镀锌基板彩涂板的力学性能

<table>
<tr><th rowspan="3">牌　号</th><th rowspan="3">屈服强度①、②
/MPa</th><th rowspan="3">抗拉强度
/MPa≥</th><th colspan="3">断后伸长率（L_0=80mm，b=20mm）/%≥</th><th rowspan="3">拉伸试验试样的方向</th></tr>
<tr><th colspan="3">公称厚度/mm</th></tr>
<tr><th>≤0.50</th><th>0.50～0.70</th><th>>0.70</th></tr>
<tr><td>TDC01+ZE</td><td>140～280</td><td>270</td><td>24</td><td>26</td><td>28</td><td rowspan="3">横向（垂直轧制方向）</td></tr>
<tr><td>TDC03+ZE</td><td>140～240</td><td>270</td><td>30</td><td>32</td><td>34</td></tr>
<tr><td>TDC04+ZE</td><td>140～220</td><td>270</td><td>33</td><td>35</td><td>37</td></tr>
</table>

① 当屈服现象不明显时采用 $R_{p0.2}$，否则采用 R_{eL}。

② 公称厚度 0.50～0.70mm 时，屈服强度允许增加 20MPa；公称厚度≤0.50mm 时，屈服强度允许增加 40MPa。

2.2.20　冷弯波形钢板（YB/T 5327—2006）

冷弯波形钢板截面尺寸及重量见表 2-54。

表 2-54　冷弯波形钢板截面尺寸及重量

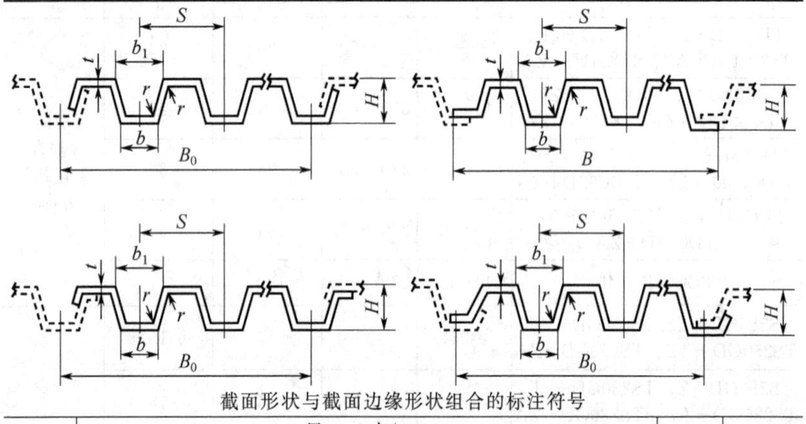

截面形状与截面边缘形状组合的标注符号

<table>
<tr><th rowspan="3">代号</th><th colspan="8">尺　寸/mm</th><th rowspan="3">断面积
/cm²</th><th rowspan="3">重量
/kg·m⁻¹</th></tr>
<tr><th>高度</th><th colspan="2">宽度</th><th rowspan="2">槽距 S</th><th rowspan="2">槽底
尺寸 b</th><th rowspan="2">槽口
尺寸 b_1</th><th>厚度</th><th>内弯曲</th></tr>
<tr><th>H</th><th>B</th><th>B_0</th><th>t</th><th>半径 r</th></tr>
<tr><td>AKA15</td><td>12</td><td>370</td><td rowspan="5">—</td><td>110</td><td>36</td><td>50</td><td>1.5</td><td rowspan="5">1t</td><td>6.00</td><td>4.71</td></tr>
<tr><td>AKB12</td><td>14</td><td>488</td><td rowspan="2">120</td><td rowspan="2">50</td><td rowspan="2">70</td><td rowspan="3">1.2</td><td>6.30</td><td>4.95</td></tr>
<tr><td>AKC12</td><td rowspan="3">15</td><td>378</td><td>5.02</td><td>3.94</td></tr>
<tr><td>AKD12</td><td>488</td><td rowspan="2">100</td><td rowspan="2">41.9</td><td rowspan="2">58.1</td><td>6.58</td><td>5.17</td></tr>
<tr><td>AKD15</td><td></td><td>488</td><td>1.5</td><td>8.20</td><td>6.44</td></tr>
</table>

续表

代号	尺寸/mm								断面积 /cm²	重量 /kg·m⁻¹
	高度 H	宽度 B	宽度 B_0	槽距 S	槽底尺寸 b	槽口尺寸 b_1	厚度 t	内弯曲半径 r		
AKE05	25	830	—	90	40	50	0.5	1t	5.87	4.61
AKE08							0.8		9.32	7.32
AKE10							1.0		11.57	9.08
AKE12							1.2		13.79	10.83
AKF05		650					0.5		4.58	3.60
AKF08							0.8		7.29	5.72
AKF10							1.0		9.05	7.10
AKF12							1.2		10.78	8.46
AKG10	30	690		96	38	58	1.0		9.60	7.54
AKG16							1.6		15.04	11.81
AKG20							2.0		18.60	14.60
ALA08	50	—	800	200	60	74	0.8		9.28	7.28
ALA10							1.0		11.56	9.07
ALA12							1.2		13.82	10.85
ALA16							1.6		18.30	14.37
ALB12			614	204.7	38.6	58.6	1.2		10.46	8.21
ALB16							1.6		13.86	10.88
ALC08				205	40	60	0.8		7.04	5.53
ALC10							1.0		8.76	6.88
ALC12							1.2		10.47	8.22
ALC16							1.6		13.87	10.89
ALD08					50	70	0.8		7.04	5.53
ALD10							1.0		8.76	6.88
ALD12							1.2		10.47	8.22
ALD16							1.6		13.87	10.89
ALE08					92.5	112.5	0.8		7.04	5.53
ALE10							1.0		8.76	6.88
ALE12							1.2		10.47	8.22
ALE16							1.6		13.87	10.89
ALF12				204.7	90	110	1.2		10.46	8.21
ALF16							1.6		13.86	10.88

续表

代号	尺寸/mm								断面积/cm^2	重量/$kg \cdot m^{-1}$
	高度 H	宽度 B	宽度 B_0	槽距 S	槽底尺寸 b	槽口尺寸 b_1	厚度 t	内弯曲半径 r		
ALG08	60	—	600	200	80	100	0.8	1t	7.49	5.88
ALG10							1.0		9.33	7.32
ALG12							1.2		11.17	8.77
ALG16							1.6		14.79	11.61
ALH08	75				58	65	0.8		8.42	6.61
ALH10							1.0		10.49	8.23
ALH12							1.2		12.55	9.85
ALH16							1.6		16.62	13.05
ALI08						73	0.8		8.38	6.58
ALI10							1.0		10.45	8.20
ALI12							1.2		12.52	9.83
ALI16							1.6		16.60	13.03
ALJ08						80	0.8		8.13	6.38
ALJ10							1.0		10.12	7.94
ALJ12							1.2		12.11	9.51
ALJ16							1.6		16.05	12.60
ALJ23							2.3		22.81	17.91
ALK08							0.8		8.06	6.33
ALK10							1.0		10.02	7.87
ALK12							1.2		11.95	9.38
ALK16							1.6		15.84	12.43
ALK23							2.3		22.53	17.69
ALL08			690	230	88	95	0.8		9.18	7.21
ALL10							1.0		10.44	8.20
ALL12							1.2		13.69	10.75
ALL16							1.6		18.14	14.24
ALM08						110	0.8		8.93	7.01
ALM10							1.0		11.12	8.73
ALM12							1.2		13.31	10.45
ALM16							1.6		17.65	13.86
ALM23							2.3		25.09	19.70

续表

代号	尺寸/mm								断面积 /cm²	重量 /kg·m⁻¹
	高度 H	宽度		槽距 S	槽底尺寸 b	槽口尺寸 b_1	厚度 t	内弯曲半径 r		
		B	B_0							
ALN08	75	—	690	230	88	118	0.8	1t	8.74	6.86
ALN10							1.0		10.89	8.55
ALN12							1.2		13.03	10.23
ALN16							1.6		17.28	13.56
ALN23							2.3		24.60	19.31
ALO10	80		600	200	40	72	1.0		10.18	7.99
ALO12							1.2		12.19	9.57
ALO16							1.6		16.15	12.68
ANA05	25		360	90		50	0.5		2.64	2.07
ANA08							0.8		4.21	3.30
ANA10							1.0		5.23	4.11
ANA12							1.2		6.26	4.91
ANA16							1.6		8.29	6.51
ANB08	40		600	150	15	18	0.8		7.22	5.67
ANB10							1.0		8.99	7.06
ANB12							1.2		10.70	8.40
ANB16							1.6		14.17	11.12
ANB23							2.3		20.03	15.72
ARA08	50		614	205	40	60	0.8		7.04	5.53
ARA10							1.0		8.76	6.88
ARA12							1.2		10.47	8.22
ARA16							1.6		13.87	10.89
BLA05				204.7	50	70	0.5		4.69	3.68
BLA08							0.8		7.46	5.86
BLA10							1.0		9.29	7.29
BLA12							1.2		11.10	8.71
BLA15							1.5		13.78	10.82

续表

代号	尺寸/mm								断面积/cm^2	重量/$kg \cdot m^{-1}$
	高度 H	宽度		槽距 S	槽底尺寸 b	槽口尺寸 b_1	厚度 t	内弯曲半径 r		
		B	B_0							
BLB05	75	—	690	230	88	103	0.5	1t	5.73	4.50
BLB08							0.8		9.13	7.17
BLB10							1.0		11.37	8.93
BLB12							1.2		13.61	10.68
BLB16							1.6		18.04	14.16
BLC05			600	200	58	88	0.5		5.05	3.96
BLC08							0.8		8.04	6.31
BLC10							1.0		10.02	7.87
BLC12							1.2		11.99	9.41
BLC16							1.6		15.89	12.47
BLC23							2.3		22.60	17.74
BLD05			690	230	88	118	0.5		5.50	4.32
BLD08							0.8		8.76	6.88
BLD10							1.0		10.92	8.57
BLD12							1.2		13.07	1026
BLD16							1.6		17.33	13.60
BLD23							2.3		24.67	19.37

注：1. 代号中第三个英文字母表示截面形状及截面边缘形状相同，而其他各部尺寸不同的区别。

2. 弯曲部位的内弯曲半径按1t计算。

3. 镀锌波形钢板按锌层牌号为275计算。

4. 经双方协议，可供应表中所列截面尺寸以外的波形钢板。

2.3　钢管

2.3.1　无缝钢管的尺寸、外形、重量及允许偏差（GB/T 17395—2008）

普通钢管的外径、壁厚及单位长度理论重量见表2-55，不锈钢钢管的外径和壁厚见表2-56。

钢管的通常长度为3000～12500mm。

定尺长度和倍尺长度应在通常长度范围内。

表 2-55 普通钢管的外径、壁厚及单位长度理论重量

外径（系列1）/mm	壁厚/mm															
	0.25	0.30	0.40	0.50	0.60	0.80	1.0	1.2	1.4	1.5	1.6	1.8	2.0	2.2 (2.3)	2.5 (2.6)	2.8
	单位长度理论重量/kg·m^{-1}															
10 (10.2)	0.060	0.072	0.095	0.117	0.139	0.182	0.222	0.260	0.297	0.314	0.331	0.364	0.395	0.423	0.462	0.497
13.5	0.082	0.098	0.129	0.160	0.191	0.251	0.308	0.364	0.418	0.444	0.470	0.519	0.567	0.613	0.678	0.739
17 (17.2)	0.103	0.124	0.164	0.203	0.243	0.320	0.395	0.468	0.539	0.573	0.608	0.675	0.740	0.803	0.894	0.981
21 (21.3)			0.203	0.253	0.302	0.399	0.493	0.586	0.677	0.721	0.765	0.852	0.937	1.02	1.14	1.26
27 (26.9)			0.262	0.327	0.391	0.517	0.641	0.764	0.884	0.943	1.00	1.12	1.23	1.35	1.51	1.67
34 (33.7)			0.331	0.413	0.494	0.655	0.814	0.971	1.13	1.20	1.28	1.43	1.58	1.73	1.94	2.15
42 (42.4)							1.01	1.21	1.40	1.50	1.59	1.78	1.97	2.16	2.44	2.71
48 (48.3)							1.16	1.38	1.61	1.72	1.83	2.05	2.27	2.48	2.81	3.12
60 (60.3)							1.46	1.74	2.02	2.16	2.30	2.58	2.86	3.14	3.55	3.95
76 (76.1)							1.85	2.21	2.58	2.76	2.94	3.29	3.65	4.00	4.53	5.05
89 (88.9)									3.02	3.24	3.45	3.87	4.29	4.71	5.33	5.95
114 (114.3)										4.16	4.44	4.98	5.52	6.07	6.87	7.68

续表

外径（系列1）/mm	壁厚/mm															
	(2.9) 3.0	3.2	3.5 (3.6)	4.0	4.5	5.0	(5.4) 5.5	6.0	(6.3) 6.5	7.0 (7.1)	7.5	8.0	8.5	(8.8) 9.0	9.5	10
	单位长度理论重量/kg·m^{-1}															
10 (10.2)	0.518	0.537	0.561													
13.5	0.777	0.813	0.863	0.937												
17 (17.2)	1.04	1.09	1.17	1.28	1.39	1.48										
21 (21.3)	1.33	1.40	1.51	1.68	1.83	1.97	2.10	2.22								
27 (26.9)	1.78	1.88	2.03	2.27	2.50	2.71	2.92	3.11	3.29	3.45						
34 (33.7)	2.29	2.43	2.63	2.96	3.27	3.58	3.87	4.14	4.41	4.66	4.90	5.13				
42 (42.4)	2.89	3.06	3.32	3.75	4.16	4.56	4.95	5.33	5.69	6.04	6.38	6.71	7.02	7.32	7.61	7.89
48 (48.3)	3.33	3.54	3.84	4.34	4.83	5.30	5.76	6.21	6.65	7.08	7.49	7.89	8.28	8.66	9.02	9.37
60 (60.3)	4.22	4.48	4.88	5.52	6.16	6.78	7.39	7.99	8.58	9.15	9.71	10.26	10.80	11.32	11.83	12.33
76 (76.1)	5.40	5.75	6.26	7.10	7.93	8.75	9.56	10.36	11.14	11.91	12.67	13.42	14.15	14.87	15.58	16.28
89 (88.9)	6.36	6.77	7.38	8.38	9.38	10.36	11.33	12.28	13.22	14.16	15.07	15.98	16.87	17.76	18.63	19.48
114 (114.3)	8.21	8.74	9.54	10.85	12.15	13.44	14.72	15.98	17.23	18.47	19.70	20.91	22.12	23.31	24.48	25.65
140 (139.7)	10.14	10.80	11.78	13.42	15.04	16.65	18.24	19.83	21.40	22.96	24.51	26.04	27.57	29.08	30.57	32.06
168 (168.3)			14.20	16.18	18.14	20.10	22.04	23.97	25.89	27.79	29.69	31.57	33.43	35.29	37.13	38.97
219 (219.1)								31.52	34.06	36.60	39.12	41.63	44.13	46.61	49.08	51.54
273									42.72	45.92	49.11	50.28	55.45	58.60	61.73	64.86
325 (323.9)											58.73	62.54	66.35	70.14	73.92	77.68
356 (355.6)														77.02	81.18	85.33
406 (406.4)														88.12	92.89	97.66
457														99.44	104.84	110.24
508														110.75	115.79	122.81
610														133.39	140.69	147.97

续表

外径（系列 1）/mm	壁厚/mm														
	11	12 (12.5)	13	14 (14.2)	15	16	17 (17.5)	18	19	20	22 (22.2)	24	25	26	28
	单位长度理论重量/kg·m^{-1}														
48 (48.3)	10.04	10.65													
60 (60.3)	13.29	14.21	15.07	15.88	16.65	17.36									
76 (76.1)	17.63	18.94	20.20	21.41	22.57	23.68	24.74	25.75	26.71	27.62					
89 (88.9)	21.16	22.79	24.37	25.89	27.37	28.80	30.19	31.52	32.80	34.03	36.35	38.47			
114 (114.3)	27.94	30.19	32.38	34.53	36.62	38.67	40.67	42.62	44.51	46.36	49.91	53.27	54.87	56.43	59.36
140 (139.7)	34.99	37.88	40.72	43.50	46.24	48.93	51.57	54.16	56.70	59.19	64.02	68.66	70.90	73.10	77.34
168 (168.3)	42.59	46.17	49.69	53.17	56.60	59.98	63.31	66.59	69.82	73.00	79.21	85.23	88.17	91.05	96.67
219 (219.1)	56.43	61.26	66.04	70.78	75.46	80.10	84.69	89.23	93.71	98.15	106.88	115.42	119.61	123.75	131.89
273	71.07	77.24	83.36	89.42	95.44	101.41	107.33	113.20	119.02	124.79	136.18	147.38	152.90	158.38	169.18
325 (323.9)	85.18	92.63	100.03	107.38	114.68	121.93	129.13	136.28	143.38	150.44	164.39	178.16	184.96	191.72	205.09
356 (355.6)	93.59	101.80	109.97	118.08	126.14	134.16	142.12	150.04	157.91	165.73	181.21	196.50	204.07	211.60	226.49
406 (406.4)	107.15	116.60	126.00	135.34	144.64	153.89	163.09	172.24	181.34	190.39	208.34	226.10	234.90	243.66	261.02
457	120.99	131.69	142.35	152.95	163.51	174.01	184.47	194.88	205.23	215.54	236.01	256.28	266.34	276.36	296.23
508	134.82	146.79	158.70	170.56	182.37	194.14	205.85	217.51	229.13	240.70	263.68	286.47	297.79	309.06	331.45
610	162.50	176.97	191.40	205.78	220.10	234.38	248.61	262.79	276.92	291.01	319.02	346.84	360.68	374.46	401.88
711		206.86	223.78	240.65	257.47	274.24	290.96	307.63	324.25	340.82	373.82	406.62	422.95	439.22	471.63
813										391.13	429.16	466.99	485.83	504.62	542.06
914													548.10	569.39	611.80
1016													610.99	634.79	682.24

续表

外径（系列1）/mm	壁厚/mm												
	30	32	34	36	38	40	42	45	48	50	55	60	65
	单位长度理论重量/kg·m⁻¹												
114（114.3）	62.15												
140（139.7）	81.38	85.22	88.88	92.33									
168（168.3）	102.10	107.33	112.36	117.19	121.83	126.27	130.51	136.50					
219（219.1）	139.83	147.57	155.12	162.47	169.62	176.58	183.33	193.10	202.42	208.39	222.45		
273	179.78	190.19	200.40	210.41	220.23	229.85	239.27	253.03	266.34	274.98	295.69	315.17	333.42
325（323.9）	218.25	231.23	244.00	256.58	268.96	281.14	293.13	310.74	327.90	339.10	366.22	392.12	416.78
356（355.6）	241.19	255.69	269.99	284.10	298.01	311.72	325.24	345.14	364.60	377.32	408.27	437.99	466.47
406（406.4）	278.18	295.15	311.92	328.49	344.87	361.05	377.03	400.63	423.78	438.98	476.09	511.97	546.62
457	315.91	335.40	354.68	373.77	392.66	411.35	429.85	457.23	484.16	501.86	545.27	587.44	628.38
508	353.65	375.64	397.45	419.05	440.46	451.66	482.68	513.82	544.52	564.75	614.44	662.90	710.13
610	429.11	456.14	482.97	509.61	536.04	562.28	588.33	627.02	665.27	690.52	752.79	813.83	873.64
711	503.84	535.85	567.66	599.28	630.69	661.92	692.94	739.11	784.83	815.06	889.79	963.28	1035.54
813	579.30	656.59	695.95	735.11	774.08	812.85	851.42	908.90	965.94	940.84	1028.14	1114.21	1199.65
914	654.02	696.05	737.87	779.50	820.93	862.17	903.20	964.39	1025.13	1065.38	1165.14	1263.66	1360.95
1016	729.49	776.54	823.40	870.06	916.52	962.79	1008.86	1077.59	1145.87	1191.15	1303.49	1414.59	1524.45

续表

外径（系列 1）/mm	壁厚/mm								
	70	75	80	85	90	95	100	110	120
	单位长度理论重量/kg·m^{-1}								
273	350.44	366.22	380.77	394.09					
325（323.9）	440.21	462.40	483.37	503.10	521.59	538.86	554.89		
356（355.6）	493.72	519.74	544.53	568.08	590.40	611.48	631.34		
406（406.4）	580.04	612.22	643.17	672.89	701.37	728.63	754.64		
457	668.08	706.55	743.79	779.80	814.57	848.11	880.42		
508	756.12	800.88	844.41	886.71	927.77	967.60	1006.19	1079.68	
610	932.21	989.55	1045.65	1100.52	1154.16	1206.57	1257.74	1336.39	1450.10
711	1106.56	1176.36	1244.92	1312.24	1378.33	1443.19	1506.82	1630.38	1749.00
813	1282.65	1365.02	1446.15	1526.06	1604.73	1682.17	1758.37	1907.08	2050.86
914	1457.00	1551.83	1645.42	1737.78	1828.90	1918.79	2007.45	2181.07	2349.75
1016	1633.09	1740.49	1846.66	1951.59	2055.29	2157.76	2259.00	2457.77	2651.61

注：括号内尺寸为相应的 ISO 4200 规格。

钢管按实际重量交货，也可按理论重量交货。实际重量交货可分为单根重量或每批重量两种。按理论重量交货的钢管，每批大于或等于10t钢管的理论重量与实际重量允许偏差为±7.5%或±5%。

表 2-56 不锈钢钢管的外径和壁厚

外径（系列1）/mm	壁厚/mm													
	0.5	0.6	0.7	0.8	0.9	1.0	1.2	1.4	1.5	1.6	2.0	2.2 (2.3)	2.5 (2.6)	2.8 (2.9)
10 (10.2)	●	●	●	●	●	●	●							
13 (13.5)	●	●	●	●	●	●	●	●	●	●	●	●	●	●
17 (17.2)	●	●	●	●	●	●	●	●	●	●	●	●	●	●
21 (21.3)	●	●	●	●	●	●	●	●	●	●	●	●	●	●
27 (26.9)						●	●	●	●	●	●	●	●	●
34 (33.7)						●	●	●	●	●	●	●	●	●
42 (42.4)						●	●	●	●	●	●	●	●	●
48 (48.3)						●	●	●	●	●	●	●	●	●
60 (60.3)										●	●	●	●	●
76 (76.1)										●	●	●	●	●
89 (88.9)										●	●	●	●	●
114 (114.3)										●	●	●	●	●
140 (139.7)										●	●	●	●	●
168 (168.3)										●	●	●	●	●
219 (219.1)											●	●	●	●
273											●	●	●	●
325 (323.9)													●	●
356 (355.6)													●	●
406 (406.4)													●	●

外径（系列1）/mm	壁厚/mm													
	3.0	3.2	3.5 (3.6)	4.0	4.5	5.0	5.5 (5.6)	6.0	6.3 (6.5)	7.0 (7.1)	7.5	8.0	8.5	8.8 (9.0)
10 (10.2)														
13 (13.5)	●	●												
17 (17.2)	●	●	●	●										
21 (21.3)	●	●	●	●	●	●								
27 (26.9)	●	●	●	●	●	●	●	●						

续表

外径（系列1）/mm	壁厚/mm													
	3.0	3.2	3.5 (3.6)	4.0	4.5	5.0	5.5 (5.6)	6.0	6.3 (6.5)	7.0 (7.1)	7.5	8.0	8.5	8.8 (9.0)
34 (33.7)	●	●	●	●	●	●	●	●	●					
42 (42.4)	●	●	●	●	●	●	●	●	●	●	●			
48 (48.3)	●	●	●	●	●	●	●	●	●	●	●	●	●	
60 (60.3)	●	●	●	●	●	●	●	●	●	●	●	●	●	●
76 (76.1)	●	●	●	●	●	●	●	●	●	●	●	●	●	●
89 (88.9)	●	●	●	●	●	●	●	●	●	●	●	●	●	●
114 (114.3)	●	●	●	●	●	●	●	●	●	●	●	●	●	●
140 (139.7)	●	●	●	●	●	●	●	●	●	●	●	●	●	●
168 (168.3)	●	●	●	●	●	●	●	●	●	●	●	●	●	●
219 (219.1)	●	●	●	●	●	●	●		●	●	●	●	●	●
273	●	●	●	●	●	●	●		●	●	●	●	●	●
325 (323.9)	●	●	●	●	●	●	●		●	●	●	●	●	●
356 (355.6)	●	●	●	●	●	●	●		●	●	●	●	●	●
406 (406.4)	●	●	●	●	●	●	●	●	●	●	●	●	●	●

外径（系列1）/mm	壁厚/mm														
	9.5	10	11	12 (12.5)	14 (14.2)	15	16	17 (17.5)	18	20	22 (22.2)	24	25	26	28
60 (60.3)	●														
76 (76.1)	●	●	●	●											
89 (88.9)	●	●	●	●	●										
114 (114.3)	●	●	●	●	●										
140 (139.7)	●	●	●	●	●	●	●								
168 (168.3)	●	●	●	●	●	●	●	●	●						
219 (219.1)	●	●	●	●	●	●	●	●	●						
273	●	●	●	●	●	●	●	●	●	●	●	●	●	●	●
325 (323.9)	●	●	●	●	●	●	●	●	●	●	●	●	●	●	●
356 (355.6)	●	●	●	●	●	●	●	●	●	●	●	●	●	●	●
406 (406.4)	●	●	●	●	●	●	●	●	●	●	●	●	●	●	●

注：1. 括号内为相应的英制单位。

2. “●”表示常用规格。

2.3.2　结构用无缝钢管（GB/T 8162—2008）

结构用无缝钢管的尺寸、外形和重量见表2-57，钢管的力学性能见表2-58～表2-60。

表2-57　结构用无缝钢管的尺寸、外形和重量

<table>
<tr><th>项目</th><th colspan="4">要　求</th></tr>
<tr><td>外径和壁厚</td><td colspan="4">钢管的外径 D 和壁厚 S 应符合 GB/T 17395 的规定
根据需方要求，经供需双方协商，可供应其他外径和壁厚的钢管</td></tr>
<tr><td rowspan="16">外径和壁厚的允许偏差/mm</td><td colspan="4">①钢管的外径允许偏差</td></tr>
<tr><td colspan="3">钢管种类</td><td>允许偏差</td></tr>
<tr><td colspan="3">热轧（挤压、扩）钢管</td><td>±1%D 或±0.50mm，取其中较大者</td></tr>
<tr><td colspan="3">冷拔（轧）钢管</td><td>±1%D 或±0.30mm，取其中较大者</td></tr>
<tr><td colspan="4">②热轧（挤压、扩）钢管壁厚允许偏差</td></tr>
<tr><td>钢管种类</td><td>钢管公称外径</td><td>S/D</td><td>允许偏差</td></tr>
<tr><td rowspan="4">热轧（挤压）钢管</td><td>≤102mm</td><td>—</td><td>±12.5%S 或±0.40mm，取其中较大者</td></tr>
<tr><td rowspan="3">>102mm</td><td>≤0.05</td><td>±15%S 或±0.40mm，取其中较大者</td></tr>
<tr><td>>0.05～0.10</td><td>±12.5%S 或±0.40mm，取其中较大者</td></tr>
<tr><td>>0.10</td><td>$^{+12.5\%S}_{-10\%S}$</td></tr>
<tr><td>热扩钢管</td><td colspan="2">—</td><td>±15%S</td></tr>
<tr><td colspan="4">③冷拔（轧）钢管壁厚允许偏差</td></tr>
<tr><td>钢管种类</td><td colspan="2">钢管公称壁厚</td><td>允许偏差</td></tr>
<tr><td rowspan="2">冷拔（轧）</td><td colspan="2">≤3mm</td><td>$^{+15\%S}_{-10\%S}$或±0.15mm，取其中较大者</td></tr>
<tr><td colspan="2">>3mm</td><td>$^{+12.5\%S}_{-10\%S}$</td></tr>
<tr><td colspan="4">根据需方要求，经供需双方协商，并在合同中注明，可生产表中规定以外尺寸允许偏差的钢管</td></tr>
<tr><td rowspan="3">长度</td><td colspan="4">①通常长度：3000～12500mm</td></tr>
<tr><td colspan="4">②范围长度：根据需方要求，经供需双方协商，并在合同中注明，钢管可按范围长度交货。范围长度应在通常长度范围内</td></tr>
<tr><td colspan="4">③定尺和倍尺长度：
a.根据需方要求，经供需双方协商，并在合同中注明，钢管可按定尺长度或倍尺长度交货
b.钢管的定尺长度应在通常长度范围内，其定尺长度允许偏差应符合如下规定：定尺长度不大于6000mm，$^{+10}_{0}$mm；定尺长度大于6000mm，$^{+15}_{0}$mm</td></tr>
</table>

续表

项目	要　求
长度	c. 钢管的倍尺总长度应在通常长度范围内，全长允许偏差为 $^{+20}_{0}$mm，每个倍尺长度应按下述规定留出切口余量：外径不大于 159mm，5～10mm；外径大于 159mm，10～15mm。
重量	①钢管按实际重量交货，也可按理论重量交货。钢管理论重量的计算按 GB/T 17395 的规定，钢的密度取 7.85kg/dm^3 ②根据需方要求，经供需双方协商，并在合同中注明，交货钢管的理论重量与实际重量的偏差应符合如下规定：单支钢管，±10%；每批最小为 10t 的钢管，±7.5%

表 2-58　优质碳素结构钢、低合金高强度结构钢和牌号为 Q235、Q275、Q295、Q345、Q390、Q420、Q460 的钢管的力学性能

牌号	质量等级	抗拉强度 R_m/MPa	下屈服强度 R_{eL}/MPa			断后伸长率 A/%	冲击试验	
			壁厚/mm				温度/℃	吸收能量 KV_2/J
			≤16	>16～30	>30			
			≥					≥
10	—	≥335	205	195	185	24	—	—
15	—	≥375	225	215	205	22	—	—
20	—	≥410	245	235	225	20	—	—
25	—	≥450	275	265	255	18	—	—
35	—	≥510	305	295	285	17	—	—
45	—	≥590	335	325	315	14	—	—
20Mn	—	≥450	275	265	255	20	—	—
25Mn	—	≥490	295	285	275	18	—	—
Q235	A	375～500	235	225	215	25	—	—
	B						+20	27
	C						0	
	D						−20	
Q275	A	415～540	275	265	255	22	—	—
	B						+20	27
	C						0	
	D						−20	

续表

<table>
<tr><th rowspan="3">牌号</th><th rowspan="3">质量等级</th><th rowspan="3">抗拉强度 R_m/MPa</th><th colspan="3">下屈服强度 R_{eL}/MPa</th><th rowspan="3">断后伸长率 A/%</th><th colspan="2">冲击试验</th></tr>
<tr><th colspan="3">壁厚/mm</th><th rowspan="2">温度/℃</th><th>吸收能量 KV_2/J</th></tr>
<tr><th>≤16</th><th>>16～30</th><th>>30</th><th></th></tr>
<tr><th></th><th></th><th></th><th colspan="4">≥</th><th></th><th>≥</th></tr>
<tr><td rowspan="2">Q295</td><td>A</td><td rowspan="2">390～570</td><td rowspan="2">295</td><td rowspan="2">275</td><td rowspan="2">255</td><td rowspan="2">22</td><td>—</td><td>—</td></tr>
<tr><td>B</td><td>+20</td><td>34</td></tr>
<tr><td rowspan="5">Q345</td><td>A</td><td rowspan="5">470～630</td><td rowspan="5">345</td><td rowspan="5">325</td><td rowspan="5">295</td><td rowspan="2">20</td><td>—</td><td>—</td></tr>
<tr><td>B</td><td>+20</td><td rowspan="3">34</td></tr>
<tr><td>C</td><td rowspan="3">21</td><td>0</td></tr>
<tr><td>D</td><td>−20</td></tr>
<tr><td>E</td><td>−40</td><td>27</td></tr>
<tr><td rowspan="5">Q390</td><td>A</td><td rowspan="5">490～650</td><td rowspan="5">390</td><td rowspan="5">370</td><td rowspan="5">350</td><td rowspan="2">18</td><td>—</td><td>—</td></tr>
<tr><td>B</td><td>+20</td><td rowspan="3">34</td></tr>
<tr><td>C</td><td rowspan="3">19</td><td>0</td></tr>
<tr><td>D</td><td>−20</td></tr>
<tr><td>E</td><td>−40</td><td>27</td></tr>
<tr><td rowspan="5">Q420</td><td>A</td><td rowspan="5">520～680</td><td rowspan="5">420</td><td rowspan="5">400</td><td rowspan="5">380</td><td rowspan="2">18</td><td>—</td><td>—</td></tr>
<tr><td>B</td><td>+20</td><td rowspan="3">34</td></tr>
<tr><td>C</td><td rowspan="3">19</td><td>0</td></tr>
<tr><td>D</td><td>−20</td></tr>
<tr><td>E</td><td>−40</td><td>27</td></tr>
<tr><td rowspan="3">Q460</td><td>C</td><td rowspan="3">550～720</td><td rowspan="3">460</td><td rowspan="3">440</td><td rowspan="3">420</td><td rowspan="3">17</td><td>0</td><td rowspan="2">34</td></tr>
<tr><td>D</td><td>−20</td></tr>
<tr><td>E</td><td>−40</td><td>27</td></tr>
</table>

注：1. 拉伸试验时，如不能测定屈服强度，可测定规定非比例延伸强度 $R_{p0.2}$ 代替 R_{eL}。

2. 冲击试验。

① 低合金高强度结构钢和牌号为 Q235、Q275 的钢管，当外径不小于 70mm，且壁厚不小于 6.5mm 时，应进行冲击试验，其夏比 V 形缺口冲击试验的冲击吸收能量和试验温度应符合表中的规定。冲击吸收能量按一组三个试样的算术平均值计算，允许其中一个试样的单个值低于规定值，但应不低于规定值的 70%。

② 表中的冲击吸收能量为标准尺寸试样夏比 V 形缺口冲击吸性能量要求值。当钢管尺寸不能制备标准尺寸试样时，可制备小尺寸试样。当采用小尺寸冲击试样时，其最小夏比 V 形缺口冲击吸收能量要求值应为标准尺寸试样冲击吸收能量要求值乘以表 1-59 中的递减系数。冲击试样尺寸应优先选择尽可能的较大尺寸。

③ 根据需方要求，经供需双方协商，并在合同中注明，其他牌号、质量等级也可进行夏比 V 形缺口冲击试验，其试验温度、试验尺寸、冲击吸收能量由供需双方协商确定。

表 2-59 小尺寸试样冲击吸收能量递减系数

试样规格	试样尺寸（高度×宽度）/mm	递减系数
标准试样	10×10	1.00
小试样	10×7.5	0.75
小试样	10×5	0.50

表 2-60 合金钢钢管的力学性能

序号	牌号	推荐的热处理制度①					拉伸性能			钢管退火或高温回火交货状态布氏硬度
		淬火（正火）			回火		抗拉强度 R_m/MPa	下屈服强度 R_{eL}⑥/MPa	断后伸长率 A/%	
		温度/℃		冷却剂	温度/℃	冷却剂				
		第一次	第二次				≥			≤
1	40Mn2	840	—	水、油	540	水、油	885	735	12	217
2	45Mn2	840	—	水、油	550	水、油	885	735	10	217
3	27SiMn	920	—	水	450	水、油	980	835	12	217
4	40MnB②	850	—	油	500	水、油	980	785	10	207
5	45MnB②	840	—	油	500	水、油	1030	835	9	217
6	20Mn2B②、⑤	880	—	油	200	水、空	980	785	10	187
7	20Cr③、⑤	880	880	水、油	200	水、空	835	540	10	179
							785	490	10	179
8	30Cr	860	—	油	500	水、油	885	685	11	187
9	35Cr	860	—	油	500	水、油	930	735	11	207
10	40Cr	850	—	油	520	水、油	980	785	9	207
11	45Cr	840	—	油	520	水、油	1030	835	9	217
12	50Cr	830	—	油	520	水、油	1080	930	9	229
13	38CrSi	900	—	油	600	水、油	980	835	12	255
14	12CrMo	900	—	空	650	空	410	265	24	179
15	15CrMo	900	—	空	650	空	440	295	22	179
16	20CrMo③、⑤	880	—	水、油	500	水、油	885	685	11	197
			—				845	635	12	197
17	35CrMo	850	—	油	550	水、油	980	835	12	229
18	42CrMo	850	—	油	560	水、油	1080	930	12	217

续表

序号	牌号	推荐的热处理制度①					拉伸性能			钢管退火或高温回火交货状态布氏硬度
		淬火（正火）			回火		抗拉强度 R_m/MPa	下屈服强度 R_{eL}⑥/MPa	断后伸长率 A/%	
		温度/℃		冷却剂	温度/℃	冷却剂				
		第一次	第二次				≥	≥	≥	≤
19	12CrMoV	970	—	空	750	空	440	225	22	241
20	12Cr1MoV	970	—	空	750	空	490	245	22	179
21	38CrMoAl③	940	—	水、油	640	水、油	980	835	12	229
							930	785	14	229
22	50CrVA	860	—	油	500	水、油	1275	1130	10	255
23	20CrMn	850	—	油	200	水、空	930	735	10	187
24	20CrMnSi⑤	880	—	油	480	水、油	785	635	12	207
25	30CrMnSi③、⑤	880	—	油	520	水、油	1080	885	8	229
							980	835	10	229
26	35CrMnSiA⑤	880	—	油	230	水、空	1620	—	9	229
27	20CrMnTi④、⑤	890	870	油	200	水、空	1080	835	10	217
28	30CrMnTi④、⑤	880	850	油	200	水、空	1470	—	9	229
29	12CrNi2	860	780	水、油	200	水、空	785	590	12	207
30	12CrNi3	860	780	油	200	水、空	930	685	11	217
31	12Cr2Ni4	860	780	油	200	水、空	1080	835	10	269
32	40CrNiMoA	850	—	油	600	水、油	980	835	12	269
33	45CrNiMoVA	860	—	油	460	油	1470	1325	7	269

① 表中所列热处理温度允许调整范围：淬火±20℃，低温回火±30℃，高温回火±50℃。

② 含硼钢在淬火前可先正火，正火温度应不高于其淬火温度。

③ 按需方指定的一组数据交货，当需方未指定时，可按其中任一组数据交货。

④ 含铬、锰、钛钢第一次淬火可用正火代替。

⑤ 于290～320℃等温淬火。

⑥ 拉伸试验时，如不能测定屈服强度，可测定规定非比例延伸强度 $R_{p0.2}$ 代替 R_{eL}。

2.3.3 输送流体用无缝钢管（GB/T 8163—2008）

输送流体用无缝钢管的尺寸、外形和重量见表2-57，钢管的力学性能见表2-61。

表 2-61　钢管的力学性能

牌号	质量等级	抗拉强度 R_m/MPa	拉伸性能				冲击试验	
			下屈服强度 R_{eL}/MPa			断后伸长率 A/%	温度/℃	吸收能量 KV_2/J
			壁厚/mm					
			≤16	>16～30	>30			
			≥					≥
10	—	335～475	205	195	185	24	—	—
20	—	410～530	245	235	225	20	—	—
Q295	A	390～570	295	275	255	22	—	—
	B						+20	34
Q345	A	470～630	345	325	295	20	—	—
	B						+20	34
	C					21	0	
	D						−20	
	E						−40	27
Q390	A	490～650	390	370	350	18	—	—
	B						+20	34
	C					19	0	
	D						−20	
	E						−40	27
Q420	A	520～680	420	400	380	18	—	—
	B						+20	34
	C					19	0	
	D						−20	
	E						−40	27
Q460	C	550～720	460	440	420	17	0	34
	D						−20	
	E						−40	27

注：1. 拉伸试验时，如不能测定屈服强度，可测定规定非比例延伸强度 $R_{p0.2}$ 代替 R_{eL}。

2. 冲击试验。

① 牌号为 Q295、Q345、Q390、Q420、Q460，质量等级为 B、C、D、E 的钢管，当外径不小于 70mm，且壁厚不小于 6.5mm 时，应进行冲击试验，其夏比 V 形缺口冲击试验的冲击吸收能量和试验温度应符合表中的规定。冲击吸收能量按一组三个试样的算术平均值计算，允许其中一个试样的单个值低于规定值，但应不低于规定值的 70%。

② 表中的冲击吸收能量为标准尺寸试样夏比 V 形缺口冲击吸性能量要求值。当钢管尺寸不能制备标准尺寸试样时，可制备小尺寸试样。当采用小尺寸冲击试样时，其最小夏比 V 形缺口冲击吸收能量要求值应为标准尺寸试样冲击吸收能量要求值乘以表 2-59 中的递减系数。冲击试样尺寸应优先选择尽可能的较大尺寸。

③ 根据需方要求，经供需双方协商，并在合同中注明，其他牌号、质量等级也可进行夏比 V 形缺口冲击试验，其试验温度、试验尺寸、冲击吸收能量由供需双方协商确定。

2.3.4 焊接钢管尺寸及单位长度重量（GB/T 21835—2008）

焊接钢管尺寸及单位长度重量见表2-62和表2-63。

表2-62 普通焊接钢管尺寸及单位长度理论重量

外径（系列1）/mm	壁厚（系列1）/mm											
	0.5	0.6	0.8	1.0	1.2	1.4	1.6	1.8	2.0	2.3	2.6	2.9
	单位长度理论重量/kg·m^{-1}											
10.2	0.120	0.142	0.185	0.227	0.266	0.304	0.339	0.373	0.404	0.448	0.487	0.522
13.5	0.160	0.191	0.251	0.308	0.364	0.418	0.470	0.519	0.567	0.635	0.699	0.758
17.2	0.206	0.246	0.324	0.400	0.474	0.546	0.616	0.684	0.750	0.845	0.936	1.02
21.3	0.256	0.306	0.404	0.501	0.595	0.687	0.777	0.866	0.952	1.08	1.20	1.32
26.9	0.326	0.389	0.515	0.639	0.761	0.880	0.998	1.11	1.23	1.40	1.56	1.72
33.7	0.409	0.490	0.649	0.806	0.962	1.12	1.27	1.36	1.45	1.74	1.99	2.20
42.4	0.517	0.619	0.821	1.02	1.22	1.42	1.61	1.80	1.99	2.27	2.55	2.82
48.3		0.706	0.937	1.17	1.39	1.62	1.84	2.06	2.28	2.61	2.93	3.25
60.3		0.883	1.17	1.46	1.75	2.03	2.32	2.60	2.88	3.29	3.70	4.11
76.1			1.49	1.85	2.22	2.58	2.94	3.30	3.65	4.19	4.71	5.24
88.9			1.74	2.17	2.60	3.02	3.44	3.87	4.29	4.91	5.53	6.15
114.3					3.35	3.90	4.45	4.99	5.54	6.35	7.16	7.97
139.7							5.45	6.12	6.79	7.79	8.79	9.78
168.3							6.58	7.39	8.20	9.42	10.62	11.83
219.1								9.65	10.71	12.30	13.88	15.46
273.1									13.37	15.36	17.34	19.32
323.9											20.60	22.96
355.6											22.63	25.22
406.4											25.89	28.86

外径（系列1）/mm	壁厚（系列1）/mm											
	3.2	3.6	4.0	4.5	5.0	5.4	5.6	6.3	7.1	8.0	8.8	10
	单位长度理论重量/kg·m^{-1}											
10.2												
13.5												
17.2	1.10	1.21										
21.3	1.43	1.57	1.71	1.86								
26.9	1.87	2.07	2.26	2.49	2.70							

续表

外径（系列 1）/mm	壁厚（系列 1）/mm											
	3.2	3.6	4.0	4.5	5.0	5.4	5.6	6.3	7.1	8.0	8.8	10
	单位长度理论重量/kg·m^{-1}											
33.7	2.41	2.67	2.93	3.24	3.54							
42.4	3.09	3.44	3.79	4.21	4.61	4.93	5.08					
48.3	3.56	3.97	4.37	4.86	5.34	5.71	5.90					
60.3	4.51	5.03	5.55	6.19	6.82	7.31	7.55					
76.1	5.75	6.44	7.11	7.95	8.77	9.42	9.74	10.84				
88.9	6.76	7.57	8.38	9.37	10.35	11.12	11.50	12.83				
114.3	8.77	9.83	10.88	12.19	13.48	14.50	15.01	16.78	18.77			
139.7	10.77	12.08	13.39	15.00	16.61	17.89	18.52	20.73	23.22			
168.3	13.03	14.62	16.21	18.18	20.14	21.69	22.47	25.17	28.23	31.63		
219.1	17.04	19.13	21.22	23.82	26.40	28.46	29.49	33.06	37.12	41.65	45.64	51.57
273.1	21.30	23.93	26.55	29.81	33.06	35.65	36.94	41.45	46.58	52.30	57.36	64.88
323.9	25.31	28.44	31.56	35.45	39.32	42.42	43.96	49.34	55.47	62.34	68.38	77.41
355.6	27.81	31.25	34.68	38.96	43.23	46.64	48.34	54.27	61.02	68.58	75.26	85.23
406.4	31.82	35.76	39.70	44.60	49.50	53.40	55.35	62.16	69.92	78.60	86.29	97.76
457	35.81	40.25	44.69	50.23	55.73	60.14	62.34	70.02	78.78	88.58	97.27	110.24
508	39.84	44.78	49.72	55.88	62.02	66.93	69.38	77.95	87.71	98.65	108.34	122.81
610	47.89	53.84	59.78	67.20	74.60	80.52	83.47	93.80	105.57	118.77	130.47	147.97
711			69.74	78.41	87.06	93.97	97.42	109.49	123.25	138.70	152.39	172.88
813			79.80	89.72	99.63	107.55	111.51	125.33	141.11	158.82	174.53	198.03
914			89.76	100.93	112.09	121.00	125.45	141.03	158.80	178.75	196.45	222.94
1016			99.83	112.25	124.66	134.58	139.54	156.87	176.66	198.87	218.58	248.09
1067					130.95	141.38	146.58	164.80	185.58	208.93	229.65	260.67
1118					137.24	148.17	153.63	172.72	194.51	218.99	240.72	273.25
1219					149.70	161.62	167.58	188.41	212.20	238.92	262.64	298.16
1422							195.61	219.95	247.74	278.97	306.69	348.22
1626								251.65	283.46	319.22	350.97	398.53
1829									319.01	359.27	395.02	448.59
2032										399.32	439.08	498.66
2235											483.13	548.72
2540												623.94

续表

外径（系列1）/mm	壁厚（系列1）/mm									
	11	12.5	14.2	16	17.5	20	22.2	25	28	30
	单位长度理论重量/kg·m^{-1}									
219.1	56.45	63.69	71.75							
273.1	71.10	80.33	90.67							
323.9	84.88	95.99	108.45	121.49	132.23					
355.6	93.48	105.77	119.56	134.00	145.92					
406.4	107.26	121.43	137.35	154.05	167.84	190.58	210.34	235.15	261.29	278.48
457	120.99	137.03	155.07	174.01	189.68	215.54	238.05	266.34	296.23	315.91
508	134.82	152.75	172.93	194.14	211.69	240.70	265.97	297.79	331.45	353.65
610	162.49	184.19	208.65	234.38	255.71	291.01	321.81	360.67	401.88	429.11
711	189.89	215.33	244.01	274.24	299.30	340.82	377.11	422.94	471.63	503.83
813	217.56	246.77	279.73	314.48	343.32	391.13	432.95	485.83	542.06	579.30
914	244.96	277.90	315.10	354.34	386.91	440.95	488.25	548.10	611.80	654.02
1016	272.63	309.35	350.82	394.58	430.93	491.26	544.09	610.99	682.24	729.49
1067	286.47	325.07	368.68	414.71	452.94	516.41	572.01	642.43	717.45	767.22
1118	300.30	340.79	386.54	434.83	474.95	541.57	599.93	673.88	752.67	804.95
1219	327.70	371.93	421.91	474.68	518.54	591.38	655.23	736.15	822.41	879.68
1422	382.77	434.50	493.00	554.79	606.15	691.51	766.37	861.30	962.59	1029.86
1626	438.11	497.39	564.44	635.28	694.19	754.95	878.06	987.08	1103.45	1180.79
1829	493.18	559.97	635.53	715.38	781.80	850.32	989.20	1112.23	1243.63	1330.98
2032	548.25	622.55	706.62	795.48	869.41	992.38	1100.34	1237.39	1383.81	1481.17
2235	603.32	685.13	777.71	875.58	957.02	1092.50	1211.48	1362.55	1523.98	1631.36
2540	643.20	742.55	791.55	939.63	1036.74	1184.35	1378.46	1550.59	1734.59	1857.01

外径（系列1）/mm	壁厚（系列1）/mm							
	32	36	40	45	50	55	60	65
	单位长度理论重量/kg·m^{-1}							
508	375.64	419.05	461.66	513.82	564.75	614.44	662.90	710.12
610	456.14	509.61	562.28	627.02	690.52	752.79	813.83	873.63
711	535.85	599.27	661.91	739.11	815.06	889.79	963.28	1035.54
813	616.34	689.83	762.53	852.30	940.84	1028.14	1114.21	1199.04
914	696.05	779.50	862.17	964.39	1065.38	1165.13	1263.66	1360.94
1016	776.54	870.06	962.78	1077.58	1191.15	1303.48	1414.58	1524.45

续表

外径（系列 1）/mm	壁厚（系列 1）/mm							
	32	36	40	45	50	55	60	65
	单位长度理论重量/kg·m^{-1}							
1067	816.79	915.34	1013.09	1134.18	1254.04	1372.66	1490.05	1606.20
1118	857.04	960.61	1063.40	1190.78	1316.92	1441.83	1565.51	1687.96
1219	936.74	1050.28	1163.04	1302.87	1441.46	1578.83	1714.96	1849.86
1422	1096.94	1230.51	1363.29	1528.15	1691.78	1854.17	2015.34	2175.27
1626	1257.93	1411.62	1564.53	1754.54	1943.33	2130.88	2317.19	2502.28
1829	1418.13	1591.85	1764.78	1979.83	2193.64	2406.22	2617.57	2827.69
2032	1578.34	1772.08	1965.03	2205.11	2443.95	2681.57	2917.95	3153.10
2235	1738.54	1952.30	2165.28	2430.39	2694.27	2956.91	3218.33	3478.50
2540	1979.23	2223.09	2466.15	2768.87	3070.36	3370.61	3669.63	3967.42

表 2-63　不锈钢焊接钢管尺寸

外径/mm	壁厚（系列 1）/mm																	
	0.3	0.4	0.5	0.6	0.7	0.8	0.9	1.0	1.2	1.4	1.5	1.6	1.8	2.0	2.2 (2.3)	2.5 (2.6)	2.8 (2.9)	3.0
10.2	●	●	●	●	●	●	●	●	●	●	●	●	●	●				
13.5			●	●	●	●	●	●	●	●	●	●	●	●	●	●	●	●
17.2				●	●	●	●	●	●	●	●	●	●	●	●	●	●	●
21.3				●	●	●	●	●	●	●	●	●	●	●	●	●	●	●
26.9				●	●	●	●	●	●	●	●	●	●	●	●	●	●	●
33.7						●	●	●	●	●	●	●	●	●	●	●	●	●
42.4						●	●	●	●	●	●	●	●	●	●	●	●	●
48.3						●	●	●	●	●	●	●	●	●	●	●	●	●
60.3						●	●	●	●	●	●	●	●	●	●	●	●	●
76.1						●	●	●	●	●	●	●	●	●	●	●	●	●
88.9									●	●	●	●	●	●	●	●	●	●
114.3												●	●	●	●	●	●	●
139.7												●	●	●	●	●	●	●
168.3												●	●	●	●	●	●	●
219.1												●	●	●	●	●	●	●
273.1														●	●	●	●	●

续表

外径/mm	壁厚（系列1）/mm																	
	0.3	0.4	0.5	0.6	0.7	0.8	0.9	1.0	1.2	1.4	1.5	1.6	1.8	2.0	2.2 (2.3)	2.5 (2.6)	2.8 (2.9)	3.0
323.9																●	●	●
355.6																●	●	●
406.4																●	●	●
457																	●	●
508																	●	●

外径/mm	壁厚（系列1）/mm														
	3.2	3.5 (3.6)	4.0	4.2	4.5 (4.6)	4.8	5.0	5.5 (5.6)	6.0	6.5 (6.3)	7.0 (7.1)	7.5	8.0	8.5	9.0 (8.8)
13.5	●														
17.2	●	●													
21.3	●	●	●	●											
26.9	●	●	●	●	●										
33.7	●	●	●	●	●	●	●								
42.4	●	●	●	●	●	●	●	●	●						
48.3	●	●	●	●	●	●	●	●	●						
60.3	●	●	●	●	●	●	●	●	●						
76.1	●	●	●	●	●	●	●	●	●						
88.9	●	●	●	●	●	●	●	●	●	●	●	●	●		
114.3	●	●	●	●	●	●	●	●	●	●	●	●	●		
139.7	●	●	●	●	●	●	●	●	●	●	●	●	●	●	●
168.3	●	●	●	●	●	●	●	●	●	●	●	●	●	●	●
219.1	●	●	●	●	●	●	●	●	●	●	●	●	●	●	●
273.1	●	●	●	●	●	●	●	●	●	●	●	●	●	●	●
323.9	●	●	●	●	●	●	●	●	●	●	●	●	●	●	●
355.6	●	●	●	●	●	●	●	●	●	●	●	●	●	●	●
406.4	●	●	●	●	●	●	●	●	●	●	●	●	●	●	●
457	●	●	●	●	●	●	●	●	●	●	●	●	●	●	●
508	●	●	●	●	●	●	●	●	●	●	●	●	●	●	●
610	●	●	●	●	●	●	●	●	●	●	●	●	●	●	●
711	●	●	●	●	●	●	●	●	●	●	●	●	●	●	●
813	●	●	●	●	●	●	●	●	●	●	●	●	●	●	●
914	●	●	●	●	●	●	●	●	●	●	●	●	●	●	●

续表

外径/mm	壁厚（系列 1）/mm														
	3.2	3.5 (3.6)	4.0	4.2	4.5 (4.6)	4.8	5.0	5.5 (5.6)	6.0	6.5 (6.3)	7.0 (7.1)	7.5	8.0	8.5	9.0 (8.8)
1016	●	●	●	●	●	●	●	●	●	●	●	●	●	●	●
1067	●	●	●	●	●	●	●	●	●	●	●	●	●	●	●
1118	●	●	●	●	●	●	●	●	●	●	●	●	●	●	●
1219										●	●	●	●	●	●
1422										●	●	●	●	●	●
1626										●	●	●	●	●	●
1829										●	●	●	●	●	●

外径/mm	壁厚（系列 1）/mm														
	9.5	10	11	12 (12.5)	14 (14.2)	15	16	17 (17.5)	18	20	22 (22.2)	24	25	26	28
139.7	●	●	●												
168.3	●	●	●	●											
219.1	●	●	●	●	●										
273.1	●	●	●	●	●	●	●								
323.9	●	●	●	●	●	●	●								
355.6	●	●	●	●	●	●	●								
406.4	●	●	●	●	●	●	●	●	●	●					
457	●	●	●	●	●	●	●	●	●	●	●	●	●		
508	●	●	●	●	●	●	●	●	●	●	●	●	●	●	●
610	●	●	●	●	●	●	●	●	●	●	●	●	●	●	●
711	●	●	●	●	●	●	●	●	●	●	●	●	●	●	●
813	●	●	●	●	●	●	●	●	●	●	●	●	●	●	●
914	●	●	●	●	●	●	●	●	●	●	●	●	●	●	●
1016	●	●	●	●	●	●	●	●	●	●	●	●	●	●	●
1067	●	●	●	●	●	●	●	●	●	●	●	●	●	●	●
1118	●	●	●	●	●	●	●	●	●	●	●	●	●	●	●
1219	●	●	●	●	●	●	●	●	●	●	●	●	●	●	●
1422	●	●	●	●	●	●	●	●	●	●	●	●	●	●	●
1626	●	●	●	●	●	●	●	●	●	●	●	●	●	●	●
1829	●	●	●	●	●	●	●	●	●	●	●	●	●	●	●

注：1. 括号内为相应的英制规格换算成的公制规格。

2. “●”表示常用规格。

2.3.5　流体输送用不锈钢焊接钢管（GB/T 12771—2008）

流体输送用不锈钢焊接钢管的分类及代号见表2-64，钢管的尺寸及单位长度重量见表2-65，钢的密度和理论重量计算公式见表2-66。钢管的热处理制度及力学性能见表2-67。

表2-64　流体输送用不锈钢焊接钢管的分类及代号

分类方法	类　别	代　号	说　明
按制造类别分	Ⅰ类	—	钢管采用双面自动焊接方法制造，且焊缝100%全长射线探伤
	Ⅱ类		钢管采用单面自动焊接方法制造，且焊缝100%全长射线探伤
	Ⅲ类		钢管采用双面自动焊接方法制造，且焊缝局部射线探伤
	Ⅳ类		钢管采用单面自动焊接方法制造，且焊缝局部射线探伤
	Ⅴ类		钢管采用双面自动焊接方法制造，且焊缝不进行射线探伤
	Ⅵ类		钢管采用单面自动焊接方法制造，且焊缝不进行射线探伤
按供货状态分	焊接状态	H	—
	热处理状态	T	
	冷拔（轧）状态	WC	
	磨（抛）光状态	SP	

表2-65　钢管的尺寸及单位长度重量

项目	要　求			
外径和壁厚	钢管的外径 D 和壁厚 S 应符合GB/T 21835的规定。根据需方要求，经供需双方协商，可供应其他外径和壁厚的钢管			
外径和壁厚的允许偏差/mm	①钢管外径的允许偏差			
	类别	外径 D/mm	允许偏差/mm	
			较高级（A）	普通级（B）
	焊接状态	全部尺寸	±0.5%D 或±0.20，两者取较大值	±0.75%D 或±0.30，两者取较大值
	热处理状态	<40	±0.20	±0.30
		≥40～65	±0.30	±0.40
		≥65～90	±0.40	±0.50
		≥90～168.3	±0.80	±1.00

续表

<table>
<tr><th>项目</th><th colspan="4">要　　求</th></tr>
<tr><td rowspan="20">外径和壁厚的允许偏差/mm</td><td colspan="4">①钢管外径的允许偏差</td></tr>
<tr><td rowspan="2">类别</td><td rowspan="2">外径 D/mm</td><td colspan="2">允许偏差/mm</td></tr>
<tr><td>较高级（A）</td><td>普通级（B）</td></tr>
<tr><td rowspan="3">热处理状态</td><td>≥168.3～325</td><td>±0.75%D</td><td>±1.0%D</td></tr>
<tr><td>≥325～610</td><td>±0.6%D</td><td>±1.0%D</td></tr>
<tr><td>≥610</td><td>±0.6%D</td><td>±0.7%D 或±10，两者取较小值</td></tr>
<tr><td rowspan="5">冷拔（轧）状态、磨（抛）光状态</td><td><40</td><td>±0.15</td><td>±0.20</td></tr>
<tr><td>≥40～60</td><td>±0.20</td><td>±0.30</td></tr>
<tr><td>≥60～100</td><td>±0.30</td><td>±0.40</td></tr>
<tr><td>≥100～200</td><td>±0.4%D</td><td>±0.5%D</td></tr>
<tr><td>≥200</td><td>±0.5%D</td><td>±0.75%D</td></tr>
<tr><td colspan="4">②钢管壁厚的允许偏差</td></tr>
<tr><td colspan="2">壁厚 S/mm</td><td colspan="2">壁厚允许偏差/mm</td></tr>
<tr><td colspan="2">≤0.5</td><td colspan="2">±0.10</td></tr>
<tr><td colspan="2">>0.5～1.0</td><td colspan="2">±0.15</td></tr>
<tr><td colspan="2">>1.0～2.0</td><td colspan="2">±0.20</td></tr>
<tr><td colspan="2">>2.0～4.0</td><td colspan="2">±0.30</td></tr>
<tr><td colspan="2">>4.0</td><td colspan="2">±10%S</td></tr>
<tr><td colspan="4">根据需方要求，经供需双方协商，并在合同中注明，可供应表中规定以外尺寸允许偏差的钢管
当合同未注明钢管尺寸允许偏差级别时，钢管外径和壁厚的允许偏差按普通级交货</td></tr>
<tr><td colspan="4"></td></tr>
<tr><td>长度</td><td colspan="4">①钢管的通常长度为3000～9000mm
②根据需方要求，经供需双方协商，并在合同中注明，钢管可按定尺长度或倍尺长度交货。钢管的定尺长度或倍尺总长度应在通常范围内，其全长允许偏差为$^{+20}_{0}$mm。每个倍尺长度应留5～10mm的切口余量
③经供需双方协商，并在合同中注明，外径不小于508mm的钢管允许有双纵缝或与纵向焊缝相同质量的环缝接头</td></tr>
<tr><td>重量</td><td colspan="4">钢管按理论重量交货，也可按实际重量交货。按理论重量交货时，理论重量的计算按下式：
$$W=\frac{\pi}{1000}S(D-S)\rho$$
式中　W——钢管的理论重量，kg/m；
S——钢管的公称壁厚，mm；
D——钢管的公称外径，mm；
ρ——钢的密度，kg/dm^3，各牌号钢的密度见表2-66</td></tr>
</table>

表 2-66 钢的密度和理论重量计算公式

序号	新 牌 号	旧 牌 号	密度/kg·dm^{-3}	换算后的公式
1	12Cr18Ni9	1Cr18Ni9	7.93	$W=0.02491S\ (D-S)$
2	06Cr19Ni10	0Cr18Ni9		
3	022Cr19Ni10	00Cr19Ni10	7.90	$W=0.02482S\ (D-S)$
4	06Cr18Ni11Ti	0Cr18Ni10Ti	8.03	$W=0.02523S\ (D-S)$
5	06Cr25Ni20	0Cr25Ni20	7.98	$W=0.02507S\ (D-S)$
6	06Cr17Ni12Mo2	0Cr17Ni12Mo2	8.00	$W=0.02513S\ (D-S)$
7	022Cr17Ni12Mo2	00Cr17Ni14Mo2		
8	06Cr18Ni11Nb	0Cr18Ni11Nb	8.03	$W=0.02523S\ (D-S)$
9	022Cr18Ti	00Cr17	7.70	$W=0.02419S\ (D-S)$
10	022Cr11Ti	—	7.75	$W=0.02435S\ (D-S)$
11	06Cr13Al	0Cr13Al		
12	019Cr19Mo2NbTi	00Cr18Mo2		
13	022Cr12Ni	—		
14	06Cr13	0Cr13		

表 2-67 钢管的热处理制度及力学性能

序号	类型	牌 号	推荐的热处理制度[①]		力学性能			
					规定非比例延伸强度 $R_{p0.2}$[②]/MPa	抗拉强度 R_m/MPa	断后伸长率 A/%	
							热处理状态	非热处理状态
					≥			
1	奥氏体型	12Cr18Ni9	固溶处理	1010～1150℃快冷	210	520	35	25
2		06Cr19Ni10		1010～1150℃快冷	210	520		
3		022Cr19Ni10		1010～1150℃快冷	180	480		
4		06Cr18Ni11Ti		1030～1180℃快冷	210	520		

续表

序号	类型	牌号	推荐的热处理制度①		力学性能			
					规定非比例延伸强度 $R_{p0.2}$②/MPa	抗拉强度 R_m/MPa	断后伸长率 A/%	
							热处理状态	非热处理状态
					≥			
5	奥氏体型	06Cr25Ni20	固溶处理	1010～1150℃快冷	210	520	35	25
6		06Cr17Ni12Mo2		1010～1150℃快冷	180	480		
7		022Cr17Ni12Mo2		920～1150℃快冷	210	520		
8		06Cr18Ni11Nb		980～1150℃快冷	210	520		
9	马氏体型	022Cr18Ti	退火处理	780～950℃快冷或缓冷	180	360	20	—
10		022Cr11Ti		800～1050℃快冷	240	410		
11		06Cr13Al		780～830℃快冷或缓冷	177	410		
12		019Cr19Mo2NbTi		830～950℃快冷	275	400	18	—
13		022Cr12Ni		830～950℃快冷	275	400	18	—
14	铁素体型	06Cr13		750℃快冷或800～900℃缓冷	210	410	20	—

① 对06Cr18Ni11Ti、06Cr18Ni11Nb，需方规定在固溶热处理后需进行稳定化热处理时，稳定化热处理制度为850～950℃快冷。

② 非比例延伸强度 $R_{p0.2}$ 仅在需方要求，合同中注明时才给予保证。

2.3.6 低压流体输送用焊接钢管（GB/T 3091—2008）

低压流体输送用焊接钢管的尺寸、外形和重量见表2-68，镀锌层的重量系数见表2-69，钢管的力学性能见表2-70。

表 2-68　低压流体输送用焊接钢管的尺寸、外形和重量

<table>
<tr><th colspan="2">项　　目</th><th colspan="4">要　　求</th></tr>
<tr><td rowspan="8">尺寸</td><td>外径和壁厚</td><td colspan="4">钢管的外径 D 和壁厚 t 应符合 GB/T 21835 的规定，其中管端用螺纹和沟槽连接的钢管尺寸参见 GB/T 3091—2008 附录 A
根据需方要求，经供需双方协商，并在合同中注明，可供应 GB/T 21835 规定以外尺寸的钢管</td></tr>
<tr><td rowspan="7">外径和壁厚的允许偏差/mm</td><td rowspan="2">外径 D</td><td colspan="2">外径允许偏差</td><td rowspan="2">壁厚 t 允许偏差</td></tr>
<tr><td>管体</td><td>管端（距管端100mm 范围内）</td></tr>
<tr><td>$D \leqslant 48.3$</td><td>±0.5</td><td>—</td><td rowspan="4">±10%t</td></tr>
<tr><td>$48.3 < D \leqslant 273.1$</td><td>±1%D</td><td>—</td></tr>
<tr><td>$273.1 < D \leqslant 508$</td><td>±0.75%D</td><td>+2.4
−0.8</td></tr>
<tr><td>$D > 508$</td><td>±1%D 或±10.0，两者取较小值</td><td>+3.2
−0.8</td></tr>
<tr><td colspan="4">根据需方要求，经供需双方协商，并在合同中注明，可供应表中规定以外允许偏差的钢管</td></tr>
<tr><td rowspan="4">长度</td><td>通常长度</td><td colspan="4">3000～12000mm</td></tr>
<tr><td>定尺长度</td><td colspan="4">钢管的定尺长度应在通常长度范围内，直缝高频电阻焊钢管的定尺长度允许偏差为 $^{+20}_{\ 0}$mm；螺旋缝埋弧焊钢管的定尺长度允许偏差为 $^{+50}_{\ 0}$mm</td></tr>
<tr><td>倍尺长度</td><td colspan="4">钢管的倍尺总长度应在通常长度范围内，直缝高频电阻焊钢管的总长度允许偏差为 $^{+20}_{\ 0}$mm；螺旋缝埋弧焊钢管的总长度允许偏差为 $^{+50}_{\ 0}$mm，每个倍尺长度应留 5～15mm 的切口余量</td></tr>
<tr><td>其他</td><td colspan="4">根据需方要求，经供需双方协商，并在合同中注明，可供应通常长度范围以外的定尺长度和倍尺长度的钢管</td></tr>
<tr><td colspan="2">重量</td><td colspan="4">①钢管按理论重量交货，也可按实际重量交货
②钢管的理论重量按下式计算（钢的密度按 7.85kg/dm^3）：
$$W = 0.0246615(D-t)t$$
式中　W——钢管的单位长度理论重量，kg/m；
D——钢管的外径，mm；
t——钢管的壁厚，mm
③钢管镀锌后单位长度理论重量按下式计算：
$$W' = cW$$
式中　W'——钢管镀锌后的单位长度理论重量，kg/m；
W——钢管镀锌前的单位长度理论重量，kg/m；
c——镀锌层的重量系数，见表 2-69
④以理论重量交货的钢管，每批或单根钢管的理论重量与实际重量的允许偏差应不大于±7.5%</td></tr>
</table>

表 2-69 镀锌层的重量系数

壁厚/mm	0.5	0.6	0.8	1.0	1.2	1.4	1.6	1.8	2.0	2.3
系数 c	1.255	1.112	1.159	1.127	1.106	1.091	1.080	1.071	1.064	1.055
壁厚/mm	2.6	2.9	3.2	3.6	4.0	4.5	5.0	5.4	5.6	6.3
系数 c	1.049	1.044	1.040	1.035	1.032	1.028	1.025	0.024	1.023	1.020
壁厚/mm	7.1	8.0	8.8	10	11	12.5	14.2	16	17.5	20
系数 c	1.018	1.016	1.014	1.013	1.012	1.010	1.009	1.008	1.009	1.006

表 2-70 钢管的力学性能

牌　号	下屈服强度 R_{eL}/MPa ≥		抗拉强度 R_m/MPa ≥	断后伸长率 A/% ≥	
	t≤16mm	t>16mm		D≤168.3mm	D>168.3mm
Q195	195	185	315	15	20
Q215A，Q215B	215	205	335		
Q235A，Q235B	235	225	370		
Q295A，Q295B	295	275	390	13	18
Q345A、Q345B	345	325	470		

注：1. 其他钢牌号的力学性能要求由供需双方协商确定。

2. 拉伸试验。

外径小于 219.1mm 的钢管拉伸试验应截取母材纵向试样。直缝钢管拉伸试样应在钢管上平行于轴线方向距焊缝约 90°的位置截取，也可在制管用钢板或钢带上平行于轧制方向约位于钢板或钢带边缘与钢板或钢带中心线之间的中间位置截取；螺旋缝钢管拉伸试样应在钢管上平行于轴线距焊缝约 1/4 螺距的位置截取。其中，外径不大于 60.3mm 的钢管可截取全截面拉伸试样。

外径不小于 219.1mm 的钢管拉伸试验应截取母材横向试祥和焊缝试样。直缝钢管母材拉伸试样应在钢管上垂直于轴线距焊缝约 180°的位置截取；螺旋缝钢管母材拉伸试样应在钢管上垂直于轴线距焊缝约 1/2 螺距的位置截取。

焊缝（包括直缝钢管的焊缝、螺旋缝钢管的螺旋焊缝和钢带对接焊缝）拉伸试样应在钢管上垂直于焊缝截取，且焊缝位于试样的中间，焊缝试样只测定抗拉强度。

拉伸试验结果应符合本表的规定。但外径不大于 60.3mm 钢管全截面拉伸时，断后伸长率仅供参考，不作为交货条件。

2.3.7 双焊缝冷弯方形及矩形钢管（YB/T 4181—2008）

双焊缝冷弯方形及矩形钢管的分类与代号见表 2-71，钢管的推荐规格见表 2-72 和表 2-73，其他规格由供需双方协商确定。钢管的截面面积等物理特性参考值见表 2-74 和表 2-75。

表 2-71 双焊缝冷弯方形及矩形钢管的分类与代号

分类方法	类别	代号
按外形分	方形钢管 矩形钢管	SHF SHJ

表 2-72 双焊缝方形钢管边长与壁厚的推荐尺寸 mm

公称边长 B	公称壁厚 t
300、320	8、10、12、14、16、19
350、380	8、10、12、14、16、19、22
400	8、9、10、12、14、16、19、22、25、28
450、500	9、10、12、14、16、19、22、25、28、32
550、600	9、10、12、14、16、19、22、25、32、36、40
650	12、16、19、25、32、36、40
700、750、800、850、900	16、19、25、32、36、40
950、1000	19、25、32、36、40

表 2-73 矩形钢管边长与壁厚的推荐尺寸 mm

公称边长		公称壁厚 t
H（长边）	B（短边）	
350	250	8、10、12、14、16
350	300	
400	200	
400	250	
400	300	
450	250	
450	300	
450	350	
450	400	9、10、12、14、16
500	300	10、12、14、16
500	400	9、10、12、14、16
500	450	
550	400	

续表

公 称 边 长		公称壁厚 t
H（长边）	B（短边）	
550	500	10、12、14、16
600	400	9、10、12、14、16
600	450	
600	500	9、10、12、14、16、19、22
600	550	9、10、12、14、16、19、22、25
700	600	16、19、25、32、36、40
800	600	19、25、32、36、40
800	700	
900	700	
900	800	
1000	850	
1000	900	

表 2-74 方形钢管理论重量及截面面积

公称边长 B /mm	公称壁厚 t /mm	理论重量 M /kg·m^{-1}	截面面积 A /cm^2
300	8	71	91
	10	88	113
	12	104	132
	14	119	152
	16	135	171
	19	156	198
320	8	76	97
	10	94	120
	12	111	141
	14	127	162
	16	144	183
	19	167	213
350	8	84	107
	10	104	133
	12	123	156
	14	141	180
	16	159	203
	19	185	236
	22	209	266

续表

公称边长 B /mm	公称壁厚 t /mm	理论重量 M /kg·m^{-1}	截面面积 A /cm^2
380	8	92	117
	10	113	145
	12	133	170
	14	154	197
	16	174	222
	19	203	259
	22	231	294
400	8	96	123
	9	108	138
	10	120	153
	12	141	180
	14	163	208
	16	184	235
	19	215	274
	22	243	310
	25	271	346
	28	293	373
450	9	122	156
	10	135	173
	12	160	204
	14	185	236
	16	209	267
	19	245	312
	22	279	355
	25	311	396
	28	337	429
	32	375	478
500	9	137	174
	10	151	193
	12	179	228
	14	207	264
	16	235	299
	19	275	350
	22	310	395
	25	347	442
	32	428	546
550	9	150	191
	10	166	211
	12	197	251
	14	228	290
	16	258	329

续表

公称边长 B /mm	公称壁厚 t /mm	理论重量 M /kg·m^{-1}	截面面积 A /cm^2
550	19	302	385
	25	387	492
	32	479	610
	36	529	673
	40	576	733
600	9	164	209
	10	182	232
	12	216	275
	14	250	318
	16	283	361
	19	332	423
	25	426	543
	32	529	674
	36	585	745
	40	639	814
650	12	235	299
	16	308	393
	19	362	461
	25	465	593
	32	580	738
	36	642	817
	40	702	894
700	16	333	425
	19	392	499
	25	505	643
	32	630	802
	36	698	889
	40	764	974
750	16	358	457
	19	422	537
	25	544	693
	32	680	868
	36	755	961
	40	827	1054
800	16	348	489
	19	451	575
	25	583	743
	32	730	930
	36	811	1033
	40	890	1134

续表

公称边长 B /mm	公称壁厚 t /mm	理论重量 M /kg·m^{-1}	截面面积 A /cm^2
850	16	409	521
	19	481	613
	25	622	793
	32	781	994
	36	868	1105
	40	953	1214
900	16	434	553
	19	511	651
	25	662	843
	32	831	1058
	36	924	1177
	40	1016	1294
950	19	541	689
	25	701	893
	32	881	1122
	36	981	1249
	40	1078	1374
1000	19	571	727
	25	740	943
	32	931	1186
	36	1037	1320
	40	1141	1454

表 2-75 矩形钢管理论重量及截面面积

公称边长/mm		公称壁厚/mm	理论重量/kg·m^{-1}	截面面积/cm^2
H	B	t	M	A
350	250	8	72	91
		10	88	113
		12	104	132
		14	119	152
		16	134	171
350	300	8	78	99
		10	96	123
		12	113	144
		14	130	166
		16	147	187
400	200	8	72	91
		10	88	113
		12	104	132
		14	119	152
		16	134	171

续表

公称边长/mm		公称壁厚/mm	理论重量/kg·m^{-1}	截面面积/cm^2
H	B	t	M	A
400	250	8	78	99
		10	96	122
		12	113	144
		14	130	166
		16	146	187
400	300	8	84	107
		10	104	133
		12	123	156
		14	141	180
		16	159	203
450	250	8	84	107
		10	104	133
		12	123	156
		14	141	180
		16	159	203
450	300	8	91	115
		10	112	142
		12	131	167
		14	151	193
		16	171	217
450	350	8	97	123
		10	120	153
		12	141	180
		14	163	208
		16	184	235
450	400	9	115	147
		10	128	163
		12	151	192
		14	174	222
		16	197	251
500	300	10	120	153
		12	141	180
		14	163	208
		16	184	235
500	400	9	122	156
		10	135	173
		12	160	204
		14	185	236
		16	209	267

续表

公称边长/mm		公称壁厚/mm	理论重量/kg·m^{-1}	截面面积/cm^2
H	B	t	M	A
500	450	9 10 12 14 16	129 143 170 196 222	165 183 216 250 283
550	400	9 10 12 14 16	129 143 170 217 221	164 182 216 277 281
550	500	10 12 14 16	158 188 217 246	202 239 277 313
600	400	9 10 12 14 16	136 151 178 206 233	173 192 227 263 297
600	450	9 10 12 14 16	143 158 188 217 246	182 202 239 277 313
600	500	9 10 12 14 16 19 22	150 166 197 228 258 305 348	191 212 251 291 329 388 444
600	550	9 10 12 14 16 19 22 25	157 174 207 239 271 320 366 411	200 222 263 305 345 407 466 523

续表

公称边长/mm		公称壁厚/mm	理论重量/kg·m^{-1}	截面面积/cm^2
H	B	t	M	A
700	600	16 19 25 32 36 40	310 362 465 580 642 702	395 461 593 738 817 894
800	600	19 25 32 36 40	392 505 630 698 764	499 643 802 889 974
800	700	19 25 32 36 40	422 544 680 755 827	537 693 866 961 1054
900	700	19 25 32 36 40	451 583 730 811 890	575 743 930 1033 1134
900	800	19 25 32 36 40	481 622 781 868 953	613 793 994 1105 1214
1000	850	19 25 32 36 40	526 681 856 953 1047	670 868 1090 1213 1334
1000	900	19 25 32 36 40	541 701 881 981 1078	689 893 1122 1249 1347

2.3.8　直缝电焊钢管（GB/T 13793—2008）

直缝电焊钢管的分类、代号、尺寸、外形、重量及允许偏差见

表2-76，镀锌钢管重量系数见表2-77。钢管的力学性能见表2-78。

表2-76 直缝电焊钢管的分类、代号、尺寸、外形、重量及允许偏差

		分类方法	类　别	代　号
分类及代号		按制造精度分	外径普通精度的钢管	PD. A
			外径较高精度的钢管	PD. B
			外径高精度的钢管	PD. C
			壁厚普通精度的钢管	PT. A
			壁厚较高精度的钢管	PT. B
			壁厚高精度的钢管	PT. C
			弯曲度为普通精度的钢管	PS. A
			弯曲度为较高精度的钢管	PS. B
			弯曲度为高精度的钢管	PS. C
外径和壁厚		钢管的外径 D 和壁厚 t 应符合 GB/T 21835 的规定。根据需方要求，经供需双方协商，可供应 GB/T 21835 规定以外尺寸的钢管		
长度	通常长度	钢管的通常长度应符合如下规定：外径≤30mm，4000～6000mm；外径＞30～70mm，4000～8000mm；外径＞70mm，4000～12000mm 经供需双方协商，并在合同中注明，可提供通常长度以外长度的钢管 按通常长度交货时，每批钢管可交付数量不超过该批钢管交货总数量5%的长度不小于2000mm的短尺钢管		
	定尺长度和倍尺长度	根据需方要求，经供需双方协商，并在合同中注明，钢管可按定尺长度或倍尺长度交货。定尺长度和倍尺总长度应在通常长度范围内。倍尺长度每个倍尺长度应留5～10mm的切口余量。定尺长度、倍尺总长度允许偏差应符合以下规定：D≤30mm，${}^{+15}_{\ 0}$mm；D＞30～219.1mm，${}^{+20}_{\ 0}$mm；D＞219.1mm，${}^{+50}_{\ 0}$mm		
钢管重量		①钢管按理论重量交货，也可按实际重量交货 ②非镀锌钢管的理论重量按下式计算（钢的密度为7.85g/cm^3）： $W=0.0246615(D-t)t$ 式中　W——钢管的每米理论重量，kg/m； D——钢管公称外径，mm； t——钢管公称壁厚，mm ③镀锌钢管的理论重量按下式计算： $W'=cW$ 式中　W'——镀锌钢管的每米理论重量，kg/m； c——镀锌钢管比原来增加的重量系数，见表2-77； W——未镀锌钢管的每米理论重量，kg/m		

表 2-77 镀锌钢管的重量系数

壁厚 t/mm		1.2	1.4	1.5	1.6	1.8	2.0	2.2	2.5	2.8	3.0	3.2	3.5	3.8	4.0	4.2
系数 c	A	1.111	1.096	1.089	1.084	1.074	1.067	1.061	1.054	1.048	1.044	1.042	1.038	1.035	1.033	1.032
	B	1.082	1.070	1.065	1.061	1.054	1.049	1.044	1.039	1.035	1.033	1.031	1.028	1.026	1.024	1.023
	C	1.067	1.057	1.054	1.050	1.044	1.040	1.036	1.032	1.029	1.027	1.025	1.023	1.021	1.020	1.019
壁厚 t/mm		4.5	4.8	5.0	5.4	5.6	6.0	6.5	7.0	8.0	9.0	10.0	11.0	12.0	12.7	13.0
系数 c	A	1.030	1.028	1.027	1.025	1.024	1.022	1.020	1.019	1.017	1.015	1.013	1.012	1.011	1.010	1.008
	B	1.022	1.020	1.020	1.018	1.018	1.016	1.015	1.014	1.012	1.011	1.010	1.009	1.008	1.008	1.006
	C	1.018	1.017	1.016	1.015	1.014	1.013	1.012	1.011	1.010	1.009	1.008	1.007	1.007	1.006	1.004

注：本表规定壁厚之外的钢管需要镀锌时，镀锌钢管的重量系数由供需双方协商确定。

表 2-78 钢管的力学性能

牌号	无特殊要求钢管			特殊要求钢管			焊缝抗拉强度 R_m/MPa
	下屈服强度 R_{eL}/MPa	抗拉强度 R_m/MPa	断后伸长率 A/%	下屈服强度 R_{eL}/MPa	抗拉强度 R_m/MPa	断后伸长率 A/%	
	≥						
08、10	195	315	22	205	375	13	315
15	215	355	20	225	400	11	355
20	235	390	19	245	440	9	390
Q195	195	315	22	205	335	14	315
Q215A、Q215B	215	335	22	225	355	13	335
Q235A、Q235B、Q235C	235	375	20	245	390	9	375
Q295A、Q295B	295	390	18	—	—	—	390
Q345A、Q345B、Q345C	345	470	18	—	—	—	470

注：1. 拉伸试验时，外径不大于 219.1mm 的钢管取纵向试样；外径大于 219.1mm 的钢管取横向试样。

2. 根据需方要求，经供需双方协商，并在合同中注明，外径不小于 219.1mm 的钢管可进行焊缝横向拉伸试验。焊缝横向拉伸试验取样部位应垂直焊缝，焊缝位于试样的中心，抗拉强度值应符合表中规定。

3. 根据需方要求，经供需双方协商，并在合同中注明，B、C 级钢可进行冲击试验，冲击吸收能量值由供需双方协商确定。

4. 钢管力学性能试验的试样可从钢管上制取，也可从用于制管的同一钢带上取样。扩径管、减径管的力学性能试样应在扩径或减径后取样。

2.3.9 装饰用焊接不锈钢管（YB/T 5363—2006）

装饰用焊接不锈钢管的分类、代号见表 2-79，钢管的尺寸规格见表 2-80 和表 2-81 的规定。经供需双方协商，可生产表 2-80 和表 2-81 尺寸规格以外的钢管。

表 2-79 装饰用焊接不锈钢管的分类、代号

分类方法	类别	代号
按表面交货状态分	表面未抛光状态 表面抛光状态 表面磨光状态 表面喷砂状态	SNB SB SP SA
按截面形状分	圆管 方管 矩形管	R S Q

表 2-80 圆管规格 mm

外径	总壁厚																		
	0.4	0.5	0.6	0.7	0.8	0.9	1.0	1.2	1.4	1.5	1.6	1.8	2.0	2.2	2.5	2.8	3.0	3.2	3.5
6	×	×	×																
8	×	×	×																
9	×	×	×	×	×														
10	×	×	×	×	×	×	×	×											
12		×	×	×	×	×	×	×	×	×	×								
(12.7)			×	×	×	×	×	×	×	×	×								
15			×	×	×	×	×	×	×	×	×								
16			×	×	×	×	×	×	×	×	×								
18			×	×	×	×	×	×	×	×	×								
19			×	×	×	×	×	×	×	×	×								
20			×	×	×	×	×	×	×	×	×	×	○						
22					×	×	×	×	×	×	×	×	○	○					
25					×	×	×	×	×	×	×	×	○	○	○				
28					×	×	×	×	×	×	×	×	○	○	○	○			
30					×	×	×	×	×	×	×	×	○	○	○	○	○		
(31.8)					×	×	×	×	×	×	×	×	○	○	○	○	○		
32					×	×	×	×	×	×	×	×	○	○	○	○	○		
38					×	×	×	×	×	×	×	×	○	○	○	○	○	○	○
40					×	×	×	×	×	×	×	×	○	○	○	○	○	○	○

续表

外径	总壁厚																		
	0.4	0.5	0.6	0.7	0.8	0.9	1.0	1.2	1.4	1.5	1.6	1.8	2.0	2.2	2.5	2.8	3.0	3.2	3.5
45					×	×	×	×	×	×	×	×	○	○	○	○	○	○	○
48						×	×	×	×	×	×	×	○	○	○	○	○	○	○
51						×	×	×	×	×	×	×	○	○	○	○	○	○	○
57						×	×	×	×	×	×	×	○	○	○	○	○	○	○
(63.5)						×	×	×	×	×	×	×	○	○	○	○	○	○	○
65						×	×	×	×	×	×	×	○	○	○	○	○	○	○
70						×	×	×	×	×	×	×	○	○	○	○	○	○	○
76.2						×	×	×	×	×	×	×	○	○	○	○	○	○	○
80						×	×	×	×	×	×	×	○	○	○	○	○	○	○
83							×	×	×	×	×	×	○	○	○	○	○	○	○
89							×	×	×	×	×	×	○	○	○	○	○	○	○
95							×	×	×	×	×	×	○	○	○	○	○	○	○
(101.6)							×	×	×	×	×	×	○	○	○	○	○	○	○
102								×	×	×	×	×	○	○	○	○	○	○	○
108									×	×	×	×	○	○	○	○	○	○	○
114										×	×	×	○	○	○	○	○	○	○
127										×	×	×	○	○	○	○	○	○	○
133													○	○	○	○	○	○	○
140														○	○	○	○	○	○
159															○	○	○	○	○
168.3																○	○	○	○
180																		○	○
193.7																			○
219																			○

注：() —不推荐使用；×—采用冷轧板（带）制造；○—采用冷轧板（带）或热轧板（带）制造。

表 2-81　方管、矩形管规格　　mm

边长×边长		总壁厚																
		0.4	0.5	0.6	0.7	0.8	0.9	1.0	1.2	1.4	1.5	1.6	1.8	2.0	2.2	2.5	2.8	3.0
方管	15×15	×	×	×	×	×	×	×	×									
	20×20		×	×	×	×	×	×	×	×	×	×	×	○				
	25×25			×	×	×	×	×	×	×	×	×	×	○	○	○		
	30×30					×	×	×	×	×	×	×	×	○	○	○		
	40×40						×	×	×	×	×	×	×	○	○	○		
	50×50							×	×	×	×	×	×	○	○	○		
	60×60								×	×	×	×	×	○	○	○		
	70×70									×	×	×	×	○	○	○		
	80×80										×	×	×	○	○	○	○	
	85×85										×	×	×	○	○	○	○	
	90×90											×	×	○	○	○	○	○
	100×100											×	×	○	○	○	○	○
	110×110												×	○	○	○	○	○
	125×125												×	○	○	○	○	○
	130×130													○	○	○	○	○
	140×140													○	○	○	○	○
	170×170														○	○	○	○
矩形管	20×10		×	×	×	×	×	×	×	×	×							
	25×15			×	×	×	×	×	×	×	×	×						
	40×20					×	×	×	×	×	×	×	×					
	50×30						×	×	×	×	×	×	×					
	70×30							×	×	×	×	×	×	○				
	80×40							×	×	×	×	×	×	○				
	90×30							×	×	×	×	×	×	○	○			
	100×40								×	×	×	×	×	○	○			
	110×50									×	×	×	×	○	○			
	120×40									×	×	×	×	○	○			

续表

边长×边长		总壁厚																
		0.4	0.5	0.6	0.7	0.8	0.9	1.0	1.2	1.4	1.5	1.6	1.8	2.0	2.2	2.5	2.8	3.0
矩形管	120×60										×	×	×	○	○	○		
	130×50										×	×	×	○	○	○		
	130×70											×	×	○	○	○		
	140×60											×	×	○	○	○		
	140×80												×	○	○	○		
	150×50												×	○	○	○	○	
	150×70												×	○	○	○	○	
	160×40												×	○	○	○	○	
	160×90													○	○	○	○	
	170×50													○	○	○	○	
	170×80													○	○	○	○	
	180×70													○	○	○	○	
	180×80													○	○	○	○	○
	180×100													○	○	○	○	○
	190×60													○	○	○	○	○
	190×70														○	○	○	○
	190×90														○	○	○	○
	200×60														○	○	○	○
	200×80														○	○	○	○
	200×140															○	○	○

注：×—采用冷轧板（带）制造；○—采用冷轧板（带）或热轧板（带）制造。

2.4 钢丝、钢筋

2.4.1 冷拉圆钢丝、方钢丝、六角钢丝（GB/T 342—1997）

圆钢丝直径为0.05～16.0mm；方钢丝边长为0.50～10.0mm；六角钢丝对边距离为1.60～10.0mm。钢丝公称尺寸、截面面积及理论重量见表2-82。

表 2-82 钢丝公称尺寸、截面面积及理论重量

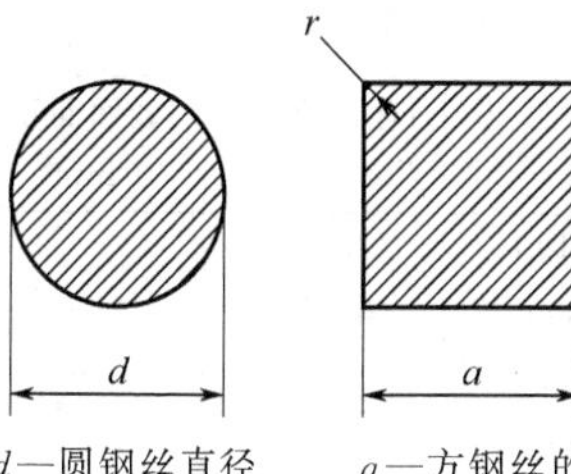

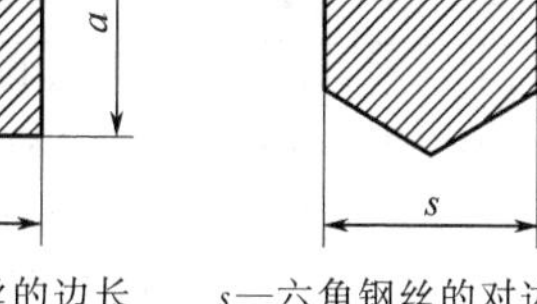

d—圆钢丝直径

a—方钢丝的边长 *r*—角部圆弧半径

s—六角钢丝的对边距离 *r*—角部圆弧半径

公称尺寸/mm	圆形		方形		六角形	
	截面面积/mm^2	理论重量/$kg \cdot km^{-1}$	截面面积/mm^2	理论重量/$kg \cdot km^{-1}$	截面面积/mm^2	理论重量/$kg \cdot km^{-1}$
0.050	0.0020	0.016	—	—	—	—
0.055	0.0024	0.019	—	—	—	—
0.063	0.0031	0.024	—	—	—	—
0.070	0.0038	0.030	—	—	—	—
0.080	0.0050	0.039	—	—	—	—
0.090	0.0064	0.050	—	—	—	—
0.10	0.0079	0.062	—	—	—	—
0.11	0.0095	0.075	—	—	—	—
0.12	0.0113	0.089	—	—	—	—
0.14	0.0154	0.121	—	—	—	—
0.16	0.0201	0.158	—	—	—	—
0.18	0.0254	0.199	—	—	—	—
0.20	0.0314	0.246	—	—	—	—
0.22	0.0380	0.298	—	—	—	—
0.25	0.0491	0.385	—	—	—	—
0.28	0.0616	0.484	—	—	—	—
0.30	0.0707	0.555	—	—	—	—
0.32	0.0804	0.631	—	—	—	—
0.35	0.096	0.754	—	—	—	—
0.40	0.126	0.989	—	—	—	—
0.45	0.159	1.248	—	—	—	—
0.50	0.196	1.539	0.250	1.962	—	—
0.55	0.238	1.868	0.302	2.371	—	—
0.60	0.283	2.220	0.360	2.826	—	—
0.63	0.312	2.447	0.397	3.116	—	—

续表

公称尺寸/mm	圆形		方形		六角形	
	截面面积/mm^2	理论重量/$kg \cdot km^{-1}$	截面面积/mm^2	理论重量/$kg \cdot km^{-1}$	截面面积/mm^2	理论重量/$kg \cdot km^{-1}$
0.70	0.385	3.021	0.490	3.846	—	—
0.80	0.503	3.948	0.640	5.024	—	—
0.90	0.636	4.993	0.810	6.358	—	—
1.00	0.785	6.162	1.000	7.850	—	—
1.10	0.950	7.458	1.210	9.498	—	—
1.20	1.131	8.878	1.440	11.30	—	—
1.40	1.539	12.08	1.960	15.39	—	—
1.60	2.011	15.79	2.560	20.10	2.217	17.40
1.80	2.545	19.98	3.240	25.43	2.806	22.03
2.00	3.142	24.66	4.000	31.40	3.464	27.20
2.20	3.801	29.84	4.840	37.99	4.192	32.91
2.50	4.909	38.54	6.250	49.06	5.413	42.49
2.80	6.158	48.34	7.840	61.54	6.790	53.30
3.00	7.069	55.49	9.000	70.65	7.795	61.19
3.20	8.042	63.13	10.24	80.38	8.869	69.62
3.50	9.621	75.52	12.25	96.16	10.61	83.29
4.00	12.57	98.67	16.00	125.6	13.86	108.8
4.50	15.90	124.8	20.25	159.0	17.54	137.7
5.00	19.63	154.2	25.00	196.2	21.65	170.0
5.50	23.76	186.5	30.25	237.5	26.20	205.7
6.00	28.27	221.9	36.00	282.6	31.18	244.8
6.30	31.17	244.7	39.69	311.6	34.38	269.9
7.00	38.48	302.1	49.00	384.6	42.44	333.2
8.00	50.27	394.6	64.00	502.4	55.43	435.1
9.00	63.62	499.4	81.00	635.8	70.15	550.7
10.0	78.54	616.5	100.00	785.0	86.61	679.9
11.0	95.03	746.0	—	—	—	—
12.0	113.1	887.8	—	—	—	—
14.0	153.9	1208.1	—	—	—	—
16.0	201.1	1578.6	—	—	—	—

注：1. 表中的理论重量按密度为7.85g/cm^3计算，对特殊合金钢丝，在计算理论重量时应采用相应牌号的密度。

2. 表内尺寸一栏，对于圆钢丝表示直径；对于方钢丝表示边长；对于六角钢丝表示对边距离。

2.4.2　一般用途低碳钢丝（YB/T 5294—2006）

一般用途低碳钢丝的有关内容见表 2-83～表 2-85。

表 2-83　钢丝的分类和代号

分　类	按交货状态			按用途		
	冷拉	退火	镀锌	普通用	制钉用	建筑用
代号	WCD	TA	SZ	Ⅰ类	Ⅱ类	Ⅲ类

表 2-84　钢丝的尺寸、重量和捆内径

钢丝直径/mm		≤0.3	>0.3～0.5	>0.5～1.0	>1.0～1.2	>1.2～3.0	>3.0～4.5	>4.5～6.0	>6.0
捆重/kg	标准捆	5	10	25	25	50	50	50	—
	非标准捆	0.5	1	2	2.5	3.5	6	8	—
钢丝捆内径/mm		100～300			250～560		400～700		供需双方协议

表 2-85　钢丝的力学性能

直径/mm	抗拉强度 R_m/MPa			180°弯曲试验/次≥		伸长率 $A_{11.3}$/%≥	
	冷拉普通用≤	制钉用	建筑用≥	冷拉普通用	建筑用	建筑用	镀锌钢丝
≤0.3 0.3～0.8	980 980	—	—	用打结拉伸试验替代	—	—	10
>0.8～1.2 >1.2～1.8 >1.8～2.5	980 1060 1010	880～1320 785～1220 735～1170	— — —	6	—	—	12
>2.5～3.5 >3.5～5.0 >5.0～6.0	960 890 790	685～1120 590～1030 540～930	550 550 550	4	4	2	
>6.0	690	—	—	—	—	—	

2.4.3　预应力混凝土用钢丝（GB/T 5223—2002）

预应力混凝土用钢丝的分类、代号及标记见表 2-86，光圆钢丝的尺寸、允许偏差及每米参考重量见表 2-87、螺旋肋钢丝的尺寸及允许偏差见表 2-88、三面刻痕钢丝的尺寸及允许偏差见表 2-89。光圆及螺旋肋钢丝的不圆度不得超出其直径公差的1/20。

表 2-86　预应力混凝土用钢丝的分类、代号及标记

<table>
<tr><td rowspan="7">分类、代号</td><td>分类方法</td><td colspan="2">类别</td><td>代号</td></tr>
<tr><td rowspan="3">按加工状态分</td><td colspan="2">冷拉钢丝</td><td>WCD</td></tr>
<tr><td rowspan="2">消除应力钢丝（按松弛性能分）</td><td>低松弛级钢丝</td><td>WLR</td></tr>
<tr><td>普通松弛级钢丝</td><td>WNR</td></tr>
<tr><td rowspan="3">按外形分</td><td colspan="2">光圆钢丝</td><td>P</td></tr>
<tr><td colspan="2">螺旋肋钢丝</td><td>H</td></tr>
<tr><td colspan="2">刻痕钢丝</td><td>I</td></tr>
<tr><td rowspan="2">标记</td><td colspan="4">标记内容：
预应力钢丝；公称直径；抗拉强度等级；加工状态代号；外形代号；标准号</td></tr>
<tr><td colspan="4">标记示例
示例1：直径为4.00mm，抗拉强度为1670MPa的冷拉光圆钢丝，其标记为
预应力钢丝 4 .00-1670-WCD-P-GB /T 5223—2002
示例2：直径为7.00mm，抗拉强度为1570MPa低松弛的螺旋肋钢丝，其标记为
预应力钢丝 7.00-1570-WLR-H-GB/T 5223—2002</td></tr>
<tr><td>盘重</td><td colspan="4">每盘钢丝由一根组成，其盘重不小于500kg，允许有10%的盘数小于500kg但不小于100kg</td></tr>
<tr><td>盘径</td><td colspan="4">冷拉钢丝的盘内径应不小于钢丝公称直径的100倍。消除应力钢丝的盘内径不小于1700mm</td></tr>
</table>

表 2-87　光圆钢丝尺寸、允许偏差及每米参考重量

<table>
<tr><td>公称直径 d_n/mm</td><td>直径允许偏差/mm</td><td>公称横截面积 S_n/mm^2</td><td>每米参考重量/g·m^{-1}</td></tr>
<tr><td>3.00</td><td rowspan="2">±0.04</td><td>7.07</td><td>55.5</td></tr>
<tr><td>4.00</td><td>12.57</td><td>98.6</td></tr>
<tr><td>5.00</td><td rowspan="4">±0.05</td><td>19.63</td><td>154</td></tr>
<tr><td>6.00</td><td>28.27</td><td>222</td></tr>
<tr><td>6.25</td><td>30.68</td><td>241</td></tr>
<tr><td>7.00</td><td>38.48</td><td>302</td></tr>
</table>

续表

公称直径 d_n/mm	直径允许偏差/mm	公称横截面积 S_n/mm^2	每米参考重量/g·m^{-1}
8.00	±0.06	50.26	394
9.00		63.62	499
10.00		78.54	616
12.00		113.1	888

注：计算钢丝每米参考重量时钢的密度为7.85g/cm^3。

表2-88 螺旋肋钢丝的尺寸及允许偏差

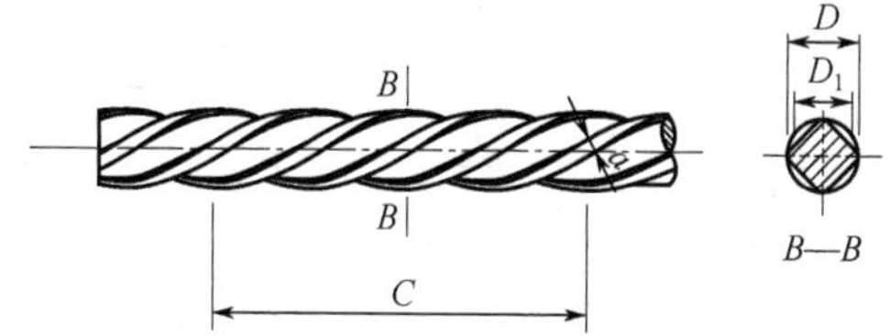

螺旋肋预应力混凝土用钢丝外形示意图

公称直径 d_n/mm	螺旋肋数量/条	基圆尺寸		外轮廓尺寸		单肋尺寸	螺旋肋导程 C/mm
		基圆直径 D_1/mm	允许偏差/mm	外轮廓直径 D/mm	允许偏差/mm	宽度 a/mm	
4.00	4	3.85	±0.05	4.25	±0.05	0.90～1.30	24～30
4.80		4.60		5.10		1.30～1.70	28～36
5.00		4.80		5.30			
6.00		5.80		6.30		1.60～2.00	30～38
6.25		6.00		6.70			30～40
7.00		6.73		7.46	±0.10	1.80～2.20	35～45
8.00		7.75		8.45		2.00～2.40	40～50
9.00		8.75		9.45		2.10～2.70	42～52
10.00		9.75		10.45		2.50～3.00	45～58

表 2-89　三面刻痕钢丝尺寸及允许偏差

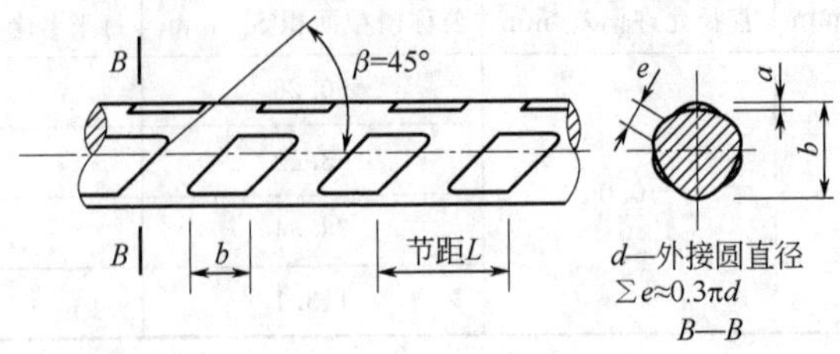

三面刻痕预应力混凝土用钢丝外形示意图

公称直径 d_n/mm	刻痕深度		刻痕长度		节距	
	公称深度 a/mm	允许偏差 /mm	公称长度 b/mm	允许偏差 /mm	公称节距 L/mm	允许偏差 /mm
≤5.00	0.12	±0.05	3.5	±0.05	5.5	±0.05
>5.00	0.15		5.0		8.0	

注：1. 公称直径指横截面积等同于光圆钢丝时所对应的直径。
2. 三面刻痕钢丝三条刻痕中的其中一条倾斜方向与其他两条相反。

2.4.4　热轧盘条的尺寸、外形、重量及允许偏差（GB/T 14981—2009）

热轧盘条的尺寸、外形、重量及允许偏差见表 2-90。

表 2-90　热轧盘条的尺寸、外形、重量及允许偏差

公称直径/mm	允许偏差/mm			不圆度/mm			横截面积/mm²	理论重量/kg·m⁻¹
	A级精度	B级精度	C级精度	A级精度	B级精度	C级精度		
5	±0.30	±0.25	±0.15	≤0.48	≤0.40	≤0.24	19.63	0.154
5.5							23.76	0.187
6							28.27	0.222
6.5							33.18	0.260
7							38.48	0.302
7.5							44.18	0.347
8							50.26	0.395
8.5							56.74	0.445
9							63.62	0.499
9.5							70.88	0.556
10							78.54	0.617

续表

公称直径/mm	允许偏差/mm			不圆度/mm			横截面积/mm²	理论重量/kg·m⁻¹
	A级精度	B级精度	C级精度	A级精度	B级精度	C级精度		
10.5	±0.40	±0.30	±0.20	≤0.64	≤0.48	≤0.32	86.59	0.680
11							95.03	0.746
11.5							103.9	0.816
12							113.1	0.888
12.5							122.7	0.963
13							132.7	1.04
13.5							143.1	1.12
14							153.9	1.21
14.5							165.1	1.30
15							176.7	1.39
15.5	±0.50	±0.35	±0.25	≤0.80	≤0.56	≤0.40	188.7	1.48
16							201.1	1.58
17							227.0	1.78
18							254.5	2.00
19							283.5	2.23
20							314.2	2.47
21							346.3	2.72
22							380.1	2.98
23							415.5	3.26
24							452.4	3.55
25							490.9	3.85
26	±0.60	±0.40	±0.30	≤0.96	≤0.64	≤0.48	530.9	4.17
27							572.6	4.49
28							615.7	4.83
29							660.5	5.18
30							706.9	5.55
31							754.8	5.92

续表

公称直径/mm	允许偏差/mm			不圆度/mm			横截面积/mm²	理论重量/kg·m⁻¹
	A级精度	B级精度	C级精度	A级精度	B级精度	C级精度		
32	±0.60	±0.40	±0.30	≤0.96	≤0.64	≤0.48	804.2	6.31
33							855.3	6.71
34							907.9	7.13
35							962.1	7.55
36							1018	7.99
37							1075	8.44
38							1134	8.90
39							1195	9.38
40							1257	9.87
41	±0.80	±0.50	—	≤1.28	≤0.80	—	1320	10.36
42							1385	10.88
43							1452	11.40
44							1521	11.94
45							1590	12.48
46							1662	13.05
47							1735	13.62
48							1810	14.21
49							1886	14.80
50							1964	15.41
51	±1.00	±0.60	—	≤1.60	≤0.96	—	2042	16.03
52							2123	16.66
53							2205	17.31
54							2289	17.97
55							2375	18.64
56							2462	19.32

续表

公称直径/mm	允许偏差/mm			不圆度/mm			横截面积/mm^2	理论重量/$kg \cdot m^{-1}$
	A级精度	B级精度	C级精度	A级精度	B级精度	C级精度		
57	±1.00	±0.60	—	≤1.60	≤0.96	—	2550	20.02
58							2641	20.73
59							2733	21.45
60							2826	22.18

注：1. 盘条的理论重量按密度7.85g/cm^3计算。

2. 不圆度不大于相应级别直径公差的80%。

3. 精度级别应在相应的产品标准或合同中注明，未注明者按A级精度执行。

4. 根据需方要求，经供需双方协议可采用其他尺寸偏差要求，但公差不允许超过表中相应规格的规定值。

5. 每卷盘条由一根组成，盘条重量应不小于1000kg。下列两种情况允许交货，但其盘卷总数应不大于每批盘数的5%（不足2盘的允许有2盘）：由一根组成的盘重小于1000kg但大于800kg；由两根组成的盘卷，盘重不小于1000kg，每根盘条的重量不小于300kg，并且有明显标识。

2.4.5　低碳钢热轧圆盘条（GB/T 701—2008）

低碳钢热轧盘条的技术要求见表2-91。

表2-91　低碳钢热轧盘条的技术要求

项　目	要　求						
尺寸、外形及允许偏差	应符合GB/T 14981的规定，盘卷应规整						
重量	每卷盘条的重量不应小于1000kg。每批允许有5%的盘数（不足2盘的允许有2盘）由两根组成，但每根盘条的重量不小于300kg，并且有明显标识						
牌号和化学成分	牌号	化学成分（质量分数）/%					
		C	Mn	Si	S	P	Cr、Ni、Cu、As
				≤			
	Q195	≤0.12	0.25～0.50	0.30	0.040	0.035	残余含量应符合GB/T 700的有关规定
	Q215	0.09～0.15	0.25～0.60		0.045	0.045	
	Q235	0.12～0.20	0.30～0.70				
	Q275	0.14～0.22	0.40～1.00				
	经供需双方协议并在合同中注明，可供应其他成分或牌号的盘条						

续表

<table>
<tr><th rowspan="3">项　目</th><th colspan="4">要　求</th></tr>
<tr><th rowspan="2">牌号</th><th colspan="2">力学性能</th><th rowspan="2">冷弯试验180°（d为弯心直径，a为试样直径）</th></tr>
<tr><th>抗拉强度 R_m/MPa ≤</th><th>断后伸长率 $A_{11.3}$/% ≥</th></tr>
<tr><td rowspan="5">力学性能和工艺性能</td><td>Q195</td><td>410</td><td>30</td><td>$d=0$</td></tr>
<tr><td>Q215</td><td>435</td><td>28</td><td>$d=0$</td></tr>
<tr><td>Q235</td><td>500</td><td>23</td><td>$d=0.5a$</td></tr>
<tr><td>Q275</td><td>540</td><td>21</td><td>$d=1.5a$</td></tr>
<tr><td colspan="4">经供需双方协商并在合同中注明，可进行冷弯性能试验。直径大于12mm的盘条，冷弯性能指标由供需双方协商确定</td></tr>
</table>

2.4.6 预应力混凝土用螺纹钢筋（GB/T 20065—2006）

预应力混凝土用螺纹钢筋以屈服强度划分级别，其代号为PSB加上规定屈服强度最小值表示。例如，PSB830表示屈服强度最小值为830MPa的钢筋。钢筋的公称截面面积与理论重量见表2-92，钢筋外形尺寸及允许偏差见表2-93。

表2-92 钢筋的公称截面面积与理论重量

公称直径/mm	公称截面面积/mm^2	有效截面系数	理论截面面积/mm^2	理论重量/kg·m^{-1}
18	254.5	0.95	267.9	2.11
25	490.9	0.94	522.2	4.10
32	804.2	0.95	846.5	6.65
40	1256.6	0.95	1322.7	10.34
50	1963.5	0.95	2066.8	16.28

注：1.推荐的钢筋公称直径为25mm、32mm。可根据用户要求提供其他规格的钢筋。

2.钢筋按实际重量或理论重量交货。钢筋实际重量与理论重量的允许偏差应不大于表中规定的理论重量的±4%。

3.钢筋通常按定尺长度交货，具体交货长度应在合同中注明。可按需方要求长度进行锯切再加工。钢筋按定尺或倍尺长度交货时，长度允许偏差为0～20mm。

表 2-93　钢筋外形尺寸及允许偏差

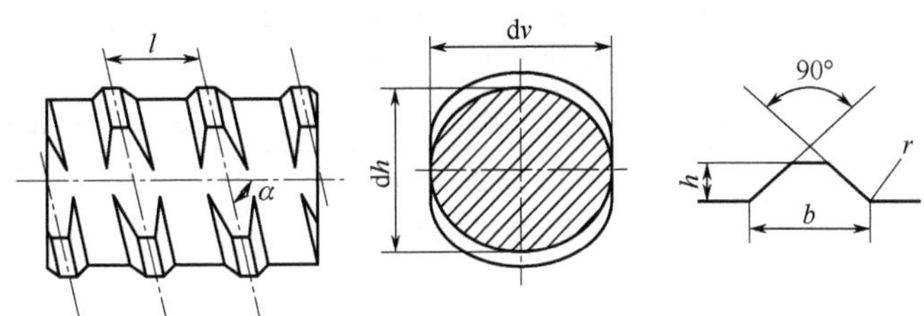

钢筋表面及截面形状

<table>
<tr><th rowspan="3">公称直径/mm</th><th colspan="4">基圆直径/mm</th><th colspan="2">螺纹高/mm</th><th colspan="2">螺纹底宽/mm</th><th colspan="2">螺距/mm</th><th rowspan="3">螺纹根弧 r/mm</th><th rowspan="3">导角 α</th></tr>
<tr><th colspan="2">dh</th><th colspan="2">dv</th><th colspan="2">h</th><th colspan="2">b</th><th colspan="2">l</th></tr>
<tr><th>公称尺寸</th><th>允许偏差</th><th>公称尺寸</th><th>允许偏差</th><th>公称尺寸</th><th>允许偏差</th><th>公称尺寸</th><th>允许偏差</th><th>公称尺寸</th><th>允许偏差</th></tr>
<tr><td>18</td><td>18.0</td><td rowspan="2">±0.4</td><td>18.0</td><td>+0.4
−0.8</td><td>1.2</td><td rowspan="2">±0.3</td><td>4.0</td><td rowspan="5">±0.5</td><td>9.0</td><td>±0.2</td><td>1.0</td><td>80°42′</td></tr>
<tr><td>25</td><td>25.0</td><td>25.0</td><td>+0.4
−0.8</td><td>1.6</td><td>6.0</td><td>12.0</td><td rowspan="2">±0.3</td><td>1.5</td><td>81°19′</td></tr>
<tr><td>32</td><td>32.0</td><td>±0.5</td><td>32.0</td><td>+0.4
−1.2</td><td>2.0</td><td>±0.4</td><td>7.0</td><td>16.0</td><td>2.0</td><td>80°40′</td></tr>
<tr><td>40</td><td>40.0</td><td rowspan="2">±0.6</td><td>40.0</td><td>+0.5
−1.2</td><td>2.5</td><td>±0.5</td><td>8.0</td><td>20.0</td><td rowspan="2">±0.4</td><td>2.5</td><td>80°29′</td></tr>
<tr><td>50</td><td>50.0</td><td>50.0</td><td>+0.5
−1.2</td><td>3.0</td><td>+0.5
−1.0</td><td>9.0</td><td>24.0</td><td>2.5</td><td>81°19′</td></tr>
</table>

注：1. 螺纹底宽允许偏差属于轧辊设计数。
2. 钢筋的弯曲度不得影响正常使用，钢筋弯曲度不应大于 4mm/m，总弯曲度不大于钢筋总长度的 0.4%。
3. 钢筋的端部应平齐，不影响连接器通过。

2.4.7　热轧光圆钢筋（GB 1499.1—2008）

热轧光圆钢筋按屈服强度特征值分为 235 级、300 级。牌号由 HPB+屈服强度特征值构成，即 HPB235 和 HPB300。热轧光圆钢筋技术指标见表 2-94。

表 2-94　热轧光圆钢筋技术指标

<table>
<tr><td>公称直径范围及推荐直径</td><td colspan="6">钢筋的公称直径范围为 6～22mm，本部分推荐的钢筋公称直径为 6mm、8mm、10mm、12mm、16mm、20mm</td></tr>
<tr><td rowspan="11">公称横截面面积与理论重量</td><td colspan="2">公称直径/mm</td><td colspan="2">公称横截面面积/mm²</td><td colspan="2">理论重量/kg・m⁻¹</td></tr>
<tr><td colspan="2">6 (6.5)</td><td colspan="2">28.27 (33.18)</td><td colspan="2">0.222 (0.260)</td></tr>
<tr><td colspan="2">8</td><td colspan="2">50.27</td><td colspan="2">0.395</td></tr>
<tr><td colspan="2">10</td><td colspan="2">78.54</td><td colspan="2">0.617</td></tr>
<tr><td colspan="2">12</td><td colspan="2">113.1</td><td colspan="2">0.888</td></tr>
<tr><td colspan="2">14</td><td colspan="2">153.9</td><td colspan="2">1.21</td></tr>
<tr><td colspan="2">16</td><td colspan="2">201.1</td><td colspan="2">1.58</td></tr>
<tr><td colspan="2">18</td><td colspan="2">254.5</td><td colspan="2">2.00</td></tr>
<tr><td colspan="2">20</td><td colspan="2">314.2</td><td colspan="2">2.47</td></tr>
<tr><td colspan="2">22</td><td colspan="2">380.1</td><td colspan="2">2.98</td></tr>
<tr><td colspan="6">表中理论重量按密度为 7.85g/cm³ 计算。公称直径 6.5mm 的产品为过渡性产品</td></tr>
<tr><td>盘重</td><td colspan="6">按盘卷交货的钢筋，每根盘条重量应不小于 500kg，每盘重量应不小于 1000kg</td></tr>
<tr><td rowspan="4">力学性能和工艺性能</td><td rowspan="2">牌号</td><td>R_{eL}/MPa</td><td>R_m/MPa</td><td>A/%</td><td>A_{gt}/%</td><td rowspan="2">冷弯曲试验 180°
(d 为弯心直径，
a 为钢筋公称直径)</td></tr>
<tr><td colspan="4">$\leqslant$</td></tr>
<tr><td>HPB235</td><td>235</td><td>370</td><td rowspan="2">25.0</td><td rowspan="2">10.0</td><td rowspan="2">$d=a$
(弯曲后，钢筋壁弯曲部位表面不得产生裂纹)</td></tr>
<tr><td>HPB300</td><td>300</td><td>420</td></tr>
</table>

注：1. 表中所列各力学性能特征值，可作为交货检验的最小保证值。

2. 根据供需双方协议，伸长率类型可从 A 或 A_{gt} 中选定。如伸长率类型未经协议确定，则伸长率采用 A，仲裁检验时采用 A_{gt}。

2.4.8　热轧带肋钢筋 (GB 1499.2—2007)

热轧带肋钢筋按屈服强度特征值分为 335 级、400 级、500 级。普通热轧带肋钢筋牌号由 HRB+屈服强度特征值构成，即 HRB335、HRB400 和 HRB500；细晶粒热轧带肋钢筋牌号由 HRBF+屈服强度特征值构成，即 HRBF335、HRBF400 和 HRBF500。热轧带肋钢筋的尺寸、外形、重量及允许偏差见表 2-95 和表 2-96，钢筋的力学性能见表 2-97，钢筋的工艺性能见表 2-98。

表 2-95　热轧带肋钢筋的尺寸、外形、重量及允许偏差

<table>
<tr><td>公称直径范围及推荐直径</td><td colspan="3">钢筋的公称直径范围为 6～50mm，本部分推荐的钢筋公称直径为 6mm、8mm、10mm、12mm、16mm、20mm、25mm、32mm、40mm、50mm</td></tr>
<tr><td rowspan="18">公称横截面面积与理论重量</td><td>公称直径/mm</td><td>公称横截面面积/mm²</td><td>理论重量/kg·m⁻¹</td></tr>
<tr><td>6</td><td>28.27</td><td>0.222</td></tr>
<tr><td>8</td><td>50.27</td><td>0.395</td></tr>
<tr><td>10</td><td>78.54</td><td>0.617</td></tr>
<tr><td>12</td><td>113.1</td><td>0.888</td></tr>
<tr><td>14</td><td>153.9</td><td>1.21</td></tr>
<tr><td>16</td><td>201.1</td><td>1.58</td></tr>
<tr><td>18</td><td>254.5</td><td>2.00</td></tr>
<tr><td>20</td><td>314.2</td><td>2.47</td></tr>
<tr><td>22</td><td>380.1</td><td>2.98</td></tr>
<tr><td>25</td><td>490.9</td><td>3.85</td></tr>
<tr><td>28</td><td>615.8</td><td>4.83</td></tr>
<tr><td>32</td><td>804.2</td><td>6.31</td></tr>
<tr><td>36</td><td>1018</td><td>7.99</td></tr>
<tr><td>40</td><td>1257</td><td>9.87</td></tr>
<tr><td>50</td><td>1964</td><td>15.42</td></tr>
<tr><td colspan="3">表中理论重量按密度为 7.85g/cm³ 计算</td></tr>
<tr><td>交货型式</td><td colspan="3">通常按直条交货。直径不大于 12mm 的钢筋也可按盘卷交货</td></tr>
</table>

表 2-96　带肋钢筋的外形尺寸及允许偏差　mm

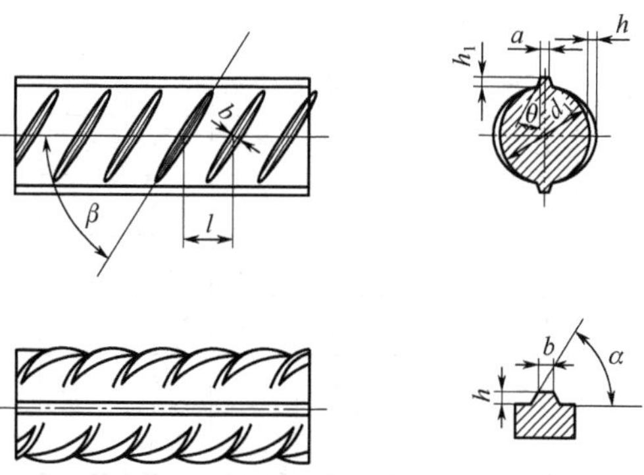

续表

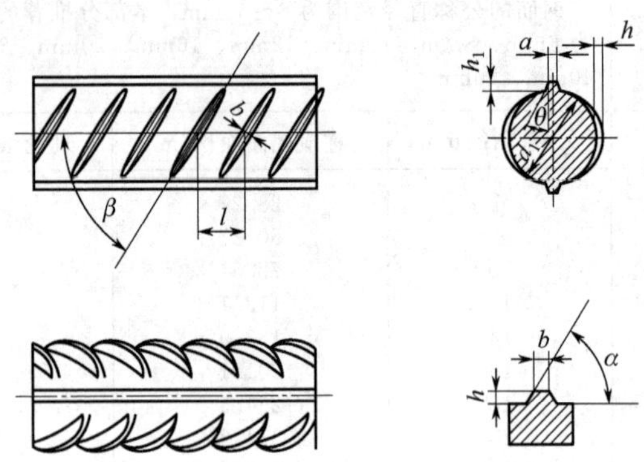

d_1—钢筋内径；α—横肋斜角；h—横肋高度；β—横肋与轴线夹角；
h_1—纵肋高度；θ—纵肋斜角；a—纵肋顶宽；l—横肋间距；
b—横肋顶宽

月牙肋钢筋（带纵肋）表面及截面形状

<table>
<tr><th rowspan="2">公称直径 d</th><th colspan="2">内径 d_1</th><th colspan="2">横肋高 h</th><th rowspan="2">纵肋高 $h_1 \leqslant$</th><th rowspan="2">横肋宽 b</th><th rowspan="2">纵肋宽 a</th><th colspan="2">间距 l</th><th rowspan="2">横肋末端最大间隙（公称周长的10%弦长）</th></tr>
<tr><th>公称尺寸</th><th>允许偏差</th><th>公称尺寸</th><th>允许偏差</th><th>公称尺寸</th><th>允许偏差</th></tr>
<tr><td>6</td><td>5.8</td><td>±0.3</td><td>0.6</td><td>±0.3</td><td>0.8</td><td>0.4</td><td>1.0</td><td>4.0</td><td rowspan="7">±0.5</td><td>0.8</td></tr>
<tr><td>8</td><td>7.7</td><td rowspan="6">±0.4</td><td>0.8</td><td>+0.4
−0.3</td><td>1.1</td><td>0.5</td><td>1.5</td><td>5.5</td><td>1.5</td></tr>
<tr><td>10</td><td>9.6</td><td>1.0</td><td>±0.4</td><td>1.3</td><td>0.6</td><td>1.5</td><td>7.0</td><td>3.1</td></tr>
<tr><td>12</td><td>11.5</td><td>1.2</td><td rowspan="3">+0.4
−0.5</td><td>1.6</td><td>0.7</td><td>1.5</td><td>8.0</td><td>3.7</td></tr>
<tr><td>14</td><td>13.4</td><td>1.4</td><td>1.8</td><td>0.8</td><td>1.8</td><td>9.0</td><td>4.3</td></tr>
<tr><td>16</td><td>15.4</td><td>1.5</td><td>1.9</td><td>0.9</td><td>1.8</td><td>10.0</td><td>5.0</td></tr>
<tr><td>18</td><td>17.3</td><td>1.6</td><td rowspan="2">±0.5</td><td>2.0</td><td>1.0</td><td>2.0</td><td>10.0</td><td>5.6</td></tr>
<tr><td>20</td><td>19.3</td><td rowspan="3">±0.5</td><td>1.7</td><td>2.1</td><td>1.2</td><td>2.0</td><td>10.0</td><td rowspan="3">±0.8</td><td>6.2</td></tr>
<tr><td>22</td><td>21.3</td><td>1.9</td><td rowspan="2">±0.6</td><td>2.4</td><td>1.3</td><td>2.5</td><td>10.5</td><td>6.8</td></tr>
<tr><td>25</td><td>24.2</td><td>2.1</td><td>2.6</td><td>1.5</td><td>2.5</td><td>12.5</td><td>7.7</td></tr>
</table>

续表

<table>
<tr><th rowspan="2">公称直径 d</th><th colspan="2">内径 d_1</th><th colspan="2">横肋高 h</th><th rowspan="2">纵肋高 $h_1 \leqslant$</th><th rowspan="2">横肋宽 b</th><th rowspan="2">纵肋宽 a</th><th colspan="2">间距 l</th><th rowspan="2">横肋末端最大间隙（公称周长的10%弦长）</th></tr>
<tr><th>公称尺寸</th><th>允许偏差</th><th>公称尺寸</th><th>允许偏差</th><th>公称尺寸</th><th>允许偏差</th></tr>
<tr><td>28</td><td>27.2</td><td rowspan="3">±0.6</td><td>2.2</td><td>±0.6</td><td>2.7</td><td>1.7</td><td>3.0</td><td>12.5</td><td rowspan="5">±1.0</td><td>8.6</td></tr>
<tr><td>32</td><td>31.0</td><td>2.4</td><td>+0.8
−0.7</td><td>3.0</td><td>1.9</td><td>3.0</td><td>14.0</td><td>9.9</td></tr>
<tr><td>36</td><td>35.0</td><td>2.6</td><td>+1.0
−0.8</td><td>3.2</td><td>2.1</td><td>3.5</td><td>15.0</td><td>11.1</td></tr>
<tr><td>40</td><td>38.7</td><td>±0.7</td><td>2.9</td><td>±1.1</td><td>3.5</td><td>2.2</td><td>3.5</td><td>15.0</td><td>12.4</td></tr>
<tr><td>50</td><td>48.5</td><td>±0.8</td><td>3.2</td><td>±1.2</td><td>3.8</td><td>2.5</td><td>4.0</td><td>16.0</td><td>15.5</td></tr>
</table>

注：1. 纵肋斜角 θ 为 0°～30°。

2. 尺寸 a、b 为参考数据。

表 2-97　钢筋的力学性能

<table>
<tr><td rowspan="6">拉伸试验</td><td rowspan="2">牌　　号</td><td>R_{eL}/MPa</td><td>R_m/MPa</td><td>A/%</td><td>A_{gt}/%</td></tr>
<tr><td colspan="4">≥</td></tr>
<tr><td>HRB335
HRBF335</td><td>335</td><td>455</td><td>17</td><td rowspan="3">7.5</td></tr>
<tr><td>HRB400
HRBF400</td><td>400</td><td>540</td><td>16</td></tr>
<tr><td>HRB500
HRBF500</td><td>500</td><td>630</td><td>15</td></tr>
<tr><td colspan="5">①直径 28～40mm 各牌号钢筋的断后伸长率 A 可降低 1%；直径大于 40mm 各牌号钢筋的断后伸长率 A 可降低 2%
②有较高要求的抗震结构适用牌号为：在表中已有牌号后加 E（例如：HRB400E、HRBF400E）。该类钢筋除应满足以下的要求外，其他要求与相对应的已有牌号钢筋相同
a. 钢筋实测抗拉强度与实测屈服强度之比 $R_m^0/R_{eL}^0 \geqslant 1.25$
b. 钢筋实测屈服强度与表中规定的屈服强度特征值之比 $R_{eL}^0/R_{eL} \leqslant 1.30$
c. 钢筋的最大力总伸长率 $A_{gt} \geqslant 9\%$
③对于没有明显屈服强度的钢筋，屈服强度特征值 R_{eL} 采用规定非比例延伸强度 $R_{p0.2}$
④根据供需双方协议，伸长率类型可从 A 或 A_{gt} 中选定。如伸长率类型未经协议确定，则伸长率采用 A，仲裁检验时采用 A_{gt}</td></tr>
<tr><td>疲劳性能</td><td colspan="5">如需方要求，经供需双方协议，可进行疲劳性能试验，疲劳试验的技术要求和试验方法由供需双方协商确定</td></tr>
</table>

表 2-98 钢筋的工艺性能

	牌　号	公称直径 d/mm	弯心直径	要　求
弯曲性能	HRB335 HRBF335	6～25	$3d$	弯曲180°后钢筋受弯曲部位表面不得产生裂纹
		28～40	$4d$	
		>40～50	$5d$	
	HRB400 HRBF400	6～25	$4d$	
		28～40	$5d$	
		>40～50	$6d$	
	HRB500 HRBF500	6～25	$6d$	
		28～40	$7d$	
		>40～50	$8d$	
反向弯曲性能（根据需方要求进行）	反向弯曲试验的弯心直径比弯曲试验相应增加一个钢筋公称直径 反向弯曲试验：先正向弯曲 90°后再反向弯曲 20°。两个弯曲角度均应在去载之前测量。经反向弯曲试验后，钢筋受弯曲部位表面不得产生裂纹			
焊接性能	①钢筋的焊接工艺及接头的质量检验与验收应符合相关行业标准的规定 ②普通热轧钢筋在生产工艺、设备有重大变化及新产品生产时进行型式检验 ③细晶粒热轧钢筋的焊接工艺应经试验确定			
晶粒度	细晶粒热轧钢筋应进行晶粒度检验，其晶粒度不粗于 9 级，如供方能保证可不进行晶粒度检验			

2.4.9 预应力混凝土用钢棒（GB/T 5223.3—2005）

预应力混凝土用钢棒的分类、代号、标记及有关技术要求见表 2-99，钢棒的公称直径、横截面积、重量及性能见表 2-100～表 2-102，钢棒的外形、尺寸及偏差见表 2-103～表 2-106。

表 2-99 预应力混凝土用钢棒的分类、代号、标记及有关技术要求

	分类方法	类　别	代　号	备　注
分类与代号	按钢棒表面形状分	光圆钢棒	P	表面形状、类型按用户要求选定
		螺旋槽钢棒	HG	
		螺旋肋钢棒	HR	
		带肋钢棒	R	

续表

<table>
<tr><td rowspan="3">分类与代号</td><td>分类方法</td><td>类别</td><td>代号</td><td>备注</td></tr>
<tr><td rowspan="2">按松弛程度分</td><td>普通松弛</td><td>N</td><td>—</td></tr>
<tr><td>低松弛</td><td>L</td><td>—</td></tr>
<tr><td rowspan="2">标记</td><td>标记内容</td><td colspan="3">预应力钢棒（PCB）、公称直径、公称抗拉强度、延性级别（延性35或延性25）、松弛（N或L）、代号、标准号</td></tr>
<tr><td>标记示例</td><td colspan="3">示例：公称直径为9mm，公称抗拉强度为1420MPa，35级延性，低松弛预应力混凝土用螺旋槽钢棒，其标记为
PCB 9-1420-35-L-HG-GB/T 5223.3</td></tr>
<tr><td colspan="2">盘径</td><td colspan="3">产品可以盘卷或直条交货
内圈盘径应不小于2000mm。直条长度及允许偏差按供需双方协议要求</td></tr>
<tr><td colspan="2">盘重</td><td colspan="3">每盘钢棒由一根组成，盘重一般应不小于500kg，每批允许有10%的盘数小于500kg但不小于200kg</td></tr>
</table>

表 2-100 钢棒的公称直径、横截面积、重量及性能

<table>
<tr><td rowspan="2">表面形状类型</td><td rowspan="2">公称直径 D_n/mm</td><td rowspan="2">公称横截面积 S_n/mm²</td><td colspan="2">横截面积 S/mm²</td><td rowspan="2">每米参考重量 /g·m⁻¹</td><td rowspan="2">抗拉强度 R_m/MPa ≥</td><td rowspan="2">规定非比例延伸强度 $R_{p0.2}$ /MPa≥</td><td colspan="2">弯曲性能</td></tr>
<tr><td>最小</td><td>最大</td><td>性能要求</td><td>弯曲半径/mm</td></tr>
<tr><td rowspan="9">光圆</td><td>6</td><td>28.3</td><td>26.8</td><td>29.0</td><td>222</td><td rowspan="9">对所有规格钢棒
1080</td><td rowspan="9">对所有规格钢棒
930</td><td rowspan="4">反复弯曲≥4次/180°</td><td>15</td></tr>
<tr><td>7</td><td>38.5</td><td>36.3</td><td>39.5</td><td>302</td><td>20</td></tr>
<tr><td>8</td><td>50.3</td><td>47.5</td><td>51.5</td><td>394</td><td>20</td></tr>
<tr><td>10</td><td>78.5</td><td>74.1</td><td>80.4</td><td>616</td><td>25</td></tr>
<tr><td>11</td><td>95.0</td><td>93.1</td><td>97.4</td><td>746</td><td rowspan="5">弯曲160°～180°后弯曲处无裂纹</td><td rowspan="5">弯心直径为钢棒公称直径的10倍</td></tr>
<tr><td>12</td><td>113</td><td>106.8</td><td>115.8</td><td>887</td></tr>
<tr><td>13</td><td>133</td><td>130.3</td><td>136.3</td><td>1044</td></tr>
<tr><td>14</td><td>154</td><td>145.6</td><td>157.8</td><td>1209</td></tr>
<tr><td>16</td><td>201</td><td>190.2</td><td>206.0</td><td>1578</td></tr>
<tr><td rowspan="4">螺旋槽</td><td>7.1</td><td>40</td><td>39.0</td><td>41.7</td><td>314</td><td rowspan="4">对所有规格钢铸
1230</td><td rowspan="4">对所有规格钢铸
1080</td><td rowspan="4">—</td><td rowspan="4">—</td></tr>
<tr><td>9</td><td>64</td><td>62.4</td><td>66.5</td><td>502</td></tr>
<tr><td>10.7</td><td>90</td><td>87.5</td><td>93.6</td><td>707</td></tr>
<tr><td>12.6</td><td>125</td><td>121.5</td><td>129.9</td><td>981</td></tr>
</table>

续表

表面形状类型	公称直径 D_n/mm	公称横截面积 S_n/mm^2	横截面积 S/mm^2		每米参考重量 /g·m^{-1}	抗拉强度 R_m/MPa ≥	规定非比例延伸强度 $R_{p0.2}$/MPa≥	弯曲性能	
			最小	最大				性能要求	弯曲半径/mm
螺旋肋	6	28.3	26.8	29.0	222	对所有规格钢棒 1420	对所有规格钢棒 1230	反复弯曲≥4次/180°	15
	7	38.5	36.3	39.5	302				20
	8	50.3	47.5	51.5	394				20
	10	78.5	74.1	80.4	616				25
	12	113	106.8	115.8	887			弯曲160°~180°后弯曲处无裂纹	弯心直径为钢棒公称直径的10倍
	14	154	145.6	157.8	1209				
带肋	6	28.3	26.8	29.0	222	对所有规格钢棒 1570	对所有规格钢棒 1420	—	—
	8	50.3	47.5	51.5	394				
	10	78.5	74.1	80.4	616				
	12	113	106.8	115.8	887				
	14	154	145.6	157.8	1209				
	16	201	190.2	206.0	1578				

注：1. 经拉伸试验后，目视观察，钢棒应显出缩颈韧性断口。

2. 钢棒应进行初始应力为70%公称抗拉强度时1000h的松弛试验。假如需方有要求，也应测定初始应力为60%和80%公称抗拉强度时1000h的松弛值，其松弛值符合表2-102的规定。

3. 经供需双方协商，合同中注明，可对钢棒进行疲劳试验，数值遵照GB/T 5223.3—2005附录A的规定。

4. 除非生产厂家另有规定，弹性模量为（200±10）GPa，但不作为交货条件。

表 2-101 伸长特性要求

延性级别	最大力总伸长率 (L_0=200mm) A_{gt}/%	断后伸长率 ($L_0=8d_n$) A/%≥
延性35	3.5	7.0
延性25	2.5	5.0

注：日常检验可用断后伸长率，仲裁试验以最大力总伸长率为准。

表 2-102　最大松弛值

<table>
<tr><th rowspan="2">初始应力为公称抗拉强度的百分数/%</th><th colspan="2">1000h 松弛值/%</th></tr>
<tr><th>普通松弛（N）</th><th>低松弛（L）</th></tr>
<tr><td>70</td><td>4.0</td><td>2.0</td></tr>
<tr><td>60</td><td>2.0</td><td>1.0</td></tr>
<tr><td>80</td><td>9.0</td><td>4.5</td></tr>
</table>

表 2-103　螺旋槽钢棒的外形、尺寸及偏差

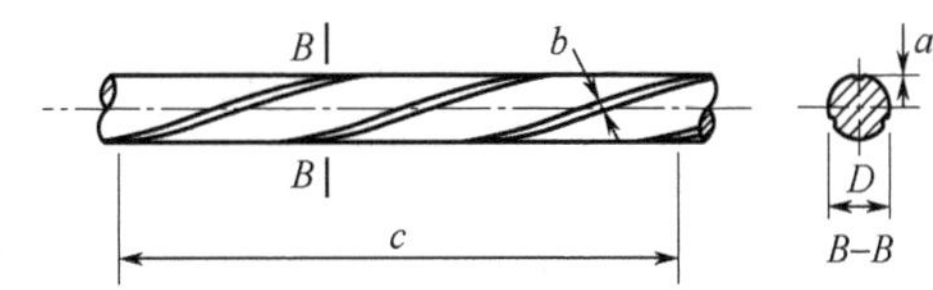

（a）3条螺旋槽钢棒外形示意图

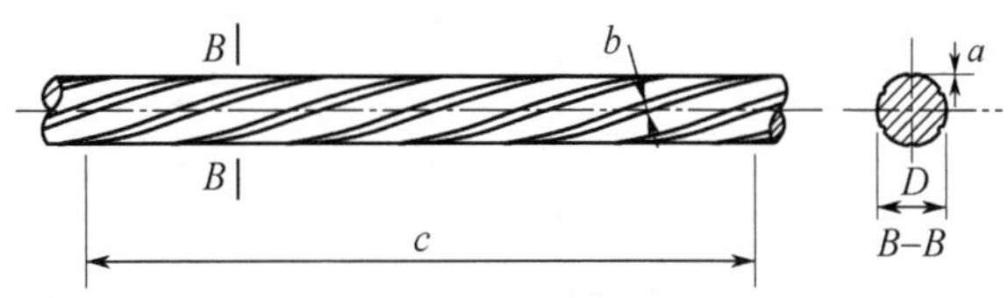

（b）6条螺旋槽钢棒外形示意图

螺旋槽钢棒外形示意图

<table>
<tr><th rowspan="2">公称直径 D_n/mm</th><th rowspan="2">螺旋槽数量/条</th><th colspan="2">外轮廓直径及偏差</th><th colspan="4">螺旋槽尺寸</th><th colspan="2">导程及偏差</th></tr>
<tr><th>直径 D/mm</th><th>偏差 /mm</th><th>深度 a/mm</th><th>偏差 /mm</th><th>宽度 b/mm</th><th>偏差 /mm</th><th>导程 c/mm</th><th>偏差 /mm</th></tr>
<tr><td>7.1</td><td>3</td><td>7.25</td><td>±0.15</td><td>0.20</td><td rowspan="3">±0.10</td><td>1.70</td><td rowspan="4">±0.10</td><td rowspan="4">公称直径的10倍</td><td rowspan="4">±10</td></tr>
<tr><td>9</td><td>6</td><td>9.15</td><td rowspan="3">±0.20</td><td>0.20</td><td>1.80</td></tr>
<tr><td>10.7</td><td>6</td><td>11.10</td><td>0.30</td><td>2.00</td></tr>
<tr><td>12.6</td><td>6</td><td>13.10</td><td>0.45</td><td>±0.15</td><td>2.20</td></tr>
</table>

表 2-104　螺旋肋钢棒的外形、尺寸及偏差

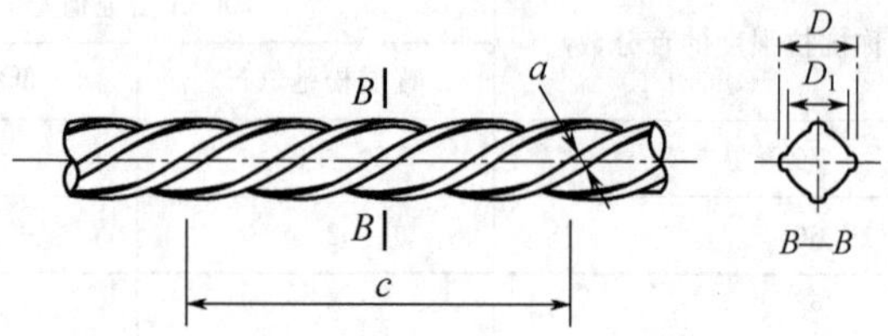

螺旋肋钢棒外形示意图

公称直径 D_n/mm	螺旋肋数量/条	基圆尺寸		外轮廓尺寸		单肋尺寸	螺旋肋导程 c/mm
		基圆直径 D_1/mm	偏差/mm	外轮廓直径 D/mm	偏差/mm	宽度 a/mm	
6	4	5.80	±0.10	6.30	±0.15	2.20～2.60	40～50
7		6.73		7.46		2.60～3.00	50～60
8		7.75		8.45		3.00～3.40	60～70
10		9.75		10.45	±0.20	3.60～4.20	70～85
12		11.70	±0.15	12.50		4.20～5.00	85～100
14		13.75		14.40		5.00～5.80	100～115

表 2-105　有纵肋带肋钢棒的外形、尺寸及允许偏差

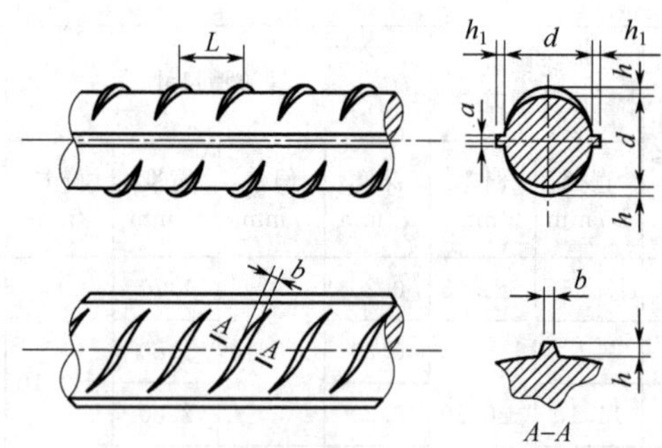

有纵肋带肋钢棒外形示意图

续表

<table>
<tr><th rowspan="2">公称直径 D_n/mm</th><th colspan="2">内径 d</th><th colspan="2">横肋高 h</th><th colspan="2">纵肋高 h_1</th><th rowspan="2">横肋宽 b/mm</th><th rowspan="2">纵肋宽 a/mm</th><th colspan="2">间距 L</th><th rowspan="2">横肋末端最大间隙（公称周长的 10% 弦长）/mm</th></tr>
<tr><th>公称尺寸/mm</th><th>偏差/mm</th><th>公称尺寸/mm</th><th>偏差/mm</th><th>公称尺寸/mm</th><th>偏差/mm</th><th>公称尺寸/mm</th><th>偏差/mm</th></tr>
<tr><td>6</td><td>5.8</td><td>±0.4</td><td>0.5</td><td>±0.3</td><td>0.6</td><td>±0.3</td><td>0.4</td><td>1.0</td><td>4</td><td rowspan="6">±0.5</td><td>1.8</td></tr>
<tr><td>8</td><td>7.7</td><td rowspan="5">±0.5</td><td>0.7</td><td>+0.4
−0.3</td><td>0.8</td><td>±0.5</td><td>0.6</td><td>1.2</td><td>5.5</td><td>2.5</td></tr>
<tr><td>10</td><td>9.6</td><td>1.0</td><td>±0.4</td><td>1</td><td>±0.6</td><td>1.0</td><td>1.5</td><td>7</td><td>3.1</td></tr>
<tr><td>12</td><td>11.5</td><td>1.2</td><td rowspan="3">+0.4
−0.5</td><td>1.2</td><td rowspan="3">±0.8</td><td>1.2</td><td>1.5</td><td>8</td><td>3.7</td></tr>
<tr><td>14</td><td>13.4</td><td>1.4</td><td>1.4</td><td>1.2</td><td>1.8</td><td>9</td><td>4.3</td></tr>
<tr><td>16</td><td>15.4</td><td>1.5</td><td>1.5</td><td>1.2</td><td>1.8</td><td>10</td><td>5.0</td></tr>
</table>

注：1. 钢棒的横截面积、每米参考重量应参照表 2-100 中相应规格对应的数值。
2. 公称直径是指横截面积等同于光圆钢棒横截面积时所对应的直径。
3. 纵肋斜角 θ 为 0°～30°。
4. 尺寸 a、b 为参考数据。

表 2-106　无纵肋带肋钢棒的外形、尺寸及允许偏差

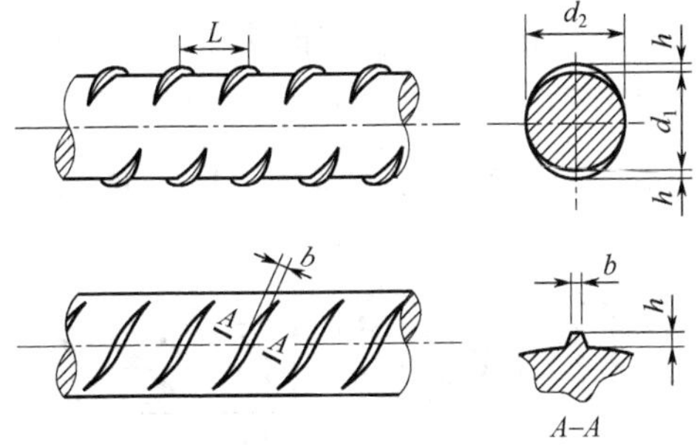

无纵肋带肋钢棒外形示意图

<table>
<tr><th rowspan="2">公称直径 D_n/mm</th><th colspan="2">垂直内径 d_1</th><th colspan="2">水平内径 d_2</th><th colspan="2">横肋高 h</th><th rowspan="2">横肋宽 b/mm</th><th colspan="2">间距 L</th></tr>
<tr><th>公称尺寸/mm</th><th>偏差/mm</th><th>公称尺寸/mm</th><th>偏差/mm</th><th>公称尺寸/mm</th><th>偏差/mm</th><th>公称尺寸/mm</th><th>偏差/mm</th></tr>
<tr><td>6</td><td>5.5</td><td>±0.4</td><td>6.2</td><td>±0.4</td><td>0.5</td><td>±0.3</td><td>0.4</td><td>4</td><td rowspan="2">±0.5</td></tr>
<tr><td>8</td><td>7.5</td><td>±0.5</td><td>8.3</td><td>±0.5</td><td>0.7</td><td>+0.4
−0.3</td><td>0.6</td><td>5.5</td></tr>
</table>

续表

公称直径 D_n/mm	垂直内径 d_1		水平内径 d_2		横肋高 h		横肋宽 b/mm	间距 L	
	公称尺寸/mm	偏差/mm	公称尺寸/mm	偏差/mm	公称尺寸/mm	偏差/mm		公称尺寸/mm	偏差/mm
10	9.4	±0.5	10.3	±0.5	1.0	±0.4	1.0	7	±0.5
12	11.3		12.3		1.2	+0.4 −0.5	1.2	8	
14	13		14.3		1.4		1.2	9	
16	15		16.3		1.5		1.2	10	

注：1. 钢棒的横截面积、每米参考重量应参照表2-100中相应规格对应的数值。
2. 公称直径是指横截面积等同于光圆钢棒横截面积时所对应的直径。
3. 尺寸 b 为参考数据。

2.4.10　冷轧带肋钢筋（GB 13788—2008）

冷轧带肋钢筋的牌号由CRB和钢筋的抗拉强度最小值构成，分为CRB550、CRB650、CRB800、CRB970四个牌号。CRB550为普通钢筋混凝土用钢筋，其他牌号为预应力混凝土用钢筋。

CRB550钢筋的公称直径为4～12mm，CRB650及以上牌号的公称直径为4mm、5mm、6mm。三面肋和二面肋钢筋的尺寸、重量和允许偏差见表2-107，钢筋的性能见表2-108和表2-109。

表2-107　三面肋和二面肋钢筋的尺寸、重量和允许偏差

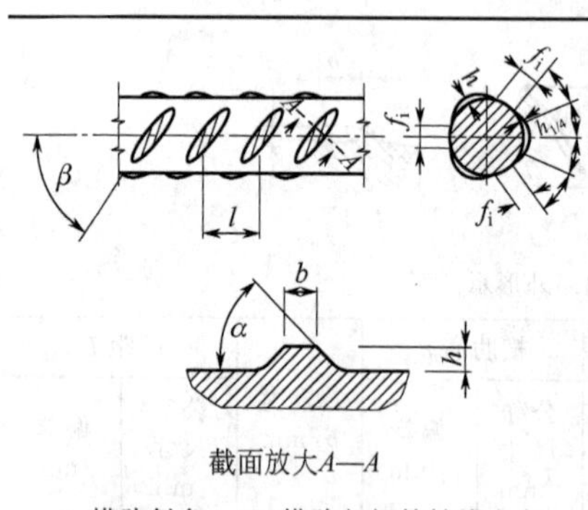

截面放大A—A

α—横肋斜角；β—横肋与钢筋轴线夹角；
h—横肋中点高；l—横肋间距；
b—横肋顶宽；f_i—横肋间隙
三面肋钢筋截面形状

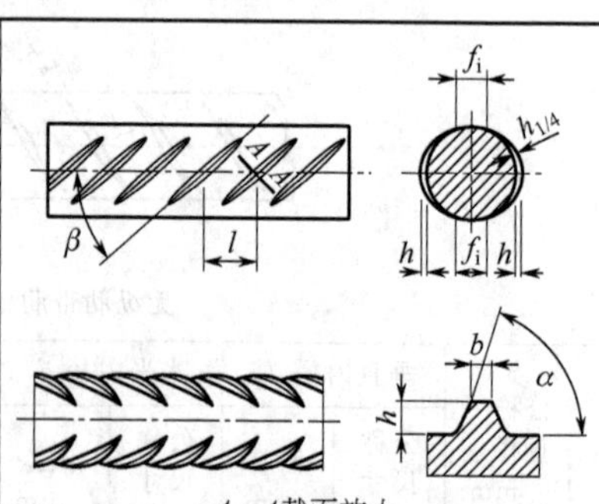

A—A截面放大

α—横肋斜角；β—横肋与钢筋轴线夹角；
h—横肋中点高；l—横肋间距；
b—横肋顶宽；f_i—横肋间隙
二面肋钢筋截面形状

续表

公称直径 d/mm	公称横截面积 /mm²	重量		横肋中点高		横肋 1/4 处高 $h_{1/4}$/mm	横肋顶宽 b/mm	横肋间距		相对肋面积 f_r≥
		理论重量 /kg·m^{-1}	允许偏差/%	h/mm	允许偏差 /mm			l/mm	允许偏差 /%	
4	12.6	0.099	±4	0.30	+0.10 −0.05	0.24	0.2d	4.0	±15	0.036
4.5	15.9	0.125		0.32		0.26		4.0		0.039
5	19.6	0.154		0.32		0.26		4.0		0.039
5.5	23.7	0.186		0.40		0.32		5.0		0.039
6	28.3	0.222		0.40		0.32		5.0		0.039
6.5	33.2	0.261		0.46		0.37		5.0		0.045
7	38.5	0.302		0.46		0.37		5.0		0.045
7.5	44.2	0.347		0.55		0.44		6.0		0.045
8	50.3	0.395		0.55		0.44		6.0		0.045
8.5	56.7	0.445		0.55	±0.10	0.44		7.0		0.045
9	63.6	0.499		0.75		0.60		7.0		0.052
9.5	70.8	0.556		0.75		0.60		7.0		0.052
10	78.5	0.617		0.75		0.60		7.0		0.052
10.5	86.5	0.679		0.75		0.60		7.4		0.052
11	95.0	0.746		0.85		0.68		7.4		0.056
11.5	103.8	0.815		0.95		0.76		8.4		0.056
12	113.1	0.888		0.95		0.76		8.4		0.056

注：1. 横肋 1/4 处高、横肋顶宽供孔型设计用；二面肋钢筋允许有不大于 0.5h 的纵肋。

2. 钢筋为冷加工状态交货，允许冷轧后进行低温回火处理。

3. 钢筋一般为盘卷，CRB550 钢筋也可直条交货。直条钢筋弯曲度不大于 4mm，总弯曲度不大于钢筋全长的 0.4%。

4. 盘卷钢筋的重量不小于 100kg。每盘应由一根钢筋组成；CRB650 及以上牌号不得有焊接接头。

表 2-108　冷轧带肋钢筋的力学性能和工艺性能

级别代号	屈服强度 $R_{p0.2}$/MPa ≥	抗拉强度 R_m/MPa ≥	伸长率 /%≥		冷弯 180°（D 为弯心直径，d 为钢筋公称直径）	反复弯曲试验/次	应力松弛初始应力相当于公称抗拉强度的 70%
			$A_{11.3}$	A_{100}			1000h 松弛率 /%≤
CRB550	500	550	8.0	—	$D=3d$	—	—
CRB650	585	650	—	4.0	—	3	8

续表

级别代号	屈服强度 $R_{p0.2}$/MPa ≥	抗拉强度 R_m/MPa ≥	伸长率/%≥		冷弯180°（D为弯心直径，d为钢筋公称直径）	反复弯曲试验/次	应力松弛初始应力相当于公称抗拉强度的70%
			$A_{11.3}$	A_{100}			1000h松弛率/%≤
CRB800	720	800	—	4.0	—	3	8
CRB970	875	970	—	4.0	—	3	8

注：1. 钢筋的强屈比 $R_m/R_{p0.2}$ 比值应不小于1.03。经供需双方协议，可用 A_{gt}≥2.0%代替 A。

2. 供方在保证1000h松弛率合格基础上，允许使用推算法确定1000h松弛。

表 2-109 反复弯曲试验的弯曲半径 mm

钢筋公称直径	4	5	6
弯曲半径	10	15	15

2.4.11 钢筋混凝土用钢筋焊接网（GB/T 1499.3—2002）

定型钢筋焊接网型号见表2-110。

表 2-110 定型钢筋焊接网型号

钢筋焊接网型号	纵向钢筋			横向钢筋			重量/kg·m^{-2}
	公称直径/mm	间距/mm	每延米面积/$mm^2 \cdot m^{-1}$	公称直径/mm	间距/mm	每延米面积/$mm^2 \cdot m^{-1}$	
A16	16	200	1006	12	200	566	12.34
A14	14		770	12		566	10.49
A12	12		566	12		566	8.88
A11	11		475	11		475	7.46
A10	10		393	10		393	6.16
A9	9		318	9		318	4.99
A8	8		252	8		252	3.95
A7	7		193	7		193	3.02
A6	6		112	6		112	2.22
A5	5		98	5		98	1.54

续表

钢筋焊接网型号	纵向钢筋			横向钢筋			重量/kg·m^{-2}
	公称直径/mm	间距/mm	每延米面积/mm^2·m^{-1}	公称直径/mm	间距/mm	每延米面积/mm^2·m^{-1}	
B16	16	100	2011	10	200	393	18.89
B14	14		1539	10		393	15.19
B12	12		1131	8		252	10.90
B11	11		950	8		252	9.43
B10	10		785	8		252	8.14
B9	9		635	8		252	6.97
B8	8		503	8		252	5.93
B7	7		385	7		193	4.53
B6	6		283	7		193	3.73
B5	5		196	7		193	3.05
C16	16	150	1341	12	200	566	14.98
C14	14		1027	12		566	12.51
C12	12		754	12		566	10.36
C11	11		634	11		475	8.70
C10	10		523	10		393	7.19
C9	9		423	9		318	5.82
C8	8		335	8		252	4.61
C7	7		257	7		193	3.53
C6	6		189	6		112	2.60
C5	5		131	5		98	1.80
D16	16	100	2011	12	100	1131	24.68
D14	14		1539	12		1131	20.98
D12	12		1131	12		1131	17.75
D11	11		950	11		950	14.92
D10	10		785	10		785	12.33
D9	9		635	9		635	9.98
D8	8		503	8		503	7.90
D7	7		385	7		385	6.04
D6	6		283	6		283	4.44
D5	5		196	5		196	3.08

续表

钢筋焊接网型号	纵向钢筋			横向钢筋			重量/kg·m^{-2}
	公称直径/mm	间距/mm	每延米面积/mm^2·m^{-1}	公称直径/mm	间距/mm	每延米面积/mm^2·m^{-1}	
E16	16	150	1341	12	150	754	16.46
E14	14		1027	12		754	13.99
E12	12		754	12		754	11.84
E11	11		634	11		634	9.95
E10	10		523	10		523	8.22
E9	9		423	9		423	6.66
E8	8		335	8		335	5.26
E7	7		257	7		257	4.03
E6	6		189	6		189	2.96
E5	5		131	5		131	2.05

2.5　钢丝绳（GB/T 20118—2006）

钢丝绳按其股数和股外层钢丝的数目分类，见表2-111。如果需方没有明确要求某种结构的钢丝绳时，在同一组别内结构的选择由供方自行确定。

表2-111　钢丝绳分类

组别	类别	分类原则	典型结构		直径范围/mm
			钢丝绳	股	
1	单股钢丝绳	1个圆股，每股外层丝可到18根，中心丝外捻制1～3层钢丝	1×7 1×19 1×37	(1+6) (1+6+12) (1+6+12+18)	0.6～12 1～16 1.4～22.5
2	6×7	6个圆股，每股外层丝可到7根，中心丝（或无）外捻制1～2层钢丝，钢丝等捻距	6×7 6×9W	(1+6) (3+3/3)	1.8～36 14～36

续表

组别	类别	分类原则	典型结构		直径范围/mm
			钢丝绳	股	
3	6×19（a）	6个圆股，每股外层丝8～12根，中心丝外捻制2～3层钢丝，钢丝等捻距	6×19S 6×19W 6×25Fi 6×26WS 6×31WS	（1+9+9） （1+6+6/6） （1+6+6F+12） （1+5+5/5+10） （1+6+6/6+12）	6～36 6～40 8～44 13～40 12～46
	6×19（b）	6个圆股，每股外层丝12根，中心丝外捻制2层钢丝	6×19	（1+6+12）	3～46
4	6×37（a）	6个圆股，每股外层丝14～18根，中心丝外捻制3～4层钢丝，钢丝等捻距	6×29Fi 6×36WS 6×37S（点线接触） 6×41WS 6×49SWS 6×55SWS	（1+7+7F+14） （1+7+7/7+14） （1+6+15+15） （1+8+8/8+16） （1+8+8+8/8+16） （1+9+9+9/9+18）	10～44 12～60 10～60 32～60 36～60 36～60
	6×37（b）	6个圆股，每股外层丝18根，中心丝外捻制3层钢丝	6×37	（1+6+12+18）	5～60
5	6×61	6个圆股，每股外层丝24根，中心丝外捻制4层钢丝	6×61	（1+6+12+18+24）	40～60
6	8×19	8个圆股，每股外层丝8～12根，中心丝外捻制2～3层钢丝，钢丝等捻距	8×19S 8×19W 8×25Fi 8×26WS 8×31WS	（1+9+9） （1+6+6/6） （1+6+6F+12） （1+5+5/5+10） （1+6+6/6+12）	11～44 10～48 18～52 16～48 14～56
7	8×37	8个圆股，每股外层丝14～18根，中心丝外捻制3～4层钢丝，钢丝等捻距	8×36WS 8×41WS 8×49SWS 8×55SWS	（1+7+7/7+14） （1+8+8/8+16） （1+8+8+8/8+16） （1+9+9+9/9+18）	14～60 40～60 44～60 44～60
8	18×7	钢丝绳中有17或18个圆股，在纤维芯或钢芯外捻制2层股，外层10～12个股，每股外层丝4～7根，中心丝外捻制1层钢丝	17×7 18×7	（1+6） （1+6）	6～44 6～44

续表

组别	类别	分类原则	典型结构		直径范围/mm
			钢丝绳	股	
9	18×19	钢丝绳中有17或18个圆股，在纤维芯或钢芯外捻制2层股，外层10～12个股，每股外层丝8～12根，中心丝外捻制2～3层钢丝	18×19W 18×19S 18×19	(1+6+6/6) (1+9+9) (1+6+12)	14～44 14～44 10～44
10	34×7	钢丝绳中有34～36个圆股，在纤维芯或钢芯外捻制3层股，外层17～18个股，每股外层丝4～8根，中心丝外捻制1层钢丝	34×7 36×7	(1+6) (1+6)	16～44 16～44
11	35W×7	钢丝绳中有24～40个圆股，在钢芯外捻制2～3层股，外层12～18个股，每股外层丝4～8根，中心丝外捻制1层钢丝	35W×7 24W×7	(1+6) (1+6)	12～50 12～50
12	6×12	6个圆股，每股外层丝12根，股纤维芯外捻制1层钢丝	6×12	(FC+12)	8～32
13	6×24	6个圆股，每股外层丝12～16根，股纤维芯外捻制2层钢丝	6×24 6×24S 6×24W	(FC+9+15) (FC+12+12) (FC+8+8/8)	8～40 10～44 10～44
14	6×15	6个圆股，每股外层丝15根，股纤维芯外捻制一层钢丝	6×15	(FC+15)	10～32
15	4×19	4个圆股，每股外层丝8～12根，中心丝外捻制2～3层钢丝，钢丝等捻距	4×19S 4×25Fi 4×26WS 4×31WS	(1+9+9) (1+6+6F+12) (1+5+5/5+10) (1+6+6/6+12)	8～28 12～34 12～31 12～36
16	4×37	4个圆股，每股外层丝14～18根，中心丝外捻制3～4层钢丝，钢丝等捻距	4×36WS 4×41WS	(1+7+7/7+14) (1+8+8/8+16)	14～22 26～46

注：1. 3组和4组内推荐用（a）类钢丝绳。
2. 12组～14组仅为纤维芯，其余组别的钢丝绳可由需方指定纤维芯或钢芯。
3.（a）为线接触，（b）为点接触。

钢丝绳按捻法分为右交互捻、左交互捻、右同向捻和左同向捻四种。

1 组中 1×19 和 1×37 单股钢丝绳外层钢丝与内部各层钢丝的捻向相反。

2～4 组、6～11 组钢丝绳可为交互捻和同向捻，其中 8 组、9 组、10 组和 11 组多层股钢丝绳的内层绳捻法，由供方确定。

3 组中 6×19（b）类、6×19W 结构，6 组中 8×19W 结构和 9 组中 18×19W、18×19 结构钢丝绳推荐使用交互捻。

4 组中 6×37（b）类、5 组、12 组、13 组、14 组、15 组、16 组钢丝绳仅为交互捻。

钢丝绳的力学性能见表 2-112～表 2-130。

表 2-112　第 1 组单股钢丝绳 1×7 的力学性能

单股钢丝绳 1×7 截面示意图

钢丝绳公称直径 /mm	钢丝绳参考重量 /kg·(100m)$^{-1}$	钢丝绳公称抗拉强度/MPa			
		1570	1670	1770	1870
		钢丝绳最小破断拉力/kN			
0.6	0.19	0.31	0.32	0.34	0.36
1.2	0.75	1.22	1.30	1.38	1.45
1.5	1.17	1.91	2.03	2.15	2.27
1.8	1.69	2.75	2.92	3.10	3.27
2.1	2.30	3.74	3.98	4.22	4.45
2.4	3.01	4.88	5.19	5.51	5.82
2.7	3.80	6.18	6.97	6.97	7.36
3	4.70	7.63	8.60	8.60	9.82
3.3	5.68	9.23	9.82	10.4	11.0
3.6	6.77	11.0	11.7	12.4	13.1
3.9	7.94	12.9	13.7	14.5	15.4

续表

钢丝绳公称直径 /mm	钢丝绳参考重量 /kg·$(100m)^{-1}$	钢丝绳公称抗拉强度/MPa			
		1570	1670	1770	1870
		钢丝绳最小破断拉力/kN			
4.2	9.21	15.0	15.9	16.9	17.8
4.5	10.6	17.2	18.3	19.4	20.4
4.8	12.0	19.5	20.8	22.0	23.3
5.1	13.6	22.1	23.5	24.9	26.3
5.4	15.2	24.7	26.3	27.9	29.4
6	18.8	30.5	32.5	34.4	36.4
6.6	22.7	36.9	39.3	41.6	44.0
7.2	27.1	43.9	46.7	49.5	52.3
7.8	31.8	51.6	54.9	58.2	61.4
8.4	36.8	59.8	63.6	67.4	71.3
9	42.3	68.7	73.0	77.4	81.8
9.6	48.1	78.1	83.1	88.1	93.1
10.5	57.6	93.5	99.4	105	111
11.5	69.0	112	119	126	134
12	75.2	122	130	138	145

注：最小钢丝破断拉力总和＝钢丝绳最小破断拉力×1.111。

表 2-113 第 1 组单股钢丝绳 1×19 的力学性能

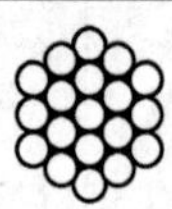

单股钢丝绳 1×19 截面示意图

钢丝绳公称直径 /mm	钢丝绳参考重量 /kg·$(100m)^{-1}$	钢丝绳公称抗拉强度/MPa			
		1570	1670	1770	1870
		钢丝绳最小破断拉力/kN			
1	0.51	0.83	0.89	0.94	0.99
1.5	1.14	1.87	1.99	2.11	2.23

续表

钢丝绳公称直径/mm	钢丝绳参考重量/kg·(100m)$^{-1}$	钢丝绳公称抗拉强度/MPa			
		1570	1670	1770	1870
		钢丝绳最小破断拉力/kN			
2	2.03	3.33	3.54	3.75	3.96
2.5	3.17	5.20	5.53	5.86	6.19
3	4.56	7.49	7.97	8.44	8.92
3.5	6.21	10.2	10.8	11.5	12.1
4	8.11	13.3	14.2	15.0	15.9
4.5	10.3	16.9	17.9	19.0	20.1
5	12.7	20.8	22.1	23.5	24.8
5.5	15.3	25.2	26.8	28.4	30.0
6	18.3	30.0	31.9	33.8	35.7
6.5	21.4	35.2	37.4	39.6	41.9
7	24.8	40.8	43.4	46.0	48.6
7.5	28.5	46.8	49.8	52.8	55.7
8	32.4	56.6	56.6	60.0	63.4
8.5	36.6	60.1	63.9	67.8	71.6
9	41.1	67.4	71.7	76.0	80.3
10	50.7	83.2	88.6	93.8	99.1
11	61.3	101	107	114	120
12	73.0	120	127	135	143
13	85.7	141	150	159	167
14	99.4	163	173	184	194
15	114	187	199	211	223
16	120	213	227	240	254

表2-114　第1组单股钢丝绳1×37的力学性能

单股钢丝绳1×37截面示意图

续表

钢丝绳公称直径/mm	钢丝绳参考重量/kg·(100m)$^{-1}$	钢丝绳公称抗拉强度/MPa			
		1570	1670	1770	1870
		钢丝绳最小破断拉力/kN			
1.4	0.98	1.51	1.60	1.70	1.80
2.1	2.21	3.39	3.61	3.82	4.04
2.8	3.93	6.03	6.42	6.80	7.18
3.5	6.14	9.42	10.0	10.6	11.2
4.2	8.84	13.6	14.4	15.3	16.2
4.9	12.0	18.5	19.6	20.8	22.0
5.6	15.7	24.1	25.7	27.2	28.7
6.3	19.9	30.5	32.5	34.4	36.4
7	24.5	37.7	40.1	42.5	44.9
7.7	29.7	45.6	48.5	51.4	54.3
8.4	35.4	54.3	57.7	61.2	64.7
9.1	41.5	63.7	67.8	71.8	75.9
9.8	48.1	73.9	78.6	83.3	88.0
10.5	55.2	84.8	90.2	95.6	101
11	60.6	93.1	99.0	105	111
12	72.1	111	118	125	132
12.5	78.3	120	128	136	143
14	98.2	151	160	170	180
15.5	120	185	197	208	220
17	145	222	236	251	265
18	162	249	265	281	297
19.5	191	292	311	330	348
21	221	339	361	382	404
22.5	254	389	414	439	464

表 2-115 第2组6×7类钢丝绳的力学性能

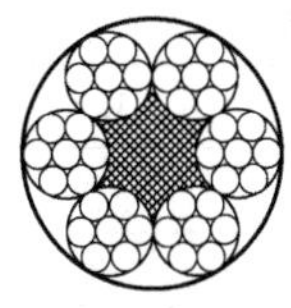
6×7+FC

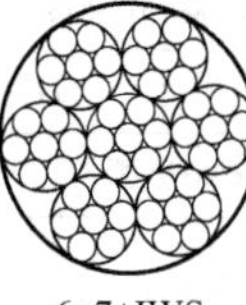
6×7+IWS

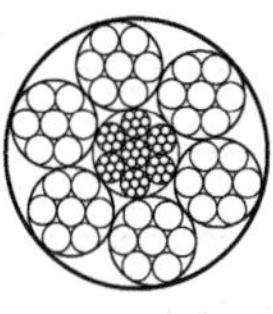
6×7+IWR

直径1.8～36mm

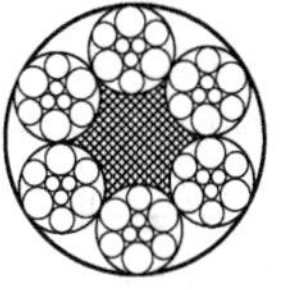
6×9W+FC

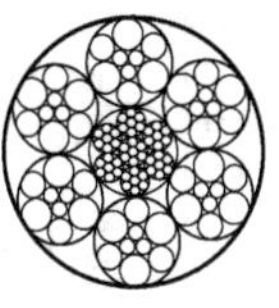
6×9W+IWS

直径14～36mm

截面示意图

钢丝绳公称直径/mm	钢丝绳参考重量/kg·(100m)$^{-1}$			钢丝绳公称抗拉强度/MPa							
				1570		1670		1770		1870	
				钢丝绳最小破断拉力/kN							
	天然纤维芯钢丝绳	合成纤维芯钢丝绳	钢芯钢丝绳	纤维芯钢丝绳	钢芯钢丝绳	纤维芯钢丝绳	钢芯钢丝绳	纤维芯钢丝绳	钢芯钢丝绳	纤维芯钢丝绳	钢芯钢丝绳
1.8	1.14	1.11	1.25	1.69	1.83	1.80	1.94	1.90	2.06	2.01	2.18
2	1.40	1.38	1.55	2.08	2.25	2.22	2.40	2.35	2.54	2.48	2.69
3	3.16	3.10	3.48	4.69	5.07	4.99	5.40	5.29	5.72	5.59	6.04
4	5.62	5.50	6.19	8.34	9.02	8.87	9.59	9.40	10.2	9.93	10.7
5	8.78	8.60	9.68	13.0	14.1	13.9	15.0	14.7	15.9	15.5	16.8
6	12.6	12.4	13.9	18.8	20.3	20.0	21.6	21.2	22.9	22.4	24.2
7	17.2	16.9	19.0	25.5	27.6	27.2	29.4	28.8	31.1	30.4	32.9
8	22.5	22.0	24.8	33.4	36.1	35.5	38.4	37.6	40.7	39.7	43.0
9	28.4	27.9	31.3	42.2	45.7	44.9	48.6	47.6	51.5	50.3	54.4
10	35.1	34.4	38.7	52.1	56.4	55.4	60.0	58.8	63.5	62.1	67.1
11	42.5	41.6	46.8	63.1	68.2	67.1	72.5	71.1	76.9	75.1	81.2
12	50.5	49.5	55.7	75.1	81.2	79.8	86.3	84.6	91.5	89.4	96.7
13	59.3	58.1	65.4	88.1	95.3	93.7	101	99.3	107	105	113
14	68.8	67.4	75.9	102	110	109	118	115	125	122	132
16	89.9	88.1	99.1	133	144	142	153	150	163	159	172
18	114	111	125	169	183	180	194	190	206	201	218
20	140	138	155	208	225	222	240	235	254	248	269
22	170	166	187	252	273	268	290	284	308	300	325
24	202	198	223	300	325	319	345	338	366	358	387

续表

钢丝绳公称直径/mm	钢丝绳参考重量/kg·(100m)$^{-1}$			钢丝绳公称抗拉强度/MPa							
				1570		1670		1770		1870	
				钢丝绳最小破断拉力/kN							
	天然纤维芯钢丝绳	合成纤维芯钢丝绳	钢芯钢丝绳	纤维芯钢丝绳	钢芯钢丝绳	纤维芯钢丝绳	钢芯钢丝绳	纤维芯钢丝绳	钢芯钢丝绳	纤维芯钢丝绳	钢芯钢丝绳
26	237	233	262	352	381	375	405	397	430	420	454
28	275	270	303	409	442	435	470	461	498	487	526
30	316	310	348	469	507	499	540	529	572	559	604
32	359	352	396	534	577	568	614	602	651	636	687
34	406	398	447	603	652	641	693	679	735	718	776
36	455	446	502	676	730	719	777	762	824	805	870

注：最小钢丝破断拉力总和＝钢丝绳最小破断拉力×1.134（纤维芯）或1.214（钢芯）。

表2-116　第3组6×19（a）类钢丝绳的力学性能

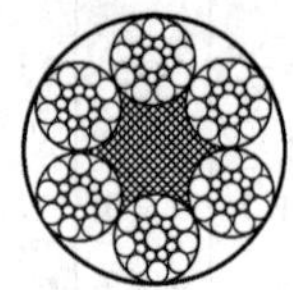

6×19S+FC

6×19S+IWR

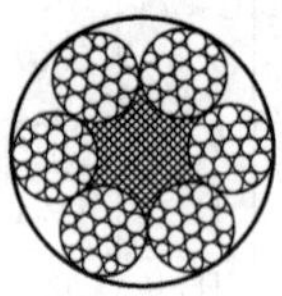

6×19W+FC

6×19W+IWR

直径6～36mm　　直径6～40mm

截面示意图

钢丝绳公称直径/mm	钢丝绳参考重量/kg·(100m)$^{-1}$			钢丝绳公称抗拉强度/MPa											
				1570		1670		1770		1870		1960		2160	
				钢丝绳最小破断拉力/kN											
	天然纤维芯钢丝绳	合成纤维芯钢丝绳	钢芯钢丝绳	纤维芯钢丝绳	钢芯钢丝绳	纤维芯钢丝绳	钢芯钢丝绳	纤维芯钢丝绳	钢芯钢丝绳	纤维芯钢丝绳	钢芯钢丝绳	纤维芯钢丝绳	钢芯钢丝绳	纤维芯钢丝绳	钢芯钢丝绳
6	13.3	13.0	14.6	18.7	20.1	19.8	21.4	21.0	22.7	22.2	24.0	23.3	25.1	25.7	27.7
7	18.1	17.6	19.9	25.4	27.4	27.0	29.1	28.6	30.9	30.2	32.6	31.7	34.2	34.9	37.7
8	23.6	23.0	25.9	33.2	35.8	35.3	38.0	37.4	40.3	39.5	42.5	41.4	44.6	45.6	49.2
9	29.9	29.1	32.8	42.0	45.3	44.6	48.2	47.3	51.0	50.0	53.9	52.4	56.5	57.7	62.3

续表

钢丝绳公称直径/mm	钢丝绳参考重量/kg·(100m)$^{-1}$			钢丝绳公称抗拉强度/MPa											
				1570		1670		1770		1870		1960		2160	
				钢丝绳最小破断拉力/kN											
	天然纤维芯钢丝绳	合成纤维芯钢丝绳	钢芯钢丝绳	纤维芯钢丝绳	钢芯钢丝绳	纤维芯钢丝绳	钢芯钢丝绳	纤维芯钢丝绳	钢芯钢丝绳	纤维芯钢丝绳	钢芯钢丝绳	纤维芯钢丝绳	钢芯钢丝绳	纤维芯钢丝绳	钢芯钢丝绳
10	36.9	36.0	40.6	51.8	55.9	55.1	59.5	58.4	63.0	61.7	66.6	64.7	69.8	71.3	76.9
11	44.6	43.5	49.1	62.7	67.6	66.7	71.9	70.7	76.2	74.7	80.6	78.3	84.4	86.2	93.0
12	53.1	51.8	58.4	74.6	80.5	79.4	85.6	84.1	90.7	88.9	95.6	93.1	100	103	111
13	62.3	60.8	65.8	87.6	94.5	93.1	100	98.7	106	104	113	109	118	120	130
14	72.2	70.5	79.5	102	110	108	117	114	124	121	130	127	137	140	151
16	94.4	92.1	104	133	143	141	152	150	161	158	170	166	179	182	197
18	119	117	131	168	181	179	193	189	204	200	216	210	226	231	249
20	147	144	162	207	224	220	238	234	252	247	266	259	279	285	308
22	178	174	196	251	271	267	288	283	305	299	322	313	338	345	372
24	212	207	234	298	322	317	342	336	363	355	383	373	402	411	443
26	249	243	274	350	378	373	402	395	426	417	450	437	472	482	520
28	289	282	318	406	438	432	466	458	494	484	522	507	547	559	603
30	332	324	365	466	503	496	535	526	567	555	599	582	628	642	692
32	377	369	415	531	572	564	609	598	645	632	682	662	715	730	787
34	426	416	469	599	646	637	687	675	728	713	770	748	807	824	889
36	478	466	525	671	724	714	770	757	817	800	863	838	904	924	997
38	532	520	585	748	807	796	858	843	910	891	961	934	1010	1030	1110
40	590	576	649	829	894	882	951	935	1010	987	1070	1030	1120	1140	1230

注：最小钢丝破断拉力总和＝钢丝绳最小破断拉力×1.214（纤维芯）或1.308（钢芯）。

表2-117 第3组6×19(b)类钢丝绳的力学性能

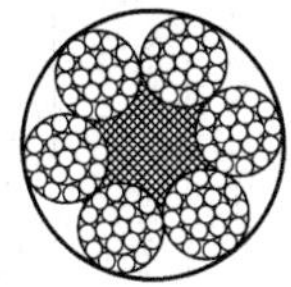
6×19+FC

6×19+IWS

6×19+IWR

直径3～46mm

截面示意图

续表

钢丝绳公称直径/mm	钢丝绳参考重量/kg·(100m)$^{-1}$			钢丝绳公称抗拉强度/MPa							
				1570		1670		1770		1870	
				钢丝绳最小破断拉力/kN							
	天然纤维芯钢丝绳	合成纤维芯钢丝绳	钢芯钢丝绳	纤维芯钢丝绳	钢芯钢丝绳	纤维芯钢丝绳	钢芯钢丝绳	纤维芯钢丝绳	钢芯钢丝绳	纤维芯钢丝绳	钢芯钢丝绳
3	3.16	3.10	3.60	4.34	4.69	4.61	4.99	4.89	5.29	5.17	5.59
4	5.82	5.50	6.40	7.71	8.34	8.20	8.87	8.69	9.40	9.19	9.93
5	8.78	8.60	10.0	12.0	13.0	12.8	13.9	13.6	14.7	14.4	15.5
6	12.6	12.4	14.4	17.4	18.8	18.5	20.0	19.6	21.2	20.7	22.4
7	17.2	16.9	19.6	23.6	25.5	25.1	27.2	26.6	28.8	28.1	30.4
8	22.5	22.0	25.6	30.8	33.4	32.8	35.5	34.8	37.6	36.7	39.7
9	28.4	27.9	32.4	39.0	42.2	41.6	44.9	44.0	47.6	46.5	50.3
10	35.1	34.4	40.0	48.2	52.1	51.3	55.4	54.4	58.8	57.4	62.1
11	42.5	41.6	48.4	58.3	63.1	62.0	67.1	65.8	71.1	69.5	75.1
12	50.5	50.0	57.6	69.4	75.1	73.8	79.8	78.2	84.6	82.7	89.4
13	59.3	58.1	67.6	81.5	88.1	86.6	93.7	91.8	99.3	97.0	105
14	68.8	67.4	78.4	94.5	102	100	109	107	115	113	122
16	89.9	88.1	102	123	133	131	142	139	150	147	159
18	114	111	130	156	169	166	180	176	190	186	201
20	140	138	160	193	208	205	222	217	235	230	248
22	170	166	194	233	252	248	268	263	284	278	300
24	202	198	230	278	300	295	319	313	338	331	358
26	237	233	270	326	352	346	375	367	397	388	420
28	275	270	314	378	409	402	435	426	461	450	487
30	316	310	360	434	469	461	499	489	529	517	559
32	359	352	410	494	534	525	568	557	602	588	636
34	406	398	462	557	603	593	641	628	679	664	718
36	455	446	518	625	676	664	719	704	762	744	805
38	507	497	578	696	753	740	801	785	849	829	896
40	562	550	640	771	834	820	887	869	940	919	993
42	619	607	706	850	919	904	978	959	1040	1010	1100
44	680	666	774	933	1010	993	1070	1050	1140	1110	1200
46	743	728	846	1020	1100	1080	1170	1150	1240	1210	1310

注：最小钢丝破断拉力总和＝钢丝绳最小破断拉力×1.226（纤维芯）或1.321（钢芯）。

表 2-118　第 3 组和第 4 组 6×19(a) 和 6×37(a) 类钢丝绳的力学性能

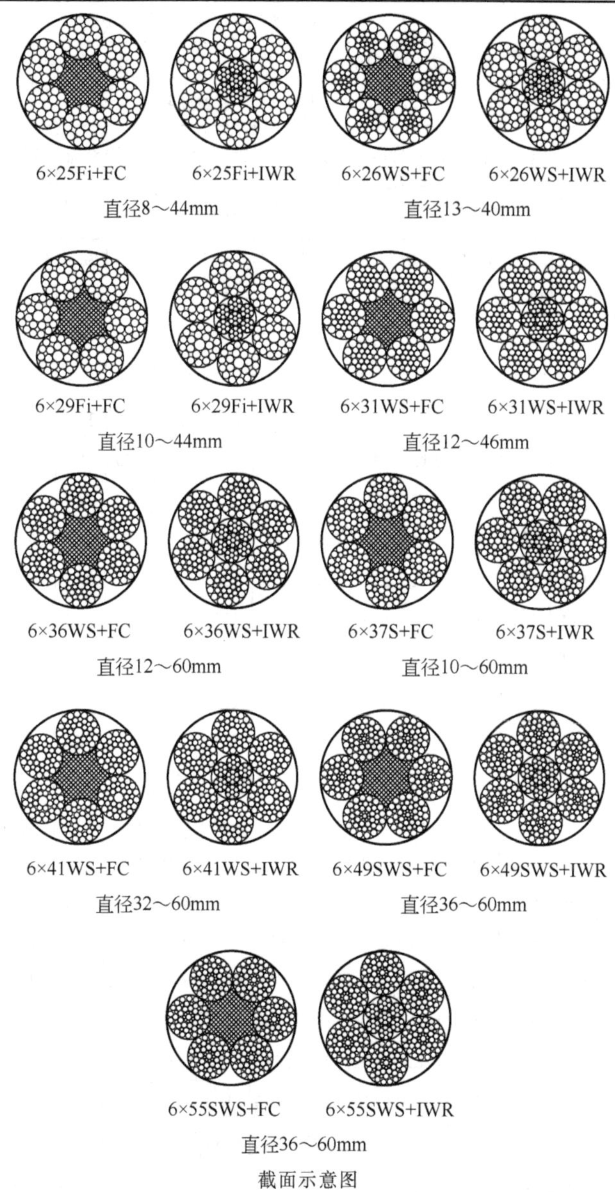

截面示意图

续表

钢丝绳公称直径/mm	钢丝绳参考重量/kg·(100m)$^{-1}$			钢丝绳公称抗拉强度/MPa											
				1570		1670		1770		1870		1960		2160	
				钢丝绳最小破断拉力/kN											
	天然纤维芯钢丝绳	合成纤维芯钢丝绳	钢芯钢丝绳	纤维芯钢丝绳	钢芯钢丝绳	纤维芯钢丝绳	钢芯钢丝绳	纤维芯钢丝绳	钢芯钢丝绳	纤维芯钢丝绳	钢芯钢丝绳	纤维芯钢丝绳	钢芯钢丝绳	纤维芯钢丝绳	钢芯钢丝绳
8	24.3	23.7	26.8	33.2	35.8	35.3	38.0	37.4	40.3	39.5	42.6	41.4	44.7	45.6	49.2
10	38.0	37.1	41.8	51.8	55.9	55.1	59.5	58.4	63.0	61.7	66.6	64.7	69.8	71.3	76.9
12	54.7	53.4	60.2	74.6	80.5	79.4	85.6	84.1	90.7	88.9	95.9	93.1	100	103	111
13	64.2	62.7	70.6	87.6	94.5	93.1	100	98.7	106	104	113	109	118	120	130
14	74.5	72.7	81.9	102	110	108	117	114	124	121	130	127	137	140	151
I6	97.3	95.0	107	133	143	141	152	150	161	158	170	166	179	182	197
18	123	120	135	168	181	179	193	189	204	200	216	210	226	231	249
20	152	148	167	207	224	220	238	234	252	247	266	259	279	285	308
22	184	180	202	251	271	267	288	283	305	299	322	313	338	345	372
24	219	214	241	298	322	317	342	336	363	355	383	373	402	411	443
26	257	251	283	350	378	373	402	395	426	417	450	437	472	482	520
28	298	291	328	406	438	432	466	458	494	484	522	507	547	559	603
30	342	334	376	466	503	496	535	526	567	555	599	582	628	642	692
32	389	380	428	531	572	564	609	598	645	632	682	662	715	730	787
34	439	429	483	599	646	637	687	675	728	713	770	748	807	824	889
36	492	481	542	671	724	714	770	757	817	800	863	838	904	924	997
38	549	536	604	748	807	796	858	843	910	891	961	934	1010	1030	1110
40	608	594	669	829	894	882	951	935	1010	987	1070	1030	1120	1140	1230
42	670	654	737	914	986	972	1050	1030	1110	1090	1170	1140	1230	1260	1360
44	736	718	809	1000	1080	1070	1150	1130	1220	1190	1290	1250	1350	1380	1490
46	804	785	884	1100	1180	1170	1260	1240	1330	1310	1410	1370	1480	1510	1630
48	876	855	963	1190	1290	1270	1370	1350	1450	1420	1530	1490	1610	1640	1770
50	950	928	1040	1300	1400	1380	1490	1460	1580	1540	1660	1620	1740	1780	1920
52	1030	1000	1130	1400	1510	1490	1610	1580	1700	1670	1800	1750	1890	1930	2080

续表

钢丝绳公称直径/mm	钢丝绳参考重量/kg·(100m)$^{-1}$			钢丝绳公称抗拉强度/MPa											
				1570		1670		1770		1870		1960		2160	
				钢丝绳最小破断拉力/kN											
	天然纤维芯钢丝绳	合成纤维芯钢丝绳	钢芯钢丝绳	纤维芯钢丝绳	钢芯钢丝绳	纤维芯钢丝绳	钢芯钢丝绳	纤维芯钢丝绳	钢芯钢丝绳	纤维芯钢丝绳	钢芯钢丝绳	纤维芯钢丝绳	钢芯钢丝绳	纤维芯钢丝绳	钢芯钢丝绳
54	1110	1080	1220	1510	1630	1610	1730	1700	1840	1800	1940	1890	2030	2080	2240
56	1190	1160	1310	1620	1750	1730	1860	1830	1980	1940	2090	2030	2190	2240	2410
58	1280	1250	1410	1740	1880	1850	2000	1960	2120	2080	2240	2180	2350	2400	2590
60	1370	1340	1500	1870	2010	1980	2140	2100	2270	2220	2400	2330	2510	2570	2770

注：最小钢丝破断拉力总和＝钢丝绳最小破断拉力×1.226（纤维芯）或1.321（钢芯），其中6×37S纤维芯为1.191，钢芯为1.283。

表2-119 第4组6×37(b)类钢丝绳的力学性能

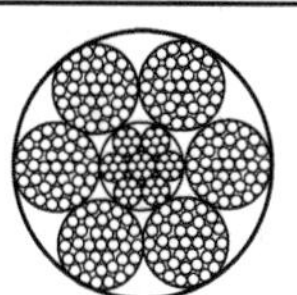

6×37+FC 6×37+IWR

直径5～60mm

截面示意图

钢丝绳公称直径/mm	钢丝绳参考重量/kg·(100m)$^{-1}$			钢丝绳公称抗拉强度/MPa							
				1570		1670		1770		1870	
				钢丝绳最小破断拉力/kN							
	天然纤维芯钢丝绳	合成纤维芯钢丝绳	钢芯钢丝绳	纤维芯钢丝绳	钢芯钢丝绳	纤维芯钢丝绳	钢芯钢丝绳	纤维芯钢丝绳	钢芯钢丝绳	纤维芯钢丝绳	钢芯钢丝绳
5	8.65	8.43	10.0	11.6	12.5	12.3	13.3	13.1	14.1	13.8	14.9
6	12.5	12.1	14.4	16.7	18.0	17.7	19.2	18.8	20.3	19.9	21.5
7	17.0	16.5	19.6	22.7	24.5	24.1	26.1	25.6	27.7	27.0	29.2
8	22.1	21.6	25.6	29.6	32.1	31.5	34.1	33.4	36.1	35.3	38.2
9	28.0	27.3	32.4	37.5	40.6	39.9	43.2	42.3	45.7	44.7	48.3

续表

钢丝绳公称直径/mm	钢丝绳参考重量/kg·(100m)$^{-1}$			钢丝绳公称抗拉强度/MPa							
				1570		1670		1770		1870	
				钢丝绳最小破断拉力/kN							
	天然纤维芯钢丝绳	合成纤维芯钢丝绳	钢芯钢丝绳	纤维芯钢丝绳	钢芯钢丝绳	纤维芯钢丝绳	钢芯钢丝绳	纤维芯钢丝绳	钢芯钢丝绳	纤维芯钢丝绳	钢芯钢丝绳
10	34.6	33.7	40.0	46.3	50.1	49.3	53.3	52.2	56.5	55.2	59.7
11	41.9	40.8	48.4	56.0	60.6	59.6	64.5	63.2	68.3	66.7	72.2
12	49.8	48.5	57.6	66.7	72.1	70.9	76.7	75.2	81.3	79.4	85.9
13	58.5	57.0	67.6	78.3	84.6	83.3	90.0	88.2	95.4	93.2	101
14	67.8	66.1	78.4	90.8	98.2	96.6	104	102	111	108	117
16	88.6	86.3	102	119	128	126	136	134	145	141	153
18	112	109	130	150	162	160	173	169	183	179	193
20	138	135	160	185	200	197	213	209	226	221	239
22	167	163	194	224	242	238	258	253	273	267	289
24	199	194	230	267	288	284	307	301	325	318	344
26	234	228	270	313	339	333	360	353	382	373	403
28	271	264	314	363	393	386	418	409	443	432	468
30	311	303	360	417	451	443	479	470	508	496	537
32	354	345	410	474	513	504	546	535	578	565	611
34	400	390	462	535	579	570	616	604	653	638	690
36	448	437	518	600	649	638	690	677	732	715	773
38	500	487	578	669	723	711	769	754	815	797	861
40	554	539	640	741	801	788	852	835	903	883	954
42	610	594	706	817	883	869	940	921	996	973	1050
44	670	652	774	897	970	954	1030	1010	1090	1070	1150
46	732	713	846	980	1060	1040	1130	1100	1190	1170	1260
48	797	776	922	1070	1150	1140	1230	1200	1300	1270	1370
50	865	843	1000	1160	1250	1230	1330	1300	1410	1380	1490
52	936	911	1080	1250	1350	1330	1440	1410	1530	1490	1610

续表

钢丝绳公称直径/mm	钢丝绳参考重量/kg·(100m)$^{-1}$			钢丝绳公称抗拉强度/MPa							
				1570		1670		1770		1870	
				钢丝绳最小破断拉力/kN							
	天然纤维芯钢丝绳	合成纤维芯钢丝绳	钢芯钢丝绳	纤维芯钢丝绳	钢芯钢丝绳	纤维芯钢丝绳	钢芯钢丝绳	纤维芯钢丝绳	钢芯钢丝绳	纤维芯钢丝绳	钢芯钢丝绳
54	1010	983	1170	1350	1460	1440	1550	1520	1650	1610	1740
56	1090	1060	1250	1450	1570	1540	1670	1640	1770	1730	1870
58	1160	1130	1350	1560	1680	1660	1790	1760	1900	1860	2010
60	1250	1210	1440	1670	1800	1770	1920	1880	2030	1990	2150

注：最小钢丝破断拉力总和＝钢丝绳最小破断拉力×1.249（纤维芯）或 1.336（钢芯）。

表 2-120 第 5 组 6×61 类钢丝绳的力学性能

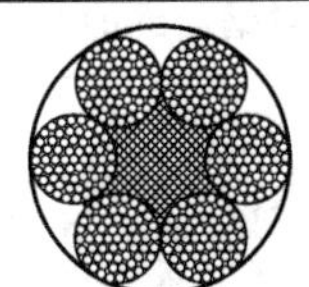

6×61+FC

6×61+IWR

截面示意图

钢丝绳公称直径/mm	钢丝绳参考重量/kg·(100m)$^{-1}$			钢丝绳公称抗拉强度/MPa							
				1570		1670		1770		1870	
				钢丝绳最小破断拉力/kN							
	天然纤维芯钢丝绳	合成纤维芯钢丝绳	钢芯钢丝绳	纤维芯钢丝绳	钢芯钢丝绳	纤维芯钢丝绳	钢芯钢丝绳	纤维芯钢丝绳	钢芯钢丝绳	纤维芯钢丝绳	钢芯钢丝绳
40	578	566	637	711	769	756	818	801	867	847	916
42	637	624	702	784	847	834	901	884	955	934	1010
44	699	685	771	860	930	915	989	970	1050	1020	1110
46	764	749	842	940	1020	1000	1080	1060	1150	1120	1210
48	832	816	917	1020	1110	1090	1180	1150	1250	1220	1320
50	903	885	995	1110	1200	1180	1280	1250	1350	1320	1430

续表

钢丝绳公称直径/mm	钢丝绳参考重量/kg·(100m)$^{-1}$			钢丝绳公称抗拉强度/MPa							
				1570		1670		1770		1870	
				钢丝绳最小破断拉力/kN							
	天然纤维芯钢丝绳	合成纤维芯钢丝绳	钢芯钢丝绳	纤维芯钢丝绳	钢芯钢丝绳	纤维芯钢丝绳	钢芯钢丝绳	纤维芯钢丝绳	钢芯钢丝绳	纤维芯钢丝绳	钢芯钢丝绳
52	976	957	1080	1200	1300	1280	1380	1350	1460	1430	1550
54	1050	1030	1160	1300	1400	1380	1490	1460	1580	1540	1670
56	1130	1110	1250	1390	1510	1480	1600	1570	1700	1660	1790
58	1210	1190	1340	1490	1620	1590	1720	1690	1820	1780	1920
60	1300	1270	1430	1600	1730	1700	1840	1800	1950	1910	2060

注：最小钢丝破断拉力总和＝钢丝绳最小破断拉力×1.301（纤维芯）或1.392（钢芯）。

表2-121 第6组8×19类钢丝绳的力学性能

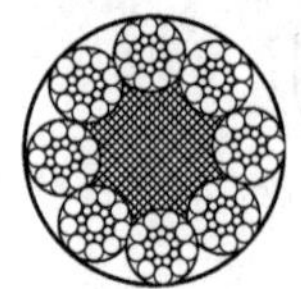
8×19S+FC

8×19S+IWR

直径11～44mm

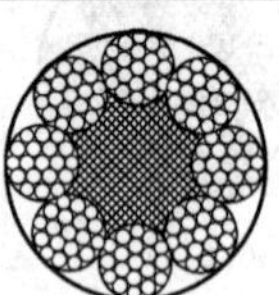
8×19W+FC

8×19W+IWR

直径10～48mm

截面示意图

钢丝绳公称直径/mm	钢丝绳参考重量/kg·(100m)$^{-1}$			钢丝绳公称抗拉强度/MPa											
				1570		1670		1770		1870		1960		2160	
				钢丝绳最小破断拉力/kN											
	天然纤维芯钢丝绳	合成纤维芯钢丝绳	钢芯钢丝绳	纤维芯钢丝绳	钢芯钢丝绳	纤维芯钢丝绳	钢芯钢丝绳	纤维芯钢丝绳	钢芯钢丝绳	纤维芯钢丝绳	钢芯钢丝绳	纤维芯钢丝绳	钢芯钢丝绳	纤维芯钢丝绳	钢芯钢丝绳
10	34.6	33.4	42.2	46.0	54.3	48.9	57.8	51.9	61.2	54.8	64.7	57.4	67.8	63.3	74.7
11	41.9	40.4	51.1	55.7	65.7	59.2	69.9	62.8	74.1	66.3	78.3	69.5	82.1	76.6	90.4
12	49.9	48.0	60.8	66.2	78.2	70.5	83.2	74.7	88.2	78.9	93.2	82.7	97.7	91.1	108
13	58.5	56.4	71.3	77.7	91.8	82.7	97.7	87.6	103	92.6	109	97.1	115	107	126

续表

钢丝绳公称直径/mm	钢丝绳参考重量/kg·(100m)$^{-1}$			钢丝绳公称抗拉强度/MPa											
				1570		1670		1770		1870		1960		2160	
				钢丝绳最小破断拉力/kN											
	天然纤维芯钢丝绳	合成纤维芯钢丝绳	钢芯钢丝绳	纤维芯钢丝绳	钢芯钢丝绳	纤维芯钢丝绳	钢芯钢丝绳	纤维芯钢丝绳	钢芯钢丝绳	纤维芯钢丝绳	钢芯钢丝绳	纤维芯钢丝绳	钢芯钢丝绳	纤维芯钢丝绳	钢芯钢丝绳
14	67.9	65.4	82.7	90.2	106	95.9	113	102	120	107	127	113	133	124	146
16	88.7	85.4	108	118	139	125	148	133	157	140	166	147	174	162	191
18	112	108	137	149	176	159	187	168	198	178	210	186	220	205	242
20	139	133	169	184	217	196	231	207	245	219	259	230	271	253	299
22	168	162	204	223	263	237	280	251	296	265	313	278	328	306	362
24	199	192	243	265	313	282	333	299	353	316	373	331	391	365	430
26	234	226	285	311	367	331	391	351	414	370	437	388	458	428	505
28	271	262	331	361	426	384	453	407	480	430	507	450	532	496	586
30	312	300	380	414	489	440	520	467	551	493	582	517	610	570	673
32	355	342	432	471	556	501	592	531	627	561	663	588	694	648	765
34	400	386	488	532	628	566	668	600	708	633	748	664	784	732	864
36	449	432	547	596	704	634	749	672	794	710	839	744	879	820	969
38	500	482	609	664	784	707	834	749	884	791	934	829	979	914	1080
40	554	534	675	736	869	783	925	830	980	877	1040	919	1090	1010	1200
42	611	589	744	811	958	863	1020	915	1080	967	1140	1010	1200	1120	1320
44	670	646	817	891	1050	947	1120	1000	1190	1060	1250	1110	1310	1230	1450
46	733	706	893	973	1150	1040	1220	1100	1300	1160	1370	1220	1430	1340	1580
48	798	769	972	1060	1250	1130	1330	1190	1410	1260	1490	1320	1560	1460	1720

注：最小钢丝破断拉力总和＝钢丝绳最小破断拉力×1.214（纤维芯）或 1.360（钢芯）。

表 2-122　第 6 组和第 7 组 8×19 和 8×37 类钢丝绳的力学性能

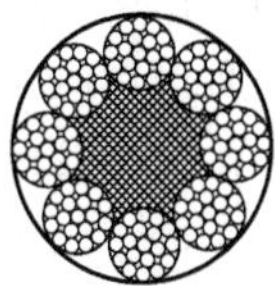
8×25Fi+FC

8×25Fi+IWR

直径18～52mm

8×26WS+FC

8×26WS+IWR

直径16～48mm

续表

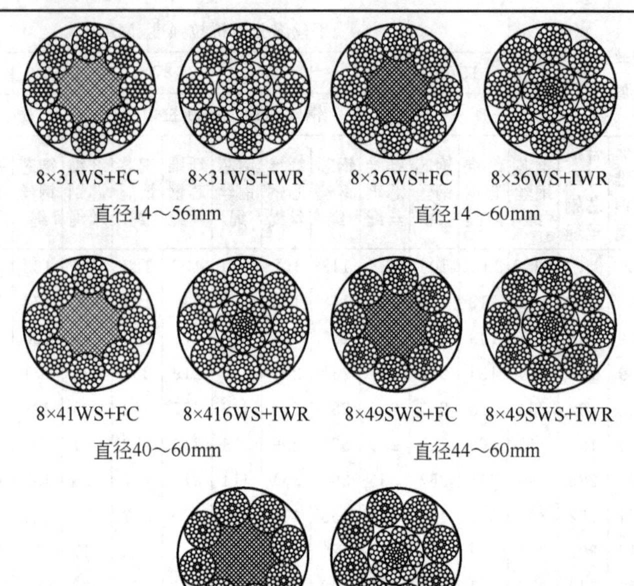

8×55SWS+FC　8×55SWS+IWR

直径44～60mm

截面示意图

钢丝绳公称直径/mm	钢丝绳参考重量/kg·(100m)$^{-1}$			钢丝绳公称抗拉强度/MPa											
				1570		1670		1770		1870		1960		2160	
				钢丝绳最小破断拉力/kN											
	天然纤维芯钢丝绳	合成纤维芯钢丝绳	钢芯钢丝绳	纤维芯钢丝绳	钢芯钢丝绳	纤维芯钢丝绳	钢芯钢丝绳	纤维芯钢丝绳	钢芯钢丝绳	纤维芯钢丝绳	钢芯钢丝绳	纤维芯钢丝绳	钢芯钢丝绳	纤维芯钢丝绳	钢芯钢丝绳
14	70.0	67.4	85.3	90.2	106	95.9	113	102	120	107	127	113	133	124	146
16	91.4	88.1	111	118	139	125	148	133	157	140	166	147	174	162	191
18	116	111	141	149	176	159	187	168	198	178	210	186	220	205	242
20	143	138	174	184	217	196	231	207	245	219	259	230	271	253	299
22	173	166	211	223	263	237	280	251	296	265	313	278	328	306	362
24	206	198	251	265	313	282	333	299	353	316	373	331	391	365	430

续表

钢丝绳公称直径/mm	钢丝绳参考重量/kg·(100m)$^{-1}$			钢丝绳公称抗拉强度/MPa											
				1570		1670		1770		1870		1960		2160	
				钢丝绳最小破断拉力/kN											
	天然纤维芯钢丝绳	合成纤维芯钢丝绳	钢芯钢丝绳	纤维芯钢丝绳	钢芯钢丝绳	纤维芯钢丝绳	钢芯钢丝绳	纤维芯钢丝绳	钢芯钢丝绳	纤维芯钢丝绳	钢芯钢丝绳	纤维芯钢丝绳	钢芯钢丝绳	纤维芯钢丝绳	钢芯钢丝绳
26	241	233	294	311	367	331	391	351	414	370	437	388	458	428	505
28	280	270	341	361	426	384	453	407	480	430	507	450	532	496	586
30	321	310	392	414	489	440	520	467	551	493	582	517	610	570	673
32	366	352	445	471	556	501	592	531	627	561	663	588	694	648	765
34	413	398	503	532	628	566	668	600	708	633	710	664	784	732	864
36	463	446	564	596	704	634	749	672	794	710	791	744	879	820	969
38	516	497	628	664	784	707	834	749	884	791	934	829	979	914	1080
40	571	550	696	736	869	783	925	830	980	877	1040	919	1090	1010	1230
42	630	607	767	811	958	863	1020	915	1080	967	1140	1010	1200	1120	1320
44	691	666	842	890	1050	947	1120	1000	1190	1060	1250	1110	1310	1230	1450
46	755	728	920	973	1150	1040	1220	1100	1300	1160	1370	1220	1430	1340	1580
48	823	793	1000	1060	1250	1130	1330	1190	1410	1260	1490	1320	1560	1460	1720
50	892	860	1090	1150	1360	1220	1440	1300	1530	1370	1620	1440	1700	1580	1870
52	965	930	1180	1240	1470	1320	1560	1400	1660	1480	1750	1550	1830	1710	2020
54	1040	1000	1270	1340	1580	1430	1680	1510	1790	1600	1890	1670	1980	1850	2180
56	1120	1080	1360	1440	1700	1530	1810	1630	1920	1720	2030	1800	2130	1980	2340
58	1200	1160	1460	1550	1830	1650	1940	1740	2060	1840	2180	1930	2280	2130	2510
60	1290	1240	1570	1660	1960	1760	2080	1870	2200	1970	2330	2070	2440	2280	2690

注：最小钢丝破断拉力总和＝钢丝绳最小破断拉力×1.225（纤维芯）或 1.374（钢芯）。

表 2-123 第 8 组和第 9 组 18×7 和 18×19 类钢丝绳的力学性能

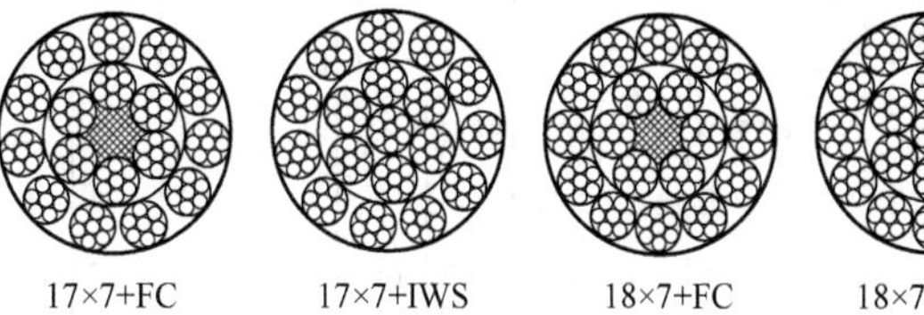

续表

18×19W+FC

18×19W+IWS

18×19S+FC

18×19S+IWS

直径14～44mm

18×19+FC

18×19+IWS

直径10～44mm

截面示意图

钢丝绳公称直径/mm	钢丝绳参考重量/kg·(100m)$^{-1}$		钢丝绳公称抗拉强度/MPa											
			1570		1670		1770		1870		1960		2160	
			钢丝绳最小破断拉力/kN											
	纤维芯钢丝绳	钢芯钢丝绳	纤维芯钢丝绳	钢芯钢丝绳	纤维芯钢丝绳	钢芯钢丝绳	纤维芯钢丝绳	钢芯钢丝绳	纤维芯钢丝绳	钢芯钢丝绳	纤维芯钢丝绳	钢芯钢丝绳	纤维芯钢丝绳	钢芯钢丝绳
6	14.0	15.5	17.5	18.5	18.6	19.7	19.8	20.9	20.9	22.1	21.9	23.1	24.1	25.5
7	19.1	21.1	23.8	25.2	25.4	26.8	26.9	28.4	28.4	30.1	29.8	31.5	32.8	34.7
8	25.0	27.5	31.1	33.0	33.1	35.1	35.1	37.2	37.1	39.3	38.9	41.1	42.9	45.3
9	31.6	34.8	39.4	41.7	41.9	44.4	44.4	47.0	47.0	49.7	49.2	52.1	54.2	57.4
10	39.0	43.0	48.7	51.5	51.8	54.8	54.9	58.1	58.0	61.3	60.8	64.3	67.0	70.8
11	47.2	52.0	58.9	62.3	62.6	66.3	66.4	70.2	70.1	74.2	73.5	77.8	81.0	85.7
12	56.2	61.9	70.1	74.2	74.5	78.9	79.0	83.6	83.5	88.3	87.5	92.6	96.4	102
13	65.9	72.7	82.3	87.0	87.5	92.6	92.7	98.1	98.0	104	103	109	113	120
14	76.4	84.3	95.4	101	101	107	108	114	114	120	119	126	131	139
16	99.8	110	125	132	133	140	140	149	148	157	156	165	171	181
18	126	139	158	167	168	177	178	188	188	199	197	208	217	230

续表

钢丝绳公称直径/mm	钢丝绳参考重量/kg·(100m)$^{-1}$		钢丝绳公称抗拉强度/MPa											
			1570		1670		1770		1870		1960		2160	
			钢丝绳最小破断拉力/kN											
	纤维芯钢丝绳	钢芯钢丝绳	纤维芯钢丝绳	钢芯钢丝绳	纤维芯钢丝绳	钢芯钢丝绳	纤维芯钢丝绳	钢芯钢丝绳	纤维芯钢丝绳	钢芯钢丝绳	纤维芯钢丝绳	钢芯钢丝绳	纤维芯钢丝绳	钢芯钢丝绳
20	156	172	195	206	207	219	219	232	232	245	243	257	268	283
22	189	208	236	249	251	265	266	281	281	297	294	311	324	343
24	225	248	280	297	298	316	316	334	334	353	350	370	386	408
26	264	291	329	348	350	370	371	392	392	415	411	435	453	479
28	306	337	382	404	406	429	430	455	454	481	476	504	525	555
30	351	387	438	463	466	493	494	523	522	552	547	579	603	638
32	399	440	498	527	530	561	562	594	594	628	622	658	686	725
34	451	497	563	595	598	633	634	671	670	709	702	743	774	819
36	505	557	631	667	671	710	711	752	751	795	787	833	868	918
38	563	621	703	744	748	791	792	838	837	886	877	928	967	1020
40	624	688	779	824	828	876	878	929	928	981	972	1030	1070	1130
42	688	759	859	908	913	966	968	1020	1020	1080	1070	1130	1180	1250
44	755	832	942	997	1000	1060	1060	1120	1120	1190	1180	1240	1300	1370

注：最小钢丝破断拉力总和＝钢丝绳最小破断拉力×1.283，其中 17×7 为 1.250。

表 2-124　第 10 组 34×7 类钢丝绳的力学性能

34×7+FC

34×7+IWS

36×7+FC

36×7+IWS

直径16～44mm

截面示意图

续表

钢丝绳公称直径/mm	钢丝绳参考重量/kg·(100m)$^{-1}$		钢丝绳公称抗拉强度/MPa							
			1570		1670		1770		1870	
			钢丝绳最小破断拉力/kN							
	纤维芯钢丝绳	钢芯钢丝绳	纤维芯钢丝绳	钢芯钢丝绳	纤维芯钢丝绳	钢芯钢丝绳	纤维芯钢丝绳	钢芯钢丝绳	纤维芯钢丝绳	钢芯钢丝绳
16	99.8	110	124	128	132	136	140	144	147	152
18	126	139	157	162	167	172	177	182	187	193
20	156	172	193	200	206	212	218	225	230	238
22	189	208	234	242	249	257	264	272	279	288
24	225	248	279	288	296	306	314	324	332	343
26	264	291	327	337	348	359	369	380	389	402
28	306	337	379	391	403	416	427	441	452	466
30	351	387	435	449	463	478	491	507	518	535
32	399	440	495	511	527	544	558	576	590	609
34	451	497	559	577	595	614	630	651	666	687
36	505	557	627	647	667	688	707	729	746	771
38	563	621	698	721	743	767	787	813	832	859
40	624	688	774	799	823	850	872	901	922	951
42	688	759	853	881	907	937	962	993	1020	1050
44	755	832	936	967	996	1030	1060	1090	1120	1150

注：最小钢丝破断拉力总和＝钢丝绳最小破断拉力×1.334，其中34×7为1.300。

表 2-125 第 11 组 35W×7 类钢丝绳的力学性能

35W×7

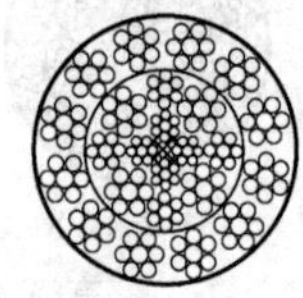

24W×7

截面示意图

续表

钢丝绳公称直径/mm	钢丝绳参考重量/kg·(100m)$^{-1}$	钢丝绳公称抗拉强度/MPa					
		1570	1670	1770	1870	1960	2160
		钢丝绳最小破断拉力/kN					
12	66.2	81.4	86.6	91.8	96.9	102	112
14	90.2	111	118	125	132	138	152
16	118	145	154	163	172	181	199
18	149	183	195	206	218	229	252
20	184	226	240	255	269	282	311
22	223	274	291	308	326	342	376
24	265	326	346	367	388	406	448
26	311	382	406	431	455	477	526
28	361	443	471	500	528	553	610
30	414	509	541	573	606	635	700
32	471	579	616	652	689	723	796
34	532	653	695	737	778	816	899
36	596	732	779	826	872	914	1010
38	664	816	868	920	972	1020	1120
40	736	904	962	1020	1080	1130	1240
42	811	997	1060	1120	1190	1240	1370
44	891	1090	1160	1230	1300	1370	1510
46	973	1200	1270	1350	1420	1490	1650
48	1060	1300	1390	1470	1550	1630	1790
50	1150	1410	1500	1590	1680	1760	1940

注：最小钢丝破断拉力总和＝钢丝绳最小破断拉力×1.287。

表 2-126 第 12 组 6×12 类钢丝绳的力学性能

6×12+7FC

截面示意图

续表

钢丝绳公称直径/mm	钢丝绳参考重量/kg·(100m)$^{-1}$		钢丝绳公称抗拉强度/MPa			
			1470	1570	1670	1770
	天然纤维芯钢丝绳	合成纤维芯钢丝绳	钢丝绳最小破断拉力/kN			
8	16.1	14.8	19.7	21.0	22.3	23.7
9	20.3	18.7	24.9	26.6	28.3	30.0
9.3	21.7	20.0	26.6	28.4	30.2	32.0
10	25.1	23.1	30.7	32.8	34.9	37.0
11	30.4	28.0	37.2	39.7	42.2	44.8
12	36.1	33.3	44.2	47.3	50.3	53.3
12.5	39.2	36.1	48.0	51.3	54.5	57.8
13	42.4	39.0	51.9	55.5	59.0	62.5
14	49.2	45.3	60.2	64.3	68.4	72.5
15.5	60.3	55.5	73.8	78.8	83.9	88.9
16	64.3	59.1	78.7	84.0	89.4	94.7
17	72.5	66.8	88.8	94.8	101	107
18	81.3	74.8	99.5	106	113	120
18.5	85.9	79.1	105	112	119	127
20	100	92.4	123	131	140	148
21.5	116	107	142	152	161	171
22	121	112	149	159	169	179
24	145	133	177	189	201	213
24.5	151	139	184	197	210	222
26	170	156	208	222	236	250
28	197	181	241	257	274	290
32	257	237	315	336	357	379

注：最小钢丝破断拉力总和＝钢丝绳最小破断拉力×1.136。

表 2-127 第13组 6×24 类钢丝绳的力学性能

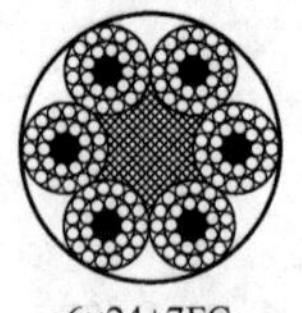

6×24+7FC

截面示意图

续表

钢丝绳公称直径/mm	钢丝绳参考重量/kg·(100m)$^{-1}$		钢丝绳公称抗拉强度/MPa			
			1470	1570	1670	1770
	天然纤维芯钢丝绳	合成纤维芯钢丝绳	钢丝绳最小破断拉力/kN			
8	20.4	19.5	26.3	28.1	29.9	31.7
9	25.8	24.6	33.3	35.6	37.9	40.1
10	31.8	30.4	41.2	44.0	46.8	49.6
11	38.5	36.8	49.8	53.2	56.6	60.0
12	45.8	43.8	59.3	63.3	67.3	71.4
13	53.7	51.4	69.6	74.3	79.0	83.8
14	62.3	59.6	80.7	86.2	91.6	97.1
16	81.4	77.8	105	113	120	127
18	103	98.5	133	142	152	161
20	127	122	165	176	187	198
22	154	147	199	213	226	240
24	183	175	237	253	269	285
26	215	206	278	297	316	335
28	249	238	323	345	367	389
30	286	274	370	396	421	446
32	326	311	421	450	479	507
34	368	351	476	508	541	573
36	412	394	533	570	606	642
38	459	439	594	635	675	716
40	509	486	659	703	748	793

注：最小钢丝破断拉力总和＝钢丝绳最小破断拉力×1.150。

表 2-128 第13组6×24类钢丝绳的力学性能

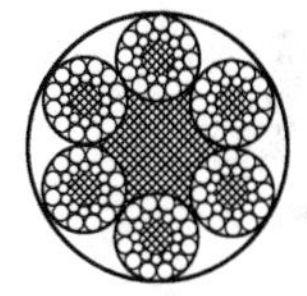

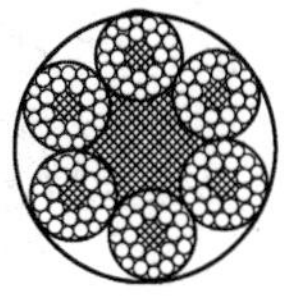
6×24S+7FC　　6×24W+7FC

截面示意图

续表

钢丝绳公称直径/mm	钢丝绳参考重量/kg·(100m)$^{-1}$		钢丝绳公称抗拉强度/MPa			
			1470	1570	1670	1770
	天然纤维芯钢丝绳	合成纤维芯钢丝绳	钢丝绳最小破断拉力/kN			
10	33.1	31.6	42.8	45.7	48.6	51.5
11	40.0	38.2	51.8	55.3	58.8	62.3
12	47.7	45.5	61.6	65.8	70.0	74.2
13	55.9	53.4	72.3	77.2	82.1	87.0
14	64.9	61.9	83.8	90.0	95.3	101
16	84.7	80.9	110	117	124	132
18	107	102	139	148	157	167
20	132	126	171	183	194	206
22	160	153	207	221	235	249
24	191	182	246	263	280	297
26	224	214	289	309	329	348
28	260	248	335	358	381	404
30	298	284	385	411	437	464
32	339	324	438	468	498	527
34	383	365	495	528	562	595
36	429	410	554	592	630	668
38	478	456	618	660	702	744
40	530	506	684	731	778	824
42	584	557	755	806	857	909
44	641	612	828	885	941	997

注：最小钢丝破断拉力总和＝钢丝绳最小破断拉力×1.150。

表 2-129　第 14 组 6×15 类钢丝绳的力学性能

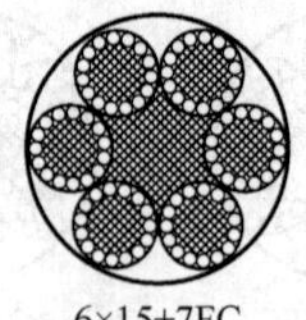

6×15+7FC

截面示意图

续表

钢丝绳公称直径/mm	钢丝绳参考重量/kg·(100m)$^{-1}$		钢丝绳公称抗拉强度/MPa			
			1470	1570	1670	1770
	天然纤维芯钢丝绳	合成纤维芯钢丝绳	钢丝绳最小破断拉力/kN			
10	20.0	18.5	26.5	28.3	30.1	31.9
12	28.8	26.6	38.1	40.7	43.3	45.9
14	39.2	36.3	51.9	55.4	58.9	62.4
16	51.2	47.4	67.7	72.3	77.0	81.6
18	64.8	59.9	85.7	91.6	97.4	103
20	80.0	74.0	106	113	120	127
22	96.8	89.5	128	137	145	154
24	115	107	152	163	173	184
26	135	125	179	191	203	215
28	157	145	207	222	236	250
30	180	166	238	254	271	287
32	205	189	271	289	308	326

注：最小钢丝破断拉力总和＝钢丝绳最小破断拉力×1.136。

表2-130 第15组和第16组4×19和4×37类钢丝绳的力学性能

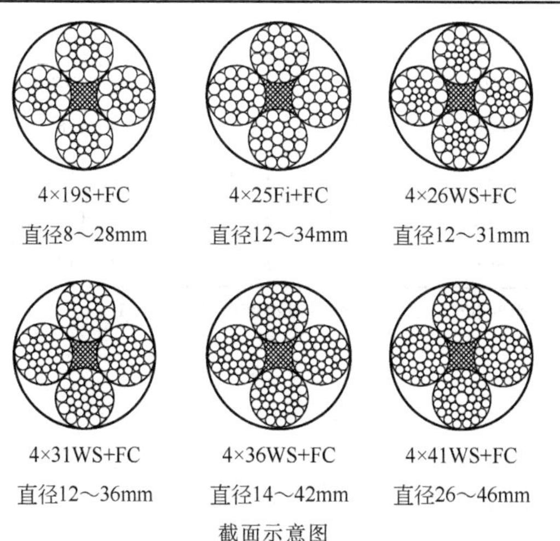

截面示意图

续表

钢丝绳公称直径/mm	钢丝绳参考重量/kg·(100m)$^{-1}$	钢丝绳公称抗拉强度/MPa					
		1570	1670	1770	1870	1960	2160
		钢丝绳最小破断拉力/kN					
8	26.2	36.2	38.5	40.8	43.1	45.2	49.8
10	41.0	56.5	60.1	63.7	67.3	70.6	77.8
12	59.0	81.4	86.6	91.8	96.9	102	112
14	80.4	111	118	125	132	138	152
16	105	145	154	163	172	181	199
18	133	183	195	206	218	229	252
20	164	226	240	255	269	282	311
22	198	274	291	308	326	342	376
24	236	326	346	367	388	406	448
26	277	382	406	431	455	477	526
28	321	443	471	500	528	553	610
30	369	509	541	573	606	635	700
32	420	579	616	652	689	723	796
34	474	653	695	737	778	816	899
36	531	732	779	826	872	914	1010
38	592	816	868	920	972	1020	1120
40	656	904	962	1020	1080	1130	1240
42	723	997	1060	1120	1190	1240	1370
44	794	1090	1160	1230	1300	1370	1510
46	868	1200	1270	1350	1420	1490	1650

注：最小钢丝破断拉力总和＝钢丝绳最小破断拉力×1.1191。

第3章　常用有色金属材料

3.1　型材

3.1.1　一般工业用铝及铝合金挤压型材（GB/T 6892—2006）

一般工业用铝及铝合金挤压型材的室温纵向拉伸力学性能见表3-1。

表3-1　一般工业用铝及铝合金挤压型材的室温纵向拉伸力学性能

牌号	状态	壁厚/mm	抗拉强度 R_m/MPa	规定非比例延伸强度 $R_{p0.2}$/MPa	断后伸长率/%	
					$A_{5.65}$	A_{50mm}①
			≥			
1050A	H112	—	60	20	25	23
1060	O	—	60～95	15	22	20
	H112	—	60	15	22	20
1100	O	—	75～105	20	22	20
	H112	—	75	20	22	20
1200	H112	—	75	25	20	18
1350	H112	—	60	—	25	23
2A11	O	—	≤245	—	12	10
	T4	≤10	335	190	12	10
		>10～20	335	200	10	8
		>20	365	210	10	—
2A12	O	—	≤245	—	12	10
	T4	≤5	390	295	—	8
		>5～10	410	295	—	8
		>10～20	420	305	10	8
		>20	440	315	10	—
2017	O	≤3.2	≤220	≤140	13	11
		>3.2～12	≤225	≤145	13	11
	T4	—	390	245	15	13

续表

牌号	状态	壁厚/mm	抗拉强度 R_m/MPa	规定非比例延伸强度 $R_{p0.2}$/MPa	断后伸长率/% $A_{5.65}$	断后伸长率/% A_{50mm} [①]
			≥			
2017A	T4、T4510、T4511	≤30	380	260	10	8
2014 2014A	O	—	≤250	≤135	12	10
	T4、T4510、T4511	≤25	370	230	11	10
		>25～75	410	270	10	—
	T6、T6510、T6511	≤25	415	370	7	5
		>25～75	460	415	7	—
2024	O	—	≤250	≤150	12	10
	T3、T3510、T3511	≤15	390	290	5	6
		>15～30	420	290	8	—
	T8、T8510、T8511	≤50	455	320	5	4
3A21	O、H112	—	≤185	—	16	14
3003 3103	H112	—	95	35	25	20
5A02	O、H112	—	≤245	—	12	10
5A03	O、H112	—	180	80	12	10
5A05	O、H112	—	255	130	15	13
5A06	O、H112	—	315	160	15	13
5005 5005A	H112	—	100	40	18	16
5051A	H112	—	150	60	16	14
5251	H112	—	160	60	16	14
5052	H112	—	170	70	15	13
5154A 5454	H112	≤25	200	85	16	14
5754	H112	≤25	180	80	14	12
5019	H112	≤30	250	110	14	12

续表

牌号	状态		壁厚/mm	抗拉强度 R_m/MPa	规定非比例延伸强度 $R_{p0.2}$/MPa	断后伸长率/%	
						$A_{5.65}$	A_{50mm}[①]
				≥			
5083	H112		—	270	125	12	10
5086	H112		—	240	95	12	10
6A02	T4		—	180	—	12	10
	T6		—	295	230	10	8
6101	T6		≤50	200	170	10	8
6101A	T6		≤15	215	160	8	6
6005 6005A	T5		≤6.3	260	215	—	7
	T4		≤25	180	90	15	13
	T6	实心型材	≤5	270	225	—	6
			>5～10	260	215	—	6
			>10～25	250	200	8	6
		空心型材	≤5	255	215	—	6
			>5～15	250	200	8	6
6106	T6		≤10	250	200	—	6
6351	O		—	≤160	≤110	14	12
	T4		≤25	205	110	14	12
	T5		≤5	270	230	—	6
	T6		≤5	290	250	—	6
			>5～25	300	255	10	8
6060	T4		≤25	120	60	16	14
	T5		≤5	160	120	—	6
			>5～25	140	100	8	6
	T6		≤3	190	150	—	6
			>3～25	170	140	8	6
6061	T4		≤25	180	110	15	13
	T5		≤16	240	205	9	7
	T6		≤5	260	240	—	7
			>5～25	260	240	10	8

续表

牌号	状态		壁厚/mm	抗拉强度 R_m/MPa	规定非比例延伸强度 $R_{p0.2}$/MPa	断后伸长率/% $A_{5.65}$	断后伸长率/% A_{50mm} ①
				≥			
6261	O		—	≤170	≤120	14	12
	T4		≤25	180	100	14	12
	T5		≤5	270	230	—	7
			>5～25	260	220	9	8
			>25	250	210	9	—
	T6	实心型材	≤5	290	245	—	7
			>5～10	280	235	—	7
		空心型材	≤5	290	245	—	7
			>5～10	270	230	—	8
6063	T4		≤25	130	65	14	12
	T5		≤3	175	130	—	6
			>3～25	160	110	7	5
	T6		≤10	215	170	—	6
			>10～25	195	160	8	6
6063A	T4		≤25	150	90	12	10
	T5		≤10	200	160	—	5
			>10～25	190	150	6	4
	T6		≤10	230	190	—	5
			>10～25	220	180	5	4
6463	T4		≤50	125	75	14	12
	T5		≤50	150	110	8	6
	T6		≤50	195	160	10	8
6463A	T1		≤12	115	60	—	10
	T5		≤12	150	110	—	6
	T6		≤3	205	170	—	6
			>3～12	205	170	—	8
6081	T6		≤25	275	240	8	6

续表

牌号	状　　态	壁厚/mm	抗拉强度 R_m/MPa	规定非比例延伸强度 $R_{p0.2}$/MPa	断后伸长率/%	
					$A_{5.65}$	A_{50mm}①
			≥			
6082	O	—	≤160	≤110	14	12
	T4	≤25	205	110	14	12
	T5	≤5	270	230	—	6
	T6	≤5	290	250	—	6
		>5～25	310	260	10	6
7A04	O	—	≤245	—	10	8
	T6	≤10	500	430	—	4
		>10～20	530	440	6	4
		>20	560	460	6	—
7003	T5	—	310	260	10	8
	T6	≤10	350	290	—	8
		>10～25	340	280	10	8
7005	T5	≤25	345	305	10	8
	T6	≤40	350	290	10	8
7020	T6	≤40	350	290	10	8
7022	T6、T6510、T6511	≤30	490	420	7	5
7049A	T6	≤30	610	530	5	4
7075	T6、T6510、T6511	≤25	530	460	6	4
		>25～60	540	470	6	—
	T73、T73510、T73511	≤25	480	420	7	5
	T76、T76510、T76511	≤6	510	440	—	5
		>6～50	515	450	6	5
7178	T6、T6510、T6511	≤1.6	565	525	—	—
		>1.6～6	580	525	—	3
		>6～35	600	540	4	3
		>35～60	595	530	4	—
	T76、T76510、T76511	>3～6	525	455	—	5
		>6～25	530	460	4	5

① 壁厚不大于1.6mm的型材不要求伸长率，如需方要求，则供需双方商定。

3.1.2 铝合金建筑型材（GB 5237.1～5—2008、GB 5237.6—2004）

铝合金建筑型材包括基材，阳极氧化、着色型材，电泳涂漆型材，粉末喷涂型材和氟碳漆喷涂型材。铝合金建筑型材的表面处理方式见表3-2，力学性能见表3-3。

表3-2 铝合金建筑型材的表面处理方式

阳极氧化型材	电泳涂漆型材	粉末喷涂型材	氟碳漆喷涂型材
阳极氧化； 阳极氧化加电解着色； 阳极氧化加有机着色	阳极氧化加电泳涂漆； 阳极氧化、电解着色加电泳涂漆	热固性饱和聚酯粉末涂层	二涂层：底漆加面漆； 三涂层：底漆、面漆加清漆； 四涂层：底漆、阻挡漆、面漆加清漆

表3-3 室温力学性能

合金牌号	供应状态		壁厚/mm	拉伸试验结果				硬度①		
				抗拉强度 R_m/MPa	规定非比例延伸强度 $R_{p0.2}$/MPa	断后伸长率②/%		试样厚度/mm	维氏硬度/HV	韦氏硬度/HW
						A	A_{50mm}			
				≥						
6005	T5		≤6.3	260	240	—	8	—	—	—
	T6	实心型材	≤5	270	225	—	—	—	—	—
			>5～10	260	215	—	—	—	—	—
			>10～25	250	200	8	6	—	—	—
		空心型材	≤5	255	215	—	6	—	—	—
			>5～15	250	200	8	6	—	—	—
6060	T5		≤5	160	120	—	6	—	—	—
			>5～25	140	100	8	6	—	—	—
	T6		≤3	190	150	—	6	—	—	—
			>3～25	170	140	8	6	—	—	—
6061	T4		所有	180	110	16	16	—	—	—
	T5		所有	265	245	8	8	—	—	—
6063	T5		所有	160	110	8	8	0.8	58	8
	T6		所有	205	180	8	8	—	—	—

续表

合金牌号	供应状态	壁厚/mm	拉伸试验结果				硬度①		
			抗拉强度 R_m/MPa	规定非比例延伸强度 $R_{p0.2}$/MPa	断后伸长率②/%		试样厚度/mm	维氏硬度/HV	韦氏硬度/HW
					A	A_{50mm}			
			≥						
6063A	T5	≤10	200	160	—	5	0.8	65	10
		>10	190	150	5	5	0.8	65	10
	T6	≤10	230	190	—	5	—	—	—
		>10	220	180	4	4	—	—	—
6463	T5	≤50	150	110	8	6	—	—	—
	T6	≤50	195	160	10	8	—	—	—
6463A	T5	≤12	150	110	—	6	—	—	—
	T6	≤3	205	170	—	6	—	—	—
		>3～12	205	170	—	8	—	—	—

① 表中硬度指标仅供参考。
② 取样部位的公称壁厚小于 1.20mm 时，不测定伸长率。

3.2 板材和带材

3.2.1 一般用途加工铜及铜合金板带材（GB/T 17793—2010）

一般用途加工铜及铜合金板带材的有关内容见表 3-4 和表 3-5。

表 3-4　板材的牌号和规格

品种	牌　　号	制造方法	厚度/mm	宽度/mm	长度/mm
纯铜板	T2、T3、TP1、TP2、TU1、TU2	热轧	4～60	≤3000	≤6000
		冷轧	0.2～12		
黄铜板	H59、H62、H65、H68、H70、H80、H90、H96、HPb59-1、HSn62-1、HMn58-2	热轧	4～60	≤3000	≤6000
		冷轧	0.2～10		
	HMn57-3-1、HMn55-3-1、HAl60-1-1、HAl67-2.5、HAl66-6-3-2、HNi65-5	热轧	4～40	≤1000	≤2000

续表

品种	牌号	制造方法	厚度/mm	宽度/mm	长度/mm
青铜板	QAl5、QAl7、QAl9-2、QAl9-4	冷轧	0.4～12	≤1000	≤2000
	QSn6.5-0.1、QSn6.5-0.4，QSn4-3、QSn4-0.3、QSn7-0.2	热轧	9～50	≤600	≤2000
		冷轧	0.2～12		
白铜板	BAl6-1.5、BAl13-3	冷轧	0.5～12	≤600	≤1500
	BZn15-20	冷轧	0.5～10	≤600	≤1500
	B5、B19、BFe10-1-1、BFe30-1-1	热轧	7～60	≤2000	≤4000
		冷轧	0.5～10	≤600	≤1500

表3-5 带材的牌号和规格

品种	牌号	厚度/mm	宽度/mm
纯铜带	T2、T3、TP1、TP2、TU1、TU2	0.05～3.00	≤1000
黄铜带	H59、H62、H65、H68、H70、H80、H90、H96、HPb59-1、HSn62-1、HMn58-2	0.05～3.00	≤600
青铜带	QAl5、QAl7、QAl9-2、QAl9-4	0.05～1.20	≤300
	QSn6.5-0.1、QSn6.5-0.4、QSn7-0.2、QSn4-3、QSn4-0.3	0.05～3.00	≤600
	QCd-1	0.05～1.20	≤300
	QMn1.5、QMn5	0.10～1.20	≤300
	QSi3-1	0.05～1.20	≤300
	QSn4-4-2.5、QSn4-4-4	0.80～1.20	≤200
白铜带	BZn15-20	0.05～1.20	≤300
	B5、B19、BFe10-1-1、BFe30-1-1、BMn3-12、BMn40-1.5	0.05～1.20	≤300

3.2.2 铜及铜合金板材（GB/T 2040—2008）

铜及铜合金板材的有关内容见表3-6和表3-7。

表3-6 铜及铜合金板材的牌号、状态、规格

牌号	状态	规格/mm		
		厚度	宽度	长度
T2、T3、TP1 TP2、TU1、TU2	R	4～60	≤3000	≤6000
	M、Y_4、Y_2、Y、T	0.2～12		
H96、H80	M、Y	0.2～10		
H90、H85	M、Y_2、Y			
H65	M、Y_4、Y_2、Y、T、TY			
H70、H68	R	4～60		
	M、Y_4、Y_2、Y、T、TY	0.2～10		
H63、H62	R	4～60		
	M、Y_2、Y、T	0.2～10		
H59	R	4～60		
	M、Y	0.2～10		
HPb59-1	R	4～60		
	M、Y_2、Y	0.2～10		
HPb60-2	Y、T	0.5～10		
HMn58-2	M、Y_2、Y	0.2～10		
HSn62-1	R	4～60		
	M、Y_2、Y	0.2～10		
HMn55-3-1、HMn57-3-1 HAl60-1-1、HAl67-2.5 HAl66-6-3-2、HNi65-5	R	4～40	≤1000	≤2000
QSn6.5-0.1	R	9～50	≤600	≤2000
	M、Y_4、Y_2、Y、T、TY	0.2～12		
QSn6.5-0.4、QSn4-3 QSn4-0.3、QSn7-0.2	M、Y、T	0.2～12		
QSn8-0.3	M、Y_4、Y_2、Y、T	0.2～5		
BAl6-1.5	Y	0.5～12	≤600	≤1500
BAl13-3	CYS			
BZn15-20	M、Y_2、Y、T	0.5～10		
BZn18-17	M、Y_2、Y	0.5～5		
B5、B19 BFe10-1-1、BFe30-1-1	R	7～60	≤2000	≤4000
	M、Y	0.5～10	≤600	≤1500

续表

牌号	状态	规格/mm		
		厚度	宽度	长度
QAl5	M、Y	0.4～12	≤1000	≤2000
QAl7	Y_2、Y			
QAl9-2	M、Y			
QAl9-4	Y			
QCd1	Y	0.5～10	200～300	800～1500
QCr0.5、QCr0.5-0.2-0.1	Y	0.5～15	100～600	≥300
QMn1.5	M	0.5～5	100～600	≤1500
QMn5	M、Y			
QSi3-1	M、Y、T	0.5～10	100～1000	≥500
QSn4-4-2.5、QSn4-4-4	M、Y_3、Y_2、Y	0.8～5	200～600	800～2000
BMn40-1.5	M、Y	0.5～10	100～600	800～1500
BMn3-12	M			

注：1.经供需双方协商，可供应其他规格的板材。

2.板材的外形尺寸及允许偏差应符合GB/T 17793中相应的规定，未作特别说明时按普通级供货。

3.产品标记按产品名称、牌号、状态、规格和标准编号的顺序表示。

用H62制造的、供应状态为Y_2、厚度为0.8mm、宽度为600mm、长度为1500mm的定尺板材，标记为

铜板 H62Y_2　0.8×600×1500　GB/T 2040—2008

4.表面质量要求：热轧板材的表面应清洁；热轧板材的表面不允许有分层、裂纹、起皮、夹杂和绿锈，但允许修理，修理后不应使板材厚度超出允许偏差；热轧板材的表面允许有轻微的、局部的、不使板材厚度超出其允许偏差的划伤、斑点、凹坑、压入物、辊印、皱纹等缺陷；长度大于4000mm热轧板材和软态板材，可不经酸洗供货；冷轧板材的表面质量应光滑、清洁，不允许有影响使用的缺陷。

表3-7　铜及铜合金板材的力学性能

牌号	状态	拉伸试验			硬度试验		
		厚度/mm	抗拉强度 R_m/MPa	断后伸长率 $A_{11.3}$/%	厚度/mm	维氏硬度/HV	洛氏硬度/HRB
T2、T3 TP1、TP2 TU1、TU2	R	4～14	≥195	≥30	—	—	—
	M	0.3～10	≥205	≥30	≥0.3	≤70	—
	Y_4		215～275	≥25		60～90	
	Y_2		245～345	≥8		80～110	
	Y		295～380	—		90～120	
	T		≥350	—		≥110	

续表

牌号	状态	拉伸试验			硬度试验		
		厚度/mm	抗拉强度 R_m/MPa	断后伸长率 $A_{11.3}$/%	厚度/mm	维氏硬度/HV	洛氏硬度/HRB
H96	M Y	0.3～10	≥215 ≥320	≥30 ≥3	—	—	—
H90	M Y_2 Y	0.3～10	≥245 330～440 ≥390	≥35 ≥5 ≥3	—	—	—
H85	M Y_2 Y	0.3～10	≥260 305～380 ≥350	≥35 ≥15 ≥3	≥0.3	≤85 80～115 ≥105	
H80	M Y	0.3～10	≥265 ≥390	≥50 ≥3	—	—	—
H70、H68	R	4～14	≥290	≥40	—	—	—
H70 H68 H65	M Y_4 Y_2 Y T TY	0.3～10	≥290 325～410 355～440 410～540 520～620 ≥570	≥40 ≥35 ≥25 ≥10 ≥3 —	≥0.3	≤90 85～115 100～130 120～160 150～190 ≥180	—
H63、H62	R	4～14	≥290	≥30	—	—	—
	M Y_2 Y T	0.3～10	≥290 350～470 410～630 ≥585	≥35 ≥20 ≥10 ≥2.5	≥0.3	≤95 90～130 125～165 ≥155	—
H59	R	4～14	≥290	≥25	—	—	—
	M Y	0.3～10	≥290 ≥410	≥10 ≥5	≥0.3	≥130	—
HPb59-1	R	4～14	≥370	≥18	—	—	—
	M Y_2 Y	0.3～10	≥340 390～490 ≥440	≥25 ≥12 ≥5	—	—	—
HPb60-2	Y	—	—	—	0.5～2.5	165～190	—
					2.6～10	—	75～92
	T	—	—	—	0.5～1.0	≥180	—

续表

牌号	状态	拉伸试验			硬度试验		
		厚度/mm	抗拉强度 R_m/MPa	断后伸长率 $A_{11.3}$/%	厚度/mm	维氏硬度/HV	洛氏硬度/HRB
HMn58-2	M Y_2 Y	0.3～10	≥380 440～610 ≥585	≥30 ≥25 ≥3	—	—	—
HSn62-1	R	4～14	≥340	≥20	—	—	—
	M Y_2 Y	0.3～10	≥295 350～400 ≥390	≥35 ≥15 ≥5	—	—	—
HMn57-3-1	R	4～8	≥440	≥10	—	—	—
HMn55-3-1	R	4～15	≥490	≥15	—	—	—
HAl60-1-1	R	4～15	≥440	≥15	—	—	—
HAl67-2.5	R	4～15	≥390	≥15	—	—	—
HAl66-6-3-2	R	4～8	≥685	≥3	—	—	—
HNi65-5	R	4～15	≥290	≥35	—	—	—
QAl5	M Y	0.4～12	≥275 ≥585	≥33 ≥2.5	—	—	—
QAl7	Y_2 Y	0.4～12	585～740 ≥635	≥10 ≥5	—	—	—
QAl9-2	M Y	0.4～12	≥440 ≥585	≥18 ≥5	—	—	—
QAl9-4	Y	0.4～12	≥585	—	—	—	—
QSn6.5-0.1	R	9～14	≥200	≥38	—	—	—
	M	0.2～12	≥315	≥40	≥0.2	≤120	
	Y_4	0.2～12	390～510	≥35		110～155	
	Y_2	0.2～12	490～610	≥8		150～190	
	Y	0.2～3	590～690	≥5	≥0.2	180～230	
		>3～12	540～690	≥5		180～230	
	T	0.2～5	635～720	≥1		200～240	
	TY		≥690	—		≥210	

续表

牌　　号	状态	拉伸试验			硬度试验		
		厚度/mm	抗拉强度 R_m/MPa	断后伸长率 $A_{11.3}$/%	厚度/mm	维氏硬度/HV	洛氏硬度/HRB
QSn6.5-0.4 QSn7-0.2	M Y T	0.2～12	≥295 540～690 ≥665	≥40 ≥8 ≥2	—	—	—
QSn4-0.2	M Y T	0.2～12	≥290 540～690 ≥635	≥40 ≥3 ≥2	—	—	—
QSn8-0.3	M Y_4 Y_2 Y T	0.2～5	≥345 390～610 490～610 590～705 ≥685	≥40 ≥35 ≥20 ≥5 —	≥0.2	≤120 100～160 150～205 180～235 ≥210	—
QCd1	Y	0.5～10	≥390	—	—	—	—
QCr0.5 QCr0.5-0.2-0.1	Y	—	—	—	0.5～15	≥110	—
QMn1.5	M	0.5～5	≥205	≥30	—	—	—
QMn5	M Y	0.5～5	≥290 ≥440	≥30 ≥3	—	—	—
QSi3-1	M Y T	0.5～10	≥340 585～735 ≥685	≥40 ≥3 ≥1	—	—	—
QSn4-4-2.5 QSn4-4-4	M Y_3 Y_2 Y	0.8～5	≥290 390～490 420～510 ≥510	≥35 ≥10 ≥9 ≥5	≥0.8	—	— 65～85 70～90 —
BZn15-20	M Y_2 Y T	0.5～10	≥340 440～570 540～690 ≥640	≥35 ≥5 ≥1.5 ≥1	—	—	—
BZn18-17	M Y_2 Y	0.5～5	≥375 440～570 ≥540	≥20 ≥5 ≥3	≥0.5	— 120～180 ≥150	—

续表

牌　号	状态	拉伸试验			硬度试验		
		厚度/mm	抗拉强度 R_m/MPa	断后伸长率 $A_{11.3}$/%	厚度/mm	维氏硬度/HV	洛氏硬度/HRB
B5	R	7～14	≥215	≥20	—	—	—
	M Y	0.5～10	≥215 ≥370	≥30 ≥10	—	—	—
B19	R	7～14	≥295	≥20	—	—	—
	M Y	0.5～10	≥290 ≥390	≥25 ≥3	—	—	—
BFe10-1-1	R	7～14	≥275	≥20	—	—	—
	M Y	0.5～10	≥275 ≥370	≥28 ≥3	—	—	—
BFe30-1-1	R	7～14	≥345	≥15	—	—	—
	M Y	0.5～10	≥370 ≥530	≥20 ≥3	—	—	—
BAl6-1.5	Y	0.5～12	≥535	≥3	—	—	—
BAl13-3	CYS		≥635	≥5	—	—	—
BMn40-1.5	M Y	0.5～10	390～590 ≥590	实测 实测	—	—	—
BMn3-12	M	0.5～10	≥350	≥25	—	—	—

注：1.表中为板材的横向室温力学性能。除铅黄铜板（HPb60-2）和铬青铜板（QCr0.5、QCr0.5-0.2-0.1）外，其他牌号板材在拉伸试验、硬度试验之间任选其一，未作特别说明时，仅提供拉伸试验。

2.厚度超出规定范围的板材，其性能由供需双方商定。

3.2.3　铜及铜合金带材（GB/T 2059—2008）

铜及铜合金带材的有关内容见表3-8和表3-9。

表3-8　铜及铜合金带材的牌号、状态、规格

牌　号	状　态	厚度/mm	宽度/mm
T2、T3、TU1、TU2 TP1、TP2	软（M）、1/4硬（Y_4） 半硬（Y_2）、硬（Y）、特硬（T）	>0.15～<0.50	≤600
		0.50～3.0	≤1200
H96、H80、H59	软（M）、硬（Y）	>0.15～<0.50	≤600
		0.50～3.0	≤1200

续表

牌号	状态	厚度/mm	宽度/mm
H85、H90	软(M)、半硬(Y_2)、硬(Y)	>0.15~<0.50	≤600
		0.50~3.0	≤1200
H70、H68、H65	软(M)、1/4硬(Y_4)、半硬(Y_2) 硬(Y)、特硬(T)、弹硬(TY)	>0.15~<0.50	≤600
		0.50~3.0	≤1200
H63、H62	软(M)、半硬(Y_2) 硬(Y)、特硬(T)	>0.15~<0.50	≤600
		0.50~3.0	≤1200
HPb59-1、HMn58-2	软(M)、半硬(Y_2)、硬(Y)	>0.15~0.20	≤300
		>0.20~2.0	≤550
HPb59-1	特硬(T)	0.32~1.5	≤200
HSn62-1	硬(Y)	>0.15~0.20	≤300
		>0.20~2.0	≤550
QAl5	软(M)、硬(Y)	>0.15~1.2	≤300
QAl7	半硬(Y_2)、硬(Y)		
QAl9-2	软(M)、硬(Y)、特硬(T)		
QAl9-4	硬(Y)		
QSn6.5-0.1	软(M)、1/4硬(Y_4)、半硬(Y_2) 硬(Y)、特硬(T)、弹硬(TY)	>0.15~2.0	≤610
QSn7-0.2、QSn6.5-0.4、QSn4-3、QSn4-0.3	软(M)、硬(Y),特硬(T)	>0.15~2.0	≤610
QSn8-0.3	软(M)、1/4硬(Y_4)、 半硬(Y_2)、硬(Y)、特硬(T)	>0.15~2.6	≤610
QSn4-4-3、QSn4-4-2.5	软(M)、1/3硬(Y_3)、 半硬(Y_2)、硬(Y)	0.8~1.2	≤200
QCd1	硬(Y)	>0.15~1.2	≤300
QMn1.5	软(M)	>0.15~1.2	
QMn5	软(M)、硬(Y)		
QSi3-1	软(M)、硬(Y)、特硬(T)	>0.15~1.2	≤300
BZn18-17	软(M)、半硬(Y_2)、硬(Y)	>0.15~1.2	≤610

续表

牌号	状态	厚度/mm	宽度/mm
BZn15-20	软（M）、半硬（Y_2）、硬（Y）、特硬（T）	>0.15～1.2	≤400
B5、B19、BFe10-1-1、BFe30-1-1、BMn40-1.5、BMn3-12	软（M）、硬（Y）		
BAl13-3	淬火+冷加工+人工时效（CYS）	>0.15～1.2	≤300
BAl6-1.5	硬（Y）		

注：1.经供需双方协商，也可供应其他规格的带材。

2.带材的外形尺寸及允许偏差应符合GB/T 17793中相应的规定，未作特别说明时按普通级供货。

3.产品标记按产品名称、牌号、状态、规格和标准编号的顺序表示。

用H62制造的、半硬（Y_2）状态，厚度为0.8mm、宽度为200mm的带材标记为

带 H62Y_2　0.8×200　GB/T 2059—2008

4.表面质量要求：带材的表面应光滑、清洁，不允许有分层、裂纹、起皮、起刺、气泡、压折、夹杂和绿锈，允许有轻微的、局部的、不使带材厚度超出其允许偏差的划伤、斑点、凹坑、压入物、辊印、氧化色、油迹和水迹等缺陷。

表3-9　铜及铜合金带材的力学性能

牌号	状态	拉伸试验			硬度试验	
		厚度/mm	抗拉强度 R_m/MPa	断后伸长率 $A_{11.3}$/%	维氏硬度 HV	洛氏硬度 HRC
T2、T3 TU1、TU2 TP1、TP2	M	≥0.2	≥195	≥30	≤70	—
	Y_4		215～275	≥25	60～90	
	Y_2		245～345	≥8	80～110	
	Y		295～380	≥3	90～120	
	T		≥350	—	≥110	
H96	M	≥0.2	≥215	≥30	—	—
	Y		≥320	≥3		
H90	M	≥0.2	≥245	≥35	—	—
	Y_2		330～440	≥5		
	Y		≥390	≥3		
H85	M	≥0.2	≥260	≥40	≤85	—
	Y_2		305～380	≥15	80～115	
	Y		≥350	—	≥105	

续表

牌　号	状态	拉伸试验			硬度试验	
		厚度/mm	抗拉强度 R_m/MPa	断后伸长率 $A_{11.3}$/%	维氏硬度 HV	洛氏硬度 HRC
H80	M	≥0.2	≥265	≥50	—	—
	Y		≥390	≥2		
H70 H68 H65	M	≥0.2	≥290	≥40	≤90	—
	Y_4		325～410	≥35	80～115	
	Y_2		355～460	≥25	100～130	
	Y		410～540	≥13	120～160	
	T		520～620	≥4	150～190	
	TY		≥570	—	≥180	
H63、H62	M	≥0.2	≥290	≥35	≤95	—
	Y_2		350～470	≥20	90～130	
	Y		410～630	≥10	125～165	
	T		≥585	≥2.5	≥155	
H59	M	≥0.2	≥290	≥10	—	—
	Y		≥410	≥5	≥130	
HPb59-1	M	≥0.2	≥340	≥25	—	—
	Y_2		390～490	≥12		
	Y		≥440	≥5		
	T	≥0.32	≥590	≥3		
HMn58-2	M	≥0.2	≥380	≥30	—	—
	Y_2		440～610	≥25		
	Y		≥585	≥3		
HSn62-1	Y	≥0.2	390	≥5	—	—
QAl5	M	≥0.2	≥275	≥33	—	—
	Y		≥585	≥2.5		
QAl7	Y_2	≥0.2	585～740	≥10	—	—
	Y		≥635	≥5		

续表

牌号	状态	拉伸试验			硬度试验	
		厚度/mm	抗拉强度 R_m/MPa	断后伸长率 $A_{11.3}$/%	维氏硬度 HV	洛氏硬度 HRC
QAl9-2	M	≥0.2	≥440	≥18	—	—
	Y		≥585	≥5		
	T		≥880	—		
QAl9-4	Y	≥0.2	≥635	—	—	—
QSn4-3 QSn4-0.3	M	>0.15	≥290	≥40	—	—
	Y		540～690	≥3		
	T		≥635	≥2		
QSn6.5-0.1	M	>0.15	≥315	≥40	≤120	—
	Y_4		390～510	≥35	110～155	
	Y_2		490～610	≥10	150～190	
	Y		590～690	≥8	180～230	
	T		630～720	≥5	200～240	
	TY		≥690	—	≥210	
QSn7-0.2 QSn6.5-0.4	M	>0.15	≥295	≥40	—	—
	Y		540～690	≥8		
	T		≥665	≥2		
QSn8-0.3	M	≥0.2	≥355	≥45	≤120	—
	Y_4		390～510	≥40	100～160	
	Y_2		490～610	≥30	150～205	
	Y		590～705	≥12	180～235	
	T		≥685	≥5	≥210	
QSn4-4-4 QSn4-4-2.5	M	≥0.8	≥290	≥35	—	—
	Y_3		390～490	≥10	—	65～85
	Y_2		420～510	≥9	—	70～90
	Y		≥490	≥5	—	—
QCd1	Y	≥0.2	≥390	—	—	—

续表

牌　　号	状态	拉伸试验			硬度试验	
		厚度/mm	抗拉强度 R_m/MPa	断后伸长率 $A_{11.3}$/%	维氏硬度 HV	洛氏硬度 HRC
QMn1.5	M	≥0.2	≥205	≥30	—	—
QMn5	M	≥0.2	≥290	≥30	—	—
	Y		≥440	≥2	—	—
QSi3-1	M	≥0.15	≥370	≥45	—	—
	Y		635～785	≥5		
	T		735	≥2		
BZn15-20	M	≥0.2	≥340	≥35	—	—
	Y_2		440～570	≥5		
	Y		540～690	≥1.5		
	T		≥640	≥1		
BZn18-17	M	≥0.2	≥375	≥20	—	—
	Y_2		440～570	≥5	120～180	
	Y		≥540	≥3	≥150	
B5	M	≥0.2	≥215	≥32	—	—
	Y		≥370	≥10		
B19	M	≥0.2	≥290	≥25	—	—
	Y		≥390	≥3		
BFe10-1-1	M	≥0.2	≥275	≥28	—	—
	Y		≥370	≥3		
BFe30-1-1	M	≥0.2	≥370	≥23	—	—
	Y		≥540	≥3		
BMn3-12	M	≥0.2	≥350	≥25	—	—
BMn40-1.5	M	≥0.2	390～590	实测数据	—	—
	Y		≥635			
BAl13-3	CYS	≥0.2	供实测值		—	—
BAl6-1.5	Y		≥600	≥5	—	—

注；厚度超出规定范围的带材，其性能由供需双方商定。

3.2.4　一般工业用铝及铝合金板、带材（GB/T 3880—2006）

一般工业用铝及铝合金板、带材的有关内容见表3-10～表3-13。

表3-10　产品分类及标记

<table>
<tr><td rowspan="10">铝或铝合金的分类</td><td rowspan="2">牌号系列</td><td colspan="3">铝或铝合金的类别</td></tr>
<tr><td colspan="2">A</td><td>B</td></tr>
<tr><td>1×××</td><td colspan="2">所有</td><td></td></tr>
<tr><td>2×××</td><td colspan="2"></td><td>所有</td></tr>
<tr><td>3×××</td><td colspan="2">Mn的最大规定值≤1.8%，Mg的最大规定值≤1.8%，Mn的最大规定值和Mg的最大规定值之和≤2.3%</td><td>A类外的其他合金</td></tr>
<tr><td>4×××</td><td colspan="2">Si的最大规定值≤2%</td><td>A类外的其他合金</td></tr>
<tr><td>5×××</td><td colspan="2">Mg的最大规定值≤1.8%，Mn的最大规定值≤1.8%，Mg的最大规定值和Mn的最大规定值之和≤2.3%</td><td>A类外的其他合金</td></tr>
<tr><td>6×××</td><td colspan="2">—</td><td>所有</td></tr>
<tr><td>7×××</td><td colspan="2">—</td><td>所有</td></tr>
<tr><td>8×××</td><td colspan="2">不可热处理强化的合金</td><td>可热处理强化的合金</td></tr>
<tr><td rowspan="8">板、带材的尺寸偏差等级划分</td><td rowspan="2">尺寸偏差</td><td colspan="3">偏差等级</td></tr>
<tr><td>板材</td><td colspan="2">带材</td></tr>
<tr><td>厚度偏差</td><td>冷轧板材：高精级、普通级
热轧板材：不分级</td><td colspan="2">冷轧带材：高精级、普通级
热轧带材：不分级</td></tr>
<tr><td>宽度偏差</td><td>剪切板材：高精级、普通级
其他板材：不分级</td><td colspan="2">高精级、普通级</td></tr>
<tr><td>长度偏差</td><td>不分级</td><td colspan="2">不分级</td></tr>
<tr><td>不平度</td><td>高精级、普通级</td><td colspan="2">不分级</td></tr>
<tr><td>侧边弯曲度</td><td>高精级、普通级</td><td colspan="2">高精级、普通级</td></tr>
<tr><td>对角线</td><td>高精级、普通级</td><td colspan="2">不分级</td></tr>
<tr><td>标记</td><td colspan="4">产品标记按产品名称、牌号、状态、规格及标准编号的顺序表示
示例1：用3003合金制造的、状态为H22、厚度为2.0mm、宽度为1200mm、长度为2000mm的板材，标记为
板 3003-H22　2.0×1200×2000　GB/T 3880.1—2006
示例2：用5052合金制造的、供应状态为O、厚度为1.0mm、宽度为1050mm的带材，标记为
带 5052-O　1.0×1050　GB/T 3880.1—2006</td></tr>
</table>

表 3-11　板、带材的牌号、相应的铝及铝合金类别、状态及厚度规格

牌　　号	类别	状　　态	板材厚度/mm	带材厚度/mm
1A97、1A93、1A90、1A85	A	F	>4.50～150.00	—
		H112	>4.50～80.00	—
1235	A	H12、H22	>0.20～4.50	>0.20～4.50
		H14、H24	>0.20～3.00	>0.20～3.00
		H16、H26	>0.20～4.50	>0.20～4.50
		H18	>0.20～3.00	>0.20～3.00
1070	A	F	>4.50～150.00	>2.50～8.00
		H112	>4.50～75.00	—
		O	>0.20～50.00	>0.20～6.00
		H12、H22、H14、H24	>0.20～6.00	>0.20～6.00
		H16、H26	>0.20～4.00	>0.20～4.00
		H18	>0.20～3.00	>0.20～3.00
1060	A	F	>4.50～150.00	>0.20～8.00
		H112	>4.50～80.00	—
		O	>0.20～80.00	>0.20～6.00
		H12、H22	>0.50～6.00	>0.50～6.00
		H14、H24	>0.20～6.00	>0.20～6.00
		H16、H26	>0.20～4.00	>0.20～4.00
		H18	>0.20～3.00	>0.20～3.00
1050、1050A	A	F	>4.50～150.00	>2.50～8.00
		H112	>4.50～75.00	—
		O	>0.20～50.00	>0.20～6.00
		H12、H22、H14、H24	>0.20～6.00	>0.20～6.00
		H16、H26	>0.20～4.00	>0.20～4.00
		H18	>0.20～3.00	>0.20～3.00
1145	A	F	>4.50～150.00	>2.50～8.00
		H112	>4.50～25.00	—
		O	>0.20～10.00	>0.20～6.00
		H12、H22、H14、H24、H16、H26、H18	>0.20～4.50	>0.20～4.50

续表

牌号	类别	状态	板材厚度/mm	带材厚度/mm
1100	A	F	>4.50～150.00	>2.50～8.00
		H112	>6.00～80.00	—
		O	>0.20～80.00	>0.20～6.00
		H12、H22、H14、H24	>0.20～6.00	>0.20～6.00
		H16、H26	>0.20～4.00	>0.20～4.00
		H18	>0.20～3.00	>0.20～3.00
1200	A	F	>4.50～150.00	>2.50～8.00
		H112	>6.00～80.00	—
		O	>0.20～50.00	>0.20～6.00
		H112	>0.20～50.00	—
		H12、H22、H14、H24	>0.20～6.00	>0.20～6.00
		H16、H26	>0.20～4.00	>0.20～4.00
		H18	>0.20～3.00	>0.20～3.00
2017	B	F	>4.50～150.00	—
		H112	>4.50～80.00	—
		O	>0.50～25.00	>0.50～6.00
		T3、T4	>0.50～6.00	—
2A11	B	F	>4.50～150.00	—
		H112	>4.50～80.00	—
		O	>0.50～10.00	>0.50～6.00
		T3、T4	>0.50～10.00	—
2014	B	F	>4.50～150.00	—
		O	>0.50～25.00	—
		T6、T4	>0.50～12.50	—
		T3	>0.50～6.00	—
2024	B	F	>4.50～150.00	—
		O	>0.50～45.00	>0.50～6.00
		T3	>0.50～12.50	—
		T3（工艺包铝）	>4.00～12.50	—
		T4	>0.50～6.00	—

续表

牌号	类别	状态	板材厚度/mm	带材厚度/mm
3003	A	F	>4.50～150.00	>2.50～8.00
		H112	>6.00～80.00	—
		O	>0.20～50.00	>0.20～6.00
		H12、H22、H14、H24	>0.20～6.00	>0.20～6.00
		H16、H26、H18	>0.20～4.00	>0.20～4.00
		H28	>0.20～3.00	>0.20～3.00
3004、3104	A	F	>6.30～80.00	>2.50～8.00
		H112	>6.30～80.00	—
		O	>0.20～50.00	>0.20～6.00
		H111	>0.20～50.00	—
		H12、H22、H32、H14	>0.20～6.00	>0.20～6.00
		H24、H34、H16、H26、H36、H18	>0.20～3.00	>0.20～3.00
		H28、H38	>0.20～1.50	>0.20～1.50
3005	A	O、H111、H12、H22、H14	>0.20～6.00	>0.20～6.00
		H111	>0.20～6.00	—
		H16	>0.20～4.00	>0.20～4.00
		H24、H26、H18、H28	>0.20～3.00	>0.20～3.00
3105	A	O、H12、H22、H14、H24、H16、H26、H18	>0.20～3.00	>0.20～3.00
		H111	>0.20～3.00	—
		H28	>0.20～1.50	>0.20～1.50
3102	A	H18	>0.20～3.00	>0.20～3.00
5182	B	O	>0.20～3.00	>0.20～3.00
		H111	>0.20～3.00	—
		H19	>0.20～1.50	>0.20～1.50
5A03	B	F	>4.50～150.00	—
		H112	>4.50～50.00	—
		O、H14、H24、H34	>0.50～4.50	>0.50～4.50
5082	B	F	>4.50～150.00	—
		H18、H38、H19、H39	>0.20～0.50	>0.20～0.50

续表

牌号	类别	状态	板材厚度/mm	带材厚度/mm
5005	A	F	>4.50～150.00	>2.50～8.00
		H112	>6.00～80.00	—
		O	>0.20～50.00	>0.20～6.00
		H111	>0.20～50.00	—
		H12、H22、H32、H14、H24、H34	>0.20～6.00	>0.20～6.00
		H16、H26、H36	>0.20～4.00	>0.20～4.00
		H18、H28、H38	>0.20～3.00	>0.20～3.00
5052	B	F	>4.50～150.00	>2.50～8.00
		H112	>6.00～80.00	—
		O	>0.20～50.00	>0.20～6.00
		H111	>0.20～50.00	—
		H12、H22、H32、H14、H24、H34	>0.20～6.00	>0.20～6.00
		H16、H26、H36	>0.20～4.00	>0.20～4.00
		H18、H38	>0.20～3.00	>0.20～3.00
5086	B	F	>4.50～150.00	—
		H112	>6.00～50.00	—
		O、H111	>0.20～80.00	—
		H12、H22、H32、H14、H24、H34	>0.20～6.00	—
		H16、H26、H36	>0.20～4.00	—
		H18	>0.20～3.00	—
5083	B	F	>4.50～150.00	—
		H112	>6.00～50.00	—
		O	>0.20～80.00	>0.50～4.00
		H111	>0.20～80.00	—
		H12、H14、H24、H34	>0.20～6.00	—
		H22、H32	>0.20～6.00	>0.50～4.00
		H16、H26、H36	>0.20～4.00	—

续表

牌号	类别	状态	板材厚度/mm	带材厚度/mm
6061	B	F	>4.50～150.00	>2.50～8.00
		O	>0.40～40.00	>0.40～6.00
		T4、T6	>0.40～12.50	—
6063	B	O	>0.50～20.00	—
		T4、T6	0.50～10.00	—
6A02	B	F	>4.50～150.00	—
		H112	>4.50～80.00	—
		O、T4、T6	>0.50～10.00	—
6082	B	F	>4.50～150.00	—
		O	0.40～25.00	—
		T4、T6	0.40～12.50	—
7075	B	F	>6.00～100.00	—
		O（正常包铝）	>0.50～25.00	—
		O（不包铝或工艺包铝）	>0.50～50.00	—
		T6	>0.50～6.00	—
8A06	A	F	>4.50～150.00	>2.50～8.00
		H112	>4.50～80.00	—
		O	0.20～10.00	—
		H14、H24、H18	>0.20～4.50	—
8011A	A	O	>0.20～3.00	>0.20～3.00
		H111	>0.20～3.00	—
		H14、H24、H18	>0.20～3.00	>0.20～3.00

表 3-12 板、带材的宽度和长度 mm

板、带材的厚度	板材的宽度和长度		带材的宽度和内径	
	板材的宽度	板材的长度	带材的宽度	带材的内径
>0.20～0.50	500～1660	1000～4000	1660	ϕ75、ϕ150、ϕ200、ϕ300、ϕ405、ϕ505、ϕ610、ϕ650、ϕ750
>0.50～0.80	500～2000	1000～10000	2000	
>0.80～1.20	500～2200	1000～10000	2200	
>1.20～8.00	500～2400	1000～10000	2400	
>8.00～150.00	500～2400	1000～10000		

注：带材是否带套筒及套筒材质由供需双方商定。

表3-13　板、带材的力学性能

牌号	包铝分类	供应状态	试样状态	厚度[①]/mm	抗拉强度[②] R_m/MPa	规定非比例延伸强度[②] $R_{p0.2}$/MPa	断后伸长率/% A_{50mm}	断后伸长率/% $A_{5.65}$[③]	弯曲半径[④]
					≥				
1A97 1A93	—	H112	H112	>4.50～80.00	附实测值				—
		F	—	>4.50～150.00	—				—
1A90 1A85	—	H112	H112	>4.50～12.50	50	—	21	—	—
				>12.50～20.00			—	19	—
				>20.00～80.00	附实测值				—
		F	—	>4.50～150.00	—				—
1235	—	H12 H22	H12 H22	>0.20～0.30	95～130	—	2	—	—
				>0.30～0.50			3	—	—
				>0.50～1.50			6	—	—
				>1.50～3.00			8	—	—
				>3.00～4.50			9	—	—
		H14 H24	H14 H24	>0.20～0.30	115～150	—	1	—	—
				>0.30～0.50			2	—	—
				>0.50～1.50			3	—	—
				>1.50～3.00			4	—	—
		H16 H26	H16 H26	>0.20～0.50	130～165	—	1	—	—
				>0.50～1.50			2	—	—
				>1.50～4.00			3	—	—
		H18	H18	>0.20～0.50	145	—	1	—	—
				>0.50～1.50			2	—	—
				>1.50～3.00			3	—	—
1070	—	O	O	>0.20～0.30	55～95	—	15	—	0t
				>0.30～0.50			20	—	0t
				>0.50～0.80			25	—	0t

续表

牌号	包铝分类	供应状态	试样状态	厚度[①]/mm	抗拉强度[②] R_m/MPa	规定非比例延伸强度[②] $R_{p0.2}$/MPa	断后伸长率/% A_{50mm}	断后伸长率/% $A_{5.65}$[③]	弯曲半径[④]
					≥				
1070	—	O	O	>0.80～1.50	55～95	15	30	—	0t
				>1.50～6.00			35	—	0t
				>6.00～12.50			35	—	—
				>12.50～50.00			—	30	—
		H12 H22	H12 H22	>0.20～0.30	70～100	—	2	—	0t
				>0.30～0.50			3	—	0t
				>0.50～0.80			4	—	0t
				>0.80～1.50		55	6	—	0t
				>1.50～3.00			8	—	0t
				>3.00～6.00			9	—	0t
		H14 H24	H14 H24	>0.20～0.30	85～120	—	1	—	0.5t
				>0.30～0.50			2	—	0.5t
				>0.50～0.80			3	—	0.5t
				>0.80～1.50		65	4	—	1.0t
				>1.50～3.00			5	—	1.0t
				>3.00～6.00			6	—	1.0t
		H16 H26	H16 H26	>0.20～0.50	100～135	—	1	—	1.0t
				>0.50～0.80			2	—	1.0t
				>0.80～1.50		75	3	—	1.5t
				>1.50～4.00			4	—	1.5t
		H18	H18	>0.20～0.50	120	—	1	—	—
				>0.50～0.80			2	—	—
				>0.80～1.50			3	—	—
				>1.50～4.00			4	—	—

续表

<table>
<tr><th rowspan="3">牌号</th><th rowspan="3">包铝分类</th><th rowspan="3">供应状态</th><th rowspan="3">试样状态</th><th rowspan="3">厚度[1]/mm</th><th>抗拉强度[2] R_m/MPa</th><th>规定非比例延伸强度[2] $R_{p0.2}$/MPa</th><th colspan="2">断后伸长率/%</th><th rowspan="2">弯曲半径[4]</th></tr>
<tr><th></th><th></th><th>A_{50mm}</th><th>$A_{5.65}$[3]</th></tr>
<tr><th colspan="5">≥</th></tr>
<tr><td rowspan="5">1070</td><td rowspan="5">—</td><td rowspan="4">H112</td><td rowspan="4">H112</td><td>>4.50～6.00</td><td>75</td><td>35</td><td>13</td><td>—</td><td>—</td></tr>
<tr><td>>6.00～12.50</td><td>70</td><td>35</td><td>15</td><td>—</td><td>—</td></tr>
<tr><td>>12.50～25.00</td><td>60</td><td>25</td><td>—</td><td>20</td><td>—</td></tr>
<tr><td>>25.00～75.00</td><td>55</td><td>15</td><td>—</td><td>25</td><td>—</td></tr>
<tr><td>F</td><td>—</td><td>>2.50～150.00</td><td colspan="4">—</td><td>—</td></tr>
<tr><td rowspan="27">1060</td><td rowspan="27">—</td><td rowspan="5">O</td><td rowspan="5">O</td><td>>0.20～0.30</td><td rowspan="5">60～100</td><td rowspan="5">15</td><td>15</td><td>—</td><td>—</td></tr>
<tr><td>>0.30～0.50</td><td>18</td><td>—</td><td>—</td></tr>
<tr><td>>0.50～1.50</td><td>23</td><td>—</td><td>—</td></tr>
<tr><td>>1.50～6.00</td><td>25</td><td>—</td><td>—</td></tr>
<tr><td>>6.00～80.00</td><td>25</td><td>22</td><td>—</td></tr>
<tr><td rowspan="2">H12
H22</td><td rowspan="2">H12
H22</td><td>>0.50～1.50</td><td rowspan="2">80～120</td><td rowspan="2">60</td><td>6</td><td>—</td><td>—</td></tr>
<tr><td>>1.50～6.00</td><td>12</td><td>—</td><td>—</td></tr>
<tr><td rowspan="6">H14
H24</td><td rowspan="6">H14
H24</td><td>>0.20～0.30</td><td rowspan="6">95～135</td><td rowspan="6">70</td><td>1</td><td>—</td><td>—</td></tr>
<tr><td>>0.30～0.50</td><td>2</td><td>—</td><td>—</td></tr>
<tr><td>>0.50～0.80</td><td>2</td><td>—</td><td>—</td></tr>
<tr><td>>0.80～1.50</td><td>4</td><td>—</td><td>—</td></tr>
<tr><td>>1.50～3.00</td><td>6</td><td>—</td><td>—</td></tr>
<tr><td>>3.00～6.00</td><td>10</td><td>—</td><td>—</td></tr>
<tr><td rowspan="5">H16
H26</td><td rowspan="5">H16
H26</td><td>>0.20～0.30</td><td rowspan="5">110～155</td><td rowspan="5">75</td><td>1</td><td>—</td><td>—</td></tr>
<tr><td>>0.30～0.50</td><td>2</td><td>—</td><td>—</td></tr>
<tr><td>>0.50～0.80</td><td>2</td><td>—</td><td>—</td></tr>
<tr><td>>0.80～1.50</td><td>3</td><td>—</td><td>—</td></tr>
<tr><td>>1.50～4.00</td><td>5</td><td>—</td><td>—</td></tr>
<tr><td rowspan="4">H18</td><td rowspan="4">H18</td><td>>0.20～0.30</td><td rowspan="4">125</td><td rowspan="4">85</td><td>1</td><td>—</td><td>—</td></tr>
<tr><td>>0.30～0.50</td><td>2</td><td>—</td><td>—</td></tr>
<tr><td>>0.50～1.50</td><td>3</td><td>—</td><td>—</td></tr>
<tr><td>>1.50～3.00</td><td>4</td><td>—</td><td>—</td></tr>
<tr><td rowspan="4">H112</td><td rowspan="4">H112</td><td>>4.50～6.00</td><td>75</td><td rowspan="4">—</td><td>10</td><td>—</td><td>—</td></tr>
<tr><td>>6.00～12.50</td><td>75</td><td>10</td><td>—</td><td>—</td></tr>
<tr><td>>12.50～40.00</td><td>60</td><td>—</td><td>18</td><td>—</td></tr>
<tr><td>>40.00～80.00</td><td>60</td><td>—</td><td>22</td><td>—</td></tr>
<tr><td>F</td><td>—</td><td>>2.50～150.00</td><td colspan="4">—</td><td>—</td></tr>
</table>

续表

牌号	包铝分类	供应状态	试样状态	厚度[①]/mm	抗拉强度[②] R_m/MPa	规定非比例延伸强度[②] $R_{p0.2}$/MPa	断后伸长率/% A_{50mm}	断后伸长率/% $A_{5.65}$[③]	弯曲半径[④]
					≥				
1050	—	O	O	>0.20～0.30	60～100	—	15	—	0t
				>0.30～0.50			20	—	0t
				>0.50～1.50		20	25	—	0t
				>1.50～6.00			30	—	0t
				>6.00～50.00			28	28	—
		H12 H22	H12 H22	>0.20～0.30	80～120	—	2	—	0t
				>0.30～0.50			3	—	0t
				>0.50～0.80			4	—	0t
				>0.80～1.50		65	6	—	0.5t
				>1.50～3.00			8	—	0.5t
				>3.00～6.00			9	—	0.5t
		H14 H24	H14 H24	>0.20～0.30	95～130	—	1	—	0.5t
				>0.30～0.50			2	—	0.5t
				>0.50～0.80			3	—	0.5t
				>0.80～1.50		75	4	—	1.0t
				>1.50～3.00			5	—	1.0t
				>3.00～6.00			6	—	1.0t
		H16 H26	H16 H26	>0.20～0.50	120～150	—	1	—	2.0t
				>0.50～0.80		85	2	—	2.0t
				>0.80～1.50			3	—	2.0t
				>1.50～4.00			4	—	2.0t
		H18	H18	>0.20～0.50	130	—	1	—	—
				>0.50～0.80			2	—	—
				>0.80～1.50			3	—	—
				>1.50～3.00			4	—	—

续表

牌号	包铝分类	供应状态	试样状态	厚度①/mm	抗拉强度② R_m/MPa	规定非比例延伸强度② $R_{p0.2}$/MPa	断后伸长率/%		弯曲半径④
							A_{50mm}	$A_{5.65}$③	
					≥				
1050	—	H112	H112	>4.50～6.00	85	45	10	—	—
				>6.00～12.50	80	45	10	—	—
				>12.50～40.00	70	35	—	16	—
				>25.00～50.00	65	30	—	22	—
				>50.00～75.00	65	30	—	22	—
		F	—	>2.50～150.00	—				—
1050A	—	O	O	>0.20～0.50	>65～95	20	20	—	0t
				>0.50～1.50			22	—	0t
				>1.50～3.00			26	—	0t
				>3.00～6.00			29	—	0.5t
				>6.00～25.00			35	—	—
				>25.00～50.00			—	32	—
		H12	H12	>0.20～0.50	>85～125	65	2	—	0t
				>0.50～1.50			4	—	0t
				>1.50～3.00			5	—	0.5t
				>3.00～6.00			7	—	1.0t
		H22	H22	>0.20～0.50	>85～125	55	4	—	0t
				>0.50～1.50			5	—	0t
				>1.50～3.00			6	—	0.5t
				>3.00～6.00			11	—	1.0t
		H14	H14	>0.20～0.50	>105～145	85	2	—	0t
				>0.50～1.50			3	—	0.5t
				>1.50～3.00			4	—	1.0t
				>3.00～6.00			5	—	1.5t

续表

牌号	包铝分类	供应状态	试样状态	厚度[①]/mm	抗拉强度[②] R_m/MPa	规定非比例延伸强度[②] $R_{p0.2}$/MPa	断后伸长率/% A_{50mm}	断后伸长率/% $A_{5.65}$[③]	弯曲半径[④]
					≥				
1050A	—	H24	H24	>0.20～0.50	>105～145	75	3	—	0t
				>0.50～1.50			4	—	0.5t
				>1.50～3.00			5	—	1.0t
				>3.00～6.00			8	—	1.5t
		H16	H16	>0.20～0.50	>120～160	100	1	—	0.5t
				>0.50～1.50			2	—	1.0t
				>1.50～4.00			3	—	1.5t
		H26	H26	>0.20～0.50	>120～160	90	2	—	0.5t
				>0.50～1.50			3	—	1.0t
				>1.50～4.00			4	—	1.5t
		H18	H18	>0.20～0.50	140	120	1	—	1.0t
				>0.50～1.50			2	—	2.0t
				>1.50～3.00			2	—	2.0t
		H112	H112	>4.50～12.50	75	30	20	—	—
				>12.50～75.00	70	25	—	20	—
		F	—	>2.50～150.00	—				—
1145	—	O	O	>0.20～0.50	60～100	—	15	—	—
				>0.50～0.80			20	—	—
				>0.80～1.50		20	25	—	—
				>1.50～6.00			30	—	—
				>6.00～10.00			28	—	—
		H12 H22	H12 H22	>0.20～0.30	80～120	—	2	—	—
				>0.30～0.50			3	—	—
				>0.50～0.80			4	—	—
				>0.80～1.50		65	6	—	—
				>1.50～3.00			8	—	—
				>3.00～4.50			9	—	—

续表

牌号	包铝分类	供应状态	试样状态	厚度①/mm	抗拉强度② R_m/MPa	规定非比例延伸强度② $R_{p0.2}$/MPa	断后伸长率/% A_{50mm}	断后伸长率/% $A_{5.65}$③	弯曲半径④
					≥				
1145	—	H14 H24	H14 H24	>0.20～0.30	95～125	—	1	—	—
				>0.30～0.50			2	—	—
				>0.50～0.80			3	—	—
				>0.80～1.50		75	4	—	—
				>1.50～3.00			5	—	—
				>3.00～4.50			6	—	—
		H16 H26	H16 H26	>0.20～0.50	120～145	—	1	—	—
				>0.50～0.80			2	—	—
				>0.80～1.50		85	3	—	—
				>1.50～4.50			4	—	—
		H18	H18	>0.20～0.50	125	—	1	—	—
				>0.50～0.80			2	—	—
				>0.80～1.50			3	—	—
				>1.50～4.50			4	—	—
		H112	H112	>4.50～6.50	85	45	10	—	—
				>6.50～12.50	85	45	10	—	—
				>12.50～25.00	70	35	—	16	—
		F	—	>2.50～150.00	—				—
1100	—	O	O	>0.20～0.30	75～105	25	15	—	0t
				>0.30～0.50			17	—	0t
				>0.50～1.50			22	—	0t
				>1.50～6.00			30	—	0t
				>6.00～80.00			28	25	0t
		H12 H22	H12 H22	>0.20～0.50	95～130	75	3	—	0t
				>0.50～1.50			5	—	0t
				>1.50～6.00			8	—	0t

续表

牌号	包铝分类	供应状态	试样状态	厚度[①]/mm	抗拉强度[②] R_m/MPa	规定非比例延伸强度[②] $R_{p0.2}$/MPa	断后伸长率/% A_{50mm}	断后伸长率/% $A_{5.65}$[③]	弯曲半径[④]
					≥				
1100	—	H14 H24	H14 H24	>0.20～0.30	110～145	95	1	—	0t
				>0.30～0.50			2	—	0t
				>0.50～1.50			3	—	0t
				>1.50～4.00			5	—	0t
		H16 H26	H16 H26	>0.20～0.30	130～165	115	1	—	2t
				>0.30～0.50			2	—	2t
				>0.50～1.50			3	—	2t
				>1.50～4.00			4	—	2t
		H18	H18	>0.20～0.50	150	—	1	—	—
				>0.50～1.50			2	—	—
				>1.50～3.00			4	—	—
		H112	H112	>6.00～12.50	90	50	9	—	—
				>12.50～40.00	85	40	—	12	—
				>40.00～80.00	80	30	—	18	—
		F	—	>2.50～150.00	—				—
1200	—	O H111	O H111	>0.20～0.50	75～105	25	19	—	0t
				>0.50～1.50			21	—	0t
				>1.50～3.00			24	—	0t
				>3.00～6.00			28	—	0.5t
				>6.00～12.50			33	—	1.0t
				>12.50～50.00			—	30	—
		H12	H12	>0.20～0.50	95～135	75	2	—	0t
				>0.50～1.50			4	—	0t
				>1.50～3.00			5	—	0.5t
				>3.00～6.00			6	—	1.0t

续表

牌号	包铝分类	供应状态	试样状态	厚度[①]/mm	抗拉强度[②] R_m/MPa	规定非比例延伸强度[②] $R_{p0.2}$/MPa	断后伸长率/%		弯曲半径[④]
							A_{50mm}	$A_{5.65}$[③]	
					≥				
1200	—	H14	H14	>0.20～0.50	115～155	95	2	—	0t
				>0.50～1.50			3	—	0.5t
				>1.50～3.00			4	—	1.0t
				>3.00～6.00			5	—	1.5t
		H16	H16	>0.20～0.50	130～170	115	1	—	0.5t
				>0.50～1.50			2	—	1.0t
				>1.50～4.00			3	—	1.5t
		H18	H18	>0.20～0.50	150	130	1	—	1.0t
				>0.50～1.50			2	—	2.0t
				>1.50～3.00			2	—	3.0t
		H22	H22	>0.20～0.50	95～135	65	4	—	0t
				>0.50～1.50			5	—	0t
				>1.50～3.00			6	—	0.5t
				>3.00～6.00			10	—	1.0t
		H24	H24	>0.20～0.50	115～155	90	3	—	0t
				>0.50～1.50			4	—	0.5t
				>1.50～3.00			5	—	1.0t
				>3.00～6.00			7	—	1.5t
		H26	H26	>0.20～0.50	130～170	105	2	—	0.5t
				>0.50～1.50			3	—	1.0t
				>1.50～4.00			4	—	1.5t
		H112	H112	>6.00～12.50	85	35	16	—	—
				>12.50～80.00	80	30	—	16	—
		F	—	>2.50～150.00	—				—

续表

牌号	包铝分类	供应状态	试样状态	厚度[1]/mm	抗拉强度[2] R_m/MPa	规定非比例延伸强度[2] $R_{p0.2}$/MPa	断后伸长率/%		弯曲半径[4]
							A_{50mm}	$A_{5.65}$[3]	
					≥				
2017	正常包铝或工艺包铝	O	O	>0.50～1.50	≤215	≤110	12	—	0.5t
				>1.50～3.00					1.0t
				>3.00～6.00					1.5t
				>6.00～25.00			—	12	—
			T42[5]	>0.50～1.50	355	195	15	—	—
				>1.50～3.00			17	—	—
				>3.00～6.00			15	—	—
				>6.00～12.50	335	185	12	—	—
				>12.50～25.00			—	12	—
		T3	T3	>0.50～1.50	375	215	15	—	2.5t
				>1.50～3.00			17	—	3t
				>3.00～6.00			15	—	3.5t
		T4	T4	>0.50～1.50	355	195	15	—	2.5t
				>1.50～3.00			17	—	3t
				>3.00～6.00			15	—	3.5t
		H112	T42	>4.50～6.50	355	195	15	—	—
				>6.50～12.50		185	12	—	—
				>12.50～25.00		185	—	12	—
				>25.00～40.00	330	195	—	8	—
				>40.00～70.00	310	195	—	6	—
				>70.00～80.00	285	195	—	4	—
		F	—	>4.50～150.00	—				—

续表

牌号	包铝分类	供应状态	试样状态	厚度[1]/mm	抗拉强度[2] R_m/MPa	规定非比例延伸强度[2] $R_{p0.2}$/MPa	断后伸长率/%		弯曲半径[4]
							A_{50mm}	$A_{5.65}$[3]	
					≥				
2A11	正常包铝或工艺包铝	O	O	>0.50～3.00	≤225	—	12	—	—
				>3.00～10.00	≤235	—	12	—	—
			T42[5]	>0.50～3.00	350	185	15	—	—
				>3.00～10.00	355	195	15	—	—
		T3	T3	>0.50～1.50	375	215	15	—	—
				>1.50～3.00			17	—	—
				>3.00～10.00			15	—	—
		T4	T4	>0.50～3.00	360	185	15	—	—
				>3.00～10.00	370	195	15	—	—
		H112	T42	>4.50～10.00	355	195	15	—	—
				>10.00～12.50	370	215	11	—	—
				>12.50～25.00	370	215	—	11	—
				>25.00～40.00	330	195	—	8	—
				>40.00～70.00	310	195	—	6	—
				>70.00～80.00	285	195	—	4	—
		F	—	>4.50～150.00	—				—
2014	工艺包铝或不包铝	O	O	>0.50～12.50	≤220	≤110	16	—	—
				>12.50～25.00	≤220	—	—	9	—
			T62[5]	>0.50～1.00	440	395	6	—	—
				1.00～6.00	455	400	7	—	—
				6.00～12.50	460	405	7	—	—
				>12.50～25.00	460	405	—	5	—
			T42[5]	>0.50～12.50	400	235	14	—	—
				>12.50～25.00	400	235	—	12	—

续表

牌号	包铝分类	供应状态	试样状态	厚度[1]/mm	抗拉强度[2] R_m/MPa	规定非比例延伸强度[2] $R_{p0.2}$/MPa	断后伸长率/%		弯曲半径[4]
							A_{50mm}	$A_{5.65}$[3]	
					≥				
2014	工艺包铝或不包铝	T6	T6	>0.50～1.00	440	395	6	—	—
				>1.00～6.00	455	400	7	—	—
				>6.00～12.50	460	405	7	—	—
		T4	T4	>0.50～6.00	405	240	14	—	—
				>6.00～12.50	400	250	14	—	—
		T3	T3	>0.50～1.00	405	240	14	—	—
				>1.00～6.00	405	250	14	—	—
		F	—	>4.50～150.00	—	—	—	—	—
	正常包铝	O	O	>0.50～12.50	≤205	≤95	16	—	—
				>12.50～25.00	≤220	—	—	9	—
			T62[5]	>0.50～1.00	425	370	7	—	—
				>1.00～12.50	440	395	8	—	—
				>12.50～25.00	460	405	—	3	—
			T42[5]	>0.50～1.00	370	215	14	—	—
				>1.00～12.50	395	235	15	—	—
				>12.50～25.00	400	235	—	12	—
		T6	T6	>0.50～12.50	425	370	7	—	—
				>12.50～25.00	440	395	8	—	—
		T4	T4	>0.50～1.00	370	215	14	—	—
				>1.00～6.00	395	235	15	—	—
				>6.00～12.50	395	255	15	—	—
		T3	T3	>0.50～1.00	380	235	14	—	—
				>1.00～6.00	395	240	15	—	—
		F	—	>4.50～150.00	—				—

续表

牌号	包铝分类	供应状态	试样状态	厚度[①]/mm	抗拉强度[②] R_m/MPa	规定非比例延伸强度[②] $R_{p0.2}$/MPa	断后伸长率/% A_{50mm}	断后伸长率/% $A_{5.65}$[③]	弯曲半径[④]
					≥				
2024	不包铝	O	O	>0.50～12.50	≤220	≤95	12	—	—
				>12.50～45.00	≤220	—	—	10	—
			T42[⑤]	>0.50～6.00	425	260	15	—	—
				>6.00～12.50	425	260	12	—	—
				>12.50～25.00	420	260	—	7	—
			T62[⑤]	>0.50～12.50	440	345	5	—	—
				>12.50～25.00	435	345	—	4	—
		T3	T3	>0.50～6.00	435	290	15	—	—
				>6.00～12.50	440	290	12	—	—
		T4	T4	>0.50～6.00	425	275	15	—	—
		F	—	>4.50～150.00	—				—
	正常包铝或工艺包铝	O	O	>0.50～1.50	≤205	≤95	12	—	—
				>1.50～12.50	≤220	≤95	12	—	—
				>12.50～40.00	220	—	—	10	—
			T42[⑤]	>0.50～1.50	395	235	15	—	—
				>1.50～6.00	415	250	15	—	—
				>6.00～12.50	415	250	12	—	—
				>12.50～25.00	420	260	—	7	—
				>25.00～40.00	415	260	—	6	—
			T62[⑤]	>0.50～1.50	415	325	5	—	—
				>1.50～12.50	425	335	5	—	—
		T3	T3	>0.50～1.50	405	270	15	—	—
				>1.50～6.00	420	275	15	—	—
				>6.00～12.50	425	275	12	—	—
		T4	T4	>0.50～1.50	400	245	15	—	—
				>1.50～6.00	420	275	15	—	—
		F	—	>4.50～150.00	—				—

续表

牌号	包铝分类	供应状态	试样状态	厚度①/mm	抗拉强度② R_m/MPa	规定非比例延伸强度② $R_{p0.2}$/MPa	断后伸长率/% A_{50mm}	断后伸长率/% $A_{5.65}$③	弯曲半径④
					≥				
3003	—	O	O	>0.20～0.50	95～140	35	15	—	0t
				>0.50～1.50			17	—	0t
				>1.50～3.00			20	—	0t
				>3.00～6.00			23	—	0.5t
				>6.00～12.50			24	—	1.0t
				>12.50～50.00			—	23	—
		H12	H12	>0.20～0.50	120～160	90	3	—	0t
				>0.50～1.50			4	—	0.5t
				>1.50～3.00			5	—	1.0t
				>3.00～6.00			6	—	1.0t
		H14	H14	>0.20～0.50	145～195	125	2	—	0.5t
				>0.50～1.50			2	—	1.0t
				>1.50～3.00			3	—	1.0t
				>3.00～6.00			4	—	2.0t
		H16	H16	>0.20～0.50	170～210	150	1	—	1.0t
				>0.50～1.50			2	—	1.5t
				>1.50～4.00			2	—	2.0t
		H18	H18	>0.20～0.50	190	170	1	—	1.5t
				>0.50～1.50			2	—	2.5t
				>1.50～4.00			2	—	3.0t
		H22	H22	>0.20～0.50	120～160	80	6	—	0t
				>0.50～1.50			7	—	0.5t
				>1.50～3.00			8	—	1.0t
				>3.00～6.00			9	—	1.0t
		H24	H24	>0.20～0.50	145～195	115	4	—	0t
				>0.50～1.50			4	—	0.5t
				>1.50～3.00			5	—	1.0t
				>3.00～6.00			6	—	2.0t

续表

牌号	包铝分类	供应状态	试样状态	厚度[①]/mm	抗拉强度[②] R_m/MPa	规定非比例延伸强度[②] $R_{p0.2}$/MPa	断后伸长率/% A_{50mm}	断后伸长率/% $A_{5.65}$[③]	弯曲半径[④]
					≥				
3003	—	H26	H26	>0.20～0.50	170～210	140	2	—	1.0t
				>0.50～1.50			3	—	1.5t
				>1.50～4.00			3	—	2.0t
		H28	H28	>0.20～0.50	190	160	2	—	1.5t
				>0.50～1.50			2	—	2.0t
				>1.50～3.00			3	—	3.0t
		H112	H112	>6.00～12.50	115	70	10	—	—
				>12.50～80.00	100	40	—	18	—
		F	—	>2.50～150.00	—				—
3004 3104	—	O H111	O H111	>0.20～0.50	155～200	60	13	—	0t
				>0.50～1.50			14	—	0t
				>1.50～3.00			15	—	0t
				>3.00～6.00			16	—	1.0t
				>6.00～12.50			16	—	2.0t
				>12.50～50.00			—	14	—
		H12	H12	>0.20～0.50	190～240	155	2	—	0t
				>0.50～1.50			3	—	0.5t
				>1.50～3.00			4	—	1.0t
				>3.00～6.00			5	—	1.5t
		H14	H14	>0.20～0.50	200～260	180	1	—	0.5t
				>0.50～1.50			2	—	1.0t
				>1.50～3.00			2	—	1.5t
				>3.00～6.00			3	—	2.0t
		H16	H16	>0.20～0.50	240～285	200	1	—	1.0t
				>0.50～1.50			1	—	1.5t
				>1.50～3.00			2	—	2.5t

续表

牌号	包铝分类	供应状态	试样状态	厚度[①]/mm	抗拉强度[②] R_m/MPa	规定非比例延伸强度[②] $R_{p0.2}$/MPa	断后伸长率/% A_{50mm}	断后伸长率/% $A_{5.65}$[③]	弯曲半径[④]
					≥				
3004 3104	—	H18	H18	>0.20～0.50	260	230	1	—	1.5t
				>0.50～1.50			1	—	2.5t
				>1.50～3.00			2	—	—
		H22 H32	H22 H32	>0.20～0.50	190～240	145	4	—	0t
				>0.50～1.50			5	—	0.5t
				>1.50～3.00			6	—	1.0t
				>3.00～6.00			7	—	1.5t
		H24 H34	H24 H34	>0.20～0.50	220～265	170	3	—	0.5t
				>0.50～1.50			4	—	1.0t
				>1.50～3.00			4	—	1.5t
		H26 H36	H26 H36	>0.20～0.50	240～285	190	3	—	1.0t
				>0.50～1.50			3	—	1.5t
				>1.50～3.00			3	—	2.5t
		H28 H38	H28 H38	>0.20～0.50	260	220	2	—	1.5t
				>0.50～1.50			3	—	2.5t
		H112	H112	>6.00～12.50	160	60	7	—	—
				>12.50～40.00			—	6	—
				>40.00～80.00			—	6	—
		F	—	>2.50～80.00	—				—
3005	—	O H111	O H111	>0.20～0.50	115～165	45	12	—	0t
				>0.50～1.50			14	—	0t
				>1.50～3.00			16	—	0.5t
				>3.00～6.00			19	—	1.0t
		H12	H12	>0.20～0.50	145～195	125	3	—	0t
				>0.50～1.50			4	—	0.5t
				>1.50～3.00			4	—	1.0t
				>3.00～6.00			5	—	1.5t

续表

牌号	包铝分类	供应状态	试样状态	厚度[①]/mm	抗拉强度[②] R_m/MPa	规定非比例延伸强度[②] $R_{p0.2}$/MPa	断后伸长率/% A_{50mm}	断后伸长率/% $A_{5.65}$[③]	弯曲半径[④]
					≥				
3005	—	H14	H14	>0.20~0.50	170~215	150	1	—	0.5t
				>0.50~1.50			2	—	1.0t
				>1.50~3.00			2	—	1.5t
				>3.00~6.00			3	—	2.0t
		H16	H16	>0.20~0.50	195~240	175	1	—	1.0t
				>0.50~1.50			2	—	1.5t
				>1.50~4.00			2	—	2.5t
		H18	H18	>0.20~0.50	220	200	1	—	1.5t
				>0.50~1.50			2	—	2.5t
				>1.50~3.00			2	—	—
		H22	H22	>0.20~0.50	145~195	110	5	—	0t
				>0.50~1.50			5	—	0.5t
				>1.50~3.00			6	—	1.0t
				>3.00~6.00			7	—	1.5t
		H24	H24	>0.20~0.50	170~215	130	4	—	0.5t
				>0.50~1.50			4	—	1.0t
				>1.50~3.00			4	—	1.5t
		H26	H26	>0.20~0.50	195~240	160	3	—	1.0t
				>0.50~1.50			3	—	1.5t
				>1.50~3.00			3	—	2.5t
		H28	H28	>0.20~0.50	220	190	2	—	1.5t
				>0.50~1.50			2	—	2.5t
				>1.50~3.00			3	—	—
3105	—	O H111	O H111	>0.20~0.50	100~155	40	14	—	0t
				>0.50~1.50			15	—	0t
				>1.50~3.00			17	—	0.5t

续表

牌号	包铝分类	供应状态	试样状态	厚度[①]/mm	抗拉强度[②] R_m/MPa	规定非比例延伸强度[②] $R_{p0.2}$/MPa	断后伸长率/% A_{50mm}	断后伸长率/% $A_{5.65}$[③]	弯曲半径[④]
					≥				
3105	—	H12	H12	>0.20～0.50	130～180	105	3	—	1.5t
				>0.50～1.50			4	—	1.5t
				>1.50～3.00			4	—	1.5t
		H14	H14	>0.20～0.50	150～200	130	2	—	2.5t
				>0.50～1.50			2	—	2.5t
				>1.50～3.00			2	—	2.5t
		H16	H16	>0.20～0.50	175～225	160	1	—	—
				>0.50～1.50			2	—	—
				>1.50～3.00			2	—	—
		H18	H18	>0.20～3.00	195	180	1	—	—
		H22	H22	>0.20～0.50	130～160	105	6	—	—
				>0.50～1.50			6	—	—
				>1.50～3.00			7	—	—
		H24	H24	>0.20～0.50	150～200	120	4	—	2.5t
				>0.50～1.50			4	—	2.5t
				>1.50～3.00			5	—	2.5t
		H26	H26	>0.20～0.50	175～225	150	3	—	—
				>0.50～1.50			3	—	—
				>1.50～3.00			3	—	—
		H28	H28	>0.20～1.50	195	170	2	—	—
3102	—	H18	H18	>0.20～0.50	160	—	3	—	—
				>0.50～3.00			2	—	—
5182	—	O H111	O H111	>0.20～0.50	255～315	110	11	—	1.0t
				>0.50～1.50			12	—	1.0t
				>1.50～3.00			13	—	1.0t
		H19	H19	>0.20～0.50	380	320	1	—	—
				>0.50～1.50			1	—	—

续表

牌号	包铝分类	供应状态	试样状态	厚度[1]/mm	抗拉强度[2] R_m/MPa	规定非比例延伸强度[2] $R_{p0.2}$/MPa	断后伸长率/% A_{50mm}	断后伸长率/% $A_{5.65}$[3]	弯曲半径[4]
					≥				
5A03	—	O	O	>0.50～4.50	195	100	16	—	—
		H14、H24、H34	H14、H24、H34	>0.50～4.50	225	195	8	—	—
		H112	H112	>4.50～10.00	185	80	16	—	—
				>10.00～12.50	175	70	13	—	—
				>12.50～25.00	175	70	—	13	—
				>25.00～50.00	165	60	—	12	—
		F	—	>4.50～150.00	—	—	—	—	—
5A05	—	O	O	0.50～4.50	275	145	16	—	—
		H112	H112	>4.50～10.00	275	125	16	—	—
				>10.00～12.50	265	125	14	—	—
				>12.50～25.00	265	115	—	14	—
				>25.00～50.00	255	105	—	13	—
		F	—	>4.50～150.00	—	—	—	—	—
5A06	工艺包铝	O	O	0.50～4.50	315	155	16	—	—
		H112	H112	>4.50～10.00	315	155	16	—	—
				>10.00～12.50	305	145	12	—	—
				>12.50～25.00	305	145	—	12	—
				>25.00～50.00	295	135	—	6	—
		F	—	>4.50～150.00	—	—	—	—	—
5082	—	H18 H38	H18 H38	>0.20～0.50	335	—	1	—	—
		H19 H39	H19 H39	>0.20～0.50	355	—	1	—	—
		F	—	>4.50～150.00	—	—	—	—	—

续表

牌号	包铝分类	供应状态	试样状态	厚度[①]/mm	抗拉强度[②] R_m/MPa	规定非比例延伸强度[②] $R_{p0.2}$/MPa	断后伸长率/% A_{50mm}	断后伸长率/% $A_{5.65}$[③]	弯曲半径[④]
					≥				
5005	—	O H111	O H111	>0.20～0.50	100～145	35	15	—	0t
				>0.50～1.50			19	—	0t
				>1.50～3.00			20	—	0t
				>3.00～6.00			22	—	1.0t
				>6.00～12.50			24	—	1.5t
				>12.50～50.00			—	20	—
		H12	H12	>0.20～0.50	125～165	95	2	—	0t
				>0.50～1.50			2	—	0.5t
				>1.50～3.00			4	—	1.0t
				>3.00～6.00			5	—	1.0t
		H14	H14	>0.20～0.50	145～185	120	2	—	0.5t
				>0.50～1.50			2	—	1.0t
				>1.50～3.00			3	—	1.0t
				>3.00～6.00			4	—	2.0t
		H16	H16	>0.20～0.50	165～205	145	1	—	1.0t
				>0.50～1.50			2	—	1.5t
				>1.50～3.00			3	—	2.0t
				>3.00～4.00			3	—	2.5t
		H18	H18	>0.20～0.50	185	165	1	—	1.5t
				>0.50～1.50			2	—	2.5t
				>1.50～3.00			2	—	3.0t
		H22 H32	H22 H32	>0.20～0.50	125～165	80	4	—	0t
				>0.50～1.50			5	—	0.5t
				>1.50～3.00			6	—	1.0t
				>3.00～6.00			8	—	1.0t

续表

牌号	包铝分类	供应状态	试样状态	厚度[①]/mm	抗拉强度[②] R_m/MPa	规定非比例延伸强度[②] $R_{p0.2}$/MPa	断后伸长率/% A_{50mm}	断后伸长率/% $A_{5.65}$[③]	弯曲半径[④]
					≥				
5005	—	H24 H34	H24 H34	>0.20～0.50	145～185	110	3	—	0.5t
				>0.50～1.50			4	—	1.0t
				>1.50～3.00			5	—	1.0t
				>3.00～6.00			6	—	2.0t
		H26 H36	H26 H36	>0.20～0.50	165～205	135	2	—	1.0t
				>0.50～1.50			3	—	1.5t
				>1.50～3.00			4	—	2.0t
				>3.00～4.00			4	—	2.5t
		H28 H38	H28 H38	>0.20～0.50	185	160	1	—	1.5t
				>0.50～1.50			2	—	2.5t
				>1.50～3.00			3	—	3.0t
		H112	H112	>6.00～12.50	115	—	8	—	—
				>12.50～40.00	105		—	10	—
				>40.00～80.00	100		—	16	—
		F	—	>2.50～150.00	—	—	—	—	—
5052	—	O H111	O H111	>0.20～0.50	170～215	65	12	—	0t
				>0.50～1.50			14	—	0t
				>1.50～3.00			16	—	0.5t
				>3.00～6.00			18	—	1.0t
				>6.00～12.50			19	—	2.0t
				>12.50～50.00			—	18	—
		H12	H12	>0.20～0.50	210～260	160	4	—	—
				>0.50～1.50			5	—	—
				>1.50～3.00			6	—	—
				>3.00～6.00			8	—	—

续表

牌号	包铝分类	供应状态	试样状态	厚度[①]/mm	抗拉强度[②] R_m/MPa	规定非比例延伸强度[②] $R_{p0.2}$/MPa	断后伸长率/% A_{50mm}	断后伸长率/% $A_{5.65}$[③]	弯曲半径[④]
					≥				
5052	—	H14	H14	>0.20～0.50	230～280	180	3	—	—
				>0.50～1.50			3	—	—
				>1.50～3.00			4	—	—
				>3.00～6.00			4	—	—
		H16	H16	>0.20～0.50	250～300	210	2	—	—
				>0.50～1.50			3	—	—
				>1.50～3.00			3	—	—
				>3.00～4.00			3	—	—
		H18	H18	>0.20～0.50	270	240	1	—	—
				>0.50～1.50			2	—	—
				>1.50～3.00			2	—	—
		H22 H32	H22 H32	>0.20～0.50	210～260	130	5	—	0.5t
				>0.50～1.50			6	—	1.0t
				>1.50～3.00			7	—	1.5t
				>3.00～6.00			10	—	1.5t
		H24 H34	H24 H34	>0.20～0.50	230～280	150	4	—	0.5t
				>0.50～1.50			5	—	1.5t
				>1.50～3.00			6	—	2.0t
				>3.00～6.00			7	—	2.5t
		H26 H36	H26 H36	>0.20～0.50	250～300	180	3	—	1.0t
				>0.50～1.50			4	—	2.0t
				>1.50～3.00			5	—	3.0t
				>3.00～4.00			6	—	3.5t
		H28 H38	H28 H38	>0.20～0.50	270	210	3	—	—
				>0.50～1.50			3	—	—
				>1.50～3.00			4	—	—

续表

牌号	包铝分类	供应状态	试样状态	厚度①/mm	抗拉强度② R_m/MPa	规定非比例延伸强度② $R_{p0.2}$/MPa	断后伸长率/% A_{50mm}	$A_{5.65}$③	弯曲半径④
					≥				
5052	—	H112	H112	>6.00～12.50	190	80	7	—	—
				>12.50～40.00	170	70	—	10	—
				>40.00～80.00	170	70	—	14	—
		F	—	>2.50～150.00	—				—
5083	—	O H111	O H111	>0.20～0.50	275～350	125	11	—	0.5t
				>0.50～1.50			12	—	1.0t
				>1.50～3.00			13	—	1.0t
				>3.00～6.00			15	—	1.5t
				>6.00～12.50			15	—	2.5t
				>12.50～50.00			—	15	—
				>50.00～80.00	270～345	115	—	14	—
		H12	H12	>0.20～0.50	315～375	250	3	—	—
				>0.50～1.50			4	—	—
				>1.50～3.00			5	—	—
				>3.00～6.00			6	—	—
		H14	H14	>0.20～0.50	340～400	280	2	—	—
				>0.50～1.50			3	—	—
				>1.50～3.00			3	—	—
				>3.00～6.00			3	—	—
		H16	H16	>0.20～0.50	360～420	300	1	—	—
				>0.50～1.50			2	—	—
				>1.50～3.00			2	—	—
				>3.00～4.00			2	—	—
		H22 H32	H22 H32	>0.20～0.50	305～380	215	5	—	0.5t
				>0.50～1.50			6	—	1.5t
				>1.50～3.00			7	—	2.0t
				>3.00～6.00			8	—	2.5t

续表

牌号	包铝分类	供应状态	试样状态	厚度[①]/mm	抗拉强度[②] R_m/MPa	规定非比例延伸强度[②] $R_{p0.2}$/MPa	断后伸长率/% A_{50mm}	断后伸长率/% $A_{5.65}$[③]	弯曲半径[④]
					≥				
5083	—	H24 H34	H24 H34	>0.20～0.50	340～400	250	4	—	1.0t
				>0.50～1.50			5	—	2.0t
				>1.50～3.00			6	—	2.5t
				>3.00～6.00			7	—	3.5t
		H26 H36	H26 H36	>0.20～0.50	360～420	280	2	—	—
				>0.50～1.50			3	—	—
				>1.50～3.00			3	—	—
				>3.00～4.00			3	—	—
		H112	H112	>6.00～12.50	275	125	12	—	—
				>12.50～40.00	275	125	—	10	—
				>40.00～50.00	270	115	—	10	—
		F	—	>4.50～150.00	—	—	—	—	—
5085	—	O H111	O H111	>0.20～0.50	240～310	100	11	—	0.5t
				>0.50～1.50			12	—	1.0t
				>1.50～3.00			13	—	1.0t
				>3.00～6.00			15	—	1.5t
				>6.00～12.50			17	—	2.5t
				>12.50～80.00			—	16	—
		H12	H12	>0.20～0.50	275～335	200	3	—	—
				>0.50～1.50			4	—	—
				>1.50～3.00			5	—	—
				>3.00～6.00			6	—	—
		H14	H14	>0.20～0.50	300～360	240	2	—	—
				>0.50～1.50			3	—	—
				>1.50～3.00			3	—	—
				>3.00～6.00			3	—	—

续表

牌号	包铝分类	供应状态	试样状态	厚度[①]/mm	抗拉强度[②] R_m/MPa	规定非比例延伸强度[②] $R_{p0.2}$/MPa	断后伸长率/% A_{50mm}	断后伸长率/% $A_{5.65}$[③]	弯曲半径[④]
					≥				
5085	—	H16	H16	>0.20～0.50	325～385	270	1	—	—
				>0.50～1.50			2	—	—
				>1.50～3.00			2	—	—
				>3.00～4.00			2	—	—
		H18	H18	>0.20～0.50	345	290	1	—	—
				>0.50～1.50			1	—	—
				>1.50～3.00			1	—	—
		H22 H32	H22 H32	>0.20～0.50	27535	185	5	—	0.5t
				>0.50～1.50			6	—	1.5t
				>1.50～3.00			7	—	2.0t
				>3.00～6.00			8	—	2.5t
		H24 H34	H24 H34	>0.20～0.50	300～360	220	4	—	1.0t
				>0.50～1.50			5	—	2.0t
				>1.50～3.00			6	—	2.5t
				>3.00～6.00			7	—	3.5t
		H26 H36	H26 H36	>0.20～0.50	325～385	250	2	—	—
				>0.50～1.50			3	—	—
				>1.50～3.00			3	—	—
				>3.00～4.00			3	—	—
		H112	H112	>6.00～12.50	250	105	8	—	—
				>12.50～40.00	240	105	—	9	—
				>40.00～50.00	240	100	—	12	—
		F	—	>4.50～150.00	—	—	—	—	—
6061	—	O	O	0.40～1.50	≤150	≤85	14	—	0.5t
				>1.50～3.00			16	—	1.0t
				>3.00～6.00			19	—	1.0t
				>6.00～12.50			16	—	2.0t
				>12.50～25.00			—	16	—

续表

牌号	包铝分类	供应状态	试样状态	厚度[①]/mm	抗拉强度[②] R_m/MPa	规定非比例延伸强度[②] $R_{p0.2}$/MPa	断后伸长率/% A_{50mm}	断后伸长率/% $A_{5.65}$[③]	弯曲半径[④]
					≥				
6061	—	O	T42[⑤]	0.40～1.50	205	95	12	—	1.0t
				>1.50～3.00			14	—	1.5t
				>3.00～6.00			16	—	3.0t
				>6.00～12.50			18	—	4.0t
				>12.50～40.00			—	15	—
			T62[⑤]	0.40～1.50	280	240	6	—	2.5t
				>1.50～3.00			7	—	3.5t
				>3.00～6.00			10	—	4.0t
				>6.00～12.50			9	—	5.0t
				>12.50～40.00			—	8	—
		T4	T4	0.40～1.50	205	110	12	—	1.0t
				>1.50～3.00			14	—	1.5t
				>3.00～6.00			16	—	3.0t
				>6.00～12.50			18	—	4.0t
		T6	T6	0.40～1.50	290	240	6	—	2.5t
				>1.50～3.00			7	—	3.5t
				>3.00～6.00			10	—	4.0t
				>6.00～12.50			9	—	5.0t
		F	F	>2.50～150.00	—	—	—	—	—
6063	—	O	O	>0.50～5.00	≤130	—	20	—	—
				>5.00～12.50			15	—	—
				>12.50～20.00			—	15	—
			T62[⑤]	>0.50～5.00	280	180	—	8	—
				>5.00～12.50	220	170	—	6	—
				>12.50～20.00	220	170	6	—	—
		T4	T4	0.50～5.00	150		10	—	—
				5.00～10.00	130		10	—	—
		T6	T6	0.50～5.00	240	190	8	—	—
				>5.00～10.00	230	180	8	—	—

续表

<table>
<tr><th rowspan="2">牌号</th><th rowspan="2">包铝分类</th><th rowspan="2">供应状态</th><th rowspan="2">试样状态</th><th rowspan="2">厚度[①]/mm</th><th>抗拉强度[②] R_m/MPa</th><th>规定非比例延伸强度[②] $R_{p0.2}$/MPa</th><th colspan="2">断后伸长率/%</th><th>弯曲半径[④]</th></tr>
<tr><th colspan="2"></th><th>A_{50mm}</th><th>$A_{5.65}$[③]</th><th></th></tr>
<tr><td></td><td></td><td></td><td></td><td></td><td colspan="5">≥</td></tr>
<tr><td rowspan="17">6A02</td><td rowspan="17">—</td><td rowspan="4">O</td><td rowspan="2">O</td><td>>0.50～4.50</td><td rowspan="2">≤145</td><td rowspan="2">—</td><td>21</td><td>—</td><td>—</td></tr>
<tr><td>>4.50～10.00</td><td>16</td><td>—</td><td>—</td></tr>
<tr><td rowspan="2">T62[⑤]</td><td>>0.50～4.50</td><td rowspan="2">295</td><td rowspan="2">—</td><td>11</td><td>—</td><td>—</td></tr>
<tr><td>>4.50～10.00</td><td>8</td><td>—</td><td>—</td></tr>
<tr><td rowspan="4">T4</td><td rowspan="4">T4</td><td>>0.50～0.80</td><td rowspan="3">195</td><td rowspan="4">—</td><td>19</td><td>—</td><td>—</td></tr>
<tr><td>>0.80～3.00</td><td>21</td><td>—</td><td>—</td></tr>
<tr><td>>3.00～4.50</td><td>19</td><td>—</td><td>—</td></tr>
<tr><td>>4.50～10.00</td><td>175</td><td>17</td><td>—</td><td>—</td></tr>
<tr><td rowspan="2">T6</td><td rowspan="2">T6</td><td>>0.50～4.50</td><td rowspan="2">295</td><td rowspan="2">—</td><td>11</td><td>—</td><td>—</td></tr>
<tr><td>>4.50～10.00</td><td>8</td><td>—</td><td>—</td></tr>
<tr><td rowspan="8">H112</td><td rowspan="4">T62</td><td>>4.50～12.50</td><td>295</td><td rowspan="4">—</td><td>8</td><td>—</td><td>—</td></tr>
<tr><td>>12.50～25.00</td><td>295</td><td>—</td><td>7</td><td>—</td></tr>
<tr><td>>25.00～40.00</td><td>285</td><td>—</td><td>6</td><td>—</td></tr>
<tr><td>>40.00～80.00</td><td>275</td><td>—</td><td>6</td><td>—</td></tr>
<tr><td rowspan="4">T42</td><td>>4.50～12.50</td><td>175</td><td rowspan="4">—</td><td>17</td><td>—</td><td>—</td></tr>
<tr><td>>12.50～25.00</td><td>175</td><td>—</td><td>14</td><td>—</td></tr>
<tr><td>>25.00～40.00</td><td>165</td><td>—</td><td>12</td><td>—</td></tr>
<tr><td>>40.00～80.00</td><td>165</td><td>—</td><td>10</td><td>—</td></tr>
<tr><td>F</td><td>—</td><td>>4.50～150.00</td><td>—</td><td>—</td><td>—</td><td>—</td><td>—</td></tr>
<tr><td rowspan="10">6082</td><td rowspan="10">—</td><td rowspan="10">O</td><td rowspan="5">O</td><td>0.40～1.50</td><td rowspan="4">≤150</td><td rowspan="4">≤85</td><td>14</td><td>—</td><td>0.5t</td></tr>
<tr><td>>1.50～3.00</td><td>16</td><td>—</td><td>1.0t</td></tr>
<tr><td>>3.00～6.00</td><td>18</td><td>—</td><td>1.0t</td></tr>
<tr><td>>6.00～12.50</td><td>17</td><td>—</td><td>2.0t</td></tr>
<tr><td>>12.50～25.00</td><td>≤155</td><td>—</td><td>—</td><td>16</td><td>—</td></tr>
<tr><td rowspan="5">T42[⑤]</td><td>0.40～1.50</td><td rowspan="5">205</td><td rowspan="5">95</td><td>12</td><td>—</td><td>1.5t</td></tr>
<tr><td>>1.50～3.00</td><td>14</td><td>—</td><td>2.0t</td></tr>
<tr><td>>3.00～6.00</td><td>15</td><td>—</td><td>3.0t</td></tr>
<tr><td>>6.00～12.50</td><td>14</td><td>—</td><td>4.0t</td></tr>
<tr><td>>12.50～25.00</td><td>—</td><td>13</td><td>—</td></tr>
</table>

续表

牌号	包铝分类	供应状态	试样状态	厚度①/mm	抗拉强度② R_m/MPa	规定非比例延伸强度② $R_{p0.2}$/MPa	断后伸长率/% A_{50mm}	断后伸长率/% $A_{5.65}$③	弯曲半径④
					≥				
6082	—	O	T62⑤	0.40～1.50	310	260	6	—	2.5t
				>1.50～3.00			7	—	3.5t
				>3.00～6.00			10	—	4.5t
				>6.00～12.50	300	255	9	—	6.0t
				>12.50～25.00	295	240	—	8	—
		T4	T4	0.40～1.50	205	110	12	—	1.5t
				>1.50～3.00			14	—	2.0t
				>3.00～6.00			15	—	3.0t
				>6.00～12.50			14	—	4.0t
		T6	T6	0.40～1.50	310	260	6	—	2.5t
				>1.50～3.00			7	—	3.5t
				>3.00～6.00			10	—	4.5t
				>6.00～12.50	300	255	9	—	6.0t
		F	F	>4.50～150.00	—	—	—	—	—
7075	正常包铝	O	O	>0.50～1.50	≤250	≤140	10	—	—
				>1.50～4.00	≤260	≤140	10	—	—
				>4.00～12.50	≤270	≤145	10	—	—
				>12.50～25.00	≤275	—	—	9	—
			T62⑤	>0.50～1.00	485	415	7	—	—
				>1.00～1.50	495	425	8	—	—
				>1.50～4.00	505	435	8	—	—
				>4.00～6.00	515	440	8	—	—
				>6.00～12.50	515	445	9	—	—
				>12.50～25.00	540	470	—	6	
		T6	T6	>0.50～1.00	485	415	7	—	—
				>1.00～1.50	495	425	8	—	—
				>1.50～4.00	505	435	8	—	—
				>4.00～6.00	515	440	8	—	—
		F	—	>6.00～100.00	—	—	—	—	—

续表

牌号	包铝分类	供应状态	试样状态	厚度[①]/mm	抗拉强度[②] R_m/MPa	规定非比例延伸强度[②] $R_{p0.2}$/MPa	断后伸长率/% A_{50mm}	断后伸长率/% $A_{5.65}$[③]	弯曲半径[④]
					≥				
7075	不包铝或工艺包铝	O	O	>0.50～12.50	≤275	≤145	10	—	—
7075	不包铝或工艺包铝	O	O	>12.50～25.00	≤275	—	—	9	—
7075	不包铝或工艺包铝	O	T62[⑤]	>0.50～1.00	525	460	7	—	—
7075	不包铝或工艺包铝	O	T62[⑤]	>1.00～3.00	540	470	8	—	—
7075	不包铝或工艺包铝	O	T62[⑤]	>3.00～6.00	540	475	8	—	—
7075	不包铝或工艺包铝	O	T62[⑤]	>6.00～12.50	540	460	9	—	—
7075	不包铝或工艺包铝	O	T62[⑤]	>12.50～25.00	540	470	—	6	—
7075	不包铝或工艺包铝	O	T62[⑤]	>25.50～50.00	530	460	—	5	—
7075	不包铝或工艺包铝	T6	T6	>0.50～1.00	525	460	7	—	—
7075	不包铝或工艺包铝	T6	T6	>1.00～3.00	540	470	8	—	—
7075	不包铝或工艺包铝	T6	T6	>3.00～6.00	540	470	8	—	—
7075	不包铝或工艺包铝	F	—	>6.00～100.00	—	—	—	—	—
8A06	—	O	O	>0.20～0.30	≤110	—	16	—	—
8A06	—	O	O	>0.30～0.50	≤110	—	21	—	—
8A06	—	O	O	>0.50～0.80	≤110	—	26	—	—
8A06	—	O	O	>0.80～10.00	≤110	—	30	—	—
8A06	—	H14 H24	H14 H24	>0.20～0.30	100	—	1	—	—
8A06	—	H14 H24	H14 H24	>0.30～0.50	100	—	3	—	—
8A06	—	H14 H24	H14 H24	>0.50～0.80	100	—	4	—	—
8A06	—	H14 H24	H14 H24	>0.80～1.00	100	—	5	—	—
8A06	—	H14 H24	H14 H24	>1.00～4.50	100	—	6	—	—
8A06	—	H18	H18	>0.20～0.30	135	—	1	—	—
8A06	—	H18	H18	>0.30～0.80	135	—	2	—	—
8A06	—	H18	H18	>0.80～4.50	135	—	3	—	—
8A06	—	H112	H112	>4.50～10.00	70	—	19	—	—
8A06	—	H112	H112	>10.00～12.50	80	—	19	—	—
8A06	—	H112	H112	>12.50～25.00	80	—	—	19	—
8A06	—	H112	H112	>25.00～80.00	65	—	—	16	—
8A06	—	F	—	>2.50～150.00	—	—	—	—	—

续表

牌号	包铝分类	供应状态	试样状态	厚度[①]/mm	抗拉强度[②] R_m/MPa	规定非比例延伸强度[②] $R_{p0.2}$/MPa	断后伸长率/% A_{50mm}	断后伸长率/% $A_{5.65}$[③]	弯曲半径[④]
					≥				
8011	—	O H111	O H111	>0.20～0.50	80～130	30	19	—	—
				>0.50～1.50			21	—	—
				>1.50～3.00			24	—	—
		H14	H14	>0.20～0.50	125～165	110	2	—	—
				>0.50～3.00			3	—	—
		H24	H24	>0.20～0.50	125～165	100	3	—	—
				>0.50～1.50			4	—	—
				>1.50～3.00			5	—	—
		H18	H18	>0.20～0.50	165	145	1	—	—
				>0.50～3.00			2	—	—

① 厚度大于 40mm 的板材，表中数值仅供参考。当需方要求时，供方提供中心层试样的实测结果。

② 1050、1060、1070、1235、1145、1100、8A06 合金的抗拉强度上限值及规定非比例伸长应力极限值对 H22、H24、H26 状态的材料不适用。

③ $A_{5.65}$ 表示原始标距（L_0）为 $5.65\sqrt{S_0}$ 的断后伸长率。

④ 3105、3102、5182 板、带材弯曲 180°，其他板、带材弯曲 90°。t 为板或带材的厚度。

⑤ 2×××、6×××、7×××系合金以 O 状态供货时，其 T42、T62 状态性能仅供参考。

3.2.5　铝及铝合金波纹板（GB/T 4438—2006）

铝及铝合金波纹板的技术指标见表 3-14。

表 3-14　铝及铝合金波纹板的技术指标

	牌号	状态	波型代号	规格/mm 坯料厚度	长度	宽度	波高	波距
牌号、状态、波型代号及规格	1050A、1050、1060、1070A、1100、1200、3003	H18	波 20-106	0.60～1.00	2000～10000	1115	20	106
			波 33-131			1008	33	131
	需方需要其他波型时，可供需双方协商并在合同中注明							

续表

标记示例	用3003合金制造的、供应状态为H18、波型代号为波20-106、坯料厚度为0.80mm、长度为3000mm的波纹板，标记为：波20-106 3003-H18 0.8×1115×3000 GB/T 4438—2006

3.2.6 铝及铝合金压型板（GB/T 6891—2006）

压型板的型号、板型、牌号、供应状态、规格见表3-15。

表3-15 压型板的型号、板型、牌号、供应状态、规格

型号	牌号	状态	规格/mm				
			波高	波距	坯料厚度	宽度	长度
V25-150Ⅰ	1050A、1050、1060、1070A、1100、1200、3003、5005	H18	25	150	0.6～1.0	635	1700～6200
V25-150Ⅱ						935	
V25-150Ⅲ						970	
V25-150Ⅳ						1170	
V60-187.5		H16、H18	60	187.5	0.9～1.2	826	1700～6200
V25-300		H16	25	300	0.6～1.0	985	1700～5000
V35-115Ⅰ		H16、H18	35	115	0.7～1.2	720	≥1700
V35-115Ⅱ						710	
V35-125		H16、H18	35	125	0.7～1.2	807	≥1700
V130-550		H16、H18	130	550	1.0～1.2	625	≥6000
V173		H16、H18	173	—	0.9～1.2	387	≥1700
Z295		H18	—	—	0.6～1.0	295	1200～2500

注：1.需方需要其他规格或板型的压型板时，供需双方协商。

2.标记示例：用3003合金制造的、供应状态为H18、型号为V60-187.5、坯料厚度为1.0mm、宽度为826mm、长度为3000mm的压型板，标记为

V60-187.5 3003-H18 1.0×826×3000 GB/T 6891—2006

3.压型板的化学成分应符合GB/T 3190的规定。

3.2.7 镁及镁合金板、带（GB/T 5154—2003）

镁及镁合金板、带的有关内容见表3-16和表3-17。

表3-16 板、带材的牌号、状态和规格

牌号	供应状态	规格/mm			备注
		厚度	宽度	长度	
Mg99.00	H18	0.20	3.0～6.0	≥100.0	带材

续表

牌号	供应状态	规格/mm			备注
		厚度	宽度	长度	
M2M AZ40M	O	0.80～10.00	800.0～1200.0	1000.0～3500.0	板材
	H112、F	>10.00～32.00	800.0～1200.0	1000.0～3500.0	
AZ41M	H18	0.50～0.80	≤1000.0	≤2000.0	
	O	>0.80～10.00	800.0～1200.0	1000.0～3500.0	
	H112、F	>10.00～32.00	800.0～1200.0	1000.0～3500.0	
ME20M	H18	0.50～0.80	≤1000.0	≤2000.0	
	H24	>0.80～10.00	800.0～1200.0	1000.0～3500.0	
	H112、F	>10.00～32.00	800.0～1200.0	1000.0～3500.0	
	H112、F	>32.00～70.00	800.0～1200.0	1000.0～2000.0	

注：产品标记按产品名称、牌号、状态、规格和标准编号的顺序表示。标记示例：用AZ41M合金制造的、供应状态为H112、厚度为30.00mm、宽度为1000.0mm、长度为2500.0mm的定尺板材，标记为

镁板 AZ41M-H112 30×1000×2500 GB/T 5154—2003

表 3-17 板材室温力学性能

牌号	供应状态	板材厚度/mm	抗拉强度 R_m/MPa	规定非比例强度/MPa		断后伸长率 A/%	
				延伸 $R_{p0.2}$	压缩 $R_{p-0.2}$	5D	50mm
			≥				
M2M	O	0.80～3.00	190	110	—	—	6.0
		>3.00～5.00	180	100	—	—	5.0
		> 5.00～10.00	170	90	—	—	5.0
	H112	10.00～12.50	200	90	—	—	4.0
		>12.50～20.00	190	100	—	4.0	—
		>20.00～32.00	180	110	—	4.0	—
AZ40M	O	0.80～3.00	240	130	—	—	12.0
		>3.00～10.00	230	120	—	—	12.0
	H112	10.00～12.50	230	140	—	—	10.0
		> 12.50～20.00	230	140	—	8.0	—
		>20.00～32.00	230	140	70	8.0	—

续表

牌号	供应状态	板材厚度/mm	抗拉强度 R_m/MPa	规定非比例强度/MPa		断后伸长率 A/%	
				延伸 $R_{p0.2}$	压缩 $R_{p-0.2}$	5D	50mm
			≥				
AZ41M	H18	0.50～0.80	290	—	—	—	2.0
	O	0.50～3.00	250	150	—	—	12.0
		＞3.00～5.00	240	140	—	—	12.0
		＞5.00～10.00	240	140	—	—	10.0
	H112	10.00～12.50	240	140	—	—	10.0
		＞12.50～20.00	250	150	—	6.0	—
		＞20.00～32.00	250	140	80	10.0	—
ME20M	H18	0.50～0.80	260	—	—	—	2.0
	H24	0.80～3.00	250	160	—	—	8.0
		＞3.00～5.00	240	140	—	—	7.0
		＞5.00～10.00	240	140	—	—	6.0
	O	0.50～3.00	230	120	—	—	12.0
		＞3.0～5.0	220	110	—	—	10.0
		＞5.0～10.0	220	110	—	—	10.0
	H112	10.00～12.50	220	110	—	—	10.0
		＞12.50～20.00	210	110	—	10.0	—
		＞20.00～32.00	210	110	70	7.0	—
		＞32.0～70.0	200	90	50	6.0	—

注：1. 板材厚度＞12.5～14.0mm时，规定非比例延伸强度圆形试样平行部分的直径取10.0mm。

2. 板材厚度＞14.5mm～70.0mm时，规定非比例延伸强度圆形试样平行部分的直径取12.5mm。

3. F状态为自由加工状态，无力学性能指标要求。

3.2.8 镍及镍合金板（GB/T 2054—2005）

镍及镍合金板的有关内容见表3-18和表3-19。

表 3-18　镍及镍合金板的牌号、状态、规格及制造方法

牌　　号	制造方法	状　　态	规格（厚度×宽度×长度）/mm
N4、N5（NW2201，UNS N02201） N6、N7（NW2200，UNS N02200） NSi0.19、NMg0.1、NW4-0.15 NW4-0.1、NW4-0.07 NCu28-2.5-1.5 NCu30（NW4400，UNS N04400）	热轧	热加工态（R） 软态（M）	(4.1～50.0)×(300～3000)×(500～4500)
	冷轧	冷加工（硬）态（Y） 半硬状态（Y_2） 软状态（M）	(0.3～4.0)×(300～1000)×(500～4000)

注：1. 需要其他牌号、状态、规格的产品时，由供需双方协商。

2. 产品标记按产品名称、牌号、供应状态、规格和标准编号的顺序表示。

用 N6 制成的厚度为 3.0mm、宽度为 500mm、长度为 2000mm 的软态板材，标记为

板 N6 M 3.0×500×2000 GB/T 2054—2005

表 3-19　镍及镍合金板的力学性能

牌　　号	交货状态	厚度/mm	厚度≤15mm 板材的横向室温力学性能 ≥			硬　　度	
			抗拉强度 R_m/MPa	规定非比例延伸强度[①] $R_{p0.2}$/MPa	断后伸长率 A_{50mm} 或 $A_{11.3}$/%	HV	HRB
N4、N5 NW4-0.15 NW4-0.1 NW4-0.07	M	≤1.5[②]	350	85	35	—	—
		>1.5	350	85	40	—	—
	R[③]	>4	350	85	30	—	—
	Y	≤2.5	490	—	2	—	—
N6、N7 NSi0.19 NMg0.1	M	≤1.5[②]	380	105	35	—	—
		>1.5	380	105	40	—	—
	R	>4	380	130	30	—	—
	Y[④]	>1.5	620	480	2	188～215	90～95
		≤1.5[②]	540	—	2	—	—
	Y_2[④]	>1.5	490	290	20	147～170	79～85
NCu28-2.5-1.5	M	—	440	160	25	—	—
	R	>4	440	—	25	—	—
	Y_2[④]	—	570	—	6.5	157～188	82～90

续表

牌号	交货状态	厚度/mm	厚度≤15mm板材的横向室温力学性能 ≥			硬度	
			抗拉强度 R_m/MPa	规定非比例延伸强度① $R_{p0.2}$/MPa	断后伸长率 A_{50mm} 或 $A_{11.3}$/%	HV	HRB
NCu30	M	—	480	195	30	—	—
	R③	>4	510	275	25	—	—
	$Y_2$④	—	550	300	25	157～188	82～90

① 厚度≤0.5mm的板材不提供规定非比例延伸强度。

② 厚度<1.0mm用于成形换热器的N4和N6薄板力学性能报实测数据。

③ 热轧板材可在最终热轧前进行一次热处理。

④ 硬态及半硬态供货的板材性能，以硬度作为验收依据，需方要求时，可提供拉伸性能。提供拉伸性能时，不再进行硬度测试。

3.2.9 钛及钛合金板材（GB/T 3621—2007）

钛及钛合金板材的有关内容见表3-20和表3-21。

表3-20 钛及钛合金板材的产品牌号、制造方法、供应状态及规格分类

牌号	制造方法	供应状态	规格		
			厚度/mm	宽度/mm	长度/mm
TA1、TA2、TA3、TA4、TA5，TA6、TA7、TA8、TA8-1、TA9、TA9-1、TA10、TA11、TA15、TA17、TA18、TC1、TC2、TC3、TC4、TC4ELI	热轧	热加工状态（R） 退火状态（M）	>4.75～60.0	400～3000	1000～4000
	冷轧	冷加工状态（Y） 退火状态（M） 固溶状态（ST）	0.30～6.0	400～1000	1000～3000
TB2	热轧	固溶状态（ST）	>4.0～10.0	400～3000	1000～4000
	冷轧	固溶状态（ST）	1.0～4.0	400～1000	1000～3000
TB5、TB6、TB8	冷轧	固溶状态（ST）	0.30～4.75	400～1000	1000～3000

注：1.工业纯钛板材供货的最小厚度为0.3mm，其他牌号的最小厚度见表3-21。如对供货厚度和尺寸规格有特殊要求，可由供需双方协商。

2.当需方在合同中注明时，可供应消应力状态（m）的板材。

3.产品标记按产品名称、牌号、供应状态、规格和标准编号的顺序表示。

用TA2制成的厚度为3.0mm，宽度为500mm、长度为2000的退火态板材，标记为

板 TA2 M 3.0×500×2000 GB/T 3621—2007

表3-21 力学性能

①板材横向室温力学性能

牌号		状态	板材厚度	抗拉强度 R_m/MPa	规定非比例延伸强度 $R_{p0.2}$/MPa	断后伸长率 A/%≥
TA1		M	0.3～25	≥240	140～310	30
TA2		M	0.3～25	≥400	275～450	25
TA3		M	0.3～25	≥500	380～550	20
TA4		M	0.3～25	≥580	485～600	20
TA5		M	0.5～1.0 >1.0～2.0 >2.0～5.0 >5.0～10.0	≥685	≥585	20 15 12 12
TA6		M	0.8～1.5 >1.5～2.0 >2.0～5.0 >5.0～10.0	≥685	—	20 15 12 12
TA7		M	0.8～1.5 >1.5～2.0 >2.0～5.0 >5.0～10.0	735～930	≥685	20 15 12 12
TA8		M	0.8～10.0	≥400	275～450	20
TA8-1		M	0.8～10.0	≥240	140～310	24
TA9		M	0.8～10.0	≥400	275～450	20
TA9-1		M	0.8～10.0	≥240	140～310	24
TA10	A类	M	0.8～10.0	≥485	≥345	18
	B类	M	0.8～10.0	≥345	≥275	25
TA11		M	5.0～12.0	≥895	≥825	10
TA13		M	0.5～2.0	540～770	460～570	18
TA15		M	0.8～1.8 >1.8～4.0 >4.0～10.0	930～1130	≥855	12 10 8
TA17		M	0.5～1.0 >1.0～2.0 >2.0～4.0 >4.0～10.0	685～835	—	25 15 12 10

续表

①板材横向室温力学性能

牌　号	状态	板材厚度	抗拉强度 R_m/MPa	规定非比例延伸强度 $R_{p0.2}$/MPa	断后伸长率 A/%≥
TA18	M	0.5～2.0 >2.0～4.0 >4.0～10.0	590～730	—	25 20 15
TB2	ST STA	1.0～3.5	≤980 1320	—	20 8
TB5	ST	0.8～1.75 >1.75～3.18	705～945	690～835	12 10
TB6	ST	1.0～5.0	≥1000	—	6
TB8	ST	0.3～0.6	825～1000	795～965	6 8
TC1	M	0.5～1.0 >1.0～2.0 >2.0～5.0 >5.0～10.0	590～735	—	25 25 20 20
TC2	M	0.5～1.0 >1.0～2.0 >2.0～5.0 >5.0～10.0	≥685	—	25 15 12 12
TC3	M	0.8～2.0 >2.0～5.0 >5.0～10.0	≥880	—	12 10 10
TC4	M	0.8～2.0 >2.0～5.0 >5.0～10.0 10.0～25.0	≥895	≥830	12 10 10 8
TC4ELI	M	0.8～25.0	≥860	≥795	10

②板材高温力学性能

合金牌号	板材厚度/mm	试验温度/℃	抗拉强度 R_m/MPa≥	持久强度 σ_{100h}/MPa≥
TA6	0.8～10	350 500	420 340	390 195
TA7	0.8～10	350 500	490 440	440 195
TA11	0.5～12	425	620	—

续表

②板材高温力学性能

合金牌号	板材厚度/mm	试验温度/℃	抗拉强度 R_m/MPa≥	持久强度 σ_{100h}/MPa≥
TA15	0.8～10	500 550	635 570	440 440
TA17	0.5～10	350 400	420 390	390 360
TA18	0.5～10	350 400	340 310	320 280
TC1	0.5～10	350 400	340 310	320 295
TC2	0.5～10	350 400	420 390	390 360
TC3、TC4	0.8～10	400 500	590 440	540 195

3.3　管材

3.3.1　铝及铝合金拉（轧）制无缝管（GB/T 6893—2000）

铝及铝合金拉（轧）制无缝管的有关内容见表 3-22 和表 3-23。

表 3-22　牌号和状态

牌　　号	状　　态
1035 1050 1050A 1060 1070 1070A 1100 1200 8A06	O、H14
2017 2024 2A11 2A12	O、T4
3003 3A21	O、H14
5052 5A02	O、H14
5A03	O、H34
5A05 5056 5083	O、H32
5A06	O
6061 6A02	O、T4、T6
6063	O、T6

注：1. 表中未列入的合金、状态可由供需双方协商后在合同中注明。

2. 管材的外形尺寸及允许偏差应符合 GB/T 4436 中普通级的规定。需要高精级时，应在合同中注明。

表 3-23 力 学 性 能

牌号	状态	壁厚/mm		抗拉强度 σ_b/MPa	规定非比例伸长应力 $\sigma_{p0.2}$/MPa	伸长率/%		
						全截面试样	其他试样	
						标距 50mm	50mm 定标距	δ_5
				≥				
1035、1050A、1050	O	所有		60～95	—	—		
	H14	所有		95	—	—		
1060、1070A、1070	O	所有		60～95	—	—		
	H14	所有		85	—	—		
1100、1200	O	所有		75～110	—	—		
	H14	所有		110	—	—		
2A11	O	所有		≤245	—	10		
	T4	外径≤22	≤1.5	375	195	13		
			>1.5～2.0			14		
			>2.0～5.0			—		
		外径>22～50	≤1.5	390	225	12		
			>1.5～5.0			13		
		外径>50	所有	—	—	11		
2017	O	所有		≤245	≤125	17	16	16
	T4	所有		375	215	13	12	12
2A12	O	所有		≤245	—	10		
	T4	外径≤22	≤2.0	410	255	13		
			>2.0～5.0			—		
		外径>22～50	所有	420	275	12		
		外径>50	所有	420	275	10		
2024	O	所有		≤220	≤100	—		
	T4	0.63～1.2		440	290	12	10	—
		>1.2～5.0		440	290	14	10	—

续表

牌号	状态	壁厚/mm	抗拉强度 σ_b/MPa	规定非比例伸长应力 $\sigma_{p0.2}$/MPa	伸长率/%		
					全截面试样	其他试样	
					标距50mm	50mm定标距	δ_5
			≥				
3003	O	0.63～1.2	95～130	—	30	20	—
		>1.2～5.0	95～130	—	35	25	—
	H14	0.63～1.2	140	115	5	3	—
		>1.2～5.0	140	115	8	4	—
3A21	O	所有	≤135	—	—		
	H14	所有	135	—	—		
5A02	O	所有	≤225	—	—		
	H14	外径≤55，壁厚≤2.5	225	—	—		
		其他所有	195	—	—		
5A03	O	所有	175	80	15		
	H34	所有	215	125	8		
5A05	O	所有	215	90	15		
	H32	所有	245	145	8		
5A06	O	所有	315	145	15		
5052	O	所有	170～240	70	—		
	H14	所有	235	180	—		
5056	O	所有	≤315	100	—		
	H32	所有	305	—	—		
5083	O	所有	270～355	110	14	12	12
	H32	所有	315	235	5	5	5
6A02	O	所有	≤155	—	14		
	T4	所有	205	—	14		
	T6	所有	305	—	8		

续表

牌号	状态	壁厚/mm	抗拉强度 σ_b/MPa	规定非比例伸长应力 $\sigma_{p0.2}$/MPa	伸长率/%		
					全截面试样	其他试样	
					标距50mm	50mm定标距	δ_5
			≥				
6061	O	所有	≤150	≤95	15	15	13
	T4	0.63～1.2	205	100	16	14	—
		>1.2～5.0	205	110	18	16	—
	T6	0.63～1.2	290	240	10	8	—
		>1.2～5.0	290	240	12	10	—
6063	O	所有	≤130	—	—		
	T6	0.63～1.2	230	195	12	8	—
		>1.2～5.0	230	195	14	10	—
8A06	O	所有	≤120	—	20		
	H14	所有	100	—	5		

注：1.表中未列入的合金、状态、规格、力学性能由供需双方协商或附抗拉强度、伸长率的试验结果，但该结果不能作为验收依据。

2.管材力学性能应符合表中的规定。但表中5A03、5A05、5A06规定非比例伸长应力仅供参考，不作为验收依据。矩形管的T×和H×状态的伸长率低于上表2%。

3.3.2 铝及铝合金热挤压无缝圆管（GB/T 4437.1—2000）

铝及铝合金热挤压无缝圆管的有关内容见表3-24和表3-25。

表3-24 牌号和状态

合金牌号	状态
1070A 1060 1100 1200 2A11 2017 2A12 2024 3003 3A21 5A02 5A03 5A05 5A06 5083 5086 5454 6A02 7A04 7A09 7075 7A15 8A06	H112、F
1070A 1060 1050A 1035 1100 1200 2A11 2017 2A12 2024 3003 5A06 5052 5083 5454 5086 6A02	O
2A11 2017 2A12 6A02 6061 6063	T4
6A02 6061 6063 7A04 7A09 7075 7A15	T6

注：1.用户如果需要其他合金状态，可经双方协商确定。

2.管材的外形尺寸及允许偏差应符合GB/T 4436中普通级的规定，需要高精级时，应在合同中注明。

表3-25 力学性能

合金牌号	供应状态	试样状态	壁厚/mm	抗拉强度 σ_b/MPa	规定非比例伸长应力 $\sigma_{p0.2}$/MPa	伸长率/%	
						50mm	δ
				≥			
1070A、1060	O	O	所有	60～95	—	25	22
	H112	H112	所有	60	—	25	22
1050A、1035	O	O	所有	60～100	—	25	23
1100、1200	O	O	所有	75～105	—	25	22
	H112	H112	所有	75	—	25	22
2A11	O	O	所有	≤245	—	—	10
	H112	H112	所有	350	195	—	10
2017	O	O	所有	≤245	≤125	—	16
	H112、T4	T4	所有	345	215	—	12
2A12	O	O	所有	≤245	—	—	10
	H112、T4	T4	所有	390	255	—	10
2017	O	O	所有	≤245	≤130	12	10
	H112	T4	≤18	395	260	12	10
			>18	395	260	—	9
3A21	H112	H112	所有	≤165	—	—	
3003	O	O	所有	95～130	—	25	22
	H112	H112	所有	95	—	25	22
5A02	H112	H112	所有	≤225	—	—	—
5052	O	O	所有	170～240	70	—	—
5A03	H112	H112	所有	175	70	—	15
5A05	H112	H112	所有	225	110	—	15
5A06	O、H112	O、H112	所有	315	145	—	15
5083	O	O	所有	270～350	110	14	12
	H112	H112	所有	270	110	12	20
5454	O	O	所有	215～285	85	14	12
	H112	H112	所有	215	85	12	10

续表

合金牌号	供应状态	试样状态	壁厚/mm	抗拉强度 σ_b/MPa	规定非比例伸长应力 $\sigma_{p0.2}$/MPa	伸长率/%	
						50mm	δ
				≥			
5086	O	O	所有	240～315	95	14	12
	H112	H112	所有	240	95	12	10
6A02	O	O	所有	≤145	—	—	17
	T4	T4	所有	205	—	—	14
	H112、T6	T6	所有	295	—	—	8
6061	T4	T4	所有	180	110	16	14
	T6	T6	≤6.3	260	240	8	—
			>6.3	260	240	10	9
6063	T4	T4	≤12.5	130	70	14	12
			>12.5～25	125	60	—	12
	T6	T6	所有	205	170	10	9
7A04、7A09	H112、T6	T6	所有	530	400	—	5
7075	H112、T6	T6	≤6.3	540	485	7	—
			>6.3 ≤12.5	560	505	7	6
			>12.5	560	495	—	6
7A15	H112、T6	T6	所有	470	420	—	6
8A06	H112	H112	所有	≤120	—	—	20

注：管材的室温纵向力学性能应符合表中的规定。但表中5A05合金规定非比例伸长应力仅供参考，不作为验收依据。外径185～300mm，其壁厚大于32.5mm的管材，室温纵向力学性能由供需双方另行协商或附试验结果。

3.3.3 铜及铜合金无缝管材（GB/T 16866—2006）

铜及铜合金无缝管材的有关内容见表3-26和表3-27。

表3-26 挤制铜及铜合金圆形管 mm

公称外径	公称壁厚
20，21，22	1.5～3.0，4.0
23，24，25，26	1.5～4.0

续表

公称外径	公称壁厚
27，28，29，30，32，34，35，36	2.5～6.0
38，40，42，44，45，46，48	2.5～10.0
50，52，54，55	2.5～17.5
56，58，60	4.0～17.5
62，64，65，68，70	4.0～20.0
72，74，75，78，80	4.0～25.0
85，90，95，100	7.5，10.0～30.0
105，110	10.0～30.0
115，120	10.0～37.5
125，130	10.0～35.0
135，140	10.0～37.5
145，150	10.0～35.0
155，160，165，170，175，180	10.0～42.5
185，190，195，200，210，220	10.0～45.0
230，240，250	10.0～15.0，20.0，25.0～50.0
260，280	10.0～15.0，20.0，25.0，30.0
290，300	20.0，25.0，30.0
壁厚系列：1.5，2.0，2.5，3.0，3.5，4.0，4.5，5.0，6.0，7.5，9.0，10.0，12.5，15.0，17.5，20.0，22.5，25.0，27.5，30.0，32.5，35.0，37.5，40.0，42.5，45.0，50.0 供应长度：500～6000	

表 3-27　拉制铜及铜合金圆形管　mm

公称外径	公称壁厚
3，4	0.2～1.25
5，6，7	0.2～1.5
8，9，10，11，12，13，14，15	0.2～3.0
16，17，18，19，20	0.3～4.5
21，22，23，24，25，26，27，28，29，30，31，32，33，34，35，36，37，38，39，40	0.4～5.0

续表

公称外径	公称壁厚
42，44，45，46，48，49，50	0.75～6.0
52，54，55，56，58，60	0.75～8.0
62，64，65，66，68，70	1.0～11.0
72，74，75，76，78，80	2.0～13.0
82，84，85，86，88，90，92，94，96，98，100	2.0～15.0
105，110，115，120，125，130，135，140，145，150	2.0～15.0
155，160，165，170，175，180，185，190，195，200，210，220，230，240，250	3.0～15.0
260，270，280，290，300，310，320，330，340，350，360	4.0～5.0
壁厚系列：0.2，0.3，0.4，0.5，0.6，0.75，1.0，1.25，1.5，2.0，2.5，3.0，3.5，4.0，4.5，5.0，6.0，7.0，8.0，9.0，10.0，11.0，12.0，13.0，14.0，15.0 供应长度：外径≤100的拉制管材，供应长度为1000～7000，其他管材供应长度为500～6000	

3.3.4　铜及铜合金拉制管（GB/T 1527—2006）

铜及铜合金拉制管的牌号、状态和规格见表3-28。

表3-28　铜及铝合金拉制管的牌号、状态和规格

<table>
<tr><th rowspan="3">牌　号</th><th rowspan="3">状　态</th><th colspan="4">规格/mm</th></tr>
<tr><th colspan="2">圆形</th><th colspan="2">矩（方）形</th></tr>
<tr><th>外径</th><th>壁厚</th><th>对边距</th><th>壁厚</th></tr>
<tr><td rowspan="2">T2、T3、TU1、TU2、TP1、TP2</td><td>软（M）、轻软（M_1）、硬（Y）、特硬（T）</td><td>3～360</td><td rowspan="2">0.5～15</td><td rowspan="6">3～100</td><td rowspan="2">1～10</td></tr>
<tr><td>半硬（Y_2）</td><td>3～100</td></tr>
<tr><td>H96、H90</td><td rowspan="4">软（M）、轻软（M_1）、硬（Y）、特硬（T）</td><td rowspan="2">3～200</td><td rowspan="4">0.2～10</td><td rowspan="4">0.2～7</td></tr>
<tr><td>H85、H80、H85A</td></tr>
<tr><td>H70、H68、H59、HPb59-1、HSn62-1、HSn70-1、H70A、H68A</td><td>3～100</td></tr>
<tr><td>H65、H63、H62、HPb66-0.5、H65A</td><td>3～200</td></tr>
</table>

续表

牌　　号	状　　态	规格/mm			
		圆形		矩（方）形	
		外径	壁厚	对边距	壁厚
HPb63-0.1	半硬（Y_2）	18～31	6.5～13	—	—
	1/3 硬（Y_3）	8～31	3.0～13		
BZn15-20	硬（Y）、半硬（Y_2）、软（M）	4～40	0.5～8		
BFe10-1-1	硬（Y）、半硬（Y_2）、软（M）	8～160			
BFe30-1-1	半硬（Y_2）、软（M）	8～30			

注：1. 外径≤100mm 的圆形直管，供应长度为 1000～7000mm，其他规格的圆形直管供应长度为 500～6000mm。

2. 矩（方）形管的供应长度为 1000～5000mm。

3. 外径≤30mm、壁厚＜3mm 的圆形直管材和圆周长≤100mm 或圆周长与壁厚之比≤15 的矩（方）形管材，可供应长度＞6000mm 的盘管。

3.3.5　铜及铜合金挤制管（YS/T 662—2007）

铜及铜合金挤制管的牌号、状态和规格见表 3-29。

表 3-29　铜及铜合金挤制管的牌号、状态和规格

牌　　号	状态	规格/mm		
		外径	壁厚	长度
TU1、TU2、T2、T3、TP1、TP2	挤制（R）	20～300	5～65	300～6000
H96、H62、HPb59-1、HFe59-1-1		20～300	1.5～42.5	
H80、H65、H68、HSn62-1、HSi80-3、HMn58-2、HMn57-3-1		60～220	7.5～30	
QAl9-2、QAl9-4、QAl10-3-1.5、QAl10-4-4		20～250	3～50	500～6000
QSi3.5-3-1.5		80～200	10～30	
QCr0.5		100～220	17.5～37.5	500～3000
BFe10-1-1		70～250	10～25	300～3000
BFe30-1-I		80～120	10～25	

3.3.6 热交换器用铜合金无缝管（GB/T 8890—2007）

热交换器用铜合金无缝管的牌号、状态和规格见表3-30。

表3-30 热交换器用铜合金无缝管的牌号、状态和规格

牌号	种类	供应状态	规格/mm		
			外径	壁厚	长度
BFe10-1-1	盘管	软（M），半硬（Y_2）、硬（Y）	3～20	0.3～1.5	—
	直管	软（M）	4～160	0.5～4.5	＜6000
		半硬（Y_2）、硬（Y）	6～76	0.5～4.5	＜18000
BFe30-1-1	直管	软（M），半硬（Y_2）	6～76	0.5～4.5	＜18000
HAl77-2，HSn70-1，HSn70-1B、HSn70-1AB、H68A，H70A、H85A	直管	软（M）半硬（Y_2）	6～76	0.5～4.5	＜18000

3.3.7 铜及铜合金毛细管（GB/T 1531—2009）

铜及铜合金毛细管的规格见表3-31。

表3-31 铜及铜合金毛细管的规格

类别和用途	
类别	用途
高精级	适用于家用电冰箱、空调、电冰柜、高精度仪表、高精密医疗仪器等工业部门
普通级	适用于一般精度的仪器、仪表和电子等工业部门

牌号、状态和规格

牌号	供应状态	规格（外径×内径）/mm	长度/mm
T2、TP1、TP2、H85、H80、H70、H68、H65、H63，H62	硬（Y），半硬（Y_2），软（M）	（ϕ0.5～6.10）×（ϕ0.3×4.45）	盘管：≥3000 直管：50～6000
H96、H90、QSn4-0.3、QSn6.5-0.1	硬（Y），软（M）		

3.3.8 铜及铜合金散热扁管（GB/T 8891—2000）

铜及铜合金散热扁管的有关内容见表3-32和表3-33。

表 3-32 铜及铜合金散热扁管的牌号和规格

牌 号	供应状态	宽度×高度×壁厚/mm	长度/mm
T2、H96	硬（Y）	(16～25)×(1.9～6.0)×(0.2～0.7)	250～1500
H85	半硬（Y_2）		
HSn70-1	软（M）		

注：经双方协商，可以供应其他牌号、规格的管材。

表 3-33 铜及铜合金散热扁管的尺寸规格 mm

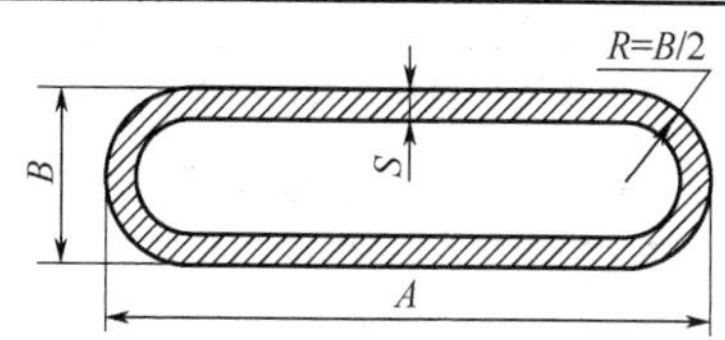

宽度 A	高度 B	壁厚 S						
		0.20	0.25	0.30	0.40	0.50	0.60	0.70
16	3.7	○	○	○	○	○	○	○
17	3.5	○	○	○	○	○	○	○
17	5.0	—	○	○	○	○	○	○
18	1.9	○	○	—	—	—	—	—
18.5	2.5	○	○	○	○	—	—	—
18.5	3.5	○	○	○	○	○	○	○
19	2.0	○	○	—	—	—	—	—
19	2.2	○	○	○	—	—	—	—
19	2.4	○	○	○	—	—	—	—
19	4.5	○	○	○	○	○	○	○
21	3.0	○	○	○	○	○	—	—
21	4.0	○	○	○	○	○	○	○
21	5.0	—	—	○	○	○	○	○
22	3.0	○	○	○	○	○	—	—
22	6.0	—	—	○	○	○	○	○
25	4.0	○	○	○	○	○	○	○
25	6.0	—	—	—	—	○	○	○

注：“○”表示有产品，“—”表示无产品。

3.3.9 铜及铜合金波导管（GB/T 8894—2007）

铜及铜合金波导管的有关内容见表 3-34～表 3-39。

表3-34 铜及铜合金波导管的牌号、状态和规格

牌号	供应状态	规格/mm				
		圆形（内径 d）	矩（方）形			
			矩形 $a/b\approx2$	中等扁矩形 $a/b\approx4$	扁矩形 $a/b\approx8$	方形 $a/b=1$
T2 TU1 H62 H96	硬（Y）	3.581～149	(4.775×2.388)～(165.1×82.55)	(22.85×5)～(165.1×41.3)	(22.86×5)～(109.2×13.1)	(15×15)～(48×48)

注：经双方协商，可供其他规格的管材，具体要求应在合同中注明。

表3-35 圆形铜合金波导管尺寸规格 mm

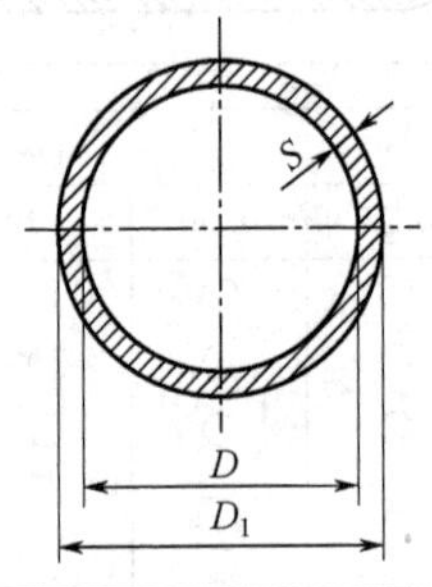

型号名称	内孔尺寸 D	壁厚 S	外缘尺寸 D_1	型号名称	内孔尺寸 D	壁厚 S	外缘尺寸 D_1
C580	3.581	0.510	4.601	C89	23.83	1.65	27.13
C495	4.369	0.510	5.389	C76	27.79	1.65	31.09
C430	4.775	0.510	5.795	C65	32.54	2.03	36.60
C380	5.563	0.510	6.583	C56	38.10	2.03	42.16
C330	6.350	0.510	7.370	C48	44.45	2.54	49.53
C290	7.137	0.760	8.657	C40	51.99	2.54	57.07
C255	8.331	0.760	9.851	C35	61.04	3.30	67.64
C220	9.525	0.760	11.045	C30	71.42	3.30	78.02
C190	11.13	1.015	13.16	C25	83.62	3.30	90.22
C165	12.70	1.015	14.73	C22	97.87	3.30	104.47
C140	15.09	1.015	17.12	C18	114.58	3.30	121.18
C120	17.48	1.270	20.02	C16	134.11	3.30	140.71
C104	20.24	1.270	22.78				

表 3-36 矩形波导管尺寸规格 mm

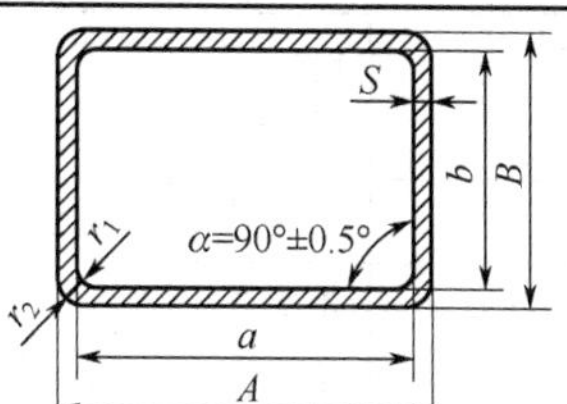

<table>
<tr><th rowspan="3">型号</th><th colspan="3">内孔尺寸</th><th rowspan="3">壁厚
S</th><th colspan="4">外缘尺寸</th></tr>
<tr><th colspan="2">基本尺寸</th><th>r_1</th><th colspan="2">基本尺寸</th><th colspan="2">r_2</th></tr>
<tr><th>a</th><th>b</th><th>≤</th><th>A</th><th>B</th><th>≥</th><th>≤</th></tr>
<tr><td>R500</td><td>4.775</td><td>2.388</td><td>0.3</td><td>1.015</td><td>6.81</td><td>4.42</td><td>0.5</td><td>1.0</td></tr>
<tr><td>R400</td><td>5.690</td><td>2.845</td><td>0.3</td><td>1.015</td><td>7.72</td><td>4.88</td><td>0.5</td><td>1.0</td></tr>
<tr><td>R320</td><td>7.112</td><td>3.556</td><td>0.4</td><td>1.015</td><td>9.14</td><td>5.59</td><td>0.5</td><td>1.0</td></tr>
<tr><td>R260</td><td>8.636</td><td>4.318</td><td>0.4</td><td>1.015</td><td>10.67</td><td>6.35</td><td>0.5</td><td>1.0</td></tr>
<tr><td>R220</td><td>10.67</td><td>4.318</td><td>0.4</td><td>1.015</td><td>12.70</td><td>6.35</td><td>0.5</td><td>1.0</td></tr>
<tr><td>R180</td><td>12.95</td><td>6.477</td><td>0.4</td><td>1.015</td><td>14.99</td><td>8.51</td><td>0.5</td><td>1.0</td></tr>
<tr><td>R140</td><td>15.80</td><td>7.899</td><td>0.4</td><td>1.015</td><td>17.83</td><td>9.93</td><td>0.5</td><td>1.0</td></tr>
<tr><td>R120</td><td>19.05</td><td>9.525</td><td>0.8</td><td>1.270</td><td>21.59</td><td>12.06</td><td>0.65</td><td>1.15</td></tr>
<tr><td>R100</td><td>22.86</td><td>10.16</td><td>0.8</td><td>1.270</td><td>25.40</td><td>12.70</td><td>0.65</td><td>1.15</td></tr>
<tr><td>R84</td><td>28.50</td><td>12.62</td><td>0.8</td><td>1.625</td><td>31.75</td><td>15.88</td><td>0.8</td><td>1.3</td></tr>
<tr><td>R70</td><td>34.85</td><td>15.80</td><td>0.8</td><td>1.625</td><td>38.10</td><td>19.05</td><td>0.8</td><td>1.3</td></tr>
<tr><td>R58</td><td>40.39</td><td>20.19</td><td>0.8</td><td>1.625</td><td>43.64</td><td>23.44</td><td>0.8</td><td>1.3</td></tr>
<tr><td>R48</td><td>47.55</td><td>22.15</td><td>0.8</td><td>1.625</td><td>50.80</td><td>25.40</td><td>0.8</td><td>1.3</td></tr>
<tr><td>R40</td><td>58.17</td><td>29.08</td><td>1.2</td><td>1.625</td><td>61.42</td><td>32.33</td><td>0.8</td><td>1.3</td></tr>
<tr><td>R32</td><td>72.14</td><td>34.04</td><td>1.2</td><td>2.030</td><td>76.20</td><td>38.10</td><td>1.0</td><td>1.5</td></tr>
<tr><td>R26</td><td>86.36</td><td>43.18</td><td>1.2</td><td>2.030</td><td>90.42</td><td>47.24</td><td>1.0</td><td>1.5</td></tr>
<tr><td>R22</td><td>109.22</td><td>54.61</td><td>1.2</td><td>2.030</td><td>113.28</td><td>58.67</td><td>1.0</td><td>1.5</td></tr>
<tr><td>R16</td><td>129.54</td><td>64.77</td><td>1.2</td><td>2.030</td><td>133.60</td><td>68.83</td><td>1.0</td><td>1.5</td></tr>
<tr><td>R14</td><td>165.10</td><td>82.55</td><td>1.2</td><td>2.030</td><td>169.16</td><td>86.61</td><td>1.0</td><td>1.5</td></tr>
<tr><td>—</td><td>58.00</td><td>25.00</td><td>0.8</td><td>2</td><td>62.00</td><td>29.00</td><td>1.0</td><td>1.5</td></tr>
</table>

表3-37　中等扁矩形波导管尺寸规格　　mm

型号	内孔尺寸			壁厚 S	外缘尺寸			
	基本尺寸		r_1		基本尺寸		r_2	
	a	b	≤		A	B	≥	≤
M100	22.85	5.00	0.8	1.270	25.40	7.54	0.65	1.15
M84	28.50	5.00	0.8	1.625	31.75	8.25	0.8	1.3
M70	34.85	8.70	0.8	1.625	38.10	11.95	0.8	1.3
M58	40.39	10.10	0.8	1.625	43.64	13.35	0.8	1.3
M48	47.55	11.90	0.8	1.625	50.80	15.15	0.8	1.3
M40	58.17	14.50	1.2	1.625	61.42	17.75	0.8	1.3
M32	72.14	18.00	1.2	2.030	76.20	22.06	1.0	1.5
M26	86.36	21.60	1.2	2.030	90.42	25.66	1.0	1.5
M22	109.22	27.30	1.2	2.030	113.28	31.36	1.0	1.5
M18	129.54	32.40	1.2	2.030	133.60	36.46	1.0	1.5
M14	165.10	41.30	1.2	2.030	169.16	45.36	1.0	1.5

表3-38　扁矩形波导管尺寸规格　　mm

型号	内孔尺寸			壁厚 S	外缘尺寸			
	基本尺寸		r_1		基本尺寸		r_2	
	a	b	≤		A	B	≥	≤
F100	22.86	5.00	0.8	1	24.86	7.00	0.65	1.15
F84	28.50	5.00	0.8	1.5	31.50	8.00	0.8	1.3
F70	34.85	5.00	0.8	1.625	38.10	8.25	0.8	1.3
F58	40.39	5.00	0.8	1.625	43.64	8.25	0.8	1.3
F48	47.55	5.70	0.8	1.625	50.80	8.95	0.8	1.3
F40	58.17	7.00	1.2	1.625	61.42	10.25	0.8	1.3
F32	72.14	8.60	1.2	2.030	76.20	12.66	1	1.5
F26	86.36	10.40	1.2	2.030	90.42	14.46	1	1.5
F22	109.22	13.10	1.2	2.030	113.28	17.16	1	1.5
—	58.00	10.00	1.2	2	62	14	10	1.5

表 3-39　方形波导管尺寸规格　mm

型号	内孔尺寸		壁厚 S	外缘尺寸			最小长度
	基本尺寸	r_1		基本尺寸	r_2		
	$a=b$	⩽		$A=B$	⩾	⩽	
Q130	15.00	0.4	1.270	17.54	0.5	1.0	1000
Q115	17.00	0.4	1.270	19.54	0.65	1.15	
Q100	19.50	0.8	1.625	22.75	0.8	1.3	
Q80	23.00	0.8	1.625	26.25	0.8	1.3	
Q70	26.00	0.8	1.625	29.25	0.8	1.3	
Q70	28.00	0.8	1.625	31.25	0.8	1.3	
Q65	30.00	0.8	2.03	34.06	1.0	1.5	
Q61	32.00	0.8	2.03	36.06	1.0	1.5	
Q54	36.00	0.8	2.03	40.06	1.0	1.5	
Q49	40.00	0.8	2.03	44.06	1.0	1.5	
Q41	48.00	0.8	2.03	52.06	1.0	1.5	
—	50.00	0.8	2.03	54.06	1.0	1.5	

3.4　棒材

3.4.1　铜及铜合金拉制棒（GB/T 4423—2007）

铜及铜合金拉制棒的有关内容见表 3-40 和表 3-41。

表 3-40　拉制棒牌号、状态和规格

牌　　号	状态	直径（或对边距离）/mm	
		圆形棒、方形棒、六角形棒	矩形棒
T2、T3、TP2、H96、TU1、TU2	Y（硬） M（软）	3～80	3～80
H90	Y（硬）	3～40	—
H80、H65	Y（硬） M（软）	3～40	—
H68	Y_2（半硬） M（软）	3～80 13～35	—
H62	Y_2（半硬）	3～80	3～80
HPb59-1	Y_2（半硬）	3～80	3～80

续表

牌 号	状态	直径（或对边距离）/mm	
		圆形棒、方形棒、六角形棒	矩形棒
H63、HPb63-0.1	Y_2（半硬）	3～40	—
HPb63-3	Y（硬） Y_2（半硬）	3～30 3～60	3～80
HPb61-1	Y_2（半硬）	3～20	—
HFe59-1-1、HFe58-1-1、HSn62-1、HMn58-2	Y（硬）	4～60	—
QSn6.5-0.1、QSn6.5-0.4、QSn4-3、QSn4-0.3、QSi3-1、QAl9-2，QAl9-4，QAl10-3-1.5、QZr0.2、QZr0.4	Y（硬）	4～40	—
QSn7-0.2	Y（硬） T（特硬）	4～40	—
QCd1	Y（硬） M（软）	4～60	—
QCr0.5	Y（硬） M（软）	4～40	—
QSi1.8	Y（硬）	4～15	—
BZn15-20	Y（硬） M（软）	4～40	—
BZn15-24-1.5	T（特硬） Y（硬） M（软）	3～18	—
BFe30-1-1	Y（硬） M（软）	16～50	—
BMn40-l.5	Y（硬）	7～40	—

注：经双方协商，可供其他规格棒材，具体要求应在合同中注明。

表 3-41 矩形棒截面的宽高比

高度/mm	宽度/高度≤
≤10	2.0
＞10～20	3.0
＞20	2.5

注：经双方协商，可供其他规格棒材，具体要求应在合同中注明。

3.4.2　铜及铜合金挤制棒（YS/T 649—2007）

铜及铜合金挤制棒牌号、状态和规格见表 3-42。

表 3-42　铜及铜合金挤制棒的牌号、状态和规格

牌　　号	状态	直径或长边对边距/mm		
		圆形棒	矩形棒①	方形、六角形棒
T2、T3	挤制（R）	30～300	20～120	20～120
TU1、TU2、TP2		16～300	—	16～120
H96、HFe58-1-1、HAl60-1-1		10～160	—	10～120
HSn62-1、HMn58-2，HFe59-1-1		10～220	—	10～120
H80、H68、H59		16～120	—	16～120
H62、HPb59-1		10～220	5～50	10～120
HSn70-1、HAl77-2		10～160	—	10～120
HMn55-3-1、HMn57-3-1，HAl66-6-2-2、HAl67-2.5		10～160	—	10～120
QAl9-2		10～200	—	30～60
QAl9-4、QAl10-3-1.5、QAl10-4-4、QAl10-5-5		10～200	—	—
QAl11-6-6、HSi80-3、HNi56-3		10～160	—	—
QSn-3		20～100	—	—
QSi-1		20～160	—	—
QSi3.5-3-1.5、BFe10-1-1、BFe30-1-1、BAl13-3、BMn40-1.5		40～120	—	—
QCd1		20～120	—	—
QSn4-0.3		60～180	—	—
QSn4-3、QSn7-0.2		40～180	—	40～120
QSn6.5-0.1、QSn6.5-0.4		40～180	—	30～120
QCr0.5		18～160	—	—
BZn15-20		25～120	—	—

① 矩形棒的对边距指两短边的距离。

注：直径（或对边距）为 10～50mm 的棒材，供应长度为 1000～5000mm；直径（或对边距）＞50～75mm 的棒材，供应长度为 500～5000mm；直径（或对边距）＞75～120mm 的棒材，供应长度为 500～4000mm；直径（或对边距）＞120mm 的棒材，供应长度为 300～4000mm。

3.4.3 铝及铝合金挤压棒材（GB/T 3191—2010）

铝及铝合金挤压棒的牌号、状态和规格见表3-43。

表3-43 铝及铝合金挤压棒的牌号、状态和规格

牌号	供应状态	规格/mm			
		圆棒直径		方棒、六角棒内切圆直径	
		普通棒材	高强度棒材	普通棒材	高强度棒材
1070A，1060，1050A，1035，1200，8A06，5A02，5A03，5A05，5A06，5A12，3A21，5052，5083，3003	H112 F O	5～600	—	5～200	—
2A70，2A80，2A90，4A11，2A02，2A06，2A16	H112，F	5～600	—	5～200	—
	T6	5～150	—	5～120	—
7A04，7A09，6A02，2A50，2A14	H112，F	5～600	20～160	5～200	20～100
	T6	5～150	20～120	5～120	20～100
2A11，2A12	H112，F	5～600	20～160	5～200	20～100
	T4	5～150	20～120	5～120	20～100
2A13	H112，F	5～600	—	5～200	—
	T4	5～150	—	5～120	—
6063	T5，T6	5～25	—	5～25	—
	F	5～600	—	5～200	—
6061	H112，F	5～600	—	5～200	—
	T6，T4	5～150	—	5～120	—

3.5 线材

3.5.1 铝及铝合金拉制圆线材（GB/T 3195—2008）

铝及铝合金拉制圆线材的牌号、状态和规格见表3-44。

表 3-44 铝及铝合金拉制圆线材的牌号、状态和规格

牌号①	状态①	直径①/mm	典型用途
1035	O	0.8～20.0	焊条用线材
	H18	0.8～1.6	
		>1.6～3.0	焊条用线材、铆钉用线材
		>3.0～20.0	焊条用线材
	H14	3.0～20.0	焊条用线材、铆钉用线材
1350	O	9.5～25.0	导体用线材
	H12②、H22②		
	H14、H24		
	H16、H26		
	H19	1.2～6.5	
1A50	O、H19	0.8～20.0	
1050A、1060、1070A、1200	O、H18	0.8～20.0	焊条用线材
	H14	3.0～20.0	
1100	O	0.8～1.6	
		>1.6～20.0	焊条用线材、铆钉用铝线
		>20.0～25.0	铆钉用线材
	H18	0.8～20.0	焊条用线材
	H14	3.0～20.0	
2A01、2A04、2B11、2B12、2A10	H14、T4	1.6～20.0	铆钉用线材
2A14、2A16、2A20	O、H18	0.8～20.0	焊条用线材
	H14		
	H12	7.0～20.0	

续表

牌号①	状态①	直径①/mm	典型用途
3003	O、H14	1.6~25.0	铆钉用线材
3A21	O、H18	0.8~20.0	焊条用线材
	H14	0.8~1.6	
		>1.6~20.0	焊条用线材、铆钉用线材
	H12	7.0~20.0	焊条用线材
4A01、4043、4047	O、H18	0.8~20.0	
	H14		
	H12	7.0~20.0	
5A02	O、H18	0.8~20.0	
	H14	0.8~1.6	
		>1.6~20.0	焊条用线材、铆钉用线材
	H12	7.0~20.0	焊条用线材
5A03	O、H18	0.8~20.0	
	H14		
	H12	7.0~20.0	
5A05	H18	0.8~7.0	焊条用线材、铆钉用线材
	O、H14	0.8~1.6	焊条用线材
		>1.6~7.0	焊条用线材，铆钉用线材
		>7.0~20.0	铆钉用线材
	H12	>7.0~20.0	焊条用线材
5B05、5A06	O	0.8~20.0	
	H18	0.8~7.0	
	H14	0.8~7.0	
	H12	1.6~7.0	铆钉用线材
		>7.0~20.0	焊条用线材、铆钉用线材

续表

牌号[①]	状态[①]	直径[①]/mm	典型用途
5005、5052、5056	O	1.6～25.0	铆钉用线材
5B06、5A33、5183、5356、5554、5A56	O	0.8～20.0	焊条用线材
	H18	0.8～7.0	
	H14		
	H12	＞7.0～20.0	
6061	O	0.8～1.6	
		＞1.6～20.0	焊条用线材、铆钉用线材
		＞20.0～25.0	铆钉用线材
	H18	0.8～1.6	焊条用线材
		＞1.6～20.0	焊条用线材、铆钉用线材
	H14	3.0～20.0	焊条用线材
	T6	1.6～20.0	焊条用线材、铆钉用线材
6A02	O、H18	0.8～20.0	焊条用线材
	H14	3.0～20.0	
7A03	H14、T6	1.6～20.0	铆钉用线材
8A05	O、H18	0.8～20.0	焊条用线材
	H14	3.0～20.0	

① 需要其他合金、规格、状态的线材时，供需双方协商并在合同中注明。

② 供方可以 1350-H22 线材替代需方订购的 1350-H12 线材；或以 1350-H12 线材替代需方订购的 1350-H22 线材，但同一份合同，只能供应同一个状态的线材。

3.5.2 电工圆铝线（GB/T 3955—2009）

圆铝线型号、规格及电性能见表 3-45。

表 3-45 圆铝线型号、规格及电性能

型号	状态代号	名称	直径范围/mm	20℃时最大直流电阻率/$\Omega \cdot mm^2 \cdot m^{-1}$
LR	O	软圆铝线	0.30～10.00	0.02759

续表

型号	状态代号	名称	直径范围/mm	20℃时最大直流电阻率/$\Omega \cdot mm^2 \cdot m^{-1}$
LY4	H4	H4状态硬圆铝线	0.30～6.00	0.028264
LY6	H6	H6状态硬圆铝线	0.30～10.00	
LY8	H8	H8状态硬圆铝线	0.30～5.00	
LY9	H9	H9状态硬圆铝线	1.25～5.00	

3.5.3 电工圆铜线（GB/T 3953—2009）

圆铜线型号、规格及电性能见表3-46。

表3-46 圆铜线型号、规格及电性能

型号	名称	规格范围/mm	电阻率 $\rho_{20}/\Omega \cdot mm^2 \cdot m^{-1}$ ≤	
			＜2.00mm	≥2.00mm
TR	软圆铜线	0.020～14.00	0.017241	0.017241
TY	硬圆铜线	0.020～14.00	0.01796	0.01777
TYT	特硬圆铜线	1.50～5.00	0.01796	0.01777

3.5.4 铜及铜合金线材（GB/T 21652—2008）

铜及铜合金线材的牌号、状态、规格见表3-47。

表3-47 铜及铜合金线材的牌号、状态、规格

类别	牌号	状态	直径（对边距）/mm
纯铜线	T2、T3	软（M），半硬（Y_2），硬（Y）	0.05～8.0
	TU1、TU2	软（M），硬（Y）	0.05～8.0
黄铜线	H62、H63、H65	软（M），1/8硬（Y_8），1/4硬（Y_4），半硬（Y_2），3/4硬（Y_1），硬（Y）	0.05～13.0
		特硬（T）	0.05～4.0
	H68、H70	软（M），1/8硬（Y_8），1/4硬（Y_4），半硬（Y_2），3/4硬（Y_1），硬（Y）	0.05～8.5
		特硬（T）	0.1～6.0

续表

类别	牌　　号	状　　态	直径（对边距）/mm
黄铜线	H80、H85、H90、H96	软（M），半硬（Y_2），硬（Y）	0.05～12.0
	HSn60-1、HSn62-1	软（M），硬（Y）	0.5～6.0
	HPb63-3、HPb59-1	软（M），半硬（Y_2），硬（Y）	
	Hb59-3	半硬（Y_2），硬（Y）	1.0～8.5
	HPb61-1	半硬（Y_2），硬（Y）	0.5～8.5
	HPb62-0.8	半硬（Y_2），硬（Y）	0.5～6.0
	HSb60-0.9、HBi60-1.3、HSb61-0.8-0.5	半硬（Y_2），硬（Y）	0.8～12.0
	HMn62-13	软（M），1/4硬（Y_4），半硬（Y_2），3/4硬（Y_1），硬（Y）	0.5～6.0
青铜线	QSn6.5-0.1、QSn6.5-0.4、QSn7-0.2、QSn5-0.2、QSi3-1	软（M），1/4硬（Y_4），半硬（Y_2），3/4硬（Y_1），硬（Y）	0.1～8.5
	QSn4-3	软（M），1/4硬（Y_4），半硬（Y_2），3/4硬（Y_1）	0.1～8.5
		硬（Y）	0.1～6.0
	QSn4-4-4	半硬（Y_2），硬（Y）	0.1～8.5
	QSn15-1-1	软（M），1/4硬（Y_4），半硬（Y_2），3/4硬（Y_1），硬（Y）	0.5～6.0
	QAl7	半硬（Y_2），硬（Y）	1.0～6.0
	QAl9-2	硬（Y）	0.6～6.0
	QCr1、QCr1-0.18	固溶处理＋冷加工＋时效（CYS），固溶处理＋时效＋冷加工（CSY）	1.0～12.0
	QCr4.5-2.5-0.6	软（M），固溶处理＋冷加工＋时效（CYS），固溶处理＋时效＋冷加工（CSY）	0.5～6.0
	QCd1	软（M），硬（Y）	0.1～6.0

续表

<table>
<tr><th>类别</th><th>牌　号</th><th>状　态</th><th>直径（对边距）/mm</th></tr>
<tr><td rowspan="9">白铜线</td><td>B19</td><td rowspan="2">软（M），硬（Y）</td><td rowspan="2">0.1～6.0</td></tr>
<tr><td>BFe10-1-1、BFe30-1-1</td></tr>
<tr><td>BMn3-2</td><td rowspan="2">软（M），硬（Y）</td><td rowspan="2">0.05～6.0</td></tr>
<tr><td>BMn40-1.5</td></tr>
<tr><td rowspan="2">BZn9-29、BZn12-26、BZn15-20、BZn18-20</td><td>软（M），1/8硬（Y_8），1/4硬（Y_4），半硬（Y_2），3/4硬（Y_1），硬（Y）</td><td>0.1～8.0</td></tr>
<tr><td>特硬（T）</td><td>0.5～4.0</td></tr>
<tr><td rowspan="2">BZn22-16、BZn25-18</td><td>软（M），1/8硬（Y_8），1/4硬（Y_4），半硬（Y_2），3/4硬（Y_1），硬（Y）</td><td>0.1～8.0</td></tr>
<tr><td>特硬（T）</td><td>0.1～4.0</td></tr>
<tr><td>BZn40-20</td><td>软（M），1/4硬（Y_4），半硬（Y_2），3/4硬（Y_1），硬（Y）</td><td>1.0～6.0</td></tr>
</table>

第2篇 通用配件

第4章 连接件

4.1 螺栓和螺柱

4.1.1 螺栓、螺柱的类型、规格、特点和用途

螺栓、螺柱用作紧固连接件，要求保证连接强度（有时还要求紧密性）。连接件分为三个精度等级，其代号为A、B、C。A级精度最高，用于要求配合精确、防止振动等重要零件的连接；B级精度多用于受载较大且经常装拆、调整或承受变载的连接；C级精度多用于一般的螺纹连接。螺栓、螺柱的类型、特点和用途见表4-1。

表4-1 螺栓、螺柱的类型、特点和用途

类型	名称	标准	特点及用途
六角头	六角头螺栓-C级	GB/T 5780—2000	应用广泛，产品分A、B和C三个等级。A级精度最高，C级精度最低。A级用于装配精度高、振动冲击较大或承受变载荷的重要连接 A级螺栓： $d\leqslant 24$mm，$l\leqslant 10d$ 或 $l\leqslant 150$mm B级螺栓： $d>24$mm，$l>10d$ 或 $l>150$mm
	六角头螺栓-全螺纹-C级	GB/T 5781—2000	
	六角头螺栓	GB/T 5782—2000	
	六角头螺栓-全螺纹	GB/T 5783—2000	
	六角头螺栓-细杆-B级	GB/T 5784—1986	
	六角头螺栓-细牙	GB/T 5785—2000	
	六角头螺栓-细牙全螺纹	GB/T 5786—2000	
六角法兰面	六角法兰面螺栓-加大系列-B级	CB/T 5789—1986	防松性能好，应用愈来愈广泛
	六角法兰面螺栓-加大系列-细杆-B级	GB/T 5790—1986	

续表

类型	名　称	标　准	特点及用途
六角头头部带孔、带槽	六角头头部带孔螺栓-细杆-B级	GB/T 32.2—1988	使用时，可通过机械方法将螺栓锁合，防松可靠
	六角头头部带孔螺栓-A和B级	GB/T 32.1—1988	
	六角头头部带孔螺栓-细牙-A和B级	GB/T 32.3—1988	
	六角头头部带槽螺栓-A和B级	GB/T 29.1—1988	
六角头螺杆带孔	六角头螺杆带孔螺栓-A和B级	GB/T 31.1—1988	螺杆上制出开口销孔或金属丝孔，采用机械防松，防松可靠
	六角头螺杆带孔螺栓-细牙A和B级	GB/T 31.3—1988	
	六角头螺杆带孔螺栓-细杆-B级	GB/T 31.2—1988	
十字槽凹穴六角头	十字槽凹穴六角头螺栓	GB/T 29.2—1988	安装拧紧方便，主要用于受载较小的轻工、仪器仪表
六角头铰制孔	六角头铰制孔用螺栓A-和B级	GB/T 27—1988	承受横向载荷，能精确保证被连接件的相互位置，加工精度要求高
	六角头螺杆带孔铰制孔用螺栓-A和B级	GB/T 28—1988	
方头	方头螺栓-C级	GB/T 8—1988	方头尺寸小，便于扳手口卡住或靠其他零件防止转动。可用于T形槽中，便于在槽中位置调整
	小方头螺栓-B级	GB/T 35—1988	
沉头	沉头方颈螺栓	GB/T 10—1988	方颈或榫有止转作用。多用于零件表面要求平坦或不阻挡东西的场合
	沉头带榫螺栓	GB/T 11—1988	
	沉头双榫螺栓	GB/T 800—1988	
半圆头	半圆头带榫螺栓	GB/T 13—1988	多用于由于结构受限制而不能使用其他螺栓头或零件表面要求光滑的场合。半圆头方颈螺栓多用于金属件、大半圆头的用于木制件
	半圆头方颈螺栓	GB/T 12—1988	
	大半圆头方颈螺栓-C级	GB/T 14—1998	
	大半圆头带榫螺栓	GB/T 15—1988	

续表

类型	名　　称	标　　准	特点及用途
T 形槽	T 形槽用螺栓	GB/T 37—1988	螺栓插入被连接件 T 形槽中，靠 T 形槽防止转动，构成连接，多用于工装
地脚螺栓	地脚螺栓	GB/T 799—1988	用于水泥基础中机座的固定
单头螺柱	手工焊用焊接螺柱	GB/T 902.1—2008	
铰链用	活节螺栓	GB/T 798—1988	多用于经常拆装的场所和工装
钢结构用	钢结构用扭剪型高强度螺栓连接副	GB/T 3632—2008	强度高，主要用于桥梁、塔架等钢结构
双头螺栓	等长双头螺柱-B 级	GB/T 901—1988	用于被连接件太厚不使用螺栓或因拆装频繁不宜采用螺钉连接的场合，双头螺柱通常一端旋入螺孔，一端用螺母连接，等长双头螺柱则两端均配螺母
	等长双头螺柱-C 级	GB/T 953—1988	
	双头螺柱： $b_m=1d$ $b_m=1.25d$ $b_m=1.5d$ $b_m=2d$	 GB/T 897—1988 GB/T 898—1988 GB/T 899—1988 GB/T 900—1988	
	螺杆	GB/T 15389—1994	

4.1.2　六角头螺栓-C 级与六角头螺栓-全螺纹-C 级

六角头螺栓-C 级与六角头螺栓-全螺纹-C 级规格见表 4-2。

表 4-2　六角头螺栓-C 级与六角头螺栓-全螺纹-C 级规格　mm

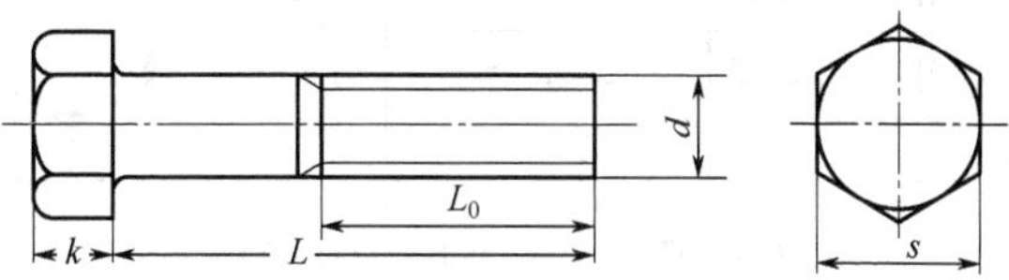

GB/T 5780—2000，GB/T 5781—2000

螺纹规格 d	头部尺寸		螺杆长度 L		L 系列尺寸
	k(公称)	s(最大)	GB/T 5780—2000	GB/T 5781—2000	
M5	3.5	8	25～50	10～50	25，30，35，40，
M6	4	10	30～60	12～60	45，50，55，60，

续表

螺纹规格 d	头部尺寸		螺杆长度 L		L 系列尺寸
	k(公称)	s(最大)	GB/T 5780—2000	GB/T 5781—2000	
M8	5.3	13	40～80	16～80	65，70，80，90，
M10	6.4	16	45～100	20～100	100，110，120，
M12	7.5	18	55～120	25～120	130，140，150，
M16	10	24	65～160	35～160	160，180，200，
M20	12.5	30	80～200	40～200	220，240，260，
M24	15	36	100～240	50～240	280，300，320，
M30	18.7	46	120～300	60～300	340，360，380，
M36	22.5	55	140～360	70～360	400，420，440，
M42	26	65	180～420	80～420	460，480，500
M48	30	75	200～480	100～480	
M56	35	85	240～500	110～500	
M64	40	95	260～500	120～500	

4.1.3 六角头螺栓-A级和B级与六角头螺栓-全螺纹-A级和B级

六角头螺栓-A级和B级与六角头螺栓-全螺纹-A级和B级规格见表4-3。

表4-3 六角头螺栓-A级和B级与六角头螺栓-全螺纹-A级和B级规格 mm

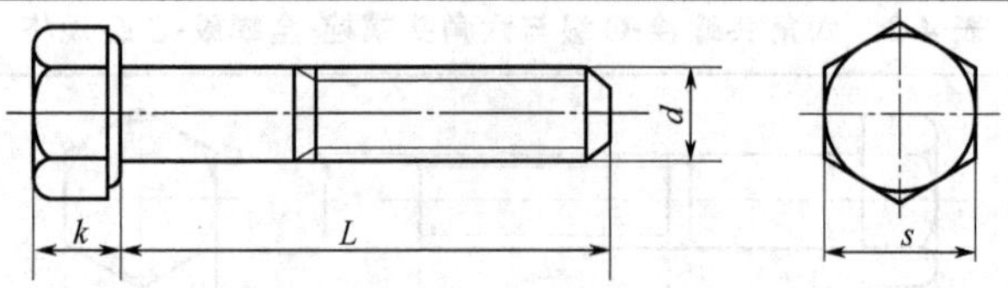

GB/T 5782—2000，GB/T 5783—2000

螺纹规格 d	头部尺寸		螺杆长度 L		L 系列尺寸
	k(公称)	s(公称)	GB/T 5782—2000	GB/T 5783—2000	
M1.6	1.1	3.2	12～16	2～16	
M2	1.4	4	16～20	4～20	
M2.5	1.7	5	16～25	5～25	

续表

螺纹规格 d	头部尺寸		螺杆长度 L		L 系列尺寸
	k(公称)	s(公称)	GB/T 5782—2000	GB/T 5783—2000	
M3	2	5.5	20～30	6～30	20，25，30，35，40，45，50，55，60，65，70，80，90，100，110，120，130，140，150，160，180，200，220，240，260，280，300，320，340，360，380，400，420，440，460，480，500
M4	2.8	7	25～40	8～40	
M5	3.5	8	25～50	10～50	
M6	4	10	30～60	12～60	
M8	5.3	13	40～80	16～80	
M10	6.4	16	45～100	20～100	
M12	7.5	18	50～120	25～120	
M16	10	24	65～160	30～140	
M20	12.5	30	80～200	40～150	
M24	15	36	90～240	50～150	
M30	18.7	46	100～300	60～200	
M36	22.5	55	140～360	70～200	
M42	26	65	160～440	80～200	
M48	30	75	180～480	100～200	
M56	35	85	220～500	110～200	
M64	40	95	240～500	120～200	

4.1.4　六角头螺栓-细牙-A 级和 B 级与六角头螺栓-细牙-全螺纹-A 级和 B 级

六角头螺栓-细牙-A 级和 B 级与六角头螺栓-细牙-全螺纹-A 级和 B 级规格见表 4-4。

表 4-4　六角头螺栓-细牙-A 级和 B 级与六角头螺栓-细牙-全螺纹-A 级和 B 级规格　mm

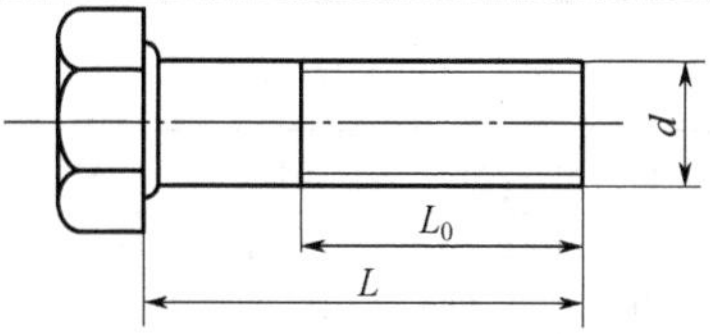

d L_0 L

GB/T 5785—2000，GB/T 5786—2000

续表

螺纹规格 $d\times P$	螺杆长度 L		螺纹规格 $d\times P$	螺杆长度 L	
	GB/T 5785—2000	GB/T 5786—2000		GB/T 5785—2000	GB/T 5786—2000
M8×1	40～80	16～80	(M27×2)	110～260	55～260
M10×1	45～100	20～100	M30×2	120～300	40～200
(M10×1.25)	45～100	20～100	(M33×2)	130～320	65～360
M12×1.5	50～120	25～120	M36×3	140～360	40～200
(M12×1.5)	50～120	25～120	(M39×3)	160～380	80～380
(M14×1.5)	60～140	30～140	M42×3	160～440	90～400
M16×1.5	65～160	35～160	(M45×3)	180～440	90～440
(M18×1.5)	70～180	35～180	M48×3	200～480	100～480
M20×1.5	80～200	40～200	(M52×4)	200～480	100～500
(M20×2)	80～200	40～200	M56×4	220～500	120～500
(M22×1.5)	90～220	45～220	(M60×4)	240～500	120～500
M24×2	100～240	40～200	M64×4	260～500	130～500
L 系列尺寸	16、18、20～75（5进级）、80～160（10进级）、180～500（20进级）				

注：尽可能不采用括号内的规格。

4.1.5　六角头铰制孔用螺栓-A级和B级

六角头铰制孔用螺栓-A级和B级规格见表4-5。

表4-5　六角头铰制孔用螺栓-A级和B级规格　　mm

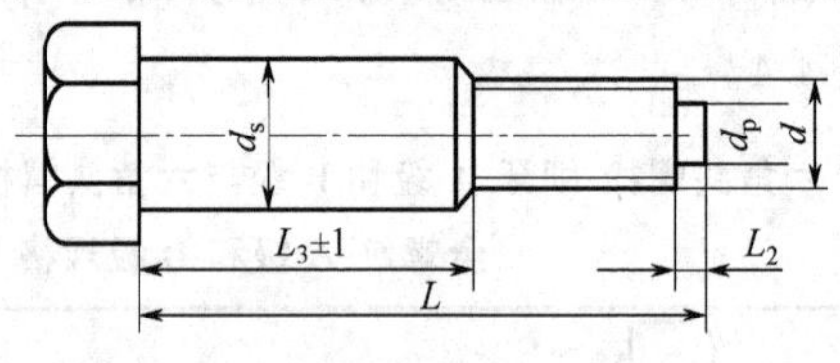

GB/T 27—1988

螺纹规格 d		M6	M8	M10	M12	M16	M20
d_s (h9)	最大	7.000	9.000	11.000	13.000	17.000	21.000
	最小	6.964	8.964	10.957	12.957	16.957	20.948
d_p		4	5.5	7	8.5	12	15

续表

螺纹规格 d	M6	M8	M10	M12	M16	M20
螺纹长度 $L-L_3$	12	15	18	22	28	32
L_2	1.5		2		3	4
L 范围	25～65	25～80	30～120	35～180	45～200	55～200

4.1.6　B 级细杆六角头螺栓

B 级细杆六角头螺栓主要用于表面光洁、对精度要求较高的机器、设备上。B 级细杆六角头螺栓规格见表 4-6。

表 4-6　B 级细杆六角头螺栓规格　mm

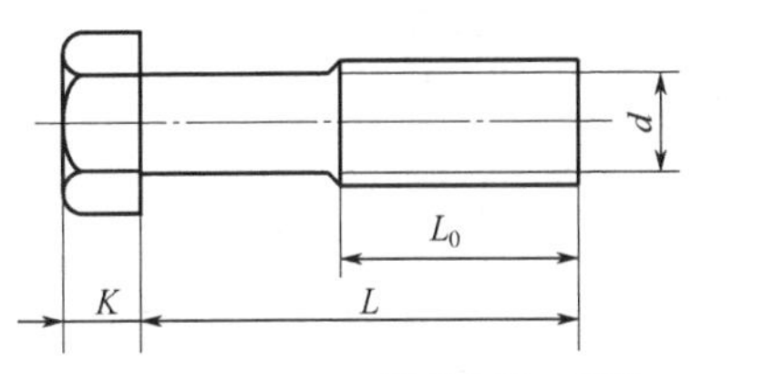

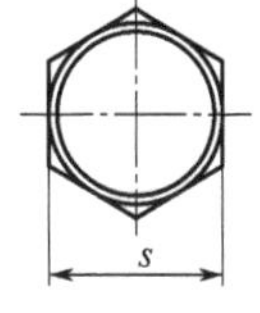

GB/T 5784—1986

螺纹规格 d	头部尺寸		螺纹长度 L_0（参考）		L 系列尺寸
	k（公称）	s（公称）	$L \leqslant 125$	$125 < L \leqslant 200$	
M3	2	5.5	12	—	20，25，30，35，40，45，50，55，60，(65)，70，80，90，100，110，120，130，140，150
M4	2.8	7	14	—	
M5	3.5	8	16	—	
M6	4	10	18	—	
M8	5.3	13	22	28	
M10	6.4	16	26	32	
M12	7.5	18	30	36	
M16	10	24	38	44	
M20	12.5	30	46	52	

注：尽可能不采用括号内的规格。

4.1.7　方颈螺栓

方颈螺栓用于铁木结构件的连接。方颈螺栓规格见表 4-7。

表 4-7 方颈螺栓规格 mm

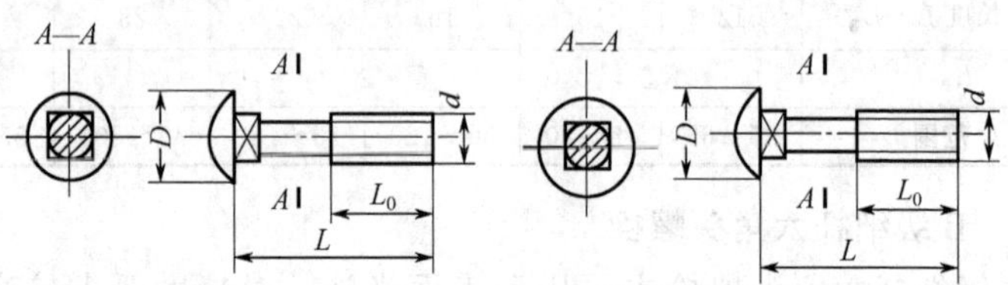

半圆头方颈螺栓GB/T 12—1988　　大半圆头方颈螺栓GB/T 14—1988

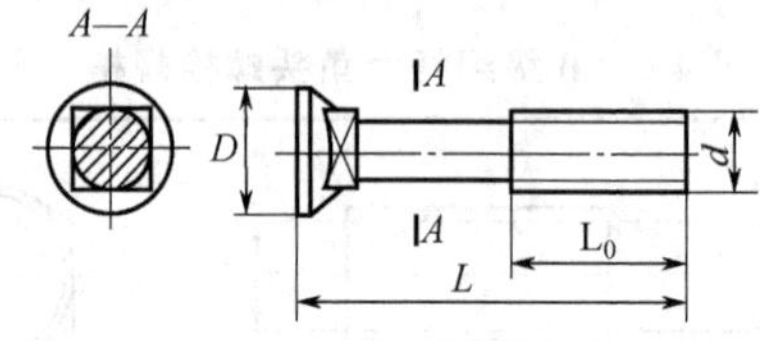

沉头方颈螺栓GB/T 10—1988

螺纹规格 d	头部直径 D			螺纹长度 (L_0)	螺杆长度 L			L 系列尺寸
	半圆头	大半圆头	沉头		半圆头	大半圆头	沉头	
M6	12	16	11	16	16～60	20～110	25～60	16，20，25，30，35，40，45，50，55，60，65，70，75，80，90，100，110，123，130，140，150，160，180，200
M8	16	20	14	20	16～70	20～130	25～80	
M10	20	24	17	25	25～120	30～160	30～100	
M12	24	30	21	30	30～160	35～200	30～120	
(M14)	28	32	24	35	40～180	40～200	—	
M16	32	38	28	40	45～180	40～200	45～160	
M20	40	46	36	50	60～200	55～200	55～200	
M24	—	54	45	60	—	75～200	—	

注：尽可能不用括号内的尺寸。

4.1.8 带榫螺栓

带榫螺栓用于连接铁木结构件。带榫螺栓规格见表 4-8。

表 4-8　带榫螺栓规格　mm

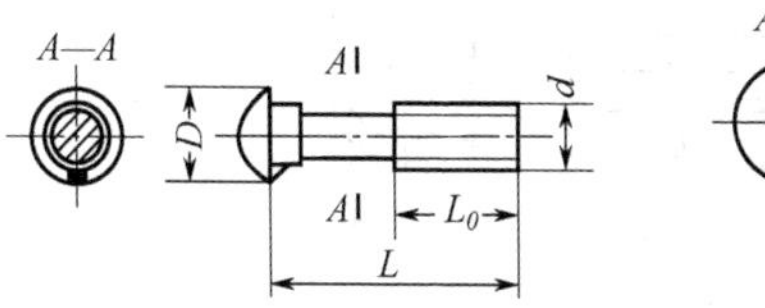

半圆头带榫螺栓GB/T 13—1988

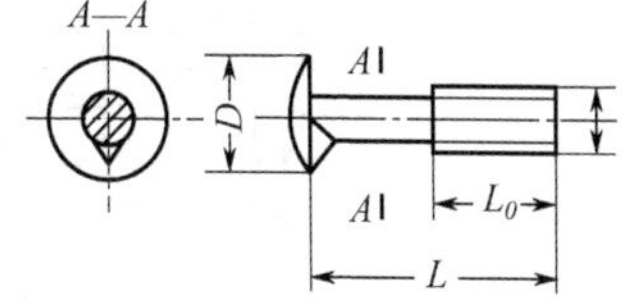

大半圆头带榫螺栓GB/T 15—1988

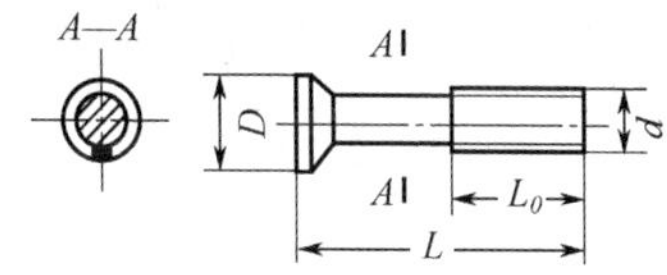

沉头带榫螺栓GB/T 11—1988

螺纹规格 d	头部直径 D			螺纹长度 (L_0)	螺杆长度 L		
	半圆头	大半圆头	沉头		半圆头	大半圆头	沉头
M6	11	14	10.5	16	20～50	20～90	25～50
M8	14	18	14	20	20～60	20～100	30～60
M10	17	23	17	25	30～150	40～150	35～120
M12	21	28	21	30	35～150	40～200	40～140
(M14)	24	32	24	35	35～200	40～200	45～160
M16	28	35	28	40	50～200	40～200	45～200
M20	34	44	36	50	60～200	55～200	60～200
(M22)	—	—	40	55	—	—	65～200
M24	42	52	45	60	75～200	80～200	75～200

注：1. 螺杆长度系列尺寸除 16mm 外，其余尺寸均与方颈螺栓相同。
2. 尽可能不用括号内尺寸。

4.1.9　T 形槽用螺栓

T 形槽用螺栓用于有 T 形槽的连接件上，如机床、机床附件等。可在只旋转螺母而不卸螺栓时即可将连接件拧紧或松脱。T 形槽用螺栓规格见表 4-9。

表 4-9　T 形槽用螺栓规格　mm

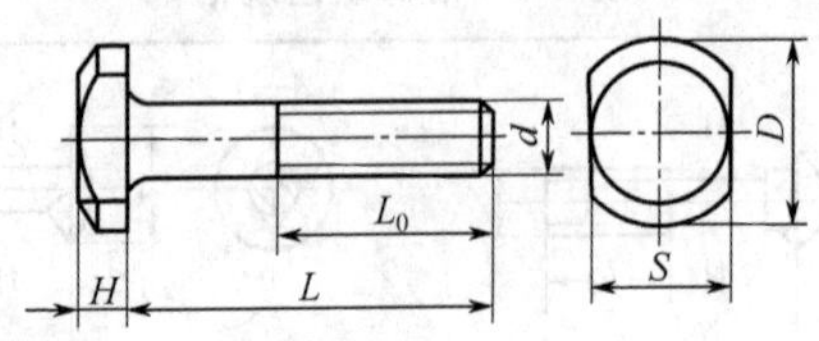

GB/T 37—1988

公称规格 d	T 形槽宽	头部尺寸			螺纹长度 L_0	螺杆长度 L	L 系列尺寸
		S	H	D			
M5	6	9	4	12	16	25～70	25，30，35，40，45，50，(55)，60，(65)，70，(75)，80，90，100，(110)，120，(130)，140，(150)，160，180，200，250，300
M6	8	12	5	16	20	25～70	
M8	10	14	6	20	25	25～80	
M10	12	18	7	25	30	30～90	
M12	14	22	9	30	40	40～100	
M16	18	28	12	38	45	45～120	
M20	22	34	14	46	50	70～160	
M24	28	44	16	58	60	120～200	
M30	36	57	20	75	70	130～300	
M36	42	67	24	85	80	140～300	
M42	48	76	28	95	90	150～300	
M48	54	86	32	105	100	150～300	

注：尽可能不采用括号内的长度。

4.1.10　活节螺栓

活节螺栓用于需紧固又有铰接的连接件。活节螺栓规格见表 4-10。

表 4-10　活节螺栓规格　mm

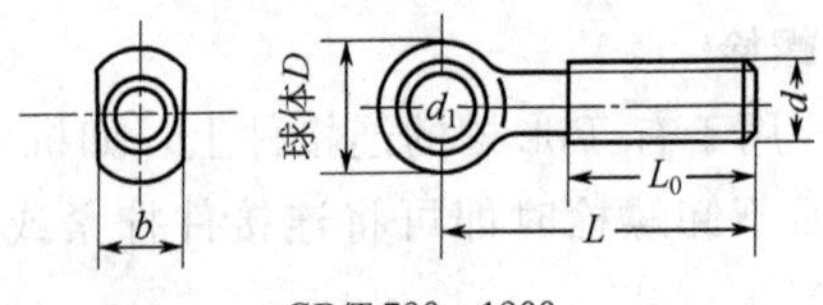

GB/T 798—1988

续表

公称规格 d	节孔直径 d_1	球体直径 D	节头宽度 b	螺纹长度 L_0	螺杆长度 L	L 系列尺寸
M5	4	10	6	16	25～50	25，30，35，40，45，50，55，60，65，70，75，80，85，90，95，100，110，120，130，140，150，160，180，200，220，240，260，280，300
M6	5	12	8	20	30～60	
M8	6	14	10	25	35～80	
M10	8	18	12	30	40～120	
M12	10	20	14	40	50～140	
M16	12	28	18	45	60～180	
M20	16	34	22	50	70～200	
M24	20	42	26	60	85～260	
M30	25	52	34	70	100～300	
M36	30	64	40	80	120～300	

4.1.11　手工焊用焊接螺柱

手工焊用焊接螺柱有螺纹的一头用作拧紧和松脱，没有螺纹的一头焊在被连接之零件上。焊接单头螺栓规格见表 4-11。

表 4-11　手工焊用焊接螺柱　mm

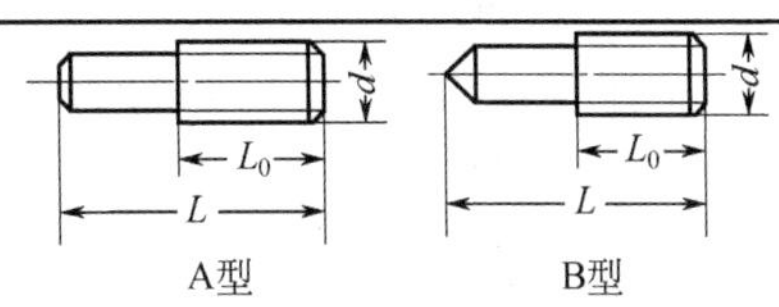

GB/T 902.1—2008

螺纹规格 d	螺纹长度 L_0		螺栓长度 L	L 系列尺寸
	标准	加长		
M3	12	15	10～55	10，12，16，20，25，30，35，40，45，50，（55），60，（65），70，80，90，100，（110），120，（130），140，150，160，180，200，220，240，260，280，300
M4	14	20	10～80	
M5	16	22	12～90	
M6	18	24	16～200	
M8	22	28	20～200	
M10	26	45	25～250	
M12	30	49	30～250	
(M14)	34	53	35～280	
M16	38	57	45～280	
(M18)	42	61	50～300	
M20	46	65	60～300	

注：括号内的尺寸尽量不采用。

4.1.12 地脚螺栓

地脚螺栓用于紧固各种机器、设备的底座，埋于地基中。地脚螺栓规格见表4-12。

表4-12 地脚螺栓规格（GB/T 799—1988） mm

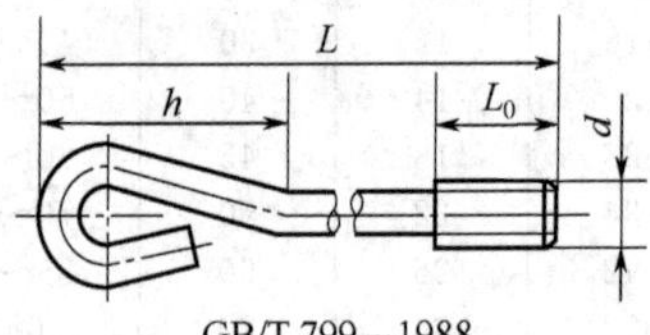

GB/T 799—1988

公称规格 d	螺纹长度 L_0	弯曲部长度 h	螺栓全长 L	L 系列尺寸
M6	20	41	80～160	80，120，160，220，300，400，500，630，800，1000，1250，1500
M8	20	46	120～220	
M10	30	65	160～300	
M12	40	82	160～400	
M16	50	93	220～500	
M20	60	127	300～630	
M24	70	139	300～800	
M30	80	192	400～1000	
M36	100	244	500～1000	
M42	120	261	630～1250	
M48	140	302	630～1500	

4.1.13 方头螺栓

方头螺栓和小方头螺栓规格见表4-13。

表4-13 方头螺栓和小方头螺栓规格 mm

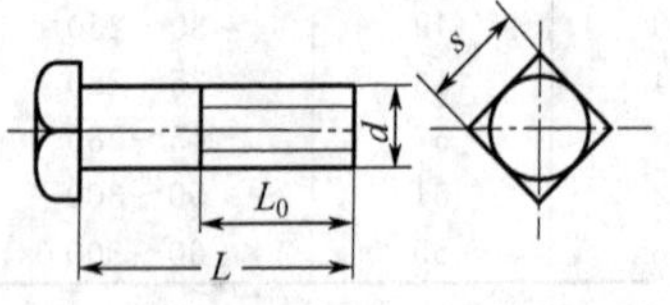

方头螺栓 GB/T 8—1988
小方头螺栓 GB/T 35—1988

续表

螺纹规格 d	螺杆长度 L		扳手尺寸 s		L 系列尺寸
	方头	小方头	方头	小方头	
M5		10～60		8	
M6		10～75		10	10，12，(14)，
M8		10～85		12	16，(18)，20，
M10	20～200	12～200	17	14	(22)，25，(28)，
M12	25～260	14～260	19	17	30，32，35，
(M14)		16～260	22	19	(38)，40，45，
M16	30～300		24	22	50，55，60，65，
(M18)		18～260	27	24	70，75，80，85，
M20	35～300	20～260	30	27	90，95，100，
(M22)	50～300	22～260	32	30	110，120，130，
M24	55～300	25～260	36	32	140，150，160，
(M27)		30～260	41	36	170，180，190，
M30	60～300	32～260	46	41	200，210，220，
M36	80～300	40～300	55	50	230，240，250，
M42		45～300	65	55	260，280，300
M48	110～300	55～300	75	65	

注：尽可能不用括号内尺寸。

4.1.14 双头螺栓

双头螺栓适用于结构上不能采用螺栓连接的场合，例如被连接件之一太厚不宜制成通孔或需要经常拆装时，往往采用双头螺栓连接。双头螺栓规格见表 4-14。

表 4-14 双头螺栓规格 mm

A 型：无螺纹部分直径与螺纹外径相等
B 型：无螺纹部分直径小于螺纹外径
$L_1 = 1d$ (GB/T 897—1988)
$L_1 = 1.25d$ (GB/T 898—1988)
$L_1 = 1.5d$ (GB/T 899—1988)
$L_1 = 2d$ (GB/T 900—1988)
$L_1 = L_0$ 等长双头螺栓-B 级 (GB/T 901—1988)、C 级 (GB/T 953—1988)

续表

螺纹规格 d	螺纹长度 L_1				螺栓长度 L/标准螺栓长度 L_0				
	1d	1.25d	1.5d	2d	GB/T 897～900—1988			GB/T 901—1988	GB/T 953—1988
M2			3	4	(12～16)/6，(18～25)/10			(10～60)/10	
M2.5			3.5	5	(14～18)/8，(20～30)/11			(10～80)/11	
M3			4.5	6	(16～20)/6，(22～40)/12			(12～120)/12	
M4			6	8	(16～22)/8，(25～40)/14			(16～300)/14	
M5	5	6	8	10	(16～22)/10，(25～50)/16			(20～300)/16	
M6	6	8	10	12	(12～22)/10	(25～28)/14	(30～75)/18	(25～300)/16	
M8	8	10	12	16	(20～22)/12	(25～28)/16	(30～90)/20	(32～300)/20	(100～600)/20
M10	10	12	15	20	(25～28)/14	(30～35)/16	(38～130)/25	(40～300)/25	(100～800)/25
M12	12	15	18	24	(25～30)/16	(32～40)/20	(45～180)/30	(50～300)/30	(150～1200)/30
M14*	14	18	21	28	(30～35)/18	(38～45)/25	(50～180)/35	(60～300)/35	(150～1200)/35
M16	16	20	24	32	(30～38)/20	(40～55)/30	(60～200)/40	(60～300)/40	(200～1500)/40
M18*	18	22	27	36	(35～40)/22	(45～60)/35	(60～200)/45	(60～300)/45	(200～1500)/45
M20	20	25	30	40	(35～40)/25	(45～65)/35	(70～200)/50	(70～300)/50	(260～1500)/50
M22*	22	28	33	44	(40～45)/30	(50～70)/40	(75～200)/55	(80～300)/55	(260～1800)/55
M24	24	30	36	48	(45～50)/30	(55～75)/45	(80～200)/60	(90～300)/60	(300～1800)/60
M27*	27	35	40	54	(50～60)/35	(65～80)/50	(90～200)/65	(100～300)/65	(300～2000)/65
M30	30	38	45	60	(60～65)/40	(70～90)/50	(95～250)/70	(120～400)/70	(350～2500)/70
M36	36	45	54	72	(65～75)/45	(80～110)/60	(120～300)/80	(140～500)/80	(350～2500)/80
M42	42	50	63	84	(70～80)/50	(85～120)/70	(130～300)/90	(140～500)/90	(500～2500)/90
M48	48	60	72	96	(80～90)/60	(95～140)/80	(150～300)/100	(150～500)/100	(500～2500)/100

注：1. 表中带“*”的尺寸尽可能不采用

2. 螺栓长度系列尺寸（mm）：20，(22)，25，(28)，30，(32)，35，(38)，40～90（5进级），(95)，100～200，(210)，220，(230)，(240)，250，(260)，280，300，320，350，380，400，420，450，480，500～950（50进级），1000～2500（100进级）。加“( )”号的尺寸尽可能不采用。

4.2 螺钉

4.2.1 螺钉的类型、特点和用途

螺钉的类型、特点和用途见表4-15。

表4-15 螺钉的类型、特点和用途

类型	名　　称	标　　准	特点及用途
机螺钉	十字槽盘头螺钉	GB/T 818—2000	十字槽拧紧时对中性好，易实现自动装配，生产率高，槽的强度高，不易打滑
	十字槽沉头螺钉	GB/T 819.1—2000 GB/T 819.2—1997	
	十字槽半沉头螺钉	GB/T 820—2000	
	十字槽圆柱头螺钉	GB/T 822—2000	
	十字槽小盘头螺钉	GB/T 823—1988	
	开槽圆柱头螺钉	GB/T 65—2000	开槽螺钉，多用于较小零件的连接
	开槽盘头螺钉	GB/T 67—2008	
	开槽沉头螺钉	GB/T 68—2000	
	开槽半沉头螺钉	GB/T 69—2000	
	内六角花形低圆柱头螺钉	GB/T 2671.1—2004	内六角可承受较大的拧紧力矩，连接强度高，可替代六角头螺栓。头部可埋入零件沉孔中，外形平滑，结构紧凑
	内六角花形圆柱头螺钉	GB/T 2671.2—2004	
	内六角花形盘头螺钉	GB/T 2672—2004	
	内六角花形沉头螺钉	GB/T 2673—2007	
	内六角花形半沉头螺钉	GB /T 2674—2004	
	内六角圆柱头螺钉	GB/T 70.1—2008	
	内六角平圆头螺钉	GB/T 70.2—2008	
	内六角沉头螺钉	GB/T 70.3—2008	
	内六角圆柱头轴肩螺钉	GB/T 5281—1985	
紧定螺钉	开槽锥端紧定螺钉	GB/T 71—1985	锥端：靠端头直接顶紧零件，一般用于不常拆装或零件硬度不高的场合 平端：端头平滑，不伤零件表面，多用于受载小，经常调节位置的场合
	开槽平端紧定螺钉	GB/T 73—1985	
	开槽凹端紧定螺钉	GB/T 74—1985	
	开槽长圆柱紧定螺钉	GB/T 75—1985	
	内六角平端紧定螺钉	GB/T 77—2007	
	内六角锥端紧定螺钉	GB/T 78—2007	

续表

类型	名　称	标　准	特点及用途
紧定螺钉	内六角凹端紧定螺钉	GB/T 80—2007	凹端：适用于零件硬度较大的场合 圆柱端：承载能力高，用于位置经常调节或固定安装在管轴上的零件。使用时应有防松措施 球面端：除压顶平面外，还可压在零件的圆窝中 紧定螺钉的硬度：高于零件硬度。一般螺钉的热处理硬度为28～38HRC
	内六角圆柱端紧定螺钉	GB/T 79—2007	
	方头长圆柱球面端紧定螺钉	GB/T 83—1988	
	方头凹端紧定螺钉	GB/T 84—1988	
	方头长圆柱端紧定螺钉	GB/T 85—1988	
	方头短圆柱锥端紧定螺钉	GB/T 86—1988	
	方头倒角端紧定螺钉	GB/T 821—1988	
定位螺钉	开槽盘头定位螺钉	GB/T 828—1988	主要作用是定位，也可传递不大的载荷
	开槽圆柱端定位螺钉	GB/T 829—1988	
	开槽锥端定位螺钉	GB/T 72—1988	
不脱出螺钉	开槽盘头不脱出螺钉	GB/T 837—1988	多用于冲击振动较大，不允许脱出的连接。可在细的螺杆处装防脱元件
	六角头不脱出螺钉	GB/T 838—1988	
	滚花头不脱出螺钉	GB/T 839—1988	
	开槽沉头不脱出螺钉	GB/T 948—1988	
	开槽半沉头不脱出螺钉	GB/T 949—1988	
自攻螺钉	十字槽盘头自攻螺钉	GB/T 845—1985	多用于较薄的钢板和有色金属板的连接。螺钉硬度较高，一般热处理硬度为50～58HRC。被连接件可不预先制出螺纹，在连接时，利用螺钉攻出螺纹
	十字槽沉头自攻螺钉	GB/T 846—1985	
	十字槽半沉头自攻螺钉	GB/T 847—1985	
	六角头自攻螺钉	GB /T 5285—1985	
	十字槽凹穴六角头自攻螺钉	GB/T 9456—1988	
	开槽盘头自攻螺钉	GB/T 5282—1985	
	开槽沉头自攻螺钉	GB /T 5283—1985	
	开槽半沉头自攻螺钉	GB/T 5284—1985	
	十字槽盘头自钻自攻螺钉	GB/T 15856.1—2002	
	十字槽沉头自钻自攻螺钉	GB/T 15856.2—2002	
	十字槽半沉头自钻自攻螺钉	GB/T 15856.3—2002	
	六角法兰面自钻自攻螺钉	GB/T 15856.4—2002	

续表

类型	名　　称	标　　准	特点及用途
自攻螺钉	六角凸缘自钻自攻螺钉	GB/T 15856.5—2002	多用于较薄的钢板和有色金属板的连接。螺钉硬度较高，一般热处理硬度为 50～58HRC。被连接件可不预先制出螺纹，在连接时，利用螺钉攻出螺纹
	墙板自攻螺钉	GB/T 14210—1993	
	十字槽沉头自攻锁紧螺钉	GB/T 6561—1986	
	六角头自攻锁紧螺钉	GB/T 6563—1986	
特殊用途螺钉	开槽无头轴位螺钉	GB/T 831—1988	多用于受载较小的工装设备的连接
	开槽带孔球面圆柱头螺钉	GB/T 832—1988	
	开槽大圆柱头螺钉	GB/T 833—1988	
	滚花高头螺钉	GB/T 834—1988	
	滚花平头螺钉	GB/T 835—1988	
	滚花小头螺钉	GB/T 836—1988	
	塑料滚花头螺钉	GB/T 840—1988	
	开槽球面圆柱头轴位螺钉	GB/T 946—1988	
	开槽球面大圆柱头螺钉	GB/T 947—1988	
	吊环螺钉	GB/T 825—1988	用于起吊机械等
	精密机械用紧固件十字槽螺钉	GB/T 13806.1—1992	主要用于仪器、仪表等精密机械

4.2.2 普通螺钉

普通螺钉用于受力不大，又不需要经常拆装的场合。其特点是一般不用螺母，而把螺钉直接旋入被连接件的螺纹孔中，使被连接件紧密地连接起来。普通螺钉规格见表 4-16。

表 4-16 普通螺钉规格 mm

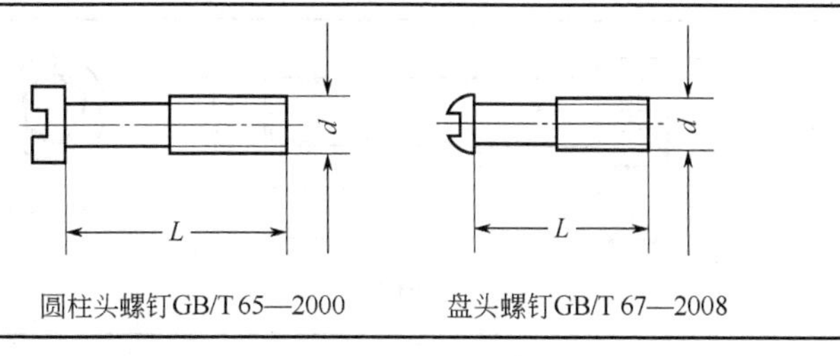

圆柱头螺钉GB/T 65—2000　　盘头螺钉GB/T 67—2008

续表

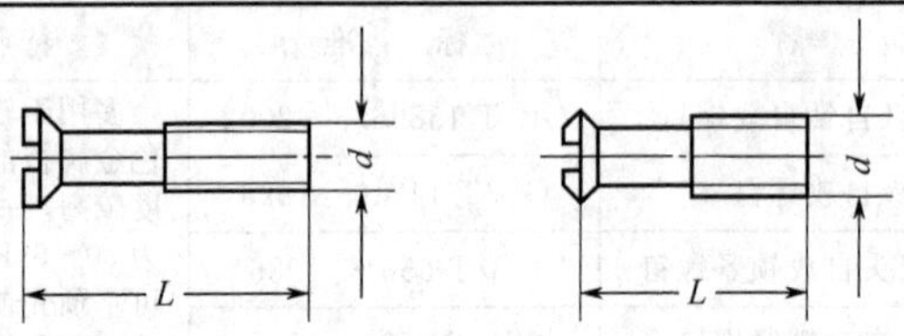

沉头螺钉 GB/T 68—2000　　半沉头螺钉 GB/T 69—2000

螺纹规格 d	钉杆长度 L			L 系列尺寸
	圆柱头 GB/T 65—2000	盘头 GB/T 67—2008	沉头、半沉头 GB/T 68—2000、GB/T 69—2000	
M1.6	2～16	2～16	2.5～16	2，2.5，3，4，5，6，8，10，12，(14.0)，16，20，25，30，35，40，45，50，(55)，60，(65)，70，(75)，80
M2	3～20	2.5～20	3～20	
M2.5	3～25	3～25	4～25	
M3	4～30	4～30	5～30	
(M3.5)	5～35	5～35	6～35	
M4	5～40	5～40	6～40	
M5	6～50	6～50	8～50	
M6	8～60	8～60	8～60	
M8	10～80	10～80	10～80	
M10	12～80	12～80	12～80	

注：括号内尺寸尽量不采用。

4.2.3 内六角圆柱头螺钉

内六角圆柱头螺钉用于需把螺钉头埋入机件内，而紧固力又要求较大的场合。内六角圆柱头螺钉规格见表 4-17。

表 4-17 内六角圆柱头螺钉规格 mm

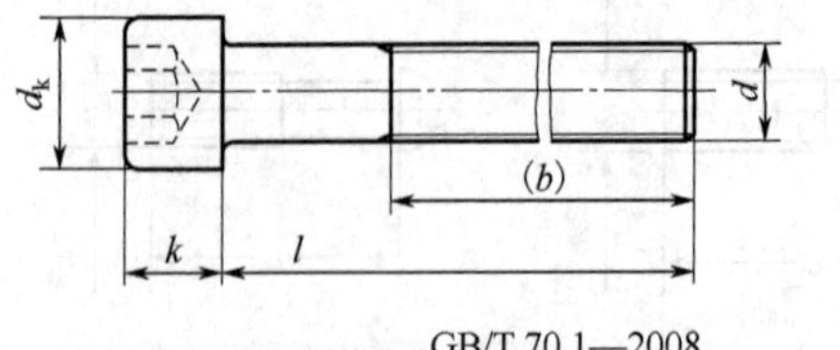

GB/T 70.1—2008

续表

螺纹规格 d	内六角扳手尺寸 s	螺钉长度		l 系列尺寸
		l	b（参考）	
M1.6	1.5	2.5～16	15	2.5，3，4，5，6，8，10，12，16，20，25，30，35，40，45，50，55，60，65，70，80，90，100，110，120，130，140，150，160，180，200，210，220，240，260，280，300
M2	1.5	3～20	16	
M2.5	2	4～25	17	
M3	2.5	5～30	18	
M4	3	6～40	20	
M5	4	8～50	22	
M6	5	10～60	24	
M8	6	12～80	28	
M10	8	16～100	32	
M12	10	20～120	36	
M14*	12	25～140	40	
M16	14	25～160	44	
M20	17	30～200	52	
M24	19	40～200	60	
M30	22	45～200	72	
M36	27	55～200	84	
M42	32	60～300	96	
M48	36	70～300	108	
M56	41	80～300	124	
M64	46	90～300	140	

注：带“*”号的尺寸尽可能不采用。

4.2.4 十字槽普通螺钉

十字槽普通螺钉用途与普通螺钉相同。十字槽普通螺钉规格见表 4-18。

表 4-18　十字槽普通螺钉规格　　mm

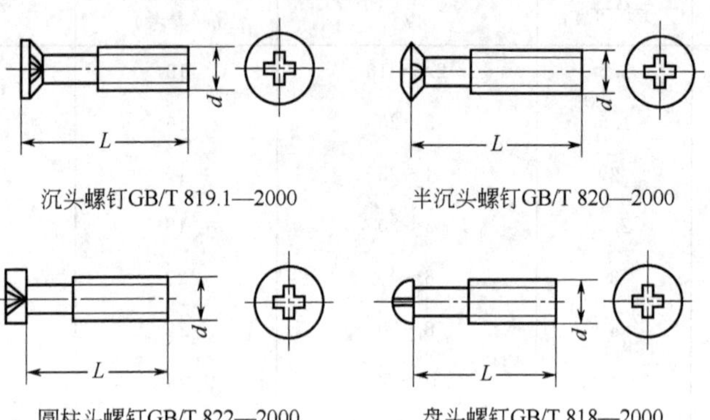

沉头螺钉GB/T 819.1—2000　　半沉头螺钉GB/T 820—2000

圆柱头螺钉GB/T 822—2000　　盘头螺钉GB/T 818—2000

螺纹规格 d	螺钉长度 L			L 系列尺寸
	沉头、半沉头	盘头	圆柱头	
M1.6	2～16		—	2，3，4，5，6，8，10，12，(14)，16，20，25，30，35，40，45，50，(55)，60，70，80
M2	3～20		—	
M2.5	3～25			
M3	4～30			
(M3.5)	5～35			
M4	5～40			
M5	6～50	6～45	5～50	
M6	8～60			
M8	10～60		10～80	
M10	12～60		—	

注：括号内的尺寸尽可能不采用。

4.2.5　紧定螺钉

紧定螺钉用于固定零部件的相对位置，其种类如图 4-1 所示。

(1) 方头紧定螺钉（见表 4-19）

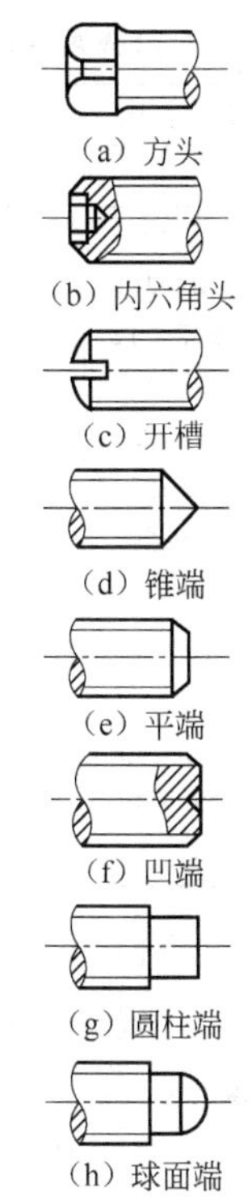

图 4-1　紧定螺钉种类

表 4-19　方头紧定螺钉规格　　mm

螺纹规格 d	螺钉长度 L					L 系列尺寸
	倒角(平)端	锥端	圆柱端	凹端	球面端	
M5	8～30	12～30		10～30	—	8，10，12，(14)，16，20，25，30，35，40，45，50，(55)，60，70，80，90，100
M6	8～30	12～30			—	
M8	10～40	14～40			16～40	
M10	12～50	20～50			20～50	
M12	14～60	25～60			25～60	
M16	20～80	25～80			30～80	
M20	40～100	40～100			35～100	

注：括号内尺寸尽量不采用。

(2) 内六角头紧定螺钉（见表 4-20）

表 4-20 内六角头紧定螺钉规格 mm

<table>
<tr><th rowspan="2">螺纹规格 d</th><th colspan="4">螺钉长度 L</th><th rowspan="2">L 系列尺寸</th></tr>
<tr><th>锥端</th><th>平端</th><th>凹端</th><th>圆柱端</th></tr>
<tr><td>M1.6</td><td colspan="4">2～8</td><td rowspan="13">2，2.5，3，4，5，6，8，10，12，16，20，25，30，35，40，45，50，55，60</td></tr>
<tr><td>M2</td><td colspan="4">2～10</td></tr>
<tr><td>M2.5</td><td colspan="4">2.5～12</td></tr>
<tr><td>M3</td><td colspan="4">3～16</td></tr>
<tr><td>M4</td><td colspan="4">4～20</td></tr>
<tr><td>M5</td><td colspan="4">5～25</td></tr>
<tr><td>M6</td><td colspan="4">5～30</td></tr>
<tr><td>M8</td><td colspan="4">8～40</td></tr>
<tr><td>M10</td><td colspan="4">10～50</td></tr>
<tr><td>M12</td><td colspan="4">12～60</td></tr>
<tr><td>M16</td><td colspan="4">16～60</td></tr>
<tr><td>M20</td><td colspan="4">20～60</td></tr>
<tr><td>M24</td><td colspan="4">25～60</td></tr>
</table>

(3) 开槽紧定螺钉（见表 4-21）

表 4-21 开槽紧定螺钉规格 mm

<table>
<tr><th rowspan="2">螺纹规格 d</th><th colspan="4">螺钉长度 L</th><th rowspan="2">L 系列尺寸</th></tr>
<tr><th>圆柱端</th><th>锥端</th><th>平端</th><th>凹端</th></tr>
<tr><td>M1</td><td>—</td><td colspan="2">2～4</td><td>—</td><td rowspan="14">2，3，4，5，6，8，10，12，(14)，16，(18)，20，(22)，25，(28)，30，35，40，50</td></tr>
<tr><td>M1.2</td><td>—</td><td colspan="2">2～4</td><td>—</td></tr>
<tr><td>M1.4</td><td>—</td><td colspan="2">2～5</td><td>—</td></tr>
<tr><td>M1.6</td><td>—</td><td>2～6</td><td>3～6</td><td>—</td></tr>
<tr><td>M2</td><td>3～6</td><td colspan="2">3～8</td><td>—</td></tr>
<tr><td>M2.5</td><td>4～8</td><td>3～10</td><td>4～10</td><td>—</td></tr>
<tr><td>M3</td><td>5～12</td><td>4～12</td><td>5～12</td><td>4～16</td></tr>
<tr><td>M4</td><td>6～16</td><td>5～16</td><td>6～16</td><td>4～20</td></tr>
<tr><td>M5</td><td>8～18</td><td>6～20</td><td>8～20</td><td>8～25</td></tr>
<tr><td>M6</td><td>8～20</td><td colspan="2">8～22</td><td>8～25</td></tr>
<tr><td>M8</td><td colspan="2">10～28</td><td colspan="2">10～25</td></tr>
<tr><td>M10</td><td colspan="2">12～35</td><td colspan="2">12～30</td></tr>
<tr><td>M12</td><td colspan="2">12～45</td><td colspan="2">12～40</td></tr>
<tr><td>M16</td><td>—</td><td>16～50</td><td>—</td><td>—</td></tr>
</table>

注：括号内尺寸尽量不采用。

4.2.6　大圆柱头螺钉

大圆柱头螺钉规格见表 4-22。

表 4-22　大圆柱头螺钉规格　mm

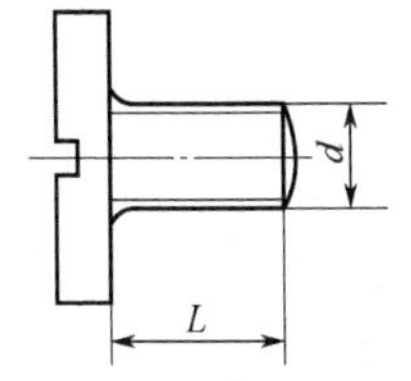

大圆柱头螺钉GB/T 833—1988

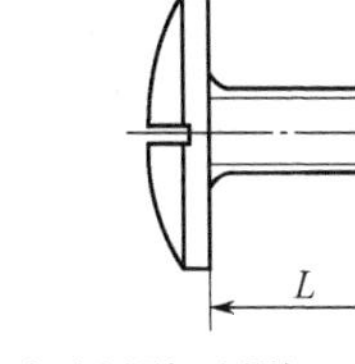

球面大圆柱头螺钉GB/T 947—1988

螺纹规格 d	螺杆长度 L		L 系列尺寸
	大圆柱头	球面大圆柱头	
M1.6	2.5～5	2～5	2，2.5，3，4，5，6，8，10，12，(14)，16，20
M2	3～6	2.5～6	
M2.5	4～8	3～8	
M3	4～10	4～10	
M4	5～12	5～12	
M5	6～14	6～14	
M6	8～16	8～16	
M8	10～16	10～20	
M10	12～20	12～20	

注：括号内尺寸尽量不采用。

4.2.7　滚花螺钉

滚花螺钉用于连接，适宜需经常做松紧动作的场合。滚花螺钉规格见表 4-23。

表 4-23　滚花螺钉规格　mm

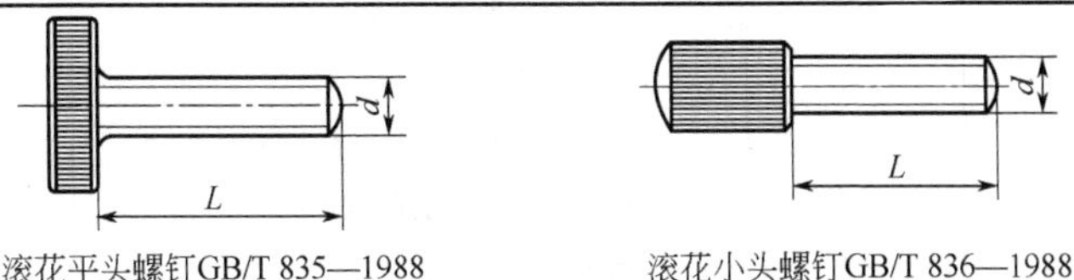

滚花平头螺钉GB/T 835—1988　　滚花小头螺钉GB/T 836—1988

续表

螺纹规格 d	螺杆长度 L		L 系列尺寸
	滚花平头	滚花小头	
M1.6	2～12	3～16	2，2.5，3，4，5，6，8，10，12，(14)，16，20，25，30，35，40
M2	4～16	4～20	
M2.5	5～16	5～20	
M3	6～20	6～25	
M4	8～25	8～30	
M5	10～25	10～35	
M6	12～30	12～40	
M8	16～35	—	
M10	20～40	—	

注：括号内尺寸尽量不采用。

4.2.8　吊环螺钉

吊环螺钉装在机器或大型零部件的顶盖或外壳上，便于起吊用。吊环螺钉规格见表4-24。

表4-24　吊环螺钉规格　mm

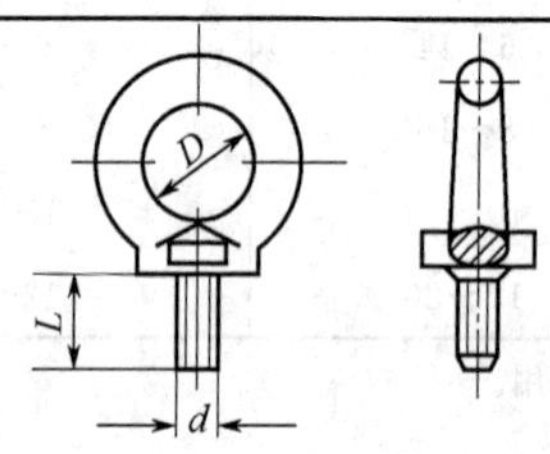

GB/T 825—1988

螺纹规格 d	吊环内径 D_1	钉杆长度 L	螺纹规格 d	吊环内径 D_1	钉杆长度 L
M8	20	16	M42	80	65
M10	24	20	M48	95	70
M12	28	22	M56	112	80
M16	34	28	M64	125	90
M20	40	35	M72×6	140	100
M24	48	40	M80×6	160	115
M30	56	45	M100×6	200	140
M36	67	55			

4.2.9　自攻螺钉

自攻螺钉用于薄金属制件与较厚金属制作之间的连接。自攻螺钉规格见表 4-25。

表 4-25　自攻螺钉规格　　mm

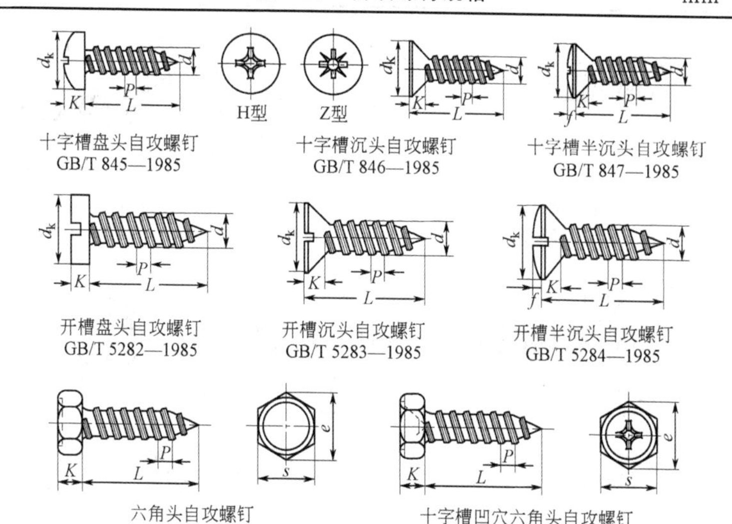

十字槽盘头自攻螺钉 GB/T 845—1985　十字槽沉头自攻螺钉 GB/T 846—1985　十字槽半沉头自攻螺钉 GB/T 847—1985

开槽盘头自攻螺钉 GB/T 5282—1985　开槽沉头自攻螺钉 GB/T 5283—1985　开槽半沉头自攻螺钉 GB/T 5284—1985

六角头自攻螺钉 GB/T 5285—1985　十字槽凹穴六角头自攻螺钉 GB/T 9456—1988

自攻螺钉用螺纹规格	螺纹外径 $d \leqslant$	螺距 P	公称长度 L					
			十字槽		开槽		六角头	
			盘头	沉头、半沉头	盘头	沉头、半沉头	无槽	十字槽
ST2.2	2.24	0.8	4.5～16	4.5～16	4.5～16	4.5～16	4.5～16	—
ST2.9	2.90	1.1	6.5～19	6.5～19	6.5～19	6.5～19	6.5～19	6.5～19
ST3.5	3.53	1.3	9.5～25	9.5～25	9.5～22	9.5～25 (22)	9.5～22	9.5～22
ST4.2	4.22	1.4	9.5～32	9.5～32	9.5～25	9.5～32 (25)	9.5～25	9.5～25
ST4.8	4.80	1.6	9.5～38	9.5～32	9.5～32	9.5～32	9.5～32	9.5～32
ST5.5	5.46	1.8	13～38	13～38	13～32	13～38 (32)	13～32	—
ST6.3	6.25	1.8	13～38	13～38	13～38	13～38	13～38	13～38
ST8	8.00	2.1	16～50	16～50	16～50	16～50	13～50	13～50
ST9.5	9.65	2.1	16～50	16～50	16～50	19～50	16～50	—

4.2.10 自钻自攻螺钉

自钻自攻螺钉用于连接。连接时可将钻孔和攻螺纹两道工序合并一次完成。自钻自攻螺钉规格见表 4-26。

表 4-26 自钻自攻螺钉规格 mm

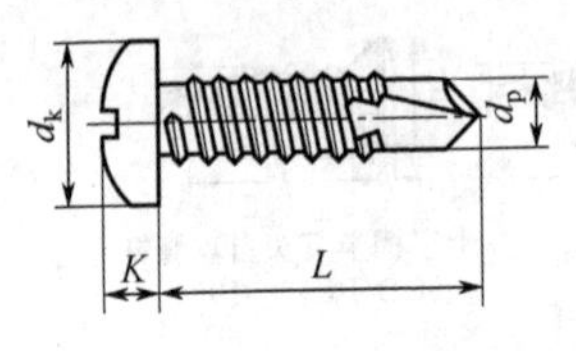

十字槽盘头自钻自攻螺钉
GB/T 15856.1—2002

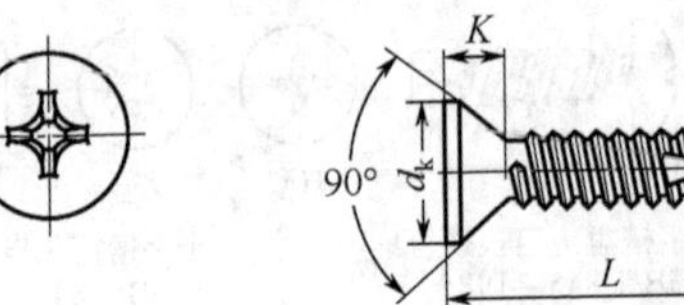

十字槽沉头自钻自攻螺钉
GB/T 15856.2—2002

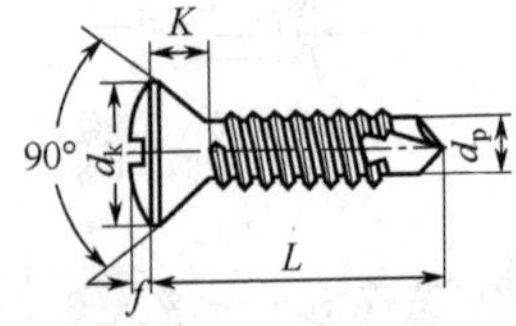

十字槽半沉头自钻自攻螺钉
GB/T 15856.3—2002

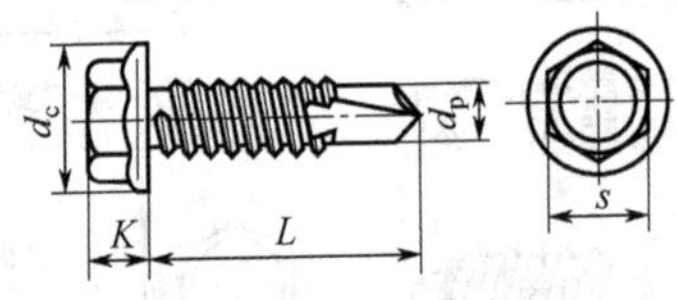

六角法兰面自钻自攻螺钉
GB/T 15856.4—2002

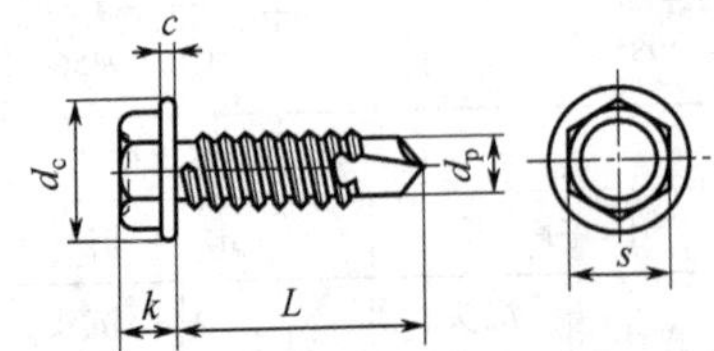

六角凸缘自钻自攻螺钉GB/T 15856.5—2002

自攻螺钉用螺纹规格	螺纹外径 $d\leqslant$	公称长度 L	钻头部分(直径 d_p)的工作性能	钻削范围(板厚)
ST2.9	2.90	9.5～19	按 GB/T 3098.11 规定	0.7～1.9
ST3.5	3.53	9.5～25		0.7～2.25
ST4.2	4.22	13～38		1.75～3
ST4.8	4.80	13～50		1.75～4.4
ST5.5	5.46	16～50		1.75～5.25
ST6.3	6.25	19～50		2～6

4.3　螺母

4.3.1　螺母的类型、特点和用途

螺母的类型、规格、特点和用途见表 4-27。

表 4-27　螺母的类型、特点和用途

类别	名　　称	标准编号	特点及应用
方形	方螺母-C 级	GB/T 39—1988	扳手卡口大，不易打滑，用于结构简单、支承面粗糙的场合
六角形	1 型六角螺母	GB/T 6170—2000	应用较多，产品分 A、B、C 三个等级，A 级精度最高，C 级最差。A 级螺母 $D\leqslant 16$mm，B 级螺母 $D>16$ mm。2 型较 1 型螺母约厚 10%，性能等级也略高 薄螺母在双螺母防松时，作为副螺母使用 厚螺母用于经常拆装的场合 扁螺母用于受切向力为主或结构尺寸要求紧凑的场合 六角法兰面螺母防松性能较好，可省去弹簧垫圈 球面六角螺母多用于管路的连接
	六角薄螺母	GB/T6172.1—2000	
	1 型六角螺母细牙	GB/T 6171—2000	
	六角薄螺母细牙	GB/T 6173—2000	
	六角螺母-C 级	GB/T 41—2000	
	2 型六角螺母	GB/T 6175—2000	
	2 型六角螺母细牙	GB/T 6176—2000	
	六角薄螺母无倒角	GB/T 6174—2000	
	小六角特扁细牙螺母	GB /T 808—1988	
	六角厚螺母	GB/T 56—1988	
	六角法兰面螺母	GB/T 6177—2000	
	球面六角螺母	GB/T 804—1988	
六角开槽	1 型六角开槽螺母-C 级	GB/T 6179—1986	配开口销防止松退，用于振动、冲击、变载荷等易发生螺母松退的场合
	2 型六角开槽螺母-A 和 B 级	GB/T 6180—1986	
	六角开槽薄螺母-A 和 B 级	GB/T 6181—1986	
	1 型六角开槽螺母-A 和 B 级	GB/T 6178—1986	
	1 型六角开槽螺母细牙-A 和 B 级	GB/T 9457—1988	
	2 型六角开槽螺母细牙-A 和 B 级	GB/T 9458—1988	
六角锁紧和扣紧	1 型全金属六角锁紧螺母	GB/T 6184—2000	带嵌件锁紧螺母：防松性能好，弹性好
	2 型全金属六角锁紧螺母	GB/T 6185.1—2000	
		GB/T 6186—2000	

续表

类别	名　称		标准编号	特点及应用
六角锁紧和扣紧	1型非金属嵌件六角锁紧螺母		GB/T 889.1—2000	扣紧螺母：一般与六角螺母配合使用，防止螺母松退
	2型非金属嵌件六角锁紧螺母		GB/T 6182—2000	
	非金属嵌件六角法兰面锁紧螺母		GB/T 6183.1—2000	
	全金属六角法兰面锁紧螺母		GB/T 6187.1—2000	
	扣紧螺母		GB/T 805—1988	
异形	蝶形螺母	圆翼	GB/T 62.1—2004	蝶形、环形螺母：一般不用工具即可拆装，通常用于经常装拆和受载不大的地方 盖形螺母：用于在端部螺纹需要罩盖处 圆螺母：多为细牙螺纹，常用于直径较大的连接，一般配圆螺母止动垫圈，小圆螺母外径、厚度较小，结构紧凑，适用于两件成组使用，可进行轴向微调 滚花螺母和带槽螺母：多用于工艺装备
		方翼	GB/T 62.2—2004	
		冲压	GB/T 62.3—2004	
		压铸	GB/T 62.4—2004	
	组合式盖形螺母		GB/T 802.1—2008	
	圆螺母		GB/T 812—1988	
	小圆螺母		GB/T 810—1988	
	环形螺母		GB/T 63—1988	
	滚花高螺母		GB/T 806—1988	
	滚花薄螺母		GB/T 807—1988	
	盖形螺母		GB/T 923—2009	
	端面带孔圆螺母		GB/T 815—1988	
	侧面带孔圆螺母		GB/T 816—1988	
	带槽圆螺母		GB/T 817—1988	

4.3.2　六角螺母和六角开槽螺母

六角螺母和六角开槽螺母与螺栓、螺柱、螺钉配合使用，起连接紧固作用。其中以1型六角螺母应用最广，C级螺母用于表面比较粗糙、对精度要求不高的机器、设备或结构上；A级（适用于螺纹公称直径 $D \leqslant 16$mm）和B级（适用于 $D > 16$mm）螺母用于表面粗糙度较小、对精度要求较高的机器、设备或结构上。2型六角螺母的厚度较厚，多用于经常需要装拆的场合。六角薄螺母的厚度较薄，多用于被连接机件的表面空间受限制的场合，也常用作防止主螺母回松的锁紧螺母。六角开槽螺母专供与螺杆末端带孔的螺栓配合使用，以便把开口销从螺母的槽中插入螺杆的孔中，防止螺母自动回松，主要用于具有振动载荷或交变载荷的场合。一般六角螺母均制成粗牙普通螺纹。各种细牙普通螺纹的六角螺母必须配合细牙六角头螺栓使用，用于薄壁零件或承受交变载荷、振动载荷、冲击载荷的机件上。六角螺母和六角开槽螺母规格见表 4-28。

表 4-28　六角螺母和六角开槽螺母规格　mm

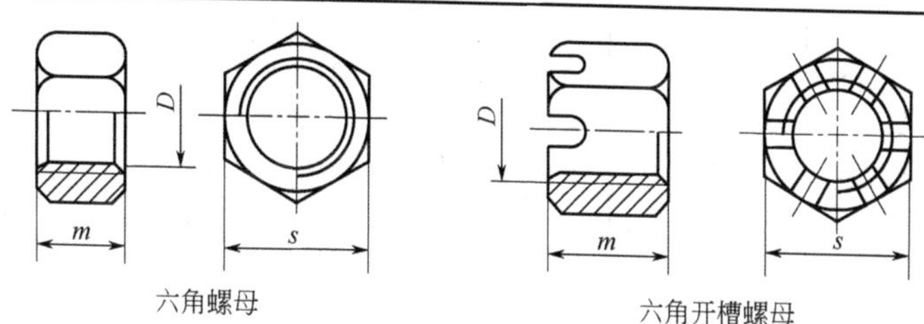

六角螺母　　六角开槽螺母

螺纹规格 D	扳手尺寸 s	螺母最大高度 m								
		六角螺母			六角开槽螺母				六角薄螺母	
		1 型 C 级	1 型 A 和 B 级	2 型 A 和 B 级	1 型 C 级	薄型 A 和 B 级	1 型 A 和 B 级	2 型 A 和 B 级	B 级无倒角	A 和 B 级倒角
M1.6	3.2	—	1.1	—	—	—	—	—	1	1
M2	4	—	1.6	—	—	—	—	—	1.2	1.2
M2.5	5	—	2	—	—	—	—	—	1.6	1.6
M3	5.5	—	2.4	—	—	—	—	—	1.8	1.8
M4	7	—	3.2	—	—	—	5	—	2.2	2.2
M5	8	5.6	4.7	5.1	7.6	5.1	6.7	7.1	2.7	2.7
M6	10	6.4	5.2	5.7	8.9	5.7	7.7	8.2	3.2	3.2
M8	13	7.94	6.8	7.5	10.94	7.5	9.8	10.5	4	4
M10	16	9.54	8.4	9.3	13.54	9.3	12.4	13.3	5	5
M12	18	12.17	10.8	12	17.17	12	15.8	17	—	6
(M14)	21	13.9	12.8	14.1	18.9	14.1	17.8	19.1	—	7
M16	24	15.9	14.8	16.4	21.9	16.4	20.8	22.4	—	8
(M18)	27	16.9	15.8	—	—	—	—	—	—	9
M20	30	19	18	20.3	25	20.3	24	26.3	—	10

续表

螺纹规格D	扳手尺寸s	螺母最大高度m								
		六角螺母			六角开槽螺母				六角薄螺母	
		1型 C级	1型 A和B级	2型 A和B级	1型 C级	薄型 A和B级	1型 A和B级	2型 A和B级	B级无倒角	A和B级倒角
(M22)	34	20.2	19.4	—	—	—	—	—	—	11
M24	36	22.3	21.5	23.9	30.3	23.9	29.5	31.9	—	12
(M27)	41	24.7	23.8	—	—	—	—	—	—	13.5
M30	46	26.4	25.6	28.6	35.4	28.6	34.6	37.6	—	15
(M33)	50	29.5	28.7	—	—	—	—	—	—	16.5
M36	55	31.9	31	34.7	40.9	34.7	40	43.7	—	18
(M39)	60	34.3	33.4	—	—	—	—	—	—	19.5
M42	65	34.9	34	—	—	—	—	—	—	21
(M45)	70	36.9	36	—	—	—	—	—	—	22.5
M48	75	38.9	38	—	—	—	—	—	—	24
(M52)	80	42.9	42	—	—	—	—	—	—	26
M56	85	45.9	45	—	—	—	—	—	—	28
(M60)	90	48.9	48	—	—	—	—	—	—	30
M64	95	52.4	51	—	—	—	—	—	—	32

注：带括号的尺寸尽可能不采用。

4.3.3 小六角特扁细牙螺母

小六角特扁细牙螺母规格见表4-29。

表4-29 小六角特扁细牙螺母规格（GB/T 808—1988） mm

螺纹规格D×P	扳手尺寸s	高度m	公称规格D×P	扳手尺寸s	高度m
M4×0.5	7	1.5	(M14×1)	19	3.0
M5×0.5	8	1.5	M16×1.5	22	4.0
M6×0.75	10	2.2	M16×1	22	3.0
M8×1	12	2.8	(M18×1.5)	24	4.0
M8×0.75	12	2.2	M18×1	24	3.2
M10×1	14	2.8	M20×1	27	3.5
M10×7.5	14	2.2	(M22×1)	30	3.5
M12×1.25	17	3.5	M24×1.5	32	4.0
M12×1	17	2.8	M24×1	32	3.5

4.3.4　圆螺母和小圆螺母

圆螺母和小圆螺母常用来固定传动及转动零件的轴向位移。也常与止退垫圈配用，作为滚动轴承的轴向固定。圆螺母和小圆螺母规格见表 4-30。

表 4-30　圆螺母和小圆螺母规格　　mm

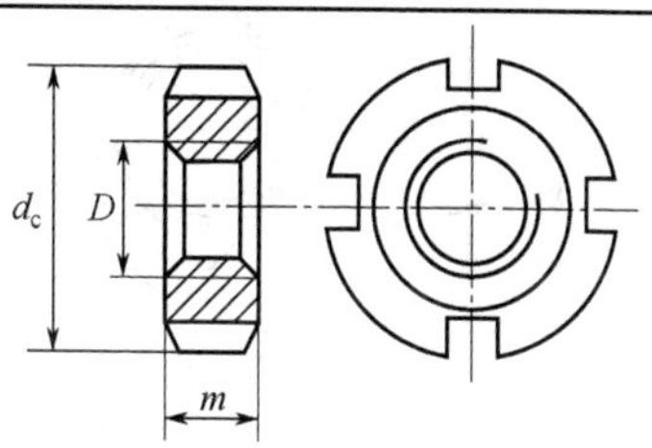

圆螺母GB/T 812—1988
小圆螺母GB/T 810—1988

螺纹规格 $D\times P$	外径 d_c		厚度 m		螺纹规格 $D\times P$	外径 d_c		厚度 m	
	普通	小型	普通	小型		普通	小型	普通	小型
M10×1	22	20	8	6	M64×2	95	85	12	10
M12×1.25	25	22			M65×2*	95	—		
M14×1.5	28	25			M68×2	100	90		
M16×1.5	30	28			M72×2	105	95	15	12
M18×1.5	32	30			M75×2*	105	—		
M20×1.5	35	32			M76×2	110	100		
M22×1.5	38	35	10	8	M80×2	115	105		
M24×1.5	42	38			M85×2	120	110		
M25×1.5*	42	—			M90×2	125	115	18	12
M27×1.5	45	42			M95×2	130	120		
M30×1.5	48	45			M100×2	135	125		
M33×1.5	52	48			M105×2	140	130	18	15
M35×1.5*	52	—			M110×2	150	135		
M36×1.5	55	52			M115×2	155	140	22	15
M39×1.5	58	55			M120×2	160	145		
M40×1.5*	58	—			M125×2	165	150		
M42×1.5	62	58			M130×2	170	160		
M45×1.5	68	62			M140×2	180	170	26	18
M48×1.5	72	68	12	10	M150×2	200	180		
M50×1.5*	72	—			M160×3	210	195		
M52×1.5	78	72			M170×3	220	205		
M55×2*	78	—			M180×3	230	220	30	22
M56×2*	85	78			M190×3	240	230		
M60×2*	90	80			M200×3	250	240		

注：带“*”记号的圆螺母仅用于滚动轴承锁紧装置。

4.3.5　方螺母

方螺母规格见表 4-31。

表 4-31　方螺母规格　mm

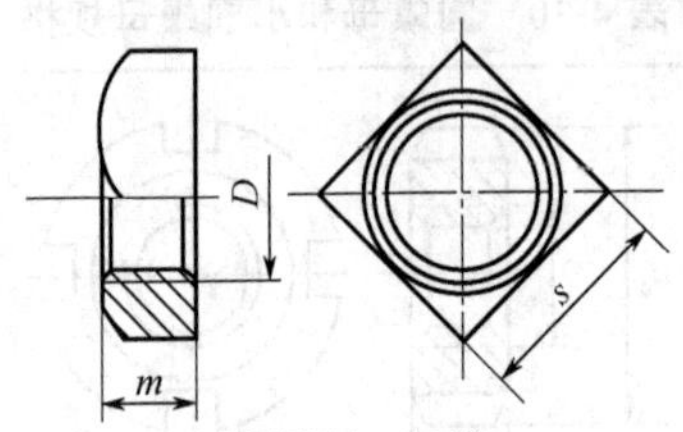

GB/T 39—1988

螺纹规格 D	厚度 m（最大）	扳手尺寸 s（最大）	螺纹规格 D	厚度 m（最大）	扳手尺寸 s（最大）
M3	2.4	5.5	(M14)	11	21
M4	3.2	7	M16	13	24
M5	4	8	(M18)	15	27
M6	5	10	M20	16	30
M8	6.5	13	(M22)	18	34
M10	8	16	M24	19	36
M12	10	18			

注：尽可能不采用括号内的规格。

4.3.6　蝶形螺母

蝶形螺母用于经常拆装和受力不大的地方。蝶形螺母规格见表 4-32。

表 4-32　蝶形螺母规格　mm

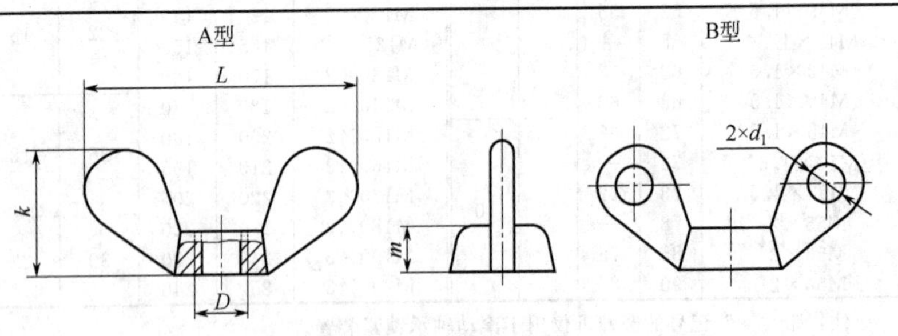

圆翼GB/T 62.1—2004

续表

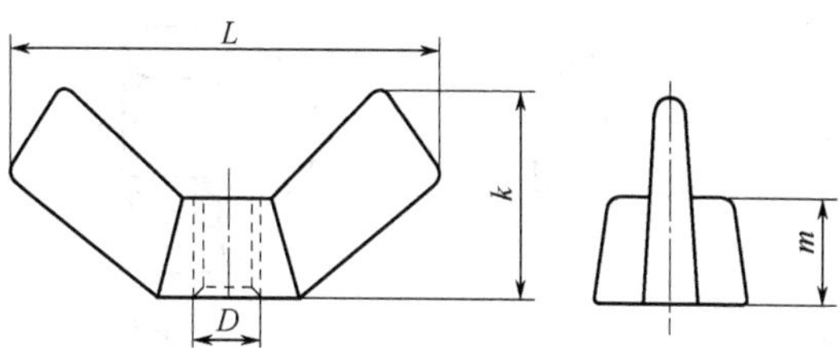

方翼GB/T 62.2—2004

螺纹规格 D	圆翼				方翼		
	L	k	m	d_1	L	k	m
M2	12	6	2	2	—	—	—
M2.5	16	8	3	2.5	—	—	—
M3	16	8	3	3	17	9	3
M4	20	10	4	4	17	9	3
M5	25	12	5	4	21	11	4
M6	32	16	6	5	27	13	4.5
M8	40	20	8	6	31	16	6
M10	50	25	10	7	36	18	7.5
M12	60	30	12	8	48	23	9
(M14)	70	35	14	9	48	23	9
M16	70	35	14	10	68	35	12
(M18)	80	40	16	10	68	35	12
M20	90	45	18	11	68	35	12
(M22)	100	50	20	11	—	—	—
M24	112	56	22	12	—	—	—

注：尽可能不采用括号内的规格。

4.3.7 盖形螺母

盖形螺母用于管路的端头。盖形螺母规格见表 4-33。

表 4-33 盖形螺母规格 

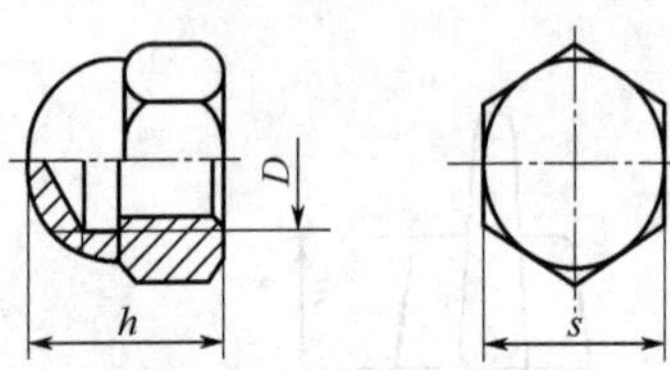

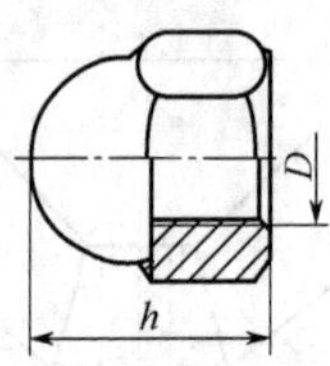

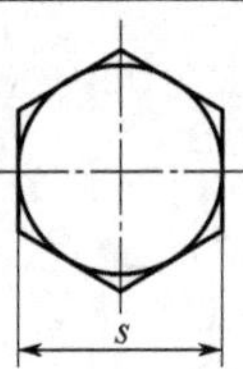

六角盖形GB/T 923—2009　　组合式盖形GB/T 802.1—2008

螺纹规格 D	六角盖形		组合式盖形	
	扳手尺寸 s	高度 h	扳手尺寸 s	高度 h
M3	5.5	6	—	—
M4	7	7	7	7
M5	8	9	8	9
M6	10	11	10	11
M8	14	15	13	15
M10	17	18	16	18
M12	19	22	18	22
(M14)	22	24	—	—
M16	24	26	—	—
(M18)	27	29	—	—
M20	30	32	—	—
(M22)	32	35	—	—
M24	36	38	—	—

注：括号内的尺寸尽量不采用。

4.3.8 滚花螺母

滚花螺母适宜用在便于用手拆装的场合。滚花螺母规格见表4-34。

表 4-34 滚花螺母规格 mm

滚花高螺母GB/T 806—1988　　滚花薄螺母GB/T 807—1988

续表

螺纹规格 D	滚花前直径 d_k	厚度 m		螺纹规格 D	滚花前直径 d_k	厚度 m	
		高螺母	薄螺母			高螺母	薄螺母
M1.4	6	—	2.0	M4	12	8.0	3.0
M1.6	7	4.7	2.5	M5	16	10.0	4.0
M2	8	5.0	2.5	M6	20	12.0	5.0
M2.5	9	5.5	2.5	M8	24	16.0	6.0
M3	11	7.0	3.0	M10	30	20.0	8.0

4.4　垫圈与挡圈

4.4.1　垫圈与挡圈的类型、特点和用途

垫圈与挡圈的类型、特点和用途见表 4-35。

表 4-35　垫圈与挡圈的类型、特点和用途

类别	名　称	标准编号	特点及用途
圆形	平垫圈-A 级	GB/T 97.1—2002	一般用于金属零件的连接，增加支承面积，防止损伤零件表面。大垫圈多用于木制结构中
	平垫圈-C 级	GB/T 95—2002	
	平垫圈-倒角型-A 级	GB/T 97.2—2002	
	小垫圈-A 级	GB/T 848—2002	
	大垫圈-A 和 C 级	GB/T 96—2002	
	特大垫圈-C 级	GB/T 5287—2002	
异形	工字钢用方斜垫圈	GB/T 852—1988	方斜垫圈用于槽钢、工字钢翼缘类倾斜面垫平，使连接件免受弯矩作用 球面垫圈与锥面垫圈配合使用，具有自动调位作用，多用于工装设备 开口垫圈可从侧面装拆，用于工装设备
	槽钢用方斜垫圈	GB/T 853—1988	
	球面垫圈	GB/T 849—1988	
	锥面垫圈	GB/T 850—1988	
	开口垫圈	GB/T 851—1988	
弹簧及弹性垫圈	标准型弹簧垫圈	GB/T 93—1987	靠弹性及斜口摩擦防松，广泛用于经常拆装的连接
	重型弹簧垫圈	GB/T 7244—1987	
	轻型弹簧垫圈	GB/T 859—1987	

续表

类别	名　称	标准编号	特点及用途
弹簧及弹性垫圈	波形弹性垫圈	GB/T 955—1987	靠弹性变形压紧紧固件防松，波形弹力较大，受力均匀，鞍形变形大，支承面积小
	波形弹簧垫圈	GB/T 7246—1987	
	鞍形弹性垫圈	GB/T 860—1987	
	鞍形弹簧垫圈	GB/T 7245—1987	
	锥形锁紧垫圈	GB/T 956.1—1987	防松可靠，受力均匀，不宜用在经常拆装和材料较软的连接中
	锥形锯齿锁紧垫圈	GB/T 956.2—1987	
	内齿锁紧垫圈	GB/T 861.1—1987	内齿用于螺钉头部尺寸较小的连接，外齿应用较多，防松可靠
	外齿锁紧垫圈	GB/T 862.1—1987	
止动垫圈	角形垂直单耳止动垫圈	GB/T 1021—1988	允许螺母拧紧在任意位置加以锁合，防松可靠
	角形单耳止动垫圈	GB/T 1022—1988	
	角形垂直外舌止动垫圈	GB/T 1023—1988	
	角形外舌止动垫圈	GB/T 1024—1988	
	单耳止动垫圈	GB/T 854—1988	
	双耳止动垫圈	GB/T 855—1988	
	外舌止动垫圈	GB/T 856—1988	
	圆螺母用止动垫圈	GB/T 858—1988	与圆螺母配合使用，可用于滚动轴承的固定
挡圈	轴用弹性挡圈	GB/T 894—1986	用于固定孔内（或轴上）零件的位置及锁紧固定在轴端的零件
	孔用弹性挡圈	GB/T 893—1986	
	螺栓紧固轴端挡圈	GB/T 892—1986	
	螺钉紧固轴端挡圈	GB/T 891—1986	
	锥销锁紧挡圈	GB/T 883—1986	
	螺钉锁紧挡圈	GB/T 884—1986	
	带锁圈的螺钉锁紧挡圈	GB/T 885—1986	
	轴肩挡圈	GB/T 886—1986	
	开口挡圈	GB/T 896—1986	

4.4.2　垫圈

垫圈放置在螺母和被连接件之间，起保护支承表面等作用。垫圈规格见表 4-36。

表 4-36　垫圈规格　　mm

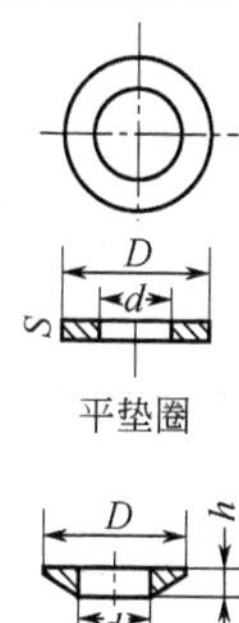

平垫圈

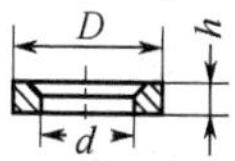

平垫圈-C 级 GB/T 95—2002
平垫圈-A 级 GB/T 97.1—2002
平垫圈-倒角型 A 级 GB/T 97.2—2002
特大垫圈-C 级 GB/T 5287—2002
大垫圈-A 和 C 级 GB/T 96—2002
小垫圈-A 级 GB/T 848—2002
球面垫圈 GB/T 849—1988
锥面垫圈 GB/T 850—1988

公称规格	内径 d				外径 D						厚度 s				高度 h
	A 级	C 级	球面	锥面	小系列	标准系列	大系列	特大系列	球面	锥面	小系列	标准系列	大系列	特大系列	
1.6	1.7	1.8	—	—	3.5	4	—	—	—	—	0.3	0.3	—	—	—
2	2.2	2.4	—	—	4.5	5	—	—	—	—	0.3	0.3	—	—	—
2.5	2.7	2.9	—	—	5	6	—	—	—	—	0.5	0.5	—	—	—
3	3.2	3.4	—	—	6	7	9	—	—	—	0.5	0.5	0.8	—	—
4	4.3	4.5	—	—	8	9	12	—	—	—	0.5	0.8	1	—	—
5	5.3	5.5	—	—	9	10	15	18	—	—	1	1	1.2	2	—
6	6.4	6.6	6.4	8.0	11	12	18	22	12.5	12.5	1.6	1.6	1.6	2	4
8	8.4	9	8.4	10.0	15	16	24	28	17	17	1.6	1.6	2	3	5
10	10.5	11	10.5	12.5	18	20	30	34	21	21	1.6	2	2.5	3	6
12	13	13.5	13.0	16	20	24	37	44	24	24	2	2.5	3	4	7
14	15	15.5	—	—	24	28	44	50	—	—	2.5	2.5	3	4	—
16	17	17.5	17	17	28	30	50	56	30	30	2.5	3	3	5	8
20	21	22	21	25	34	37	60	72	37	37	3	3	4	6	10

续表

公称规格	内径 d				外径 D						厚度 s				高度 h
	A级	C级	球面	锥面	小系列	标准系列	大系列	特大系列	球面	锥面	小系列	标准系列	大系列	特大系列	
24	25	26	25	30	39	44	72	85	44	44	4	4	5	6	13
30	31	33	31	36	50	56	92	105	56	56	4	4	6	6	33
36	37	39	37	43	60	66	110	125	66	66	5	5	8	8	36
42	45	45	43	50	66	78	—	—	78	78	—	7	—	—	24
48	52	52	50	60	78	92	—	—	92	92	—	8	—	—	30
56	62	62	—	—	—	105	—	—	—	—	—	9	—	—	—
64	70	70	—	—	—	115	—	—	—	—	—	10	—	—	—

4.4.3　开口垫圈

开口垫圈易装拆，用途与垫圈同。开口垫圈规格见表4-37。

表4-37　开口垫圈规格　　mm

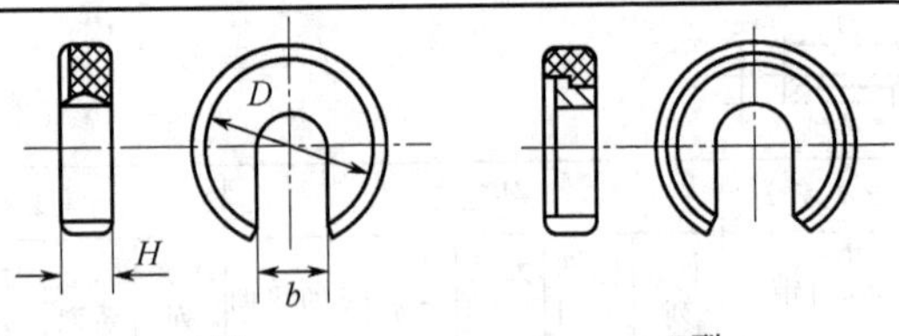

GB/T 851—1988

公称直径（螺纹直径）	开口宽度 b	厚度 H	外径 D	公称直径（螺纹直径）	开口宽度 b	厚度 H	外径 D
5	6	4	16～30	20	22	12	80～100
		5	20～25			14	110～120
6	8	6	30～35	24	26	12	60～90
8	10		25～30			14	100～110
		7	35～50			16	120～130
10	12		30～35	30	32	14	70～100
		8	40～60			16	110～120
12	16		35～50			18	130～140
		10	60～80	36	40	16	90～100
16	18		40～70			16	120
		12	80～100			18	140
20	22	10	50～70			20	160

注：1.网纹滚花按GB/T 6403.3的规定。

2.垫圈外径系列尺寸为16，20，25，30，35，40，50，60，70，80，90，100，110，120，130，140，160（mm）。

4.4.4　弹簧垫圈

弹簧垫圈装在螺母下面，起防松作用。弹簧垫圈规格见表 4-38。

表 4-38　弹簧垫圈规格　　mm

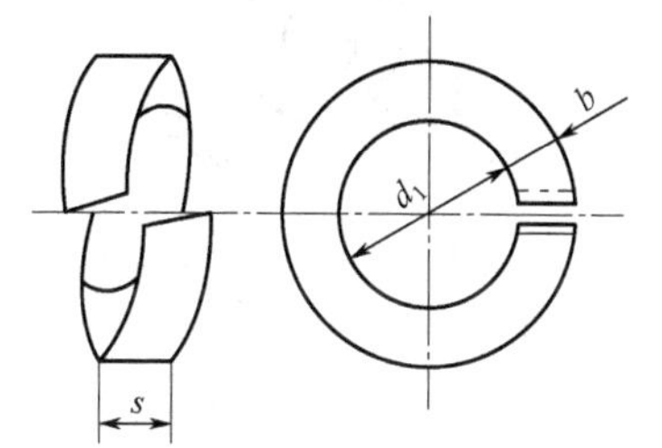

标准型弹簧垫圈GB/T 93—1987
轻型弹簧垫圈GB/T 859—1987
重型弹簧垫圈GB/T 7244—1987

螺纹直径		2	2.5	3	4	5	6	8	10	12	16	20	24	30	36	42	48
d_1		2.1	2.6	3.1	4.1	5.1	6.1	8.1	10.2	12.2	16.2	20.2	24.5	30.5	36.5	42.5	48.5
标准型	s	0.5	0.65	0.8	1.1	1.3	1.6	2.1	2.6	3.1	4.1	5	6	7.5	9	10.5	12
	b	0.5	0.65	0.8	1 1	1.3	1.6	2.1	2.6	3.1	4.1	5	6	7.5	9	10.5	12
轻型	s	—	—	0.6	0.8	1.1	1.3	1.6	2	2.5	3.2	4	5	6	—	—	—
	b			1	1.2	1.5	2	2.5	3	3.5	4.5	5.5	7	9			
重型	s	—	—	—	—	—	1.8	2.4	3	3.5	4.8	6	7.1	9	10.8	—	—
	b						2.6	3.2	3.8	4.3	5.3	6.4	7.5	9.3	11.1		

4.4.5　弹性垫圈

弹性垫圈起防松作用。弹性垫圈规格见表 4-39。

表 4-39　弹性垫圈规格　　mm

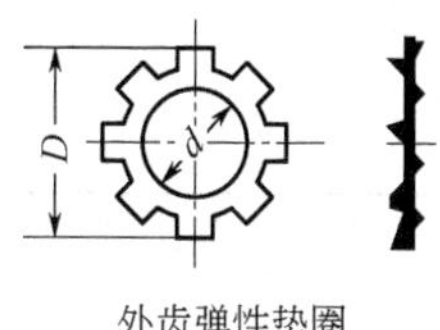

外齿弹性垫圈
GB/T 862—1987

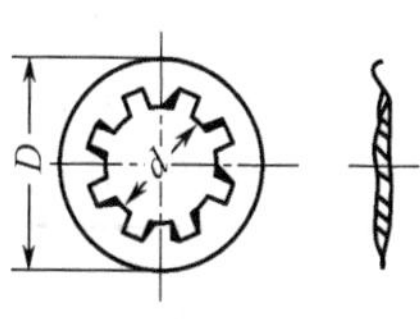

内齿弹性垫圈
GB/T 861—1987

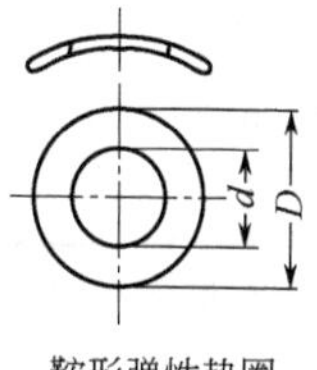

鞍形弹性垫圈
GB/T 860—1987

续表

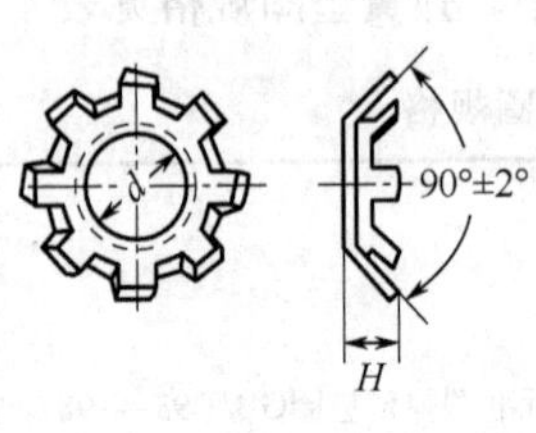

锥形弹性垫圈GB/T 956—1987

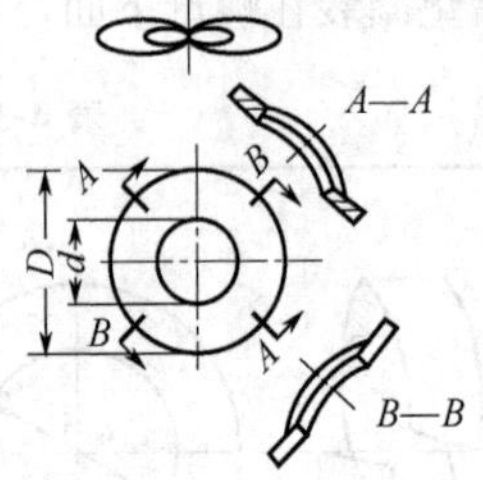

波形弹性垫圈GB/T 955—1987

<table>
<tr><th rowspan="2">公称直径</th><th colspan="5">内径 d</th><th colspan="4">外径 D</th><th rowspan="2">锥形厚度 H</th></tr>
<tr><th>外齿</th><th>内齿</th><th>鞍形</th><th>锥形</th><th>波形</th><th>外齿</th><th>内齿</th><th>鞍形</th><th>波形</th></tr>
<tr><td>2.0</td><td colspan="3">2.2</td><td colspan="2" rowspan="2">—</td><td colspan="2">5</td><td>4.5</td><td rowspan="3">—</td><td rowspan="2">—</td></tr>
<tr><td>2.5</td><td colspan="3">2.7</td><td colspan="2">6</td><td>5.5</td></tr>
<tr><td>3.0</td><td colspan="5">3.2</td><td colspan="2">7</td><td>6.0</td><td>1.5</td></tr>
<tr><td>4.0</td><td colspan="5">4.2</td><td colspan="2">9</td><td>8.0</td><td>9.0</td><td>1.7</td></tr>
<tr><td>5.0</td><td colspan="2">5.2</td><td>5.3</td><td>5.2</td><td>5.3</td><td colspan="2">10</td><td>9.0</td><td>10.0</td><td>2.2</td></tr>
<tr><td>6.0</td><td colspan="2">6.2</td><td>6.4</td><td>6.2</td><td>6.4</td><td colspan="2">12</td><td>11.5</td><td>12.5</td><td>2.7</td></tr>
<tr><td>8.0</td><td colspan="2">8.2</td><td>8.4</td><td>8.2</td><td>8.4</td><td colspan="2">15</td><td>15.5</td><td>17.0</td><td>3.6</td></tr>
<tr><td>10.0</td><td colspan="2">10.2</td><td>10.5</td><td>10.2</td><td>10.5</td><td colspan="2">18</td><td>18.0</td><td>21.0</td><td>4.4</td></tr>
<tr><td>12.0</td><td colspan="2">12.3</td><td>—</td><td>12.3</td><td>13.0</td><td colspan="2">22</td><td rowspan="6">—</td><td>24.0</td><td>5.4</td></tr>
<tr><td>(14.0)</td><td colspan="2">14.3</td><td colspan="2" rowspan="5">—</td><td>15.0</td><td colspan="2">24</td><td>28.0</td><td rowspan="10">—</td></tr>
<tr><td>16.0</td><td colspan="2">16.3</td><td>17.0</td><td colspan="2">27</td><td>30.0</td></tr>
<tr><td>(18.0)</td><td colspan="2">18.3</td><td>19.0</td><td colspan="2">30</td><td>34.0</td></tr>
<tr><td>20.0</td><td colspan="2">20.5</td><td>21.0</td><td colspan="2">33</td><td>37.0</td></tr>
<tr><td>(22.0)</td><td colspan="4" rowspan="5">—</td><td>23.0</td><td colspan="3" rowspan="5">—</td><td>39.0</td></tr>
<tr><td>24.0</td><td>25.0</td><td>44.0</td></tr>
<tr><td>(27.0)</td><td>28.0</td><td>50.0</td></tr>
<tr><td>30.0</td><td>31.0</td><td>56.0</td></tr>
</table>

注：括号内的尺寸尽量不采用。

4.4.6 圆螺母用止动垫圈

圆螺母用止动垫圈与圆螺母配合使用，起防松作用。圆螺母用止动垫圈规格见表 4-40。

表 4-40 圆螺母用止动垫圈规格 mm

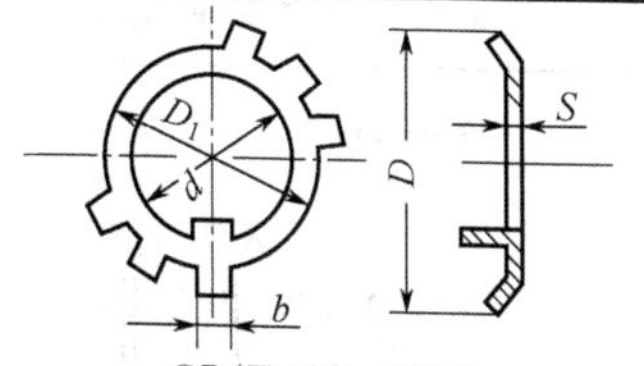

GB/T 858—1988

公称直径	内径 d	外径 D_1	齿外径 D	齿宽 b	厚度 S	公称直径	内径 d	外径 D_1	齿外径 D	齿宽 b	厚度 S
10	10.5	16	25	3.8	1.0	64	65.0	84	100	7.7	1.5
12	12.5	19	28			65*	66.0	84	100		
14	14.5	20	32	4.8		68	69.0	88	105	9.6	
16	16.5	22	34			72	73.0	93	110		
18	18.5	24	35			75*	76.0	93	110		
20	20.5	27	38			76	77.0	98	115		2
22	22.5	30	42			80	81.0	103	120		
24	24.5	34	45			85	86.0	108	125	11.6	
25*	25.5	34	45			90	91.0	112	130		
27	27.5	37	48			95	96.0	117	135		
30	30.5	40	52	5.7	1.5	100	101.0	122	140	13.5	
33	33.5	43	56			105	106.0	127	145		
35*	35.5	43	56			110	111.0	135	156		
36	36.5	46	60			115	116.0	140	160		
39	39.5	49	62			120	121.0	145	166		
40*	40.5	49	62			125	126.0	150	170		
42	42.5	53	66			130	131.0	155	176		
45	45.5	59	72			140	141.0	165	186	15.6	2.5
48	48.5	61	76	7.7		150	151.0	180	206		
50*	50.5	61	76			160	161.0	190	216		
52	52.5	67	82			170	171.0	200	226		
55*	56.0	67	82			180	181.0	210	236		
56	57.0	74	90			190	191.0	220	246		
60	61.0	79	94			200	201.0	230	256		

注：1. 垫圈的公称直径是指配合使用的螺纹公称直径。

2. 带"*"的直径，仅用于滚动轴承锁紧装置。

4.4.7　止动垫圈

止动垫圈起防松作用。止动垫圈规格见表 4-41。

表 4-41　止动垫圈规格　　mm

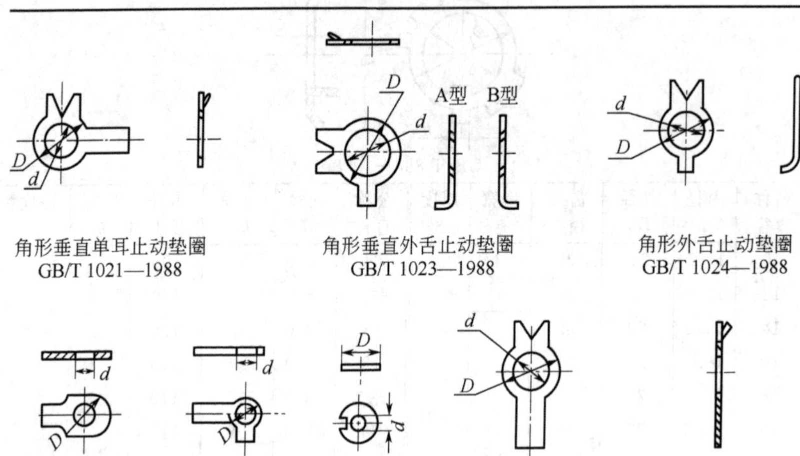

角形垂直单耳止动垫圈 GB/T 1021—1988　　角形垂直外舌止动垫圈 GB/T 1023—1988　　角形外舌止动垫圈 GB/T 1024—1988

单耳止动垫圈 GB/T 854—1988　　双耳止动垫圈 GB/T 855—1988　　外舌止动垫圈 GB/T 856—1988　　角形单耳止动垫圈 GB/T 1022—1988

<table>
<tr><th rowspan="2">公称直径</th><th colspan="2">内径 d</th><th colspan="4">外径 D</th></tr>
<tr><th>角形单耳
角形垂直单耳
角形外舌
角形垂直外舌</th><th>单耳
双耳
外舌</th><th>角形单耳
角形垂直单耳
角形外舌
角形垂直外舌</th><th>单耳</th><th>双耳</th><th>外舌</th></tr>
<tr><td>2.5</td><td>—</td><td>2.7</td><td>—</td><td>8</td><td>5</td><td>10</td></tr>
<tr><td>3.0</td><td rowspan="2">4.1</td><td>3.2</td><td rowspan="2">7</td><td>10</td><td>5</td><td>12</td></tr>
<tr><td>4.0</td><td>4.2</td><td>14</td><td>8</td><td>14</td></tr>
<tr><td>5.0</td><td>5.1</td><td>5.3</td><td>8</td><td>17</td><td>9</td><td>17</td></tr>
<tr><td>6.0</td><td>6.1</td><td>6.4</td><td>10</td><td>19</td><td>11</td><td>19</td></tr>
<tr><td>8.0</td><td>8.1</td><td>8.4</td><td>13</td><td>22</td><td>14</td><td>22</td></tr>
<tr><td>10.0</td><td>10.1</td><td>10.5</td><td>15</td><td>26</td><td>17</td><td>26</td></tr>
<tr><td>12.0</td><td>12.1</td><td>13.0</td><td>18</td><td>32</td><td>22</td><td>32</td></tr>
<tr><td>(14.0)</td><td>14.1</td><td>15.0</td><td>20</td><td>32</td><td>22</td><td>32</td></tr>
<tr><td>16.0</td><td>16.1</td><td>17.0</td><td>23</td><td>40</td><td>27</td><td>40</td></tr>
</table>

续表

公称直径	内径 d		外径 D			
	角形单耳 角形垂直单耳 角形外舌 角形垂直外舌	单耳 双耳 外舌	角形单耳 角形垂直单耳 角形外舌 角形垂直外舌	单耳	双耳	外舌
(18.0)	18.1	19.0	25	45	32	45
20.0	20.1	21.0	28	45	32	45
(22.0)	22.1	23.0	31	50	34	50
24.0	24.1	25.0	34	50	34	50
(27.0)		28.0		58	41	58
30.0		31.0		63	46	63
36.0	—	37.0	—	75	55	75
42.0		43.0		88	65	88
48.0		50.0		100	75	100

注：括号内的尺寸尽量不采用。

4.4.8 弹性挡圈

弹性挡圈用于固定在孔内（或轴上）的零件的位置，以防止零件移动。弹性挡圈规格见表 4-42。

表 4-42 弹性挡圈规格 mm

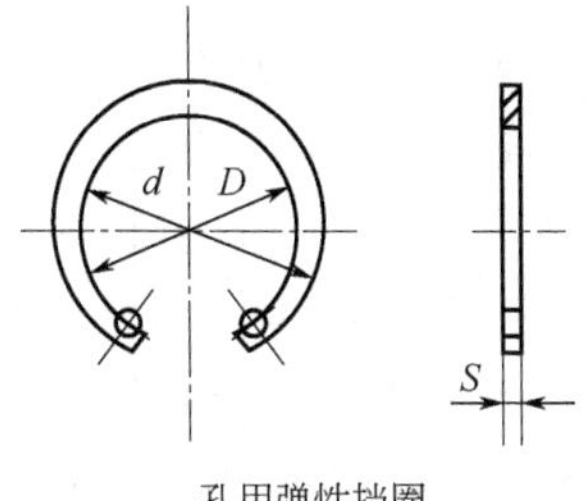

孔用弹性挡圈
A型GB/T 893.1—1986
B型GB/T 893.2—1986

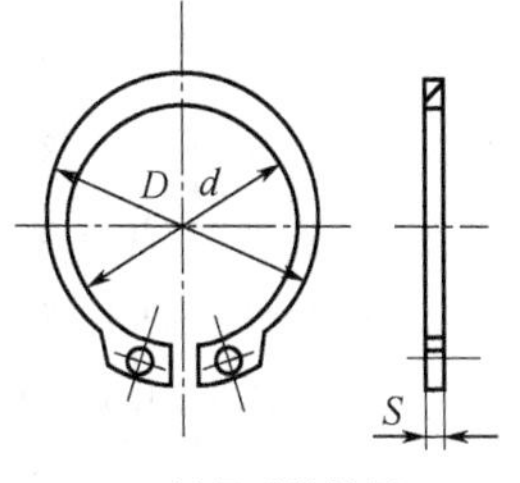

轴用弹性挡圈
A型GB/T 894.1—1986
B型GB/T 894.2—1986

续表

相配孔径或轴径	内径 d		外径 D		厚度 S		相配孔径或轴径	内径 d		外径 D		厚度 S	
	轴用	孔用	轴用	孔用	轴用	孔用		轴用	孔用	轴用	孔用	轴用	孔用
3	2.7	—	3.90	—	0.4	—	35	32.2	32.4	39.00	37.8	1.5	1.5
4	3.7	—	5.00	—	0.4	—	36	33.2	33.4	40.00	38.8	1.5	1.5
5	4.7	—	6.40	—	0.6	—	37	34.2	34.4	41.00	39.8	1.5	1.5
6	5.6	—	7.60	—	0.6	—	38	35.2	35.4	42.70	40.8	1.5	1.5
7	6.5	—	8.48	—	0.6	—	40	36.5	37.3	44.00	43.5	1.5	1.5
8	7.4	7.0	9.38	8.7	0.8	0.6	42	38.5	39.3	46.00	45.5	1.5	1.5
9	8.4	8.0	10.56	9.8	0.8	0.6	45	41.5	41.5	49.00	48.5	1.5	1.5
10	9.3	8.3	11.50	10.8	1	0.8	(47)	—	43.5	—	50.5	—	1.5
11	10.2	9.2	12.50	11.8	1	0.8	48	44.5	44.5	52.00	51.5	1.5	1.5
12	11.0	10.4	13.60	13.0	1	0.8	50	45.8	47.5	54.00	54.2	2	2
13	11.9	11.5	14.70	14.1	1	0.8	52	47.8	49.5	56.00	56.2	2	2
14	12.9	11.9	15.70	15.1	1	1	55	50.8	52.2	59.00	59.2	2	2
15	13.8	13	16.80	16.2	1	1	56	51.8	53.4	61.00	60.2	2	2
16	14.7	14.1	18.20	17.3	1	1	58	52.8	54.4	63.00	62.2	2	2
17	15.7	15.1	19.40	18.3	1	1	60	55.8	56.4	65.00	64.2	2	2
18	16.5	16.3	20.20	19.5	1	1	62	57.8	58.4	67.00	66.2	2	2
19	17.5	16.7	21.20	20.5	1	1	65	60.8	61.4	70.00	69.2	2.5	2.5
20	18.5	17.7	22.50	21.5	1	1	68	63.5	63.9	73.00	72.5	2.5	2.5
(21)	19.5	18.7	23.50	22.5	1	1	70	66.5	65.9	75.00	74.5	2.5	2.5
22	20.5	19.7	24.50	23.5	1	1	72	67.5	67.9	77.00	76.5	2.5	2.5
24	22.2	21.7	27.20	25.9	1.2	1.2	75	70.5	70.1	80.00	79.5	2.5	2.5
25	23.2	22.1	28.20	26.9	1.2	1.2	78	73.5	73.1	83.00	82.5	2.5	2.5
26	24.2	23.7	29.10	27.9	1.2	1.2	80	74.5	75.3	85.00	85.5	2.5	2.5
28	25.9	25.7	31.30	30.1	1.2	1.2	85	79.5	80.3	90.00	90.5	2.5	2.5
30	27.9	27.3	33.50	32.1	1.2	1.2	90	84.5	84.5	96.00	95.5	2.5	2.5
32	29.6	29.6	35.50	34.4	1.2	1.2	95	89.5	88.9	103.30	100.5	2.5	2.5
34	31.5	31.1	38.00	36.5	1.5	1.5	100	94.5	93.9	108.50	105.5	2.5	2.5

续表

相配孔径或轴径	内径 d		外径 D		厚度 S		相配孔径或轴径	内径 d		外径 D		厚度 S	
	轴用	孔用	轴用	孔用	轴用	孔用		轴用	孔用	轴用	孔用	轴用	孔用
105	98.0	99.6	114.00	112.0	3	3	150	142.0	141.2	162.00	158.0	3	3
110	103.0	103.8	120.00	117.0	3	3	160	151.0	151.6	172.00	169.0	3	3
115	108.0	108.0	126.00	122.0	3	3	165	155.5	156.8	177.10	174.5	3	3
120	113.0	113.0	131.00	127.0	3	3	170	160.5	161.0	182.00	179.5	3	3
125	118.0	117.0	137.00	132.0	3	3	175	165.5	165.5	187.50	184.5	3	3
130	123.0	121.0	142.00	137.0	3	3	180	170.5	170.2	193.00	189.5	3	3
140	133.0	131.0	153.00	147.0	3	3	190	180.5	180.0	203.30	199.5	3	3
145	138.0	135.7	158.00	152.0	3	3	200	190.5	189.7	214.00	209.5	3	3

注：括号内的尺寸尽量不采用。

4.4.9　紧固轴端挡圈

紧固轴端挡圈用于轴端，以便固定轴上零件。紧固轴端挡圈规格见表 4-43。

表 4-43　紧固轴端挡圈　mm

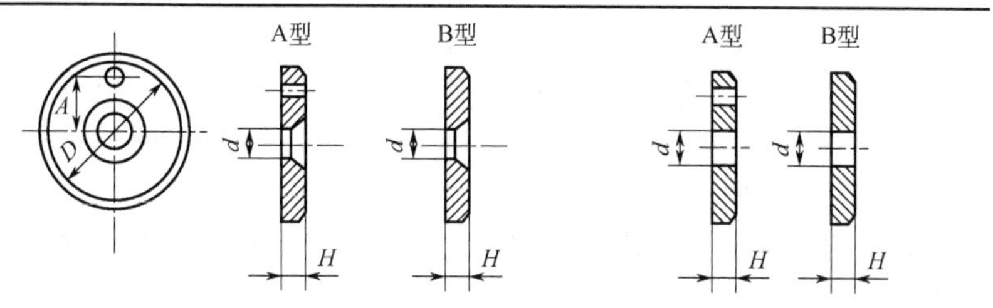

螺钉紧固轴端挡圈GB/T 891—1986　　螺栓紧固轴端挡圈GB/T 892—1986

<table>
<tr><th rowspan="3">轴径≤</th><th rowspan="3">外径
D</th><th rowspan="3">内径
d</th><th rowspan="3">厚度
H</th><th rowspan="3">孔距
A</th><th colspan="4">互配件的规格（推荐）</th></tr>
<tr><th>螺钉紧固</th><th colspan="2">螺栓紧固</th><th rowspan="2">圆柱销
GB/T 119</th></tr>
<tr><th>螺钉
GB/T 818</th><th>螺栓
GB/T 5783</th><th>垫圈
GB/T 93</th></tr>
<tr><td>14</td><td>20</td><td rowspan="5">5.5</td><td rowspan="5">4</td><td rowspan="3">—</td><td rowspan="5">M5×12</td><td rowspan="5">M5×16</td><td rowspan="5">5</td><td rowspan="3">—</td></tr>
<tr><td>16</td><td>22</td></tr>
<tr><td>18</td><td>25</td></tr>
<tr><td>20</td><td>28</td><td rowspan="2">7.5</td><td rowspan="2">A2×10</td></tr>
<tr><td>22</td><td>30</td></tr>
</table>

续表

<table>
<tr><th rowspan="3">轴径≤</th><th rowspan="3">外径
D</th><th rowspan="3">内径
d</th><th rowspan="3">厚度
H</th><th rowspan="3">孔距
A</th><th colspan="4">互配件的规格（推荐）</th></tr>
<tr><th>螺钉紧固</th><th colspan="2">螺栓紧固</th><th rowspan="2">圆柱销
GB/T 119</th></tr>
<tr><th>螺钉
GB/T 818</th><th>螺栓
GB/T 5783</th><th>垫圈
GB/T 93</th></tr>
<tr><td>25</td><td>32</td><td rowspan="6">6.6</td><td rowspan="6">5</td><td rowspan="3">10</td><td rowspan="6">M6×16</td><td rowspan="6">M6×20</td><td rowspan="6">6</td><td rowspan="6">A3×12</td></tr>
<tr><td>28</td><td>35</td></tr>
<tr><td>30</td><td>38</td></tr>
<tr><td>32</td><td>40</td><td rowspan="3">12</td></tr>
<tr><td>35</td><td>45</td></tr>
<tr><td>40</td><td>50</td></tr>
<tr><td>45</td><td>55</td><td rowspan="6">9.0</td><td rowspan="6">6</td><td rowspan="3">16</td><td rowspan="6">M8×20</td><td rowspan="6">M8×25</td><td rowspan="6">8</td><td rowspan="6">A4×14</td></tr>
<tr><td>50</td><td>60</td></tr>
<tr><td>55</td><td>65</td></tr>
<tr><td>60</td><td>70</td><td rowspan="3">20</td></tr>
<tr><td>65</td><td>75</td></tr>
<tr><td>70</td><td>80</td></tr>
<tr><td>75</td><td>90</td><td rowspan="2">13.0</td><td rowspan="2">8</td><td rowspan="2">25</td><td rowspan="2">M12×25</td><td rowspan="2">M12×30</td><td rowspan="2">12</td><td rowspan="2">A5×16</td></tr>
<tr><td>85</td><td>100</td></tr>
</table>

4.4.10　轴肩挡圈

轴肩挡圈用于固定轴上的零件，以防止产生轴向位移。轴肩挡圈规格见表4-44。

表4-44　轴肩挡圈规格　　mm

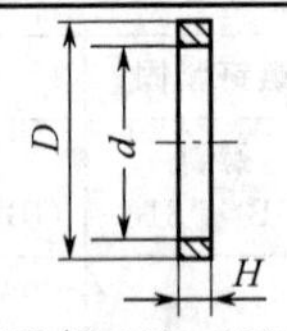

GB/T 886—1986

公称直径 d	30，35，40，45，50	55，60，65，70，75	80，85，90，95	100，105，110，120
外径 D	36，42，47，52，58	65，70，75，80，85	90，95，100，110	115，120，125，135
厚度 H	4	5	6	8

4.4.11　开口挡圈

开口挡圈用于防止轴上零件作轴向位移。开口挡圈规格见表 4-45。

表 4-45　开口挡圈规格　mm

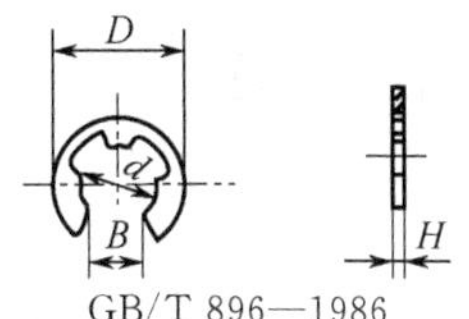

GB/T 896—1986

公称直径 d	1.0，1.2	1.5，2.0，2.5	3.0，3.5	4.0，5.0	6.0，9.0	12.0	15.0
外径 D	3.0，3.5	4.0，5.0，6.0	7.0，8.0	9.0，10.0	12.0，18.0	24.0	30.0
开口宽度 B	0.7，0.9	1.2，1.7	2.5，3.0	3.5，4.5	5.5，8.0	10.5	13.0
厚度 H	0.3	0.4	0.6	0.8	1.0	1.2	1.5

4.4.12　锁紧挡圈

锁紧挡圈用于防止轴上零件的轴向位移。锁紧挡圈规格见表 4-46。

表 4-46　锁紧挡圈规格　mm

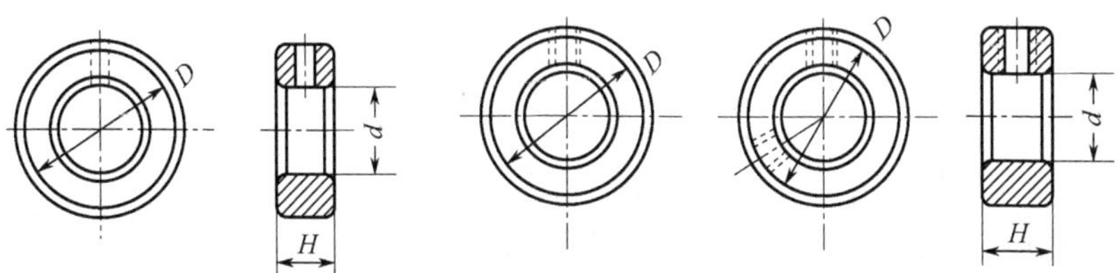

锥销锁紧挡圈GB/T 883—1986　　螺钉锁紧挡圈GB/T 884—1986

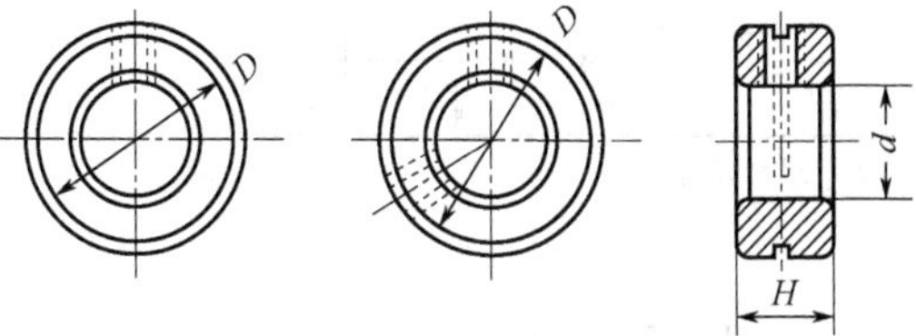

带锁圈的螺钉锁紧挡圈GB/T 885—1986

续表

公称直径	外径 D	厚度 H		互配件规格（推荐）		公称直径	外径 D	厚度 H		互配件规格（推荐）	
		螺钉	锥销	螺钉	圆锥销			螺钉	锥销	螺钉	圆锥销
8	20	10	9	M5×9	3×22	65	95	20	20	M10×18	10×100
(9)	22					70	100				
10	22					75	110	22	22	M12×22	10×110
12	25				3×25	80	115				10×120
(13)	25					85	120				
14	28	12	10	M6×10	4×28	90	125				
(15)	30				4× 32	95	130	25	25		10×130
16	30					100	135				10×140
(17)	32					105	140				
18	32					110	150	30	30	M16×25	12×150
(19)	35				4×35	115	155				
20	35					120	160				12×160
22	38		12		5×40	(125)	165				
25	42	14		M8×12	5×45	130	170				12×180
28	45					(135)	175	—			—
30	48		14		6×50	140	180				
32	52				6×55	(145)	190			M16×28	
35	56	16	16	M10×16		150	200			M16×30	
40	62				6×60	160	210				
45	70	18	18		6×70	170	220				
50	80			M10×18	6×80	180	230				
55	85				8× 90	190	240				
60	90	20	20			200	250				

注：括号内的尺寸尽量不采用。

4.5　铆钉

4.5.1　常用铆钉的型式和用途

常用铆钉的型式和用途见表4-47。

表 4-47　常用铆钉的型式和用途

名称	形状	标准	用途
半圆头	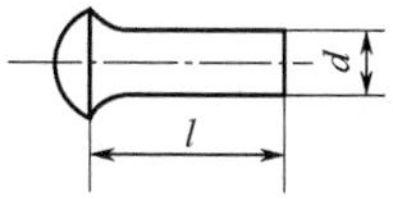	GB/T 863.1—1986（粗制） GB/T 863.2—1986（粗制） GB/T 867—1986	用于承受较大横向载荷的铆缝，应用最广
平锥头	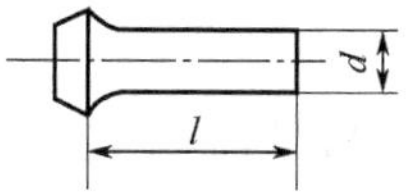	GB/T 864—1986（粗制） GB/T 868—1986	因钉头较大，耐腐蚀性较强，常用在船壳、锅炉、水箱等腐蚀性较强的场合
沉头	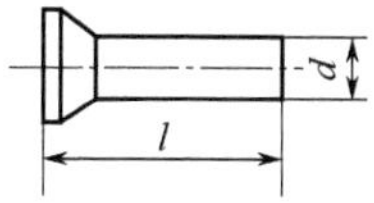	GB/T 865—1986（粗制） GB/T 869—1986	用于表面要求平滑，并且载荷不大的铆缝。承载能力比半圆头低
半沉头	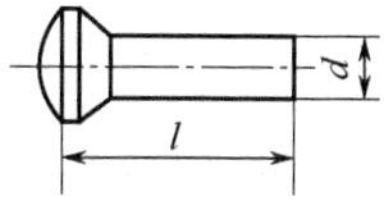	GB/T 866—1986（粗制） GB/T 870—1986	用于表面要求平滑，并且载荷不大的铆缝
120°沉头	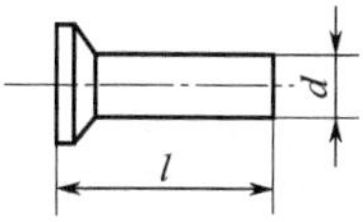	GB/T 954—1986	用于表面要求平滑，并且载荷不大的铆缝
120°半沉头	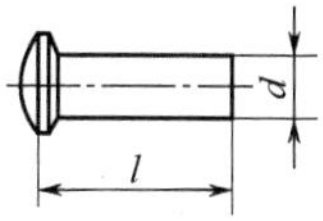	GB/T 1012—1986	用于表面要求平滑，并且载荷不大的铆缝
平头	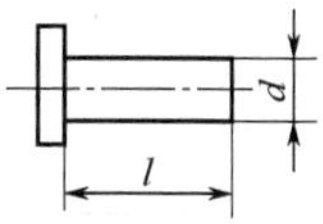	GB/T 109—1986	作强固接缝用
扁平头	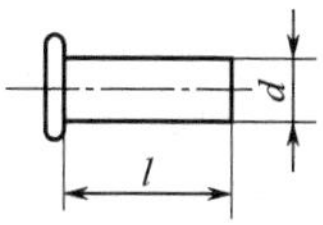	GB/T 872—1986	用于金属薄板或非金属材料之间的铆缝
抽芯铆钉	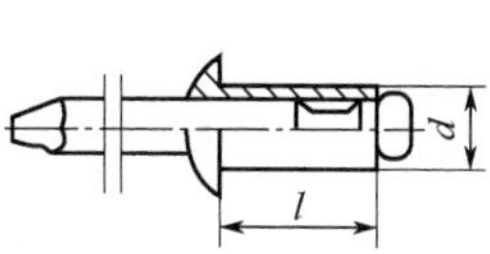	GB/T 12615.1—2004 GB/T 12616.1—2004 GB/T 12617.1～5—2006 GB/T 12618.1～6—2006	用于汽车车身覆盖件、支架等的单面铆接

续表

名称	形　状	标　准	用　途
标牌铆钉		GB/T 827—1986	用于标牌的铆接

4.5.2　沉头铆钉

沉头铆钉适用于表面需要平滑，钉头略可外露或不允许外露的场合。沉头铆钉规格见表4-48。

表4-48　沉头铆钉规格　　mm

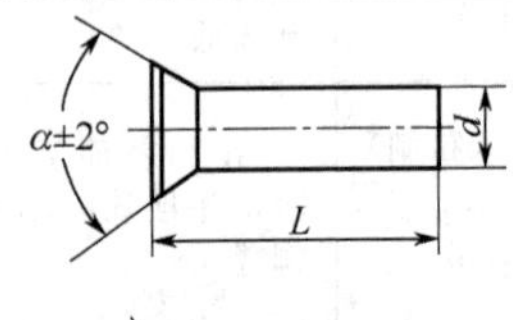

α＝60°粗制沉头铆钉　GB/T 865—1986
α＝90°精制沉头铆钉　GB/T 869—1986
α＝120°沉头铆钉　GB/T 954—1986

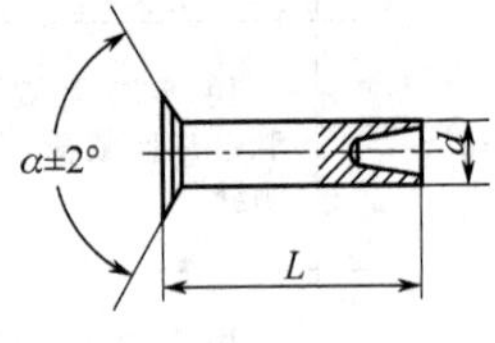

α＝90°沉头半空心铆钉　GB/T 1015—1986
α＝120°沉头半空心铆钉　GB/T 874—1986

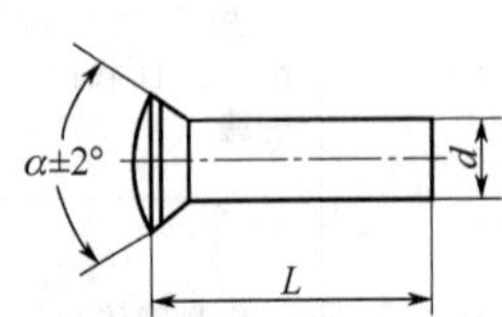

α＝60°粗制半沉头铆钉　GB/T 866—1986
α＝90°精制半沉头铆钉　GB/T 870—1986
α＝120°半沉头铆钉　GB/T 1012—1986

公称直径 d	长度 L					
	粗制	精　制				
	沉头 半沉头	沉头 半沉头	90°沉头 半空心	120°沉头 半空心	120°沉头	120°半沉头
1.0	—	2.0～8.0	—	—	—	—
1.2	—	2.5～8.0	—	4～8	1.5～6.0	—
(1.4)	—	3.0～12.0	—	—	2.5～8.0	—
1.6	—	3.0～12.0	—	4～10	2.5～10.0	—
2.0	—	3.5～16.0	2～13	3～20	3.0～10.0	—

续表

公称直径 d	长度 L					
	粗制	精　制				
	沉头 半沉头	沉头 半沉头	90°沉头 半空心	120°沉头 半空心	120°沉头	120°半沉头
2.5	—	5.0～18.0	3～16	4～80	4.0～15.0	—
3.0	—	5.0～22.0	3～30	4～100	5.0～20.0	5～24
(3.5)	—	6.0～24.0	3～36	5～35	6.0～36.0	6～28
4.0	—	6.0～30.0	3～40	5～100	6.0～42.0	6～32
5.0	—	6.0～50.0	3～50	6～100	7.0～50.0	8～40
6.0	—	6.0～50.0	3～30	8～100	8.0～50.0	10～40
8.0	—	12.0～60.0	14～50	10～80	10.0～50.0	—
10.0	—	16.0～75.0	18～50	18～50	—	—
12.0	20～75	18.0～75.0	—	—	—	—
(14.0)	20～100	20.0～100.0	—	—	—	—
16.0	24～100	24.0～100.0	—	—	—	—
(18.0)	28～150	—	—	—	—	—
20.0	30～150	—	—	—	—	—
(22.0)	38～180	—	—	—	—	—
24.0	50～180	—	—	—	—	—
(27.0)	55～180	—	—	—	—	—
30.0	60～200	—	—	—	—	—
36.0	65～200	—	—	—	—	—

注：1. 括号内的尺寸尽量不采用。

2. L 系列尺寸为 2，2.5，3，3.5，4，5，6，7，8，9，10，11，12，13，14，15，16，17，18，19，20，22，24，26，28，30，32，34^{*}，35^{+}，36^{*}，38，40，42，44^{*}，45^{+}，46^{*}，48，50，52，55，58，60，62^{*}，65，68^{*}，70，75，80，85，90，95，100，110，120，130，140，150，160，170，180，190，200（mm）。其中带"+"者只有粗制，带"*"者只有精制。

4.5.3　圆头铆钉

圆头铆钉用于钢结构的铆接。圆头铆钉规格见表 4-49。

表 4-49　圆头铆钉规格　mm

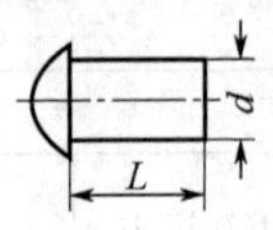

粗制半圆头铆钉 GB/T 863—1986
精制半圆头铆钉 GB/T 867—1986

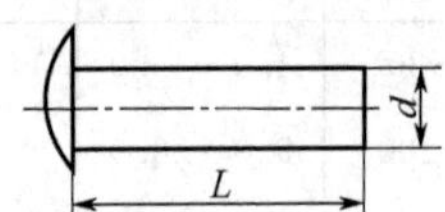

扁圆头铆钉 GB/T 871—1986
大扁圆头铆钉 GB/T 1011—1986

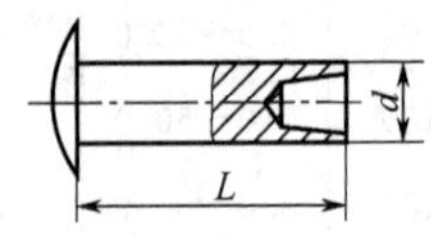

扁圆头半空心铆钉 GB/T 873—1986
大扁圆头半空心铆钉 GB/T 1014—1986

公称直径 d	长度 L				
	半圆头	扁圆头	大扁圆头	扁圆头半空心	大扁圆头半空心
0.6	1.0～6.0	—	—	—	—
0.8	1.5～8.0	—	—	—	—
1.0	2.0～8.0	—	—	—	—
(1.2)	2.5～8.0	1.5～6.0	—	4～6	—
1.4	3.0～12.0	2.0～8.0	—	4～8	—
(1.6)	3.0～12.0	2.0～8.0	—	4～8	—
2.0	3.0～16.0	2.0～13.0	3.5～16.0	3～14	2.0～13.0
2.5	5.0～20.0	3.0～16.0	3.5～20.0	3～16	3.0～16.0
3.0	5.0～26.0	3.5～30.0	3.5～24.0	4～30	3.5～30.0
(3.5)	7.0～26.0	5.0～36.0	6.0～28.0	5～50	5.0～36.0
4.0	7.0～50.0	5.0～40.0	6.0～32.0	3～40	5.0～40.0
5.0	7.0～55.0	6.0～50.0	8.0～40.0	6～50	6.0～50.0
6.0	8.0～60.0	7.0～50.0	10.0～40.0	6～50	7.0～50.0
8.0	16.0～65.0	9.0～50.0	14.0～50.0	10～50	3.0～40.0
10.0	16.0～85.0	10.0～50.0	—	20～50	—
12.0	20.0～90.0	—	—	—	—
(14.0)	22.0～100.0	—	—	—	—

续表

公称直径 d	长度 L				
	半圆头	扁圆头	大扁圆头	扁圆头半空心	大扁圆头半空心
16.0	26.0～110.0	—	—	—	—
(18.0)	32.0～150.0	—	—	—	—
20.0	32.0～150.0	—	—	—	—
(22.0)	38.0～180.0	—	—	—	—
24.0	52.0～180.0	—	—	—	—
(27.0)	55.0～180.0	—	—	—	—
30.0	55.0～180.0	—	—	—	—
36.0	58.0～200.0	—	—	—	—

注：1. 括号内的尺寸尽量不采用。

2. L 系列尺寸为 1，1.5，2，2.5，3，3.5，4，5，6，7，8，9，10，11，12，13，14，15，16，17，18，19，20，22，24，26，28，30，32，34^*，35^+，36^*，38，40，42，44^*，45^+，46^*，48，50，52，55，58，60，62^*，65，68^*，70，75，80，85，90，100，110，120，130，140，150，160，170，180，190，200（mm）。其中带“*”者只有精制，带“+”者只有粗制。

4.5.4　平头铆钉

平头铆钉用于扁薄件的铆接。平头铆钉规格见表 4-50。

表 4-50　平头铆钉规格　　mm

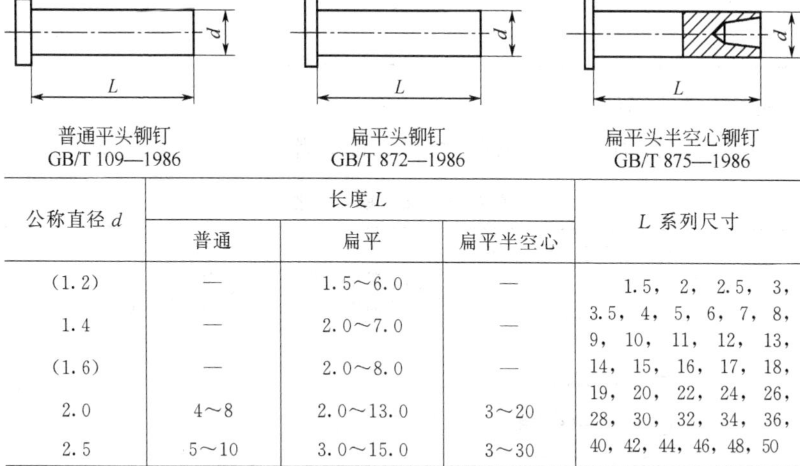

普通平头铆钉 GB/T 109—1986　　扁平头铆钉 GB/T 872—1986　　扁平头半空心铆钉 GB/T 875—1986

公称直径 d	长度 L			L 系列尺寸
	普通	扁平	扁平半空心	
(1.2)	—	1.5～6.0	—	1.5，2，2.5，3，3.5，4，5，6，7，8，9，10，11，12，13，14，15，16，17，18，19，20，22，24，26，28，30，32，34，36，40，42，44，46，48，50
1.4	—	2.0～7.0	—	
(1.6)	—	2.0～8.0	—	
2.0	4～8	2.0～13.0	3～20	
2.5	5～10	3.0～15.0	3～30	

续表

公称直径 d	长度 L			L 系列尺寸
	普通	扁平	扁平半空心	
3.0	6～14	3.5～30.0	4～30	1.5，2，2.5，3，3.5，4，5，6，7，8，9，10，11，12，13，14，15，16，17，18，19，20，22，24，26，28，30，32，34，36，40，42，44，46，48，50
3.5	6～18	5.0～36.0	5～40	
4.0	8～22	5.0～40.0	5～40	
5.0	10～26	6.0～50.0	6～50	
6.0	10～30	7.0～50.0	8～50	
8.0	16～30	9.0～50.0	10～50	
10.0	20～30	10.0～50.0	18～50	

注：括号内尺寸尽量不采用。

4.5.5　空心铆钉

空心铆钉规格见表 4-51。

表 4-51　空心铆钉规格　mm

	公称直径 d	长度 L	公称直径 d	长度 L
GB/T 876—1986	1.4	1.5～5	3.5	3～10
	1.6	2～5	4.0	3～12
	2.0	2～6	5.0	3～15
	2.5	2～8	6.0	3～15
	3.0	2～10	8.0	4～15

4.5.6　锥头铆钉

锥头铆钉用于钢结构件的铆接。锥头铆钉规格见表 4-52。

表 4-52　锥头铆钉规格　mm

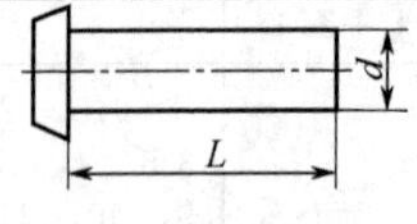

粗制普通锥头铆钉 GB/T 864—1986
精制普通锥头铆钉 GB/T 868—1986

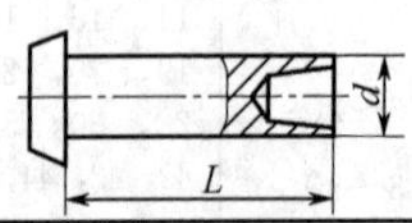

锥头半空心铆钉 GB/T 1013—1986

续表

公称直径	长度 L		
	普通粗制	普通精制	半空心
2.0	—	3～16	2.0～13.0
2.5	—	4～20	3.0～16.0
3.0	—	6～24	3.5～30.0
(3.5)	—	6～28	5.0～36.0
4.0	—	8～32	4.0～40.0
5.0	—	10～40	6.0～50.0
6.0	—	12～40	7.0～45.0
8.0	—	16～60	8.0～50.0
10.0	—	16～90	—
12.0	20～100	18～110	—
(14.0)	20～100	18～110	—
16.0	24～110	24～110	—
(18.0)	30～150	—	—
20.0	30～150	—	—
(22.0)	38～180	—	—
24.0	50～180	—	—
(27.0)	58～180	—	—
30.0	65～180	—	—
36.0	70～200		—

注：1. 括号内尺寸尽量不采用。
2. 杆长系列与圆头铆钉相同。

4.5.7　无头铆钉

无头铆钉规格见表 4-53。

表 4-53　无头铆钉规格　　mm

	公称直径 d	长度 L	公称直径 d	长度 L
d L GB/T 1016—1986	1.4	6～12	5.0	12～50
	2.0	6～20	6.0	16～60
	2.5	6～20	8.0	18～60
	3.0	8～30	10.0	20～60
	4.0	8～50		

4.5.8　抽芯铆钉

（1）封闭型平圆头抽芯铆钉（见表4-54）

表4-54　封闭型平圆头抽芯铆钉规格　mm

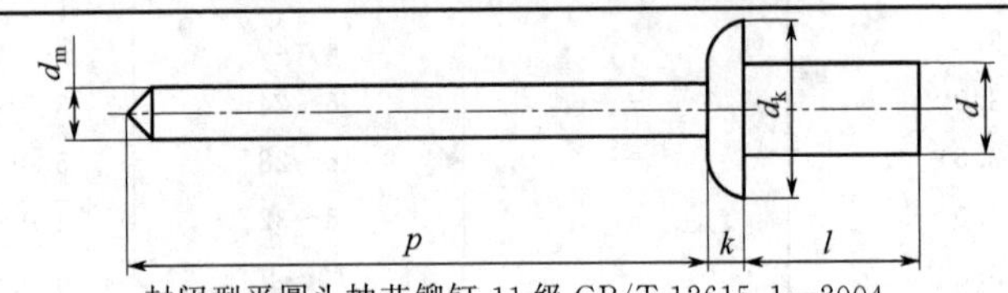

封闭型平圆头抽芯铆钉-11级 GB/T 12615.1—2004
封闭型平圆头抽芯铆钉-30级 GB/T 12615.2—2004
封闭型平圆头抽芯铆钉-06级 GB/T 12615.3—2004
封闭型平圆头抽芯铆钉-51级 GB/T 12615.4—2004

公称直径	钉芯长 p	长度 l			
		GB/T 12615.1	GB/T 12615.2	GB/T 12615.3	GB/T 12615.4
3.2	25	6.5～12.5	6～12	8～11	6～14
4	25	8～14.5	6～15	9.5～12.5	6～16
4.8	27	8.5～21	8～15	8～18	8～20
5	27	8.5～21	—	—	—
6.4	27	12.5，14.5	15～21	12.5～18	12～20

（2）封闭型沉头抽芯铆钉（见表4-55）

表4-55　封闭型沉头抽芯铆钉规格　mm

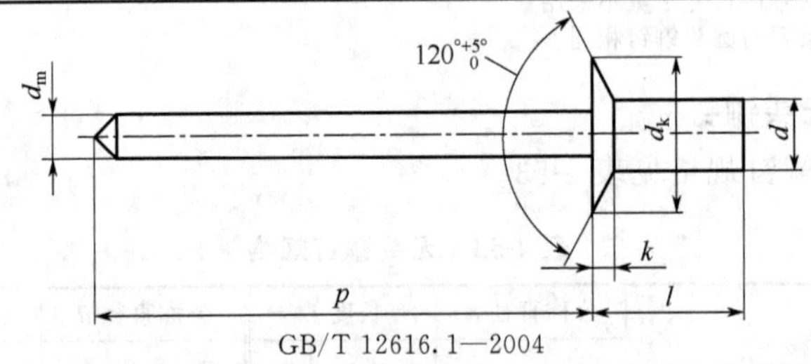

GB/T 12616.1—2004

公称直径	3.2	4	4.8	5	6.4
钉芯长 p	25		27		
长度 l	8～12.5	8～14.5	8.5～21	8.5～21	12.5，15.5

（3）开口型沉头抽芯铆钉（见表4-56）

表 4-56　开口型沉头抽芯铆钉规格　mm

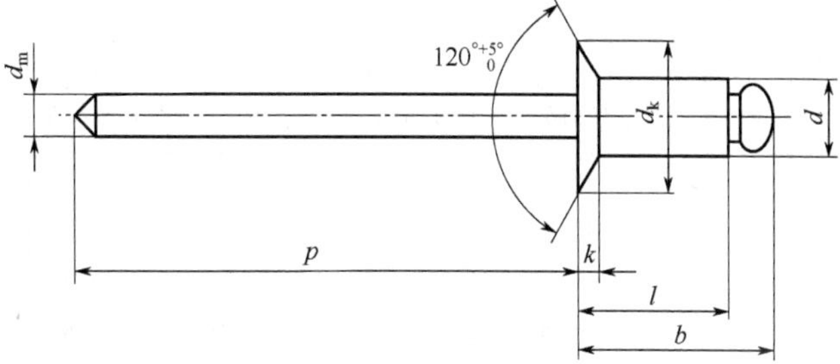

开口型沉头抽芯铆钉-10、11 级 GB/T 12617.1—2006
开口型沉头抽芯铆钉-30 级 GB/T 12617.2—2006
开口型沉头抽芯铆钉-12 级 GB/T 12617.3—2006
开口型沉头抽芯铆钉-51 级 GB/T 12617.4—2006
开口型沉头抽芯铆钉-20、21、22 级 GB/T 12617.5—2006

公称直径	钉芯长 p	长度 l				
		GB/T 12617.1	GB/T 12617.2	GB/T 12617.3	GB/T 12617.4	GB/T 12617.5
2.4	25	4～12	6～12	6	—	—
3	25	6～25	6～20	—	6～16	5～14
3.2	25	6～25	6～20	6～20	6～16	5～14
4	27	8～25	6～20	8～20	6～16	5～16
4.8	27	8～30	8～25	8～20	8～18	8～20
5	27	8～30	8～25	—	8～18	—
6	27	—	10～25	—	—	—
6.4	27	—	10～25	12～20	—	—

（4）开口型平圆头抽芯铆钉（见表 4-57）

表 4-57　开口型平圆头抽芯铆钉规格　mm

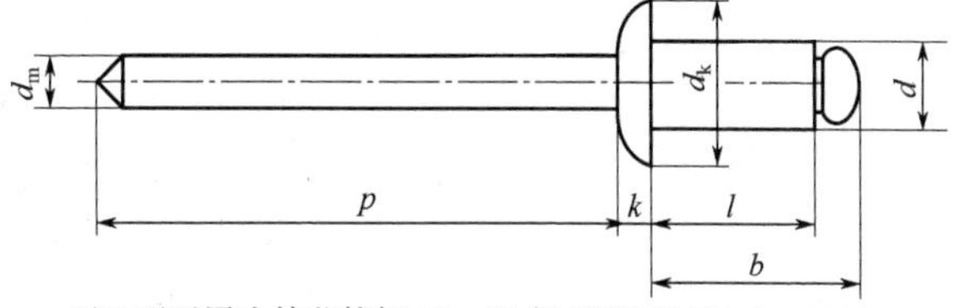

开口型平圆头抽芯铆钉-10、11 级 GBT 12618.1—2006
开口型平圆头抽芯铆钉-30 级 GB/T 12618.2—2006
开口型平圆头抽芯铆钉-12 级 GB/T 12618.3—2006
开口型平圆头抽芯铆钉-51 级 GB/T 12618.4—2006
开口型平圆头抽芯铆钉-20、21、22 级 GB/T 12618.5—2006
开口型平圆头抽芯铆钉-40、41 级 GB/T 12618.6—2006

续表

公称直径	钉芯长 p	长度 l					
		GBT 12618.1	GB/T 12618.2	GB/T 12618.3	GB/T 12618.4	GB/T 12618.5	GB/T 12618.6
2.4	25	4～12	6～12	6～12	—	—	—
3	25	4～25	6～20	—	6～16	5～14	5～12
3.2	25	4～25	6～20	5～25	6～16	5～14	—
4	27	6～25	6～30	6～25	6～25	5～16	5～20
4.8	27	6～30	8～30	6～30	6～25	8～20	6～20
5	27	6～30	8～30	—	6～25	—	—
6	27	8～30	10～30	—	—	—	—
6.4	27	12～30	10～30	12～30	—	—	12，18

4.5.9　标牌铆钉

标牌铆钉用于固定设备标牌。标牌铆钉规格见表4-58。

表4-58　标牌铆钉规格　mm

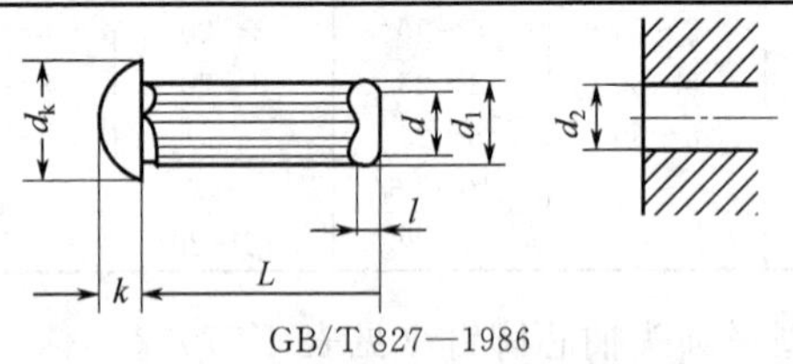

GB/T 827—1986

d(公称)	d_k(最大)	k(最大)	d_1(最小)	d_2(最大)	L(公称)	l	L系列尺寸
(1.6)	3.20	1.2	1.75	1.56	3～6	1	3，4，5，6，8，10，12，15，18，20
2	3.74	1.4	2.15	1.96	3～8	1	
2.5	4.84	1.8	2.65	2.46	3～10	1	
3	5.54	2.0	3.15	2.96	4～12	1	
4	7.39	2.6	4.15	3.96	6～18	1.5	
5	9.09	3.2	5.15	4.96	8～20	1.5	

4.6　销

4.6.1　常用销的类型、特点和用途

常用销的类型、特点和用途见表4-59。

表 4-59 常用销的类型、特点和用途

<table>
<tr><th colspan="2">类 型</th><th>标 准</th><th colspan="2">特 点</th><th>用 途</th></tr>
<tr><td rowspan="5">圆柱销</td><td>普通圆柱销</td><td>GB/T 119—2000</td><td rowspan="3">销孔需要铰制，多次装卸后会降低定位的精度和连接的紧固性。只能传递不大的载荷</td><td>直径公差带有 m6（A 型）、h8（B 型）、h11（C 型）和 u8（D 型）四种，以满足不同的配合要求</td><td>主要用于定位，也可用于连接</td></tr>
<tr><td>内螺纹</td><td>GB/T 120—2000</td><td>直径公差带只有 m6 一种，内螺纹供拆卸时使用。有 A 型和 B 型两种内螺纹圆柱销</td><td>B 型有通气平面，用于不通孔</td></tr>
<tr><td>螺纹圆柱销</td><td>GB/T 878—2007</td><td>直径公差较大，定位精度低</td><td>用于精度要求不高的场合</td></tr>
<tr><td>无头销轴</td><td>GB/T 880—2008</td><td colspan="2">用开口销锁定，拆卸方便</td><td>用于铰接处</td></tr>
<tr><td>弹性圆柱销</td><td>GB/T 879.1～5—2000</td><td colspan="2">具有弹性，装入销孔后与孔壁压紧，不易松脱。销孔精度要求较低，互换性好，可多次装拆，但刚性较差，不适合于高精度定位。载荷大时可用几个套在一起使用，相邻内外两销的缺口应错开 180°</td><td>用于有冲击、振动的场合，可代替部分圆柱销、圆锥销、开口销或销轴</td></tr>
<tr><td rowspan="4">圆锥销</td><td>普通圆锥销</td><td>GB/T 117—2000</td><td colspan="2" rowspan="4">有 1∶50 的锥度，便于安装。定位精度比圆柱销高，在受横向力时能够自锁，销孔需铰制
螺纹供拆卸用。螺尾圆锥销制造困难。开尾圆锥销打入销孔后，末端可以稍微胀开，以防止松脱</td><td>主要用于定位，也可用于固定零件、传递动力，多用于经常装拆的场合</td></tr>
<tr><td>内螺纹圆锥销</td><td>GR/T 118—2000</td><td>用于不通孔</td></tr>
<tr><td>螺尾圆锥销</td><td>GB/T 881—2000</td><td>用于拆卸困难的场合</td></tr>
<tr><td>开尾圆锥销</td><td>GB/T 877—1986</td><td>用于有冲击、振动的场合</td></tr>
</table>

续表

类型		标准	特点		用途
槽销	直槽销	GB/T 13829.1～2—2004	沿销体母线碾压或横锻三条（相隔120°）沟槽，打入销孔并与孔壁压紧，不易松脱，能承受振动和循环载荷。销孔不需铰光，可多次装拆	全长具有平行槽，端部有导杆和倒角两种，销与孔壁间压力分布较均匀	用于有严重振动和冲击载荷的场合
	中心槽销	GB/T 13829.3～4—2004		销的中部有短槽，槽长有1/2全长和1/3全长两种	用作心轴，将带毂的零件固定在短槽处
	锥槽销	GB/T 13829.5～6—2004		沟槽成楔形，有全长和半长两种，作用与圆锥销相似，销与孔壁间压力分布不均匀	与圆锥销相同
	半长倒锥槽销	GB/T 13829.7—2004		一半为圆柱销，一半为圆锥销	用作轴杆
	有头槽销	GB/T 13829.8～9—2004		有圆头和沉头两种	可代替螺钉、抽芯铆钉，用以紧固标牌、管夹子等
其他销	销轴	GB/T 882—2008	用开口销锁定，拆卸方便		用于铰接处
	开口销	GB/T 91—2000	工作可靠，拆卸方便		用于锁定其他紧固件，与槽形螺母合用
	快卸销		既能定位并承受一定的横向力，还能快速拆卸，有快卸止动销、快卸弹簧销等多种型式		需要快速拆卸的销连接
	安全销		结构简单，型式多样，必要时可在销上切出圆槽。为防止断销时损坏孔壁，可在孔内加销套		用于传动装置和机器的过载保护，如作为安全联轴器等的过载剪断元件

4.6.2　圆柱销

圆柱销用来固定零件之间的相对位置，靠过盈固定在孔中。圆柱销规格见表4-60和表4-61。

表 4-60 普通圆柱销规格 mm

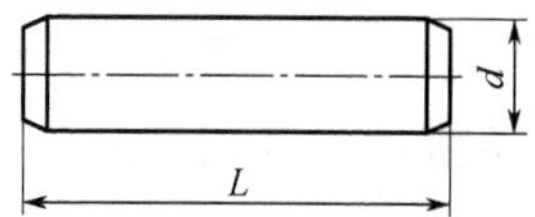

圆柱销—不淬硬钢和奥氏体不锈钢（GB/T 119.1—2000）
圆柱销—淬硬钢和马氏体不锈钢（GB/T 119.2—2000）

d（公称）	0.6	0.8	1	1.2	1.5	2	2.5	3	4	5
L（GB/T 119.1）	2～6	2～8	4～10	4～12	4～16	6～20	6～24	8～30	8～40	10～50
L（GB/T 119.2）	—	—	3～10	—	4～16	5～20	6～24	8～30	10～40	12～50
d（公称）	6	8	10	12	16	20	25	30	40	50
L（GB/T 119.1）	12～60	14～80	18～95	22～140	26～180	35～200	50～200	60～200	80～200	95～200
L（GB/T 119.2）	14～60	18～65	22～80	26～100	30～100	50～100	—	—	—	—
L 系列尺寸	2，3，4，5，6，8，10，12，14，16，18，20，22，24，26，28，30，32，35，40，45，50，55，60，65，70，75，80，85，90，95，100，120，140，160，180，200									

表 4-61 内螺纹圆柱销规格 mm

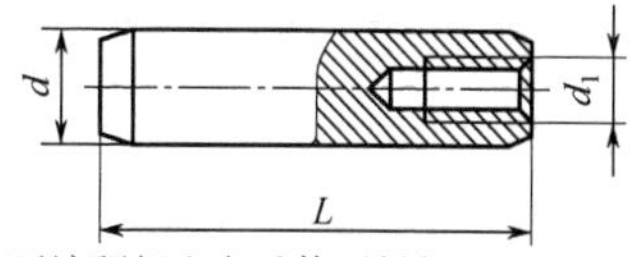

内螺纹圆柱销—不淬硬钢和奥氏体不锈钢（GB/T 120.1—2000）
内螺纹圆柱销—淬硬钢和马氏体不锈钢（GB/T 120.2—2000）

d（公称）	6	8	10	12	16	20	25	30	40	50
d_1	M4	M5	M6	M6	M8	M10	M16	M20	M20	M24
L	16～60	18～80	22～100	26～120	30～160	40～200	50～200	60～200	80～200	100～200
L 系列尺寸	16，18，20，22，24，26，28，30，32，35，40，45，50，55，60，65，70，75，80，85，90，95，100，120，140，160，180，200									

4.6.3 弹性圆柱销

弹性圆柱销有弹性，装配后不易松脱，适用于具有冲击和振动的场合。但刚性较差，不宜用于高精度定位及不穿透的销孔中。弹性圆柱销规格见表 4-62。

表 4-62 弹性圆柱销规格 mm

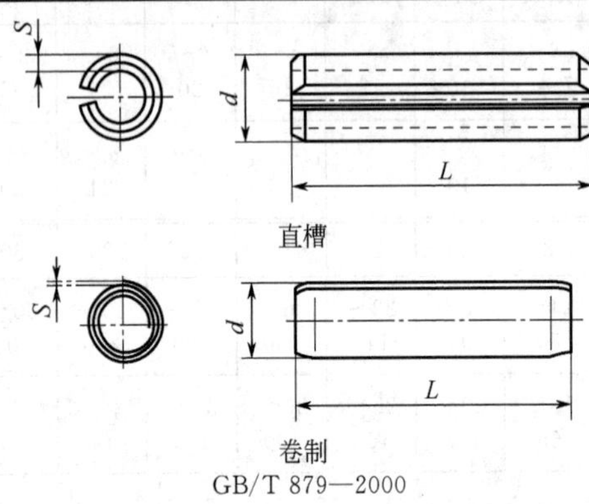

直槽

卷制

GB/T 879—2000

公称直径 *d*	直槽重型 (GB/T 879.1—2000)			直槽轻型 (GB/T 879.2—2000)			卷制标准型 (GB/T 879.4—2000)			
	壁厚 *S*	长度 *L*	最小剪切载荷（双剪）/kN	壁厚 *S*	长度 *L*	最小剪切载荷（双剪）/kN	壁厚 *S*	长度 *L*	最小剪切载荷（双剪）/kN	
0.8	—	—	—	—	—	—	0.07	4～16	0.4	0.3
1	0.2	4～20	0.70	—	—	—	0.08	4～16	0.6	0.45
1.2	—	—	—	—	—	—	0.1	4～16	0.9	0.65
1.5	0.3	4～20	1.58	—	—	—	0.13	4～24	1.45	1.05
2	0.4	4～30	2.80	0.2	4～30	1.5	0.17	4～40	2.5	1.9
2.5	0.5	4～30	4.38	0.25	4～30	2.4	0.21	5～45	3.9	2.9
3	0.5	4～40	6.32	0.3	4～40	3.5	0.25	6～50	5.5	4.2
3.5	0.75	4～40	9.06	0.35	4～40	4.6	0.29	6～50	7.5	5.7
4	0.8	4～50	11.24	0.5	4～50	8	0.33	8～60	9.6	7.6
4.5	1	5～50	15.36	0.5	6～50	8.8	—	—	—	—

续表

公称直径 d	直槽重型（GB/T 879.1—2000）			直槽轻型（GB/T 879.2—2000）			卷制标准型（GB/T 879.4—2000）			
	壁厚 S	长度 L	最小剪切载荷（双剪）/kN	壁厚 S	长度 L	最小剪切载荷（双剪）/kN	壁厚 S	长度 L	最小剪切载荷（双剪）/kN	
5	1	5～80	17.54	0.5	6～80	10.4	0.42	10～60	15	11.5
6	1	10～100	26.40	0.75	10～100	18	0.5	12～75	22	16.8
8	1.5	10～120	42.70	0.75	10～120	24	0.67	16～120	39	30
10	2	10～160	70.16	1	10～160	40	0.84	20～120	62	45
12	2.5	10～180	104.1	1	10～180	48	1	24～160	89	67
13	2.5	10～180	115.1	1.2	10～180	66	—	—	—	—
14	3	10～200	144.7	1.5	10～200	84	1.2	28～200	120	—
16	3	10～200	171.0	1.5	10～200	98	1.3	32～200	155	—
18	3.5	10～200	222.5	1.7	10～200	126	—	—	—	—
20	4	10～200	280.6	2	10～200	158	1.7	45～200	250	—
21	4	14～200	298.2	2	14～200	168	—	—	—	—
25	5	14～200	438.5	2	14～200	202	—	—	—	—
28	5.5	14～200	542.6	2.5	14～200	280	—	—	—	—
30	6	14～200	631.4	2.5	14～200	302	—	—	—	—
32	6	20～200	684	—	—	—	—	—	—	—
35	7	20～200	859	3.5	20～200	490	—	—	—	—
38	7.5	20～200	1003	—	—	—	—	—	—	—
40	7.5	20～200	1068	4	20～200	634	—	—	—	—
45	8.5	20～200	1360	4	20～200	720	—	—	—	—
50	9.5	20～200	1685	5	20～200	1000	—	—	—	—

注：长度系列尺寸为 4，5，6，8，10，12，14，16，18，20，22，24，26，28，30，32，35～100（5 进级），120～200 及 200 以上（20 进级）（mm）。

4.6.4 圆锥销

圆锥销用于零件的定位、固定，也可传递动力。圆锥销规格见表 4-63。

表 4-63　圆锥销规格　mm

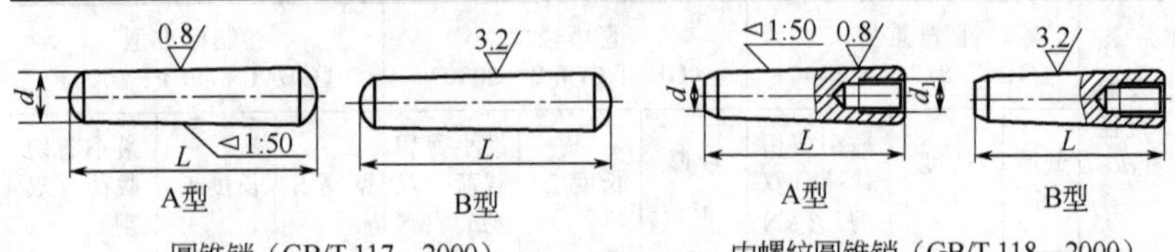

d(公称)	圆锥销 L	内螺纹圆锥销		L 系列尺寸
		d_1	L	
0.6	4～8	—	—	4，5，6，8，10，12，14，16，18，20，22，24，26，28，30，32，35，40，45，50，55，60，65，70，75，80，85，90，95，100，120，140，160，180，200
0.8	5～12			
1	6～16			
1.2	6～20			
1.5	8～24			
2	10～35			
2.5	10～35			
3	12～45			
4	14～55			
5	18～60			
6	22～90	M4	16～60	
8	22～120	M5	18～85	
10	26～160	M6	22～100	
12	32～180	M8	26～120	
16	40～200	M10	32～160	
20	45～200	M12	45～200	
25	50～200	M16	50～200	
30	55～200	M20	60～200	
40	60～200	M20	80～200	
50	65～200	M24	120～200	

4.6.5　螺尾圆锥销

螺尾圆锥销规格见表 4-64。

表 4-64　螺尾圆锥销规格　mm

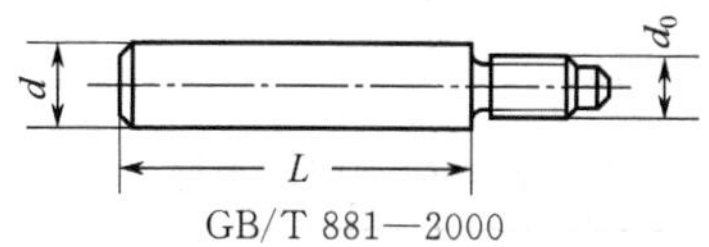

GB/T 881—2000

直径 d	长度 L	锥销螺纹直径 d_0	L 系列尺寸
5	40～50	M5	40，45，50，55，60，75，85，100，120，140，160，190，220，250，280，320，360，400
6	45～60	M6	
8	55～75	M8	
10	65～100	M10	
12	85～140	M12	
16	100～160	M16	
20	120～220	M16	
25	140～250	M20	
30	160～280	M24	
40	190～360	M30	
50	220～400	M36	

4.6.6　开口销

开口销用于常需装拆的零件上。开口销规格见表 4-65。

表 4-65　开口销规格　mm

GB/T 91—2000

开口销公称直径 d_0	销身长度 L	伸出长度 $a\leqslant$	开口销公称直径 d_0	销身长度 L	伸出长度 $a\leqslant$	L 系列尺寸
0.6	4～12	1.6	4	18～80	4	4，5，6，8，10，12，14，16，18，20，22，25，28，32，36，40，45，50，56，63，71，80，90，100，112，125，140，160，180，200，224，250，280
0.8	5～16	1.6	5	22～100	4	
1	6～20	1.6	6.3	30～120	4	
1.2	8～26	2.5	8	40～160	4	
1.6	8～32	2.5	10	45～200	6.3	
2	10～40	2.5	13	71～250	6.3	
2.5	12～50	2.5	16	80～280	6.3	
3.2	14～65	3.2	20	80～280	6.3	

4.6.7　销轴

销轴规格见表 4-66。

表 4-66　销轴规格　　mm

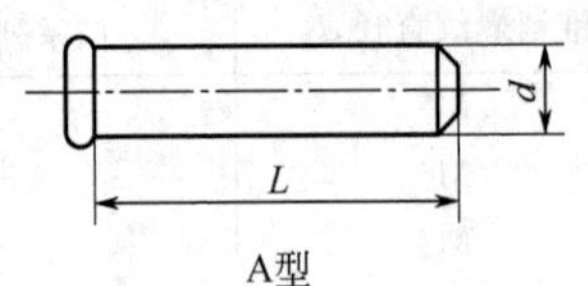

A型

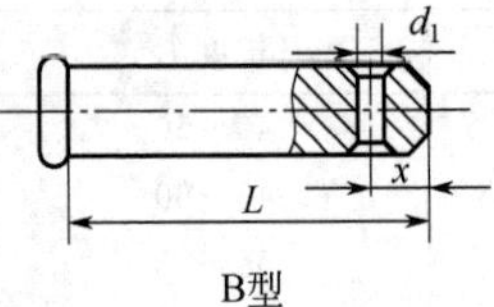

B型

GB/T 882—2008

d（公称）	d_1（最小）	x	L 范围	L 系列尺寸
3	0.8	1.6	6～30	6，8，10，12，14，16，18，20，22，24，26，28，30，32，35，40，45，50，55，60，65，70，75，80，85，90，95，100，120，140，160，180，200
4	1	2.2	8～40	
5	1.2	2.9	10～50	
6	1.6	3.2	12～60	
8	2	3.5	16～80	
10	3.2	4.5	20～100	
12	3.2	5.5	24～120	
14	4	6	28～140	
16	4	6	32～160	
18	5	7	40～200	
20	5	8	40～200	
22	5	8	45～200	
24	6.3	9	50～200	
27	6.3	9	55～200	
30	8	10	60～200	
33	8	10	65～200	
36	8	10	70～200	
40	8	10	80～200	
45	10	12	90～200	
50	10	12	100～200	
55	10	14	120～200	
60	10	14	120～200	
70	13	16	140～200	
80	13	16	160～200	
90	13	16	180～200	
100	13	16	200	

4.7　键

4.7.1　普通平键

普通平键用来连接轴和轴上的旋转零件或摆动零件，起到周向固定的作用，以便传递转矩。普通平键规格见表 4-67。

表 4-67　普通平键规格　　mm

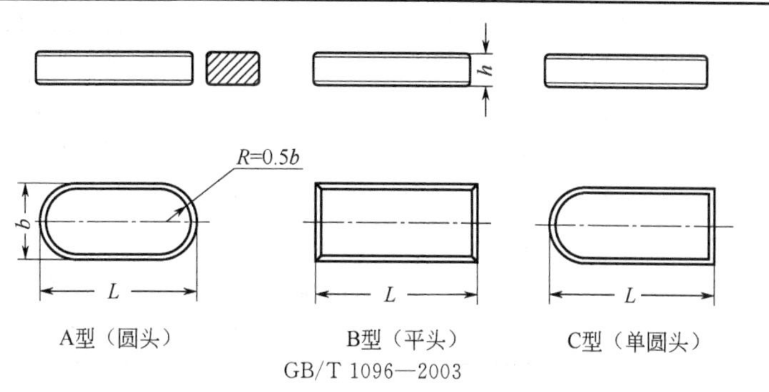

A型（圆头）　B型（平头）　C型（单圆头）

GB/T 1096—2003

宽度 b	高度 h	长度 L	适用轴径(参考)	L 系列尺寸
2	2	6～20	6～8	6，8，10，12，14，16，18，10，22，25，28，32，35，40，45，50，56，63，70，80，90，100，110，125，140，160，180，200，220，250，280，320，360，400，450，500
3	3	6～36	>8～10	
4	4	8～45	>10～12	
5	5	10～56	>12～17	
6	6	14～70	>17～22	
8	7	18～80	>22～30	
10	8	20～110	>30～38	
12	8	28～140	>38～44	
14	9	36～160	>44～50	
16	10	45～180	>50～58	
18	11	50～200	>58～65	
20	12	56～220	>65～75	
22	14	63～250	>75～85	
25	14	70～280	>85～95	

续表

宽度 b	高度 h	长度 L	适用轴径(参考)	L 系列尺寸
28	16	80～320	＞95～110	6，8，10，12，14，16，18，10，22，25，28，32，35，40，45，50，56，63，70，80，90，100，110，125，140，160，180，200，220，250，280，320，360，400，450，500
32	18	90～360	＞110～130	
36	20	100～400	＞130～150	
40	22	100～400	＞150～170	
45	25	110～450	＞170～200	
50	28	125～500	＞200～230	
56	32	140～500	＞230～260	
63	32	160～500	＞260～290	
70	36	180～500	＞290～330	
80	40	200～500	＞330～380	
90	45	220～500	＞380～440	
100	50	250～500	＞440～500	

4.7.2 导向平键

导向平键适用于轴上零件需作轴向移动的导向用。导向平键规格见表 4-68。

表 4-68 导向平键规格 mm

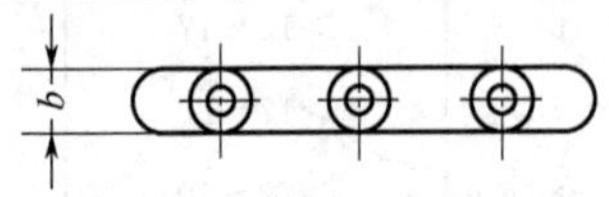

GB/T 1097—2003

宽度	高度	长度	相配螺钉尺寸
8	7	25～90	M3×8
10	8	25～110	M3×10
12	8	28～140	M4×10
14	9	36～160	M5×10
16	10	45～180	M5×10
18	11	50～200	M6×12
20	12	56～220	M6× 12

续表

宽度	高度	长度	相配螺钉尺寸
22	14	63～250	M6×16
25	14	70～280	M8×16
28	16	80～320	M8×16
32	18	90～360	M10×20
36	20	100～400	M12×25
40	22	100～400	M12×25
45	25	110～450	M12×25

4.7.3　半圆键

半圆键适用于轻载连接，键在槽中能绕其几何中心摆动以适应轮毂中键槽的斜度。半圆键规格见表 4-69。

表 4-69　半圆键规格　mm

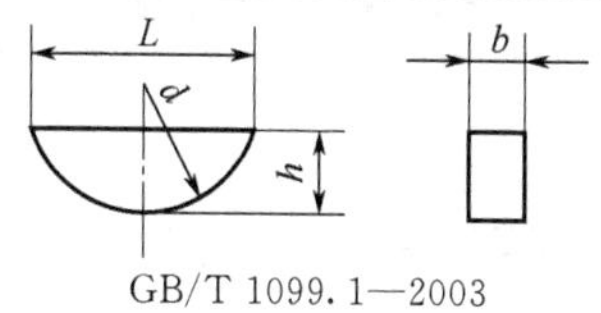

GB/T 1099.1—2003

宽度 b	厚度 h	半圆直径 d	键长 L	适用轴径	
				传递转矩	传动定位
1	1.4	4	3.8	自 3～4	自 3～4
1.5	2.6	7	6.8	>4～5	>4～6
2	2.6	7	6.8	>5～6	>6～8
2	3.7	10	9.7	>6～7	>8～10
2.5	3.7	10	9.7	>7～8	>10～12
3	5	13	12.6	>8～10	>12～15
3	6.5	16	15.7	>10～12	>15～18
4	6.5	16	15.7	>12～14	>18～20
4	7.5	19	18.6	>14～16	>20～22
5	6.5	16	15.7	>16～18	>22～25

续表

宽度 b	厚度 h	半圆直径 d	键长 L	适用轴径	
				传递转矩	传动定位
5	7.5	19	18.6	>18～20	>25～28
5	9	22	21.6	>20～22	>28～32
6	9	22	21.6	>22～25	>32～36
6	10	25	24.5	>25～28	>36～40
8	11	28	27.3	>28～32	40
10	13	32	31.4	>32～38	—

4.7.4 楔键

楔键用于连接轴与轴上的零件，并起单向轴向定位作用。楔键规格见表 4-70。

表 4-70 楔键规格 mm

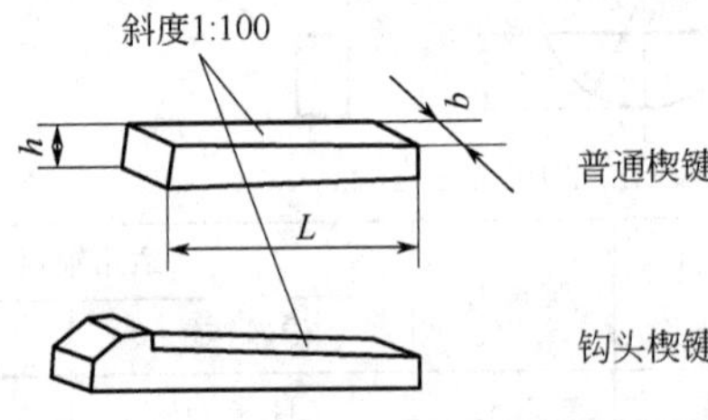

普通楔键GB/T 1564—2003

钩头楔键GB/T 1565—2003

宽度 b	厚度 h	长度 L		L 系列尺寸
		普通楔键	钩头楔键	
2	2	6～20	—	6，8，10，12，14，16，18，20，22，25，28，32，35，40，45，50，56，63，70，80，90，100，110，125，140，160，180，200，220，250，280，320，360，400，450，500
3	3	6～36	—	
4	4	8～45	14～45	
5	5	10～56	14～56	
6	6	14～70		
8	7	18～90		
10	8	22～100	22～110	

续表

宽度 b	厚度 h	长度 L		L 系列尺寸
		普通楔键	钩头楔键	
12	8	28～140		6，8，10，12，14，16，18，20，22，25，28，32，35，40，45，50，56，63，70，80，90，100，110，125，140，160，180，200，220，250，280，320，360，400，450，500
14	9	36～160		
16	10	45～180		
18	11	50～200		
20	12	56～220		
22	14	63～250		
25	14	70～280		
28	16	80～320		
32	18	90～360		
36	20	100～400		
40	22	100～400		
45	25	110～450		
50	28	125～500		
56	32	140～500		
63	32	160～500		
70	36	180～500		
80	40	200～500		
90	45	220～500		
100	50	250～500		

第5章 弹簧

5.1 圆柱螺旋弹簧尺寸系列（GB/T 1358—2009）

圆柱螺旋弹簧尺寸系列见表5-1。

表5-1 圆柱螺旋弹簧尺寸系列

弹簧材料直径 d/mm	第一系列：0.10、0.12、0.14、0.16、0.20、0.25、0.30、0.35、0.40、0.45、0.50、0.60、0.70、0.80、0.90、1.00、1.20、1.60、2.00、2.50、3.00、3.50、4.00、4.50、5.00、6.00、8.00、10.0、12.0、15.0、16.0、20.0、25.0、30.0、35.0、40.0、45.0、50.0、60.0 第二系列：0.05、0.06、0.07、0.08、0.09、0.18、0.22、0.28、0.32、0.55、0.65、1.40、1.80、2.20、2.80、3.20、5.50、6.50、7.00、9.00、11.0、14.0、18.0、22.0、28.0、32.0、38.0、42.0、55.0 设计时优先选用第一系列
弹簧中径 D/mm	0.3、0.4、0.5、0.6、0.7、0.8、0.9、1、1.2、1.4、1.6、1.8、2、2.2、2.5、2.8、3、3.2、3.5、3.8、4、4.2、4.5、4.8、5、5.5、6、6.5、7、7.5、8、8.5、9、10、12、14、16、18、20、22、25、28、30、32、38、42、45、48、50、52、55、58、60、65、70、75、80、85、90、95、100、105、110、115、120、125、130、135、140、145、150、160、170、180、190、200、210、220、230、240、250、260、270、280、290、300、320、340、360、380、400、450、500、550、600
弹簧有效圈数 n/圈	压缩弹簧：2、2.25、2.5、2.75、3、3.25、3.5、3.75、4、4.25、4.5、4.75、5、5.5、6、6.5、7、7.5、8、8.5、9、9.5、10、10.5、11.5、12.5、13.5、14.5、15、16、18、20、22、25、28、30 拉伸弹簧：2、3、4、5、6、7、8、9、10、11、12、13、14、15、16、17、18、19、20、22、25、28、30、35、40、45、50、55、60、65、70、80、90、100 由于两钩环相对位置不同，拉伸弹簧尾数还可为0.25、0.5、0.75
压缩弹簧自由高度 H_0/mm	2、3、4、5、6、7、8、9、10、11、12、13、14、15、16、17、18、19、20、22、24、26、28、30、32、35、38、40、42、45、48、50、52、55、58、60、65、70、75、80、85、90、95、100、105、110、115、120、130、140、150、160、170、180、190、200、220、240、260、280、300、320、340、360、380、400、420、450、480、500、520、550、580、600、620、650、680、700、720、750、780、800、850、900、950、1000

5.2 圆柱螺旋压缩弹簧（GB/T 2089—2009）

圆柱螺旋压缩弹簧是一种弹性元件，用于需多次重复地随外载负荷的大小而作相应的弹性变形的场合。圆柱螺旋压缩弹簧规格见表 5-2。

表 5-2　圆柱螺旋压缩弹簧（两端圈并紧磨平或锻平型）规格　mm

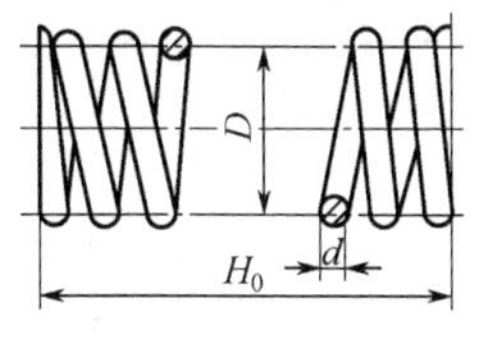

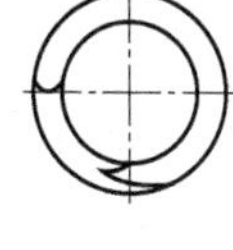

YA型

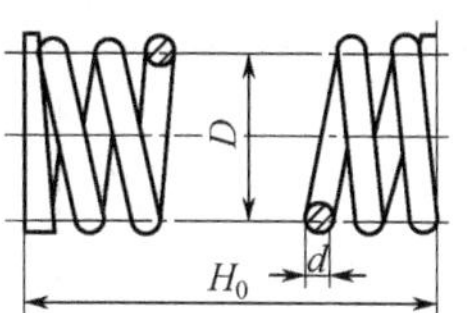

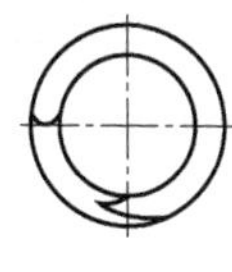

YB型

弹簧丝直径 d	弹簧中径 D	有效圈数 n					
		2.5	4.5	6.5	8.5	10.5	12.5
		自由高度 H_0					
0.5	3	4	7	10	11	14	16
	3.5	5	8	12	13	16	19
	4	6	9	14	15	19	22
	4.5	7	10	16	18	22	26
	5	8	12	18	21	26	30
0.8	4	6	9	12	15	18	22
	4.5	7	10	14	16	20	24
	5	8	11	15	18	22	28
	6	9	13	19	22	28	32
	7	10	15	23	28	32	38
	8	12	18	28	32	40	48
1	4.5	7	10	14	16	20	24
	5	8	11	15	18	22	26
	6	9	12	18	20	26	30
	7	10	14	21	26	30	35
	8	12	17	25	30	35	42
	9	13	20	29	35	42	48
	10	15	22	35	40	48	58

续表

弹簧丝直径 d	弹簧中径 D	有效圈数 n					
		2.5	4.5	6.5	8.5	10.5	12.5
		自由高度 H_0					
1.2	6	9	12	17	22	25	30
	7	10	14	20	25	30	35
	8	11	16	24	28	35	40
	9	12	20	28	35	45	50
	10	14	24	32	40	50	58
	12	17	26	40	48	58	70
1.4	7	10	15	20	26	30	30
	8	11	16	22	28	35	35
	9	12	18	24	32	38	40
	10	13	20	28	35	42	50
	12	16	24	35	45	52	60
	14	19	30	45	55	65	75
1.6	8	11	17	22	28	35	40
	9	12	19	24	32	38	45
	10	13	22	28	35	42	48
	12	15	24	32	42	50	60
	14	18	28	40	50	60	70
	16	22	36	48	60	70	85
1.8	9	13	18	25	32	38	42
	10	15	20	28	35	40	48
	12	16	24	32	40	50	58
	14	18	28	38	48	58	70
	16	20	32	45	60	70	80
	18	22	38	52	65	80	95
2	10	13	20	28	35	40	48
	12	15	24	32	40	48	58

续表

弹簧丝直径 d	弹簧中径 D	有效圈数 n					
		2.5	4.5	6.5	8.5	10.5	12.5
		自由高度 H_0					
2	14	17	26	38	50	55	65
	16	19	30	42	55	65	75
	18	22	35	48	65	75	95
	20	24	40	55	75	90	105
2.5	12	16	24	32	40	50	58
	14	17	28	38	45	55	65
	16	19	30	40	52	65	75
	18	20	30	48	58	70	85
	20	24	38	52	65	80	95
	22	26	42	58	75	90	105
	25	30	48	70	90	105	120
3	14	18	28	38	48	58	65
	16	20	30	40	52	65	75
	18	22	35	45	58	70	80
	20	24	38	50	65	75	90
	22	24	40	58	70	85	100
	25	28	45	65	80	100	115
	28	32	52	70	95	115	140
	30	35	58	80	100	120	150
3.5	16	22	32	45	55	65	75
	18	22	35	48	58	70	80
	20	24	38	50	65	75	90
	22	26	40	55	70	85	100
	25	28	45	65	80	95	110
	28	32	50	70	90	110	130
	30	35	55	75	95	115	140

续表

弹簧丝直径 d	弹簧中径 D	有效圈数 n					
		2.5	4.5	6.5	8.5	10.5	12.5
		自由高度 H_0					
3.5	32	38	60	80	105	130	150
	35	40	65	90	115	140	170
4	20	26	38	52	65	80	90
	22	28	40	55	70	85	100
	25	30	45	60	80	95	110
	28	34	50	70	90	105	130
	30	36	55	75	95	115	140
	32	37	58	80	100	120	150
	35	41	65	90	115	140	160
	38	46	70	100	130	150	180
	40	48	75	105	142	160	190
4.5	22	28	42	58	70	85	100
	25	30	48	60	80	95	110
	28	32	50	70	85	105	120
	30	36	52	75	90	110	130
	32	37	58	75	100	120	140
	35	40	60	85	105	130	150
	38	44	65	90	110	145	160
	40	48	70	100	130	160	190
	45	54	85	120	150	180	220
5	25	30	48	65	80	100	115
	28	32	50	70	90	105	120
	30	35	52	75	95	115	130
	32	38	58	80	100	120	140
	35	40	60	85	110	130	150
	38	42	65	90	120	140	170

续表

弹簧丝直径 d	弹簧中径 D	有效圈数 n					
		2.5	4.5	6.5	8.5	10.5	12.5
		自由高度 H_0					
5	40	45	70	100	130	150	180
	45	50	80	115	140	180	200
	50	55	95	130	170	200	240
6	30	38	55	75	95	115	130
	32	38	58	80	100	120	140
	35	40	60	85	105	130	150
	38	42	65	90	115	140	160
	40	45	70	90	120	150	170
	45	48	75	105	140	160	190
	50	52	85	120	150	190	220
	55	58	95	130	170	200	240
	60	65	105	150	190	240	280
8	32	45	70	90	110	150	155
	35	47	72	96	115	140	160
	38	49	76	98	122	140	170
	40	50	78	100	128	150	180
	45	52	84	105	130	160	190
	50	55	88	115	150	180	210
	55	58	90	130	160	190	220
	60	60	100	140	170	220	260
	65	65	110	150	190	240	280
	70	70	115	160	200	260	300
	75	75	130	180	220	280	320
	80	80	140	190	260	300	360
10	40	51	80	110	140	160	190
	45	58	85	115	140	170	200

续表

弹簧丝直径 d	弹簧中径 D	有效圈数 n					
		2.5	4.5	6.5	8.5	10.5	12.5
		自由高度 H_0					
10	50	61	90	120	150	190	220
	55	64	95	130	170	200	240
	60	68	105	140	180	210	260
	65	72	110	150	190	220	280
	70	75	115	160	200	240	300
	75	80	120	170	220	260	320
	80	86	130	180	240	280	340
	85	92	140	190	255	300	360
	90	94	150	200	270	320	380
	95	98	160	220	280	340	400
	100	100	170	240	300	360	420
12	50	70	105	140	180	220	260
	55	75	110	150	190	230	260
	60	75	120	160	200	240	280
	65	80	130	170	220	260	300
	70	85	130	180	230	280	320
	75	90	140	190	240	300	340
	80	95	150	200	260	320	380
	85	100	160	220	280	340	400
	90	105	170	240	300	360	420
	95	110	180	240	320	380	450
	100	115	190	260	340	420	480
	110	130	220	300	380	480	550
	120	140	240	340	450	520	620
14	60	82	130	170	220	260	300
	65	85	135	180	230	270	320

续表

弹簧丝直径 d	弹簧中径 D	有效圈数 n					
		2.5	4.5	6.5	8.5	10.5	12.5
		自由高度 H_0					
14	70	90	140	190	240	280	340
	75	95	145	200	250	300	360
	80	105	150	210	270	320	380
	85	110	160	220	280	340	400
	90	115	170	240	300	360	420
	95	120	180	240	320	380	450
	100	125	190	260	320	400	480
	110	130	200	280	360	450	520
	120	140	220	320	400	500	580
	130	150	260	360	450	550	650
16	65	90	140	190	240	280	340
	70	95	150	200	240	300	350
	75	100	150	210	260	320	360
	80	100	160	220	260	320	380
	85	105	165	230	280	340	400
	90	110	170	240	300	360	420
	95	115	180	250	320	380	450
	100	120	190	260	320	400	480
	110	130	200	280	360	450	520
	120	140	220	320	400	480	580
	130	150	240	340	450	520	620
	140	160	260	380	480	580	680
	150	180	300	400	520	650	750
18	75	105	160	220	260	320	380
	80	105	160	230	280	340	400
	85	110	170	240	290	350	410

续表

弹簧丝直径 d	弹簧中径 D	有效圈数 n					
		2.5	4.5	6.5	8.5	10.5	12.5
		自由高度 H_0					
18	90	115	180	250	300	360	420
	95	120	185	260	320	380	450
	100	120	190	270	340	400	480
	110	130	200	280	360	450	520
	120	140	220	300	400	480	550
	130	150	240	340	420	520	620
	140	160	260	360	450	550	650
	150	170	280	400	500	620	720
	160	190	300	420	550	680	800
	170	200	340	480	600	720	850
20	80	115	170	240	300	350	400
	85	120	180	250	310	360	420
	90	130	190	260	320	380	450
	95	140	200	270	330	400	460
	100	150	210	280	340	420	480
	110	160	220	290	360	450	520
	120	170	230	300	400	480	550
	130	180	240	340	420	520	600
	140	190	260	360	450	550	650
	150	200	280	380	500	600	700
	160	205	300	420	520	650	780
	170	210	320	450	580	700	850
	180	220	340	480	620	750	900
	190	230	380	520	680	850	950
25	100	140	220	300	360	420	520
	110	150	230	310	380	460	550

续表

弹簧丝直径 d	弹簧中径 D	有效圈数 n					
		2.5	4.5	6.5	8.5	10.5	12.5
		自由高度 H_0					
25	120	160	240	320	400	500	580
	130	160	260	340	420	520	620
	140	170	270	360	450	550	650
	150	180	280	380	500	600	700
	160	190	300	420	520	620	750
	170	200	320	450	550	680	800
	180	210	340	450	600	720	850
	190	220	360	500	620	780	880
	200	240	380	520	680	800	900
	220	260	450	580	750	850	950
30	120	170	260	340	450	520	620
	130	180	280	360	460	550	650
	140	185	290	380	480	580	680
	150	190	300	400	500	620	720
	160	210	310	420	520	650	750
	170	220	320	450	550	680	800
	180	230	340	460	580	720	850
	190	240	360	480	620	750	880
	200	250	380	520	650	800	910
	220	260	420	580	720	900	950
	240	280	450	620	800	920	—
	260	300	500	700	900	980	—
35	140	200	300	400	500	620	720
	150	210	320	420	520	650	740
	160	230	330	450	550	680	760
	170	235	340	460	580	700	780

续表

弹簧丝直径 d	弹簧中径 D	有效圈数 n					
		2.5	4.5	6.5	8.5	10.5	12.5
		自由高度 H_0					
35	180	240	360	480	600	720	820
	190	250	370	500	620	750	850
	200	260	380	520	650	800	880
	220	270	420	580	720	850	950
	240	280	450	620	780	880	—
	260	290	480	680	850	950	—
	280	320	520	720	900	—	—
	300	360	580	800	950	—	—
40	160	220	340	460	580	700	780
	170	230	360	480	600	720	820
	180	240	370	500	620	740	840
	190	250	380	520	650	760	860
	200	260	400	520	680	780	900
	220	280	420	580	720	820	950
	240	290	450	620	750	850	—
	260	300	480	680	780	950	—
	280	320	520	720	850	—	—
	300	340	550	780	900	—	—
	320	380	600	850	950	—	—
45	180	260	360	480	640	720	880
	190	270	360	500	660	750	950
	200	275	280	520	680	780	—
	220	280	400	550	700	850	—
	240	290	440	580	740	950	—
	260	300	450	650	800	—	—
	280	320	500	680	840	—	—

续表

弹簧丝直径 d	弹簧中径 D	有效圈数 n					
		2.5	4.5	6.5	8.5	10.5	12.5
		自由高度 H_0					
45	300	320	520	720	900	—	—
	320	340	550	780	—	—	—
	340	380	600	850	—	—	—
50	200	280	450	580	720	850	—
	220	300	450	620	780	880	
	240	320	480	650	800	950	
	260	320	500	680	850	—	
	280	340	550	720	—	—	
	300	350	580	780	—	—	
	320	380	600	820	—	—	
	340	400	620	850	—	—	
55	200	310	460	610	740	900	—
	220	330	480	640	780	950	
	240	350	500	670	800	—	
	260	370	520	700	860	—	
	280	390	540	730	900	—	
	300	430	560	750	950	—	
	320	430	580	790	—	—	
	340	450	600	830	—	—	
60	200	350	480	520	760	—	—
	220	370	500	640	800		
	240	390	520	660	850		
	260	410	540	680	900		
	280	430	560	700	950		
	300	450	580	720	—		
	320	470	620	740	—		
	340	490	640	780	—		

5.3　普通圆柱螺旋拉伸弹簧（GB/T 2088—2009）

普通圆柱螺旋拉伸弹簧多用于受到拉力后，要相应产生弹性变形的场合。其特点是要在外加拉力大于初拉力后，各圈间才开始分离，产生相应的弹性变形。普通圆柱螺旋拉伸弹簧规格见表 5-3。

表 5-3　普通圆柱螺旋拉伸弹簧规格　　mm

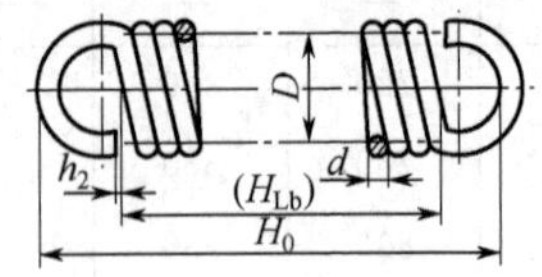

LⅠ型半圆钩环

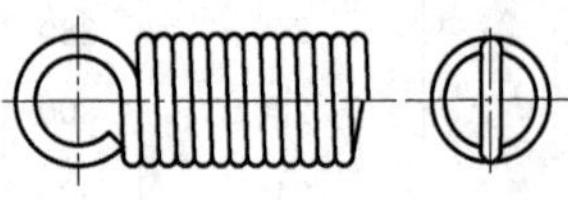

LⅢ型圆钩环扭中心

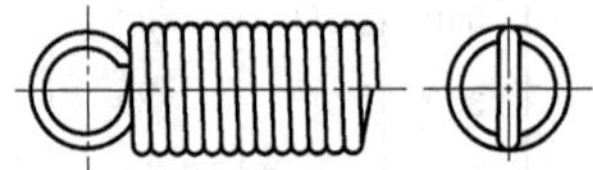

LⅣ型圆钩环压中心

弹簧丝直径 d	中径 D	有效圈数 n								
		8.25	10.5	12.25	15.5	18.25	20.5	25.5	30.25	40.5
		有效圈长度 H_{Lb}								
0.5	3、3.5、4、5、6	4.6	5.8	6.5	8.3	9.6	10.7	13.2	15.6	20.8
0.6	3、4、5、6、7	5.6	6.9	7.9	9.9	11.6	12.9	15.9	18.8	24.9
0.8	4、5、6、7、8、9	7.4	9.2	10.6	13.2	15.4	17.2	21.2	25.0	33.2
1.0	5、6、7、8、10、12	9.3	11.5	13.3	16.5	19.3	21.5	26.5	31.3	41.5
1.2	6、7、8、10、12、14	11.1	13.8	15.9	19.8	23.1	25.8	31.8	37.5	49.8
1.6	8、10、12、14、16、18	14.8	18.4	21.2	26.4	30.8	34.4	42.4	50.0	66.4

续表

弹簧丝直径 d	中径 D	有效圈数 n								
		8.25	10.5	12.25	15.5	18.25	20.5	25.5	30.25	40.5
		有效圈长度 H_{Lb}								
2.0	10、12、14、16、18、20	18.5	23.0	26.5	33.0	38.5	43.0	53.0	62.5	83.0
2.5	12、14、16、18、20、25	23.1	28.8	33.1	41.3	48.1	53.3	66.3	78.1	103.8
3.0	14、16、18、20、22、25	27.8	34.5	39.8	49.5	57.8	64.5	79.5	93.8	124.5
3.5	18、20、22、25、28、35	34.2	40.3	46.4	57.8	67.4	75.3	92.8	109.4	145.3
4.0	22、25、28、32、35、40、45	37.0	46.0	53.0	66.0	77.0	86.0	106	125.0	166.0
4.5	25、28、32、35、40、45、50	41.6	51.8	59.6	74.3	86.6	96.8	119.3	140.6	186.8
5.0	25、28、32、35、40、45、55	46.3	57.5	66.3	82.5	96.3	107.5	132.5	156.3	207.5
6.0	32、35、40、45、50、60、70	55.5	69.0	79.5	99.0	116	129	159	188	249

5.4 圆柱螺旋扭转弹簧（GB/T 1239.3—2009）

圆柱螺旋扭转弹簧用于各种机构中承受扭转力矩的场合。圆柱螺旋扭转弹簧规格见表 5-4。

表 5-4 圆柱螺旋扭转弹簧规格 mm

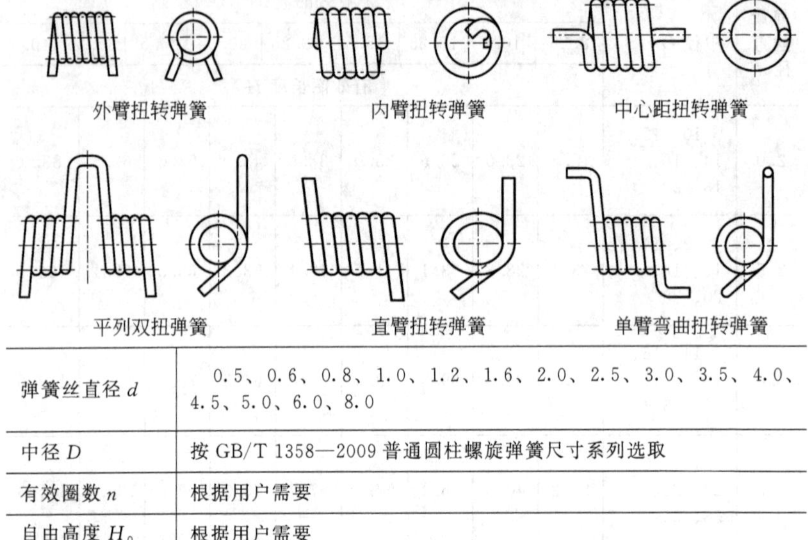

弹簧丝直径 d	0.5、0.6、0.8、1.0、1.2、1.6、2.0、2.5、3.0、3.5、4.0、4.5、5.0、6.0、8.0
中径 D	按 GB/T 1358—2009 普通圆柱螺旋弹簧尺寸系列选取
有效圈数 n	根据用户需要
自由高度 H_0	根据用户需要

5.5 碟形弹簧（GB/T 1972—2005）

碟形弹簧用在重型机械设备中，起到缓冲和减振的作用，也可作压紧弹簧。碟形弹簧规格见表 5-5。

表 5-5 碟形弹簧规格 mm

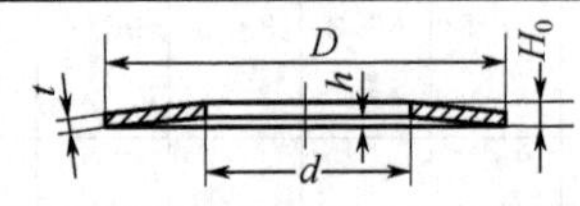

系列 A $\frac{D}{t}\approx 18$，$\frac{h}{t}\approx 0.4$

碟簧外径 D	碟簧内径 d	碟簧厚度 t	减薄碟簧厚度 t'	A 型碟簧的极限行程 h	自由高度 H_0
8	4.2	0.4	—	0.2	0.6
10	5.2	0.5	—	0.25	0.75
12.5	6.2	0.7	—	0.3	1

续表

系列 A $\frac{D}{t}\approx 18$，$\frac{h}{t}\approx 0.4$

碟簧 外径 D	碟簧 内径 d	碟簧 厚度 t	减薄碟簧 厚度 t'	A 型碟簧的 极限行程 h	自由 高度 H_0
14	7.2	0.8	—	0.3	1.1
16	8.2	0.9	—	0.35	1.25
18	9.2	1	—	0.4	1.4
20	10.2	1.1	—	0.45	1.55
22.5	11.2	1.25	—	0.5	1.75
25	12.2	1.5	—	0.55	2.05
28	14.2	1.5	—	0.65	2.15
31.5	16.3	1.75	—	0.7	2.45
35.5	18.3	2	—	0.8	2.8
40	20.4	2.2	—	0.9	3.1
45	22.4	2.5		1	3.5
50	25.4	3	—	1.1	4.1
56	28.5	3	—	1.3	4.3
63	31	3.5	—	1.4	4.9
71	36	4	—	1.6	5.6
80	41	5	—	1.7	6.7
90	46	5	—	2	7
100	51	6	—	2.2	8.2
112	57	6	—	2.5	8.5
125	64	8	7.5	2.6	9.6
140	72	8	7.5	3.2	11.2
160	82	10	9.4	3.5	13.5
180	92	10	9.4	4	14
200	102	12	11.25	4.2	16.2
225	112	12	11.25	5	17
250	127	14	13.1	5.6	19.6

续表

系列B $\frac{D}{t} \approx 28$，$\frac{h}{t} \approx 0.75$

碟簧外径 D	碟簧内径 d	碟簧厚度 t	减薄碟簧厚度 t'	A型碟簧的极限行程 h	自由高度 H_0
8	4.2	0.3	—	0.25	0.55
10	5.2	0.4	—	0.3	0.7
12.5	6.2	0.5	—	0.35	0.85
14	7.2	0.5	—	0.4	0.9
16	8.2	0.6	—	0.45	1.05
18	9.2	0.7	—	0.5	1.2
20	10.2	0.8	—	0.55	1.35
22.5	11.2	0.8	—	0.65	1.45
25	12.2	0.9	—	0.7	1.6
28	14.2	1	—	0.8	1.8
31.5	16.3	1.25	—	0.9	2.15
35.5	18.3	1.25	—	1	2.25
40	20.4	1.5	—	1.15	2.65
45	22.4	1.75	—	1.3	3.05
50	25.4	2	—	1.4	3.4
56	28.5	2	—	1.6	3.6
63	31	2.5	—	1.75	4.25
71	36	2.5	—	2	4.5
80	41	3	—	2.3	5.3
90	46	3.5	—	2.5	6
100	51	3.5	—	2.8	6.3
112	57	4	—	3.2	7.2
125	64	5	—	3.5	8.5
140	72	5	—	4	9
160	82	6	—	4.5	10.5

续表

碟簧外径 D	碟簧内径 d	碟簧厚度 t	减薄碟簧厚度 t'	A 型碟簧的极限行程 h	自由高度 H_0
系列 B　$\frac{D}{t}\approx 28$，$\frac{h}{t}\approx 0.75$					
180	92	6	—	5	11.1
200	102	8	7.5	5.6	13.6
225	112	8	7.5	6.5	14.5
250	127	10	9.4	7	17
系列 C　$\frac{D}{t}\approx 40$，$\frac{h}{t}\approx 1.3$					
8	4.2	0.2	—	0.25	0.45
10	5.2	0.25	—	0.3	0.55
12.5	6.2	0.35	—	0.45	0.8
14	7.2	0.35	—	0.45	0.8
16	8.2	0.4	—	0.5	0.9
18	9.2	0.5	—	0.6	1.1
20	10.2	0.5	—	0.65	1.15
22.5	11.2	0.6	—	0.8	1.4
25	12.2	0.7	—	0.9	1.6
28	14.2	0.8	—	1	1.8
31.5	16.3	0.8	—	1.05	1.85
35.5	18.3	0.9	—	1.15	2.05
40	20.4	1	—	1.3	2.3
45	22.4	1.25	—	1.6	2.85
50	25.4	1.25	—	1.6	2.85
56	28.5	1.5	—	1.95	3.45
63	31	1.8	—	2.35	4.15
71	36	2	—	2.6	4.6
80	41	2.25	—	2.95	5.2
90	46	2.5	—	3.2	5.7

续表

系列C $\frac{D}{t} \approx 40$，$\frac{h}{t} \approx 1.3$

碟簧外径 D	碟簧内径 d	碟簧厚度 t	减薄碟簧厚度 t'	A型碟簧的极限行程 h	自由高度 H_0
100	51	2.7	—	3.5	6.2
112	57	3	—	3.9	6.9
125	61	3.5	—	4.5	8
140	72	3.8	—	4.9	8.7
160	82	4.5	—	5.5	10
180	92	5	—	6.2	11.2
200	102	5.5	—	7	12.5
225	112	6.5	6.2	7.1	13.6
250	127	7	6.7	7.8	14.8

注：表列是各尺寸标准碟形弹簧。根据用户特殊需要也可生产各种非标准尺寸的碟形弹簧。

第 6 章　传动件

6.1　传动带

6.1.1　传动带的类型、特点和用途

传动带的类型、特点和用途见表 6-1。

表 6-1　传动带的类型、特点和用途

类型		简　图	结　构	特　点	用　途
平带	普通平带	开边式 包边式	由数层挂胶帆布粘合而成，有开边式和包边式	抗拉强度较大，预紧力保持性能较好，耐湿性好，带长可根据需要截取，价廉；开边式较柔软；过载能力较小，耐热、耐油性能差	带速 $v<30\text{m/s}$、传递功率 $P<500\text{kW}$、$i<6$ 轴间距较大的传动
	编织带		有棉织、毛织和缝合棉布带，以及用于高速传动的丝、麻、尼龙编织等。带面有覆胶和不覆胶两种	挠曲性好，可在较小的带轮上工作，对变载荷的适应能力较好；传递功率小，易松弛	中、小功率传动
	尼龙片复合平带	尼龙片 弹性保护层 弹胶体摩擦层 尼龙片 铬革面	承载层为聚酰胺片（有单层和多层粘合），工作面贴有铬革面、弹性胶体或特殊织物等层压而成	强度高，工作面摩擦因数大，挠曲性好，不易松弛	大功率传动，薄型，可用于高速传动
	高速环形胶带	橡胶高速带 聚氨酯高速带	承载层为涤纶绳，橡胶高速带表面覆耐磨、耐油胶布	带体薄而软，挠曲性好，强度较高，传动平稳，耐油、耐磨性能好，不易松弛	高速传动

续表

类型		简　图	结　构	特　点	用　途
V带	普通V带	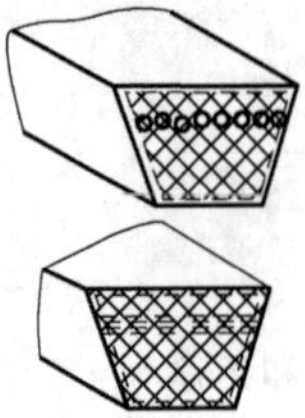	承载层为绳芯或胶帘布，楔角为40°、相对高度近似为0.7梯形截面环形带，有包布式和切边式两种	当量摩擦因数大，工作面与轮槽黏附性好，允许包角小、传动比大、预紧力小。绳芯结构带体较柔软，挠曲疲劳性好	$v<25\sim30$m/s、$P<700$kW、$i\leqslant10$轴间距小的传动
	窄V带	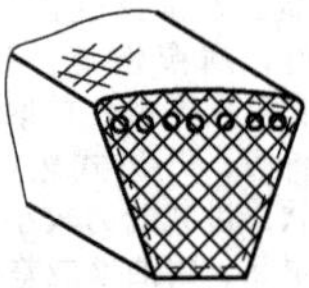	承载层为绳芯，楔角为40°、相对高度近似为0.9梯形截面环形带，有包布式和切边式两种	有两种尺寸制：基准宽度制和有效宽度制 除具有普通V带的特点外，能承受较大的预紧力，允许速度和挠曲次数高，传递功率大，耐热性好	大功率、结构紧凑的传动
	联组V带		将几根带型相同的普通V带或窄V带的顶面用胶帘布等距粘接而成，有2、3、4或5根连接成一组	传动中各根V带载荷均匀，可减少运转中振动和横转，增加传动的稳定性，耐冲击性能好	结构紧凑、载荷变动大、要求高的传动
	汽车V带	参见窄V带和普通V带	承载层为绳芯的V带，相对高度有0.9的，也有0.7的	挠曲性和耐热性好	内燃机专用V带，也可用于带轮和轴间距较小、工作温度较高的传动
	齿形V带	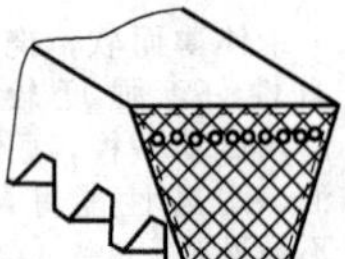	承载层为绳芯结构，内表面制成均布横向齿的V带	散热性好，与轮槽黏附性好，是挠曲性最好的V带	同普通V带和窄V带

续表

类型		简图	结构	特点	用途
V带	大楔角V带		承载层为绳芯，楔角为60°的梯形截面环形带，用聚氨酯浇注而成	质量均匀，摩擦因数大，传递功率大，外廓尺寸小，耐磨性、耐油性好	速度较高、结构特别紧凑的传动
	宽V带		承载层为绳芯，相对高度近似为0.3的梯形截面环形带	挠曲性好，耐热性和耐侧压性能好	无级变速传动
	接头V带		多由胶帘布卷绕而成，与普通V带相近，有活络型、多孔型和非穿孔型接头三种	带长可根据需要截取，局部损坏可更换；强度受接头影响而削弱，传递功率约为相同带型普通V带的0.7倍，且平稳性差；活络型V带结构复杂、重量大，易松弛	中、小功率、低速传动中临时应用
特殊带	多楔带		在绳芯结构平带的基体下有若干纵向V形楔的环形带，工作面是楔面，有橡胶和聚氨酯两种	具有平带的柔软、V带摩擦力大的特点；比V带传动平稳，外廓尺寸小	结构紧凑的传动，特别是要求V带根数多或轮轴垂直地面的传动
	双面V带		截面为六角形。四个侧面均为工作面，承载层为绳芯，位于截面中心	可以两面工作，带体较厚，挠曲性差，寿命和效率较低	需要V带两面都工作的场合，如农业机械中多从动轮传动
	圆形带		截面为圆形，有圆皮带、圆绳带、圆尼龙带、圆胶带等多种，带的直径 d_b=2～12mm	结构简单 最小带轮直径 d_{min} 可取（20～30）d_b 轮槽可做成半圆形	v < 15m/s、i=0.5～3的小功率传动

续表

类型		简图	结构	特点	用途
同步带	梯形齿同步带		工作面有梯形齿，承载层为玻璃纤维绳芯、钢丝绳芯等的环形带，基体有氯丁胶和聚氨酯（只有小带型）两种；由于用途不同又有一般工业用和汽车用之分	靠啮合传动，承载层保证带齿齿距不变，传动比准确，轴压力小，结构紧凑，耐油、耐磨性较好，但安装制造要求高	$v<50\text{m/s}$、$P<300\text{kW}$、$i<10$ 要求同步的传动，也可用于低速传动；载荷大应选用橡胶同步带，载荷小或有耐油要求时，选用聚氨酯同步带
	弧齿同步带		工作面有弧齿，承载层为玻璃纤维、合成纤维绳芯的环形带，带的基体为氯丁胶	与梯形齿同步带相同，但工作时齿根应力集中小，承载能力高	大功率传动

6.1.2　平型传动带（GB/T 524—2003）

平型传动带的有关内容见表 6-2 和表 6-3。

表 6-2　平型传动带规格　　mm

宽度/mm	尺寸要求
16、20、25、32、40、50、63、71、80、90、100、112、125、140、160、180、200、224、250、280、315、355、400、450、500	按 GB/T 4489 执行

注：帆布横向接头的接缝应与平带的纵向成 45°～70°，外层不得有接头，两接头之间的最小距离为：位于内层同层时，最小距离为 15m；位于两相邻层时，最小距离为 3m；位于两非相邻层时，最小距离为 1.5m。

表 6-3　平带的技术指标

拉伸强度规格	拉伸强度纵向最小值/$\text{kN}\cdot\text{m}^{-1}$	拉伸强度横向最小值/$\text{kN}\cdot\text{m}^{-1}$	参考力伸长率/%	粘合强度/$\text{kN}\cdot\text{m}^{-1}$
190/40	190	75	≤20	≥3.0
190/60	190	110		

续表

拉伸强度规格	拉伸强度纵向最小值/kN·m^{-1}	拉伸强度横向最小值/kN·m^{-1}	参考力伸长率/%	粘合强度/kN·m^{-1}
240/40	240	95	≤20	≥3.0
240/60	240	140		
290/40	290	115		
290/60	290	175		
340/40	340	130		
340/60	340	200		
385/60	385	225		
425/60	425	250		
450	450	—		
500	500	—		
560	560	—		

注：1. 斜线前的数字表示纵向拉伸强度规格（以 kN/m 为单位），斜线后的数字表示横向强度对纵向强度的百分比（简称横纵强度比）；没有斜线时，数字表示纵向拉伸强度规格，且其对应的横纵强度比只有 40%一种。

2. 成品带的参考力伸长率即在相当于平型传动带的纵向拉伸强度规格的力作用下的伸长率。

6.1.3 普通 V 带和窄 V 带（GB/T 11544—1997）

普通 V 带和窄 V 带规格见表 6-4。

表 6-4 普通 V 带和窄 V 带规格 mm

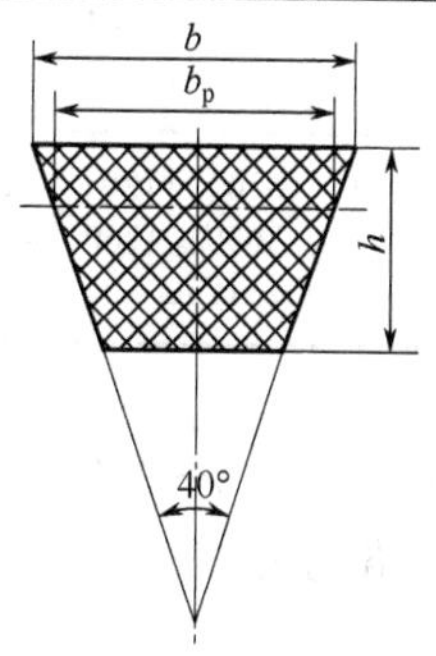

续表

<table>
<tr><th colspan="2">带型</th><th>节宽 b_p</th><th>顶宽 b</th><th>高度 h</th><th>基准长度 L_d</th></tr>
<tr><td rowspan="7">普通V带</td><td>Y</td><td>5.3</td><td>6</td><td>4</td><td>200～500</td></tr>
<tr><td>Z</td><td>8.5</td><td>10</td><td>6</td><td>405～1540</td></tr>
<tr><td>A</td><td>11</td><td>13</td><td>8</td><td>630～2700</td></tr>
<tr><td>B</td><td>14</td><td>17</td><td>11</td><td>930～6070</td></tr>
<tr><td>C</td><td>19</td><td>22</td><td>14</td><td>1565～10700</td></tr>
<tr><td>D</td><td>27</td><td>32</td><td>19</td><td>2740～15200</td></tr>
<tr><td>E</td><td>32</td><td>38</td><td>23</td><td>4660～16800</td></tr>
<tr><td rowspan="4">窄V带</td><td>SPZ</td><td>8</td><td>10</td><td>8</td><td>630～3550</td></tr>
<tr><td>SPA</td><td>11</td><td>13</td><td>10</td><td>800～4500</td></tr>
<tr><td>SPB</td><td>14</td><td>17</td><td>14</td><td>1250～8000</td></tr>
<tr><td>SPC</td><td>19</td><td>22</td><td>18</td><td>2000～12500</td></tr>
<tr><td rowspan="2">基准长度 L_d 系列</td><td>普通V带</td><td colspan="4">Y型：200、224、250、280、315、355、400、450、500
Z型：405、475、530、625、700、780、820、1080、1330、1420、1540
A型：630、700、790、890、990、1100、1250、1430、1550、1640、1750、1940、2050、2200、2300、2480、2700
B型：930、1000、1100、1210、1370、1560、1760、1950、2180、2300、2500、2700、2870、3200、3600、4060、4430、4820、5370、6070
C型：1565、1760、1950、2195、2420、2715、2880、3080、3520、4060、4600、5380、6100、6815、7600、9100、10700
D型：2740、3100、3330、3730、4080、4620、5400、6100、6840、7620、9140、10700、12200、13700、15200
E型：4660、5040、5420、6100、6850、7650、9150、12230、13750、15280、16800</td></tr>
<tr><td>窄V带</td><td colspan="4">630、710、800、900、1000、1120、1250、1400、1600、1800、2000、2240、2500、2800、3150、3550、4000、4500、5000、5600、6300、7100、8000、9000、10000、11200、12500</td></tr>
</table>

6.1.4　联组V带（GB/T 13575.2—2008）

联组V带截面尺寸规格见表6-5。

表 6-5　联组 V 带截面尺寸规格　　mm

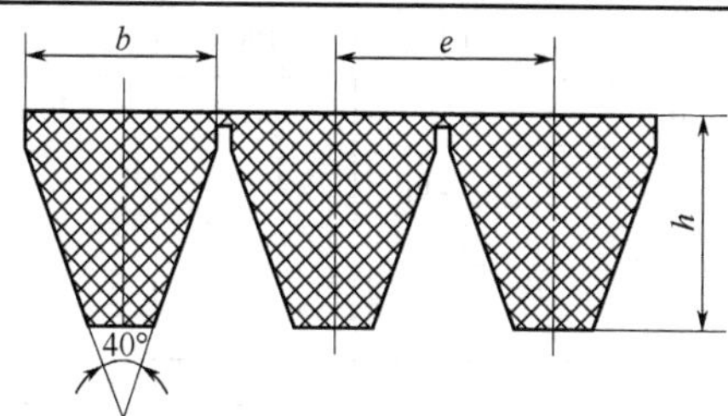

类型	带型	顶宽 b	带高 h	节距 e	最多联组根数
联组普通V带	AJ	13.0	10.0	15.88	5
	BJ	16.5	13.0	19.05	
	CJ	22.4	16.0	25.40	
	DJ	32.8	21.5	30.53	
联组窄V带	9J	9.5	10.0	10.3	
	15J	15.5	16.0	17.5	
	20J	20.9	21.5	24.4	
	25J	25.5	26.5	28.6	

6.1.5　工业用多楔带（GB/T 16588—2009）

工业用多楔带的尺寸规格见表 6-6。

表 6-6　工业用多楔带的尺寸规格　　mm

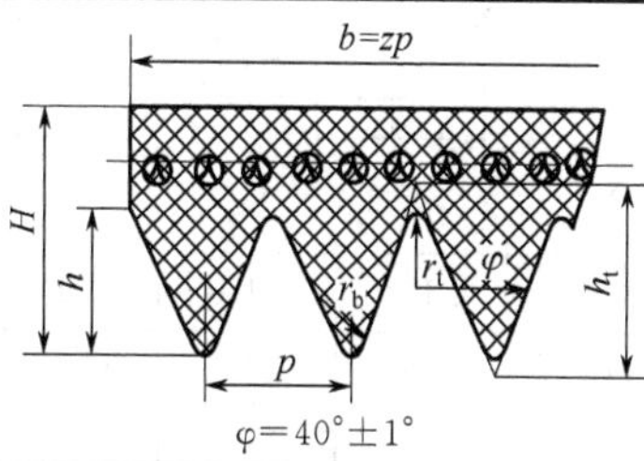

带　　型	PH	PJ	PK	PL	PM
$p\pm0.2$	1.60	2.34	3.56	4.70	9.40
累积偏差	±0.4	±0.4	±0.4	±0.4	±0.4
楔顶半径 r_b	0.3	0.4	0.5	0.4	0.75

续表

带　　型	PH	PJ	PK	PL	PM
楔底半径 r_t	0.15	0.2	0.25	0.4	0.75
理论楔高 h_t	2.20	3.21	4.89	6.46	12.90
圆角后楔高 h_{min}	1.33	2.10	3.20	4.20	10.00
带厚 $H\approx$	3	4	6	10	17
楔数范围	2～8	4～20	5～20	6～20	6～20
推荐最小带轮直径 d_{min}	13	20	45	75	180
有效长度 L_e 范围	200～1000	450～2500	750～3000	1250～6300	2300～16000
楔数系列	2、4、6、8、10、12、14、16、18、20				
有效长度 L_e 系列	200、224、250、280、315、355、400、450、500、630、710、800、900、1000、1120、1250、1400、1600、1800、2000、1240、2500、2800、3150、3550、4000、4500、5000、5600、6300、7100、8000、9000、10000、11200、12500、14000、16000				

6.1.6 梯形齿同步带（GB/T 11616—1989）

梯形齿同步带的齿形尺寸见表6-7。

表6-7 梯形齿同步带的齿形尺寸　　mm

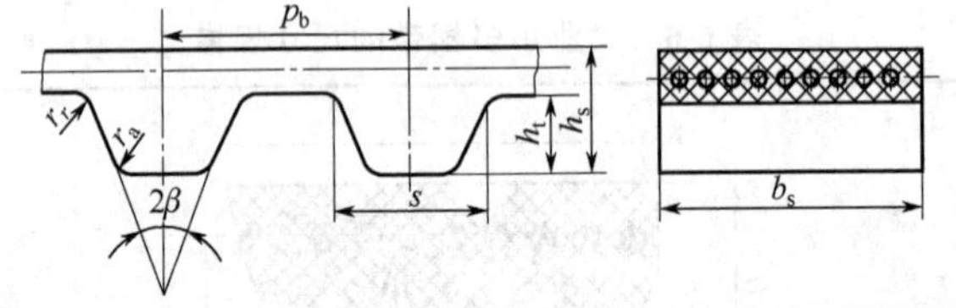

带型[①]	MXL	XXL	XL	L	H	XH	XXH
节距 p_b	2.032	3.175	5.080	9.525	12.70	22.225	31.750
齿形角 2β/(°)	40	50	50	40	40	40	40
齿根厚 s	1.14	1.73	2.57	4.65	6.12	12.57	19.05
齿高 h_t	0.51	0.76	1.27	1.91	2.29	6.35	9.53
带高 h_s	1.14	1.52	2.30	3.60	4.30	11.20	15.70

续表

带型①	MXL	XXL	XL	L	H	XH	XXH
半径 r_r 半径 r_a	0.13 0.13	0.20 0.30	0.38 0.38	0.51 0.51	1.02 1.02	1.57 1.19	2.29 1.52
节根距②	0.254	0.254	0.254	0.381	0.686	1.397	1.524
宽度范围	3～6.4	3～6.4	6.4～10	13～25	20～76	50～100	50～127
推荐最小带轮节径 d_{pmin}	6	10	16	36	63	125	220
节线长度范围	91～500	127～560	150～660	315～1525	610～4320	1290～4445	1780～4570
宽度系列	3.0、4.8、6.4、7.9、9.5、12.7、19.1、25.4、38.1、50.8、76.2、101.6、127.0						
节线长度系列	91.44、101.60、111.76、121.92、127.00、142.24、152.40、162.56、177.80、182.88、203.20、223.52、228.60、254.00、279.40、284.48、304.80、309.88、314.96、330.20、355.60、381.00、406.40、431.80、457.20、476.25、482.60、508.00、533.40、558.80、571.50、584.20、609.60、635.00、647.70、660.40、685.80、723.90、762.00、819.15、838.20、876.30、914.40、933.45、990.60、1066.80、1143.00、1219.20、1289.05、1295.40、1371.60、1422.40、1447.80、1524.00、1600.20、1676.40、1778.00、1905.00、1955.80、2032.00、2133.60、2159.00、2286.00、2489.20、2540.00、2794.00、2844.80、3048.00、3175.00、3200.40、3556.00、3911.60、4064.00、4318.00、4445.00、4572.00						

① 带型含义：MXL—最轻型，XXL—超轻型，XL—特轻型，L—轻型，H—重型，XH—特重型，XXH—超重型。

② 节根距是指齿根线与节线间的距离。

6.1.7　双面 V 带（GB/T 10821—2008）

双面 V 带的尺寸规格见表 6-8。

表 6-8　双面 V 带的尺寸规格　　mm

截　面　图	带型	W	T	有效长度 L_e	有效长度 L_e 系列
(截面图：W，T)	HAA HBB HCC HDD	13 17 22 32	10 13 17 25	1250～3550 2000～5000 2240～8000 4000～10000	1250、1320、1400、1500、1600、1700、1800、1900、2000、2120、2240、2360、2500、2650、2800、3000、3150、3350、3550、3750、4000、4250、4500、4750、5000、5300、5600、6000、6300、6700、7100、7500、8000、8500、9000、9500、10000

6.1.8 机用皮带扣（QB/T 2291—1997）

机用皮带扣用于连接平带。机用皮带扣规格见表6-9。

表6-9 机用皮带扣规格　　mm

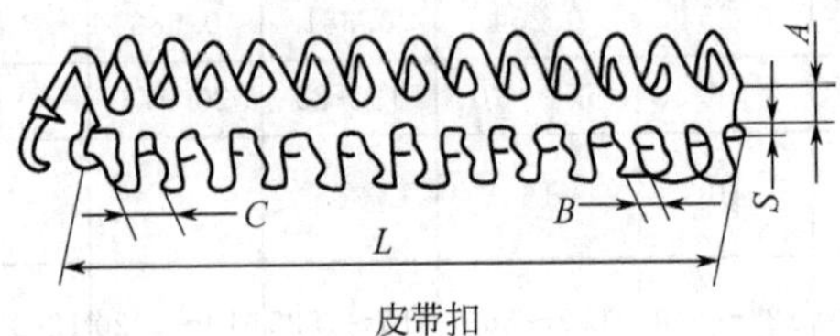

皮带扣

号数	长度 L	厚度 S	齿宽 B	筋宽 A	齿尖距 C	每支齿数	每盒支数	适用传动带厚度
15	190	1.10	2.30	3.0	5.0	34	16	3～4
20	290	1.20	2.60	3.0	6.0	45	10	4～5
25	290	1.30	3.30	3.3	7.0	36	16	5～6
27	290	1.30	3.30	3.3	8.0	36	16	5～6
35	290	1.50	3.90	4.7	9.0	30	8	7～8
45	290	1.80	5.00	5.5	10.0	24	8	8～9.5
55	290	2.30	6.70	6.5	12.0	18	8	9.5～11
65	290	2.50	6.90	7.2	14.0	18	8	11～12
75	290	3.00	8.50	9.0	18.0	14	8	12.5～16

6.2 链传动

6.2.1 传动用短节距精密滚子链（GB/T 1243—2006）

传动用短节距精密滚子链用于两轴距较大，要求传动力准确，负荷分布均匀的链轮之间。传动用短节距精密滚子链规格见表6-10。

表 6-10　传动用短节距精密滚子链规格　mm

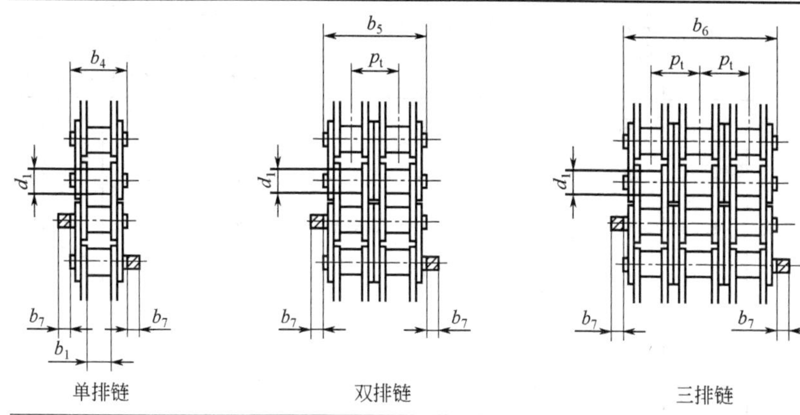

链号	节距 p	滚子直径 d_1(max)	内节内宽 b_1(min)	销轴直径 d_2(max)	排距 p_t	销轴全宽		
						单排	双排	三排
						b_4 (max)	b_5 (max)	b_6 (max)
04C	6.35	3.30	3.10	2.31	6.40	9.1	15.5	21.8
06C	9.525	5.08	4.68	3.60	10.13	13.2	23.4	33.5
05B	8.00	5.00	3.00	2.31	5.64	8.6	14.3	19.9
06B	9.525	6.35	5.72	3.28	10.24	13.5	23.8	34
08A	12.70	7.92	7.85	3.98	14.38	17.8	32.3	46.7
08B	12.70	8.51	7.75	4.45	13.92	17	31	44.9
081	12.70	7.75	3.30	3.66	—	10.2	—	—
083	12.70	7.75	4.88	4.09	—	12.9	—	—
084	12.70	7.75	4.88	4.09	—	14.8	—	—
085	12.70	7.77	6.25	3.58	—	14	—	—
10A	15.875	10.16	9.40	5.09	18.11	21.8	39.9	57.9
10B	15.875	10.16	9.65	5.08	16.59	19.6	36.2	52.8
12A	19.05	11.91	12.57	5.96	22.78	26.9	49.8	72.6
12B	19.05	12.07	11.68	5.72	19.46	22.7	42.2	61.7
16A	25.40	15.88	15.75	7.94	29.29	33.5	62.7	91.9

续表

链号	节距 p	滚子直径 d_1(max)	内节内宽 b_1(min)	销轴直径 d_2(max)	排距 p_t	销轴全宽		
						单排	双排	三排
						b_4（max）	b_5（max）	b_6（max）
16B	25.40	15.88	17.02	8.28	31.88	36.1	68	99.9
20A	31.75	19.05	18.90	9.54	35.76	41.1	77	113
20B	31.75	19.05	19.56	10.19	36.45	43.2	79.7	116.1
24A	38.10	22.23	25.22	11.11	45.44	50.8	96.3	141.7
24B	38.10	25.40	25.40	14.63	48.36	53.4	101.8	150.2
28A	44.45	25.40	25.22	12.71	48.87	54.9	103.6	152.4
28B	44.45	27.94	30.99	15.90	59.56	65.1	124.7	184.3
32A	50.80	28.58	31.55	14.29	58.55	65.5	124.2	182.9
32B	50.80	29.21	30.99	17.81	58.55	67.4	126	184.5
36A	57.15	35.71	35.48	17.46	65.84	73.9	140	206
40A	63.50	39.68	37.85	19.85	71.55	80.3	151.9	223.5
40B	63.50	39.37	38.10	22.89	72.29	82.6	154.9	227.2
48A	76.20	47.63	47.35	23.81	87.83	95.5	183.4	271.3
48B	76.20	48.26	45.72	29.24	91.21	99.1	190.4	281.6
56B	88.90	53.98	53.34	34.32	106.60	114.6	221.2	—
64B	101.60	63.50	60.96	39.40	119.89	130.9	250.8	—
72B	114.30	72.39	68.58	44.48	136.27	147.4	283.7	—

6.2.2 S型和C型钢制滚子链（GB/T 10857—2005）

S型和C型钢制滚子链主要适用于农业机械、建筑机械、采石机械以及相关工业、机械化输送机械等。链条尺寸、测量力和最小抗拉强度见表6-11。

表 6-11 链条尺寸、测量力和最小抗拉强度

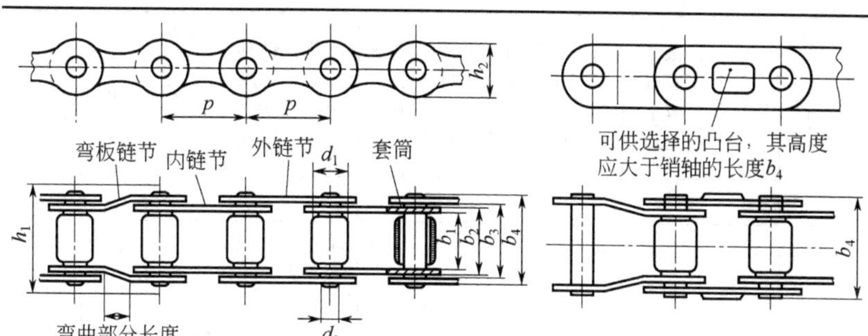

S 型链条结构特征

C 型链条——附加结构特征

链号	节距 p	滚子直径 d_1 (max)	内节内宽 b_1 (min)	外节内宽 b_3 (min)	链板高度 h_2 (max)	销轴直径 d_2 (max)	内节外宽 b_2 (max)	销轴长度 b_4 (max)	可拆链节外宽 h_1 (max)	测量力	抗拉强度 (min)
	mm									kN	
S32	29.21	11.43	15.88	20.57	13.5	4.47	20.19	26.7	31.3	0.13	8
S32-H	29.21	11.43	15.88	20.57	13.5	4.47	20.19	26.7	31.9	0.13	17.5
S42	34.93	14.27	19.05	25.65	19.8	7.01	25.4	34.3	39.4	0.22	26.7
S42-H	34.93	14.27	19.05	25.65	19.8	7.01	25.4	34.3	39.4	0.22	41
S45	41.4	15.24	22.23	28.96	17.3	5.74	28.58	38.1	43.2	0.22	17.8
S45-H	41.4	15.24	22.23	28.96	17.3	5.74	28.58	38.1	43.2	0.22	32
S52	38.1	15.24	22.23	28.96	17.3	5.74	28.58	38.1	43.2	0.22	17.8
S52-H	38.1	15.24	22.23	28.96	17.3	5.74	28.58	38.1	43.2	0.22	32
S55	41.4	17.78	22.23	28.96	17.3	5.74	28.58	38.1	43.2	0.22	17.8
S55-H	41.4	17.78	22.23	28.96	17.3	5.74	28.58	38.1	43.2	0.22	32
S62	41.91	19.05	25.4	32	17.3	5.74	31.8	40.6	45.7	0.44	26.7
S62-H	41.91	19.05	25.4	32	17.2	5.74	31.8	40.6	45.7	0.44	32
S77	58.34	18.26	22.23	31.5	26.2	8.92	31.17	43.2	52.1	0.56	44.5
S77-H	58.34	18.26	22.23	31.5	26.2	8.92	31.17	43.2	52.1	0.56	80
S88	66.27	22.86	28.58	37.85	26.2	8.92	37.52	50.8	58.4	0.56	44.5
S88-H	66.27	22.86	28.58	37.85	26.2	8.92	37.52	50.8	58.4	0.56	80

续表

链号	节距 p	滚子直径 d_1 (max)	内节内宽 b_1 (min)	外节内宽 b_3 (min)	链板高度 h_2 (max)	销轴直径 d_2 (max)	内节外宽 b_2 (max)	销轴长度 b_4 (max)	可拆链节外宽 h_1 (max)	测量力	抗拉强度 (min)
	mm									kN	
C550	41.4	16.87	19.81	26.16	20.2	7.19	26.04	35.6	35.7	0.44	39.1
C550-H	41.4	16.87	19.81	26.16	20.2	7.19	26.04	35.6	35.7	0.44	57.8
C620	42.01	17.91	24.51	31.72	20.2	7.19	31.6	42.2	46.8	0.44	39.1
C620-H	42.01	17.91	24.51	31.72	20.2	7.19	31.6	42.2	46.8	0.44	57.8

注：1. 最小套筒内径应比最大销轴直径 d_2 大0.1mm。

2. 对于恶劣工况，建议不使用弯板链节。

6.2.3 齿形链（GB/T 10855—2003）

齿形链用于一般机械传动，与滚子链相比，其传动速度高、平稳、载负均匀、噪声小，承受冲击性能好，工作可靠。传动用齿形链链节参数见表6-12。

表6-12 齿形链链节参数 mm

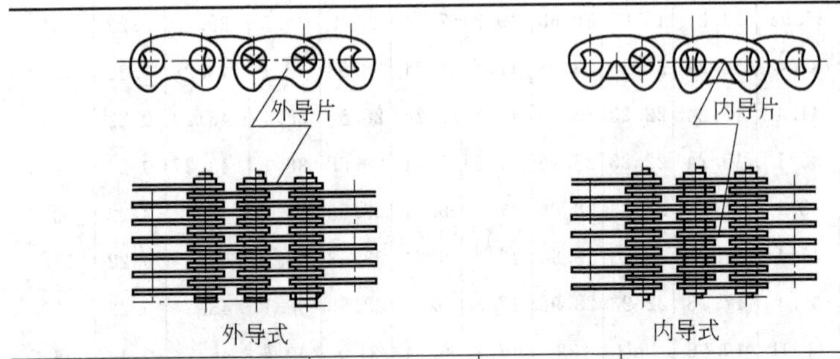

链号（6.35 mm单位链宽）	节距 p	标记	最小分叉口高度（= 0.062p）
SC3	9.525	SC3或3	0.590
SC4	12.70	SC4或4	0.787
SC5	15.88	SC5或5	0.986
SC6	19.05	SC6或6	1.181
SC8	25.40	SC8或8	1.575

续表

链号（6.35 mm 单位链宽）	节距 p	标记	最小分叉口高度(=0.062p)
SC10	31.76	SC10 或 10	1.969
SC12	38.10	SC12 或 12	2.362
SC16	50.80	SC16 或 16	3.150

6.2.4 输送链（GB/T 8350—2008）

输送链的有关内容见表 6-13 和表 6-14。

表 6-13 实心销轴输送链主要尺寸和技术要求

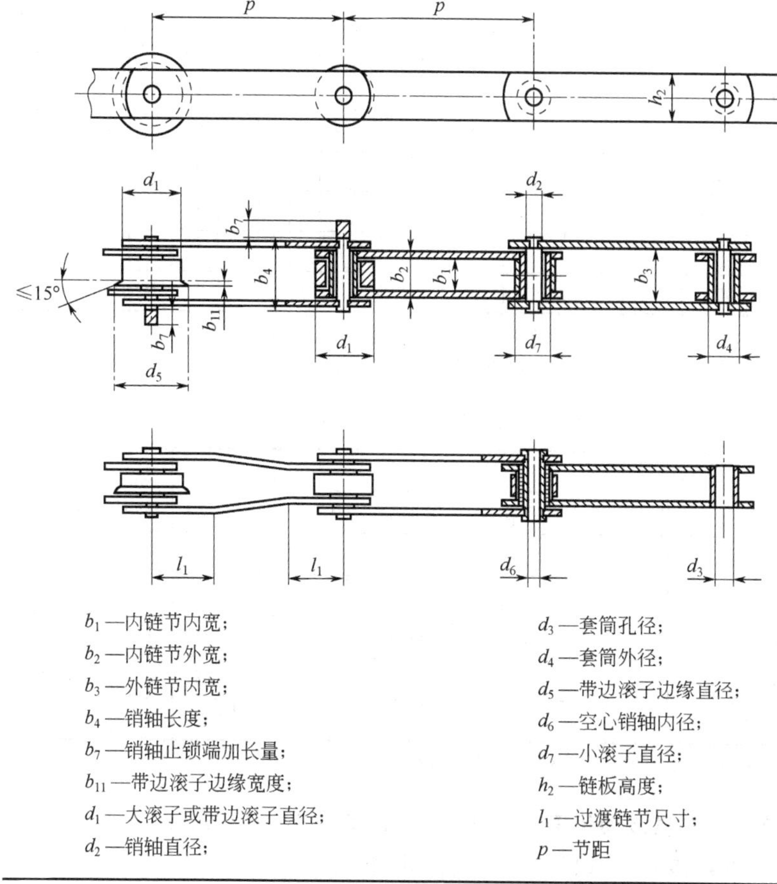

b_1—内链节内宽；
b_2—内链节外宽；
b_3—外链节内宽；
b_4—销轴长度；
b_7—销轴止锁端加长量；
b_{11}—带边滚子边缘宽度；
d_1—大滚子或带边滚子直径；
d_2—销轴直径；
d_3—套筒孔径；
d_4—套筒外径；
d_5—带边滚子边缘直径；
d_6—空心销轴内径；
d_7—小滚子直径；
h_2—链板高度；
l_1—过渡链节尺寸；
p—节距

续表

链号(基本)	抗拉强度	d_1(max)	节距 p①、②															d_2(max)	b_1(min)	b_4(max)	b_7(max)	测量力
			40	50	63	80	100	125	160	200	250	315	400	500	630	800	1000					
	kN	mm																				kN
M20	20	25	×															6	16	35	7	0.4
M28	28	30		×														7	18	40	8	0.56
M40	40	36																8.5	20	45	9	0.8
M56	56	42			×													10	24	52	10	1.12
M80	80	50																12	28	62	12	1.6
M112	112	60				×												15	32	73	14	2.24
M160	160	70					×											18	37	85	16	3.2
M224	224	85						×										21	43	98	18	4.5
M315	315	100							×									25	48	112	21	6.3
M450	450	120																30	56	135	25	9
M630	630	140																36	66	154	30	12.5
M900	900	170									×							44	78	180	37	18

① 用“×”表示的链条节距规格仅用于套筒链条和小滚子链条。

② 阴影区内的节距规格是优选节距规格。

表 6-14 空心销轴输送链主要尺寸和技术要求

链号(基本)	抗拉强度	d_1(max)	节距 p①										d_2(max)	b_1(min)	b_4(max)	b_7(max)	测量力
			63	80	100	125	160	200	250	315	400	500					
	kN	mm															kN
MC28	28	36											13	20	42	10	0.56
MC56	56	50											15.5	24	48	13	1.12
MC112	112	70											22	32	67	19	2.24
MC224	224	100											31	43	90	24	4.50

① 阴影区内的节距规格是优选节距规格。

6.2.5 重载传动用弯板滚子链（GB/T 5858—1997）

重载传动用弯板滚子链规格见表 6-15。

表 6-15　重载传动用弯板滚子链规格

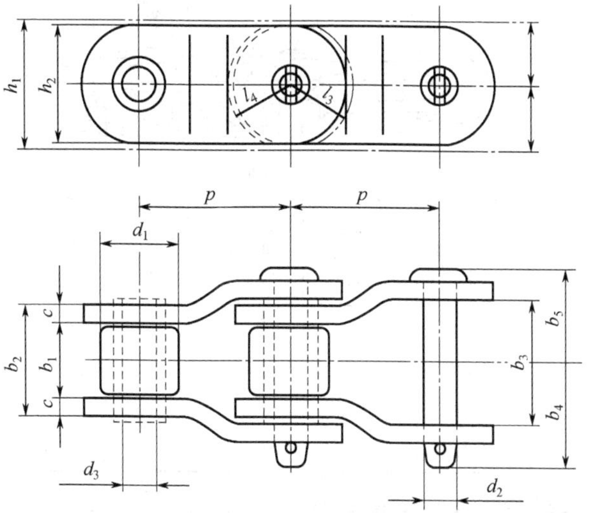

链号	节距 p	滚子直径 d_1 (max)	窄端内宽 $b_1$① (名义)	销轴直径 d_2 (max)	销轴尾端至中线的距离 b_4 (max)	销轴头端至中线的距离 b_5 (max)	链条通道高度 h_1 (min)	测量力	抗拉载荷 (min)
	mm							N	kN
2010	63.5	31.75	38.1	15.9	47.8	42.9	48.3	900	250
2512	77.9	41.28	39.6	19.08	55.6	47.8	61.1	1300	340
2814	88.9	44.45	48.1	22.25	62	55.6	61.6	1800	470
3315	103.45	45.24	49.3	23.85	71.4	63.5	64.1	2200	550
3618	114.3	57.15	52.3	27.97	76.2	65	80	2700	760
4020	127	63.5	69.9	31.78	90.4	77.7	93	3600	990
4824	152.4	76.2	76.2	38.13	98.6	88.9	105.7	5000	1400
5628	177.8	88.9	82.6	44.48	114.3	101.6	133.4	6800	1890

① 最小宽度=0.95b_1。

注：连接链节总宽=b_4+b_5，两端都有止锁销的总宽=$2b_4$。

6.2.6　输送用模锻易拆链（GB/T 17482—1998）

输送用模锻易拆链规格见表 6-16。

表6-16　输送用模锻易拆链规格

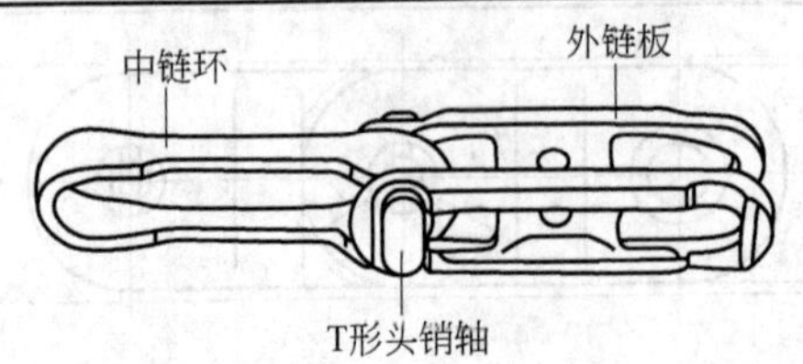

链号	节距/mm	中链环开口宽（最小）/mm	销轴直径（最大）/mm	销轴宽度（最大）/mm	外链板间内宽/mm	转角（最小）/(°)	抗拉载荷(最小）/kN
F228	50	7.4	6.6	27.7	13.0	9	27
F348	75	13.5	12.7	47.0	20.1	9	98
F458	100	16.8	16.2	58.0	26.2	9	187
F678	150	24.1	22.3	80.0	34.3	5	320

6.2.7　输送用平顶链（GB/T 4140—2003）

输送用平顶链规格见表6-17和表6-18。

表6-17　单铰链式平顶链的尺寸、测量力和抗拉强度

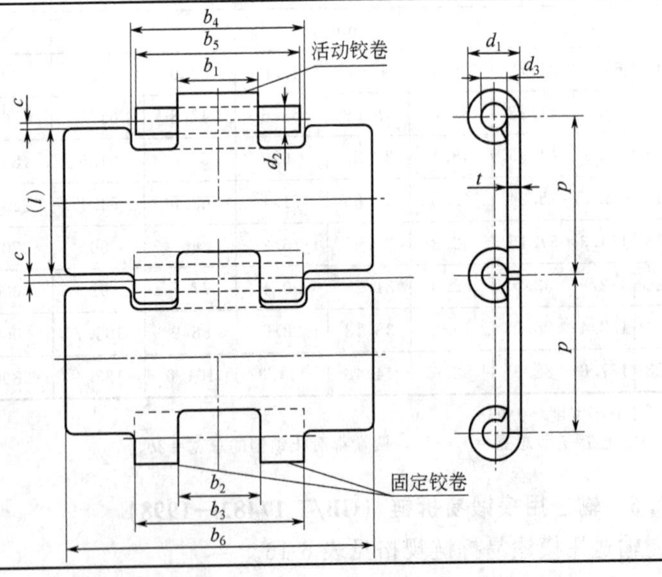

续表

链号	节距 p	铰卷外径 d_1 (max)	销轴直径 d_2 (max)	销轴长度 b_5 (max)	板厚 t (max)	活动铰卷宽度 b_1 (max)	固定铰卷外宽 b_3 (max)	链板宽度 b_6 max	链板宽度 b_6 min	测量力	抗拉强度 (min)
	mm									N	
C12S	38.1	13.13	6.38	42.60	3.35	20.00	42.05	77.20	76.20	碳钢 200 | 10000 一级耐蚀钢 160 | 8000 二级耐蚀钢 120 | 6250	
C13S								83.60	82.60		
C14S								89.90	88.90		
C16S								102.60	101.60		
C18S								115.30	114.30		
C24S								153.40	152.40		
C30S								191.50	190.50		

表 6-18　双铰链式平顶链的尺寸、测量力和抗拉强度

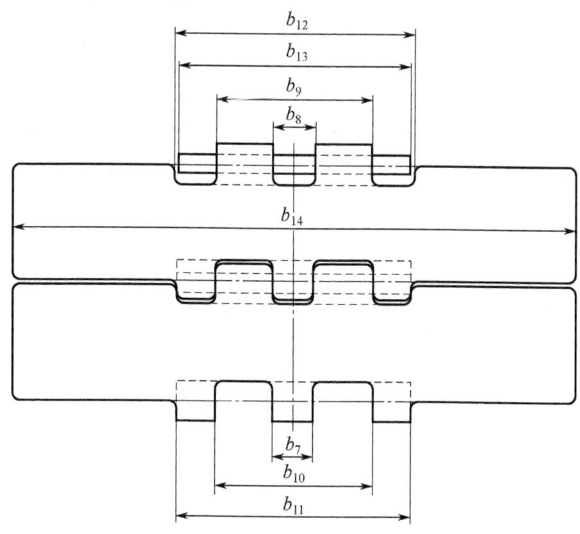

续表

<table>
<tr><th rowspan="2">链号</th><th rowspan="2">中央固定铰卷宽度 b_7 (max)</th><th rowspan="2">活动铰卷间宽 b_8 (min)</th><th rowspan="2">活动铰卷跨宽 b_9 (max)</th><th rowspan="2">外侧固定铰卷间宽 b_{10} (min)</th><th rowspan="2">外侧固定铰卷跨宽 b_{11} (max)</th><th rowspan="2">链板凹槽总宽度 b_{12} (min)</th><th rowspan="2">销轴长度 b_{13} (max)</th><th colspan="2">链板宽度 b_{14}</th><th rowspan="2">测量力</th><th rowspan="2">抗拉强度 (min)</th></tr>
<tr><th>max</th><th>min</th></tr>
<tr><th></th><th colspan="9">mm</th><th colspan="2">N</th></tr>
<tr><td rowspan="6">C30D</td><td rowspan="6">13.50</td><td rowspan="6">12.70</td><td rowspan="6">53.50</td><td rowspan="6">53.60</td><td rowspan="6">80.0</td><td rowspan="6">80.60</td><td rowspan="6">81.00</td><td rowspan="6">191.50</td><td rowspan="6">190.50</td><td colspan="2">碳钢</td></tr>
<tr><td>400</td><td>20000</td></tr>
<tr><td colspan="2">一级耐蚀钢</td></tr>
<tr><td>320</td><td>16000</td></tr>
<tr><td colspan="2">二级耐蚀钢</td></tr>
<tr><td>250</td><td>12500</td></tr>
</table>

6.2.8 滑片式无级变速链（JB/T 9152—1999）

滑片式无级变速链规格见表 6-19。

表 6-19 滑片式无级变速链规格

型号	节距/mm	销轴直径/mm	滑片长度/mm	滑片斜角/(°)	链板高度/mm	最小抗拉载荷/kN	每米重量/$N \cdot m^{-1}$
A_0	18.75	3.0	24.0	15	9.5	9	≈10
A_1	25.00		37.8		13.5	21	≈21
A_3	28.60		44.2		16.0	38.5	≈30
A_4	36.00	4.0	58.5		20.5	61.5	≈54
A_5			70.0			71	≈67
A_6	44.40	5.4	77.0		23.7	125	≈90

第 7 章　支承件

7.1　滚动轴承

7.1.1　常用滚动轴承的类型、主要性能和特点

常用滚动轴承的类型、主要性能和特点见表 7-1。

表 7-1　常用滚动轴承的类型、主要性能和特点

类型代号	简　　图	类型名称	结构代号	基本额定动载荷比[①]	极限转速比[②]	轴向承载能力	轴向限位能力[③]	性能和特点
1 (1)[④]	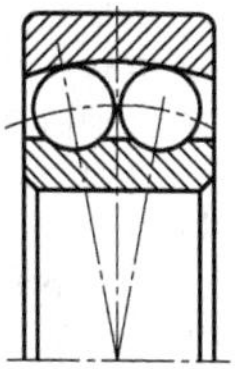	调心球轴承	10000 (1000)[④]	0.6～0.9	中	少量	Ⅰ	因为外圈滚道表面是以轴承中点为中心的球面，故能自动调心，允许内圈（轴）对外圈（外壳）轴线偏斜量为 1°～3°。一般不宜承受纯轴向载荷
2 (3，9)	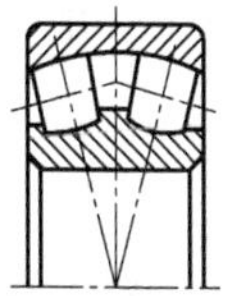	调心滚子轴承	2000 (3000)	1.8～4	低	少量	Ⅰ	性能、特点与调心球轴承相同，但具有较大的径向承载能力，允许内圈对外圈轴线偏斜量为 1.5°～2.5°
3 (7)	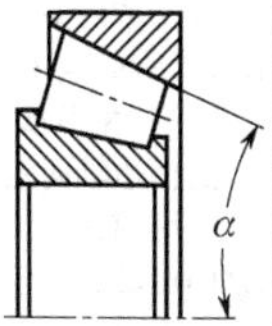	圆锥滚子轴承 α＝10°～18°	30000 (7000)	1.5～2.5	中	较大	Ⅱ	可以同时承受径向载荷及轴向载荷（30000 型以径向载荷为主，30000B 型以轴向载荷为主）。外圈可分离，安装时可调整轴承的游隙，一般成对使用
		大锥角圆锥滚子轴承 α＝27°～30°	30000B (27000)	1.1～2.1	中	很大		

续表

类型代号	简图	类型名称	结构代号	基本额定动载荷比①	极限转速比②	轴向承载能力	轴向限位能力③	性能和特点
5 (8)	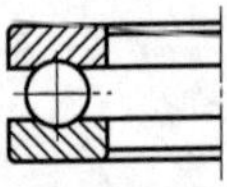	推力球轴承	51000 (8000)	1	低	只能承受单向的轴向载荷	Ⅰ	为了防止钢球与滚道之间的滑动，工作时必须加有一定的轴向载荷。高速时离心力大，钢球与保持架摩擦，发热严重，寿命降低，故极限转速很低。轴线必须与轴承座底面垂直，载荷必须与轴线重合，以保证钢球载荷的均匀分配
	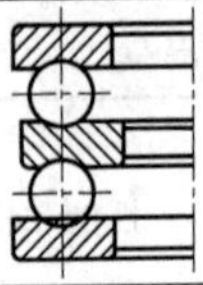	双向推力球轴承	52000 (38000)	1	低	能承受双向的轴向载荷	Ⅰ	
6 (0)	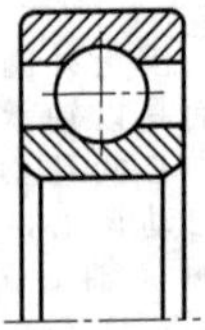	深沟球轴承	60000⑤ (0000)	1	高	少量	Ⅰ	主要承受径向载荷，也可同时承受小的轴向载荷。当量摩擦因数最小。在高转速时，可用来承受纯轴向载荷。工作中允许内、外圈轴线偏斜量为 8′～16′，大量生产，价格最低
7 (6)	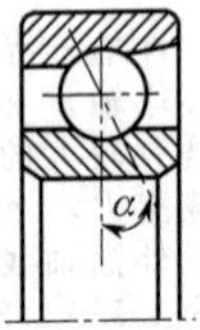	角接触球轴承⑥	70000C (36000) ($\alpha=15°$)	1.0～1.4	高	一般	Ⅱ	可以同时承受径向载荷及轴向载荷，也可以单独承受轴向载荷。能在较高转速下正常工作。由于一个轴承只能承受单向的轴向力，因此，一般成对使用。承受轴向载荷的能力由接触角 α 决定。接触角大的，承受轴向载荷的能力也高
			70000AC (46000) ($\alpha=25°$)	1.0～1.3		较大		
			70000B (66000) ($\alpha=40°$)	1.0～1.2		更大		
N (2)	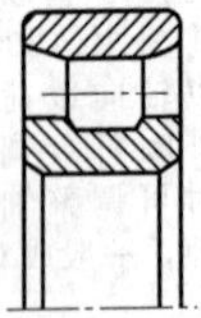	外圈无挡边的圆柱滚子轴承	N0000 (2000)	1.5～3	高	无	Ⅲ	外圈（或内圈）可以分离，故不能承受轴向载荷，滚子由内圈（或外圈）的挡边轴向定位，工作时允许内、外圈有少量的轴向错动。有较大的径向承载能力，但内、外圈轴线的允许偏斜量很小 2′～4′)。这一类轴承还可以不带外圈或内圈

续表

类型代号	简　　图	类型名称	结构代号	基本额定动载荷比①	极限转速比②	轴向承载能力	轴向限位能力③	性能和特点
NA (4)		滚针轴承	NA0000 (544000)		低	无	Ⅲ	在同样内径条件下，与其他类型轴承相比，其外径最小，内圈或外圈可以分离，工作时允许内、外圈有少量的轴向错动。有较大的径向承载能力。一般不带保持架。摩擦因数大

① 基本额定动载荷比：指同一尺寸系列（直径及宽度）各种类型和结构的轴承的基本额定动载荷与单列深沟球轴承（推力轴承则与单向推力球轴承）的基本额定动载荷之比。

② 极限转速比：指同一尺寸系列 0 级公差的各类轴承脂润滑时的极限转速与单列深沟球轴承脂润滑时极限转速之比。

高——单列深沟球轴承极限转速的 90%～100%；

中——单列深沟球轴承极限转速的 60%～90%；

低——单列深沟球轴承极限转速的 60%以下。

③ 轴向限位能力：

Ⅰ——轴的双向轴向位移限制在轴承的轴向游隙范围以内；

Ⅱ——限制轴的单向轴向位移；

Ⅲ——不限制轴的轴向位移。

④ 括号中为对应的旧代号。

⑤ 双列深沟球轴承类型代号为 4。

⑥ 双列角接触球轴承类型代号为 0。

7.1.2　常用滚动轴承

（1）深沟球轴承（见表 7-2）

表 7-2　深沟球轴承规格（GB/T 276—1994）

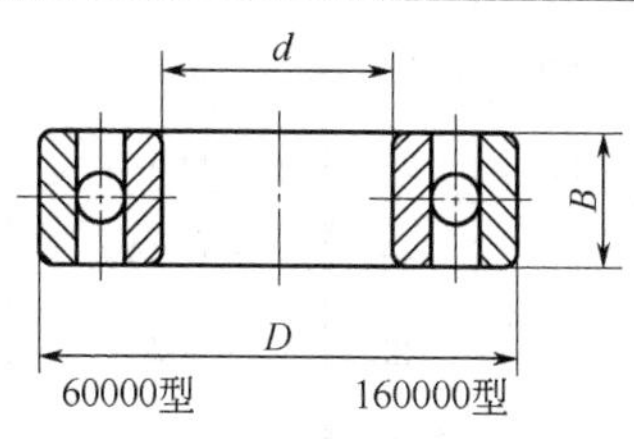

续表

10系列							
轴承代号	外形尺寸/mm			轴承代号	外形尺寸/mm		
	d	*D*	*B*		*d*	*D*	*B*
605	5	14	5	6018	90	140	24
606	6	17	6	6019	95	145	24
607	7	19	6	6020	100	150	24
608	8	22	7	6021	105	160	26
609	9	24	7	6022	110	170	28
6000	10	26	8	6024	120	180	28
6001	12	28	8	6026	130	200	33
6002	15	32	9	6028	140	210	33
6003	17	35	10	6030	150	225	35
6004	20	42	12	6032	160	240	38
6005	25	47	12	6034	170	260	42
6006	30	55	13	6036	180	280	46
6007	35	62	14	6038	190	290	46
6008	40	68	15	6040	200	310	51
6009	45	75	16	6044	220	340	56
6010	50	80	16	6048	240	360	56
6011	55	90	18	6052	260	400	65
6012	60	95	18	6056	280	420	65
6013	65	100	18	6060	300	460	74
6014	70	110	20	6064	320	480	74
6015	75	115	20	6068	340	520	82
6016	80	125	22	6072	360	540	82
6017	85	130	22				

续表

轴承代号	外形尺寸/mm			轴承代号	外形尺寸/mm		
02 系列							
	d	D	B		d	D	B
623	3	10	4	6214	70	125	24
624	4	13	5	6215	75	130	25
625	5	16	5	6216	80	140	26
626	6	19	6	6217	85	150	28
627	7	22	7	6218	90	160	30
628	8	24	8	6219	95	170	32
629	9	26	8	6220	100	180	34
6200	10	30	9	6221	105	190	36
6201	12	32	10	6222	110	200	38
6202	15	35	11	6224	120	215	40
6203	17	40	12	6226	130	230	40
6204	20	47	14	6228	140	250	42
6205	25	52	15	6230	150	270	45
6206	30	62	16	6232	160	290	48
6207	35	72	17	6234	170	310	52
6208	40	80	18	6236	180	320	52
6209	45	85	19	6238	190	340	55
6210	50	90	20	6240	200	360	58
6211	55	100	21	6244	220	400	65
6212	60	110	22	6248	240	440	72
6213	65	120	23				

03 系列

轴承代号	外形尺寸/mm			轴承代号	外形尺寸/mm		
	d	D	B		d	D	B
633	3	13	5	6313	65	140	33
634	4	16	5	6314	70	150	35
635	5	19	6	6315	75	160	37

续表

03系列

轴承代号	外形尺寸/mm			轴承代号	外形尺寸/mm		
	d	*D*	*B*		*d*	*D*	*B*
6300	10	35	11	6316	80	170	39
6301	12	37	12	6317	85	180	41
6302	15	42	13	6318	90	190	43
6303	17	47	14	6319	95	200	45
6304	20	52	15	6320	100	215	47
6305	25	62	17	6321	105	225	49
6306	30	72	19	6322	110	240	50
6307	35	80	21	6324	120	260	55
6308	40	90	23	6326	130	280	58
6309	45	100	25	6328	140	300	62
6310	50	110	27	6330	150	320	65
6311	55	120	29	6332	160	340	68
6312	60	130	31	6334	170	360	72

04系列

轴承代号	外形尺寸/mm			轴承代号	外形尺寸/mm		
	d	*D*	*B*		*d*	*D*	*B*
6403	17	62	17	6412	60	150	35
6404	20	72	19	6413	65	160	37
6405	25	80	21	6414	70	180	42
6406	30	90	23	6415	75	190	45
6407	35	100	25	6416	80	200	48
6408	40	110	27	6417	85	210	52
6409	45	120	29	6418	90	225	54
6410	50	130	31	6420	100	250	58
6411	55	140	33				

（2）调心球轴承（见表 7-3）

表 7-3 调心球轴承规格（GB/T 281—1994）

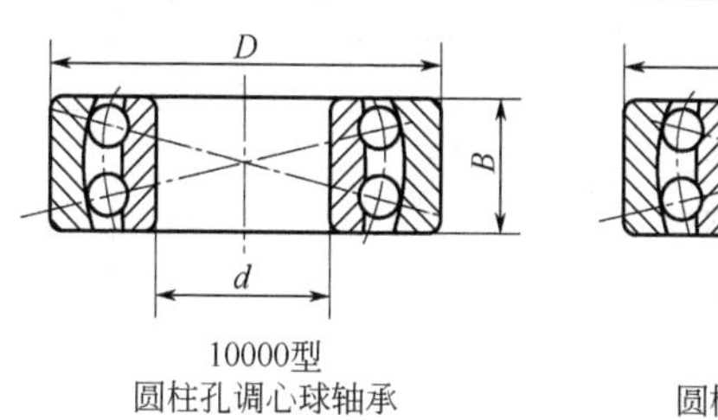

10000型
圆柱孔调心球轴承

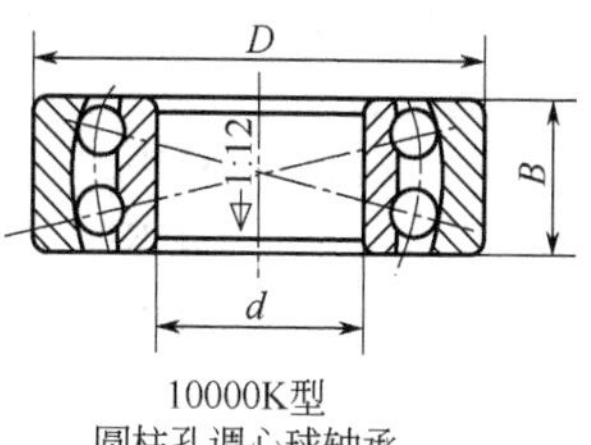

10000K型
圆柱孔调心球轴承

02 系列				
轴承代号		外形尺寸/mm		
		d	D	B
126	—	6	19	6
127	—	7	22	7
129	—	9	26	8
1200	1200K	10	30	9
1201	1201K	12	32	10
1202	1202K	15	35	11
1203	1203K	17	40	12
1204	1204K	20	47	14
1205	1205K	25	52	15
1206	1206K	30	62	16
1207	1207K	35	72	17
1208	1208K	40	80	18
1209	1209K	45	85	19
1210	1210K	50	90	20
1211	1211K	55	100	21
1212	1212K	60	110	22
1213	1213K	65	120	23
1214	1214K	70	125	24

续表

02系列				
轴承代号		外形尺寸/mm		
		d	D	B
1215	1215K	75	130	25
1216	1216K	80	140	26
1217	1217K	85	150	28
1218	1218K	90	160	30
1219	1219K	95	170	32
1220	1220K	100	180	34
1221	1221K	105	190	36
1222	1222K	110	200	38

22系列				
轴承代号		外形尺寸/mm		
		d	D	B
2200	—	10	30	14
2201	—	12	32	14
2202	2202K	15	35	14
2203	2203K	17	40	16
2204	2204K	20	47	18
2205	2205K	25	52	18
2206	2206K	30	62	20
2207	2207K	35	72	23
2208	2208K	40	80	23
2209	2209K	45	85	23
2210	2210K	50	90	23
2211	2211K	55	100	25
2212	2212K	60	110	28
2213	2213K	65	120	31
2214	2214K	70	125	31

续表

22 系列				
轴承代号		外形尺寸/mm		
		d	D	B
2215	2215K	75	130	31
2216	2216K	80	140	33
2217	2217K	85	150	36
2218	2218K	90	160	40
2219	2219K	95	170	43
2220	2220K	100	180	46
03 系列				
轴承代号		外形尺寸/mm		
		d	D	B
135	—	5	19	6
1300	1300K	10	35	11
1301	1301K	12	37	12
1302	1302K	15	42	12
1303	1303K	17	47	14
1304	1304K	20	52	15
1305	1305K	25	62	17
1306	1306K	30	72	19
1307	1307K	35	80	21
1308	1308K	40	90	23
1309	1309K	45	100	25
1310	1310K	50	110	27
1311	1311K	55	120	29
1312	1312K	60	130	31
1313	1313K	65	140	33
1314	1314K	70	150	35
1315	1315K	75	160	37

续表

03 系列				
轴承代号		外形尺寸/mm		
		d	*D*	*B*
1316	1316K	80	170	38
1317	1317K	85	180	41
1318	1318K	90	190	43
1319	1319K	95	200	45
1320	1320K	100	215	47
1321	1321K	105	225	49
1322	1322K	110	240	50
23 系列				
轴承代号		外形尺寸/mm		
		d	*D*	*B*
2300	—	10	35	17
2301	—	12	37	17
2302	—	15	42	17
2303	—	17	47	19
2304	2304K	20	52	21
2305	2305K	25	62	24
2306	2306K	30	72	27
2307	2307K	35	80	31
2308	2308K	40	90	33
2309	2309K	45	100	36
2310	2310K	50	110	40
2311	2311K	55	120	43
2312	2312K	60	130	46
2313	2313K	65	140	48
2314	2314K	70	150	51
2315	2315K	75	160	55

续表

23 系列				
轴承代号		外形尺寸/mm		
		d	D	B
2316	2316K	80	170	58
2317	2317K	85	180	60
2318	2318K	90	190	64
2319	2319K	95	200	67
2320	2320K	100	215	73
2321	2321K	105	225	77
2322	2322K	110	240	80

（3）圆柱滚子轴承（见表 7-4）

表 7-4　圆柱滚子轴承规格（GB/T 283—2007）

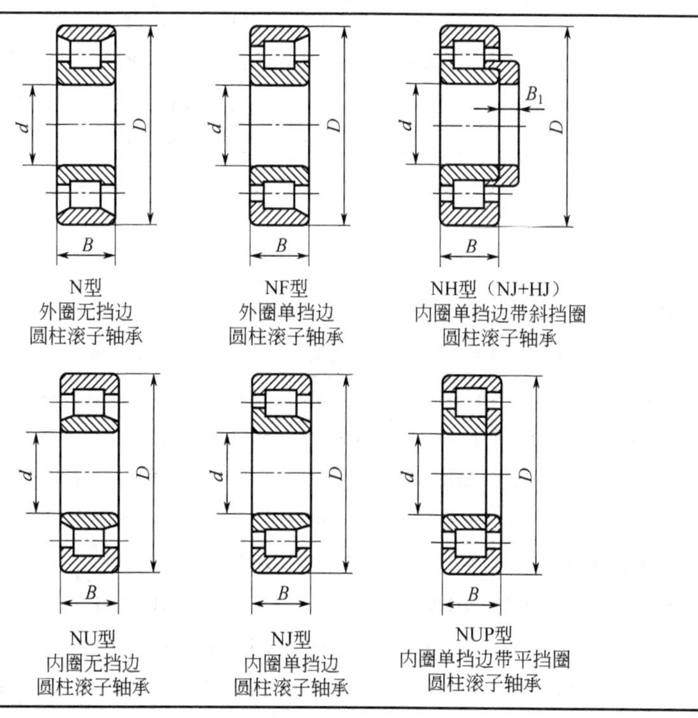

续表

轴承代号						尺寸/mm		
						d	D	B
N202E	NF202E	NH202E	NU202E	NJ202E	—	15	35	11
N203E	NF203E	NH203E	NU203E	NJ203E	NUP203E	17	40	12
N204E	NF204E	NH204E	NU204E	NJ204E	NUP204E	20	47	14
N205E	NF205E	NH205E	NU205E	NJ205E	NUP205E	25	52	15
N206E	NF206E	NH206E	NU206E	NJ206E	NUP206E	30	62	16
N207E	NF207E	NH207E	NU207E	NJ207E	NUP207E	35	72	17
N208E	NF208E	NH208E	NU208E	NJ208E	NUP208E	40	80	18
N209E	NF209E	NH209E	NU209E	NJ209E	NUP209E	45	85	19
N210E	NF210E	NH210E	NU210E	NJ210E	NUP210E	50	90	20
N211E	NF211E	NH211E	NU211E	NJ211E	NUP211E	55	100	21
N212E	NF212E	NH212E	NU212E	NJ212E	NUP212E	60	110	22
N213E	NF213E	NH213E	NU213E	NJ213E	NUP213E	65	120	23
N214E	NF214E	NH214E	NU214E	NJ214E	NUP214E	70	125	24
N215E	NF215E	NH215E	NU215E	NJ215E	NUP215E	75	130	25
N216E	NF216E	NH216E	NU216E	NJ216E	NUP216E	80	140	26
N217E	NF217E	NH217E	NU217E	NJ217E	NUP217E	85	150	28
N218E	NF218E	NH218E	NU218E	NJ218E	NUP218E	90	160	30
N219E	NF219E	NH219E	NU219E	NJ219E	NUP219E	95	170	32
N220E	NF220E	NH220E	NU220E	NJ220E	NUP220E	100	180	34
N303E	NF303E	NH303E	NU303E	NJ303E	NUP303E	17	47	14
N304E	NF304E	NH304E	NU304E	NJ304E	NUP304E	20	52	15
N305E	NF305E	NH305E	NU305E	NJ305E	NUP305E	25	62	17
N306E	NF306E	NH306E	NU306E	NJ306E	NUP306E	30	72	19
N307E	NF307E	NH307E	NU307E	NJ307E	NUP307E	35	90	21
N308E	NF308E	NH308E	NU308E	NJ308E	NUP308E	40	90	23
N309E	NF309E	NH309E	NU309E	NJ309E	NUP309E	45	100	25
N310E	NF310E	NH310E	NU310E	NJ310E	NUP310E	50	110	27

续表

轴承代号						尺寸/mm		
						d	*D*	*B*
N311E	NF311E	NH311E	NU311E	NJ311E	NUP311E	55	120	29
N312E	NF312E	NH312E	NU312E	NJ312E	NUP312E	60	130	31
N313E	NF313E	NH313E	NU313E	NJ313E	NUP313E	65	140	33
N314E	NF314E	NH314E	NU314E	NJ314E	NUP314E	70	150	35
N315E	NF315E	NH315E	NU315E	NJ315E	NUP315E	75	160	37
N316E	NF316E	NH316E	NU316E	NJ316E	NUP316E	80	170	39
N317E	NF317E	NH317E	NU317E	NJ317E	NUP317E	85	180	41
N318E	NF318E	NH318E	NU318E	NJ318E	NUP318E	90	190	43
N319E	NF319E	NH319E	NU319E	NJ319E	NUP319E	95	200	45
N320E	NF320E	NH320E	NU320E	NJ320E	NUP320E	100	215	47
N406	NF406	NH406	NU406	NJ406	NUP406	30	90	23
N407	NF407	NH407	NU407	NJ407	NUP407	35	100	25
N408	NF408	NH408	NU408	NJ408	NUP408	40	110	27
N409	NF409	NH409	NU409	NJ409	NUP409	45	120	29
N410	NF410	NH410	NU410	NJ410	NUP410	50	130	31
N411	NF411	NH411	NU411	NJ411	NUP411	55	140	33
N412	NF412	NH412	NU412	NJ412	NUP412	60	150	35
N413	NF413	NH413	NU413	NJ413	NUP413	65	160	37
N414	NF414	NH414	NU414	NJ414	NUP414	70	180	42
N415	NF415	NH415	NU415	NJ415	NUP415	75	190	45
N416	NF416	NH416	NU416	NJ416	NUP416	80	200	48
N417	NF417	NH417	NU417	NJ417	NUP417	85	210	52
N418	NF418	NH418	NU418	NJ418	NUP418	90	225	54
N419	NF419	NH419	NU419	NJ419	NUP419	95	240	55
N420	NF420	NH420	NIJ420	NJ420	NUP420	100	250	58

(4) 双列圆柱滚子轴承（见表 7-5）

表 7-5　双列圆柱滚子轴承规格（GB/T 285—1994）

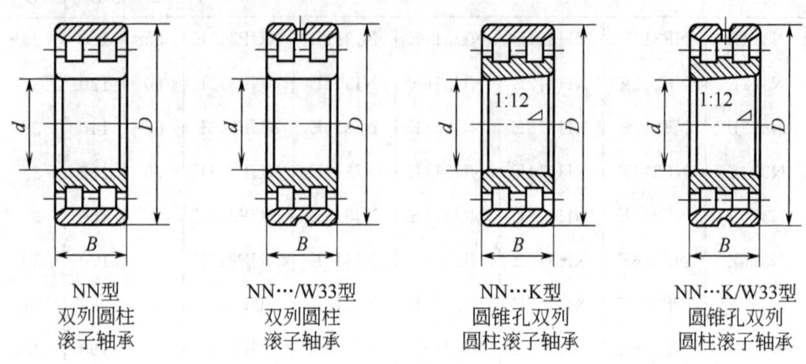

NN型 双列圆柱 滚子轴承　　NN…/W33型 双列圆柱 滚子轴承　　NN…K型 圆锥孔双列 圆柱滚子轴承　　NN…K/W33型 圆锥孔双列 圆柱滚子轴承

30 系列

轴承代号				尺寸/mm		
				d	*D*	*B*
NN3006	NN3006/W33	NN3006K	NN3006K/W33	30	55	19
NN3007	NN3007/W33	NN3007K	NN3007K/W33	35	62	20
NN3008	NN3008/W33	NN3008K	NN3008K/W33	40	68	21
NN3009	NN30091/W33	NN3009K	NN3009K/W33	45	75	23
NN3010	NN3010/W33	NN3010K	NN3010K/W33	50	80	23
NN3011	NN3011/W33	NN3011K	NN301lK/W33	55	90	26
NN3012	NN3012/W33	NN3012K	NN3012K/W33	60	95	26
NN3013	NN3013/W33	NN3013K	NN3013K/W33	65	100	26
NN3014	NN3014/W33	NN3014K	NN3014K/W33	70	110	30
NN3015	NN3015/W33	NN3015K	NN3015K/W33	75	115	30
NN3016	NN3016/W33	NN3016K	NN3016K/W33	80	125	34
NN3017	NN3017/W33	NN3017K	NN3017K/W33	85	130	34
NN3018	NN3018/W33	NN3018K	NN3018K/W33	90	140	37
NN3019	NN3019/W33	NN3019K	NN3019K/W33	95	145	37
NN3020	NN3020/W33	NN3020K	NN3020K/W33	100	150	37
NN3021	NN3021/W33	NN3021K	NN3021K/W33	105	160	41
NN3022	NN3022/W33	NN3022K	NN3022K/W33	110	170	45

续表

30 系列						
轴承代号				尺寸/mm		
				d	*D*	*B*
NN3024	NN3024/W33	NN3024K	NN3024K/W33	120	180	46
NN3026	NN3026/W33	NN3026K	NN3026K/W33	130	200	52
NN3028	NN3028/W33	NN3028K	NN3028K/W33	140	210	53
NN3030	NN3030/W33	NN3030K	NN3030K/W33	150	225	56
NN3032	NN3032/W33	NN3032K	NN3032K/W33	160	240	60
NN3034	NN3034/W33	NN3034K	NN3034K/W33	170	260	67
NN3036	NN3036/W33	NN3036K	NN3036K/W33	180	280	74
NN3038	NN3038/W33	NN3038K	NN3038K/W33	190	290	75
NN3040	NN3040/W33	NN3040K	NN3040K/W33	200	310	82
NN3044	NN3044/W33	NN3044K	NN3044K/W33	220	340	90
NN3048	NN3048/W33	NN3048K	NN3048K/W33	240	360	92
NN3052	NN3052/W33	NN3052K	NN3052K/W33	260	400	104
NN3056	NN3056/W33	NN3056K	NN3056K/W33	280	420	106
NN3060	NN3060/W33	NN3060K	NN3060K/W33	300	460	118

（5）调心滚子轴承（见表 7-6）

表 7-6　调心滚子轴承规格（GB/T 288—1994）

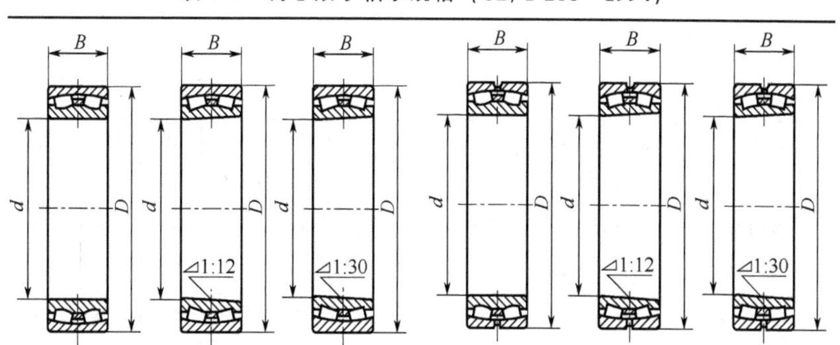

续表

22 系列						
轴承代号				尺寸/mm		
				d	D	B
22206C	22206C/W33	22206CK	22206CK/W33	30	62	20
22207C	22207C/W33	22207CK	22207CK/W33	35	72	23
22208C	22208C/W33	22208CK	22208CK/W33	40	80	23
22209C	22209C/W33	22209CK	22209CK/W33	45	85	23
22210C	22210C/W33	22210CK	22210CK/W33	50	90	23
22211C	22211C/W33	22211CK	22211CK/W33	55	100	25
22212C	22212C/W33	22112CK	22112CK/W33	60	110	28
22213C	22213C/W33	22213CK	22213CK/W33	65	120	31
22214C	22214C/W33	22214CK	22214CK/W33	70	125	31
22215C	22215C/W33	22215CK	22215CK/W33	75	130	31
22216C	22216C/W33	22216CK	22216CK/W33	80	140	33
22217C	22217C/W33	22217CK	22217CK/W33	85	150	36
22218C	22218C/W33	22218CK	22218CK/W33	90	160	40
22219C	22219C/W33	22219CK	22219CK/W33	95	170	43
22220C	21210C/W33	22220CK	22220CK/W33	100	180	46

23 系列						
轴承代号				尺寸/mm		
				d	D	B
22308C	22308C/W33	22308CK	22308CK/W33	40	90	33
22309C	22309C/W33	22309CK	22309CK/W33	45	100	36
22310C	22310C/W33	22310CK	22310CK/W33	50	110	40
22311C	22311C/W33	22311CK	22311CK/W33	55	120	43
22312C	22312C/W33	22312CK	22312CK/W33	60	130	46
22313C	22313C/W33	22313CK	22313CK/W33	65	140	48
22314C	22314C/W33	22314CK	22314CK/W33	70	150	51
22315C	22315C/W33	22315CK	22315CK/W33	75	160	55

续表

23 系列						
轴承代号				尺寸/mm		
				d	D	B
22316C	22316C/W33	22316CK	22316CK/W33	80	170	58
22317C	22317C/W33	22317CK	22317CK/W33	85	180	60
22318C	22318C/W33	22318CK	22318CK/W33	90	190	64
22319C	22319C/W33	22319CK	22319CK/W33	95	200	67
22320C	21210C/W33	22320CK	22320CK/W33	100	215	73

（6）角接触球轴承（见表 7-7）

表 7-7　角接触球轴承规格

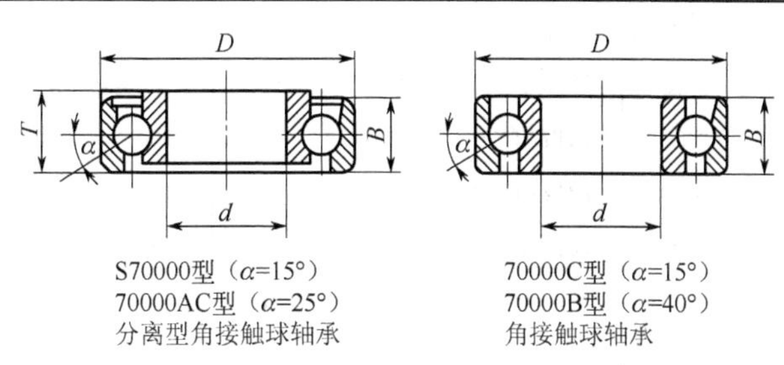

02 系列							
轴承代号				尺寸/mm			
				d	D	B	T
S723	723C	723AC	—	3	10	4	4
S724	724C	724AC	—	4	13	5	5
S725	725C	725AC	—	5	16	5	5
S726	726C	726AC	—	6	19	6	6
S727	727C	727AC	—	7	22	7	7
S728	728C	728AC	—	8	24	8	8
S729	729C	729AC	—	9	26	8	8
S7200	7200C	7200AC	7200B	10	30	9	9

续表

02 系列							
轴承代号				尺寸/mm			
				d	D	B	T
S7201	7201C	7201AC	7201B	12	32	10	10
S7202	7202C	7202AC	7202B	15	35	11	11
S7203	7203C	7203AC	7203B	17	40	12	12
S7204	7204C	7204AC	7204B	20	47	14	14
S7205	7205C	7205AC	7205B	25	52	15	15
S7206	7206C	7206AC	7206B	30	62	16	16
S7207	7207C	7207AC	7207B	35	72	17	17
S7208	7208C	7028AC	7208B	40	80	18	18
S7209	7209C	7209AC	7209B	45	85	19	19
S7210	7210C	7210AC	7210B	50	90	20	20
S7211	7211C	7211AC	7211B	55	100	21	21
S7212	7212C	7212AC	7212B	60	110	22	22
S7213	7213C	7213AC	7213B	65	120	23	23
S7214	7214C	7214AC	7214B	70	125	24	24
S7215	7215C	7215AC	7215B	75	130	25	25
S7216	7216C	7216AC	7216B	80	140	26	26
S7217	7217C	7217AC	7217B	85	150	28	28
S7218	7218C	7218AC	7218B	90	160	30	30
S7219	7219C	7219AC	7219B	95	170	32	32
S7220	7220C	7220AC	7220B	100	180	34	34

03 系列							
轴承代号				尺寸/mm			
				d	D	B	T
—	7304C	7304AC	7304B	20	52	15	15
S7305	7305C	7305AC	7305B	25	62	17	17
S7306	7306C	7306AC	7306B	30	72	19	19

续表

03 系列							
轴承代号				尺寸/mm			
				d	D	B	T
S7307	7307C	7307AC	7307B	35	80	21	21
S7308	7308C	7308AC	7308B	40	90	23	23
S7309	7309C	7309AC	7309B	45	100	25	25
S7310	7310C	7310AC	7310B	50	110	27	27
S7311	7311C	7311AC	7311B	55	120	29	29
S7312	7312C	7312AC	7312B	60	130	31	31
S7313	7313C	7313AC	7313B	65	140	33	33
S7314	7314C	7314AC	7314B	70	150	35	35
S7315	7315C	7315AC	7315B	75	160	37	37
S7316	7316C	7316AC	7316B	80	170	39	39
S7317	7317C	7317AC	7317B	85	180	41	41
S7318	7318C	7318AC	7318E	90	190	43	43
S7319	7319C	7319AC	7319B	95	200	45	45
S7320	7320C	7320AC	7320B	100	215	47	47

（7）圆锥滚子轴承（见表 7-8）

表 7-8　圆锥滚子轴承规格（GB/T 297—1994）

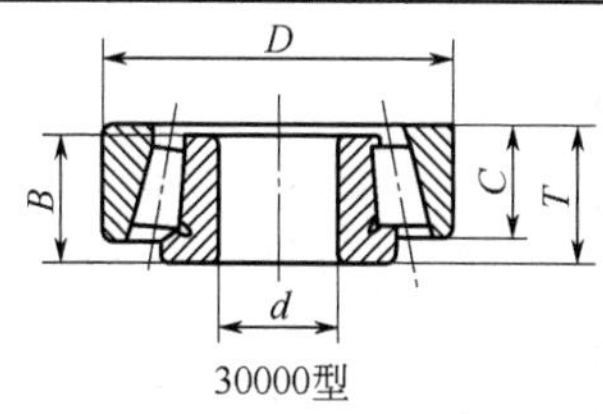

30000型

02 系列					
轴承代号	外形尺寸/mm				
	d	D	T	B	C
30203	17	40	13. 25	12	11
30204	20	47	15.25	14	12

续表

02 系列					
轴承代号	外形尺寸/mm				
	d	*D*	*T*	*B*	*C*
30205	25	52	16.25	15	13
30206	30	61	17.25	16	14
30232	32	65	18.25	17	15
30207	35	72	18.25	17	15
30208	40	80	19.75	18	16
30209	45	85	20.75	19	16
30210	50	90	21.75	20	17
30211	55	100	22.75	21	18
30212	60	110	23.75	22	19
30213	65	120	24.75	23	20
30214	70	125	26.25	24	21
30215	75	130	27.25	25	22
30216	80	140	28.25	26	22
30217	85	150	30.5	28	24
30218	90	160	32.5	30	26
30219	95	170	34.5	32	27
30220	100	180	37	34	29
30221	105	190	39	36	30
30222	110	200	41	38	32
30224	120	215	43.5	40	34
30226	130	230	43.75	40	34
30228	140	250	45.75	42	36
30230	150	270	49	45	38
30232	160	290	52	48	40
30234	170	310	57	52	43
30236	180	320	57	52	43
30238	190	340	60	55	46
30240	200	360	64	58	48

续表

03 系列					
轴承代号	外形尺寸/mm				
	d	D	T	B	C
30302	15	42	14.25	13	11
30303	17	47	15.25	14	12
30304	20	52	16.25	15	13
30305	25	62	18.25	17	15
30306	30	72	20.25	19	16
30307	35	80	22.75	21	18
30308	40	90	25.25	23	20
30309	45	100	27.25	25	22
30310	50	110	29.25	27	23
30311	55	120	31.5	29	25
30312	60	130	33.5	31	26
30313	65	140	36	33	28
30314	70	150	38	35	30
30315	75	160	40	37	31
30316	80	170	42.5	39	33
30317	85	180	44.5	41	34
30318	90	190	46.5	43	36
30319	95	200	49.5	45	38
30320	100	215	51.5	47	39
30321	105	225	53.5	49	41
30322	110	240	54.5	50	42
30324	120	260	59.5	55	46
30326	130	280	63.75	58	49
30328	140	300	67.75	62	53
30330	150	320	72	65	55
30332	160	340	75	68	58
30334	170	360	80	72	62
30336	180	380	83	75	64

(8) 推力球轴承(见表7-9)

表7-9 推力球轴承规格(GB/T 301—1995)

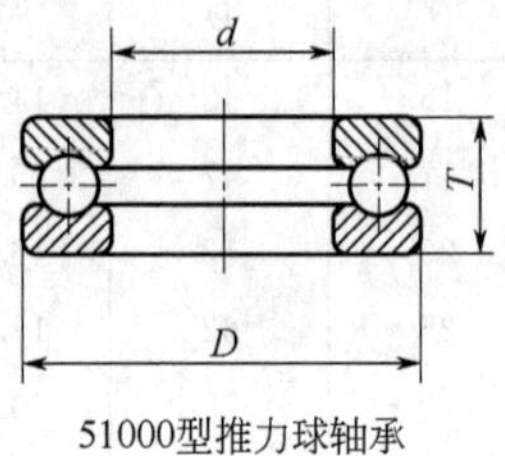

51000型推力球轴承

11系列

轴承代号	外形尺寸/mm			轴承代号	外形尺寸/mm		
	d	D	T		d	D	T
51100	10	24	9	51117	85	110	19
51101	12	26	9	51118	90	120	22
51102	15	28	9	51120	100	135	25
51103	17	30	9	51122	110	145	25
51104	20	35	10	51124	120	155	25
51105	25	42	11	51126	130	170	30
51106	30	47	11	51128	140	180	31
51107	35	52	12	51130	150	190	31
51108	40	60	13	51132	160	200	31
51109	45	65	14	51134	170	215	34
51110	50	70	14	51136	180	225	34
51111	55	78	16	51138	190	240	37
51112	60	85	17	51140	200	250	37
51113	65	90	18	51144	220	270	37
51114	70	95	18	51148	240	300	45
51115	75	100	19	51152	260	320	45
51116	80	105	19	51156	280	350	53

续表

11 系列

轴承代号	外形尺寸/mm			轴承代号	外形尺寸/mm		
	d	*D*	*T*		*d*	*D*	*T*
51160	300	380	62	51184	420	500	65
51164	320	400	63	51188	440	540	80
51168	340	420	64	51192	460	560	80
51172	360	440	65	51196	480	580	80
51176	380	460	65	511/500	500	600	80
51180	400	480	65				

12 系列

轴承代号	外形尺寸/mm			轴承代号	外形尺寸/mm		
	d	*D*	*T*		*d*	*D*	*T*
51200	10	26	11	51220	100	150	38
51201	12	28	11	51222	110	160	38
51202	15	32	12	51224	120	170	39
51203	17	35	12	51226	130	190	45
51204	20	40	14	51228	140	200	46
51205	25	47	15	51230	150	215	50
51206	30	52	16	51232	160	225	51
51207	35	62	18	51234	170	240	55
51208	40	68	19	51236	180	250	56
51209	45	73	20	51238	190	270	62
51210	50	78	22	51240	200	280	62
51211	55	90	25	51244	220	300	63
51212	60	95	26	51248	240	340	78
51213	65	100	27	51252	260	360	79
51214	70	105	27	51256	280	380	80
51215	75	110	27	51260	300	420	95
51216	80	115	28	51264	320	440	95
51217	85	125	31	51268	340	460	96
51218	90	135	35	51272	360	500	110

续表

13系列

轴承代号	外形尺寸/mm			轴承代号	外形尺寸/mm		
	d	*D*	*T*		*d*	*D*	*T*
51304	20	47	18	51318	90	155	50
51305	25	52	18	51320	100	170	55
51306	30	60	21	51322	110	190	63
51307	35	68	24	51324	120	210	70
51308	40	78	26	51326	130	225	75
51309	45	85	28	51328	140	240	80
51310	50	95	31	51330	150	250	80
51311	55	105	35	51332	160	270	87
51312	60	110	35	51334	170	280	87
51313	65	115	36	51336	180	300	95
51314	70	125	40	51338	190	320	105
51315	75	135	44	51340	200	340	110
51316	80	140	44	51344	220	360	112
51317	85	150	49	51348	240	380	112

14系列

轴承代号	外形尺寸/mm			轴承代号	外形尺寸/mm		
	d	*D*	*T*		*d*	*D*	*T*
51405	25	60	24	51415	75	160	65
51406	30	70	28	51416	80	170	68
51407	35	80	32	51417	85	180	72
51408	40	90	36	51418	90	190	77
51409	45	100	39	51420	100	210	85
51410	50	110	43	51422	110	230	95
51411	55	120	48	51424	120	250	102
51412	60	130	51	51426	130	270	110
51413	65	140	56	51428	140	280	112
51414	70	150	60	51430	150	300	120

(9) 钢球(见表 7-10)

表 7-10 钢球规格(GB/T 308—2002)

球径/mm	压碎负荷/N≥	1000 个重量/kg	球径/mm	压碎负荷/N≥	1000 个重量/kg
3	4800	0.110	15.875	130000	16.500
3.175	5500	0.130	16.669	140000	19.100
3.5	6400	0.180	17.463	158000	21.900
3.969	8600	0.250	18	170000	23.730
4	8600	0.260	18.256	172000	25.000
4.5	11000	0.370	19.05	187000	28.400
4.762	12300	0.440	19.844	203000	32.400
5	14300	0.510	20	205000	32.550
5.5	16600	0.680	20.638	219000	36.200
5.556	16600	0.700	21.431	225000	40.100
5.953	18500	0.860	22.225	252000	45.200
6	19000	0.880	23.019	263000	50.000
6.35	21700	1.030	23.813	287000	55.500
6.5	22600	1.120	24.606	300000	61.000
7	26000	1.410	25.400	325000	67.400
7.144	27500	1.500	26.194	340000	73.200
7.5	30000	1.740	26.988	365000	80.800
7.938	33500	2.050	27.781	382000	88.100
8	34000	2.100	28.575	405000	95.500
8.5	38500	2.520	30.165	450000	112.800
8.731	40500	2.680	31.750	497000	131.900
9	43500	3.000	33.338	545000	152.000
9.128	44000	3.120	34.925	600000	175.000
9.525	48000	3.550	35.719	620000	185.600
9.922	53000	3.980	36.513	640000	198.100
10	54000	4.100	38.100	700000	227.300
10.319	56000	4.430	39.688	750000	254.300
11.113	65000	5.640	41.275	800000	287.170
11.509	70000	6.200	42.863	830000	320.400
11.906	75000	6.930	44.45	910400	361.000
12.303	81000	7.500	45	931000	398.500
12.7	85000	8.420	46.038	972340	439.500
13.494	95000	10.100	47.625	1038800	486.740
14.288	105000	12.000	50.8	1166200	534.700
15.081	120000	14.100			

(10) 滚动轴承座(见表 7-11)

表 7-11 滚动轴承座规格（GB/T 7813—2008） mm

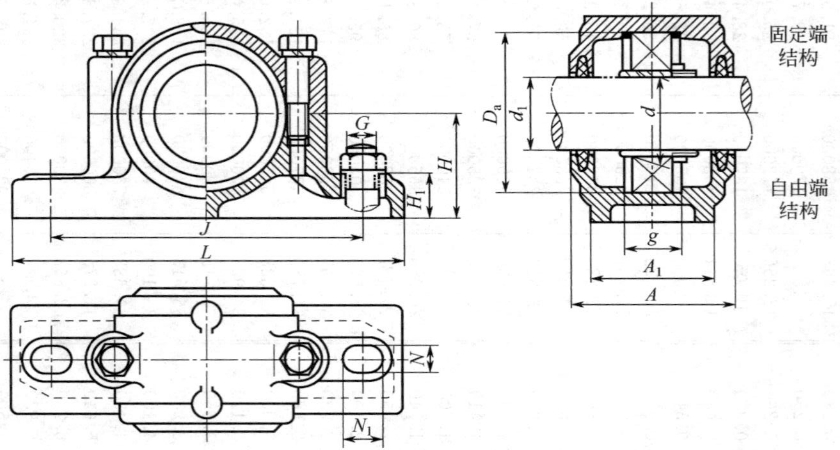

固定端结构

自由端结构

SN 5 系列和SN 6 系列

SN 5 系列

轴承座型号	外形尺寸													适用轴承及附件		
	d_1	d	D_a	g	A (max)	A_1	H	H_1 (max)	L (max)	J	G	N	N_1 (min)	调心球轴承	调心滚子轴承	紧定套
SN505	20	25	52	25	72	46	40	22	170	130	M12	15	15	1205K 2205K	—	H205 H305

续表

轴承座型号	外形尺寸													适用轴承及附件		
SN 5 系列																
	d_1	d	D_a	g	A (max)	A_1	H	H_1 (max)	L (max)	J	G	N	N_1 (min)	调心球轴承	调心滚子轴承	紧定套
SN506	25	30	62	30	82	52	50	22	190	150	M12	15	15	1206K 2206K	—	H206 H306
SN507	30	35	72	33	85	52	50	22	190	150	M12	15	15	1207K 2207K	—	H207 H307
SN508	35	40	80	33	92	60	60	25	210	170	M12	15	15	1208K 2208K	— 22208CK	H208 H308
SN509	40	45	85	31	92	60	60	25	210	170	M12	15	15	1209K 2209K	— 22209CK	H209 H309
SN510	45	50	90	33	100	60	60	25	210	170	M12	15	15	1210K 2210K	— 22210CK	H210 H310
SN511	50	55	100	33	105	70	70	28	270	210	M16	18	18	1211K 2211K	— 22211CK	H211 H311
SN512	55	60	110	38	115	70	70	30	270	210	M16	18	18	1212K 2212K	— 22212CK	H212 H312
SN513	60	65	120	43	120	80	80	30	290	230	M16	18	18	1213K 2213K	— 22213CK	H213 H313
SN515	65	75	130	41	125	80	80	30	290	230	M16	18	18	1215K 2215K	— 22215CK	H215 H315
SN516	70	80	140	43	135	90	95	32	330	260	M20	22	22	1216K 2216K	— 22216CK	H216 H316
SN517	75	85	150	46	140	90	95	32	330	260	M20	22	22	1217K 2217K	— 22217CK	H217 H317
SN518	80	90	160	62. 4	145	100	100	35	360	290	M20	22	22	1218K 2218K —	— 22218CK 23218CK	H218 H318 H2318

续表

轴承座型号	外形尺寸													适用轴承及附件		
	d_1	d	D_a	g	A (max)	A_1	H	H_1 (max)	L (max)	J	G	N	N_1 (min)	调心球轴承	调心滚子轴承	紧定套
SN 5 系列																
5N520	90	100	180	70.3	165	110	112	40	400	320	M24	26	26	1220K 2220K —	— 22220CK 23220CK	H220 H320 H2320
SN522	100	110	200	80	177	120	125	45	420	350	M24	26	26	1222K 2222K —	— 22222CK 23222CK	H222 H322 H2322
SN524	110	120	215	86	187	120	140	45	420	350	M24	26	26	—	22224CK 23224CK	H3124 H2324
SN526	115	130	230	90	192	130	150	50	450	380	M24	28	28	—	22226CK 23226CK	H3126 H2326
SN528	125	140	250	98	207	150	150	50	510	420	M30	35	35	—	22228CK 23228CK	H3128 H2328
SN530	135	150	270	106	224	160	160	60	540	450	M30	35	35	—	22230CK 23230CK	H3130 H2330
SN532	140	160	290	114	237	160	170	60	560	470	M30	35	35	—	22232CK 23232CK	H3132 H2332
SN 6 系列																
SN605	20	25	62	34	82	52	50	22	190	150	M12	15	15	1305K 2305K	—	H305 H2305
SN606	25	30	72	37	85	52	50	22	190	150	M12	15	15	1306K 2306K	—	H306 H2306
SN607	30	35	80	41	92	60	60	25	210	170	M12	15	15	1307K 2307K	—	H307 H2307

续表

SN 6 系列															
轴承座型号	外形尺寸												适用轴承及附件		
	d_1	d	D_a	g	A (max)	A_1	H	H_1 (max)	L (max)	J	G	N	N_1 (min)	调心球轴承	调心滚子轴承	紧定套
SN608	35	40	90	43	100	60	60	25	210	170	M12	15	15	1308K 2308K	— 22308CK	H308 H2308
SN609	40	45	100	46	105	70	70	28	270	210	M16	18	18	1309K 2309K	— 22309CK	H309 H2309
SN610	45	50	110	50	115	70	70	30	270	210	M16	18	18	1310K 2310K	— 22310CK	H310 H2310
SN611	50	55	120	53	120	80	80	30	290	230	M16	18	18	1311K 2311K	— 22311CK	H311 H2311
SN612	55	60	130	56	125	90	80	30	290	230	M16	18	18	1312K 2312K	— 22312CK	H312 H2312
SN613	60	65	140	58	135	90	95	32	330	260	M20	22	22	1313K 2313K	— 22313CK	H313 H2313
SN615	65	75	160	65	145	100	100	35	360	290	M20	22	22	1315K 2315K	— 22315CK	H315 H2315
SN616	70	80	170	68	150	100	112	35	360	290	M20	22	22	1316K 2316K	— 22316CK	H216 H2316
SN617	75	85	180	70	165	110	112	40	400	320	M24	26	26	1317K 2317K	— 22317CK	H317 H2317
SN618	80	90	190	74	165	110	112	40	405	320	M24	26	26	1318K 2318K	— 22318CK	H318 H2318
SN619	85	95	200	77	177	120	125	45	420	350	M24	26	26	1319K 2319K	— 22319CK	H319 H2319
SN620	90	100	215	83	187	120	140	45	420	350	M24	26	26	1320K 2320K	— 22320CK	H320 H2320
SN622	100	110	240	90	195	130	150	50	475	390	M24	28	28	1322K 2322K	— 22322CK	H322 H2322

续表

SN 6 系列

轴承座型号	外形尺寸													适用轴承及附件		
	d_1	d	D_a	g	A (max)	A_1	H	H_1 (max)	L (max)	J	G	N	N_1 (min)	调心球轴承	调心滚子轴承	紧定套
SN624	110	120	260	96	210	160	160	60	545	450	M30	35	35	—	22324CK	H2324
SN626	115	130	280	103	225	160	170	60	565	470	M30	35	35	—	22326CK	H2326
SN628	125	140	300	112	237	170	180	65	630	520	M30	35	35	—	22328CK	H2328
SN630	135	150	320	118	245	180	190	65	680	560	M30	35	35	—	22330CK	H2330
SN632	140	160	340	124	260	190	200	70	710	580	M36	42	42	—	22332CK	H2332

SN型 SNK型

固定端结构

自由端结构

SN 2 系列、SN 3 系列、SNK 2 系列和 SNK 3 系列

续表

SN 2 系列																
轴承座型号		外形尺寸													适用轴承	
SN 型	SNK 型	d	D_a	g	A (max)	A_1	H	H_1 (max)	L (max)	J	G	N	N_1 (min)	d_1	$d_2$①	调心球轴承	调心滚子轴承
SN205	SNK20S	25	52	25	72	46	40	22	170	130	M12	15	15	30	20	1205 2205	22205C —
SN206	SNK206	30	62	30	82	52	50	22	190	150	M12	15	15	35	25	1206 2206	22206C —
SN207	SNK207	35	72	33	85	52	50	22	190	150	M12	15	15	45	30	1207 2207	22207C —
SN208	SNK208	40	80	33	92	60	60	25	210	170	M12	15	15	50	35	1208 2208	22208C —
5N209	SNK209	45	85	31	92	60	60	25	210	170	M12	15	15	55	40	1209 2209	22209C —
SN210	SNK210	50	90	33	100	60	60	25	210	170	M12	15	15	60	45	1210 2210	22210C —
SN211	SNK211	55	100	33	105	70	70	28	270	210	M16	18	18	65	50	1211 2211	22211C —
SN212	SNK212	60	110	38	115	70	70	30	270	210	M16	18	18	70	55	1212 2212	22212C —
SN213	SNK213	65	120	43	120	80	80	30	290	230	M16	18	18	75	60	1213 2213	22213C —
5N214	5NK214	70	125	44	120	80	80	30	290	230	M16	18	18	80	65	1214 2214	2214C —
SN215	SNK215	75	130	41	125	80	80	30	290	230	M16	18	18	85	70	1215 2215	22215C —
SN216	SNK216	80	140	43	135	90	95	32	330	260	M20	22	22	90	75	1216 2216	22216C —

续表

轴承座型号		外形尺寸														适用轴承	
SN 型	SNK 型	d	D_a	g	A (max)	A_1	H	H_1 (max)	L (max)	J	G	N	N_1 (min)	d_1	$d_2$①	调心球轴承	调心滚子轴承
SN 2 系列																	
SN217	SNK217	85	150	46	140	90	95	32	330	260	M20	22	22	95	80	1217 2217	22217C —
SN218	SNK218	90	160	62.4	145	100	100	35	360	290	N20	22	22	100	85	1218 2218	22218C —
SN220	SNK220	100	180	70.3	165	110	112	40	400	320	M24	26	26	115	95	1220 2220	22220C 23220C
SN222	SNK222	110	200	80	177	120	125	45	420	350	M24	26	26	125	105	—	22222C 23222C
SN224	SNK224	120	215	86	187	120	140	45	420	350	M24	26	26	135	115	—	22224C 23224C
SN226	SNK226	130	230	90	192	130	150	50	450	380	M24	26	26	145	125	—	22226C 23226C
SN228	SNK228	140	250	98	207	150	150	50	510	420	M30	35	35	155	125	—	22228C 23228C
SN230	SNK230	150	270	106	224	160	160	60	540	450	M30	35	35	165	145	—	22230C 23230C
SN232	SNK232	160	290	114	237	160	170	60	560	470	M30	35	35	175	150	—	22232C 23232C
SN 3 系列																	
SN305	SNK305	25	62	34	82	52	50	22	185	150	M12	15	20	30	20	1305 2305	—
SN306	SNK306	30	72	37	85	52	50	22	185	150	M12	15	20	35	25	1306 2306	—

续表

SN 3 系列																	
轴承座型号		外形尺寸														适用轴承	
SN 型	SNK 型	d	D_a	g	A (max)	A_1	H	H_1 (max)	L (max)	J	G	N	N_1 (min)	d_1	d_2[①]	调心球轴承	调心滚子轴承
SN307	SNK307	35	80	41	92	60	60	25	205	170	M12	15	20	45	30	1307　2307	—
SN308	SNK308	40	90	43	100	60	60	25	205	170	M12	15	20	50	35	1308　2308	22308C 21308C
SN309	SNK309	45	100	46	105	70	70	28	255	210	M16	18	23	55	40	1309　2309	22309C 21309C
SN310	SNK310	50	110	50	115	70	70	30	255	210	M16	18	23	60	45	1310 2310	22310C 21310C
SN311	SNK311	55	120	53	120	80	80	30	275	230	M16	18	23	65	50	1311　2311	22311C 21311C
SN312	SNK312	60	130	56	125	80	80	30	280	230	M16	18	23	70	55	1312　2312	22312C 21312C
SN313	SNK313	65	140	58	135	90	95	32	315	260	M20	22	27	75	60	1313　2313	22213C 21312C
SN314	SNK314	70	150	61	140	90	95	32	320	260	M20	22	27	80	65	1314 2214	22314C 21314C
SN315	SNK315	75	160	65	145	100	100	35	345	290	M20	22	27	85	70	1315　2315	22315C 21315C
SN316	SNK316	80	170	68	150	100	112	35	345	290	M20	22	27	90	75	1316　2316	22316C 21316C
SN317	SNK317	85	180	70	165	110	112	40	380	320	M24	26	32	95	80	1317　2317	22317C 21317C

① 该尺寸适用于 SNK 型轴承座。

注：SN524～SN532、SN624～SN632、SN224～SN232、SNK224～SNK232 应装有吊环螺钉。

7.2 滑动轴承

7.2.1 轴套

（1）卷制轴套 轴套的开缝形式有直缝、斜缝或搭扣。卷制轴套优选公称尺寸见表7-12。

表7-12 卷制轴套优选公称尺寸（GB/T 12613.1—2002） mm

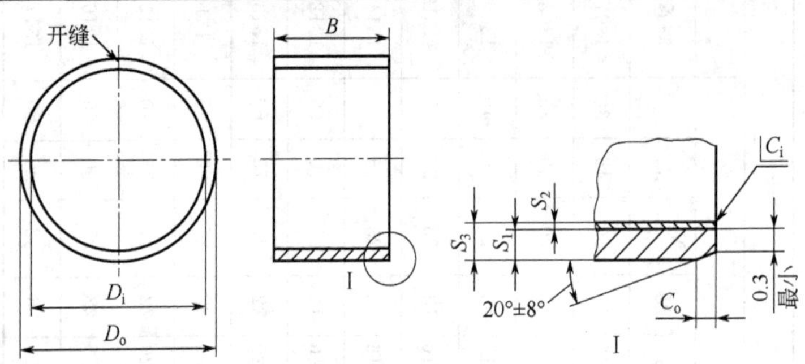

① 轴承材料层的厚度S_2：仅适用于按照GB/T 12613.2的计算。
② C_i可以是圆弧或倒角，按照ISO 13715。
③ 图示为多层材料制成的轴套。

内径 D_i	外径 D_o	壁厚 S_3	宽度 B														
			4	6	8	10	12	15	20	25	30	40	50	60	70	80	100
4	5.5	0.75	*a*	*a*													
6	8	1		*a*		*a*											
8	10	1			*a*	*a*	*a*										
10	12	1				*a*	*a*	*b*									
12	14	1				*a*		*b*	*b*								
13	15	1				*a*		*b*	*b*								
14	16	1						*b*	*b*	*b*							
15	17	1						*b*	*b*	*b*							
16	18	1						*b*	*b*	*b*							
18	20	1						*b*	*b*	*b*							
18	21	1.5						*a*	*b*	*b*							

续表

内径 D_i	外径 D_o	壁厚 S_3	宽度 B														
			4	6	8	10	12	15	20	25	30	40	50	60	70	80	100
20	23	1.5						a	b	b	b						
22	25	1.5						a	b	b	b						
24	27	1.5						a	b	b							
25	28	1.5						a			b						
28	31	1.5							b	b	b						
28	32	2							a	a	b						
30	34	2							a		b	b					
32	36	2							a		b	b					
35	39	2							a		b	b					
38	42	2							a		b	b					
40	44	2							a		b	b					
45	50	2.5							a		b	b	b				
50	55	2.5								a		b	b	b			
55	60	2.5									a	b		b			
60	65	2.5									a	b	b		c		
65	70	2.5									a		b		c		
70	75	2.5									a		b		c		
75	80	2.5										b		b		c	
80	85	2.5										b		b		c	c
85	90	2.5										b		b		c	c
90	95	2.5										b		b			c
95	100	2.5												b			c
100	105	2.5											b	b			c
105	110	2.5												b			c
110	120	2.5												b			c
120	125	2.5												b			c
125	130	2.5												b			c

续表

内径 D_i	外径 D_o	壁厚 S_3	宽度 B														
			4	6	8	10	12	15	20	25	30	40	50	60	70	80	100
130	135	2.5												b			c
135	140	2.5												b			c
140	145	2.5												b			c
150	155	2.5												b			c
160	165	2.5												b			c
170	175	2.5												b			c
180	185	2.5															c
200	205	2.5															c
220	225	2.5															c
250	255	2.5															c
300	305	2.5															c

注：1. 当轴套宽度 B 超出范围时，a、b、c 的值应与制造者协商并在标准指定的公称尺寸后给出；如需要使用非标准的宽度 B，则在 $D_i \leqslant 50$mm 时有一个 2、5 和 8 的尾数，当 $D_i > 50$mm 时有一个 5 的尾数；轴套宽度 B 的检测应符合 ISO 12301 的规定。

2. 宽度 B 的公差范围：a 为±0.25；b 为±0.5；c 为±0.75。

(2) 铜合金整体轴套（见表 7-13）

表 7-13　铜合金整体轴套规格（GB/T 18324—2001）　　mm

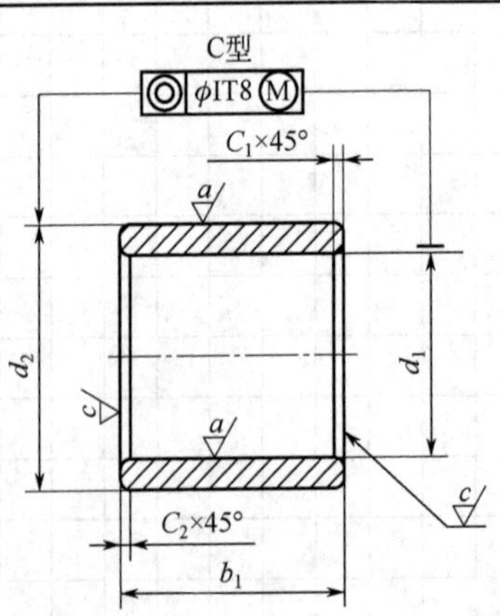

续表

内径 d_1	外径 d_2			宽度 b_1
6	8	10	12	6，10
8	10	12	14	6，10
10	12	14	16	6，10
12	14	16	18	10，15，20
14	16	18	20	10，15，20
15	17	19	21	10，15，20
16	18	20	22	12，15，20
18	20	22	24	12，15，20
20	22	24	26	15，20，30
22	24	26	28	15，20，30
(24)	27	28	30	15，20，30
25	28	30	32	20，30，40
(27)	30	32	34	20，30，40
28	30	34	36	20，30，40
30	34	36	38	20，30，40
32	36	38	40	20，30，40
(33)	37	40	42	20，30，40
35	38	41	45	30，40，50
(36)	40	42	46	30，40，50
38	42	45	48	30，40，50
40	44	48	50	30，40，60
42	46	50	52	30，40，60
45	50	53	55	30，40，60
48	53	56	58	40，50，60
50	55	58	60	40，50，60
55	60	63	65	40，50，70
60	65	70	75	40，60，80
65	70	75	80	50，60，80

续表

内径 d_1	外径 d_2			宽度 b_1
70	75	80	85	50，70，90
75	80	85	90	50，70，90
80	85	90	95	60，80，100
85	90	95	100	60，80，100
90	95	105	110	60，80，120
95	105	110	115	60，100，120
100	110	115	120	80，100，120
105	115	120	125	80，100，120
110	120	125	130	80，100，120
120	125	135	140	100，120，150
130	135	145	150	100，120，150
140	145	155	160	100，150，180
150	155	165	170	120，150，180
160	165	180	185	120，150，180
170	180	190	195	120，180，200
180	190	200	210	150，180，250
190	200	210	220	150，180，250
200	210	220	230	180，200，250

7.2.2　滑动轴承座

（1）整体有衬正滑动轴承座（见表 7-14）

表 7-14　整体有衬正滑动轴承座规格（JB/T 2560—2007）　mm

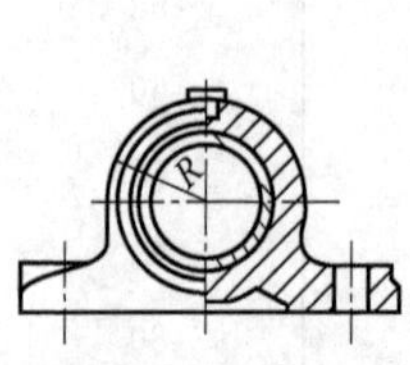

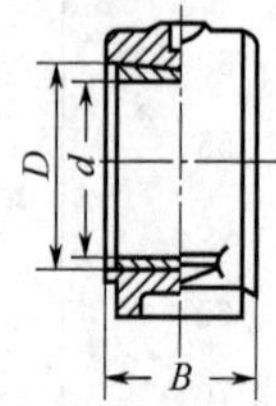

续表

型　　号	d（H8）	D	R	B
HZ020	20	28	26	30
HZ025	25	32	30	40
HZ030	30	38	30	50
HZ035	35	45	38	55
HZ040	40	50	40	60
HZ045	45	55	45	70
HZ050	50	60	45	75
HZ060	60	70	55	80
HZ070	70	85	65	100
HZ080	80	95	70	100
HZ090	90	105	75	120
HZ100	100	115	85	120
HZ110	110	125	90	140
HZ120	120	135	100	150
HZ140	140	160	115	170

注：1. 轴承座推荐用 HT200 灰口铸铁，轴承衬推荐用 ZQAl9-4 铝青铜，根据轴承的负荷，也可用 ZQSn6-6-3 锡青铜制造。

2. 适用于环境温度不高于 80℃的工作条件。

（2）对开式两螺柱正滑动轴承座（见表 7-15）

表 7-15　对开式两螺柱正滑动轴承座规格（JB/T 2561—2007） mm

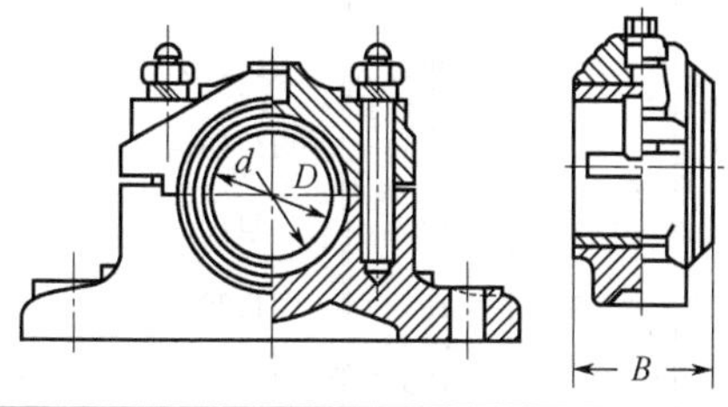

型号	d（H8）	D	B	型号	d（H8）	D	B
H2030	30	38	34	H2040	40	50	50
H2035	35	45	45	H2045	45	55	55

续表

型号	d（H8）	D	B	型号	d（H8）	D	B
H2050	50	60	60	H2100	100	115	115
H2060	60	70	70	H2110	110	125	125
H2070	70	85	80	H2120	120	135	140
H2080	80	95	95	H2140	140	160	160
H2090	90	105	105	H2160	160	180	180

注：1. 适用于环境温度不高于 80℃的工作条件。

2. 轴承座材料推荐用 HT200 灰口铸铁，轴承衬材料推荐用 ZQAl9-4 铝青铜。

（3）对开式四螺柱正滑动轴承座（见表 7-16）

表 7-16 对开式四螺柱正滑动轴承座规格（JB/T2562—2007） mm

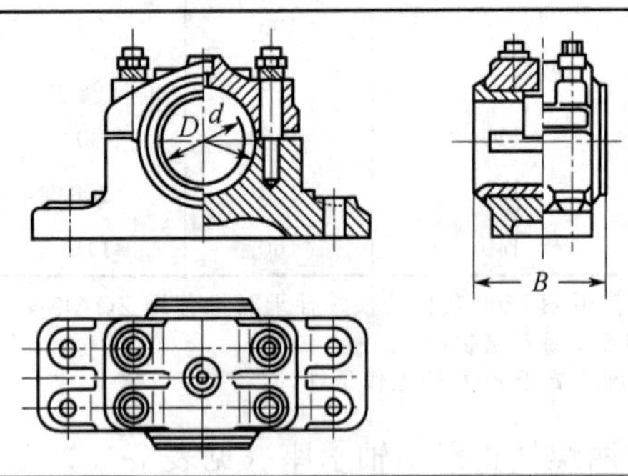

型号	d（H8）	D	B	型号	d（H8）	D	B
H4050	50	60	75	H4120	120	135	180
H4060	60	70	90	H4140	140	160	210
H4070	70	85	105	H4160	160	180	240
H4080	80	95	120	H4180	180	200	270
H4090	90	105	135	H4200	200	230	300
H4100	100	115	150	H4220	220	250	320
H4110	110	125	165				

注：轴承座材料推荐用 HT200 灰口铸铁，轴承衬材料推荐用 ZQAl9-4 铝青铜。

（4）对开四螺柱斜滑动轴承座（见表 7-17）

表 7-17　四螺柱斜滑动轴承座规格（JB/T 2563—2007）　mm

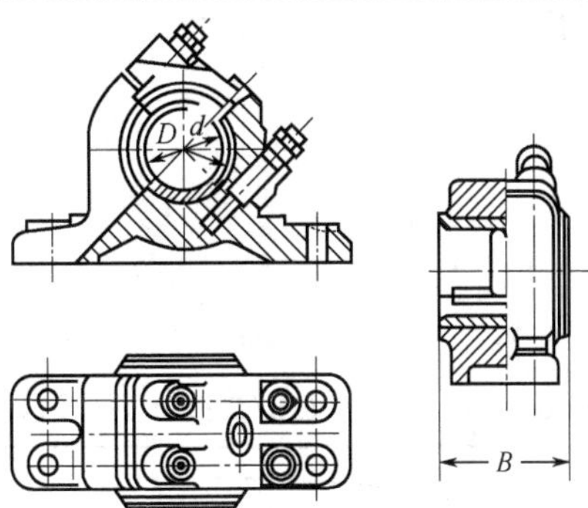

型　　号	d（H8）	D	B	型　　号	d（H8）	D	B
HX050	50	60	75	HX120	120	135	180
HX060	60	70	90	HX140	140	160	210
HX070	70	85	105	HX160	160	180	240
HX080	80	95	120	HX180	180	200	270
HX090	90	105	135	HX200	200	230	300
HX100	100	115	150	HX220	220	250	320
HX110	110	125	165				

第 8 章　操作件

8.1　手柄

8.1.1　手柄

手柄规格见表 8-1。

表 8-1　手柄规格（JB/T 7270.1—1994）　　mm

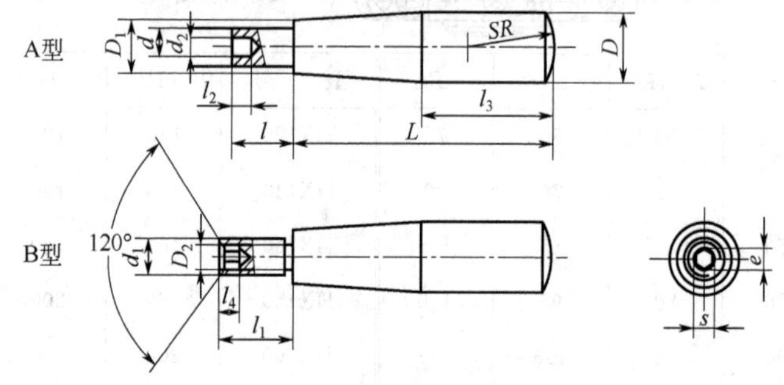

<table>
<tr><th>d</th><th>d1</th><th>L</th><th colspan="5">l</th><th>l1</th><th>D</th><th>D1</th><th>D2</th><th>d2</th><th>l2</th><th>l3</th><th>l4</th><th>e</th><th>s</th><th>SR</th></tr>
<tr><td>4</td><td>M4</td><td>32</td><td rowspan="3">—</td><td rowspan="2">—</td><td>6</td><td>8</td><td>10</td><td>8</td><td>9</td><td>7</td><td>2.1</td><td>2.1</td><td>3</td><td>16</td><td>2</td><td>2.1</td><td>2</td><td>12</td></tr>
<tr><td>5</td><td>M5</td><td>40</td><td>8</td><td>10</td><td>12</td><td>10</td><td>11</td><td>8</td><td>3.1</td><td>3.1</td><td>—</td><td>20</td><td>2.5</td><td>2.5</td><td>2.5</td><td>14</td></tr>
<tr><td>6</td><td>M6</td><td>50</td><td>10</td><td>12</td><td>14</td><td>16</td><td>12</td><td>13</td><td>10</td><td>4</td><td>4</td><td rowspan="2">4</td><td>25</td><td>3</td><td>3.5</td><td>3</td><td>16</td></tr>
<tr><td>8</td><td>M8</td><td>63</td><td>12</td><td>14</td><td>16</td><td>18</td><td>20</td><td>14</td><td>16</td><td>12</td><td>5</td><td>5.1</td><td>32</td><td>4</td><td>4.6</td><td>4</td><td>20</td></tr>
<tr><td>10</td><td>M10</td><td>80</td><td>16</td><td>18</td><td>20</td><td>22</td><td>25</td><td>16</td><td>20</td><td>15</td><td>6.3</td><td>7</td><td>5</td><td>40</td><td>5</td><td>5.8</td><td>5</td><td>25</td></tr>
<tr><td>12</td><td>M12</td><td>100</td><td>20</td><td>22</td><td>25</td><td>28</td><td>32</td><td>18</td><td>25</td><td>18</td><td>7.5</td><td>9</td><td>6</td><td>50</td><td>6</td><td>6.5</td><td>6</td><td>32</td></tr>
<tr><td>16</td><td>M16</td><td>112</td><td>22</td><td>25</td><td>28</td><td>32</td><td>36</td><td>20</td><td>32</td><td>22</td><td>9.8</td><td>12</td><td>8</td><td>56</td><td>8</td><td>9.2</td><td>8</td><td>40</td></tr>
</table>

注：1. 材料：35 钢、Q235A。

2. 表面处理：喷砂镀铬（PS/D・Cr）；镀铬抛光（D・L_3Cr）；氧化（H・Y）。

3. 经供需双方协商，B 型手柄顶端可不制出内六角。

8.1.2　转动小手柄

转动小手柄规格见表 8-2。

表 8-2　转动小手柄规格（JB/T 7270.4—1994）　mm

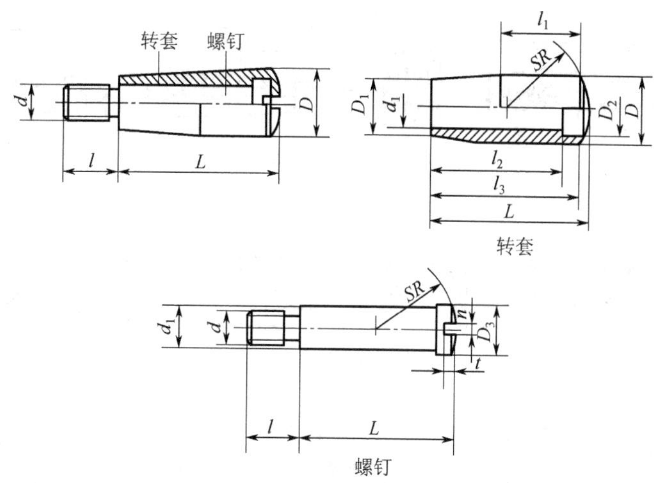

d	L	l	D	D_1	D_2	D_3	l_1	l_2	l_3	n	t	SR	d_1 基本尺寸	d_1 转套极限偏差 H11	d_1 螺钉极限偏差 d11
M5	25	10	12	10	8	8	12	20	21	1.2	2	14	6	+0.075 0	−0.030 −0.105
M6	32	12	14	12	10	10	16	27	28	1.6	2.5	16	8	+0.090 0	−0.040 −0.130
M8	40	14	16	14	12	12	20	34	35	2	3	20	10		
M10	50	16	20	16	16	16	25	43	44	2.5	3.5	25	12	+0.110 0	−0.050 −0.160

注：1. 材料：转套为 35 钢、Q235A、ZAlSi12（ZL102）、塑料；螺钉为 35 钢。

2. 表面处理：转套为钢件氧化（H·Y）、喷砂镀铬（PS/D·Cr）、镀铬抛光（D·L_3-Cr）、ZL102 阳极氧化（D·Y）；螺钉为氧化（H·Y）。

8.1.3　转动手柄

转动手柄规格见表 8-3。

表 8-3　转动手柄规格（JB/T 7270.5—1994）　　　mm

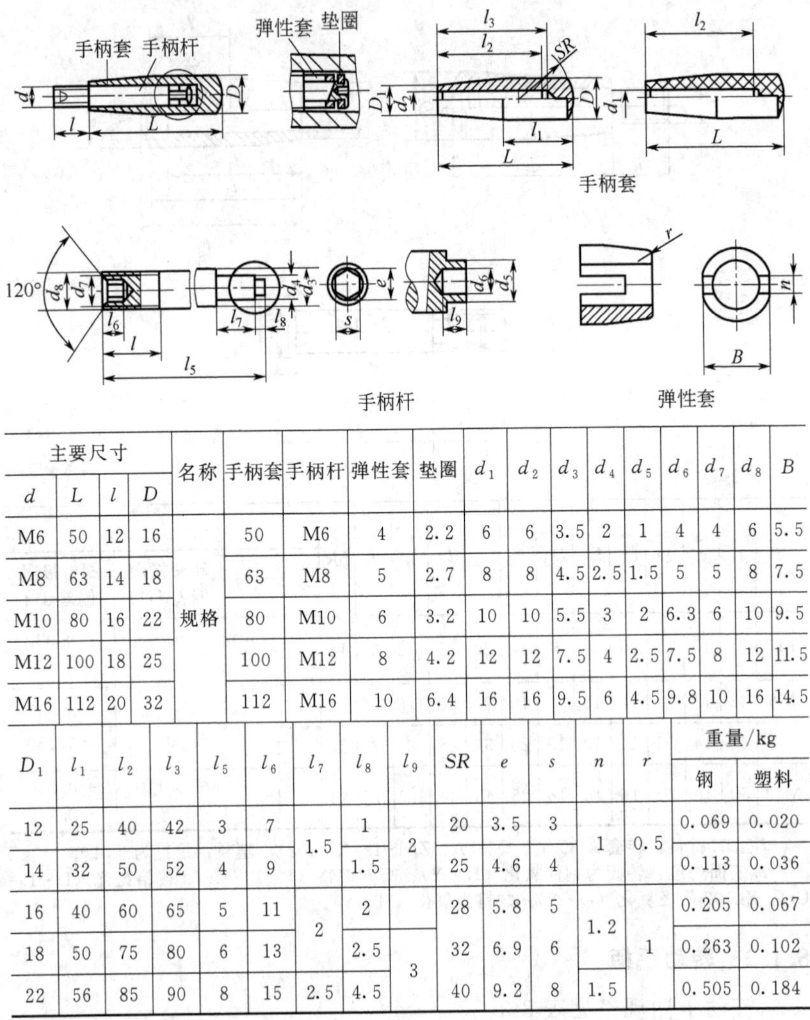

主要尺寸				名称	手柄套	手柄杆	弹性套	垫圈	d_1	d_2	d_3	d_4	d_5	d_6	d_7	d_8	B
d	L	l	D														
M6	50	12	16	规格	50	M6	4	2.2	6	6	3.5	2	1	4	4	6	5.5
M8	63	14	18		63	M8	5	2.7	8	8	4.5	2.5	1.5	5	5	8	7.5
M10	80	16	22		80	M10	6	3.2	10	10	5.5	3	2	6.3	6	10	9.5
M12	100	18	25		100	M12	8	4.2	12	12	7.5	4	2.5	7.5	8	12	11.5
M16	112	20	32		112	M16	10	6.4	16	16	9.5	6	4.5	9.8	10	16	14.5

D_1	l_1	l_2	l_3	l_5	l_6	l_7	l_8	l_9	SR	e	s	n	r	重量/kg	
														钢	塑料
12	25	40	42	3	7	1.5	1	2	20	3.5	3	1	0.5	0.069	0.020
14	32	50	52	4	9		1.5		25	4.6	4			0.113	0.036
16	40	60	65	5	11	2	2		28	5.8	5	1.2	1	0.205	0.067
18	50	75	80	6	13		2.5	3	32	6.9	6			0.263	0.102
22	56	85	90	8	15	2.5	4.5		40	9.2	8	1.5		0.505	0.184

注：1. 材料：35、Q235A、塑料、65Mn。

2. 表面处理：喷砂镀铬（PS/D·Cr）、镀铬抛光（D·L_3Cr）、氧化（H·Y）。

3. 热处理：42HRC。

8.1.4　球头手柄

球头手柄规格见表 8-4。

表 8-4　球头手柄规格（JB/T 7270.8—1994）　mm

d	d_1	s	L	SD	D_1	d_2	d_3	l	H	h
8	M8	5.5	50	16	6	3	M5	8	11	5
10	M10	7	63	20	8		M6	10	14	6.5
12	M12	8	80	25	10	4	M8	12	18	8.5
16	M16	10	100	32	12	5	M10	14	22	10
20	M20	13	125	40	16	6	M12	16	28	13
25	M24	18	160	50	20	8	M16	20	36	17

注：1. 材料：35 钢；Q235A。
2. 表面处理：喷砂镀铬（PS/D・Cr）、镀铬抛光（D・L_3Cr）。

8.1.5　曲面手柄

曲面手柄规格见表 8-5。

表 8-5　曲面手柄规格（JB/T 7270.2—1994）　mm

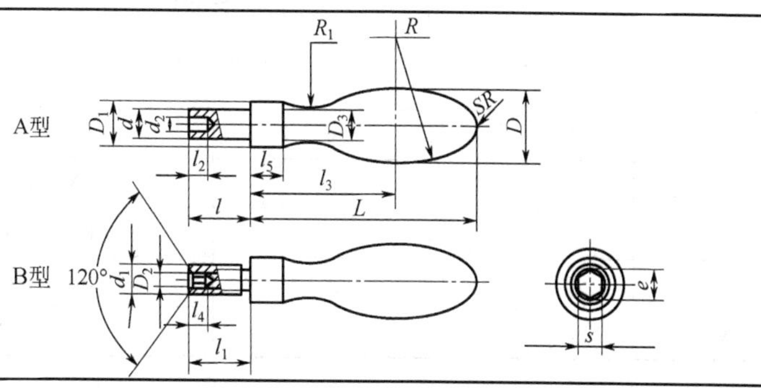

续表

d	d_1	L	l					l_1	D	D_1	D_2	D_3	d_2	l_2	$l_3\approx$	l_4	l_5	e	s	R	R_1	$SR\approx$
4	M4	32	—	—	6	8	10	8	10	7	5	2.5	2.5	3	20	4	2	2.3	2	20	9.5	2
5	M5	40			8	10	12	10	13	8	6.5	3.1	3.5		26	5	2.5	2.9	2.5	24	14.5	2.5
6	M6	50		10	12	14	16	12	16	10	8	4	4	4	32	7	3	3.5	3	28	19	3
8	M8	63	12	14	16	18	20	14	20	12	10	5	5.5		39	8	4	4.6	4	40.5	21	3
10	M10	80	16	18	20	22	25	16	25	15	13	6.3	7	5	49	10	5	5.8	5	50	29	4
12	M12	100	20	22	25	28	32	18	32	18	16	7.5	9	6	63	13	6	6.9	6	55	40.5	4.5
16	M16	112	22	25	28	32	36	20	36	22	18	9.8	12	8	70	14	8	9.2	8	68	41	7

注：1.材料：35、Q235A。

2.表面处理：喷砂镀铬（PS/D·Cr）、镀铬抛光（D·L_3Cr）、氧化（H·Y）。

8.2　手柄球

8.2.1　手柄球

手柄球规格见表8-6。

表8-6　手柄球规格（JB/T 7271.1—1994）　　mm

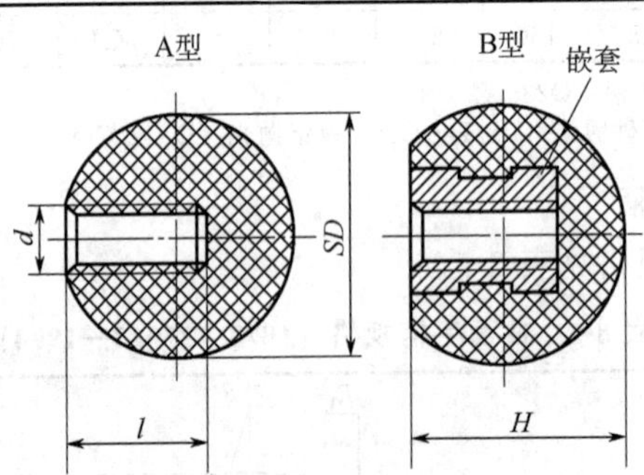

d	SD	H	l	嵌套JB/T 7275
M5	16	14	12	BM5×12
M6	20	18	14	BM6×14
M8	25	22.5	16	BM8×16
M10	32	29	20	BM10×20

续表

d	SD	H	l	嵌套 JB/T 7275
M12	40	36	25	BM12×25
M16	50	45	32	BM16×32
M20	63	56	40	BM20×36

注：材料为塑料。

8.2.2 手柄套

手柄套规格见表 8-7。

表 8-7 手柄套规格（JB/T 7271.3—1994） mm

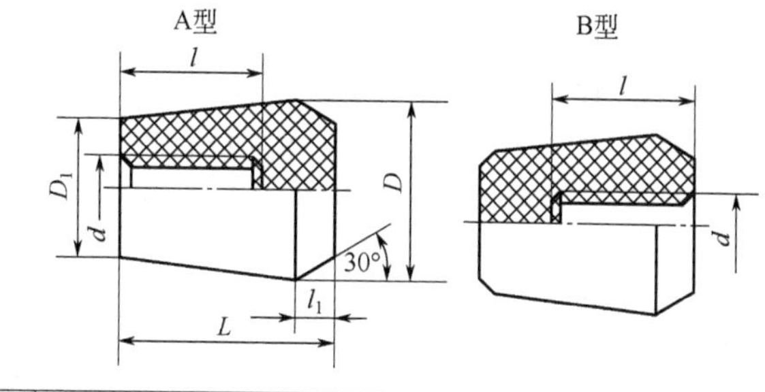

d	L	D	D_1	l	l_1
M5	16	12	9	12	3
M6	20	16	12	14	
M8	25	20	15	16	4
M10	32	25	20	20	5
M12	40	32	25	25	6
M16	50	40	32	32	7
M20	63	50	40	40	8

注：材料为塑料。

8.2.3 椭圆手柄套

椭圆手柄套规格见表 8-8。

表 8-8 椭圆手柄套规格（JB/T 7271.4—1994） mm

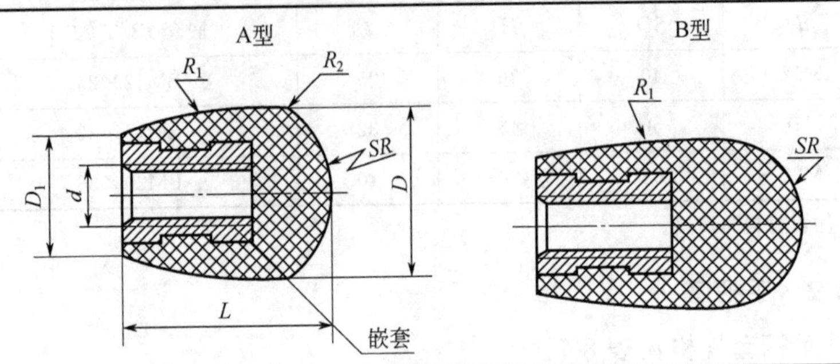

d	L		D	D_1	SR		R_1		R_2	嵌套 JB/T 7275
	A型	B型			A型	B型	A型	B型		
M5	16	20	15	12	10	7.5	40	60	3	BM5×12
M6	20	25	17	14	12	8.5	45	110	4	BM6×14
M8	25	32	20	16	14	10	50	120	5	BM8×16
M10	32	40	25	20	16	12.5	70	170	6	BM10×20
M12	40	50	32	25	18	16	90	200	8	BM12×25
M16	50	63	40	30	22	20	110	220	12	BM16×32
M20	63	80	48	35	30	24	130	230	16	BM20×36

注：材料为塑料。

8.2.4 长手柄套

长手柄套规格见表 8-9。

表 8-9 长手柄套规格（JB/T 7271.5—1994） mm

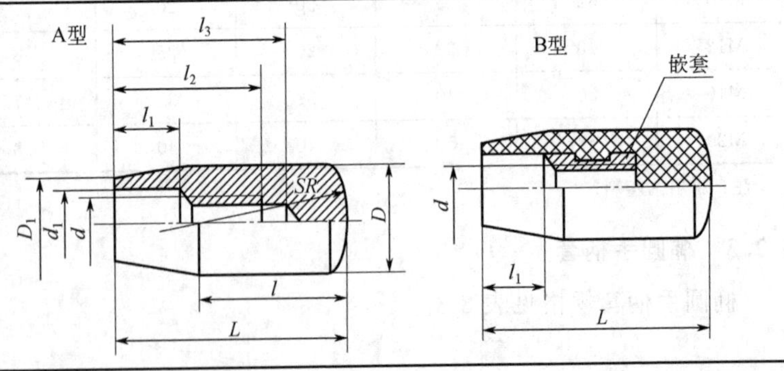

续表

d	L	D	D_1	d_1	l	l_l	l_2	l_3	SR	嵌套 JB/T 7275
M5	32	14	10	7	16	8	20	24	16	BM5×12
M6	36	16	12	9	20	10	22	27	20	BM6×14
M8	40	18	14	11	25	12	26	31	25	BM8×16
M10	50	22	16	13	32	14	32	39	28	BM10×20
M12	60	28	22	18	36	18	36	45	36	BM12×25
M16	70	32	26	22	40	22	45	55	40	BM16×32
M20	80	40	32	28	45	28	56	68	50	BM20×36

注：1. 材料：35 钢、Q235A、塑料。

2. 表面处理：钢件喷砂镀铬（PS/D·Cr）；镀铬抛光（D·L_3Cr）。

8.2.5　手柄杆

手柄杆规格见表 8-10。

表 8-10　手柄杆规格（JB/T 7271.6—1994）　mm

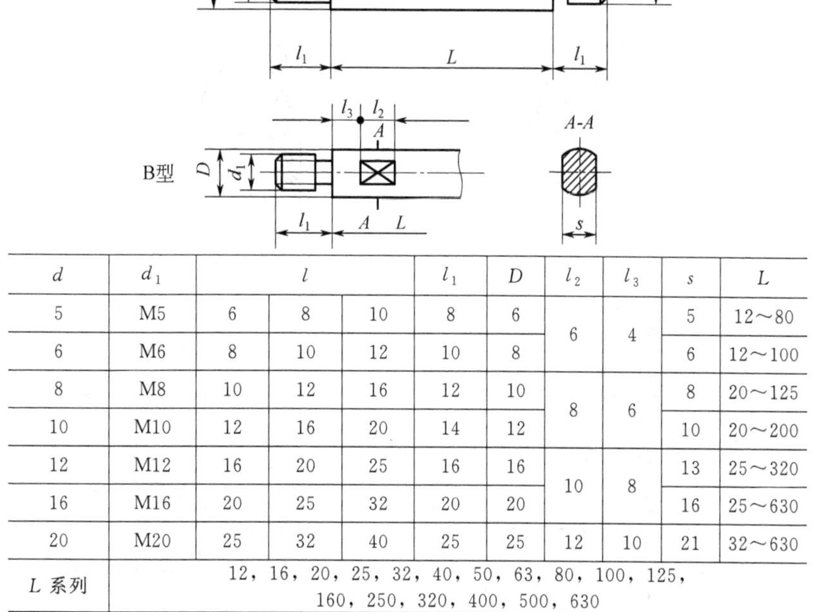

d	d_1	l			l_1	D	l_2	l_3	s	L
5	M5	6	8	10	8	6	6	4	5	12～80
6	M6	8	10	12	10	8			6	12～100
8	M8	10	12	16	12	10	8	6	8	20～125
10	M10	12	16	20	14	12			10	20～200
12	M12	16	20	25	16	16	10	8	13	25～320
16	M16	20	25	32	20	20			16	25～630
20	M20	25	32	40	25	25	12	10	21	32～630
L 系列	12，16，20，25，32，40，50，63，80，100，125，160，250，320，400，500，630									

注：1. 手柄杆材料：35 钢；Q235A。

2. 表面处理：喷砂镀铬（PS/D·Cr）、镀铬抛光（D·L_3Cr）、氧化（H·Y）。

8.3　手柄座

8.3.1　手柄座

手柄座规格见表8-11。

表8-11　手柄座规格（JB/T 7272.1—1994）　　mm

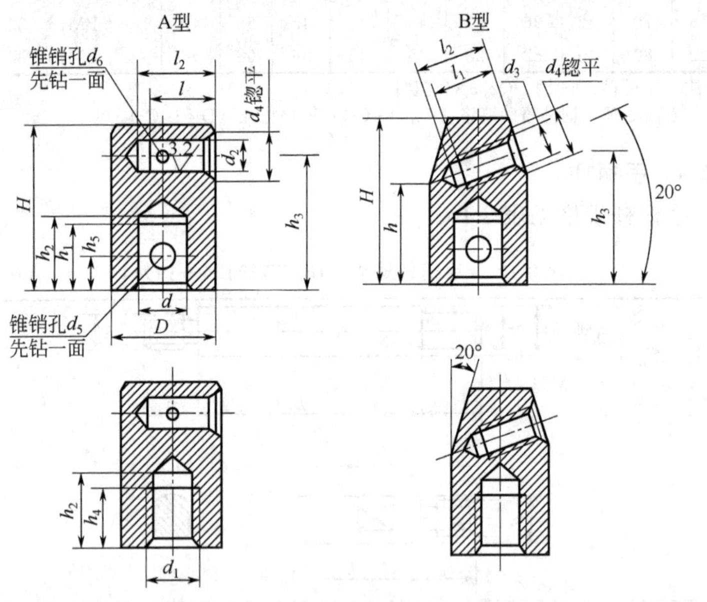

d	12	16	20	25
d_1	M12	M16	M20	M24
D	25	32	40	50
d_2	8	10	12	16
H	40	50	63	76
d_3	M8	M10	M12	M16
d_4	11	13	17	21
d_5	5	6		8
d_6	3		4	5

续表

l、h_1		16	20	25	32
l_1、h_4		14	18	22	28
l_2、h_2		18	24	29	36
h		24	30	38	50
h_3		32	40	50	63
h_5		8	10	12	16
每件重量/kg	A 型	0.121	0.227	0.465	0.937
	B 型	0.104	0.195	0.417	0.835

注：1. 材料：35 钢、Q235A。
2. 表面处理：喷砂镀铬（PS/D·Cr）、镀铬抛光（D·L_3Cr）、氧化（H·Y）。

8.3.2 锁紧手柄座

锁紧手柄座规格见表 8-12。

表 8-12 锁紧手柄座规格（JB/T 7272.2—1994） mm

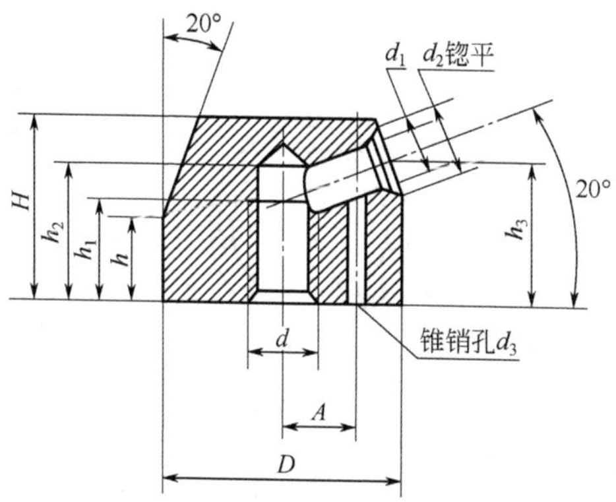

d	D	A	H	d_1	d_2	d_3	h	h_1	h_2	h_3
M12	40	12	28	8	11	3	13	16	22	21
M16	50	14	35	10	13	4	16	20	28	25

续表

d	D	A	H	d_1	d_2	d_3	h	h_1	h_2	h_3
M20	60	18	45	12	17	5	22	25	34	33
M24	70	22	50				27	32	40	39
M27	80	26	60	16	21	6	34	40	48	47

注：1. 材料：HT200、35 钢、Q235A。

2. 表面处理：喷砂镀铬（PS/D・Cr）；镀铬抛光（D・L_3Cr）、氧化（H・Y）。

8.3.3　圆盘手柄座

圆盘手柄座规格见表 8-13。

表 8-13　圆盘手柄座规格（JB/T 7272.3—1994）　　mm

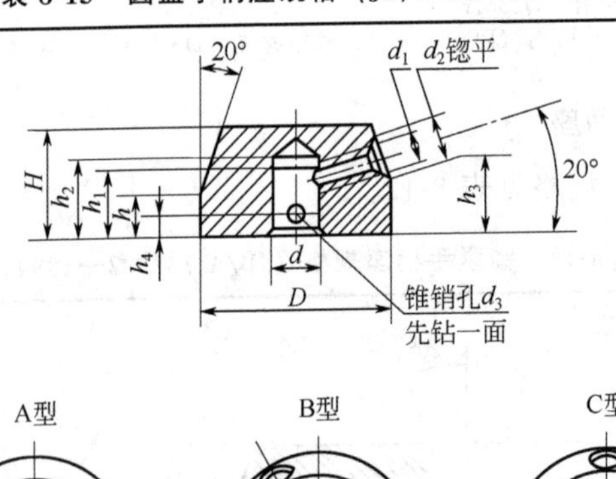

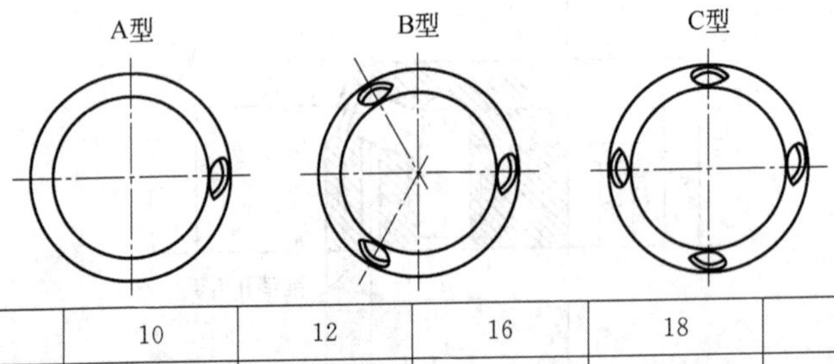

d	10	12	16	18	22
D	40	50	60	70	80
H	22	26	32		36
d_1	M6	M8	M10		M12
d_2	9	11	13		17
d_3	4	5		6	
h	8	11	13		
h_1	14	18	21		24

续表

<table>
<tr><td>h_2</td><td>16</td><td>20</td><td colspan="2">23</td><td>26</td></tr>
<tr><td>h_3</td><td>15</td><td>19</td><td colspan="2">23</td><td>25</td></tr>
<tr><td>h_4</td><td>4</td><td colspan="4">6</td></tr>
<tr><td>重量/kg</td><td>0. 173</td><td>0.331</td><td>0.581</td><td>0.724</td><td>1.081</td></tr>
</table>

注：1. 材料：HT200、35 钢、Q235A。
2. 表面处理：喷砂镀铬（PS/D · Cr）、镀铬抛光（D · L_3Cr）、氧化（H · Y）。

8.3.4 定位手柄座

定位手柄座规格见表 8-14。

表 8-14 定位手柄座规格（JB/T 7272.4—1994） mm

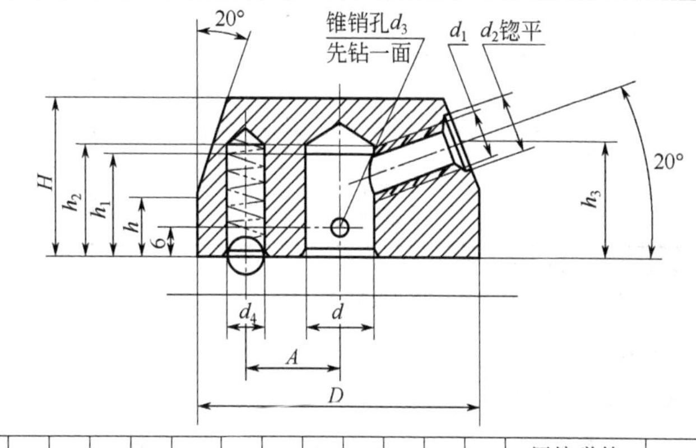

<table>
<tr><th>重量/kg</th><th>d</th><th>D</th><th>A</th><th>H</th><th>d_1</th><th>d_2</th><th>d_3</th><th>d_4</th><th>h</th><th>h_1</th><th>h_2</th><th>h_3</th><th>压缩弹簧 GB/T 2089</th><th>钢球 GB/T 308</th></tr>
<tr><td>0. 326</td><td>12</td><td>50</td><td>16</td><td>26</td><td>M8</td><td>11</td><td rowspan="2">5</td><td>6.7</td><td>11</td><td>18</td><td>20</td><td>19</td><td>0. 8×5×25</td><td>6.5</td></tr>
<tr><td>0.570</td><td>16</td><td>60</td><td>20</td><td rowspan="2">32</td><td rowspan="2">M10</td><td rowspan="2">13</td><td rowspan="3">8.5</td><td rowspan="3">13</td><td rowspan="3">21</td><td rowspan="3">23</td><td rowspan="2">23</td><td rowspan="3">1.2×7×35</td><td rowspan="3">8</td></tr>
<tr><td>0.713</td><td>18</td><td>70</td><td>25</td><td rowspan="2">6</td></tr>
<tr><td>1.070</td><td>22</td><td>80</td><td>30</td><td>36</td><td>M12</td><td>17</td><td>25</td></tr>
</table>

注：1. 材料：HT200、35 钢、Q235A。
2. 表面处理：喷砂镀铬（PS/D · Cr）、镀铬抛光（D · L_3Cr）、氧化（H · Y）。

8.4 手轮

8.4.1 小波纹手轮

小波纹手轮规格见表 8-15。

表 8-15　小波纹手轮规格（JB/T 7273.1—1994）　　mm

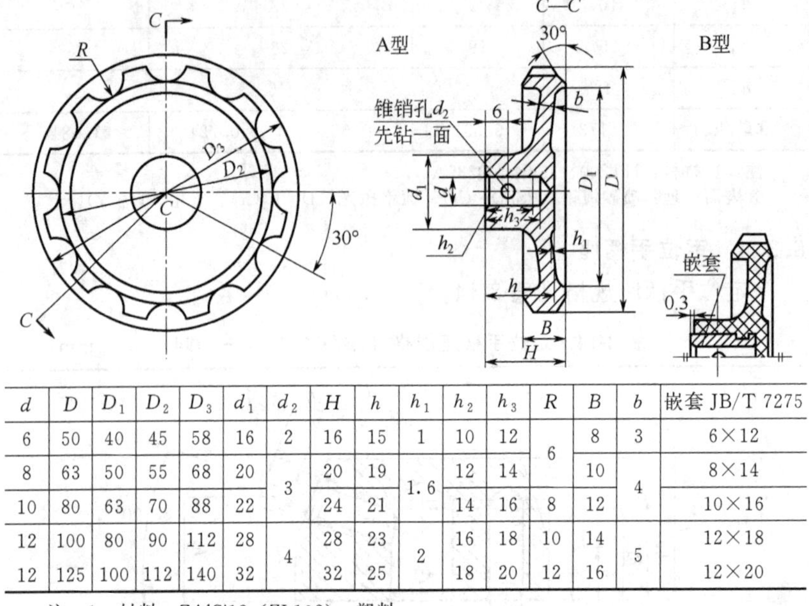

d	D	D_1	D_2	D_3	d_1	d_2	H	h	h_1	h_2	h_3	R	B	b	嵌套 JB/T 7275
6	50	40	45	58	16	2	16	15	1	10	12	6	8	3	6×12
8	63	50	55	68	20	3	20	19	1.6	12	14		10	4	8×14
10	80	63	70	88	22		24	21		14	16	8	12		10×16
12	100	80	90	112	28	4	28	23	2	16	18	10	14	5	12×18
12	125	100	112	140	32		32	25		18	20	12	16		12×20

注：1. 材料：ZAlSi12（ZL102）；塑料。

2. 表面处理；ZAlSi12（ZL102）为阳极氧化（D·Y）。

8.4.2　小手轮

小手轮规格见表 8-16。

表 8-16　小手轮规格（JB/T 7273.2—1994）　　mm

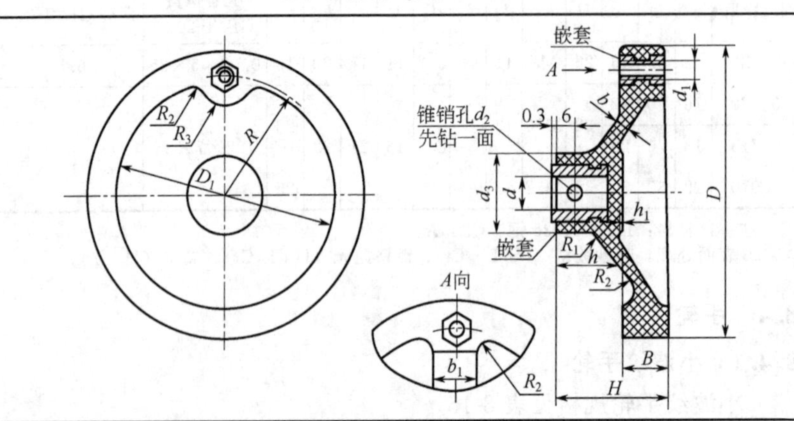

续表

d	D	D_1	d_1	d_2	d_3	H	h	h_1	R	R_l	R_2	R_3	B	b	b_1	嵌套 JB/T 7275
10	80	63	M5	3	22	32	20	1.6	32	6	5	8	12	4	12	10×16 BM5×12
12	100	80	M6	4	28	36	22	2	40	7	6	9	14	5	12	12×18 BM6×14
	125	100	M8			40			45	8		10	16		16	12×18 BM8×16

注：1. 材料：塑料。
2. 手柄选用 JB/T 7270.4 规定的相应规格。

8.4.3　手轮

手轮规格见表 8-17。

表 8-17　手轮规格（JB/T 7273.3—1994）　mm

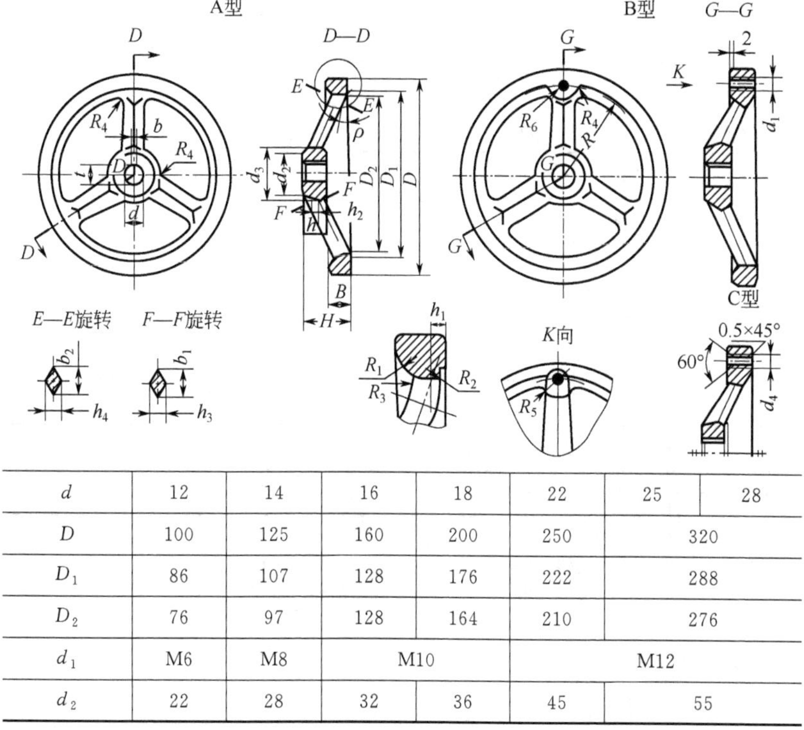

d	12	14	16	18	22	25	28
D	100	125	160	200	250	320	
D_1	86	107	128	176	222	288	
D_2	76	97	128	164	210	276	
d_1	M6	M8	M10		M12		
d_2	22	28	32	36	45	55	

续表

d_3	30	38	42	48	58	72	
d_4	6	8	10		12		
R	40	52	68	88	110	145	
R_1	9	11	13	14	16	18	
R_2	4			5			
R_3	5		6		8	10	
R_4	3	4	5		6		
R_5	5	6	8		10		
R_6	7	8	10		12		
H	32	36	40	45	50	55	
h	18		20	25	28	32	
h_1	5			6			
h_2	6		7	8	9	10	
h_3	10	11	12	14	18	20	
h_4	9	10	11	12	14	16	
B	14	16	18	20	22	24	
b_1	16	18	22	26	30	35	
b_2	14	16	18	20	24	28	
b	4	5		6		8	
t	13.8	16.3	18.3	20.8	24.8	28.3	31.3
β/(°)	15		10			5	
重量/kg	0.425	0.660	1.160	1.806	2.805	5.730	

注：1. 材料：HT200。

2. 表面处理：喷砂镀铬（PS/D. Cr）、镀铬抛光（D·L_3Cr）。

3. 手柄选用 JB/T 7270.1 和 JB/T 7270.5 规定的相应规格。

8.4.4 波纹手轮

波纹手轮规格见表 8-18。

表 8-18　波纹手轮规格（JB/T 7273.4—1994）　mm

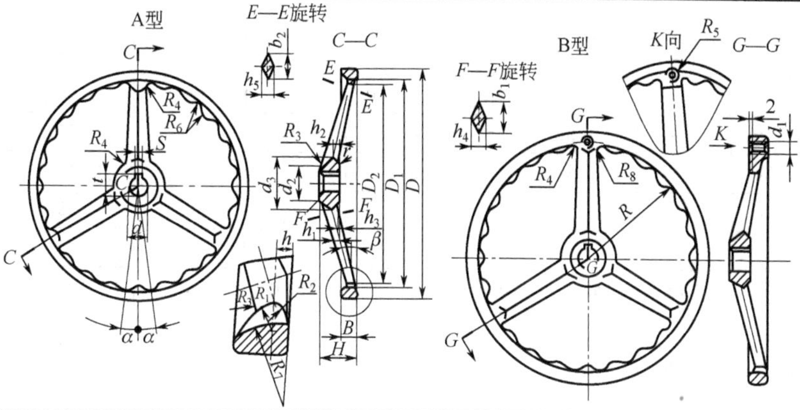

d	18	22	25	28	32	35	40	45
D	200	250		320	400	500	630	
D_1	176	222		288	364	462	588	
D_2	164	210		276	352	448	574	
d_1	M10	M12			—			
d_2	36	45		55	65	75	85	
d_3	48	58		72	85	95	105	
R	88	110		145	—	—	—	
R_1	20	22		23	26	28	32	
R_2	5					6		
R_3	6	8		10	12	16		
R_4	5	6			8			
R_5	8	10			—			
$R_6\approx$	16	16.5		16			20	
R_7	30	29		30	30	34	36	
R_8	10	12			—			
H	45	50		55	65	70	75	
h	25	28		32	40	45	50	
h_1	6					7		
h_2	8	9		10	12	14	16	

续表

<table>
<tr><td>h_3</td><td colspan="5">2</td><td colspan="2">3</td><td colspan="2">5</td></tr>
<tr><td>h_4</td><td>14</td><td colspan="2">18</td><td colspan="2">20</td><td>22</td><td>24</td><td colspan="2">26</td></tr>
<tr><td>h_5</td><td>12</td><td colspan="2">14</td><td colspan="3">16</td><td>18</td><td colspan="2">20</td></tr>
<tr><td>B</td><td>20</td><td colspan="2">22</td><td colspan="2">24</td><td>26</td><td>28</td><td colspan="2">30</td></tr>
<tr><td>b_1</td><td>26</td><td colspan="2">30</td><td colspan="2">35</td><td>38</td><td>42</td><td colspan="2">45</td></tr>
<tr><td>b_2</td><td>20</td><td colspan="2">24</td><td colspan="2">28</td><td>30</td><td>32</td><td colspan="2">35</td></tr>
<tr><td>b</td><td colspan="2">6</td><td colspan="3">8</td><td colspan="2">10</td><td>12</td><td>14</td></tr>
<tr><td>t</td><td>20.8</td><td>24.8</td><td colspan="2">28.3</td><td>31.3</td><td>35.3</td><td>38.3</td><td>43.3</td><td>48.8</td></tr>
<tr><td>β/（°）</td><td colspan="3">10</td><td colspan="2">5</td><td colspan="4">—</td></tr>
<tr><td>α/（°）</td><td>12.5</td><td colspan="2">10</td><td colspan="2">7.5</td><td>6</td><td>5</td><td colspan="2">4</td></tr>
<tr><td>轮辐数</td><td colspan="5">3</td><td colspan="4">5</td></tr>
<tr><td>质量/kg</td><td>2.027</td><td colspan="2">3.150</td><td colspan="2">5.730</td><td>8.693</td><td>12.631</td><td colspan="2">21.615</td></tr>
</table>

注：1. 手柄选用 JB/T 7270.5—1994 规定的相应规格。

2. 材料：HT200。

3. 表面处理：喷砂镀铬（PS/D・Cr）、镀铬抛光（D・L_3Cr）。

8.5　把手

8.5.1　把手

把手规格见表 8-19。

表 8-19　把手规格（JB/T 7274.1—1994）　　mm

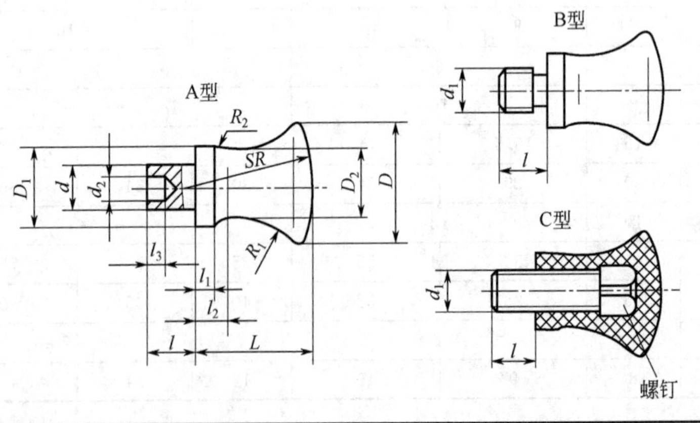

续表

d	d_1	D	L	l	D_1	D_2	d_2	l_1	l_2	l_3	SR	R_1	R_2	螺钉 GB/T 821
5	M5	16	16	6	10	8	3.5	3	5	3	20	12	1	M5×12
6	M6	20	20	8	12	10	4		6	4	25	15		M6×16
8	M8	25	25	10	16	13	5.5	4	7		32	20	1.5	M8×25
10	M10	32	32	12	20	16	7	5	10	5	40	24	2	M10×30
12	M12	40	40	16	25	20	9	6	13	6	50	28	2.5	M12×40

注：1. 材料：35 钢、塑料。

2. 表面处理：钢件喷砂镀铬（PS/D·Cr）、镀铬抛光（D·L_3Cr）、氧化（H·Y）。

8.5.2 压花把手

压花把手规格见表 8-20。

表 8-20 压花把手规格（JB/T 7274.2—1994） mm

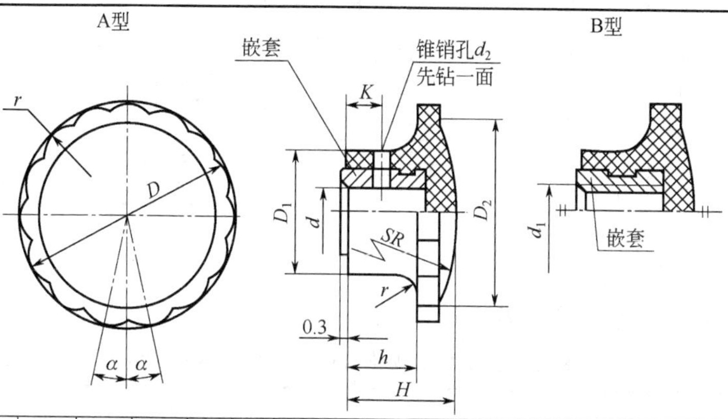

d	d_1	D	D_1	d_2	H	D_2	h	SR	r	K	α/(°)	嵌套 JB/T 7275	
												A 型	B 型
6	M6	25	16	2	16	22	10	40	3	5	15	6×12	BM6×12
8	M8	32	18	3	18	28	12	50	4	6		8×14	BM8×14
10	M10	40	22		20	35	14	60	5	7	12	10×16	BM10×16
12	M12	50	28		25	45	16	80		8	10	12×20	BM12×20

注：材料为塑料。

8.5.3 十字把手

十字把手规格见表8-21。

表8-21 十字把手规格（JB/T 7274.3—1994） mm

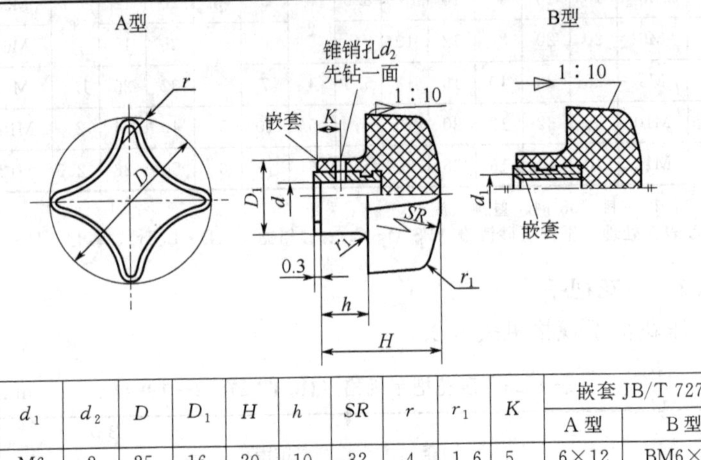

d	d_1	d_2	D	D_1	H	h	SR	r	r_1	K	嵌套 JB/T 7275	
											A型	B型
6	M6	2	25	16	20	10	32	4	1.6	5	6×12	BM6×12
8	M8	3	32	18	25	12	40	5	2	6	8×16	BM8×16
10	M10		40	22	30	14	50	6		7	10×20	BM10×20
12	M12		50	28	35	16	60	8		8	12×25	BM12×25
16	M16	4	63	32	40	18	80	10	2.5	10	16×30	BM16×30

注：材料为塑料。

8.5.4 星形把手

星形把手规格见表8-22。

表8-22 星形把手规格（JB/T 7274.4—1994） mm

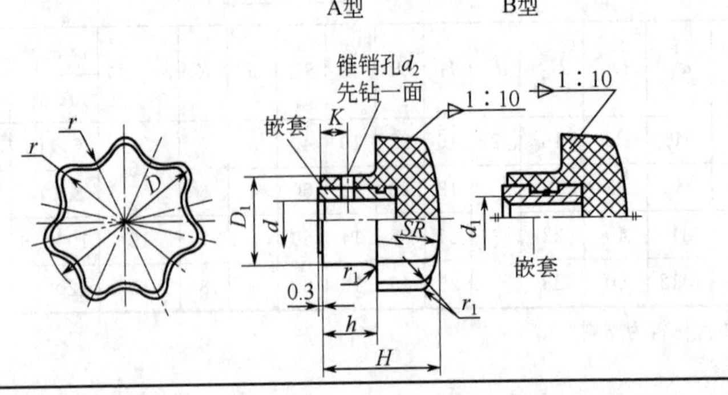

续表

d	d_1	D	D_1	d_2	H	h	SR	r	r_1	K	嵌套 JB/T 7275	
											A 型	B 型
6	M6	25	16	2	20	10	32	4	1.6	5	6×12	BM6×12
8	M8	32	18	3	25	12	40	5	2	6	8×16	BM8×16
10	M10	40	22		30	14	50	6		7	10×20	BM10×20
12	M12	50	28		35	16	60	8		8	12×25	BM12×25
16	M16	63	32	4	40	18	80	10	2.5	10	16×30	BM16×30

注：材料为塑料。

8.5.5　T 形把手

T 形把手规格见表 8-23。

表 8-23　T 形把手规格（JB/T 7274.6—1994）　mm

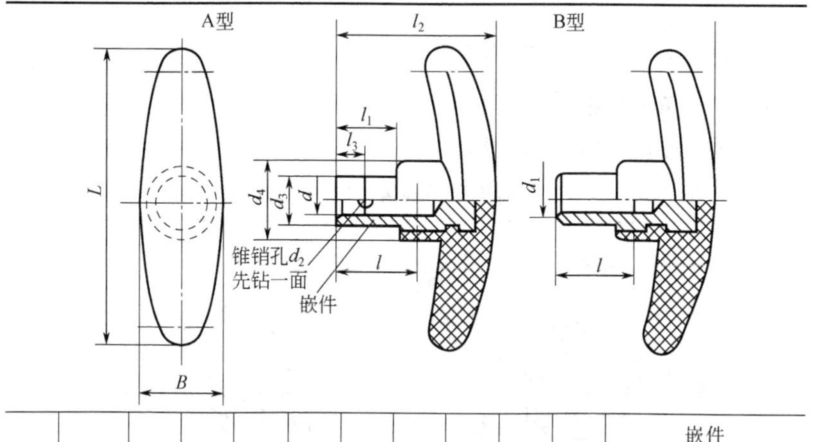

d	d_1	d_2	d_3	d_4	B	L	l	l_1	l_2	l_3	嵌件	
											A 型	重量/kg
6	M6	2	12	18	20	70	20	16	40	8	6×34	M6×34
8	M8	3	16	22	24	80	25	18	44	9	8×36	M8×36
10	M10		18	24	26	90	28	20	48	10	10×40	M10×40

注：把手体材料为塑料。

8.5.6　方形把手

方形把手规格见表 8-24。

表 8-24　方形把手规格（JB/T 7274．7—1994）　mm

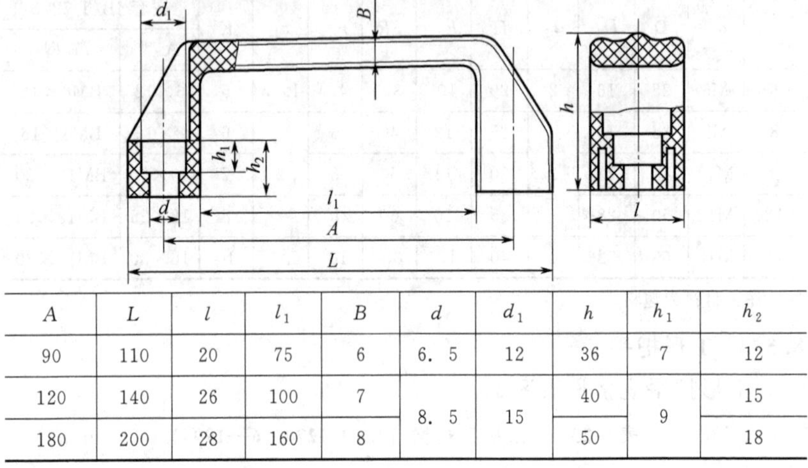

A	L	l	l_1	B	d	d_1	h	h_1	h_2
90	110	20	75	6	6．5	12	36	7	12
120	140	26	100	7	8．5	15	40	9	15
180	200	28	160	8			50		18

注：1. 材料为塑料。

2. 表面呈皮革状，棱线清晰，无毛刺。

8.5.7　三角箭形把手

三角箭形把手规格见表 8-25。

表 8-25　三角箭形把手规格（JB/T 7274.8—1994）　mm

d	D	D_1	d_1	d_2	d_3	h	h_1	h_2	B_1	B_2	R	嵌件	装饰片
10	80	35	18	3	30	25	32	16	14	8	5	10×32	18
12	100	38	22	4	35	30	42	20	18	10	6	12×42	23
	125	40	24		45		44	22	20	12		12×44	

注：材料为塑料。

8.6　嵌套

嵌套规格见表 8-26。

表 8-26　嵌套规格（JB/T 7275—1994）　mm

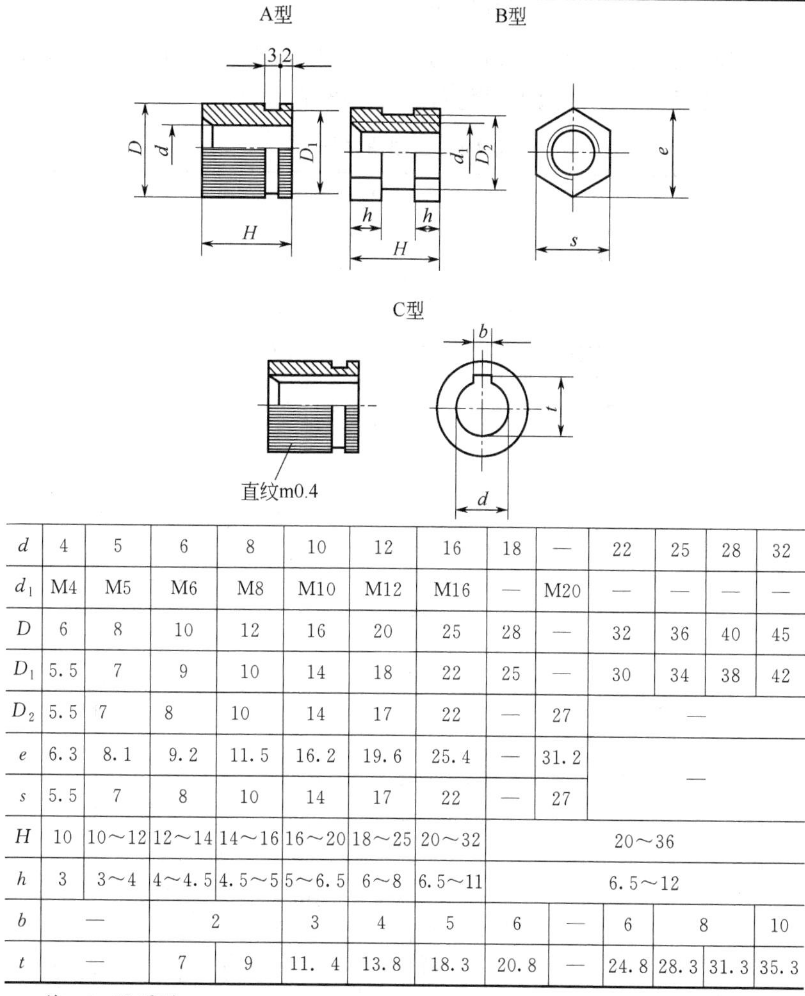

d	4	5	6	8	10	12	16	18	—	22	25	28	32
d_1	M4	M5	M6	M8	M10	M12	M16	—	M20	—	—	—	—
D	6	8	10	12	16	20	25	28	—	32	36	40	45
D_1	5.5	7	9	10	14	18	22	25	—	30	34	38	42
D_2	5.5	7	8	10	14	17	22	—	27	—			
e	6.3	8.1	9.2	11.5	16.2	19.6	25.4	—	31.2	—			
s	5.5	7	8	10	14	17	22	—	27				
H	10	10～12	12～14	14～16	16～20	18～25	20～32	20～36					
h	3	3～4	4～4.5	4.5～5	5～6.5	6～8	6.5～11	6.5～12					
b	—		2		3	4	5	6	—	6	8		10
t	—		7	9	11.4	13.8	18.3	20.8	—	24.8	28.3	31.3	35.3

注：1. H 系列：10、12、14、16、18、20、25、28、30、32、36（mm）。

2. h 系列：3、4、4.5、5、6、6.5、8、9、10、11、12（mm）。

3. 材料：Q235A。

第 9 章　密封件

9.1　毡圈油封（JB/Z Q4606—1986）

毡圈油封适用于脂润滑，与其他密封组合使用时也可用于油润滑。轴表面最好经过抛光。毡圈油封规格见表 9-1。

表 9-1　毡圈油封规格　　mm

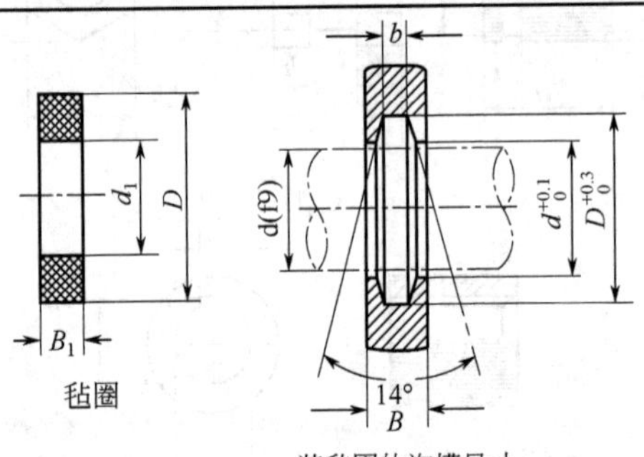

毡圈

装毡圈的沟槽尺寸

轴径 d	毡封油圈			槽				
							B（最小）	
	D	d_1	B_1	D_0	d_0	b	钢	铸铁
15	29	14	6	28	16	5	10	12
20	33	19		32	21			
25	39	24	7	38	26	6	12	15
30	45	29		44	31			
35	49	34		48	36			
40	53	39		52	41			
45	61	44	8	60	46	7		
50	69	49		68	51			
55	74	53		72	56			
60	80	58		78	61			
65	84	63		82	66			
70	90	68		88	71			
75	94	73		92	77			

续表

轴径 d	毡封油圈			槽				
	D	d_1	B_1	D_0	d_0	b	B（最小）	
							钢	铸铁
80	102	78	9	100	82	8	15	18
85	107	83		105	87			
90	112	88		110	92			
95	117	93	10	115	97			
100	122	98		120	102			
105	127	103		125	107			
110	132	108		130	112			
115	137	113		135	117			
120	142	118		140	122			
125	147	123		145	127			

注：本标准适用于线速 $v<5\text{m/s}$。

9.2　O 形橡胶密封圈（GB/T 3452.1—2005）

O 形橡胶密封圈用于气动、液动及水压等机械设备。O 形密封圈的橡胶材料及代号见表 9-2，规格见表 9-3。

表 9-2　O 形密封圈的橡胶材料及代号

种类	丁腈橡胶（NBR）	乙丙橡胶（RPR）	氟橡胶（FPM）	硅橡胶（MVQ）
代号	P	E	V	S

表 9-3　O 形橡胶密封圈规格　　mm

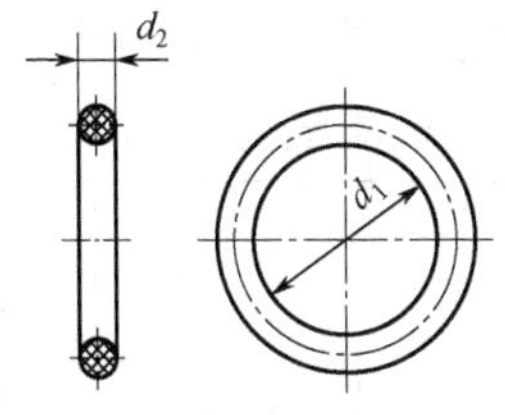

续表

d_1 内径	d_2					d_1 内径	d_2					d_1 内径	d_2				
	1.80±0.08	2.65±0.09	3.55±0.10	5.30±0.13	7.00±0.15		1.80±0.08	2.65±0.09	3.55±0.10	5.30±0.13	7.00±0.15		1.80±0.08	2.65±0.09	3.55±0.10	5.30±0.13	7.00±0.15
1.8	×					7.1	×	×				20	×	×	×		
2	×					7.5	×	×				21.2	×	×	×		
2.24	×					8	×	×				22.4	×	×	×		
2.5	×					8.5	×	×				23.6	×	×	×		
2.8	×					8.75	×	×				25	×	×	×		
3.15	×					9	×	×				25.8	×	×	×		
3.55	×					9.5	×	×				26.5	×	×	×		
3.75	×					10	×	×				28	×	×	×		
4	×					10.6	×	×				30	×	×	×		
4.5	×					11.2	×	×				31.5	×	×	×		
4.87	×					11.8	×	×				32.5	×	×	×		
5	×					12.5	×	×				33.5	×	×	×		
5.15	×					13.2	×	×				34.5	×	×	×		
5.3	×					14	×	×				35.5	×	×	×		
5.6	×					15	×	×				36.5	×	×	×		
6	×					16	×	×				37.5	×	×	×		
6.3	×					17	×	×				38.7	×	×	×		
6.7	×					18	×	×	×			40	×	×	×	×	
6.9	×					19	×	×	×			41.2	×	×	×	×	

d_1 内径	d_2					d_1 内径	d_2					d_1 内径	d_2				
	1.80±0.08	2.65±0.09	3.55±0.10	5.30±0.13	7.00±0.15		1.80±0.08	2.65±0.09	3.55±0.10	5.30±0.13	7.00±0.15		1.80±0.08	2.65±0.09	3.55±0.10	5.30±0.13	7.00±0.15
42.5	×	×	×	×		46.2	×	×	×	×		50	×	×	×	×	
43.7	×	×	×	×		47.5	×	×	×	×		51.5			×	×	×
45	×	×	×	×		48.7	×	×	×	×		53		×	×	×	

续表

d_1 内径	d_2					d_1 内径	d_2					d_1 内径	d_2				
	1.80±0.08	2.65±0.09	3.55±0.10	5.30±0.13	7.00±0.15		1.80±0.08	2.65±0.09	3.55±0.10	5.30±0.13	7.00±0.15		1.80±0.08	2.65±0.09	3.55±0.10	5.30±0.13	7.00±0.15
54.5		×	×	×		77.5			×	×		109			×	×	×
56		×	×	×		80		×	×	×		112		×	×	×	×
58		×	×	×		82.5			×	×		115			×	×	×
60		×	×	×		85		×	×	×		118		×	×	×	×
61.5		×	×	×		87.5			×	×		122			×	×	×
63		×	×	×		90		×	×	×		125		×	×	×	×
65		×	×	×		92.5			×	×		128			×	×	×
67		×	×	×		95		×	×	×		132		×	×	×	×
69		×	×	×		97.5			×	×		136			×	×	×
71		×	×	×		100		×	×	×		140		×	×	×	×
73		×	×	×		103			×	×		145			×	×	×
75		×	×	×		106		×	×	×		150		×	×	×	

d_1 内径	d_2					d_1 内径	d_2					d_1 内径	d_2				
	1.80±0.08	2.65±0.09	3.55±0.10	5.30±0.13	7.00±0.15		1.80±0.08	2.65±0.09	3.55±0.10	5.30±0.13	7.00±0.15		1.80±0.08	2.65±0.09	3.55±0.10	5.30±0.13	7.00±0.15
155			×	×	×	206					×	272					×
160		×	×	×	×	212				×	×	280				×	×
165			×	×	×	218					×	290					×
170		×	×	×	×	224				×	×	300				×	×
175			×	×	×	230					×	307					×
180		×	×	×	×	236				×	×	315				×	×
185			×	×	×	243					×	325					×
190			×	×	×	250				×	×	335				×	×
195			×	×	×	258					×	345					×
200			×	×	×	265				×	×	355				×	×

续表

d_1 内径	d_2					d_1 内径	d_2					d_1 内径	d_2				
	1.80±0.08	2.65±0.09	3.55±0.10	5.30±0.13	7.00±0.15		1.80±0.08	2.65±0.09	3.55±0.10	5.30±0.13	7.00±0.15		1.80±0.08	2.65±0.09	3.55±0.10	5.30±0.13	7.00±0.15
365					×	462					×	580					×
375				×	×	475					×	600					×
387					×	487					×	615					×
400				×	×	500					×	630					×
412					×	515					×	650					×
425					×	530					×	670					×
437					×	545					×						
450					×	560					×						

9.3　旋转轴唇形密封圈（GB/T 13871.1—2007）

旋转轴唇形密封圈适用于安装在设备中的旋转轴端。唇形密封圈的橡胶材料及代号见表9-4，规格见表9-5。

表9-4　旋转轴唇形密封圈的橡胶材料及代号

橡胶种类	丁腈橡胶（NBR）	丙烯酸酯橡胶（ACM）	氟橡胶（FPM）	硅橡胶（MVQ）
代 号	D	B	F	G

表9-5　旋转轴唇形密封圈规格　　mm

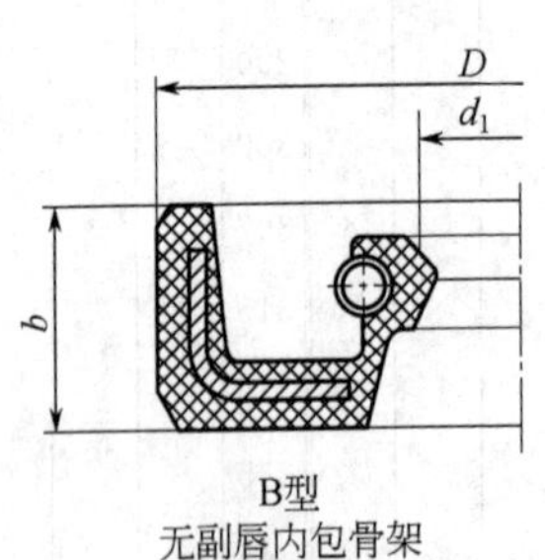

B型
无副唇内包骨架
旋转轴唇形密封圈

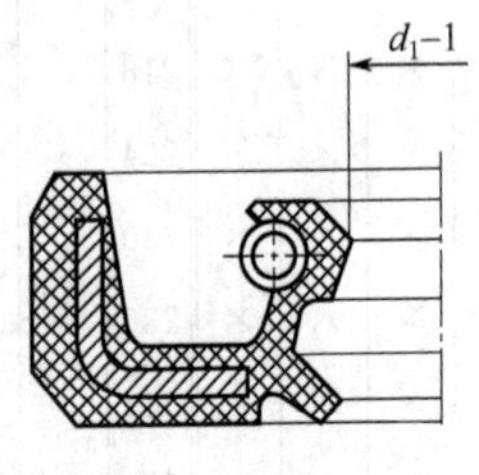

FB型
有副唇内包骨架
旋转轴唇形密封圈

续表

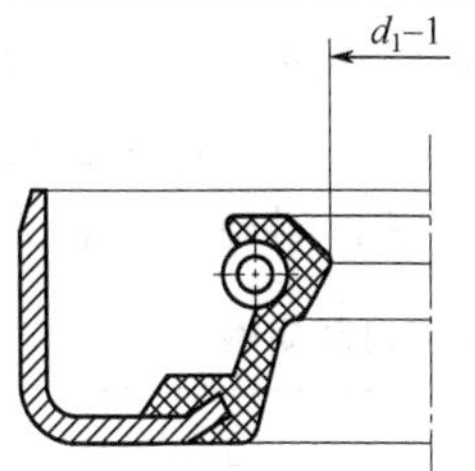

W型
无副唇外露骨架
旋转轴唇形密封圈

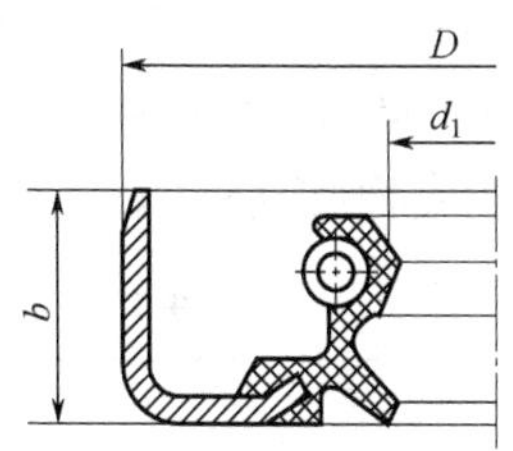

FW型
FW型有副唇外露骨架
旋转轴唇形密封圈

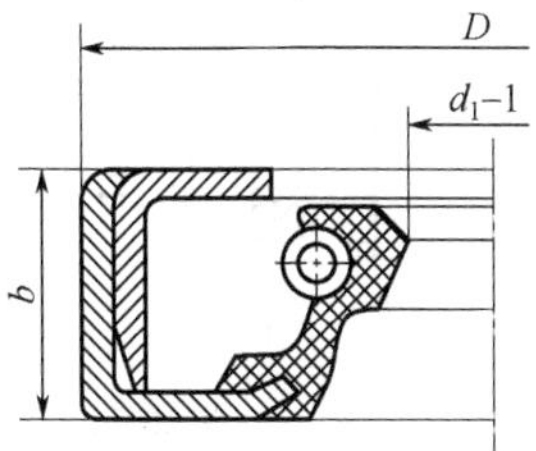

Z型
无副唇装配式
旋转轴唇形密封圈

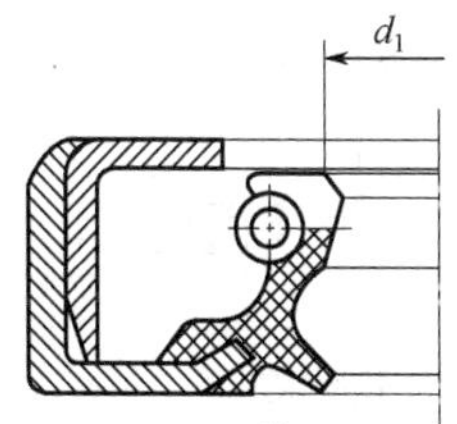

FZ型
有副唇装配式
旋转轴唇形密封圈

d_1	D	b	d_1	D	b	d_1	D	b
6	16，22		25	40，47，52		55	72，(75)，80	8
7	22		28	40，47，52	7	60	80，85	
8	22，24		30	42，47，(50)		65	85，90	
9	22		30	52		70	90，95	10
10	22，25		32	45，47，52		75	95，100	
12	24，25，30	7	35	50，52，55		80	100，110	
15	26，30，35		38	52，58，62	8	85	110，120	
16	30，(35)		40	55，(60)，62		90	(115)，120	
18	30，35		42	55，62		95	120	12
20	35，40，(45)		45	62，65		100	125	
22	35，40，47		50	68，(70)，72		105	(130)	

注：尽可能不采用括号内的规格。

9.4　V_D 型橡胶密封圈（JB/T 6994—2007）

V_D 型橡胶密封圈适用于回转轴圆周速度不大于 19m/s 的机械设备，起端面密封和防尘作用。它有 S 型和 A 型两种。材料为丁腈橡胶（SN）或氟橡胶（SF）。V_D 型橡胶密封圈规格见表 9-6。

表 9-6　V_D 型橡胶密封圈规格　　mm

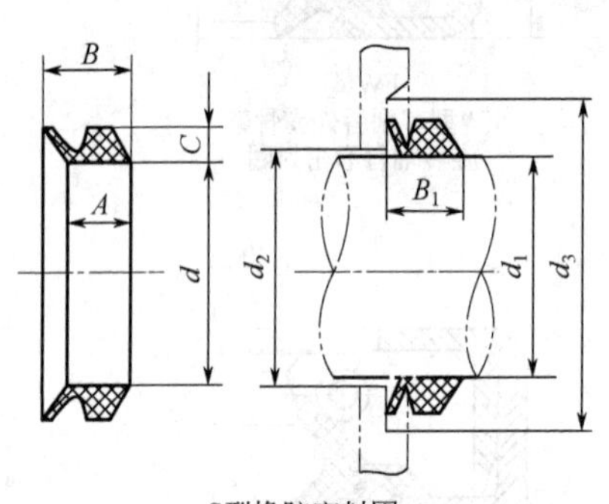

S型橡胶密封圈

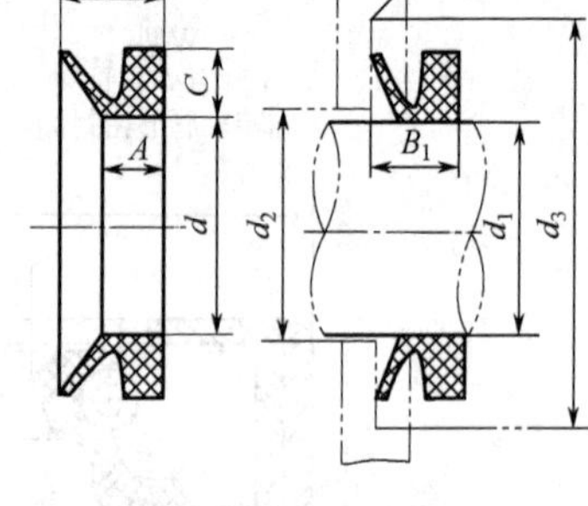

A型橡胶密封圈

密封圈代号		公称轴径	轴径 d_1	d	C	d_2（最大）	d_3（最小）	安装宽度	
								V_DS 型	V_DA 型
V_D5A	V_D5S	5	4.5～5.5	4	2	d_1+1	d_1+6	4.5±0.4	3±0.4
V_D6A	V_D6S	6	5.5～6.5	5					
V_D7A	V_D7S	7	6.8～8.0	6					
V_D8A	V_D8S	8	8.0～9.5	7					
V_D10A	V_D10S	10	9.5～11.5	9	3	d_1+2	d_1+9	6.7±0.6	4.5±0.6
V_D12A	V_D12S	12	11.5～13.5	10.5					
V_D14A	V_D14S	14	13.5～15.5	12.5					
V_D16A	V_D16S	16	15.5～17.5	14					
V_D18A	V_D18S	18	17.5～19	16					
V_D20A	V_D20S	20	19～21	18	4		d_1+12	9±0.8	6±0.8
V_D22A	V_D22S	22	21～24	20					
V_D25A	V_D25S	25	24～27	22		d_1+3			
V_D28A	V_D28S	28	27～29	25					

续表

密封圈代号		公称轴径	轴径 d_1	d	C	d_2（最大）	d_3（最小）	安装宽度	
								V_DS 型	V_DA 型
V_D30A	V_D30S	30	29～31	27	4	d_1+3	d_1+12	9±0.8	6±0.8
V_D32A	V_D32S	32	31～33	29					
V_D36A	V_D36S	36	33～36	31					
V_D38A	V_D38S	38	36～38	34					
V_D 40A	V_D 40S	40	38～43	36	5		d_1+15	11±1.0	7±1.0
V_D 45A	V_D 45S	45	43～48	40					
V_D 50A	V_D 50S	50	48～53	45					
V_D 56A	V_D 56S	56	53～58	49					
V_D 60A	V_D 60S	60	58～63	54					
V_D 65A	V_D 65S	65	63～68	58					
V_D 70A	V_D 70S	70	68～73	63	6	d_1+4	d_1+18	13.5±1.2	9±1.2
V_D 75A	V_D 75S	75	73～78	67					
V_D 80A	V_D 80S	80	78～83	72					
V_D 85A	V_D 85S	85	83～88	76					
V_D 90A	V_D 90S	90	88～93	81					
V_D 95A	V_D 95S	95	93～98	85					
V_D 100A	V_D 100S	100	98～105	90					
V_D 110A	V_D 110S	110	105～115	99	7		d_1+21	15.5±1.5	10.5±1.5
V_D 120A	V_D 120S	120	115～125	108					
V_D 130A	V_D 130S	130	125～135	117					
V_D 140A	V_D 140S	140	135～145	126					
V_D 150A	V_D 150S	150	145～155	135					
V_D 160A	V_D 160S	160	155～165	144	8	d_1+5	d_1+24	18.0±1.8	12.5±1.8
V_D 170A	V_D 170S	170	165～175	153					
V_D 180A	V_D 180S	180	175～185	162					
V_D 190A	V_D 190S	190	185～195	171					20.0±4.0
V_D 200A	V_D 200S	200	195～210	180					

第3篇　五 金 工 具

第10章　手工工具

10.1　钳类

10.1.1　钢丝钳

钢丝钳主要用于夹持或弯折薄片形、圆柱形金属零件及切断金属丝，其旁刃口也可用于切断细金属丝。钢丝钳的规格见表10-1。

表10-1　钢丝钳的规格（QB/T 2442.1—2007）

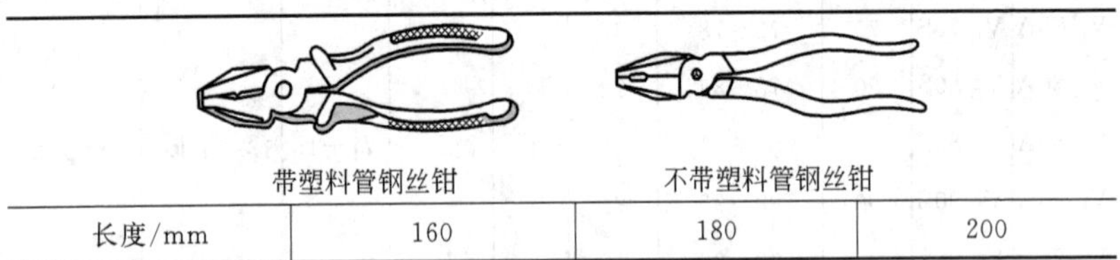

带塑料管钢丝钳　　不带塑料管钢丝钳

长度/mm	160	180	200

10.1.2　鲤鱼钳

鲤鱼钳用于夹持扁形或圆柱形金属零件，其钳口的开口宽度有两挡调节位置，可以夹持尺寸较大的零件，刃口可切断金属丝，也可代替扳手装拆螺栓、螺母。鲤鱼钳的规格见表10-2。

表10-2　鲤鱼钳的规格（QB/T 2442.4—2007）

长度/mm	125	150	165	200	250

10.1.3　尖嘴钳

尖嘴钳适合于在比较狭小的工作空间夹持小零件，带刃尖嘴钳还可切断细金属丝。主要用于仪表、电信器材、电器等的安装及其他维修工作。尖嘴钳的规格见表 10-3。

表 10-3　尖嘴钳的规格（QB/T 2440.1—2007）

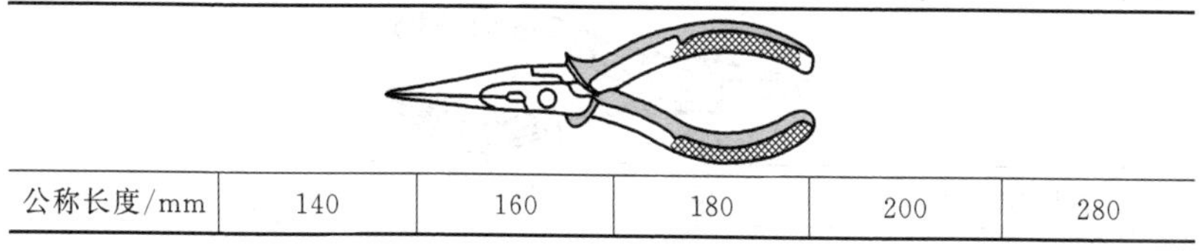

公称长度/mm	140	160	180	200	280

10.1.4　弯嘴钳（弯头钳）

弯嘴钳主要用于在狭窄或凹下的工作空间夹持零件。弯嘴钳的规格见表 10-4。

表 10-4　弯嘴钳的规格

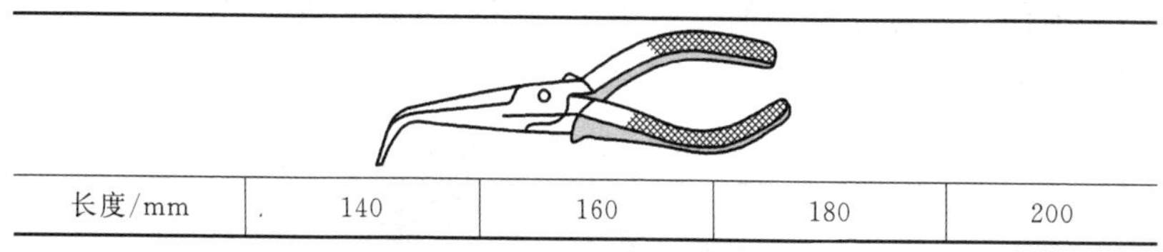

长度/mm	140	160	180	200

10.1.5　扁嘴钳

扁嘴钳主要用于装拔销子、弹簧等小零件及弯曲金属薄片及细金属丝。适于在狭窄或凹下的工作空间使用。扁嘴钳的规格见表 10-5。

表 10-5　扁嘴钳的规格（QB/T 2440.2—2007）

公称长度/mm		125	140	160	180
钳头长度/mm	短嘴（S）	25	32	40	—
	长嘴（L）	—	40	50	63

注：柄部分不带塑料管和带塑料管两种。

10.1.6　圆嘴钳

圆嘴钳用于将金属薄片或细丝弯曲成圆形，为仪表、电信器材、家用电器等的装配、维修工作中常用的工具。圆嘴钳的规格见表10-6。

表10-6 圆嘴钳的规格（QB/T 2440.3—2007）

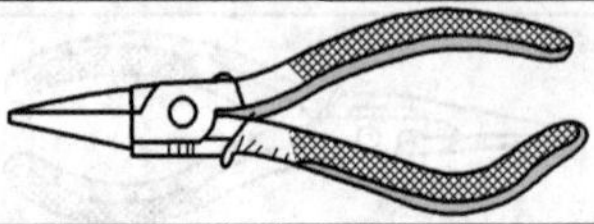

公称长度/mm		125	140	160	180
钳头长度/mm	短嘴（S）	25	32	40	—
	长嘴（L）	—	40	50	63

10.1.7 鸭嘴钳

鸭嘴钳的用途与扁嘴钳相似，由于其钳口部分通常不制出齿纹，不会损伤被夹持零件表面，多用于纺织厂修理钢筘工作中。鸭嘴钳的规格见表10-7。

表10-7 鸭嘴钳的规格

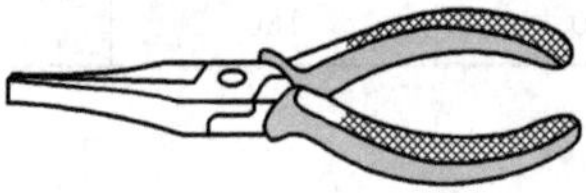

长度/mm	125	140	160	180	200

注：柄部分不带塑料管和带塑料管两种。

10.1.8 斜嘴钳

斜嘴钳用于切断金属丝，斜嘴钳适宜在凹下的工作空间中使用，为电线安装、电器装配和维修工作中常用的工具。斜嘴钳的规格见表10-8。

表10-8 斜嘴钳的规格（QB/T 2441.1—2007）

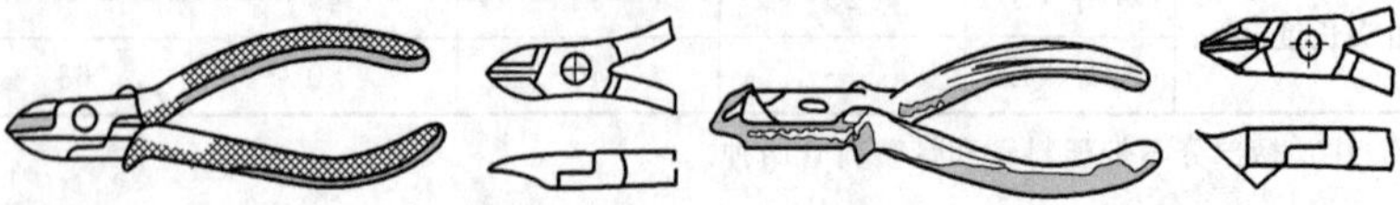

长度/mm	125	140	160	180	200

10.1.9　挡圈钳

挡圈钳专用于拆装弹簧挡圈，分轴用挡圈钳和孔用挡圈钳。为适应安装在各种位置中挡圈的拆装，这两种挡圈钳又有直嘴式和弯嘴式两种结构。弯嘴式一般是 90°的角度，也有 45°和 30°的。挡圈钳的规格见表 10-9。

表 10-9　挡圈钳的规格（JB/T 3411.47—1999、JB/T 3411.48—1999）

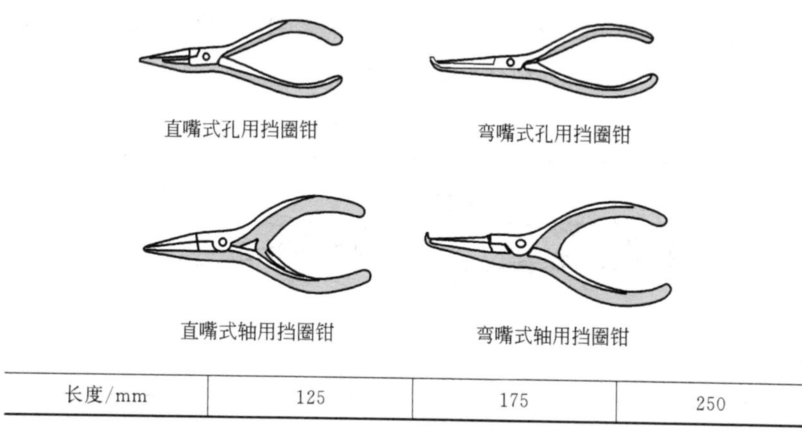

直嘴式孔用挡圈钳　弯嘴式孔用挡圈钳

直嘴式轴用挡圈钳　弯嘴式轴用挡圈钳

长度/mm	125	175	250

10.1.10　大力钳

大力钳用于夹紧零件进行铆接、焊接、磨削等加工。大力钳的规格见表 10-10。

表 10-10　大力钳的规格

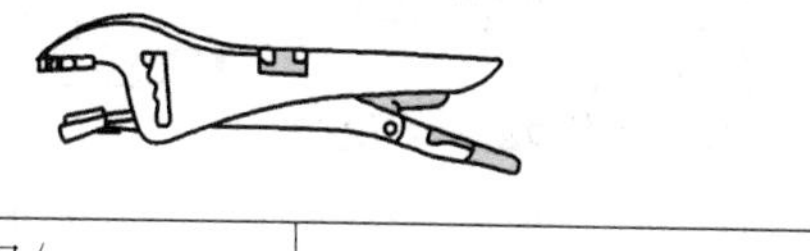

长度×钳口最大开口/mm	220×50

10.1.11　胡桃钳

胡桃钳主要用于鞋工、木工拔鞋钉或起钉，也可剪切钉子及其他金属丝。胡桃钳的规格见表 10-11。

表 10-11　胡桃钳的规格（QB/T 1737—1993）

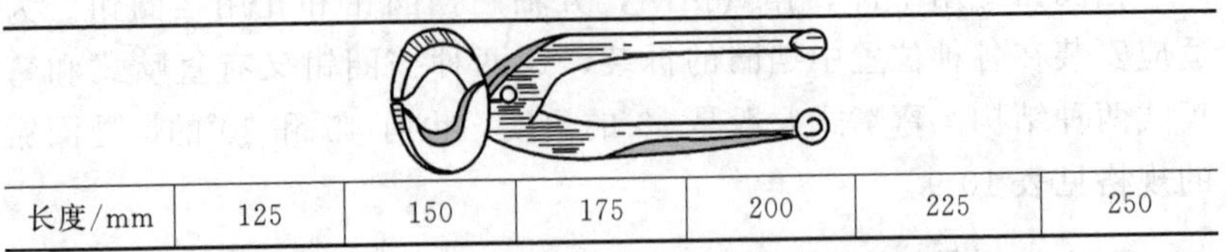

长度/mm	125	150	175	200	225	250

10.1.12　断线钳

断线钳用于切断较粗的、硬度不大于 30HRC 的金属线材、刺铁丝及电线等。断线钳的规格见表 10-12。

表 10-12　断线钳的规格（QB/T 2206—1996）

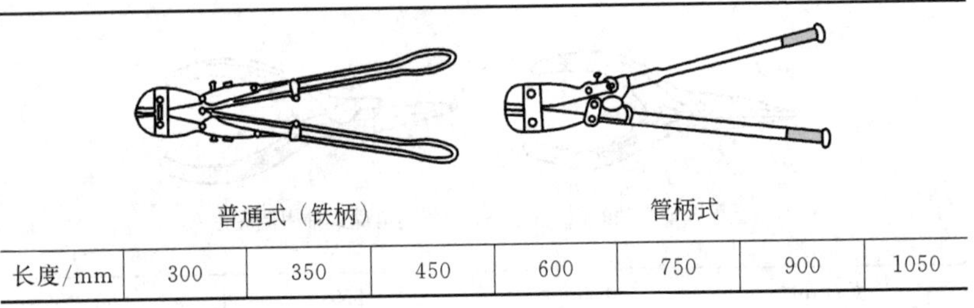

普通式（铁柄）　　管柄式

长度/mm	300	350	450	600	750	900	1050

10.1.13　鹰嘴断线钳

鹰嘴断线钳用于切断较粗的、硬度不大于 30HRC 的金属线材等，特别适用于高空等露天作业。鹰嘴断线钳的规格见表 10-13。

表 10-13　鹰嘴断线钳的规格

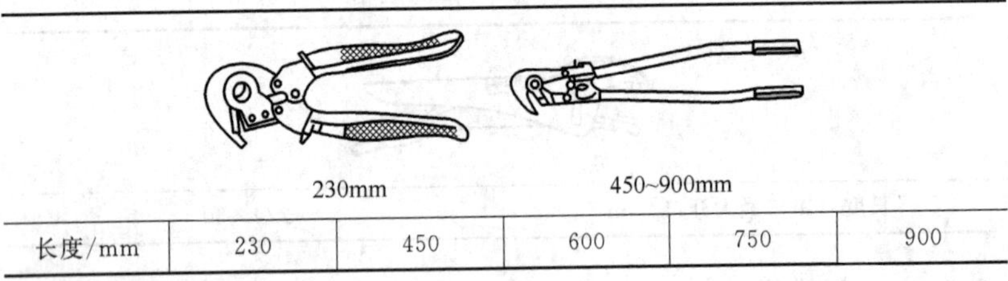

230mm　　450~900mm

长度/mm	230	450	600	750	900

10.1.14　铅印钳

铅印钳用于在仪表、包裹、文件、设备等物件上轧封铅印。铅印钳的规格见表 10-14。

表 10-14 铅印钳的规格

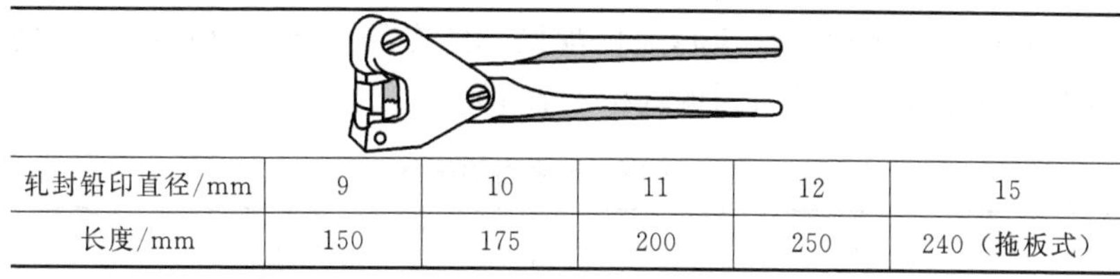

轧封铅印直径/mm	9	10	11	12	15
长度/mm	150	175	200	250	240（拖板式）

10.1.15 羊角启钉钳

羊角启钉钳用于开、拆木结构时起拔钢钉。羊角启钉钳的规格见表 10-15。

表 10-15 羊角启钉钳的规格

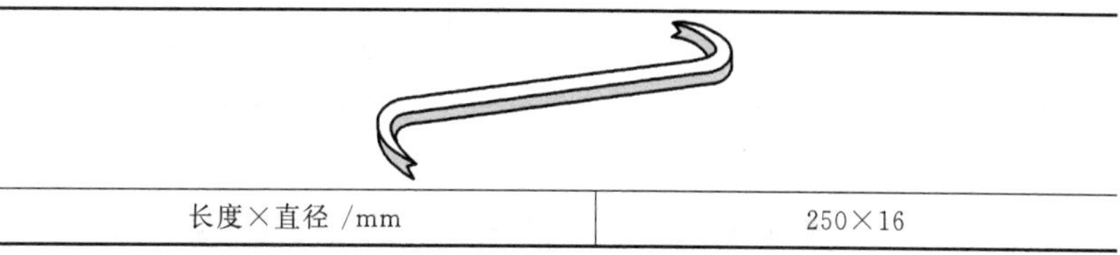

长度×直径 /mm	250×16

10.1.16 开箱钳

开箱钳用于开、拆木结构时起拔钢钉。开箱钳的规格见表 10-16。

表 10-16 开箱钳的规格

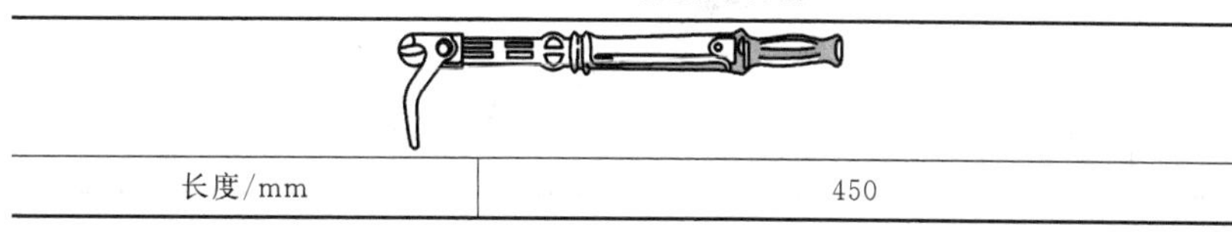

长度/mm	450

10.1.17 多用钳

多用钳用于切割、剪、轧金属薄板或丝材。多用钳的规格见表 10-17。

表 10-17 多用钳的规格

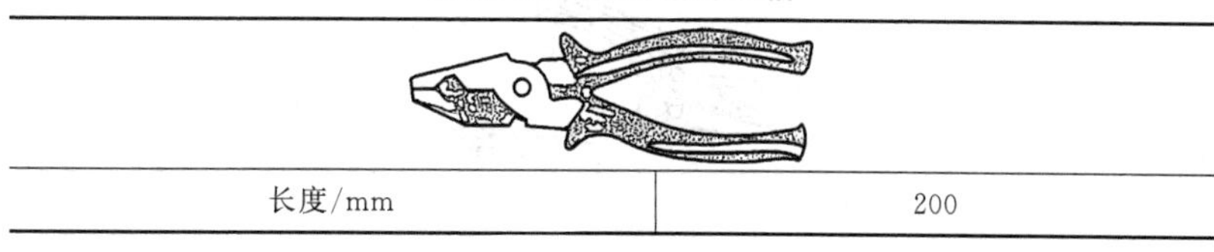

长度/mm	200

10.1.18　钟表钳

钟表钳为钟表、珠宝行业修配操作的专用工具，分铁柄和胶柄两种，每套5件。钟表钳的规格见表10-18。

表10-18　钟表钳的规格

尖嘴钳　扁嘴钳　圆嘴钳　顶切钳　斜嘴钳

长度/mm	100	125

10.1.19　扎线钳

扎线钳用于剪断中等直径的金属丝材。扎线钳的规格见表10-19。

表10-19　扎线钳的规格

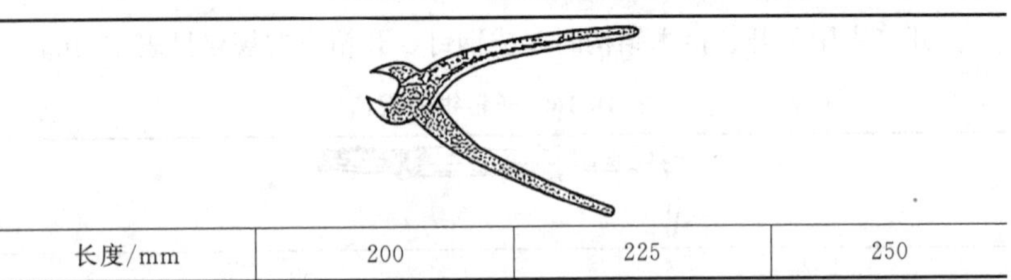

长度/mm	200	225	250

10.1.20　自行车钳

自行车钳为装修自行车的专用工具。自行车钳的规格见表10-20。

表10-20　自行车钳的规格

长度/mm	175

10.1.21　鞋工钳

鞋工钳为制鞋和修鞋的专用工具。鞋工钳的规格见表 10-21。

表 10-21　鞋工钳规格

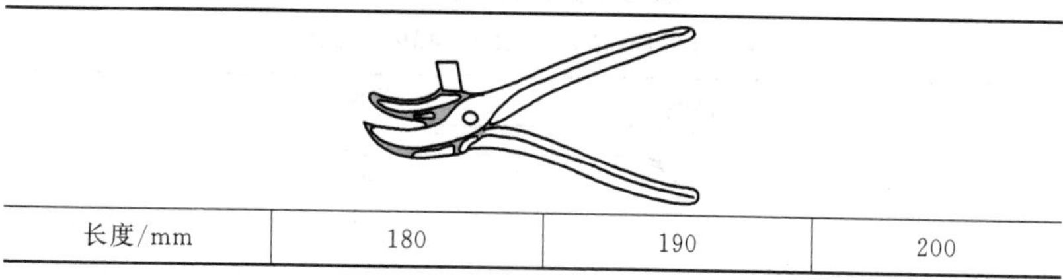

长度/mm	180	190	200

10.1.22　铆钉钳

铆钉钳为安装小型铆钉的专用工具。铆钉钳的规格见表 10-22。

表 10-22　铆钉钳规格

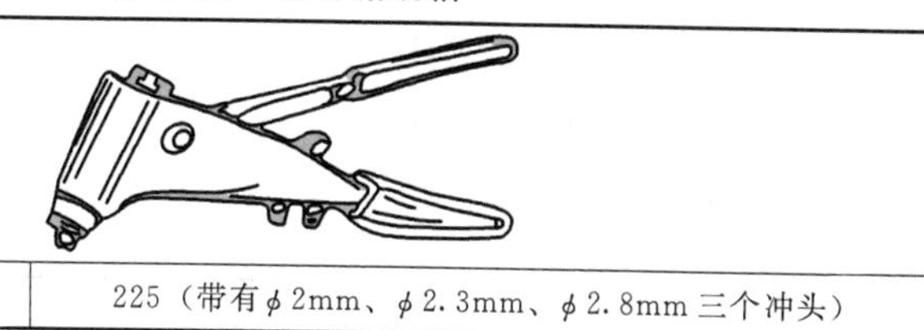

长度/mm	225（带有 ϕ2mm、ϕ2.3mm、ϕ2.8mm 三个冲头）

10.1.23　旋转式打孔钳

旋转式打孔钳适宜于较薄的板件穿孔之用。旋转式打孔钳的规格见表 10-23。

表 10-23　旋转式打孔钳的规格

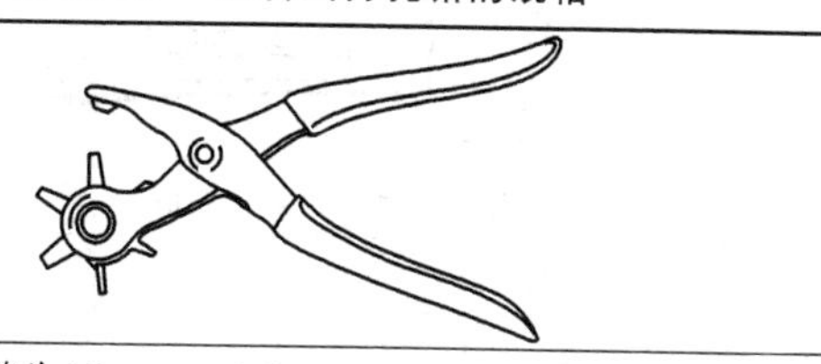

长度/mm	225（穿孔规格为 ϕ2mm、ϕ2.5mm、ϕ3mm、ϕ3.5mm、ϕ4mm、ϕ4.5mm）

10.2　扳手类

10.2.1　双头扳手

双头扳手用以紧固或拆卸六角头或方头螺栓（螺母）。由于两端开口宽度不同，每把扳手可适用两种规格的六角头或方头螺栓。双头扳手的规格以适用的螺栓的六角头或方头对边宽度表示，见表10-24。

表10-24 双头扳手的规格（GB/T 4388—2008、GB/T 4389—1995、GB/T 4391—2008） mm

3.2×4	4×5	5×5.5	5.5×7	6×7	7×8
8×9	8×10	9×11	10×11	10×12	10×13
11×13	12×13	12×14	13×14	13×15	13×16
13×17	14×15	14×16	14×17	15×16	15×18
16×17	16×18	17×19	18×19	18×21	19×22
20×22	21×22	21×23	21×24	22×24	24×27
24×30	25×28	27×30	27×32	30×32	30×34
32×34	32×36	34×36	36×41	41×46	46×50
50×55	55×60	60×65	65×70	70×75	75×80

10.2.2 单头扳手

单头扳手用于紧固或拆卸一种规格的六角头或方头螺栓（螺母）。单头扳手的规格见表10-25。

表10-25 单头扳手规格（GB/T 4388—2008） mm

规格	头部厚度	头部宽度	全长	规格	头部厚度	头部宽度	全长
5.5	4.5	19	80	11	6.5	30	110
6	4.5	20	85	12	7	32	115
7	5	22	90	13	7	34	120
8	5	24	95	14	7.5	36	125
9	5.5	26	100	15	8	39	130
10	6	28	105	16	8	41	135

续表

规格	头部厚度	头部宽度	全长	规格	头部厚度	头部宽度	全长
17	8.5	43	140	31	14	72	265
18	8.5	45	150	32	14.5	74	275
19	9	47	155	34	15	78	285
20	9.5	49	160	36	15.5	83	300
21	10	51	170	41	17.5	93	330
22	10.5	53	180	46	19.5	104	350
23	10.5	55	190	50	21	112	370
24	11	57	200	55	22	123	390
25	11.5	60	205	60	24	133	420
26	12	62	215	65	26	144	450
27	12.5	64	225	70	28	154	480
28	12.5	66	235	75	30	165	510
29	13	68	245	80	32	175	540
30	13.5	70	255				

10.2.3 双头梅花扳手

双头梅花扳手用途与双头扳手相似，但只适用于六角头螺栓、螺母。特别适用于狭小、凹处等不能容纳双头扳手的场合。双头梅花扳手分为 A 型（矮颈型）、G 型（高颈型）、Z 型（直颈型）及 W 型（15°弯颈型）四种。单件梅花扳手的规格（mm）6×7～55×60，其系列与单件双头扳手相同。成套梅花扳手规格系列见表 10-26。

表 10-26 成套梅花扳手规格系列（GB/T 4388—2008） mm

6 件组	5.5×8，10×12，12×14，14×17，17×19（或 19×22），22×24
8 件组	5.5×7，8×10（或 9×11），10×12，12×14，14×17，17×19（或 19×22），22×24，24×27
10 件组	5.5×7，8×10（或 9×11），10×12，12×14，14×17，17×19，19×22，22×24（或 24×27），27×30，30×32

续表

新5件组	5.5×7，8×10，13×16，18×21，24×17
新6件组	5.5×7，8×10，13×16，18×21，24×27，30×34

10.2.4 单头梅花扳手

单头梅花扳手的用途与单头扳手相似，但只适用于紧固或拆卸一种规格的六角螺栓、螺母。特点是：承受扭矩大，特别适用于地方狭小或凹处或不能容纳单头扳手的场合。单头梅花扳手分A型（矮颈型）和G型（高颈型）两种，其规格见表10-27。

表10-27 单头梅花扳手规格（GB/T 4388—2008）

六角对边距离/mm	10、11、12、13、14、15、16、17、18、19、20、21、22、23、24、25、26、27、28、29、30、31、32、34、36、38、41、46、50、55、60、65、70、75、80

10.2.5 敲击扳手

敲击扳手用途与单头扳手相同。此外，其柄端还可以作锤子敲击用。敲击扳手的规格见表10-28。

表10-28 敲击扳手规格（GB/T 4392—1995） mm

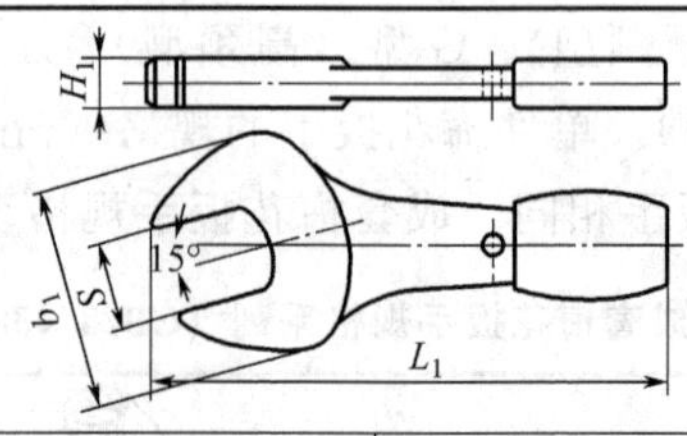

S	b_1 (max)	H_1 (max)	L_1 (min)
50	110.0	20	300
55	120.5	22	
60	131.0	24	350
65	141.5	26	

续表

S	b_1 (max)	H_1 (max)	L_1 (min)
70	152.0	28	375
75	162.5	30	
80	173.0	32	400
85	183.5	34	
90	188.0	36	450
95	198.0	38	
100	208.0	40	500
105	218.0	42	
110	228.0	44	
115	238.0	46	
120	268.0	48	600
130	278.0	52	
135	298.0	54	
145		58	
150	308.0	60	700
155	318.0	62	
165	338.0	66	
170	345.0	68	
180	368.0	72	800
185	378.0	74	
190	388.0	76	
200	408.0	80	
210	425.0	84	

10.2.6　敲击梅花扳手

敲击梅花扳手用途与单头梅花扳手相同。此外，其柄端还可以作锤子敲击用。敲击梅花扳手规格见表 10-29。

表 10-29 敲击梅花扳手规格（GB/T 4392—1995） mm

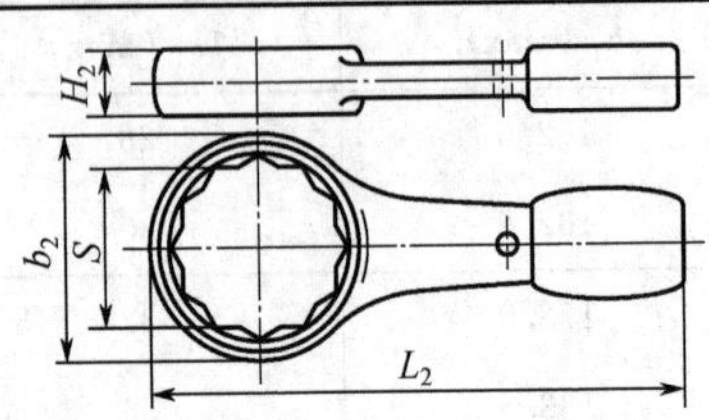

S	b_2 (max)	H_2 (max)	L_2 (min)
50	83.5	25.0	300
55	91.0	27.0	
60	98.5	29.0	350
65	106.0	30.6	
70	113.5	32.5	375
75	121.0	34.0	
80	128.5	36.5	400
85	136.0	38.0	
90	143.5	40.0	450
95	151.0	42.0	
100	158.5	44.0	500
105	166.0	45.6	
110	173.5	47.5	
115	181.0	49.0	
120	188.5	51.0	600
130	203.5	55.0	
135	211.0	57.0	
145	226.0	60.0	
150	233.5	62.5	700
155	241.0	64.5	
165	256.0	68.0	
170	263.5	70.0	

续表

S	b_2 (max)	H_2 (max)	L_2 (min)
180	278.5	74.0	
185	286.0	75.6	
190	293.5	77.5	800
200	308.5	81.0	
210	323.5	85.0	

10.2.7　两用扳手

两用扳手一端与单头扳手相同，另一端与梅花扳手相同，两端适用相同规格的螺栓、螺母。两用扳手规格用开口宽度或对边距离表示，见表 10-30。

表 10-30　两用扳手规格（GB/T 4388—2008）　mm

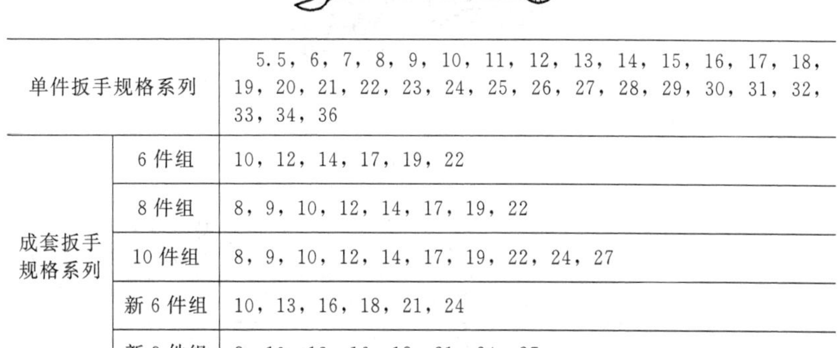

单件扳手规格系列		5.5，6，7，8，9，10，11，12，13，14，15，16，17，18，19，20，21，22，23，24，25，26，27，28，29，30，31，32，33，34，36
成套扳手规格系列	6 件组	10，12，14，17，19，22
	8 件组	8，9，10，12，14，17，19，22
	10 件组	8，9，10，12，14，17，19，22，24，27
	新 6 件组	10，13，16，18，21，24
	新 8 件组	8，10，13，16，18，21，24，27

10.2.8　套筒扳手

套筒扳手除具有一般扳手的功能外，还特别适合于位置特殊、空间狭窄、深凹、活扳手或呆扳手均不能使用的场合。有单件和成套（盒）两种。套筒扳手传动方孔（方榫）尺寸见表 10-31，成套套筒扳手规格见表 10-32。

表 10-31 套筒扳手传动方孔（方榫）尺寸（GB/T 3390．2—2004） mm

系列	方榫			方孔		
	型式	对边尺寸 s_1		型式	对边尺寸 s_2	
		最大	最小		最大	最小
6.3	A（B）	6.35	6.26	C、D	6.63	6.41
10	A（B）	9.53	9.44	C（D）	9.80	9.58
12.5	A（B）	12.70	12.59	C（D）	13.03	12.76
20	B（A）	19.05	18.92	D（C）	19.44	19.11
25	B（A）	25.40	25.27	D（C）	25.79	25.46

表 10-32 成套套筒扳手规格 mm

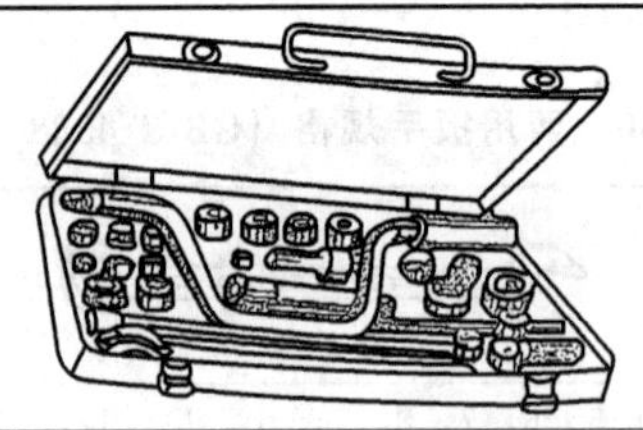

品　　种	传动方孔或方榫尺寸	每盒配套件具体规格	
		套筒	其他
小型套筒扳手			
20件	6.3×10	4，4.5，5，5.5，6，7，8（以上6.3方孔），10，11，12，13，14，17，19，20.6火花塞套筒（以上10方孔）	200棘轮扳手，75旋柄，75、150接杆（以上10方孔、方榫），10×6.3接头
10件	10	10，11，12，13，14，17，19，20.6火花塞套筒	200棘轮扳手，75接杆
普通套筒扳手			
9件	12.5	10，11，12，14，17，19，22，24	230弯柄
13件	12.5	10，11，12，14，17，19，22，24，27	250棘轮扳手，直接头，250转向手柄，250通用手柄

续表

品　　种	传动方孔或方榫尺寸	每盒配套件具体规格	
		套筒	其他
普通套筒扳手			
17 件	12.5	10，11，12，14，17，19，22，24，27，30，32	250 棘轮扳手，直接头，250 滑行头手柄，420 快速摇柄，125、250 接杆
24 件	12.5	10，11，12，13，14，15，16，17，18，19，20，21，22，23，24，27，30，32	250 棘轮扳手，250 滑行头手柄，420 快速摇柄，125、250 接杆、75 万向接头
28 件	12.5	10，11，12，13，14，15，16，17，18，19，20，21，22，23，24，26，27，28，30，32	250 棘轮扳手，直接头，250 滑行头手柄，420 快速摇柄，125、250 接杆，75 万向接头，52 旋具接头
32 件	12.5	8，9，10，11，12，13，14，15，16，17，18，19，20，11，22，23，24，26，27，28，30，32，20.6 火花塞套筒	250 棘轮扳手，250 滑行头手柄，420 快速摇柄，230、300 弯柄，75 万向接头，52 旋具接头，125、250 接杆

10.2.9　套筒扳手套筒

套筒扳手套筒用于紧固或拆卸螺栓、螺母。套筒扳手套筒规格见表 10-33。

表 10-33　套筒扳手套筒规格（GB/T 3390.1—2004）　mm

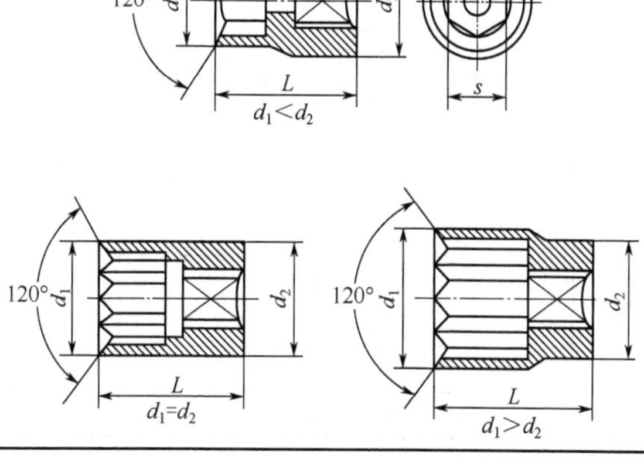

续表

s	d_1 (max)	d_2 (max)	L（A型 max）
6.3系列			
3.2	5.9	12.5	25
4	6.9		
5	8.2		
5.5	8.8		
6	9.6		
7	11		
8	12.2		
9	13.6	13.5	
10	14.7	14.7	
11	16	16	
12	17.2	17.2	
13	18.5	18.5	
14	19.7	19.7	
10系列			
6	9.6	20	32
7	11		
8	12.2		
9	13.6		
10	14.7		
11	16		
12	17.2		
13	18.5		
14	19.7		
15	21		
16	22.2	24	35
17	23.5		
18	24.7	24.7	
19	26	26	
21	28.4	28.4	38
22	29.7	29.7	

s	d_1 (max)	d_2 (max)	L（A型 max）
12.5系列			
8	13.0	24	40
9	14.4		
10	15.5		
11	16.7		
12	18		
13	19.2		
14	20.5		
15	21.7	25.5	
16	23		
17	24.2		
18	25.5		42
19	26.7	26.7	
21	29.2	29.2	44
22	30.2	30.2	
24	33	33	46
27	36.7	36.7	48
30	40.5	40.5	50
32	43	43	
20系列			
19	30	38	50
21	32.1	40	55
22	33.3		
24	35.8		
27	39.6		60
30	43.3	43.3	
32	45.8	45.8	
34	48.3	48.3	65
36	50.8	50.8	
41	57.1	57.1	70
46	63.3	63.3	75

s	d_1 (max)	d_2 (max)	L（A型 max）
20系列			
50	68.3	68.3	80
55	74.6	74.6	85
25系列			
27	42.7	50	65
30	47		
32	49.4	52	
34	51.9		70
36	54.2		
41	60.3		75
46	66.4	55	80
50	71.4		85
55	77.6	57	90
60	83.9	61	95
65	90.3	65	100
70	96.9	68	105
75	104	72	110
80	111.4	75	115

10.2.10 手动套筒扳手附件

手动套筒扳手附件按用途分有传动附件（见表 10-34）和连接附件（见表 10-35）两类。根据传动方榫对边尺寸分为 6.3、10、12.5、20、25（mm）五个系列。

表 10-34 传动附件（GB/T 3390.3—2004）

编号	名称	示意图	规格（方榫系列）/mm	特点及用途
253	滑动头手柄		6.3、10、12.5、20、25	滑动头的位置可以移动，以便根据需要调整旋动时力臂的大小。特别适用于 180°范围内的操作场合
255	快速摇柄		6.3、10、12.5	操作时利用弓形柄部可以快速、连续旋转
256	棘轮扳手		6.3、10、12.5、20、25	利用棘轮机构可在旋转角度较小的工作场合进行操作。普通式需与方榫尺寸相应的直接头配合使用
257	可逆式棘轮扳手		6.3、10、12.5、20、25	利用棘轮机构可在旋转角度较小的工作场合进行操作。旋转方向可正向或反向
251	旋柄		6.3、10	适用于旋动位于深凹部位的螺栓、螺母
252	转向手柄		6.3、10、12.5、20、25	手柄可围绕方榫轴线旋转，以便在不同角度范围内旋动螺栓、螺母
254	弯柄		6.3、10、12.5、20、25	配用于件数较少的套筒扳手

表 10-35　连接附件（GB/T 3390.4—2004）

编号	名称	示意图	规格（方榫系列）/mm		特点及用途
			方孔	方榫	
203	接头		10、12.5、20、25	6.3、10、12.5、20	用作传动附件、接杆、套筒之间的一种连接附件
	接头		6.3、10、12.5、20	10、12.5、20、25	
204	接杆		6.3、10、12.5、20、25		用作传动附件与套筒之间的一种连接附件，以便旋动位于深凹部位的螺栓、螺母
205	万向接头		6.3、10、12.5、20		用作传动附件与套筒之间的一种连接附件，其作用与转向手柄相似
206	方榫传动杆		6.3、10		用于螺旋棘轮驱动

10.2.11　十字柄套筒扳手

十字柄套筒扳手用于装配汽车等车辆轮胎上的六角头螺栓（螺母）。每一型号套筒扳手上有4个不同规格套筒，也可用一个传动方榫代替其中一个套筒。十字柄套筒扳手规格见表10-36，规格 s 指适用螺栓六角头对边尺寸。

表 10-36　十字柄套筒扳手规格（GB/T 14765—2008）　　mm

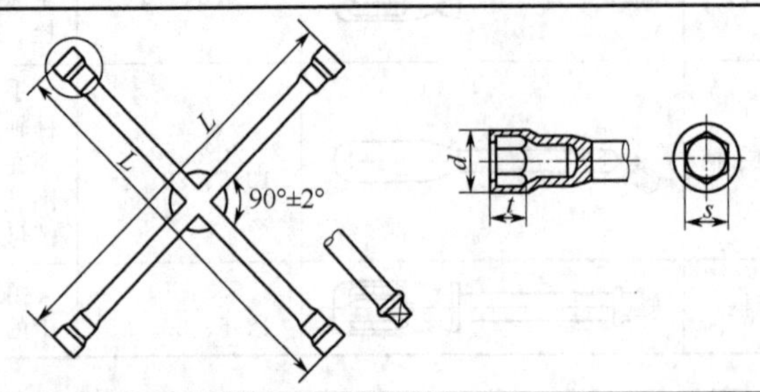

续表

型号	最大套筒的对边尺寸 s（最大）	方榫对边尺寸	套筒最大外径 d	最小柄长 L	套筒的最小深度 t
1	24	12.5	38	355	0.8s
2	27	12.5	42.5	450	
3	34	20	55	630	
4	41	20	63	700	

10.2.12 活扳手

活扳手开口宽度可以调节，用于扳拧一定尺寸范围内的六角头或方头螺栓、螺母。活扳手规格见表 10-37。

表 10-37 活扳手规格（GB/T 4440—2008） mm

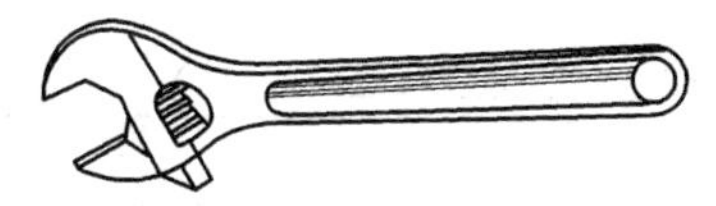

长度	100	150	200	250	300	375	450	600
开口宽度	13	19	24	28	34	43	52	62

10.2.13 调节扳手

调节扳手功用与活扳手相似，但其开口宽度在扳动时可自动适应相应尺寸的六角头或方头螺栓、螺钉和螺母。调节扳手规格见表 10-38。

表 10-38 调节扳手规格 mm

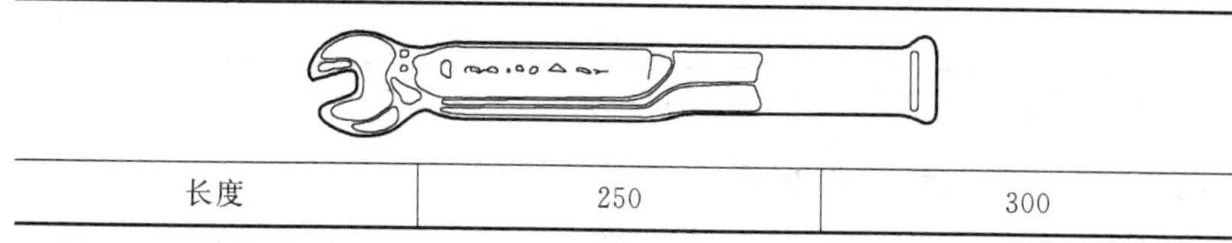

长度	250	300

10.2.14 自行车扳手

自行车扳手功用与活扳手相似，其特点是开口宽度调节范围较大，特别适用于自行车装修。自行车扳手规格见表 10-39。

表 10-39　自行车扳手规格　　mm

长度	114	150	181

10.2.15　内六角扳手

内六角扳手用于紧固或拆卸内六角螺钉。内六角扳手规格见表 10-40。

表 10-40　内六角扳手规格（GB/T 5356—2008）　　mm

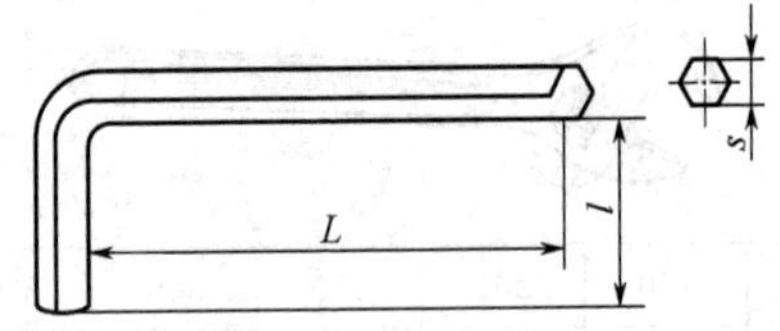

公称尺寸 s	长脚长度 L	短脚长度 l	公称尺寸 s	长脚长度 L	短脚长度 l	公称尺寸 s	长脚长度 L	短脚长度 l
2	50	16	7	95	34	19	180	70
2.5	56	18	18	100	36	22	200	80
3	63	20	10	112	40	24	224	90
4	70	25	12	125	45	27	250	100
5	80	28	14	140	56	32	315	125
6	90	32	17	160	63	36	355	140

注：公称尺寸相当于内六角螺钉的内六角孔对边尺寸。

10.2.16　内六角花形扳手

内六角花形扳手用途与内六角扳手相似。内六角花形扳手规格见表 10-41。

表 10-41　内六角花形扳手规格（GB/T 5357—1998）　mm

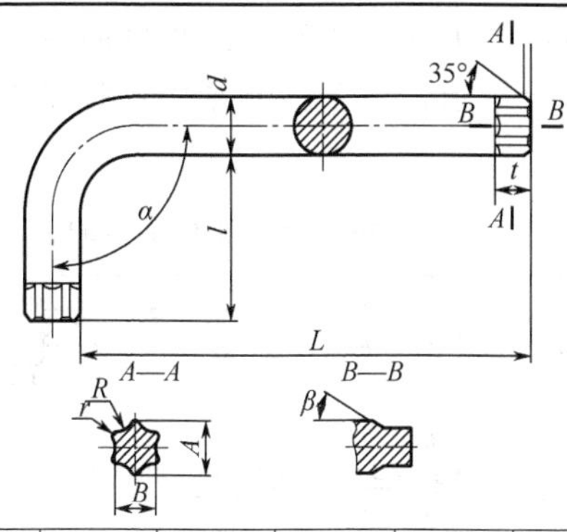

代　　号	适应的螺钉	L	l	t	A	B	R	r
T30	M6	70	24	3.30	5.575	3.990	1.181	0.463
T40	M8	76	26	4.57	6.705	4.798	1.416	0.558
T50	M10	96	32	6.05	8.890	6.398	1.805	0.787
T55	M12～14	108	35	7.65	11.277	7.962	2.656	0.799
T60	M16	120	38	9.07	12.360	9.547	2.859	1.092
T80	M20	145	46	10.62	17.678	12.075	3.605	1.549

10.2.17　钩形扳手

钩形扳手用于紧固或拆卸机床、车辆、机械设备上的圆螺母。钩形扳手规格见表 10-42。

表 10-42　钩形扳手规格（JB/ZQ 4624—2006）　mm

螺母外径	12～14	16～18	16～20	20～22	25～28	30～32	34～36	40～42
长度	100				120		150	
螺母外径	45～50	52～55	56～62	68～75	80～90	95～100	110～115	120～130
长度	180		210		240		280	
螺母外径	135～145	155～165	180～195	205～220	230～245	260～270	280～300	320～345
长度	320		380		460		550	

10.2.18 双向棘轮扭力扳手

双向棘轮扭力扳手头部为棘轮，拨动旋向板可选择正向或反向操作，力矩值由指针指示，用于检测紧固件拧紧力矩。双向棘轮扭力扳手规格见表10-43。

表10-43 双向棘轮扭力扳手规格

力矩/N·m	精度/%	方榫/mm	总长/mm
0～300	±5%	12.7×2.7，14×14	400～478

10.2.19 增力扳手

增力扳手配合扭力扳手或棘轮扳手、套筒扳手套筒，紧固或拆卸六角头螺栓、螺母。增力扳手通过减速机构可输出数倍到数十倍的力矩。用于扭紧、卸下重型机械的螺栓、螺母等需要很大扭矩的场合。增力扳手规格见表10-44。

表10-44 增力扳手规格

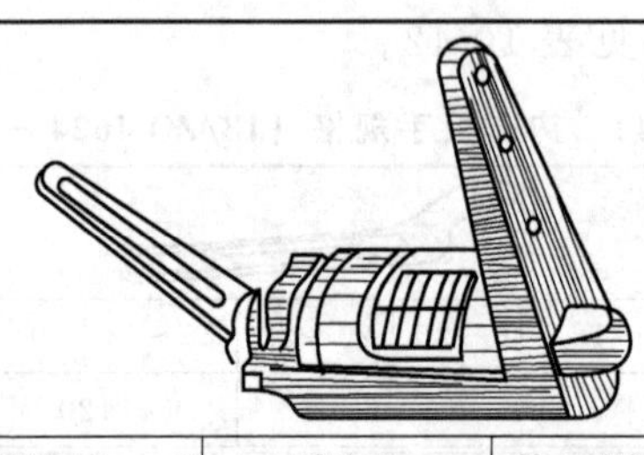

型　号	输出扭矩/N·m≤	减速比	输入端方孔/mm	输出端方榫/mm
Z120	1200	5.1	12.5	20
Z180	1800	6.0	12.5	25
Z300	3000	12.4	12.5	25
Z400	4000	16.0	12.5	六方32

续表

型号	输出扭矩/N·m≤	减速比	输入端方孔/mm	输出端方榫/mm
Z500	5000	18.4	12.5	六方 32
Z750	7500	68.6	12.5	六方 36
Z1200	12000	82.3	12.5	六方 46

10.2.20 管活两用扳手

管活两用扳手的结构特点是固定钳口制成带有细齿的平钳口；活动钳口一端制成平钳口，另一端制成带有细齿的凹钳口。向下按动蜗杆，活动钳口可迅速取下，调换钳口位置。如利用活动钳口的平钳口，即当活扳手使用，装拆六角头或方头螺栓、螺母；利用凹钳口，可当管子钳使用，装拆管子或圆柱形零件。管活两用扳手规格见表10-45。

表10-45 管活两用扳手规格 mm

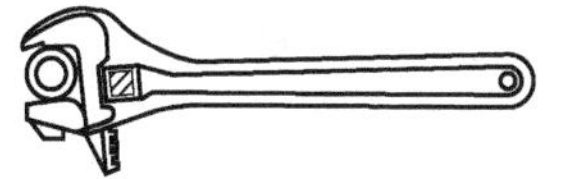
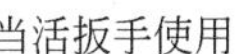
当活扳手使用

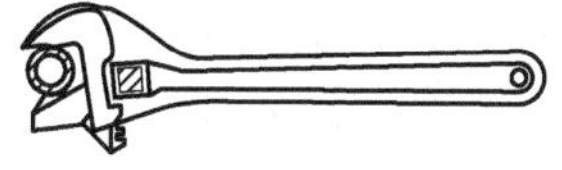
当管子钳使用

类型	Ⅰ型		Ⅱ型			
长度	250	300	200	250	300	375
夹持六角对边宽度≤	30	36	24	30	36	46
夹持管子外径≤	30	36	25	32	40	50

10.3 旋具类

10.3.1 一字形螺钉旋具

一字形螺钉旋具用于紧固或拆卸一字槽螺钉。木柄和塑柄螺钉旋具分普通式和穿心式两种。穿心式能承受较大的扭矩，并可在尾部用手锤敲击。方形旋杆螺钉旋具能用相应的扳手夹住旋杆扳动，以增大扭矩。一字形螺钉旋具规格见表10-46。

表 10-46 一字形螺钉旋具规格（QB/T 2564.4—2002） mm

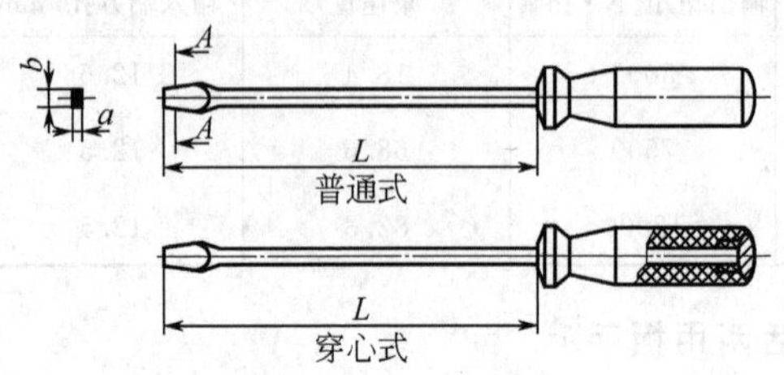

规格 $a\times b$	旋杆长度 $L^{+0.5}_{0}$			
	A 系列	B 系列	C 系列	D 系列
0.4×2	—	40	—	—
0.4×2.5	—	50	75	100
0.5×3	—	50	75	100
0.6×3	25（35）	75	75	125
0.6×3.5	25（35）	75	100	125
0.8×4	25（35）	75	100	125
1×4.5	25（35）	100	100	150
1×5.5	25（35）	100	125	150
1.2×6.5	25（35）	100	125	150
1.2×8	25（35）	125	125	175
1.6×8	—	125	150	175
1.6×10	—	150	150	200
2×12	—	150	200	250
2.5×14	—	200	200	300

10.3.2 十字形螺钉旋具

十字形螺钉旋具用于紧固或拆卸十字槽螺钉。木柄和塑柄螺钉旋具分普通式和穿心式两种。穿心式能承受较大的扭矩，可在尾部用手锤敲击。方形旋杆能用相应的扳手夹住旋杆扳动，以增大扭矩。十字形螺钉旋具规格见表 10-47。

表 10-47　十字形螺钉旋具规格（QB/T 2564.5—2002）　mm

L
普通式

L
穿心式

槽号		0	1	2	3	4
旋杆长度 $L^{+0.5}_{0}$	A 系列	—	25（35）	25（35）	—	—
	B 系列	60	75	100	150	200

10.3.3　螺旋棘轮螺钉旋具

螺旋棘轮螺钉旋具用于旋动头部带槽的螺钉、木螺钉和自攻螺钉。有三种动作：将开关拨到同旋位置时，作用与一般螺钉旋具相同；将开关拨到顺旋或倒旋位置时，压迫柄的顶部，旋杆可连续顺旋或倒旋，操作强度轻，效率高。螺旋棘轮螺钉旋具规格见表 10-48。

表 10-48　螺旋棘轮螺钉旋具规格（QB/T 2564.6—2002）

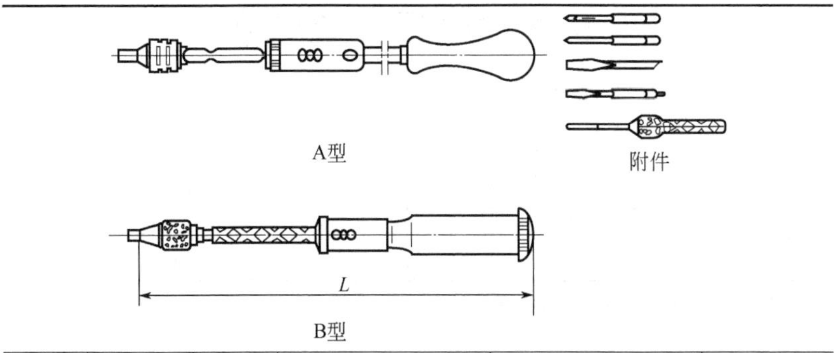

类型	规格/mm	L/mm	工作行程（最小）/mm	夹头旋转圈数（最小）	扭矩/N·m
A 型	220	220	50	1.25	3.5
	300	300	70	1.5	6.0
B 型	300	300	140	1.5	6.0
	450	450	140	2.5	8.0

10.3.4　夹柄螺钉旋具

夹柄螺钉旋具用于紧固或拆卸一字槽螺钉，并可在尾部敲击，但禁止用于有电的场合。夹柄螺钉旋具规格见表10-49。

表10-49　夹柄螺钉旋具规格

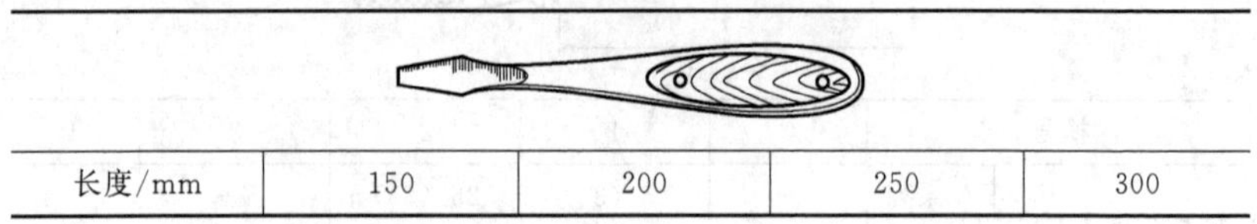

长度/mm	150	200	250	300

10.3.5　多用螺钉旋具

多用螺钉旋具用于紧固或拆卸带槽螺钉、木螺钉，钻木螺钉孔眼，可作测电笔用。多用螺钉旋具规格见表10-50。

表10-50　多用螺钉旋具规格

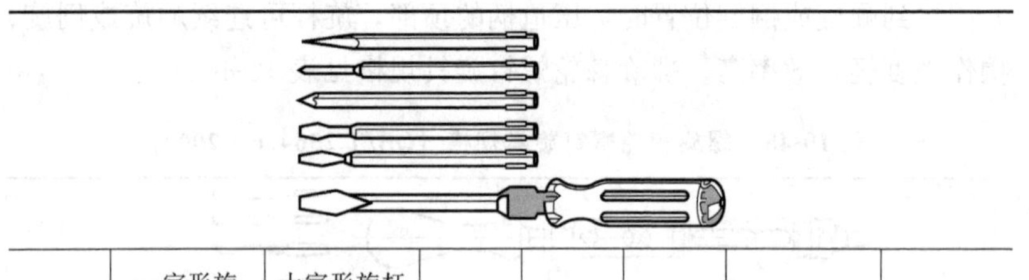

件数	一字形旋杆头宽/mm	十字形旋杆（十字槽号）	钢锥/把	刀片/片	小锤/只	木工钻/mm	套筒/mm
6	3，4，6	1，2	1	—	—	—	—
8	3，4，5，6	1，2	1	1	—	—	—
12	3，4，5，6	1，2	1	1	1	6	<6

注：全长（手柄加旋杆）230mm，并分6件、8件、12件三种。

10.3.6　快速多用途螺钉旋具

快速多用途螺钉旋具有棘轮装置，旋杆可单向相对转动并有转向调整开关，配有多种不同规格的螺钉刀头和尖锥，放置于尾部后盖内。使用时选出适用的刀头放入头部磁性套筒内，并调整好转向开关，即可快速旋动螺钉。快速多用途螺钉旋具规格见表10-51。

表 10-51　快速多用途螺钉旋具规格

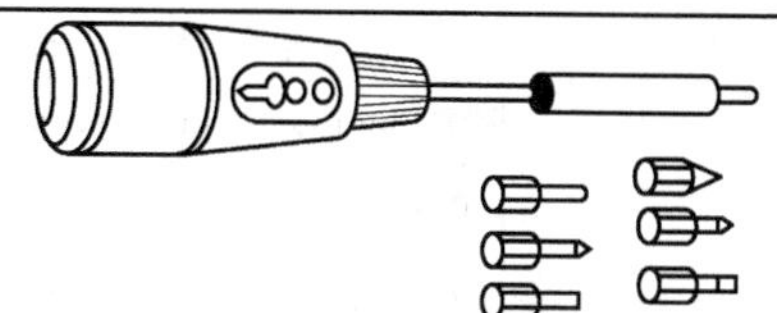

类　　型	件　　数	直径/mm
一字螺钉刀头	3	3，4，5
十字螺钉刀头	3	3（一号），4，5（二号）
尖锥	1	—

注：配有三只一字螺钉刀头，直径分别为ϕ3mm、ϕ4mm、ϕ5mm；配有三只十字螺钉刀头，直径分别为ϕ3mm（1 号）、ϕ4mm、ϕ5mm（2 号）；另配有一只尖锥。

10.3.7　钟表螺钉旋具

钟表螺钉旋具为钟表、珠宝行业装修时装拆带槽螺钉的专用工具。钟表螺钉旋具规格见表 10-52。

表 10-52　钟表螺钉旋具规格

类　　型	头部尺寸/mm
每套 5 件	0.9，1.0，1.2，1.7，2.0
每套 9 件	0.8，0.9，0.95，1.0，1.2，1.5，1.7，1.8，2.0

10.4　手锤、斧子、冲子类

10.4.1　手锤类

手锤是钳工、锻工、冷作、建筑、安装和钣金工等用于敲击工件和整形用的手工具，多用锤、羊角锤还有起钉或其他功能，也是日常生活中不可缺少的家用工具。手锤的规格、用途见表 10-53。

表 10-53　手锤的规格、用途

名称	简　　图	规　　格	特点及用途
八角锤（QB/T 1290.1—1991）		锤重：0.9，1.4，1.8，2.7，3.6，4.5，5.4，6.3，7.2，8.1，9.0，10.0，11.0（kg） 锤高：105，115，130，152，165，180，190，198，208，216，224，230，236（mm）	用于锤锻钢件，敲击工件，安装机器以及开山、筑路时凿岩、碎石等敲击力较大的场合

续表

<table>
<tr><th>名称</th><th>简图</th><th colspan="3">规格</th><th>特点及用途</th></tr>
<tr><td rowspan="9">圆头锤（QB/T 1290.2—1991）</td><td rowspan="9"></td><td>锤重/kg</td><td>锤高/mm</td><td>全长/mm</td><td rowspan="9">用于钳工、冷作、装配、维修等工种（市场供应分连柄和不连柄两种）</td></tr>
<tr><td>0.11</td><td>66</td><td>260</td></tr>
<tr><td>0.22</td><td>80</td><td>285</td></tr>
<tr><td>0.34</td><td>90</td><td>315</td></tr>
<tr><td>0.45</td><td>101</td><td>335</td></tr>
<tr><td>0.68</td><td>116</td><td>355</td></tr>
<tr><td>0.91</td><td>127</td><td>375</td></tr>
<tr><td>1.13</td><td>137</td><td>400</td></tr>
<tr><td>1.36</td><td>147</td><td>400</td></tr>
<tr><td>钳工锤（QB/T 1290.3—1991）</td><td></td><td colspan="3">锤重：0.1，0.2，0.3，0.4，0.5，0.6，0.8，1.0，1.5，2.0（kg）</td><td>供钳工、锻工、安装工、冷作工、维修装配工作敲击或整形用</td></tr>
<tr><td>检查锤（QB/T 1290.5—1991）</td><td></td><td colspan="3">锤重（不连柄）：0.25kg
锤全高：120mm
锤端直径：18mm</td><td>用于避免因操作中产生机械火花而引爆爆炸性气体的场所（分有尖头锤和扁头锤两种）</td></tr>
<tr><td rowspan="5">敲锈锤（QB/T 1290.8—1991）</td><td rowspan="5"></td><td>锤重/kg</td><td>锤高/mm</td><td>全长/mm</td><td rowspan="5">用于加工中除锈、除焊渣</td></tr>
<tr><td>0.2</td><td>115</td><td>285</td></tr>
<tr><td>0.3</td><td>126</td><td>300</td></tr>
<tr><td>0.4</td><td>134</td><td>310</td></tr>
<tr><td>0.5</td><td>40</td><td>320</td></tr>
<tr><td>焊工锤（QB/T 1290.7—1991）</td><td></td><td colspan="3">锤重：0.25，0.3，0.5，0.75（kg）</td><td>用于电焊加工中除锈、除焊渣（分有A型、B型和C型三种）</td></tr>
<tr><td>羊角锤（QB/T 1290.8—1991）</td><td></td><td>锤重/kg</td><td>锤高/mm</td><td>全长/mm</td><td>按锤击端的截面形状分为A、B、C、D、E五种类型</td></tr>
</table>

续表

名称	简图		规格			特点及用途
羊角锤（QB/T 1290.8—1991）	圆柱型	A型 B型	0.25	105	305	锤头部为圆柱形
			0.35	120	320	
			0.45	130	340	
	正棱型	C型 D型	0.75	140	350	锤头部有正四棱柱形和正六棱形
	圆锥型	E型	0.50	130	340	锤头部为圆锥形，有钢柄、玻璃钢柄
			0.55	135	340	
			0.65	140	350	
木工锤（QB/T 1290.9—1991）			锤重/kg	锤高/mm	全长/mm	供木工使用，有钢柄及木柄
			0.20	90	280	
			0.25	97	285	
			0.33	104	295	
			0.42	111	308	
			0.50	118	320	
石工锤（QB/T 1290.10—1991）			锤重/kg	锤高/mm	全长/mm	供石工使用，用于采石、敲碎小石块
			0.80	90	240	
			1.00	95	260	
			1.25	100	260	
			1.50	110	280	
			2.00	120	300	
安装锤			锤直径：20，25，30，35，40，45，50（mm）	锤重：0.11，0.19，0.31，0.45，0.65，0.80，1.05（kg）		锤头两端用塑料或橡胶制成，敲击面不留痕迹、伤疤，适用于薄板的敲击、整形
橡胶锤			锤重：0.22，0.45，0.67，0.9（kg）			用于精密零件的装配作业
电工锤			锤重（不连柄）0.5kg			供电工安装和维修线路时用

续表

名称	简图	规格		特点及用途
什锦锤（QB/T 2209—1996）		全长：162mm 附件：螺钉旋具 螺钉旋具	木凿 锥子 三角锉	除作锤击或起钉使用外，如将锤头取下，换上装在手柄内的一种附件即可分别作三角锉、锥子、木凿或螺钉旋具用。主要用于仪器、仪表、量具等检修工作中，也可供实验室或家庭使用

10.4.2 斧子类

斧刃用于砍剁，斧背用于敲击，多用斧还具有起钉、开箱、旋具等功能。斧子规格见表10-54。

表10-54 斧子规格

名称	简图	用途	斧头重量/kg	全长/mm
采伐斧（QB/T 2565.2—2002）		采伐树木木材加工	0.7，0.9，1.1，1.3，1.6，1.8，2.0，2.2，2.4	380，430，510，710～910
劈柴斧（QB/T 2565.3—2002）		劈木材	2.5，3.2	810～910
厨房斧（QB/T 2565.4—2002）		厨房砍、剁	0.6，0.8，1.0，1.2，1.4，1.6，1.8，2.0	360，380，400，610～810，710～910
木工斧（QB/T 2565.5—2002）		木工作业，敲击，砍劈木材。分有偏刃（单刃）和中刃（双刃）两种	1.0，1.25，1.5	（斧体长）120，135，160
多用斧（QB/T 2565.6—2002）		锤击、砍削、起钉、开箱		60，280，300，340
消防斧（GA 138—1996）		消防破拆作业用（斧把绝缘）	1.1～1.8，1.8～2.0，2.5～3.5	平斧：610、710、810、910 尖斧：715、815

10.4.3　冲子类

尖冲子用于在金属材料上冲凹坑；圆冲子在装配中使用；半圆头铆钉冲子用于冲击铆钉头；四方冲子、六方冲子用于冲内四方孔及内六方孔；皮带冲是在非金属材料（如皮革、纸、橡胶板、石棉板等）上冲制圆形孔的工具。冲子规格见表 10-55。

表 10-55　冲子规格　mm

名称	简图	规格			
尖冲子（JB/T 3411.29—1999）		冲头直径		外径	全长
		2		8	80
		3		8	80
		4		10	80
		6		14	100
圆冲子（JB/T 3411.30—1999）		圆冲直径		外径	全长
		3		8	80
		4		10	80
		5		12	100
		6		14	100
		8		16	125
		10		18	125
半圆头铆钉冲子（JB/T 3411.31—1999）		铆钉直径	凹球半径	外径	全长
		2.0	1.9	10	80
		2.5	2.5	12	100
		3.0	1.9	14	100
		4.0	3.8	16	125
		5.0	4.7	18	125
		6.0	6.0	20	140
		8.0	8.0	22	140

续表

名称	简图	规格		
四方冲子（JB/T 3411.33—1999）		四方对边距	外径	全长
		2.0，2.24，2.50，2.80	8	80
		3.0，3.5，3.55	14	
		4.0，4.5，5.0	16	100
		5.6，6.0，6.3	16	
		7.1，8.0	18	
		9.0，10.0，11.2，12.0	20	125
		12.5，14.0，16.0	25	
		17.0，18.0，20.0	30	150
		22.0，22.4	35	
		25.0	40	
六方冲子（JB/T 3411.34—1999）		六方对边距	外径	全长
		3，4	14	80
		5，6	16	100
		8，10	18	100
		12，14	20	125
		17，19	25	125
		22，24	30	150
		27	35	150
皮带冲		单支冲头直径：1.5，2.5，3，4，5，5.5，6.5，8，9.5，11，12.5，14，16，19，21，22，24，25，28，32，35，38 组套：8支套，10支套，12支套，15支套，16支套		

第 11 章　钳工工具

11.1　虎钳类

11.1.1　普通台虎钳

普通台虎钳装置在工作台上，用以夹紧加工工件。转盘式的钳体可以旋转，使工件旋转到合适的工作位置。普通台虎钳规格见表 11-1。

表 11-1　普通台虎钳规格（QB/T 1558.2—1992）

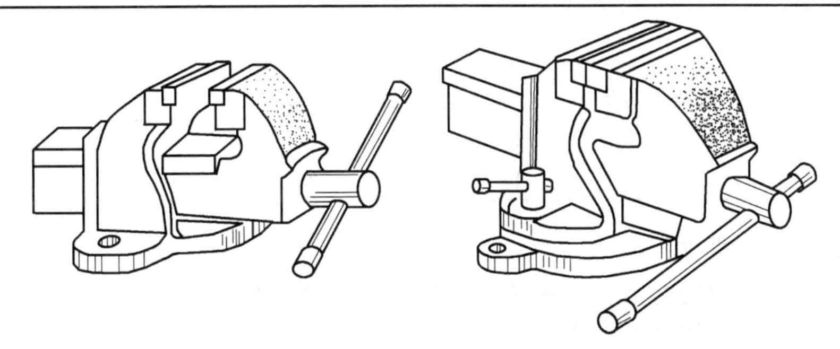

固定式　　　　　　　　　　转盘式

规格		75	90	100	115	125	150	200
钳口宽度/mm		75	90	100	115	125	150	200
开口度/mm		75	90	100	115	125	150	200
外形尺寸/mm	长度	300	340	370	400	430	510	610
	宽度	200	220	230	260	280	330	390
	高度	160	180	200	220	230	260	310
夹紧力/kN	轻级	7.5	9.0	10.0	11.0	12.0	15.0	20.0
	重级	15.0	18.0	20.0	22.0	25.0	30.0	40.0

11.1.2　多用台虎钳

多用台虎钳的钳口与一般台虎钳相同，但其平钳口下部设有一对带圆弧装置的管钳口及 V 形钢口，用来夹持小直径的钢管、水管等圆柱形工件，使其加工时不转动；在其固定钳体上端铸有铁砧面，便于对小工件进行锤击加工。多用台虎钳规格见表 11-2。

表 11-2　多用台虎钳规格（QB/T 1558.3—1995）

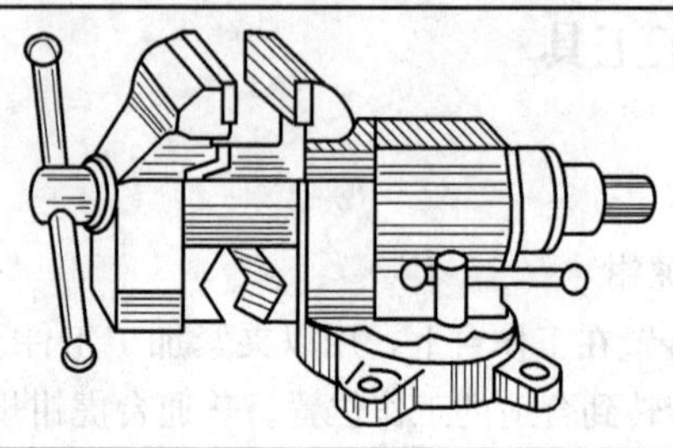

规　格		75	100	120	125	150
钳口宽度/mm		75	100	120	125	150
开口度/mm		60	80	100		120
管钳口夹持范围/mm		6～40	10～50	15～60		15～65
夹紧力/kN	轻级	15	20	25		30
	重级	9	12	16		18

11.1.3　桌虎钳

桌虎钳用途与台虎钳相似，但钳体安装方便，适用于夹持小型工件。桌虎钳规格见表 11-3。

表 11-3　桌虎钳规格（QB/T 2096—1995）

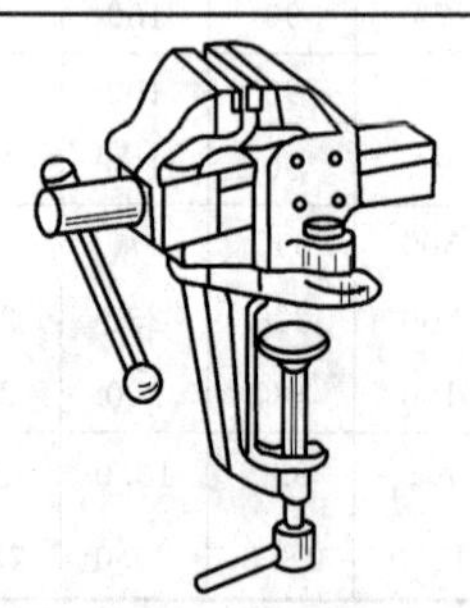

规　格	40	50	60	65
钳口宽度/mm	40	50	60	65
开口度/mm	35	45	55	55
最小紧固范围/mm	15～45			
最小夹紧力/kN	4.0	5.0	6.0	6.0

11.1.4 手虎钳

手虎钳用于夹持轻巧小型工件。手虎钳规格见表 11-4。

表 11-4 手虎钳规格 mm

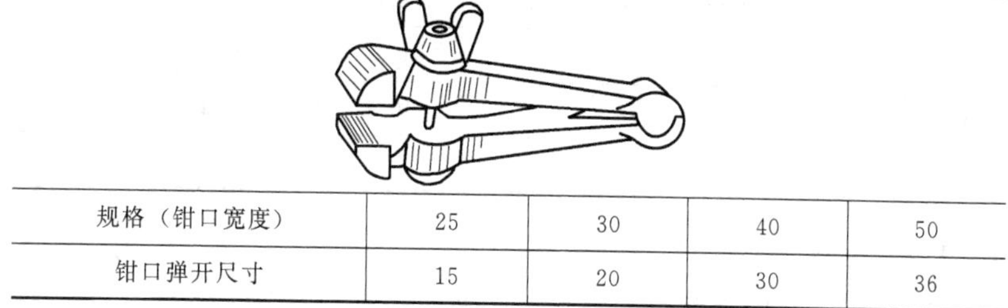

规格（钳口宽度）	25	30	40	50
钳口弹开尺寸	15	20	30	36

11.2 锉刀类

11.2.1 钳工锉

锉刀用于锉削或修整金属工件的表面、凹槽及内孔。锉刀规格见表 11-5。

表 11-5 钳工锉（QB/T 2569.1—2002） mm

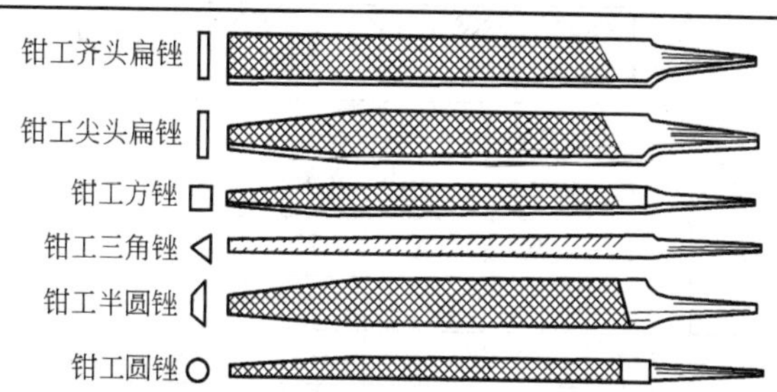

锉身	扁锉（齐头、尖头）		半圆锉			三角锉	方锉	圆锉
长度	宽	厚	宽	厚（薄型）	厚（厚型）	宽	宽	直径
100	12	2.5	12	3.5	4.0	8.0	3.5	3.5
125	14	3	14	4.0	4.5	9.5	4.5	4.5
150	16	3.5	16	5.0	5.0	11.0	5.5	5.5
200	20	4.5	20	5.5	5.5	13.0	7.0	7.0
250	24	5.5	24	7.0	7.0	16.0	9.0	9.0

续表

锉身	扁锉（齐头、尖头）		半圆锉			三角锉	方锉	圆锉
长度	宽	厚	宽	厚（薄型）	厚（厚型）	宽	宽	直径
300	28	6.5	28	8.0	8.0	19.0	11.0	11.0
350	32	7.5	32	9.0	9.0	22.0	14.0	14.0
400	36	8.5	36	10.0	10.0	26.0	18.0	18.0
450	40	9.5	—	—	—	—	22.0	—

11.2.2 锯锉

锯锉用于锉修各种木工锯和手用锯的锯齿。锯锉规格见表11-6。

表11-6 锯锉规格（QB/T 2569.2—2002） mm

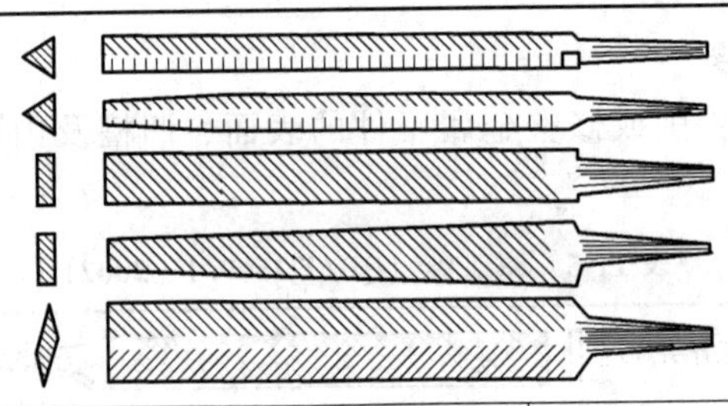

规格（锉身长度）	三角锯锉（尖头、齐头）			扁锯锉（尖头、齐头）		菱形锯锉		
	普通型	窄型	特窄型					
	宽	宽	宽	宽	厚	宽	厚	刃厚
60	—	—	—	—	—	16	2.1	0.40
80	6.0	5.0	4.0	—	—	19	2.3	0.45
100	8.0	6.0	5.0	12	1.8	22	3.2	0.50
125	9.5	7.0	6.0	14	2.0	25	3.5 (4.0)	0.55 (0.70)
150	11.0	8.5	7.0	16	2.5	28	4.0 (5.0)	0.70 (1.00)
175	12.0	10.0	8.5	18	3.0	—	—	—
200	13.0	12.0	10.0	20	3.6	32	5.0	1.00
250	16.0	14.0	—	24	4.5	—	—	—
300	—	—	—	28	5.0	—	—	—
350	—	—	—	32	6.0	—	—	—

11.2.3　整型锉

整型锉用于锉削小而精细的金属零件，为制造模具、电器、仪表等的必需工具。整型锉规格见表 11-7。

表 11-7　整型锉规格（QB/T 2569.3—2002）　mm

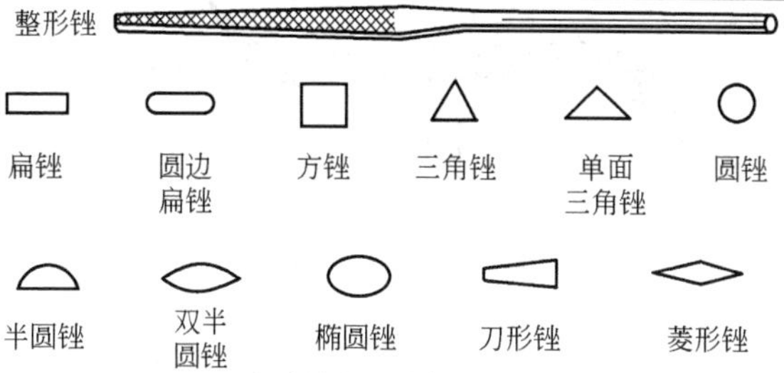

整形锉

扁锉　圆边扁锉　方锉　三角锉　单面三角锉　圆锉

半圆锉　双半圆锉　椭圆锉　刀形锉　菱形锉

各种整形锉的断面形状

全　长		100	120	140	160	180
扁锉（齐头、尖头）	宽	2.8	3.4	5.4	7.3	9.2
	厚	0.6	0.8	1.2	1.6	2.0
半圆锉	宽	2.9	3.8	5.2	6.9	8.5
	厚	0.9	1.2	1.7	2.2	2.9
三角锉	宽	1.9	2.4	3.6	4.8	6.0
方锉	宽	1.2	1.6	2.6	3.4	4.2
圆锉	直径	1.4	1.9	2.9	3.9	4.9
单面三角锉	宽	3. 4	3. 8	5. 5	7.1	8.7
	厚	1.0	1.4	1.9	2.7	3.4
刀形锉	宽	3. 0	3.4	5.4	7.0	8.7
	厚	0.9	1.1	1.7	2.3	3.0
	刃厚	0.3	0.4	0.6	0.8	1.0
双半圆锉	宽	2.6	3.2	5	6.3	7.8
	厚	1.0	1.2	1.8	2.5	3.4
椭圆锉	宽	1.8	2.2	3.4	4.4	5.4
	厚	1.2	1.5	2.4	3.4	4.3
圆边扁锉	宽	2.8	3.4	5.4	7.3	9.2
	厚	0.6	0.8	1.2	1.6	2.1
菱形锉	宽	3. 0	4.0	5.2	6.8	8.6
	厚	1.0	1.3	2.1	2.7	3.5

11.2.4　异型锉

异型锉用于机械、电器、仪表等行业中修整、加工普通形锉刀难以锉削且其几何形状较复杂的金属表面。异型锉规格见表11-8。

表 11-8　异型锉规格（QB/T 2569．4—2002）　　mm

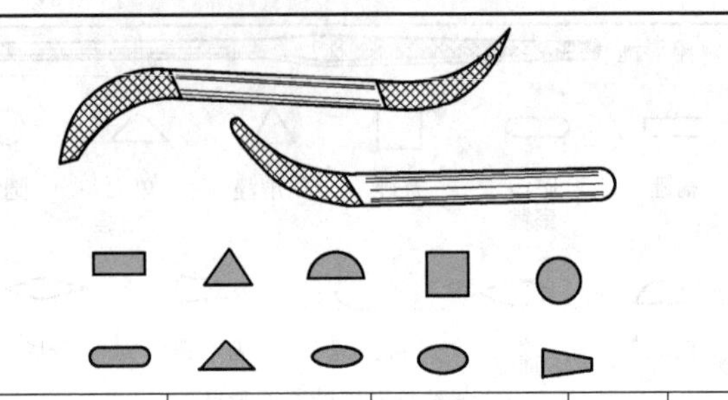

规格（全长）	齐头扁锉		尖头扁锉		半圆锉		三角锉	方锉	圆锉
	宽	厚	宽	厚	宽	厚	宽	宽	直径
170	5.4	1.2	5.2	1.1	4.9	1.6	3.3	2.4	3.0
规格（全长）	单面三角锉		刀形锉			双半圆锉		椭圆锉	
	宽	厚	宽	厚	刃厚	宽	厚	宽	厚
170	5.2	1.9	5.0	1.6	0.5	4.7	1.6	3.3	2.3

11.2.5　钟表锉

钟表锉用于锉削钟表、仪表零件和其他精密细小的机件。钟表锉规格见表11-9。

表 11-9　钟表锉规格（QB/T 2569.5—2002）　　mm

品种名称	代号 类别-型式-规格-锉纹号	全长	厚度或边长或直径
齐头扁锉	B-01-140-3～6	140	1.3（厚度）
尖头扁锉	B-02-140-3～6	140	1.3（厚度）
半圆锉	B-03-140-3～6	140	1.3（厚度）

续表

品种名称	代号 类别-型式-规格-锉纹号	全长	厚度或边长或直径
三角锉	B-04-140-3～6	140	3.6（边长）
方锉	B-05-140-3～6	140	2.1（边长）
圆锉	B-06-140-3～6	140	2.4（直径）
单面三角锉	B-07-140-3～6	140	1.6（厚度）
刀形锉	B-08-140-3～6	140	1.7（厚度）
双半圆锉	B-09-140-3～6	140	1.9（厚度）
菱边锉	B-10-140-3～6	140	0.8（厚度）
三角锉	T-02-75-3～8	75	5.4（厚度）
方锉	T-03-75-3～8	75	2.2（厚度）
圆锉	T-04-75-3～8	75	1.9（直径）
单面三角锉	T-05-75-3～8	75	2.3（厚度）
刀形锉	T-06-75-3～8	75	2.6（厚度）

11.2.6　电镀超硬磨料什锦锉

电镀超硬磨料什锦锉用于锉削或修整硬度较高的金属等硬脆材料，如硬质合金、经过淬火或渗氮的工具钢、合金钢刀具、模具和工夹具等。电镀超硬磨料什锦锉规格见表 11-10。

表 11-10　电镀超硬磨料什锦锉规格（JB/T 7991.3—2001）　mm

名称	代号	断面形状	宽度 W	厚度 T	工作面直径 D	柄径 d	工作面长 L_2	总长 L
尖头扁锉	NF1		5.4	1.2	—	3	50 70	140
			7.2	1.6		4		160
			9.3	2.0		5		180
尖头半圆锉	NF2		5.2	1.7	—	3	50 70	140
			6.9	2.2		4		160
			8.5	2.9		5		180
尖头方锉	NF3		2.6	2.6	—	3	50 70	140
			3.4	3.4		4		160
			4.2	4.2		5		180

续表

名称	代号	断面形状	宽度 W	厚度 T	工作面直径 D	柄径 d	工作面长 L_2	总长 L
尖头等边三角锉	NF4		3.6	—	—	3	50 70	140
			4.8			4		160
			6.0			5		180
尖头圆锉	NF5		—	—	2.9	3	50 70	140
					3.9	4		160
					4.9	5		180
尖头双边圆扁锉	NF6		5.4	1.2	—	3	50 70	140
			7.3	1.6		4		160
			9.2	2.0		5		180
尖头刀形锉	NF7		5.4	1.7 0.6	—	3	50 70	140
			7.0	2.3 0.8		4		160
			8.7	3.0 1.0		5		180
尖头三角锉	NF8		5.5	1.9	—	3	50 70	140
			7.1	2.7		4		160
			8.7	3.4		5		180
尖头双圆锉	NF9		5.0	1.8	—	3	50 70	140
			6.3	2.5		4		160
			7.8	3.4		5		180
尖头椭圆锉	NF10		3.4	2.4	—	3	50 70	140
			4.4	3.4		4		160
			5.5	4.3		5		180
平头扁锉	PF1		5.4	1.2	—	3	50 70	140
			7.3	1.6		4		160
			9.2	2.0		5		180
平头等边三角锉	PF2		2.0	—	—	3	15 25	50
			3.5					60
			4.5					100
平头圆锉	PF3		—	—	2	3	15 25	50
					3			60
					4			100

11.2.7　刀锉

刀锉用于锉削或修整金属工件上的凹槽和缺口，小规格刀锉也可用于修整木工锯条、横锯等的锯齿。刀锉规格［（不连柄）锉身长度］：100，125，150，200，250，300，350（mm）。

11.2.8　锡锉

锡锉用于锉削或修整锡制品或其他软性金属制品的表面。锡锉规格见表 11-11。

表 11-11　锡锉规格　mm

品种	扁锉	半圆锉
规格（锉身长度）	200，250，300，350	200，250，300，350

11.2.9　铝锉

铝锉用于锉削、修整铝、铜等软性金属制品或塑料制品的表面。铝锉规格见表 11-12。

表 11-12　铝锉规格　mm

规格（锉身长度）		200	250	300	350	400
宽		20	24	28	32	36
厚		4.5	5.5	6.5	7.5	8.5
齿距	Ⅰ	2	2.5	3	3	3
	Ⅱ	1.5	2	2.5	2.5	2.5

11.3　锯条类

11.3.1　钢锯架

钢锯架装置手用钢锯条，用于手工锯割金属材料等。分为钢板制和钢管制两种锯架，每种又分为调节式和固定式两种。钢锯架规格见表11-13。

表11-13 钢锯架规格（QB/T 1108—1991） mm

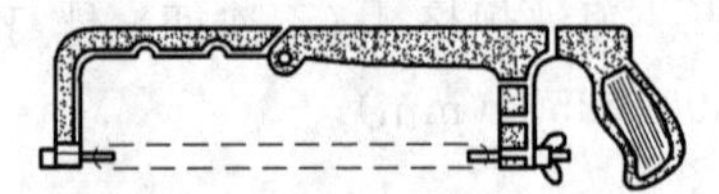
钢板制锯架(调节式)

钢管制锯架(固定式)

项目		调节式	固定式	最大锯切深度
可装手用钢锯条长度	钢板制	200，250，300	300	64
	钢管制	250，300	300	74

11.3.2 手用钢锯条

手用钢锯条装在钢锯架上，用于手工锯割金属材料。双面齿型钢锯条，一面锯齿出现磨损情况后，可用另一面锯齿继续工作。挠性型钢锯条在工作中不易折断。小齿距（细齿）钢锯条上多采用波浪形锯路。手用钢锯条规格见表11-14。

表11-14 手用钢锯条规格（GB/T 14764—2008） mm

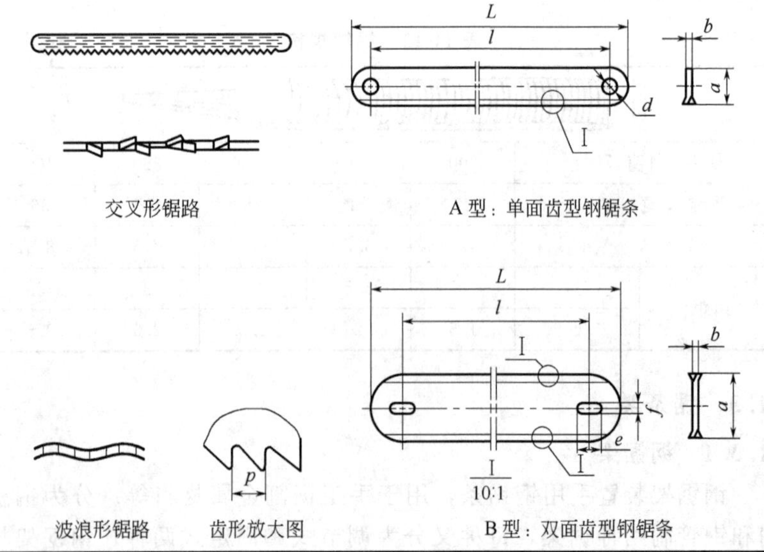

续表

<table>
<tr><td>分类</td><td colspan="6">按特性分为全硬型（代号 H）和挠性型（代号 F）两种
按使用材质分为碳素结构钢（代号 D）、碳素工具钢（代号 T）、合金工具钢（代号 M）、高速钢（代号 G）以及双金属复合钢（代号 Bi）五种
按型式分为单面齿型（代号 A）、双面齿型（代号 B）两种</td></tr>
<tr><td>类型</td><td>长度 l</td><td>宽度 a</td><td>厚度 b</td><td>齿距 p</td><td>销孔 d（$e \times f$）</td><td>全长 $L \leqslant$</td></tr>
<tr><td>A 型</td><td>300
250</td><td>12.7 或
10.7</td><td>0.65</td><td>0.8，1.0，1.2，
1.4，1.5，1.8</td><td>3.8</td><td>315
265</td></tr>
<tr><td>B 型</td><td>296
292</td><td>22
25</td><td>0.65</td><td>0.8，1.0，1.4</td><td>8×5
12×6</td><td>315</td></tr>
</table>

11.3.3　机用钢锯条

机用钢锯条装在机锯床上用来锯切金属等材料。机用钢锯条规格见表 11-15。

表 11-15　机用钢锯条规格（GB/T 6080.1—2010）　mm

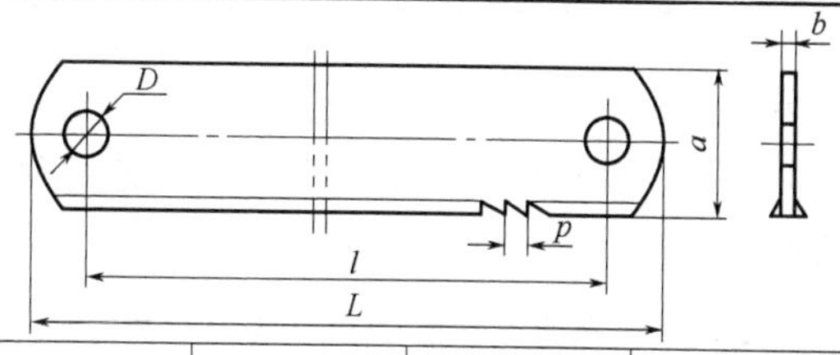

<table>
<tr><td>长度 $l \pm 2$</td><td>宽度 a</td><td>厚度 b</td><td>齿距 p</td><td>销孔直径 D（H14）</td><td>总长 $L \leqslant$</td></tr>
<tr><td>300</td><td>25</td><td>1.25</td><td>1.8，2.5</td><td rowspan="6">8.2</td><td>330</td></tr>
<tr><td rowspan="2">350</td><td>25</td><td>1.25</td><td>1.8，2.5</td><td rowspan="2">380</td></tr>
<tr><td>32</td><td>1.6</td><td>2.5，4.0</td></tr>
<tr><td rowspan="3">400</td><td>32</td><td>1.6</td><td>2.5，4.0</td><td rowspan="3">430</td></tr>
<tr><td>38</td><td>1.8</td><td>4.0，6.3</td></tr>
<tr><td>40</td><td>2.0</td><td>4.0，6.3</td></tr>
<tr><td rowspan="3">450</td><td>32</td><td>1.6</td><td>2.5，4.0</td><td rowspan="4">10.2</td><td rowspan="3">485</td></tr>
<tr><td>38</td><td>1.8</td><td>4.0，6.3</td></tr>
<tr><td>40</td><td>2.0</td><td>4.0，6.3</td></tr>
<tr><td>500</td><td>40</td><td>2.0</td><td>2.5，4.0，6.3</td><td>535</td></tr>
<tr><td>550</td><td>50</td><td>2.5</td><td>2.5，4.0，6.3</td><td rowspan="2">12.5</td><td>640</td></tr>
<tr><td>600</td><td>50</td><td>2.5</td><td>4.0，6.3，8.5</td><td>740</td></tr>
</table>

11.4　手钻类

11.4.1　手扳钻

在工程中当无法使用钻床或电钻时，就用手扳钻来进行钻孔或攻制内螺纹或铰制圆（锥）孔。手扳钻规格见表11-16。

表11-16　手扳钻规格　mm

手柄长度	250	300	350	400	450	500	550	600
最大钻孔直径	25				40			

11.4.2　手摇钻

手摇钻装夹圆柱柄钻头后，用于在金属或其他材料上手摇钻孔。手摇钻规格见表11-17。

表11-17　手摇钻规格（QB/T 2210—1996）　mm

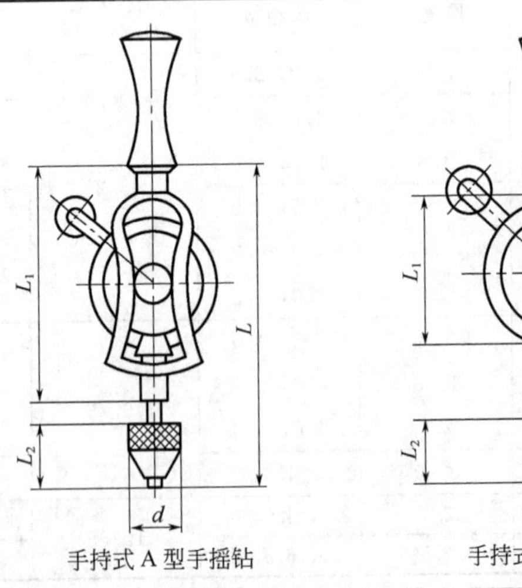

手持式A型手摇钻　　手持式B型手摇钻

续表

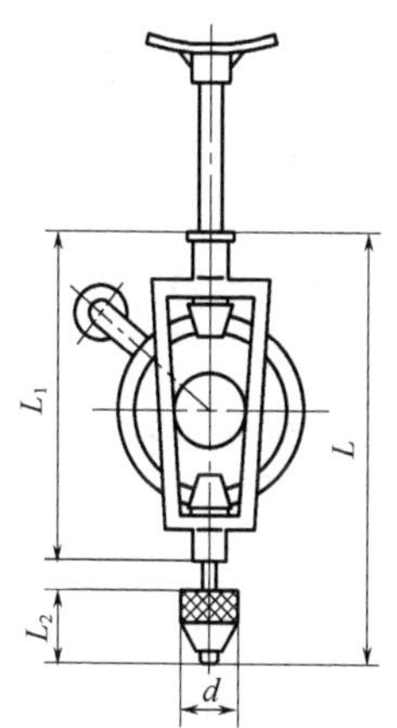

胸压式 A 型手摇钻

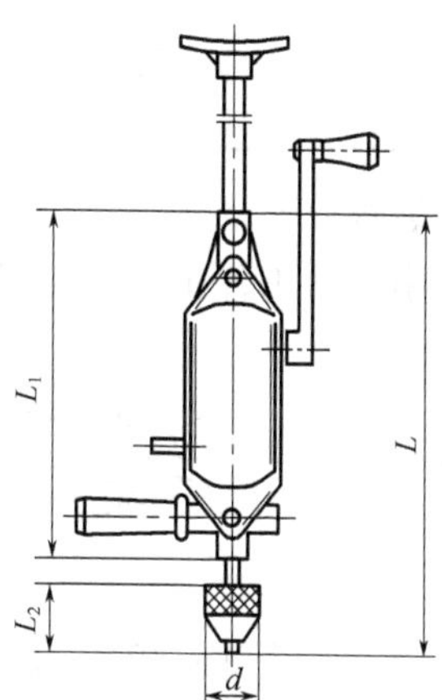

胸压式 B 型手摇钻

形式		规格（最大夹持直径）	L	L_1	L_2	d
手持式	A 型	6	200	140	45	28
		9	250	170	55	34
	B 型	6	150	85	45	28
胸压式	A 型	9	250	170	55	34
		12	270	180	65	38
	B 型	9	250	170	55	34

11.5　划线工具

11.5.1　划线规

划线规用于划圆或圆弧、分角度、排眼子等。划线规规格见表 11-18。

表 11-18　划线规规格

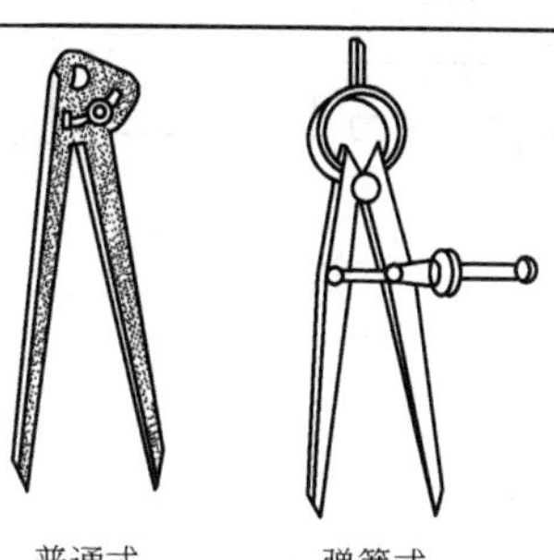
普通式　　弹簧式

续表

型式	规格（脚杆长度）/mm							
普通式 弹簧式	100 —	150 150	200 200	250 250	300 300	350 350	400 —	450 —

11.5.2　划规

划规用于在工件上划圆或圆弧、分角度、排眼子等。划规规格见表11-19。

表11-19　划规规格（JB/T 3411.54—1999）　　mm

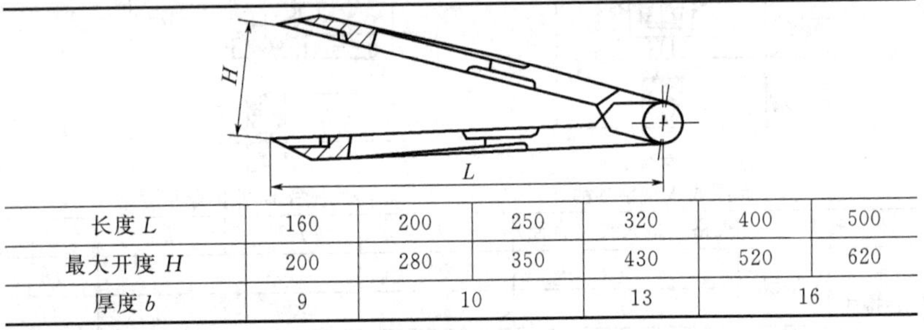

长度 L	160	200	250	320	400	500
最大开度 H	200	280	350	430	520	620
厚度 b	9	10		13	16	

11.5.3　长划规

长划规是钳工用于划圆、分度用的工具，其划针可在横梁上任意移动、调节，适用于尺寸较大的工件，可划最大半径为800～2000mm的圆。长划规规格见表11-20。

表11-20　长划规规格（JB/T 3411.55—1999）　　mm

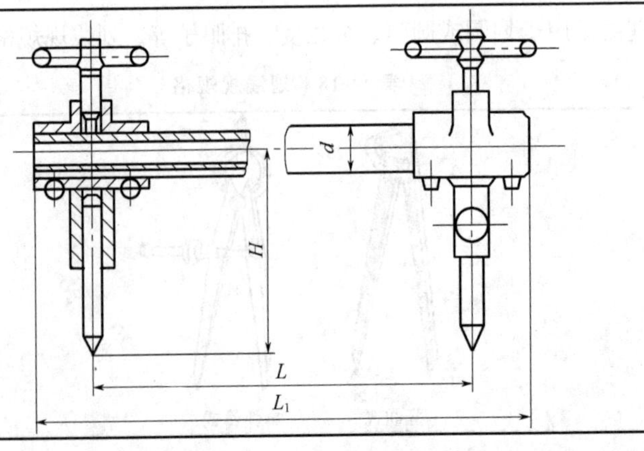

续表

两划规中心距 L（最大）	总长度 L_1	横梁直径 d	脚深 H
800	850	10	70
1250	1315	32	90
2000	2065		

11.5.4 划线盘

划线盘用于在工件上划平行线、垂直线、水平线及在平板上定位和校准工件等。划线盘规格见表 11-21。

表 11-21 划线盘规格 mm

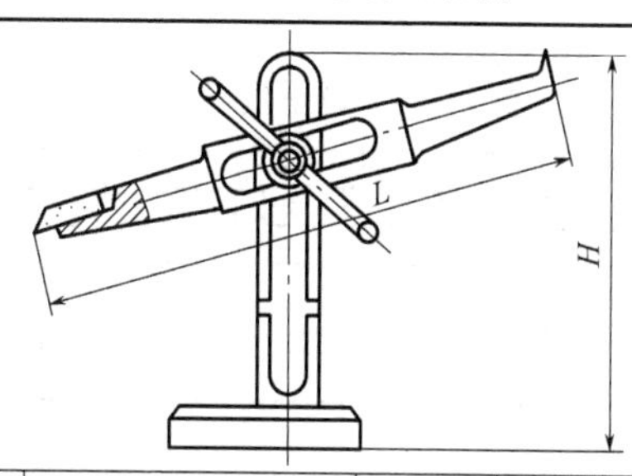

划线盘 (JB/T 3411. 65—1999)	主杆高度 H	355	450	560	710	900
	划针长度 L	320		450	500	700
大划线盘 (JB/T 3411. 66—1999)	主杆高度 H	1000		1250	1600	2000
	划针长度 L	850			1200	1500

11.5.5 划针盘

划针盘有活络式和固定式两种，用于在工件上划线、定位和校准等。划针盘规格见表 11-22。

表 11-22 划针盘规格

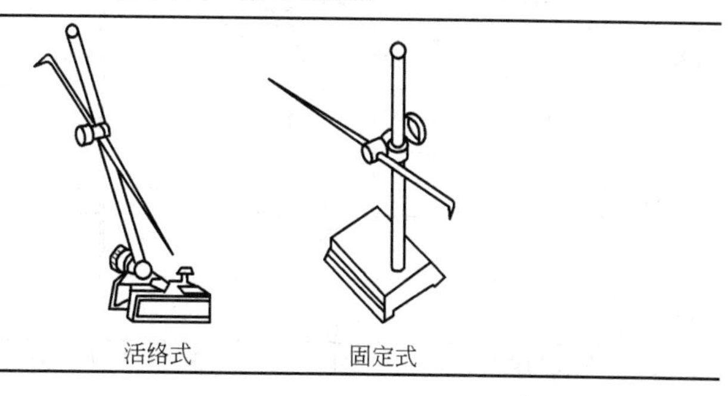

活络式　　固定式

续表

型式	主杆长度 /mm				
活络式	200	250	300	400	450
固定式	355	450	560	710	900

11.6　其他类

11.6.1　丝锥扳手

丝锥扳手装夹丝锥，用手攻制机件上的内螺纹。丝锥扳手规格见表11-23。

表11-23　丝锥扳手规格　mm

扳手长度	130	180	230	280	380	480	600	800
适用丝锥公称直径	2～4	3～6	3～10	6～14	8～18	12～24	16～27	16～33

11.6.2　圆牙扳手

圆牙扳手装夹圆板牙加工机件上的外螺纹。圆牙扳手规格见表11-24。

表11-24　圆牙扳手规格（GB/T 970.1—2008）　mm

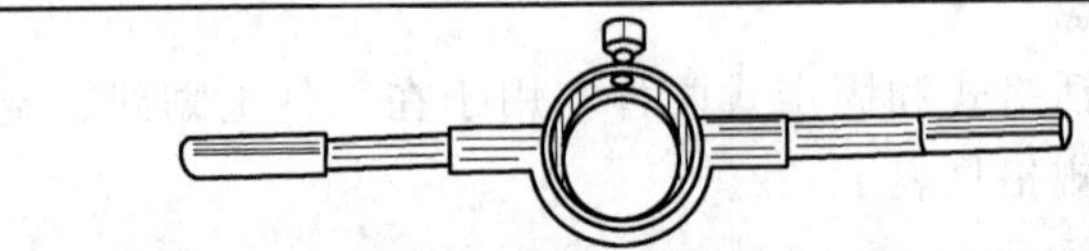

适用圆板牙尺寸			适用圆板牙尺寸			适用圆板牙尺寸		
外径	厚度	加工螺纹直径	外径	厚度	加工螺纹直径	外径	厚度	加工螺纹直径
16	5	1～2.5	38	10，14	12～15	75	18*，20，30	39～41
20	5，7	3～6	45	10*，14，18	16～20	90	18*，22，36	45～52
25	9	7～9	55	12*，16，22	22～25	105	22，36	55～60
30	8*，10	10～11	65	14*，18，25	27～36	120	22，36	64～68

注：根据使用需要，制造厂也可以生产适用带“*”符号厚度圆板牙的圆板牙架。

11.6.3　钢号码

钢号码用于在金属产品上或其他硬性物品上压印号码。钢号码每副 9 只，包括 9～0，其中 6 和 9 共用，其规格见表 11-25。

表 11-25　钢号码规格

字身高度/mm	1.6，3.2，4.0，4.8，6.4，8.0，9.5，12.7

11.6.4　钢字码

钢字码用于在金属产品上或其他硬性物品上压印字母。钢字码规格见表 11-26。

表 11-26　钢字码规格

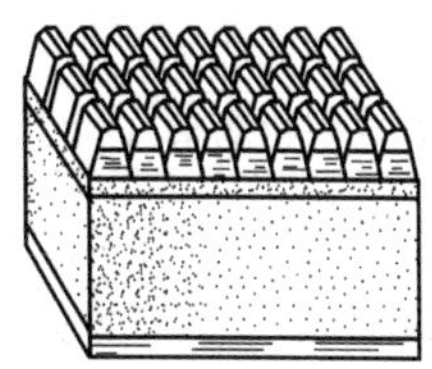

字身高度/mm	1.6，3.2，4.0，4.8，6.4，8.0，9.5，12.7

注：英语字母（汉语拼音字母可通用）——每副 27 只，包括 A～Z 及 &；俄语字母——每副 33 只，包括 A～Я 及 Ë。

11.6.5　螺栓取出器

螺栓取出器供手工取出断裂在机器、设备里面的六角头螺栓、双头螺柱、内六角螺钉等。取出器螺纹为左螺旋。使用时，需先选一适当规格的麻花钻，在螺栓的断面中心位置钻一小孔，再将取出器插入小孔中，然后用丝锥扳手或活扳手夹住取出器的方头，用力逆时针转动，即可将断裂在机器、设备里面的螺栓取出。螺栓取出器规格见表 11-27。

表 11-27 螺栓取出器规格

取出器规格（号码）	主要尺寸 /mm			选用螺栓规格		选用麻花钻规格（直径）/mm
	直径		全长	米制/mm	英制/in	
	小端	大端				
1	1. 6	3.2	50	M4～M6	3/16～1/4	2
2	2.4	5.2	60	M6～M8	1/4～5/16	3
5	3.2	6.2	68	M8～M10	5/16～7/16	4
4	4.8	8.7	76	M10～M14	7/16～9/16	6.5
5	6.3	11	85	M14～M18	9/16～3/4	7
6	9.5	15	95	M18～M24	3/4～1	10

11.6.6 手动拉铆枪

手动拉铆枪专供单面铆接（拉铆）抽芯铆钉用。单手操作式适用于拉铆力不大的场合；双手操作式适用于拉铆力较大的场合。手动拉铆枪规格见表 11-28。

表 11-28 手动拉铆枪规格（QB/T 2292—1997）

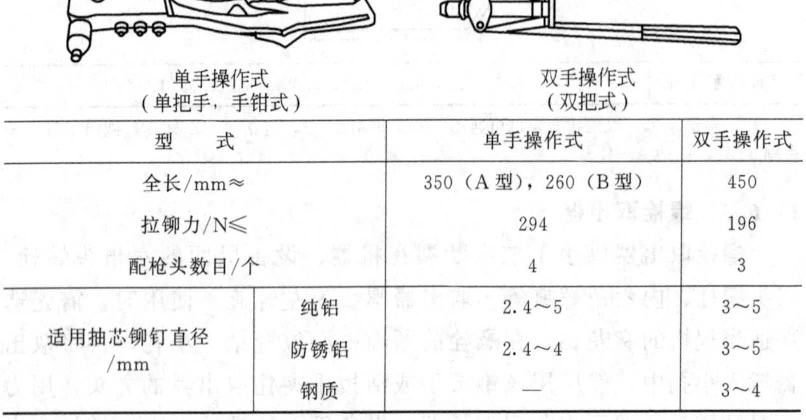

型式		单手操作式	双手操作式
全长/mm≈		350（A 型），260（B 型）	450
拉铆力/N≤		294	196
配枪头数目/个		4	3
适用抽芯铆钉直径/mm	纯铝	2.4～5	3～5
	防锈铝	2.4～4	3～5
	钢质	—	3～4

11.6.7 刮刀

半圆刮刀用于刮削轴瓦的凹面，三角刮刀用于刮削工件上的油槽和孔的边缘，平刮刀用于刮削工件的平面或铲花纹等。刮刀规格见表11-29。

表11-29 刮刀规格

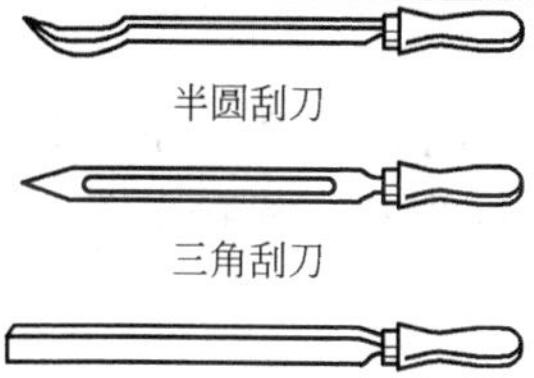

半圆刮刀

三角刮刀

平刮刀

长度（不连柄）/mm	50，75，100，125，150，175，200，250，300，350，400

11.6.8 弓形夹

弓形夹是钳工、钣金工在加工过程中使用的紧固器材，它可将几个工件夹在一起以便进行加工。最大夹装厚度为32～320mm。弓形夹规格见表11-30。

表11-30 弓形夹规格（JB/T 3411．49—1999）

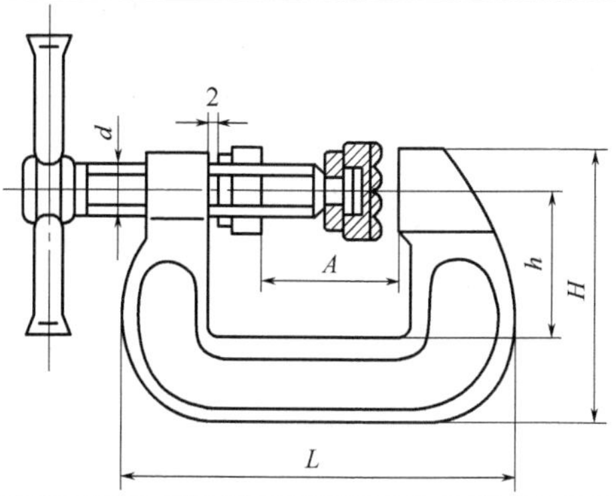

最大夹装厚度 A	L	h	H	d
32	130	50	95	M12
50	165	60	120	M16
60	215	70	140	M20

续表

最大夹装厚度 A	L	h	H	d
125	285	85	170	M24
200	360	100	190	
320	505	120	215	

11.6.9　拉马

拉马（顶拔器）通常有两爪及三爪两种。三爪适用于更换带轮以及拆卸各种传动轴上的齿轮、连接器等。两爪还可以拆卸非圆形的零件。拉马规格见表11-31。

表 11-31　拉马规格　mm

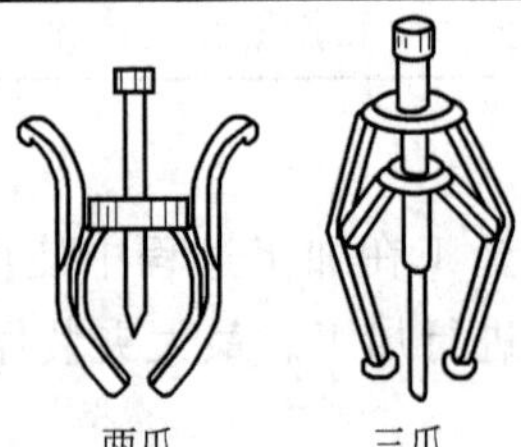

两爪　　三爪

规格（最佳受力处直径）/mm	100	150	200	250	300	350
两爪顶拔器最大拉力/kN	10	18	28	40	54	72
三爪顶拔器最大拉力/kN	15	27	42	60	81	108

第 12 章　管工工具

12.1　管子台虎钳

管子台虎钳安装在工作台上，夹紧管子供攻制螺纹和锯、切割管子等用，为管工的必备工具。管子台虎钳规格见表 12-1。

表 12-1　管子台虎钳规格（QB/T 2211—1996）

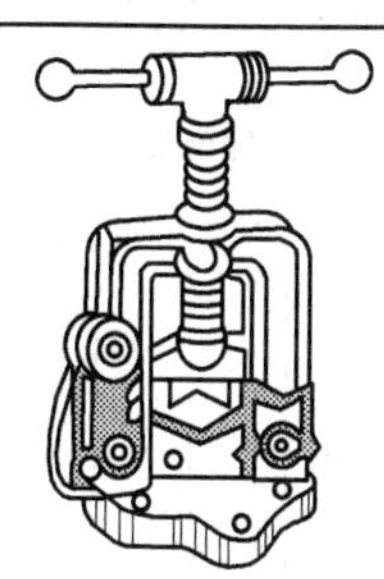

型号（号数）	1	2	3	4	5	6
夹持管子直径/mm	10～60	10～90	15～115	15～165	30～220	30～300

12.2　C 形管子台虎钳

C 形管子台虎钳结构比普通管子台虎钳简单，体积小，使用方便；钳口接触面大，不易磨损，管子夹紧较牢。C 形管子台虎钳规格见表 12-2。

表 12-2　C 形管子台虎钳规格

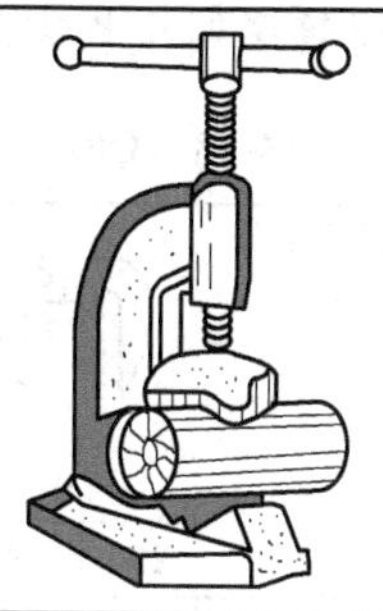

适用管子公称直径/mm	10～65

12.3　水泵钳

水泵钳的类型有滑动销轴式、榫槽叠置式和钳腮套入式三种。用于夹持、旋拧圆柱形管件，钳口有齿纹，开口宽度有3～10挡调节位置，可以夹持尺寸较大的零件，主要用于水管、煤气管道的安装、维修工程以及各类机械维修工作。水泵钳规格见表12-3。

表12-3　水泵钳规格（QB/T 2440.4—2007）

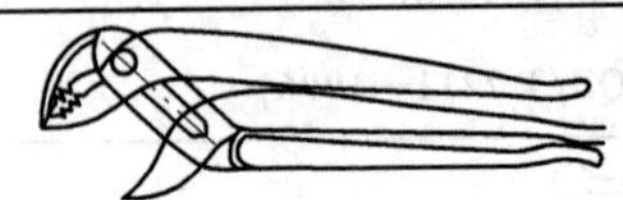

滑动销轴式(A型)

榫槽叠置式(B型)

钳腮套入式(C型)

规格/mm	100	120	140	160	180	200	225	250	300	350	400	500
最大开口宽度/mm	12	12	12	16	22	22	25	28	35	45	80	125
位置调节挡数	3	3	3	3	4	4	4	4	4	6	8	10
加载距离/mm	71	78	90	100	115	125	145	160	190	221	225	315
可承载荷/N·m	400	500	560	630	735	800	900	1000	1250	1400	1600	2000

12.4　管子钳

管子钳是用来夹持及旋转钢管、水管、煤气管等各类圆形工件用的手工具。按其承载能力分为重级（用Z表示）、普通级（用P表示）、轻级（用Q表示）三个等级；按其结构不同分为铸柄、锻柄、铝合金柄等多种。类型有Ⅰ型、Ⅱ型、Ⅲ型、Ⅳ型和Ⅴ型。管子钳规格用夹持管子最大外径时管子钳全长表示，其规格见表12-4。

表12-4　管子钳规格（QB/T 2508—2001）

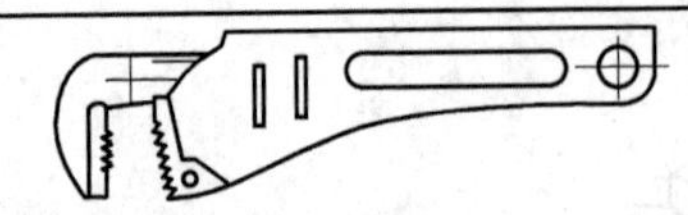

Ⅰ型轻型管子钳

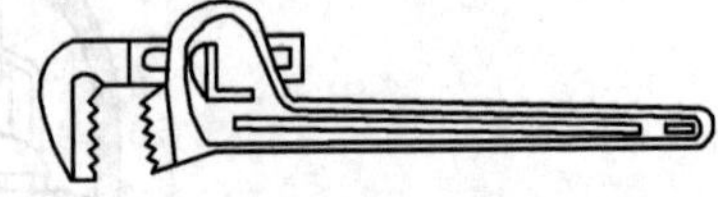

Ⅱ型铸柄管子钳

规格/mm	150	200	250	300	350	450	600	900	1200
夹持管子外径/mm≤	20	25	30	40	50	60	75	85	110

续表

试验扭矩/N·m	普通级（P）	105	203	340	540	650	920	1300	2260	3200
	重级（Z）	165	330	550	830	990	1440	1980	3300	4400

12.5　自紧式管子钳

自紧式管子钳钳柄顶端有渐开线钳口，钳口工作面均为锯齿形，以利夹紧管子；工作时可以自动夹紧不同直径的管子，夹管时三点受力，不作任何调节。自紧式管子钳规格见表 12-5。

表 12-5　自紧式管子钳规格

公称尺寸/mm	可夹持管子外径/mm	钳柄长度/mm	活动钳口宽度/mm	扭矩试验	
				试棒直径	承受扭矩/N·m
300	20～34	233	14	28	450
400	34～48	305	16	40	750
500	48～66	400	18	48	1050

12.6　快速管子扳手

快速管子扳手用于紧固或拆卸小型金属和其他圆柱形零件，也可作扳手使用，是管路安装和修理工作常用工具。快速管子扳手规格见表 12-6。

表 12-6　快速管子扳手规格

规格（长度）/mm	200	250	300
夹持管子外径/mm	12～25	14～30	16～40
适用螺栓规格/mm	M6～M14	M8～M18	M10～M24
试验扭矩/N·m	196	323	490

12.7　链条管子扳手

链条管子扳手用于紧固或拆卸较大金属管或圆柱形零件，是管路安装和修理工作的常用工具。链条管子扳手规格见表 12-7。

表 12-7 链条管子扳手规格（QB/T 1200—1991）

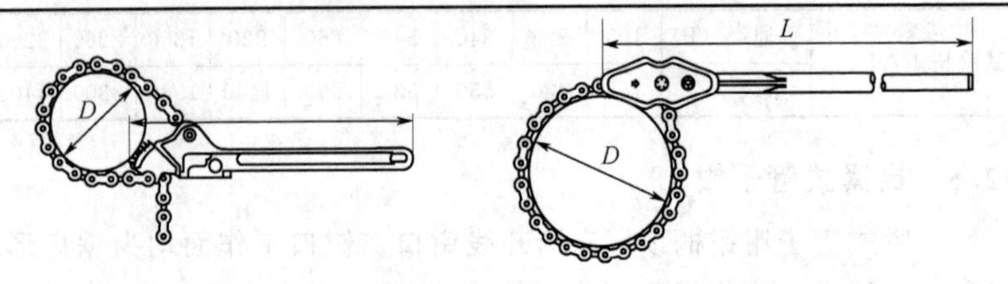

型 号	A型	B型			
公称尺寸 L/mm	300	900	1000	1200	1300
夹持管子外径 D/mm	50	100	150	200	250
试验扭矩/N·m	300	830	1230	1480	1670

12.8 管子割刀

管子割刀用于切割各种金属管、软金属管及硬塑管。刀体用可锻铸铁和锌铝合金制造，结构坚固。割刀轮刀片用合金钢制造，锋利耐磨，切刀口整齐。管子割刀分为普通型（代号为 GT）和轻型（代号为 GQ）两种，其规格见表 12-8。

表 12-8 管子割刀规格（QB/T 2350—1997） mm

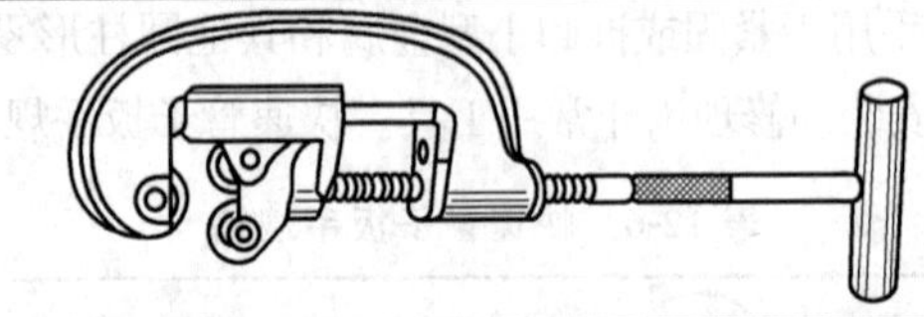

型式	规格代号	全长	最大割管外径	最大割管壁厚	适用范围
GQ（轻型）	1	124	25	1	塑料管、紫铜管
GT（普通型）	1	260	33.50	3.25	碳钢管
	2	375	60	3.50	
	3	540	88.50	4	
	4	665	114	4	

12.9 胀管器

胀管器在制造、维修锅炉时，用来扩大钢管端部的内外径，使钢管端部与锅炉管板接触部位紧密胀合，不会漏水、漏气。翻边式胀管器在胀管同时还可以对钢管端部进行翻边。胀管器规格见表 12-9。

表 12-9 胀管器规格 mm

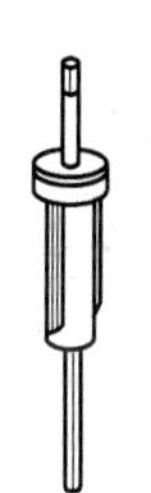
直通式胀管器

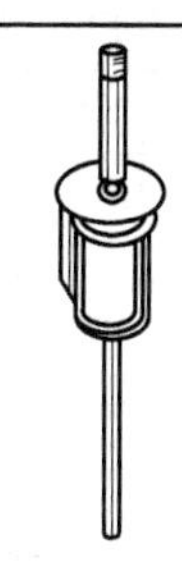
翻边式胀管器

公称规格	全长	适用管子范围		
		内径		胀管长度
		最小	最大	
01 型直通胀管器				
10	114	9	10	20
13	195	11.5	13	20
14	122	12.5	14	20
16	150	14	16	20
18	133	16.2	18	20
02 型直通胀管器				
19	128	17	19	20
22	145	19.5	22	20
25	161	22 5	25	25
28	177	25	28	20
32	194	28	32	10
35	210	30.5	35	25
38	226	33.5	38	25
40	240	35	40	25
44	257	39	44	25
48	265	43	48	27
51	274	45	51	28
57	292	51	57	30
64	309	57	64	32

公称规格	全长	适用管子范围		
		内径		胀管长度
		最小	最大	
02 型直通胀管器				
70	326	63	70	32
76	345	68.5	76	36
82	379	74.5	82.5	38
88	413	80	88.5	40
102	477	91	102	44
03 型特长直通胀管器				
25	170	20	23	38
28	180	22	25	50
32	194	27	31	48
38	201	33	36	52
04 型翻边胀管器				
38	240	33.5	38	40
51	290	42.5	48	54
57	380	48.5	55	50
64	360	54	61	55
70	380	61	69	50
76	340	65	72	61

12.10　弯管机

弯管机供冷弯金属管用。弯管机规格见表12-10。

表12-10　弯管机规格（JB/T 2671.1—2010）

弯管最大直径/mm	10	16	25	40	60	89	114	159	219	273
最大弯曲壁厚/mm	2	2.5	3	4	5	6	8	12	16	20
最小弯曲半径/mm	8	12	20	30	50	70	110	160	320	400
最大弯曲半径/mm	60	100	150	250	300	450	600	800	1000	1250
最大弯曲角度/(°)	195									
最大弯曲速度/r·min^{-1}	≥12	≥10	≥6	≥4	≥3	≥2	≥1	≥0.5	≥0.4	≥0.3

12.11　管螺纹铰板

管螺纹铰板用手工铰制低压流体输送用钢管上55°圆柱和圆锥管螺纹。管螺纹铰板规格见表12-11。

表12-11　管螺纹铰板规格（QB/T 2509－2001）　　mm

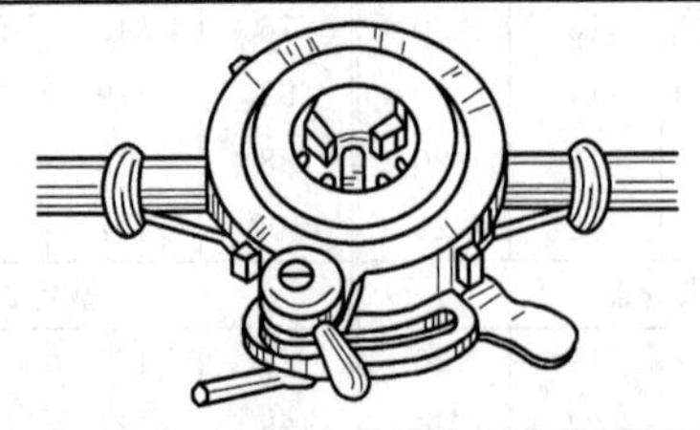

规格	铰螺纹范围		板牙规格		特　点
	管子外径	管子内径	规格	管子内径	
60 60W	21.3～26.8 33.5～42.3 48.0～60.0	12.70～19.05 25.40～31.75 38.10～50.80	21.3～26.8 33.5～42.3 48.0～60.0	12.70～19.05 25.40～31.75 38.10～50.80	无间歇机构
114W	66.5～88.5 101.0～114.0	57.15～76.20 88.90～101.60	66.5～88.5 101.0～114.0	57.15～76.20 88.90～101.60	有间歇机构，使用具有万能性

12.12　轻、小型管螺纹铰板

轻、小型管螺纹铰板和板牙是手工铰制水管、煤气管等管子外螺纹用的手动工具，用在维修或安装工程中。轻、小型管螺纹铰板和板牙规格见表 12-12。

表 12-12　轻、小型管螺纹铰板和板牙规格

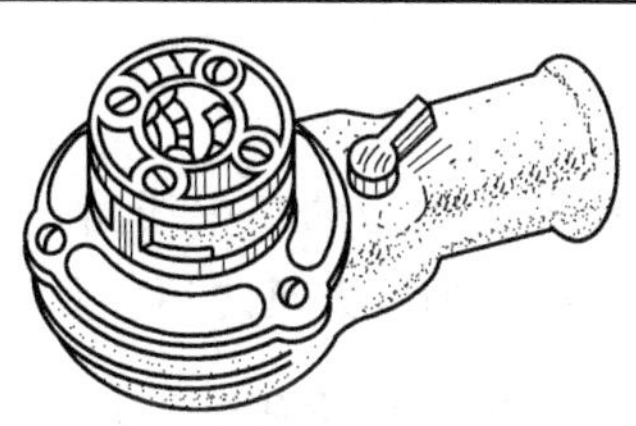

型　　号		铰制管子外螺纹范围/mm	板牙规格/in	特　　点
轻型	Q74-1 Q71-1A SH-76	6.35～25.4 12.7～25.4 12.7～38.1	1/4，3/8，1/2，3/4，1 1/2，3/4，1 1/2，3/4，1，1¼，1½	单板杆
小型		12.7～19.05	1/2，3/4，1，1¼	盒式

12.13　电线管螺纹铰板及板牙

电线管螺纹铰板及板牙用于手工铰制电线套管上的外螺纹。电线管螺纹铰板及板牙规格见表 12-13。

表 12-13　电线管螺纹铰板及板牙规格　　mm

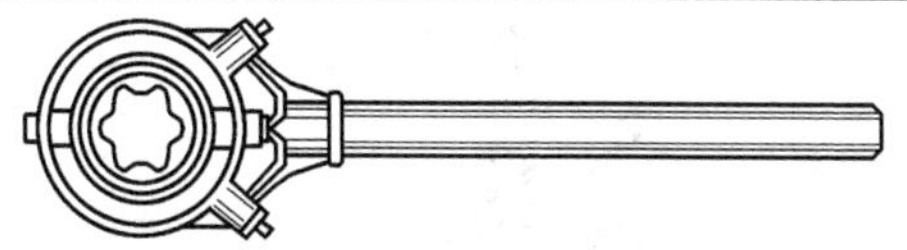

型　　号	铰制钢管外径	圆板牙外径尺寸
SHD-25 SHD-50	12.70，15.88，19.05，25.40 31.75，38.10，50.80	41.2 76.2

注：钢管外径为 12.70mm、15.88mm、19.05mm 和 25.40mm 用的圆板牙的刃瓣数分别为 4.5、5 和 8；31.75mm、38.10mm 和 50.80mm 用的圆板牙刃瓣数分别为 6、8 和 10。

第 13 章　电工工具

13.1　钳类工具

13.1.1　紧线钳

紧线钳专供在架设各种类型的空中线路，以及用低碳钢丝包扎时收紧两线端，以便绞接或加置索具之用。紧线钳规格见表 13-1。

表 13-1　紧线钳规格

平口式紧线钳

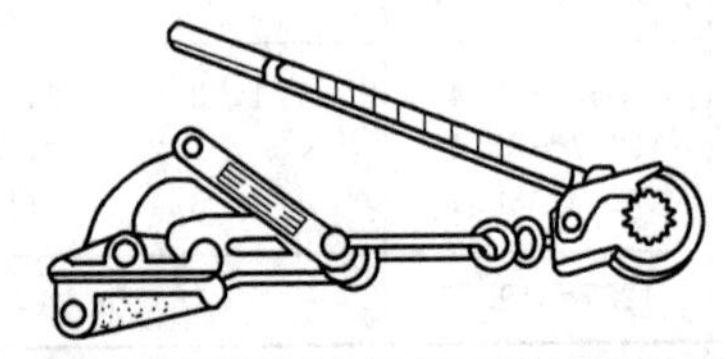

号数	钳口弹开尺寸/mm	额定拉力/N	夹线直径范围/mm			
			单股铁铜线	钢绞线	无芯铝绞线	钢芯铝绞线
1	≥21.5	15000	10.0～20.0	—	12.4～17.5	13.7～19.0
2	≥10.5	8000	5.0～10.0	5.1～9.0	5.1～9.0	5.4～9.9
3	≥5.5	3000	1.5～5	1.5～4.8	—	—

虎头式紧线钳

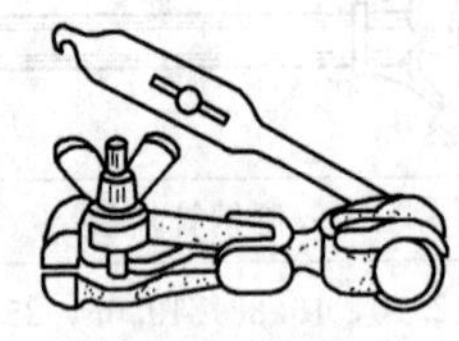

长度/mm	150	200	250	300	350	400
钳口宽度/mm	32	40	48	54	62	70
夹线直径范围/mm	1.6～2.6	2.5～3.5	3.0～4.5	4.0～6.5	5.0～7.2	6.5～10.5
收线轮线孔径/mm	3	4	6	7	8	
额定拉力/N	1471	2942	4315	5884	7845	

13.1.2 剥线钳

剥线钳供电工用于在不带电的条件下，剥离线芯直径为 0.5～2.5mm 的各类电信导线外部绝缘层。多功能剥线钳还能剥离带状电缆。剥线钳规格见表 13-2。

表 13-2 剥线钳规格（QB/T 2207—1996） mm

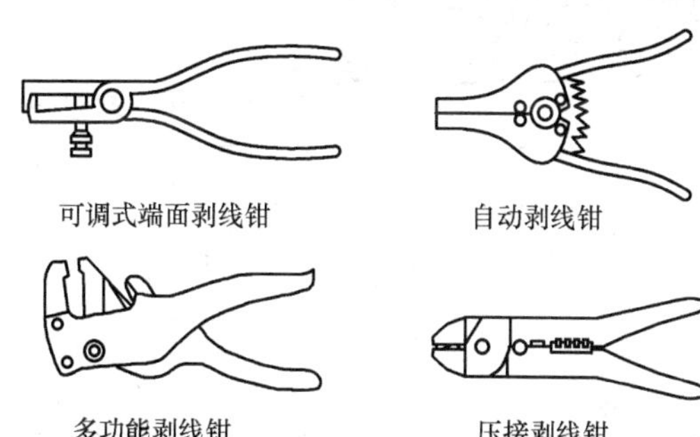

名　　称	规格（全长）	剥离线芯直径
可调式端面剥线钳	160	0.5～2.5
自动剥线钳	170	
多功能剥线钳	170	
压接剥线钳	200	

13.1.3 冷轧线钳

冷轧线钳除具有一般钢丝钳的用途外，还可用来轧接电话线、小型导线的接头或封端。冷轧线钳规格见表 13-3。

表 13-3 冷轧线钳规格

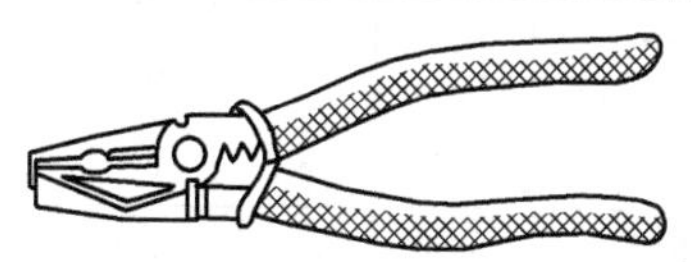

长度/mm	轧导线断截面积范围/mm^2
200	2.5～6.0

13.1.4 手动机械压线钳

手动机械压线钳专供冷压连接铝、铜导线的接头与封端（利用模块使导线接头或封端紧密连接）。手动机械压线钳规格见表13-4。

表13-4 手动机械压线钳规格（QB/T 2733—2005）

压接线径/mm^2	手柄部的最大载荷		压接性能	
	压接导线截面积/mm^2	载荷/N	导体材料	拉力试验负载/N
0.1～400	≤240	≤390	铜	40A，最大20000
	＞240	≤590	铝	60A，最大20000

注：A 为导线截面积（mm^2）。

13.1.5 顶切钳

顶切钳是剪切金属丝的工具，用于机械、电器的装配及维修工作中。顶切钳规格见表13-5。

表13-5 顶切钳规格（QB/T 2441.2—2007）

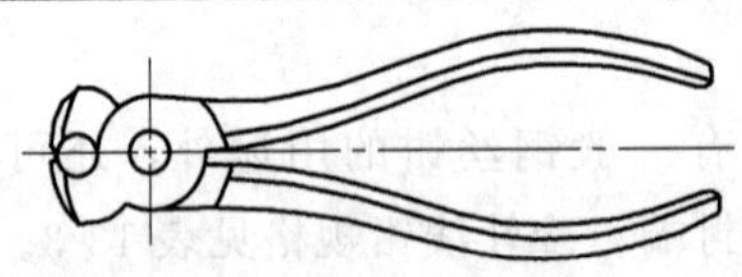

规格/mm		100	125	140	160	180	200
加载距离/mm		60	75	100	112	125	140
可承载荷/N	甲级	600	750	1000	1120	1250	1400
	乙级	400	500	600	750	1000	1120
剪切力/N	甲级	450	600	750	900	1080	1260
	乙级	500	650	800	950	1130	1310
剪切试材直径/mm		1.0	1.6	1.6	1.6	1.6	1.6

13.1.6 电信夹扭钳

电信夹扭钳规格见表13-6。

表13-6 电信夹扭钳规格（QB/T 3005—2008） mm

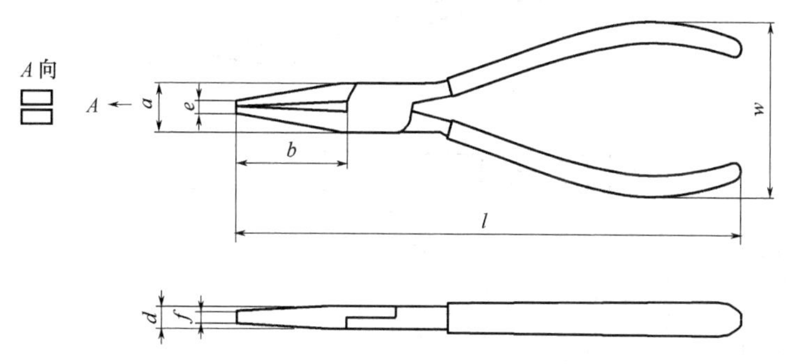

钳嘴型式		规格 l	a_{max}	b	d_{max}	e_{max}、f_{min}	w
圆嘴	短嘴（S）	112±7	10	25_{max}	6.5	0.8_{max}	48±5
		125±8	13	30_{max}	8	1.5_{max}	50±5
	长嘴（L）	125±8	13	30_{min}	8	1.5_{max}	50±5
		140±9	14	34_{min}	10	2_{max}	50±5
扁嘴	短嘴（S）	112±5	10	25_{max}	6.5	1.8	48±5
		125±7	13	30_{max}	8	2.2	50±5
	长嘴（L）	125±7	13	30_{min}	8	2.2	50±5
		140±8	14	34_{min}	10	2.8	50±5
尖嘴	短嘴（S）	112±5	10	25_{max}	6.5	1.8	48±5
		125±7	13	30_{max}	8	2.2	50±5
	长嘴（L）	125±7	13	30_{min}	8	2.2	50±5
		140±7	14	34_{min}	10	2.8	50±5

13.1.7 电信剪切钳

电信剪切钳规格见表13-7。

表 13-7　电信剪切钳规格（QB/T 3004—2008）　mm

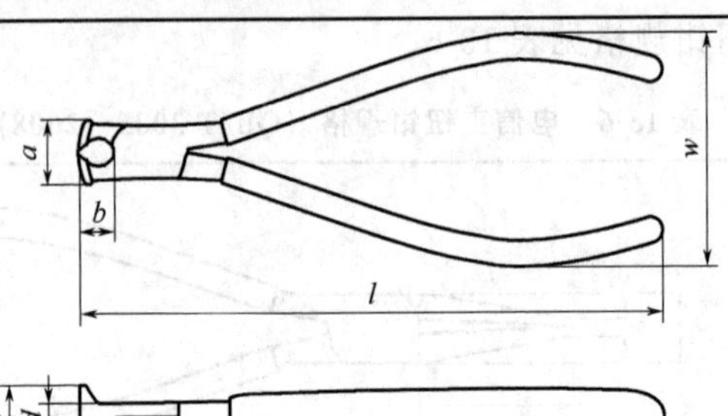

顶切钳

钳嘴型式	规格 l	a_{max}	b	c_{max}	d_{max}	w
短嘴（S）	112±7	13	9_{min}	22	9	48±5
长嘴（L）	125±8	7	14_{min}	8	9	50±5
	160±10	7	36_{min}	10	10	50±5

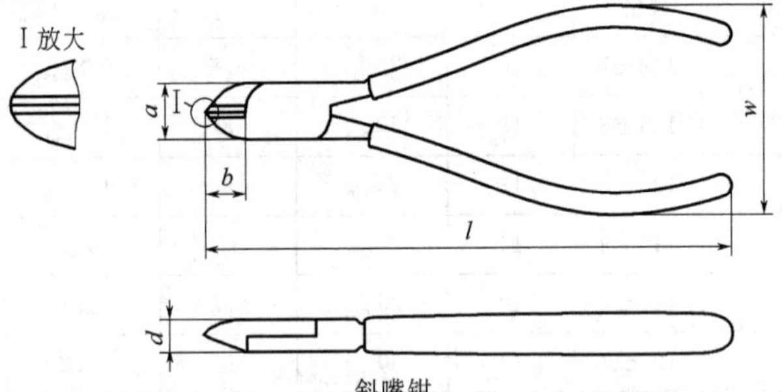

斜嘴钳

规格 l	a_{max}	b	d_{max}	w
112±7	13	16	8	48±5
125±8	16	20	10	50±5

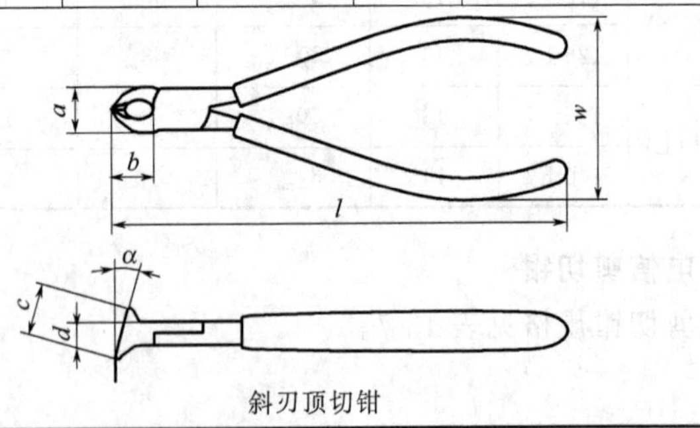

斜刃顶切钳

续表

钳嘴型式	规格 l	a_{max}	b_{max}	c_{max}	d_{max}	w	α
长嘴（L）	125±7	14	14	20	8	48±5	15°±5°
短嘴（S）	125±8	8	25	10	8	50±5	45°±5°

13.1.8 电缆剪

电缆剪用于切断铜、铝导线，电缆，钢绞线，钢丝绳等，保持断面基本呈圆形，不散开。电缆剪规格见表 13-8。

表 13-8 电缆剪规格

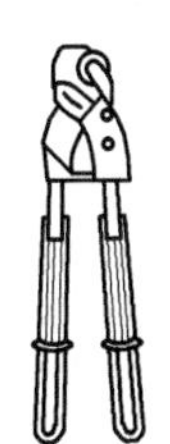

XLJ-S-1 型　XLJ-D-300 型　XLJ-2 型

型号	手柄长度（缩/伸）/mm	重量/kg	适用范围
XLJ-S-1	400/550	2.5	切断 240mm^2 以下铜、铝导线及直径 8mm 以下低碳圆钢，手柄护套耐电压 5000V
XLJ-D-300	230	1	切断直径 45mm 以下电缆及 300mm^2 以下铜导线
XLJ-1	420/570	3	切断直径 65mm 以下电缆
XLJ-2	450/600	3.5	切断直径 95mm 以下电缆
XLJ-G	410/560	3	切断 400mm^2 以下铜芯电缆，直径 22mm 以下钢丝绳及直径 16mm 以下低碳圆钢

13.2 其他电工工具

13.2.1 电工刀

电工刀用于电工装修工作中割削电线绝缘层、绳索、木桩及软性金属。多用（两用、三用、四用）电工刀中的附件：锥子可用来钻电器用圆木上的钉孔，锯片可用来锯割槽板，旋具可用来紧固或拆卸带槽螺钉、木螺钉等。电工刀规格见表13-9。

表13-9　电工刀规格（QB/T 2208—1996）

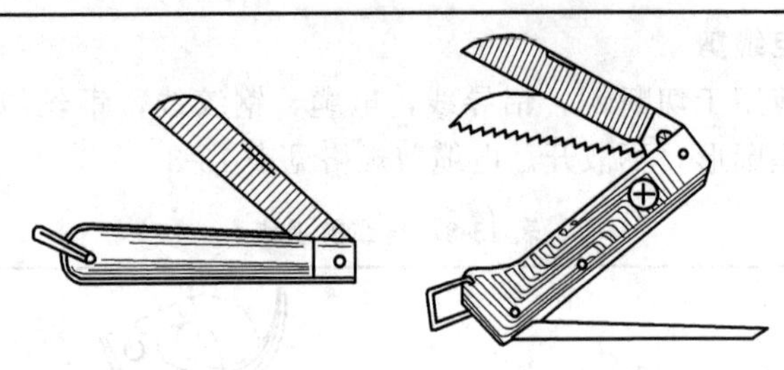

单用电工刀　　多用电工刀

型式代号	产品规格代号	刀柄长度 L/mm
A（单用） B（多用）	1号	115
	2号	105
	3号	95

13.2.2　电烙铁

电烙铁用于电器元件、线路接头的锡焊。分外热式和内热式两种。电烙铁规格见表13-10。

表13-10　电烙铁规格（GB/T 7157—2008）

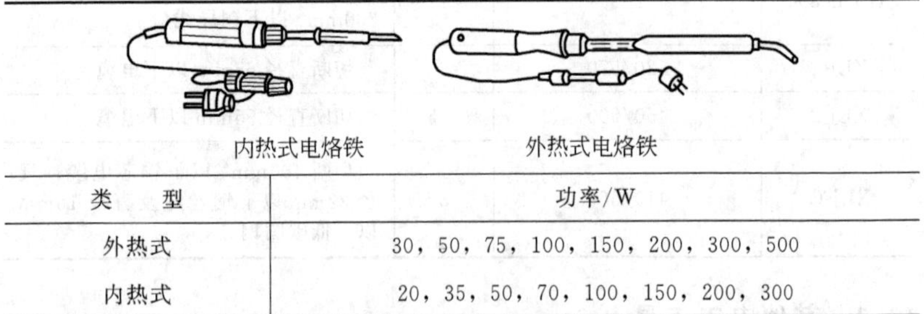

内热式电烙铁　　外热式电烙铁

类　型	功率/W
外热式	30，50，75，100，150，200，300，500
内热式	20，35，50，70，100，150，200，300

13.2.3　测电器

测电器用于检查线路上是否有电，分高压和低压（试电笔）两种。测电器规格见表 13-11。

表 13-11 测电器规格

类型	规格/mm ≤			检测电压范围/V
	总长度	绝缘内腔长度	绝缘内腔直径	
低压测电器（GB/T 8218—1987）	200	60	10	0～500
高压测电器	—	—	—	0～10000

第 14 章　电动工具

14.1　电钻

电钻基本参数见表 14-1。

表 14-1　电钻基本参数（GB/T 5580—2007）

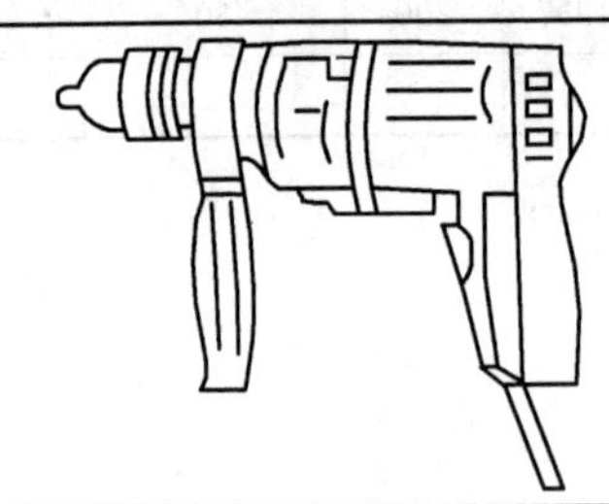

电钻规格/mm		额定输出功率/W	额定转矩/N·m
4	A	≥80	≥0.35
6	C	≥90	≥0.50
	A	≥120	≥0.85
	B	≥160	≥1.20
8	C	≥120	≥1.00
	A	≥160	≥1.60
	B	≥200	≥2.20
10	C	≥140	≥1.50
	A	≥180	≥2.20
	B	≥230	≥3.00
13	C	≥200	≥2.50
	A	≥230	≥4.00
	B	≥320	≥6.00
16	A	≥320	≥7.00
	B	≥400	≥9.00
19	A	≥400	≥12.00
23	A	≥400	≥16.00
32	A	≥500	≥32.00

注：电钻规格指电钻钻削抗拉强度为 390MPa 钢材时所允许使用的最大钻头直径。

14.2 冲击电钻

冲击电钻基本参数见表 14-2。

表 14-2 冲击电钻基本参数（GB/T 22676—2008）

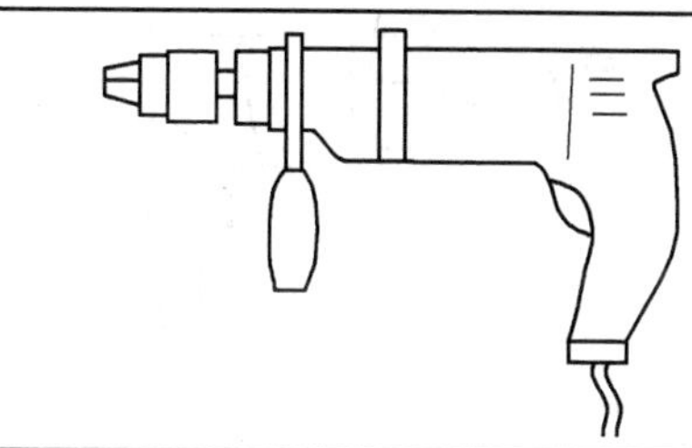

规格/mm	额定输出功率/W	额定转矩/N·m	额定冲击次数/次·min^{-1}
10	≥220	≥1.2	≥46400
13	≥280	≥1.7	≥43200
16	≥350	≥2.1	≥41600
20	≥430	≥2.8	≥38400

注：1. 冲击电钻规格指加工砖石、轻质混凝土等材料时的最大钻孔直径。

2. 对双速冲击电钻表中的基本参数是指高速挡时的参数，对电子调速冲击电钻是指电子装置调节到给定转速最高值时的参数。

14.3 电锤

电锤基本参数见表 14-3。

表 14-3 电锤基本参数（GB/T 7443—2007）

电锤规格/mm	16	18	20	22	26	32	38	50
钻削率/$cm^3 \cdot min^{-1}$≥	15	18	21	24	30	40	50	70

注：电锤规格指在 C30 号混凝土（抗压强度 30～35MPa）上作业时的最大钻孔直径（mm）。

14.4　电动螺丝刀

电动螺丝刀基本参数见表14-4。

表14-4　电动螺丝刀基本参数（GB/T 22679—2008）

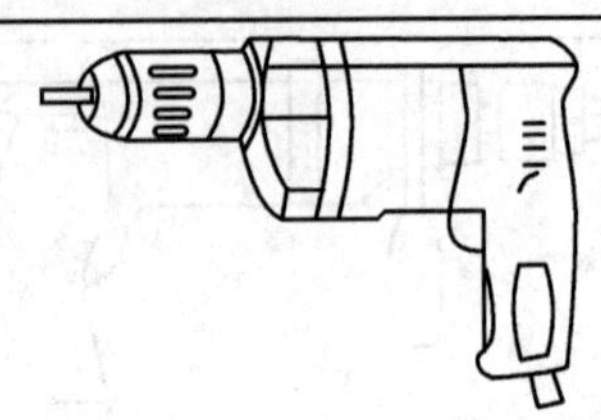

规格/mm	适用范围/mm	额定输出功率/W	拧紧力矩/N·m
M6	机螺钉M4～M6 木螺钉≤4 自攻螺钉ST3.9～ST4.8	≥85	2.45～8.0

注：木螺钉4mm是指在拧入一般木材中的木螺钉规格。

14.5　电圆锯

电圆锯基本参数见表14-5。

表14-5　电圆锯基本参数（GB/T 22761—2008）

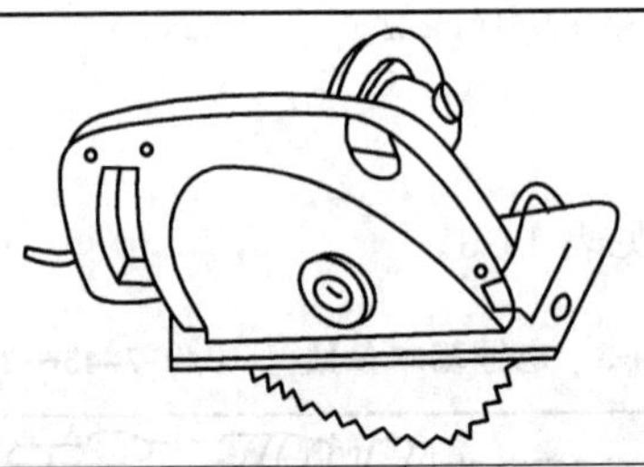

规格/mm	额定输出功率/W ≥	额定转矩/N·m≥	最大锯割深度/mm≥	最大调节角度/（°）≥
160×30	450	2.00	50	45
180×30	510	2.00	55	45
200×30	560	2.50	65	45
250×30	710	3.20	85	45
315×30	900	5.00	105	45

注：表中规格指可使用的最大锯片外径×孔径。

14.6 曲线锯

曲线锯基本参数见表 14-6。

表 14-6　曲线锯基本参数（GB/T 22680—2008）

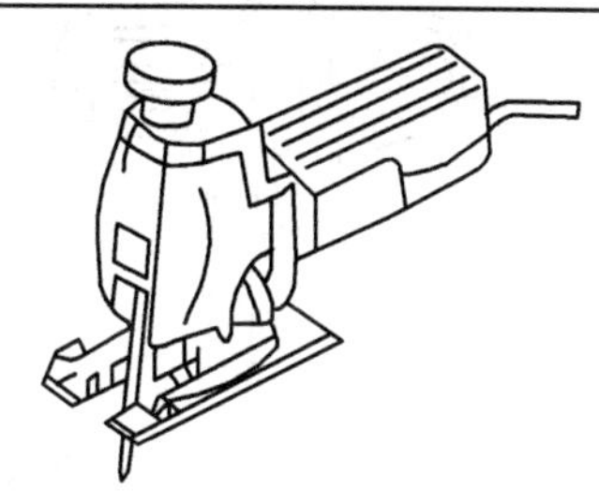

规格/mm	额定输出功率/W ≥	工作轴额定往复次数/次·min^{-1}≥
40（3）	140	1600
55（6）	200	1500
65（8）	270	1400

注：1. 额定输出功率是指电动机的输出功率。
2. 曲线锯规格指垂直锯割一般硬木的最大厚度。
3. 括号内数值为锯割抗拉强度为 390 MPa 板的最大厚度。

14.7 电动刀锯

电动刀锯基本参数见表 14-7。

表 14-7　电动刀锯基本参数（GB/T 22678—2008）

规格/mm	往复行程/mm	额定输出功率/W ≥	额定往复次数/次·min^{-1}≥
26	26	260	550
30	30	360	600

注：1. 额定输出功率指电动机的额定输出功率。
2. 额定往复次数指工作轴每分钟额定往复次数。

14.8　电动冲击扳手

电动冲击扳手基本参数见表14-8。

表14-8　电动冲击扳手基本参数（GB/T 22677—2008）

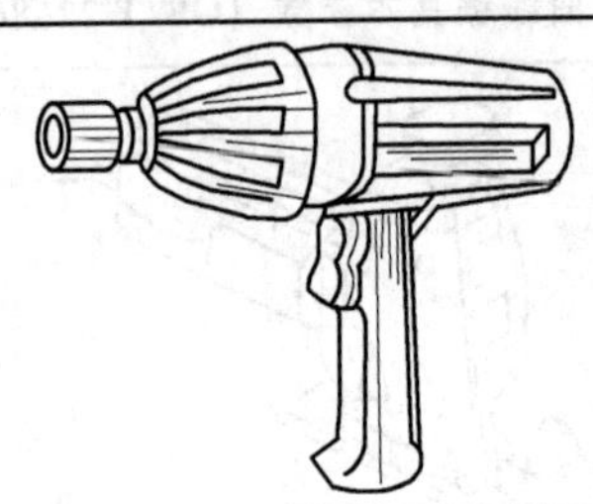

规格/mm	适用范围/mm	力矩范围/N·m	方头公称尺寸/mm	边心距/mm
8	M6～M8	4～15	10×10	≤26
12	M10～M12	15～60	12.5×12.5	≤36
16	M14～M16	50～150	12.5×12.5	≤45
20	M18～M20	120～220	20×20	≤50
24	M22～M24	220～400	20×20	≤50
30	M27～M30	380～800	25×25	≤56
42	M36～M42	750～2000	25×25	≤66

注：电扳手的规格是指在刚性衬垫系统上，装配精制的强度级别为6.8（GB/T 3098），内、外螺纹公差配合为6H/6g（GB/T197）的普通粗牙螺纹（GB/T 193）的螺栓所允许使用的最大螺纹直径d（mm）。

14.9　电剪刀

电剪刀基本参数见表14-9。

表14-9　电剪刀基本参数（GB/T 22681—2008）

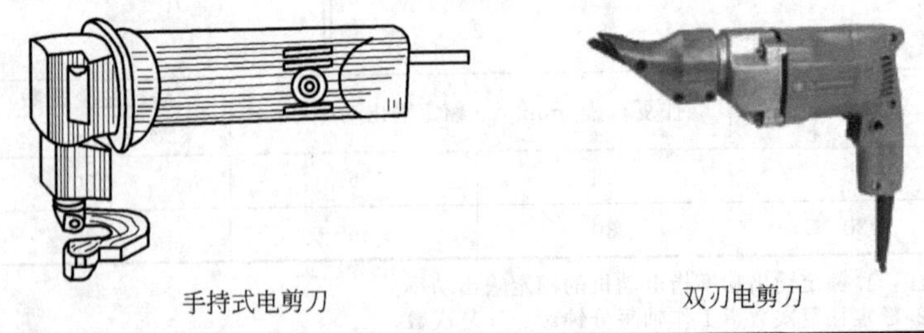

手持式电剪刀　　双刃电剪刀

续表

型式	规格/mm	额定输出功率/W	刀杆额定往复次数/次·min^{-1}
手持式	1.6	≥120	≥2000
	2	≥140	≥1100
	2.5	≥180	≥800
	3.2	≥250	≥650
	4.5	≥540	≥400
双刃	1.5	≥130	≥1850
	2	≥180	≥150

注：1. 电剪刀规格是指电剪刀剪切抗拉强度 390 MPa 热轧钢板的最大厚度。
2. 额定输出功率是指电动机额定输出功率。

14.10　落地砂轮机

落地砂轮机基本参数见表 14-10。

表 14-10　落地砂轮机基本参数（JB/T 3770—2000）

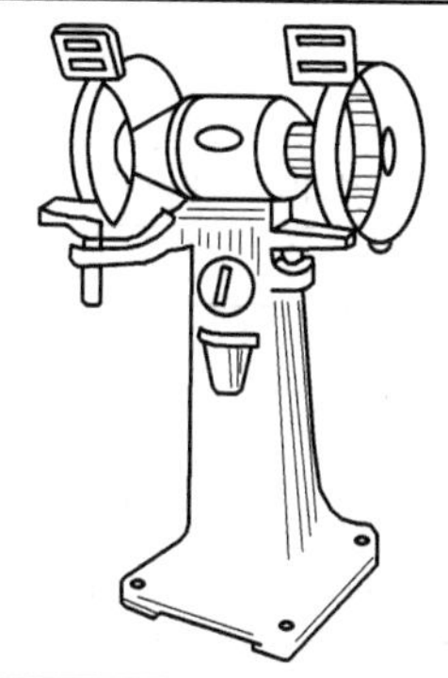

最大砂轮直径/mm	200	250	300	350	400	500	600
砂轮厚度/mm	25		40			50	65
砂轮孔径/mm	32		75		127	203	305
额定功率[①]/kW	0.5	0.75	1.5	1.75	3.0、2.2[②]	4.0	5.5
同步转速/r·min^{-1}	3000		1500、3000	1500		1000	
额定电压/V	380						
额定频率/Hz	50						

① 额定功率指额定输出功率。
② 此额定功率为自驱式砂轮机的额定功率。

14.11　台式砂轮机

台式砂轮机基本参数见表14-11。

表14-11　台式砂轮机基本参数（JB/T 4143—1999）

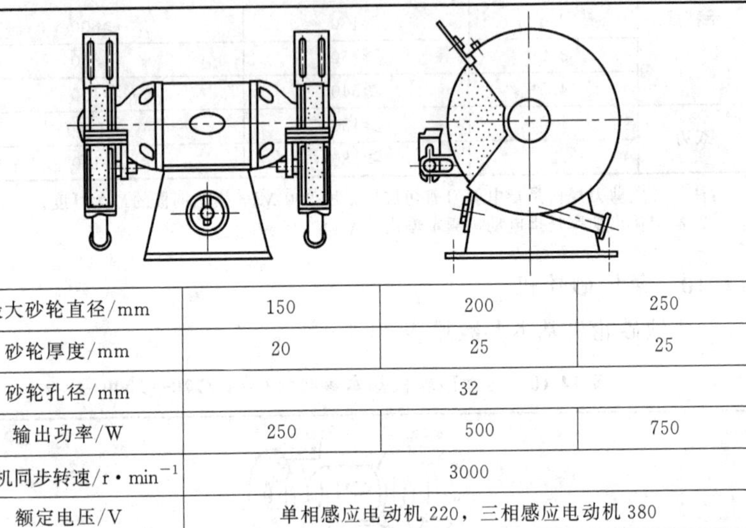

最大砂轮直径/mm	150	200	250
砂轮厚度/mm	20	25	25
砂轮孔径/mm	32		
输出功率/W	250	500	750
电动机同步转速/r·min^{-1}	3000		
额定电压/V	单相感应电动机220，三相感应电动机380		
额定频率/Hz	50		

14.12　轻型台式砂轮机

轻型台式砂轮机基本参数见表14-12。

表14-12　轻型台式砂轮机基本参数（JB/T 6092—2007）

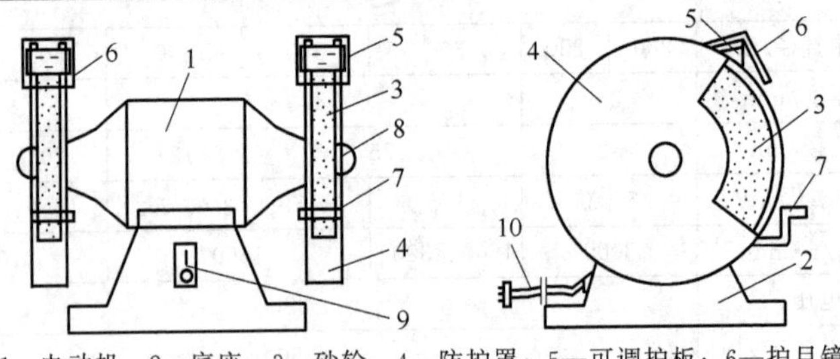

1—电动机；2—底座；3—砂轮；4—防护罩；5—可调护板；6—护目镜；7—工件托架；8—卡盘；9—开关；10—电源线

续表

最大砂轮直径/mm	100	125	150	175	200	250
砂轮厚度/mm	16	16	16	20	20	25
额定输出功率/W	90	120	150	180	250	400
电动机同步转速/r·min^{-1}	3000					
最大砂轮直径/mm	100　125　150　175　200　250			150　175　200　250		
使用电动机种类	单相感应电动机			三相感应电动机		
额定电压/V	220			380		
额定频率/Hz	50			50		

14.13　角向磨光机

角向磨光机基本参数见表 14-13。

表 14-13　角向磨光机基本参数（GB/T 7442—2007）

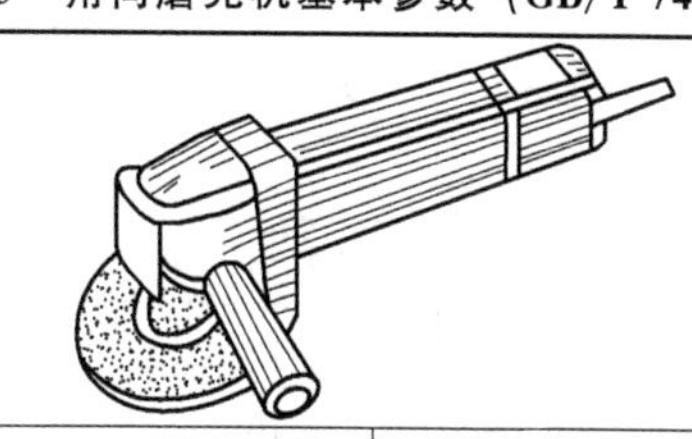

规格		额定输出功率/W	额定转矩/N·m
砂轮直径（外径×内径）/mm	类型		
100×16	A	≥200	≥0.30
	B	≥250	≥0.38
115×22	A	≥250	≥0.33
	B	≥320	≥0.50
125×22	A	≥320	≥0.50
	B	≥400	≥0.63
150×22	A	≥500	≥0.80
180×22	C	≥710	≥1.25
	A	≥1000	≥2.00
	B	≥1250	≥2.50
230×22	A	≥1000	≥2.80
	B	≥1250	≥3.55

14.14 直向砂轮机

直向砂轮机基本参数见表14-14。

表 14-14 直向砂轮机基本参数（GB/T 22682—2008）

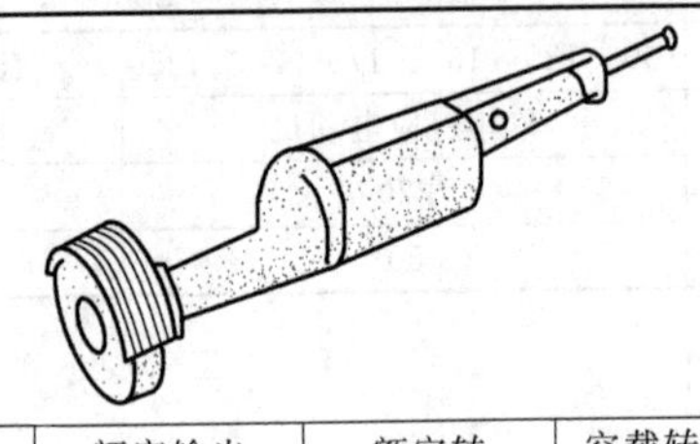

<table>
<tr><th colspan="2">规格/mm</th><th>额定输出功率/W</th><th>额定转矩/N·m</th><th>空载转速/r·min^{-1}</th><th>许用砂轮安全线速度/m·s^{-1}</th></tr>
<tr><td rowspan="2">ϕ80×20×20（13）</td><td>A</td><td>≥200</td><td>≥0.36</td><td rowspan="2">≤11900</td><td rowspan="10">≥50</td></tr>
<tr><td>B</td><td>≥280</td><td>≥0.40</td></tr>
<tr><td rowspan="2">ϕ100×20×20（16）</td><td>A</td><td>≥300</td><td>≥0.50</td><td rowspan="2">≤9500</td></tr>
<tr><td>B</td><td>≥350</td><td>≥0.60</td></tr>
<tr><td rowspan="2">ϕ125×20×20（16）</td><td>A</td><td>≥380</td><td>≥0.80</td><td rowspan="2">≤7600</td></tr>
<tr><td>B</td><td>≥500</td><td>≥1.10</td></tr>
<tr><td rowspan="2">ϕ150×20×32（16）</td><td>A</td><td>≥520</td><td>≥1.35</td><td rowspan="2">≤6300</td></tr>
<tr><td>B</td><td>≥750</td><td>≥2.00</td></tr>
<tr><td rowspan="2">ϕ175×20×32（20）</td><td>A</td><td>≥800</td><td>≥2.40</td><td rowspan="2">≤5400</td></tr>
<tr><td>B</td><td>≥1000</td><td>≥3.15</td></tr>
<tr><td rowspan="2">ϕ125×20×20（16）</td><td>A</td><td>≥250</td><td>≥0.85</td><td rowspan="6"><3000</td><td rowspan="6">≥35</td></tr>
<tr><td>B</td><td rowspan="2">≥350</td><td rowspan="2">≥1.20</td></tr>
<tr><td rowspan="2">ϕ150×20×32（16）</td><td>A</td></tr>
<tr><td>B</td><td rowspan="2">≥500</td><td rowspan="2">≥1.70</td></tr>
<tr><td rowspan="2">ϕ175×20×32（20）</td><td>A</td></tr>
<tr><td>B</td><td>≥750</td><td>≥2.40</td></tr>
</table>

注：括号内数值为ISO 603的内孔值。

14.15 平板砂光机

平板砂光机基本参数见表14-15。

表 14-15　平板砂光机基本参数（GB/T 22675—2008）

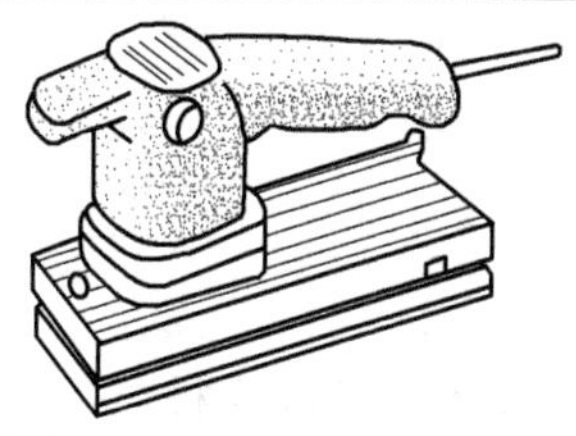

规格/mm	最小额定输入功率/W	空载摆动次数/次·min^{-1}
90	100	≥10000
100	100	
125	120	
140	140	
150	160	
180	180	
200	200	
250	250	
300	300	
350	350	

注：1. 制造厂应在每一挡砂光机的规格上指出所对应的平板尺寸，其值为多边形的一条长边或圆形的直径。

2. 空载摆动次数是指砂光机空载时平板摆动的次数（摆动 1 周为 1 次），其值等于偏心轴的空载转速。

3. 电子调速砂光机是以电子装置调节到最大值时测得的参数。

第 15 章　气动工具

15.1　金属切削类

15.1.1　气钻

气钻用于对金属、木材、塑料等材质的工件钻孔。气钻规格见表 15-1。

表 15-1　气钻规格（JB/T9847—1999）

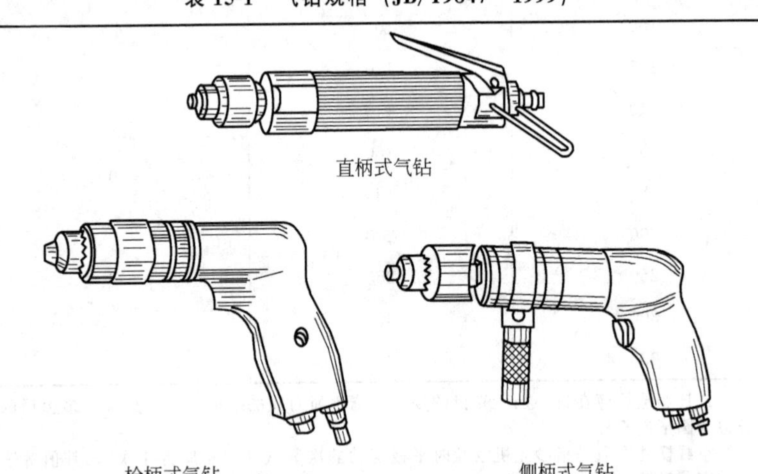

直柄式气钻

枪柄式气钻　　侧柄式气钻

产品系列	功率/kW≥	空转转速/$r \cdot min^{-1}$≥	耗气量/$L \cdot s^{-1}$≤	气管内径/mm	机重/kg≤
6	0.2	900	44	10	0.9
8		700			1.3
10	0.29	600	36	12.5	1.7
13		400			2.6
16	0.66	360	35	16	6
22	1.07	260	33		9
32	1.24	180	27		13
50	2.87	110	26	20	23
80		70			35

15.1.2　中型气钻

中型气钻广泛应用于飞机、船舶等大型机械装配及桥梁建筑等各种金属材料上钻孔、扩孔、铰孔和攻螺纹。中型气钻规格见表 15-2。

表 15-2　中型气钻规格

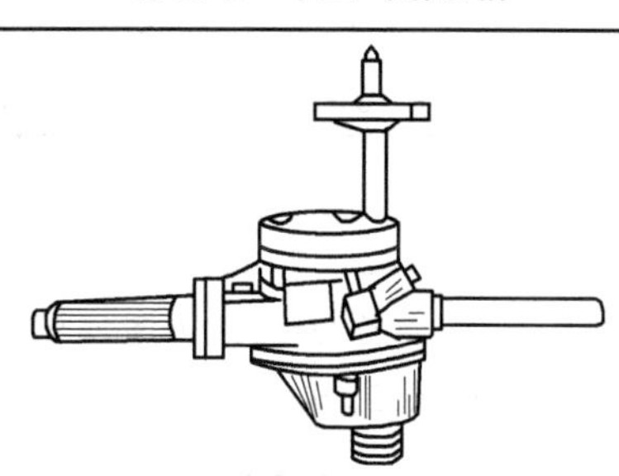

钻孔直径/mm	攻螺纹直径/mm	负荷转速/r·min^{-1}	负荷耗气量/L·s^{-1}	功率/kW	主轴莫氏锥度	机重/kg	气管内径/mm
22 32	M24	300 225	28.3 33.3	0.956 1.140	2 3	9 13	16 16

注：工作气压为 0.49MPa。

15.1.3　弯角气钻

弯角气钻适宜在钻孔部位狭窄的金属构件上进行钻削操作。特别适用于机械装配、建筑工地、飞机和船舶制造等方面。弯角气钻规格见表 15-3。

表 15-3　弯角气钻规格

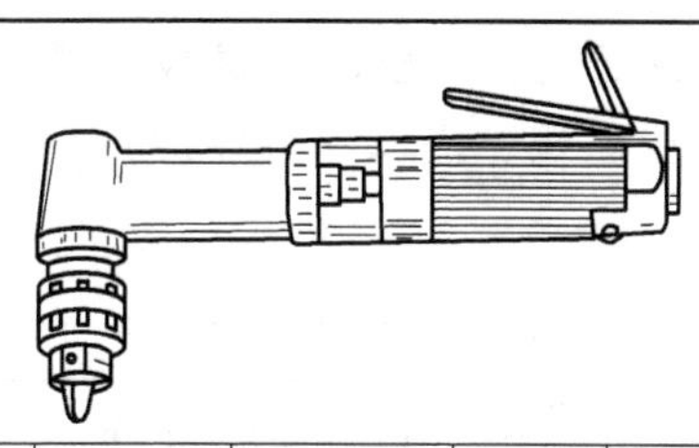

钻孔直径/mm	空转转速/r·min^{-1}	弯头高/mm	负荷耗气量/L·s^{-1}	功率/kW	工作气压/MPa	机重/kg	气管内径/mm
8	2500	72	6.67	0.20	0.49	1.4	9.5

续表

钻孔直径/mm	空转转速/$r \cdot min^{-1}$	弯头高/mm	负荷耗气量/$L \cdot s^{-1}$	功率/kW	工作气压/MPa	机重/kg	气管内径/mm
10	850	72	6.67	0.18	0.49	1.7	9.5
20	500	72	6.67	0.18	0.49	1.7	9.5
32	380	72	33.30	1.14	0.49	13.5	16.0

注：机重不包括钻卡。

15.1.4 气剪刀

气剪刀用于机械、电器等各行业剪切金属薄板，可以剪裁直线或曲线零件。气剪刀规格见表15-4。

表15-4 气剪刀规格

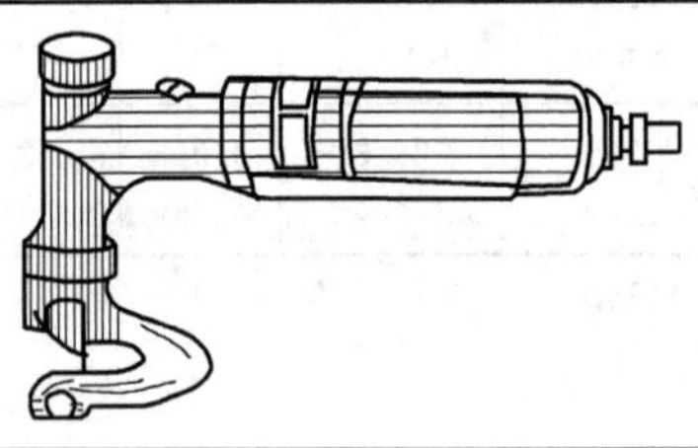

型号	工作气压/MPa	剪切厚度/mm	剪切频率/Hz	气管内径/mm	机重/kg
JD2	0.63	≤2.0	30	10	1.6
JD3	0.63	≤2.5	30	10	1.5

15.1.5 气冲剪

气冲剪用于冲剪钢板、铝板、塑料板、纤维板等，可保证冲剪后板材不变形。在建筑、汽车等行业应用广泛。气冲剪规格见表15-5。

表15-5 冲剪规格

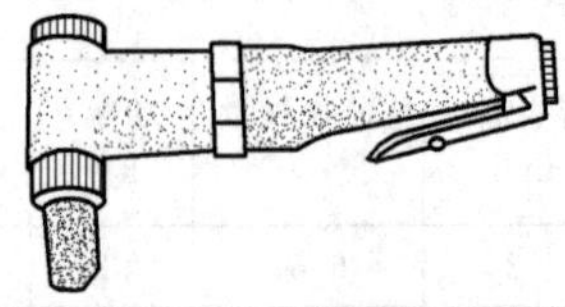

续表

冲剪厚度/mm		冲击频率/次·min^{-1}	工作气压/MPa	耗气量/L·min^{-1}≤
钢	铝			
16	14	3500	0.63	170

15.1.6　气动锯

气动锯以压缩空气为动力，适用于对金属、塑料、木质材料的锯割。气动锯规格见表 15-6。

表 15-6　气动锯规格

枪柄

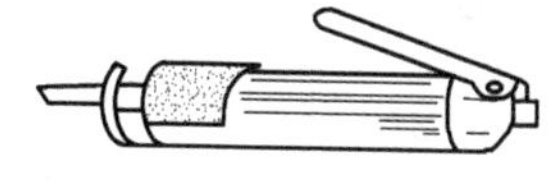

直柄

类型	往复频率/次·min^{-1}	活塞行程/mm	使用气压/MPa	耗气量/m^3·min^{-1}	长度/mm	机重/kg
枪柄	2200	30	0.63	0.15	289	1.72
直柄	9500	9.52	0.63	0.15	235	0.56

15.1.7　气动截断机

气动截断机以压缩空气为动力，适用于对金属材料的切割。气动截断机规格见表 15-7。

表 15-7　气动截断机规格

砂轮尺寸/mm	空转速度/r·min^{-1}	使用气压/MPa	耗气量/m^3·min^{-1}	长度/mm	机重/kg
86	18000	0.63	0.16	190	0.77

15.1.8　气动手持式切割机

气动手持式切割机用于切割钢、铜、铝合金、塑料、木材、玻璃纤维、瓷砖等。气动手持式切割机规格见表15-8。

表15-8　气动手持式切割机规格

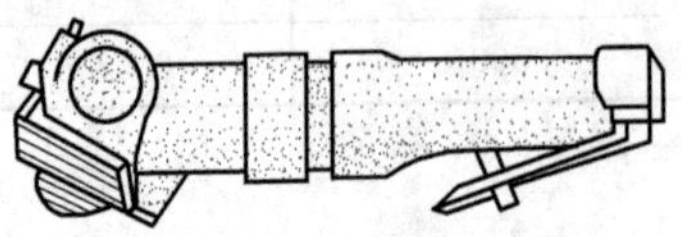

锯片直径/mm	转速/r·min^{-1}	机重/kg
450	620，3500，7000	1.0

15.2　砂磨类

15.2.1　砂轮机

砂轮机以压缩空气为动力，适合在船舶、锅炉、化工机械及各种机械制造和维修工作中用来清除毛刺和氧化皮、修磨焊缝、砂光和抛光等作业。砂轮机规格见表15-9。

表15-9　砂轮机规格

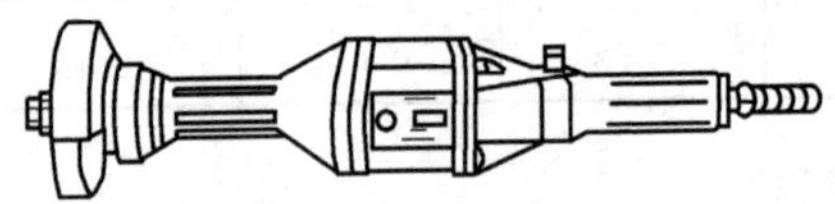

砂轮直径/mm	空转转速/r·min^{-1}	主轴功率/kW	单位功率耗气量/L·s^{-1}·kW^{-1}	工作气压/MPa	机重/kg	气管内径/mm
40	19000			0.49	0.6	6.35
60	12700	0.36	36.00	0.49	2.0	13.00
100	8000	0.66	30.22	0.49	3.8	16.00
150	6400	1.03	27.88	0.49	5.4	16.00

注：机重不包括砂轮重量。

15.2.2　直柄式气动砂轮机

直柄式气动砂轮机配用砂轮，用于修磨铸件的浇冒口、大型机件、模具及焊缝。如配用布轮，可进行抛光；配用钢丝轮，可清除金属表面铁锈及旧漆层。直柄式气动砂轮机规格见表15-10。

表 15-10　直柄式气动砂轮机规格（JB/T 7172—2006）

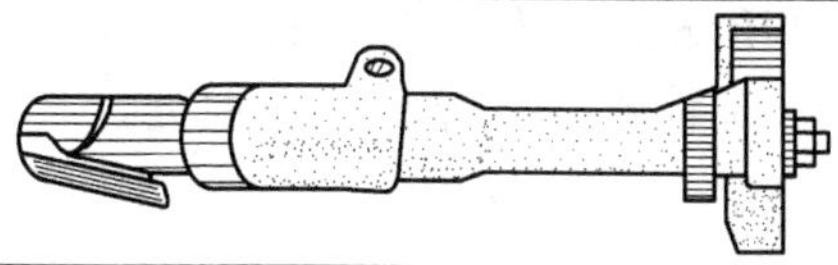

产品系列	空转转速/$r \cdot min^{-1} \leqslant$	主轴功率/$kW \geqslant$	单位功率耗气量/$L \cdot s^{-1} \cdot kW^{-1} \leqslant$	噪声/dB（A）≤	机重/kg≤	气管内径/mm
40	17500	—	—	108	1.0	6
50	17500	—	—	108	1.2	10
60	16000	0.36	36.27	110	2.1	13
80	12000	0.44	36.95	112	3.0	13
100	9500	0.73	36.95	112	4.2	16
150	6600	1.14	114	114	6.0	16

15.2.3　角式气动砂轮机

角式气动砂轮机配用纤维增强钹形砂轮，用于金属表面的修整和磨光作业。以钢丝轮代替砂轮后，可进行抛光作业。角式气动砂轮机规格见表 15-11。

表 15-11　角式气动砂轮机规格（JB/T 10309—2001）

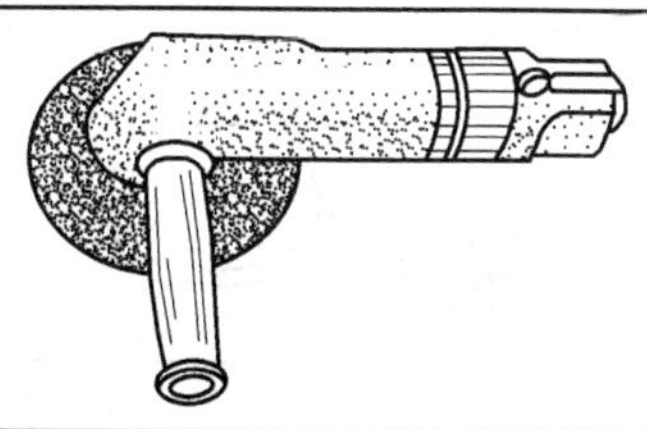

产品系列	砂轮最大直径/mm	空转转速/$r \cdot min^{-1} \leqslant$	空转耗气量/$L \cdot s^{-1} \leqslant$	单位功率耗气量/$L \cdot kW^{-1} \cdot s^{-1} \leqslant$	空转噪声/dB（A）≤	气管内径/mm	机重/kg≤
100	100	14000	30	37	108	12.5	2.0
125	125	12000	34	36	109		2.0
150	150	10000	35	35	110		2.0
180	180	8400	36	34	110		2.5

15.2.4 气动模具磨

气动模具磨以压缩空气为动力，配以多种形状的磨头或抛光轮，用于对各类模具的型腔进行修磨和抛光。气动模具磨规格见表15-12。

表15-12 气动模具磨规格

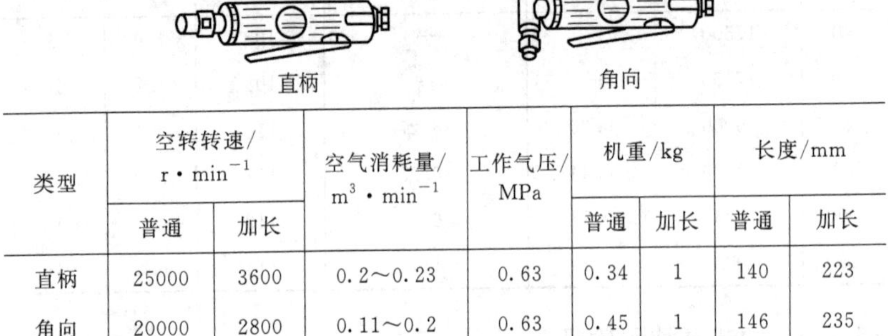

类型	空转转速/$r\cdot min^{-1}$		空气消耗量/$m^3\cdot min^{-1}$	工作气压/MPa	机重/kg		长度/mm	
	普通	加长			普通	加长	普通	加长
直柄	25000	3600	0.2～0.23	0.63	0.34	1	140	223
角向	20000	2800	0.11～0.2	0.63	0.45	1	146	235

15.2.5 掌上型砂磨机

掌上型砂磨机以压缩空气为动力，适用于手持灵活地对各种表面进行砂磨。掌上型砂磨机规格见表15-13。

表15-13 掌上型砂磨机规格

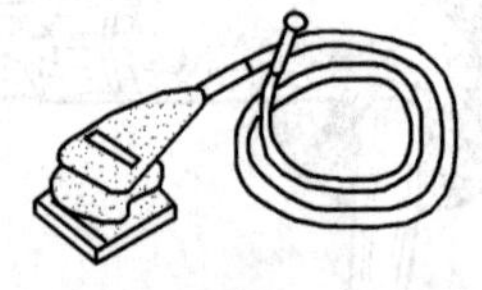

最大空转速/$r\cdot min^{-1}$	使用气压/MPa	耗气量/$m^3\cdot min^{-1}$	机重/kg
15000	0.6	0.14	0.5
18000	0.6	0.2	0.6

15.2.6 气动抛光机

气动抛光机用于装饰工程各种金属结构、构件的抛光。气动抛光机规格见表15-14。

表 15-14　气动抛光机规格

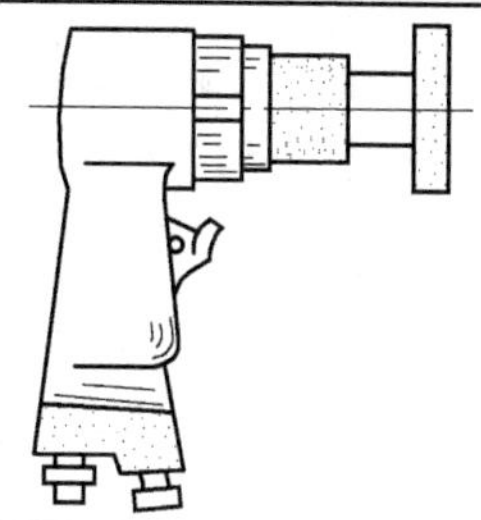

型号	工作气压/MPa	转速/r·min^{-1}	耗气量/m^3·min^{-1}	气管内径/mm	机重/kg
GT125	0.60～0.65	≥1700	0.45	10	1.15

15.3　装配作业类

15.3.1　冲击式气扳机

冲击式气扳机规格见表 15-15。

表 15-15　冲击式气扳机规格（JB/T 8411—2006）

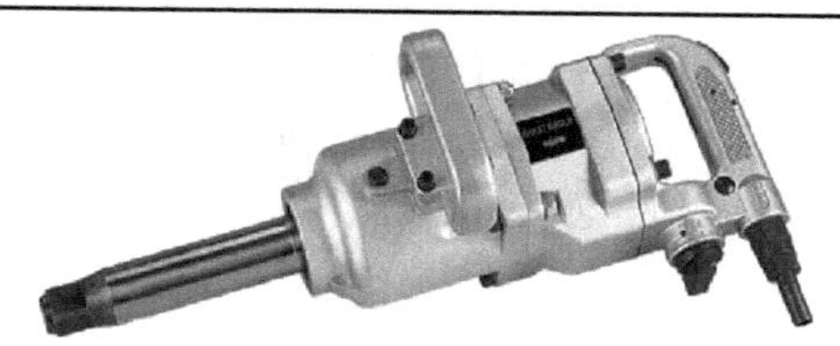

产品系列	拧紧螺栓范围/mm	拧紧扭矩/N·m≥	拧紧时间/s≤	负荷耗气量/L·s^{-1}≤	空转转速/r·min^{-1}≥		噪声/dB(A)≤		机重/kg≤	气管内径/mm	传动四方系列
6	M5～M6	20	2	10	8000	3000	113	1.0	1.5	8	6.3，10，12.5，16
10	M8～M10	70	2	16	6500	2500	113	2.0	2.2	13	
14	M12～M14	150	2	16	6000	1500	113	2.5	3.0	13	
16	M14～M16	196	2	18	5000	1400	113	3.0	3.5	13	
20	M18～M20	490	2	30	5000	1000	118	5.0	8.5	16	20
24	M22～M24	735	3	30	4800	4800	118	6.0	9.5	16	20
30	M24～M30	882	3	40	4800	4800	118	9.5	13.0	16	25
36	M32～M36	1350	5	45	—	—	118	12.0	12.7	13	25

续表

产品系列	拧紧螺栓范围/mm	拧紧扭矩/N·m≥	拧紧时间/s≤	负荷耗气量/L·s^{-1}≤	空转转速/r·min^{-1}≥		噪声/dB(A)≤		机重/kg≤	气管内径/mm	传动四方系列
42	M38～M42	1960	5	50	2800	2800	123	16.0	20.0	19	40
56	M45～M56	6370	10	60	—	—	123	30.0	40.0	19	40
76	M58～M76	14700	20	75	—	—	123	36.0	56.0	25	63
100	M78～M100	34300	30	90	—	—	123	76.0	96.0	25	63

15.3.2 气扳机

气扳机以压缩空气为动力，适用于汽车、拖拉机、机车车辆、船舶等修造行业及桥梁、建筑等工程中螺纹连接的旋紧和拆卸作业。加长扳轴气扳机能深入构件内作业。尤其适用于连续装配生产线操作。气扳机规格见表 15-16。

表 15-16 气扳机规格

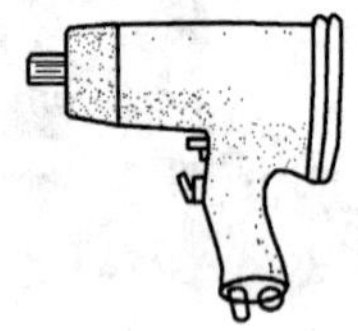

产品系列	拧紧螺栓直径/mm	空转转速/r·min^{-1}	空转耗气量/L·s^{-1}	扭矩/N·m	方头尺寸/mm	机重/kg	工作气压/MPa	气管内径/mm
6	6	3000	5.8	39.2	9.525	0.96	0.49	6.35
	6	3000	5.8	39.2	9.525	1.00	0.49	6.35
10	8	3000	5.8	39.2	6.350	1.00	0.49	6.35
10	10	2600	12.5	68.6	12.700	2.00	0.49	6.35
14	14	2000	10.0	147.0	15.875	2.90	0.49	13.00
	14	2000	10.0	147.0	15.875	3.10	0.49	13.00
16	16	1500	12.5	196.0	15.875	3.20	0.49	13.00
	16	1500	12.5	196.0	15.875	3.40	0.49	13.00

15.3.3 中型气扳机

中型气扳机适用于较大规格的螺栓连接拧紧和拆卸作业，多用于汽车、拖拉机、机车车辆、船舶等制造和修理场合以及桥梁、建筑等工程上。中型气扳机规格见表 15-17。

表 15-17 中型气扳机规格

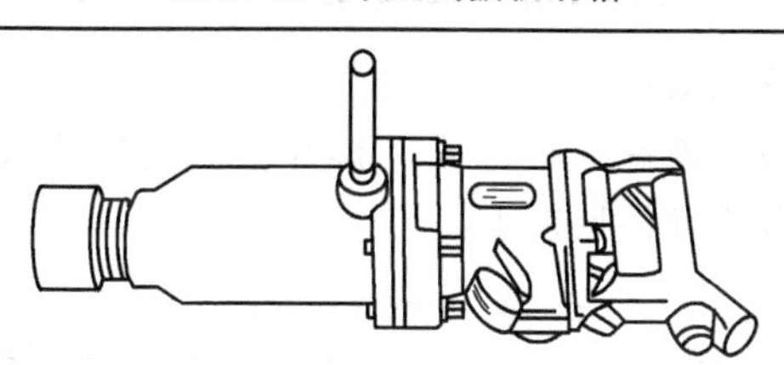

产品系列	拧紧螺栓直径/mm	空转转速/$r \cdot min^{-1}$	空转耗气量/$L \cdot s^{-1}$	扭矩/N·m	方头尺寸/mm	机重/kg	工作气压/MPa	气管内径/mm
20	20	1000	26.7	490	0.49	19.05	7.8	16
30	30	900	30.0	882	0.49	25.00	13.0	16
42	39	760	33.3	1764	0.49	30.00	19.5	16

15.3.4 定扭矩气扳机

定扭矩气扳机适用于汽车、拖拉机、内燃机、飞机等制造、装配和修理工作中的螺母和螺栓的旋紧和拆卸。可根据螺栓的大小和所需要的扭矩值，选择适宜的扭力棒，以实现不同的定扭矩要求。尤其适用于连续生产的机械装配线，能提高装配质量和效率以及减轻劳动强度。定扭矩气扳机规格见表 15-18。

表 15-18 定扭矩气扳机规格

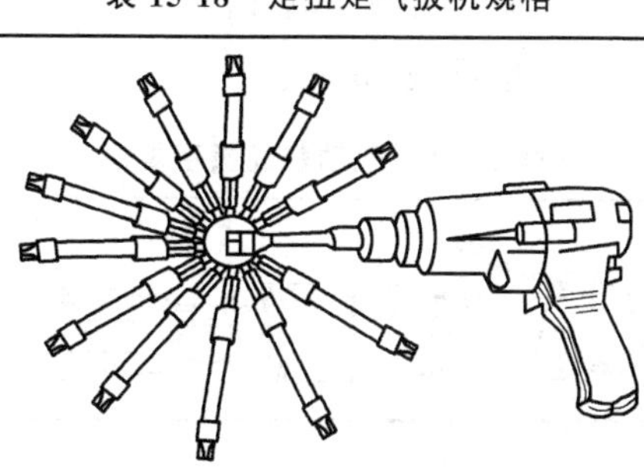

续表

工作气压/MPa	转速/r·min^{-1}	空转耗气量/L·s^{-1}	扭矩范围/N·m	方头尺寸/mm	机重/kg	气管内径/mm
0.49	1450	5.83	26.5～122.5	12.700	3.1	9.5
	1250	7.50	68.6～205.9	15.875	4.8	

15.3.5 高转速气扳机

高转速气扳机能高效地拧紧和拆卸较大扭矩的螺栓、螺钉和螺母。高转速气扳机规格见表15-19。

表 15-19 高转速气扳机规格

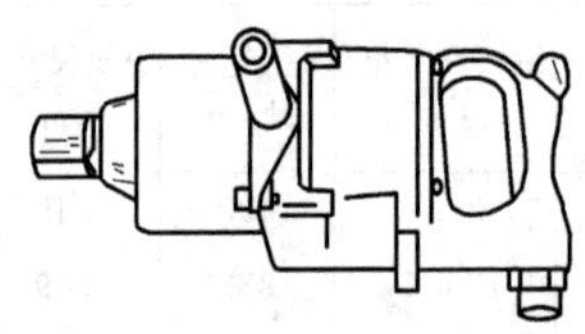

拧紧螺栓直径/mm	空转转速/r·min^{-1}	空转耗气量/L·s^{-1}	推荐扭矩/N·m	工作气压/MPa	方头尺寸/mm	机重/kg	气管内径/m
16	7000	20	54～190	0.63	12.70	2.6	13
24	4800	34	339～1176	0.63	19.05	5.5	16
30	5500	50	678～1470	0.63	25.40	9.5	16
42	3000	64	1900～2700	0.63	38.10	14.0	19

15.3.6 气动棘轮扳手

气动棘轮扳手在不易作业的狭窄场所，用于装拆六角头螺栓或螺母。气动棘轮扳手规格见表15-20。

表 15-20 气动棘轮扳手规格

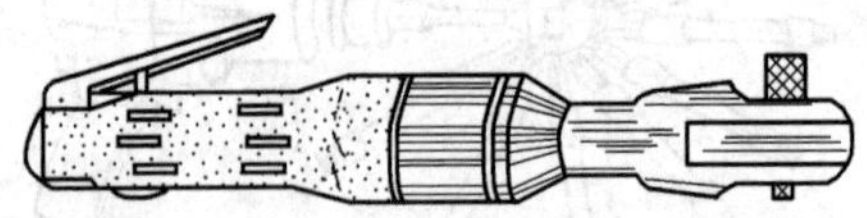

续表

型号	适用螺纹规格/mm	工作气压/MPa	空载转速/$r \cdot min^{-1}$	空载耗气量/$L \cdot s^{-1}$	机重/kg
BL10	≤M10	0.63	120	6.5	1.7

注：需配用 12.5mm 六角套筒。

15.3.7 气动扳手

气动扳手用于装拆螺纹紧固件。气动扳手规格见表 15-21。

表 15-21　气动扳手规格

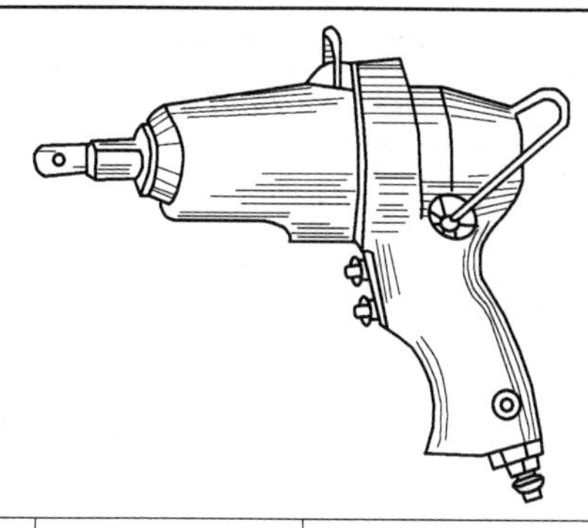

型　　号	适用范围	空载转速/$r \cdot min^{-1}$	压缩空气消耗量/$m^3 \cdot min^{-1}$	扭矩/N·m
BQ6	M6～M18	3000	0.35	40
B10A	M8～M12	2600	0.7	70
B16A	M12～M16	2000	0.5	200
B20A	M18～M20	1200	1.4	800
B24	M20～M24	2000	1.9	800
B30	M30	900	1.8	1000
B42A	M42	1000	2.1	18000
B76	M56～M76	650	4.1	
ZB5-2	M5	320	0.37	21.6
ZB8-2	M8	2200	0.37	
BQN14	M8	1450	0.35	27～125
BQN18	M8	1250	0.45	70～210

15.3.8　纯扭式气动螺丝刀

纯扭式气动螺丝刀以压缩空气为动力，用于电器设备、汽车、飞机及其他各种机器装配和修理工作中螺钉的旋紧与拆卸。尤其适用于连续装配生产线。可减轻劳动强度，确保质量和提高效率。每种规格备有强、中、弱三种弹簧，根据螺钉直径大小可以调整螺丝刀的扭矩。气动螺丝刀有直柄和枪柄两种结构，其中直柄有可逆转和不可逆转两种型式，规格见表15-22。

表15-22　纯扭式气动螺丝刀规格（JB/T 5129—2004）

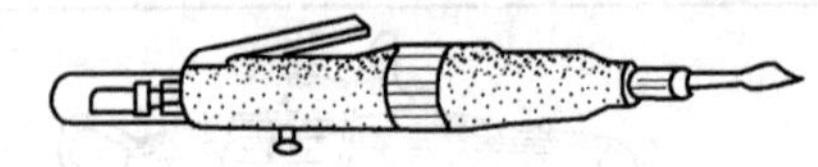

产品系列	拧紧螺钉规格	扭矩范围/N·m	空转耗气量/L·s^{-1}≤	空转转速/r·min^{-1}≥	噪声/dB（A）≤	气管内径/mm	机重/kg≤	
							直柄	枪柄
2	M1.6～M2	0.128～0.264	4.00	1000	93	63	0.50	0.55
3	M2～M3	0.264～0.935	5.00	1000	93		0.70	0.77
4	M3～M4	0.935～2.300	7.00	1000	98		0.80	0.88
5	M4～M5	2.300～4.200	8.50	800	103		1.00	1.10
6	M5～M6	4.200～7.200	10.50	600	105		1.00	1.10

15.3.9　气动拉铆枪

气动拉铆枪用于抽芯铆钉，对结构件进行拉铆作业。气动拉铆枪规格见表15-23。

表15-23　气动拉铆枪规格

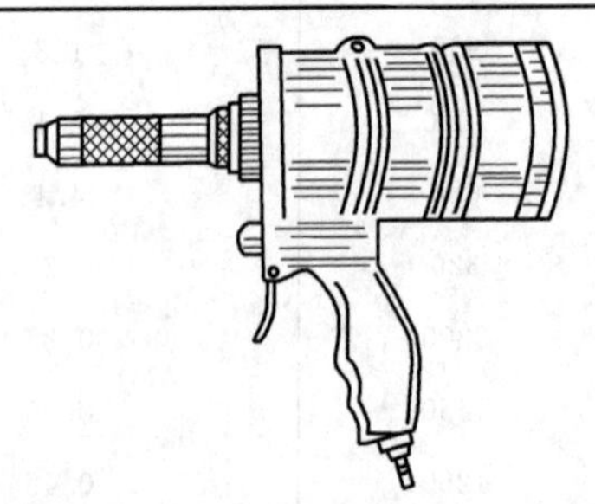

续表

型　　号	铆钉直径/mm	产生拉力/N	工作气压/MPa	机重/kg
MLQ-1	3～5.5	7200	0.49	2.25

15.3.10 气动转盘射钉枪

气动转盘射钉枪以压缩空气为动力，发射直射钉于混凝土、砌砖体、岩石和钢铁上，以紧固建筑构件、水电线路及某些金属结构件等。气动转盘射钉枪规格见表 15-24。

表 15-24 气动转盘射钉枪规格

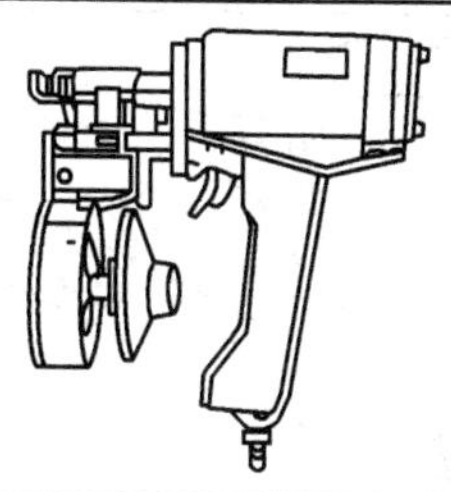

空气压力/MPa	射钉频率/枚·s^{-1}	盛钉容量/枚	机重/kg
0.40～0.70	4	385	2.5
0.45～0.75	4	300	3.7
0.40～0.70	4	385/300	3.2
0.40～0.70	3	300/250	3.5

15.3.11 码钉射钉枪

码钉射钉枪将码钉射入建筑构件内，以起紧固、连接作用。装饰工程木装修使用广泛，效果好。码钉射钉枪规格见表 15-25。

表 15-25 码钉射钉枪规格

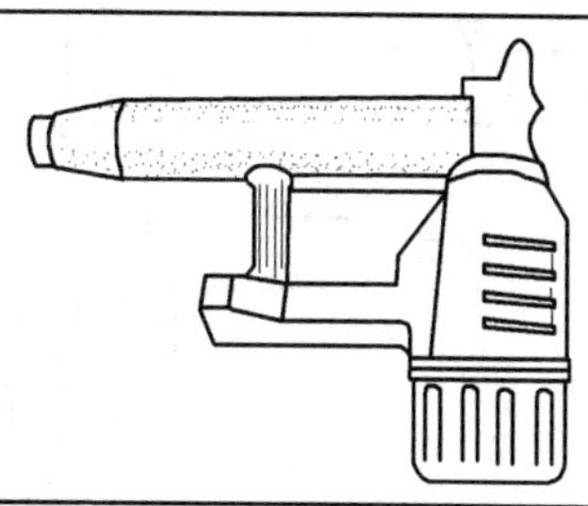

续表

空气压力/MPa	射钉枚数/min^{-1}	盛钉容量/枚	机重/kg
0.40～0.70	6	110	1.2
0.45～0.85	5	165	2.8

15.3.12　圆头钉射钉枪

圆头钉射钉枪用于将直射钉发射于混凝土构件、砖砌体、岩石、钢铁件上，以便紧固被连接物件。圆头钉射钉枪规格见表15-26。

表15-26　圆头钉射钉枪规格

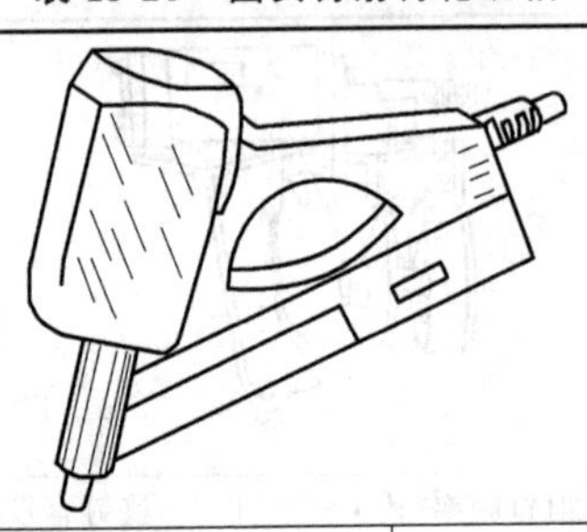

空气压力/MPa	射钉频率/min^{-1}	盛钉容量/枚	机重/kg
0.45～0.75	3	64/70	5.5
0.40～0.70	3	64/70	3.6

15.3.13　T形射钉枪

T形射钉枪用于将T形射钉射入被紧固物件上，起加固、连接作用。T形射钉枪规格见表15-27。

表15-27　T形射钉枪规格

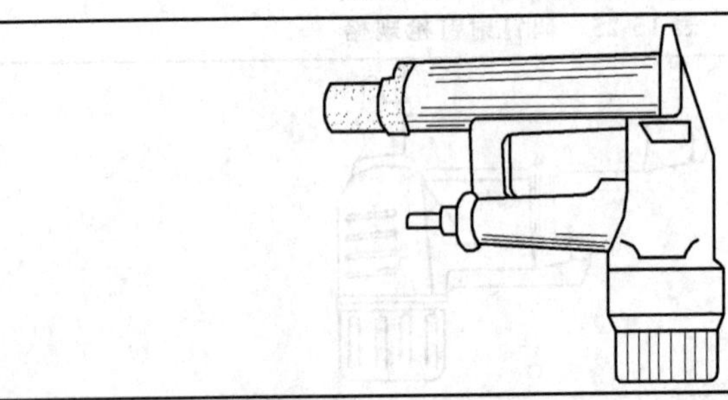

续表

空气压力/MPa	射钉频率/min^{-1}	盛钉容量/枚	机重/kg
0.40～0.70	4	120/104	3.2

15.3.14　气动打钉机

气动打钉机的基本参数与尺寸见表 15-28。

表 15-28　气动打钉机的基本参数与尺寸（JB/T 7739—2010）

产品型号	机重/kg	验收气压/MPa	冲击能/J（min）	缸径/mm	气管内径/mm	钉子规格/mm
DDT80	4	0.63	40.0	52	8	φ8, φ3, L, L=20～80
DDT30	1.3		2.0	27		1.9, 1.1, 1.3, L, L=10～30
DDT32	1.2		2.0	27		2, 1.05, 1.26, L, L=6～32

续表

产品型号	机重/kg	验收气压/MPa	冲击能/J（min）	缸径/mm	气管内径/mm	钉子规格/mm
DDP45	2.5	0.63	10.0	44	8	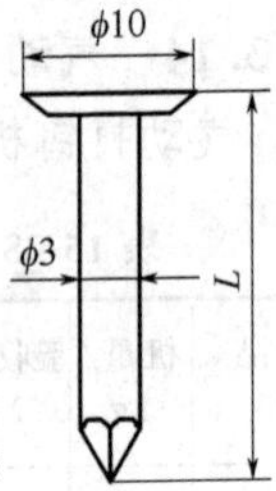 $\phi10$　$\phi3$　L　$L=22\sim45$
DDU14	1.2		1.4	27		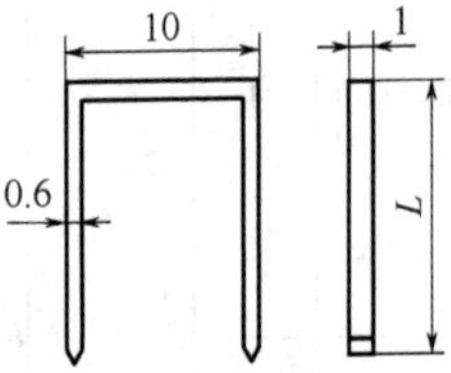 10　1　0.6　L　$L=14$
DDU16	1.2		1.4	27		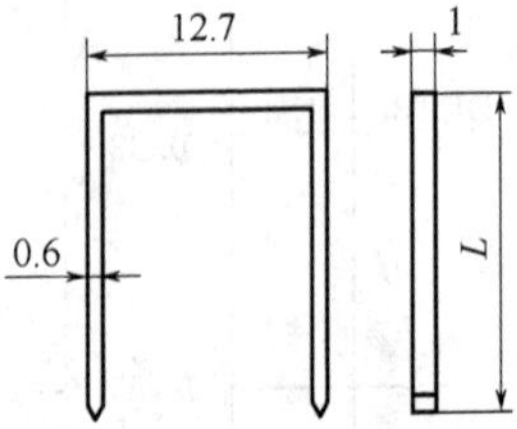 12.7　1　0.6　L　$L=16$
DDU22	1.2		1.4	27		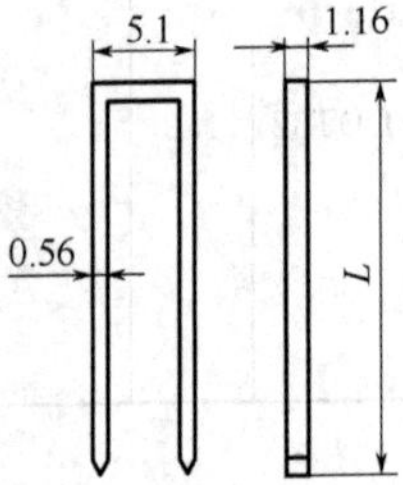 5.1　1.16　0.56　L　$L=10\sim22$

续表

产品型号	机重/kg	验收气压/MPa	冲击能/J（min）	缸径/mm	气管内径/mm	钉子规格/mm
DDU22A	1.2	0.63	1.4	27	8	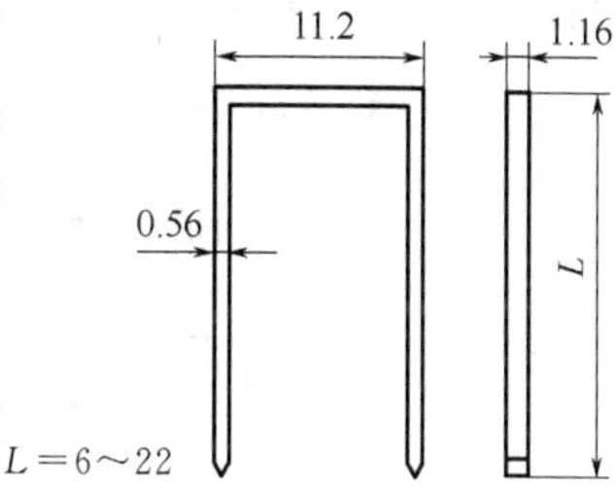 11.2　1.16　0.56　L　$L=6\sim22$
DDU25	1.4		2.0	27		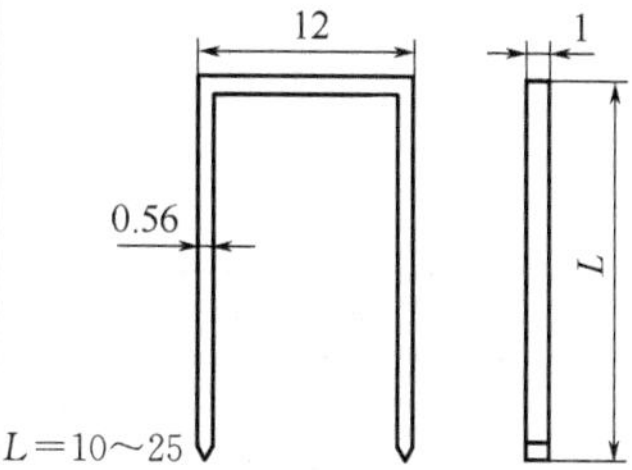 12　1　0.56　L　$L=10\sim25$
DDU40	4		10.0	45		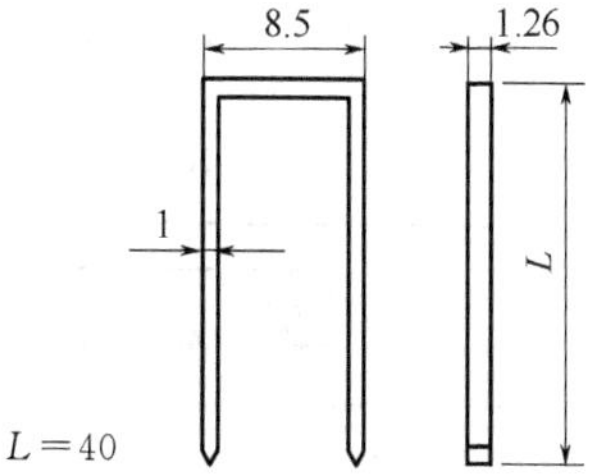 8.5　1.26　1　L　$L=40$

第16章　木工工具

16.1　木工锯条

木工锯条规格见表16-1。

表16-1　木工锯条规格（QB/T 2094.1—1995）　　mm

长　　度	宽　　度	厚　　度
400，450	22，25	0.50
500，550	25，32	
600，650	32，38	0.60
700，750，800，850	38，44	0.70
900，950，1000，1050，1100，1150	44，50	0.80，0.90

16.2　木工绕锯

木工绕锯锯条狭窄，锯割灵活，适用于对竹、木工件沿圆弧或曲线的锯割。木工绕锯规格见表16-2。

表16-2　木工绕锯规格（QB/T 2094.4—1995）　　mm

长　　度	宽　　度	厚　　度	齿　　距
400，450，500	10.00	0.50	2.5，3.0，4.0
550，600，650，700，750，800		0.60，0.70	

16.3　木工带锯

木工带锯条装置在带锯机上，用于锯切大型木材。木工带锯规格见表16-3。

表 16-3　木工带锯规格（JB/T 8087—1999）　mm

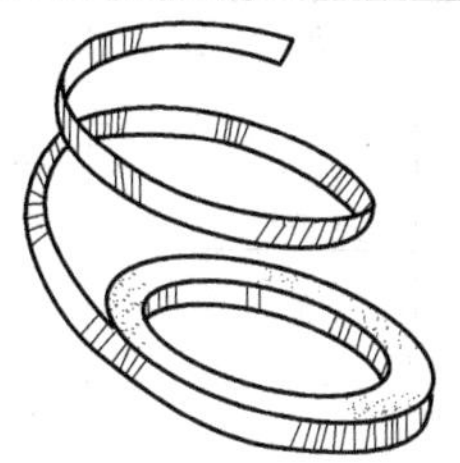

宽　度	厚　度	最小长度
6.3	0.40，0.50	7500
10，12.5，16	0.40，0.50，0.60	
20，25，32	0.40，0.50，0.60，0.70	
40	0.60，0.70，0.80	
50，63	0.60，0.70，0.80，0.90	
75	0.70，0.80，0.90	
90	0.80，0.90，0.95	
100	0.80，0.90，0.95，1.00	8500
125	0.90，0.95，1.00，1.10	
150	0.95，1.00，1.10，1.25，1.30	
180	1.25，1.30，1.40	12500
200	1.30，1.40	

注：有开齿和未开齿两种。

16.4　木工圆锯片

木工圆锯片规格见表 16-4。

表 16-4　木工圆锯片规格（GB/T 21680—2008）　mm

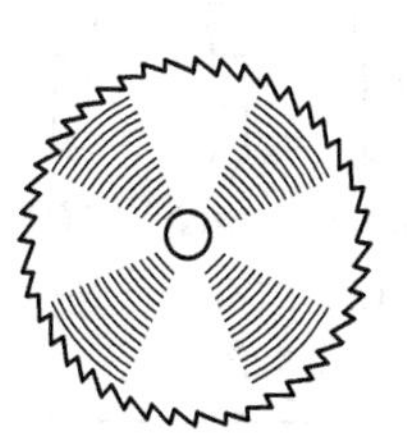

直背齿

折背齿

等腰三角齿

续表

外　　径	孔　　径	厚　　度
40，50，63	12.5	0.8
80		0.8，1
100	20	0.8，1
125，(140)		0.8，1，1.2
160		1，1.2，1.6
(180)	30或60	1，1.2，1.6
200		1.2，1.6，2
(225)，250，(280)		1.2，1.6，2，2.5
315，(355)，400		1.6，2，2.5，3.2
(450)，500，(560)	30或85	2，2.5，3.2，4
630，(710)，800	40	2.5，3.2，4
(900)，1000		3.2，4，5
1250	60	3.6，4，5
1600		4.5，5，6
2000		5，7

注：1. 括号内的尺寸尽量不选用
2. 齿形分直背齿（N）、折背齿（K）、等腰三角齿（A）三种

16.5　木工硬质合金圆锯片

木工硬质合金圆锯片规格见表16-5。

表16-5　木工硬质合金圆锯片规格（GB/T 14388—1993）

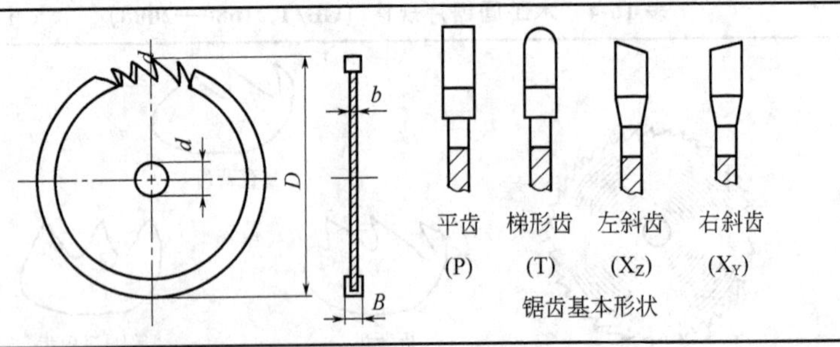

续表

外径 D /mm	锯齿厚度 B /mm	锯盘厚度 b /mm	孔径 d /mm	近似齿距/mm					
				10	13	16	20	30	40
				齿　数					
100	2.5	1.6	20	32	24	20	16	10	8
125				40	32	24	20	12	10
(140)				40	36	28	24	16	12
160				48	40	32	24	16	12
(180)	2.5，3.2	1.6，2.2	30，60	56	40	36	28	20	16
200				64	48	40	32	20	16
(225)				72	56	48	36	24	16
250	2.5，3.2，3.6	1.6，2.2，2.6	30，60，(85)	80	64	48	40	28	20
(280)				96	64	56	40	28	20
315				96	72	64	48	32	24
(355)	3.2，3.6，4.0，4.5	2.1，2.5，2.8，3.2	30，60，(85)	112	96	72	56	36	28
400				128	96	80	64	40	32
(450)	3.6，4.0，4.5，5.0	2.6，2.8，3.2，3.6	30，85	—	112	96	72	48	36
500					128	96	80	48	40
(560)	4.5，5.0	3.1，3.6	30，85	—	—	112	96	56	48
630	4.5，5.0	3.2，3.6	40	—	—	128	96	64	48

注：1. 括号内的尺寸尽量避免采用。

2. 锯齿形状组合举例：梯形齿和平齿（TP）、左右斜齿（X_ZX_Y）、左右斜齿和平齿（X_ZPX_Y）

16.6　钢丝锯

钢丝锯适用于锯割曲线或花样。钢丝锯规格见表 16-6。

表 16-6　钢丝锯规格

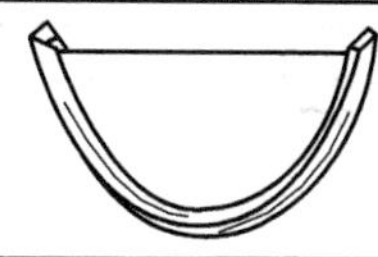	
锯身长度/mm	400

16.7　伐木锯条

伐木锯条装在木架上，由双人推拉锯割木材大料。伐木锯条规格见表16-7。

表16-7　伐木锯条规格（QB/T 2094.2—1995）　mm

长　度	端面宽度	最大宽度	厚　度
1000	70	110	1.00
1200		120	1.20
1400		130	
1600		140	1.40
1800		150	1.40，1.60

注：锯条按齿形不同分为DW型、DE型、DH型三种。

16.8　手板锯

手板锯适用于锯开或锯断较阔木材。手板锯规格见表16-8。

表16-8　手板锯规格（QB/T 2094.3—1995）　mm

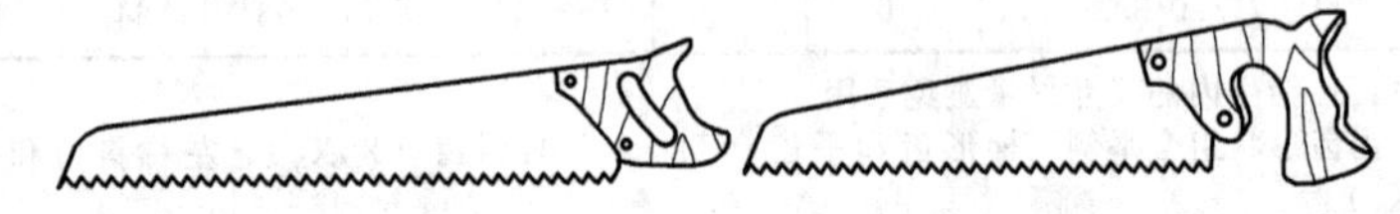

A型(封闭式)　　B型(敞开式)

锯身长度		300，350	400	450	500	550	600
锯身宽度	大端	90，100	100	110	110	125	125
	小端	25		30	30	35	35
锯身厚度		0.80，0.85，0.90		0.85，0.90，0.95，1.00			

16.9　鸡尾锯

鸡尾锯用于锯割狭小的孔槽。鸡尾锯规格见表16-9。

表 16-9　鸡尾锯规格（QB/T 2094.5—1995）　mm

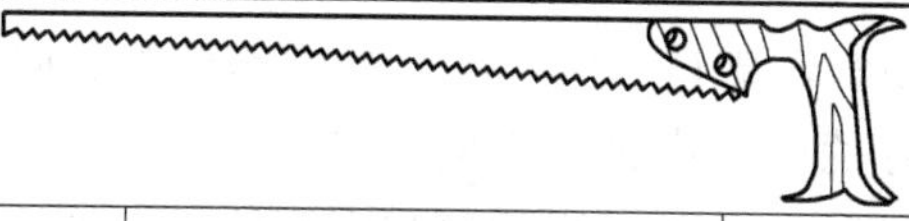

锯身长度	锯身宽度		锯身厚度
	大端	小端	
250	25	6，9	0.85
300	30		
350，400	40		

16.10　夹背锯

夹背锯锯片很薄，锯齿很细，用于贵重木材的锯割或在精细工件上锯割凹槽。夹背锯规格见表 16-10。

表 16-10　夹背锯规格（QB/T 2094.6—1995）　mm

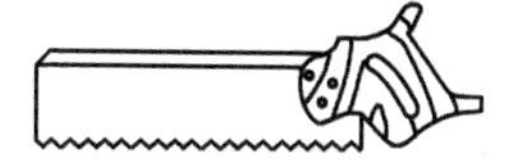

矩形锯(A 型)

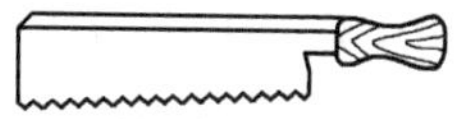

梯形锯(B 型)

长度	锯身宽度		厚度
	A 型	B 型	
250	100	70	0.8
300，350		80	

16.11　正锯器

正锯器用以使锯齿朝两面倾斜成为锯路，校正锯齿。正锯器规格见表 16-11。

表 16-11　正锯器规格

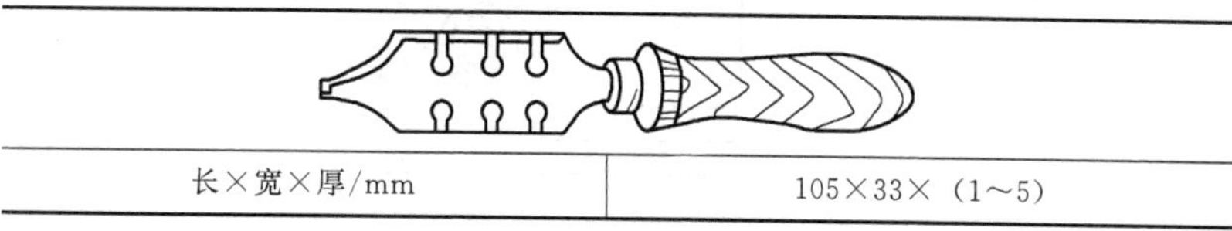

长×宽×厚/mm	105×33×（1～5）

16.12　刨台及刨刀

刨台装上刨铁、盖铁和楔木后，可将木材的表面刨削平整光滑。刨台种类主要有荒刨、中刨、细刨三种，还有铲口刨、线刨、偏口刨、拉刨、槽刨、花边刨、外圆刨和内圆刨等类型的刨台。刨刀装于刨台中，配上盖铁，用手工刨削木材。刨刀规格见表16-12。

表16-12　刨刀规格（QB/T 2082—1995）　　mm

刨台

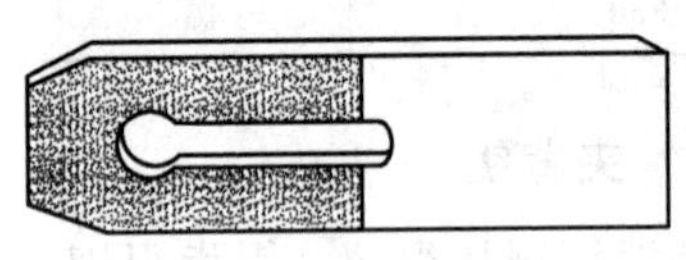
刨刀

宽度		长度	槽宽	槽眼直径	前头厚度	镶钢长度
25	±0.42	175	9	16	3	56
32、38、44	±0.50		11	19		
51、57、64	±0.60					

16.13　盖铁

盖铁装在木工手用刨台中，保护刨铁刃口部分，并使刨铁在工作时不易活动及易于排出刨花（木屑）。盖铁规格见表16-13。

表16-13　盖铁规格（QB/T 2082—1995）　　mm

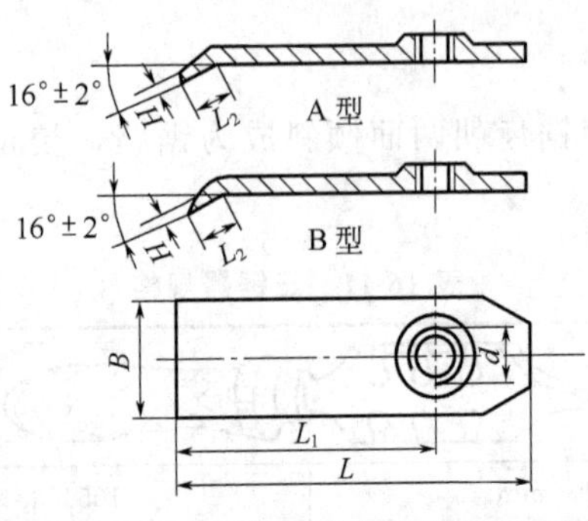

续表

宽度 B（规格）	螺孔 d	长度 L	前头厚 H	弯头长 L_2	螺孔距 L_1
25	M8	96	≤1.2	8	68
32、38、44	M10				
51、57、64					

16.14 绕刨和绕刨刃

绕刨刃装于绕刨中，专供刨削曲面的竹木工件。绕刨有大号、小号两种。按刨身分铸铁制和硬木制两种。绕刨刃规格见表 16-14。

表 16-14 绕刨刃规格

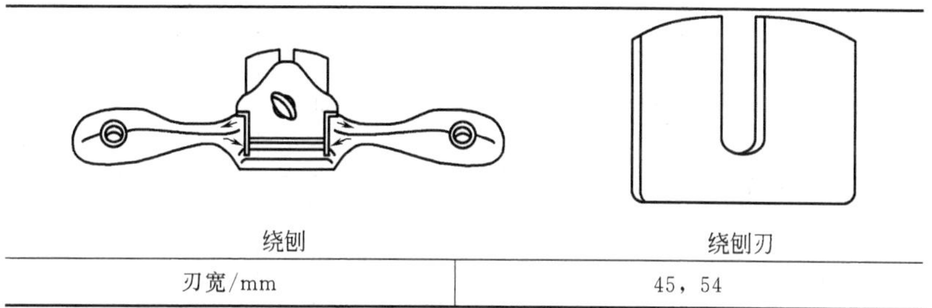

绕刨	绕刨刃
刃宽/mm	45，54

16.15 木工凿

木工凿用于木工在木料上凿制榫头、槽沟及打眼等。木工凿规格见表 16-15。

表 16-15 木工凿规格（QB/T 1201—1991） mm

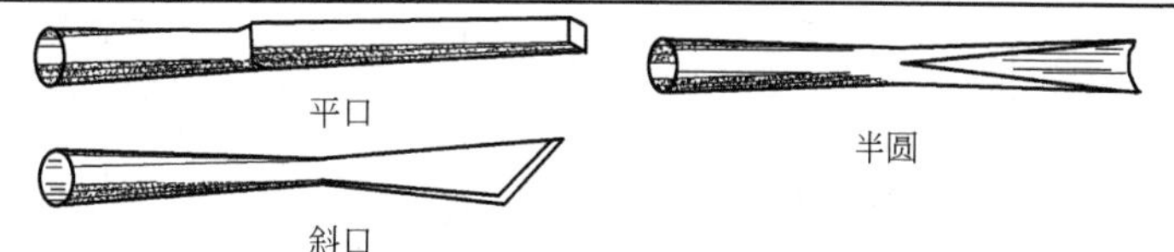

平口　半圆　斜口

	类型	无柄	有柄
刃口宽度	斜	4，6，8，10，13，16，19，22，25	6，8，10，12，13，16，18，19，10，22，25，32，38
	平	13，16，19，22，25，32，38	6，8，10，12，13，16，18，19，20，22，25，32，38
	半圆	4，6，8，10，13，16，19，22，25	10，13，16，19，22，25

16.16 木工锉

木工锉用于锉削或修整木制品的圆孔、槽眼及不规则的表面等。木工锉规格见表16-16。

表 16-16 木工锉规格（QB/T 2569.6—2002） mm

扁木锉 半圆木锉 圆木锉 家具半圆木锉

名称	代号	长度	柄长	宽度	厚度
扁木锉	M-01-200	200	55	20	6.5
	M-01-250	250	65	25	7.5
	M-01-300	300	75	30	8.5
半圆木锉	M-02-150	150	45	16	6
	M-02-200	200	55	21	7.5
	M-02-250	250	65	25	8.5
	M-02-300	300	75	30	10
圆木锉	M-03-150	150	45	$d=7.5$	$\leqslant 80\%d$
	M-03-200	200	55	$d=9.5$	
	M-03-250	250	65	$d=11.5$	
	M-03-300	300	75	$d=13.5$	
家具半圆木锉	M-04-150	150	45	18	4
	M-04-200	200	55	25	6
	M-04-250	250	65	29	7
	M-04-300	300	75	34	8

16.17 木工钻

木工钻是对木材钻孔用的刀具，分长柄式与短柄式两种；按头部的型式又分有双刃木工钻与单刃木工钻两种。长柄木工钻要安装木棒当执手，用于手工操作；短柄木工钻柄尾是1∶6的方锥体，可以安装在弓摇钻或其他机械上进行操作。木工钻规格见表 16-17。

表 16-17　木工钻规格（QB/T 1736—1993）　mm

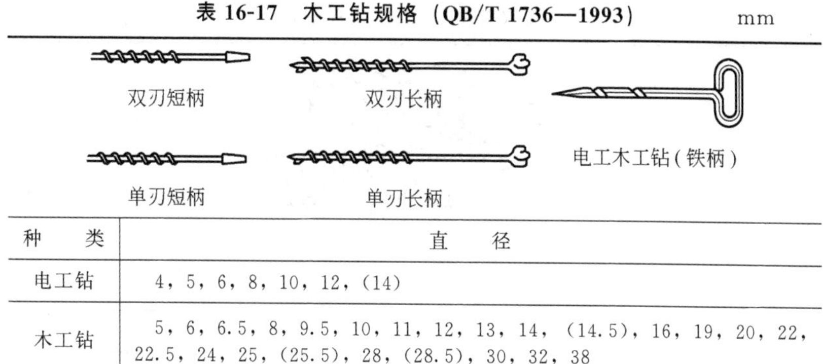

种　类	直　径
电工钻	4，5，6，8，10，12，(14)
木工钻	5，6，6.5，8，9.5，10，11，12，13，14，(14.5)，16，19，20，22，22.5，24，25，(25.5)，28，(28.5)，30，32，38

注：带括号的规格尽可能不采用。

16.18　弓摇钻

弓摇钻供夹持短柄木工钻，对木材、塑料等钻孔用。弓摇钻按夹爪数目分两爪和四爪两种；按换向机构分持式、推式和按式三种。弓摇钻规格见表 16-18。

表 16-18　弓摇钻规格（QB/T 2510—2001）　mm

规　格	最大夹持尺寸	全　长	回转半径	弓　架
250	22	320～360	125	150
300	28.5	340～380	150	150
350	38	360～400	175	160

注：弓摇钻的规格是根据其回转直径确定的。

16.19　木工台虎钳

木工台虎钳装在工作台上，用以夹稳木制工件，进行锯、刨、锉等操作。钳口除可通过丝杆旋动移动外，还具有快速移动机构。

木工台虎钳规格见表16-19。

表16-19 木工台虎钳规格 mm

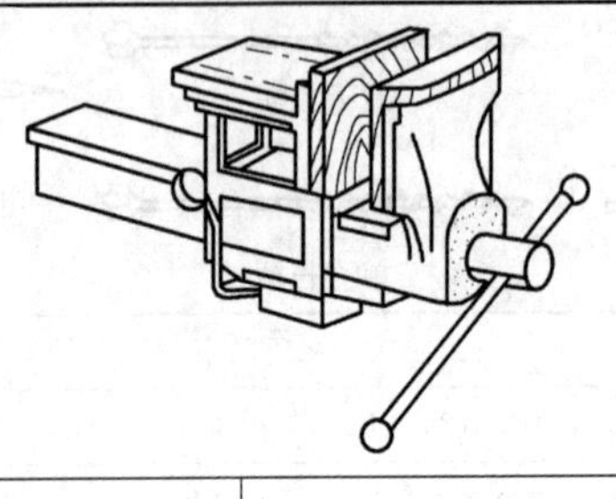

钳口长度	150
夹持工件最大尺寸	250

16.20 木工夹

木工夹是用于夹持两板料及待粘接的构架的特殊工具。按其外形分为F形和G形两种。F形夹专用夹持胶合板；G形夹是多功能夹，可用来夹持各种工件。木工夹规格见表16-20。

表16-20 木工夹规格

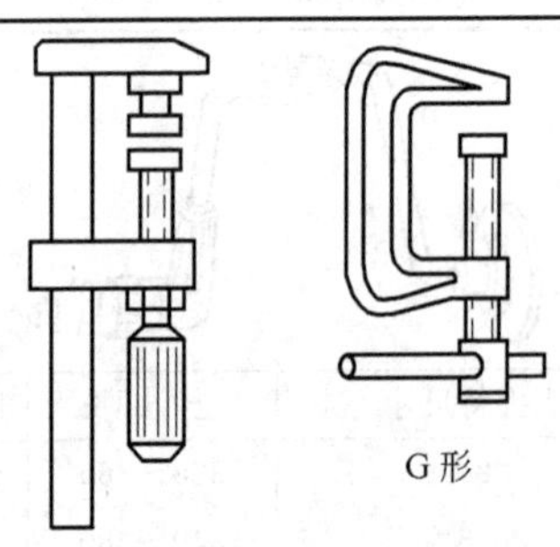
F形　G形

种　类	型　号	夹持范围/mm	负荷界限/kg
F形	FS150	150	180
	FS200	200	166
	FS250	250	140
	FS300	300	100

续表

种　　类	型　　号	夹持范围/mm	负荷界限/kg
G 形	GQ8150	50	306
	GQ8175	75	350
	GQ81100	100	350
	GQ81125	125	450
	GQ81150	150	500
	GQ81200	200	1000

16.21　木工机用直刃刨刀

木工机用直刃刨刀用于在木工刨床上，刨削各种木材。有三种类型：Ⅰ型——整体薄刨刀；Ⅱ型——双金属薄刨刀；Ⅲ型——带紧固槽的双金属厚刨刀。木工机用直刃刨刀规格见表 16-21。

表 16-21　木工机用直刃刨刀规格（JB 3377—1992）　　mm

Ⅰ、Ⅱ型刨刀尺寸

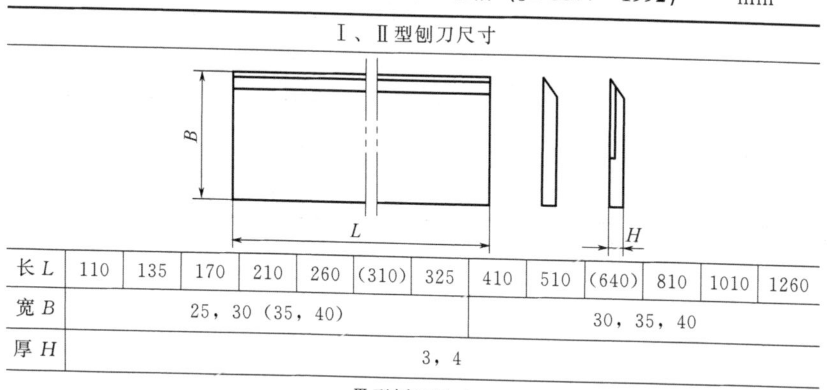

长 L	110	135	170	210	260	(310)	325	410	510	(640)	810	1010	1260
宽 B	25，30（35，40）							30，35，40					
厚 H	3，4												

Ⅲ型刨刀尺寸

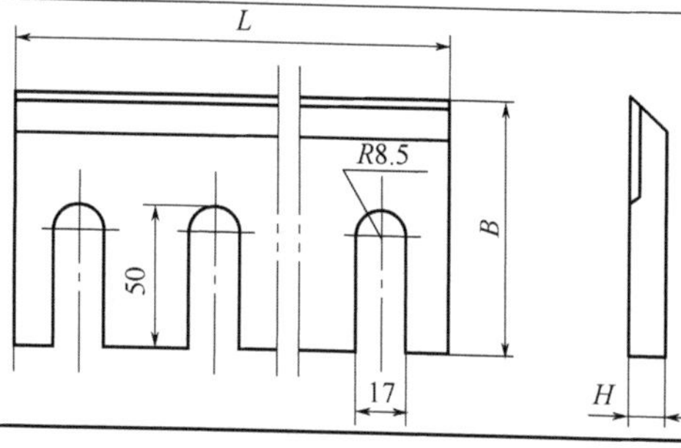

续表

长 L	40	60	80	110	135	170	210	260	325
宽 B	90，100								
厚 H	8，10								

注：括号内的尺寸尽量避免采用。

16.22　木工方凿钻

木工方凿钻由钻头和空心凿刀组合而成。钻头工作部分采用蜗旋式（Ⅰ型）或螺旋式（Ⅱ型）。用于在木工机床上加工木制品榫槽。木工方凿钻规格见表16-22。

表16-22　木工方凿钻规格（JB/T 3872—1999）　mm

空心凿刀			钻头	
凿刃宽度	柄直径	全长	钻头直径	全长
6.3、8、9.5、10、11、12、12.5、14、16	19	100～150	6、7.8、9.2、9.8、10.8、11.8、12.3、13.8、15.8	160～250
20、22、25	28.5	200～220	19.8、21.8、24.8	255～315

第 17 章　测量工具

17.1　尺类

17.1.1　金属直尺

金属直尺用于测量一般工件的尺寸。金属直尺规格见表 17-1。

表 17-1　金属直尺规格（GB/T 9056—2004）

长度/mm	150，300，500，1000，1500，2000

17.1.2　钢卷尺

钢卷尺用于测量较长尺寸的工件或丈量距离。钢卷尺规格见表 17-2。

表 17-2　钢卷尺规格（QB/T 2443—1999）

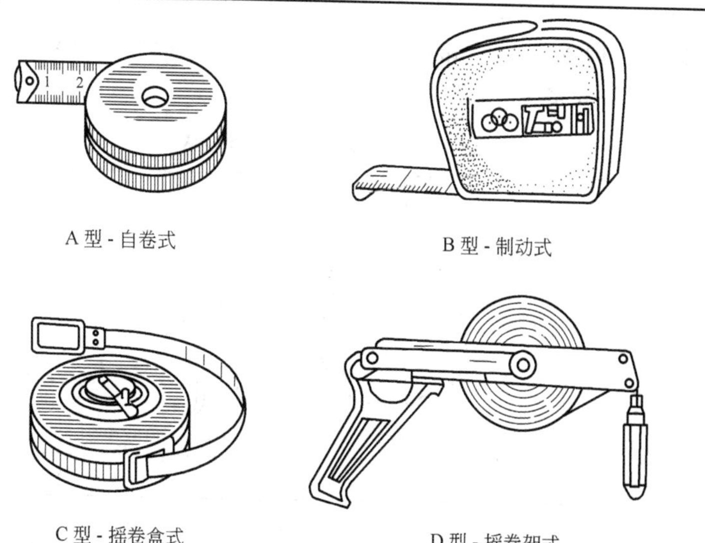

A 型 - 自卷式　　B 型 - 制动式

C 型 - 摇卷盒式　　D 型 - 摇卷架式

型　　式	自卷式、制动式	摇卷盒式、摇卷架式
规格/m	0.5 的整数倍	5 的整数倍

17.1.3　纤维卷尺

纤维卷尺用于测量较长的距离，其准确度比钢卷尺低。纤维卷尺规格见表 17-3。

表 17-3　纤维卷尺规格（QB/T 1519—2011）

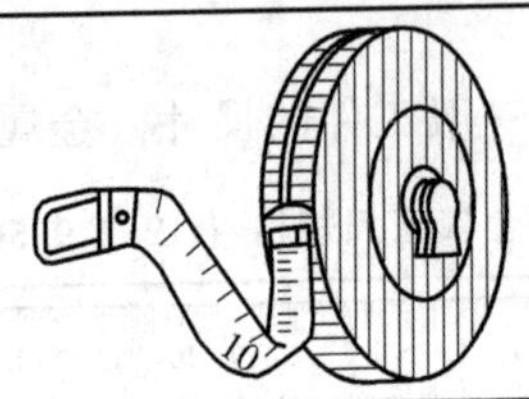

型　　式	折卷式、盒式	折卷式、盒式、架式
规格/m	0.5 的整数倍（5m 以下）	5 的整数倍

17.2　卡钳类

17.2.1　内卡钳和外卡钳

内卡钳和外卡钳与钢直尺配合使用，内卡钳测量工件的内尺寸（如内径、槽宽），外卡钳测量工件的外尺寸（如外径、厚度）。内卡钳和外卡钳规格见表 17-4。

表 17-4　内卡钳和外卡钳规格

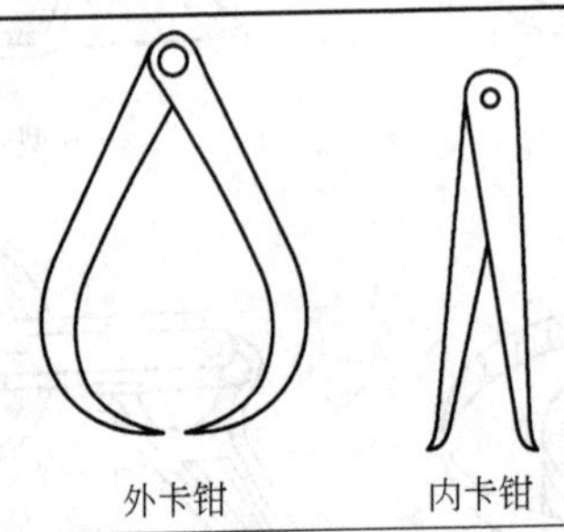

全长/mm	100，125，150，200，250，300，350，400，450，500，600

17.2.2　弹簧卡钳

弹簧卡钳用途与普通内、外卡钳相同，但便于调节，测得的尺寸不易变动，尤其适用于连续生产中。弹簧卡钳规格见表 17-5。

表 17-5　弹簧卡钳规格

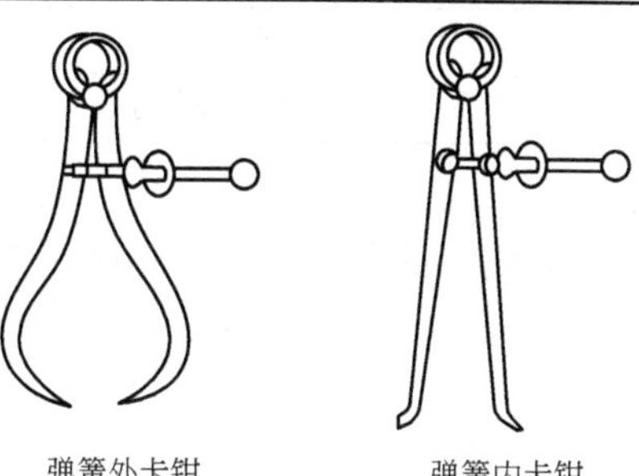

弹簧外卡钳　　　弹簧内卡钳

全长/mm	100，125，150，200，250，300，350，400，450，500，600

17.3　卡尺类

17.3.1　游标、带表和数显卡尺

游标、带表和数显卡尺（GB/T 21389—2008）的有关内容见表 17-6～表 17-8。

表 17-6　卡尺外测量的最大允许误差　　mm

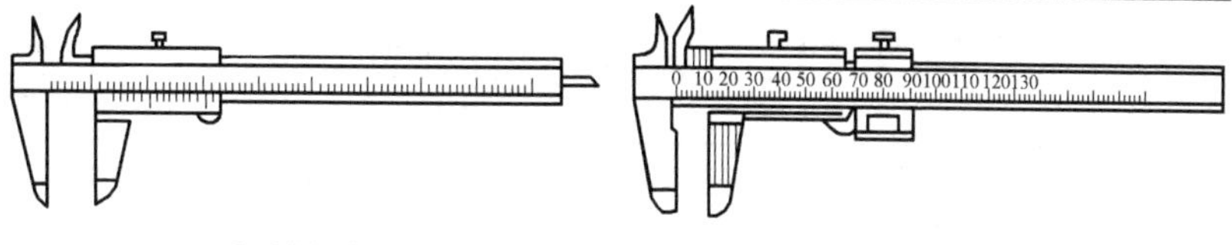

Ⅰ型游标卡尺　　　Ⅱ型游标卡尺

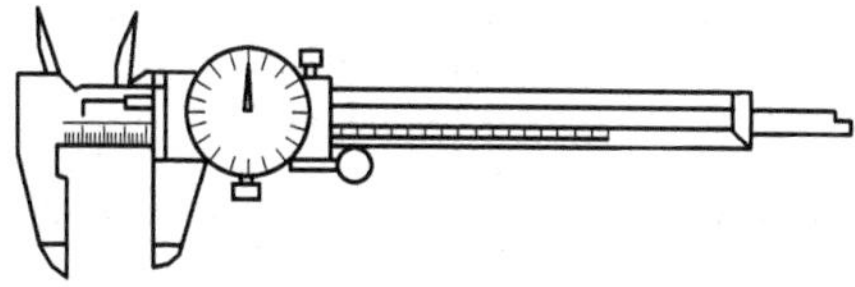

Ⅰ型带表卡尺

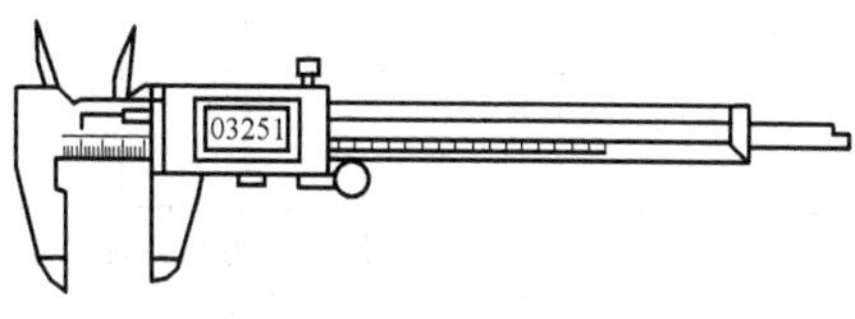

数显卡尺

续表

测量范围上限	最大允许误差					
	分度值或分辨力					
	0.01、0.02		0.05		0.10	
	最大允许误差计算公式	计算值	最大允许误差计算公式	计算值	最大允许误差计算公式	计算值
70	±（20+0.05L）μm	±0.02	±（40+0.06L）μm	±0.05	±（50+0.1L）μm	±0.10
150		±0.02		±0.05		±0.10
200		±0.03		±0.05		±0.10
300		±0.04		±0.08		±0.10
500		±0.05		±0.08		±0.10
1000		±0.07		±0.10		±0.15
1500	±（20+0.06L）μm	±0.11	±（40+0.08L）μm	±0.16		±0.20
2000		±0.14		±0.20		±0.25
2500	±（20+0.08L）μm	±0.22		±0.24		±0.30
3000		±0.26	±（40+0.09L）μm	±0.31		±0.30
3500		±0.30		±0.36		±0.40
4000		±0.34		±0.40		±0.45

注：表中最大允许误差计算公式中的 L 为测量范围上限值，以 mm 计。计算结果应四舍五入到 10μm，且其值不能小于数字级差（分辨力）或游标标尺间隔。

表 17-7　刀口内测量的最大允许误差　　mm

测量范围上限	外测量面间的距离 H	刀口形内测量爪的尺寸极限偏差		刀口形内测量面的平行度	
		分度值或分辨力			
		0.01；0.02	0.05；0.10	0.01；0.02	0.05；0.10
≤300	10	$^{+0.02}_{0}$	$^{+0.04}_{0}$	0.010	0.020
>300～1000	30				
>1000～4000	40	$^{+0.03}_{0}$	$^{+0.05}_{0}$	0.015	0.025

注：测量要求：刀口内测量爪的尺寸极限偏差及刀口内测量面的平行度，应按沿平行于尺身平面方向的实际偏差计；在其他方向的实际偏差均不应大于平行于尺身平面方向的实际偏差。

表 17-8　深度、台阶测量的最大允许误差　mm

分度值或分辨力	测量 20mm 时的最大允许误差
0.01；0.02	±0.03
0.05；0.10	±0.05

17.3.2　游标、带表和数显深度卡尺及游标、带表和数显高度卡尺

游标、带表和数显深度卡尺及游标、带表和数显高度卡尺见表 17-9。

表 17-9　游标、带表和数显深度卡尺（GB/T 21388—2008）及游标、带表和数显高度卡尺（GB/T 21390—2008）　mm

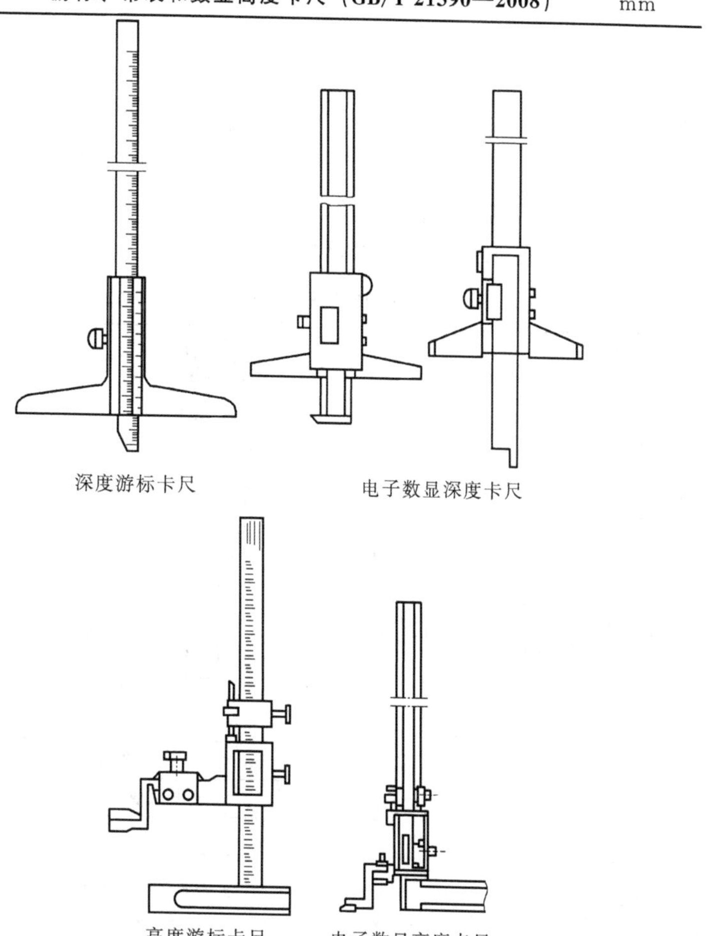

续表

测量范围上限	最大允许误差					
	分度值或分辨力					
	0.01、0.02		0.05		0.10	
	最大允许误差计算公式	计算值	最大允许误差计算公式	计算值	最大允许误差计算公式	计算值
150	±（20+0.05L）μm	±0.02	±（40+0.06L）μm	±0.05	±（50+0.1L）μm	±0.10
200		±0.03		±0.05		±0.10
300		±0.04		±0.08		±0.10
500		±0.05		±0.08		±0.10
1000		±0.07		±0.10		±0.15

注：表中最大允许误差计算公式中的 L 为测量范围上限值，以 mm 计。计算结果应四舍五入到 10μm，且其值不能小于数字级差（分辨力）或游标标尺间隔。

17.3.3 游标、带表和数显齿厚卡尺

游标、带表和数显齿厚卡尺见表 17-10。

表 17-10 游标、带表和数显齿厚卡尺（GB/T 6316—2008） mm

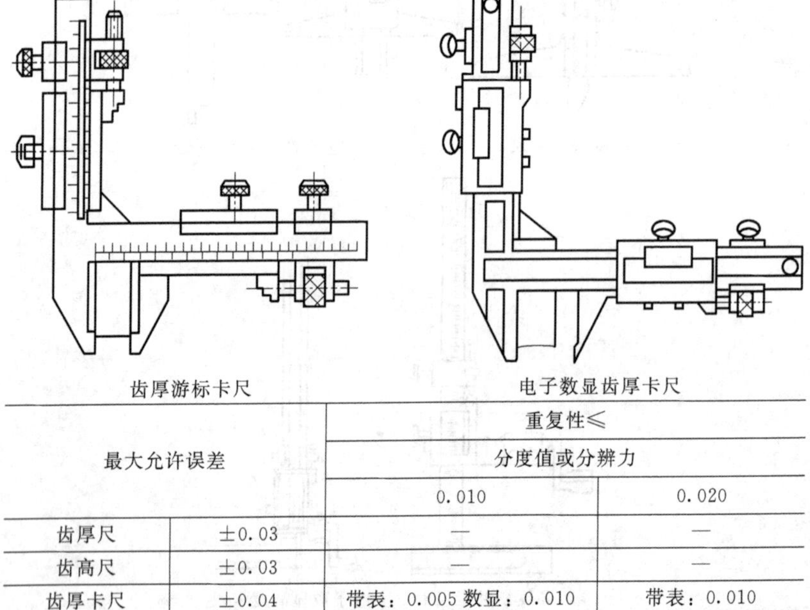

齿厚游标卡尺

电子数显齿厚卡尺

最大允许误差		重复性≤	
		分度值或分辨力	
		0.010	0.020
齿厚尺	±0.03	—	—
齿高尺	±0.03	—	—
齿厚卡尺	±0.04	带表：0.005 数显：0.010	带表：0.010

17.3.4 万能角度尺

万能角度尺用于测量精密工件的内、外角度或进行角度划线。万能角度尺规格见表 17-11。

表 17-11 游标万能角度尺规格（GB/T 6315—2008）

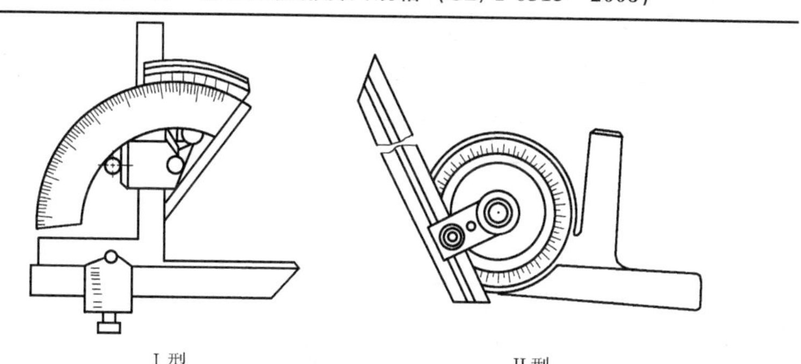

Ⅰ型　　　　Ⅱ型

<table>
<tr><th rowspan="3">型　式</th><th rowspan="3">测量范围</th><th>直尺测量面标称长度</th><th>基尺测量面标称长度</th><th>附加量尺测量面标称长度</th><th colspan="3">最大允许误差
分度值或分辨力</th></tr>
<tr><th colspan="3" rowspan="2">mm</th><th rowspan="2">2′</th><th rowspan="2">5′</th><th rowspan="2">30″</th></tr>
<tr></tr>
<tr><td>Ⅰ型游标万能角度尺</td><td>(0～320)°</td><td>≥150</td><td rowspan="4">≥50</td><td>—</td><td rowspan="3">±2′</td><td rowspan="3">±5′</td><td rowspan="3">—</td></tr>
<tr><td>Ⅱ型游标万能角度尺</td><td rowspan="3">(0～360)°</td><td rowspan="3">150 或 200 或 300</td><td rowspan="3">≥70</td></tr>
<tr><td>带表万能角度尺</td></tr>
<tr><td>数显万能角度尺</td><td>—</td><td>—</td><td>±4′</td></tr>
</table>

注：当使用附加量尺测量时，其允许误差在上述值基础上增加±1.5′。

17.4 千分尺类

17.4.1 外径千分尺

外径千分尺用于测量工件的外径、厚度、长度、形状偏差等，测量精度较高。外径千分尺规格见表 17-12。

表 17-12 外径千分尺规格（GB/T 1216—2004）　　mm

续表

测量范围/mm	最大允许误差/μm	两测量面平行度/μm	尺架受10N力时的变形量/μm	用途
0～25，25～50	4	2	2	适用于测量精密工件的外径、长度、台阶等尺寸
50～75，75～100	5	3	3	
100～125，125～150	6	4	4	
150～175，175～200	7	5	5	
200～225，225～250	8	6	6	
250～275，275～300	9	7	6	
300～325，325～350	10	9	8	
350～375，375～400	11	9	8	
400～425，425～450	12	11	10	
450～475，475～500	13	11	10	
500～600	15	12	12	
600～700	16	14	14	
700～800	18	16	16	
800～900	20	18	18	
900～1000	22	20	20	

17.4.2 电子数显外径千分尺

电子数显外径千分尺用于测量精密外形尺寸。电子数显外径千分尺规格见表17-13。

表17-13 电子数显外径千分尺规格（GB/T 20919—2007） mm

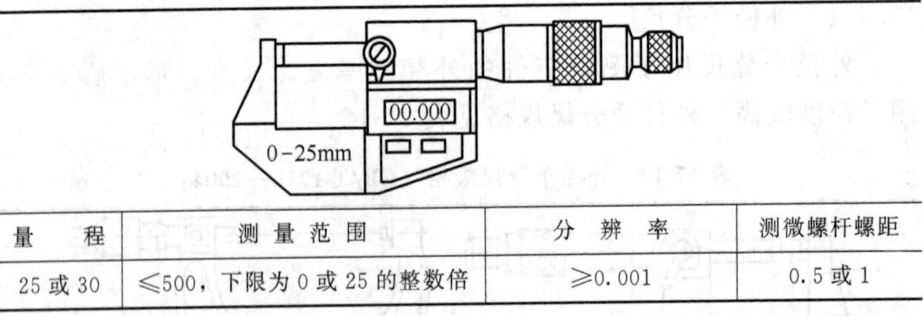

量 程	测 量 范 围	分 辨 率	测微螺杆螺距
25或30	≤500，下限为0或25的整数倍	≥0.001	0.5或1

17.4.3 两点内径千分尺

两点内径千分尺用于测量工件的孔径、槽宽、卡规等的内尺寸和两个内表面之间的距离，其测量精度较高。两点内径千分尺规格见表 17-14。

表 17-14　两点内径千分尺规格（GB/T 8177—2004）　mm

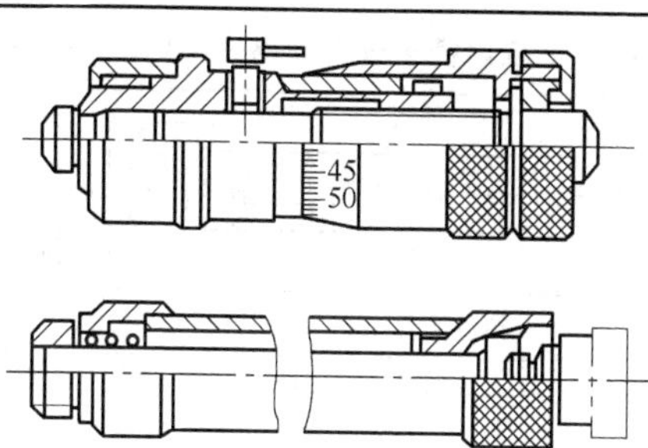

测微头量程：13、25 或 50（mm）

测量长度 l/mm	最大允许误差/μm	长度尺寸的允许变化值/μm	用　途
$l \leqslant 50$	4	—	适用于测量精密工件的内径尺寸
$50 < l \leqslant 100$	5	—	
$100 < l \leqslant 150$	6	—	
$150 < l \leqslant 200$	7	—	
$200 < l \leqslant 250$	8	—	
$250 < l \leqslant 300$	9	—	
$300 < l \leqslant 350$	10	—	
$350 < l \leqslant 400$	11	—	
$400 < l \leqslant 450$	12	—	
$450 < l \leqslant 500$	13	—	
$500 < l \leqslant 800$	16	—	
$800 < l \leqslant 1250$	22	—	
$1250 < l \leqslant 1600$	27	—	
$1600 < l \leqslant 2000$	32	10	
$2000 < l \leqslant 2500$	40	15	
$2500 < l \leqslant 3000$	50	25	
$3000 < l \leqslant 4000$	60	40	
$4000 < l \leqslant 5000$	72	60	
$5000 < l \leqslant 6000$	90	80	

17.4.4　三爪内径千分尺

三爪内径千分尺用于测量精度较高的内孔，尤其适于测量深孔的直径。三爪内径千分尺规格见表17-15。

表17-15　三爪内径千分尺规格（GB/T 6314—2004）　mm

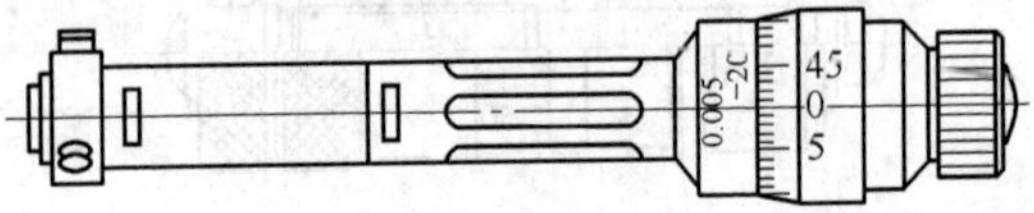

	测量范围（内径）	分度值
Ⅰ型	6～8，8～10，10～12，11～14，14～17，17～20，20～25，25～30，30～35，35～40，40～50，50～60，60～70，70～80，80～90，90～100	0.010 0.005
Ⅱ型	3.5～4.5，4.5～5.5，5.5～6.5，8～10，10～12，12～14，14～17，17～20，20～25，25～30，30～35，35～40，40～50，50～60，60～70，70～80，80～90，90～100，100～125，125～150，150～175，175～200，200～225，225～250，250～275，275～300	

17.4.5　深度千分尺

深度千分尺用于测量精密工件的孔、沟槽的深度和台阶的高度，以及工件两平行面间的距离等，其测量精度较高。深度千分尺规格见表17-16。

表17-16　深度千分尺规格（GB/T 1218—2004）

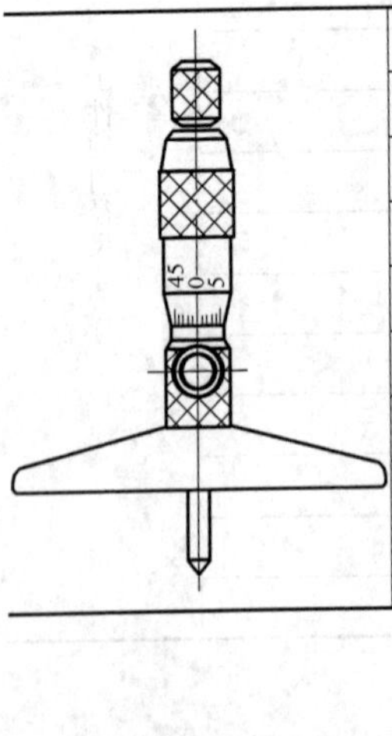

测量范围 l/mm	最大允许误差/μm	对零误差/μm	用　途
$0<l\leqslant 25$	4.0	±2.0	适用于测量精密工件的孔深、台阶等尺寸
$0<l\leqslant 50$	5.0	±2.0	
$0<l\leqslant 100$	6.0	±3.0	
$0<l\leqslant 150$	7.0	±4.0	
$0<l\leqslant 200$	8.0	±5.0	
$0<l\leqslant 250$	9.0	±6.0	
$0<l\leqslant 300$	10.0	±7.0	

17.4.6　壁厚千分尺

壁厚千分尺用于测量管子的壁厚。壁厚千分尺规格见表 17-17。

表 17-17　壁厚千分尺规格（GB/T 6312—2004）

Ⅰ型

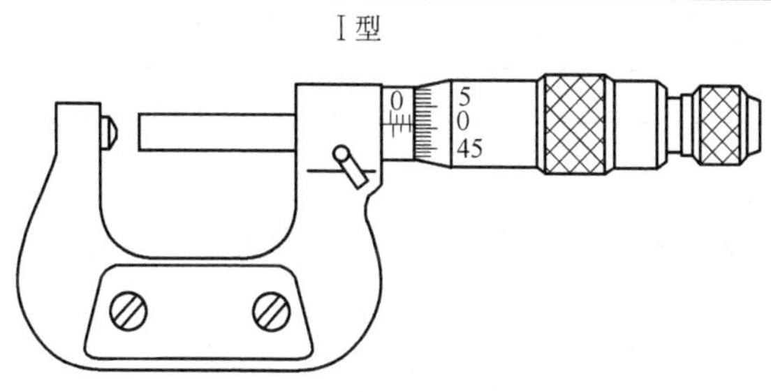

Ⅱ型

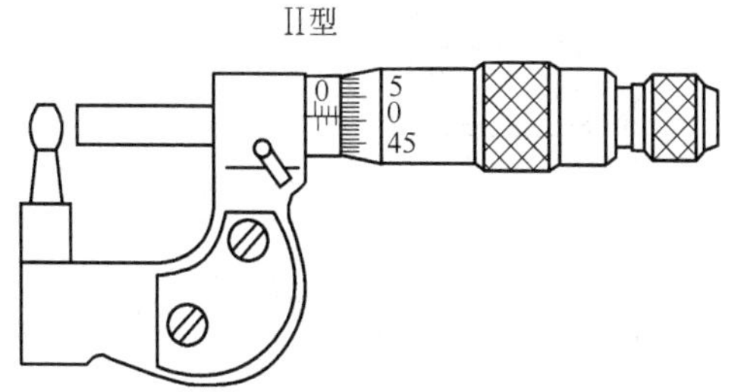

型式	示值误差/μm	测量范围	尺架受 10N 力时的变形/μm	用　　途
Ⅰ	4	0～25mm	2	适用于测量薄壁件的厚度
Ⅱ	8		5	

17.4.7　螺纹千分尺

螺纹千分尺用于测量螺纹的中径和螺距。螺纹千分尺规格见表 17-18。

表 17-18　螺纹千分尺规格（GB/T 10932—2004）　　mm

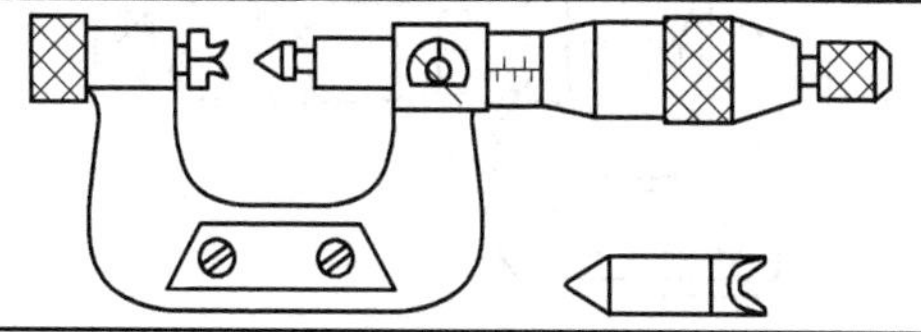

续表

测量范围	最大允许误差	测头对示值误差的影响	弯曲变形量	用　途
0～25、25～50	0.004	0.008	0.002	常用于测量螺纹中径
50～75、75～100	0.005	0.010	0.003	
100～125、125～150	0.006	0.015	0.004	
150～175、175～200	0.007	0.015	0.005	

17.4.8　尖头千分尺

尖头千分尺用于测量螺纹的中径。尖头千分尺规格见表 17-19。

表 17-19　尖头千分尺规格（GB/T 6313—2004）　mm

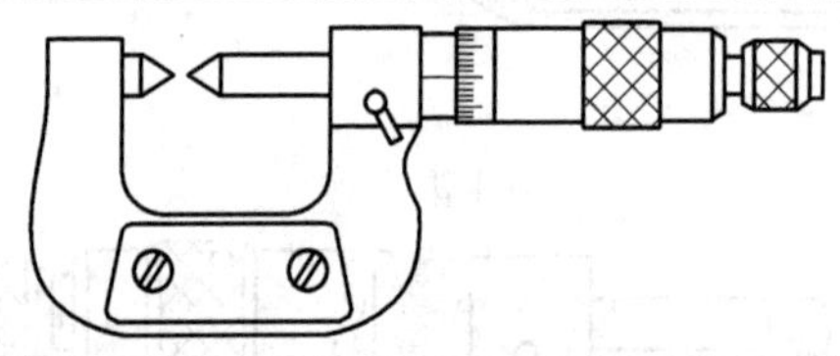

测量范围	刻度数字标记		分度值
0～25	0，5，10，15，20，25		0.01
25～50	25，30，35，40，45，50		0.001
50～75	50，55，60，65，70，75		0.002
75～100	75，80，85，90，95，100		0.005
测微螺杆螺距	0.5	量程	25

17.4.9　公法线千分尺

公法线千分尺用于测量模数大于或等于 1mm 的外啮合圆柱齿轮的公法线长，也可用于测量某些难测部位的长度尺寸。公法线千分尺规格见表 17-20。

表 17-20　公法线千分尺规格（GB/T 1217—2004）　mm

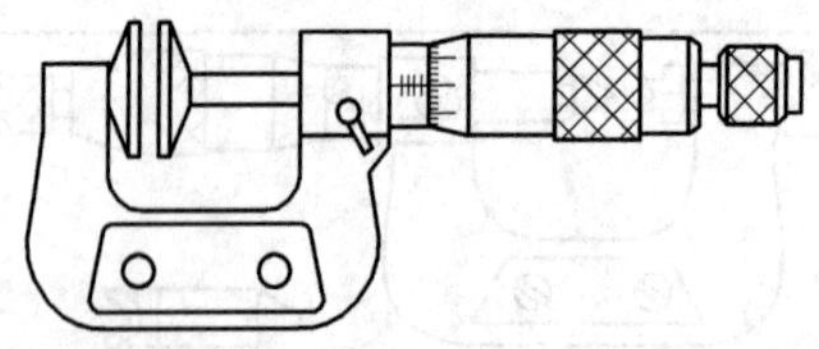

续表

测量范围	分度值	测微螺杆螺距	量程	测量模数
0～25，25～50，50～75，75～100，100～125，125～150，150～175，175～200	0.01	0.5	25	≥1

17.4.10 杠杆千分尺

杠杆千分尺用于测量工件的精密外形尺寸（如外径、长度、厚度等），或校对一般量具的精度。杠杆千分尺规格见表 17-21。

表 17-21 杠杆千分尺规格（GB/T 8061—2004） mm

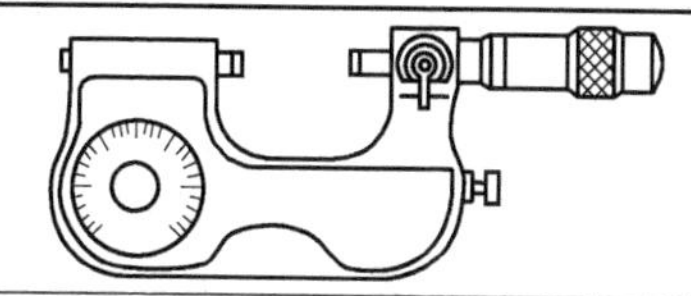

测 量 范 围	分 度 值
0～25，25～50，50～75，75～100	0.001，0.002

17.4.11 带计数器千分尺

带计数器千分尺用于测量工件的外形尺寸。带计数器千分尺规格见表 17-22。

表 17-22 带计数器千分尺规格（JB/T 4166—1999） mm

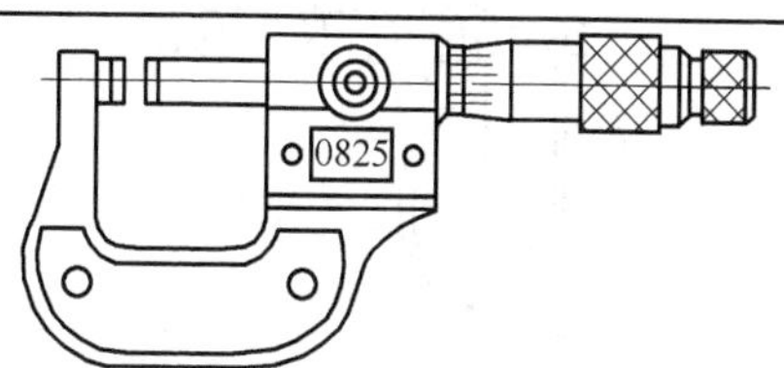

测 量 范 围	刻 度 数 字						计数器分辨率
0～25	0	5	10	15	20	25	0.01
25～50	25	30	35	40	45	50	
50～75	50	55	60	65	70	75	
75～100	75	80	85	90	95	100	
测微头分度值		0.001		测微螺杆和测量端直径			6.5

17.4.12 内测千分尺

内测千分尺规格见表17-23。

表17-23 内测千分尺规格（JB/T 10006—1999） mm

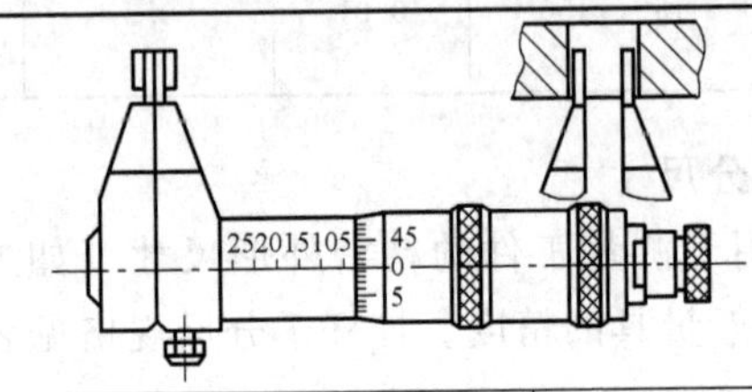

测量范围/mm	示值误差/μm	两圆测量面素线的平行度/μm	测量爪受10N力时的变形/μm	用途
5～30	7	2	2	适用于测量精密孔的直径
25～50	8			
50～75	9	3	3	
75～100	10			
100～125	11	4	4	
125～150	12			

17.4.13 板厚百分尺

板厚百分尺用于测量板料的厚度。板厚百分尺规格见表17-24。

表17-24 板厚百分尺规格 mm

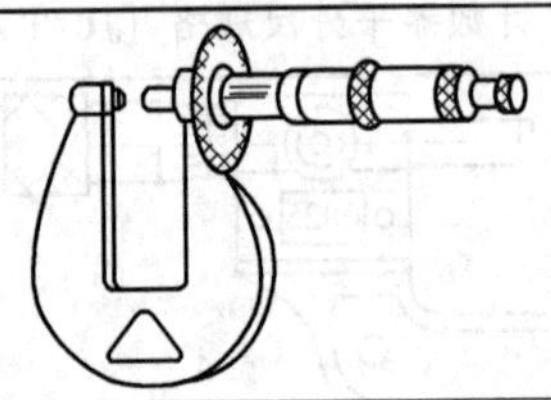

测量范围	分度值	可测厚度
0～10，0～15，0～25，25～50，50～75，75～100	0.01	50，70，150，200
0～15，15～30	0.05	

17.5 仪表类

17.5.1 指示表

指示表（百分表、千分表）适用于测量工件的各种几何形状相互位置的正确性以及位移量，常用于比较法测量。指示表的误差及测量力指标见表 17-25。

表 17-25　指示表的误差及测量力指标（GB/T 1219—2008）

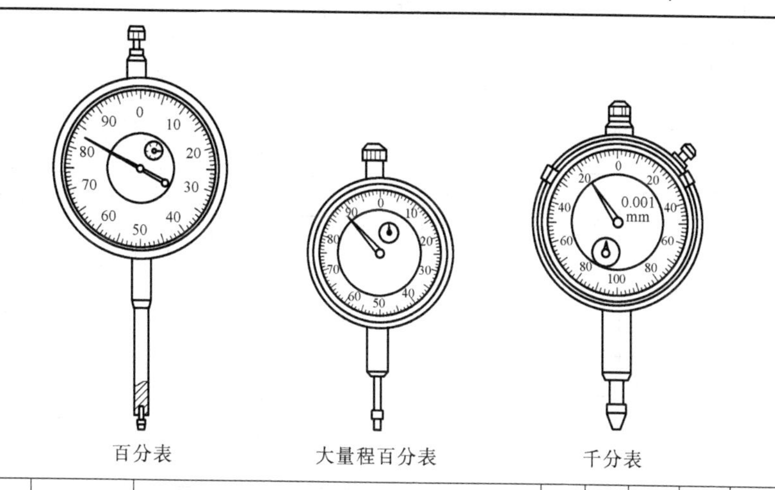

百分表　　大量程百分表　　千分表

分度值	量程 S	最大允许误差							回程误差	重复性	测量力	测量力变化	测量力落差
		任意0.05mm	任意0.1mm	任意0.2mm	任意0.5mm	任意1mm	任意2mm	全量程					
mm		µm									N		
0.1	$S \leqslant 10$	—	—	—	—	±25	—	±40	20	10	0.4～2.0	—	1.0
	$10 < S \leqslant 20$	—	—	—	—	±25	—	±50	20	10	2.0	—	1.0
	$20 < S \leqslant 30$	—	—	—	—	±25	—	±60	20	10	2.2	—	1.0
	$30 < S \leqslant 50$	—	—	—	—	±25	—	±80	25	20	2.5	—	1.5
	$50 < S \leqslant 100$	—	—	—	—	±25	—	±100	30	25	3.2	—	2.2
0.01	$S \leqslant 3$	—	±5	—	±8	±10	±12	±14	3	3	0.4～1.5	0.5	0.5
	$3 < S \leqslant 5$	—	±5	—	±8	±10	±12	±16	3	3	0.4～1.5	0.5	0.5
	$5 < S \leqslant 10$	—	±5	—	±8	±10	±12	±20	3	3	0.4～1.5	0.5	0.5
	$10 < S \leqslant 20$	—	—	—	—	±15	—	±25	5	4	2.0	—	1.0

续表

分度值	量程S	最大允许误差							回程误差	重复性	测量力	测量力变化	测量力落差
		任意 0.05mm	任意 0.1mm	任意 0.2mm	任意 0.5mm	任意 1mm	任意 2mm	全量程					
mm		μm									N		
0.01	20<S≤30	—	—	—	—	±15	—	±35	7	5	2.2	—	1.0
	30<S≤50	—	—	—	—	±15	—	±40	8	5	2.5	—	1.5
	50<S≤100	—	—	—	—	±15	—	±50	9	5	3.2	—	2.2
0.001	S≤1	±2	—	±3	—	—	—	±5	2	0.3	0.4～2.0	0.5	0.6
	1<S≤3	±2.5	—	±3.5	—	±5	±6	±8	2.5	0.5	0.4～2.0	0.5	0.6
	3<S≤5	±2.5	—	±3.5	—	±5	±6	±9	2.5	0.5	0.4～2.0	0.5	0.6
0.002	S≤1	±3	—	±4	—	—	—	±7	2	0.5	0.4～2.0	0.6	0.6
	1<S≤3	±3	—	±5	—	—	—	±9	2	0.5	0.4～2.0	0.6	0.6
	3<S≤5	±3	—	±5	—	—	—	±11	2	0.5	0.4～2.0	0.6	0.6
	5<S≤10	±3	—	±5	—	—	—	±12	2	0.5	0.4～2.0	0.6	0.6

注：1.表中数值均为按标准温度在20℃给出。

2.指示表在测杆处于垂直向下或水平状态时的规定；不包括其他状态，如测杆向上。

3.任意量程示值误差是指在示值误差曲线上，符合测量间隔的任何两点之间所包含的受检点的最大示值误差与最小示值误差之差应满足表中的规定。

4.采用浮动零位原则判定示值误差时，示值误差的带宽不应超过最大允许误差允许值"±"后面所对应的规定值。

17.5.2　杠杆指示表

杠杆指示表（GB/T 8123—2007）除百分表、千分表的作用外，因其体积小、测头可回转180°，所以特别适用于测量受空间限制的工件，如内孔的跳动量及键槽、导轨的直线度等。杠杆指示表的允许误差见表17-26和表17-27。

表 17-26　指针式杠杆指示表

mm

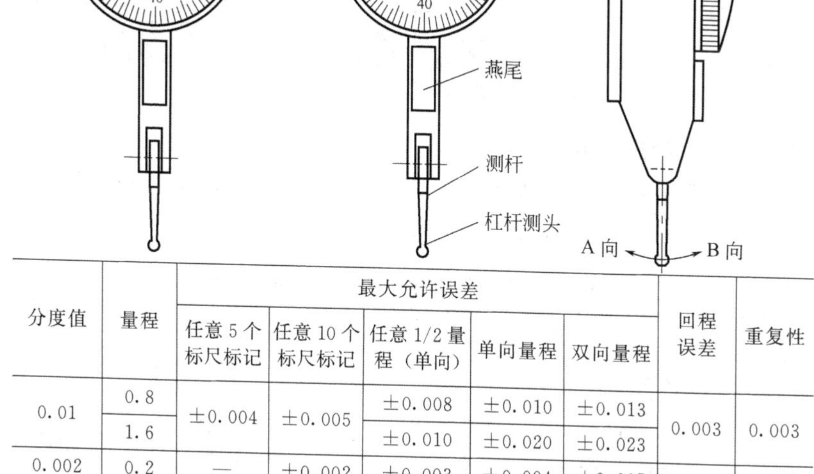

分度值	量程	最大允许误差					回程误差	重复性
		任意 5 个标尺标记	任意 10 个标尺标记	任意 1/2 量程（单向）	单向量程	双向量程		
0.01	0.8	±0.004	±0.005	±0.008	±0.010	±0.013	0.003	0.003
	1.6			±0.010	±0.020	±0.023		
0.002	0.2	—	±0.002	±0.003	±0.004	±0.005	0.002	0.001
0.001	0.12	—	±0.002	±0.003	±0.003	±0.005		

注：1. 在量程内，任意状态下（任意方位、任意位置）的杠杆指示表均应符合表中的规定。

2. 杠杆指示表的示值误差判定，适用浮动零位的原则（即示值误差的带宽不应超过表中最大允许误差“±”符号后面对应的规定值）。

表 17-27　电子数显杠杆指示表

mm

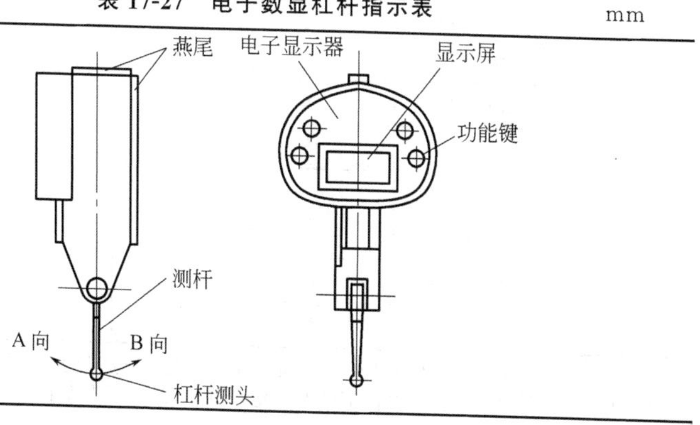

续表

<table>
<tr><th rowspan="2">分辨力</th><th rowspan="2">量程</th><th colspan="5">最大允许误差</th><th rowspan="2">回程误差</th><th rowspan="2">重复性</th></tr>
<tr><th>任意5个分辨力</th><th>任意10个分辨力</th><th>任意1/2量程（单向）</th><th>单向量程</th><th>双向量程</th></tr>
<tr><td>0.01</td><td>0.5</td><td>±0.01</td><td>±0.01</td><td>—</td><td>±0.02</td><td>±0.03</td><td>0.01</td><td>0.01</td></tr>
<tr><td>0.001</td><td>0.4</td><td>—</td><td>±0.004</td><td>±0.006</td><td>±0.008</td><td>±0.010</td><td>0.002</td><td>0.001</td></tr>
</table>

注：1. 在量程内，任意状态下（任意方位、任意位置）的杠杆指示表均应符合表中的规定。

2. 杠杆指示表的示值误差判定，适用浮动零位的原则（即示值误差的带宽不应超过表中最大允许误差"±"符号后面对应的规定值）。

17.5.3　内径指示表

内径指示表适用于比较法测量工件的内孔尺寸及其几何形状的正确性。内径指示表的允许误差见表17-28。

表17-28　内径指示表（GB/T 8122—2004）　mm

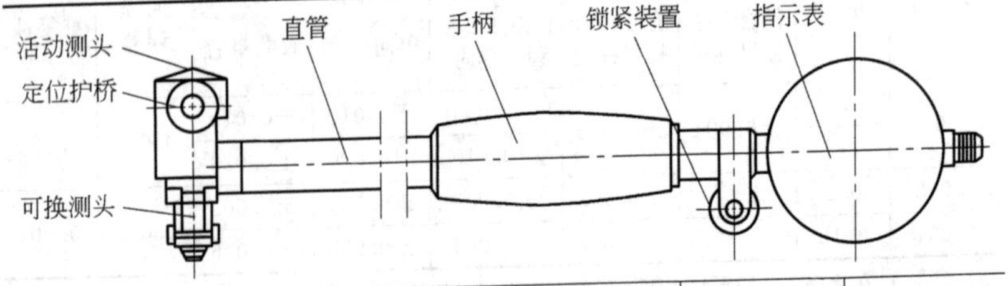

活动测头
定位护桥
可换测头
直管
手柄
锁紧装置
指示表

<table>
<tr><th>分度值</th><th>测量范围 l</th><th>最大允许误差</th><th>相邻误差</th><th>定中心误差</th><th>重复性误差</th></tr>
<tr><td colspan="2">mm</td><td colspan="4">μm</td></tr>
<tr><td rowspan="4">0.01</td><td>$6 \leqslant l \leqslant 10$</td><td rowspan="2">±12</td><td rowspan="3">5</td><td rowspan="4">3</td><td rowspan="4">3</td></tr>
<tr><td>$10 < l \leqslant 18$</td></tr>
<tr><td>$18 < l \leqslant 50$</td><td>±15</td></tr>
<tr><td>$50 < l \leqslant 450$</td><td>±18</td><td>6</td></tr>
<tr><td rowspan="4">0.001</td><td>$6 \leqslant l \leqslant 10$</td><td rowspan="2">±5</td><td rowspan="2">2</td><td rowspan="3">2</td><td rowspan="4">2</td></tr>
<tr><td>$10 < l \leqslant 18$</td></tr>
<tr><td>$18 < l \leqslant 50$</td><td>±6</td><td rowspan="2">3</td></tr>
<tr><td>$50 < l \leqslant 450$</td><td>±7</td><td>2.5</td></tr>
</table>

注：1. 最大允许误差、相邻误差、定中心误差、重复性误差值为温度在20℃时的规定值。

2. 用浮动零位时，示值误差值不应大于允许误差"±"符号后面对应的规定值。

17.5.4 涨簧式内径百分表

涨簧式内径百分表用于内尺寸测量。涨簧式内径百分表规格见表 17-29。

表 17-29 涨簧式内径百分表规格（JB/T 8791—1998） mm

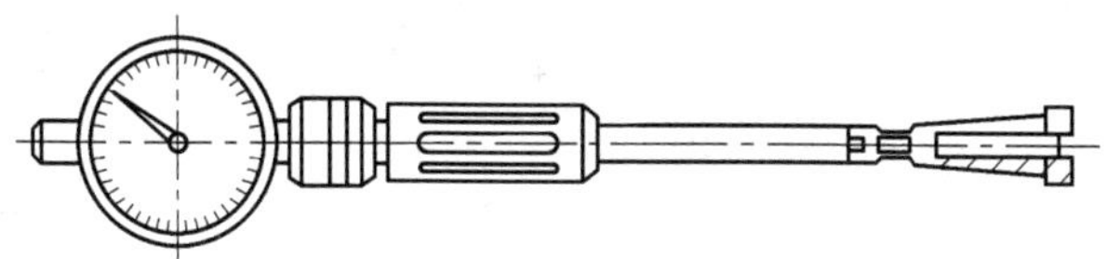

涨簧测头标称尺寸系列	2.00，2.25，2.50，2.75，3.00，3.25，3.50，3.75，4.0，4.5，5.0，5.5，6.0，6.5，7.0，7.5，8.0，8.5，9.0，9.5，10，11，12，13，14，15，16，17，18，19，20				
测量范围	2～20				
涨簧测头标称尺寸	2.00～2.25	2.50～3.75	4.0～5.5	6.0～9.5	10～20
测孔深度	≥16	≥20	≥30	≥40	≥50
涨簧测头工作行程	0.3		0.6		1.2

17.5.5 电子数显指示表

电子数显指示表用于测量精密工件的形状误差及位置误差，测量工件的长度。通过数字显示，读数迅速、直观，测量效率较高。电子数显指示表规格见表 17-30。

表 17-30 电子数显指示表的误差及测量力指标（GB/T 18761—2007） mm

续表

<table>
<tr><th rowspan="2">分辨力</th><th rowspan="2">测量范围上限 t</th><th colspan="5">最大允许误差</th><th rowspan="2">回程误差</th><th rowspan="2">重复性</th><th rowspan="2">最大测量力</th><th rowspan="2">测量力变化</th><th rowspan="2">测量力落差</th></tr>
<tr><th>任意0.1mm</th><th>任意0.2mm</th><th>任意1.0mm</th><th>任意2.0mm</th><th>全量程</th></tr>
<tr><th colspan="9">mm</th><th colspan="3">N</th></tr>
<tr><td rowspan="4">0.01</td><td>$t \leqslant 10$</td><td rowspan="4">—</td><td rowspan="4">±0.010</td><td>—</td><td rowspan="2">—</td><td>±0.020</td><td rowspan="4">0.010</td><td rowspan="4">0.010</td><td>1.5</td><td>0.7</td><td>0.6</td></tr>
<tr><td>$10 < t \leqslant 30$</td><td>±0.020</td><td rowspan="3">±0.030</td><td>2.2</td><td>1.0</td><td>1.0</td></tr>
<tr><td>$30 < t \leqslant 50$</td><td rowspan="2">—</td><td rowspan="2">±0.020</td><td>2.5</td><td>2.0</td><td>1.5</td></tr>
<tr><td>$50 < t \leqslant 100$</td><td>3.2</td><td>2.5</td><td>2.2</td></tr>
<tr><td rowspan="3">0.005</td><td>$t \leqslant 10$</td><td rowspan="3">—</td><td rowspan="3">±0.010</td><td>—</td><td rowspan="2">—</td><td rowspan="2">±0.015</td><td rowspan="3">0.005</td><td rowspan="3">0.005</td><td>1.5</td><td>0.7</td><td>0.6</td></tr>
<tr><td>$10 < t \leqslant 30$</td><td>±0.010</td><td>2.2</td><td>1.0</td><td>1.0</td></tr>
<tr><td>$30 < t \leqslant 50$</td><td>—</td><td>±0.015</td><td>±0.020</td><td>2.5</td><td>2.0</td><td>1.5</td></tr>
<tr><td rowspan="4">0.001</td><td>$t \leqslant 1$</td><td rowspan="4">±0.002</td><td>—</td><td rowspan="2">—</td><td rowspan="4">—</td><td>±0.003</td><td>0.001</td><td>0.001</td><td rowspan="3">1.5</td><td>0.4</td><td rowspan="2">0.4</td></tr>
<tr><td>$1 < t \leqslant 3$</td><td rowspan="3">±0.003</td><td>±0.005</td><td rowspan="2">0.002</td><td rowspan="2">0.002</td><td rowspan="2">0.5</td></tr>
<tr><td>$3 < t \leqslant 10$</td><td>±0.004</td><td>±0.007</td><td>0.5</td></tr>
<tr><td>$10 < t \leqslant 30$</td><td>±0.005</td><td>±0.010</td><td>0.003</td><td>0.003</td><td>2.2</td><td>0.8</td><td>1.0</td></tr>
</table>

注：采用浮动零位原则判定示值误差时，示值误差的带宽不应超过最大允许误差允许值“±”后面所对应的规定值。

17.5.6 万能表座

万能表座用于支持百分表、千分表，并使其处于任意位置，从而测量工件尺寸、形状误差及位置误差。万能表座规格见表17-31。

表17-31 磁性表座规格（JB/T 10011—2010） mm

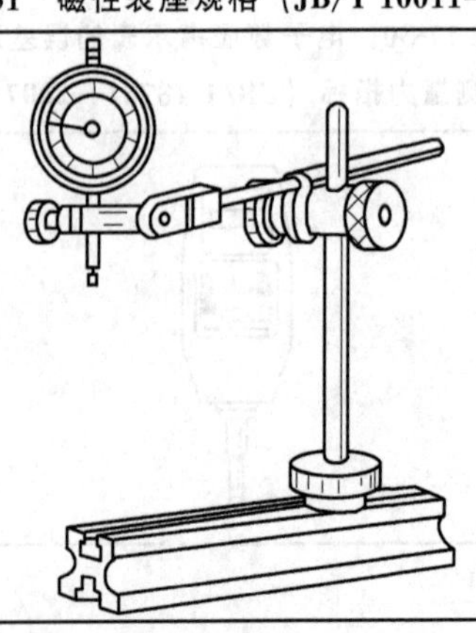

续表

型式	型号	底座长度	表杆最大升高量	表杆最大回转半径	表夹孔直径	微调量
普通式	WZ-22	220	230	220	8 或 6	—
微调式	WWZ-15	150	350	320	8 或 6	≥2
	WWZ-22	220	350	320	8 或 6	
	WWZ-220	220	230	220	8 或 6	

17.5.7　磁性表座

磁性表座用于支持百分表、千分表，利用磁性使其处于任何空间位置的平面及圆柱体上作任意方向的转换，来适应各种不同用途和性质的测量。磁性表座规格见表 17-32。

表 17-32　磁性表座规格（JB/T 10010—2010）

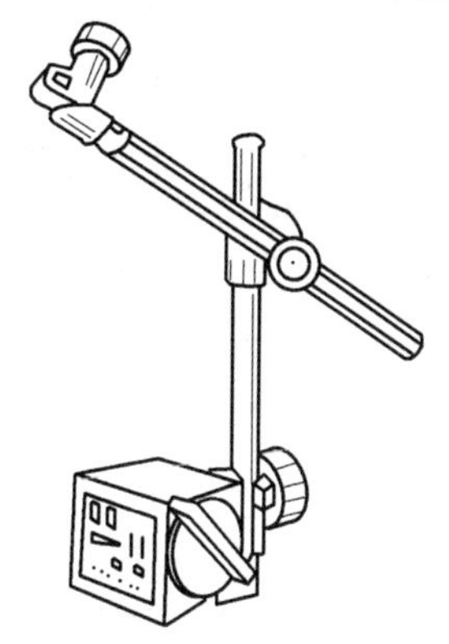

表座规格	立柱高度	横杆长度	表夹孔直径	座体 V 形工作面角度	工作磁力/N	型号举例
	/mm					
Ⅰ	160	140	8 或 6	120° 135° 150°	196	CZ-2
Ⅱ	190	170			392	CZ-4
					588	CZ-6A
Ⅳ	224	200			784	—
Ⅳ	280	250			980	WCZ-10

17.6 量规

17.6.1 量块

量块用于调整、校正或检验测量仪器、量具，及测量精密零件或量规的正确尺寸；与量块附件组合，可进行精密划线工作，是技术测量上长度计量的基准。量块规格见表17-33。

表17-33 量块规格（GB/T 6093—2001）

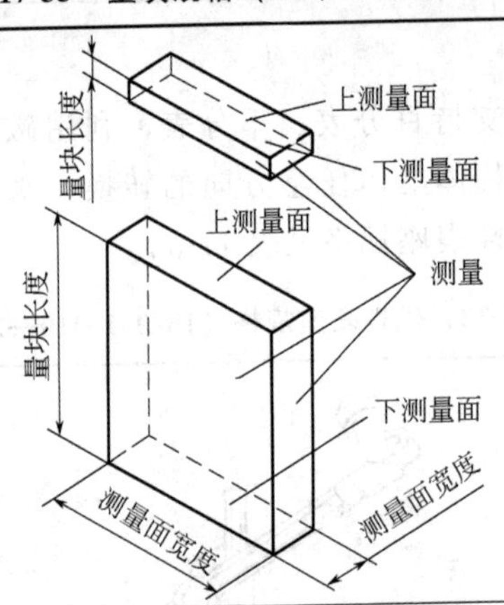

套别	总块数	级别	尺寸系列/mm	间隔/mm	块数
1	91	00，0，1	0.5	—	1
			1	—	1
			1.001，1.002，…，1.009	0.001	9
			1.01，1.02，…，1.49	0.01	49
			1.5，1.6，…，1.9	0.1	5
			2.0，2.5，…，9.5	0.5	16
			10，20，…，100	10	10
2	83	00，0，1，2	0.5	—	1
			1	—	1
			1.005	—	1
			1.01，1.02，…，1.49	0.01	49
			1.5，1.6，…，1.9	0.1	5
			2.0，2.5，…，9.5	0.5	16
			10，20，…，100	10	10

续表

套别	总块数	级别	尺寸系列/mm	间隔/mm	块数
3	46	0，1，2	1	—	1
			1.001，1.002，…，1.009	0.001	9
			1.01，1.02，…，1.49	0.01	9
			1.1，1.2，…，1.9	0.1	9
			2，3，…，9	1	8
			10，20，…，100	10	10
4	38	0，1，2	1	—	1
			1.005	—	1
			1.01，1.02，…，1.09	0.01	9
			1.1，1.2，…，1.9	0.1	9
			2，3，…，9	1	8
			10，20，…，100	10	10
5	10−	0，1	0.991，0.992，……，1	0.001	10
6	10+	0，1	1，1.001，……，1.009	0.001	10
7	10−	0，1	1.991，1.992，……，2	0.001	10
8	10+	0，1	2，2.001，2.002……，2.009	0.001	10
9	8	0，1，2	125，150，175，200，250，300，400，500		8
10	5	0，1，2	600，700，800，900，1000		5
11	10	0，1，2	2.5，5.1，7.7，10.3，12.9，15，17.6，20.2，22.8，25		10
12	10	0，1，2	27.5，30.1，32.7，35.3，37.9，40，42.6，45.2，47.8，50		10
13	10	0，1，2	52.5，55.1，57.7，60.3，62.9，65，67.6，70.2，72.8，75		10
14	10	0，1，2	77.5，80.1，82.7，85.3，87.9，90，92.6，95.2，97.8，100		10
15	12	3	10，20（两块），41.2，51.2，81.5，101.2，121.5，121.8，191.8，201.5，291.8		12

续表

套别	总块数	级别	尺寸系列/mm	间隔/mm	块数
16	6	3	101.2，200，291.5，375，451.8，490		6
17	6	3	201.2，400，581.5，750，901.8，990		6

17.6.2　塞尺

塞尺用于测量或检验两平行面间的空隙的大小。塞尺规格见表17-34。

表17-34　塞尺规格（GB/T 22523—2008）

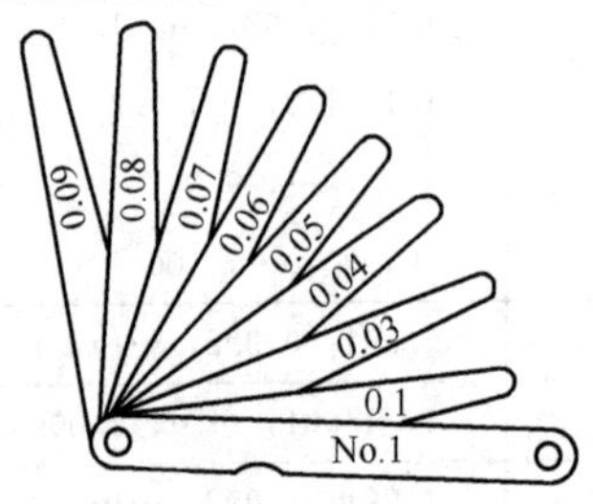

成组塞尺的片数	塞尺片长度/mm	塞尺片厚度及组装顺序/mm
13	100 150 200 300	0.10，0.02，0.02，0.03，0.03，0.04，0.04，0.05，0.05，0.06，0.07，0.08，0.09
14		1.00，0.05，0.06，0.07，0.08，0.09，0.10，0.15，0.20，0.25，0.30，0.40，0.50，0.75
17		0.50，0.02，0.03，0.04，0.05，0.06，0.07，0.08，0.09，0.10，0.15，0.20，0.25，0.30，0.35，0.40，0.45
20		1.00，0.05，0.10，0.15，0.20，0.25，0.30，0.35，0.40，0.45，0.50，0.55，0.60，0.65，0.70，0.75，0.80，0.85，0.90，0.95
21		0.50，0.02，0.02，0.03，0.03，0.04，0.04，0.05，0.05，0.06，0.07，0.08，0.09，0.10，0.15，0.20，0.25，0.30，0.35，0.40，0.45

17.6.3　角度块规

角度块规用于对万能角度尺和角度样板的检定，也可用于检查工件的内外角，以及精密机床在加工过程中的角度调整等，是技术测量上角度计量的基准。角度块规规格见表 17-35。

表 17-35　角度块规规格（JB/T 3325—1999）

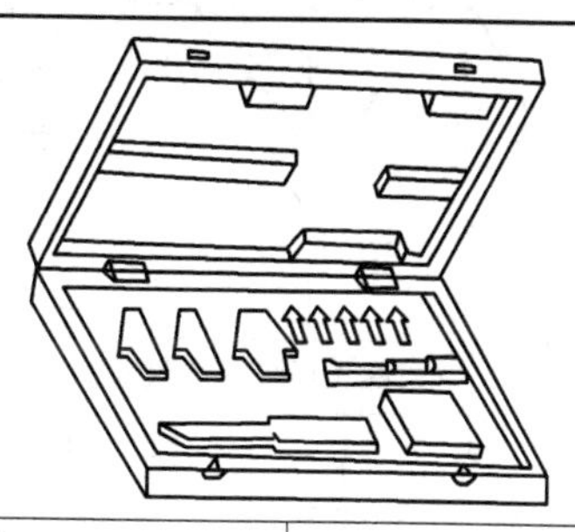

组　　别	块　　数
7，36，94	7，36，94

注：1. 角度块规有三角形和四边形两种形式，前者有一个工作角，后者有四个工作角。

2. 角度块规每组均有 1 级和 2 级精度等级。

3. 7 块的角度块规供万能角度尺检定用。

4. 成套角度块规附件有支持具Ⅰ（1 件）、支持具Ⅱ（2 件）、支持具Ⅲ（1 件）、插销（6 件）、直尺（1 件）、螺丝刀（1 件）。

17.6.4　螺纹规

螺纹规用于检验普通螺纹的螺距。螺纹规规格见表 17-36。

表 17-36　螺纹规规格（JB/T 7981—2010）

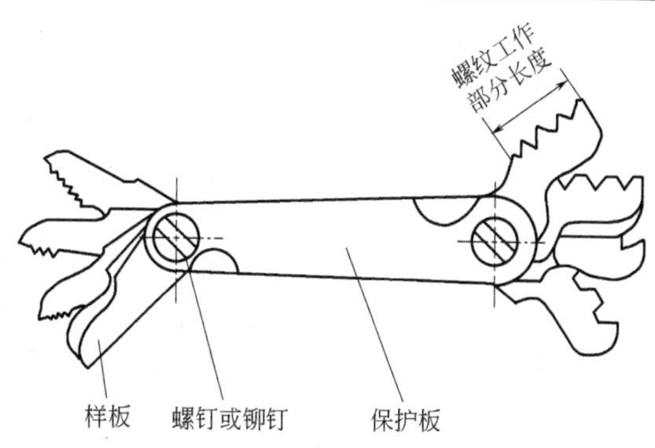

续表

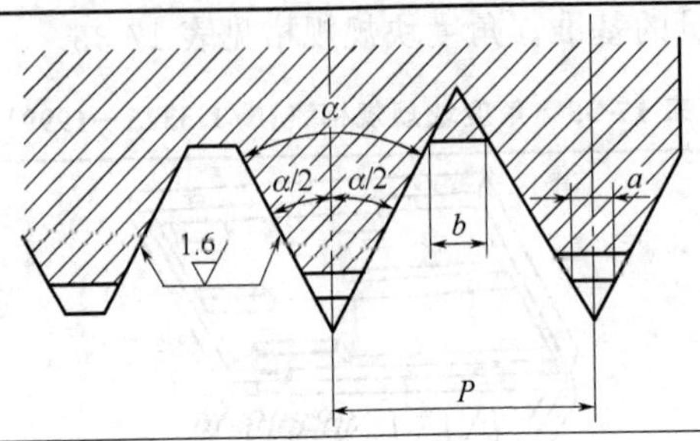

普通螺纹样板基本尺寸

<table>
<tr><th colspan="2">螺距 P/mm</th><th rowspan="3">基本牙型角 α</th><th rowspan="3">牙型半角 α/2 极限偏差</th><th colspan="3">牙顶和牙底宽度/mm</th><th rowspan="3">螺纹工作部分长度/mm</th></tr>
<tr><th rowspan="2">基本尺寸</th><th rowspan="2">极限偏差</th><th colspan="2">a</th><th>b</th></tr>
<tr><th>最小</th><th>最大</th><th>最大</th></tr>
<tr><td>0.40</td><td rowspan="4">±0.010</td><td rowspan="20">60°</td><td rowspan="2">±60′</td><td>0.10</td><td>0.16</td><td>0.05</td><td rowspan="4">5</td></tr>
<tr><td>0.45</td><td>0.11</td><td>0.17</td><td>0.06</td></tr>
<tr><td>0.50</td><td rowspan="3">±50′</td><td>0.13</td><td>0.21</td><td>0.06</td></tr>
<tr><td>0.60</td><td>0.15</td><td>0.23</td><td>0.08</td></tr>
<tr><td>0.70</td><td rowspan="6">±0.015</td><td>0.18</td><td>0.26</td><td>0.09</td><td rowspan="6">10</td></tr>
<tr><td>0.75</td><td rowspan="3">±40′</td><td>0.19</td><td>0.27</td><td>0.09</td></tr>
<tr><td>0.80</td><td>0.20</td><td>0.28</td><td>0.10</td></tr>
<tr><td>1.00</td><td>0.25</td><td>0.33</td><td>0.13</td></tr>
<tr><td>1.25</td><td>±35′</td><td>0.31</td><td>0.43</td><td>0.16</td></tr>
<tr><td>1.50</td><td rowspan="3">±30′</td><td>0.38</td><td>0.50</td><td>0.19</td></tr>
<tr><td>1.75</td><td rowspan="6">±0.020</td><td>0.44</td><td>0.56</td><td>0.22</td><td rowspan="10">16</td></tr>
<tr><td>2.00</td><td>0.50</td><td>0.62</td><td>0.25</td></tr>
<tr><td>2.50</td><td rowspan="4">±25′</td><td>0.63</td><td>0.75</td><td>0.31</td></tr>
<tr><td>3.00</td><td>0.75</td><td>0.87</td><td>0.38</td></tr>
<tr><td>3.50</td><td>0.88</td><td>1.03</td><td>0.44</td></tr>
<tr><td>4.00</td><td>1.00</td><td>1.15</td><td>0.50</td></tr>
<tr><td>4.50</td><td rowspan="4">±0.025</td><td rowspan="4">±20′</td><td>1.13</td><td>1.28</td><td>0.56</td></tr>
<tr><td>5.00</td><td>1.25</td><td>1.40</td><td>0.63</td></tr>
<tr><td>5.50</td><td>1.38</td><td>1.53</td><td>0.69</td></tr>
<tr><td>6.00</td><td>1.50</td><td>1.65</td><td>0.75</td></tr>
</table>

续表

英制螺纹样板基本尺寸								
螺距 P/in			基本牙型角 α	牙型半角 α/2 极限偏差	牙顶和牙底宽度/in			螺纹工作部分长度/in
每英寸牙数	基本尺寸	极限偏差			a		b	
					最小	最大	最大	
28	0.907	±0.015	55°	±40′	0.22	0.30	0.15	10
24	1.058				0.27	0.39	0.18	
22	1.154				0.29	0.41	0.19	
20	1.270			±35′	0.31	0.43	0.21	
19	1.337			±30′	0.33	0.45	0.22	
18	1.411				0.35	0.47	0.24	
16	1.588				0.39	0.51	0.27	
14	1.814				0.45	0.57	0.30	16
12	2.117	±0.020			0.52	0.64	0.35	
11	2.309			±25′	0.57	0.69	0.38	
10	2.540				0.62	0.74	0.42	
9	2.822				0.69	0.81	0.47	
8	3.175				0.77	0.92	0.53	
7	3.629				0.89	1.04	0.60	
6	4.233			±20′	1.04	1.19	0.70	
5	5.080				1.24	1.39	0.85	
4.5	5.644				1.38	1.53	0.94	
4	6.350				1.55	1.70	1.06	

17.6.5 半径样板

半径样板用于检验工件上凹凸表面的曲线半径，也可作极限量规使用。半径样板规格见表 17-37。

表 17-37　半径样板规格（JB/T 7980—1999）　mm

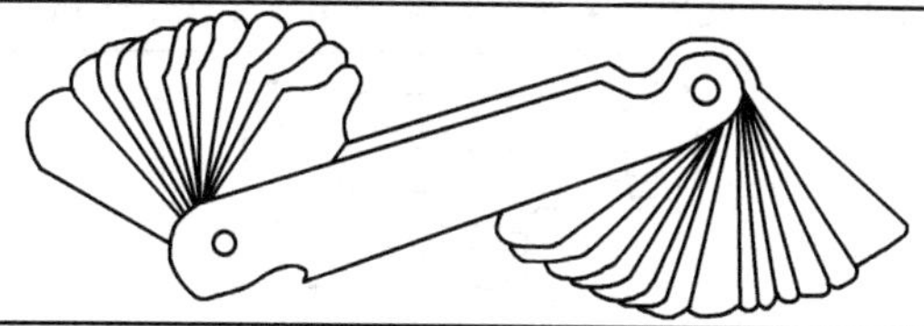

续表

组别	半径尺寸范围	半径尺寸系列	样板宽度	样板厚度	样板数
1	1～6.5	1，1.25，1.5，1.75，2，2.25，2.5，2.75，3，3.5，4，4.5，5，5.5，6，6.5	135	0.5	凸形和凹形各16件
2	7～14.5	7，7.5，8，8.5，9，9.5，10，10.5，11，11.5，12，12.5，13，13.5，14，14.5	205		
3	15～25	15，15.5，16，16.5，17，17.5，18，18.5，19，19.5，20，21，22，23，24，25			

17.6.6 正弦规

正弦规用于测量或检验精密工件及量规的角度，也可放于机床上，在加工带角度零件时作精密定位用。正弦规规格见表17-38。

表17-38 正弦规规格（JB/T 7973—1999） mm

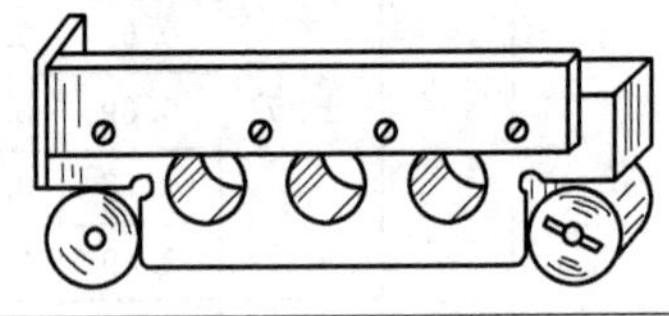

圆柱中心距	圆柱直径	工作台宽度	
		窄型	宽型
100	20	25	60
200	30	40	80

17.6.7 硬质合金塞规

硬质合金塞规在机械加工中，用于车孔、镗孔、铰孔、磨孔和研孔的孔径测量。硬质合金塞规规格见表17-39。

表17-39 硬质合金塞规规格（GB/T 10920—2008） mm

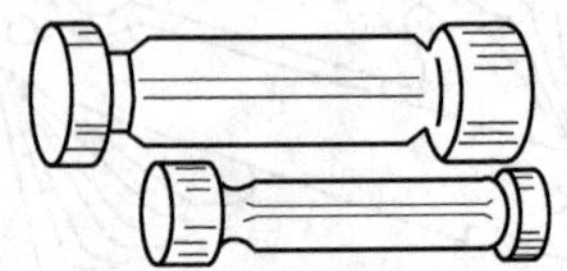

续表

公称直径		1～4	＞4～10	＞10～14	＞14～18	＞18～24	＞24～30	＞30～38	＞38～50
总长		58	74	85	100	115	130	130	157
工作长度	通端	12	9	10	12	14	16	20	25
	止端	8	5	5	6	7	8	9	9

17.6.8 螺纹塞规

螺纹塞规用于测量内螺纹的精确性，检查、判定工件内螺纹尺寸是否合格。螺纹塞规规格见表 17-40。

表 17-40 螺纹塞规规格 mm

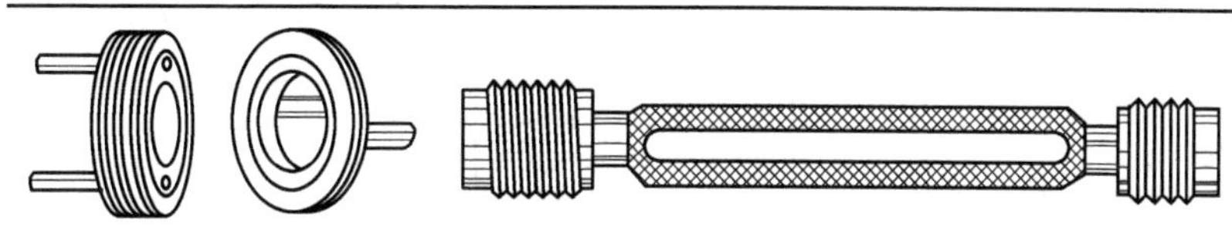

通规　止规　整体式（左通规，右止规）

螺纹直径	螺距					
	粗牙	细牙				
1，1.2	0.25	0.2				
1.4	0.3	0.2				
1.6，1.8	0.35	0.2				
2	0.4	0.25				
2.2	0.45	0.25				
2.5	0.45	0.35				
3	0.5	0.35				
3.5	0.6	0.35				
4	0.7	0.5				
5	0.8	0.5				
6	1	0.75	0.5			
8	1.25	1	0.75	0.5		
10	1.5	1.25	1	0.75	0.5	

续表

螺纹直径	螺距					
	粗牙	细牙				
12	1.75	1.5	1.25	1	0.75	0.5
14	2	1.5	1.25	1	0.75	0.5
16	2	1.5	1	0.75	0.5	
18，20，22	2.5	2	1.5	1	0.75	0.5
24，27	3	2	1.5	1	0.75	
30，33	3.5	3	2	1.5	1	0.75
36，39	4	3	2	1.5	1	
42，45	4.5	4	3	2	1.5	1
48，52	5	4	3	2	1.5	1
56，60	5.5	4	3	2	1.5	1
64，68，72	6	4	3	2	1.5	1
76，80，85	6	4	3	2	1.5	
90，95，100	6	4	3	2	1.5	
105，110，115	6	4	3	2	1.5	
120，125，130	6	4	3	2	1.5	
135～140	6	4	3	2	1.5	

注：常用的普通螺纹塞规的精度为4H、5H、6H、7H级。

17.6.9　螺纹环规

螺纹环规供检查工件外螺纹尺寸是否合格用。每种规格螺纹环规分通规（代号T）和止规（代号Z）两种。检查时，如通规能与工件外螺纹旋合通过，而止规不能与工件外螺纹旋合通过，可判定该外螺纹尺寸为合格；反之，则可判定该外螺纹尺寸为不合格。螺纹环规规格见表17-41。

表17-41　螺纹环规规格（GB/T 10920—2008）

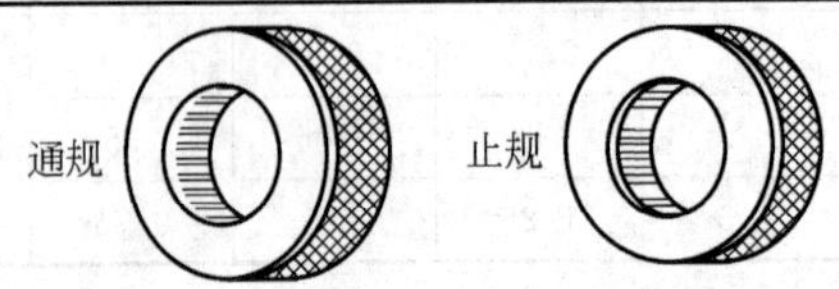

续表

分　　类	整体式螺纹环规	双柄式螺纹环规
规格	MI～M120	＞M120～M180
精度	6g，6h，6f，8g	

17.6.10　莫氏和公制圆锥量规

普通精度莫氏（或公制）圆锥量规适用于检查工具圆锥及圆锥柄的精确性；高精度莫氏（或公制）圆锥量规适用于机床和精密仪器主轴与孔的锥度检查。莫氏和公制圆锥量规规格见表 17-42。

表 17-42　莫氏和公制圆锥量规规格（GB/T 11853—2003）

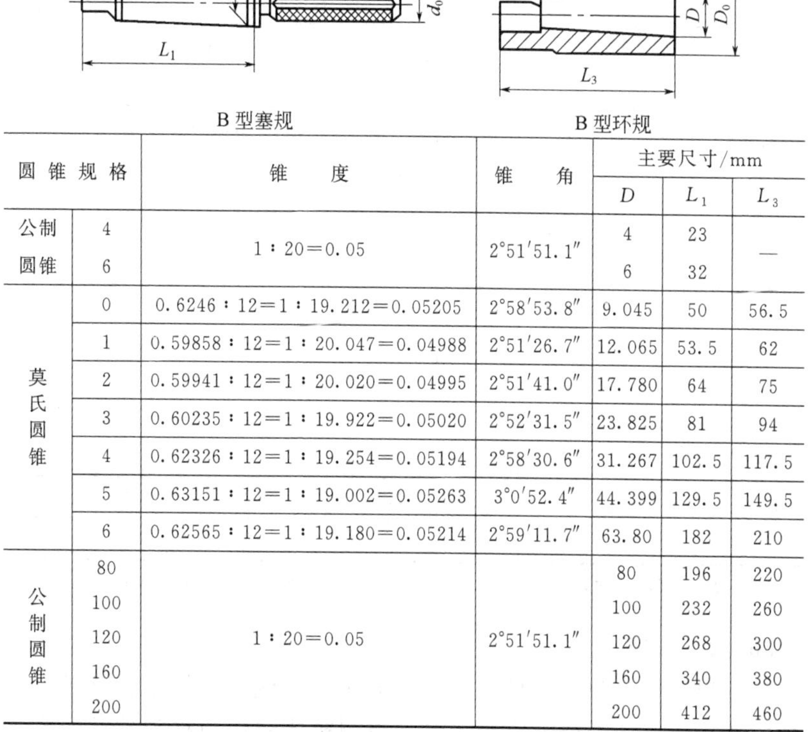

圆锥规格		锥　　度	锥　　角	主要尺寸/mm		
				D	L_1	L_3
公制圆锥	4	1∶20=0.05	2°51′51.1″	4	23	—
	6			6	32	
莫氏圆锥	0	0.6246∶12=1∶19.212=0.05205	2°58′53.8″	9.045	50	56.5
	1	0.59858∶12=1∶20.047=0.04988	2°51′26.7″	12.065	53.5	62
	2	0.59941∶12=1∶20.020=0.04995	2°51′41.0″	17.780	64	75
	3	0.60235∶12=1∶19.922=0.05020	2°52′31.5″	23.825	81	94
	4	0.62326∶12=1∶19.254=0.05194	2°58′30.6″	31.267	102.5	117.5
	5	0.63151∶12=1∶19.002=0.05263	3°0′52.4″	44.399	129.5	149.5
	6	0.62565∶12=1∶19.180=0.05214	2°59′11.7″	63.80	182	210
公制圆锥	80	1∶20=0.05	2°51′51.1″	80	196	220
	100			100	232	260
	120			120	268	300
	160			160	340	380
	200			200	412	460

注：莫氏与公制圆锥量规有不带扁尾的 A 型和带扁尾的 B 型两种（B 型只检验圆锥尺寸，不检验锥角）。两种型式均有环规与塞规。量规有 1 级、2 级、3 级三个精度等级。

17.6.11　表面粗糙度比较样块

表面粗糙度比较样块是以目测比较法来评定工件表面粗糙度的量具。表面粗糙度比较样块规格见表17-43。

表17-43　表面粗糙度比较样块规格

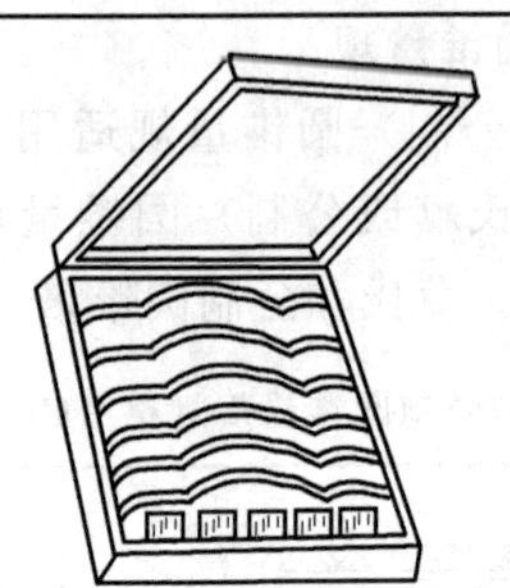

加工表面方式标准		每套数量	表面粗糙度参数公称值/μm	
			R_a	R_z
铸造（GB/T 6060.1—1997）		12	0.2，0.4，0.8，1.6，3.2，6.3，12.5，25，50，100，200，400	800，1600
机械加工（GB/T 6060.2—2006）	磨	8	0.025，0.05，0.1，0.2，0.4，0.8，1.6，3.2	
	车、镗	6	0.4，0.8，1.6，3.2，6.3，12.5	
	铣	6	0.4，0.8，1.6，3.2，6.3，12.5	
	插、刨	6	0.8，1.6，3.2，6.3，12.5，25.0	
电火花、抛（喷）丸、喷砂、研磨、锉、抛光加工表面（GB/T 6060.3—2008）	研磨	4	0.012，0.025，0.05，0.1	
	抛光	6	0.012，0.025，0.05，0.1，0.2，0.4	
	锉	4	0.8，1.6，3.2，6.3	
	电火花	6	0.4，0.8，1.6，3.2，6.3，12.5	

注：R_a—表面轮廓算术平均偏差；R_z—表面轮廓微观不平度10点高度。

17.6.12　方规

方规用来检测刀口形角尺、矩形角尺、样板角尺，以及进行直角传递；还可用于精密机床调试，检测机床部件与移动件间的垂直度，是技术测量上直角测量的基准。方规规格见表17-44。

表 17-44　方规规格

规格/mm	允许误差/μm								
	相邻垂直度			平面度（不允凸）			侧面垂直度		
	A 级	B 级	C 级	A 级	B 级	C 级	A 级	B 级	C 级
200×200	0.5	1.0	2.0	0.3	0.5	1.0	30.0	60.0	80.0
250×250	0.7	1.5	2.0	0.4	0.6	1.0	30.0	60.0	80.0

17.6.13　量针

量针与千分尺、比较仪等组合使用，测量外螺纹中径，测量精度较高。量针规格见表 17-45。

表 17-45　量针规格（JB/T 3326—1999）

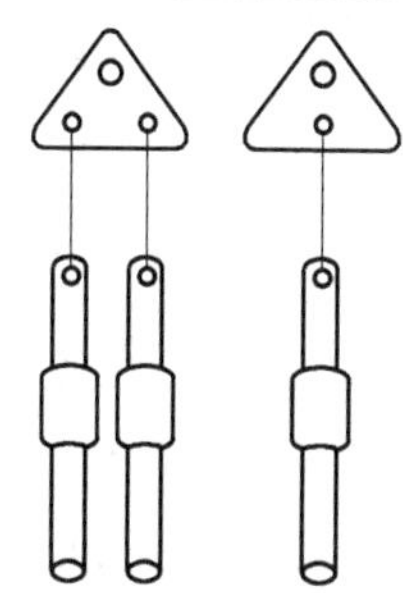

量针直径/mm	适用螺纹螺距（普通）	适用英制螺纹每英寸牙数		量针直径/mm	适用螺纹螺距		适用英制螺纹每英寸牙数	
					普通	梯形		
	/mm	55°	60°		/mm		55°	60°
0.118	0.2			1.008	1.75		14	14
	0.225					2		

续表

量针直径/mm	适用螺纹螺距（普通）/mm	适用英制螺纹每英寸牙数	
		55°	60°
0.142	0.25		
0.185	0.3		80
	0.35		72
0.250	0.4		64
	0.45		56
0.291	0.5		48
0.343	0.6		
			44
			40
0.433	0.7		
	0.75		36
	0.8		32
0.511			28
0.572	1.0		27
			26
			24
0.724	1.25	20	20
0.796		18	18
0.866	1.5	16	16

量针直径/mm	适用螺纹螺距/mm		适用英制螺纹每英寸牙数	
	普通	梯形	55°	60°
1.157	2.0		12	13
				12
1.302		2	11	11½
				11
1.441	2.5		10	10
1.553		3	9	9
1.732	3.0	3		
1.833			8	8
2.05	3.5	4	7	7½
				7
2.311	4.0	4	6	6
2.595	4.5	5		5½
2.886	5	5	5	5
3.106		6		
3.177	5.5	6	4½	4½
3.55	6		4	4
4.12		8	3½	
4.4		8	3¼	
4.773			3	
5.15		10		

注：直径0.18～0.572mm的为Ⅰ型，直径0.724～1.553mm的为Ⅱ型，直径1.732～6.212mm的为Ⅲ型。

17.6.14 测厚规

测厚规是将百分表安装在表架上，测量头的测量面相对于表架上测砧测量面之间的距离（厚度），借助百分表测量杆的直线位移，通过机械传动变为指针在表盘上的角位移，在百分表上读数。测厚规规格见表 17-46。

表 17-46 测厚规规格（JB/T 10016—1999） mm

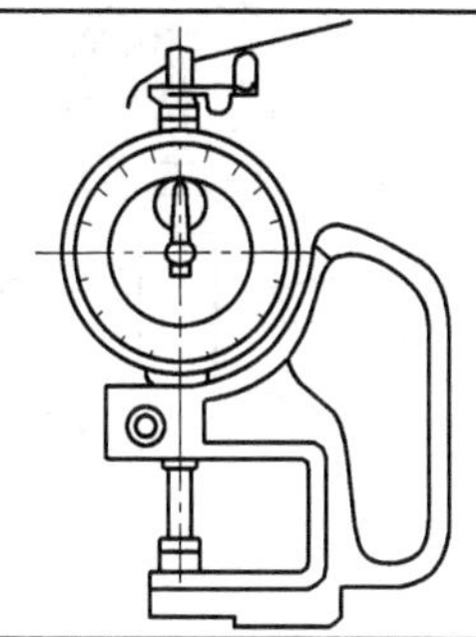

测量范围	0～10
分度值	0.01
测量深度	30，120，150

17.6.15 带表卡规

带表卡规是将百分表安装在钳式支架上，借助于杠杆传动将活动测头测量面相对于固定测头测量面的移动距离，传递为百分表的测量杆作直线移动，再通过机械传动转变为指针在表盘上的角位移，由百分表读数。带表卡规规格见表 17-47。

表 17-47 带表卡规规格（JB/T 10017—1999） mm

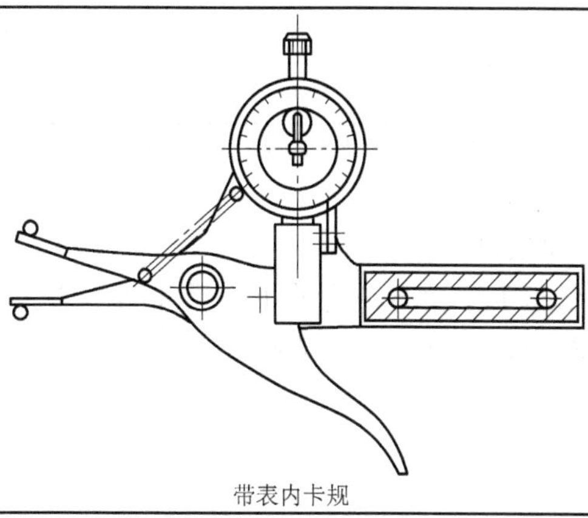

带表内卡规

续表

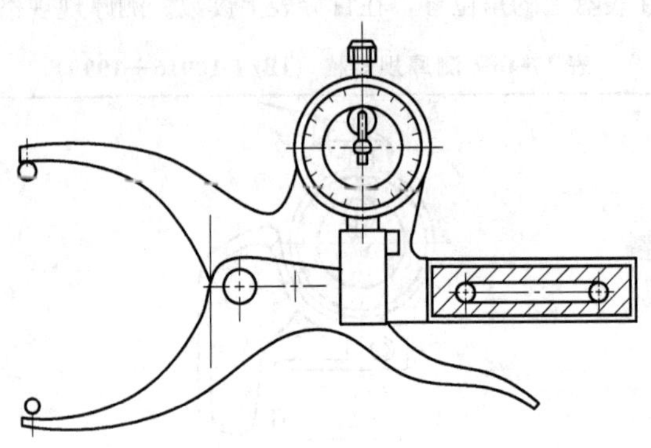

带表外卡规

名　　称	分度值	测量范围			测量深度
带表内卡规	0.01	10～30 30～50	15～30 35～55	20～40 40～60	50，80，100
	0.02	50～70 70～90	55～75 75～95	60～80 80～100	80，100，150
带表外卡规	0.01	0～20，20～40，40～60，60～80，80～100			—
	0.02	0～20			
	0.05	0～50			
	0.10	0～100			

注：用于内尺寸测量的带表卡规称为带表内卡规，用于外尺寸测量的带表卡规称为带表外卡规。

17.6.16 扭簧比较仪

扭簧比较仪用于测量高精度的工件尺寸和形位误差，尤其适用于检验工件的跳动量。扭簧比较仪规格见表17-48。

表 17-48　扭簧比较仪规格（GB/T 4755—2004）　μm

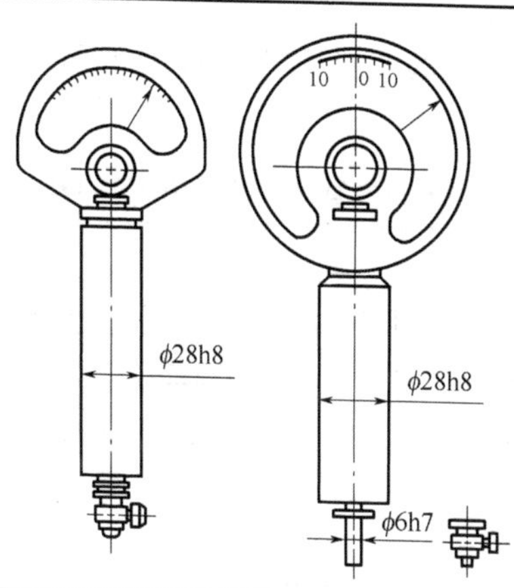

分度值	示值范围		
	±30 分度	±60 分度	±100 分度
0.1	±3	±6	±10
0.2	±6	±12	±20
0.5	±15	±30	±50
1	±30	±60	±100
2	±60		
5	±150		
10	±300		

17.6.17　齿轮测量中心

齿轮测量中心是一种带有计算机数字控制系统（CNC）和计算机数据采集、评值处理系统的圆柱坐标系式齿轮测量仪器。它用于齿轮、齿轮刀具等回转体多参数测量。齿轮测量中心的基本参数见表 17-49。

表 17-49　齿轮测量中心的基本参数（GB/T 22097—2008）

基本参数	参数值
可测齿轮的模数/mm	0.5～20
可测齿轮的最大顶圆直径/mm	≤600
螺旋角测量范围/（°）	0±90

17.7　角尺、平板、角铁

17.7.1　刀口形直尺

刀口形直尺用于检验工件的直线度和平面度。刀口形直尺规格见表17-50。

表17-50　刀口形直尺规格（GB/T 6091—2004）

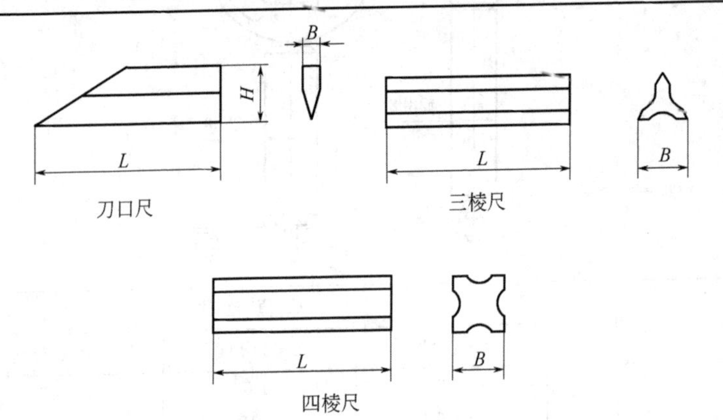

刀口尺　三棱尺　四棱尺

型式		刀口尺					
测量面长度 L/mm		75	125	200	300	400	500
宽度 B/mm		6	6	8	8	8	10
高度 H/mm		22	27	30	40	45	50
直线度公差/μm	0级	0.5		1.0	1.5		2.0
	1级	1.0		2.0	3.0		4.0
型式		三棱尺			四棱尺		
测量面长度 L/mm		200	300	500	200	300	500
宽度 B/mm		26	30	40	20	25	35
直线度公差/μm	0级	1.0	1.5	2.0	1.0	1.5	2.0
	1级	2.0	3.0	4.0	2.0	3.0	4.0

17.7.2　直角尺

直角尺用于精确地检验零件、部件的垂直误差，也可对工件进行垂直划线。直角尺规格见表 17-51。

表 17-51　直角尺规格（GB/T 6092—2004）

型式	结构简图	精度等级	基本尺寸/mm	
圆柱角尺	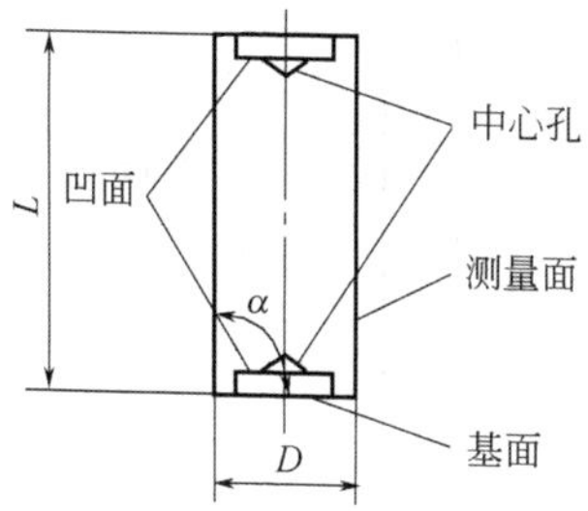	00 级 0 级	D	L
			200	80
			315	100
			500	125
			800	160
			1250	200
刀口矩形直角尺	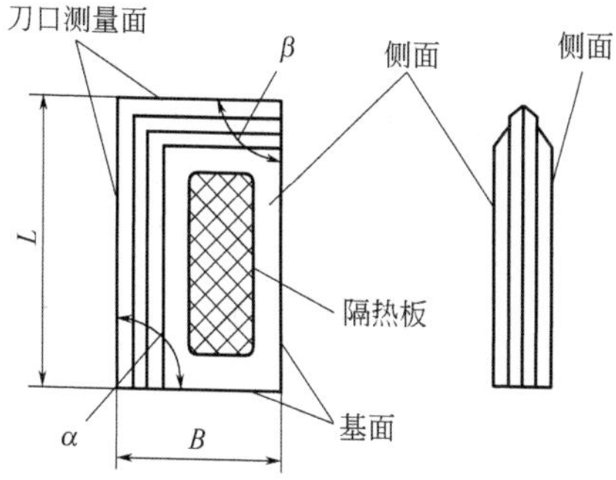	00 级 0 级	L	B
			63	40
			125	80
			200	125
矩形直角尺	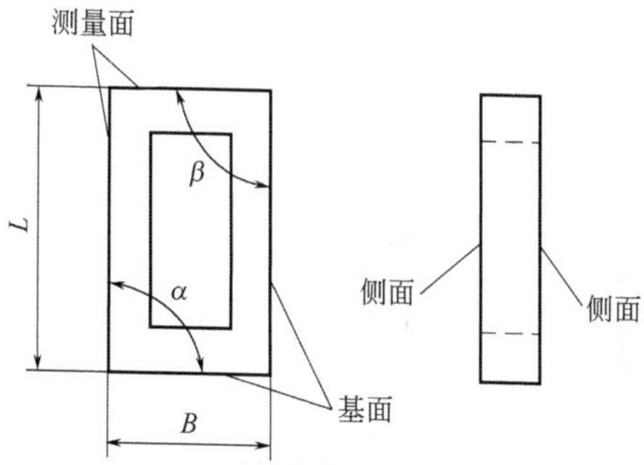	00 级 0 级 1 级	L	B
			125	80
			200	125
			315	200
			500	315
			800	500

续表

<table>
<tr><th rowspan="2">型式</th><th rowspan="2">结构简图</th><th rowspan="2">精度等级</th><th colspan="2">基本尺寸/mm</th></tr>
<tr><th>L</th><th>B</th></tr>
<tr><td rowspan="6">三角形直角尺</td><td rowspan="6"> 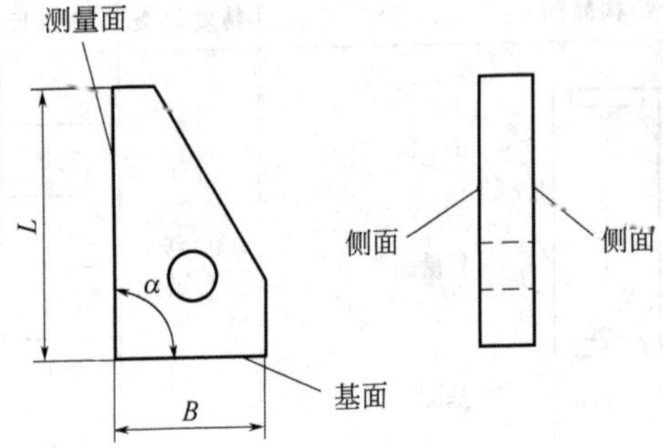测量面 L α B 基面 侧面 侧面</td><td rowspan="6">00 级
0 级</td><td>125</td><td>80</td></tr>
<tr><td>200</td><td>125</td></tr>
<tr><td>315</td><td>200</td></tr>
<tr><td>500</td><td>315</td></tr>
<tr><td>800</td><td>500</td></tr>
<tr><td>1250</td><td>800</td></tr>
<tr><td rowspan="4">刀口形直角尺</td><td rowspan="4"> 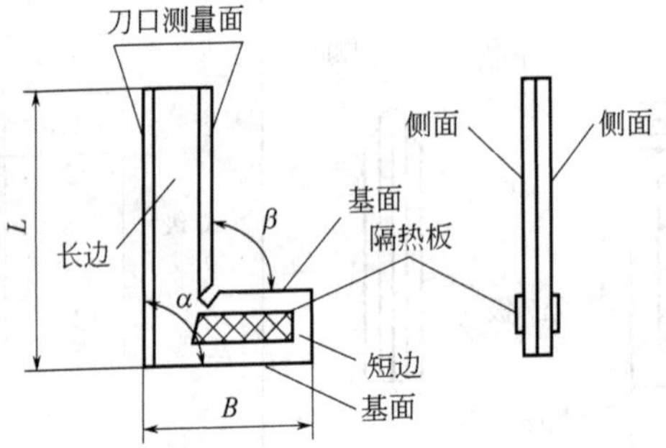刀口测量面 L 长边 β 基面 隔热板 α 短边 基面 B 侧面 侧面</td><td rowspan="4">0 级
1 级</td><td>L</td><td>B</td></tr>
<tr><td>63</td><td>40</td></tr>
<tr><td>125</td><td>80</td></tr>
<tr><td>200</td><td>125</td></tr>
<tr><td rowspan="9">宽座刀口形直角尺</td><td rowspan="9"> 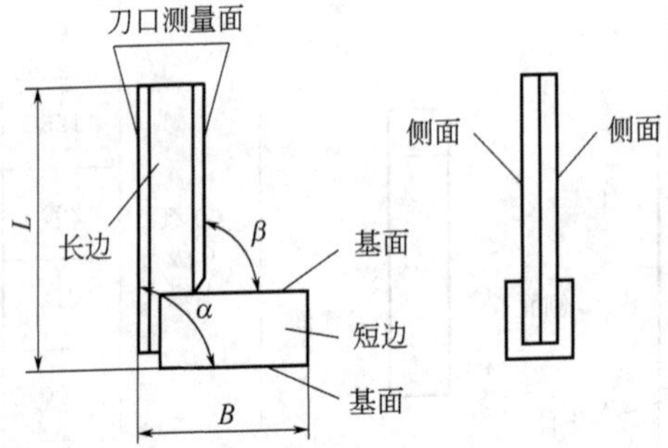刀口测量面 L 长边 β 基面 α 短边 基面 B 侧面 侧面</td><td rowspan="9">0 级
1 级
2 级</td><td>L</td><td>B</td></tr>
<tr><td>63</td><td>40</td></tr>
<tr><td>125</td><td>80</td></tr>
<tr><td>200</td><td>125</td></tr>
<tr><td>315</td><td>200</td></tr>
<tr><td>500</td><td>315</td></tr>
<tr><td>800</td><td>500</td></tr>
<tr><td>1250</td><td>800</td></tr>
<tr><td>1600</td><td>1000</td></tr>
</table>

注：图中 α 和 β 为 90°角尺的工作角。

17.7.3　铸铁角尺

铸铁角尺与直角尺相同，用于精确地检验工件的垂直度误差，但适宜于大型工件。铸铁角尺规格见表 17-52。

表 17-52　铸铁角尺规格　mm

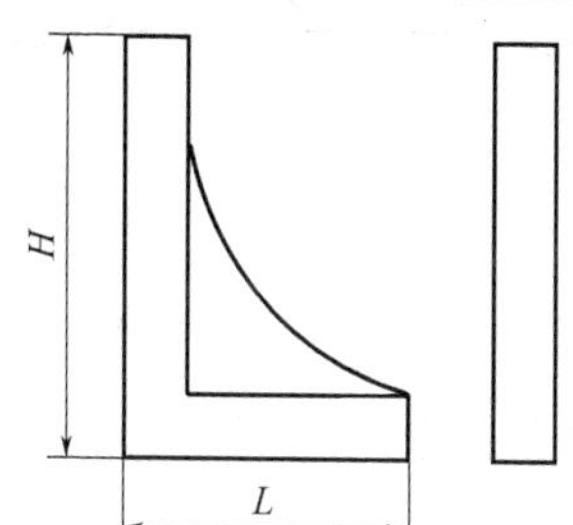

高度 H	500	630	800	1000	1250	1600	2000
长度 L	315	400	500	630	800	1000	1250

17.7.4　三角铁

三角铁是用来检查圆柱形工件或划线的工具。三角铁规格见表 17-53。

表 17-53　三角铁规格

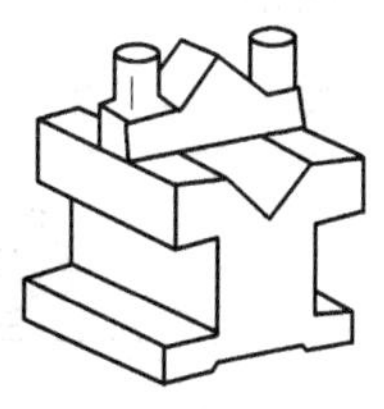

长度×宽度/mm	35×35，60×60，105×105

注：每套三角铁由相同规格的两件组成。

17.7.5　铸铁平板、岩石平板

铸铁平板、岩石平板专供精密测量的基准平面用。铸铁平板、岩石平板规格见表 17-54。

表 17-54　铸铁平板、岩石平板规格

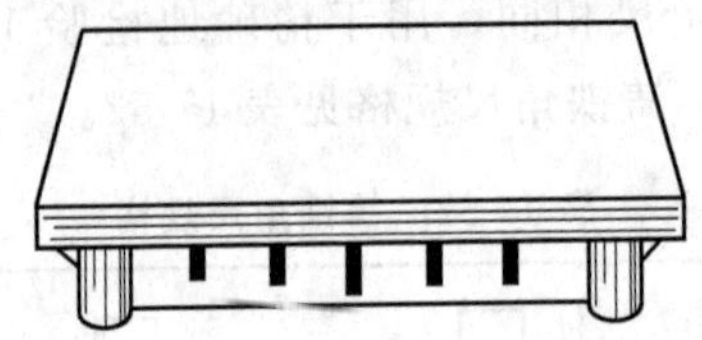

品　　种	工作面尺寸/mm	精度等级
铸铁平板(GB/T 22095—2008)	160×100，250×160，400×250，630×400，1000×630，1600×1000，2000×1000，2500×1600 250×250，400×400，630×630，1000×1000	0，1，2，3
岩石平板(GB/T 20428—2006)	160×100，250×160，400×250，630×400，1000×630，1600×1000，2000×1000，2500×1600，4000×2500 250×250，400×400，630×630，1000×1000，1600×1600	0，1，2，3

17.8　水平仪、水平尺

17.8.1　光学平直仪

光学平直仪用于检查零件的直线度、平面度和平行度，还可以测量平面的倾斜变化，高精度测量垂直度以及进行角度比较等。用两台平直仪可测量多面体的角度精度。适用于机床制造、维修或仪器的制造行业。光学平直仪规格见表 17-55。

表 17-55　光学平直仪规格

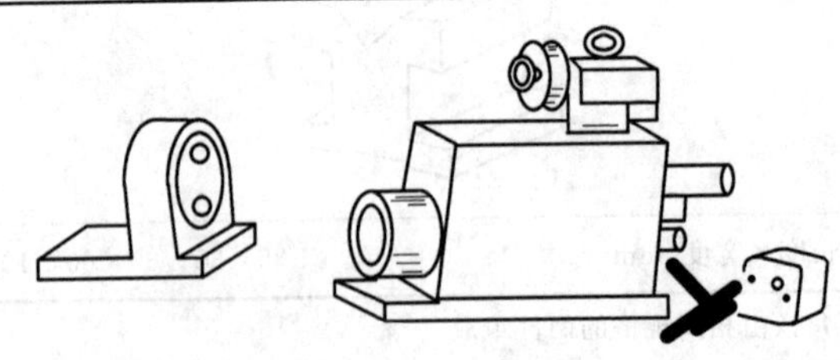

型　　号	HYQ011	HYQ03	哈量型	ZY1型
测量距离/m	20	5	0.2～6	<5
刻度值/mm	0.001/200			

17.8.2 合像水平仪

合像水平仪用于测量平面或圆柱面的平直度，检查精密机床、设备及精密仪器安装位置的正确性，还可测量工件的微小倾角。合像水平仪规格见表 17-56。

表 17-56 合像水平仪规格（GB/T 22519—2008）

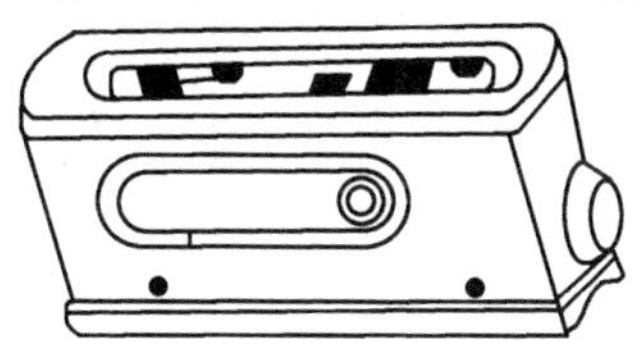

工作面（长×宽）/mm	V 形槽角度/（°）	测量精度/mm·m^{-1}	测量范围/mm·m^{-1}	目镜放大率/倍
166×47	120	0.01	0～10 或 0～20	5

17.8.3 框式水平仪和条式水平仪

框式水平仪和条式水平仪适用于检验各种机床及其他类型设备导轨的平直度、机件相对位置的平行度以及设备安装的水平与垂直位置，还可用于测量工件的微小倾角。框式水平仪和条式水平仪规格见表 17-57。

表 17-57 框式水平仪和条式水平仪规格（GB/T 16455—2008）

框式水平仪
（方形水平仪）

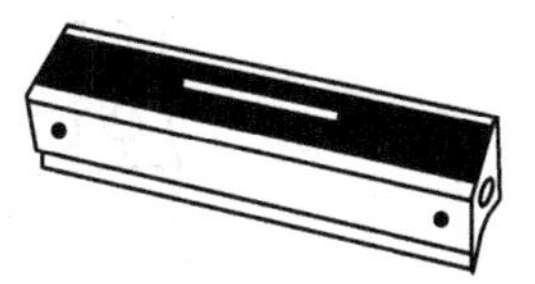

条式水平仪
（钳工水平仪）

组　　别	Ⅰ	Ⅱ	Ⅲ
分度值/mm·m^{-1}	0.02	0.05	0.10
平面度/mm	0.003	0.005	0.005
位置公差/mm	0.01	0.02	0.02

续表

类　型	长度/mm	高度/mm	宽度/mm	V形工作面角度/(°)
框式水平仪	100	100	25～35	120或140
	150	150	30～40	
	200	200	35～45	
	250	250	40～50	
	300	300	40～50	
条式水平仪	100	30～40	30～35	120或140
	150	35～40	35～40	
	200	40～50	40～45	
	250	40～50	40～45	
	300	40～50	40～45	

17.8.4 电子水平仪

电子水平仪有指针式和数字显示式两种。主要用于测量平板、机床导轨等平面的直线度、平行度、平面度和垂直度，并能测试被测面对水平面的倾斜角。电子水平仪规格见表17-58。

表17-58 电子水平仪规格（GB/T 20920—2007）

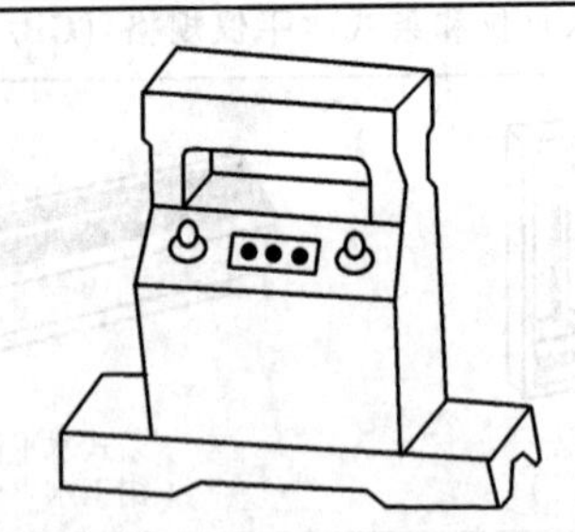

底座工作面长度/mm	100	150，200，250，300
底座工作面宽度/mm	25～35	35～50
底座V形工作面角度/(°)	120～150	
分度值/mm·m^{-1}	0.001，0.0025，0.005，0.01，0.02，0.05	

续表

稳定度	指针式电子水平仪	1 分度值	
	数字显示式电子水平仪	分度值/mm·m^{-1}	
		≥0.005	<0.005
		4 个数/4h，1 个数/h	6 个数/4h，3 个数/h

17.8.5 水平尺

铁水平尺用于检查一般设备安装的水平与垂直位置。木水平尺用于建筑工程中检查建筑物对于水平位置的偏差，一般常为泥瓦工及木工用。水平尺规格见表 17-59。

表 17-59 水平尺规格（JJF 1085—2002）

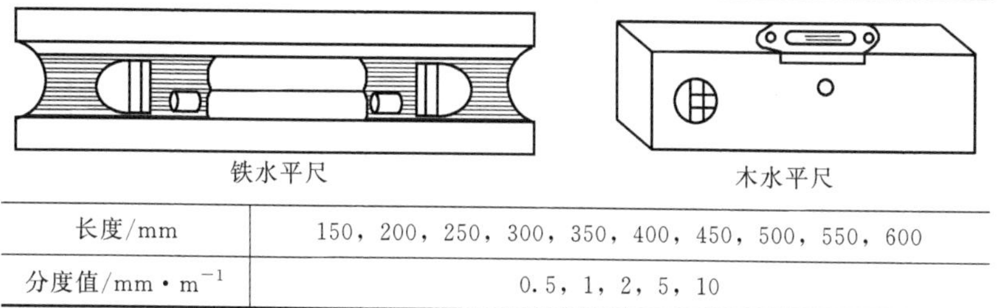

铁水平尺　　木水平尺

长度/mm	150，200，250，300，350，400，450，500，550，600
分度值/mm·m^{-1}	0.5，1，2，5，10

17.8.6 建筑用电子水平尺

电子水平尺规格见表 17-60。

表 17-60 电子水平尺规格（JG 142—2002）

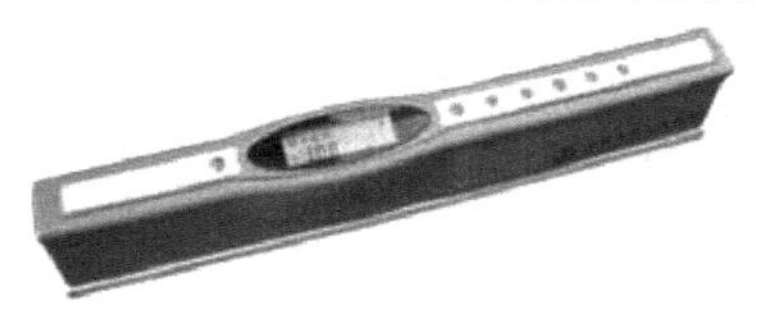

参 数 名 称	参 数 值
分辨率	0.01
测量范围/（°）	−99.9～99.99
温度范围/℃	−25～60

续表

<table>
<tr><th colspan="3">参 数 名 称</th><th colspan="2">参 数 值</th></tr>
<tr><td colspan="3">工作面长度/mm</td><td colspan="2">400、1000、2000、3000</td></tr>
<tr><td colspan="3">工作电源额定电压</td><td colspan="2">DC 12V</td></tr>
<tr><td colspan="3">使用寿命</td><td colspan="2">6年/8万次</td></tr>
<tr><td rowspan="4">尺寸（长×宽×高）/mm</td><td rowspan="4">型号</td><td>JYC-400/1-0.01</td><td colspan="2">400×26×62</td></tr>
<tr><td>JYC-1000/1-0.01</td><td colspan="2">1000×30×80</td></tr>
<tr><td>JYC-2000/1-0.01</td><td colspan="2">2000×40×80</td></tr>
<tr><td>JYC-3000/1-0.01</td><td colspan="2">3000×50×80</td></tr>
<tr><td rowspan="2">准确度</td><td colspan="2">准确度等级</td><td>0.01</td><td>0.02</td></tr>
<tr><td colspan="2">基本误差限（满量程的百分数表示）/%</td><td>±0.01</td><td>±0.02</td></tr>
</table>

第 18 章　切削工具

18.1　车刀类

18.1.1　高速钢车刀条

高速钢车刀条磨成适当形状及角度后，装在各类机床上，进行车削外圆、内圆、端面或切断、成形等加工，也可磨成刨刀进行刨削加工。高速钢车刀条规格见表 18-1。

表 18-1　高速钢车刀条规格（GB/T 4211.1—2004）　mm

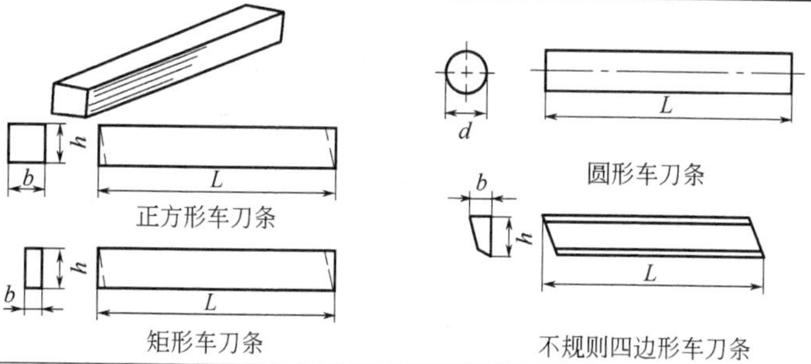

正方形车刀条　矩形车刀条　圆形车刀条　不规则四边形车刀条

截面形状	宽度	高度	总长
矩形截面	4	6，8	100
	5	8，10	
	6	10	120
	6	14	140
	6	10，12	160
	8	12，16	
	10	16，20	
	12	20，25	
	6	10，12	200
	8	12，16	
	10	16，20	
	12	20，25	
	16	25	

续表

截面形状	断面宽度	总长
方形截面	4，5，6，8，10，12	63
	6，8，10，12	80
	6，8，10，12，16	100
	6，8，10，12，16，20	160
	6，8，10，12，16，20，25	200
圆形截面	直　径	总长
	4，5，6，	63
	4，5，6，8，10	80
	4，5，6，8，10，12，16	100
	6，8，10，12，16，20	160
	10，12，16，20	200
不规则四边形截面	宽度×高度	总长
	3×12，5×12	85
	3×12，5×12	120
	3×16，4×16，6×16，4×18，3×20，4×20	140
	3×16	200
	4×20，4×25，6×25	250

18.1.2 硬质合金焊接车刀片

硬质合金焊接车刀片可焊接在车刀上，用于车削坚硬金属和非金属材料的工件。硬质合金焊接车刀片规格见表18-2。

表 18-2 硬质合金焊接车刀片规格（YS/T 253—1994）

刀片类型	A型	B型	C型	D型	E型
形状			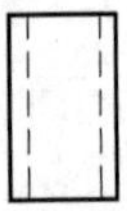		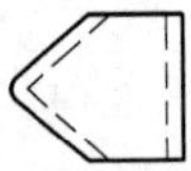

续表

刀片类型	A 型	B 型	C 型	D 型	E 型
型号	A5，A6，A8，A10，A12，A16，A20，A25，A32，A40，A50	B5，B6，B8，B10，B12，B16，B20，B25，B32，B40，B50	C5，C6，C8，C10，C12，C16，C20，C25，C32，C40，C50	D3，D4，D5，D6，D8，D10，D12	E4，E5，E6，E8，E10，E12，E16，E20，E25，E32

18.1.3 硬质合金焊接刀片

硬质合金焊接刀片焊在刀杆上，可在高速下切削坚硬金属和非金属材料。适用于各种车削工艺。有的刀片还可焊在刨刀刀杆上或镶嵌在镗刀和铣刀上。硬质合金焊接刀片规格见表 18-3。

表 18-3 硬质合金焊接刀片规格（YS/T 79—2006）

类型	形状	用途	型号
A1		用于外圆车刀、镗刀及切槽刀上	A106～A170
A2		用于镗刀及端面车刀上	右 A208～A225 左 A212Z～A225Z
A3		用于端面车刀及外圆车刀上	右 A310～A340 左 A312Z～A340Z
A4		用于外圆车刀、镗刀及端面车刀上	右 A406～A450A 左 A410Z～A450AZ
A5		用于自动机床的车刀上	右 A515，A518 左 A515Z，A518Z
A6		用于镗刀、外圆车刀及面铣刀上	右 A612，A615，A618 左 A612Z，A615Z，A618Z
B1		用于成形车刀、加工燕尾槽的刨刀和铣刀上	右 B108～B130 左 B112Z～B130Z

续表

类型	形状	用　途	型　号
B2		用于凹圆弧成形车刀及轮缘车刀上	B208～B265A
B3		用于凸圆弧成形车刀上	右　B312～B322 左　B312Z～B322Z
C1		用于螺纹车刀上	C110，C116，C120，C122，C125 C110A，C116A，C120A
C2		用于精车刀及梯形螺纹车刀上	C215，C218，C223，C228，C236
C3		用于切断刀和切槽刀上	C303，C304，C305，C306，C308，C310，C312，C316
C4		用于加工V带轮V形槽的车刀上	C420，C425，C430，C435，C442，C450
C5		用于轧辊拉丝刀上	C539，C545
D1		用于面铣刀上	右　D110～D130 左　D110Z～D130Z
D2		用于三面刃铣刀、T形槽铣刀及浮动镗刀上	D206～D246
E1		用于麻花钻及直槽钻上	E105～E110
E2		用于麻花钻及直槽钻上	E210～E252
E3		用于立铣刀及键槽铣刀上	E312～E345
E4		用于扩孔钻上	E415，E418，E420，E425，E430
E5		用于铰刀上	E515，E518，E522，E525，E530，E540

注：按刀片的大致用途，分为A、B、C、D、E、F六类，字母和其后的第一个数字表示型号，第二、第三两个数字表示刀片某参数（如长度或宽度、直径；以Z表示左刀；当几个规格的被表示参数相等时，则自第二个规格起，在末尾加“A，B，…”来区别。

18.1.4　硬质合金焊接车刀

硬质合金焊接车刀焊于刀杆上，装在车床上，对金属材料进行所需工艺的车削。硬质合金焊接车刀规格见表 18-4。

表 18-4　硬质合金焊接车刀规格（GB/T 17985.1—2000）

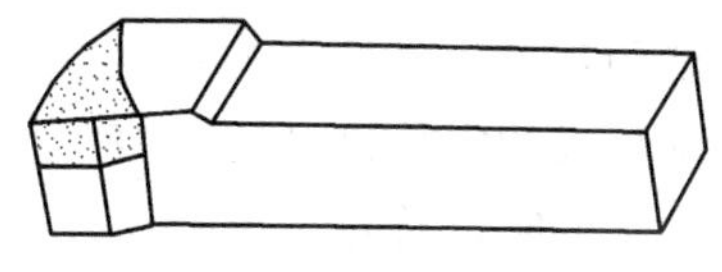

焊接外圆车刀	70°，75°，90°，95°
焊接端面车刀	45°，90°
焊接内孔车刀	45°，75°，90°，95°
其他焊接车刀	切断，内、外螺纹，带轮切槽，内孔切槽

18.1.5　机夹车刀

机夹车刀装上硬质合金可重磨刀片或高速钢刀片，用于车床切削。刀杆在刀片更换后仍可继续使用。机夹车刀规格见表 18-5。

表 18-5　机夹车刀规格（GB 10953～10955—2006）

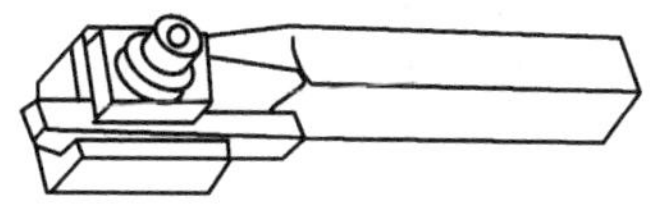

车刀结构	内孔、切断、内孔切槽和内、外螺纹等车削车刀结构

18.1.6　可转位车刀

可转位车刀用于车削较硬的金属材料及其他材料，其刀片使用硬质合金不重磨刀片，使用时将磨损的刀片调位或更换，刀体仍可继续使用。

（1）可转位车刀型号表示规则（GB/T 5343.1—2007）

车刀或刀夹的代号由代表给定意义的字母或数字符号按一定的规则排列所组成，共有 10 位符号，任何一种车刀或刀夹都应使用前 9 位符号，最后一位符号在必要时才使用。在 10 位符号之后，制造厂可以最多再加3个字母（或）3位数字表达刀杆的参数特征，但应用短横线与标准符号隔开，并不得使用第十位规定的字母。

9个应使用的符号和一位任意符号的规定如下：

① 表示刀片夹紧方式的字母符号见表18-6。

② 表示刀片形状的字母符号见表18-7。

③ 表示刀具头部型式的字母符号见表18-8。

④ 表示刀片法后角的字母符号见表18-9。

⑤ 表示刀具切削方向的字母符号，其代号如下：R——右切；L——左切；N——左、右均可。

⑥ 表示刀具高度（刀杆和切削刃高度）的数字符号。用两位数字表示车刀高度，当刀尖高度与刀杆高度相等时，以刀杆高度数值为代号。例如：刀杆高度为25mm的车刀，则第六位代号为25。如果高度的数值不足两位数时，则在该数前加“0”，例如：刀杆高度为8mm时，则第六位代号为08。当刀尖高度与刀杆高度不相等时，以刀尖高度数值为代号。

⑦ 表示刀具宽度的数字符号或识别刀夹类型的字母符号。例如：刀杆宽度为20mm的车刀，则第七位代号为20。如果宽度的数值不足两位数时，则在该数前加“0”。例如：刀杆宽度为8mm，则第七位代号为08。

⑧ 表示刀具长度的字母符号。对于符合GB/T 5343.2的标准车刀，一种刀具对应的长度尺寸只规定一个，因此，该位符号用“——”表示。对于符合GB/T 14461的标准刀夹，如果表18-10中没有对应的符号，则该位符号用“——”来表示。

⑨ 表示可转位刀片尺寸的数字符号见表18-11。

⑩ 表示特殊公差的字母符号见表18-12。

示例：

①	②	③	④	⑤	⑥	⑦	⑧	⑨	⑩
C	T	G	N	R	32	25	M	16	Q

表 18-6　表示刀片夹紧方式的字母符号

字母符号	夹紧方式	字母符号	夹紧方式
C	顶面夹紧（无孔刀片）	P	孔夹紧（有孔刀片）
M	顶面和孔夹紧（有孔刀片）	S	螺钉通孔夹紧（有孔刀片）

表 18-7　表示刀片形状的字母符号

字母符号	刀片形状	刀片型式
H	六边形	等边和等角
O	八边形	
P	五边形	
S	四边形	
T	三角形	
C	菱形 80°	等边但不等角
D	菱形 55°	
E	菱形 75°	
M	菱形 86°	
V	菱形 35°	
W	六边形 80°	
L	矩形	不等边但等角
A	85°刀尖角平行四边形	不等边和不等角
B	82°刀尖角平行四边形	
K	55°刀尖角平行四边形	
R	圆形刀片	圆形

表 18-8　表示刀具头部型式的字母符号

代号	车刀头部型式		代号	车刀头部型式	
A	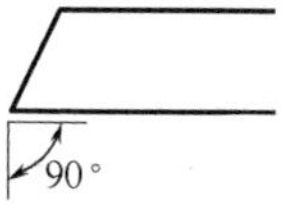 90°	90° 直头侧切	C	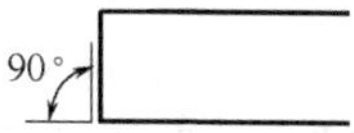 90°	90° 直头端切
B	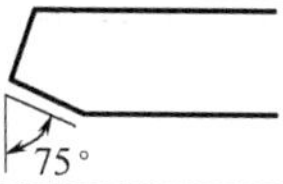 75°	75° 直头侧切	D	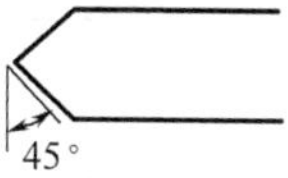 45°	45° 直头侧切

续表

代号	车刀头部型式		代号	车刀头部型式	
E	60°	60° 直头侧切	N	63°	63° 直头侧切
F	90°	90° 偏头端切	R	75°	75° 偏头侧切
G	90°	90° 偏头侧切	S	45°	45° 偏头侧切
H	107.5°	107.5° 偏头侧切	T	60°	60° 偏头侧切
J	93°	93° 偏头侧切	U	93°	93° 偏头端切
K	75°	75° 偏头端切	V	72.5°	72.5° 直头侧切
L	95° 95°	95° 偏头侧切 及端切	W	60°	60° 偏头端切
M	50°	50° 直头侧切	Y	85°	85° 偏头端切

注：1. D型和S型车刀也可以安装圆形（R型）刀片。

2. 表中所示角度均为主偏角 κ_r。

表 18-9 表示刀片法后角的字母符号

字母符号	刀片法后角
A	3°
B	5°

续表

字母符号	刀片法后角
C	7°
D	15°
E	20°
F	25°
G	30°
N	0°
P	11°

注：对于不等边刀片，符号用于表示较长边的法后角。

表 18-10　车刀长度值的代号

代号	A	B	C	D	E	F	G	H	J	K	L	M
车刀长度/mm	32	40	50	60	70	80	90	100	110	125	140	150
代号	N	P	Q	R	S	T	U	V	W	X		Y
车刀长度/mm	160	170	180	200	250	300	350	400	450	特殊长度，待定		500

表 18-11　表示可转位刀片尺寸的数字符号

刀片型式	数字符号
等边并等角（H、O、P、S、T）和等边但不等角（C、D、E，N、V、W）	符号用刀片的边长表示，忽略小数 例如：长度为 16.5mm，符号为 16
不等边但等角（L） 不等边不等角（A、D、K）	符号用主切削刃长度或较长的切削刃表示，忽略小数 例如：主切削刃的长度为 19.5mm，符号为 19
圆形（R）	符号用直径表示，忽略小数 例如：直径为 15.847mm，符号为 15

注：如果米制尺寸的保留只有一位数字时，则符号前面应加 0。例如：边长为：9.525mm，则符号为：09。

表 18-12　不同测量基准的精密车刀代号

代号	Q	F	B
简图	$b_1\pm0.08$　$L\pm0.08$	$b_2\pm0.08$　$L\pm0.08$	$b_1\pm0.08$　$b_2\pm0.08$　$L\pm0.08$
测量基准面	外侧面和后端面	内侧面和后端面	内、外侧面和后端面

示例1：P T G N R 20 20—16 Q

由左至右含义依次为：

车刀刀片夹紧方式为利用刀片孔将刀片夹紧

车刀刀片形状为正三边形刀片

车刀头部型式为90°偏头侧切车刀

车刀刀片法后角为0°

车刀切削方向为右切

车刀刀尖高度为20mm

车刀刀杆宽度为20mm

车刀长度为标准长度（L＝125mm）

车刀刀片边长为16.5mm

以车刀的外侧面和后端面为测量基准的精密级车刀

示例2：M S R N L 25 20 L 15

由左至右含义依次为：

车刀刀片夹紧方式为从刀片上方和利用刀片孔将刀片夹紧

车刀刀片形状为正方形

车刀头部型式为75°偏头侧切车刀

车刀刀片法后角为0°

车刀切削方向为左切

车刀刀尖高度为25mm

车刀刀杆宽度为20mm

车刀长度为140mm（标准长度为150mm）

车刀刀片边长为15.875mm

（2）优先采用的推荐刀杆（GB/T 5343.2—2007）（见表18-13）

表 18-13　优先采用的推荐刀杆

mm

代号	图	$h \times b$	08×08	10×10	12×12	16×16	20×20	25×25	32×25	32×32	40×32	40×32	40×40	50×50
		l_1 K16	60	70	80	100	125	150	170	170	150	200	200	250
		h_1 js14	8	10	12	16	20	25	32	32	40	40	40	50
A	80°, 90°$^{+2°}_{0°}$	$f^{+0.5}_{0}$ 系列 3	8.5	10.5										
		l（代号）	06	06										
		l_{2max}	25	25										
	90°$^{+2°}_{0°}$	$f^{+0.5}_{0}$ 系列 3			12.5	16.5	20.5	25.5	25.5	33			41	
		l（代号）			11	11	16	16	16	22			22	
		l_{2max}			25	25	32	32	32	36			36	

续表

B	$f^{+0.5}_{0}$ 系列2	7	9	11									
	l（代号）	06	06	06									
	$l_{2\max}$	25	25	25									
	a①	1.6	1.6	1.6									
	$f^{+0.5}_{0}$ 系列2				13	17	22	22	27			35	43
	l（代号）				09	12	12	12	19			19	25
	$l_{2\max}$				32	36	36	36	45			45	50
	a①				2.2	3.1	3.1	3.1	4.6			4.6	5.9
D②	$f\pm0.25$ 系列1			6	8	10	12.5	12.5	16				
	l（代号）			09	09	12	12	12	19				
	$l_{2\max}$			32	32	36	36	36	45				

续表

D②	$l_{2\min}=1.5d$	$f\pm0.25$ 系列 1	4	5	6	8	10	12.5	12.5	16			20	
		d（代号）	06	06/08	06/08	06/08/10	06/08/10/12	06/08/10/12/16	12/16	20			25	
F	$90°^{+2°}_{0°}$ 80°	$f^{+0.5}_{0}$ 系列 5	10	12										
		l（代号）	06	06										
		$l_{2\max}$	25	25										
	$90°^{+2°}_{0°}$	$f^{+0.5}_{0}$ 系列 5			16	20	25	32	32	40			50	
		l（代号）			11	11/16	16	16/22	16/22	22			22/27	
		$l_{2\max}$			25	25/32	32	32/36	32/36	36			36/40	
G	80° $90°^{+2°}_{0°}$	$f^{+0.5}_{0}$ 系列 5	10	12										
		l（代号）	05	06										
		$l_{2\max}$	25	25										

续表

型式	简图	参数												
G	$90^{\circ}{}^{+2^{\circ}}_{0^{\circ}}$	$f^{+0.5}_{0}$ 系列 5			16	20	25	32	32	40			50	60
		l（代号）			11	11/16	16	16/22	16/22	22			22/27	27
		$l_{2\max}$			25	25/32	32	32/36	32/36	36			36/40	40
H	55°, 107.5°±1°	$f^{+0.5}_{0}$ 系列 5		12	16	20	25	32	32					
		l（代号）		07	07/11	11	11/15	15	15					
		$l_{2\max}$		25	25/32	32	32/40	40	40					
	35°, 107.5°±1°	$f^{+0.5}_{0}$ 系列 5			16	20	25	32	32					
		l（代号）			11	11/13	13/16	16	16					
		$l_{2\max}$			25/32	25/32	32/40	40	40					

续表

J		$f^{+0.5}_{0}$ 系列 5	10	12	16	20	25	32	32			40		
		l（代号）	07	07	11	11	15	15	15			15		
		$l_{2\max}$	25	25	32	32	40	40	40			40		
		$f^{+0.5}_{0}$ 系列 5					25	32	32			40		
		l（代号）					16	16/22	16/22			22/27		
		$l_{2\max}$					32	32/36	32/36			36/40		
		$f^{+0.5}_{0}$ 系列 5			16	20	25	32	32					
		l（代号）			11/13	11/13	13/16	16	16					
		$l_{2\max}$			25/32	25/32	32/40	40	40					

续表

型式	图示	参数												
K	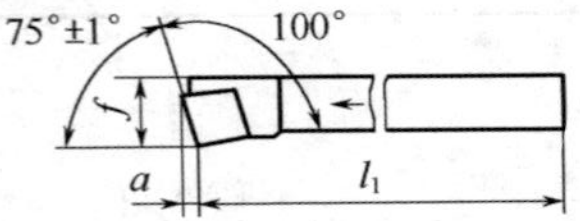	$f^{+0.5}_{0}$ 系列 3	10	12										
		l（代号）	06	06										
		l_{2max}	25	25										
		a①	1.6	1.6										
	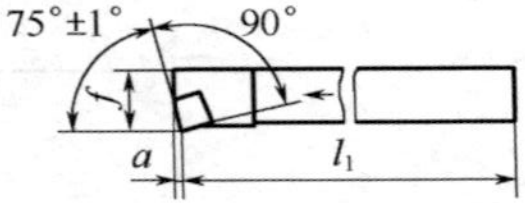	$f^{+0.5}_{0}$ 系列 5			16	20	25	32	32	40			50	
		l（代号）			09	09/12	12	12/19	12/19	19			19/25	
		l_{2max}			32	32/36	36	36/45	36/45	45			45/50	
		a①			2.2	2.2/3.1	3.1	3.1/4.6	3.1/4.6	4.6			4.6/5.9	
L	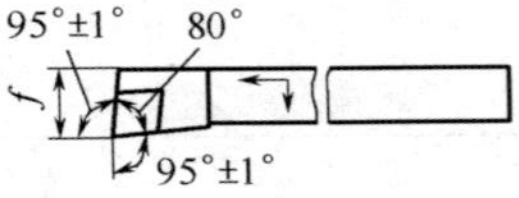	$f^{+0.5}_{0}$ 系列 5	10	12	16	20	25	32	32	40			50	
		l（代号）	06	06	09	09/19	12	12/19	12/19	19			19	
		l_{2max}	25	25	32	32/36	36	36/45	36/45	40			45	
	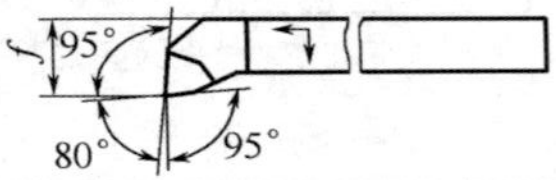	$f^{+0.5}_{0}$ 系列 5	10	12	16	20	25	32	32	40				
		l（代号）	04	04	04	06	06/08	06/08	06/08	08				
		l_{2max}	25	25	25	36	36/45	36/45	36/45	45				

续表

N	55° f 63°±1° 点 K	$f^{+0.5}_{0}$ 系列 1	4	5	6	8	10	12.5	12.5		16			
		l（代号）	07	07	11	11	11/15	15	15		15			
		l_{2max}	25	25	32	32	32/36	45	45		45			
	f 63°±1° 点 K	$f^{+0.5}_{0}$ 系列 1						12.5	12.5		16			
		l（代号）						16/22	16/22		16/22			
		l_{2max}						32/36	32/36		32/36			
R	90° f a 75°±1°	$f^{+0.5}_{0}$ 系列 4			13	17	22	27	27	35			43	53
		l（代号）			09	09/12	12	12/19	12/19	19			19/25	25
		l_{2max}			32	32/36	36	36/45	36/45	45			45/50	50
		a①			2.2	2.2/3.1	3.1	3.1/4.6	3.1/4.6	4.6			4.6/5.9	5.9

续表

S②		$f^{+0.5}_{0}$ 系列5	10	12										
		l（代号）	06	06										
		$l_{2\max}$	25	25										
		a①	4.2	4.2										
		$f^{+0.5}_{0}$ 系列5			16	20	25	32	32	40			50	50
		l（代号）			09	09/12	12	12/19	12/19	19			19/25	25
		$l_{2\max}$			32	32/36	36	36/45	36/45	45			45/50	50
		a①			6.1	6.1/8.3	8.3	8.3/12.5	8.3/12.5	12.5			12.5/16	16
		$f^{+0.5}_{0}$ 系列5	10	12	16	20	25	32	32	40			50	
		l（代号）	06	06/08	06/08	06/08/10	06/08/10/12	06/08/10/12/16	12/16	20			25	
		$l_{2\max}$	25	25	32	32	36	40	40	45			50	

续表

T	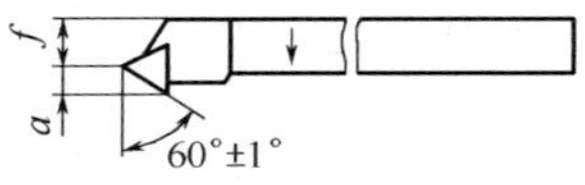	$f^{+0.5}_{0}$ 系列 2			11	13	17	22	22	27			35	
		l（代号）			11	11	16	16	16	22			27	
		l_{2max}			25	25	32	32	32	36			40	
		a①			5	5	7.2	7.2	7.2	10			12.2	
V	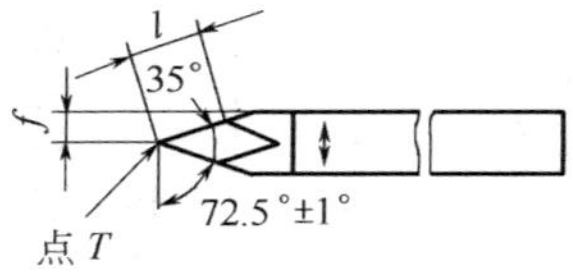	$f\pm0.25$ 系列 1			6	8	10	12.5	12.5					
		l（代号）			11/13	11/13	13/16	16	16					
		l_{2max}			25/32	25/32	32/40	40	40					

① 尺寸 a 是按前角 $\gamma_a=0°$、切削刃倾角 $\lambda_a=0°$ 及刀片刀尖圆弧半径 r_a 按相应基准刀片刀尖圆弧半径 r_a 的计算值计算出来。
② 带圆刀片的刀具，没有给出主偏角。

18.2 钻头类

18.2.1 直柄麻花钻

直柄麻花钻用于在金属材料制成的工件上钻孔，直柄与钻夹头相配。直柄麻花钻规格见表18-14。

表 18-14 直柄麻花钻规格 mm

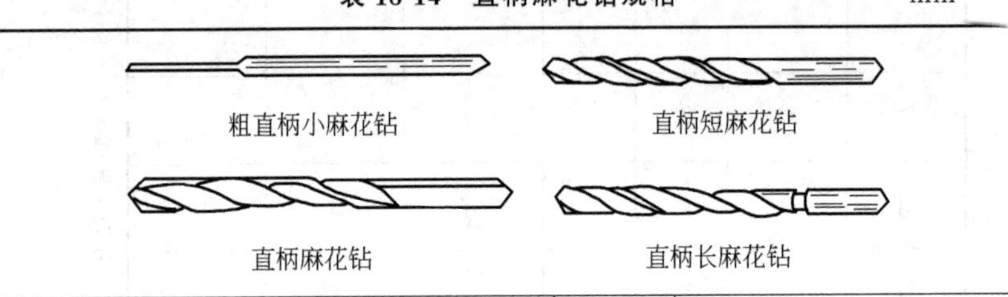

类型与标准号	直径范围	全长范围	规格之间级差
粗直柄小麻花钻（GB/T 6135.1—2008）	0.1～0.35	20	按0.01进级
直柄短麻花钻（GB/T 6135.2—2008）	0.50～14.00 14.00～32.00 32.00～40.00	20～200	按0.20、0.50、0.80进级 按0.25进级 按0.50进级
直柄麻花钻（GB/T 6135.2—2008）	0.20～1.00 1.00～3.00 3.00～14.00 14.00～16.00 16.00～20.00	19～205	按0.02、0.05、0.08进级 按0.05进级 按0.10进级 按0.25进级 按0.50进级
直柄长麻花钻（GB/T 6135.3—2008）	1.00～14.00 14.00～31.50	56～316	按0.10进级 按0.25进级
直柄超长麻花钻（GB/T 6135.4—2008）	2.00～14.00	125～400	按0.50进级

18.2.2 锥柄麻花钻

锥柄直接装在钻床主轴的锥孔内，长或加长麻花钻用于钻较深的孔。锥柄麻花钻规格见表18-15。

表 18-15　锥柄麻花钻规格　mm

锥柄麻花钻

锥柄长麻花钻

锥柄加长麻花钻

粗锥柄麻花钻

类型与标准号	直径范围	全长范围	规格之间级差	莫氏锥柄号
莫氏锥柄麻花钻（GB/T 1438.1—2008）	3.00～14.00	114～534	按 0.20、0.50、0.80 进级	1
	14.25～23.00		按 0.25 进级	2
	23.25～31.75		按 0.25 进级	3
	32.00～50.50		按 0.50 进级	4
	51.00～76.00		按 1.00 进级	5
	77.00～100.00		按 1.00 进级	6
莫氏锥柄长麻花钻（GB/T 1438.2—2008）	5.00～14.00	155～470	按 0.20、0.50、0.80 进级	1
	14.25～23.00		按 0.25 进级	2
	23.25～31.75		按 0.25 进级	3
	32.00～50.00		按 0.50 进级	4
莫氏锥柄加长麻花钻（GB/T 1438.3—2008）	6.00～14.00	225～395	按 0.20、0.50、0.80 进级	1
	14.25～23.00		按 0.25 进级	2
	23.25～30.00		按 0.25 进级	3
莫氏锥柄超长麻花钻（GB/T 1438.4—2008）	6.50～14.00	200～630	按 0.50、1.00 进级	1
	15.00～23.00		按 1.00 进级	2
	24.00～30.00		按 1.00、2.00、3.00 进级	3
	32.00～50.00		按 2.00、3.00 进级	4

18.2.3　硬质合金直柄麻花钻

硬质合金直柄麻花钻适用于高速钻削铸铁、硬橡胶、塑料制品等脆性材料。硬质合金直柄麻花钻规格见表 18-16。

表 18-16　硬质合金直柄麻花钻规格　mm

直径	总长	刃长	直径	总长	刃长
5.0			8.2		
5.1	75	40	8.3	95	53
5.2			8.4		
5.5			8.5		
5.6			8.7		
5.7			8.9	95	56
5.8	80	45	9.0		
6.0			9.2		
6.1			9.5		
6.2			9.6		
6.3			9.7		
6.5	85	50	10.0	100	60
6.7			10.1		
7.0			10.2		
7.1			10.4		
7.2			10.5	110	65
7.3			10.7		
7.5			11.0		
7.6	90	53	11.2		
7.7			11.5	115	70
7.8			11.7		
8.0			11.9		
8.1			12.0		

18.2.4　硬质合金锥柄钻头

硬质合金锥柄钻头用于高速钻削铸铁、塑料、硬橡胶等硬脆性材料，柄部类型有 A 型和 B 型两种。硬质合金锥柄钻头规格见表 18-17。

表 18-17 硬质合金锥柄钻头规格（GB/T 10946—1989） mm

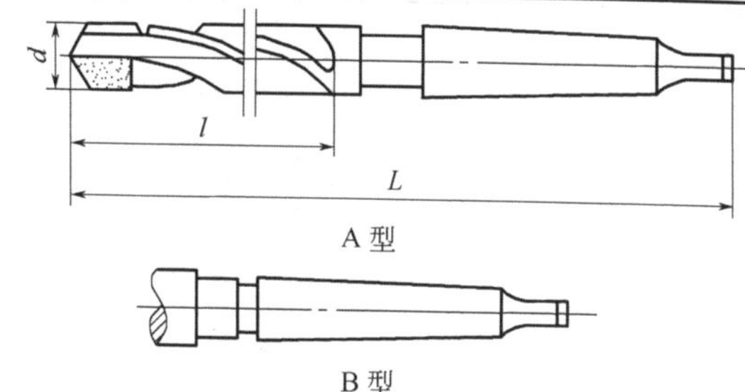

A 型

B 型

直 径	总长		莫氏圆锥号	硬质合金刀片型号
	长型	短型		
10.0，10.2，10.5	168	140	1	E211
10.8	175	145		
11.0，11.2，11.5，11.8	175	145		E213
12.0，(12.2，12.3，12.4)，12.5，12.8	199	170	2	E214
13.0，(13.2)	199	170		E215
13.5，13.8	206	170		
14.0	206	170		E216
(14.25)，14.5，(14.75)	212	175		E217
15.0	212	175		
(15.25，15.4)，15.5，15.75	218	180		E218
16.0	218	180		
(16.25)，16.5，(16.75)	223	185		E219
17.0	223	185		E220
(17.25)，(17.4)，17.5，(17.75)	228	190		
18.0	228	190	3	
(18.25)，18.5，(18.75)	256	195		E221
19.0	256	195		
(19.25，19.4)，19.5，(19.75)	261	220		E222
20.0	261	220		
(20.25)，20.5，(20.75)	266	225		E223

续表

直径	总长		莫氏圆锥号	硬质合金刀片型号
	长型	短型		
21.0	266	225	3	E223
(21.25)，21.5，(21.75)	271	230		E224
22.0，(22.25)	271	230		E225
22.5，(22.75)	276	230		
23.0，(23.25)，23.5	276	230		E226
(23.75)	281	235		E227
24.0，(24.25)，24.5，(24.75)	281	235		
25.0	281	235		
(25.25)，25.5，(25.75)	286	235		
26.0，(26.25)，26.5	286	235		E228
(26.75)	291	240		
27.0	291	240		E229
(27.25)，27.5，(27.75)	319	270	4	
28.0	319	270		E230
(28.25)，28.5，(28.75)	324	275		
29.0，(29.25)，29.5，(29.75)，30.0	324	275		E231

注：带括号的尺寸尽可能不采用。

18.2.5 中心钻

中心钻是加工中心孔的刀具，有三种型式：A型——不带护锥的中心钻；B型——带护锥的中心钻；R型——弧形中心钻。加工直径 $d=1\sim10$mm 的中心孔时，通常采用不带护锥的中心钻（A型）；工序较长、精度要求较高的工件，为了避免60°定心锥被损坏，一般采用带护锥的中心钻（B型）；对于定位精度要求较高的轴类零件（如圆拉刀），则采用弧形中心钻（R型）。中心钻规格见表18-18。

表 18-18　中心钻规格（GB/T 6078—1998）　　mm

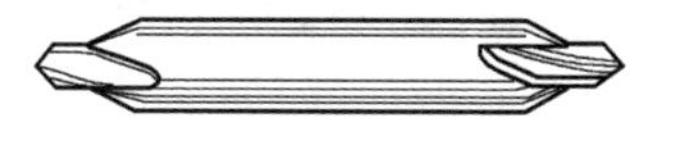

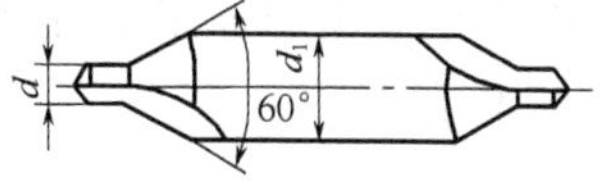

A 型（不带护锥的中心钻）

B 型(带护锥的中心钻)

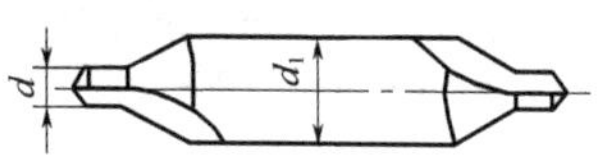

R 型（弧形中心钻）

型号	主要尺寸（钻头直径 d×柄部直径 d_1）										
A 型	d	0.50，(0.63)，(0.80)，1.00，(1.25)	1.60	2.00	2.50	3.15	4.00	(5.00)	6.30	(8.00)	10.00
	d_1	3.15	4.0	5.0	6.3	8.0	10.0	12.5	16.0	20.0	25.0
B 型	d	1.00，(1.25)	1.60	2.00	2.50	3.15	4.00	(5.00)	6.30	(8.00)	10.00
	d_1	4.0，5.0	6.3	8.0	10.0	11.0	14.0	18.0	20.0	25.0	31.5
R 型	d	1.00，(1.25)	1.60	2.00	2.50	3.15	4.00	(5.00)	6.30	(8.00)	10.00
	d_1	3.15	4.0	5.0	6.3	8.0	10.0	12.5	16.0	20.0	25.0

注：带括号的钻头直径尽量不要采用。

18.2.6　扩孔钻

扩孔钻适用于扩大工件上原有的孔。可用于铰孔、磨孔前的预加工。扩孔钻规格见表 18-19。

表 18-19　扩孔钻规格（GB/T 4256—2004）

直柄扩孔钻　　锥柄扩孔钻

种　类			直径 d/mm
直柄扩孔钻			3.00～19.70
锥柄扩孔钻	莫氏圆锥柄号	1	7.80～14.00
		2	14.75～23.00
		3	23.70～31.60
		4	32.00～50.00

18.2.7　锥面锪钻

锥面锪钻适用于加工锥孔和孔的60°、90°或120°倒棱。锥面锪钻规格见表18-20。

表18-20　锥面锪钻规格　mm

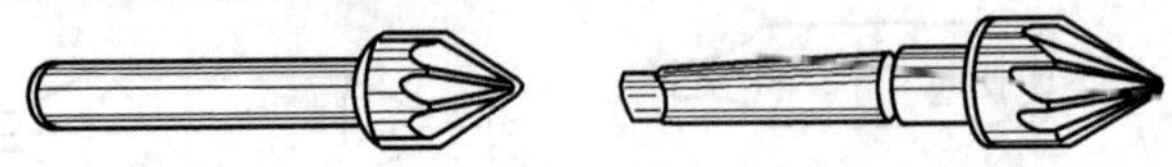

直柄锥面锪钻　　锥柄锥面锪钻

直柄锥面锪钻（GB/T 4258—2004）

公称尺寸 d_1	小端直径 d_2	总长 l_1		钻体长 l_2		柄部直径 d_3
		$\alpha=60°$	$\alpha=90°$或120°	$\alpha=60°$	$\alpha=90°$或120°	h9
8	1.6	48	44	16	12	8
10	2	50	46	18	14	8
12.5	2.5	52	48	20	16	8
16	3.2	60	56	24	20	10
20	4	64	60	28	24	10
25	7	69	65	33	29	10

锥柄锥面锪钻（GB/T 1143—2004）

公称尺寸 d_1	小端直径 d_2	总长 l_1		钻体长 l_2		莫氏锥柄号
		$\alpha=60°$	$\alpha=90°$或120°	$\alpha=60°$	$\alpha=90°$或120°	
16	3.2	97	93	24	20	1
20	4	120	116	28	24	2
25	7	125	121	33	29	2
31.5	9	132	124	40	32	2
40	12.5	160	150	45	35	3
50	16	165	153	50	38	3
63	20	200	185	58	43	4
80	25	215	196	73	54	4

18.2.8　开孔钻

开孔钻适用于用小于3mm的薄钢板、有色金属板、非金属板等制成的工件的大孔钻削加工。可以夹持在机床或电动工具中使用。开孔钻规格见表 18-21。

表 18-21　开孔钻规格　mm

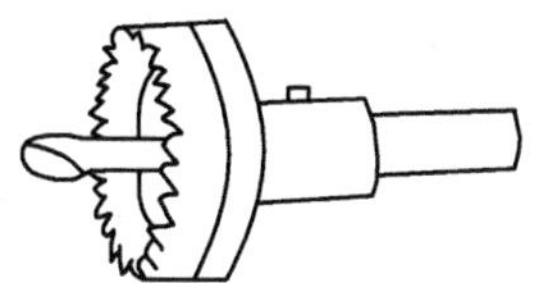

直　　径	钻头直径	齿　数	直　径	钻头直径	齿　数
13	6	13	38	6	29
14		14	40		30
15		14	42		31
16		15	45		34
17		15	48		35
18		16	50		36
19		17	52		38
20		17	55		39
21		18	58		40
22		18	60		42
24		19	65		46
25		20	70		49
26		20	75		53
28		21	80		56
30		22	85		59
32		24	90		62
34		26	95		64
35		27	100		67

18.2.9　冲击钻头

冲击钻头装于冲击钻的钻夹头上，在混凝土、砖石、金属材料上钻孔。冲击钻头规格见表 18-22。

表 18-22　冲击钻头规格　　mm

直　径	总　长	刃　长	直　径	总　长	刃　长
5	85	50	12	150	90
6	100	60	16	160	100
8	120	80	19	160	100
10	120	80			

注：有直六方柄、直四方柄、直圆柱柄等结构。

18.2.10　电锤钻头

电锤钻头装于电锤钻上，用来在混凝土结构上进行凿孔、开槽、打毛作业。电锤钻头规格见表 18-23。

表 18-23　电锤钻头规格　　mm

结　　构	直　　径	总　　长
实心直花键柄	3～38	250～550
实心斜花键柄	16～26	260～550
实心六方柄	12～26	200～500
实心双键尾柄	5～15	110～400
实心圆锥柄	6～13	110～260
实心圆柱柄	6～20	110～400
十字形直花键柄	30～80	220～450
十字形斜花键柄	30～80	220～450
十字形六方柄	30～80	220～450
筒形直花键柄	40～125	300～660
筒形斜花键柄	40～125	290～640
筒形六方柄	40～125	300～660

18.3 铰削工具

18.3.1 直柄手用铰刀

直柄手用铰刀用于手工铰削各种圆柱配合孔。直柄手用铰刀规格见表 18-24。

表 18-24 直柄手用铰刀规格（GB/T 1131.1—2004） mm

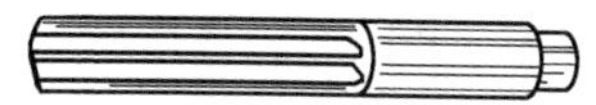

直径	总长	直径	总长	直径	总长	直径	总长
1.6	44	4.5	81	12.0	152	36.0	284
1.8	47	5.0	87	14.0	163	40.0	305
2.0	50	5.5	93	16.0	175	45.0	326
2.2	54	6.0	93	18.0	188	50.0	347
2.5	58	7.0	107	20.0	201	56.0	367
2.8	62	8.0	115	22.0	215	63.0	387
3.0	62	9.0	124	25.0	231	71.0	406
3.5	71	10.0	133	28.0	247		
4.0	76	11.0	142	32.0	265		

注：1. 铰刀精度分 H7、H8、H9 三个等级。
2. 铰刀齿数可分为 4、6、8、10、12。

18.3.2 可调节手用铰刀

可调节手用铰刀适用于钳工修配时手工铰削工件的配合用通孔。可调节手用铰刀规格见表 18-25。

表 18-25 可调节手用铰刀规格（JB/T 3869—1999） mm

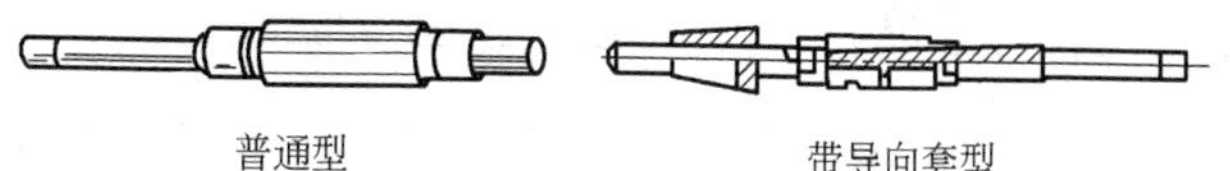

普通型　　带导向套型

续表

铰刀类型	调节范围	刀片长度	总长	调节范围	刀片长度	总长
普通型	≥6.5～7.0	35	85	>19～21	60	180
	>7.0～7.75		90	>21～23	65	195
	>7.75～8.5		100	>23～26	72	215
	>8.5～9.25		105	>26～29.5	80	240
	>9.25～10	38	115	>29.5～33.5	85	270
	>10～10.75		125	>33.5～38	95	310
	>10.75～11.75		130	>38～44	105	350
	>11.75～12.75	44	135	>44～54	120	400
	>12.75～13.75	48	145	>54～68		460
	>13.75～15.25	52	150	>68～84	135	510
	>15.25～17	55	165			
	>17～19	60	170	>84～100	140	570
带导向套型	≥15.25～17	55	245	>29.5～33.5	85	420
	>17～19	60	260	>33.5～38	95	440
	>19～21	60	300	>38～44	105	490
	>21～23	65	340	>44～54	120	540
	>23～26	72	370			
	>26～29.5	80	400	>54～68		550

18.3.3　机用铰刀

机用铰刀装于机床上铰削各种圆柱配合孔。机用铰刀规格见表18-26。

表18-26　机用铰刀规格　　mm

直柄　　锥柄

种类		直径
直柄	高速钢铰刀（GB/T 1132—2004）	1.4，1.6，1.8，2.0，2.2，2.5，2.8，3.0，3.2，3.5，4.0，4.5，5.0，5.5，6.0，7.0，8.0，9.0，10.0，11.0，12.0，14.0，16.0，18.0，20.0

续表

种类		直径
直柄	硬质合金铰刀（GB/T 4251—2008）	6，7，8，9，10，11，12，14，16，18，20
锥柄	高速钢铰刀（GB/T 1132—2004）	5，6，7，8，9，10，11，12，14，16，18，20，22，25，28，32，36，40，50
	硬质合金铰刀（GB/T 4251—2008）	8，9，10，11，12，14，16，18，20，21，22，23，24，25，28，32，36，40

18.3.4　莫氏圆锥和米制圆锥铰刀

莫氏圆锥和米制圆锥铰刀在车、钻、镗床上铰削莫氏锥孔用。莫氏圆锥和米制圆锥铰刀规格见表 18-27。

表 18-27　莫氏圆锥和米制圆锥铰刀规格（GB/T 1139—2004）mm

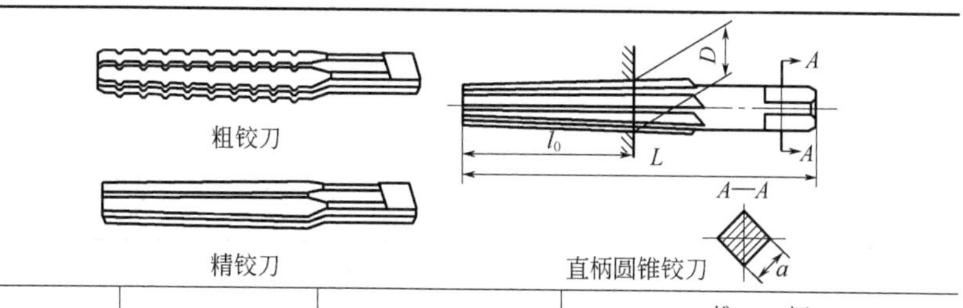

代号		直径	直柄总长	锥柄	
				总长	莫氏锥柄号
米制	4	4.000	48	106	1
	6	6.000	63	116	1
莫氏	0	9.045	93	137	1
	1	12.065	102	142	1
	2	17.780	121	173	2
	3	23.825	146	212	3
	4	31.627	179	263	4
	5	44.399	222	331	5
	6	63.348	300	389	5

18.3.5　1∶50 锥度销子铰刀

锥度销子铰刀的有关内容见表 18-28～表 18-30。

表 18-28 手用 1∶50 锥度销子铰刀规格（JB/T 7956.2—1999） mm

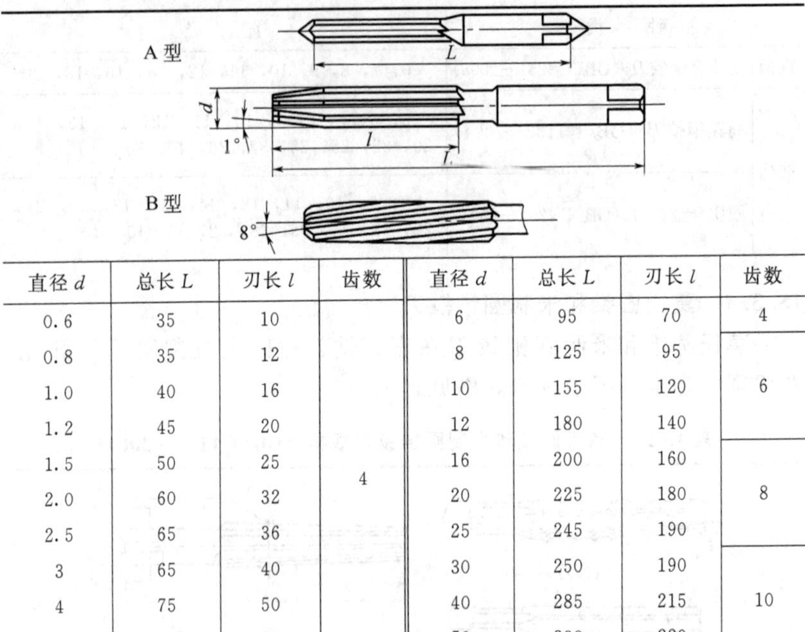

直径 *d*	总长 *L*	刃长 *l*	齿数	直径 *d*	总长 *L*	刃长 *l*	齿数
0.6	35	10	4	6	95	70	4
0.8	35	12		8	125	95	6
1.0	40	16		10	155	120	
1.2	45	20		12	180	140	
1.5	50	25		16	200	160	8
2.0	60	32		20	225	180	
2.5	65	36		25	245	190	
3	65	40		30	250	190	10
4	75	50		40	285	215	
5	85	60		50	300	220	

注：分为A型和B型两种，专业生产的铰刀为A型。

表 18-29 手用长刃 1∶50 锥度销子铰刀规格（JB/T 7956.2—1999）mm

直径 *d*	总长 *L*	刃长 *l*	齿数	直径 *d*	总长 *L*	刃长 *l*	齿数
0.6	38	20	4	6	135	105	4
0.8	42	24		8	180	145	6
1.0	46	28		10	215	175	
1.2	50	32		12	255	210	
1.5	57	37		16	280	230	
2.0	68	48		20	310	250	8
2.5	68	48		25	370	300	
3.0	80	58		30	400	320	
4	93	68		40	430	340	10
5	100	73		50	460	360	

表 18-30　机用 1∶50 锥度销子铰刀规格（JB/T 7956.3—1999）　mm

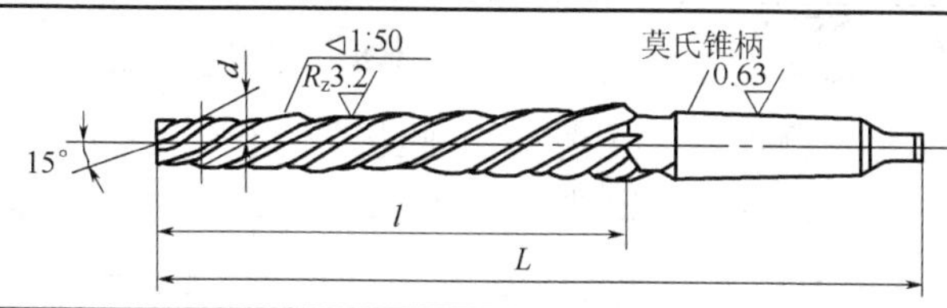

直径 d	总长 L	刃长 l	齿数	直径 d	总长 L	刃长 l	齿数
5	155	73	4	20	377	250	8
6	187	105	4	25	427	300	8
8	227	145	6	30	475	320	8
10	257	175	6	40	495	340	10
12	315	210	6	50	550	360	10
16	335	230	6				

18.3.6　锥柄 1∶16 圆锥管螺纹锥孔铰刀

锥柄 1∶16 圆锥管螺纹锥孔铰刀用于铰削 1∶16 的英制圆锥形管螺纹加工前的孔。锥柄 1∶16 圆锥管螺纹锥孔铰刀规格见表 18-31。

表 18-31　锥柄 1∶16 圆锥管螺纹锥孔铰刀规格（QJ 380—1989）

规格/in	1/16	1/8	1/4	3/8	1/2	3/4	1	1¼	1½	2
总长/mm	95	100	105	125	130	150	160	190	220	220
切削刃长度/mm	20	24	28	30	35	40	45	48	50	55
莫氏锥柄号数	1			2		3		4	5	

18.4　铣刀类

18.4.1　直柄立铣刀

粗齿立铣刀用于工件的平面、凹槽和台阶的粗铣加工，细齿立铣刀用于精铣加工，中齿用于半精加工。直柄立铣刀规格见表 18-32。

表 18-32　直柄立铣刀规格（GB/T 6117.1—2010）　mm

直柄(粗齿、细齿、中齿)立铣刀

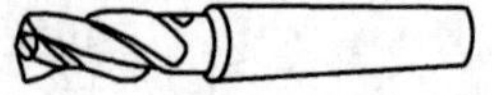

锥柄(粗齿、细齿、中齿)立铣刀

<table>
<tr><th colspan="2" rowspan="3">直径 d</th><th colspan="2" rowspan="2">刀柄直径 d_1</th><th colspan="3">标准系列</th><th colspan="3">长系列</th><th colspan="3" rowspan="2">齿　数</th></tr>
<tr><th rowspan="2">刃长 l</th><th colspan="2">全长 L②</th><th rowspan="2">刃长 l</th><th colspan="2">全长 L②</th></tr>
<tr><th>Ⅰ组</th><th>Ⅱ组</th><th>Ⅰ组</th><th>Ⅱ组</th><th>Ⅰ组</th><th>Ⅱ组</th><th>粗齿</th><th>中齿</th><th>细齿</th></tr>
<tr><td>2</td><td rowspan="3">—</td><td rowspan="5">4①</td><td rowspan="5">6</td><td>7</td><td>39</td><td>51</td><td>10</td><td>42</td><td>54</td><td rowspan="17">3</td><td rowspan="17">4</td><td rowspan="10">—</td></tr>
<tr><td>2.5</td><td rowspan="2">8</td><td rowspan="2">40</td><td rowspan="2">52</td><td rowspan="2">12</td><td rowspan="2">44</td><td rowspan="2">56</td></tr>
<tr><td>3</td></tr>
<tr><td>—</td><td>3.5</td><td>10</td><td>42</td><td>54</td><td>15</td><td>47</td><td>59</td></tr>
<tr><td>4</td><td rowspan="4">—</td><td rowspan="2">11</td><td>43</td><td>55</td><td rowspan="2">19</td><td>51</td><td>63</td></tr>
<tr><td>5</td><td rowspan="2">5①</td><td rowspan="2">6</td><td>45</td><td>55</td><td>53</td><td>63</td></tr>
<tr><td>6</td><td rowspan="2">13</td><td>47</td><td>57</td><td rowspan="2">24</td><td>58</td><td>68</td></tr>
<tr><td>—</td><td colspan="2">6</td><td colspan="2">57</td><td colspan="2">68</td></tr>
<tr><td rowspan="2">8</td><td>7</td><td rowspan="2">8</td><td rowspan="2">10</td><td>16</td><td>60</td><td>66</td><td>30</td><td>74</td><td>80</td></tr>
<tr><td rowspan="2">—</td><td>19</td><td>63</td><td>69</td><td>38</td><td>82</td><td>88</td></tr>
<tr><td>—</td><td colspan="2" rowspan="2">10</td><td>19</td><td colspan="2">69</td><td>38</td><td colspan="2">88</td><td rowspan="4">5</td></tr>
<tr><td>10</td><td>9</td><td rowspan="2">22</td><td colspan="2">72</td><td rowspan="2">45</td><td colspan="2">95</td></tr>
<tr><td>—</td><td>—</td><td colspan="2" rowspan="2">12</td><td colspan="2">79</td><td colspan="2">102</td></tr>
<tr><td>12</td><td>11</td><td>26</td><td colspan="2">83</td><td>53</td><td colspan="2">110</td></tr>
<tr><td>16</td><td>14</td><td colspan="2">16</td><td>32</td><td colspan="2">91</td><td>63</td><td colspan="2">123</td><td rowspan="3">6</td></tr>
<tr><td>20</td><td>18</td><td colspan="2">20</td><td>38</td><td colspan="2">104</td><td>75</td><td colspan="2">141</td></tr>
<tr><td>25</td><td>22</td><td colspan="2">25</td><td>45</td><td colspan="2">121</td><td>90</td><td colspan="2">166</td></tr>
<tr><td>32</td><td>28</td><td colspan="2">32</td><td>53</td><td colspan="2">133</td><td>106</td><td colspan="2">186</td><td rowspan="3">4</td><td rowspan="3">6</td><td rowspan="3">8</td></tr>
<tr><td>40</td><td>45</td><td colspan="2">40</td><td>63</td><td colspan="2">155</td><td>125</td><td colspan="2">217</td></tr>
<tr><td>50</td><td>—</td><td colspan="2" rowspan="2">50</td><td rowspan="2">75</td><td colspan="2" rowspan="2">177</td><td rowspan="2">150</td><td colspan="2" rowspan="2">252</td></tr>
<tr><td>—</td><td>56</td><td rowspan="3">6</td><td rowspan="3">8</td><td rowspan="3">10</td></tr>
<tr><td>63</td><td>—</td><td>50</td><td>63</td><td rowspan="2">90</td><td>192</td><td>202</td><td rowspan="2">180</td><td>282</td><td>292</td></tr>
<tr><td>—</td><td>71</td><td colspan="2">63</td><td colspan="2">202</td><td colspan="2">292</td></tr>
</table>

① 只适用于普通直柄。

② 总长尺寸的Ⅰ组和Ⅱ组分别与柄部直径的Ⅰ组和Ⅱ组相对应。

18.4.2　莫氏锥柄立铣刀

莫氏锥柄立铣刀规格见表18-33。

表18-33　莫氏锥柄立铣刀规格（GB/T 6117.2—1996）

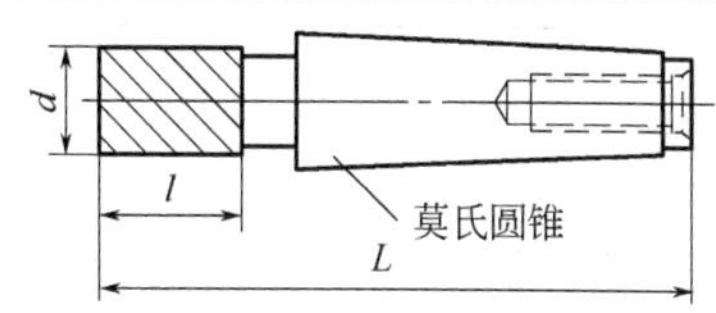

直径/mm	齿数			莫氏锥柄号
	粗	中	细	
6、7、8	3	4	—	1
9、10、11、12、14	3	4	5	1
12、14	3	4	5	2
16、18、20、22	3	4	6	2
20、22、25、28	3	4	6	3
32、36、40、45、50	4	6	8	4
40、45、50	4	6	8	5
56	6	8	10	4
56、63	6	8	10	5

18.4.3　7/24锥柄立铣刀

7/24锥柄立铣刀用途与直柄立铣刀相同。锥柄立铣刀规格见表18-34。

表18-34　7/24锥柄立铣刀规格（GB/T 6117.3—2010）

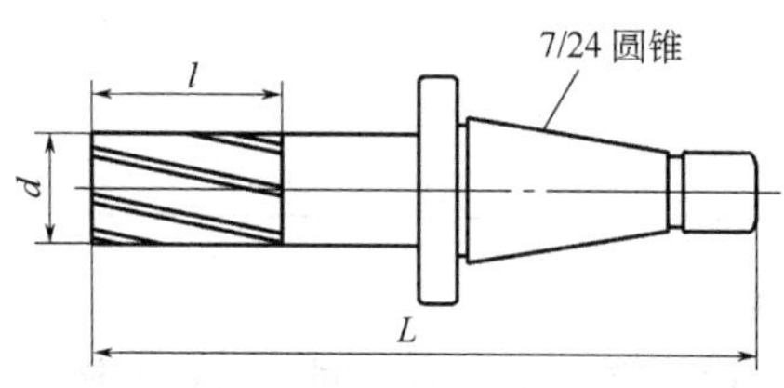

续表

<table>
<tr><th rowspan="2">直径/mm</th><th colspan="3">齿　数</th><th rowspan="2">7/24 锥柄号</th></tr>
<tr><th>粗</th><th>中</th><th>细</th></tr>
<tr><td>25、28</td><td>3</td><td>4</td><td>6</td><td>30</td></tr>
<tr><td>32、36</td><td rowspan="4">4</td><td rowspan="4">6</td><td rowspan="4">8</td><td>30，40，45</td></tr>
<tr><td>40、45</td><td rowspan="3">40，45，50</td></tr>
<tr><td>50</td></tr>
<tr><td>56</td></tr>
<tr><td>63、71</td><td rowspan="2">6</td><td rowspan="2">8</td><td rowspan="2">10</td><td rowspan="2">45，50</td></tr>
<tr><td>80</td></tr>
</table>

注：按长度分为标准型和长型。

18.4.4　套式立铣刀

套式立铣刀适用于一般平面的铣削。粗齿和细齿分别用于粗加工和精加工。套式立铣刀规格见表 18-35。

表 18-35　套式立铣刀规格（GB/T 1114—1998）　mm

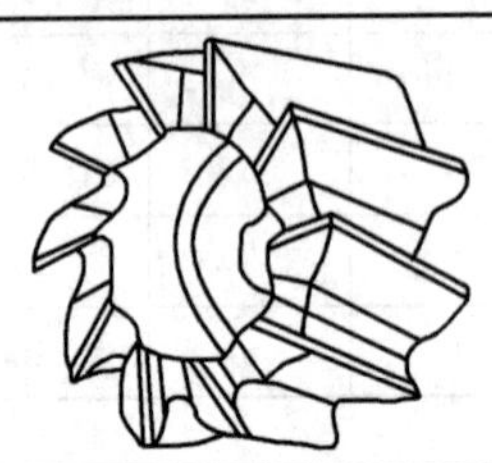

基本尺寸（直径）	总　长	内孔直径
40	32	16
50	36	22
63	40	27
80	45	27
100	50	36
125	56	40
160	63	50

18.4.5　圆柱形铣刀

圆柱形铣刀作用与套式立铣刀相同。圆柱形铣刀规格见表 18-36。

表 18-36 圆柱形铣刀规格（GB/T 1115—2002） mm

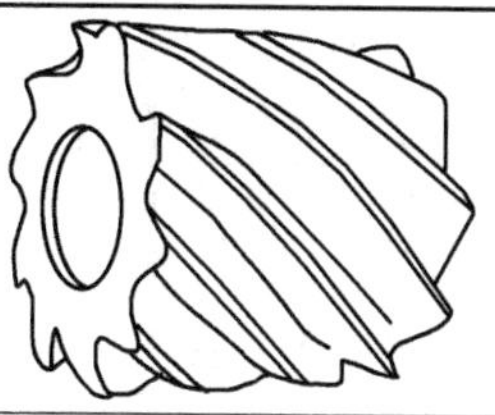

直径	总长	内孔	齿数
50	40，63，80	22	8
63	50，70	27	10
80	63，100	32	12
100	63，125	40	14

18.4.6 三面刃铣刀

三面刃铣刀适用于在卧式铣床上加工凹槽及某些侧平面。直齿铣刀加工较浅的槽和光洁面；错齿铣刀加工较深的槽。三面刃铣刀规格见表 18-37。

表 18-37 三面刃铣刀规格（GB/T 6119.1—1996）

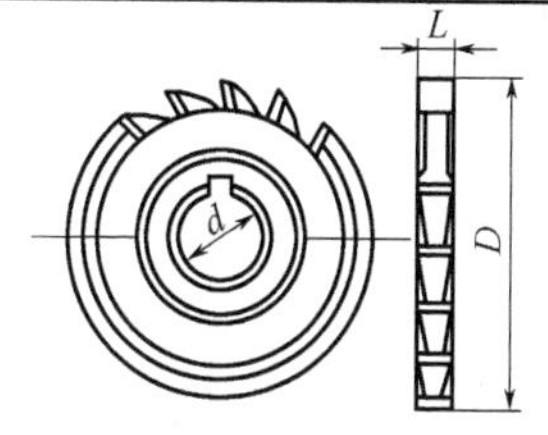

直齿三面刃铣刀

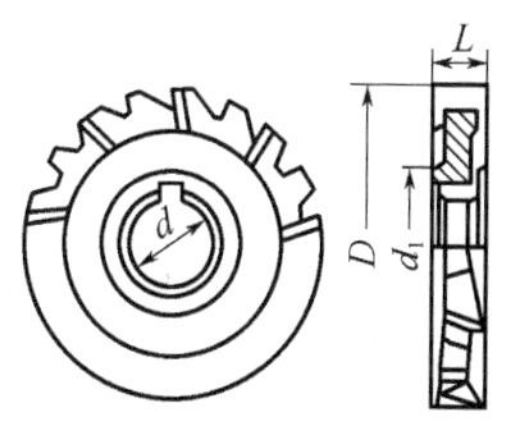

错齿三面刃铣刀

直齿三面刃铣刀

直径 D /mm	宽度 L /mm	内孔 d /mm	齿数 z		直径 D /mm	宽度 L /mm	内孔 d /mm	齿数 z	
			Ⅰ	Ⅱ				Ⅰ	Ⅱ
50	4 5 6 7 8 10	16	14	12	63	4 5 6 7 8 10	22	16	14

续表

直齿三面刃铣刀

直径 D /mm	宽度 L /mm	内孔 d /mm	齿数 z Ⅰ	齿数 z Ⅱ
63	12	22	16	14
	14			
	16			
80	5	27	18	16
	6			
	7			
	8			
	10			
	12			
	14			
	16			
	18			
	20			
100	6	32	20	18
	7			
	8			
	10			
	12			
	14			
	16			
	18			
	20			
	22			
	25			
125	8	32	22	20
	10			
	12			
	14			
125	16	32	22	20
	18			
	20			
	22			
	25			
	28			
160	10	40	26	24
	12			
	14			
	16			
	18			
	20			
	22			
	25			
	28			
	32			
200	12	40	30	28
	14			
	16			
	18			
	20			
	22			
	25			
	28			
	32			
	36			
	40			

续表

错齿三面刃铣刀

直径 D/mm	宽度 L/mm	内孔 d/mm	齿数 z
50	4	16	12
	5		
	6		
	8		
	10		
63	4	22	14
	5		
	6		
	8		
	10		
	12		
	14		12
	16		
80	5	27	16
	6		
	8		
	10		
	12		
	14		
	16		14
	18		
	20		
100	6	32	18
	8		
	10		
	12		
	14		
	16		16
	18		
	20		
	22		
	25		

直径 D/mm	宽度 L/mm	内孔 d/mm	齿数 z
125	8	32	20
	10		
	12		
	14		
	16		
	18		18
	20		
	22		
	25		
	28		
160	10	40	24
	12		
	14		
	16		
	18		
	20		
	22		22
	25		
	28		
	32		
200	12	40	28
	14		
	16		
	18		
	20		
	22		26
	25		
	28		
	32		
	36		
	40		

注：按齿形分为Ⅰ型、Ⅱ型；按精度分为普通级、精密级。

18.4.7 锯片铣刀

锯片铣刀用于锯切金属材料或加工零件上的窄槽。分为粗齿、中齿、细齿。粗齿锯片铣刀齿数16～40，一般加工铝及铝合金等软金属；细齿锯片铣刀齿数32～200，加工钢、铸铁等硬金属；中齿锯片铣刀齿数20～100。锯片铣刀规格见表18-38。

表18-38 锯片铣刀规格（GB/T 6120—1996） mm

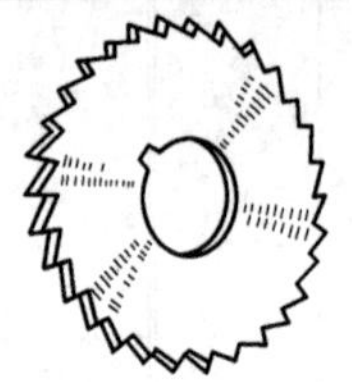

锯片铣刀厚度尺寸系列	0.3，0.4，0.5，0.6，0.8，1.0，1.2，1.6，2.0，2.5，3.0，4.0，5.0，6.0

粗齿锯片铣刀

外径	厚度	孔径	外径	厚度	孔径
50	0.8～5.0	13	160	1.2～6.0	32
63	0.8～6.0	16	200	1.6～6.0	32
80	0.8～6.0	22	250	2.0～6.0	32
100	0.8～6.0	22（27）	315	2.5～6.0	40
125	1.0～6.0	22（27）			

中齿锯片铣刀

外径	厚度	孔径	外径	厚度	孔径
32	0.3～3.0	8	125	1.0～6.0	22
40	0.3～4.0	10	160	1.2～6.0	32
50	0.3～5.0	13	200	1.6～6.0	32
63	0.3～6.0	16	250	2.0～6.0	32
80	0.6～6.0	22	315	2.5～6.0	40
100	0.8～6.0	22			

注：括号内尺寸尽量不采用。

18.4.8　键槽铣刀

键槽铣刀装夹在铣床上，专用于铣削轴类零件上的平行键槽。键槽铣刀规格见表 18-39。

表 18-39　键槽铣刀规格（GB/T 1112.1、1112.2—1997）　mm

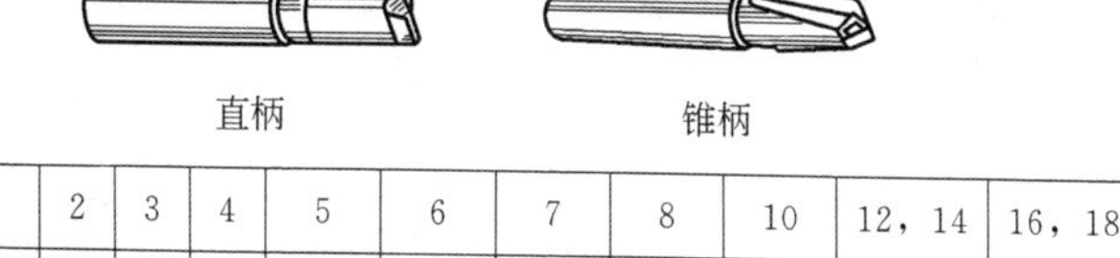

<table>
<tr><td rowspan="2">直柄</td><td>直径</td><td>2</td><td>3</td><td>4</td><td>5</td><td colspan="2">6</td><td>7</td><td>8</td><td colspan="2">10</td><td colspan="2">12，14</td><td colspan="2">16，18</td><td>20</td></tr>
<tr><td>标准系列总长</td><td>39</td><td>40</td><td>43</td><td>47</td><td colspan="2">57</td><td>60</td><td>63</td><td colspan="2">72</td><td colspan="2">83</td><td colspan="2">92</td><td>104</td></tr>
<tr><td rowspan="3">锥柄</td><td>直径</td><td>10</td><td colspan="2">12，14</td><td>16，18</td><td colspan="2">20，22</td><td colspan="2">24，25，28</td><td colspan="2">32，36</td><td colspan="2">40，45</td><td colspan="2">50，56</td><td>63</td></tr>
<tr><td>标准系列总长</td><td>92</td><td>96</td><td>111</td><td>117</td><td>123</td><td colspan="2">140</td><td>147</td><td>155</td><td>178</td><td>188</td><td>221</td><td>200</td><td>233</td><td>248</td></tr>
<tr><td>莫氏圆锥号</td><td colspan="2">1</td><td colspan="3">2</td><td colspan="4">3</td><td colspan="2">4</td><td>5</td><td>4</td><td colspan="2">5</td></tr>
</table>

注：键槽铣刀按直径的极限偏差分 e8 公差带和 d8 公差带两种。

18.4.9　切口铣刀

切口铣刀适用于铣削窄槽。切口铣刀规格见表 18-40。

表 18-40　切口铣刀规格　mm

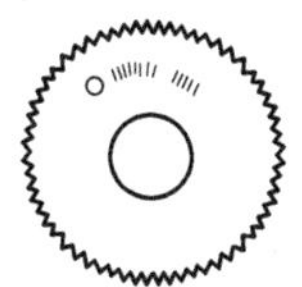

<table>
<tr><td rowspan="2">直　径</td><td rowspan="2">厚　度</td><td rowspan="2">内　孔</td><td colspan="2">齿　数</td></tr>
<tr><td>细齿</td><td>粗齿</td></tr>
<tr><td>40</td><td>0.25，0.3，0.4，0.5，0.6，0.8，1</td><td>13</td><td>90</td><td>72</td></tr>
<tr><td>60</td><td>0.4，0.5，0.6，0.8，1，1.2，1.6，2，2.5</td><td>16</td><td>72</td><td>60</td></tr>
<tr><td>75</td><td>0.6，0.8，1，1.2，1.6，2，2.5，3，4，5</td><td>22</td><td>72</td><td>60</td></tr>
</table>

18.4.10　半圆铣刀

凸半圆铣刀用于切削半圆槽；凹半圆铣刀用于切削凸半圆形工件。半圆铣刀规格见表 18-41。

表 18-41　半圆铣刀规格（GB/T 1124.1～2—2007）　mm

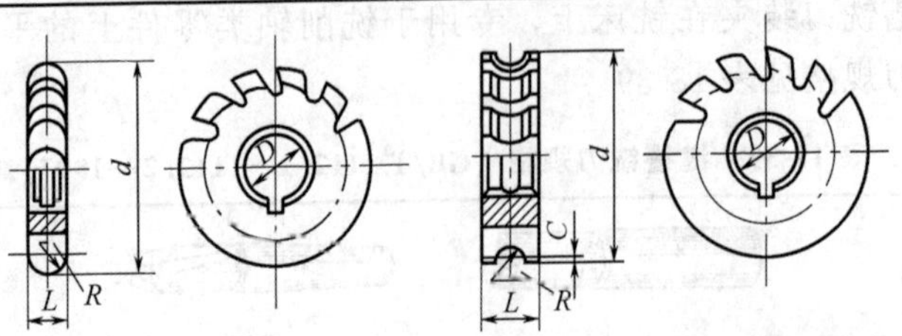

半圆半径	外径	内孔	厚度	
			凸半圆	凹半圆
1	50	16	2	6
1.25			2.5	6
1.6			3.2	8
2			4	9
2.5	63	22	5	10
3			6	12
4			8	16
5			10	20
6	80	27	12	24
8			16	32
10	100	32	20	36
12			24	40
16	125		32	50
20			40	60

18.5　齿轮刀具

18.5.1　齿轮滚刀

齿轮滚刀用于滚制直齿或斜齿渐开线圆柱齿轮。小模数齿轮滚刀、齿轮滚刀、镶片齿轮滚刀分别用于加工模数为0.1～1mm、1～10mm、10～40mm，基准齿形角为20°的渐开线圆柱齿轮。剃前齿轮滚刀作剃前加工，加工基准齿形角为20°的不变位圆柱齿轮。磨前齿轮滚刀用于需磨齿的齿轮在磨齿前滚齿，分为整体式与镶刀片式。

其种类有小模数齿轮滚刀、普通齿轮滚刀及磨齿前与剃齿前滚刀等，后两者用于齿轮精加工。齿轮滚刀规格见表 18-42。

表 18-42　齿轮滚刀规格　mm

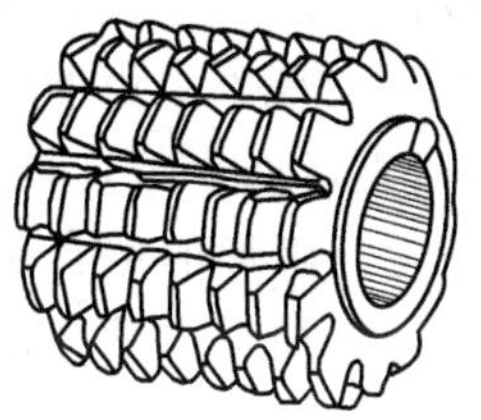

<table>
<tr><th>类型和标准</th><th>模数系列</th><th>直　径</th><th>孔　径</th><th>总　长</th></tr>
<tr><td>小模数齿轮滚刀（JB/T 2494—2006）</td><td>0.10，0.12，0.15，0.20，0.25，0.30，(0.35)，0.40，0.50，0.60，(0.70)，0.80，(0.90)</td><td>25，32，40</td><td>8，13，16</td><td>10，12，15，25，30，40</td></tr>
<tr><td rowspan="2">齿轮滚刀 GB/T 6083—2001）</td><td rowspan="2">1，1.25，1.5，（1.75），2，(2.25)，2.5，(2.75)，3，(3.25)，3.5，4，（4.5），5，（5.5），6，(6.5)，7，8，(9)，10</td><td>Ⅰ型：63～200</td><td>Ⅰ型：27，32，40，50，60</td><td>Ⅰ型：63～200</td></tr>
<tr><td>Ⅱ型：50～150</td><td>Ⅱ型：22，27，32，40，50</td><td>Ⅱ型：32～170</td></tr>
<tr><td rowspan="4">镶片齿轮滚刀（GB/T 9205—2005）</td><td rowspan="4">10，（11），12，（14），16，（18），20，（22），25，(28)，(30)，32</td><td colspan="3">带轴向键槽型</td></tr>
<tr><td>205～375</td><td>60，80</td><td>220～405</td></tr>
<tr><td colspan="3">带端面键槽型</td></tr>
<tr><td>205～375</td><td>60，80</td><td>245～435</td></tr>
<tr><td>剃前齿轮滚刀（JB/T 4103—2006）</td><td>1，1.25，1.5，（1.75），2，(2.25)，2.5，（2.75），3，(3.25)，（3.5），（3.75），4，(4.5)，5，(5.5)，6，（6.5），(7)，8</td><td>50～125</td><td>22，27，32，40</td><td>32～132</td></tr>
<tr><td>磨前齿轮滚刀（JB/T 7968.1—1999）</td><td>1，1.25，1.5，（1.75），2，(2.25)，2.5，(2.75)，3，(3.25)，(3.5)，(3.75)，4，(4.5)，5，(5.5)，6，（6.5），（7），8，(9)，10</td><td>50～150</td><td>22，27，32，40，50</td><td>32～170</td></tr>
</table>

注：1. 带括号的模数尽量不采用。

2. 齿轮滚刀基本类型有Ⅰ型和Ⅱ型两种。Ⅰ型中有 AAA 级、AA 级两种精度；Ⅱ型有 AA 级、A 级、B 级、C 级四种精度。小模数齿轮滚刀有 AAA 级、AA 级、A 级三种精度。Ⅰ型可加工 6 级精度齿轮，Ⅱ型与镶片齿轮滚刀可加 7、8、9、10 级精度齿轮。

18.5.2　直齿插齿刀、小模数直齿插齿刀

直齿插齿刀有小模数的和普通式两类，分别插制模数0.1～1mm及1～12mm、基准齿形角为20°的直齿圆柱齿轮。插齿刀分为三种型式和三种精度等级：Ⅰ型——盘形直齿插齿刀，精度等级分为AA、A、B三种；Ⅱ型——碗形直齿插齿刀，精度等级分为AA、A、B三种；Ⅲ型——锥柄直齿插齿刀，精度等级分为A、B两种。盘形的插削渐开线圆柱齿轮。碗形的适合于插削塔形、多联或带凸肩的齿轮。锥柄插齿刀适合于加工内啮合齿轮。直齿插齿刀、小模数直齿插齿刀规格分别见表18-43和表18-44。

表18-43　直齿插齿刀规格（GB/T 6081—2001）

Ⅰ型—盘形

Ⅱ型—碗形

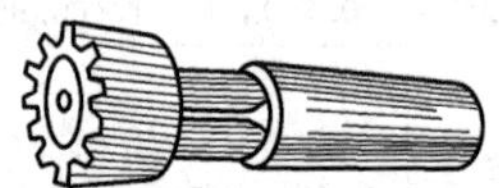
Ⅲ型—锥柄形

型式	精度等级	公称分度圆直径/mm	模数/mm	齿数 z	模数/mm	齿数 z
Ⅰ型盘形	AA，A，B	75，100，125，160，200	1	76，100	4.0	19，22，31
			1.25	60，80	4.5	22，28
			1.5	50，68	5.0	20，25
			1.75	43，58	5.5	19，23
			2	38，50	6.0	18，21，27
			2.25	34，45	6.5	19，25
			2.5	30，40	7.0	18，23
			2.75	28，36	8.0	16，20，25
			3.0	22，34	9.0	18，22
			3.25	24，31	10	16，20
			3.5	22，29	11	18
			3.75	20，27	12	17

续表

型式	精度等级	公称分度圆直径/mm	模数/mm	齿数 z	模数/mm	齿数 z
Ⅱ型碗形	AA，A，B	50，75，100，125	1	50，76，100	5.0	20
			1.25	40，60，80	5.5	19
			1.5	34，50，68	6.0	18
			1.75	29，43，58	6.5	19
			2.0	25，38，50	2.75	18，28，36
			2.25	22，34，45	3.0	17，25，34
			2.5	20，30，40	3.25	15，24，31
			3.75	20，27	3.5	14，22，29
			4.0	19，25，31	7.0	18
			4.5	22	8.0	16
Ⅲ型锥柄形	A，B	25，38	1.0	26，38	2.5	10，15
			1.25	20，30	2.75	10，14
			1.5	18，25	3	12
			1.75	15，22	3.25	12
			2.0	13，19	3.5	11
			2.25	12，16	3.75	10

表 18-44　小模数直齿插齿刀规格（JB/T 3095—2006）

型式	精度等级	公称分度圆直径/mm	模数/mm	齿数 z	模数/mm	齿数 z
Ⅰ型盘形	AA，A，B	40，63	0.20	199	0.60	66，105
			0.25	159	0.70	56，90
			0.30	131，209	0.80	50，80
			0.35	113，181	0.90	44，72
			0.40	99，159		
			0.50	80，126		

续表

型式	精度等级	公称分度圆直径/mm	模数/mm	齿数 z	模数/mm	齿数 z
Ⅱ型碗形	AA，A，B	63	0.30	209	0.70	90
			0.35	181	0.80	80
			0.40	159	0.90	72
			0.50	126		
			0.60	105		
Ⅲ型锥柄形	A，B	25	0.10	249	0.40	63
			0.12	207	0.50	50
			0.15	165	0.60	40
			0.20	125	0.70	36
			0.25	99	0.80	32
			0.30	83	0.90	28
			0.35	71		

18.5.3　盘形剃齿刀

盘形剃齿刀用于剃削模数为1～8mm、基准齿形角为20°的标准圆柱齿轮。盘形剃齿刀规格见表18-45。

表18-45　盘形剃齿刀规格（GB/T 14333—2008）

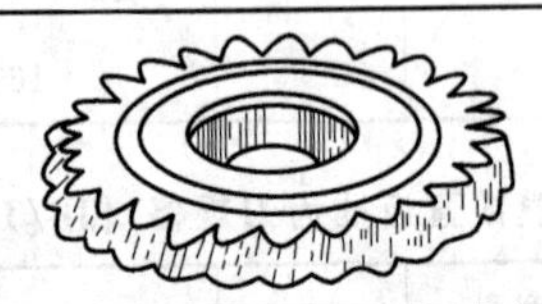

公称分度圆直径/mm	85	180	240
模数范围/mm	1～1.5	1.25～6.0	2.0～8.0
螺旋角/（°）	10	5，15	5，15

注：1. 模数系列有：1，1.25，1.5，1.75，2.0，2.25，2.5，2.75，3.0，3.25，3.5，3.75，4.0，4.5，5.0，5.5，6.0，6.5，7.0，8.0（mm）。模数1为保留规格。

2. 每种剃齿刀精度分为A级和B级两种。

18.5.4　齿轮铣刀

齿轮铣刀适用于仿形铣切模数为0.3～16mm、基准齿形角为

20°的精度较低的直齿渐开线圆柱齿轮。齿轮铣刀规格见表 18-46。

表 18-46　齿轮铣刀规格（JB/T 7970.1—1999）　mm

孔径	模数/齿数
16	0.30，(0.35)，0.40/20；0.50，0.60/18；(0.70)，0.80，0.90/16
22	1.00，1.25，1.50/14；(1.75)，2.00，(2.25)，2.50/12
27	(2.75)，3.00，(3.25)，(3.50)，(3.75)，4.00，(4.50) /12
32	5.00，(5.50)，6.00，(6.50)，(7.00)，8.00/11；(9.00)，10/10
40	(11)，12，(14)，16/10

注：1. 不带括号的为第一系列模数；带括号的为第二系列模数，尽可能不采用。

2. 每种模数的铣刀，均由 8 个或 15 个刀号组成一套。模数制（齿形角 20°）各铣刀号适宜加工的齿数见表 18-47。

表 18-47　模数制（齿形角 20°）各铣刀号适宜加工的齿数

铣刀号		1	$1\frac{1}{2}$	2	$2\frac{1}{2}$	3	$3\frac{1}{2}$	4	$4\frac{1}{2}$	5	$5\frac{1}{2}$	6	$6\frac{1}{2}$	7	$7\frac{1}{2}$	8
齿轮齿数	8 个一套	12～13		14～16		17～20		21～25		26～34		35～54		55～134		≥135
	15 个一套	12	13	14	15～16	17～18	19～20	21～22	23～25	26～29	30～34	35～41	42～54	55～79	80～134	≥135

18.6　螺纹加工工具

18.6.1　机用和手用丝锥

机用和手用丝锥供加工螺母或其他机件上的普通螺纹内螺纹用（即攻螺纹）。机用丝锥通常是指高速钢磨牙丝锥，适用于在机床上攻螺纹；手用丝锥是指碳素工具钢或合金工具钢滚牙（或切牙）丝锥，适用于手工攻螺纹。但在生产中，两者也可互换使用。机用和手用丝锥规格见表18-48。

表18-48 机用和手用丝锥规格（GB/T 3464.1—2007） mm

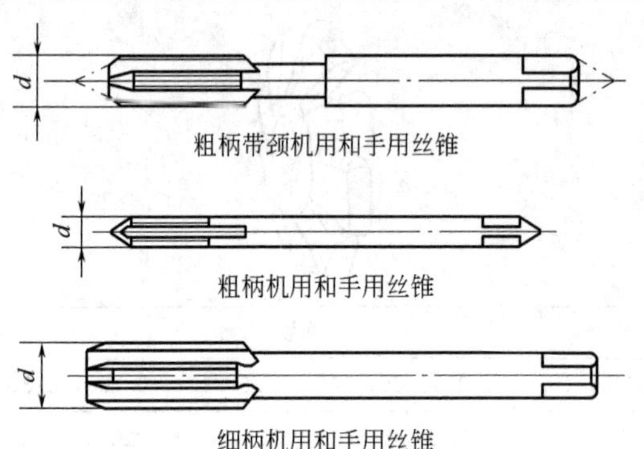

粗柄带颈机用和手用丝锥

粗柄机用和手用丝锥

细柄机用和手用丝锥

粗柄丝锥

公称直径 d	螺距		丝锥全长 L	螺纹长度 l	公称直径 d	螺距		丝锥全长 L	螺纹长度 l
	粗牙	细牙				粗牙	细牙		
1	0.25	0.2	38.5	5.5	1.8	0.35	0.2	41	8
1.1	0.25	0.2	38.5	5.5	2	0.4	0.25	41	8
1.2	0.25	0.2	38.5	5.5	2.2	0.45	0.25	44.5	9.5
1.4	0.3	0.2	40	7	2.5	0.45	0.35	44.5	9.5
1.6	0.35	0.2	41	8					

粗柄带颈丝锥

公称直径 d	螺距		丝锥全长	螺纹长度	公称直径 d	螺距		丝锥全长	螺纹长度
	粗牙	细牙				粗牙	细牙		
3	0.5	0.35	48	11	(7)	1	0.75	66	19
3.5	(0.6)	0.35	50	13	8，(9)	—	0.75	66	19
4	0.7	0.5	53	13	8，(9)	—	1	69	19
4.5	(0.75)	0.5	53	13	8，(9)	1.25	—	72	22
5	0.8	0.5	58	16	10	—	0.75	73	20
(5.5)	—	0.5	62	17	10	—	1，1.25	76	20
6	1	0.75	66	19	10	1.5	—	80	24

续表

细柄丝锥（部分）									
公称直径 d	螺距		丝锥全长	螺纹长度	公称直径 d	螺距		丝锥全长	螺纹长度
	粗牙	细牙				粗牙	细牙		
3	0.5	0.35	48	11	20	—	1	102	22
3.5	(0.6)	0.35	50	13	22	—	1	109	24
4	0.7	0.5	53	13	22	—	1.5	113	33
4.5	(0.75)	0.5	53	13	22	2.5	2	118	38
5	0.8	0.5	58	16	24	—	1	114	24
(5.5)	—	0.5	62	17	24	3	—	130	45
6，(7)	1	0.75	66	19	24～26	—	1.5	120	35
8，(9)	—	0.75	66	19	24，25	—	2	120	35
8，(9)	—	1	69	19	27～30	—	1	120	25
8，(9)	1.25	—	72	22	27～30	—	1.5，2	127	37
10	—	0.75	73	20	27	3	—	135	45
10	—	—	76	20	30	3.5	3	138	48
10	1.5	1，1.25	80	24	(32)，33	—	1.5，2	137	37
(11)	—	—	80	22	33	3.5	3	151	51
(11)	1.5	0.75，1	85	25	(35)，36	—	1.5	144	39
12	—	—	80	22	36	—	2	144	39
12	—	1	84	24	36	4	3	162	57
12	1.75	1.25	89	29	38	—	1.5	149	39
14	—	1.5	87	22	39～42	—	1.5，2	149	39
14	—	1	90	25	39	4	3	170	60
14	2	1.25	95	30	(40)	—	3	170	60
(15)	—	1.5	95	30	42	4.5	3，(4)	170	60
16	—	1.5	92	22	45～(50)	—	1.5，2	165	45
16	2	1	102	32	45	4.5	3，(4)	187	67
(17)	—	1.5	102	32	48	5	3，(4)	185	67
18	—	1.5	97	22	(50)	—	3	185	67
18，20	—	1	104	29	52～56	—	1.5，2	175	45
18，20	2.5	1.5	112	37	52	5	3，4	200	70

注：1. 丝锥代号：粗牙为 M（直径）；细牙为 M×P（直径×螺距）。
2. 带括号的规格尽量不采用。

18.6.2　细长柄机用丝锥

细长柄机用丝锥装在机床上，用于攻制普通螺纹的内螺纹。细长柄机用丝锥规格见表18-49。

表18-49　细长柄机用丝锥规格（GB/T 3464.2—2003）　　mm

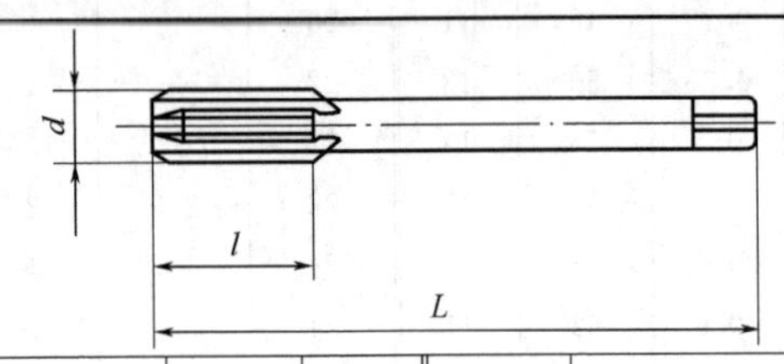

公称直径 *d*	螺距		丝锥全长 *L*	螺纹长度 *l*	公称直径 *d*	螺距		丝锥全长 *L*	螺纹长度 *l*
	粗牙	细牙				粗牙	细牙		
3	0.5	0.35	66	11	(11)	1.5	—	115	25
3.5	(0.6)	0.35	68	13	12	1.75	1.25，1.5	119	29
4	0.7	0.5	73	13	14	2	1.25，1.5	127	30
4.5	(0.75)	0.5	73	13	(15)	—	1.5	127	30
5	0.8	0.5	79	16	16	2	1.5	137	32
(5.5)	—	0.5	84	17	(17)	—	1.5	137	32
6，(7)	1	0.75	89	19	18，20	2.5	1.5，2	149	37
8，(9)	1.25	1	97	22	22	2，5	1.5，2	158	38
10	1.5	1，1.25	108	24	24	3	1.5，2	172	45

注：1. 丝锥代号：粗牙为M（直径）；细牙为M×P（直径×螺距）。
2. 带括号的尺寸尽量不采用。

18.6.3　螺旋槽丝锥

螺旋槽丝锥（GB/T 3506—2008）是加工普通螺纹的机用丝锥。丝锥螺纹公差有H1、H2、H3三种公差带。螺旋槽丝锥规格见表18-50和表18-51。

表18-50　粗牙普通螺纹螺旋槽丝锥规格　　mm

续表

代号	螺距	丝锥总长 L	螺纹长度 l	代号	螺距	丝锥总长 L	螺纹长度 l
M3	0.5	48	10	(M11)	1.5	85	24
M3.5	(0.6)	50	11	M12	1.75	89	27
M4	0.7	53	13	M14	2	95	30
M4.5	(0.75)	53	13	M16	2	102	30
M5	0.8	58	14	M18	2.5	112	36
M6	1	66	17	M20	2.5	112	36
(M7)	1	66	17	M22	2.5	118	37
M8	1.25	72	21	M24	3	130	43
(M9)	1.25	72	21	M27	3	135	43
M10	1.5	80	24				

表 18-51　细牙普通螺纹螺旋槽丝锥规格　mm

代　　号	总长	螺纹长度	代号	总长	螺纹长度	代　　号	总长	螺纹长度
M3×0.35	48	11	M14×1.25	95	30	M25×2	130	45
M3.5×0.35	50	13	M14×1.5	95	30	M27×1.5	127	37
M4×0.5	53	13	M15×1.5	95	30	M27×2	127	37
M4.5×0.5	53	13	M16×1.5	102	32	M28×1.5	127	37
M5×0.5	58	16	M17×1.5	102	32	M28×2	127	37
M5.5×0.5	62	17	M18×1.5	112	37	M30×1.5	127	37
M6×0.75	66	19	M18×2	112	37	M30×2	127	37
M7×0.75	66	19	M20×1.5	104	37	M30×3	138	48
M8×1	72	22	M20×2	108	37	M32×1.5	137	37
M9×1	72	22	M22×1.5	118	38	M32×2	137	37
M10×1	80	24	M22×2	118	38	M33×1.5	137	37
M10×1.25	80	24	M24×1.5	130	45	M33×2	137	37
M12×1.25	89	29	M24×2	130	45	M33×3	151	51
M12×1.5	89	29	M25×1.5	130	45			

注：丝锥螺旋槽的螺旋角分为两种：用于加工碳钢、合金结构钢等制件为 30°～35°；用于加工不锈钢、轻合金等制件为 40°～45°。用于对韧性金属材料工件上的盲孔或断续表面孔进行攻螺纹。

18.6.4　螺母丝锥

螺母丝锥（GB/T 967—2008）适用于加工普通螺纹（GB/T192～193，GB/T196～197）。螺母丝锥规格见表18-52和表18-53。

表18-52　粗牙普通螺纹螺母丝锥规格　mm

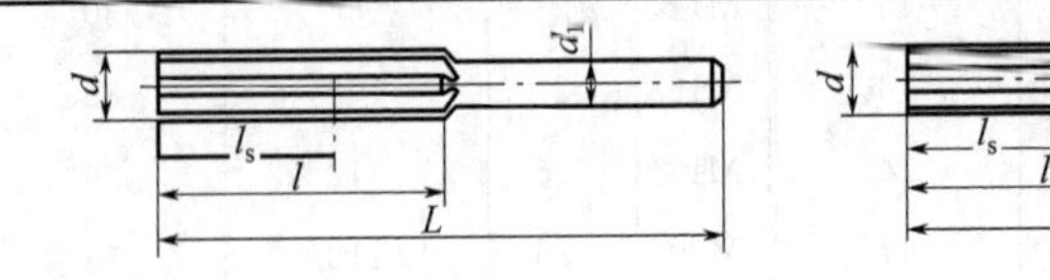

圆柄　　圆柄带方头

代　号	螺　距	丝锥总长 L	螺纹长度 l
M2	0.4	36	12
M2.2、M2.5	0.45	36	14
M3	0.5	40	15
M3.5	0.6	45	18
M4	0.7	50	21
M5	0.8	55	24
M6	1	60	30
M8	1.25	65	36
M10	1.5	70	40
M12	1.75	80	47
M14	2	90	54
M16	2	95	58
M18、M20、M22	2.5	110	62
M24、M27	3	130	72
M30	3.5	150	84
M33	3.5	150	84
M36、M39	4	175	96
M42、M45	4.5	195	108
M48、M52	5	220	120

注：小于M6的螺母丝锥均为圆柄，M6～M30的分圆柄和圆柄带方头两种，大于M30的均为圆柄带方头。

表 18-53 细牙普通螺纹螺母丝锥规格 mm

代号	总长	螺纹长度	代号	总长	螺纹长度	代号	总长	螺纹长度
M3×0.35	40	11	M18×1	80	30	M36×2	135	55
M3.5×0.35	45	11	M20×2	100	54	M36×1.5	125	45
M4×0.5	50	15	M20×1.5	90	45	M39×3	160	80
M5×0.5	55	15	M20×1	80	30	M39×2	135	55
M6×0.75	55	22	M22×2	100	54	M39×1.5	125	45
M8×1	60	30	M22×1.5	90	45	M42×3	170	80
M8×0.75	55	22	M22×1	80	30	M42×2	145	55
M10×1.25	65	36	M24×2	110	54	M42×1.5	135	45
M10×1	60	30	M24×1.5	100	45	M45×3	170	80
M10×0.75	55	22	M24×1	90	30	M45×2	145	55
M12×1.5	80	45	M27×2	110	54	M45×1.5	135	45
M12×1.25	70	36	M27×1.5	100	45	M48×3	180	80
M12×1	65	30	M27×1	90	30	M48×2	155	55
M14×1.5	80	45	M30×2	120	54	M48×1.5	145	45
M14×1	70	30	M30×1.5	110	45	M52×3	180	80
M16×1.5	85	45	M30×1	100	30	M52×2	155	55
M16×1	70	30	M33×2	120	55	M52×1.5	145	45
M18×2	100	54	M33×1.5	110	45			
M18×1.5	90	45	M36×3	160	80			

注：M3×0.35～M5×0.5 的螺母丝锥均为圆柄，M6×0.75～M30×1 的分圆柄和圆柄带方头两种，>M30×1 的均为圆柄带方头。

18.6.5 管螺纹丝锥

管螺纹丝锥的有关内容见表 18-54 和表 18-55。

表 18-54 55°圆柱管螺纹丝锥规格（JB/T 9994—1999）

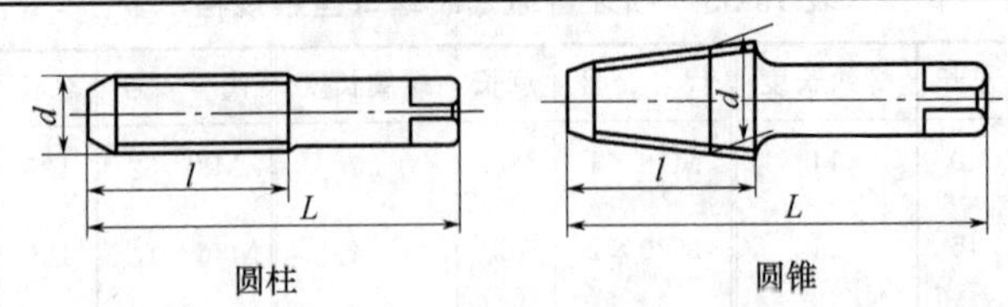

螺纹尺寸代号/in	每英寸牙数	螺纹外径 d/mm	丝锥总长 L/mm	螺纹长度 l/mm
1/16	28	7.723	52	14
(1/8)	28	9.728	59	15
1/4	19	13.157	67	19
3/8	19	16.662	75	21
1/2	14	20.955	87	26
(5/8)	14	22.911	91	26
3/4	14	26.441	96	28
(7/8)	14	30.201	102	29
1	11	33.249	109	33
$1\frac{1}{8}$	11	37.897	116	34
$1\frac{1}{4}$	11	44.910	119	36
$1\frac{1}{2}$	11	47.803	125	37
$1\frac{3}{4}$	11	53.746	132	39
2	11	59.614	140	41
$2\frac{1}{4}$	11	65.710	142	42
$2\frac{1}{2}$	11	76.184	153	45
$2\frac{3}{4}$	11	81.531	163	46
3	11	87.884	164	48
$3\frac{1}{2}$	11	100.330	173	50
4	11	113.030	185	53

注：1. 螺纹丝锥有55°圆柱管螺纹与55°和60°圆锥管螺纹丝锥三种。用于攻制管子、管路附件和一般机件上的内管螺纹。

2. 带括号的尺寸尽量不采用。

表 18-55　55°圆锥管螺纹丝锥和 60°圆锥管螺纹丝锥规格

螺纹尺寸代号/in	55°圆锥管螺纹（JB/T 9996—1999）				60°圆锥管螺纹（JB/T 8364.2—1996）			
	基面处外径/mm	每英寸牙数	螺纹长度/mm	丝锥总长/mm	基面处外径/mm	每英寸牙数	螺纹长度/mm	丝锥总长/mm
$\frac{1}{16}$	7.723	28	14	52	7.895	27	17	54
$\frac{1}{8}$	9.728	28	15	59	10.272	27	19	54
$\frac{1}{4}$	13.157	19	19	67	13.572	18	27	62
$\frac{3}{8}$	16.662	19	21	75	17.055	18	27	65
$\frac{1}{2}$	20.955	14	26	87	21.223	14	35	79
$\frac{3}{4}$	26.441	14	28	96	26.568	14	35	83
1	33.249	11	33	109	33.228	$11\frac{1}{2}$	44	95
$1\frac{1}{4}$	41.910	11	36	119	41.985	$11\frac{1}{2}$	44	102
$1\frac{1}{2}$	47.803	11	37	125	48.054	$11\frac{1}{2}$	44	108
2	59.614	11	41	140	60.092	$11\frac{1}{2}$	44	114
$2\frac{1}{2}$	65.710	11	45	153	—	—	—	—
3	87.884	11	48	164	—	—	—	—
$3\frac{1}{2}$	100.330	11	50	173	—	—	—	—
4	113.030	11	53	185	—	—	—	—

18.6.6　圆板牙

圆板牙装在圆板牙扳手或机床上，铰制外螺纹。圆板牙按规格分为粗牙普通螺纹圆板牙、细牙普通螺纹圆板牙，见表 18-56。

表 18-56　圆板牙规格（GB/T 970.1—2008）　　mm

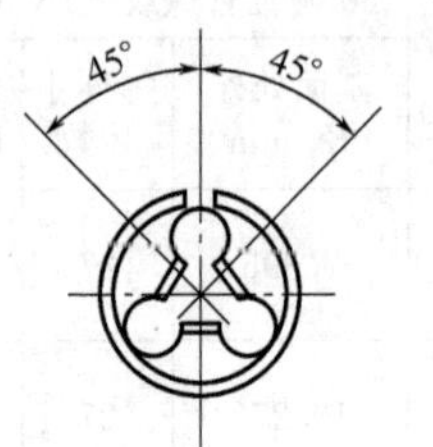

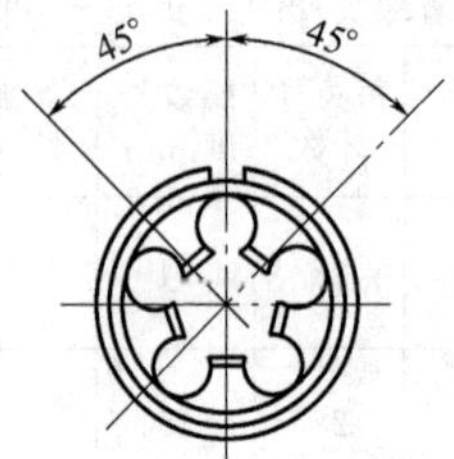

D=16mm和20mm（D为外径）　　$D\geqslant$25mm

公称直径	螺距		圆板牙		公称直径	螺距		圆板牙	
	粗牙	细牙	外径	厚度		粗牙	细牙	外径	厚度
1～1.2	0.25	0.2	16	5	12	1.75	—	38	14
1.4	0.3	0.2	16	5	14	2	—	38	14
1.6，1.8	0.35	0.2	16	5	15	—	1.5	38	10
2	0.4	0.25	16	5	16	—	1，1.5	45	14
2.2	0.45	0.25	16	5	16	2	—	45	18
2.5	0.45	0.35	16	5	17	—	1.5	45	14
3	0.5	0.35	20	5	18，20	—	1，1.5，2	45	14
3.5	0.6	0.35	20	5	18，20	2.5	—	45	18
4～5.5	—	0.5	20	5	22，24	—	1，1.5，2	55	16
4	0.7	—	20	5	22	2.5	—	55	22
4.5	0.75	—	20	7	24	3	—	55	22
5	0.8	—	20	7	25	—	1.5，2	55	16
6	1	0.75	20	7	27～30	—	1，1.5，2	65	18
7	1	0.75	25	9	27	3	—	65	25
8，9	1.25	0.75，1	25	9	30，33	3.5	3	65	25
10	1.5	0.75，1，1.25	30	11	32，33	—	1.5，2	65	18
11	1.5	0.75，1	30	11	35	—	1.5	65	18
12，14	—	1，1.25，1.5	38	10	36	—	1.5，2	65	18

续表

公称直径	螺距		圆板牙		公称直径	螺距		圆板牙	
	粗牙	细牙	外径	厚度		粗牙	细牙	外径	厚度
36	4	3	65	25	48，52	5	3，4	90	36
39～42	—	1.5，2	75	20	50	—	3	90	36
39	4	3	75	30	55，56	—	1.5，2	105	22
40	—	3	75	30	55，56	—	3，4	105	36
42	4.5	3，4	75	30	56，60	5.5	—	105	36
45～52	—	1.5，2	90	22	64，68	6	—	120	36
45	4.5	3，4	90	36					

注：圆板牙加工普通螺纹的公差带，常用的为 6g；根据需要，也可供应 6h、6f、6e。

18.6.7 管螺纹板牙

管螺纹板牙装在管子铰板或圆板牙扳手上铰制外管螺纹。分为 55°圆柱管螺纹板牙（JB/T 9997—1999），55°圆锥管螺纹板牙（JB/T 9998—1999），60°圆锥管螺纹板牙（JB/T 8364.1—1996）。管螺纹板牙规格见表 18-57。

表 18-57 管螺纹板牙规格 mm

<table>
<tr><th rowspan="3">螺纹尺寸代号/in</th><th colspan="2" rowspan="2">每英寸牙数</th><th colspan="2" rowspan="2">板牙外径/mm</th><th colspan="3">板牙厚度/mm</th></tr>
<tr><th colspan="2">55°</th><th>60°</th></tr>
<tr><th>55°</th><th>60°</th><th>圆柱</th><th>圆锥</th><th>圆柱</th><th colspan="2">圆锥</th></tr>
<tr><td>$\frac{1}{16}$</td><td rowspan="2">28</td><td rowspan="2">27</td><td>25</td><td>30</td><td>—</td><td>—</td><td>11</td></tr>
<tr><td>$\frac{1}{8}$</td><td colspan="2">30</td><td>8</td><td>13</td><td>11</td></tr>
<tr><td>$\frac{1}{4}$</td><td rowspan="2">19</td><td rowspan="2">18</td><td colspan="2">38</td><td rowspan="2">10</td><td rowspan="2">18</td><td>16</td></tr>
<tr><td>$\frac{3}{8}$</td><td colspan="2">45</td><td>18</td></tr>
</table>

续表

螺纹尺寸代号/in	每英寸牙数		板牙外径/mm		板牙厚度/mm		
					55°		60°
	55°	60°	圆柱	圆锥	圆柱	圆锥	
$\frac{1}{2}$	14	14	55		14	24	22
$\frac{5}{8}$	14	—	55	—	16	—	
$\frac{3}{4}$	14	14	55		16	26	22
$\frac{7}{8}$	14	—	65	—	18	—	
1	11	11. 5	65	65	18	30	26
$1\frac{1}{4}$	11	11. 5	75		20	32	28
$1\frac{1}{2}$	11	11. 5	90		20	34	28
$1\frac{3}{4}$	11	—	105	—	22	—	
2	11	11. 5	105	105	22	36	30
$2\frac{1}{4}$	11	—	120	—	—	—	

18.6.8　滚丝轮

滚丝轮成对装在滚丝机上，供滚压外螺纹用。滚丝轮规格见表18-58。

表18-58　滚丝轮规格（GB/T 971—2008）　　mm

1. 粗牙普通螺纹滚丝轮

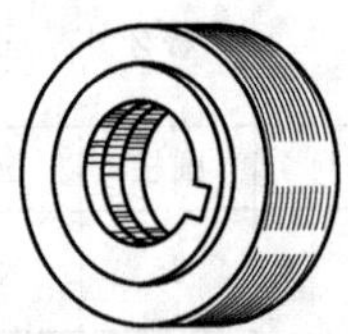

螺纹尺寸		45型滚丝轮		54型滚丝轮		75型滚丝轮	
直径	螺距	中径	宽度	中径	宽度	中径	宽度
3.0	0.5	144.450	30	144.450	30	—	—
3.5	0.6	143.060	30	143.060	30	—	—
4.0	0.7	141.800	30	141.800	30	—	—

续表

螺纹尺寸		45 型滚丝轮		54 型滚丝轮		75 型滚丝轮	
直径	螺距	中径	宽度	中径	宽度	中径	宽度
4.5	0.75	140.455	30	140.455	30	—	—
5.0	0.8	143.360		143.360			
6.0	1.0	144.450	30，40	144.450	30，40	176.500	45
8.0	1.25	143.760		143.760		165.324	60，70
10.0	1.5	144.416	40，50	144.416	40，50	171.494	
12.0	1.75	141.219		141.219		173.808	
14.0	2.0	139.711	40，60	152.412	50，70	177.814	
16.0	2.0	147.010		147.010		176.412	
18.0	2.5	147.384		147.384	60，80	180.136	
20.0	2.5	147.008		147.008		183.760	
22.0	2.5	142.632		142.632		183.384	70，80
24.0	3	—	—	154.357	70，90	176.408	
27.0	3			150.306		175.357	
30.0	3.5			138.635	80，100	194.089	
33.0	3.5			153.635		184.362	
36.0	4.0			133.608		167.010	
39.0	4.0			145.608		182.010	
42.0	4.5			—		193.385	

2. 细牙普通螺纹滚丝轮

螺纹尺寸		45 型滚丝轮		54 型滚丝轮		75 型滚丝轮	
直径	螺距	中径	宽度	中径	宽度	中径	宽度
8.0	1.0	147.000	30，40	147.000	30，40	169.050	45
10.0	1.0	149.600	40，50	149.600	40，50	168.300	50，60
12.0	1.0	147.550		147.550		170.250	
14.0	1.0	146.850	50，70	146.850	50，70	173.550	
16.0	1.0	138.150		153.500		168.850	

续表

<table>
<tr><th colspan="8">2. 细牙普通螺纹滚丝轮</th></tr>
<tr><th colspan="2">螺纹尺寸</th><th colspan="2">45型滚丝轮</th><th colspan="2">54型滚丝轮</th><th colspan="2">75型滚丝轮</th></tr>
<tr><th>直径</th><th>螺距</th><th>中径</th><th>宽度</th><th>中径</th><th>宽度</th><th>中径</th><th>宽度</th></tr>
<tr><td>10.0</td><td>1.25</td><td>147.008</td><td rowspan="2">40，50</td><td>147.008</td><td rowspan="2">40，50</td><td>174.572</td><td rowspan="6">45，50</td></tr>
<tr><td>12.0</td><td>1.25</td><td>145.444</td><td>145.444</td><td>179.008</td></tr>
<tr><td>14.0</td><td>1.25</td><td>145.068</td><td>50，70</td><td>145.068</td><td>50，70</td><td>171.444</td></tr>
<tr><td>12.0</td><td>1.5</td><td>143.338</td><td>40，50</td><td>143.338</td><td>40，50</td><td>176.416</td></tr>
<tr><td>14.0</td><td>1.5</td><td>143.286</td><td rowspan="11">50，70</td><td>143.286</td><td rowspan="2">50，70</td><td>182.364</td></tr>
<tr><td>16.0</td><td>1.5</td><td>150.260</td><td>150.260</td><td>180.312</td></tr>
<tr><td>18.0</td><td>1.5</td><td>136.208</td><td>136.208</td><td rowspan="3">60，80</td><td>170.260</td><td rowspan="6">60，70</td></tr>
<tr><td>20.0</td><td>1.5</td><td>133.182</td><td>152.208</td><td>171.234</td></tr>
<tr><td>22.0</td><td>1.5</td><td>147.182</td><td>147.182</td><td>189.234</td></tr>
<tr><td>24.0</td><td>1.5</td><td>138.156</td><td>138.156</td><td rowspan="2">70，90</td><td>184.208</td></tr>
<tr><td>27.0</td><td>1.5</td><td>130.130</td><td>130.130</td><td>182.182</td></tr>
<tr><td>30.0</td><td>1.5</td><td>145.130</td><td>145.130</td><td rowspan="6">80，100</td><td>174.156</td></tr>
<tr><td>33.0</td><td>1.5</td><td>128.104</td><td>128.104</td><td>192.156</td><td rowspan="5">70，80</td></tr>
<tr><td>36.0</td><td>1.5</td><td>140.104</td><td>140.104</td><td>175.130</td></tr>
<tr><td>39.0</td><td>1.5</td><td>114.078</td><td>152.104</td><td>190.130</td></tr>
<tr><td>42.0</td><td>1.5</td><td>—</td><td rowspan="2">—</td><td>123.078</td><td>164.104</td></tr>
<tr><td>45.0</td><td>1.5</td><td>—</td><td>132.078</td><td>176.104</td></tr>
<tr><td>18.0</td><td>2.0</td><td>150.309</td><td rowspan="9">40，60</td><td>150.309</td><td rowspan="3">60，80</td><td>183.711</td><td rowspan="6">50，60</td></tr>
<tr><td>20.0</td><td>2.0</td><td>149.608</td><td>149.608</td><td>187.010</td></tr>
<tr><td>22.0</td><td>2.0</td><td>144.907</td><td>144.907</td><td>186.309</td></tr>
<tr><td>24.0</td><td>2.0</td><td>136.206</td><td>136.206</td><td rowspan="2">70，90</td><td>181.608</td></tr>
<tr><td>27.0</td><td>2.0</td><td>128.505</td><td>128.505</td><td>179.907</td></tr>
<tr><td>30.0</td><td>2.0</td><td>143.505</td><td>143.505</td><td rowspan="10">80，100</td><td>172.206</td></tr>
<tr><td>33.0</td><td>2.0</td><td>126.804</td><td>126.804</td><td>192.206</td><td rowspan="3">60，70</td></tr>
<tr><td>36.0</td><td>2.0</td><td>138.804</td><td>138.804</td><td>173.505</td></tr>
<tr><td>39.0</td><td>2.0</td><td>113.103</td><td>150.804</td><td>188.505</td></tr>
<tr><td>42.0</td><td>2.0</td><td rowspan="6">—</td><td rowspan="6">—</td><td>122.103</td><td>162.804</td><td rowspan="2">70，80</td></tr>
<tr><td>45.0</td><td>2.0</td><td>131.103</td><td>174.804</td></tr>
<tr><td>36.0</td><td>3.0</td><td>136.204</td><td>170.255</td><td rowspan="4">90，100</td></tr>
<tr><td>39.0</td><td>3.0</td><td>148.204</td><td>185.255</td></tr>
<tr><td>42.0</td><td>3.0</td><td>120.151</td><td>200.255</td></tr>
<tr><td>45.0</td><td>3.0</td><td>129.151</td><td>172.204</td></tr>
</table>

18.6.9　搓丝板

搓丝板装在搓丝机上供搓制螺栓、螺钉或机件上普通外螺纹用，由活动搓丝板和固定搓丝板各一块组成一副使用。搓丝板规格见表 18-59。

表 18-59　搓丝板规格（GB/T 972—2008）　mm

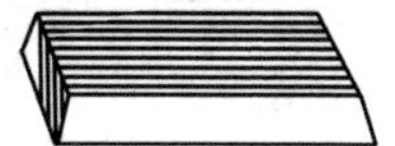

<table>
<tr><th rowspan="2">螺纹直径</th><th colspan="2">搓丝板长度</th><th rowspan="2">搓丝板高</th><th colspan="2">粗牙普通螺纹搓丝板</th><th colspan="2">细牙普通螺纹搓丝板</th></tr>
<tr><th>活动</th><th>固定</th><th>螺距</th><th>宽　度</th><th>螺距</th><th>宽　度</th></tr>
<tr><td>1</td><td rowspan="3">50</td><td rowspan="3">45</td><td rowspan="3">20</td><td rowspan="3">0.25</td><td rowspan="3">15，20</td><td rowspan="6">0.2</td><td rowspan="3">15，20</td></tr>
<tr><td>1.1</td></tr>
<tr><td>1.2</td></tr>
<tr><td>1.4</td><td rowspan="3">60</td><td rowspan="3">55</td><td rowspan="11">25</td><td>0.3</td><td rowspan="3">20，25</td><td rowspan="3">20，25</td></tr>
<tr><td>1.6</td><td rowspan="2">0.35</td></tr>
<tr><td>1.8</td></tr>
<tr><td>2</td><td rowspan="3">70</td><td rowspan="3">65</td><td>0.4</td><td rowspan="3">20，25，30，40</td><td rowspan="2">0.25</td><td rowspan="4">25，30，40</td></tr>
<tr><td>2.2</td><td rowspan="2">0.45</td></tr>
<tr><td>2.5</td><td rowspan="3">0.35</td></tr>
<tr><td>3</td><td rowspan="3">85</td><td rowspan="3">78</td><td>0.5</td><td>20，25，30，40，50</td></tr>
<tr><td>3.5</td><td>—</td><td>—</td><td rowspan="2">30，40</td></tr>
<tr><td>4</td><td>0.7</td><td>30，40，50</td><td rowspan="2">0.5</td></tr>
<tr><td>5</td><td>125</td><td>110</td><td>0.8</td><td rowspan="2">40，50，60</td><td>40，50</td></tr>
<tr><td>6</td><td>125</td><td>110</td><td>1.0</td><td>0.75</td><td>40，50，60</td></tr>
<tr><td>8</td><td>170</td><td>150</td><td rowspan="2">30</td><td>1.25</td><td rowspan="3">50，60，70</td><td rowspan="2">1.0</td><td rowspan="3">50，60，70</td></tr>
<tr><td>10</td><td>170</td><td>150</td><td>1.5</td></tr>
<tr><td>12</td><td>220</td><td>200</td><td>40</td><td>1.75</td><td>1.25</td></tr>
<tr><td>14</td><td>250</td><td>230</td><td rowspan="2">45</td><td rowspan="2">2.0</td><td rowspan="2">60，70，80</td><td rowspan="4">1.5</td><td rowspan="2">60，70，80</td></tr>
<tr><td>16</td><td>(220)</td><td>(200)</td></tr>
<tr><td>18</td><td rowspan="2">310</td><td rowspan="2">285</td><td rowspan="4">50</td><td rowspan="3">2.5</td><td rowspan="2">70，80</td><td rowspan="2">70，80</td></tr>
<tr><td>20</td></tr>
<tr><td>22</td><td rowspan="2">400</td><td rowspan="2">375</td><td rowspan="2">80，100</td><td rowspan="2">2.0</td><td rowspan="2">80，100</td></tr>
<tr><td>24</td><td>3.0</td></tr>
</table>

18.6.10　滚花刀

滚花刀用于在工件外表面滚压花纹。滚花刀规格见表18-60。

表18-60　滚花刀规格

直纹滚花轮

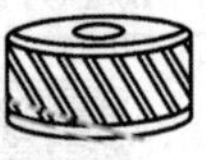
右斜纹滚花轮

六轮滚花刀

滚花轮数目	滚花轮花纹种类	滚花轮花纹齿距/mm
单轮，双轮，六轮	直纹，右斜纹，左斜纹	0.6，0.8，1.0，1.2，1.6

18.7　磨具类

18.7.1　磨具特征和标记

(1) 磨料（GB/T 2476—1994）　磨料可分为天然磨料和人造磨料两大类。由于天然磨料硬度不够高，结晶组织不够均匀，而人造磨料具有品质纯、硬度高、韧性好等一系列优点。所以，天然磨料日益被人造磨料所代替。人造磨料的种类和表示标记、用途见表18-61。

表18-61　人造磨料的种类和表示标记、用途

种类	表示标记	色泽	特性及用途
棕刚玉	A	棕褐色	韧性高，能承受较大的压力，适用于加工抗拉强度较高的金属，如合金钢、碳素钢、高速钢、可锻铸铁、灰铸铁和硬青铜等
白刚玉	WA	白色	韧性较低，切削性能优于棕刚玉，主要用于各种合金钢、高速钢及淬火钢等的细磨和精磨加工，如磨螺纹、磨齿轮等，还特别适宜避免产生烧伤的工序，如刃磨、平磨及内圆磨等
单晶刚玉	SA	浅黄色或白色	具有良好的多角多棱切削刃，并有较高的硬度和韧性，适用于磨削各种工具和大进刀量的磨削。可加工较硬的金属材料，如淬火钢、合金钢、高钒高速钢、工具钢、不锈钢和耐热钢等
微晶刚玉	MA	与棕刚玉相似	韧性较高，特别适用于重负荷的粗磨、低粗糙度的磨削和精密成形磨削，如不锈钢、碳钢、轴承钢和特种球墨铸铁等

续表

种类	表示标记	色泽	特性及用途
铬刚玉	PA	紫红或玫瑰红	韧性比白刚玉高，切削性能较好，适用于淬火钢合金钢刀具的刃磨，如对螺纹工件、量具、刃具和仪表零件的磨削
锆刚玉	ZA	褐灰	具有磨削效率高、粗糙度低、不烧伤工件和砂轮表面不易被堵塞等优点，适用于粗磨不锈钢和高钼钢
镨钕刚玉	NA	白色	硬度高，韧性较好，适用于高铬高速钢、高锰铸铁、高磷铸铁及不锈钢的磨削
黑刚玉	BA	黑色	又名人造金刚石，硬度大，但韧性差，多用于研磨与抛光硬度不高的材料
黑碳化硅	C	黑色	硬度比刚玉系磨料高，性脆而锋利，适用于加工抗拉强度低的金属与非金属，如灰铸铁、黄铜、铝、岩石、皮革和硬橡胶等
绿碳化硅	GC	绿色	硬度和脆性略高于黑碳化硅，适用于加工硬而脆的材料，如硬质合金、玻璃和玛瑙等
碳化硼	BC	灰黑色	硬度比碳化硅高，适用于硬质合金、宝石、陶瓷等材料做的刀具、模具、精密元件的钻孔、研磨和抛光
碳硅硼	TGP	黑色	硬度仅次于人造金刚石，适用于硬质合金、半导体、人造宝石和特种陶瓷等硬质材料的研磨
立方碳化硅	SC	黄绿色	强度高于黑碳化硅，脆性高于绿碳化硅。适用于磨削韧而黏的材料。尤其适用于微型轴承沟槽的超精加工等
铈碳化硅	CC	暗绿色	硬度比绿碳化硅略高，韧性较大，工件不易烧伤，适用于加工硬质合金、钛合金及超硬高速钢等材料

（2）粒度

① 粒度号及其基本尺寸（见表 18-62）

表 18-62　粒度号及其基本尺寸

粒　度　号		基本尺寸/μm
GB/T 2481.1—1998	GB/T 2477—1983	
F4	4#	5600～4750
F5	5#	4750～4000

续表

粒度号		基本尺寸/μm
GB/T 2481.1—1998	GB/T 2477—1983	
F6	6#	4000～3350
F7	7#	3350～2800
F8	8#	2800～2360
F10	10#	2360～2000
F12	12#	2000～1700
F14	14#	1700～1400
F16	16#	1400～1180
F20	20#	1180～1000
F22	22#	1000～850
F24	24#	850～710
F30	30#	710～600
F36	36#	600～500
F40	40#	500～425
F46	46#	425～355
F54	54#	355～300
F60	60#	300～250
F70	70#	250～212
F80	80#	212～180
F90	90#	180～150
F100	100#	150～125
F120	120#	125～106
F150	150#	106～75
F180	180#	75～63
F220	220#	75～53
—	240#	75～53

② 微粉粒度号及其基本尺寸（见表18-63）

表 18-63　微粉粒度号及其基本尺寸（光电沉降仪法）

GB/T2481.2—1998			
粒度号	基本尺寸/μm		
	最大值	中值	最小值
F230	82	53±3.0	34
F240	70	44.5±2.0	28
F280	59	36.5±1.5	22
F320	49	29.2±1.5	16.5
F360	40	22.8±1.5	12
F400	32	17.3±1.0	8
F500	25	12.8±1.0	5
F600	19	9.3±1.0	3
F800	14	6.5±1.0	2
F1000	10	4.5±0.8	1
F1200	7	3±0.5	1（80%处）

GB/T 2477—1983					
粒度号	基本尺寸/μm	粒度号	基本尺寸/μm	粒度号	基本尺寸/μm
W63	63～50	W14	14～10	W2.5	2.5～1.5
W50	50～40	W10	10～7	W1.5	1.5～1.0
W40	40～28	W7	7～5	W1.0	1.0～0.5
W28	28～20	W5	5～3.5	W0.5	0.5 及更细
W20	20～14	W3.5	3.5～2.5		

③ 不同粒度磨具的使用范围（见表 18-64）

表 18-64　不同粒度磨具的使用范围

磨具粒度	一般使用范围
F14～F24	磨钢锭，铸件打毛刺，切断钢坯等
F36～F46	一般平磨、外圆磨和无心磨
F60～F100	精磨和刀具刃磨
F120～W20	精磨、珩磨、螺纹磨
W20 以下	精细研磨、镜面磨削

(3) 硬度（见表 18-65）

表 18-65 磨具硬度代号（GB/T 2484—2006）

硬度等级名称	代 号
极 软	A、B、C、D
很 软	E、F、G
软	H、J、K
中 级	L、M、N
硬	P、Q、R、S
很 硬	T
极 硬	Y

（4）结合剂 结合剂是指把磨粒黏结在一起制成磨具的物质。大致分无机结合剂（陶瓷结合剂）和有机结合剂（树脂和橡胶结合剂）两大类。结合剂的特性及用途见表 18-66。

表 18-66 常用结合剂代号、性能及其适用范围（GB/T 2484—2006）

类别	名称及代号	原 料	性 能	适 用 范 围
无机结合剂	陶瓷结合剂 V	黏土、长石、硼玻璃、石英及滑石等	化学性能稳定，耐热，抗酸、碱，气孔率大，磨耗小，强度较高，能较好保持磨具的几何形状，但脆性较大	适用于内圆、外圆、无心、平面、螺纹及成形磨削以及刃磨、珩磨及超精磨等；适于对碳钢、合金钢、不锈钢、铸铁、有色金属以及玻璃、陶瓷等材料进行加工
无机结合剂	菱苦土结合剂 Mg	氧化镁及氯化镁等	工作时发热量小，其结合能力次于陶瓷结合剂，有良好的自锐性，强度较低，且易水解	适于磨削热传导性差的材料及磨具与工件接触面较大的工件，还广泛用于石材加工
有机结合剂	树脂结合剂 B，纤维增强树脂结合剂 BF	酚醛树脂或环氧树脂等	结合强度高，具有一定的弹性，能在高速下进行工作，自锐性能好，但其耐热性、坚固性较陶瓷结合剂差，且不耐酸、碱	适用于荒磨、切断和自由磨削，如磨钢锭及打磨铸、锻件毛刺等；可用来制造高速、低粗糙度、重负荷、薄片切断砂轮，以及各种特殊要求的砂轮
有机结合剂	橡胶结合剂 R，增强橡胶结合剂 RF	合成及天然橡胶	强度高，弹性好，磨具结构紧密，气孔率较小，磨粒钝化后易脱落，但耐酸、耐油及耐热性能较差，磨削时有臭味	适于制造无心磨导轮，精磨、抛光砂轮，超薄型切割用片状砂轮以及轴承精加工用砂轮

(5) 组织　组织是指磨具内磨粒、结合剂、气孔三者的关系，一般都以磨具的单位体积内磨粒所占的体积分数来表示，见表 18-67。

表 18-67　磨具组织号及其适用范围（GB/T 2484—2006）

组织号	0	1	2	3	4	5	6	7	8	9	10	11	12	13	14
磨粒率/%	62	60	58	56	54	52	50	48	46	44	42	40	38	36	34
适用范围	重负荷磨削，成形、精密磨削，间断磨削及自由磨削，或加工硬脆材料等				无心磨，内、外圆磨和工具磨，淬火钢工件磨削及刀具刃磨等				粗磨和磨削韧性大、硬度不高的工件，机床导轨和硬质合金刀具磨削，适合磨削薄壁、细长工件，或砂轮与工件接触面大以及平面磨削等					磨削热敏性较大的钨银合金磁钢、有色金属以及塑料、橡胶等非金属材料	

18.7.2　砂轮

砂轮装于砂轮机或磨床上，磨削金属工件的内、外圆与平面和端面以及磨削刀具或非金属材料等。砂轮代号见表 18-68。

表 18-68　砂轮代号（GB/T 2484—2006）

型号	示　意　图	特征值的标记
1	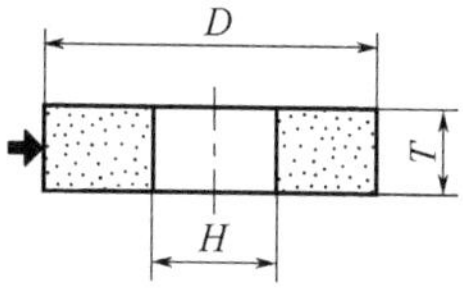	平行砂轮 1 型-圆周型面-$D\times T\times H$
2	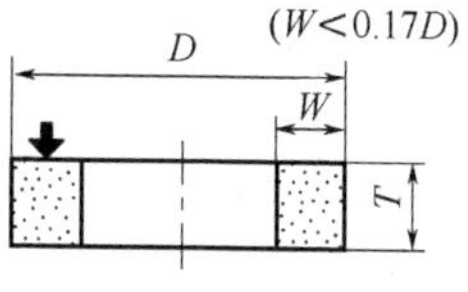 ($W<0.17D$)	黏结或夹紧用筒形砂轮 2 型-$D\times T\times W$
3	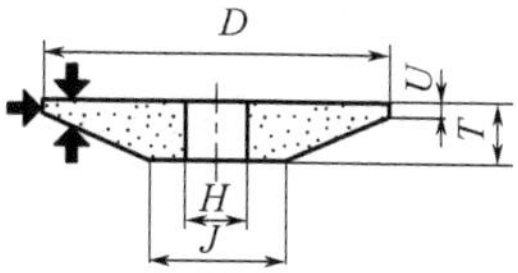	单斜边砂轮 3 型-$D/J\times T/U\times H$

续表

型号	示意图	特征值的标记
4	D U F T H	双斜边砂轮 4型-$D \times T \times H$
5	D P F T H	单面凹砂轮 5型-圆周型面-$D \times T \times H$-$P \times F$
6	D E>W W T E H	杯形砂轮 6型-$D \times T \times H$-$W \times E$
7	D P F T G H	双面凹一号砂轮 7型-圆周型面-$D \times T \times H$-$P \times F/G$
8	D W F T W G H J	双面凹二号砂轮 8型-圆周型面-$D \times T \times H$-$W \times J \times F/G$
11	D W K T E H J E>W	碗形砂轮 11型-$D/J \times T \times H$-$W \times E$

续表

型号	示 意 图	特征值的标记
12a	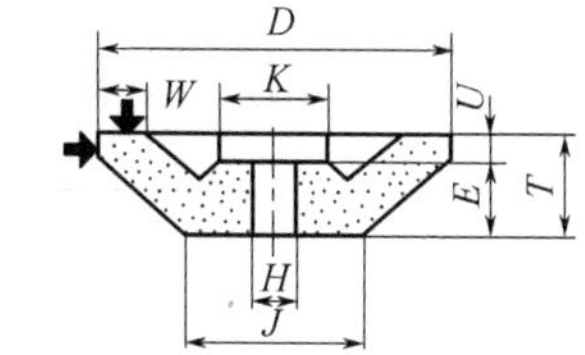	碟形砂轮 12a 型-$D/J \times T \times H$
12b	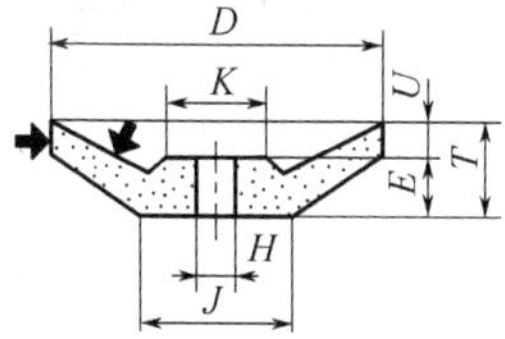	碟形砂轮 12b 型-$D/J \times T \times H$-U
26	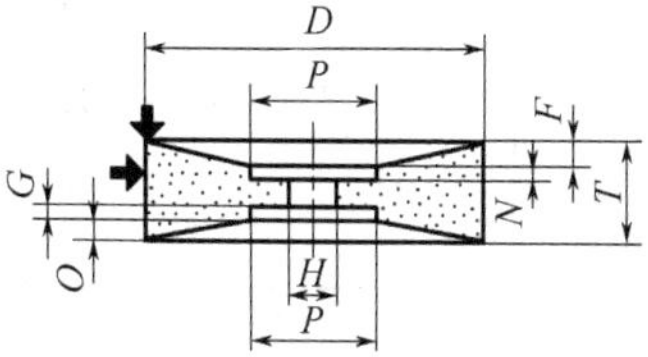	双面凹带锥砂轮 26 型-$D \times T/N \times H$-$P \times F/G$
27	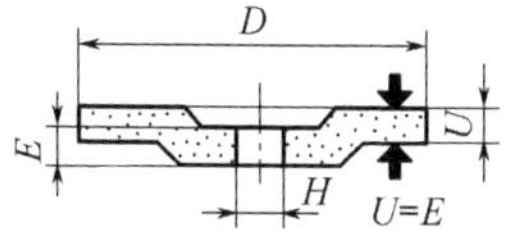	钹形砂轮 27 型-$D \times U \times H$
36	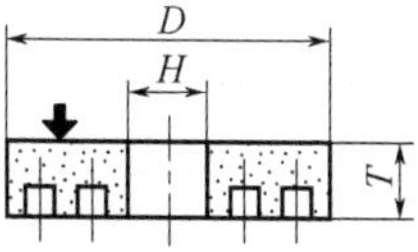	螺栓紧固平形砂轮 36 型-$D \times T \times H$-嵌装螺母
38	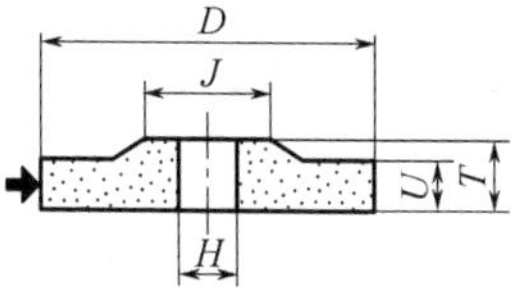	单面凸砂轮 38 型-圆周型面-$D/J \times T/U \times H$

续表

型号	示意图	特征值的标记
41	D T H	平面切割砂轮 41 型-$D \times T \times H$

注：砂轮的标记方法示例

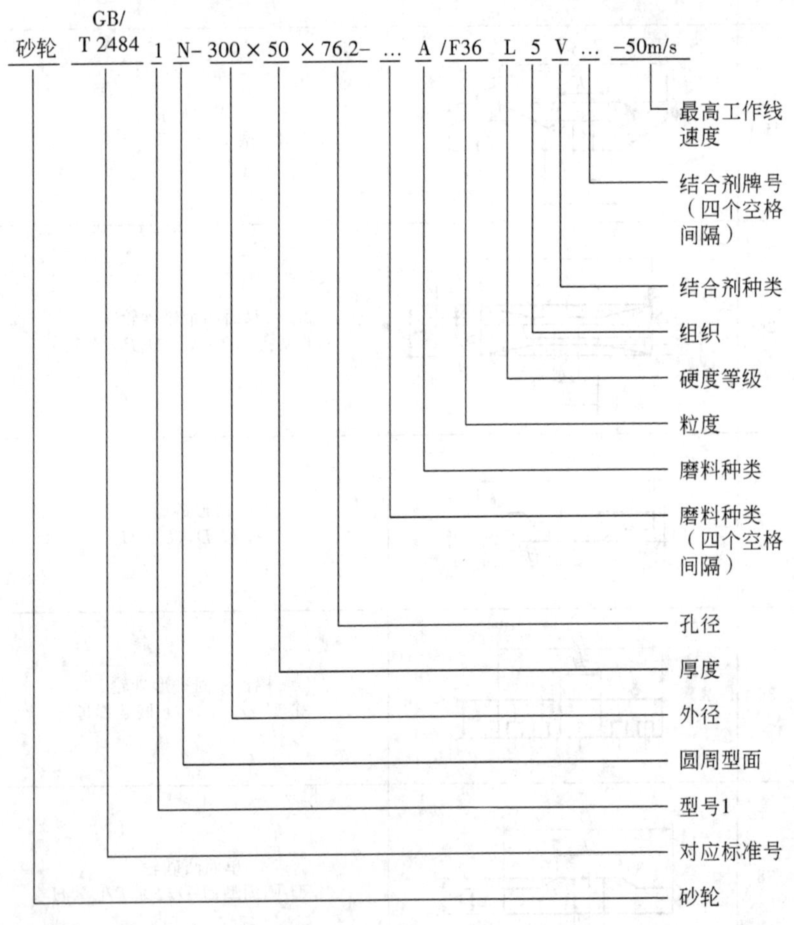

18.7.3　磨头

工件的几何形状不能用一般砂轮加工时，可用相应磨头进行磨削加工。磨头代号见表 18-69。

表 18-69　磨头代号（GB/T 2484—2006）

型号	示意图	特征值的标记
52	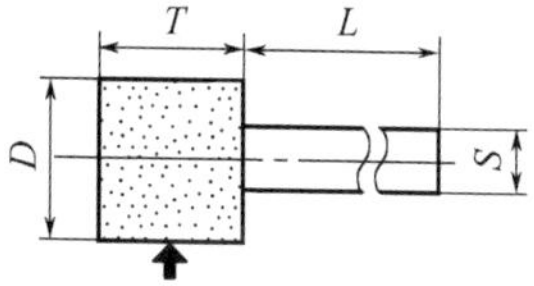 T L D S	带柄圆柱磨头 5201 型-$D\times T\times S$-L
	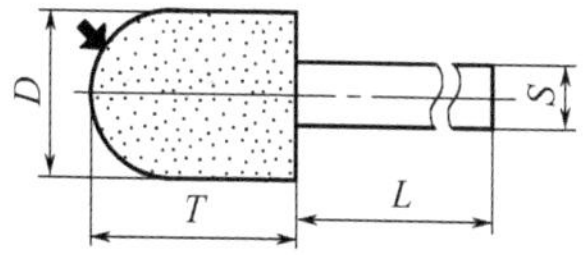 D S T L	带柄半球形磨头 5202 型-$D\times T\times S$-L
	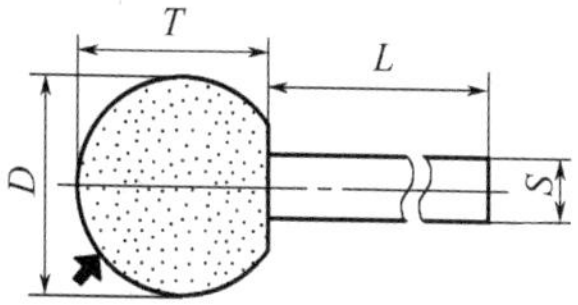 T L D S	带柄球形磨头 5203 型-$D\times T\times S$-L
	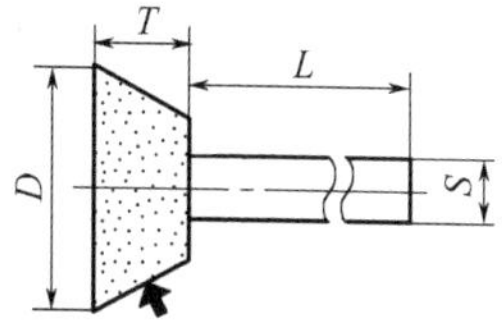 T L D S	带柄截锥磨头 5204 型-$D\times T\times S$-L
	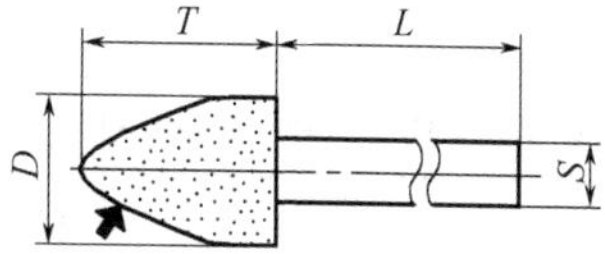 T L D S	带柄椭圆锥磨头 5205 型-$D\times T\times S$-L
	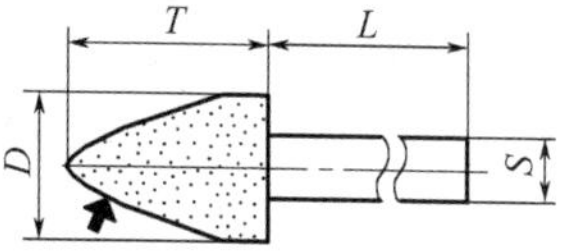 T L D S	带柄 60°锥磨头 5206 型-$D\times T\times S$-L

续表

型号	示意图	特征值的标记
52	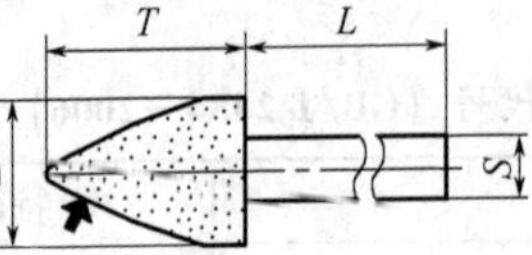	带柄圆头锥磨头 5207 型-$D\times T\times S$-L
18a	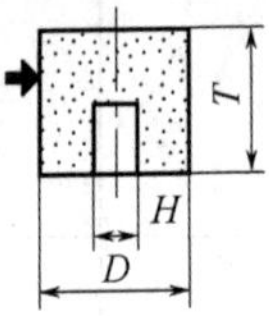	圆柱形磨头 18a 型-$D\times T\times H$
18b	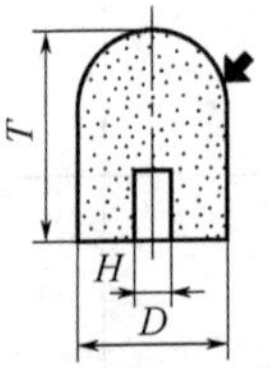	半球形磨头 18b 型-$D\times T\times H$
19	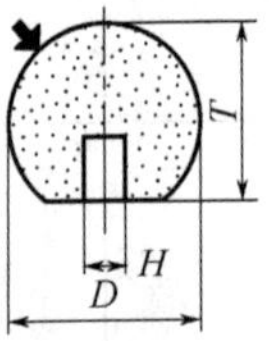	球形磨头 19 型-$D\times T\times H$

18.7.4　磨石

磨石代号见表 18-70。

表 18-70　磨石代号（GB/T 2484—2006）

型　　号	示意图	特征值的标记
54	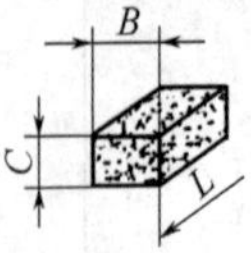	长方珩磨磨石 5410 型-$B\times C$-L

续表

型号	示意图	特征值的标记
54	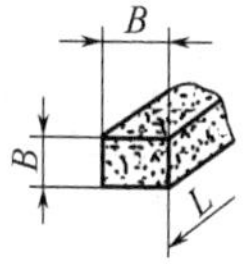	正方珩磨磨石 5411 型-$B \times L$
90	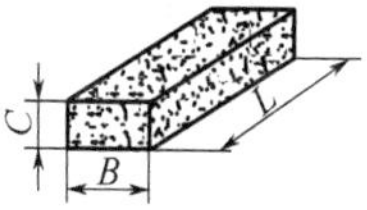	长方磨石 9010 型-$B \times C \times L$
	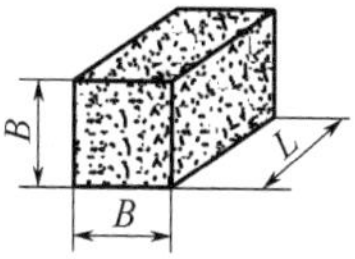	正方磨石 9011 型-$B \times L$
	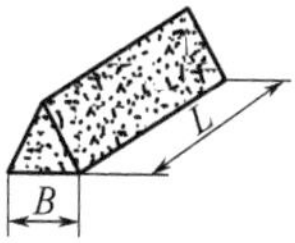	三角磨石 9020 型-$B \times L$
	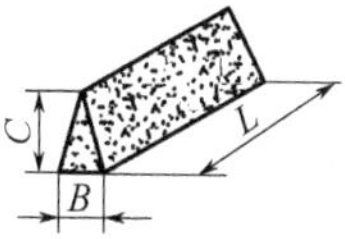	刀形磨石 9021 型-$B \times C \times L$
	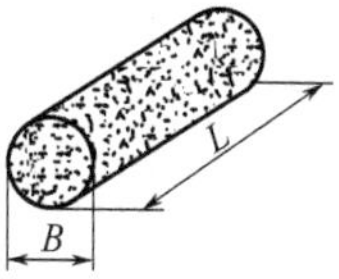	圆形磨石 9030 型-$B \times L$
	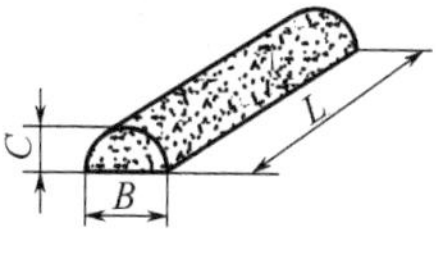	半圆磨石 9040 型-$B \times C \times L$

18.7.5　砂瓦

砂瓦按不同机床和加工工件表面的要求，由数块砂瓦拼装起来用于平面磨削。砂瓦代号见表18-71。

表18-71　砂瓦代号（GB/T 2484—2006）

型号	示意图	特征值的标记
31	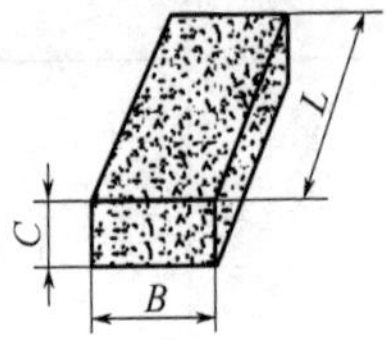 C L B	平形砂瓦 3101型-$B\times C\times L$
	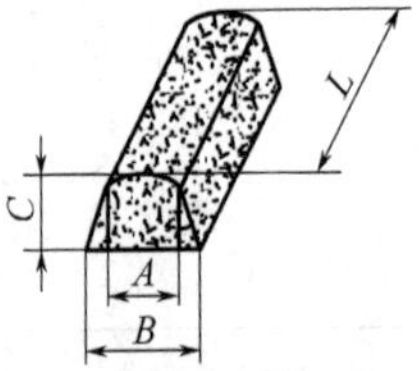 C L A B	平凸形砂瓦 3102型-$B\times A\times R\times L$
	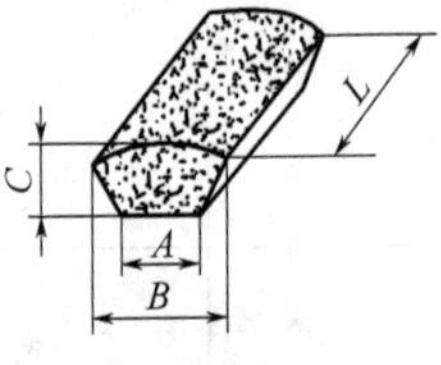 C L A B	凸平形砂瓦 3103型-$B\times A\times R\times L$
	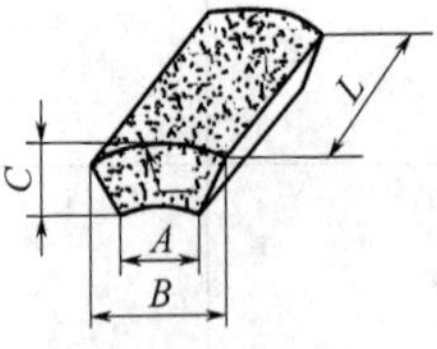 C L A B	扇形砂瓦 3104型-$B\times A\times R\times L$
	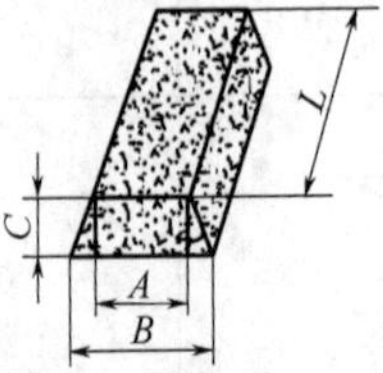 C L A B	梯形砂瓦 3109型-$B\times A\times C\times L$

18.7.6 砂布、砂纸

砂布装于机具上或以手工磨削金属工件表面上的毛刺、锈斑及磨光表面。卷状砂布主要用于对金属工件或胶合板的机械磨削加工。粒度号小的用于粗磨，粒度号大的用于细磨。

干磨砂纸（木砂纸）用于磨光木、竹器表面，耐水砂纸（水砂纸）用于在水中或油中磨光金属或非金属工件表面。

砂布、砂纸规格见表 18-72。

表 18-72 砂布、砂纸规格 mm

页状纱布

形状代号		砂页 S、砂卷 R
宽×长	砂页（GB/T 15305.1—2005）	70×115，70×230，93×230，115×140，115×280，140×230，230×280
	砂卷（GB/T 15305.2—2008）	（50，100，150，200，230，300，600，690，920）×（25000，50000）
	砂带（GB/T 15305.3—2009）	（2.5～2650）×（周长 400～1250）

18.7.7 米机砂

米机砂多用于碾米、加工其他粮食以及加工谷壳饲料。米机砂规格见表 18-73。

表 18-73 米机砂规格

品名	米机砂				
粒度	12#	14#	16#	18#	20#

18.7.8 磨光砂

磨光砂适用于五金电镀制品、手工艺品的研磨抛光。磨光砂规格见表 18-74。

表 18-74　磨光砂规格

品名	磨　光　砂									
粒度	100#	120#	140#	160#	170#	180#	190#	200#	210#	220#

18.7.9　砂轮整形刀

砂轮整形刀用于修整砂轮，使之平整和锋利。砂轮整形刀规格见表 18-75。

表 18-75　砂轮整形刀规格　mm

刀片

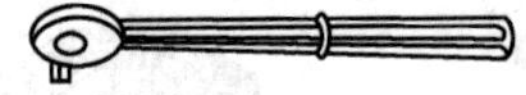
砂轮整形刀

	直径/mm	孔径	厚度/mm	齿数
砂轮整形刀刀片尺寸	34	7	1.25	16
	34	7	1.5	16
	40	10	1.5	18

注：刀架与刀片通常分开供应。

18.7.10　金刚石砂轮整形刀

金刚石砂轮整形刀用途与砂轮整形刀相同。金刚石砂轮整形刀规格见表 18-76。

表 18-76　金刚石砂轮整形刀规格　mm

金刚石型号	适用修整砂轮的尺寸范围（直径×厚度）
100～300	≤100×12
300～500	(100×12)～(200×12)
500～800	(200×12)～(300×15)
800～1000	(300×15)～(400×20)

续表

金刚石型号	适用修整砂轮的尺寸范围（直径×厚度）
1000～2500	（400×20）～（500×30）
≥300	≥500×40

注：1. 金刚石可制成 60°、90°、100°、120°等多种角度。
2. 柄部尺寸（长×直径）：120mm×12mm。

18.7.11　金刚石片状砂轮修整器

金刚石片状砂轮修整器是用小颗粒金刚石有规律地排列在金属粉末中，用粉末冶金烧结而成的一种砂轮修整工具。金刚石片状砂轮修整器规格见表 18-77。

表 18-77　金刚石片状砂轮修整器规格　mm

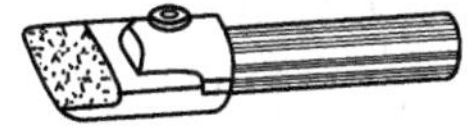

工作面（宽×高）	每 200mg 金刚石粒数							适宜修整砂轮直径	柄长×柄径	总长
10×10	—	—	—	40	50	60	70	<250	55×10	69
15×10	20	25	30	40	50	60	70	200～700		
20×10	20	25	30	40	50	60	70	>400		

第 19 章　起重及液压工具

19.1　千斤顶

19.1.1　千斤顶尺寸

千斤顶尺寸见表 19-1。

表 19-1　千斤顶尺寸（JB/T 3411.58—1999）　　mm

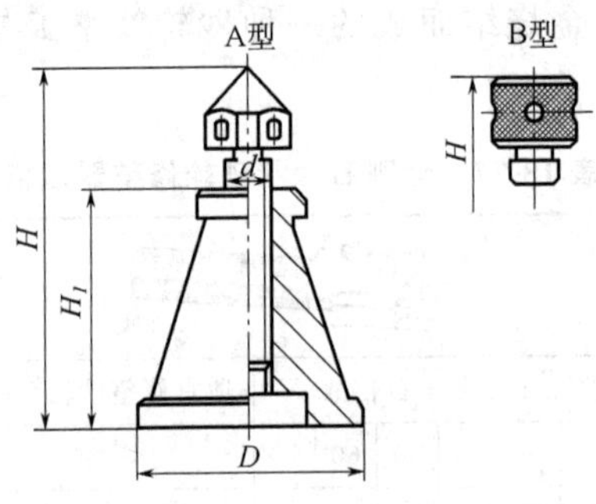

d	A 型		B 型		H_1	D
	H_{min}	H_{max}	H_{min}	H_{max}		
M6	36	50	36	48	25	30
M8	47	60	42	55	30	35
M10	56	70	50	65	35	40
M12	67	80	58	75	40	45
M16	76	95	65	85	45	50
M20	87	110	76	100	50	60
T26×5	102	130	94	120	65	80
T32×6	128	155	112	140	80	100
T40×6	158	185	138	165	100	120
T55×8	198	255	168	225	130	160

19.1.2 活头千斤顶尺寸

活头千斤顶尺寸见表19-2。

表19-2 活头千斤顶尺寸（JB/T 3411.589—1999） mm

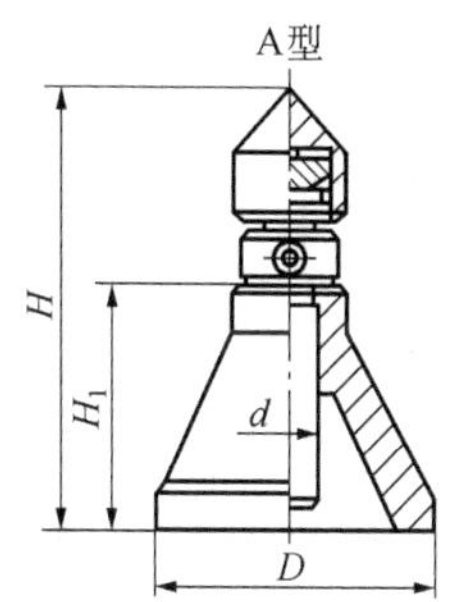

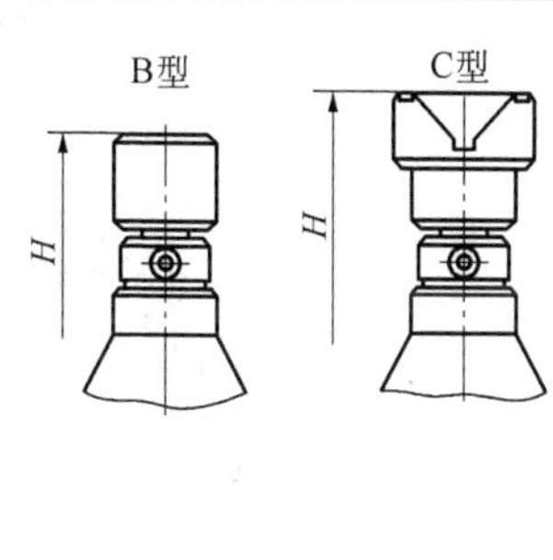

d	D	A型		B型		C型		H_1
		H_{min}	H_{max}	H_{min}	H_{max}	H_{min}	H_{max}	
M6	30	45	55	42	52	50	60	25
M8	35	54	65	52	62	60	72	30
M10	40	62	75	60	72	70	85	35
M12	45	72	90	68	85	80	95	40
M16	50	85	105	80	100	92	110	45
M20	60	98	120	94	115	108	130	50
T26×5	80	125	150	118	145	134	160	65
T32×6	100	150	180	142	170	162	190	80
T40×6	120	182	230	172	220	194	240	100
T55×8	160	232	300	222	290	252	310	130

19.1.3 螺旋千斤顶

螺旋千斤顶一般用于修理及安装等行业，作为起重或顶压机件的工具。螺旋千斤顶规格见表19-3。

表 19-3 螺旋千斤顶规格（JB/T 2592—2008）

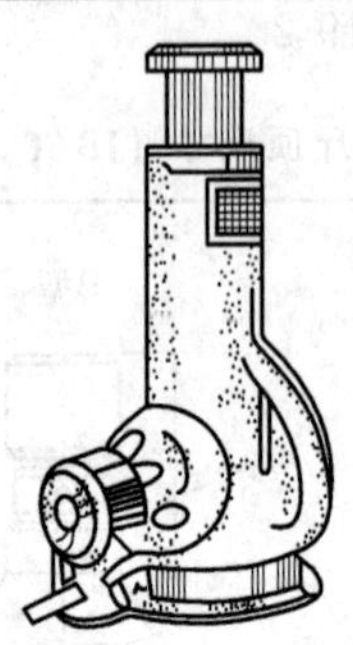

<table>
<tr><th>型号</th><th>额定起重量/t</th><th>最低高度 H/mm</th><th>起升高度 H_1/mm</th><th>手柄作用力/N</th><th>手柄长度/mm</th><th>自重/kg</th></tr>
<tr><td>QLJ0.5</td><td>0.5</td><td rowspan="3">110</td><td rowspan="3">180</td><td rowspan="2">120</td><td rowspan="2">150</td><td>2.5</td></tr>
<tr><td>QLJ1</td><td>1</td><td>3</td></tr>
<tr><td>QLJ1.6</td><td>1.6</td><td>200</td><td>200</td><td>4.8</td></tr>
<tr><td>QL2</td><td>2</td><td>170</td><td>180</td><td>80</td><td>300</td><td>5</td></tr>
<tr><td>QL3.2</td><td>3.2</td><td>200</td><td>110</td><td rowspan="2">100</td><td rowspan="2">500</td><td>6</td></tr>
<tr><td>QLD3.2</td><td>3.2</td><td>160</td><td>50</td><td>5</td></tr>
<tr><td>QL5</td><td>5</td><td>250</td><td>130</td><td rowspan="3">160</td><td rowspan="3">600</td><td>7.5</td></tr>
<tr><td>QLD5</td><td>5</td><td>180</td><td>65</td><td>7</td></tr>
<tr><td>QLg5</td><td>5</td><td>270</td><td>130</td><td>11</td></tr>
<tr><td>QL8</td><td>8</td><td>260</td><td>140</td><td>200</td><td>800</td><td>10</td></tr>
<tr><td>QL10</td><td>10</td><td>280</td><td>150</td><td rowspan="3">250</td><td rowspan="3">800</td><td>11</td></tr>
<tr><td>QLD10</td><td>10</td><td>200</td><td>75</td><td>10</td></tr>
<tr><td>QLg10</td><td>10</td><td>310</td><td>130</td><td>15</td></tr>
<tr><td>QL16</td><td>16</td><td>320</td><td>180</td><td rowspan="4">400</td><td rowspan="4">1000</td><td>17</td></tr>
<tr><td>QLD16</td><td>16</td><td>225</td><td>90</td><td>15</td></tr>
<tr><td>QLG16</td><td>16</td><td>445</td><td>200</td><td>19</td></tr>
<tr><td>QLg16</td><td>16</td><td>370</td><td>180</td><td>20</td></tr>
<tr><td>QL20</td><td>20</td><td>325</td><td>180</td><td rowspan="2">500</td><td rowspan="2">1000</td><td>18</td></tr>
<tr><td>QLG20</td><td>20</td><td>445</td><td>300</td><td>20</td></tr>
</table>

续表

型号	额定起重量/t	最低高度 H/mm	起升高度 H_1/mm	手柄作用力/N	手柄长度/mm	自重/kg
QL32	32	395	200	650	1400	27
QLD32	32	320	180			24
QL50	50	452	250	510	1000	56
QLD50	50	330	150			52
QL100	100	455	200	600	1500	86

19.1.4　油压千斤顶

油压千斤顶用于修理及安装行业，作起重或顶压机件的工具。油压千斤顶规格见表 19-4。

表 19-4　油压千斤顶规格（JB/T 2104—2002）

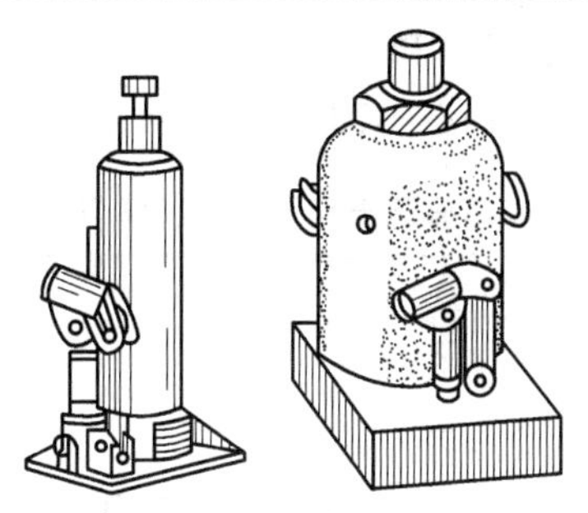

型　　号	额定起重量/t	最低高度 $H\leqslant$	起重高度 $H_1\geqslant$	调整高度 $H_2\geqslant$
		mm		
QYL2	2	158	90	60
QYL3	3	195	125	
QYL5	5	232	160	
		200	125	
QYL8	8	236	160	
QYL10	10	240		
QYL12	12	245		
QYL16	16	290		

续表

型　号	额定起重量/t	最低高度 $H\leqslant$	起重高度 $H_1\geqslant$	调整高度 $H_2\geqslant$
		mm		
QYL20	20	280	180	—
QVL32	32	285		
QYL50	50	300		
QYL70	70	320		
QW100	100	360	200	—
QW200	200	400		
QW320	320	450		

19.1.5 车库用油压千斤顶

车库用油压千斤顶除一般起重外，配上附件，可以进行侧顶、横顶、倒顶以及拉、压、扩张和夹紧等，广泛用于机械、车辆、建筑等的维修及安装。车库用油压千斤顶及附件规格见表19-5～表19-7。

表19-5 车库用油压千斤顶规格（JB/T 5315—2008）

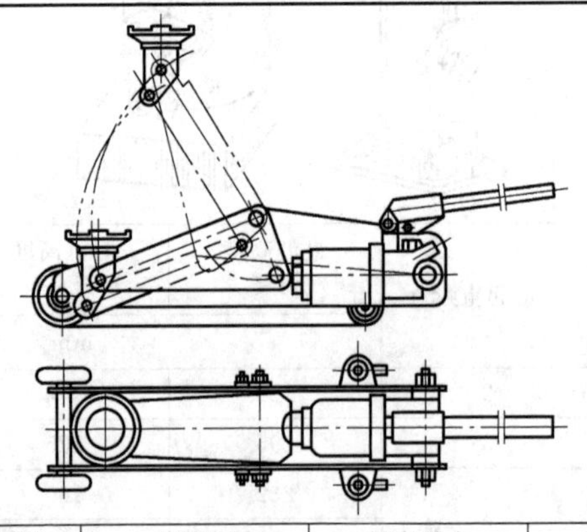

起顶机型号	额定起重量/t	起重板最大受力/kN	活塞最大行程/mm	最低高度/mm	重量/kg
LQD-3	3		60	120	5
LQD-5	5	24.5	50，100	290	12
LQD-10	10	49	60，125，150	315	22

续表

起顶机型号	额定起重量/t	起重板最大受力/kN	活塞最大行程/mm	最低高度/mm	重量/kg
LQD-20	20		100，160，200	160，220，260	30
LQD-30	30		60，125，160	200，265，287	23
LQD-50	50		80，160	140，220	35

表 19-6　附件：拉马

规格/t	三爪受力/kN≤	调节范围/mm	外形尺寸/mm		重量/kg
			高	外径	
5	50	50～250	385	333	7
10	100	50～300	470	420	11

表 19-7　附件：接长管及顶头

附件名称及主要尺寸/mm						
附件名称		长度	外径	附件名称	总长	外径
接长管	普通式	136，260，380，600	42	橡胶顶头	81	81
	快速式	330	42	V 形顶头	60	56
管接头		60	55	尖形顶头	106	52

注：各种附件上的连接螺纹均为 M42×1.5mm。

19.1.6　齿条千斤顶

齿条千斤顶用齿条传动顶举物体，并可用钩脚起重较低位置的重物。常用于铁道、桥梁、建筑、运输及机械安装等场合。齿条千斤顶规格见表 19-8。

表 19-8　齿条千斤顶规格

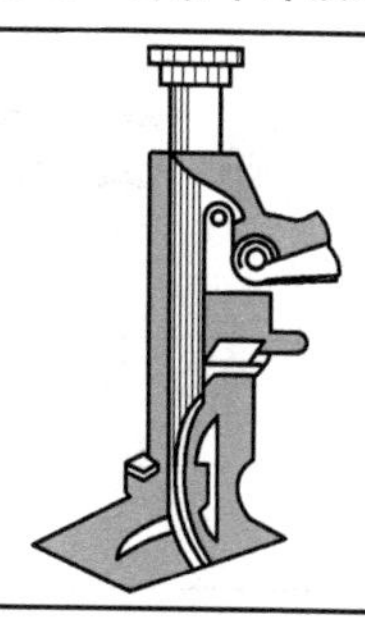

续表

规格	额定起重量/t	起升高度/mm	落下高度/mm	重量/kg
3	3	350	700	36
5	5	400	800	44
8	8	375	850	57
10	10	375	850	73
15	15	400	900	84
20	20	400	900	90

19.1.7 分离式液压起顶机

分离式液压起顶机用于汽车、拖拉机等车辆的维修或各种机械设备制造、安装时作为起重或顶升工具。分离式液压起顶机规格见表19-9。

表 19-9 分离式液压起顶机规格

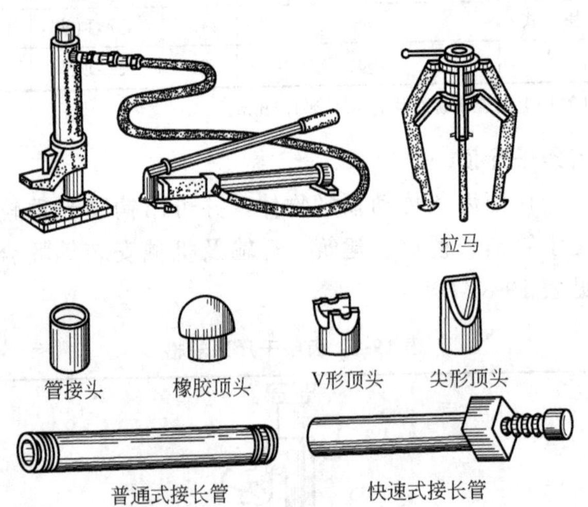

型　　号	额定起重量/t	最低高度 H_1/mm	起升高度 H/mm≥
QK1-20	1	≤140	200
QK1.25-25	1.25		250

续表

型　　号	额定起重量/t	最低高度 H_1/mm	起升高度 H/mm≥
QK1.6-22	1.6	≤140	220
QK1.6-26			260
QK2-27.5	2		275
QK2-35			350
QK2.5-28.5	2.5		285
QK2.5-35			350
QK3.2-35	3.2	≤160	350
QK3.2-40			400
QK4-40	4		400
QK5-40	5		400
QK6.3-40	6.3	≤170	400
QK8-40	8		400
QK10-40	10		400
QK10-45			450
QK12.5-40	12.5	≤210	400
QK16-43	16		430
QK20-43	20		430

19.1.8　滚轮卧式千斤顶

滚轮卧式千斤顶用于起重或顶升工具，为可移动式液压起重工具，千斤顶上装有万向轮。滚轮卧式千斤顶规格见表 19-10。

表 19-10　滚轮卧式千斤顶规格

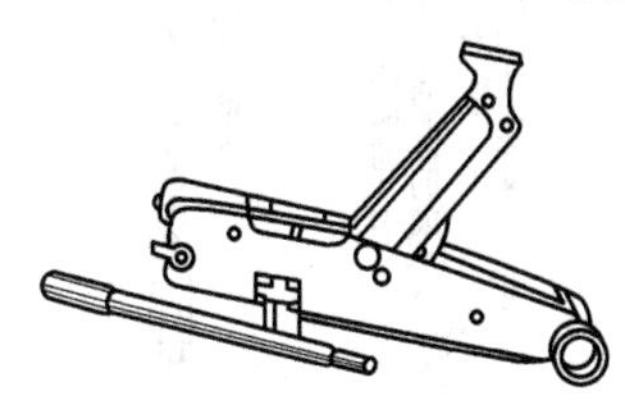

续表

型号	起重量/t	最低高度/mm	最高高度/mm	重量/kg	外形尺寸/mm
QLZ2-A	2.25	145	480	29	643×335×170
QLZ2-B	2.25	130	510	35	682×432×165
QLZ2-C	2.25	130	490	40	725×350×160
QLQ-2	2	130	390	19	660×250×150
QL1.8	1.8	135	365	11	470×225×140
LYQ2	2	144	385	13.8	535×225×160
LZD3	3	140	540	48	697×350×280
LZ5	5	160	560	105	1418×379×307
LZ10	10	170	570	155	1559×471×371

19.2　葫芦

19.2.1　手拉葫芦

手拉葫芦是一种使用简易、携带方便的手动起重机械，广泛用于工矿企业、仓库、码头、建筑工地等无电源的场所及流动性作业。手拉葫芦规格见表19-11。

表19-11　手拉葫芦规格（JB/T 7334—2007）

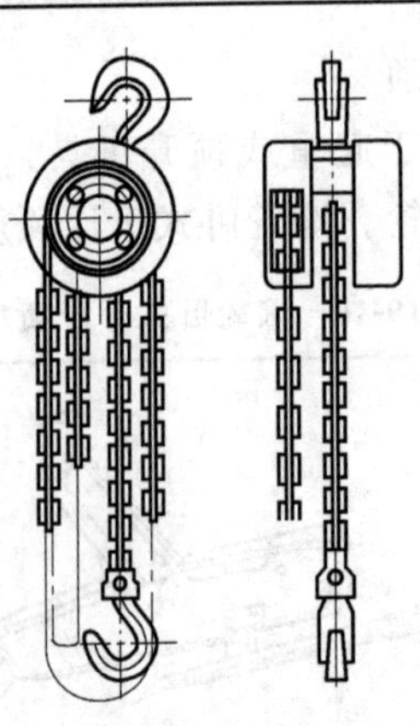

续表

额定起重量/t	工作级别	标准起升高度/m	两钩间最小距离/mm≤		标准手拉链条长度/m	自重/kg≤	
			Z 级	Q 级		Z 级	Q 级
0.5	Z 级 Q 级	2.5	330	350	2.5	11	14
1			360	400		14	17
1.6			430	460		19	23
2			500	530		25	30
2.5			530	600		33	37
3.2		3	580	700	3	38	45
5			700	850		50	70
8			850	1000		70	90
10			950	1200		95	130
16			1200	—		150	—
20	Z 级		1350	—		250	—
32			1600	—		400	—
40			2000	—		550	—

19.2.2　环链手扳葫芦

环链手扳葫芦用于提升重物、牵引重物或张紧系物的索绳，适合于无电源场所及流动性作业。手扳葫芦规格见表 19-12。

表 19-12　环链手扳葫芦规格（JB/T 7335—2007）

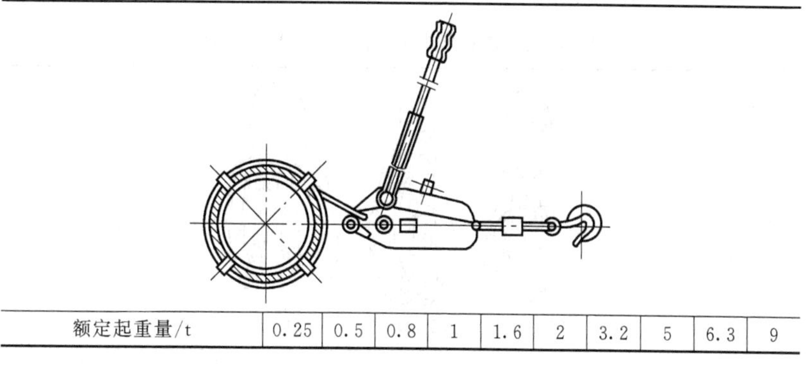

额定起重量/t	0.25	0.5	0.8	1	1.6	2	3.2	5	6.3	9

续表

标准起升高度/m	1	1.5								
两钩间最小距离/mm≤	250	300	350	380	400	450	500	600	700	800
手扳力/N	200～550									
自重/kg≤	3	5	8	10	12	15	21	30	32	48

注：手扳力是指提升额定起重量时，距离扳手端部50mm处所施加的扳动力。

19.3 滑车

19.3.1 吊滑车

吊滑车用于吊放或牵引比较轻便的物体。吊滑车规格见表19-13。

表19-13 吊滑车规格

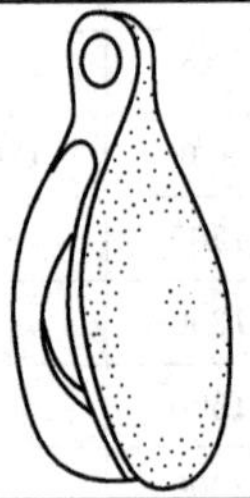

滑轮直径/mm	19、25、32、38、50、63、75

19.3.2 起重滑车

起重滑车用于吊放笨重物体，一般均与绞车配套使用。起重滑车分通用滑车和林业滑车两大类，通用滑车的规格和主要参数分别见表19-14和表19-15。

表19-14 起重滑车规格（JB/T 9007.1—1999）

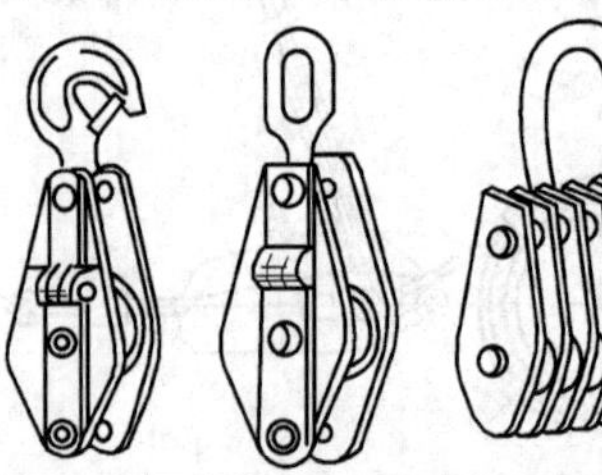

开口吊钩型　开口链环型　闭口吊环型

续表

品种	型式			型号	
				型式代号	额定起重量/t
单轮	开口	滚针轴承	吊钩型	HQGZK1-	0.32，0.5，1，2，3.2，5，8，10
			链环型	HQLZK1-	0.32，0.5，1，2，3.2，5，8，10
		滑动轴承	吊钩型	HQGK1-	0.32，0.5，1，2，3.2，5，8，10，16，20
			链环型	HQLK1-	0.32，0.5，1，2，3.2，5，8，10，16，20
	闭口	滚针轴承	吊钩型	HQGZ1-	0.32，0.5，1.2，3.2，5，8，10
			链环型	HQLZ1-	0.32，0.5，1，1.2，3.2，5，8，10
		滑动轴承	吊钩型	HQG1-	0.32，0.5，1，2，3.2，5，8，10，16，20
			链环型	HQL1-	0.32，0.5，1，2，3.2，5，8，10，16，20
			吊环型	HQD1-	1，2，3.2，5，8，10
双轮	开口	滑动轴承	吊钩型	HQGK2-	1，2，3.2，5，8，10
			链环型	HQLK2-	1，2，3.2，5，8，10
	闭口		吊钩型	HQG2-	1，2，3.2，5，8，10，16，20
			链环型	HQL2-	1，2，3.2，5，8，10，16，20
			吊钩型	LQD2-	1，2，3.2，5，8，10，16，20，32
三轮	闭口	滑动轴承	吊钩型	HQG3-	3.2，5，8，10，16，20
			链环型	HQL3-	3.2，5，8，10，16，20
			吊环型	HQD3-	3.2，5，8，10，16，20，32，50
四轮	闭口	滑动轴承	吊环型	HQD4-	8，10，16，20，32，50
五轮			吊环型	HQD5-	20，32，50，80
六轮			吊环型	HQD6-	31，50，80，100
八轮			吊环型	HQD8-	80，100，160，200
十轮			吊环型	HQD10-	200，250，320

表 19-15 起重滑车的主要参数

滑轮直径/mm	额定起重量/t																		钢丝绳直径范围/mm
	0.32	0.5	1	2	3.2	5	8	10	16	20	32	50	80	100	160	200	250	320	
	滑轮数量																		
63	1																		6.2
71		1	2																6.2～7.7
85			1	2	3														7.7～11
112				1	2	3	4												11～12.5
132					1	2	3	4											12.5～15.5
160						1	2	3	4	5									15.5～18.5
180								2	3	4	6								17～20
210							1			3	5								20～23
240								1	2		4	6							23～24
280										2	3	5	8						26～28
315									1			4	6	8					28～31
355										1	2	3	5	6	8	10			31～35
400																8	10		34～38
450																		10	40～43

19.4 液压工具

19.4.1 分离式液压拉模器（三爪液压拉模器）

分离式液压拉模器是拆卸紧固在轴上的带轮、齿轮、法兰盘、轴承等的工具。由手动（或电动）油泵及三爪液压拉模器两部分组成。分离式液压拉模器规格见表 19-16。

表 19-16　分离式液压拉模器规格

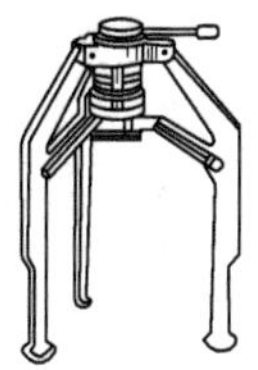

型　　号	三爪最大拉力/kN	拆卸直径范围/mm	重量/kg	外形尺寸/mm
LQF_1-05	49	50～250	6.5	385×330
LQF_1-10	98	50～300	10.5	470×420

19.4.2　液压弯管机

液压弯管机用于把管子弯成一定弧度。多用于水、蒸汽、煤气、油等管路的安装和修理工作。当卸下弯管油缸时，可作分离式液压起顶机用。液压弯管机规格见表 19-17。

表 19-17　液压弯管机规格

三脚架式

小车式

型　　号	弯曲角度/(°)	管子公称通径×壁厚/mm						外形尺寸/mm			重量/kg
		15×2.75	20×2.75	25×3.25	32×3.25	40×3.5	50×3.5				
		弯曲半径/mm						长	宽	高	
LWG_1-10B 型三脚架式	90	130	160	200	250	290	360	642	760	860	81

续表

型 号	弯曲角度/(°)	管子公称通径×壁厚/mm						外形尺寸/mm			重量/kg
		15×2.75	20×2.75	25×3.25	32×3.25	40×3.5	50×3.5				
		弯曲半径/mm						长	宽	高	
LWG_2-10B型小车式	120	65	80	100	125	145		642	760	255	76

注：工作压力63MPa，最大载荷10t，最大行程200mm。

19.4.3 液压钢丝切断器

液压钢丝切断器用于切断钢丝缆绳、起吊钢丝网兜、捆扎和牵引钢丝绳索等。液压钢丝切断器规格见表19-18。

表19-18 液压钢丝切断器规格

型号	可切钢丝绳直径/mm	动刀片行程/mm	油泵直径/mm	手柄力/N	贮油量/kg	剪切力/kN	外形尺寸（长×宽×高）/mm	重量/kg
YQ10-32	10～32	45	50	200	0.3	98	400×200×104	15

19.4.4 液压扭矩扳手

液压扭矩扳手适用于一些大型设备的安装、检修作业，用以装拆一些大直径六角头螺栓副。其对扭紧力矩有严格要求，操作无冲击性。中空式扳手适用于操作空间狭小的场合。有多种类型和型号，在使用时需与超高压电动液压泵站配合。液压扭矩扳手规格见表19-19。

表 19-19 液压扭矩扳手规格(JB/T 5557—2007)

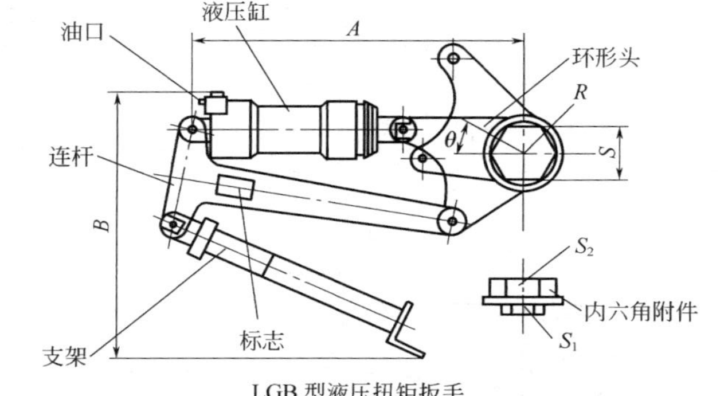

LGB 型液压扭矩扳手

型号	公称扭矩 M_A/N·m	扳手开口 S/mm	适用螺纹 d/mm	液压缸工作压力 p/MPa	液压缸一个行程环形头转动角度 θ/(°)	A/mm	B/mm	R/mm	油口连接螺纹尺寸/mm	配套液压泵	重量/kg
LGB50	5000	24～75	M16～M48	63	36	312.9	309	20.5～56	M10×1	手动泵，电动泵	10
LGB100	10000	27～95	M18～M64	63	36	352	330	23～68.5	M10×1	手动泵，电动泵	15
LGB150	30000	65～130	M42～M90	63	36	418.8	355	44.5～92.5	M10×1	手动泵，电动泵	26
LGB500	50000	55～155	M36～M110	31.5	36	595	410	44～106	M10×1	电动泵	40

续表

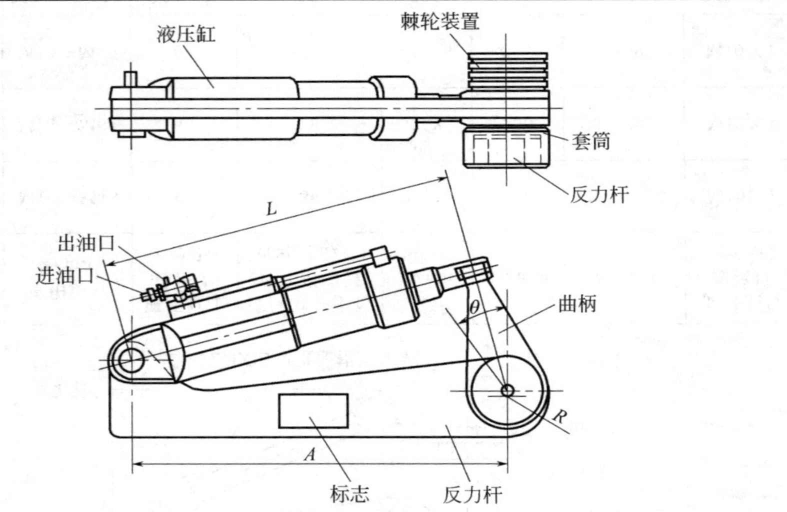

WJB 型液压扭矩扳手

型号	公称扭矩 M_A/N·m	扳手开口 S/mm	适用螺纹 d/mm	液压缸工作压力 p/MPa	液压缸一个行程环形头转动角度 θ/(°)	A/mm	L/mm	R/mm	油口连接螺纹尺寸/mm	配套液压泵	重量/kg
WJB25	2500	30～65	M20～M42	32	36	295	250	35	M14×1.5	电动泵	7.5
WJB50	5000	36～75	M24～M48	32	36	330	285	40	M14×1.5	电动泵	10.5
WJB100	10000	46～90	M30～M60	40	43	410	335	50	M14×1.5	电动泵	14.5
WJB200	20000	55～100	M36～M68	50	36	430	360	58	M14×1.5	电动泵	21

续表

型号	公称扭矩 M_A/N·m	扳手开口 S/mm	适用螺纹 d/mm	液压缸工作压力 p/MPa	液压缸一个行程环形头转动角度 θ/(°)	A/mm	L/mm	R/mm	油口连接螺纹尺寸/mm	配套液压泵	重量 /kg
WJB400	40000	75～115	M48～M80	50	30	455	380	74	M14×1.5	电动泵	40
WJB600	60000	85～145	M56～M100	50	24	500	400	82	M14×1.5	电动泵	45
WJB800	80000	95～170	M64～M120	50	21	545	425	90	M14×1.5	电动泵	59

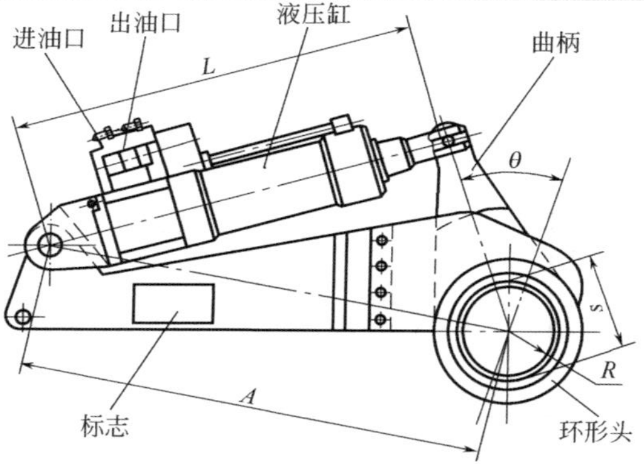

NJB型液压扭矩扳手

型号	公称扭矩 M_A/N·m	扳手开口 S/mm	适用螺纹 d/mm	液压缸工作压力 p/MPa	液压缸一个行程环形头转动角度 θ/(°)	A/mm	L/mm	R/mm	油口连接螺纹尺寸/mm	配套液压泵	重量 /kg
NJB25	2500	30～65	M20～M42	32	36	295	250	65	M14×1.5	电动泵	10.5
NJB50	5000	36～75	M24～M48	32	36	330	285	72	M14×1.5	电动泵	13.5
NJB100	10000	46～90	M30～M60	40	43	410	335	80	M14×1.5	电动泵	20
NJB200	20000	55～100	M36～M68	50	36	430	360	90	M14×1.5	电动泵	27

19.4.5　液压钳

液压钳专供压接多股铝、铜芯电缆导线的接头或封端（利用液压作动力）。液压钳规格见表19-20。

表19-20　液压钳规格

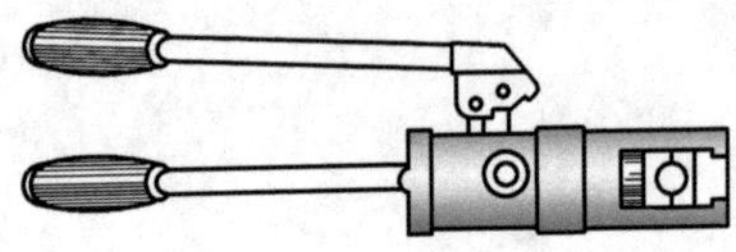

规格	适用导线断面积范围铝线16～240mm^2，铜线16～150mm^2；活塞最大行程17mm；最大作用力100kN；压模规格为16mm^2，25mm^2，35mm^2，50mm^2，70mm^2，95mm^2，120mm^2，150mm^2，185mm^2，240mm^2

第 20 章　焊接器材

20.1　焊割工具

20.1.1　射吸式焊炬

射吸式焊炬利用氧气和低压（或中压）乙炔作热源，焊接或预热被焊金属。射吸式焊炬规格见表 20-1。

表 20-1　射吸式焊炬规格（JB/T 6969—1993）

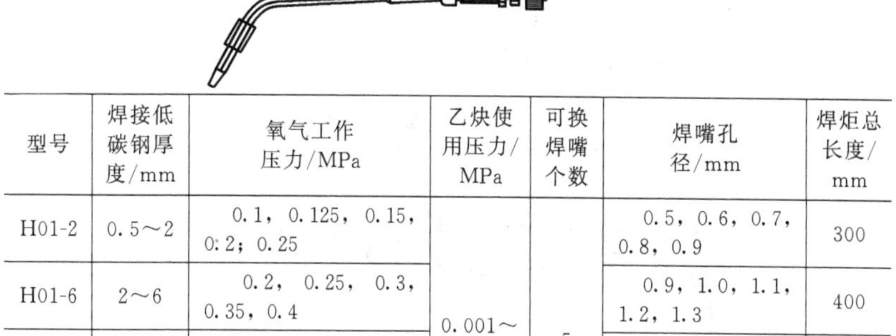

型号	焊接低碳钢厚度/mm	氧气工作压力/MPa	乙炔使用压力/MPa	可换焊嘴个数	焊嘴孔径/mm	焊炬总长度/mm
H01-2	0.5～2	0.1，0.125，0.15，0.2；0.25	0.001～0.1	5	0.5，0.6，0.7，0.8，0.9	300
H01-6	2～6	0.2，0.25，0.3，0.35，0.4			0.9，1.0，1.1，1.2，1.3	400
H01-12	6～12	0.4，0.45，0.5，0.6，0.7			1.4，1.6，1.8，2.0，2.2	500
H01-20	12～20	0.6，0.65，0.7，0.75，0.8			2.4，2.6，2.8，3.0，3.2	600

20.1.2　射吸式割炬

射吸式割炬利用氧气及低压（或中压）乙炔作热源，以高压氧气作切割气流，对低碳钢进行切割。射吸式割炬规格见表 20-2。

表 20-2　射吸式割炬规格（JB/T 6970—1993）

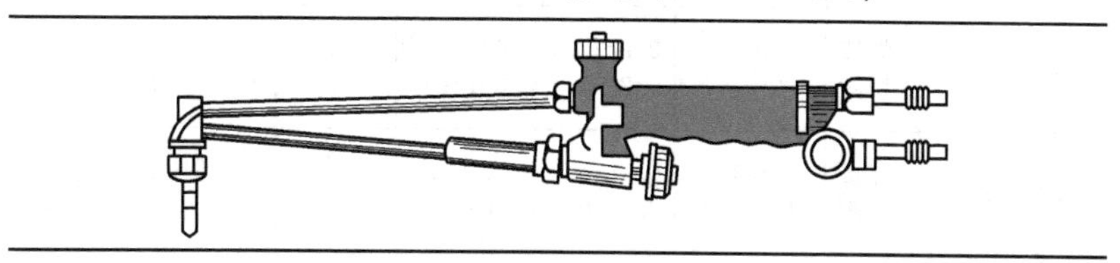

续表

型号	切割低碳钢厚度/mm	氧气工作压力/MPa	乙炔使用压力/MPa	可换焊嘴个数	割嘴切割氧孔径/mm	焊炬总长度/mm
G01-30	3～30	0.2，0.25，0.3	0.001～0.1	3	0.7，0.9，1.1	500
G01-100	10～100	0.3，0.4，0.5			1.0，1.3，1.6	550
G01-300	100～300	0.5，0.65，0.8，1.0		4	1.8，2，2.2，2.6，3.0	650

20.1.3　射吸式焊割两用炬

射吸式焊割两用炬利用氧气及低压（或中压）乙炔作热源，焊接、预热或切割低碳钢，适用于使用次数不多，但要经常交替焊接和气割的场合。射吸式焊割两用炬规格见表20-3。

表20-3　射吸式焊割两用炬规格

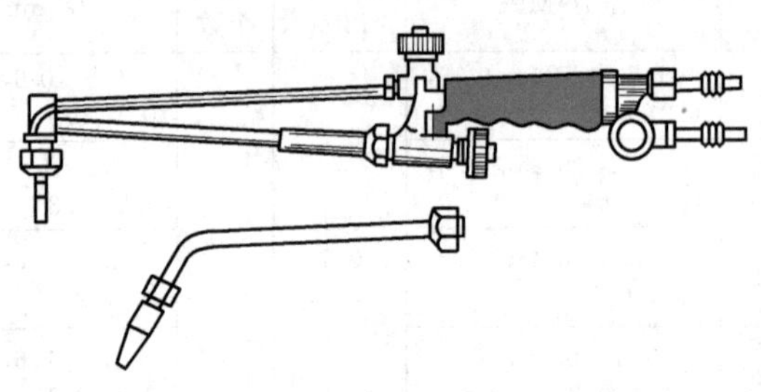

型　　号	应用方式	适用低碳钢厚度/mm	气体压力/MPa		焊割嘴数/个	焊割嘴孔径范围/mm	焊割炬总长度/mm
			氧气	乙炔			
HG01-3/50A	焊接 切割	0.5～3 3～50	0.2～0.4 0.2～0.6	0.001～0.1 0.001～0.1	5 2	0.6～1.0 0.6～1.0	400
HG01-6/60	焊接 切割	1～6 3～60	0.2～0.4 0.2～0.4	0.001～0.1 0.001～0.1	5 4	0.9～1.3 0.7～1.3	500
HG01-12/200	焊接 切割	6～12 10～200	0.4～0.7 0.3～0.7	0.001～0.1 0.001～0.1	5 4	1.4～2.2 1.0 ～2.3	550

20.1.4　等压式焊炬

等压式焊炬利用氧气和中压乙炔作热源，焊接或预热金属。等压式焊炬规格见表 20-4。

表 20-4　等压式焊炬规格（JB/T 7947—1999）

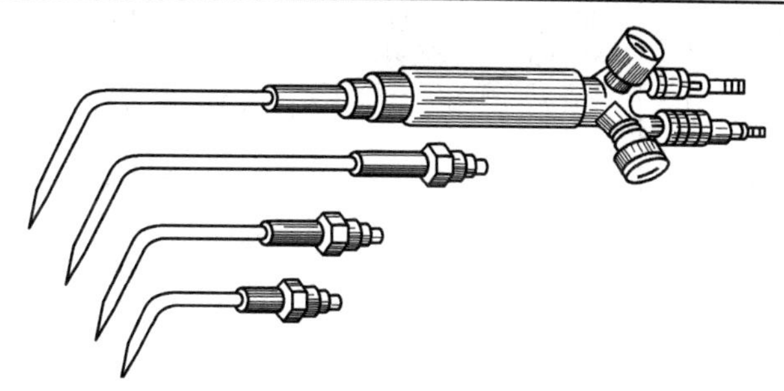

型　　号	焊嘴号	焊嘴孔径 /mm	焊接厚度（低碳钢）/mm	气体压力/MPa		焊炬总长度/mm
				氧气	乙炔	
H02-12	1	0.6	0.5～1.1	0.20	0.02	500
	2	1.0		0.25	0.03	
	3	1.4		0.30	0.04	
	4	1.8		0.35	0.05	
	5	2.2		0.40	0.06	
H02-20	1	0.6	0.5～20	0.20	0.02	600
	2	1.0		0.25	0.03	
	3	1.4		0.30	0.04	
	4	1.8		0.35	0.05	
	5	2.2		0.40	0.06	
	6	2.6		0.50	0.07	
	7	3.0		0.60	0.08	

20.1.5　等压式割炬

等压式割炬利用氧气和中压乙炔作热源，以高压氧气作切割气流切割低碳钢。等压式割炬规格见表 20-5。

表 20-5 等压式割炬规格（JB/T 7947—1999）

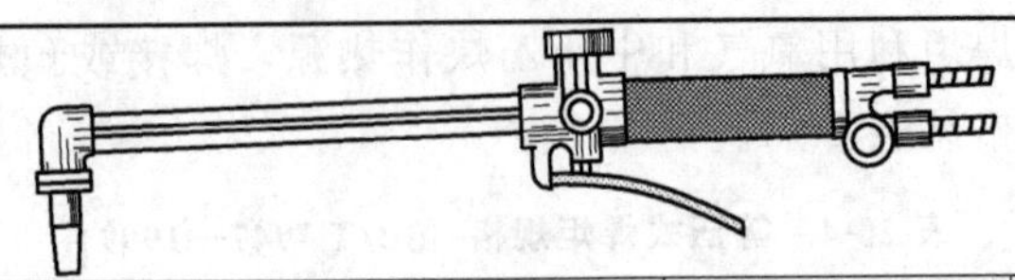

型 号	割嘴号	割嘴孔径/mm	切割厚度（低碳钢）/mm	气体压力/MPa		割炬总长度/mm
				氧气	乙炔	
G02-100	1	0.7	3～100	0.20	0.04	550
	2	0.9		0.25	0.04	
	3	1.1		0.30	0.05	
	4	1.3		0.40	0.05	
	5	1.6		0.50	0.06	
G02-300	1	0.7	3～300	0.20	0.04	650
	2	0.9		0.25	0.04	
	3	1.1		0.30	0.05	
	4	1.3		0.40	0.05	
	5	1.6		0.50	0.06	
	6	1.8		0.50	0.06	
	7	2.2		0.65	0.07	
	8	2.6		0.80	0.08	
	9	3.0		1.00	0.09	

20.1.6 等压式焊割两用炬

等压式焊割两用炬利用氧气和中压乙炔作热源，进行焊接、预热或切割低碳钢，适用于焊接切割任务不多的场合。等压式焊割两用炬规格见表 20-6。

表 20-6 等压式焊割两用炬规格（JB/T 7947—1999）

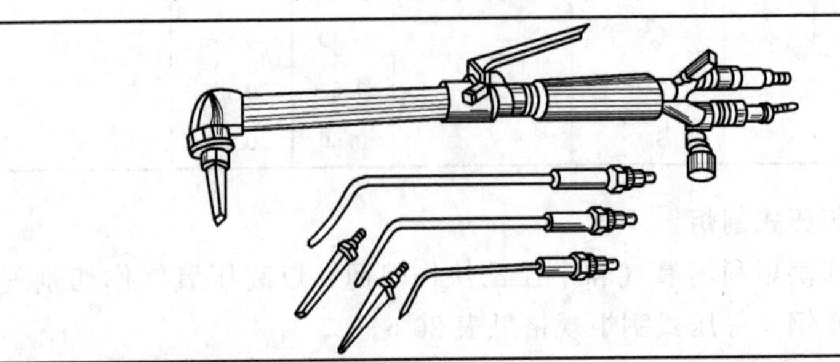

续表

型　号	应用方式	焊割嘴号	焊割嘴孔径/mm	适用低碳钢厚度/mm	气体压力/MPa		焊割炬总长度/mm
					氧气	乙炔	
HG02-12/100	焊接	1	0.6	0.5～12	0.2	0.02	550
		2	1.4		0.3	0.04	
		3	1.1		0.4	0.06	
	切割	1	0.7	3～100	0.2	0.04	
		2	1.1		0.3	0.05	
		3	1.6		0.5	0.06	
HG02-20/200	焊接	1	0.6	0.5～20	0.2	0.02	600
		2	1.4		0.3	0.04	
		3	2.2		0.4	0.06	
		4	3.0		0.6	0.08	
	切割	1	0.7	3～200	0.2	0.04	
		2	1.1		0.3	0.05	
		3	1.6		0.5	0.06	
		4	1.8		0.5	0.06	
		5	2.2		0.65	0.07	

20.1.7　等压式割嘴（GO02 型）

等压式割嘴用于氧气及中压乙炔的自动或半自动切割机。等压式割嘴规格见表 20-7。

表 20-7　等压式割嘴规格

割嘴号	切割钢板厚度/mm	气体压力/MPa		气体耗量		切割速度/mm·min^{-1}
		氧气	乙炔	氧气/m^3·h^{-1}	乙炔/L·h^{-1}	
1	5～15	≥0.3	>0.03	2.5～3	350～400	450～550
2	15～30	≥0.35	>0.03	3.5～4.5	450～500	350～450

续表

割嘴号	切割钢板厚度/mm	气体压力/MPa		气体耗量		切割速度/mm·min⁻¹
		氧气	乙炔	氧气/$m^3 \cdot h^{-1}$	乙炔/$L \cdot h^{-1}$	
3	30～50	≥0.45	>0.03	5.5～6.5	450～500	250～350
4	50～100	≥0.6	>0.05	9～11	500～600	230～250
5	100～150	≥0.7	>0.05	10～13	500～600	200～230
6	150～200	≥0.8	>0.05	13～16	600～700	170～200
7	200～250	≥0.9	>0.05	16～23	800～900	150～170
8	250～300	≥1.0	>0.05	25～30	900～1000	90～150
9	300～350	≥1.1	>0.05	—	1000～1300	70～90
10	350～400	≥1.3	>0.05	—	1300～1600	50～70
11	400～450	≥1.5	>0.05	—	—	50～65

20.1.8 快速割嘴

等压式快速割嘴用于火焰切割机械及普通手工割炬，可与GB/T 5108、GB/T 5110规定的割炬配套使用。等压式快速割嘴型号、规格见表20-8。

表20-8 快速割嘴型号、规格（JB/T 7950—1999）

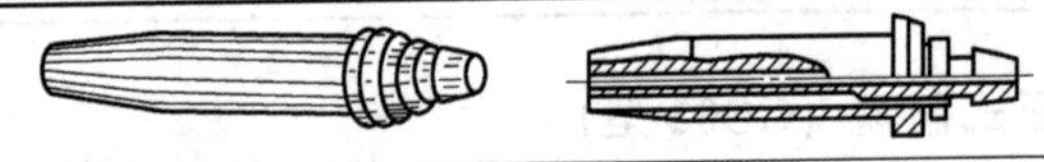

1. 型号

加工方法	切割氧压力/MPa	燃气	尾锥面角度/(°)	品种代号	型号
电铸法	0.7	乙炔	30	1	GK1-1～7
			45	2	GK2-1～7
		液化石油气	30	3	GK3-1～7
			45	4	GK4-1～7
	0.5	乙炔	30	1	GK1-1A～7A
			45	2	GK2-1A～7A
		液化石油气	30	3	GK3-1A～7A
			45	4	GK4-1A～7A

续表

1. 型号					
加工方法	切割氧压力/MPa	燃　　气	尾锥面角度/(°)	品种代号	型　　号
机械加工法	0.7	乙炔	30	1	GKJ1-1～7
			45	2	GKJ2-1～7
		液化石油气	30	3	GKJ3-1～7
			45	4	GKJ4-1～7
	0.5	乙炔	30	1	GKJ1-1A～7A
			45	2	GKJ2-1A～7A
		液化石油气	30	3	GKJ3-1A～7A
			45	4	GKJ4-1A～7A

2. 割嘴规格							
割嘴规格号	割嘴喉部直径/mm	切割厚度/mm	切割速度/$mm \cdot min^{-1}$	气体压力/MPa			切口/mm
				氧气	乙炔	液化石油气	
1	0.6	5～10	750～600	0.7	0.025	0.03	≤1
2	0.8	10～20	600～450				≤1.5
3	1.0	20～40	450～380				≤2
4	1.25	40～60	380～320	0.7	0.03	0.035	≤2.3
5	1.5	60～100	320～250				≤3.4
6	1.75	100～150	250～160		0.035	0.04	≤4
7	2.0	150～180	160～130				≤4.5
1A	0.6	5～10	560～450	0.5	0.015	0.03	≤1
2A	0.8	10～20	450～340				≤1.5
3A	1.0	20～40	340～250				≤2
4A	1.15	40～60	250～210		0.03	0.035	≤2.3
5A	1.5	60～100	210～180				≤3.4

20.1.9 金属粉末喷焊炬

金属粉末喷焊炬用氧-乙炔焰和特殊的送粉机构，将喷焊或喷涂合金粉末喷射在工件表面，以完成喷涂工艺。金属粉末喷焊炬规格见表20-9。

表 20-9　金属粉末喷焊炬规格

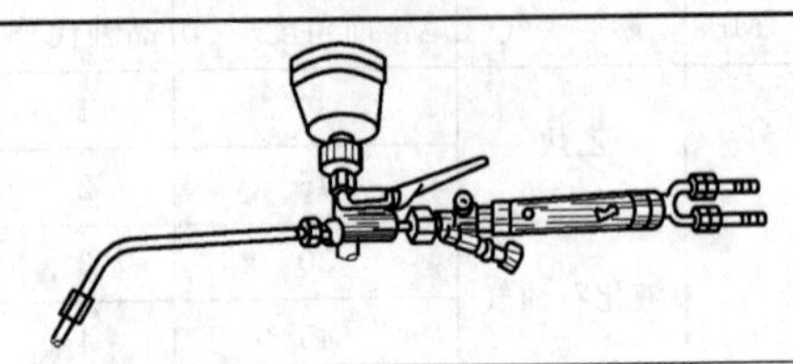

型　号	喷焊嘴		用气压力/MPa		送粉量/kg·h^{-1}	总长度/mm
	号	孔径/mm	氧	乙炔		
SPH-1/h	1	0.9	0.2	≥0.05	0.4～1	430
	2	1.1	0.25			
	3	1.3	0.3			
SPH-2/h	1	1.6	0.3	>0.5	1～2	470
	2	1.9	0.35			
	3	2.2	0.4			
SPH-4/h	1	2.6	0.4	>0.5	2～4	630
	2	2.8	0.45			
	3	3.0	0.5			
SPH-C	1	1.5×5	0.5	>0.5	4.5～6	730
	2	1.5×7	0.6			
	3	1.5×9	0.7			
SPH-D	1	1×10	0.5	>0.5	8～12	730
	2	1.2×10	0.6			780

注：合金粉末粒度不大于150目。

20.1.10　金属粉末喷焊喷涂两用炬

金属粉末喷焊喷涂两用炬利用氧-乙炔焰和特殊的送粉机构，将喷焊或喷涂用合金粉末喷射在工件表面上。金属粉末喷焊喷涂两用炬规格见表20-10。

表 20-10　金属粉末喷焊喷涂两用炬规格

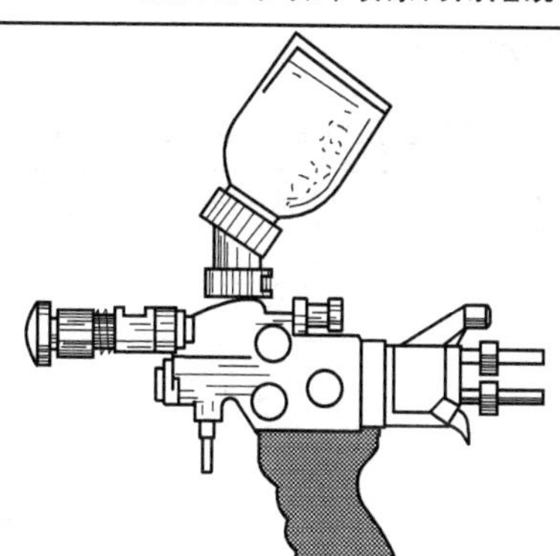

SPH-E 型

型　　号	喷嘴号	喷嘴型式	预热式孔径/孔数	喷粉孔径/mm	气体压力/MPa		送粉量/kg·h^{-1}
					氧	乙炔	
QT-7/h	1	环形	—	2.8	0.45	≥0.04	5～7
	2	梅花	0.7mm/12	3.0	0.5		
	3	梅花	0.8mm/12	3.2	0.55		
QT-3/h	1	梅花	0.6mm/12	3.0	0.7	≥0.04	3
	2		0.7mm/12	3.2	0.8		
SPH-E	1	环形	—	3.5	0.5～0.6	≥0.05	≤7
	2	梅花	1.0mm/8				

20.2　焊、割器具及用具

20.2.1　氧气瓶

氧气瓶贮存压缩氧气，供气焊和气割使用。氧气瓶规格见表 20-11。

表 20-11　氧气瓶规格

容积/m^3	工作压力/MPa	尺寸/mm		重量/kg
		外径	高度	
40	14.71	219	1370	55
45	14.71	219	1490	47

注：瓶外表漆色为天蓝色，并标有黑色“氧”字。

20.2.2 溶解乙炔气瓶

溶解乙炔气瓶规格见表 20-12。

表 20-12 溶解乙炔气瓶规格（GB 11638—2003）

公称直径 D_N/mm	公称容积 V_N/L	肩部轴向间隙 X/mm	丙酮充装量允许偏差 Δm_s/kg
160	10	1.2	$^{+0.1}_{0}$
180	16	1.6	
210	25	2.0	$^{+0.2}_{0}$
250	40	2.5	$^{+0.4}_{0}$
300	60		$^{+0.5}_{0}$

20.2.3 氧、乙炔减压器

氧气减压器接在氧气瓶出口处，将氧气瓶内的高压氧气调节为所需的低压氧气。乙炔减压器接在乙炔发生器出口处，将乙炔压力调到所需的低压。氧、乙炔减压器规格见表 20-13。

表 20-13 氧、乙炔减压器规格（GB/T 7899—2006）

介质	类型	额定（最大）进口压力 p_1/MPa	额定（最大）出口压力 p_2/MPa	额定流量 Q_1/$m^3 \cdot h^{-1}$
30 MPa 以下氧气和其他压缩气体	0	0～30①	0.2	1.5
	1		0.4	5
	2		0.6	15
	3		1.0	30
	4		1.25	40
	5		2	50
溶解乙炔	1	2.5	0.08	1
	2		<0.15	5②

① 压力指 15℃时的气瓶最大充气压力。

② 一般建议：应避免流量大于 $1m^3/h$。

20.2.4　气焊眼镜

气焊眼镜规格见表 20-14。

表 20-14　气焊眼镜规格

	用　　途	规　　格
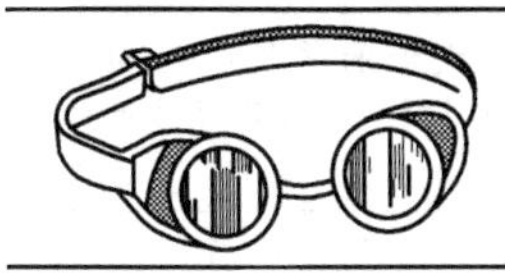	保护气焊工人的眼睛，不致受强光照射和避免熔渣溅入眼内	深绿色镜片和浅绿色镜片

20.2.5　焊接面罩

焊接面罩用于保护电焊工人的头部及眼睛，不受电弧紫外线及飞溅熔渣的灼伤。焊接面罩规格见表 20-15。

表 20-15　焊接面罩规格（GB/T 3609.1—2008）

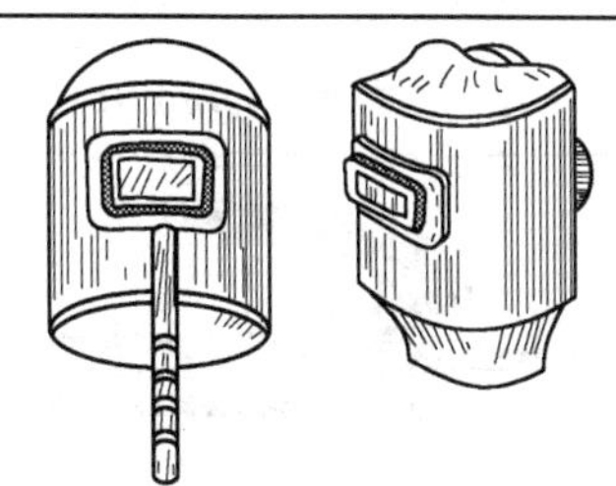

手持式　　　　头戴式

品　　种	外形尺寸/mm≥			观察窗尺寸/mm≥	（除去附件后）重量/g≤
	长度	宽度	深度		
手持式、头戴式 安全帽与面罩组合式	310 230	210	120	90×40	500

20.2.6　焊接滤光片

焊接滤光片装在焊接面罩上以保护眼睛。焊接滤光片规格见表 20-16。

表 20-16　焊接滤光片规格（GB/T 3609.1—2008）

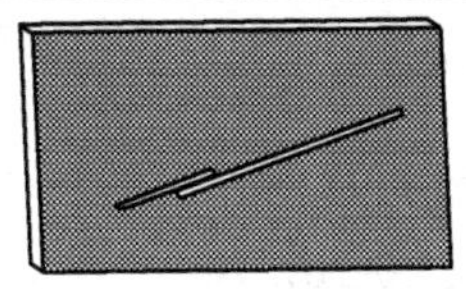

续表

规格/mm	单镜片：长方形（包括单片眼罩）长×宽≥108×50，厚度≤3.8 双镜片：圆镜片直径≥ϕ50，不规则镜片水平基准长度≥45、垂直≥40，高度、厚度≤3.2						
颜色	焊接滤光片的颜色为混合色，其透射率最大值的波长应在500～620nm之间；左、右眼滤光片的色差应满足GB 14866—2006中5.6.3a)的要求						
滤光片遮光号	1.2、1.4、1.7、2	3、4	5、6	7、8	9、10、11	12、13	14
电弧焊接与切割作业	防侧光与杂散光	辅助工	≤30A的电弧作业	30～75A的电弧作业	75～200A的电弧作业	200～400A的电弧作业	≥400A的电弧作业

20.2.7 电焊钳

电焊钳用于夹持电焊条进行手工电弧焊接。电焊钳规格见表20-17。

表20-17 电焊钳规格（QB/T 1518—1992）

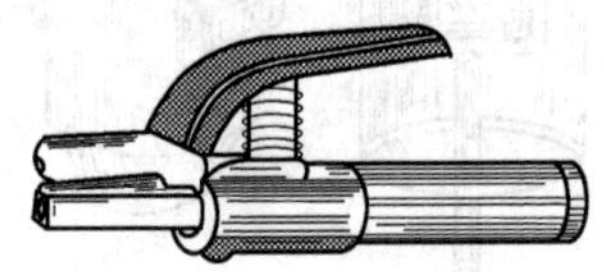

规格/A	额定焊接电流/A	负载持续率/%	工作电压/V	适用焊条直径/mm	能接电缆截面积/mm^2	温升/℃≤
160	160	60	26	2.0～4.0	≥25	35
(150)	(150)					
250	250	60	30	2.5～5.0	≥35	40
315	315	60	32	3.2～5.0	≥35	40
(300)	(300)					
400	400	60	36	3.2～6.0	≥50	45
500	500	60	40	4.0～(8.0)	≥70	45

注：括号中的数值为非推荐数值。

20.2.8 电焊手套及脚套

电焊手套及脚套见表20-18。

表 20-18　电焊手套及脚套

	用　途	规　格
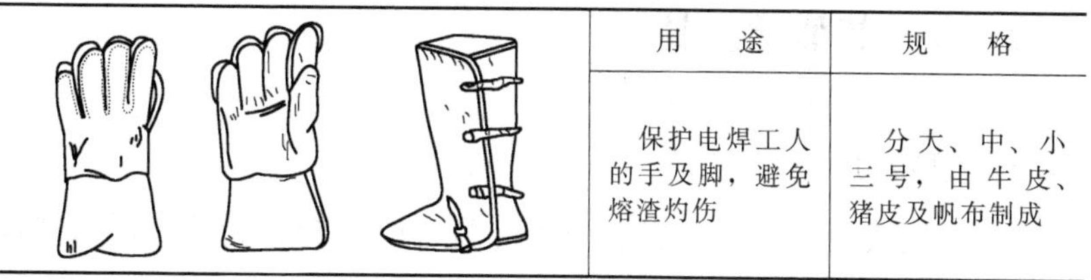	保护电焊工人的手及脚，避免熔渣灼伤	分大、中、小三号，由牛皮、猪皮及帆布制成

第 21 章 其他类工具

21.1 钢丝刷

钢丝刷适用于各种金属表面的除锈、除污和打光等。钢丝刷规格见表 21-1。

表 21-1 钢丝刷规格（QB/T 2190—2010）

类别	刷板含水率	单束刷丝的拉力
有柄、无柄	≤15%	≥30N

21.2 平口式油灰刀

油灰刀是油漆专用工具，分为软性和硬性两种。软性油灰刀富有弹性，适用于调漆、抹油灰；硬性油灰刀适于铲漆。平口式油灰刀规格见表 21-2。

表 21-2 平口式油灰刀规格（QB/T 2083—1995） mm

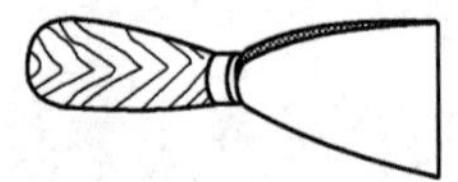

刀宽	刃口厚度
第一系列（优先）：30，40，50，60，70，80，90，100 第二系列：25，38，45，65，75	0.4

21.3 方形油灰刀

方形油灰刀用途同油灰刀。方形油灰刀规格见表 21-3。

表 21-3 方形油灰刀规格

成套供应刀宽/mm	50，80，100，120 各一把

21.4 羊毛排笔

羊毛排笔可用于清理、涂刷等操作。羊毛排笔规格见表 21-4。

表 21-4 羊毛排笔规格

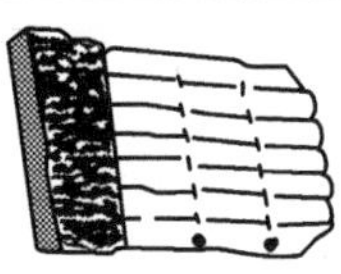

排数	3，5，7，9

21.5 漆刷

漆刷主要供涂刷涂料用，也可用于清扫机器、仪器等表面。扁漆刷应用最广，圆漆刷主要用于船体涂刷。漆刷规格见表 21-5。

表 21-5 漆刷规格（QB/T 1103—2001） mm

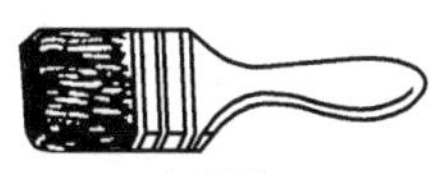

扁漆刷

圆漆刷

扁漆刷（宽度）	15，20，25，30，40，50，65，75，90，100，125，150
圆漆刷（直径）	15，20，25，40，50，65

21.6 喷灯

喷灯利用喷射火焰对工件进行加热，如焊接时加热烙铁、铸造时烧烤砂型、热处理时加热工件及汽车水箱的加热解冻等。喷灯规格见表 21-6。

表 21-6 喷灯规格

煤油喷灯　　汽油喷灯

品种	型号	燃料	工作压力/MPa	火焰有效长度/mm	火焰温度/℃	贮油量/kg	耗油量/kg·h^{-1}	灯净重/kg
煤油喷灯	MD-1	灯用煤油	0.25～0.35	60	>900	0.8	0.5	1.20
	MD-1.5			90		1.2	1.0	1.65
	MD-2			110		1.6	1.5	2.40
	MD-2.5			110		2.0	1.5	2.45
	MD-3			160		2.5	1.4	3.75
	MD-3.5			180		3.0	1.6	4.00
汽油喷灯	QD-0.5	工业汽油	0.25～0.35	70	>900	0.4	0.45	1.10
	QD-1			85		0.7	0.9	1.60
	QD-1.5			100		1.05	0.6	1.45
	QD-2			150		1.4	2.1	3.38
	QD-2.5			170		2.0	1.1	3.20
	QD-3			190		2.5	2.5	3.40
	QD-3.5			210		3.0	3.0	3.75
煤汽油两用灯	QMD-2					0.8	0.3～0.4	
	QMD-3					1.1	0.4～0.6	

21.7 喷漆枪

喷漆枪以压缩空气为动力，将油漆等涂料喷涂在各种机械、设备、车辆、船舶、器具、仪表等物体表面上。喷漆枪规格见表 21-7。

表 21-7　喷漆枪规格

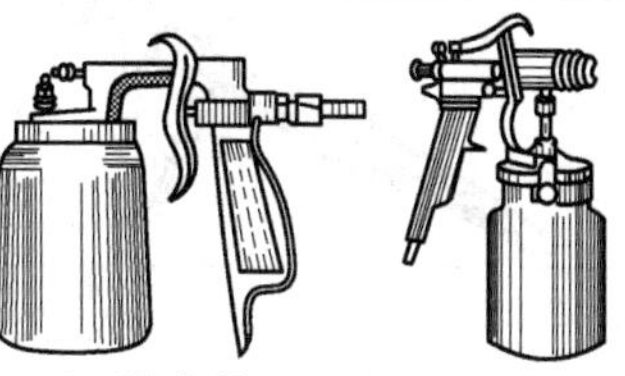

PQ-1型(小型)　　PQ-2型(大型)

<table>
<tr><th rowspan="2">型号</th><th rowspan="2">贮漆罐容量/L</th><th rowspan="2">出漆嘴孔径/mm</th><th rowspan="2">空气工作压力/MPa</th><th rowspan="2">喷涂有效距离/mm</th><th colspan="2">喷涂表面</th></tr>
<tr><th>形状</th><th>直径或长度/mm</th></tr>
<tr><td>PQ-1</td><td>0.6</td><td>1.8</td><td>0.25～0.4</td><td>50～250</td><td>圆形</td><td>≥35</td></tr>
<tr><td>PQ-1B</td><td>0.6</td><td>1.8</td><td>0.3～0.4</td><td>250</td><td>圆形</td><td>38</td></tr>
<tr><td>PQ-2</td><td>1</td><td>2.1</td><td>0.45～0.5</td><td>260</td><td>圆形
扁形</td><td>35
≥140</td></tr>
<tr><td>PQ-2Y</td><td>1</td><td>3</td><td>0.3～0.4①
0.4～0.5②</td><td>200～300</td><td>扇形</td><td>150～160</td></tr>
<tr><td>PQ-11</td><td>0.15</td><td>0.35</td><td>0.4～0.5</td><td>150</td><td>圆形</td><td>3～30</td></tr>
<tr><td>1</td><td>0.15</td><td>0.8</td><td>0.4～0.5</td><td>75～200</td><td>圆形</td><td>6～75</td></tr>
<tr><td>2A</td><td>0.15</td><td>0.4</td><td>0.4～0.5</td><td>75～200</td><td>圆形</td><td>5～40</td></tr>
<tr><td>2B</td><td>0.15</td><td>1.1</td><td>0.5～0.6</td><td>50～250</td><td>圆形
椭圆</td><td>5～30
长轴 100</td></tr>
<tr><td>3</td><td>0.9</td><td>2</td><td>0.5～0.6</td><td>50～200</td><td>圆形
椭圆</td><td>10～80
长轴 150</td></tr>
<tr><td>F75</td><td>0.6</td><td>1.8</td><td>0.3～0.35</td><td>150～200</td><td>圆形
扇形</td><td>35
120</td></tr>
</table>

① 适用于彩色花纹涂料。
② 适用于其他涂料（清洁剂、胶黏剂、密封剂）。

21.8　喷笔

喷笔供绘画、着色、花样图案、模型、雕刻和翻拍的照片等喷涂颜料或银浆等用。喷笔规格见表 21-8。

表 21-8 喷 笔 规 格

型号	贮漆罐容量/mL	出漆嘴孔径/mm	工作时空气压力/MPa	喷涂范围/mm	
				喷涂有效距离	圆形（直径）
V-3	70	0.3	0.4～0.5	20～150	1～8
V-7	2	0.3	0.4～0.5	20～150	1～8

21.9 钢丝打包机

钢丝打包机专供用低碳镀锌钢丝或低碳黑钢丝捆扎货箱或包件之用，可收紧钢丝，并使接头处绕缠打结。钢丝打包机规格见表 21-9。

表 21-9 钢丝打包机规格

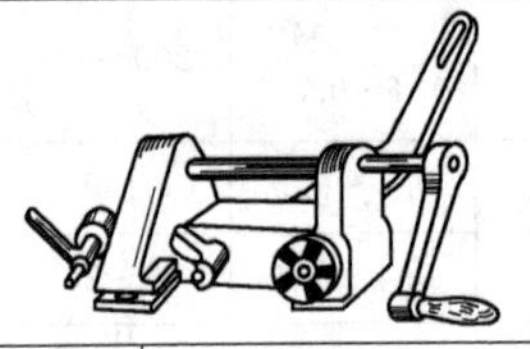

适用钢丝直径/mm	1.2～2

21.10 钢带打包机

钢带打包机专供货箱或包件钢带包扎用，可收紧钢带、轧固接头搭捆。钢带打包机规格见表 21-10。

表 21-10 钢带打包机规格

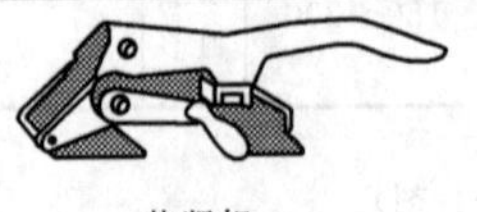

收紧机 轧钳

适用钢带宽度/mm	普通式为 12～16；重型式为 20，32

21.11 纸塑带打包机

纸塑带打包机专供用纸带或塑料带捆扎木箱、纸箱或包件用，可收紧带子，并将带子接头与钢皮搭扣轧牢，连接在一起。纸塑带打包机规格见表 21-11、塑料打包带的规格和性能见表 21-12。

表 21-11　纸塑带打包机规格

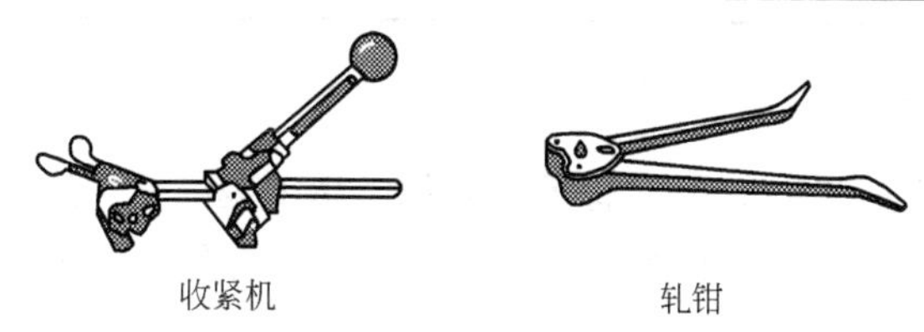

收紧机　　轧钳

适用带子宽度/mm	12～16

表 21-12　塑料打包带的规格和性能

宽度/mm	12	13.5	15	15.5	19	22
厚度/mm	0.6～1.2					
断裂拉力/kN>	1.1	1.2	1.4	1.4	2.5	3.5
断裂伸长率/%<	25					
制造材料	聚丙烯（PP），一般商品打包用 聚乙烯（PE），冷冻食品打包用					

21.12　手摇油泵

手摇油泵用来抽吸大桶内的油液或其他液体。由金属或塑料制成。前者不适用于有腐蚀性的液体。手摇油泵规格见表 21-13。

表 21-13　手摇油泵规格

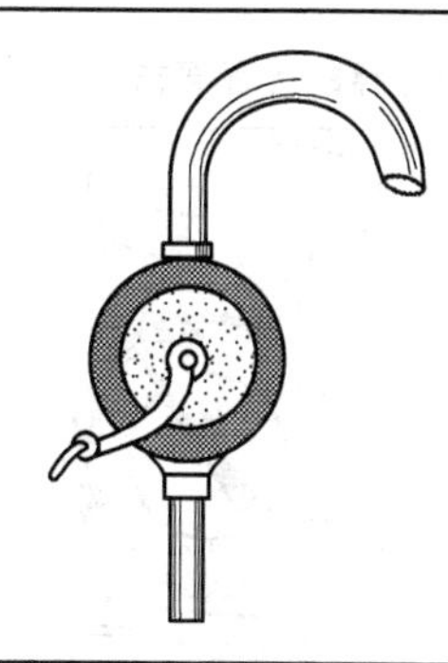

续表

种类	管子内径/mm	吸程/m	压程/m	流量/$L\cdot min^{-1}$	结构型式
金属制	22	1.5	3	40（在100r/min时）	刮板式
	25	1.0	2	40（在90 r/min时）	活瓣式

21.13 油壶

油壶用于手工加油、润滑、防锈、冷却等。油壶有鼠形油壶、压力油壶、塑料油壶和喇叭油壶等多种形状，规格见表21-14。

表21-14 油壶规格

类型	鼠形油壶	压力油壶	塑料油壶	喇叭油壶
规格	容量（kg）：0.25，0.5，0.75，1	容积（cm^3）：180	容积（cm^3）：180	全高（mm）：100，200

21.14 衡器

21.14.1 弹簧度盘秤

弹簧度盘秤放置在台上使用，适宜于颗粒、粉末及较小物体的称重。弹簧度盘秤规格见表21-15。

表21-15 弹簧度盘秤的计量要求（GB/T 11884—2008）

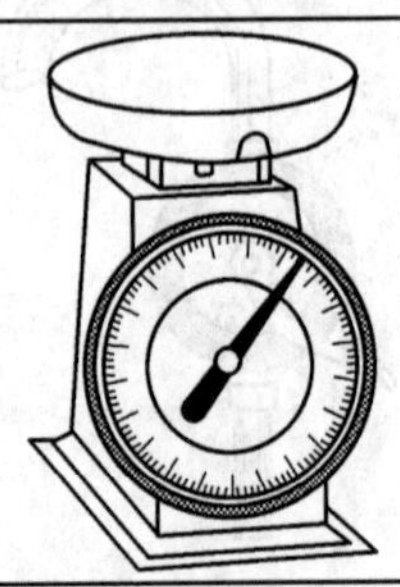

续表

最大允许误差		
最大允许误差	载荷 m（以检定分度值 e 表示）	
	中准确度级(III)	普通准确度级(IIII)
$\pm 0.5e$	$0 \leqslant m \leqslant 500$	$0 \leqslant m \leqslant 50$
$\pm 1.0e$	$500 < m \leqslant 2\,000$	$50 < m \leqslant 200$
$\pm 1.5e$	$2000 < m \leqslant 10\,000$	$200 < m \leqslant 1000$

检定分度值、检定分度数和最小秤量的关系

准确度等级	检定分度值 e	检定分度数 $n=Max/e$		最小秤量 Min（下限）
		最小[①]	最大	
中(III)	0.1g$\leqslant e \leqslant$2g	100	10000	$20e$
	5g$\leqslant e$	500	10000	$20e$
普通(IIII)	5g$\leqslant e$	100	1000	$10e$

①用于贸易结算的度盘秤，其最小检定分度数，对(III)级，$n=1\ 000$；对(IIII)级，$n=400$。

21.14.2　非自行指示秤

非自行指示秤包括杠杆砣式台秤、案秤、地上衡、地中衡。台秤用于称量体积较大的物品，使用时一般放在地上。非自行指示秤的计量要求见表 21-16。

表 21-16　非自行指示秤的计量要求（GB/T 335—2002）

	准确度等级	检定分度值 e	检定分度数 $n=Max/e$		最小秤量 Min
			最　小	最　大	
准确度等级	中(III)	0.1g$\leqslant e \leqslant$2g	100	10000	$20e$
		5g$\leqslant e$	500	10000	$20e$
	普通(IIII)	5g$\leqslant e$	100	1000	$10e$
	用于贸易结算的度盘秤，其最小检定分度数，对(III)级，$n \geqslant 1\ 000$；对(IIII)级，$n \geqslant 400$。准确度等级符号为任意形状的椭圆或者由两条水平线连接的两个半圆，但不能为圆形				
检定分度值	秤的检定分度值与实际分度值相等，即 $e=d$，并以含质量单位的下列数字之一表示：1×10^k、2×10^k、5×10^k（k 为正整数、负整数或零）				

续表

<table>
<tr><td rowspan="6">最大允许误差</td><td rowspan="2">首次检定最大允许误差</td><td colspan="2">砝码 m 以检定分度值 e 表示</td></tr>
<tr><td>中准确度级(III)</td><td>普通准确度级(IIII)</td></tr>
<tr><td>$\pm0.5e$</td><td>$0\leqslant m\leqslant500$</td><td>$0\leqslant m\leqslant50$</td></tr>
<tr><td>$\pm1.0e$</td><td>$500< m\leqslant2\ 000$</td><td>$50< m\leqslant200$</td></tr>
<tr><td>$\pm1.5e$</td><td>$2000< m\leqslant10\ 000$</td><td>$200< m\leqslant1000$</td></tr>
<tr><td colspan="3">使用中检验的最大允许误差是首次检定最大允许误差的两倍</td></tr>
</table>

21.14.3 非自行指示轨道衡（轻轨衡）

非自行指示轨道衡（轻轨衡）的计量要求见表21-17。

表21-17 非自行指示轨道衡（轻轨衡）的计量要求（QB/T 1076—2003）

<table>
<tr><td>分度值</td><td colspan="7">分度值以含质量单位的下列数字之一表示：1×10^k、2×10^k、5×10^k（k 为正整数、负整数或零），秤的检定分度值与实际分度值 e 的关系为：$Max<100$t 时，$e=d$；$Max\geqslant100$t 时，$e\geqslant d$</td></tr>
<tr><td rowspan="7">准确度等级</td><td colspan="2" rowspan="2">准确度等级</td><td rowspan="2">检定分度值 e/kg</td><td colspan="2">检定分度数 $n=Max/e$</td><td rowspan="2">最小秤量 Min</td></tr>
<tr><td>最小</td><td>最大</td></tr>
<tr><td rowspan="2">当 $Max<$ 100t 时</td><td>中(III)</td><td>$\geqslant5$</td><td>500</td><td>10000</td><td>$20e$</td></tr>
<tr><td>普通(IIII)</td><td>$\geqslant50$</td><td>100</td><td>1000</td><td>$20e$</td></tr>
<tr><td rowspan="2">当 $Max\geqslant$ 100t 时</td><td>中(III)</td><td>$\geqslant10$</td><td>500</td><td>10000</td><td>18t</td></tr>
<tr><td>普通(IIII)</td><td>$\geqslant100$</td><td>100</td><td>1000</td><td>18t</td></tr>
<tr><td colspan="6">用于贸易结算的度盘秤，其最小检定分度数，对(III)级，$n=1\ 000$；对(IIII)级，$n=400$</td></tr>
<tr><td>检定分度值</td><td colspan="7">秤的检定分度值与实际分度值相等，即 $e=d$，并以含质量单位的下列数字之一表示：1×10^k、2×10^k、5×10^k（k 为正整数、负整数或零）</td></tr>
<tr><td rowspan="6">最大允许误差</td><td colspan="2" rowspan="2">首次检定最大允许误差 mpe</td><td colspan="5">载荷 m 以检定分度值 e 表示</td></tr>
<tr><td colspan="2">中准确度级(III)</td><td colspan="3">普通准确度级(IIII)</td></tr>
<tr><td colspan="2">$\pm0.5e$</td><td colspan="2">$0\leqslant m\leqslant500$</td><td colspan="3">$0\leqslant m\leqslant50$</td></tr>
<tr><td colspan="2">$\pm1.0e$</td><td colspan="2">$500< m\leqslant2\ 000$</td><td colspan="3">$50< m\leqslant200$</td></tr>
<tr><td colspan="2">$\pm1.5e$</td><td colspan="2">$2000< m\leqslant10\ 000$</td><td colspan="3">$200< m\leqslant1000$</td></tr>
<tr><td colspan="7">使用中检验的最大允许误差是首次检定最大允许误差的两倍</td></tr>
</table>

21.14.4 固定式电子衡器

固定式电子衡器包括使用称重传感器和称重显示控制器的非自动计量的电子地中衡、电子地上衡、电子料斗秤、电子轨道衡及各种特殊的固定式电子衡器。固定式电子衡器的计量要求见表 21-18。

表 21-18 固定式电子衡器的计量要求（GB/T 7723—2008）

<table>
<tr><td rowspan="5">准确度等级</td><td rowspan="2">准确度等级</td><td rowspan="2">检定分度值 e/g</td><td colspan="2">检定分度数 $n=Max/e$</td><td rowspan="2">最小秤量 Min</td></tr>
<tr><td>最小</td><td>最大</td></tr>
<tr><td rowspan="2">中(Ⅲ)</td><td>0.1≤e≤2</td><td>100</td><td>10000</td><td>20e</td></tr>
<tr><td>5≤e</td><td>500</td><td>10000</td><td>20e</td></tr>
<tr><td>普通(ⅢⅠ)</td><td>5≤e</td><td>100</td><td>1000</td><td>10e</td></tr>
<tr><td>检定分度值</td><td colspan="5">与实际分度值相等，即 $e=d$，并以含质量单位的下列数字之一表示：1×10^k、2×10^k、5×10^k（k 为正整数、负整数或零）</td></tr>
<tr><td rowspan="6">最大允许误差</td><td colspan="2" rowspan="2">首次检定最大允许误差 mpe</td><td colspan="3">载荷 m 以检定分度值 e 表示</td></tr>
<tr><td colspan="2">中准确度级(Ⅲ)</td><td>普通准确度级(ⅢⅠ)</td></tr>
<tr><td colspan="2">±0.5e</td><td colspan="2">0≤m≤500</td><td>0≤m≤50</td></tr>
<tr><td colspan="2">±1.0e</td><td colspan="2">500<m≤2 000</td><td>50<m≤200</td></tr>
<tr><td colspan="2">±1.5e</td><td colspan="2">2000<m≤10 000</td><td>200<m≤1000</td></tr>
<tr><td colspan="5">使用中检验的最大允许误差是首次检定最大允许误差的两倍</td></tr>
</table>

21.14.5 电子吊秤

电子吊秤起吊、计量一次完成。适合于一切有起吊设备的场合，并可与任何起吊设备配套使用。该产品具有遥控操纵（在地面用红外线操纵器操纵，距离远达 40m）及微机控制（采用高可靠性的微处理器，具有去皮重、计净重、预示超重等功能）。电子吊秤规格见表 21-19。

表 21-19 电子吊秤规格（GB/T 11883—2002）

<table>
<tr><td rowspan="5">准确度等级</td><td rowspan="2">准确度等级</td><td rowspan="2">检定分度值 e</td><td colspan="2">检定分度数 $n=Max/e$</td><td rowspan="2">最小秤量 Min</td></tr>
<tr><td>最小[a]</td><td>最大</td></tr>
<tr><td>中(III)</td><td>5g≤e</td><td>500</td><td>10000</td><td>20e</td></tr>
<tr><td>普通(IIII)</td><td>5g≤e</td><td>100</td><td>1000</td><td>10e</td></tr>
<tr><td colspan="5">用于贸易结算的度盘秤，其最小检定分度数，对(III)级，$n=1\ 000$；对(IIII)级，$n=400$</td></tr>
<tr><td>检定分度值</td><td colspan="5">秤的检定分度值与实际分度值相等，即 $e=d$，并以含质量单位的下列数字之一表示：1×10^k、2×10^k、5×10^k（k 为正整数、负整数或零）</td></tr>
<tr><td rowspan="6">最大允许误差</td><td colspan="2" rowspan="2">标准载荷时最大允许误差</td><td colspan="3">标准载荷 m 以检定分度值 e 表示</td></tr>
<tr><td colspan="2">中准确度级(III)</td><td>普通准确度级(IIII)</td></tr>
<tr><td colspan="2">±0.5e</td><td colspan="2">0≤m≤500</td><td>0≤m≤50</td></tr>
<tr><td colspan="2">±1.0e</td><td colspan="2">500＜m≤2 000</td><td>50＜m≤200</td></tr>
<tr><td colspan="2">±1.5e</td><td colspan="2">2000＜m≤10 000</td><td>200＜m≤1000</td></tr>
<tr><td colspan="5">使用中检验的最大允许误差是标准载荷时最大允许误差的两倍</td></tr>
</table>

21.14.6 电子台案秤

电子台案秤用于称重传感器为一次转换元件并带有载荷承载器、电子装置、数字显示的自行指示式电子台案秤，如电子计价秤、电子台秤、条码打印计价秤、电子计重秤、电子计数秤等非自动秤产品。电子计价秤规格见表 21-20。

表 21-20 电子计价秤规格（GB/T 7722—2005）

<table>
<tr><td rowspan="5">准确度等级</td><td rowspan="2">准确度等级</td><td rowspan="2">检定分度值 e/g</td><td colspan="2">检定分度数 $n=Max/e$</td><td rowspan="2">最小秤量 Min</td></tr>
<tr><td>最小</td><td>最大</td></tr>
<tr><td rowspan="2">中(III)</td><td>0.1≤e≤2</td><td>100</td><td>10000</td><td>20e</td></tr>
<tr><td>5≤e</td><td>500</td><td>10000</td><td>20e</td></tr>
<tr><td>普通(IIII)</td><td>5≤e</td><td>100</td><td>1000</td><td>10e</td></tr>
<tr><td>检定分度值</td><td colspan="5">与实际分度值相等，即 $e=d$</td></tr>
</table>

续表

	首次检定最大允许误差 mpe	砝码 m 以检定分度值 e 表示	
		中准确度级(III)	普通准确度级(IIII)
最大允许误差	$\pm 0.5e$	$0 \leqslant m \leqslant 500$	$0 \leqslant m \leqslant 50$
	$\pm 1.0e$	$500 < m \leqslant 2\ 000$	$50 < m \leqslant 200$
	$\pm 1.5e$	$2000 < m \leqslant 10\ 000$	$200 < m \leqslant 1000$
	使用中检验的最大允许误差是首次检定最大允许误差的两倍		

21.15　切割工具

21.15.1　石材切割机

交直流两用、单相串激石材切割机适用于一般环境下，用金刚石切割片对石材、大理石板、瓷砖、水泥板等含硅酸盐的材料进行切割。石材切割机规格见表 21-21。

表 21-21　石材切割机规格（GB/T 22664—2008）

规格	切割尺寸（外径×内径）/mm	额定输出功率/W ≥	额定转矩/N·m ≥	最大切割深度/mm ≥
110C	110×20	200	0.3	20
110	110×20	450	0.5	30
125	125×20	450	0.7	40
150	150×20	550	1.0	50
180	180×25	550	1.6	60
200	200×25	650	2.0	70
250	250×25	730	2.8	75

21.15.2　电火花线切割机（往复走丝型）

电火花线切割机规格见表 21-22。

表 21-22 电火花线切割机规格(GB/T 7925—2005)

Y 轴行程/mm	100		125		160		200		250		320		400		500		630		800		1000		1250	
X 轴行程/mm	125	160	160	200	200	250	250	320	320	400	400	500	500	630	630	800	800	1000	1000	1250	1250	1600	1600	2000
最大工件重量/kg	10		20		40		60		120		200		320		500		1000		1500		2000		2500	
Z 轴行程/mm	80、100、125、160、200、250、320、400、500、630、800、1000																							
最大切割厚度 H/mm	50、60、80、100、120、140、160、180、200、250、300、350、400、450、500、550、600、700、800、900、1000																							
最大切割锥度/(°)	0、3、6、9、12、15、18(18°以上按 6°一挡间隔增加)																							

21.15.3　汽油切割机

汽油切割机规格见表 21-23。

表 21-23　汽油切割机规格（JB/T 10248—2001）

型号	氧气工作压力/MPa				汽油使用压力/MPa	可换割嘴个数	割嘴切割氧孔径/mm				切割低碳钢厚度/mm	一次注油连续工作时间/h	割炬总长/mm
	1	2	3	4			1	2	3	4			
QG1-30 QG2-30 QG3-30	0.25	0.3	0.4	—	0.03～0.09	3	0.7	0.9	1.1	—	3～30	≥4	500
QG1-100 QG2-100 QG3-100	0.4	0.5	0.6	—		3	1.0	1.3	1.6	—	10～100	≥4	550
QG1-300 QG2-300 QG3-300	0.6	0.7	0.8	1.0		4	1.8	2.2	2.6	3.0	100～300	≥4	650

21.15.4　超高压水切割机

超高压水切割机规格见表 21-24。

表 21-24　超高压水切割机规格（JB/T 10351—2002）

压力/MPa	150	200	250	300	350	400
主机功率/kW	5.5～7.5					

21.15.5　等离子弧切割机

等离子弧切割机规格见表 21-25。

表 21-25　等离子弧切割机规格（JB/T 2751—2004）

基本参数	额定切割电流等级/A	25，40，63，100，125，160，250，315，400，500，630，800，1000
	额定负载持续率/%	35，60，100
	工作周期	10min、连续

续表

<table>
<tr><td rowspan="2">使用条件</td><td>环境条件</td><td>①周围空气温度范围
在切割时，空冷－10～40℃；水冷 5～40℃
在运输和贮存过程中，－25～55℃
②空气相对湿度
在 40℃时，≤50%；在 20℃时，≤90%
③周围空气中的灰尘、酸、腐蚀性气体或物质等不超过正常含量，由于切割过程而产生的则除外
④使用场所的风速不大于 2m/s，否则需加防风装置
⑤海拔不超过 1000m</td></tr>
<tr><td>供电电网品质</td><td>①供电电压波形应为实际的正弦波
②供电电压的波动不超过其额定值的±10%
③三相供电电压的不平衡率不大于 5%</td></tr>
</table>

21.15.6 型材切割机

型材切割机规格见表 21-26。

表 21-26 型材切割机规格（JB/T 9608—1999）

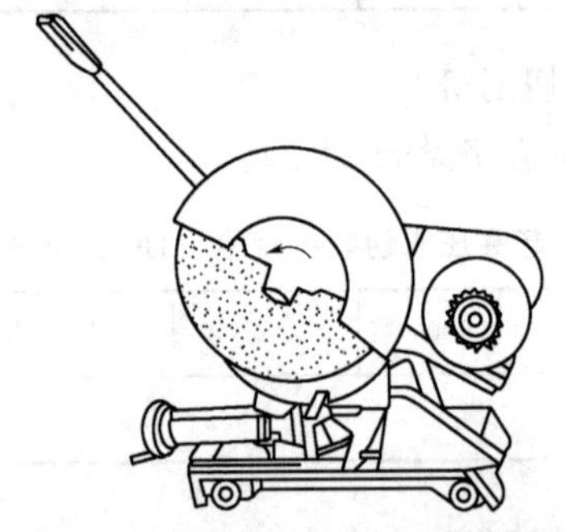

<table>
<tr><th>规格/mm</th><th>额定输出功率/W≥</th><th>额定转矩/N·m≥</th><th>最大切割直径/mm</th><th>说明</th></tr>
<tr><td>200</td><td>600</td><td>2.3</td><td>20</td><td></td></tr>
<tr><td>250</td><td>700</td><td>3.0</td><td>25</td><td></td></tr>
<tr><td>300</td><td>800</td><td>3.5</td><td>30</td><td></td></tr>
<tr><td>350</td><td>900</td><td>4.2</td><td>35</td><td></td></tr>
<tr><td rowspan="2">400</td><td>1100</td><td>5.5</td><td>50</td><td>单相切割机</td></tr>
<tr><td>2000</td><td>6.7</td><td>50</td><td>三相切割机</td></tr>
</table>

注：切割机的最大切割直径是指抗拉强度为 390 MPa 圆钢的直径。

21.15.7　美工刀

美工刀用于办公、学习、生活日用，以及美术设计和装潢工程所需切削或切割。美工刀规格见表 21-27。

表 21-27　美工刀规格（QB/T 2961—2008）

分类	按用途分为文具刀、日用美工刀、装潢用美工刀 按刀柄材料及相应结构分为普通塑料刀、金属衬套塑料刀、合金刀
刀片硬度	600～825HV

21.15.8　多用刀

多用刀可用于办公、装修中多种形式的切割操作。多用刀规格见表 21-28。

表 21-28　多用刀规格

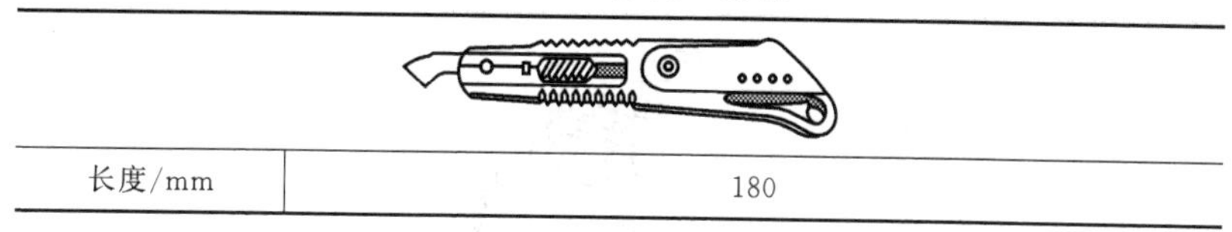

长度/mm	180

21.15.9　金刚石玻璃刀

金刚石玻璃刀用于手工裁划厚度为 2～6mm 平板玻璃和镜板。金刚石玻璃刀规格以金刚石的重量代号 1～6 号区分，金刚石玻璃刀规格见表 21-29。

表 21-29　金刚石玻璃刀规格（QB/T 2097.1—1995）　mm

规格代号	全长 L	刀板长 T	刀板宽 H	刀板厚 S
1～3	182	25	13	5
4～6	184	27	16	6

21.15.10　玻璃管割刀

玻璃管割刀供裁割玻璃管及玻璃棒用。剑式玻璃管割刀适宜裁割技术熟练者用。玻璃管割刀规格以金刚石的重量代号1～4号区分。切割壁厚1～3mm的玻璃管、棒。玻璃管割刀规格见表21-30。

表21-30　玻璃管割刀规格（QB/T 2097.2—1995）　　mm

钳式　　剑式

规格代号	1	2	3	4
全长	275	378	478	578
钳杆长度	120	220	320	420
钳杆直径	6	6	8	8

21.15.11　圆镜机

圆镜机专供裁割圆形平板玻璃和镜子等。圆镜机规格见表21-31。

表21-31　圆镜机规格（QB/T 2097.3—1995）

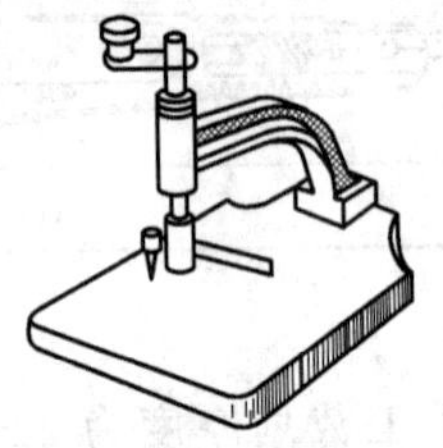

裁割范围/mm	直径ϕ35～200，厚度1～3

21.15.12　圆规刀

圆规刀用途同圆镜机。圆规刀规格见表21-32。

表21-32　圆规刀规格

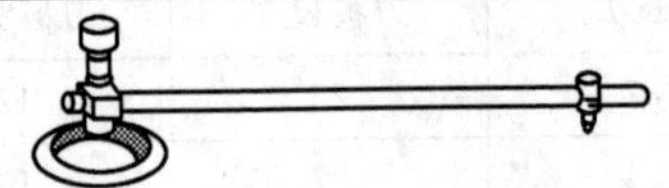

裁割范围/mm	直径ϕ10～1000，厚度2～6

第4篇　建 筑 五 金

第22章　门窗五金

22.1　建筑门窗五金件通用要求

建筑门窗五金件通用要求见表22-1。

表22-1　建筑门窗五金件通用要求（JG/T 212—2007）

五金件安装位置	窗	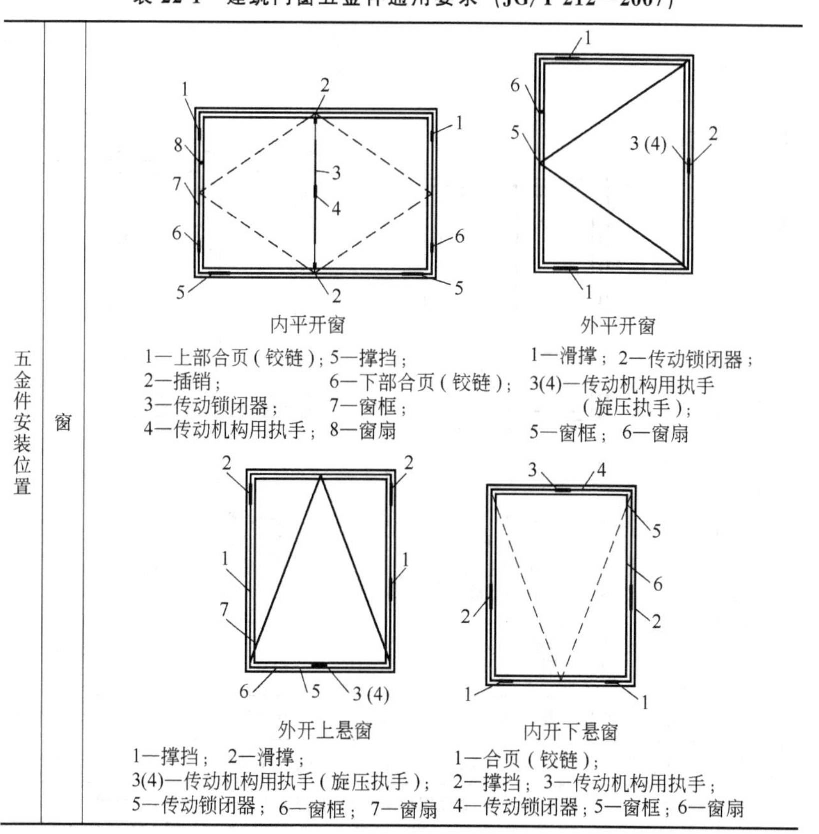 内平开窗 1—上部合页（铰链）；2—插销；3—传动锁闭器；4—传动机构用执手；5—撑挡；6—下部合页（铰链）；7—窗框；8—窗扇 外平开窗 1—滑撑；2—传动锁闭器；3(4)—传动机构用执手（旋压执手）；5—窗框；6—窗扇 外开上悬窗 1—撑挡；2—滑撑；3(4)—传动机构用执手（旋压执手）；5—传动锁闭器；6—窗框；7—窗扇 内开下悬窗 1—合页（铰链）；2—撑挡；3—传动机构用执手；4—传动锁闭器；5—窗框；6—窗扇

续表

五金件安装位置	窗	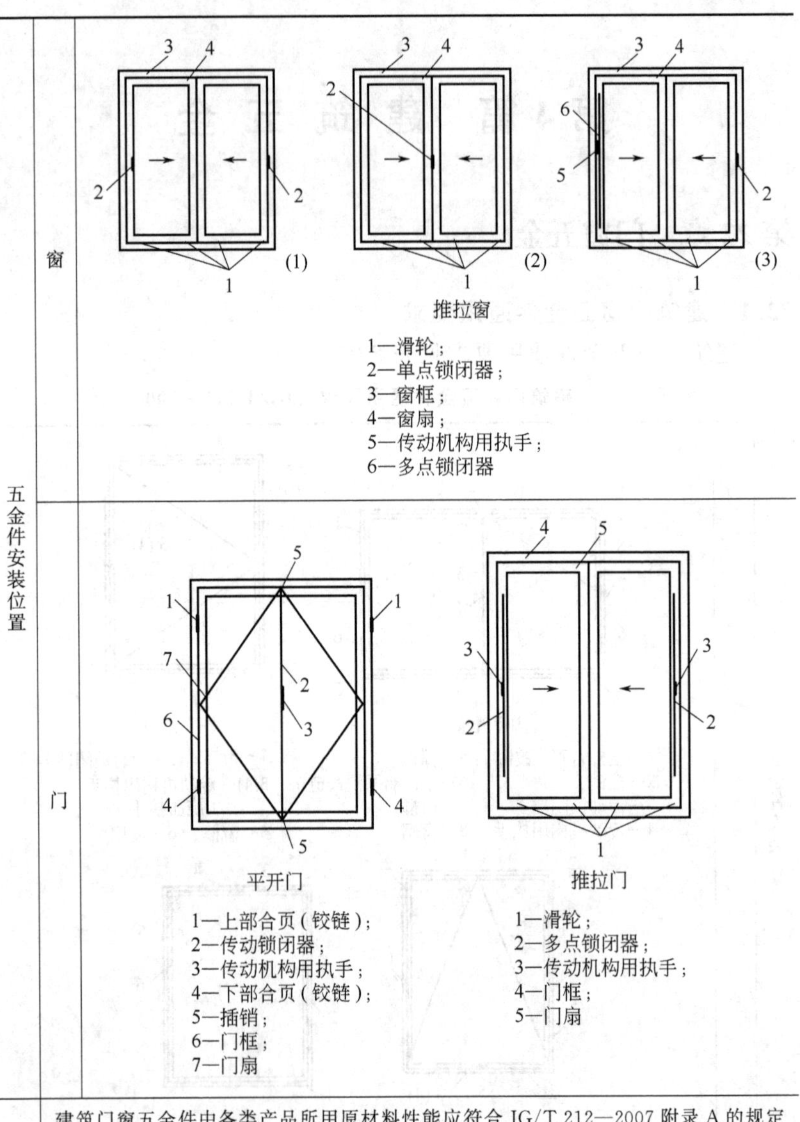 推拉窗 1—滑轮； 2—单点锁闭器； 3—窗框； 4—窗扇； 5—传动机构用执手； 6—多点锁闭器
	门	平开门 1—上部合页(铰链)； 2—传动锁闭器； 3—传动机构用执手； 4—下部合页(铰链)； 5—插销； 6—门框； 7—门扇 推拉门 1—滑轮； 2—多点锁闭器； 3—传动机构用执手； 4—门框； 5—门扇
材料	建筑门窗五金件中各类产品所用原材料性能应符合 JG/T 212—2007 附录 A 的规定	
	传动机构用执手	传动机构用执手主体常用材料应为压铸锌合金、压铸铝合金等
	旋压执手	旋压执手主体常用材料应为压铸锌合金、压铸铝合金等

续表

<table>
<tr><td rowspan="8">材料</td><td colspan="3">合页（铰链）</td><td colspan="3">合页（铰链）主体常用材料应为碳素钢、压铸锌合金、压铸铝合金、挤压铝合金、不锈钢等</td></tr>
<tr><td colspan="3">传动锁闭器</td><td colspan="3">传动锁闭器主体常用材料应为不锈钢、碳素钢、压铸锌合金、挤压铝合金等</td></tr>
<tr><td colspan="3">滑撑</td><td colspan="3">滑撑主体常用材料应为不锈钢等</td></tr>
<tr><td colspan="3">撑挡</td><td colspan="3">撑挡主体常用材料应为不锈钢、挤压铝合金等</td></tr>
<tr><td colspan="3">插销</td><td colspan="3">插销主体材料应为压铸锌合金、挤压铝合金、聚甲醛内部加钢销等</td></tr>
<tr><td colspan="3">多点锁闭器</td><td colspan="3">多点锁闭器主体常用材料应为不锈钢、碳素钢、压铸锌合金、挤压铝合金等</td></tr>
<tr><td colspan="3">滑轮</td><td colspan="3">滑轮主体常用材料应为不锈钢、黄铜、轴承钢、聚甲醛等，轮架主体常用材料应为碳素钢、不锈钢、压铸铝合金、压铸锌合金、挤压铝合金、聚甲醛等</td></tr>
<tr><td colspan="3">单点锁闭器</td><td colspan="3">单点锁闭器主体常用材料应为不锈钢、压铸锌合金、挤压铝合金等</td></tr>
<tr><td rowspan="9">外观及表面覆盖层要求</td><td rowspan="4">外观</td><td colspan="2">外表面</td><td colspan="3">产品外露表面应无明显疵点、划痕、气孔、凹坑、飞边、锋棱、毛刺等缺陷连接处应牢固、圆整、光滑、不应有裂纹</td></tr>
<tr><td colspan="2">涂层</td><td colspan="3">涂层色泽均匀一致，无气泡、流挂、脱落、堆漆、橘皮等缺陷</td></tr>
<tr><td colspan="2">镀层</td><td colspan="3">镀层致密、均匀，无露底、泛黄、烧焦等缺陷</td></tr>
<tr><td colspan="2">阳极氧化表面</td><td colspan="3">阳极氧化膜应致密、表面色泽一致、均匀、无烧焦等缺陷</td></tr>
<tr><td rowspan="5">表面覆盖层的耐蚀性、膜厚度及附着力</td><td colspan="2" rowspan="2">常用覆盖层</td><td colspan="3">各类基材应达到指标</td></tr>
<tr><td>碳素钢基材</td><td>铝合金基材</td><td>锌合金基材</td></tr>
<tr><td rowspan="3">金属层</td><td rowspan="2">镀锌层</td><td>中性盐雾（NSS）试验，72h 不出现白色腐蚀点（保护等级≥0 级），240h 不出现红锈点（保护等级≥8 级）</td><td rowspan="2">—</td><td>中性盐雾（NSS）试验，72h 不出现白色腐蚀点（保护等级≥8 级）</td></tr>
<tr><td>平均膜厚≥12μm</td><td>平均膜厚≥12μm</td></tr>
<tr><td>Cu+Ni+Cr 或 Ni+Cr</td><td>铜加速乙酸盐雾（CASS）试验 16h、腐蚀膏腐蚀（CORR）试验 16h、乙酸盐雾（AASS）试验 96h 试验，外观不允许有针孔、鼓泡以及金属腐蚀等缺陷</td><td>—</td><td>铜加速乙酸盐雾（CASS）试验 16h、腐蚀膏腐蚀（CORR）试验 16h、乙酸盐雾（AASS）试验 96h 试验，外观不允许有针孔、鼓泡以及金属腐蚀等缺陷</td></tr>
</table>

续表

外观及表面覆盖层要求	表面覆盖层的耐蚀性、膜厚度及附着力	非金属层	表面阳极氧化膜	—	平均膜厚度 15μm	—
			电泳涂漆	—	复合膜平均厚度≥21μm，其中漆膜平均膜厚≥12μm	漆膜平均膜厚≥12μm
					干式附着力应达到 0 级	干式附着力应达到 0 级
			聚酯粉末喷涂①	涂层厚度 45～100μm	涂层厚度 45～100μm	涂层厚度 45～100μm
				干式附着力应达到 0 级	干式附着力应达到 0 级	干式附着力应达到 0 级
			氟碳喷涂①	平均膜厚≥20μm	平均膜厚≥30μm	平均膜厚≥30μm
				干式、湿式附着力应达到 0 级	干式、湿式附着力应达到 0 级	干式、湿式附着力应达到 0 级

① 碳素钢基材聚酯粉末喷涂、氟碳喷涂表面处理工艺前需对基材进行防腐预处理。

22.2　执手

22.2.1　传动机构用执手的技术指标

传动机构用执手的技术指标见表 22-2。

表 22-2　传动机构用执手的技术指标（JG/T 124—2007）

分类和标记	分类		传动机构用执手分为方轴插入式执手、拨叉插入式执手
	代号	名称代号	方轴插入式执手 FZ，拨叉插入式执手 BZ
		主参数代号	执手基座宽度以实际尺寸（mm）标记 方轴（或拨叉）长度以实际尺寸（mm）标记
	标记	标记方法	用名称代号和主参数代号（基座宽度、方轴或拨叉长度）表示
		标记示例	传动机构用方轴插入式执手，基座宽度 28mm，方轴长度 31mm，标记为 FZ28-31
要求	外观		应满足 JG/T 212 的要求
	耐蚀性、膜厚度及附着力		应满足 JG/T 212 的要求

续表

要求	力学性能	操作力和力矩	应同时满足空载操作力不大于 40N，操作力矩不大于 2N·m
		反复启闭	反复启闭 25000 个循环试验后，应满足 JG/T 124—2007 第 4.3.1 条操作力矩的要求，开启、关闭自定位位置与原设计位置偏差应小于 5°
		强度	①抗扭曲：传动机构用执手在 25～26N·m 力矩的作用下，各部件应不损坏，执手手柄轴线位置偏移应小于 5° ②抗拉性能：传动机构用执手在承受 600N 拉力作用后，执手柄最外端最大永久变形量应小于 5mm

22.2.2 旋压执手的技术指标

旋压执手的技术指标见表 22-3。

表 22-3　旋压执手的技术指标（JG/T 213—2007）

分类和标记	代号	名称代号	旋压执手 XZ
		主参数代号	旋压执手高度：旋压执手工作面与在型材上安装面的位置（mm）
	标记	标记方法	用名称代号和主参数代号表示
		标记示例	旋压执手高度为 8mm，标记为 XZ8
要求	外观		应满足 JG/T 212 的要求
	耐蚀性、膜厚度及附着力		应满足 JG/T 212 的要求
	性能	操作力和力矩	空载操作力矩不应大于 1.5N·m，操作力矩不大于 4N·m
		强度	旋压执手手柄承受 700N 力作用后，任何部件不能断裂
		反复启闭	反复启闭 15000 个次后，旋压位置的变化不应超过 0.5mm

22.2.3 铝合金门窗执手

平开铝合金窗执手（代号 PLE）分四类：单动旋压型（DY）；单动板扣型（DK）；单头双向板扣型（DSK）；双头联动板扣型（SLK）。用于平开铝合金窗上开启、关闭窗扇。平开铝合金窗执手规格见表 22-4。

表 22-4　平开铝合金窗执手规格（QB/T 3886—1999）

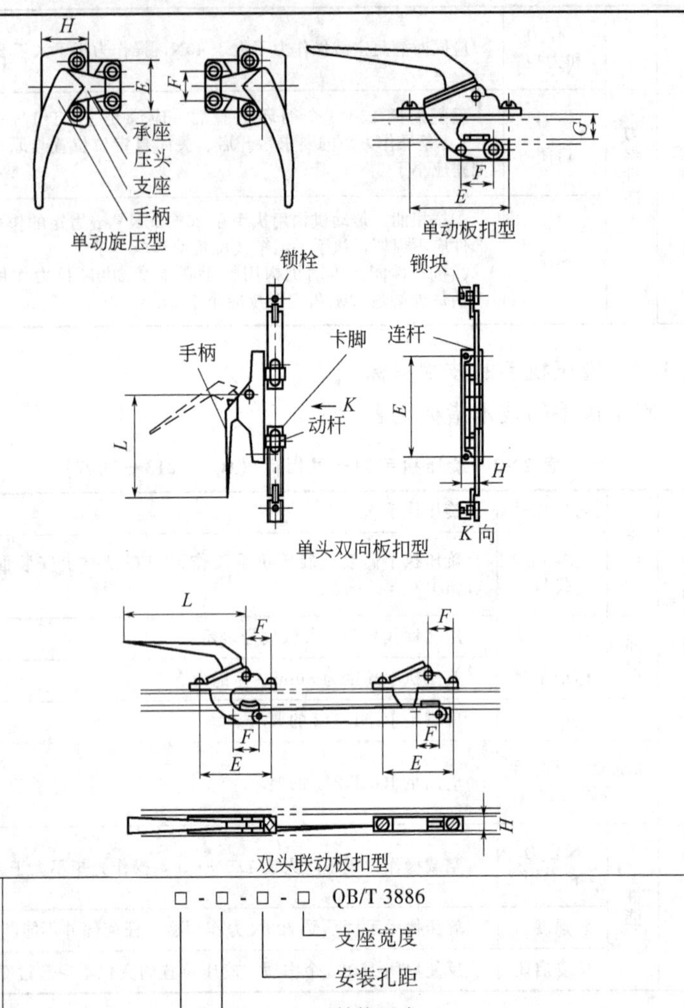

产品标记代号	□-□-□-□ QB/T 3886 支座宽度 安装孔距 结构型式 平开铝合金窗执手代号

型式	执手安装孔距 E/mm	执手支座宽度 H/mm	承座安装孔距 F/mm	执手底面至锁紧面距离 G/mm	执手柄长度 L/mm
DY型	35	29	16	—	≥70
		24	19		

续表

型式	执手安装孔距 E/mm	执手支座宽度 H/mm	承座安装孔距 F/mm	执手底面至锁紧面距离 G/mm	执手柄长度 L/mm
DK型	60	12	23	12	≥70
	70	13	25		
DSK型	128	22	—	—	
SLK型	60	12	23	12	
	70	13	25		

注：联动杆长度 S 由供需双方协商确定。

22.2.4 铝合金门窗拉手

铝合金门窗拉手安装在铝合金门窗上，作推拉门扇、窗扇用。铝合金门窗拉手规格见表22-5。

表22-5 铝合金门窗拉手规格（QB/T 3889—1999）

拉手型式及代号				
门用拉手	型式名称	杆式	板式	其他
	代号	MG	MB	MQ
窗用拉手	型式名称	板式	盒式	其他
	代号	CB	CH	CQ
产品标记代号	□-□-□ QB/T 3889 └ 外形长度（第三个□） └ 尺寸杆数（板式拉手无代号）（第二个□） └ 型式代号（第一个□）			

拉手外形长度尺寸/mm	
名称	外形长度
门用拉手	200、250、300、350、400、450、500、550、600、650、700、750、800、850、900、950、1000
窗用拉手	50、60、70、80、90、100、120、150

22.3 合页（铰链）

22.3.1 合页（铰链）的技术指标

合页（铰链）的技术指标见表22-6～表22-8。

表 22-6　合页（铰链）的技术指标（JG/T 125—2007）

<table>
<tr><td rowspan="6">分类和标记</td><td colspan="2">分类</td><td>合页（铰链）分为门用合页（铰链），窗用合页（铰链）</td></tr>
<tr><td rowspan="2">代号</td><td>名称代号</td><td>门用合页（铰链）MJ；窗用合页（铰链）CJ</td></tr>
<tr><td>主参数代号</td><td>承载重量：以单扇门窗用一组（2个）合页（铰链）实际承载重量（kg）表示
门最小承载重量为50kg，每10kg为一级；窗最小承载重量为30kg，每10kg为一级</td></tr>
<tr><td rowspan="2">标记</td><td>标记方法</td><td>用名称代号、主参数代号（承载重量）表示</td></tr>
<tr><td>标记示例</td><td>一组承载重量为120kg的窗用合页（铰链），标记为CJ 120</td></tr>
<tr><td colspan="3"></td></tr>
<tr><td rowspan="6">要求</td><td colspan="2">外观</td><td>应满足JG/T 212的要求</td></tr>
<tr><td colspan="2">耐蚀性、膜厚度及附着力</td><td>应满足JG/T 212的要求</td></tr>
<tr><td rowspan="4">力学性能</td><td>上部合页（铰链）承受静态荷载</td><td>①门上部合页（铰链），承受静态荷载（拉力）应满足表22-7的规定，试验后均不能断裂
②窗上部合页（铰链），承受静态荷载（拉力）应满足表22-8的规定，试验后均不能断裂</td></tr>
<tr><td>承载力矩</td><td>一组合页（铰链）承受实际承载重量，并附加悬端外力作用后，门（窗）扇自由端竖直方向位置的变化值不应大于1.5mm，试件无变形或损坏，能正常启闭
实际选用时，按门（窗）用实际重量选择相应承载重量级别的铰链（合页），且需同时满足不大于试验模拟门窗扇尺寸、宽高比</td></tr>
<tr><td>转动力</td><td>合页（铰链）转动力不应大于40N</td></tr>
<tr><td>反复启闭</td><td>按实际承载重量，门合页（铰链）反复启闭100000次后，窗合页（铰链）反复启闭25000次后，门窗扇自由端竖直方向位置的变化值不应大于2mm，试件无严重变形或损坏</td></tr>
</table>

表 22-7　门上部合页（铰链）承受静态荷载

承载重量代号	门扇重量 M/kg	拉力 F/N（允许误差+2%）	承载重量代号	门扇重量 M/kg	拉力 F/N（允许误差+2%）
50	50	500	90	90	900
60	60	600	100	100	1000
70	70	700	110	110	1100
80	80	800	120	120	1150

续表

承载重量代号	门扇重量 M/kg	拉力 F/N（允许误差+2%）	承载重量代号	门扇重量 M/kg	拉力 F/N（允许误差+2%）
130	130	1250	170	170	1650
140	140	1350	180	180	1750
150	150	1450	190	190	1850
160	160	1550	200	200	1950

表 22-8　窗上部合页（铰链）承受静态荷载

承载重量代号	窗扇重量 M/kg	拉力 F/N（允许误差+2%）	承载重量代号	窗扇重量 M/kg	拉力 F/N（允许误差+2%）
30	30	1250	120	120	3250
40	40	1300	130	130	3500
50	50	1400	140	140	3900
60	60	1650	150	150	4200
70	70	1900	160	160	4400
80	80	2200	170	170	4700
90	90	2450	180	180	5000
100	100	2700	190	190	5300
110	110	3000	200	200	5500

22.3.2　普通型合页

普通型合页有三管四孔、五管六孔、五管八孔三种结构。用于一般门窗、家具及箱盖等需要转动启合处。普通型合页规格见表 22-9。

表 22-9　普通型合页规格（QB/T 3874—1999）

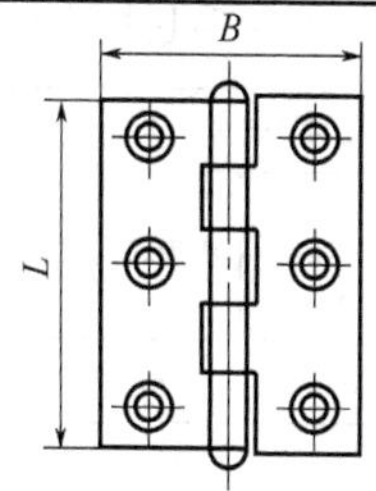

续表

规格/mm	基本尺寸/mm				配用木螺钉	
	长度 L		宽度 B	厚度 t	直径×长度/mm	数目
	Ⅰ组	Ⅱ组				
25	25	25	24	1.05	2.5×12	4
38	38	38	31	1.20	3×16	4
50	50	51	38	1.25	3×20	4
65	65	64	42	1.35	3×25	6
75	75	76	50	1.60	6×30	6
90	90	89	55	1.60	6×35	6
100	100	102	71	1.80	6×40	8
125	125	127	82	2.10	5×45	8
150	150	152	104	2.50	5×50	8

注：表中Ⅱ组为出口型尺寸。

22.3.3　轻型合页

轻型合页有镀铜、镀锌和全铜等类型。与普通型合页相似，但页片窄而薄，用于轻便门窗、家具及箱盖上。轻型合页规格见表22-10。

表22-10　轻型合页规格（QB/T 3875—1999）

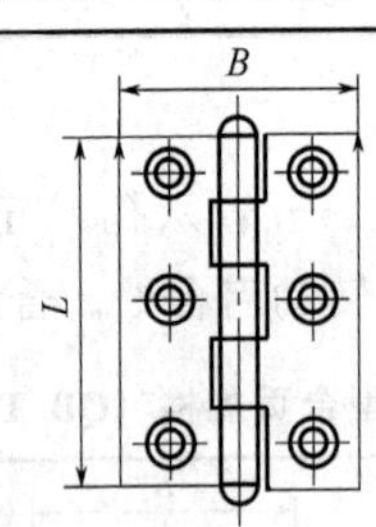

规格/mm	基本尺寸/mm				配用木螺钉	
	长度 L		宽度 B	厚度 t	直径×长度/mm	数目
	Ⅰ组	Ⅱ组				
20	20	19	16	0.60	1.6×10	4
25	25	25	18	0.70	2×10	4

续表

规格/mm	基本尺寸/mm				配用木螺钉	
	长度 *L*		宽度 *B*	厚度 *t*	直径×长度/mm	数目
	Ⅰ组	Ⅱ组				
32	32	32	22	0.75	2.5×10	4
38	38	38	26	0.80	2.5×10	4
50	50	51	33	1.00	3×12	4
65	65	64	33	1.05	3×16	6
75	75	76	40	1.05	3×18	6
90	90	89	48	1.15	3×20	6
100	100	102	52	1.25	3×25	8

22.3.4 抽芯型合页

抽芯型合页与普通型合页相似，只是合页的芯轴可以自由抽出，适用于需要经常拆卸的门窗上。抽芯型合页规格见表 22-11。

表 22-11 抽芯型合页规格（QB/T 3876—1999）

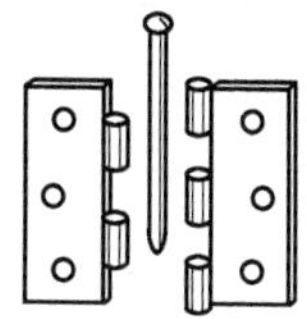

规格/mm	基本尺寸/mm				配用木螺钉	
	长度 *L*		宽度 *B*	厚度 *t*	直径×长度/mm	数目
	Ⅰ组	Ⅱ组				
38	38	38	31	1.20	3×16	4
50	50	51	38	1.25	3×20	4
65	65	64	42	1.35	3×25	6
75	75	76	50	1.60	4×30	6
90	90	89	55	1.60	4×35	6
100	100	102	71	1.80	4×40	8

22.3.5 H型合页

H型合页也是一种抽芯合页，其中松配页板片可取下。适用于经常拆卸而厚度较薄的门窗上。有右合页和左合页两种，前者适用于右内开门（或左外开门），后者适用于左内开门（或右外开门）。H型合页规格见表22-12。

表22-12 H型合页规格（QB/T 3877—1999）

松配 紧配 t L b B

左合页　　右合页

规格/mm	页板基本尺寸/mm				配用木螺钉	
	长度 L	宽度 B	单页阔 b	厚度 t	直径×长度/mm	数目
80×50	80	50	14	2	4×25	6
95×55	95	55	14	2	4×25	6
110×55	110	55	15	2	4×30	6
140×60	140	60	15	2.5	4×40	8

22.3.6 T型合页

T型合页用于较宽的大门、较重的箱盖、帐篷架及人字形折梯上。T型合页规格见表22-13。

表22-13 T型合页规格（QB/T 3878—1999）

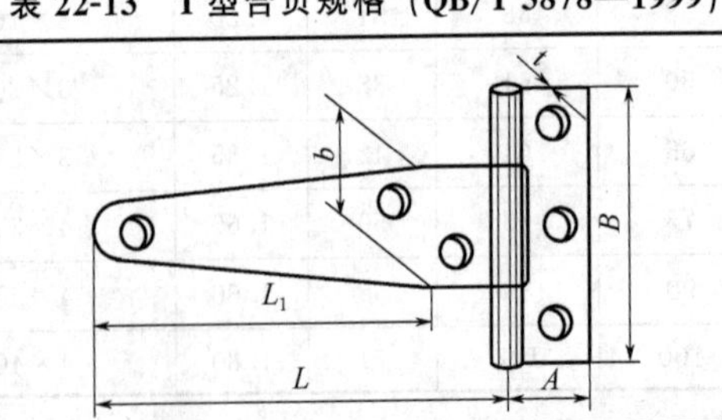

续表

规格/mm	基本尺寸/mm							配用木螺钉	
	长页长 L		斜部长 L_1	长页宽 b	短页长 B	短页宽 A	厚度 t	直径×长度/mm	数目
	Ⅰ组	Ⅱ组							
75	75	76	66	26	63.5	20	1.31	3×25	6
100	100	102	91.5	26	63.5	20	1.35	3×25	6
125	125	127	117	28	70	22	1.52	4×30	7
150	150	152	142.5	28	70	22	1.52	4×30	7
200	200	203	193	32	73	24	1.80	4×35	8

22.3.7　双袖型合页

双袖型合页分为双袖Ⅰ型、双袖Ⅱ型和双袖Ⅲ型。用于一般门窗上，分为左、右合页两种。能使门窗自由开启、关闭和拆卸。双袖型合页规格见表 22-14。

表 22-14　双袖型合页规格（QB/T 3879－1999）

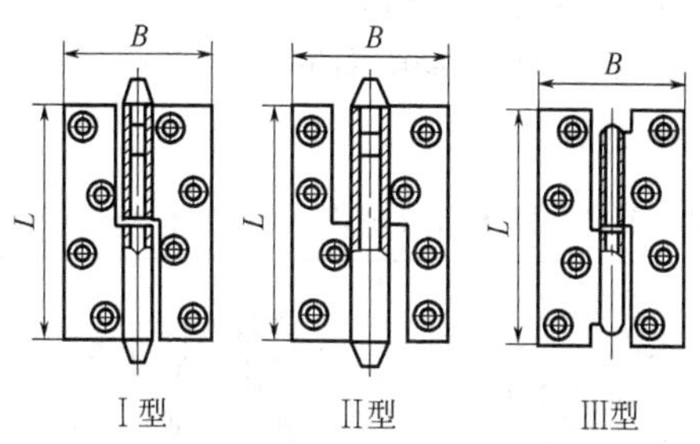

页板基本尺寸/mm			配用木螺钉	
长度 L	宽度 B	厚度 t	直径×长度/mm	数目
双袖Ⅰ型合页				
75	60	1.5	3×20	6
100	70	1.5	3×25	8
125	85	1.8	4×30	8
150	95	2.0	4×40	8

续表

页板基本尺寸/mm			配用木螺钉	
长度 L	宽度 B	厚度 t	直径×长度/mm	数目
双袖Ⅱ型合页				
65	55	1.6	3×18	6
75	60	1.6	3×20	6
90	65	2.0	3×25	8
100	70	2.0	3×25	8
125	85	2.2	3×30	8
150	95	2.2	3×40	8
双袖Ⅲ型合页				
75	50	1.5	3×20	6
100	67	1.5	3×25	8
125	83	1.8	4×30	8
150	100	2.0	4×40	8

22.3.8 弹簧合页

弹簧合页用于公共场所及进出频繁的大门上，它能使门扇开启后自动关闭。单弹簧合页只能单向开启，双弹簧合页能内外双向开启。弹簧合页规格见表22-15。

表22-15 弹簧合页规格（QB/T 1738—1993）

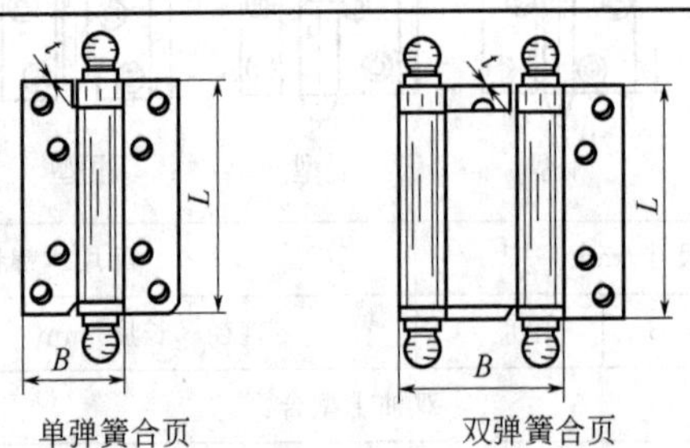

单弹簧合页　　双弹簧合页

规格/mm	页板基本尺寸/mm			配用木螺钉	
	长度 L	宽度 B	厚度 t	直径×长度/mm	数目
单弹簧合页					
75	76	46	1.8	3.5×25	8

续表

规格/mm	页板基本尺寸/mm			配用木螺钉	
	长度 L	宽度 B	厚度 t	直径×长度/mm	数目
单弹簧合页					
100	101.5	49	1.8	3.5×25	8
125	127	57	2.0	4×30	8
150	152	64	2.0	4×30	10
200	203	71	2.4	4×40	10
双弹簧合页					
75	75	68	1.8	3.5×25	8
100	101.5	76	1.8	3.5×25	8
125	127	87	2.0	4×30	8
150	152	93.5	2.0	4×30	10
200	203	132	2.4	4×30	10
250	250	132	2.4	6×50	10

22.4　锁闭器

22.4.1　传动锁闭器的技术指标

传动锁闭器的技术指标见表 22-16。

表 22-16　传动锁闭器的技术指标（JG/T 126—2007）

分类和标记	分类		传动锁闭器分为齿轮驱动式传动锁闭器、连杆驱动式传动锁闭器
	代号	名称代号	建筑门（窗）用齿轮驱动式传动锁闭器 M（C）CQ，建筑门（窗）用连杆驱动式传动锁闭器 M（C）LQ
		特性代号	整体式传动锁闭器 ZT，组合式传动锁闭器 ZH
		主参数代号	锁点数：以门窗传动锁闭器上的实际锁点数量进行标记
	标记	标记方法	用名称代号、特性代号、主参数代号表示
		标记示例	3 个锁点的门用齿轮驱动组合式带锁传动锁闭器标记为 MCQ·ZH-3
要求	外观		应满足 JG/T 212 的要求
	耐蚀性、膜厚度及附着力		应满足 JG/T 212 的要求

续表

<table>
<tr><td rowspan="2">要求</td><td rowspan="2">力学性能</td><td>强度</td><td>①驱动部件
齿轮驱动式传动锁闭器承受25～26N·m力矩的作用后，各零部件应不断裂、无损坏；连杆驱动式传动锁闭器承受1000^{+50}_{0}N静拉力作用后，各零部件应不断裂、脱落
②锁闭部件
锁点、锁座承受1800^{+50}_{0}N破坏力后，各部件应无损坏</td></tr>
<tr><td>反复启闭</td><td>传动锁闭器经25000个启闭循环，各构件无扭曲，无变形，不影响正常使用。且应满足：
①操作力
齿轮驱动式传动锁闭器空载转动力矩不应大于3N·m，反复启闭后转动力矩不应大于10N·m；连杆驱动式传动锁闭器空载滑动驱动力不应大于50N，反复启闭后驱动力不应大于100N
②框、扇间间距变化量
在扇开启方向上框、扇间的间距变化值应小于1mm</td></tr>
</table>

22.4.2 单点锁闭器的技术指标

单点锁闭器的技术指标见表22-17。

表22-17 单点锁闭器的技术指标（JG/T 130—2007）

<table>
<tr><td rowspan="3">分类和标记</td><td colspan="2">名称代号</td><td>单点锁闭器 TYB</td></tr>
<tr><td rowspan="2">标记</td><td>标记方法</td><td>用名称代号表示</td></tr>
<tr><td>标记示例</td><td>单点锁闭器 TYB</td></tr>
<tr><td rowspan="5">要求</td><td colspan="2">外观</td><td>应满足JG/T 212的要求</td></tr>
<tr><td colspan="2">耐蚀性、膜厚度及附着力</td><td>应满足JG/T 212的要求</td></tr>
<tr><td rowspan="3">性能</td><td>操作力矩（或操作力）</td><td>操作力矩应小于2N·m（或操作力应小于20N）</td></tr>
<tr><td>强度</td><td>①锁闭部件的强度
锁闭部件在400N静压（拉）力作用后，不应损坏；操作力矩（或操作力）应满足要求
②驱动部件的强度
对由带手柄操作的单点锁闭器，在关闭位置时，在手柄上施加9N·m力矩作用后，操作力矩（或操作力）应满足要求</td></tr>
<tr><td>反复启闭</td><td>单点锁闭器15000次反复启闭试验后，开启、关闭自定位位置正常，操作力矩（或操作力）应满足要求</td></tr>
</table>

22.4.3　多点锁闭器的技术指标

多点锁闭器的技术指标见表 22-18。

表 22-18　多点锁闭器的技术指标（JG/T 215—2007）

<table>
<tr><td rowspan="5">分类和标记</td><td colspan="2">分类</td><td>多点锁闭器分为齿轮驱动式多点锁闭器、连杆驱动式多点锁闭器</td></tr>
<tr><td rowspan="2">代号</td><td>名称代号</td><td>齿轮驱动式多点锁闭器 CDB，连杆驱动式多点锁闭器 LDB</td></tr>
<tr><td>主参数代号</td><td>锁点数：实际锁点数量</td></tr>
<tr><td rowspan="2">标记</td><td>标记方法</td><td>用名称代号、主参数代号表示</td></tr>
<tr><td>标记示例</td><td>2 点锁闭的齿轮驱动式多点锁闭器，标记为 CDB2</td></tr>
<tr><td rowspan="4">要求</td><td colspan="2">外观</td><td>应满足 JG/T 212 的要求</td></tr>
<tr><td colspan="2">耐蚀性、膜厚度及附着力</td><td>应满足 JG/T 212 的要求</td></tr>
<tr><td rowspan="2">力学性能</td><td>强度</td><td>①驱动部件
齿轮驱动式多点锁闭器承受 25～26N・m 力矩的作用后，各零部件应不断裂、无损坏；连杆驱动式多点锁闭器承受 1000^{+50}_{0}N 静拉力作用后，各零部件应不断裂、不脱落
②锁闭部件
单个锁点、锁座承受 1000^{+50}_{0}N 静拉力后，所有零部件不应损坏</td></tr>
<tr><td>反复启闭</td><td>反复启闭 25000 次后，操作正常，不影响正常使用。且操作力应满足：齿轮驱动式多点锁闭器操作力矩不应大于 1N・m，连杆驱动式多点锁闭器滑动力不应大于 50N，锁点、锁座工作面磨损量不大于 1mm</td></tr>
</table>

22.4.4　闭门器

由金属弹簧、液压阻尼组合作用的各种闭门器安装在平开门扇上部，单向开门；使用温度在－15～40℃。

由金属弹簧、液压阻尼组合作用的各种地弹簧（落地闭门器）安装在平开门扇下可单、双向开门；使用温度在－15～40℃。

闭门器规格见表 22-19。

表 22-19 闭门器规格

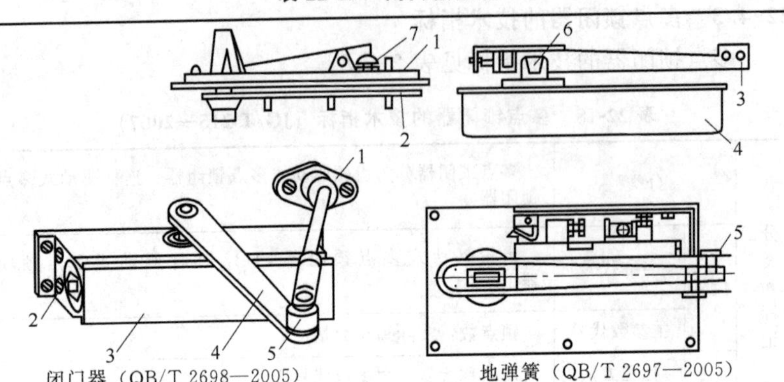

闭门器（QB/T 2698—2005）
1—连杆座；2—调节螺钉；3—壳体；4—摇臂；5—连杆

地弹簧（QB/T 2697—2005）
1—顶轴；2—顶轴套板；3—回转轴杆；4—底座；5—可调螺钉；6—地轴；7—升降螺钉

系列编号	最大开启力矩/N·m≤		最小关闭力矩/N·m≥		效率/%≥		适用门重量/kg	门扇最大宽度/mm
	A类	B类	A类	B类	A类	B类		
1	20	16	9	5	45	30	15～30	800
2	26	33	13	10	50	30	25～45	900
3	31	42	18	15	55	35	40～65	950
4	43	62	26	25	60	40	60～85	1050
5	61	77	37	35	60	45	80～120	1200
6	69	100	54	45	65	45	100～150	1500

22.5 滑撑

22.5.1 滑撑的技术指标

滑撑的技术指标见表 22-20。

表 22-20 滑撑的技术指标（JG/T 127—2007）

分类和标记	分类		滑撑分为外平开窗用滑撑、外开上悬窗用滑撑
	代号	名称代号	外平开窗用滑撑 PCH，外开上悬窗用滑撑 SCH
		主参数代号	①承载重量：允许使用的最大承载重量（kg） ②滑槽长度：滑槽实际长度（mm）
	标记	标记方法	用名称代号、主参数代号（承载重量、滑槽长度）表示
		标记示例	滑槽长度为 305mm，承载重量为 30kg 的外平开窗用滑撑，标记为 PCH 30-305

续表

<table>
<tr><td rowspan="9">要求</td><td colspan="2">外观</td><td>应满足 JG/T 212 的要求</td></tr>
<tr><td rowspan="8">力学性能</td><td>自定位力</td><td>外平开窗用滑撑，一组滑撑的自定位力应可调整到不小于 40N</td></tr>
<tr><td>启闭力</td><td>①外平开窗用滑撑的启闭力不应大于 40N
②在 0～300mm 的开启范围内，外开上悬窗用滑撑的启闭力不应大于 40N</td></tr>
<tr><td>间隙</td><td>窗扇锁闭状态，在力的作用下，安装滑撑的窗角部扇、框间密封间隙变化值不应大于 0.5mm</td></tr>
<tr><td>刚性</td><td>①窗扇关闭受 300N 阻力试验后，应仍满足自定位力、启闭力和间隙的要求
②窗扇开启到最大位置受 300N 力试验后，应仍满足自定位力、启闭力和间隙的要求
③有定位装置的滑撑，开启到定位装置起作用的情况下，承受 300N 外力的作用后，应仍满足自定位力、启闭力和间隙的要求</td></tr>
<tr><td>反复启闭</td><td>反复启闭 25000 次后，窗扇的启闭力不应大于 80N</td></tr>
<tr><td>强度</td><td>滑撑开启到最大开启位置时，承受 1000N 的外力的作用后，窗扇不得脱落</td></tr>
<tr><td>悬端吊重</td><td>外平开窗用滑撑在承受 1000N 的作用力 5min 后，滑撑所有部件不得脱落</td></tr>
</table>

22.5.2 铝合金窗不锈钢滑撑

铝合金窗不锈钢滑撑是用于铝合金上悬窗、平开窗上启闭、定位作用的装置。铝合金窗不锈钢滑撑规格见表 22-21。

表 22-21 铝合金窗不锈钢滑撑规格（QB/T 3888—1999）

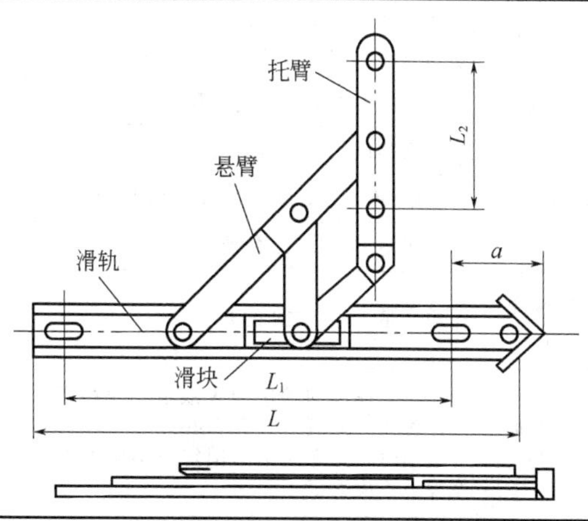

续表

<table>
<tr><td>产品标记代号</td><td colspan="7">BH - □ QB/T 3888
└ 规格
└ 不锈钢滑撑代号</td></tr>
<tr><td>规格/mm</td><td>长度 L/mm</td><td>滑轨安装孔距 L_1/mm</td><td>托臂安装孔距 L_2/mm</td><td>滑轨宽度 a/mm</td><td>托臂悬臂材料厚度 δ/mm</td><td>高度 h/mm</td><td>开启角度/(°)</td></tr>
<tr><td>200</td><td>200</td><td>170</td><td>113</td><td rowspan="6">18～22</td><td rowspan="2">≥2</td><td rowspan="2">≤135</td><td>60±2</td></tr>
<tr><td>250</td><td>250</td><td>215</td><td>147</td><td rowspan="5">80±3</td></tr>
<tr><td>300</td><td>300</td><td>260</td><td>156</td><td rowspan="2">≥2.5</td><td>≤150</td></tr>
<tr><td>350</td><td>350</td><td>300</td><td>195</td><td rowspan="3">≤165</td></tr>
<tr><td>400</td><td>400</td><td>360</td><td>205</td><td rowspan="2">≥3</td></tr>
<tr><td>450</td><td>450</td><td>410</td><td>205</td></tr>
</table>

22.6　撑挡

22.6.1　撑挡的技术指标

撑挡的技术指标见表22-22。

表22-22　撑挡的技术指标（JG/T 128—2007）

<table>
<tr><td rowspan="5">分类和标记</td><td colspan="2">分类</td><td>分内平开窗摩擦式撑挡、内平开窗锁定式撑挡、悬窗摩擦式撑挡、悬窗锁定式撑挡</td></tr>
<tr><td rowspan="2">代号</td><td>名称代号</td><td>内平开窗摩擦式撑挡PMCD，内平开窗锁定式撑挡PSCD，悬窗摩擦式撑挡XMCD，悬窗锁定式撑挡XSCD</td></tr>
<tr><td>主参数代号</td><td>按支撑部件最大长度实际尺寸（mm）表示</td></tr>
<tr><td rowspan="2">标记</td><td>标记方法</td><td>用名称代号、主参数代号表示</td></tr>
<tr><td>标记示例</td><td>支撑部件最大长度200mm的内平开窗用摩擦式撑挡PMCD200</td></tr>
<tr><td rowspan="3">要求</td><td colspan="2">外观</td><td>应满足JG/T 212的要求</td></tr>
<tr><td colspan="2">耐蚀性、膜厚度及附着力</td><td>应满足JG/T 212的要求</td></tr>
<tr><td>力学性能</td><td>锁定力和摩擦力</td><td>锁定式撑挡的锁定力失效值不应小于200N，摩擦式撑挡的摩擦力失效值不应小于40N
选用时，允许使用的锁定力不应大于200N，允许使用的摩擦力不应大于40N</td></tr>
</table>

续表

要求	力学性能	反复启闭	内平开窗用撑挡反复启闭 10000 次后，应满足锁定力和摩擦力的要求；悬窗用撑挡反复启闭 15000 次后，撑挡应满足锁定力和摩擦力的要求
		强度	①内平开窗用撑挡进行五次冲击试验后，撑挡不脱落 ②悬窗用锁定式撑挡开启到设计预设位置后，承受在窗扇开启方向 1000N 力、关闭方向 600N 力后，撑挡所有部件不应损坏

22.6.2 铝合金窗撑挡规格

铝合金窗撑挡按形式分五种。平开铝合金窗撑挡：外开启上撑挡，内开启下撑挡，外开启下撑挡。平开铝合金带纱窗撑挡：带纱窗上撑挡，带纱窗下撑挡。铝合金窗撑挡是用于平开铝合金窗扇启闭、定位用的装置。铝合金窗撑挡规格见表 22-23。

表 22-23 铝合金窗撑挡规格（QB/T 3887—1999）

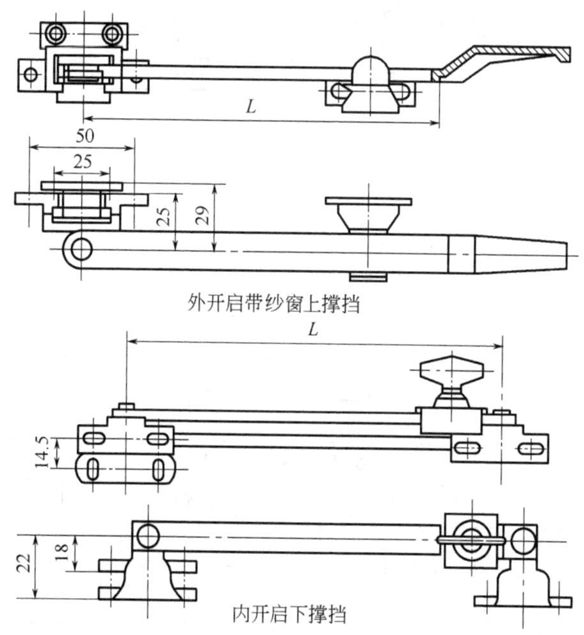

续表

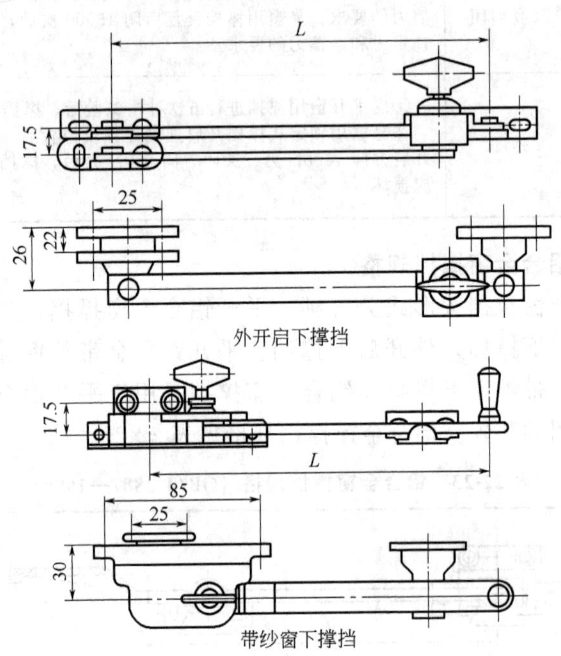

外开启下撑挡

带纱窗下撑挡

产品标记代号	□-□-□-□ QB/T 3887 材料代号 规格 开启形式 品种

形式及材料标记代号

名称	平开窗			带纱窗			铜	不锈钢
	内开启	外开启	上撑挡	上撑挡	下撑挡			
					左开启	右开启		
代号	N	W	C	SC	Z	Y	T	G

续表

<table>
<tr><th colspan="10">规格</th></tr>
<tr><th colspan="2" rowspan="2">品　　种</th><th colspan="6" rowspan="2">基本尺寸 L/mm</th><th colspan="2">安装孔距/mm</th></tr>
<tr><th>壳体</th><th>拉搁脚</th></tr>
<tr><td rowspan="2">平开窗</td><td>上</td><td>—</td><td>260</td><td>—</td><td>300</td><td>—</td><td>—</td><td>50</td><td rowspan="4">25</td></tr>
<tr><td>下</td><td>240</td><td>260</td><td>280</td><td>—</td><td>310</td><td>—</td><td>—</td></tr>
<tr><td rowspan="2">带纱窗</td><td>上撑挡</td><td>—</td><td>260</td><td>—</td><td>300</td><td>—</td><td>320</td><td>50</td></tr>
<tr><td>下撑挡</td><td>240</td><td>—</td><td>280</td><td>—</td><td>—</td><td>320</td><td>85</td></tr>
</table>

22.7 滑轮

22.7.1 滑轮的技术指标

滑轮的技术指标见表 22-24。

表 22-24　滑轮的技术指标（JG/T 129—2007）

<table>
<tr><td rowspan="5">分类和标记</td><td colspan="2">分类</td><td>滑轮分为门用滑轮、窗用滑轮</td></tr>
<tr><td rowspan="2">代号</td><td>名称代号</td><td>门用滑轮 ML，窗用滑轮 CL</td></tr>
<tr><td>主参数代号</td><td>承载重量代号：以单扇门窗用一套滑轮（2 件）实际承载重量（kg）表示</td></tr>
<tr><td rowspan="2">标记</td><td>标记方法</td><td>用名称代号、主参数代号（承载重量）表示</td></tr>
<tr><td>标记示例</td><td>单扇窗用一套承载重量为 60kg 的滑轮标记为 CL 60</td></tr>
<tr><td rowspan="7">要求</td><td colspan="2">外观</td><td>应满足 JG/T 212 的要求</td></tr>
<tr><td colspan="2">耐蚀性、膜厚度及附着力</td><td>应满足 JG/T 212 的要求</td></tr>
<tr><td rowspan="3">力学性能</td><td>滑轮运转平稳性</td><td>轮体外表面径向跳动量不应大于 0.3mm，轮体轴向窜动量不应大于 0.4mm</td></tr>
<tr><td>启闭力</td><td>不应大于 40N</td></tr>
<tr><td>反复启闭</td><td>一套滑轮按实际承载重量进行反复启闭试验，门用滑轮达到 100000 次后，窗用滑轮达到 25000 次后，轮体能正常滚动。达到试验次数后，在承受 1.5 倍的承载重量时，启闭力不应大于 100N</td></tr>
<tr><td rowspan="2">耐温性</td><td>耐高温性</td><td>非金属轮体的一套滑轮，在 50℃环境中，承受 1.5 倍承载重量后，启闭力不应大于 60N</td></tr>
<tr><td>耐低温性</td><td>非金属轮体的一套滑轮，在－20℃环境中，承受 1.5 倍承载重量后，滑轮体不破裂，启闭力不应大于 60N</td></tr>
</table>

22.7.2 推拉铝合金门窗用滑轮规格

推拉铝合金门窗用滑轮按用途分为推拉铝合金门滑轮（代号TML）和推拉铝合金窗滑轮（代号TCL）；按结构分为可调型（代号K）和固定型（代号G）。安装在铝合金门窗下端两侧，使门窗在滑槽中推拉灵活轻便。推拉铝合金门窗用滑轮规格见表22-25。

表22-25 推拉铝合金门窗用滑轮规格（QB/T 3892—1999）

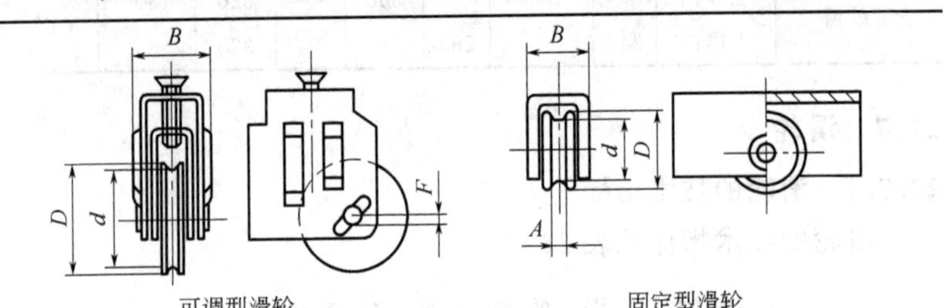

可调型滑轮　　固定型滑轮

规格 D	底径 d	滚轮槽宽 A		外支架宽度 B		调节高度 F
		Ⅰ系列	Ⅱ系列	Ⅰ系列	Ⅱ系列	
20	16	8	—	16	6～16	—
24	20	6.5	3～9	—	12～16	—
30	26	4		13	12～20	≥5
36	31	7		17		
42	36	6	6～13	24	—	
45	38					

注：Ⅱ系列尺寸选用整数。

22.8 插销

22.8.1 插销的技术指标

插销的技术指标见表22-26。

表22-26 插销的技术指标（JG/T 214—2007）

分类和标记	分　类		分为单动插销、联动插销
	代号	名称代号	单动插销 DCX，联动插销 LCX
		主参数代号	以插销实际行程（mm）表示
	标记	标记方法	用名称代号、主参数代号（插销实际行程）表示
		标记示例	单动插销、行程22mm，标记为DCX22

续表

<table>
<tr><td rowspan="6">要求</td><td colspan="2">外观</td><td>应满足 JG/T 212 的要求</td></tr>
<tr><td colspan="2">耐蚀性及膜厚度</td><td>应满足 JG/T 212 的要求</td></tr>
<tr><td rowspan="3">力学性能</td><td>操作力</td><td>①单动插销
空载时，操作力矩不应超过 2N·m，或操作力不超过 50N；负载时，操作力矩不应超过 4N·m，或操作力不超过 100N
②联动插销
空载时，操作力矩不应超过 4N·m；负载时，操作力矩不应超过 8N·m</td></tr>
<tr><td>反复启闭</td><td>按实际使用情况进行反复启闭运动 5000 次后，插销应能正常工作，并满足操作力的要求</td></tr>
<tr><td>强度</td><td>插销杆承受 1000N 压力作用后，应满足操作力的要求</td></tr>
</table>

22.8.2 铝合金门插销规格

铝合金门插销安装在铝合金平开门、弹簧门上，作关闭后固定用。铝合金门插销规格见表 22-27。

表 22-27　铝合金门插销规格（QB/T 3885—1999）

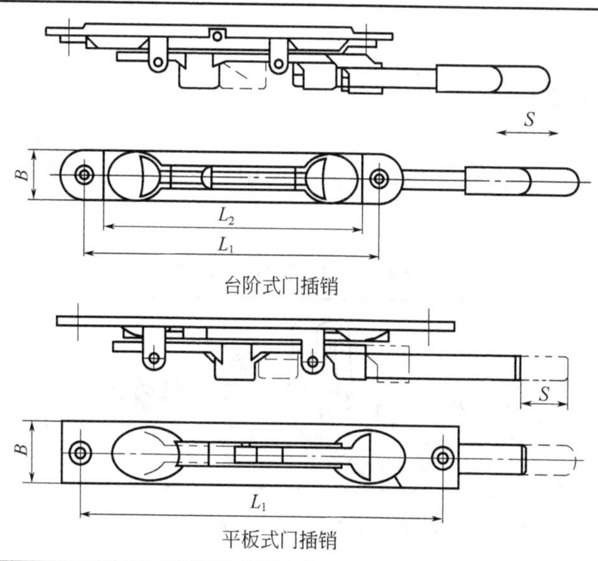

台阶式门插销

平板式门插销

续表

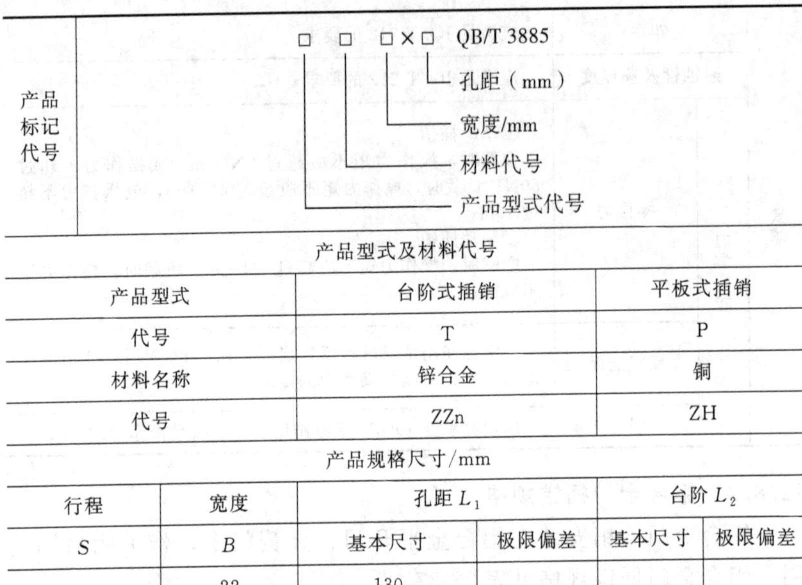

产品标记代号	□ □ □×□ QB/T 3885 孔距（mm） 宽度/mm 材料代号 产品型式代号	
产品型式及材料代号		
产品型式	台阶式插销	平板式插销
代号	T	P
材料名称	锌合金	铜
代号	ZZn	ZH

产品规格尺寸/mm

行程	宽度	孔距 L_1		台阶 L_2	
S	B	基本尺寸	极限偏差	基本尺寸	极限偏差
>16	22	130	±0.20	110	±0.25
	25	150			

22.9　门锁

22.9.1　外装门锁

外装门锁锁体安装在门梃表面上锁门用。单头锁，室内用执手，室外用钥匙启闭；双头锁，室内外均用钥匙启闭。外装门锁规格见表22-28。

表22-28　外装门锁规格（QB/T 2473—2000）

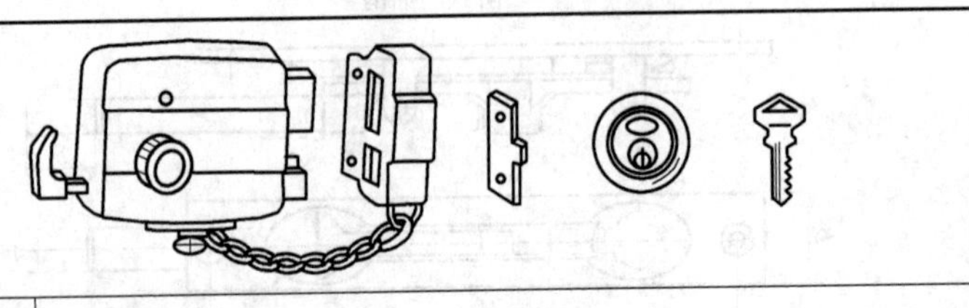

钥匙不同牙花数/种	单排弹子≥6000；多排弹子≥40000

续表

<table>
<tr><td rowspan="3">互开率/%</td><td rowspan="2">锁头结构</td><td colspan="3">单排弹子</td><td colspan="3">多排弹子</td></tr>
<tr><td colspan="2">A 级（安全型）</td><td>B 级（普通型）</td><td colspan="2">A 级（安全型）</td><td>B 级（普通型）</td></tr>
<tr><td>数值</td><td colspan="2">≤0.082</td><td>≤0.204</td><td colspan="2">≤0.030</td><td>≤0.050</td></tr>
<tr><td>锁头防拨措施</td><td colspan="7">A 级不少于 3 项；B 级不少于 1 项</td></tr>
<tr><td rowspan="3">锁舌伸出长度/mm</td><td rowspan="2">产品型式</td><td colspan="2">单舌门锁</td><td colspan="2">双舌门锁</td><td colspan="2">双扣门锁</td></tr>
<tr><td>斜舌</td><td>呆舌</td><td>斜舌</td><td>呆舌</td><td>斜舌</td><td>呆舌</td></tr>
<tr><td>数值</td><td>≥12</td><td>≥14.5</td><td>≥12</td><td>≥18</td><td>≥4.5</td><td>≥8</td></tr>
</table>

22.9.2 弹子插芯门锁

弹子插芯门锁锁体插嵌安装在门梃中，其附件组装在门上锁门用。单锁头，室外用钥匙，室内用旋扭开启，多用于走廊门上；双锁头，室内外均用钥匙开启，多用于外大门上。一般门选用平口锁，企口门选用企口锁，圆口门及弹簧门选用圆口锁。弹子插芯门锁规格见表 22-29。

表 22-29 弹子插芯门锁规格（QB/T 2474—2000）

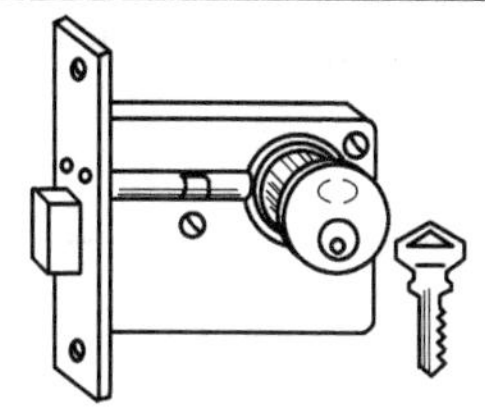

<table>
<tr><td>钥匙不同牙花数/种</td><td colspan="4">单排弹子≥6000、多排弹子≥50000</td></tr>
<tr><td>互开率/%</td><td colspan="4">单排弹子≤0.204、多排弹子≤0.051</td></tr>
<tr><td rowspan="3">锁舌伸出长度/mm</td><td colspan="2">双舌</td><td>双舌（钢门）</td><td>单舌</td></tr>
<tr><td>斜舌≥</td><td>11</td><td rowspan="2">9</td><td rowspan="2">12</td></tr>
<tr><td>方、钩舌≥</td><td>12.5</td></tr>
</table>

22.9.3 球形门锁

球形门锁安装在门上锁门用。锁的品种多，可以适应不同用途门的需要。锁的造型美观，用料考究，多用于较高级建筑物。球形门锁规格见表22-30。

表 22-30　球形门锁规格（QB/T 2476—2000）

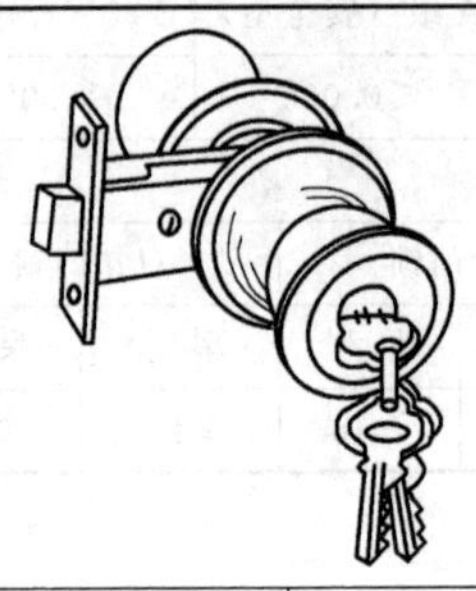

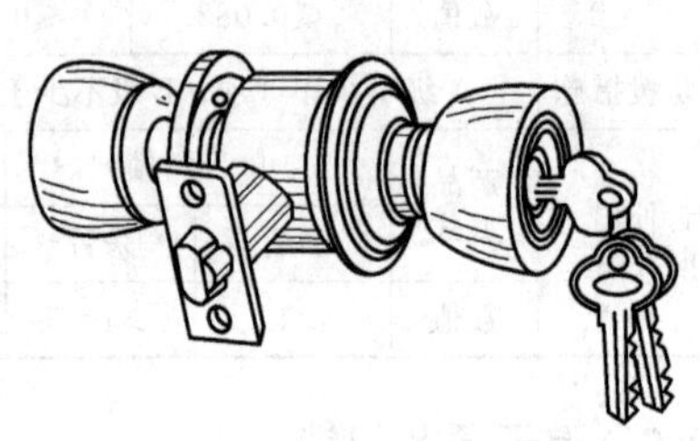

<table>
<tr><td colspan="2" rowspan="2">锁头结构</td><td colspan="2">弹子球锁</td><td colspan="2">叶片球锁</td></tr>
<tr><td>单排弹子</td><td>多排弹子</td><td>无级差</td><td>有级差</td></tr>
<tr><td colspan="2">钥匙不同牙花数/种</td><td>≥6000</td><td>≥100000</td><td>≥500</td><td>≥600</td></tr>
<tr><td rowspan="2">互开率/%</td><td>A级</td><td>≤0.082</td><td>≤0.010</td><td>—</td><td>≤0.082</td></tr>
<tr><td>B级</td><td>≤0.204</td><td>≤0.020</td><td>≤0.326</td><td>≤0.204</td></tr>
<tr><td rowspan="4">锁舌伸出长度/mm</td><td rowspan="2">级别</td><td rowspan="2">球形锁</td><td rowspan="2">固定锁</td><td colspan="2">拉手</td></tr>
<tr><td>方舌</td><td>斜舌</td></tr>
<tr><td>A级</td><td>≥12</td><td rowspan="2">≥25</td><td rowspan="2">≥25</td><td rowspan="2">≥11</td></tr>
<tr><td>B级</td><td>≥11</td></tr>
</table>

22.9.4　叶片插芯门锁

叶片插芯门锁规格见表22-31。

表 22-31　叶片插芯门锁规格（QB/T 2475—2000）

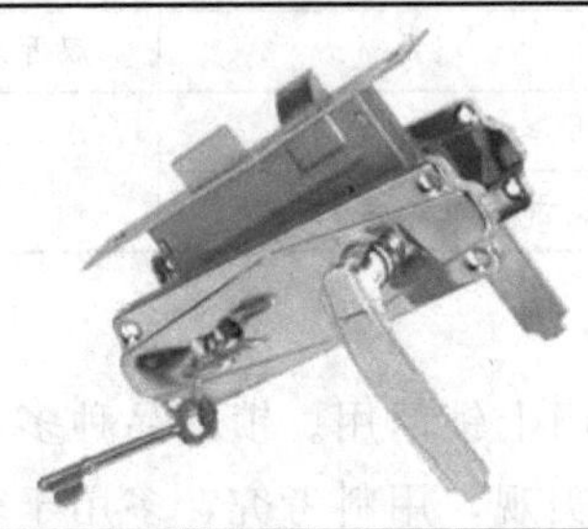

续表

每组锁的钥匙牙花数/种	≥72（含不同槽形）		
互开率/%	≤0.051		
锁舌伸出长度/mm	一挡开启		二挡开启
	方舌	≥11	第一挡≥8
			第二挡≥16
	斜舌	≥10	

22.9.5　铝合金门锁

铝合金门锁规格见表 22-32。

表 22-32　铝合金门锁规格（QB/T 3891—1999）

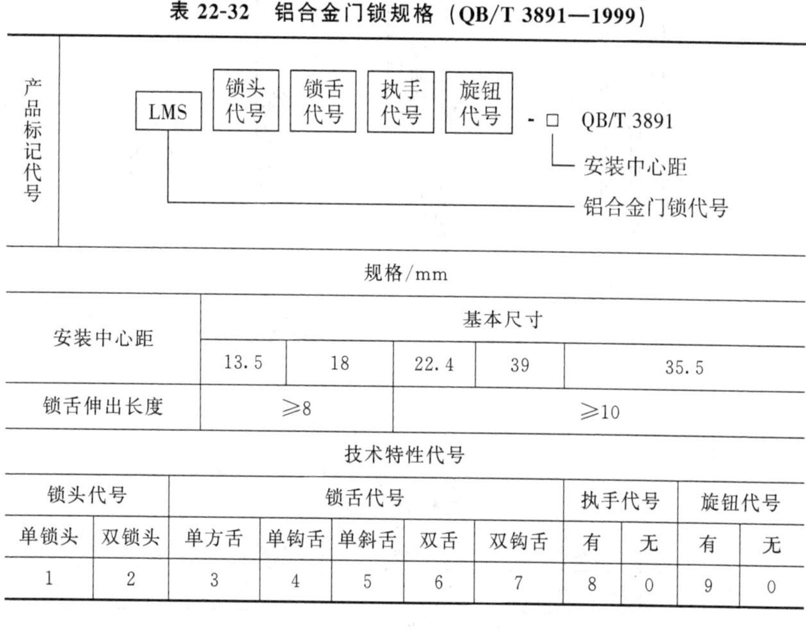

产品标记代号	LMS　锁头代号　锁舌代号　执手代号　旋钮代号 - □　QB/T 3891 □——安装中心距 LMS——铝合金门锁代号

规格/mm					
安装中心距	基本尺寸				
	13.5	18	22.4	39	35.5
锁舌伸出长度	≥8		≥10		

技术特性代号										
锁头代号		锁舌代号					执手代号		旋钮代号	
单锁头	双锁头	单方舌	单钩舌	单斜舌	双舌	双钩舌	有	无	有	无
1	2	3	4	5	6	7	8	0	9	0

22.9.6　铝合金窗锁

铝合金窗锁有两种：无锁头的窗锁（有单面锁和双面锁）；有锁头的窗锁（有单开锁和双开锁）。安装在铝合金窗上作锁窗用。铝合金窗锁规格见表 22-33。

表 22-33 铝合金窗锁规格（QB/T 3890—1999）

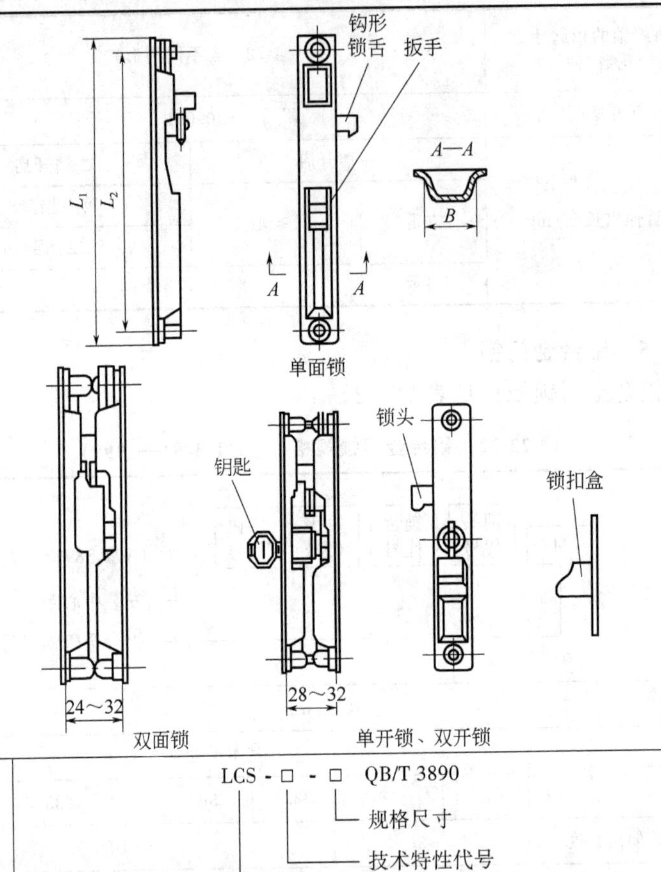

<table>
<tr><td>产品标记代号</td><td colspan="4">LCS - □ - □ QB/T 3890
└ 规格尺寸
└ 技术特性代号
└ 铝合金窗锁代号</td></tr>
<tr><td colspan="5">技术特性代号</td></tr>
<tr><td>型式</td><td>无锁头</td><td>有锁头</td><td>单面（开）</td><td>双面（开）</td></tr>
<tr><td>代号</td><td>W</td><td>Y</td><td>D</td><td>S</td></tr>
</table>

规格/mm

规格尺寸	B	12	15	17	19
安装尺寸	L_1	77	87	125	180
	L_2	80	87	112	168

22.10　建筑门窗用通风器

建筑门窗用通风器的技术指标见表 22-34。

表 22-34　建筑门窗用通风器的技术指标（JG/T 233—2008）

<table>
<tr><td rowspan="7">分类和标记</td><td rowspan="5">分类</td><td rowspan="3">名称代号</td><td colspan="5">自然通风器 ZQ
动力通风器名称代号按如下规定：</td></tr>
<tr><td>动力工作方式</td><td>进气动力通风器</td><td>排气动力通风器</td><td>进、排气可转换动力通风器</td><td>双向送风动力通风器</td></tr>
<tr><td>名称代号</td><td>JDQ</td><td>PDQ</td><td>ZDQ</td><td>SDQ</td></tr>
<tr><td>功能代号</td><td colspan="5">有隔声功能 G</td></tr>
<tr><td>主参数代号</td><td colspan="5">①自然通风器
自然通风器主参数代号由以下两个参数组成
通风量：条形通风器每米（其他型式通风器每件）开启状态下最大的通风量（m^3/h）
隔声量：条形通风器每米（其他型式通风器每件）在达到最大通风量开启状态下的隔声量（dB）
②动力通风器
动力通风器主参数代号由以下三个参数组成
通风量：条形通风器每米（其他型式通风器每件）开启状态下最大的通风量（m^3/h）；
隔声量：条形通风器每米（其他型式通风器每件）在达到最大通风量开启状态下的隔声量（dB）
自噪声量：通风器不小于 $30m^3/h$ 状态时的自噪声量</td></tr>
<tr><td rowspan="2">标记</td><td>标记方法</td><td colspan="5">产品标记由名称代号、功能代号、主参数（通风量、隔声量、自噪声量）代号组成
隔声量：自然通风器无隔声功能无此参数标记
自噪声量：自然通风器无此参数标记</td></tr>
<tr><td>标记示例</td><td colspan="5">示例 1：自然通风器，无隔声功能、条形，每米通风器最大通风量为 $40m^3/h$，标记为 ZQ-40
示例 2：进气动力通风器，有隔声功能，每件通风器最大通风量为 $75m^3/h$ 时的隔声量为 44dB，自噪声量为 35dB（A），标记为 JDQ-G-75・44・35</td></tr>
<tr><td rowspan="2">要求</td><td colspan="2">一般要求</td><td colspan="5">①通风器的构造设计应便于清洁和更换隔声过滤材料；应易于与门窗、幕墙构件（或墙体）安装连接，且保证可靠连接
②当工程有特殊要求时，通风器应满足与所需门窗、幕墙性能相匹配的要求</td></tr>
<tr><td colspan="2">外观</td><td colspan="5">产品外表面平整，表面光泽一致，色度均匀，无明显色差；可视面无明显的麻点、划伤、压痕、凹凸不平、锐角、毛刺等缺陷</td></tr>
</table>

续表

<table>
<tr><td rowspan="14">要求</td><td rowspan="3">尺寸允许偏差/mm</td><td rowspan="2">项目</td><td colspan="4">高度、宽度、长度</td><td colspan="2" rowspan="2">对角线尺寸之差</td><td rowspan="2">相邻构件同一平面度</td><td rowspan="2">相邻构件装配间隙</td></tr>
<tr><td colspan="2">≤2000</td><td colspan="2">>2000</td></tr>
<tr><td>偏差值</td><td colspan="2">±2.0</td><td colspan="2">≤2.5</td><td colspan="2">≤0.3</td><td>≤0.2</td><td>≤0.2</td></tr>
<tr><td>操作性能</td><td colspan="9">①手动操作控制的通风器操作手柄、操作杆应灵活可靠，无卡滞现象；旋压手柄、旋压钮转动力矩不应大于3.5N·m
②电动控制的通风器，风机在任何挡位应能自由启动</td></tr>
<tr><td rowspan="4">通风量/$m^3\cdot h^{-1}$</td><td colspan="9">自然通风器在10Pa压差下、动力通风器在0Pa压差下，条形通风器每米（其他型式通风器每件）开启状态下的通风量（V）应符合以下规定：</td></tr>
<tr><td>分组</td><td>1</td><td>2</td><td>3</td><td>4</td><td>5</td><td>6</td><td>7</td><td>8</td></tr>
<tr><td>分组指标值V</td><td>$30\leqslant V<40$</td><td>$40\leqslant V<50$</td><td>$50\leqslant V<60$</td><td>$60\leqslant V<70$</td><td>$70\leqslant V<80$</td><td>$80\leqslant V<90$</td><td>$90\leqslant V<100$</td><td>$V\geqslant100$</td></tr>
<tr><td colspan="9">第8级应在分级后注明≥100m^3/h的具体值</td></tr>
<tr><td>自噪声量</td><td colspan="9">动力通风器通风量不小于30m^3/h状态时，自噪声量A计权声功率级不应大于38dB（A）</td></tr>
<tr><td>隔声性能</td><td colspan="9">无隔声功能的通风器：
①关闭状态下，通风器小构件的计权规范化声压级差不应小于25dB
②开启状态下，通风器小构件的计权规范化声压级差不应小于20dB
有隔声功能的通风器：开启、关闭状态下，通风器小构件的计权规范化声压级差不应小于33dB</td></tr>
<tr><td>保温性能</td><td colspan="9">通风器的传热系数（K）不应大于4.0W/（$m^2\cdot K$）</td></tr>
<tr><td>气密性能</td><td colspan="9">关闭状态下，通风器的单位缝长空气渗透量（q_1）不应大于2.5m^3/（m·h），或单位面积空气渗透量（q_2）不应大于7.5m^3/（$m^2\cdot h$）</td></tr>
<tr><td>水密性能</td><td colspan="9">关闭状态下，通风器的水密性能（Δp）不应小于100Pa；开启状态下，室内没有明显可视水珠</td></tr>
<tr><td>抗风压性能</td><td colspan="9">通风器的抗风压性能（p_3）应大于1.0kPa</td></tr>
<tr><td></td><td>反复启闭</td><td colspan="9">手动控制开关反复开关4000次后，开关控制系统操作正常，各部件不应松动脱扣；电动控制开关动作5000次控制系统工作正常
当动力通风器具有手动、电动两种控制装置时，应分别满足要求</td></tr>
</table>

第23章　金属网和钉

23.1　金属网

23.1.1　窗纱

窗纱品种有金属编织的窗纱［一般为低碳钢涂（镀）层窗纱］和铝窗纱，其形式有Ⅰ型和Ⅱ型两种。用于制作纱窗、纱门、菜橱、菜罩、蝇拍等。窗纱规格见表23-1。

表23-1　窗纱规格（QB/T 3882—1999、QB/T 3883—1999）

B
L
Ⅰ型窗纱

B
L
Ⅱ型窗纱

产品标记代号：

经向目数
纬向目数
宽度
长度
□×□-□×□- QB/T 3883
□　□-□
材料标准的代号
材料牌号
品种类别

窗纱的长度 L /mm		宽度 B/mm	
基本尺寸	极限偏差/%	基本尺寸	极限偏差/%
15000 25000	+1.5	1200	+5

续表

窗纱的长度 L /mm		宽度 B/mm	
基本尺寸	极限偏差/%	基本尺寸	极限偏差/%
30000	0	1000	±5
30480		914	

窗纱的基本目数				金属丝直径 /mm			
经向每英寸目数	极限偏差/%	纬向每英寸目数	极限偏差/%	直径		极限偏差	
				钢	铝	钢	铝
14	±5	14	±3	0.25	0.28	0 −0.03	
16		16					
18		18					

23.1.2 钢丝方孔网

钢丝方孔网按材料分两类：电镀锌网（代号 D），热镀锌网（代号 R）。用于筛选干的颗粒物质，如粮食、食用粉、石子、沙子、矿砂等，也用于建筑、围栏等。钢丝方孔网规格见表 23-2。

表 23-2 钢丝方孔网规格（QB/T 1925.1—1993） mm

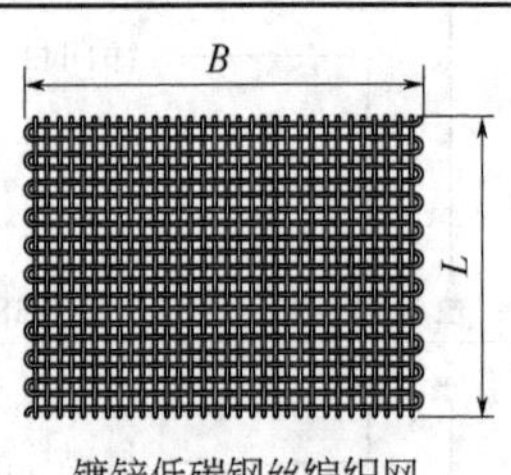

镀锌低碳钢丝编织网

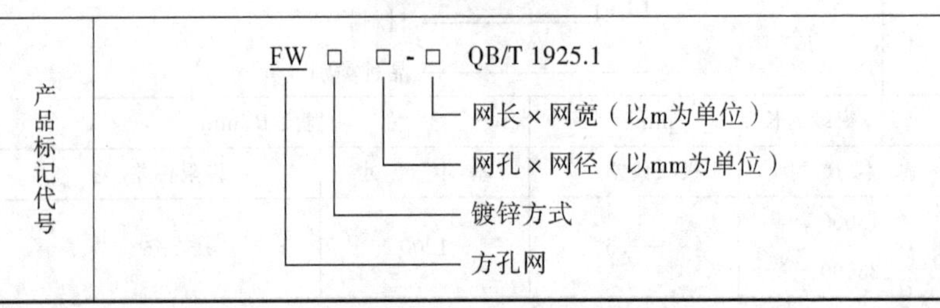

续表

网孔尺寸 W	钢丝直径 d	净孔尺寸	网的宽度 B	相当英制目数	网孔尺寸 W	钢丝直径 d	净孔尺寸	网的宽度 B	相当英制目数
0.50	0.20	0.30	914	50	1.80	0.35	1.45	1000	14
0.55		0.35		46	2.10	0.45	1.65		12
0.60		0.40		42	2.55		2.05		10
0.64		0.44		40	2.80	0.55	2.25		9
0.66		0.46		38	3.20		2.65		8
0.70		0.50		36	3.60		3.05		7
0.75	0.25	0.50		34	3.90		3.35		6.5
0.80		0.55		32	4.25	0.70	3.55		6
0.85		0.60		30	4.60		3.90		5.5
0.90		0.65		28	5.10		4.40		5
0.95		0.70		26	5.65	0.90	4.75		4.5
1.05		0.80		24	6.35		5.45		4
1.15	0.30	0.85		22	7.25		6.35		3.5
1.30		1.00		20	8.46	1.20	7.26	1200	3
1.40		1.10		18	10.20		9.00		2.5
1.60	0.30	1.25	1000	16	12.70		11.50		2

注：每匹长度为 30m。

23.1.3　钢丝六角网

钢丝六角网一般用镀锌低碳钢丝编织。用于建筑物门窗上的防护栏、园林的隔离围栏及石油、化工等设备、管道和锅炉上的保温包扎材料。钢丝六角网规格见表 23-3。

表 23-3　钢丝六角网规格（QB/T 1925.2—1993）　mm

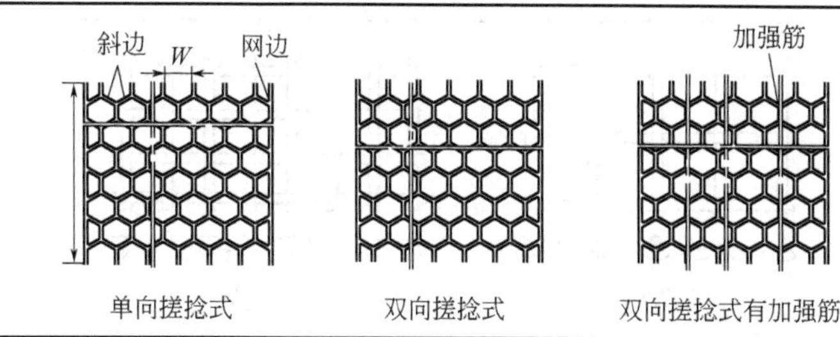

单向搓捻式　　双向搓捻式　　双向搓捻式有加强筋

续表

产品标记代号	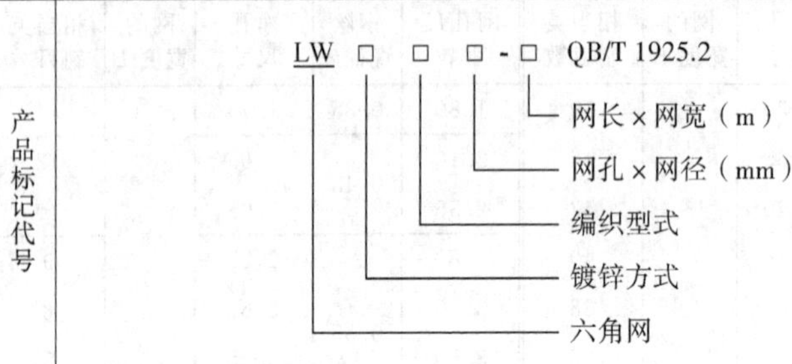

分类		按镀锌方式分				按编织型式分				
	先编网后镀锌	先电镀锌后织网		先热镀锌后织网		单向搓捻式	双向搓捻式		双向搓捻式有加强筋	
代号	B	D		R		Q	S		J	
网孔尺寸 W		10	13	16	20	25	30	40	50	75
钢丝直径	自	0.40	0.40	0.40	0.40	0.40	0.45	0.50	0.50	0.50
	至	0.60	0.90	0.90	1.00	1.30	1.30	1.30	1.30	1.30

注：1. 钢丝直径系列 d：0.40，0.45，0.50，0.55，0.60，0.70，0.80，0.90，1.00，1.10，1.20，1.30（mm）。

2. 钢丝镀锌后直径应不小于 d+0.02mm。

3. 网的宽度：0.5，1，1.5，2（m）；网的长度：25，30，50（m）。

23.1.4 钢丝波纹方孔网

钢丝波纹方孔网一般用镀锌低碳钢丝编织。用于矿山、冶金、建筑及农业生产中固体颗粒的筛选，液体和泥浆的过滤，以及用作加强物或防护网等。钢丝波纹方孔网规格见表23-4。

表23-4 钢丝波纹方孔网规格（QB/T 1925.3—1993） mm

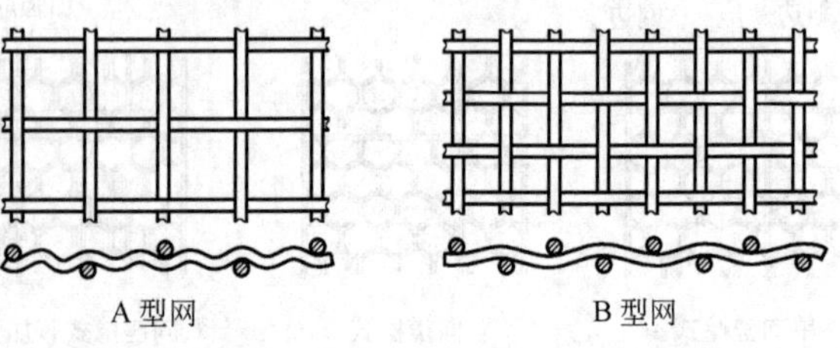

续表

项目	内容														
产品标记代号	BW □ □ □ □ QB/T 1925.3 BW——波纹方孔网 第1个□——编织型式 第2个□——材料 第3个□——网孔尺寸×网径（mm） 第4个□——网长×网宽（m）														

分类	按编织型式分		按编织网的钢丝镀锌方式分	
	A 型	B 型	热镀锌钢丝	电镀锌钢丝
代号	A	B	R	D

钢丝直径	网孔尺寸 A 型 Ⅰ系	网孔尺寸 A 型 Ⅱ系	网孔尺寸 B 型 Ⅰ系	网孔尺寸 B 型 Ⅱ系
0.70			1.1 2.0	
0.90			2.5	
1.2	6 8	8		
1.6	10	12	3	5
2.2	12	15 20	4	6

钢丝直径	网孔尺寸 A 型 Ⅰ系	网孔尺寸 A 型 Ⅱ系	网孔尺寸 B 型 Ⅰ系	网孔尺寸 B 型 Ⅱ系
2.8	15 20	25	6	10 12
3.5	20 25	30	6	8 10 15
4.0	20 25	30	6 8	12 16
5.0	25 30	28 36	20	22

钢丝直径	网孔尺寸 A 型 Ⅰ系	网孔尺寸 A 型 Ⅱ系	网孔尺寸 B 型 Ⅰ系	网孔尺寸 B 型 Ⅱ系
6.0	30 40 50	28 35 45	20 25	18 22
8.0	40 50	45	30	35
10.0	80 100 125	70 90 110	—	—

网的宽度/m 网的长度/m	片网	0.9 <1	1 1～5	1.5 >5～10	卷网	9 10～30

注：网孔尺寸系列：Ⅰ系为优先选用规格，Ⅱ系为一般规格。

23.1.5 铜丝编织方孔网

铜丝编织方孔网产品类型有：按编织型式分为平纹编织（代号P），斜纹编织（代号E），珠丽纹编织（代号Z）；按材料分为铜（代号T），黄铜（代号H），锡青铜（代号Q）。用于筛选食用粉、粮食种子、颗粒原料、化工原料、淀粉、药粉、过滤溶液、油脂等，还用作精密机械、仪表、电信器材的防护设备等。铜丝编织方孔网规格见表23-5。

表23-5　铜丝编织方孔网规格（QB/T 2031—1994）　　mm

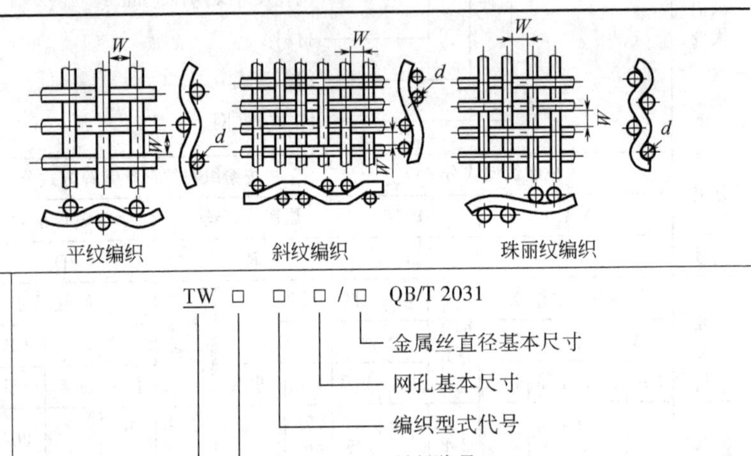

平纹编织　　斜纹编织　　珠丽纹编织

产品标记代号	TW □ □ □/□ QB/T 2031 TW—铜丝编织方孔网 □—材料代号 □—编织型式代号 □—网孔基本尺寸 □—金属丝直径基本尺寸

网孔基本尺寸 *W*			金属丝直径基本尺寸 *d*	网孔基本尺寸 *W*			金属丝直径基本尺寸 *d*
主要尺寸	补充尺寸			主要尺寸	补充尺寸		
R10系列	R20系列	R40/3系列		R10系列	R20系列	R40/3系列	
5.00	5.00	—	1.60 1.25 1.12 1.00 0.900	—	4.50	—	1.40 1.12 1.00 0.900 0.800 0.710
—	—	4.75	1.60 1.25 1.12 1.00 0.900	4.00	4.00	4.00	1.40 1.25 1.12 1.00 0.900 0.710

续表

网孔基本尺寸 W			金属丝直径基本尺寸 d	网孔基本尺寸 W			金属丝直径基本尺寸 d
主要尺寸	补充尺寸			主要尺寸	补充尺寸		
R10系列	R20系列	R40/3系列		R10系列	R20系列	R40/3系列	
—	3.55	—	1.25 1.00 0.900 0.800 0.710 0.630 0.560	—	2.24	—	0.900 0.630 0.560 0.500 0.450
—	—	3.55	1.25 0.900 0.800 0.710 0.630 0.560	2.00	2.00	2.00	0.900 0.630 0.560 0.500 0.450 0.400
3.15	3.15	—	1.25 1.12 0.800 0.710 0.630 0.560 0.500	—	1.80	—	0.800 0.560 0.500 0.450 0.400
—	2.80	2.80	1.12 0.800 0.710 0.630 0.560	—	—	1.70	0.800 0.630 0.500 0.450 0.400
2.50	2.50	—	1.00 0.710 0.630 0.560 0.500	1.60	1.60	—	0.800 0.560 0.500 0.450 0.400
—	—	2.36	1.00 0.800 0.630 0.560 0.500 0.450	—	1.40	1.40	0.710 0.560 0.500 0.450 0.400 0.355

续表

网孔基本尺寸 W			金属丝直径基本尺寸 d	网孔基本尺寸 W			金属丝直径基本尺寸 d
主要尺寸	补 充 尺 寸			主要尺寸	补 充 尺 寸		
R10系列	R20系列	R40/3系列		R10系列	R20系列	R40/3系列	
1.25	1.25	—	0.630 0.560 0.500 0.400 0.355 0.315	0.800	0.800	—	0.450 0.355 0.315 0.280 0.250 0.200
—	—	1.18	0.630 0.500 0.450 0.400 0.355 0.315	—	0.710	0.710	0.450 0.355 0.315 0.280 0.250 0.200
—	1.12	—	0.560 0.450 0.400 0.355 0.315 0.280	0.630	0.630	—	0.400 0.315 0.280 0.250 0.224 0.220
1.00	1.00	1.00	0.560 0.500 0.400 0.355 0.315 0.280 0.250	—	—	0.600	0.400 0.315 0.280 0.250 0.200 0.180
—	0.900	—	0.500 0.450 0.355 0.315 0.250 0.224	—	0.560	—	0.315 0.280 0.250 0.224 0.180
—	—	0.850	0.500 0.450 0.355 0.315 0.280 0.250 0.224	0.500	0.500	0.500	0.315 0.250 0.224 0.200 0.160

续表

网孔基本尺寸 W			金属丝直径基本尺寸 d	网孔基本尺寸 W			金属丝直径基本尺寸 d
主要尺寸	补充尺寸			主要尺寸	补充尺寸		
R10 系列	R20 系列	R40/3 系列		R10 系列	R20 系列	R40/3 系列	
—	0.450	—	0.280 0.250 0.200 0.180 0.160 0.140	—	0.280	—	0.180 0.160 0.140 0.112
—	—	0.425	0.280 0.224 0.200 0.180 0.160 0.140	0.250	0.250	0.250	0.160 0.140 0.125 0.112 0.100
0.400	0.400	—	0.250 0.224 0.200 0.180 0.160 0.140	—	0.224	—	0.160 0.125 0.100 0.090
—	0.355	0.355	0.224 0.200 0.180 0.140 0.125	—	—	0.212	0.140 0.125 0.112 0.100 0.090
0.315	0.315	—	0.200 0.180 0.160 0.140 0.125	0.200	0.200	—	0.140 0.125 0.112 0.090 0.080
—	—	0.300	0.200 0.180 0.160 0.140 0.125 0.112	0.180	0.180	—	0.125 0.112 0.100 0.090 0.080 0.071

续表

网孔基本尺寸 W			金属丝直径基本尺寸 d
主要尺寸	补充尺寸		
R10系列	R20系列	R40/3系列	
0.160	0.160	—	0.112 0.100 0.090 0.080 0.071 0.063
—	—	0.150	0.100 0.090 0.080 0.071 0.063
—	0.140	—	0.100 0.090 0.071 0.063 0.056
0.125	0.125	0.125	0.090 0.080 0.071 0.063 0.056 0.050
—	—	0.106	0.080 0.071 0.063 0.056 0.050
0.100	0.100	—	0.080 0.071 0.063 0.056 0.050
—	0.090	0.090	0.071 0.063 0.056 0.050 0.045

网孔基本尺寸 W			金属丝直径基本尺寸 d
主要尺寸	补充尺寸		
R10系列	R20系列	R40/3系列	
0.080	0.080	—	0.063 0.056 0.050 0.045 0.040
—	—	0.075	0.063 0.056 0.050 0.045 0.040
—	0.071	—	0.056 0.050 0.045 0.040
0.063	0.063	0.063	0.050 0.045 0.040 0.036
—	0.056	—	0.045 0.040 0.036 0.032
—	—	0.053	0.040 0.036 0.032
0.050	0.050	—	0.040 0.036 0.032 0.030
—	0.045	0.045	0.036 0.032 0.028
0.040	0.040	—	0.032 0.030 0.025

续表

网孔基本尺寸 W			金属丝直径基本尺寸 d	网孔基本尺寸 W			金属丝直径基本尺寸 d
主要尺寸	补充尺寸			主要尺寸	补充尺寸		
R10 系列	R20 系列	R40/3 系列		R10 系列	R20 系列	R40/3 系列	
—	—	0.038	0.032 0.030 0.025	—	0.036	—	0.030 0.028 0.022

注：方孔网每卷网长、网宽

网孔基本尺寸 W/mm	网长 L/m	网宽 B/m
0.036～5.00	30000	914，1000

23.2　金属板网

23.2.1　钢板网

钢板网用于粉刷、拖泥板、防护棚、防护罩、隔离网、隔断、通风等。钢板网规格见表 23-6。

表 23-6　钢板网规格（QB/T 2959—2008）　mm

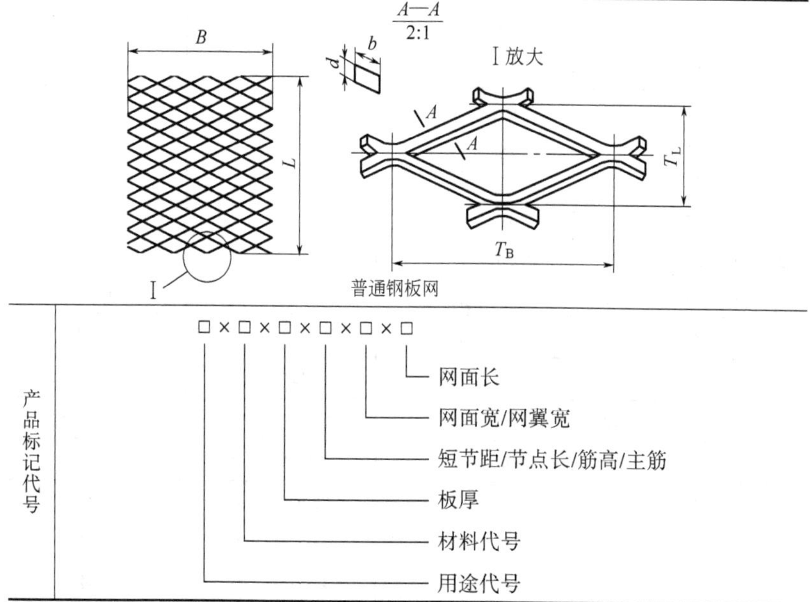

续表

d	网格尺寸			网面尺寸		钢板网理论重量/kg·m^{-2}
	T_L	T_B	b	B	L	
0.3	2	3	0.3	100～500	—	0.71
	3	4.5	0.4	500		0.63
0.4	2	3	0.4			1.26
	3	4.5	0.5			1.05
0.5	2.5	4.5	0.5			1.57
	5	12.5	1.11	1000		1.74
	10	25	0.96	2000	600～1000	0.75
0.8	8	16	0.8	1000	600～5000	1.26
	10	20	1.0			1.26
	10	25	0.96	2000		1.21
1.0	10	25	1.10		4000～5000	1.73
	15	40	1.68			1.76
1.2	10	25	1.69			2.65
	15	30	2.03			2.66
	15	40	2.47			2.42
1.5	15	40	1.69			2.65
	18	50	2.03			2.66
	24	60	2.47			2.42
2.0	12	25	2.0			5.23
	18	50	2.03			3.54
	24	60	2.47			3.23
3.0	24	60	3.0		4800～5000	5.89
	40	100	4.05		3000～3500	4.77
	46	120	4.95		5600～6000	5.07
	55	150	4.99		3300～3500	4.27
4.0	24	60	4.5		3200～3500	11.77
	32	80	5.0		3850～4000	9.81
	40	100	6.0		4000～4500	9.42

续表

d	网格尺寸			网面尺寸		钢板网理论重量/kg·m^{-2}
	T_L	T_B	b	B	L	
5.0	24	60	6.0	2000	2400～3000	19.62
	32	80	6.0		3200～3500	14.72
	40	100	6.0		4000～4500	11.78
	56	150	6.0		5600～6000	8.41
6.0	24	60	6.0		2900～3500	23.55
	32	80	7.0		3300～3500	20.60
	40	100	7.0		4150～4500	16.49
	56	150	7.0		4850～5000	25.128
8.0	40	100	8.0		3650～4000	25.12
			9.0		3250～3500	28.26
	60	150			4850～5000	18.84
10.0	45	100	10.0	1000	4000	34.89

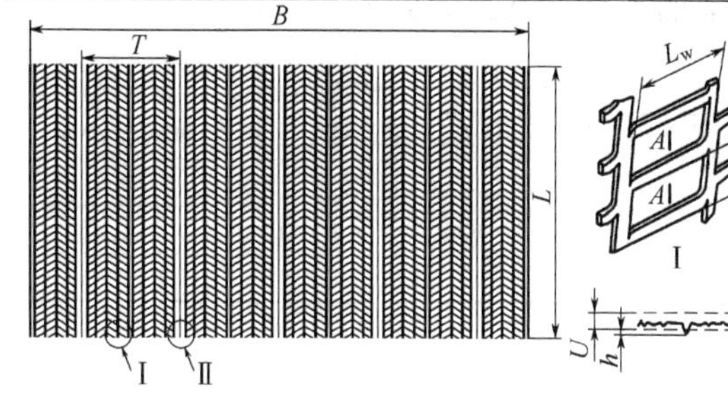

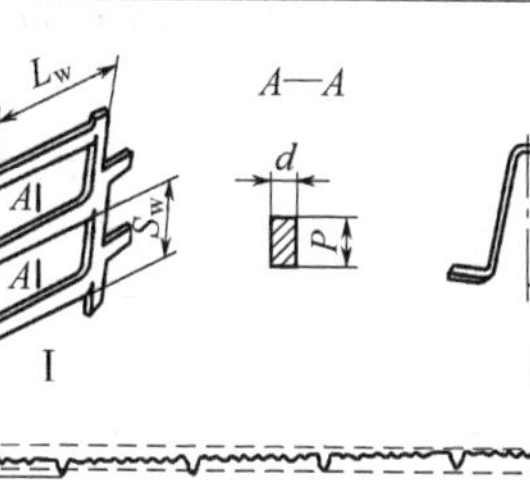

有筋扩张网

网格尺寸				网面尺寸			材料镀锌层双面重量/g·m^{-2}	钢板网理论重量/kg·m^{-2}					
								d					
S_w	L_w	P	U	T	B	L		0.25	0.3	0.39	0.4	0.45	0.51
5.5	8	1.28	9.5	97	686	2440	≥120	1.16	1.40	1.63	1.86	2.09	2.33
11	16	1.22	8	150	600	2440	≥120	0.66	0.79	0.92	1.09	1.17	1.31
8	12	1.20	8	100	600	2440	≥120	0.97	1.17	1.36	1.55	1.75	1.94
5	8	1.42	12	100	600	2440	≥120	1.45	1.76	2.05	2.34	2.64	2.93
4	7.5	1.20	5	75	600	2440	≥120	1.01	1.22	1.42	1.63	1.82	2.03
3.5	13	1.05	6	75	750	2440	≥120	1.17	1.42	1.69	1.89	2.12	2.36
8	10.5	1.10	8	50	600	2440	≥120	1.18	1.42	1.66	1.89	2.13	2.37

续表

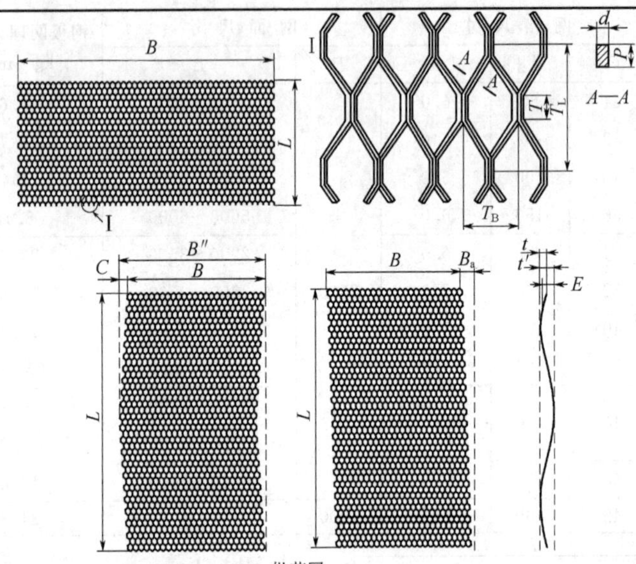

批荡网

d	P	网格尺寸		网面尺寸			材料镀锌层双面重量/g·m⁻²	钢板网理论重量/kg·m⁻²
		T_L	T_B	T	L	B		
0.4	1.5	17	8.7	4	2440	690	≥120	0.95
0.5	1.5	20	9.5					1.36
0.6	1.5	17	8					1.84

23.2.2 镀锌电焊网

镀锌电焊网用于建筑、种植、养殖等行业的围栏。镀锌电焊网规格见表 23-7。

表 23-7 镀锌电焊网规格（QB/T 3897—1999）

续表

产品标记代号	DHW　$D \times J \times W$　QB/T 3897 $D \times J \times W$——丝径×经向网孔长×纬向网孔长 DHW——镀锌电焊网

网　　号	网孔尺寸（经×纬）/mm	钢丝直径 d/mm	网边露头长 C/mm	网宽 B/mm	网长 L/mm
20×20	50.80×50.80	1.80～2.50	≤2.5	914	30000 30480[①]
10×20	25.40×50.80				
10×10	25.40×25.40				
04×10	12.70×25.40	1.00～1.80	≤2		
06×06	19.05×19.05				
04×04	12.70×12.70	0.50～0.90	≤1.5		
03×03	9.53×9.53				
02×02	6.35×6.35				

钢丝直径/mm	2.50	2.20	2.00	1.80	1.60	1.40	1.20
焊点抗拉力/N>	500	400	330	270	210	160	120
钢丝直径/mm	1.00	0.90	0.80	0.70	0.60	0.55	0.50
焊点抗拉力/N>	80	65	50	40	30	25	20

① 外销品种。

23.3　一般用途圆钢钉

一般用途圆钢钉规格见表 23-8。

表 23-8　一般用途圆钢钉规格（YB/T 5002—1993）

钉长/mm	钉杆直径/mm			1000 个圆钉重/kg		
	重　型	标　准　型	轻　型	重　型	标　准　型	轻　型
10	1.10	1.00	0.90	0.079	0.062	0.045
13	1.20	1.10	1.00	0.120	0.097	0.080
16	1.40	1.20	1.10	0.207	0.142	0.119
20	1.60	1.40	1.20	0.324	0.242	0.177

续表

钉长/mm	钉杆直径/mm			1000个圆钉重/kg		
	重型	标准型	轻型	重型	标准型	轻型
25	1.80	1.60	1.40	0.511	0.359	0.302
30	2.00	1.80	1.60	0.758	0.600	0.473
35	2.20	2.00	1.80	1.060	0.86	0.70
40	2.50	2.20	2.00	1.560	1.19	0.99
45	2.80	2.50	2.20	2.220	1.73	1.34
50	3.10	2.80	2.50	3.020	2.42	1.92
60	3.40	3.10	2.80	4.350	3.56	2.90
70	3.70	3.40	3.10	5.936	5.00	4.15
80	4.10	3.70	3.40	8.298	6.75	5.71
90	4.50	4.10	3.70	11.20	9.35	7.63
100	5.00	4.50	4.10	15.50	12.5	10.4
110	5.50	5.00	4.50	20.87	17.0	13.7
130	6.00	5.50	5.00	29.07	24.3	20.0
150	6.50	6.00	5.50	39.42	33.3	28.0
175	—	6.50	6.00	—	45.7	38.9
200	—	—	6.50	—	—	52.1

23.4 射钉

23.4.1 射钉（GB/T 18981—2008）

射钉是射钉紧固技术的关键部分，不但要承受住射击时的极大压力，而且还需经得起各种使用条件和环境的长期考验。射钉一般分为仅由钉体构成、由钉体和定位件构成以及由钉体、定位件和附件构成三种型式。射钉钉体的类型、名称、形状参数及钉体代号见表23-9，射钉定位件的类型代号、名称、形状、主要参数及代号见表23-10，射钉附件的类型代号、名称、形状、参数及附件代号见表23-11。

表 23-9　射钉钉体的类型、名称、形状参数及钉体代号

类型代号	名称	形　状	主要参数/mm	钉体代号
YD	圆头钉	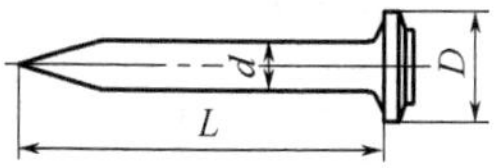	$D=8.4$ $d=3.7$ $L=19$，22，27，32，37，42，47，52，56，62，72	类型代号加钉长 L 钉长为 32mm 的圆头钉示例为 YD32
DD	大圆头钉	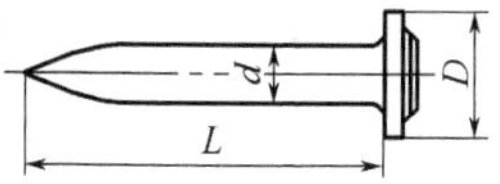	$D=10$ $d=4.5$ $L=27$，32，37，42，47，52，56，62，72，82，97，117	类型代号加钉长 L 钉长为 37mm 的大圆头钉示例为 DD37
HYD	压花圆头钉	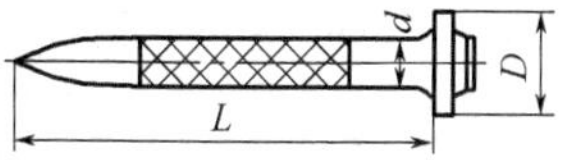	$D=8.4$ $d=3.7$ $L=13$，16，19，22	类型代号加钉长 L 钉长为 22mm 的压花圆头钉示例为 HYD22
HDD	压花大圆头钉	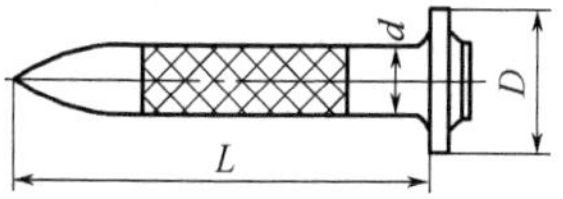	$D=10$ $d=3.7$ $L=19$，22	类型代号加钉长 L 钉长为 22mm 的压花大圆头钉示例为 HDD22
PD	平头钉	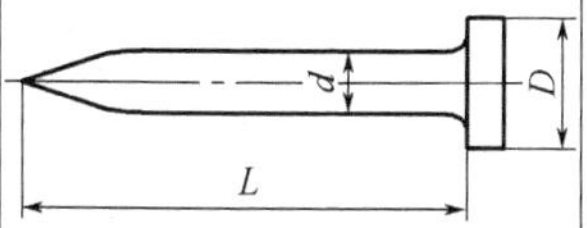	$D=7.5$ $d=3.7$ $L=19$，25，32，38，51，63，76	类型代号加钉长 L 钉长为 32mm 的平头钉示例为 PD32
PS	小平头钉	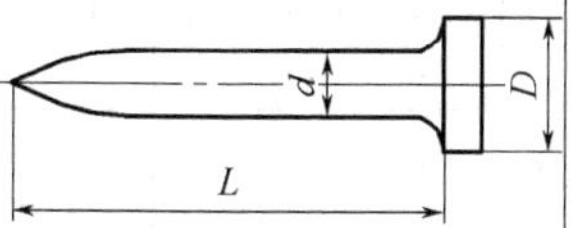	$D=7.6$ $d=3.5$ $L=22$，27，32，37，42，47，52，62，72	类型代号加钉长 L 钉长为 27mm 的小平头钉示例为 PS27
DPD	大平头钉	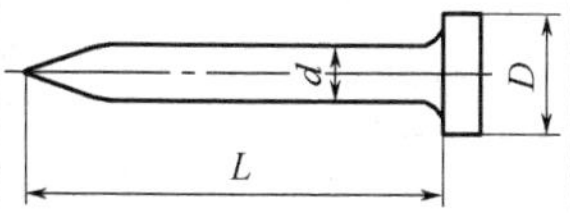	$D=10$ $d=4.5$ $L=27$，32，37，42，47，52，62，72，82，97，117	类型代号加钉长 L 钉长为 27mm 的大平头钉示例为 DPD27

续表

类型代号	名称	形状	主要参数/mm	钉体代号
HPD	压花平头钉	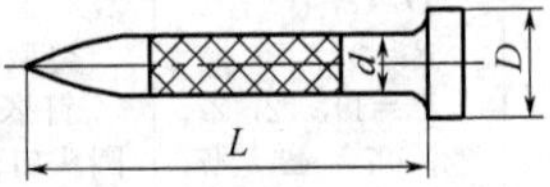 L d D	$D=7.6$ $d=3.7$ $L=13, 16, 19$	类型代号加钉长 L 钉长为13mm的压花平头钉示例为HPD13
QD	球头钉	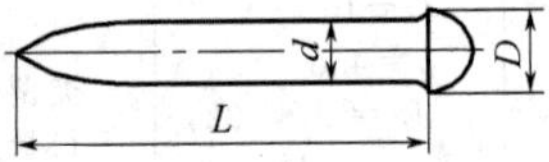 L d D	$D=5.6$ $d=3.7$ $L=22, 27, 32, 37, 42, 47, 52, 62, 72, 82, 97$	类型代号加钉长 L 钉长为37mm的球头钉示例为QD37
HQD	压花球头钉	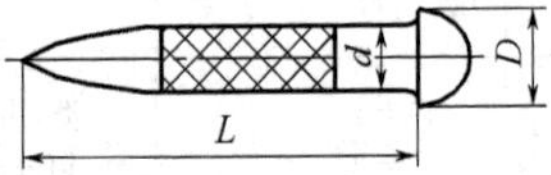 L d D	$D=5.6$ $d=3.7$ $L=16, 19, 32$	类型代号加钉长 L 钉长为19mm的压花球头钉示例为HQD19
ZP	6mm平头钉	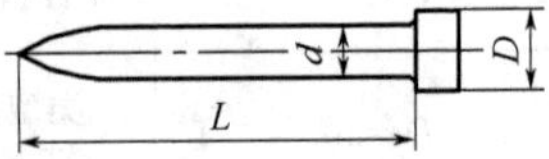 L d D	$D=6$ $d=3.7$ $L=25, 30, 35, 40, 50, 60, 75$	类型代号加钉长 L 钉长为40mm的6mm平头钉示例为ZP40
DZP	6.3mm平头钉	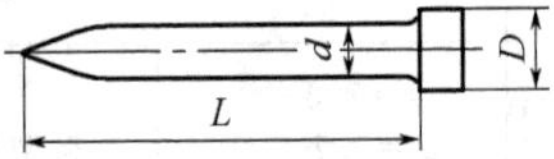 L d D	$D=6.3$ $d=3.7$ $L=25, 30, 35, 40, 50, 60, 75$	类型代号加钉长 L 钉长为50mm的6.3mm平头钉示例为DZP50
ZD	专用钉	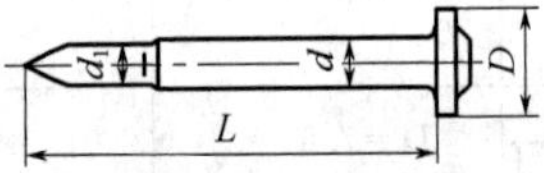 L d_1 d D	$D=8$ $d=3.7$ $d_1=2.7$ $L=42, 47, 52, 57, 62$	类型代号加钉长 L 钉长为52mm的专用钉示例为ZD52
GD	GD钉	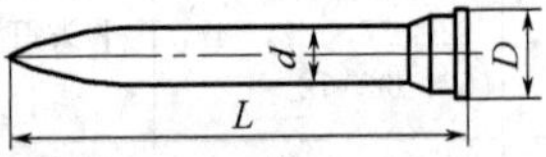 L d D	$D=8$ $d=5.5$ $L=45, 50$	类型代号加钉长 L 钉长为45mm的GD钉示例为GD45
KD6	6mm眼孔钉	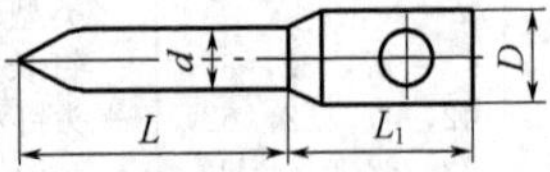 L L_1 d D	$D=6$ $d=3.7$ $L_1=11$ $L=25, 30, 35, 40, 50, 60$	类型代号-钉头长 L_1-钉长 L 钉头长为11mm，钉长为40mm的6mm眼孔钉示例为KD6-11-40

续表

类型代号	名称	形状	主要参数/mm	钉体代号
KD 6.3	6.3mm 眼孔钉	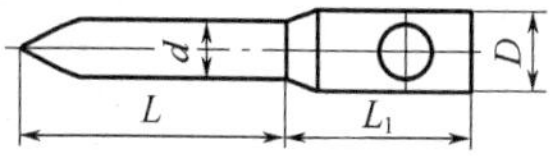 d D L L_1	$D=6.3$ $d=4.2$ $L_1=13$ $L=25$，30，35，40，50，60	类型代号-钉头长 L_1-钉长 L 钉头长为 13mm，钉长为 50mm 的 6.3mm 眼孔钉示例为 KD6.3-13-50
KD8	8mm 眼孔钉	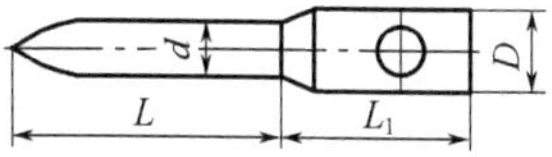 d D L L_1	$D=8$ $d=4.5$ $L_1=20$，25，30，35 $L=22$，32，42，52	类型代号-钉头长 L_1-钉长 L 钉头长为 20mm，钉长为 32mm 的 8mm 眼孔钉示例为 KD8-20-32
KD 10	10mm 眼孔钉	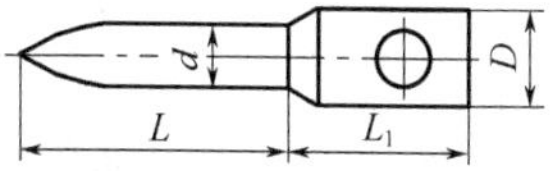 d D L L_1	$D=10$ $d=5.2$ $L_1=24$，30 $L=32$，42，52	类型代号-钉头长 L_1-钉长 L 钉头长为 24mm，钉长为 52mm 的 10mm 眼孔钉示例为 KD10-24-52
M6	M6 螺纹钉	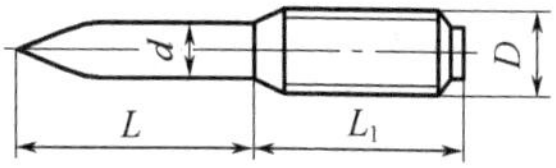 d D L L_1	$D=$ M6 $d=3.7$ $L_1=11$，20，25，32，38 $L=22$，27，32，42，52	类型代号-螺纹长度 L_1-钉长 L 螺纹长度为 20mm，钉长为 32mm 的 M6 螺纹钉示例为 M6-20-32
M8	M8 螺纹钉	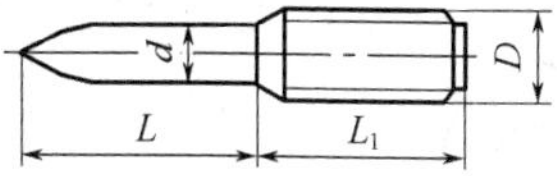 d D L L_1	$D=$ M8 $d=4.5$ $L_1=15$，20，25，30，35 $L=27$，32，42，52	类型代号-螺纹长度 L_1-钉长 L 螺纹长度为 15mm，钉长为 32mm 的 M8 螺纹钉示例为 M8-15-32
M10	M10 螺纹钉	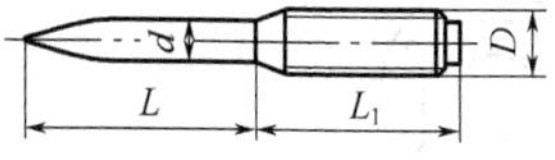 d D L L_1	$D=$M10 $d=5.2$ $L_1=24$，30 $L=27$，32，42	类型代号-螺纹长度 L_1-钉长 L 螺纹长度为 30mm，钉长为 42mm 的 M10 螺纹钉示例为 M10-30-42

续表

类型代号	名称	形状	主要参数/mm	钉体代号
HM6	M6压花螺纹钉	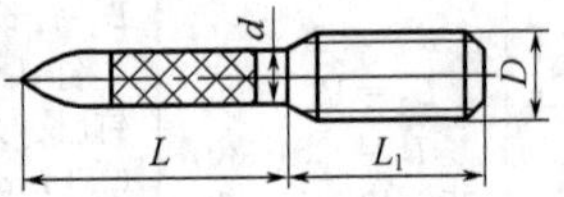	$D=$ M6 $d=3.7$ $L_1=11$，20，25，32 $L=9$，12	类型代号-螺纹长度L_1-钉长L 螺纹长度为11mm，钉长为12mm的M6压花螺纹钉示例为HM6-11-12
HM8	M8压花螺纹钉	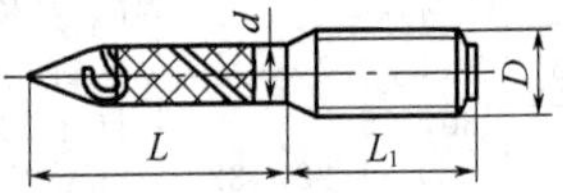	$D=$ M8 $d=4.5$ $L_1=15$，20，25，30，35 $L=15$	类型代号-螺纹长度L_1-钉长L 螺纹长度为20mm，钉长为15mm的M8压花螺纹钉示例为HM8-20-15
HM10	M10压花螺纹钉	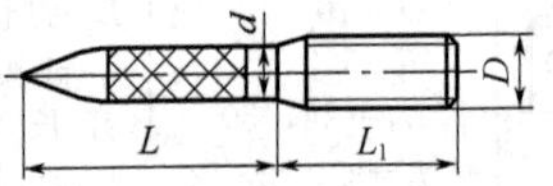	$D=$ M10 $d=5.2$ $L_1=24$，30 $L=15$	类型代号-螺纹长度L_1-钉长L 螺纹长度为30mm，钉长为15mm的M10压花螺纹钉示例为HM10-30-15
HDT	压花特种钉	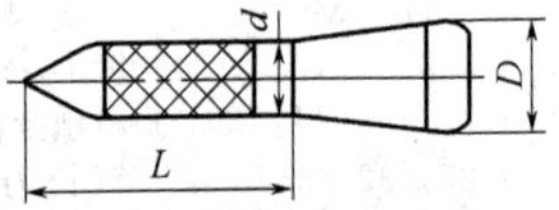	$D=5.6$ $d=4.5$ $L=21$	类型代号加钉长L 钉长为21mm的压花特种钉示例为HDT21

表23-10 射钉定位件的类型代号、名称、形状、主要参数及代号

类型代号	名称	形状	主要参数/mm	定位件代号
S	塑料圈	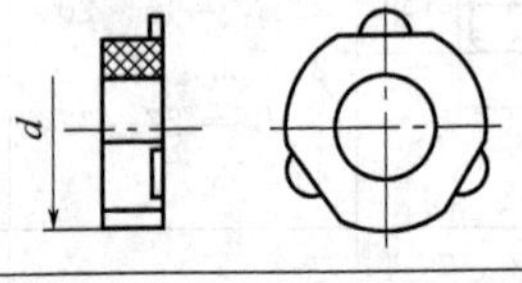	$d=8$	S8
			$d=10$	S10
		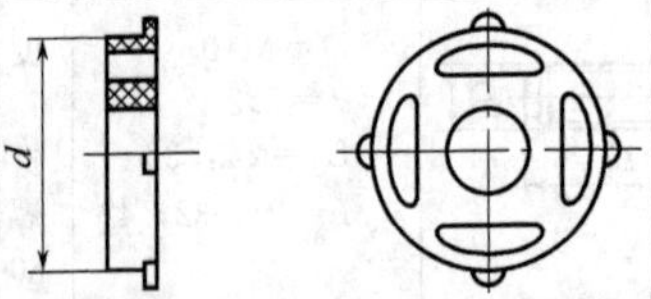	$d=12$	S12

续表

类型代号	名称	形　状	主要参数/mm	定位件代号
C	齿形圈	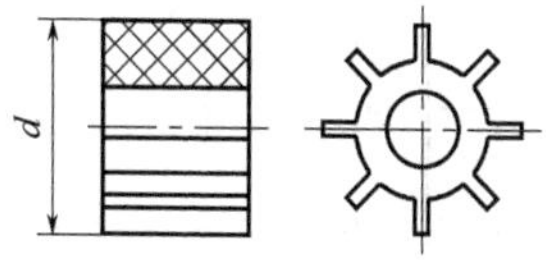	$d=6$	C6
			$d=6.3$	C6.3
			$d=8$	C8
			$d=10$	C10
			$d=12$	C12
J	金属圈	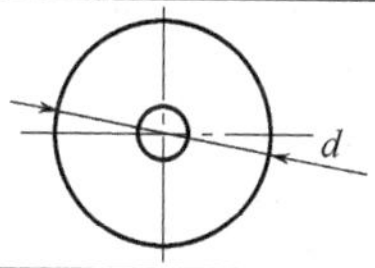	$d=8$	J8
			$d=10$	J10
			$d=12$	J12
M	钉尖帽	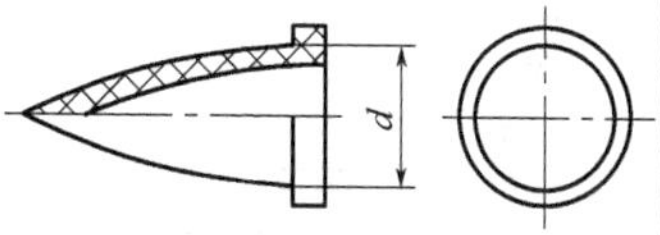	$d=6$	M6
			$d=6.3$	M6.3
			$d=8$	M8
			$d=10$	M10
T	钉头帽	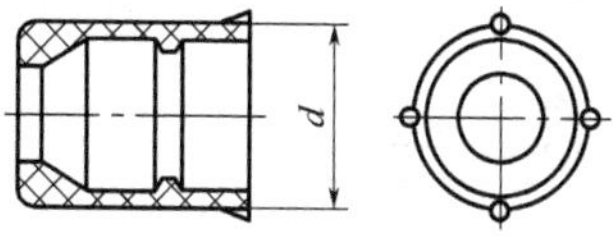	$d=6$	T6
			$d=6.3$	T6.3
			$d=8$	T8
			$d=10$	T10
G	钢套	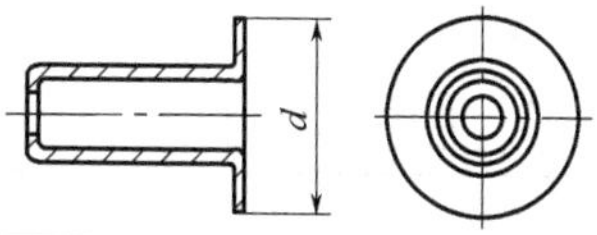	$d=10$	G10
LS	连发塑料圈	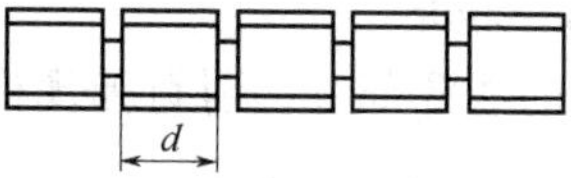	$d=6$	LS6

表 23-11　射钉附件的类型代号、名称、形状、参数及附件代号

类型代号	名称	形　状	主要参数/mm	附 件 代 号
D	圆垫片	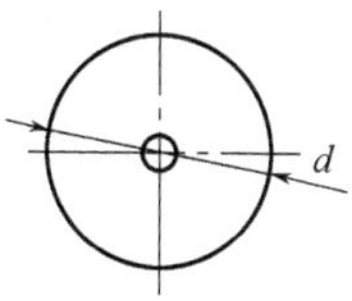	$d=20$	D20
			$d=25$	D25
			$d=28$	D28
			$d=35$	D35

续表

类型代号	名称	形　状	主要参数/mm	附件代号
FD	方垫片	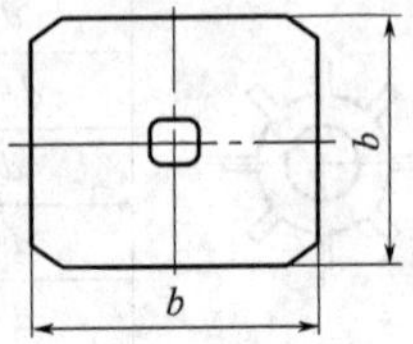	$b=20$	FD20
			$b=25$	FD25
P	直角片	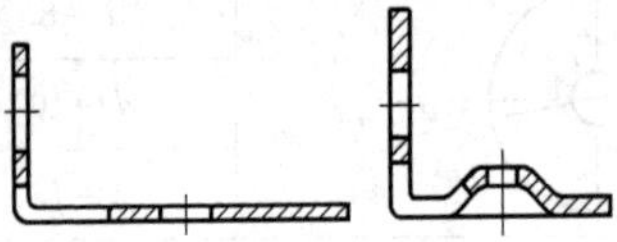	—	P
XP	斜角片	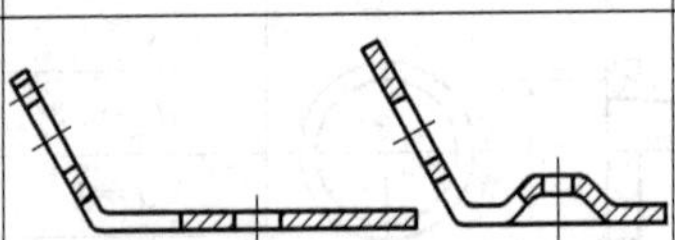	—	XP
K	管卡	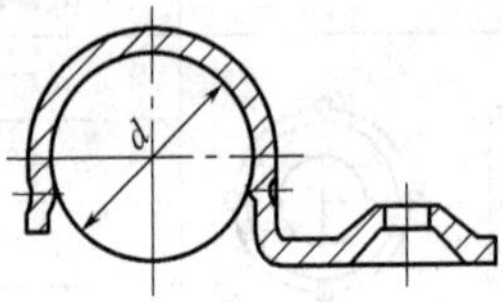	$d=18$	K18
			$d=25$	K25
			$d=30$	K30
T	钉筒	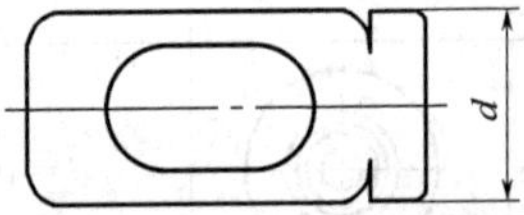	$d=12$	T12

23.4.2　射钉弹（GB 19914—2005）

射钉弹是射钉紧固技术的能源部分。射钉弹规格见表 23-12。

表 23-12　射钉弹规格　mm

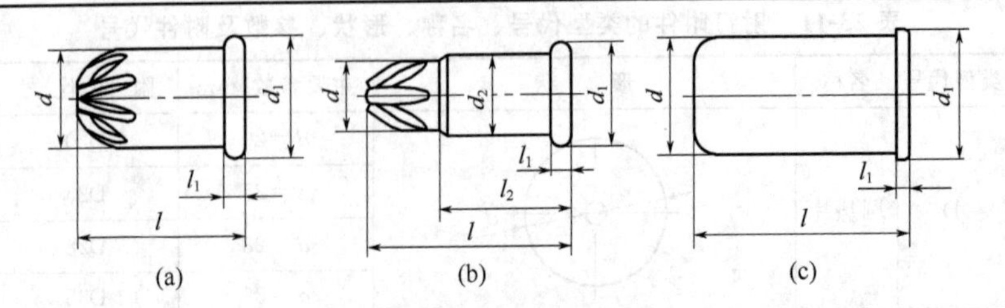

续表

d—体部或缩颈部直径；
d_1—底缘直径；
d_2—大体部直径；
l—全长；
l_1—底缘高度；
l_2—大体部长度

射钉弹类别	d_{max}	d_{min}	$d_{2\,max}$	l_{max}	$l_{1\,max}$	$l_{2\,max}$
5.5×16S	5.28	7.06	5.74	15.50	1.12	9.00
5.6×16	5.74	7.06	—	15.50	1.12	—
5.6×25	5.74	7.06	—	25.30	1.12	—
K5.6×25	5.74	7.06	—	25.30	1.12	—
6.3×10	6.30	7.60	—	10.30	1.30	—
6.3×12	6.30	7.60	—	12.00	1.30	—
6.3×16	6.30	7.60	—	15.80	1.30	—
6.8×11	6.86	8.50	—	11.00	1.50	—
6.8×18	6.86	8.50	—	18.00	1.50	—
ZK10×18	10.00	10.85	—	17.70	1.20	—

部分射钉弹威力、色标和速度/m·s^{-1}

威力变化		小 ←—									—→ 大				
威力等级		1		2	3	4	4.5	5	6		7	8	9	10	11	12
色标		灰	白	棕	绿	黄	蓝	红	紫	黑	灰	—	红	黑	—	—
口径×全长	5.5×16	91.4	—	118.9	146.3	173.7	—	201.2	—	—	—	—	—	—	—	—
	5.6×16	—	—	—	146.3	173.7	—	201.2	228.6	—	—	—	—	—	—	—
	6.3×10	—	—	97.5	118.9	152.4	—	173.7	185.9	—	—	—	—	—	—	—
	6.3×12	—	—	100.6	131.1	152.4	173.7	201.2	—	—	—	—	—	—	—	—
	6.3×16	—	—	—	149.4	179.8	204.2	237.7	259.1	—	—	—	—	—	—	—
	6.8×11	—	112.8	128.0	146.3	170.7	—	185.9	—	201.2	—	—	—	—	—	—
	6.8×18	—	—	—	167.6	192.0	221.0	234.7	—	265.2	—	—	—	—	—	—
	10×18	—	—	—	—	—	—	—	—	—	—	283.5	310.9	338.3	365.8	393.2

第 24 章　水暖器材、卫生洁具配件

24.1　阀门

24.1.1　铁制和铜制螺纹连接阀门（GB/T 8464—2008）

铁制和铜制螺纹连接阀门的结构型式与参数见表 24-1。

表 24-1　铁制和铜制螺纹连接阀门的结构型式与参数

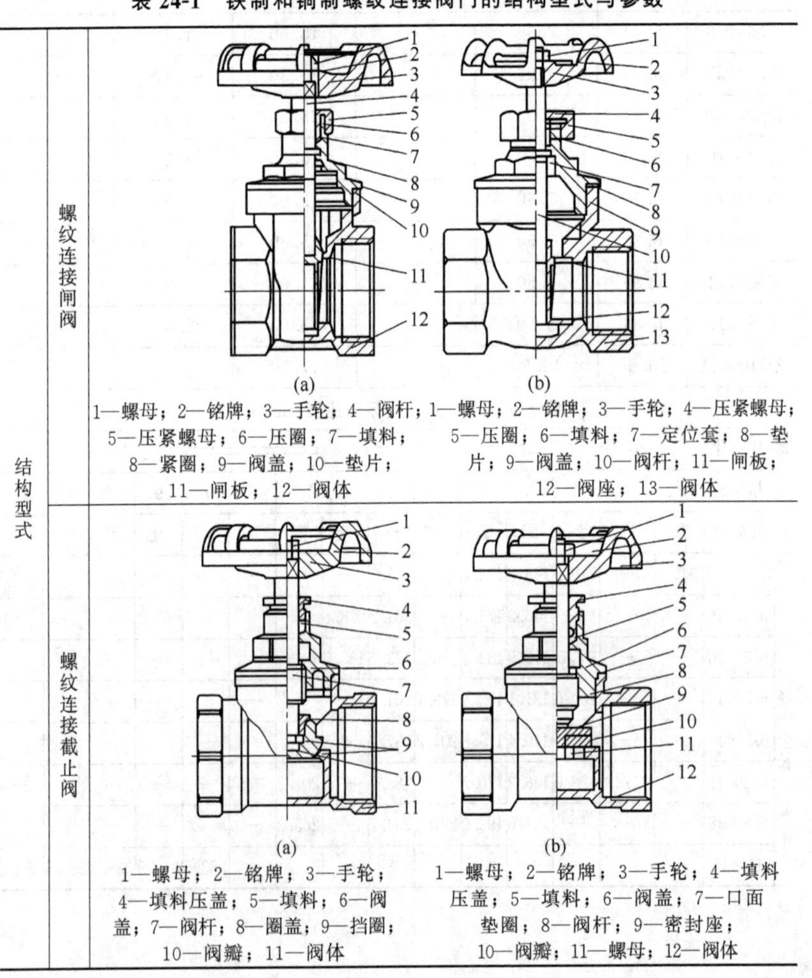

结构型式	螺纹连接闸阀	(a) 1—螺母；2—铭牌；3—手轮；4—阀杆；5—压紧螺母；6—压圈；7—填料；8—紧圈；9—阀盖；10—垫片；11—闸板；12—阀体 (b) 1—螺母；2—铭牌；3—手轮；4—压紧螺母；5—压圈；6—填料；7—定位套；8—垫片；9—阀盖；10—阀杆；11—闸板；12—阀座；13—阀体
	螺纹连接截止阀	(a) 1—螺母；2—铭牌；3—手轮；4—填料压盖；5—填料；6—阀盖；7—阀杆；8—圈盖；9—挡圈；10—阀瓣；11—阀体 (b) 1—螺母；2—铭牌；3—手轮；4—填料压盖；5—填料；6—阀盖；7—口面垫圈；8—阀杆；9—密封座；10—阀瓣；11—螺母；12—阀体

续表

<table>
<tr><td rowspan="2">结构型式</td><td>螺纹连接球阀</td><td colspan="4">(a)
1—阀体；2—阀盖；3—球；4—阀座；5—阀杆；6—阀杆垫圈；7—填料；8—填料压盖；9—手柄；10—垫圈；11—螺母；12—手柄套

(b)
1—阀体；2—阀盖；3—球；4—阀座；5—阀杆；6—口面垫圈；7—O 形圈；8—手柄；9—垫圈；10—螺栓</td></tr>
<tr><td>螺纹连接止回阀</td><td colspan="4">(a) 旋启式
1—阀体；2—阀瓣；3—螺母；4—摇杆；5，6—销轴螺母和销轴；7—垫圈；8—阀盖

(b) 升降式
1—阀盖；2—阀瓣；3—阀座；4—阀体

(c) 升降立式
1—阀盖；2—弹簧挡圈；3—弹簧；4—阀瓣架；5—阀瓣；6—阀体；7—口面垫圈</td></tr>
<tr><td rowspan="5" colspan="2">参数</td><td>名　　称</td><td>公称压力 PN</td><td>公称尺寸 DN</td><td>公称尺寸 DN 系列</td></tr>
<tr><td>灰铸铁阀</td><td>按 GB/T 1408 的规定，且≤PN16</td><td rowspan="4">按 GB/T 1407 的规定，且 ≤DN100</td><td rowspan="4">6、8、10、15、20、25、32、40、50、65、80、100</td></tr>
<tr><td>球墨铸铁阀</td><td>按 GB/T 1408 的规定，且≤PN40</td></tr>
<tr><td>可锻铸铁阀</td><td>按 GB/T 1408 的规定，且≤PN25</td></tr>
<tr><td>铜合金阀</td><td>按 GB/T 1408 的规定，且≤PN40</td></tr>
</table>

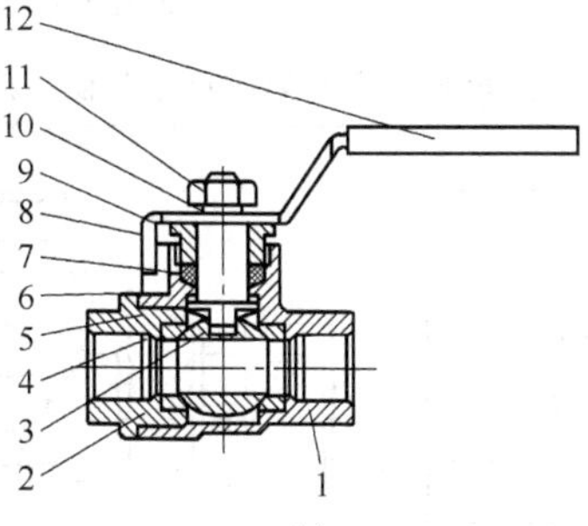

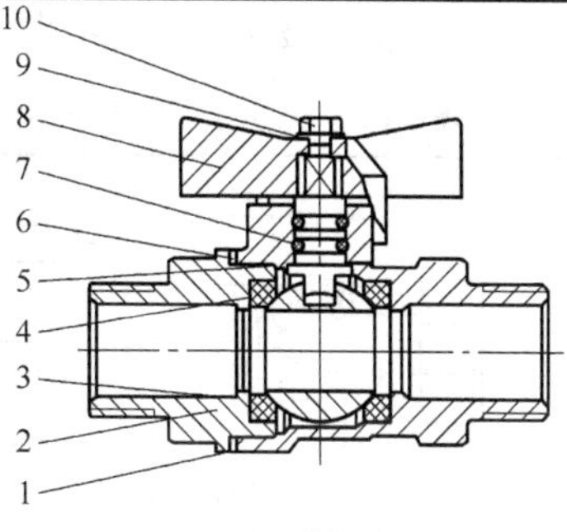

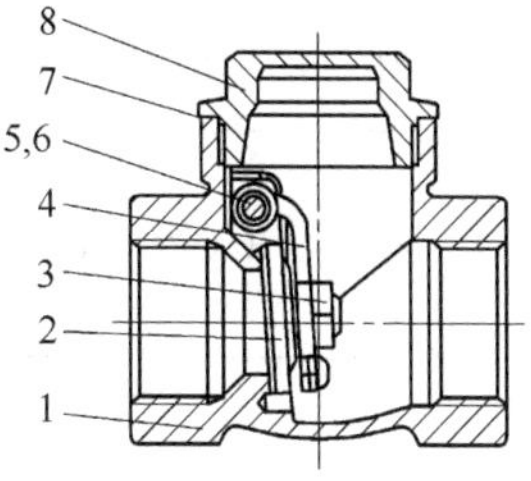

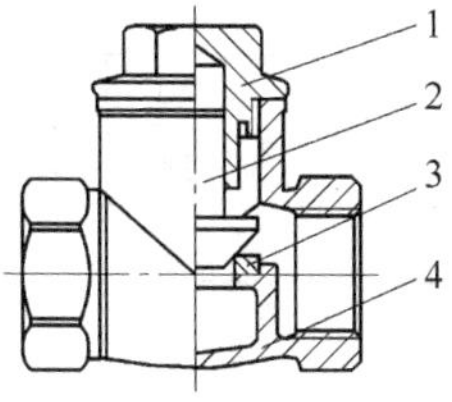

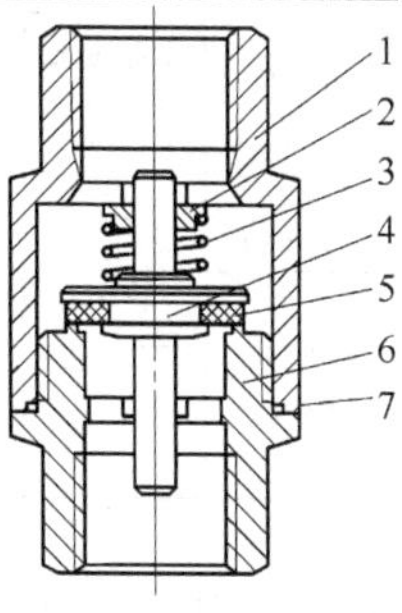

24.1.2 卫生洁具及暖气管道用直角阀（QB 2759—2006）

卫生洁具及暖气管道用直角阀的产品型式尺寸及使用条件见表24-2。

表24-2 卫生洁具及暖气管道用直角阀的产品型式尺寸及使用条件

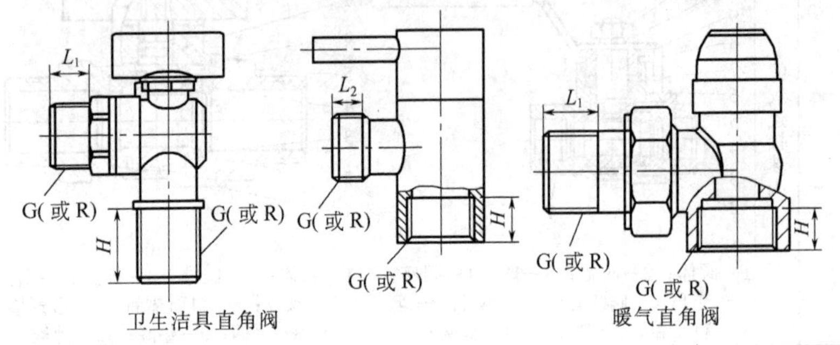

产品名称	尺寸					使用条件		
	公称通径DN/mm	螺纹尺寸代号	H/mm	L_1/mm	L_2/mm	公称压力/MPa	介质	介质温度/℃
卫生洁具直角阀	15	G1/2	≥12	≥8	≥6	1.0	冷、热水	≤90
暖气直角阀	15	G1/2	≥10	≥16	—	1.6	暖气	≤150
	20	G3/4	≥14	≥16	—			
	25	G1	≥14.5	≥18	—			

24.2 水嘴

24.2.1 陶瓷片密封水嘴（GB 18145—2003）

陶瓷片密封水嘴的有关内容见表24-3～表24-5。

表24-3 陶瓷片密封水嘴的分类、代号、标记及技术要求

<table>
<tr><td rowspan="5">分类、代号及标记</td><td rowspan="4">分类、代号</td><td>分类方法</td><td>类别及代号</td></tr>
<tr><td>按启闭控制部件数量分</td><td>分为单柄D和双柄S</td></tr>
<tr><td>按控制供水管路的数量分</td><td>分为单控D和双控S</td></tr>
<tr><td>按用途分为</td><td>普通P、面盆M、浴盆Y、洗涤X、净身J、淋浴L和洗衣机XY水嘴</td></tr>
<tr><td>标记</td><td colspan="2">标记方法：按启闭控制部件数量、控制供水管路数量、用途、公称通径、标准号顺序表示
标记示例：公称通径为15mm的单柄双控面盆水嘴标记为DSM15-GB 18145—2003</td></tr>
</table>

续表

<table>
<tr><td rowspan="9">技术要求</td><td>加工与装配</td><td colspan="6">① 铸件不得有缩孔、裂纹和气孔等缺陷，内腔所附有的芯砂应清除干净
② 管螺纹精度应符合 GB/T 7306.1—2000 或 GB/T 7306.2—2000 或 GB/T 7307—2001 的规定，其中按 GB/T 7307—2001 的外螺纹应不低于 B 级精度
③ 螺纹表面不应有凹痕、断牙等明显缺陷，表面粗糙度 R_a 不大于 3.2μm
④ 塑料件表面不应有明显的填料斑、波纹、溢料、缩痕、翘曲和熔接痕。也不应有明显的擦伤、划伤、修饰损伤和污垢
⑤ 冷热水标志应清晰，蓝色（或 C 或“冷”字）表示冷水，红色（或 H 或“热”字）表示热水。双控水嘴冷水标志在右，热水标志在左。连接牢固。轮式手柄逆时针方向转动为开启，顺时针方向转动为关闭
⑥ 装配好的手柄应平稳，轻便、无卡阻。手柄与阀杆连接牢固，不得松动。单柄双控混合水嘴手柄扭力矩应不小于（6±0.6）N·m，在冷水、热水位置的开、关两个状态扭力矩应不小于（2.5±0.5）N·m；单柄单控和双柄双控水嘴手柄扭力矩应不小于（4±0.5）N·m。试验后，任何部件应无可见变形；阀芯密封、上密封、流量应达到要求
⑦ 陶瓷片硬度不小于 1000 HV_5
⑧ 与水嘴配接的软管应符合 JC 886 的规定
⑨ 水嘴连接螺纹应能承受扭力矩为：公称通径 DN15 扭力矩 61N·m；公称通径 DN20 扭力矩 88 N·m。经扭力矩试验后，应无裂纹、损坏</td></tr>
<tr><td>外观质量</td><td colspan="6">① 水嘴外表面涂、镀层应结合良好，组织应细密，光滑均匀，色泽均匀，抛光外表面应光亮，不应有起泡、烧焦、脱离、划伤等外观缺陷
② 涂、镀层按 GB/T 10125 进行 24 h 酸性盐雾试验后，达到 GB/T 6461—1986 标准中 10 级的要求
③ 涂、镀层经附着力试验后，不允许出现起皮或脱落现象。附着力试验专用工具见 GB 18145—2003 附录 C</td></tr>
<tr><td rowspan="7">使用性能</td><td rowspan="4">水嘴阀体的强度性能</td><td rowspan="2">检测部位</td><td rowspan="2">出水口状态</td><td colspan="2">试验条件（冷水）</td><td rowspan="2">要求</td></tr>
<tr><td>压力/MPa</td><td>时间/s</td></tr>
<tr><td>进水部位（阀座下方）</td><td>打开</td><td>2.5±0.05</td><td>60±5</td><td>无变形、无渗漏</td></tr>
<tr><td>出水部位（阀座上方）</td><td>打开</td><td>0.4±0.02</td><td>60±5</td><td>无变形、无渗漏</td></tr>
<tr><td>密封性能</td><td colspan="5">应符合表 24-4 的规定</td></tr>
<tr><td>流量</td><td colspan="5">① 在动态压力为（0.3±0.02）MPa 水压下，浴盆水嘴（不带附件）流量不小于 0.33L/s，面盆、洗涤等其他水嘴（不带附件）流量不小于 0.20L/s
② 面盆、洗涤及厨房水嘴（带附件）在动态压力为（0.1±0.01）MPa 水压下，流量不大于 0.15L/s</td></tr>
<tr><td>水嘴寿命</td><td colspan="5">① 单柄双控水嘴开关寿命试验达到 7×10^4 周期，单柄单控和双柄双控水嘴开关寿命试验达到 2×10^5 次后，应符合密封性能的要求
② 转换开关寿命试验达到 3×10^4 次后，应符合密封性能的要求
③ 旋转式出水管寿命试验达到 8×10^4 次后，应符合密封性能的要求
④ 水嘴经冷热疲劳试验后，应符合密封性能的要求</td></tr>
</table>

表 24-4 水嘴的密封性能

检测部位		阀芯及转换开关位置	出水口状态	用冷水进行试验			用空气在水中进行试验		
				试验条件		技术要求	试验条件		技术要求
				压力/MPa	时间/s		压力/MPa	时间/s	
连接件		用1.5 N·m关闭	开	1.6±0.05	60±5	无渗漏	0.6±0.02	20±2	无气泡
阀芯			开	1.6±0.05	60±5		0.6±0.02	20±2	
				0.05±0.01	60±5		0.02±0.001	20±2	
冷、热水隔墙			开	0.4±0.02	60±5		0.2±0.01	20±2	
上密封		开	闭	0.4±0.02	60±5		0.2±0.01	20±2	
手动转换开关	转换开关在淋浴位	浴盆位关闭	人工堵住淋浴出水口打开浴盆出水口	0.4±0.02	60±5	浴盆出水口无渗漏	0.2±0.01	20±2	浴盆出水口无气泡
	转换开关在浴盆位	淋浴位关闭	人工堵住浴盆出水口打开淋浴出水口	0.4±0.02	60±5	淋浴出水口无渗漏	0.2±0.01	20±2	淋浴出水口无气泡
自动复位转换开关	转换开关在浴盆位1	淋浴位关闭	两出水口打开	0.4±0.02（动压）	60±5	淋浴出水口无渗漏	—	—	—
	转换开关在淋浴位2	浴盆位关闭			60±5	浴盆出水口无渗漏	—	—	—
	转换开关在淋浴位3	浴盆位关闭		0.05±0.01（动压）	60±5	浴盆出水口无渗漏	—	—	—
	转换开关在浴盆位4	淋浴位关闭			60±5	淋浴出水口无渗漏	—	—	—

表 24-5 陶瓷片密封水嘴的规格尺寸 mm

1. 单柄单控陶瓷片密封普通水嘴

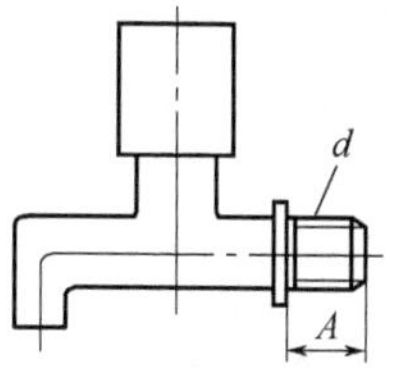

DN	15	20	25
d	G1/2″	G3/4″	G1″
A	≥14	≥15	≥18

2. 单柄单控陶瓷片密封面盆水嘴

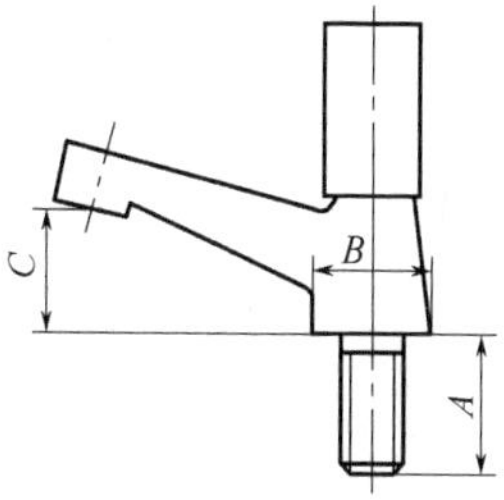

DN	15
d	G1/2″
A	≥48
B	≥ϕ30
C	≥25

3. 单柄双控陶瓷片密封面盆水嘴

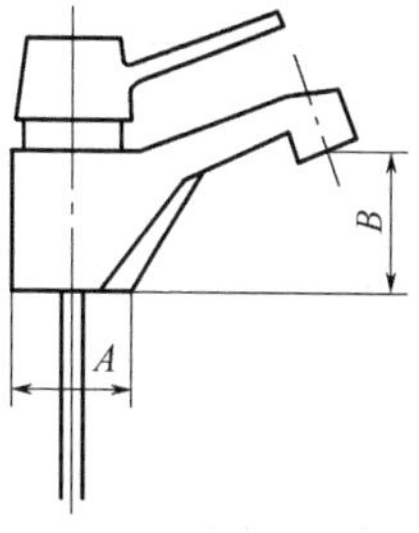

A	≥ϕ40
B	≥25

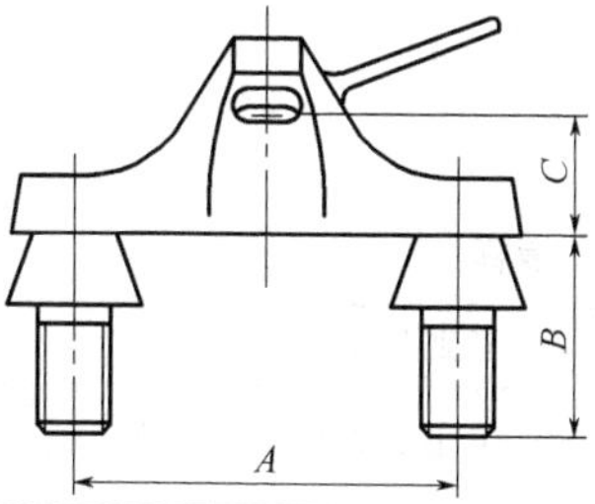

A	102
B	≥48
C	≥25

续表

4. 单柄双控陶瓷片密封浴盆水嘴

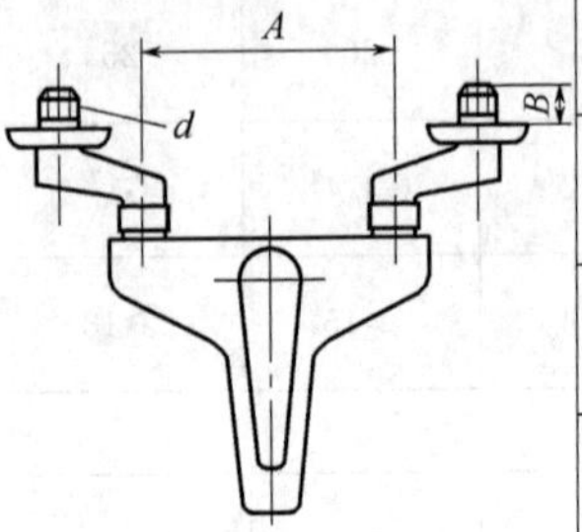

	DN	15	20
	d	G1/2″	G3/4″
	A	150 偏心管调节尺寸范围 120～180	
	B	≥16	≥20

5. 陶瓷片密封洗涤水嘴

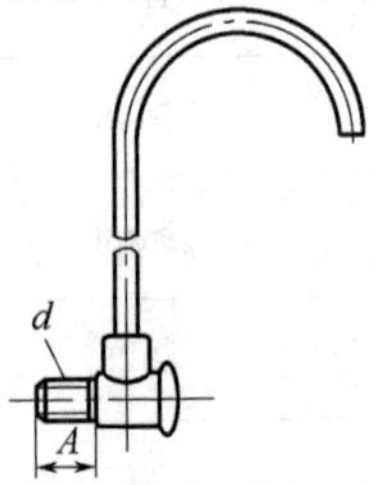

	DN	15	20
	d	G1/2″	G3/4″
	A	≥14	≥15

6. 单柄双控陶瓷片密封净身器水嘴

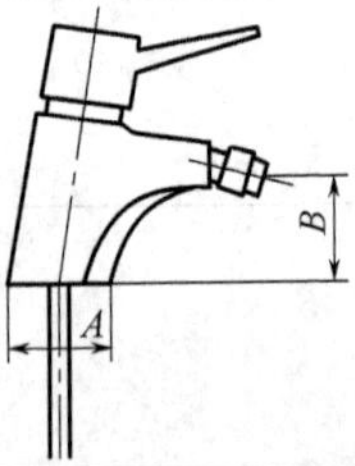

	A	≥ϕ40
	B	≥25

24.2.2　面盆水嘴（JC/T 758—2008）

面盆水嘴的技术指标见表24-6。

表24-6　面盆水嘴的技术指标

分类、代号及标记	分类、代号	分类方法	类别及代号
		按启闭控制方式分	机械式J，按启闭控制部件数量分为单柄D和双柄S

续表

<table>
<tr><td rowspan="4">分类、代号及标记</td><td rowspan="3">分类、代号</td><td>按启闭控制方式分</td><td>非接触式 F，按传感器控制方式分为反射红外式 F、遮挡红外式 Z、热释电式 R、微波反射式 W、超声波反射式 C 和其他类型 Q</td></tr>
<tr><td>按控制供水管路的数量分</td><td>分为单控 D 和双控 S</td></tr>
<tr><td>按密封材料分</td><td>分为陶瓷 C 和非陶瓷 F</td></tr>
<tr><td>标记</td><td colspan="2">标记方法：按启闭控制方式、启闭控制部件数量、传感器控制方式、控制供水管路数量、密封材料、公称通径、标准号顺序表示
标记示例：公称通径为 15mm 的机械式单柄双控陶瓷密封面盆水嘴标记为 JDSC15-JC/T 758—2008；公称通径为 15mm 的非机械式反射红外式单控非陶瓷密封面盆水嘴标记为 FFDF15-JC/T 758—2008</td></tr>
<tr><td rowspan="4">技术要求</td><td>材料</td><td colspan="2">产品所使用的与饮用水直接接触的铜材质铅析出限量，应符合 JC/T 1043 的规定</td></tr>
<tr><td>加工与装配</td><td colspan="2">① 管螺纹精度应符合 GB/T 7306.1 或 GB/T 7306.2 或 GB/T 7307 的规定
② 螺纹表面不应有凹痕、断牙等明显缺陷，表面粗糙度 R_a 不大于 3.2μm
③ 机械式双控面盆水嘴冷热水标志应清晰，蓝色（或 C 或“冷”字）表示冷水，红色（或 H 或“热”字）表示热水。双控水嘴冷水标志在右，热水标志在左。连接牢固。轮式手柄逆时针方向转动为开启，顺时针方向转动为关闭
④ 机械式面盆水嘴操作手柄开启、关闭，应平稳、轻便、无卡阻
⑤ 与面盆水嘴配接的软管应符合 JC 886 的规定</td></tr>
<tr><td>外观质量</td><td colspan="2">① 产品外表面涂、镀层色泽均匀、光滑，不应有起泡、烧焦、露底、划伤等缺陷
② 产品表面涂、镀层按 GB/T 10125 进行 24h 乙酸盐雾试验后，达到 GB/T 6461 标准中 10 级的要求
③ 产品表面涂、镀层经附着力试验后，不允许出现起皮或脱落现象</td></tr>
<tr><td>使用性能</td><td colspan="2"><table>
<tr><td rowspan="4">机械式水嘴阀体的强度性能</td><td colspan="3">试验条件</td><td rowspan="2">要求</td></tr>
<tr><td colspan="2">试验压力/MPa</td><td>试验稳压时间/s</td></tr>
<tr><td>进水部位（阀座下方）</td><td>2.5±0.05（静水压）</td><td rowspan="2">60±5</td><td>无变形、无渗漏</td></tr>
<tr><td>出水部位（阀座上方）</td><td>0.4±0.02（动水压）</td><td>无渗漏</td></tr>
</table></td></tr>
</table>

续表

技术要求	使用性能	机械式水嘴的密封性能	阀芯密封	1.6±0.05（静水压）	60±5	无渗漏
				0.6±0.02（气压）	20±2	
			上密封	0.4±0.02（静水压） 0.02±0.005（静水压）	60±5	无渗漏
				0.2±0.01（气压） 0.01±0.005（气压）	20±2	
			冷热水隔墙密封	0.4±0.02（静水压）	60±5	无渗漏
				0.2±0.01（气压）	20±2	
		流量	① 在动态压力为（0.3±0.02）MPa 水压下，面盆水嘴（不带附件）流量不小于 0.20L/s ② 在动态压力为（0.1±0.01）MPa 水压下，面盆水嘴（带附件）流量不大于 0.15L/s			
		扭力矩试验	① 机械式面盆水嘴在流量调节方向手柄扭力矩应不小于（6±0.6）N·m，在温度调节方向手柄扭力矩应不小于 $3_{-0.5}^{0}$ N·m。试验后，产品应无可见变形，并满足对水嘴密封和流量的要求 ② 机械式面盆水嘴沿阀杆轴线方向应能承受 67N 的拉力。试验后，产品应无可见变形，并满足对水嘴密封的要求 ③ 面盆水嘴连接螺纹承受的扭力矩应符合：公称通径 DN15，扭力矩≥61N·m；公称通径 DN20，扭力矩≥88N·m。试验后水嘴应无裂纹、损坏			
		寿命	① 机械式面盆水嘴开关寿命试验按下表规定进行，开关寿命试验后应符合密封性能的要求			
			产品类别	开关寿命		
			机械式单柄单控、双柄双控面盆水嘴	2×10^5 次		
			机械式单柄双控面盆水嘴	7×10^4 循环		
			② 机械式面盆水嘴经冷热疲劳试验后，应符合密封性能的要求			
		非接触式面盆水嘴性能要求应符合 CJ/T 194—2004 中第 6 章的规定				

24.2.3 浴盆及淋浴水嘴（JC/T 760—2008）

浴盆及淋浴水嘴的有关内容见表 24-7 和表 24-8。

表 24-7　浴盆及淋浴水嘴的技术指标

<table>
<tr><td rowspan="6">分类、代号及标记</td><td rowspan="5">分类、代号</td><td>分类方法</td><td>类别及代号</td></tr>
<tr><td>按启闭控制部件数量分</td><td>分为单柄 D 和双柄 S</td></tr>
<tr><td>按控制供水管路的数量分</td><td>分为单控 D 和双控 S</td></tr>
<tr><td>按密封材料分</td><td>分为陶瓷 C 和非陶瓷 F</td></tr>
<tr><td>按使用功能分为</td><td>浴盆 Y 和淋浴 L 水嘴</td></tr>
<tr><td>标记</td><td colspan="2">标记方法：按启闭控制部件数量、控制供水管路数量、密封材料、使用功能、公称通径、标准号顺序表示
标记示例：公称通径为 20mm 的单柄双控陶瓷密封浴盆水嘴标记为 DSCY20-JC/T 760—2008；
公称通径为 20mm 的双柄双控非陶瓷密封淋浴水嘴标记为 SSFL20-JC/T760—2008</td></tr>
<tr><td rowspan="2">技术要求</td><td>加工与装配</td><td colspan="2">① 铸件不得有缩孔、裂纹和气孔等缺陷，内腔所附有的芯砂应清除干净
② 管螺纹精度应符合 GB/T 7306.1 或 GB/T 7306.2 或 GB/T 7307 的规定，其中按 GB/T 7307 的外螺纹应不低于 B 级精度
③ 螺纹表面不应有凹痕、断牙等明显缺陷，表面粗糙度 R_a 不大于 3.2μm
④ 允许水嘴所带附件（如偏心管）为锯齿或滚花螺纹
⑤ 塑料件表面不应有明显的填料斑、波纹、溢料、缩痕、翘曲和熔接痕。也不应有明显的擦伤、划伤、修饰损伤和污垢
⑥ 冷热水标志应清晰，蓝色（或 C 或 COLD 或“冷”字）表示冷水，红色（或 H 或 HOT 或“热”字）表示热水。双控水嘴冷水标志在右，热水标志在左。连接牢固。轮式手柄逆时针方向转动为开启，顺时针方向转动为关闭
⑦ 装配好的手柄应平稳、轻便、无卡阻。手柄与阀杆连接牢固，不得松动。流量调节方向手柄扭力矩应不小于（6±0.6）N·m，在温度调节方向手柄扭力矩应不小于 $3_{-0.5}^{\ 0}$ N·m。试验后，产品应无可见变形，并满足对水嘴密封和流量的要求
⑧ 水嘴所安装的转换开关提拉应平稳、轻便、无卡阻。转换开关手轮与提拉阀阀杆连接牢固，不得松动。手动转换开关在使用状态时，动压（0.4±0.02）MPa 下，能用手完成转换功能，提拉平稳、轻便、无卡阻，无滞留现象
⑨ 与水嘴配接的软管应符合 JC 886 的规定
⑩ 水嘴连接螺纹应能承受扭力矩应符合下列要求：公称通径 DN15，扭力矩 61N·m；公称通径 DN20，扭力矩 88N·m。经扭力矩试验后，应无裂纹、损坏
⑪ 水嘴安装及规格尺寸见 GB 18145—2003 附录 B 的规定</td></tr>
<tr><td>外观质量</td><td colspan="2">① 水嘴外表面涂、镀层应结合良好，组织应细密，光滑均匀，色泽均匀，抛光外表面应光亮，不应有起泡、烧焦、脱离、划伤等外观缺陷
② 涂、镀层按 GB/T 10125 进行 24h 酸性盐雾试验后，水嘴应达到 GB/T 6461 标准中 10 级的要求
③ 涂、镀层经附着力试验后，不允许出现起皮或脱落现象</td></tr>
</table>

续表

			检测部位	阀芯位置	出水口状态	试验条件（冷水）		要求
						压力/MPa	时间/s	
技术要求	使用性能	阀体的强度性能	进水部位（阀座下方）	关闭	打开	2.5±0.05	60±5	阀体无变形、无渗漏
			出水部位（阀座上方）	打开	打开	0.4±0.02	60±5	阀体无变形、无渗漏
		密封性能	应符合表24-8的规定					
		流量	① 在动态压力为（0.1±0.01）MPa水压下，淋浴水嘴（带附件）流量≤0.15L/s（9L/min），在动态压力为（0.3±0.02）MPa水压下，淋浴水嘴（不带附件）混合流量≥0.20L/s（12L/min） ② 在动态压力为（0.3±0.02）MPa水压下，浴盆水嘴（不带附件）混合流量≥0.33L/s（20L/min），全冷水和全热水位置下流量≥0.32L/s（19L/min）					
		水嘴寿命	① 单柄双控水嘴开关寿命试验达到 7×10^4 循环，单柄单控和双柄双控水嘴开关寿命试验达到 2×10^5 次后，应符合密封性能的要求 ② 转换开关寿命试验达到 3×10^4 次后，应符合密封性能的要求 ③ 水嘴经冷热疲劳试验后，应符合密封性能的要求					

表24-8　浴盆及淋浴水嘴的密封性能

检测部位	阀芯及转换开关位置	出水口状态	用冷水进行试验			用空气在水中进行试验		
			试验条件		技术要求	试验条件		技术要求
			压力/MPa	时间/s		压力/MPa	时间/s	
连接件	用1.5N·m关闭	开	1.6±0.05	60±5	无渗漏	0.6±0.02	20±2	无气泡
阀芯		开	1.6±0.05	60±5		0.6±0.02	20±2	
冷、热水隔墙		开	0.4±0.02	60±5		0.2±0.01	20±2	
上密封	开	闭	0.4±0.02 0.02±0.005	60±5 60±5		0.2±0.01 0.01±0.005	20±2 20±2	
手动转换开关：转换开关在淋浴位	浴盆位关闭	人工堵住淋浴出水口打开浴盆出水口	0.4±0.02	60±5	浴盆出水口无渗漏	0.2±0.01	20±2	浴盆出水口无气泡
手动转换开关：转换开关在浴盆位	淋浴位关闭	人工堵住浴盆出水口打开淋浴出水口	0.4±0.02	60±5	淋浴出水口无渗漏	0.2±0.01	20±2	淋浴出水口无气泡

续表

检测部位		阀芯及转换开关位置	出水口状态	用冷水进行试验			用空气在水中进行试验		
				试验条件		技术要求	试验条件		技术要求
				压力/MPa	时间/s		压力/MPa	时间/s	
自动复位转换开关	转换开关在浴盆位 1	淋浴位关闭	两出水口打开	0.4±0.02（动压）	60±5	淋浴出水口无渗漏	—	—	—
	转换开关在淋浴位 2	浴盆位关闭			60±5	浴盆出水口无渗漏	—	—	—
	转换开关在淋浴位 3	浴盆位关闭		0.05±0.01（动压）	60±5	浴盆出水口无渗漏	—	—	—
	转换开关在浴盆位 4	淋浴位关闭			60±5	淋浴出水口无渗漏	—	—	—

24.3　温控水嘴（QB 2806—2006）

温控水嘴是当进水（冷、热水）压力或温度在一定范围内变化，其出水温度自动受预选温度控制仍保持某种程度的稳定性的冷热水混合水嘴，属一种新颖、节能、安全、环保型产品。适用于公称压力不大于 0.5MPa，热水温度不大于 85℃的条件下使用，安装在盥洗室（洗手间、浴室等）、厨房等卫生设施上。温控水嘴的规格尺寸见表 24-9。

表 24-9　温控水嘴的规格尺寸　　mm

1. 外墙安装双柄双控淋浴温控（恒压或恒温恒压）水嘴

DN	d	A	B
15	G1/2B	(150)	120～180
C	D	D_1	
≥14	≥9.5	≥7.5	

续表

2. 外墙安装双柄双控浴缸、淋浴两用温控水嘴

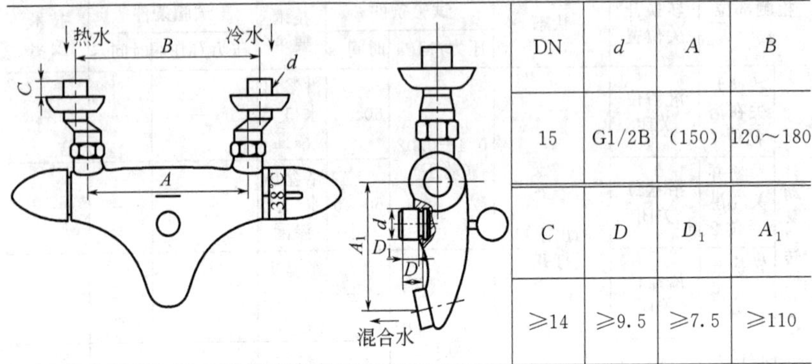

DN	d	A	B
15	G1/2B	(150)	120～180
C	D	D_1	A_1
≥14	≥9.5	≥7.5	≥110

3. 双柄双控温控洗涤水嘴

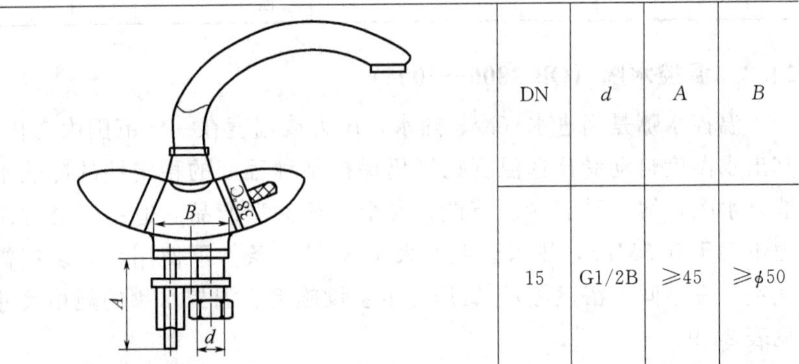

DN	d	A	B
15	G1/2B	≥45	≥ϕ50

4. 单柄双控温控面盆水嘴

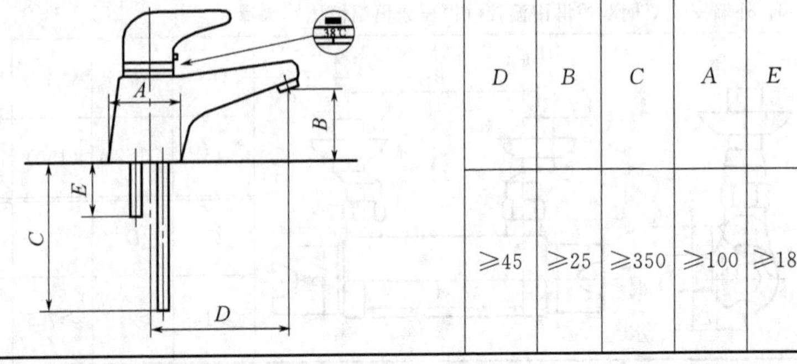

D	B	C	A	E
≥45	≥25	≥350	≥100	≥18

续表

4. 单柄双控温控面盆水嘴

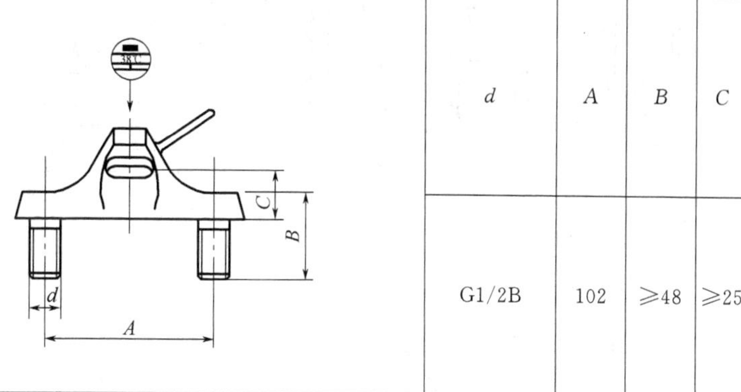

d	A	B	C
G1/2B	102	≥48	≥25

5. 单柄双控温控浴盆水嘴

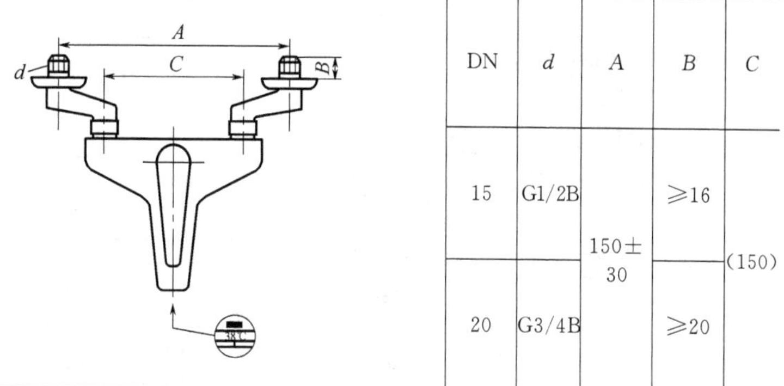

DN	d	A	B	C
15	G1/2B	150±30	≥16	(150)
20	G3/4B		≥20	

6. 单柄双控温控洁身器水嘴

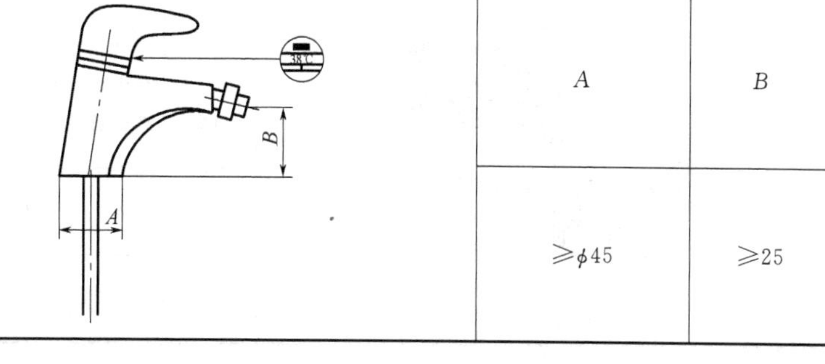

A	B
≥ϕ45	≥25

续表

7. 连接末端尺寸

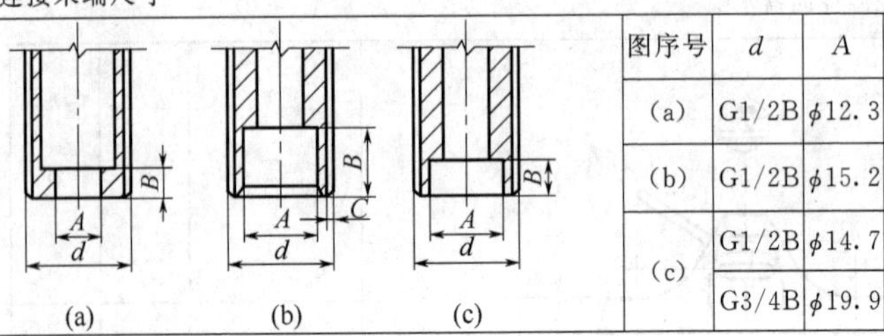

图序号	d	A	B	C
(a)	G1/2B	ϕ12.3	≥5	
(b)	G1/2B	ϕ15.2	≥13	≥0.3
(c)	G1/2B	ϕ14.7	≥6.4	
	G3/4B	ϕ19.9	≥6.4	

8. 有外螺纹的起泡器的喷嘴出水口尺寸

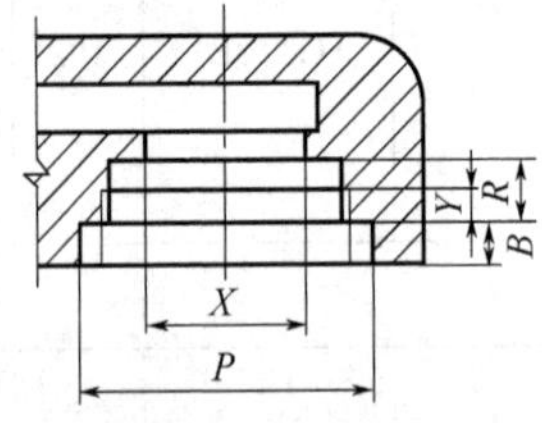

d	P	X	Y	S	R
G1/2	≥ϕ24.2	ϕ17	3	4.5	4.5
G3/4	≥ϕ24.3	ϕ19	4.5	9.5	6

9. 带有喷洒附件的温控水嘴

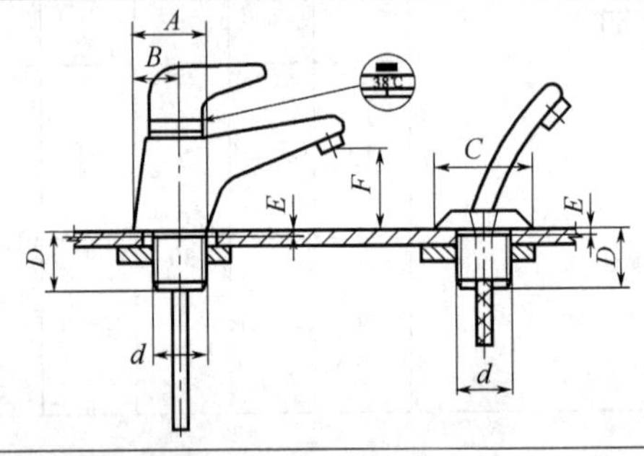

DN	d	A	B	C
15	G1/2B	≥ϕ45	25	≥ϕ42
D	E	F		
18	6	≥25		

10. 带有整体喷洒附件的温控水嘴

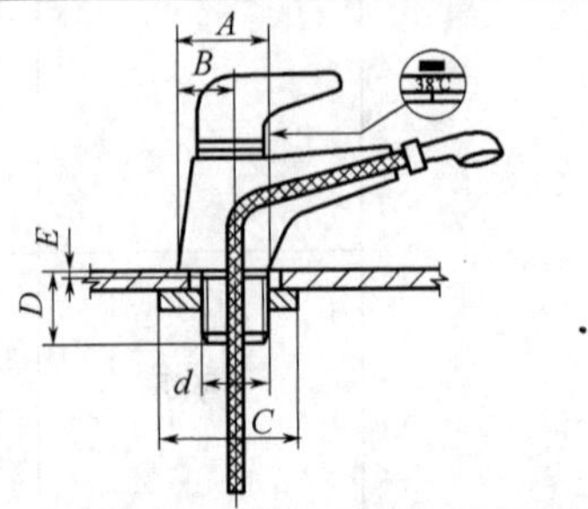

DN	d	A	B
15	G1/2B	≥ϕ45	25
C	D	E	
≥ϕ50	18	6	

续表

11. 带喷枪附件长距离出水口的温控水嘴

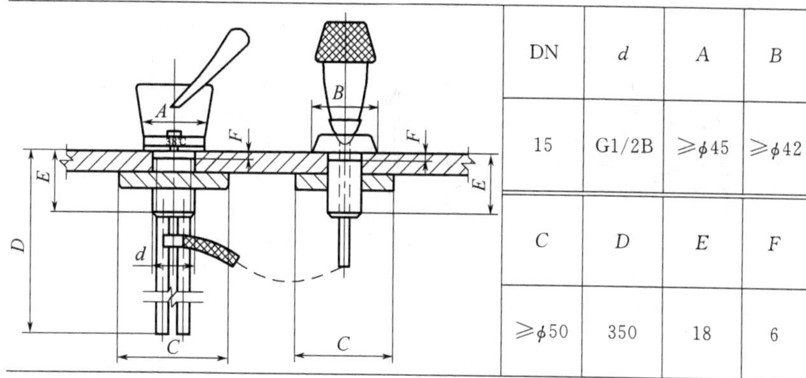

DN	d	A	B
15	G1/2B	≥φ45	≥φ42
C	D	E	F
≥φ50	350	18	6

12. 分离式长距离出水口的温控水嘴

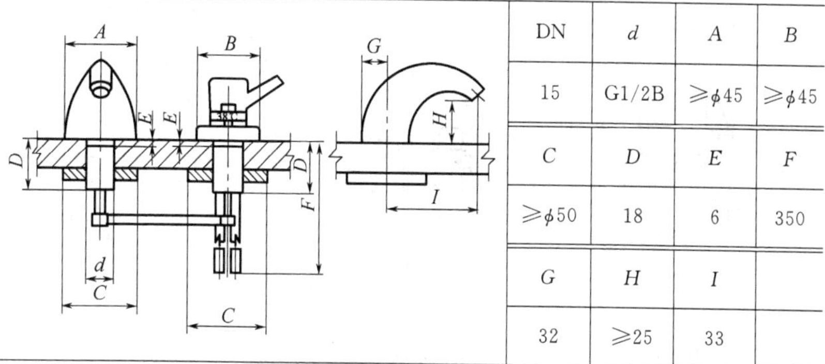

DN	d	A	B
15	G1/2B	≥φ45	≥φ45
C	D	E	F
≥φ50	18	6	350
G	H	I	
32	≥25	33	

13. 设有流量控制装置的管路安装温控阀

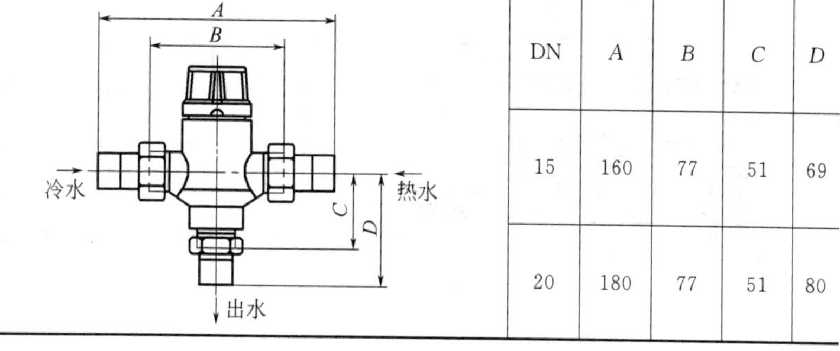

DN	A	B	C	D
15	160	77	51	69
20	180	77	51	80

续表

14. 墙内安装淋浴温控水嘴

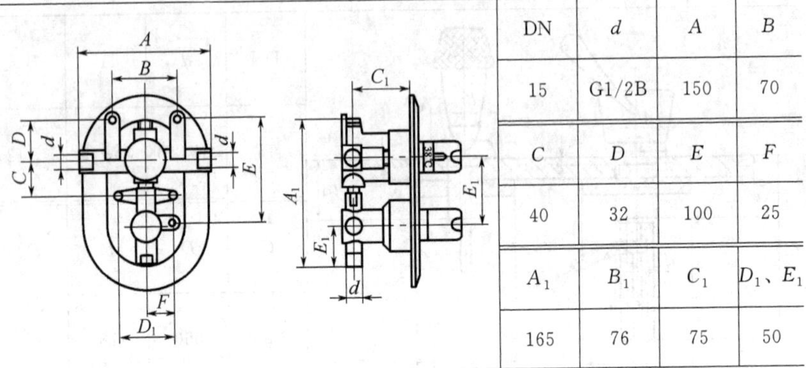

DN	d	A	B
15	G1/2B	150	70
C	D	E	F
40	32	100	25
A_1	B_1	C_1	D_1、E_1
165	76	75	50

15. 墙内安装温控水嘴（浴缸、淋浴两用）

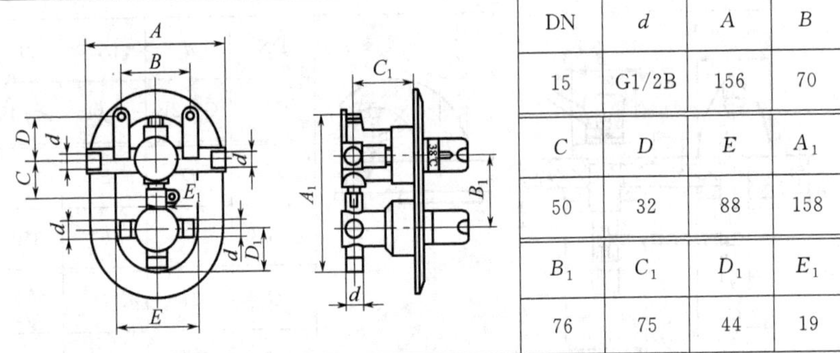

DN	d	A	B
15	G1/2B	156	70
C	D	E	A_1
50	32	88	158
B_1	C_1	D_1	E_1
76	75	44	19

16. 暗装集温控和流量调节于一体的温控水嘴

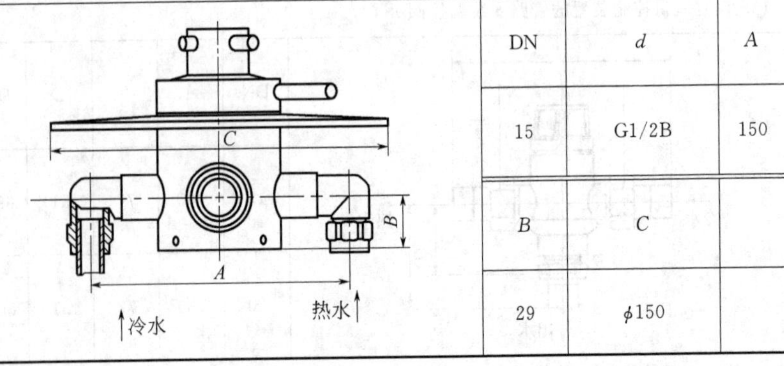

DN	d	A
15	G1/2B	150
B	C	
29	ϕ150	

24.4　卫生洁具排水配件（JC/T 932—2003）

卫生洁具排水配件按材质分为铜材质、塑料材质和不锈钢材质（代号分别为 T、S、B）三类；按用途分为洗面器排水配件、普通洗涤槽排水配件、浴盆排水配件、小便器排水配件和净身器排水配件（代号分别为 M、P、Y、X、J）；存水弯管的结构分为 P 型和 S 型（代号分别为 P、S）。卫生洁具排水配件的结构型式不作统一规定，其连接尺寸见表 24-10。

表 24-10　卫生洁具排水配件的连接尺寸　　mm

1. 面盆排水配件

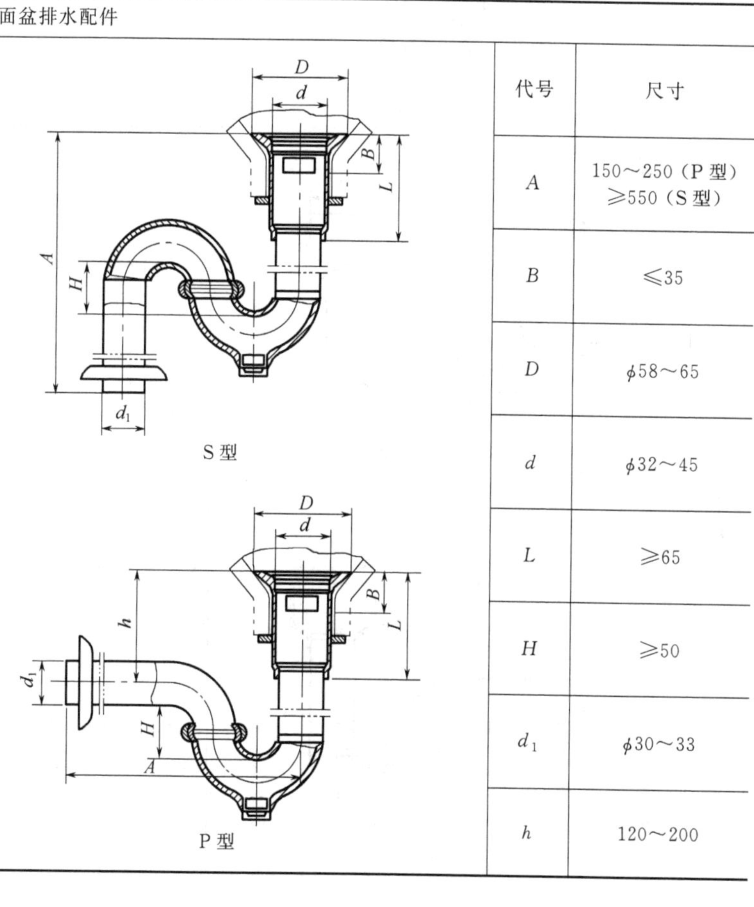

S 型

P 型

代号	尺寸
A	150～250（P 型） ≥550（S 型）
B	≤35
D	ϕ58～65
d	ϕ32～45
L	≥65
H	≥50
d_1	ϕ30～33
h	120～200

续表

2. 浴盆排水配件

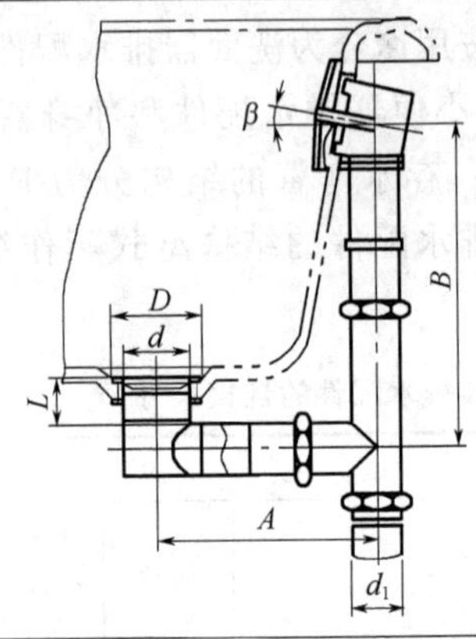

代号	尺寸
A	150～350
B	250～400
D	ϕ60～70
d	$\leqslant\phi$50
d_1	ϕ30～38
L	$\geqslant$30
β	10°

3. 小便器排水配件

斗式配件

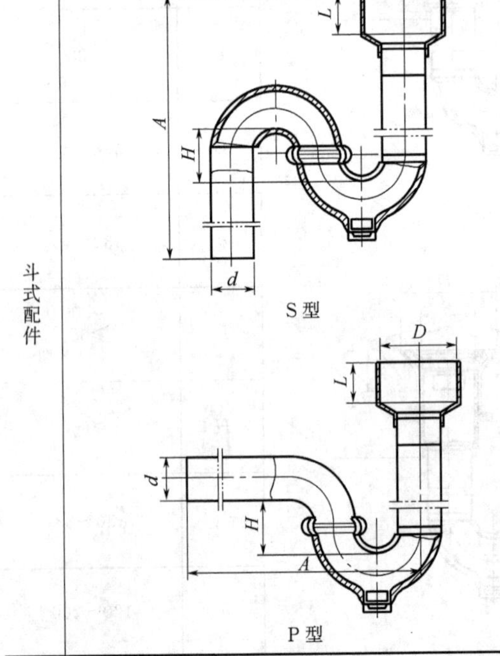

代号	尺寸
A	$\geqslant$120（P型）、$\geqslant$500（S型）
D	$\geqslant\phi$55
d	ϕ30～33
L	28～45
B	$\geqslant$120
H	$\geqslant$50

续表

3. 小便器排水配件

落地式配件

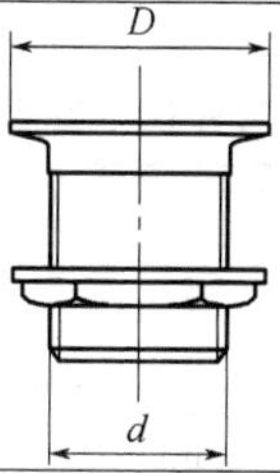

代号	尺寸
D	G2
d	≤ϕ100

壁挂式配件

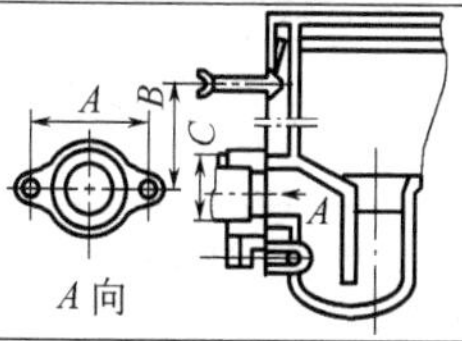

代号	尺寸
A	≥100
B	≥435
C	G2

4. 洗涤槽排水配件

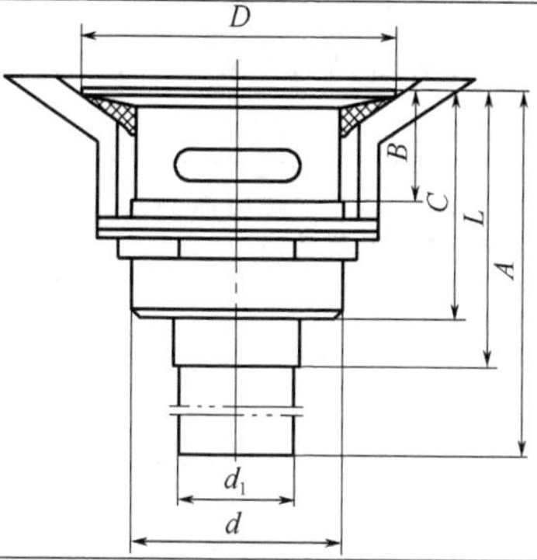

代号	尺寸
A	≥180
B	≤35
C	≥55
L	≥70
D	ϕ80～95
d	ϕ52～64
d_1	ϕ30～38

5. 净身器排水配件

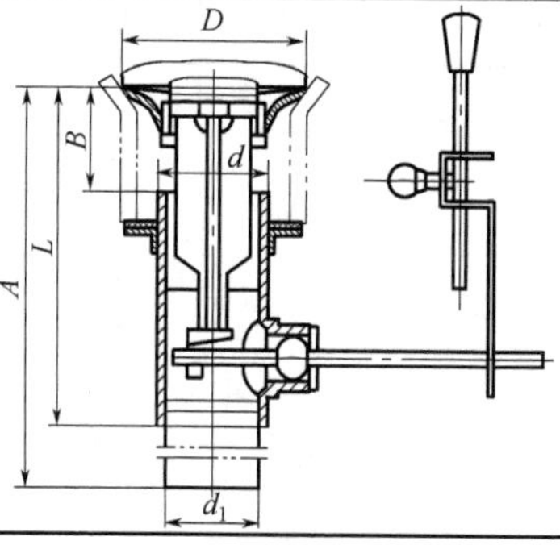

代号	尺寸
A	≥200
B	≤35
L	≥90
D	ϕ58～65
d	ϕ32～45
d_1	ϕ30～33

24.5　便器水箱配件（JC 987—2005）

便器水箱配件技术要求见表24-11。

表24-11　便器水箱配件技术要求

进水阀	进水流量	在动压力0.05MPa下，进水流量应不小于0.05L/s
	密封性	①静压力密封性：按JC 987—2005第7.2.3.1条进行试验时，水箱中的水位上升高度应不大于8mm ②动压力密封性：按JC 987—2005第7.2.3.2条进行试验时，水箱中的水位上升高度应不大于8mm
	耐压性	进水阀在承受1.6MPa静压力时不应有渗漏、变形、冒汗和任何其他损坏现象
	抗热变性	按JC 987—2005第7.2.5条进行试验时，进水阀不应有渗漏、变形、冒汗和任何其他损坏现象
	防虹吸	按JC 987—2005附录B进行试验时，进水阀不应有虹吸产生
	水击	进水阀关闭时不应产生使动压增加0.2MPa以上的水击现象
	噪声	进水过程产生的噪声应不大于55dB（A）
	寿命	进行100000次循环试验后，进水阀应能满足JC 987—2005第6.3.1.2条的要求并不应有任何其他故障
排水阀	排水量	排放一次，排水量应不小于3L
	排水流量	应不小于1.7 L/s
	密封性	水箱内的水位在高于剩余水位50mm处和低于排水阀溢流口5mm处，排水阀关闭后不应有渗漏现象
	寿命	进行100000次循环试验后，排水阀应能满足JC 987—2005第6.3.2.3条的要求并不应有任何其他故障

参 考 文 献

[1] 潘旺林主编. 实用五金手册. 合肥：安徽科学技术出版社，2009.

[2] 刘新佳，俞盛主编. 新五金手册. 南京：江苏科学技术出版社，2010.

[3] 刘新佳，王建中主编. 实用五金手册. 南京：江苏科学技术出版社，2007.

[4] 刘新佳主编. 工程材料. 北京：化学工业出版社，2005.

[5]《热处理手册》编委会编. 热处理手册. 第3版. 北京：机械工业出版社，2002.

[6] 张洁主编. 金属热处理及检验. 北京：化学工业出版社，2005.

[7] 黄德彬主编. 有色金属材料手册. 北京：化学工业出版社，2005.

[8] 姜银方主编. 现代表面工程技术. 北京：化学工业出版社，2006.

[9] 贾沛泰等主编. 国内外常用金属材料手册. 南京：江苏科学技术出版社，1999.

[10] 冶金工业信息标准研究院，中国标准出版社第二编辑室编. 金属材料物理试验方法标准汇编. 第2版. 北京：中国标准出版社，2002.

[11] 海钦等主编. 中国工业材料大典. 上海：上海科学技术文献出版社，1999.

[12] 黄如林，刘新佳，汪群主编. 五金手册. 北京：化学工业出版社，2006.

[13] 祝燮权主编. 实用五金手册. 第6版. 上海：上海科学技术出版社，2003.

[14] 张国芝等主编. 中外五金工具手册. 北京：兵器工业出版社，1999.

[15] 陈中平，朱晨曦编. 新版五金工具与电动工具实用手册. 北京：中国物资出版社，2002.

[16] 中国机械工程学会、廖红主编. 建筑装饰五手册. 南昌：江西科学技术出版社，2004.

[17] 李成扬主编. 实用建筑五金手册. 北京：中国建材工业出版社，2004.

[18] 中国冶金百科全书总编辑委员会《金属材料》卷编辑委员会编. 金属材料. 北京：冶金工业出版社，2001.

[19] 李春胜，黄德彬主编. 金属材料手册. 北京：化学工业出版社，2005.

[20] 卢锦德等. 材料进展. 五金科技，2004，2：28-29.

参考文献